실무를 위한

목시공학

기천 · 김상환 · 유광호 · 강보순 · 김종민 · 최준성 共著

머리말

토목공학은 인류가 자연으로부터의 각종 위협에서 안전하고 안락한 삶의 터전을 추구하는 과정에서 발전해 왔다. 꾸준히 사회 발전에 부응하여 다양한 사회기반시설을 구축하는 데에 그 토대가 되는 학문으로써, 광범위하게는 현대인들의 사회복지에 중요한 부분을 담당하고 있다고도 할 수 있다.

토목공학의 이론을 구체화하는 시공분야는 계획, 설계를 구현하는 단계로서 실제 현장의 지형, 지반조건, 시공환경, 사회 환경적인 제반 여건 등을 고려한 관련 기술 분야를 포함하며, 가치공학을 추구하는 동시에 품질(quality), 공정(schedule), 안전(safety), 원가(cost) 등을 만족하는 목적물의 완성을 목표로 한다. 토목기술은 지속적으로 대형화, 복잡화, 전문화되는 추세에 있으며, 새로운 기술의 접목으로 인해 끊임없이 기술의 향상이 이루어진다. 따라서 발전하는 새로운 재료, 건설기계, 공법 등에 관한 내용들을 충분하게 습득하여 보다 안전하게, 빠르고, 저렴하게, 우수한 품질의 목적물을 만드는 계속적인 노력이 필요하다.

초판이 발간된 이후에 9차 개정이 이루어지는 내내 꾸준히 관심을 가져준 독자들의 성원에 감사한다. 지속적으로 발전하는 공법을 소개하고 실무에 적용을 위하여 부족한 내용을 보완하기 위해 4년만에 본서를 개정하게 되었다. 저자가 실무에서 겪어 온 미천한 경험이 토목 기술자들의 실무에 보탬이 되었으면 하는 마음으로 전반적으로 내용을 정리하였다. 방대하고 다양한 시공분야의 내용을 한 권의 책으로 갈무리하여 전달하기는 어렵지만, 지속적인 보완을 통하여 알찬 내용의 실무도서로 발전시킬 것을 약속한다.

이 책은 주변에서 아끼고 격려해 주신 모든 분들의 따듯한 격려와 도움이 있었기에 세상에 나올 수 있었다. 초판부터 이번 개정판 발간까지 언제나 노력과 열정으로 함께 해주신 한솔 아카데미 식구들에게 깊은 감사를 드린다.

제10판 개정판을 내면서

2023년 3월

남 기천 드림

목 차

제1장
시공관리

시공관리 1

1 개 설

건설공사는 목적 구조물이 요구하는 충분한 기능과 품질을 가지도록 시공하고 경제적인 공사 진도를 유지하게 효율적으로 관리하며 필요한 품질, 규격, 수량을 만족하면서 공기와 효과를 고려한 경제적인 시공이 되어야 한다. 건설사업은 조사–계획–설계–시공–검사–공용 등의 단계로 추진되며 이들의 과정 중에서 시공관리는 시공에 관한 관리체계를 의미한다.
건설공사의 시공계획과 관리를 총괄하여 시공관리라고 하며, 시공관리는 설계도면, 시방서를 비롯한 도급계약 도서에 의해서 공사를 시공하기 위한 시스템을 설계하고 이용이 가능한 모든 생산수단을 활용하여 소기의 목적을 달성하는 것이며 생산수단은 시공의 품질, 공기, 원가와 안전성을 변동시키는 요인이 된다. 즉 시공관리의 목적은 건설공사를 주어진 조건에 적합하게 합리적인 공기로 경제적으로 완성하는 것이다.

2 건설사업 이해관계자(Stakeholder)

건설사업에 관련된 이해관계자를 이해하는 것은 사업의 목표와 수행에 관련한 관리의 절차와 형식의 구성에 매우 중요한 사항이다. 건설사업 이해관계자는 사업을 주관하는 발주자, 발주자가 발주한 공사의 내용을 설계하는 설계자, 발주자를 대신하여 설계도서에 따라서 시공자가 시공하는가를 감독하는 감리자, 발주자가 계약한 설계도서대로 공사를 수행하는 시공자 그리고 발주자를 대행하여 건설공사의 설계, 시공, 시운전을 관리하는 건설사업관리자 등으로 매우 다양하며 이해의 범위도 매우 넓다.

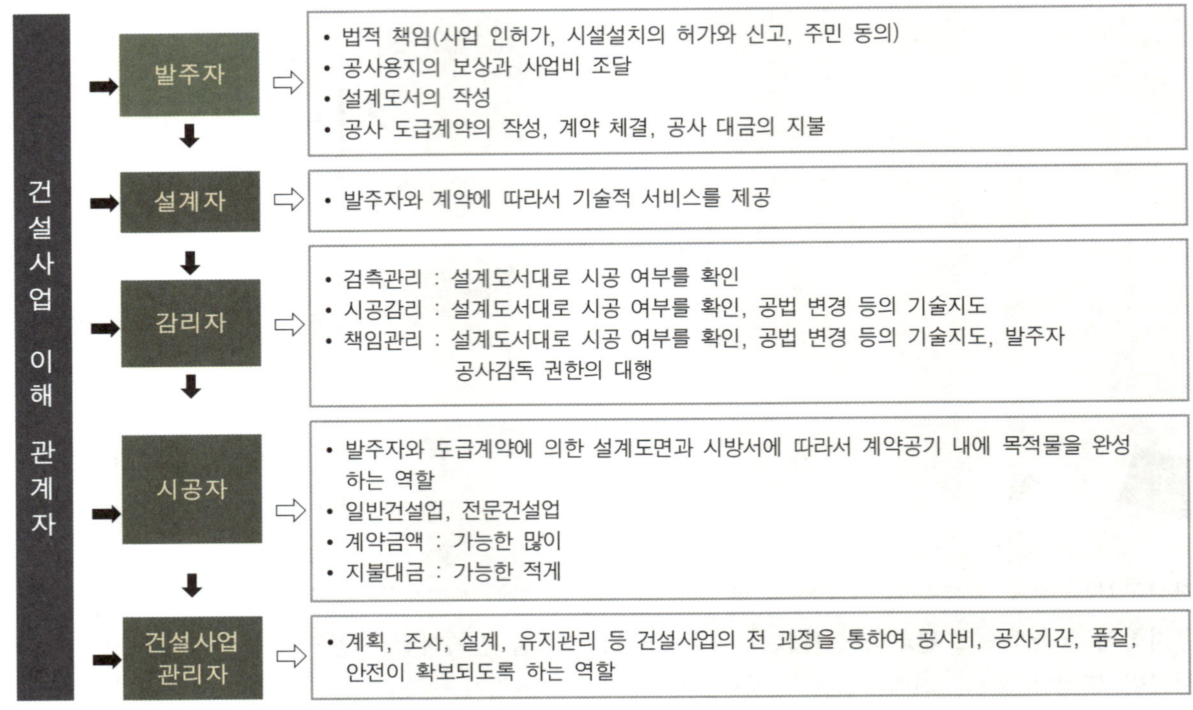

그림. 건설사업 이해관계자의 구성

(1) 사업주(발주자)

사업주는 건설사업시행자로서 사업 시행에 필요한 금융 동원의 주체적 역할을 하고 사업의 기획에서부터 사업시행을 위한 인허가, 공사의 계획, 설계, 감독 등을 수행하며 완성된 시설물을 소유, 유지관리하거나 처분의 권리를 가진다. 도급 계약공사에서는 계약당사자로서 발주자(client), 시공주, 건축주 등의 여러 가지 명칭을 가진다. 정부에서 시행하는 공공공사에서는 "발주자"라고 하며 발주자는 해당 공사의 시행 주체로서 공사 시행을 위하여 입찰을 부여하거나 공사를 발주하고 계약을 체결하여 집행한다. 민간부문에서는 사업주 또는 시공주라고도 하며, 사업을 시행하는 개인, 법인, 단체, 기업 등이 이에 해당한다.

건설사업에서 발주자의 책임은 다음과 같다.

1) 공사용지의 사용 권한 취득
2) 사업시행의 허가 또는 면허 취득과 유지
3) 사업비의 조달과 비용 지불
4) 공사 실시에 따르는 각종 인허가 취득
5) 공사의 계획조사, 설계, 시공, 검수, 유지관리
6) 기술용역회사와 시공회사의 고용과 감독

도급공사에서 발주자는 공사 도급절차에 따라서 시공회사를 선정하여 공사도급계약을 체결하고 시공자가 계약약관과 설계도서에 따라서 공사를 수행하는 필요한 업무를 지원하고 공사가 설계도서에 따라서 확실하게 수행되도록 감독하고 수행과정의 확인과 검사를 하며 공사감독자가 확인한 공사 기성고에 대하여 계약에 정해진 절차에 따라서 기성금액과 계약과 관련하여 발생한 기타 비용을 시공자에게 지급한다.

발주자는 자신의 고용원이나 공사감리를 위하여 고용한 감리자를 현장에 상주시켜서 시공자가 수행하는 공사를 확인하는 감독업무를 담당하게 한다. 또한 발주자는 공사도면을 작성하여 시공자에게 제공하고 공사에 필요한 주요 자재나 장비의 일부를 제공하기도 하며, 이때에 시공자의 공사 일정은 사전에 이러한 사항을 충분히 반영하여 시공에 차질이 없도록 한다.

(2) 설계자

설계자는 사업주와 설계용역 계약을 체결하고 설계를 수행하는 기술용역회사이며 설계자는 계약에 따라서 계획조사(기획, 예비타당성조사, 타당성조사), 기본설계, 실시설계, 공사감리, 건설사업관리 등을 수행한다. 기술용역회사는 기술용역육성법의 자격 요건에 따라서 과학기술처에 등록을 하고 기술분야에 따라서 종합기술용역업, 전문기술용역업, 개인기술용역업의 면허를 받은 회사이다.

(3) 감리자

"감리"는 감리전문회사가 당해공사의 설계도서, 기타 관계서류의 내용대로 시공되는지의 여부를 확인하는 역할을 수행한다. 감리자는 품질관리, 공사관리, 안전관리 등에 대한 기술 지도를 하며 책임감리의 역할은 감독 권한의 대행뿐만이 아니라 발주자가 위임하는 공사관리의 임무도 함께 수행한다. 책임감리는 공사감리의 내용에 따라서 계약 단위별 공사에 대하여 시행하는 전면 책임감리와 계약단위별 건설공사 중에서 주요 구조물인 교량, 터널 등에 대하여 시행하는 부분 책임감리로 구분한다. "감리원"은 일정한 자격을 갖추고 감리전문회사의 감리원으로 등록한 자로서 감리전문회사에 종사하면서 책임감리 업무를 수행하는 자이다.

(4) 시공자

시공자는 공사도급계약에 의하여 사업주에 고용되어 공사시공을 수행하는 책임을 가지며 설계와 시공을 일괄하는 일괄도급계약에서는 시공자가 설계업무를 포함한 업무를 수행한다. 공사시공을 주 업무로 수행하는 시공회사는 건설산업기본법에 따라서 일반건설업(토목공사업, 건축공사업, 토목 건축공사업, 산업설비공사업, 조경공사업)과 전문건설업(토공사업, 미장, 방수, 등의 30종)으로 나누어진다.

(5) 건설사업관리자(Construction Management Group)

건설사업관리는 건설사업을 수행하기 위하여 건설공사의 추진을 위한 전 과정에서 발주자, 설계자, 시공자간에 야기되는 문제를 해결하고 조절하는 건설관리 행위이며, 이와 같은 행위에 발주자를 위하여 주도적으로 관리하는 자를 건설사업관리자라고 한다.

건설사업관리자는 발주자와 체결하는 계약에 따라서 발주자를 대리하여 공사를 감리하거나 시공자와 마찬가지로 자기책임으로 공사도급계약을 수행하며 종합기술용역회사, 종합건설회사가 이러한 기능을 할 수도 있고 건설사업관리자의 업무범위는 설계와 시공을 일괄하는 경우와 시공만을 대상으로 하는 경우로 구분할 수 있다.

건설사업관리자는 건설사업관리 용역계약의 계약당사자는 아니지만 설계자, 시공자를 선정하여 발주자와 계약을 체결하도록 추천하고 그들의 업무 수행을 감독하는 위치에 있게 된다.

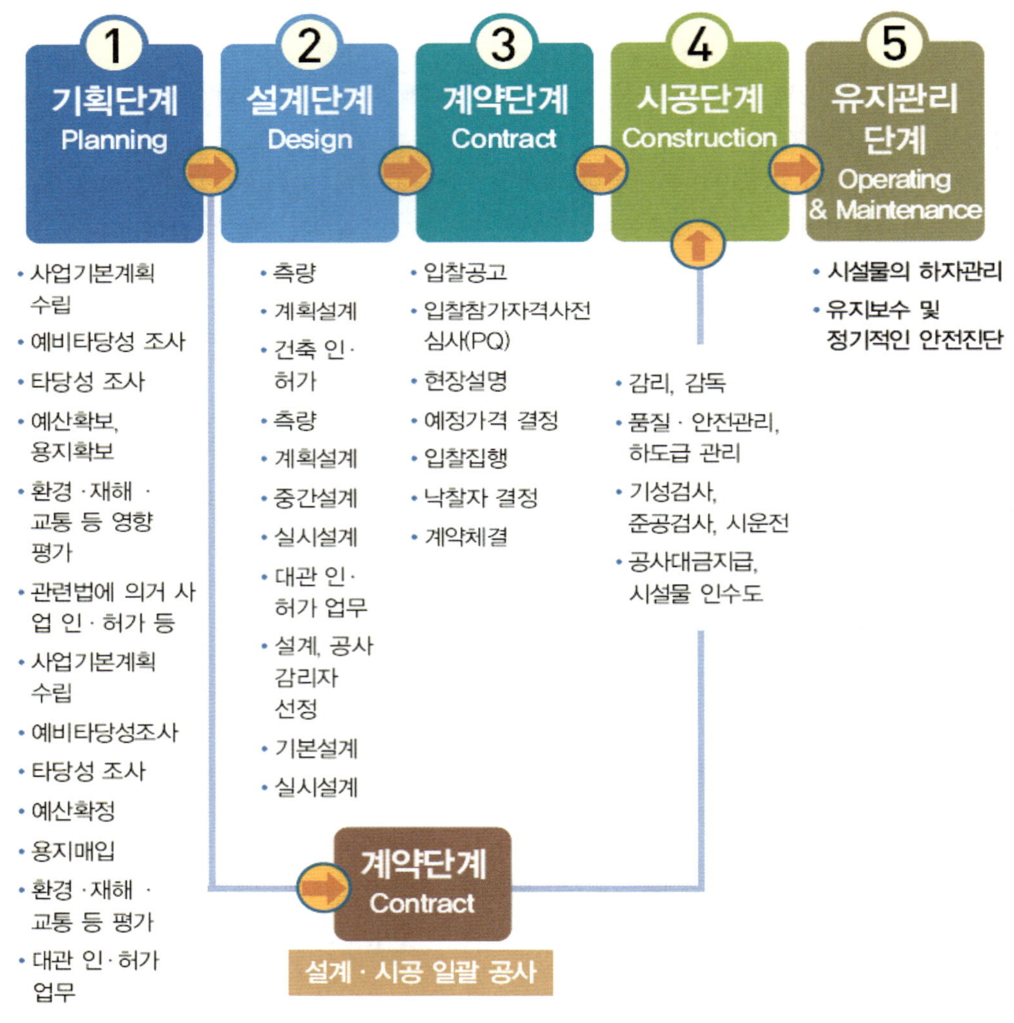

그림. 공공공사의 공사발주 절차

3 건설사업관리(Construction Management)

CM은 Construction(건설)과 Management(경영)로 구성된 용어로서 건설사업의 체계적인 관리를 위하여 건설분야에 경영이론과 기법을 접목한 것으로 규정된 형식과 범위가 있는 것은 아니다.

본래의 CM은 제2차 세계대전 이후에 미국의 경제 발전에 따라서 건설산업이 급속히 성장하면서 건설교육을 위하여 출발한 학문적인 필요성에서 시작되었으며 1960년대 이후에 건설사업의 계약방식으로 CM이 활용되고 있다. CM계약은 CM업자가 발주자를 보조하여 사업의 기획, 설계, 시공에 대한 전반적인 관리를 담당하는 공사수행방식이며 CM이 가지는 역할과 책임에 따라서 여러 가지 형태의 CM계약방식이 사용되고 있다.

(1) CM의 정의

CM은 전문적이고 종합적인 관리능력을 갖춘 전문가 또는 집단이 발주자를 대신하여 건설사업을 효율적이고 경제적으로 수행하기 위하여 project life cycle(계획, 설계, 시공, 유지관리)에서 모든 단계의 업무영역을 대상으로 하여 의사 전달, 중재, 조정과 통합으로 총괄자의 역할을 수행하는 엔지니어링 서비스를 말한다.

건설사업관리제도를 전통적인 공사관리방식과 비교하면 경영기법의 개념을 도입하여 건설사업관리자(construction management manager)가 계획, 조사, 설계, 시공, 유지관리 등의 건설사업 전 과정에서 공사비, 공기, 품질, 안전이 확보되도록 발주자를 보조하는 공사관리기법으로 발주자를 대신하여 품질 확보를 주목적으로 하는 전면 책임감리와는 구별된다. CM은 발주자가 권리를 부여하지 않은 대리형 CM(CM for fee)과 발주자가 권리를 부여한 책임형 CM(CM at risk)이 있다.

사업관리의 목표	사업관리의 목적
• 투자는 최소로 • 공기는 짧게 • 품질은 적정 수준으로	• 기간 내 목적물의 완성 • 허용예산 범위 내 • 요구된 품질 만족

(2) CM의 업무

CM업자는 건설사업의 목적을 달성하기 위하여 종합적이고 전문적인 서비스를 project life cycle의 전 과정에 걸쳐서 제공하고 발주자의 권리와 이익을 위하여 모든 프로젝트 과정에서 발주자를 대행하는 역할을 하며 사업기간 중에 설계와 시공에서 발생하는 모든 분쟁을 조정하는 역할을 한다.

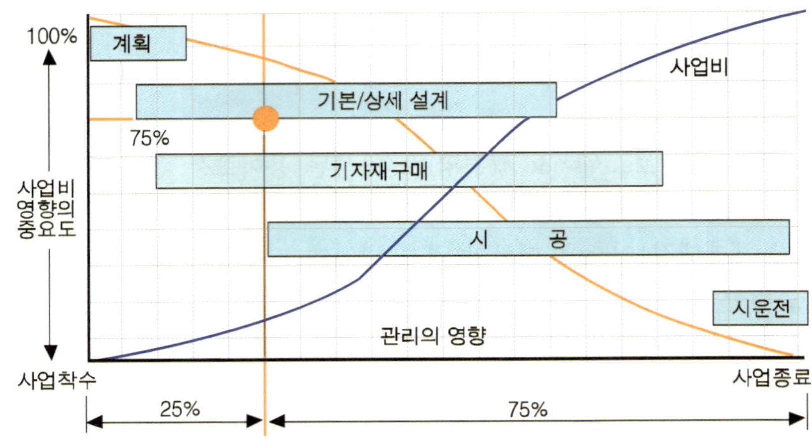

단 계	내 용
1) 기획, 계획단계	· 건설사업 목표의 구체화 : 사업계획의 수립 · 사업계획 분석 : 타당성분석, 평가, 대안 제시, 투자 의사의 결정, 최적설계를 위한 기획과 자문
2) 설계단계	· 발주자와 설계자에게 기술적, 경영적인 측면을 종합적으로 고려하여 최적 설계가 이루어지도록 조정 또는 자문 · 설계안에 대한 개산사업비의 산출 · VE의 적용 개선과 대안 제시 · 시공계획에 대한 사전 검토 · 컨설팅 활동
3) 입찰단계	· 발주자와 도급자의 사이에서 합리적인 계약을 체결하기 위한 조언, 시행 · 입찰자격의 사전 심사 · 입찰서의 검토와 분석 · 낙찰과 관련된 업무 · 공사 추진방식의 검토와 자문
4) 시공단계	· 공사계획서 검토 · 기술협의와 지도 · 공정, 품질, 안전, 원가, 노무, 자재관리의 조정, 통제와 감리 업무
5) 준공, 인도단계	· 평가와 사후 관리방안의 검토

(3) CM사업의 효과

1) 설계-시공 상의 공기단축

설계와 시공을 병행하는 방법(fast-track method)으로 공사를 수행하여 공기단축이 용이하고 설계의 일부분이 완료될 때마다 CM팀은 발주자, 설계자와 협력하여 순차적으로 각 공종별로 입찰 패키지(bid-package)를 준비하고 단계별 시공을 하여 설계-시공간에 발생하는 시간 손실을 최소화한다.

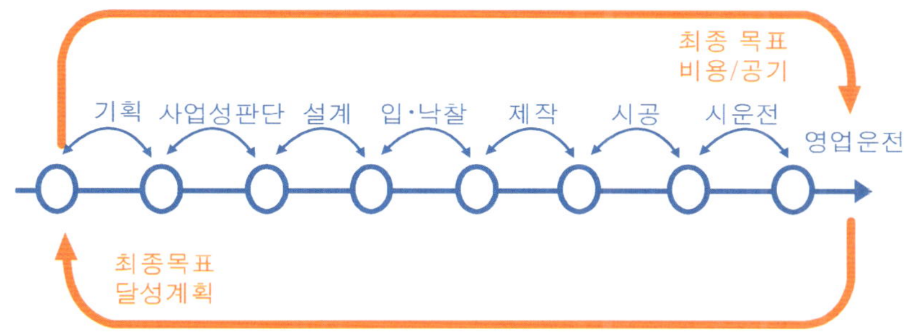

그림. 프로젝트의 수행 단계

2) 프로젝트의 원가 절감

기획, 설계단계부터 CM팀의 전문적인 의견(시공 기술과 난이도, 자재의 선택, 가격, 종류 등의 자재의 조달 정도 등)이 반영되어 프로젝트의 원가 절감이 가능하고 시공전 단계인 설계, 입찰, 발주과정에서 value engineering기법을 적용하면 시공단계의 VE보다 비용측면에서 효과가 크다.

3) 적정한 품질의 확보

프로젝트의 모든 단계에서 전문적인 공사 수행능력을 적용하여 기획, 설계, 시공, 유지관리, 피드백의 순서로 효율적인 품질관리를 수행할 수 있다.

4) 발주자의 이익을 증대

전문적인 지식과 경험을 갖춘 CM팀이 프로젝트를 수행하므로 발주자의 이익을 극대화하고 프로젝트의 비용, 공정, 공사의 전반적인 과정에 대한 CM팀의 객관적인 평가를 통하여 발주자가 프로젝트에 대한 객관적인 의사 결정이 가능하다.

5) 원활한 의사 소통

CM팀은 발주자, 설계자와 시공자간의 의사를 명확하게 전달하고 조정하는 기능을 수행하며 프로젝트 참여자간의 의사 소통이 가능하게 하여 우호적인 관계가 유지되어 프로젝트를 원활하고 효과적으로 수행하게 한다.

6) 프로젝트의 융통성 증대

프로젝트의 수행 중에 발생하는 환경적, 물리적인 변화에 대처할 수 있는 공사감리, claim관리 등의 서비스를 제공하여 모든 변동 상황에 융통성있게 대응할 수 있다.

(4) CM 체계와 공사참여자들의 책임

1) 발주자

① 해당 사업의 전담책임자를 배정하고 계약 내용에 따라서 의사 결정의 권한을 CM업자에게 위임
② 공사 수행체계의 형태와 참여자를 결정
③ CM업자의 건의에 따라서 계약방식을 결정하고 승인
④ 중요 지원사항과 경비에 대한 승인
⑤ 공사 관련 업무에 관한 신속한 의사 결정
⑥ 설계자와 CM업자의 업무 수행이 각자의 의무사항과 공사 목표에 부합하는가를 감독
⑦ 정기보고서, 협정, 검사, 회의 참석 등을 통하여 프로젝트의 진행 상황을 감독

2) 설계자

① 공사 진행 상황을 전반적으로 파악하고 현장의 요구사항에 신속하게 대응
② 설계 의도가 현장에 적절히 반영되는가를 검토
③ 현장 설계변경의 최종 승인
④ 필요시에 시공단계에 참여하여 CM업자가 설계 의도를 정확히 파악하는가를 확인

3) CM업자

① 공사참여자에게 전문적이고 중립적인 서비스를 제공
② 발주자의 공사에 대한 이해 도모
③ 설계와 공사의 품질 향상과 원가 절감
④ 발주자와 시공자간에 발생할 수 있는 분쟁을 사전에 방지
⑤ 설계도면, 시방서, 계약서의 완전한 숙지

(5) 기존 건설방식과 CM방식의 비교

구 분	기존 건설방식	CM 방식
계약방식	사업주(발주자)가 단일 원도급자(종합건설업체)와 단일 계약	사업주(발주자)가 다수의 하도급자와 직접 계약
설계·시공	설계, 시공의 분할 추진으로 업무의 연속성 부족	설계, 시공의 통합 추진으로 업무의 연속성을 유지
팀 관계	설계자, 도급자의 사이에 적대적인 분위기가 형성	CMr, 설계자, 도급자 사이에 우호적인 분위기를 형성
보증절차	하도급자와 원도급자, 원도급자와 사업주(발주자) 사이에 다중의 보증관계로 절차가 복잡	하도급자와 사업주(발주자) 사이의 단일 보증관계로 절차가 단순
VE 실시	시공단계에서만 VE/원가관리를 실시	설계·시공의 단계에서 VE/원가관리의 실시가 가능
총공사비 확정	건설 초기단계에 총공사비의 확정이 가능	CM for fee는 건설 초기단계에 총공사비가 미확정
발주방식	설계·시공의 분리·순차적 발주로 공기지연/공사비의 상승이 발생	설계·시공의 통합과 중복적 발주로 공기단축과 공사비의 절감이 가능
공사비 절감 동기	도급자가 공사비를 절감하는 동기 유발이 불가	CMr가 VE를 실시하여 공사비를 절감
비용/공기 관련정보	사업주(발주자)는 설계자에 전적으로 의존	초기단계부터 CMr을 통한 종합적인 정보를 획득
발주자의 통제력	사업주(발주자)가 설계자, 도급자의 통제능력이 부족	CMr의 조언을 통한 설계자, 도급자의 통제능력 보유

[주] CMr : construction manager

(6) CM제도의 계약형태

1) 재래식방식

재래식 방식은 설계가 완료되고 시공자가 공사에 참여하는 계약형태이며 설계와 시공간의 정보가 단절되어 설계 의도에 따른 시공성이 확보되지 않고 공기가 지연될 우려가 많다. 재래식계약방식에서 감리자는 CM의 시공단계 역할을 수행하고 책임감리는 효율적인 시스템이 구축되어 있지 않다.

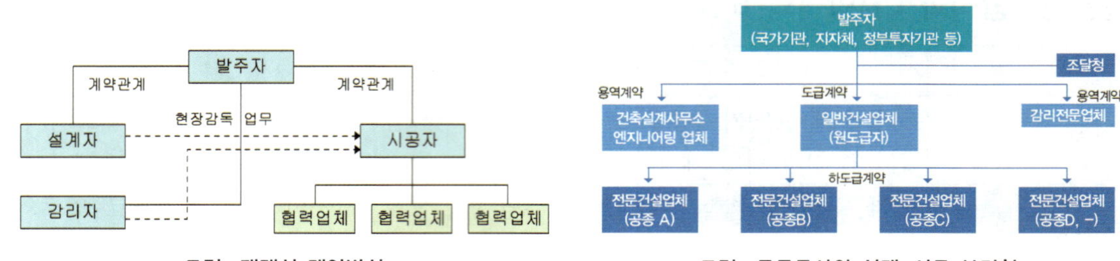

그림. 재래식 계약방식

그림. 공공공사의 설계· 시공 분리형

2) 설계 · 시공의 일괄수행(Turnkey 방식)

설계와 시공을 일괄 시행하여 설계, 시공의 조화를 도모하며 경쟁으로 인한 설계기술의 발전과 책임 소재가 명확하고 감독관리가 용이하다. 발주자가 공사와 관련된 전문지식의 습득이 어렵고 계약자의 이윤 추구에 따른 부실 시공시에 감독의 어려움이 있다.

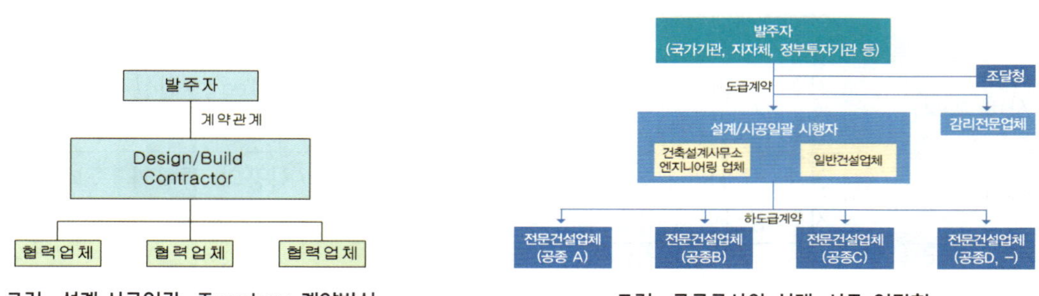

그림. 설계·시공일괄, Turnkey 계약방식

그림. 공공공사의 설계· 시공 일괄형

3) 대리형 CM(CM for fee)

Agency CM, pure CM, professional CM, CM for fee, 용역형 건설사업 관리방식으로 불리기도 하는 대리형 CM은 발주자가 CM업자 또는 CM 전문가팀과 대리인형태의 계약을 맺고 CM업자는 자신의 서비스에 대한 용역비를 받는 순수한 의미의 CM방식이다. 발주자+설계자+CM으로 구성되는 전문가적인 독립적 단체이며 CM업자는 발주자의 이익을 위하여 시행하는 계약의 신용을 기반으로 하는 관계를 우선하고 CM업자는 용역비 이외에는 별도의 자기 이익이 없이 발주자를 위하여 계약상 업무를 수행한다.

CM업자가 발주자의 대리인(agency) 역할을 하며 시공에 대한 책임은 없고 기획, 설계, 시공단계의 총괄적 관리업무만을 수행한다. 대리형 CM 계약방식에서 CM업자의 역할은 현재의 책임감리업자와 유사한 기능을 가지며 차이점은 공사의 기획단계부터 시공 후의 단계까지 CM업자가 총괄적으로 관리하여 발주자의 의도가 설계와 시공에 유기적으로 전달되게 한다.

또한 CM업자는 발주자의 이익과 관련되는 정보를 계속적으로 발주자에게 제공하고 필요한 경우는 발주자가 직접 수행할 수 있도록 추천도 한다. 그러므로 설계와 시공은 발주자가 직접 계약을 하고 CM업자는 설계나 실질적인 시공을 하지 않으므로 모든 책임은 발주자에게 있다.

따라서 대리인으로서의 CM업자는 일반적으로 발주자가 계약한 원청 계약자들과의 계약을 실행시키기 위한 강제성 또는 제재를 가할 수 있는 독립적인 권한이 없기 때문에 시공자가 공사일정에 따라서 작업을 수행하도록 강제력을 행사할 수 없으므로 발주자가 건설일정을 집행하고 원청 계약자들을 조정하고 해약하는 권한을 가지며 CM업자는 발주자의 의사결정에 도움이 되는 시공자들의 문제점을 발주자에게 조언하는 역할을 한다. 발주자가 공사일정을 강제집행하고 원청 계약자의 공사일정을 조정시키는 권한은 CM계약에 의하여 CM업자에게 그 일부를 양도할 수도 있으나 권한이 위임되지 않은 상태에서 CM업자는 본인 계약상의 기본적인 업무 이외의 책임을 지지 않는다.

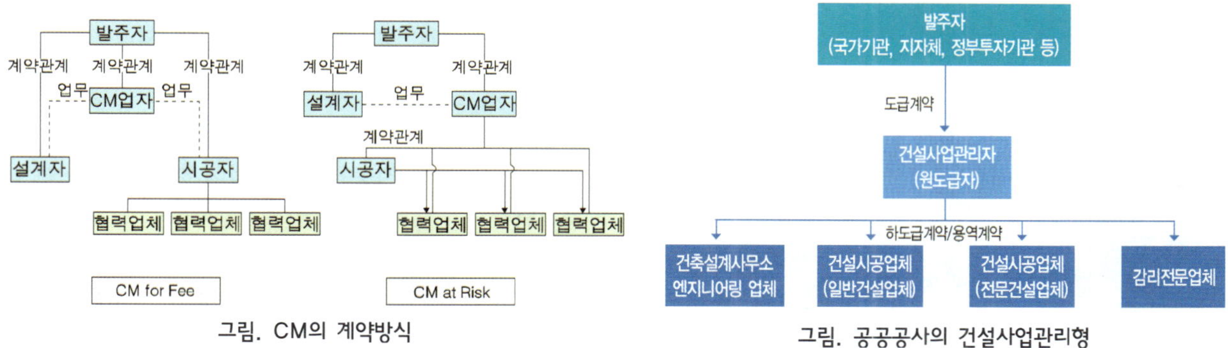

그림. CM의 계약방식

그림. 공공공사의 건설사업관리형

4) 책임형 CM(CM at risk)

Independent contractor CM, GMP CM, CM at risk, 도급형 건설사업 관리방식이라고도 하며 발주자가 초기에는 CM업자와 대리인 계약을 하고 CM for fee의 형태로 업무를 진행하다가 공사 진행이 어느 시점에 도달하면 향후 건설단계에서 건설공사의 수행을 최고가 보증형(GMP : guaranteed maximum price) 개념으로 책임지고 시행하는 CM방식이다.

책임형 CM은 CM업자가 관리적인 업무와 시공을 책임지는 형태이며 부실시공에 대한 위험성을 책임지는 계약방식이다. Turnkey방식과의 차이점은 설계는 별도 설계자가 실시하고 관리업무와 시공을 CM업자가 수행하며 CM업자는 설계과정에서 발주자의 의도가 적용되도록 설계자와 긴밀히 협조할 의무가 있다.

CM업자가 시공을 책임지므로 발주자와 계약시에 관리업무와 시공 전체에 대한 가격으로 계약을 하여 최고가 보증형 CM이라고도 한다. CM업자는 설계전 단계와 설계단계에서는 발주자의 대리인으로 행동하고 설계단계의 어느 시점에서 GMP방식으로 건설공사를 수행하는 것을 발주자와 합의한 후에 독립계약자인 CM업자의 역할을 수행한다.

CM at risk는 CM for fee보다 일반 시공회사에 더 가까운 입장에 있고 CM업자는 공기 내에 고정된 예산(GMP)내에서 공사를 완성시키는 책임(위험)을 가지며 GMP내에서 공사를 완성하고 예산이 남는 경우는 발주자와 나누어 가질 수도 있다.

독립계약자 CM은 발주자와 CM업자가 계약을 체결하면 CM업자가 직접 시공을 하거나 또는 별도의 시공사가 시공을 하던가에 발생되는 모든 문제점에 대한 책임은 CM업자에게 있다.

표. CM 계약방식에 의한 장 · 단점

계약형태	기본 개념	장 점	단 점
재래식	설계, 시공의 분리	· 설계 후에 시공하므로 설계의 완벽성 · 초기 프로젝트 비용의 절감	· 시공자와 설계자가 적대적관계 성립 · 설계 · 시공의 부조화 · 공사기획 업무의 과다 · 책임의 불분명 · 공사기간의 장기화 우려
CM for fee	CM업자는 자신 업무만 책임	· 순수형 CM · CM업자는 공사결과에 대한 책임이 없음 · Fast-track 시공 : 공기단축	· CM업자가 책임감 부실의 우려 · 시공 책임이 없어서 관리의 한계성
CM at risk	시공 상의 위험, 비용 추가에 대한 책임	· 책임형 CM · CM의 적용효과가 극대화 · CM의 기술개발과 축적이 가능	· 발주자가 시공경험의 습득이 곤란 · 설계, 시공의 통제가 어려움 · 시공 부실의 우려

(7) 건설사업 단계별 업무범위

일반적으로 사업단계별 CM은 기획단계, 설계단계, 발주단계, 시공단계, 시공후 유지관리의 단계로 진행하며 건설공사의 전 단계에서 공사의 규모, 성격, 예산 등에 의하여 발주자와 건설사업관리자간의 계약내용에 따라서 업무의 수행기간과 범위를 결정한다.

1) 설계전 단계(Pre-design phase)

설계전 단계는 건설 목적물의 필요성을 발주자가 기획하는 단계이며 CM업자는 전문가, 컨설턴트, 조언자의 역할을 수행하고 전문지식과 노하우를 이용한 소통절차(communication procedures)의 설정, 설계계약의 자문, 예산 설정, 사회적 기여도, 경제성, 목적물의 가치를 정확하게 평가하여 구체화한다.

① 사업기획의 지원과 사업성 검토
② 단계별 업무 추진계획과 master plan의 작성
③ 프로젝트 예산의 적정성과 총사업비의 확정을 검토
④ 설계업체의 선정업무 협조
⑤ 용역입찰 참가요청서의 작성
⑥ 업체의 수행능력을 평가
⑦ 설계업체의 계약체결 업무의 협조
⑧ 프로젝트 일정의 수립

⑨ 프로젝트 규모의 적정성 검토
⑩ 프로젝터의 이미지 개념 설정 지원
⑪ 기타 발주자의 요구사항 작성을 지원

2) 설계단계(Design phase)

설계단계에서는 설계자의 계약 조정관리, 리스크 평가, 도급관리의 역할을 하며 CM업자는 적절한 자격을 가진 설계회사를 발주자가 선정할 수 있도록 사전 자격(Prequalification)심사에 대한 조언과 기준 설정을 협조하여 발주자와 설계자간의 계약 체결이 이루어지게 지원한다. 이후에는 발주자의 의도를 구체화한 설계지침, 매뉴얼, 참고사항 등을 설계자에게 제시하며 설계기간의 단축을 관리하고 설계를 검토하여 최적 설계가 되도록 관리한다.

① 설계지침서에 따른 도서작성 여부의 검토
② 시공성 검토
③ 설계도서의 검토
④ 설계의 완성도 검토
⑤ VE(value engineering)를 통한 원가절감 활동
⑥ 예산과 설계상 내역의 적정성 검토
⑦ 공사일정, 기자재 구매일정의 작성
⑧ 설계자의 기성 검토
⑨ 설계 일정의 검토와 관리
⑩ 설계·시공의 병행(fast track)에 따른 설계의 조정(coordination)
⑪ 기타 계약서에 따른 용역 수행의 관리

3) 발주단계(Procurement phase)

발주단계에서는 시공자를 포함하여 외주업체를 선정하는 업무를 수행한다. 선정 절차는 발주자의 요구사항을 반영하여 공정하고 객관적으로 수행하며 발주자가 최선의 판단을 하도록 중간과정에 대한 수시 보고와 최종 보고를 한다.

① 입찰방안의 수립
② 사전 자격심사의 수행
③ 입찰관련 서류의 작성 지원
④ 입찰공고와 입찰서류의 배포
⑤ 입찰 사전회의의 주관과 현장 방문
⑥ 입찰참가 안내와 설명회
⑦ 입찰자의 질의에 대한 답변
⑧ 입찰내용의 분석

⑨ 입찰자의 비교 검토와 낙찰자를 건의
⑩ 시공계약 준비(일반사항과 요구조건)
⑪ 사업총괄 일정과 사업비 보고서의 갱신
⑫ 기타 발주자의 요구사항

4) 시공단계(Construction phase)

시공단계에서는 작업범위와 책임을 시공자에게 인식시키고 이에 대한 점검절차와 공사 진행 중에 공사비용을 줄일 수 있는 방안을 수립하여 발주자의 이익을 보호하도록 노력한다. 투입자원의 적정성 판단, 설계 변경의 처리, 인허가 관련 서류의 확인, 클레임의 발생을 최대한 억제하고 발생시에는 대책을 수립한다. 또한 보험, 보증에 관련된 업무를 처리하고 현장보고서의 작성과 시공자의 보고자료를 검토한다.

① 행정업무 처리와 보고
㉮ 착공계획의 수립과 준비
㉯ 시공 전에 회의 주관
㉰ 공사참여자의 협조를 위한 회의를 주관
㉱ 문서기록의 유지절차 수립과 시행
㉲ 시공자의 공정표 검토
㉳ 시공자의 기성청구서 검토
㉴ 기타 시공자의 요청사항 검토와 지시
㉵ 제출물 처리
㉶ 정보 요구에 대한 처리
㉷ 프로젝트 현황에 대한 보고회의를 주관

② 품질관리 감독의 책임과 요구사항 정의
㉮ 검사와 측량의 책임관계 정의
㉯ 품질관리계획의 검토와 시행
㉰ 안전관리계획의 검토와 시행
㉱ 계약서에 따른 감독업무의 시행
㉲ 감독결과 보고

③ 설계 변경의 관리
㉮ 설계 변경을 위한 자료 수립
㉯ 제안서 제출 요청서의 발부
㉰ 시공자의 제안서 검토

㉣ 원가계산의 관리
㉤ 원가영향의 분석
㉥ 시공자들과 원가와 공기의 협상
㉦ 설계변경 서류의 준비

④ 분쟁, 클레임의 관리
㉮ 시공자 클레임의 확정에 대한 검토
㉯ CM의 최종 결정사항 발부
㉰ 발주자와 시공자의 협상 타결을 위한 회의와 조정

5) 시공후 단계(Post construction)

시공후 단계에서는 시공자와 협력하여 운영시스템의 적절한 시험가동 일정을 수립하고 시공자와 협력하여 준공단계에서 각 시스템의 기능을 검사하고 시운전을 하여 결과를 보고한다. 잔여 업무항목을 작성하여 이의 시행을 시공자에게 지시하고 완료 여부를 확인하여 보고한다. 또한 CM업자는 공사의 준공, 정산과 관련하여 발주자를 지원하며 공사와 관련한 업무에 대한 최종보고서를 작성하여 발주자에게 보고하고 준공도서의 이관과 공사지의 작성을 위해서 발주자를 지원한다.

① 시운전
㉮ 시험가동 계획의 수행
㉯ 운영과 유지보수에 관련된 업무 매뉴얼의 검토
㉰ 사용에 관련한 훈련과 숙달 업무의 조정과 협의
㉱ 시험관련 업무 조정과 협의
㉲ 보수용 자재 준비에 관련한 업무의 조정과 협의
㉳ 운영에 관한 공개설명 업무의 조정과 협의
㉴ 설비 사용인가서의 획득

② 계약 완료단계
㉮ 준공도면의 처리
㉯ 각종 문서정리의 전달, 교육
㉰ 총사업비 요약보고서의 작성
㉱ 사업에 대한 전반적인 사후 평가
㉲ 최종보고서 작성

4 입찰방법

도급공사는 발주자가 유능하고 경험이 있는 시공자와 공사 도급계약을 체결하고 시공자가 공사의 계획, 운영, 관리를 담당하여 공사를 수행하게 하는 것이다. 그러므로 도급공사에서는 공사 시행에 대한 책임은 계약에 규정하는 범위 내에서 시공자가 지게 된다.
도급공사는 공사의 내용과 성격에 따라서 전체공사를 시공자와 도급계약을 하여 시행하는 일괄발주, 공사를 여러 개의 부분공사로 구분하여 각 부분 공사별로 시공자와 도급계약을 하여 시행하는 분할발주, 그리고 설계와 공사를 일괄적으로 시공자와 도급계약을 하여 시행하는 설계·시공 일괄발주 등의 방법이 있다.

(1) 수의계약

수의계약은 공사의 성격과 발주자의 사정으로 경쟁입찰의 실시가 불가능하거나 부적당한 경우에 발주자가 신뢰하는 특정한 시공자와 계약조건을 협의하여 계약을 체결하는 방법이다. 수의계약은 긴급을 요하는 공사로서 경쟁입찰의 절차를 따르면 많은 시간이 소요되는 경우, 보안을 필요로 하는 경우, 경험있는 시공자가 극소수인 경우, 현장의 여건상 특정 시공자가 공사를 수행하는 것이 편리한 경우에 채택하면 효과적이다.
수의계약은 시행이 편리한 반면에 협의과정에 담당자가 영향을 행사하여 발주자에게 불이익을 초래할 수 있는 위험이 있으므로 공공공사에서는 수의계약을 실시할 수 있는 경우를 엄격하게 제한하고 있다. 또한 수의계약은 계약에 필요한 도서가 완성되지 않아서 공사내용을 확정할 수 없고 단계적으로 시행하는 공사에 채택할 수 있는 장점이 있다. 수의계약은 주로 민간공사에서 채택하며 다수의 시공자와 개별적으로 협의하여 가장 유리한 조건을 제시하는 시공자와 계약을 체결하는 방법을 채택하면 경쟁입찰에서 기대할 수 있는 경쟁적인 조건을 확보할 수 있는 절충식으로 활용할 수 있다.

(2) 경쟁입찰계약

경쟁입찰계약은 다수의 시공자가 동일한 계약조건을 기준으로 하여 경쟁가격을 제안하므로 가장 낮은 공사가격을 확보할 수 있는 이점이 있다. 그러나 발주자가 입찰이 실시되기 전에 입찰에 참가하는 시공자에게 제시하는 설계도서와 계약조건을 포함하는 입찰서류를 작성하고 공고를 하여 입찰을 실시하는데 상당한 시간이 소요되는 단점이 있다.
경쟁입찰은 입찰참가자의 범위에 따라서 다음의 4가지 방법으로 시행할 수 있다.

1) 일반 경쟁입찰계약

경쟁입찰방법 중에서 가장 보편적인 것으로 입찰참가자의 범위가 널리 개방되어서 동일한 종류의 공사에 경험이 있고 규정된 자격이 있는 시공자는 모두 입찰에 참가할 수 있다. 시공자에게 균등한 기회가 주어지는 장점이 있지만 많은 입찰참가자가 입찰에 참가하므로 입찰준비를 위한 시공자의 일반관리비 부담이 증가하는 단점이 있다.

특히 최저입찰을 기준으로 낙찰자를 결정하는 경우는 과다경쟁으로 공사를 만족스럽게 수행할 수 없는 가격으로 공사를 도급하든가 공사를 수행할 수 없는 시공사가 도급하여 공사가 부실하게 되는 경우가 있다. 이것을 보완하기 위하여 예정공사 공사가격을 기준으로 어느 수준 이하의 입찰을 무효로 하던가 또는 입찰자의 업태자료를 참고하여 시공자의 실적, 능력, 경영상태, 입찰가격에 대한 종합평점제를 채택하는 것이 관례이다.

2) 제한 경쟁계약

일반 경쟁입찰에서 예상되는 불이익을 사전에 보완하는 방법으로 시공자의 실적, 능력, 경영상태에 따라서 입찰참가자의 범위를 제한하고 있다. 제한 경쟁입찰은 입찰 참가를 희망하는 시공자로부터 제출받은 자료를 심사하여 자격이 있다고 판정된 시공자만이 입찰에 참가하는 예비자격심사제도가 널리 채택되고 있으며 지역제한 경쟁계약, 군 제한 경쟁계약, 시공능력평가금액 제한경쟁계약, 실적 제한경쟁계약이 시행되고 있다.

3) 지명 경쟁계약

특수한 경험, 장비, 전문지식을 필요로 하는 공사이거나 소규모 공사에서 요건을 갖추었거나 입찰참가를 희망하는 시공자가 소수인 경우에 해당되는 시공자를 사전에 물색하여 입찰에 참가하도록 권유하는 방법이다. 지명 경쟁입찰을 공정하게 적용하면 가장 신뢰할 수 있고 이행이 확실한 시공자를 선정할 수 있지만 공공공사에서는 채택에 엄격한 제한을 두고 있다.

4) 대안입찰

대안입찰은 원안입찰과 함께 별도로 입찰자의 의사에 따라서 대안의 제출이 허용된 공사의 입찰이다. 대안은 정부가 작성하는 설계서 상의 공종에서 대체가 가능한 공종에 대하여 기본방침의 변경없이 정부설계와 동등 이상의 기능과 효과를 가진 방안으로 대체된 것으로 예정가격에 비하여 현저하게 유리하고 공사기간이 설계서의 기간을 초과하지 않는 공법으로 시공할 수 있는 것이다.

5 공사 도급계약

(1) 개요

건설공사의 도급계약은 공사 수행에 따른 조건과 계약당사자인 발주자와 시공자의 권리, 의무를 당사자 쌍방이 합의해서 명문으로 규정하고 계약이 확실하게 이행되지 않을 때에 법적인 강제력이 행사될 수 있도록 한 문서행위이다. 공사계약은 계약당사자간의 합의조건에 따라서 공사시공이 확실하게 수행되는 것이 목적이므로 다음의 요건이 갖추어져야만 계약이 법적효력을 가질 수 있다.

1) 계약은 2인 이상의 당사자가 있어야 하고, 당사자는 법적능력이 있는 개인 또는 법인이어야 한다.
2) 계약은 각 당사자에게 새로운 책무를 지우는 것이므로 책무의 내용을 명시하여 당사자가 책무를 이해할 수 있어야 하고 그 책무는 이행할 수 있어야 한다.
3) 계약에는 계약이행에 따르는 조건으로 반대급부와 지급방법, 계약이 유효한 기간 그리고 당사자 쌍방의 권리, 의무에 관한 상호의 합의사항을 명시해야 한다.
4) 계약이 합의된 대로 이행되지 않을 경우에 이행을 강제할 수 있는 합법적인 수단이 명시되어야 한다.
5) 계약은 관계 법규로 정한 형식과 절차에 따라서 체결되어야 한다.

(2) 계약의 형식

공사 도급계약은 여건에 따라서 경쟁입찰계약, 수의계약방식으로 체결할 수 있지만 공사대금을 결정하고 지급하는 방법에 따라서 정액계약(fixed price contract)과 실비 가산 보수계약(cost plus fee contract)으로 구분할 수 있다.

1) 정액계약

계약을 체결할 때에 공사금액을 결정하는 방법으로 입찰서에 산출내역이 없이 총액으로 제시하는 총액계약(lump sum contract)과 공종별로 제시된 수량에 단가를 적용하여 금액을 계산하는 내역계약(bill of quantities contract)이 있다. 총액계약은 공사기간 중에 공사내용의 변경, 노임과 자재단가 등의 물가변동이 예상되지 않는 경우와 소규모공사에 채택하고 있다. 총액계약에서 공사대금의 지급은 분할불, 일정불, 공사 준공 전후의 일시불 등의 방법으로 한다. 분할불은 장기공사에서 공종별로 금액을 배분한 내역서를 작성하고 정기적으로 각 공종에서 완성된 수량과 진도를 기준으로 기성율을 공종별 금액에 적용하여 계산된 금액으로 지급한다. 일정불은 기기류의 주문제작에서 기준 시점별로 미리 정한 지급률을 적용하여 계산된 금액으로 지급한다.

내역계약은 설계도서가 완벽한 경우에 활용하며 공사대금의 총액은 공종별 수량에 단가를 적용하여 계산된 금액을 합산하여 구하고 대금지급이 분할불인 경우는 정기적으로 공종별로 완성된 수량에 단가를 적용하여 계산된 금액을 부분 기성금액으로 지급한다. 공사기간 중에 설계변경으로 공사의 내용과 수량에 변경이 발생하거나 물가변동으로 단가의 변경이 있는 경우는 공사대금 총액을 조정한다. 내역계약과 유사한 형식으로 계약 체결시에 설계도서가 완비되지 않은 경우는 단가 또는 일위대가계약(schedule of rates and prices contract)을 적용한다. 예상할 수 있는 공종의 요율과 단가를 제시하여 계약을 체결하고 공종별로 완성된 수량에 해당 요율과 단가를 적용하여 기성금액을 계산하며 주로 수의계약에 적용한다.

2) 실비 가산 보수계약

실비 정산계약이라고도 하며 수의계약방식에 적용할 수 있는 형식이다. 실비는 현장에서 시공자가 공사를 수행하기 위하여 지출하는 실제비용으로 재료비, 노무비, 장비비, 현장경비 등의 모든 현장비용을 포함하며 발주자는 공사 진행에 따라서 시공자가 지출한대로 미리 정한 방법에 따라서 시공자에게 정산하여 지급한다.

실비 가산 보수계약에서는 발주자와 시공자간에 공기와 공사비에 대한 이해가 상반되므로 실비로 정산하는 현장비용에 포함되는 구체적인 항목과 시공자에게 지급하는 보수금과 지급방법은 쌍방이 만족할 수 있도록 사전에 결정하여 계약에 명시하는 것이 필요하다.

보수는 시공자의 관리비에 해당하고 시공자의 일반관리비와 적정한 이익을 포함하며 정기 또는 부정기적으로 미리 정한 금액과 방법으로 시공자에게 지급한다.

실비 가산 보수계약에서는 주어진 공사의 내용과 범위에 의하여 사전에 목포 공기와 목표 공사비를 결정하지만 공사의 성격과 시공자의 능력에 따라서 최종적인 공기와 공사비에 변동이 있을 수 있으므로 계약을 체결할 때에 시공자에게 지급할 보수는 다음의 여러 방법에 의하여 적용한다.

① 실비 가산 정액 보수계약(Cost plus a fixed sum fee contract)

정액 보수계약은 계약을 체결할 때에 예상되는 공기와 공사비를 예측하여 시공자의 보수를 정액으로 결정하는 방법으로 공사의 내용과 범위가 확정적이고 공기와 공사비의 변동이 예상되지 않는 경우에 채택한다.

② 실비 가산 정률 보수계약(Cost plus a fixed percentage fee contract)

정률 보수계약은 실제로 발생된 현장비용에 일정한 보수율을 적용하여 보수를 결정하는 방법으로 공사 수량과 공사비에 많은 변동이 예상되는 경우에 채택한다.

③ 실비 가산 변동 보수계약(Cost plus a variable premium contract)

변동 보수계약은 위의 두 방법의 절충식으로 공기의 단축과 현장비용을 절감하기 위한 장려조건을 미리 정하고 공사가 완료되었을 때에 미리 정한 목표 공기와 목표 공사비를 기준으로 하여 실제의 공기와 현장비용에 따라서 보수를 조정하여 지급하는 방법이다.

6 시공관리

(1) 개요

시공관리의 목적은 공사를 보다 신속하게, 보다 싸게, 보다 안전하게 시공하기 위한 것이므로 품질, 공정, 원가, 안전의 네 가지 요소를 종합적으로 검토하여 시공계획에 반영하는 것이 중요하다. 이러한 시공의 4대 관리는 각각 유기적으로 적당한 균형을 유지하도록 관계를 조정해야 한다.

표. 시공관리의 4대 목표

공사요소	목 표	시공관리
안 전	안전하게	안전관리
품 질	좋 게	품질관리
공사기간	빠 르 게	공정관리
경 제 성	저렴하게	원가관리

품질, 공정, 원가관리는 시공의 목적을 달성하기 위하여 기본적으로 필요한 3대 관리기능이며, 세 개의 관리기능은 독립된 것이 아니라 공사경영이라는 하나의 테두리 안에서 관련성을 가지고 있다.
품질관리와 공정관리가 잘 이루어지면 원가관리가 잘 되고 원가관리에 따른 품질관리와 공정관리의 효과도 증가하고 있다.

(2) 공정관리

건설공사에서 공정관리는 작업공정에 의한 관리이며 가장 중요한 것은 발주자가 요구하는 공기 내에 소정의 설계도서에 상응하는 구체적인 결과물을 창출하는 것이다. 계획된 작업일정과 공사의 실행예산에 따라서 계획공기 내에 공사를 완료하기 위하여 계획, 관리, 통제를 하는 것이다.
공정관리시스템은 과거의 자료와 현장경험이 풍부한 사람들의 경험에 의존하여 오다가 미국에서 CPM/PERT 네트워크기법이 개발된 1957~1958년부터 실용화하기 시작하였고 국내에서는 70년대부터 해외공사를 중심으로 본격적인 활용이 되었으며 현재에도 공사관리의 과학적인 관리를 위한 방법으로 네트워크기법을 통한 전산 공정관리가 활발하게 사용되고 있다.

1) 공정관리의 정의

공정관리는 인원 등의 필요한 생산수단과 구성단계를 거쳐서 경제적이며 합리적인 계획을 수립하고 통제하여 작업계열을 합리화하는 관리기술이다.

공정관리의 기능은 크게 계획(planning), 실시(operating), 통제(inspecting)의 3가지로 구분할 수 있으며 공사의 기본자원인 5M(자재, 장비, 인력, 공사비, 공법)을 가장 효율적으로 계획, 운영하여 공기 내에 최소비용으로 가장 안전하게 최고의 품질을 완성할 수 있도록 하는 공사관리의 총체적인 과정이다.

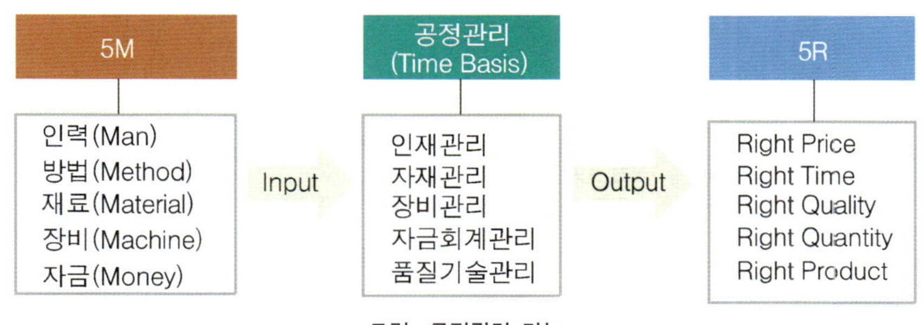

그림. 공정관리 기능

2) 공정관리의 목적

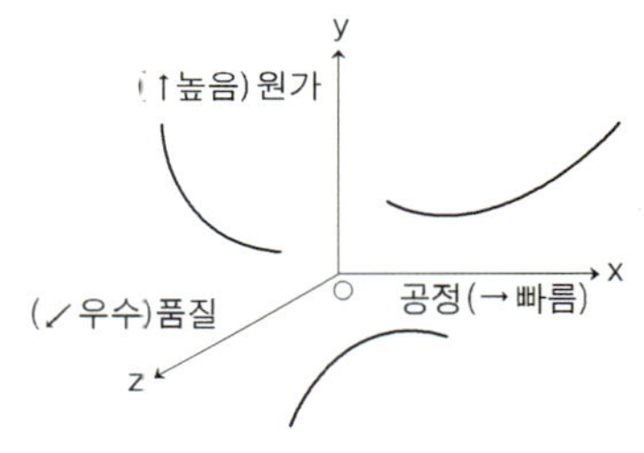

그림. 시간, 품질, 비용의 관계

건설업은 다른 산업과 비교할 때에 특수한 여건으로 인하여 표준화가 어려워서 체계적인 공사관리가 어려운 특성이 있다. 특히 최근의 건설업은 대형화, 복잡화, 첨단화되는 추세에 있으므로 재래식 관리방식에서 벗어나 체계적이고 과학적인 공정관리기법의 적용이 요망되고 있다. 건설업의 공정관리는 기획에서 시공, 인도까지 공사 수행상의 많은 변동요인이 있어서 지속적인 공정관리가 이루어지지 않으면 공기 지연, 공사원가의 상승, 품질 저하, 신뢰도 저하 등이 발생할 수 있다. 프로젝트의 전 과정을 예정된 공기 내에 최소의 비용으로 높은 품질의 완성물을 인계하는 것이 중요하므로 공사수행 중에 공정, 원가, 품질의 관계를 적절하고 합리적으로 배분해야 한다.

3) 공정관리의 역할

공정관리는 정해진 공사비용과 기간 내에서 최적의 비용과 공기로 공사를 수행하여 발주자에게 최적의 품질로 공사 완성물을 양도하기 위해서 체계적으로 일정과 비용을 관리하는 기법이다. 즉 공정관리는 공사관리의 일부분이며 공사관리에서 차지하는 공정관리의 역할은 다음과 같다.

공정관리는 현장조건과 공사 계약조건에 따라서 많은 변동요인이 있으므로 다음 사항을 고려해야 한다.

① 공정의 합리화로 공기의 준수와 단축

② 합리적 일정계획으로 작업간의 유기적인 연결

③ 주기적 진도관리로 지연 공정의 조기 발견과 대책을 수립

④ 최소의 자원 투입과 최대의 가동률로서 원가를 절감

⑤ 실효성있는 전산화를 위한 표준 공사정보의 활용

⑥ 내역과 공정을 연계하여 공정관리의 효율성을 증대

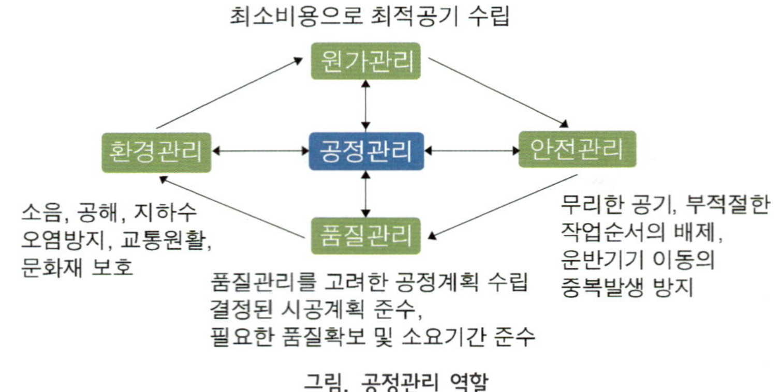

그림. 공정관리 역할

4) 공사 단계별 공정관리

① 예비계획단계

㉮ 공사조건의 검토 : 계약조건, 현장조건 등의 검토
㉯ 시공계획의 수립 : 총 공기의 추정, 개략 공사비의 계산
㉰ 공종 분류체계의 작성 : 공정과 비용내역 활용의 공사 분할체계 작성
㉱ 계획 공사비의 내역 작성 : 공정 항목별로 실행예산을 작성
㉲ 마스터 스케줄(master schedule) 작성 : 주요 공정별로 일정표를 작성

② 공정계획단계

㉮ 공정관리의 전산화 : 공사 규모, 성격에 의한 soft ware의 선정과 활용성 검토
㉯ 계획 공정표 작성 : 공정별 수순과 추정공기에 의한 공정표의 작성
㉰ 공정표 조정 : 가용 자원량에 의한 공기, 공정의 순서를 조정
㉱ 자원 할당 : 자원의 동원가능 수준과 공정별 여유기간에 의한 공사 일정의 조정
㉲ 공사 정보체계의 구성 : 공사 단계별로 발생 정보를 정보중심으로 활용
㉳ 베이스 라인(Baseline) 일정의 확정 : 초기 계획공정표의 일정계산
㉴ 재무관리 : Cash flow 분석에 의한 분기별로 예상 수지를 계산

③ 공사 실시와 통제단계

㉮ 진도관리 : 주기별 진척상황의 보고
㉯ 지연공정의 처리 : 자원의 추가 투입 또는 공정 수순의 조정에 의한 지연공기의 만회
㉰ 내역·공정 연계 진도관리 : 진도지수, 공기편차, 비용편차 등에 의한 비용과 일정의 연계 관리
㉱ 수정 공정표의 작성 : 잔여 일정에 대한 수정 공정표의 작성
㉲ 원가관리 : 분기별 실행예산의 과다, 초과 지출을 검토

④ 공사정보의 흐름도

공사 단계별로 정보의 유통은 예비계획 단계부터 공정계획, 실시단계까지 발생하는 각종 정보의 흐름이 다음과 같다.

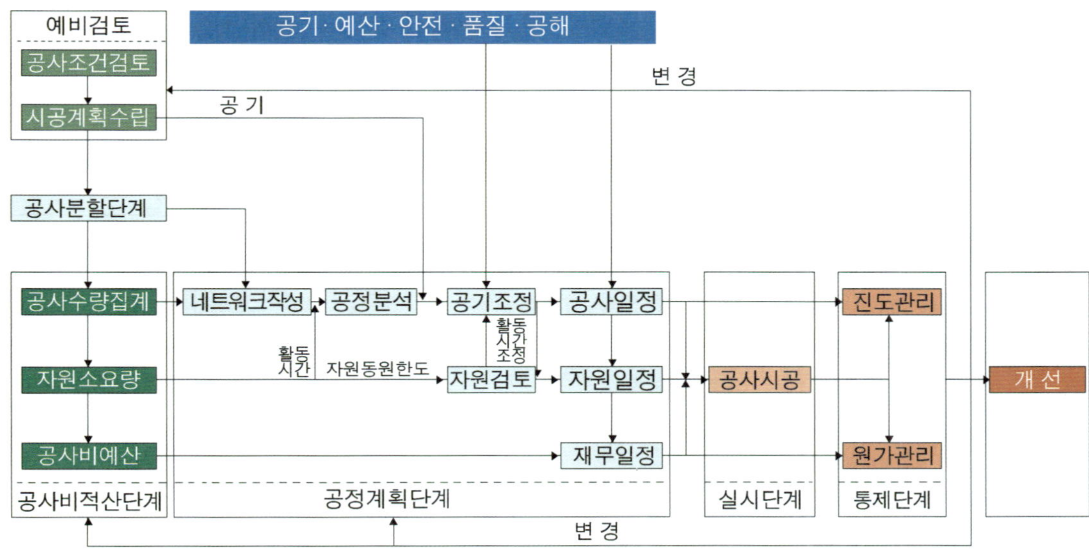

그림. 공사정보의 흐름도

5) 공정관리 기법

① Gantt chart(Bar chart)

1930년대에 미국의 H.L.Gantt가 고안하였으며 도표 상에 횡방향의 막대그래프를 이용하여 작업의 시작과 종료를 나타내므로 시각적으로 분명하고 전체적인 공사일정의 파악이 용이하지만 작업의 연결관계가 분명하지 않아서 주 공정선의 파악이 곤란하다.

그러나 바차트는 소요 공기와 각 작업의 소요일수가 명확하고 공정표 작성이 용이하여 소규모공사의 공정관리에 많이 이용되고 있다.

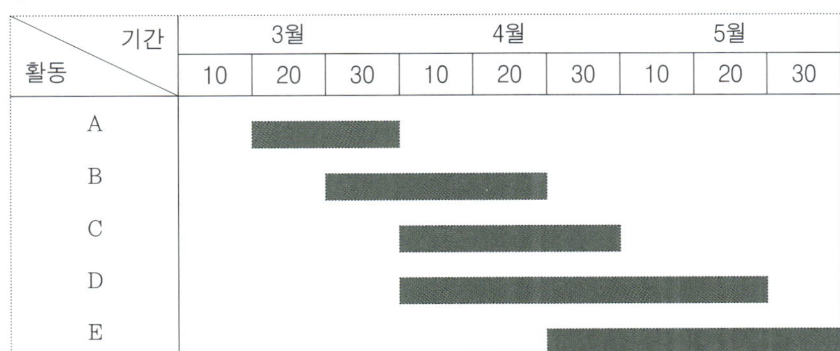

그림. Gantt Bar chart

② 사선식 공정표(기성고 공정표)

작업의 관련성을 나타낼 수 없지만 공사 기성고의 표시에 편리한 공정표이며 세로축에 공사량 등을 표시하고 가로축에는 월, 일수 등의 일정을 나타내어 공사의 진행상태(기성고)를 수량적으로 나타낸다.

각 부분공사의 상세한 진도를 나타내는 부분 공정표에 적합하고 전체적인 경향과 시공속도를 파악할 수 있으며 예정과 실적의 차이를 쉽게 파악할 수 있다. 개개 작업을 조정할 수가 없으므로 보조적 수단으로 사용한다.

③ 진도관리곡선(바나나곡선)

공사일정의 예정과 실시한 상태를 그래프에서 비교하여 공정진도를 파악하는 진도관리곡선은 예정 진도곡선을 그려서 상부 허용한계와 하부 허용한계를 설정한다.

㉮ A점 : 예정보다 많이 진척되었으나 허용한계선 밖에 있으므로 비경제적인 시공이 되고 있다.

㉯ B점 : 예정대로 진행되므로 동일한 속도로 공사를 진행한다.

㉰ C점 : 하부 허용한계를 벗어나서 지연되므로 공사를 촉진시켜야 한다.

㉱ D점 : 허용한계선보다 위에 있지만 지연이 우려되므로 공사를 더욱 촉진해야 한다.

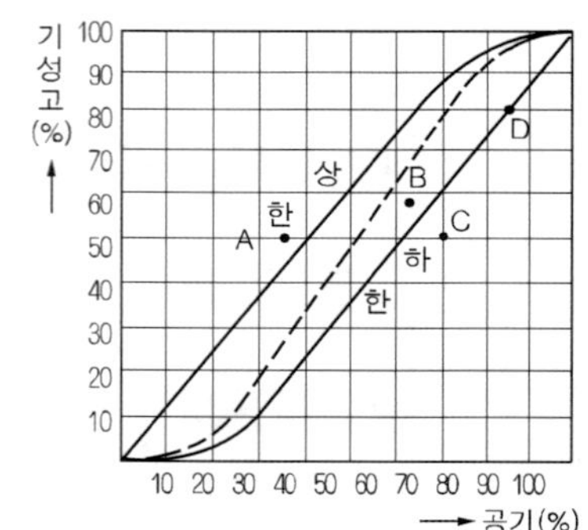

그림. 진도관리곡선

④ Net work 공정표

각 작업의 상호관계를 네트워크로 표현하는 수법으로 CPM(critical path method)기법과 PERT(program evaluation & review technique)기법이 대표적으로 사용되고 있다.

네트워크 공정표는 전체 공사계획과 공사 전체의 파악이 용이하고 각 작업의 흐름을 분해하여 작업의 상호관계가 명확하게 표시되므로 공사의 진행상태를 쉽게 파악할 수 있다.

6) Net work 공정표의 종류

Net work 공정표는 종류에 따라서 다른 특성을 갖고 있지만 실제로는 기법의 종류에 관계없이 장점만을 취하여 사용하고 있다.

① PERT(Program Evaluation & Review Technique)

PERT는 작업의 소요시간을 산정할 때에 정상적인 시간(t_m), 비관적인 시간(t_p), 낙관적인 시간(t_o) 등의 3가지로 산정하여 기대시간을 산정하므로 경험이 없는 신규 사업과 비반복사업에 적용한다.

② CPM(Critical Path Method)

CPM에서 작업 소요시간은 경험에 의한 한 번의 시간 추정을 하고 공기 설정은 최소비용의 조건으로 최적공기를 구하는 MCX(minimum cost expediting)이론이 포함되어 있다.

표. PERT와 CPM의 비교

구분	PERT	CPM
개발 배경	· 1958년 미 해군 Polaris 핵잠수함의 건조계획 시에 개발	· 1956년 미국 Dupont사에서 연구 개발
주 목적	· 공기 단축	· 공사비 절감
주 대상	· 신규 사업, 비반복사업 : 경험이 없는 사업	· 반복사업 : 경험이 있는 사업
소요시간 추정	· 3점 추정 $T_e = \dfrac{t_o + 4t_m + t_P}{6}$	· 경험에 의한 시간추정(1점 추정) $T_e = t_m$
일정계산	· 결합점(event) 중심 TE, TL	· 활동(activity) 중심 EST, EFT, LST, LFT
여유시간	· Slack	· Float : TF, FF, DF
MCX(최소비용)	· MCX 이론이 없음	· CPM의 핵심 이론

7) Net work 공정표 작성

① Net work의 용어

Net work공정표는 결합점(event), 액티비티(activity), 더미(dummy)로 구성되고 그 역할은 다음과 같다.

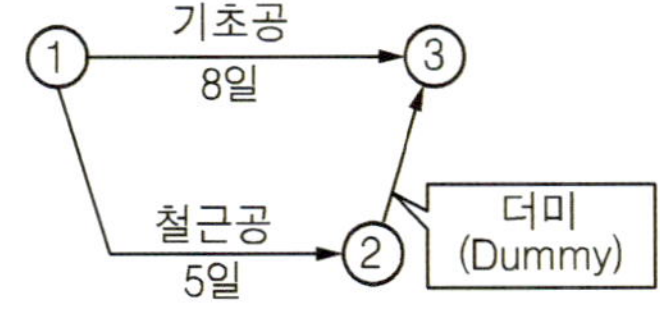

㉮ Activity(작업, 활동)

전체공사를 구성하는 개별 단위작업이며 시간, 자원 등의 요소가 필요하고 화살형(→)으로 표시하며 일반적으로 작업명은 위에 소요일수는 아래에 나타내고 화살선의 길이는 작업 소요일수와 관계가 없다.

㉯ Event(결합점, node)

작업의 종료와 개시, 다른 작업과의 연결점을 나타내며 event에 번호를 붙여서 작업명을 나타내고 시간이나 자원을 필요로 하지 않는다.

① → ② → ③

㉰ Dummy(더미, 의미상 활동)

작업 상호간의 연결 관계만을 나타내는 시간과 물량이 없는 명목상 작업활동을 의미한다. 소요시간은 0(zero)이고 점선 화살표(⇢)로 표시한다. Numbering dummy는 논리와는 관계없이 작업의 중복을 피하기 위한 dummy이고 logical dummy는 작업의 선후관계를 규정하는 명목상 작업이다.

② Net work의 작성 원칙

㉮ 공정원칙 : 모든 공정은 대체 공정이 아닌 각 작업별로 독립된 공정으로 반드시 수행되어야만 공사가 완료될 수 있다.

㉯ 단계원칙 : 어느 단계로 연결된 모든 작업이 완수될 때까지 그 단계에서 후속되는 모든 작업은 그 시점에서 발생할 수 없다.

㉰ 활동원칙 : 모든 작업 활동과 각 작업의 논리적 순서관계와 유기적 연관관계를 확보하기 위하여 필요한 명목상 활동(dummy)까지도 포함하여 작업간의 관계로서 이루어지게 된다.

㉱ 연결원칙 : 공정표에서의 각 단계는 작업들 간의 관계로서 네트워크가 모두 연결되어 있어야 한다.

③ 네트워크 공정표 작성의 기본규칙

㉮ 작업의 시작점과 끝점은 event로 표시되어야 하고 event와 event의 사이에는 하나의 activity만 존재해야 한다.

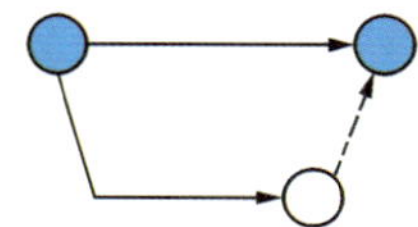

㉯ 결합점(event)에 들어오는 선행작업이 모두 완료되지 않으면 그 결합점에서 나가는 후속작업은 시작할 수가 없다.

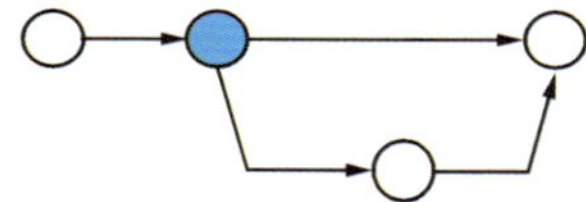

㉰ 네트워크의 최초 개시 결합점과 최종 종료 결합점은 하나씩이어야 한다.

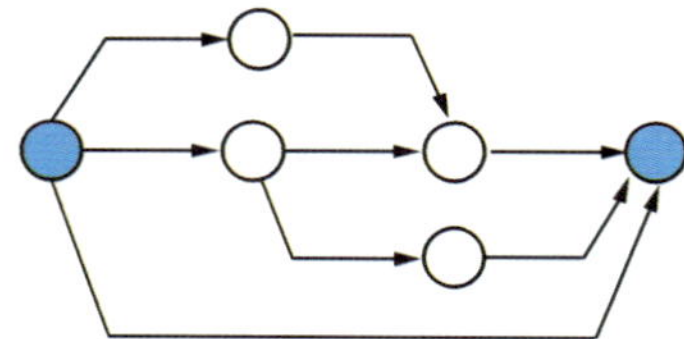

㉱ 네트워크에서 작업을 표시하는 화살선은 역진 또는 회송되서는 안 된다.

㉲ 작업의 상호간 교차는 가능한 한 피해야 하지만 부득이한 경우는 교차할 수도 있다.

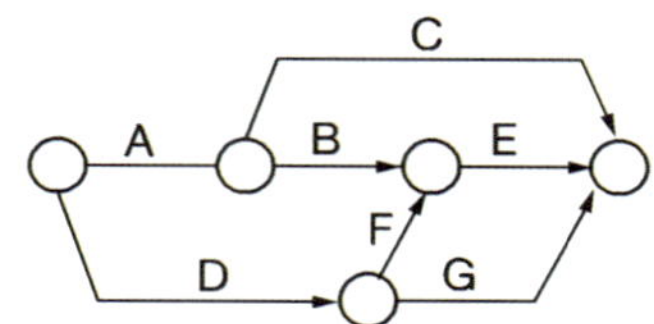

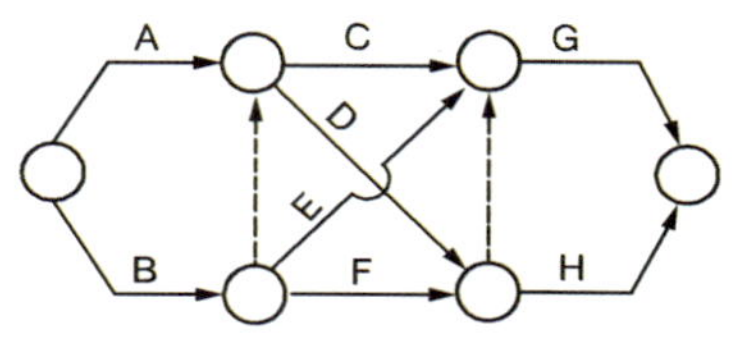

㉳ 무의미한 더미(dummy)는 피한다.

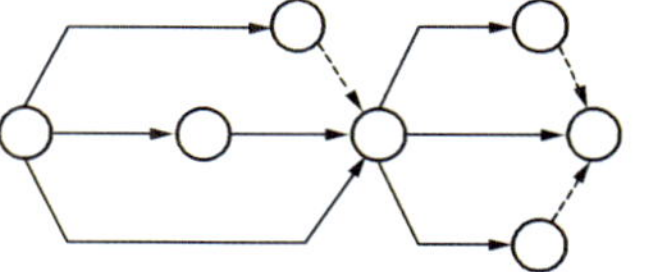

공정표의 작성은 가급적이면 더미를 넣지 않고 공정표를 그린 다음에 네트워크를 작성하는 원칙 중의 활동원칙에 따라서 결합점과 결합점사이에 작업이 중복될 때는 더미를 삽입한다.

표. Network의 용어와 기호

용어	기호	내용
활동(job, activity)		프로젝트를 구성하는 최소 작업단위
더미(dummy)		화살표형 네트워크에서 정상표현을 할 수 없는 작업 상호 관계를 표시하는 화살표
결합점(node, event)		화살표형 네트워크에서 작업과 작업을 연결하는 점(개시점, 종료점)
소요공기(duration)	D	작업의 수행에 필요한 시간
조기 시작시간 (earliest start time)	EST	각 작업에서 그 작업을 시작할 수 있는 가장 빠른 시간
조기 종료시간 (earliest finish time)	EFT	가장 빠른 종료시간으로 작업을 끝낼 수 있는 가장 빠른 시간
만기 시작시간 (latest start time)	LST	각 작업에서 그 작업을 시작할 수 있는 가장 늦은 시간
만기 종료시간 (latest finish time)	LFT	가장 늦은 완료시간으로 공기에 영향이 없는 범위에서 작업을 가장 늦게 종료하여도 좋은 시간
결합점 시간(node time)		화살표형 네트워크에서 시간계산이 된 결합점 시간
가장 빠른 결합점 시간 (earliest node time)	ET	최초의 결합점에서 대상의 결합점에 이르는 경로 중에서 가장 긴 경로를 통하여 가장 빨리 도달되는 결합점 시간
가장 늦은 결합점 시간 (latest node time)	LT	임의 결합점에서 최종 결합점에 이르는 경로 중에서 가장 긴 경로를 통하여 가장 늦게 도달되는 결합점 시간
주공정(critical path)	CP	시작 결합점에서 종료 결합점에 이르는 가장 긴 경로
여유(float)		작업의 여유시간
총여유(total float)	TF	작업을 EST로 시작하고, LFT로 완료할 때에 생기는 여유시간
자유여유(free float)	FF	작업을 EST로 시작하고, 후속작업을 EST로 시작하여도 존재하는 여유시간
간섭여유(dependent float)	DF	다른 작업에 전혀 영향을 주지 않고 그 작업만으로 소비할 수 있는 여유시간

④ 네트워크 공정표의 일정계산(예제)

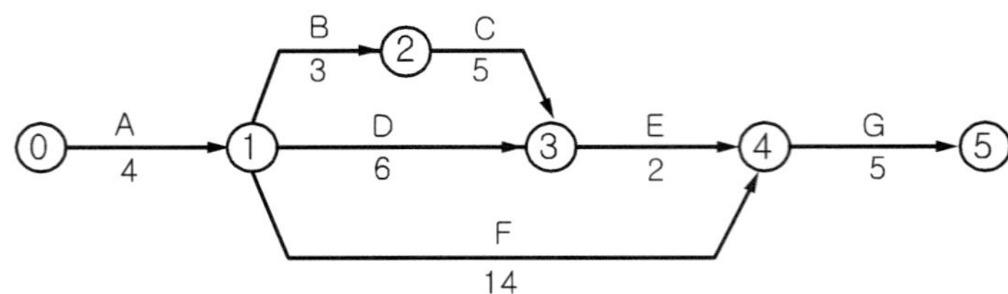

㉮ 조기 시작시간(EST), 조기 종료시간(EFT)의 계산

㉠ 작업의 흐름에 따라서 전진계산(좌에서 우로)을 한다.

㉡ 최초 작업의 EST는 0이다. 즉 A작업(0 - ①)의 EST = 0이다.

㉢ 어느 작업의 EFT는 EST에 소요 일수를 더하여 구한다.
A작업(0 - ①)의 EFT = A의 EST + A의 소요 일수 = 0 + 4 = 4일

㉣ 각 결합점에서 선행작업이 완료되어야만 후속작업을 시작할 수 있다.
①번 결합점에서 개시되는 B, D, F작업은 A작업이 완료되어야 하고 A의 가장 빠른 완료시간(EFT)이 4일이므로 B, D, F의 EST는 4일이다.

㉤ 복수의 작업에서 후속되는 작업의 EST는 복수의 선행작업 중에서 EFT의 최대값이 된다.

ⓐ E의 EST는 C와 D의 EFT값 중에서 큰 값인 12일

ⓑ G의 EST는 E와 F의 EFT값 중에서 큰 값인 18일

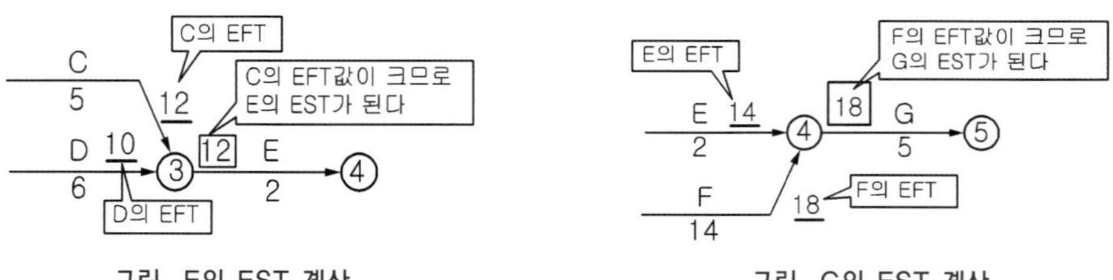

그림. E의 EST 계산

그림. G의 EST 계산

㉥ 최종 결합점에서 끝나는 작업의 EFT 최대값이 전체공사의 소요기간이다.

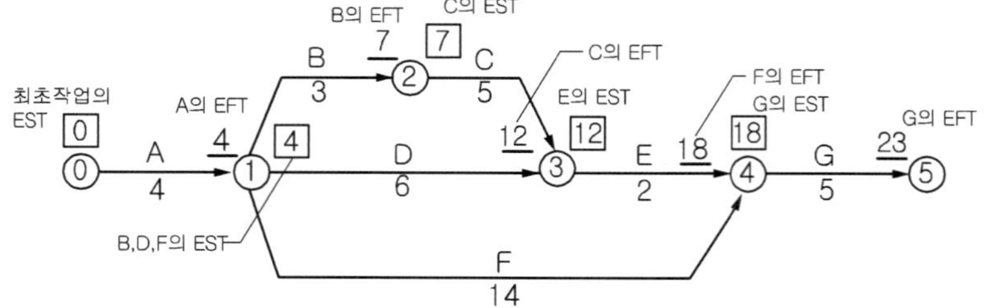

ⓐ 전체공기는 G의 EFT값이 23일이며 이와 같이 계산된 공기를 계산공기(T)라고 하고 미리 지정되어 있는 공기를 지정공기(T_o)라고 한다.

ⓑ $T_o < T$: 지정공기가 계산공기보다 작으므로 공기 단축이 필요하다.

ⓒ $T_o > T$: 지정공기가 계산공기보다 많으므로 여유가 있다.

㉦ EST, EFT의 일정계산 List

작업명	소요일수	EST		EFT	
A	4	0	최초작업	4	EST+소요일수=0+4
B	3	4	A의 완료 후에 개시되므로 A의 EFT와 같다	7	4+3
C	5	7	B의 완료 후에 개시되므로 B의 EFT와 같다	12	7+5
D	6	4	A의 완료 후에 개시되므로 A의 EFT와 같다	10	4+6
E	2	12	C와 D의 완료 후에 개시되므로 C와 D 중에서 EFT가 큰 값으로 한다.	14	12+2
F	14	4	A의 완료 후에 개시되므로 A의 EFT와 같다	18	4+14
G	5	18	E와 F의 완료 후에 개시되므로 E와 F 중에서 EFT가 큰 값으로 한다.	23	18+5

㉧ 결합점을 중심으로 보면 선행작업의 EFT와 후속작업의 EST는 항상 같으므로 일정의 계산시에 하나로 묶어서 나타내면 간편하고 이와 같이 결합점을 중심으로 계산한 값을 ET(earliest time)라고 한다.

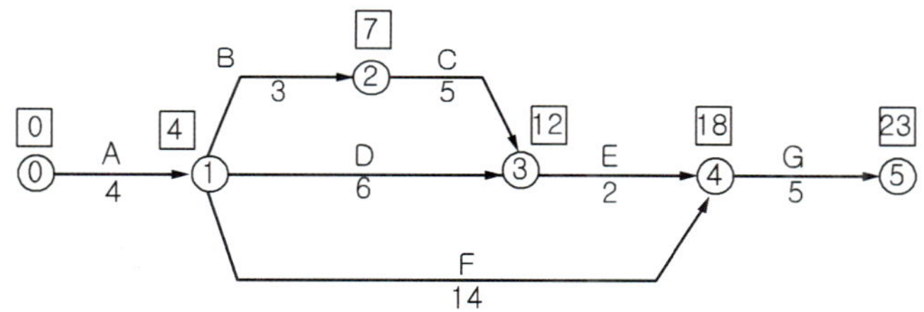

그림. 각 결합점의 ET 값

EST = 개시 Event의 ET 값

EFT = EST + 소요일수

㉯ 만기 시작시간(LST), 만기 종료시간(LFT)의 계산

㉠ 최종 공기에서부터 역진으로 계산하며 최종작업의 LFT는 공기와 같다.

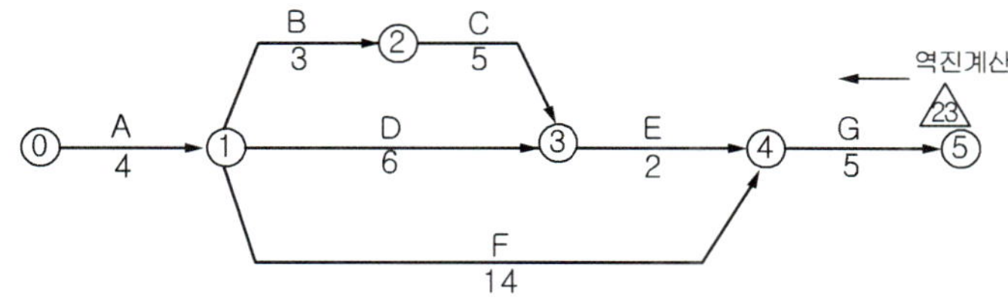

그림. G작업의 LFT = 23

㉡ 어느 작업의 LST는 LFT에서 소요 일수를 감하여 구한다.

G작업의 LST = 23 – 5 = 18일

㉢ 각 결합점의 후속작업에 대한 LST는 그 결합점의 앞에 있는 선행작업의 LFT이다.

E와 F의 LFT = G의 LST = 18일, 즉 E와 F의 가장 늦게 끝나도 좋은 시각은 G가 가장 늦게 시작하여도 좋은 시각이 된다.

㉣ 복수작업에 선행되는 작업의 LFT는 후속작업의 LST 중에서 가장 작은 값으로 한다.

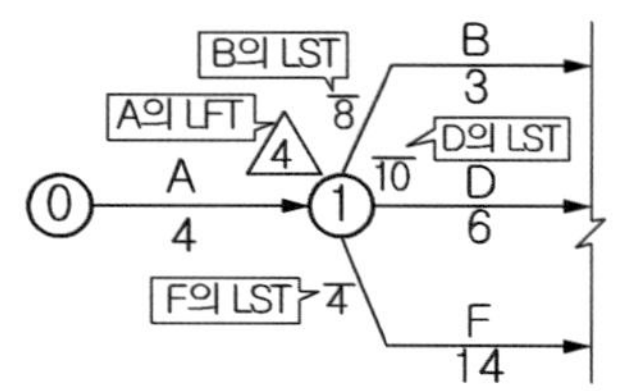

A의 LFT는 B, D, F의 LST 중에서 가장 작은 값(F의 4)이 된다.

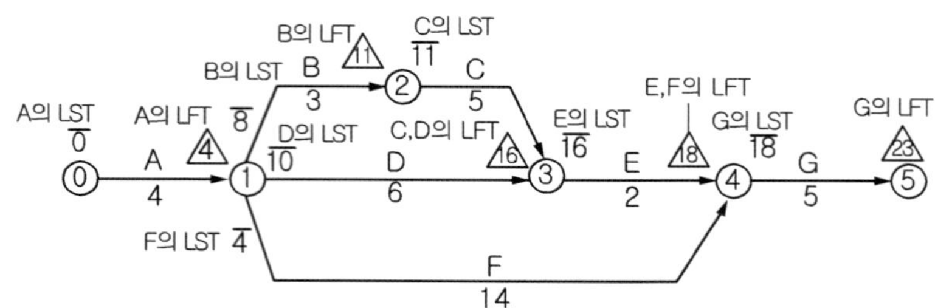

㉤ LST, LFT의 일정계산은 역진으로 계산하므로 뒤에서 부터 작성한다.

작업명	소요일수	LST		LST	
G	5	23	공기와 같다.	18	EFT−소요일수=23−5
F	14	18	G의 LST는 E와 F의 LFT가 된다.	4	18−14
E	2	18		16	18−2
D	6	16	E의 LST는 C와 D의 LFT가 된다.	10	16−6
C	5	16		11	16−5
B	3	11	C의 LST와 같다.	8	11−3
A	4	4	B, D, F의 LST중에서 가장 작은 값이 A의 LFT가 된다.	0	4−4

㉥ 결합점을 중심으로 하면 후속작업의 LST와 선행작업의 LFT는 항상 같으므로 일정 계산시에 하나로 묶어서 나타내면 간편하고 이러한 결합점을 중심으로 계산한 것을 LT(latest time)라고 한다.

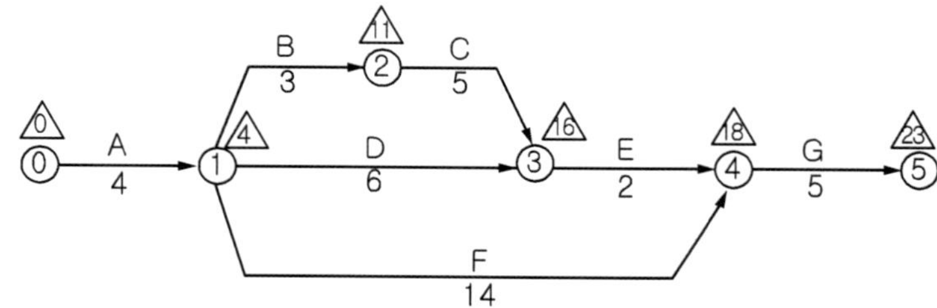

그림. 각 결합점의 LT 값

㉰ EST, EFT와 LST, LFT의 표시

㉠ 결합점 중심의 ET, LT(PERT방식)를 표시한다.

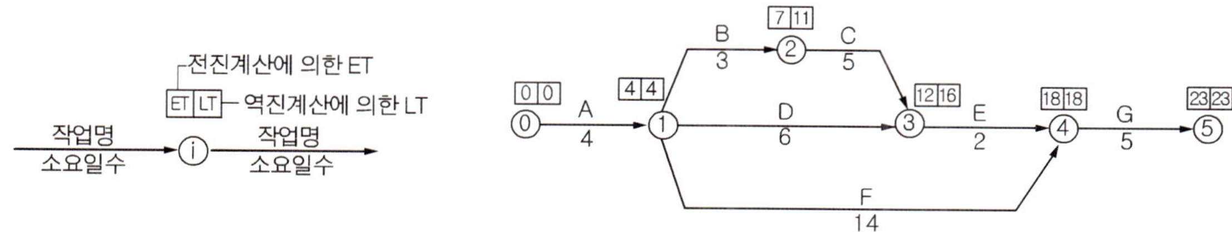

㉡ 작업 중심의 EST, EFT, LST, LFT표시(CPM방식)

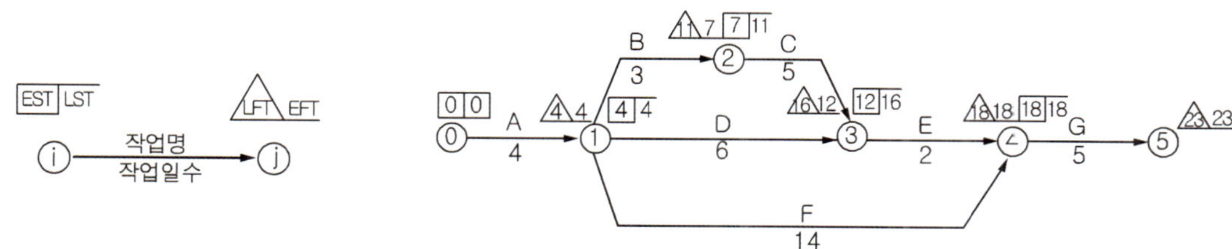

㉱ 주공정선(C.P. : Critical Path)

최초작업의 시작에서 최종작업의 완료에 이르는 경로 중에서 소요일수가 가장 긴 경로를 주공정선이라고 하고, 주공정선은 하나만 있을 수도 있고 둘 이상일 수도 있다. 이 주공정선에 해당되는 경로는 여유가 zero(0)이므로 어느 한 작업만 지연되어도 전체공기가 지연된다. 따라서 주공정선 경로에 해당되는 작업을 중점적으로 관리해야 한다.

⑤ 네트워크 공정표의 여유시간 계산

㉮ 여유시간의 계산(Float computation)

한 공사의 각 활동은 조기 시작시간과 만기 종료시간의 사이에 종료되어야 하고 활동이 이러한 관계 내에서 완료된다면 공사는 예정된 준공시간 내에 종료하게 된다. 이들 두 한계시점의 차이가 한 활동에 소요되는 시간을 초과하면 그 활동의 시작 전이나 종료 후에 여유시간이 있는 것을 여유시간(float time)이라고 한다.

㉠ 전체 여유시간(TF : Total Float)

여러 활동시간 중에서 가장 중요하며 한 활동이 공사의 예정 준공기간을 연장시키지 않고 지연될 수 있는 여유시간이다. 전체 여유시간은 한 활동의 만기 종료시간에서 그 활동의 조기 시작시간을 빼고 다시 소요일수를 뺀 것이 된다. 작업을 EST로 시작하고 LFT로 완료할 때에 생기는 여유시간은 TF = LFT − (EST+소요일수) = LFT − EFT이다.

㉡ 자유 여유시간(FF : Free Float)

작업을 EST로 시작하고 후속작업이 EST로 시작하여도 존재하는 여유시간을 자유 여유시간이라고 하고 FF = 후속작업의 EST − 그 작업의 EFT이다.

㉢ 종속 여유시간(DF : Dependent Float) : 후속작업의 전체 여유시간에 영향을 미치는 여유시간이며 전체 여유시간과 자유 여유시간의 차이다(DF = TF − FF).

㉯ TF, FF, DF의 계산(예제)

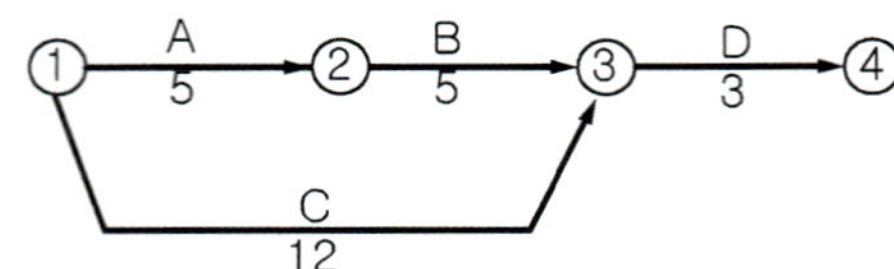

㉠ 결합점 시각을 구하고 각 작업별로 EST, EFT, LST, LFT를 구한다.

㉡ 주공정선(C.P)을 굵은 선으로 표시하여 TF=0인 경로를 구하고 주공정선이 아닌 모든 경로의 여유시간을 구한다.

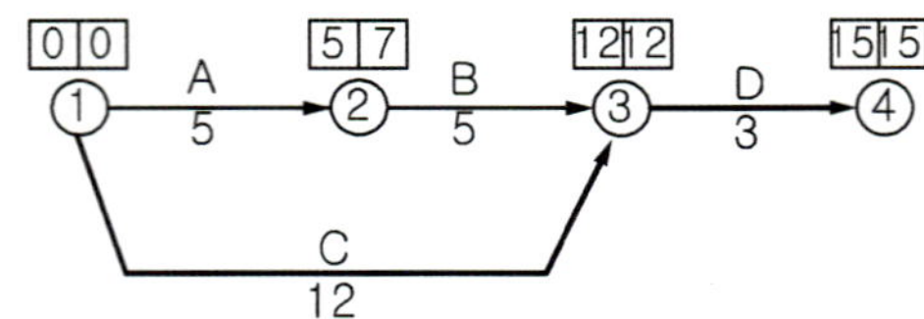

작업명	소요일수	EST	EFT	LST	LFT
A	5	0	5	2	7
B	5	5	10	7	12
C	12	0	12	0	12
D	3	12	15	12	15

㉢ 주공정선인 C, D작업의 여유는 zero(0)이므로 A와 B작업에 대한 여유를 구한다.

A작업
- TF = LFT − EFT = 7 − 5 = 2
- FF = 후속작업의 EST − 그 작업의 EFT = 5 − 5=0
- DF = TF − FF = 2 − 0=2

B작업
- TF = LFT − EFT = 12 − 10 =2
- FF = 후속작업의 EST − 그 작업의 EFT = 12 − 10 =2
- DF = TF − FF = 2 − 2=0

㉣ 일정계산 List

작업명	EST	EFT	LST	LFT	TF	FF	DF	C.P.
A	0	5	2	7	2	0	2	
B	5	10	7	12	2	2	0	
C	0	12	0	12	0	0	0	*
D	12	15	12	15	0	0	0	*

㉰ 자유여유(FF)

D의 선행작업은 B와 C이므로 D작업은 B와 C가 모두 완료되어야 시작할 수 있다. 따라서 B작업의 가장 빠른 종료시각이 10일이 되어도 C작업이 끝나는 12일까지는 D작업을 시작할 수 없다.

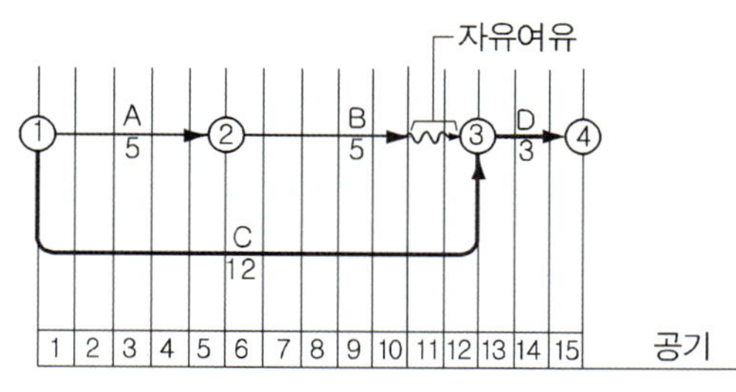

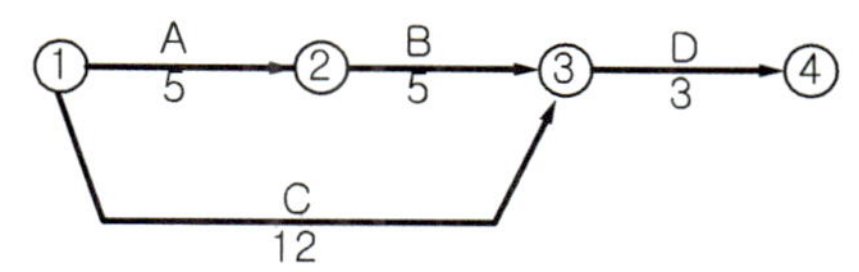

그림. 자유여유

이때에 B에 생기는 여유는 D작업의 시작과 관계없는 여유이므로 자유여유(free float)라고 한다.
자유여유는 어느 종료 결합점 앞의 선행작업이 두개 이상인 경우에만 생기게 된다.
②번 결합점 앞의 선행작업은 하나만 존재하므로 FF는 0이다.
③번 결합점 앞의 선행작업은 B와 C이며 B의 EFT는 10일, C의 EFT는 12일이므로 B작업을 마치고 D작업이 시작할 때까지 생기는 여유 2일은 자유여유이다.

㉣ 종속여유(DF)

A와 B작업은 C작업이 완료될 때까지 2일의 여유가 있다.
따라서 A작업의 가장 늦은 시작시간(LST)은 2일이 되며 A의 전체여유는 2일이다.
그러나 만일 A작업에서 여유일 만큼 늦어지게 되면 B의 여유는 없어진다. 이와 같이 후속작업에 영향을 주는 여유를 종속여유(dependent float)라고 한다.

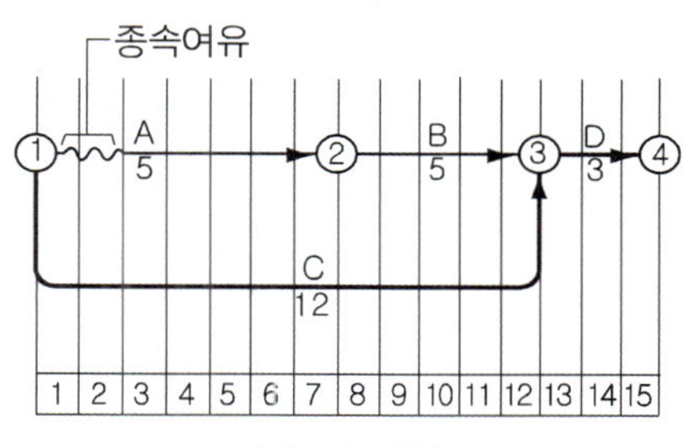

그림. 종속여유

㉤ 전체여유(TF)

전체여유는 각 작업에서 LFT – EFT이므로 A에서 2일 B에서 2일로 표시된다.
그러나 A에서 2일은 종속여유이고 B에서 2일은 자유여유이므로 A와 B경로에서 존재하는 실제여유는 2일이 된다.

⑥ 비용경사(Cost slope)

㉮ 비용경사 : 작업을 1일 단축할 때에 추가되는 직접비용

$$\text{비용경사} = \frac{\text{특급비용} - \text{표준비용}}{\text{표준시간} - \text{특급시간}} \text{(원/일)}$$

㉠ 특급비용(Crash cost) : 공기를 최대한 단축할 때의 비용
㉡ 특급시간(Crash time) : 공기를 최대한 단축할 수 있는 가능한 시간
㉢ 표준비용(Normal cost) : 정상적인 소요일수에 대한 비용
㉣ 표준시간(Normal time) : 정상적인 소요시간

㉯ 비용경사의 계산(예제)

작업명	정상(normal)		특급(crash)		비용경사 (cost slope)
	시간(time)	비용(cost)	시간(time)	비용(cost)	
A	5일	120,000원	5일	120,000원	㉠
B	6일	60,000원	4일	90,000원	㉡
C	10일	150,000원	5일	200,000원	㉢

㉠ A작업은 표준(정상)일수와 특급일수가 같으므로 단축이 불가능한 작업이다.

㉡ B작업의 비용경사

$$\text{비용경사} = \frac{90{,}000\text{원} - 60{,}000\text{원}}{6\text{일} - 4\text{일}} = 15{,}000\text{원/일}$$

1일 단축시마다 15,000원의 비용이 추가되는 것으로 계산한다.

㉢ C작업의 비용경사 $= \dfrac{200{,}000\text{원} - 150{,}000\text{원}}{10\text{일} - 5\text{일}} = 10{,}000\text{원/일}$

⑦ 최소 비용에 의한 공기단축(MCX : Minimum Cost Expediting)

정상적인 계획에 의해 수립된 공기가 지정공기보다 길거나 작업의 진행 도중에 지연으로 총 공기의 연장이 예상되는 경우는 공기단축이 필요하다. 이때에 공기를 단축하기 위해서는 먼저 공사비가 증가되지 않고 총 공기를 단축할 수 있는가를 먼저 검토하여 비용이 추가로 소요될 때는 최소경비로 공기가 단축되도록 한다.

㉮ 최소 비용에 의한 공기단축

㉠ 단축경로가 단일 경로인 경우는 A와 B 중에서 단축시에 추가비용이 적은 것부터 단축한다.

① —A 5→ ② —B 5→ ③

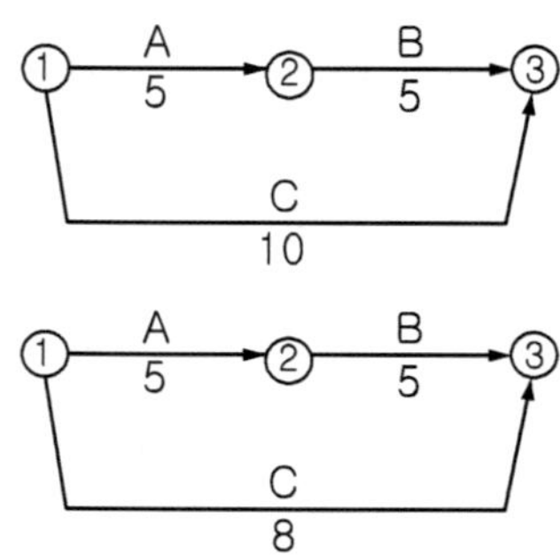

㉡ 단축경로가 병행작업인 경우는 1일을 단축하기 위해서는 A와 C 또는 B와 C에서 동시에 단축해야 하므로 A와 C 그리고 B와 C에서 단축하였을 때에 추가비용이 최소인 것부터 단축해 나간다.

㉢ 단축경로가 병행작업으로 공기가 다른 경우는 A, B경로의 공기는 10일이고 C경로의 공기는 8일이므로 만약, 공기를 2일 이내로 단축하는 경우는 C경로는 단축 대상작업이 아니다. 만일 공기를 3일간 단축한다면 우선 2일간은 A, B경로에서 최소비용으로 먼저 단축시키고 다음은 A와 C 또는 B와 C중에서 최소비용을 찾는다.

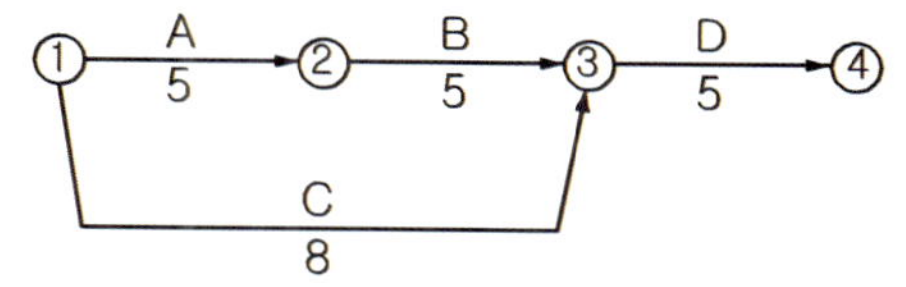

㉣ 단축경로가 병행경로와 단일경로가 혼합되어 있을 때는 A-B-D는 공기가 15일이고, C-D경로는 소요일수가 13일이다. 만약 공기를 2일 이내로 단축한다면 A-B-D의 경로만 고려하면 된다. 그러나 3일의 공기를 단축한다면 A-B-D경로에서 3일, C-D경로에서 1일을 단축해야 한다. 이 경우에도 D에서 단축비용이 최소가 된다면 C-D경로는 12일이 되어 단축경로가 아니므로 나머지 단축은 A, B, D경로에서만 최소비용으로 하면 된다.

㉯ 공기단축의 순서

㉠ 주공정선(C.P.)을 구하고 공기단축은 주공정선상의 작업들을 대상으로 실시한다.

㉡ 작업별 여유(전체여유, TF)를 구한다.

㉢ 각 작업별로 단축이 가능한 일수와 비용경사를 구한다.

단축 가능일수 = 표준공기-특급공기

$$비용경사 = \frac{특급비용 - 표준비용}{표준시간 - 특급시간}$$

㉣ C.P.의 작업 중에서 비용경사가 최소인 작업을 우선적으로 1일씩 단축해 나간다.

㉤ 이때는 sub-path의 여유에 주의한다.

단축과정에서 여유를 가진 sub-path의 작업이 C.P.의 작업에서 공기를 단축하므로 가지고 있던 여유가 줄게 된다. 따라서 sub-path가 C.P.가 될 경우를 대비하여 단축해 나간다.

㉥ Sub-path가 C.P.가 되면 전체 C.P.에 대하여 단축을 고려한다.

8) PMIS(Project Management Information System)

건설 PMIS는 건설 프로젝트의 생애주기(life cycle)와 건설관리업무의 범위, 참여 주체 등을 고려하여 「건설 프로젝트 life cycle의 해당 단계에서 다양한 건설관리업무의 처리와 의사 소통을 위한 것으로 시공사의 현장과 본사 조직에서 주로 사용하는 정보의 수집, 처리, 저장, 배포 등의 기능을 수행하는 개별 정보시스템들의 집합체」로 정의할 수 있다.

① 개요

PMIS는 과학적인 공정관리기법을 바탕으로 계획을 수립하고 실적을 분석하여 시설물의 성공적인 완성과 효율적인 운영을 위하여 건설프로젝트의 life cycle인 기획단계에서 유지관리단계까지 발주자, 사업관리자, 건설사업자, 설계자, 감리자 사이의 정보흐름을 원활하게 관리하여 경영에서 합리적인 의사 결정을 할 수 있도록 과학적이고 체계적인 관리절차시스템을 구축하는 것이다.

② PMIS의 구성과 기능

PMIS는 발주자, 사업관리자, 건설사업자가 목적물의 성공적인 건설을 위하여 공사에 관련된 각종 정보를 종합화하여 공유하는 것으로 건설사업자가 실무 데이터를 처리하고 사업관리자와 발주자가 요약된 정보를 조회, 심사, 승인할 수 있도록 구성된 시스템으로 다음의 핵심요소를 가지고 있다.

㉮ 공정관리

공정관리는 시공단계에서 시공의 안전, 품질의 확보, 공사비의 절감을 위하여 공정을 계획하고 통제하는 방법과 활동이다. 공정관리는 건설 프로젝트 수행에 필요한 인력, 자재, 장비, 원가 등의 자원에 대한 관리업무를 한정된 시간, 예산범위, 요구되는 품질의 목적물을 생산하기 위한 모든 행위에 공통의 시간개념(time table)을 제공하고 통제하는 관리활동을 수행한다.

공정관리는 핵심적인 건설사업관리의 기술이므로 프로젝트 수행에 관련된 정보를 통합하고 프로젝트 참여자와 의사 결정자에게 신속하게 제공하여 적시에 의사 결정을 하도록 지원한다. 공정관리시스템은 프로젝트의 모든 작업을 관리하는 것으로서 계획의 수립부터 진행과정, 진행 결과에 대한 분석, 평가, 보고 등의 모든 처리과정이 관리대상이 된다.

㉠ 총괄 사업일정표(master plan)
㉡ 주요 공정일정표(milestone)
㉢ 건설관리공정계획표(project control schedule)
㉣ 상세 공정계획표(working schedule)
㉤ 종합 진도 현황
㉥ 인원과 장비의 투입 현황
㉦ 작업별 공정현황
㉧ 공종별 물량현황
㉨ 일일작업, 주·월간 작업현황
㉩ 공정 사진
㉪ 진도 곡선

㉯ 품질관리

품질관리는 품질계획, 품질보증, 품질통제를 포함한 모든 공정의 관리기능을 포함한다. 품질관리시스템은 품질관리의 현황 자료를 데이터베이스화하여 그래픽으로 분석하거나 현장에서 공종별 하자상태를 분류하여, 현장관리와 공사 완공 후에 하자의 원인 분석과 관련업체의 평가자료로 활용한다.

㉠ 품질관리계획(quality management plan)
㉡ 품질과 관련된 시공성과 VE 검토
㉢ 품질관리보고서의 작성과 기록 보관
㉣ 품질확보를 위한 공기 검토와 확정
㉤ 시공자의 품질 감독과 품질보증 활동계획의 점검

ⓑ 품질관리 실적의 검토와 평가서 작성
ⓢ 평가서에 의한 최종보고서와 건의서 작성

㉰ 원가관리
원가관리시스템은 공정관리와 연계하여 각종 공사정보를 활용하고 일위대가는 자재코드, 직종코드, 경비, 장비를 중심으로 구성한다.
㉠ 표준품셈체계에 의한 일위대가관리
㉡ 공정관리에 따른 기간별 비용의 예측
㉢ 공사비 현황을 조회하여 보고서 작성
㉣ 설계변경에 의한 증가 공사비의 변동 현황
㉤ 협력업체에 대한 기성지급 현황
㉥ CBS(cost breakdown system)작성 현황
㉦ 공사비 집행 현황

㉱ 자재관리
자재관리시스템은 현장과 본사의 자재코드를 단일화하여 효율적이고 체계적인 관리시스템을 구축하여, 자재의 입고부터 출고까지의 흐름을 정확하게 파악할 수 있게 한다.
㉠ 일별, 월별자재의 소요량 파악
㉡ 공종별 자재의 소요량 파악
㉢ 자재청구서 등의 자재에 관련한 모든 서식
㉣ 자재검수 현황에 따른 파손, 훼손자재를 파악하고 조치사항을 확인
㉤ 자재의 현장 불출 확인
㉥ 잉여자재의 환수와 처리 현황
㉦ 파손되고 훼손된 자재의 원인을 파악하여 다음 공사에 이용
㉧ 현장재고관리에 의한 적절한 구매계획의 수립
㉨ 자재의 품명, 규격관리, 자재의 특성과 성격별 분류
㉩ 공기에 영향을 주는 주요자재의 중점 관리체계 구성

㉲ 설계, 문서관리
설계관리는 통일된 설계기준의 수립과 이행으로 설계에 대한 전반적인 관리책임, 설계업무와 관련된 기능들에 대한 효율적인 관리를 위한 특정 관리기술의 개발과 조사, 그리고 설계 실무경험을 가진 구성원의 능력관리에 대한 개선을 포함한다. 설계관리는 설계자의 의사를 시공단계의 현장 실무자가 공유하며 문서관리는 프로젝트 도중에 발생하는 시방서, 도면, 각종 서신과 기록을 체계적으로 관리하고 공기와 공사비에 큰 영향을 주는 문서를 중심으로 시스템을 구축한다.
㉠ 설계작업 프로그램
㉡ 설계작업에 관련된 일들의 예산 배분과 일정관리

㉢ 설계 정보시스템의 관리
㉣ 설계변경의 현황
㉤ 표준도면의 data base 구축
㉥ 수발신문서의 현황 파악과 수발신 절차
㉦ 문서 보관과 운영체계의 code화
㉧ 주제별 이력관리
㉨ 회의록
㉩ Claim에 대비한 사전자료의 구축
㉪ 관리대상별로 나누어서 문서 관리체계, 설계자료 관리체계, 공급자 자료관리체계, 현장 시공자료의 관리체계, 기록관리체계 등으로 구분

㉳ 계약, 구매관리

계약, 구매관리는 계획한 예산 범위에서 프로젝트기간 내에 작업 가능성, 자격조건, 경쟁력, 자재의 품질, 참여 관심도에 따라서 최적의 입찰자를 선정하는 것이다.

㉠ 전체사업의 계약 현황
㉡ 계약별 특수사항의 진술
㉢ 낙찰자 선정을 위한 주요 사항 기재보고서 작성
㉣ 보험관련 서류, 참여기술자 진술서 등의 요구사항에 대한 계약서류 확보
㉤ 입찰공고와 낙찰 현황
㉥ 하도사별 계약 현황
㉦ 거래처 현황관리

㉴ 안전, 환경관리

안전, 환경관리시스템은 안전, 환경분야의 자료현황을 데이터베이스화하여 그래픽자료로 조회분석이 가능하도록 구축한다.

㉠ 안전관리계획서
㉡ 공구별 안전관리 현황
㉢ 월별 안전관리 현황
㉣ 정기적인 안전보고서
㉤ 재해현황
㉥ 사고의 원인별 조사 분석
㉦ 안전교육프로그램의 수행절차
㉧ 환경관리계획서와 환경관리절차서
㉨ 환경교육과 훈련절차
㉩ 환경관리검사와 점검보고서

(3) 품질관리

품질관리는 1924년 미국의 전기회사에서 좋은 품질을 만들기 위하여 관리도라는 통계적 수법을 발표하면서 시작되었다. 한편 건설업의 품질관리는 제조업체보다 20여년 늦게 도입되었으며 QC에서부터 TQM까지 변화되어 왔다. 초기에는 품질관리의 목표가 검사(inspection)에서 시작되어 사전계획이라는 기능을 추구하다가 최근에는 경영관리로 발전하여 품질관리를 생산자의 입장에서 불량품을 제거하는 방식에서 고객 입장의 품질보증으로 진전되는 발전과정을 가지게 되었다. 품질관리는 KS규격에서 「수요자의 요구에 합치하는 품질의 제품을 경제적으로 만들어내는 모든 수단을 채용하고 있으며, 특히 통계적 품질관리라고 부르기도 한다.」라고 정의하고 있다.

건설공사의 품질관리는 안전관리, 공정관리, 원가관리와 함께 공사의 4대 관리의 하나이며 그 목표는 계약조건, 설계도서에 명시된 기준을 충분히 만족시킬 수 있는 시설물을 가장 경제적으로 시공하는 것이므로 면밀한 계획과 성실한 실행이 이루어져야 효과를 낼 수 있다. 효과적인 품질관리를 위해서는 시공 중의 관리와 공사관리의 기본이 되는 시공계획의 단계에서 충분한 검토가 필요하다.

1) 품질관리의 발전과정

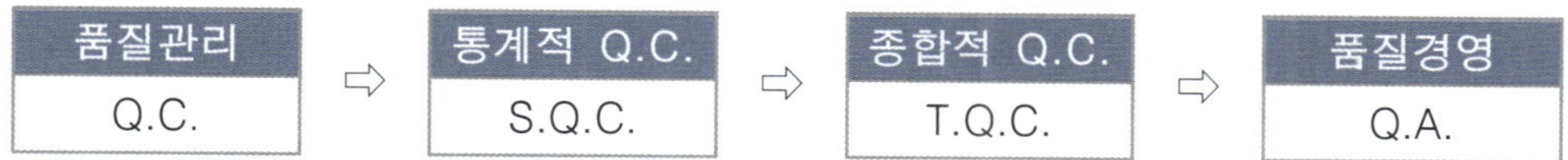

① 품질관리(Q.C. : Quality Control)

품질 요구사항을 충족시키는데에 사용되는 운영상의 기법과 활동으로 경제적인 효과를 달성하기 위하여 품질 루프의 모든 단계에서 공정을 감시하는 것과 불만족스러운 수행성과의 원인을 제거하는 것을 목적으로 하는 운영상의 기법과 활동을 포함하며 품질관리와 품질보증은 서로 관련이 있다.

② 품질보증(Q.A. : Quality Assurance)

어떤 실체가 품질 요구사항을 충족시킬 것이라는 적절한 신뢰감을 주기 위하여 품질시스템에서 실시되고 필요에 따라서 실증되는 모든 계획적이고 체계적인 활동이며 품질 요구사항이 사용자의 요구를 충분히 반영하지 못하면 품질보증은 신뢰감을 줄 수 없게 된다.

③ 통계적 품질관리(S.Q.C. : Statistical Quality Control)

QC에서 요구되는 표준을 얻거나 표준에 도달하는 방법으로 통계적 기법을 사용하고 QC의 중요한 수단 중의 하나이다.

④ 종합적 품질관리(T.Q.C. : Total Quality Control)

Project life cycle의 단계별, 개별적인 품질은 경영주에서 현장작업자에 이르기까지 하나의 라인으로 구성되어야만 원하는 품질을 효율적으로 얻을 수 있으므로 전 직원이 전사적으로 품질관리에 참여하는 것이다.

⑤ 품질경영(Q.M. : Quality Management)

품질방침, 목표와 책임을 결정하고 품질시스템에서 품질계획, 품질관리, 품질보증, 품질개선과 같은 수단에 의하여 이들을 수행하는 전반적인 경영의 모든 활동을 의미한다. 품질경영은 경영의 모든 계층의 책임이며 최고경영자가 이끌어야 하고 품질경영에는 경제적 측면이 고려되어야 한다.

표. 품질관리(Q.C.)와 품질경영(Q.M.)의 차이점

구 분	품질관리(Q.C.)	품질경영(Q.M.)
경영 이념	기업 이익	고객 만족
경영 목표	제품과 공정의 불량 감소	제품, 공정, 설계, 업무, 사람 등을 포함하는 총체적 품질 향상
위주	공급자 위주	구매자 위주(고객 중시)
개념	품질규격을 만족시키는 실시기법과 활동	품질방침에 따라서 실시하는 모든 부분의 총체적 활동
품질 책임	생산현장 중심의 QC 전문가	최고경영자, 관리자, 작업자
동기	기업 자체의 필요성에 의하여 자율적으로 추진	ISO에서 국제 규격으로 정해져 있으며, 강제성은 없으나 구매자가 요구하면 이행
사고	생산 중심적, 제품 중심적인 사고와 관리기법을 강조	고객지향의 기업문화와 구성원의 행동의식 변화
관리기술	S.Q.C.	QC, IE, VE 등의 필요한 관리기술을 총체적으로 활용

2) 품질관리의 순서

① 관리 사이클(Cycle)

㉮ 계획(Plan) : 목표를 달성하기 위한 계획을 설정한다.

㉯ 실시(Do) : 설정된 계획에 따라서 실시한다.

㉰ 검토(Check) : 실시된 결과를 측정하여 계획과 비교하여 검토한다.

㉱ 조치(Action) : 목표와 검토 결과의 차이가 있으면 수정한다.

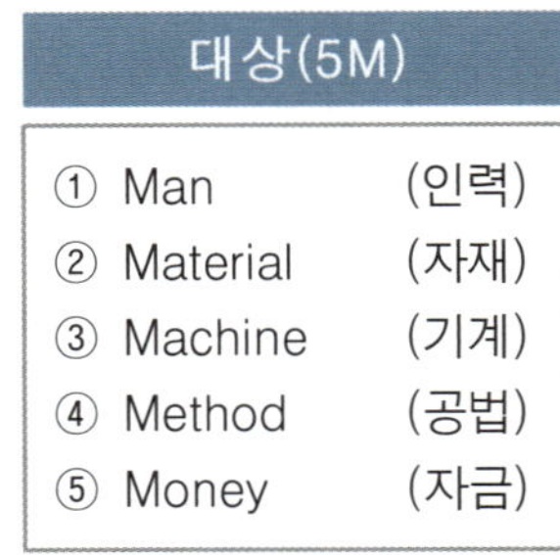

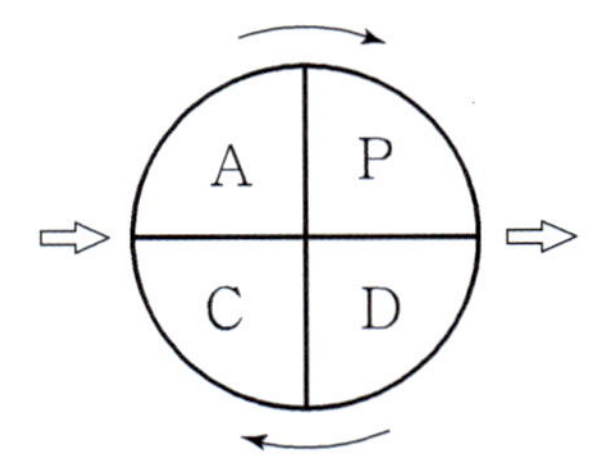

생산목표(5R)

Right product
Right time
Right quality
Right price
Right quantity

그림. 품질관리 Cycle

② 건설공사의 품질관리 순서

㉮ 품질관리 항목의 선정

㉯ 품질기준(표준)의 설정

㉰ 작업기준(표준)의 설정

㉱ 품질, 작업기준에 대한 교육과 작업의 실시

㉲ 품질시험, 조사와 기준에 대한 확인

㉳ 공정의 안정성 점검

㉴ 이상 원인의 조사와 수정 조치

㉵ 관리한계선의 재결정

3) 통계적 품질관리(S.Q.C)

통계적 품질관리(statistical quality control)는 보다 유용하고 시장성이 있는 제품을 경제적으로 생산하기 위하여 생산의 모든 단계에 통계적인 수법을 응용한 것이다.

① 측정치의 통계 특성

㉮ 산술평균($\bar{x}$)

평균값은 다음 식에 의하여 구하고 원 데이터보다 한자리 아래까지 구한다.

$$\bar{x} = \frac{x_1 + x_2 + \cdots + x_n}{n} = \frac{\sum x_i}{n}$$

㉯ 중위수($\tilde{x}$)

데이터를 크기 순서로 재배열하였을 때에 중앙에 위치한 값으로 메디안(median)이라고도 한다. 이때에 데이터가 짝수이면 가운데 두 값을 평균한 값이 중위수가 된다.

㉰ 범위(R) : 범위(range)는 데이터의 최대치와 최소치의 차이이다.

$$R = x_{max} - x_{min}$$

㉱ 변동(S)

편차제곱의 합이며 각 측정 데이터와 평균치와의 차(편차)를 제곱하여 더한 값이다.

$$S = (x_1 - \bar{x})^2 + (x_2 - \bar{x})^2 + \cdots + (x_n - \bar{x})^2 = \sum (x_i - \bar{x})^2$$

㉲ 분산(Variance : σ^2)

평균 편차제곱의 합이며 편차제곱의 합을 데이터의 수로 나누어서 데이터 1개의 산포 크기로 표시한 것이다.

$$\sigma^2 = \frac{S}{n} = \frac{\sum (x_1 - \bar{x})^2}{n} = \frac{\sum x_i^2}{n} - \overline{x^2}$$

㉥ 표준편차(Standard deviation : σ)

분산의 제곱근으로 데이터 1개당의 산포를 평균치와 같은 단위로 나타낸 것이다.

$$\sigma^2 = \sqrt{\frac{S}{n}} = \sqrt{\frac{\sum(x_1 - \bar{x})^2}{n}} = \sqrt{\frac{\sum x_i^2}{n} - \overline{x^2}}$$

㉦ 변동계수(Coefficient of variation : C.V.)

표준편차(σ)를 평균치($\bar{x}$)로 나눈 값으로 백분율로 표시한다.

$$CV = \frac{\sigma}{x} \times 100(\%)$$

☞ **변동계수와 품질관리상태**

변동계수	품질관리상태
10% 이하	매우 우수
10~15%	우수
15~20%	보통
20% 이상	불량

㉧ 변동계수와 품질관리 상태의 판단(예제)

콘크리트 구조물공사에서 4개의 콘크리트 공시체에 대한 압축강도가 각각 194kgf/cm², 200kgf/cm², 210kgf/cm², 220kgf/cm²인 경우에 콘크리트의 변동계수와 구조물의 품질관리상태는 다음과 같이 판단할 수 있다.

㉠ 평균 : $\bar{x} = \frac{194 + 200 + 210 + 220}{4} = 206(\text{kgf/cm}^2)$

㉡ 표준편차 : $\sigma = \sqrt{\frac{170,136}{4} - 206^2} = 9.9$

㉢ 변동계수 : $CV = \frac{9.9}{206} \times 100 = 4.8\%$

㉣ 따라서 변동계수가 4.8%로 10% 이하이므로 품질관리상태가 매우 우수하다.

4) 품질관리의 7가지 도구

품질관리에서 사용되는 관리방법은 통계적 방법과 표준화이며 품질관리가 누구나 이해하기 쉽고 실무적으로 정리하여 보급하기 위한 통계적수법의 전체가 되는 간단하고 유효한 방법을 활용하고 있다. 문제 해결을 위한 데이터의 수집과 정리에 품질관리(QC)의 7가지 기본 도구를 사용하며 주로 수집된 데이터를 요약하여 시각적으로 표현하는 형태로 문제의 현상 파악단계와 원인 분석단계에서 효과적으로 활용할 수가 있다.

① 파레토도(Pareto's graph)

파레토도는 층별 요인과 특성에 대한 불량 점유율을 나타낸 그림으로 가로축은 층별 요인과 특성, 세로축은 불량건수와 불량 손실금액 등을 표시하여 그 점유율을 나타낸 불량 해석 도이다.

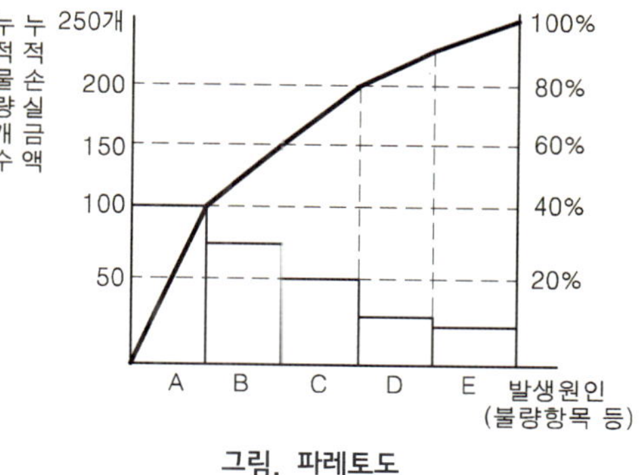

그림. 파레토도

파레토도는 어떤 범주에 속하는가를 나타내는 계수형 자료의 간단한 도수분포 또는 히스토그램이며 사용자가 시각적으로 가장 높은 빈도를 보이는 결점의 유형을 쉽게 확인할 수 있다. 파레토도는 가장 중요한 결함을 자동적으로 확인하는 것이 아니라 가장 높은 빈도를 보이는 결함을 알려주는 것이다.

파레토도는 데이터(불량, loss, claim)를 항목별로 분류하여 크기의 순서대로 막대그래프와 누적 꺾은선그래프로 나타낸 것이다. 따라서 파레토도에 의해서 불량, 결점, 고장 등이 어떤 항목에 문제가 있는가하는 경향이 어느 정도인지를 파악할 수 있다.

② 특성 요인도

특성 요인도는 문제로 하고 있는 특성과 요인의 관계, 요인 간의 상호관계를 쉽게 이해할 수 있도록 화살표를 이용하여 나타낸 그림으로 개괄적인 문제 분석과 작업관리에 사용하는 분류 정리형, 세밀한 문제의 분석과 관련 요인을 조사하는 요인 추구형, 요인을 배제하는 대책을 검토하는 대책 검사형이 있다.

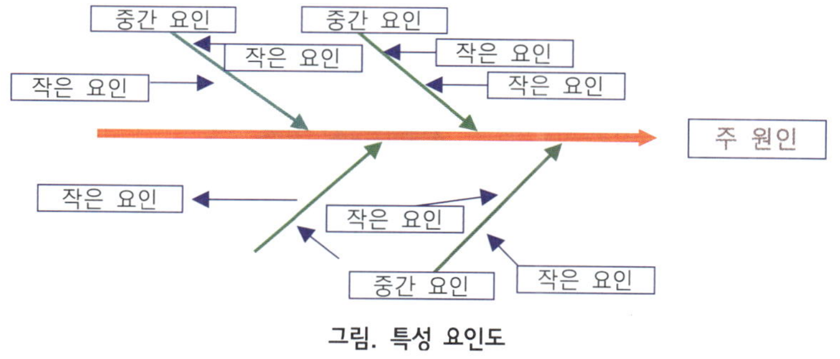

그림. 특성 요인도

③ 산점도(산포도, Scatter diagram)

산점도는 서로 대응되는 두 개의 짝으로 된 측정치간의 상호 관계가 있는 데이터를 그래프용지 위에 점으로 나타낸 그림이다. 측정치간의 관계를 파악하여 원인은 가로축에 결과 데이터는 세로축에 취하여 산점도에서 두 변수간의 상관관계를 알 수 있다. 산점도는 두 변수간의 관계에 대한 전반적인 윤곽을 그림을 통해서 보여주지만 관계의 정도가 구체적으로 나타나지는 않는다. 따라서 두 변수간의 관계를 수량화하는 일반적인 도구인 상관계수를 병행하여 사용하면 두 변수간의 관계를 효과적으로 파악할 수 있다.

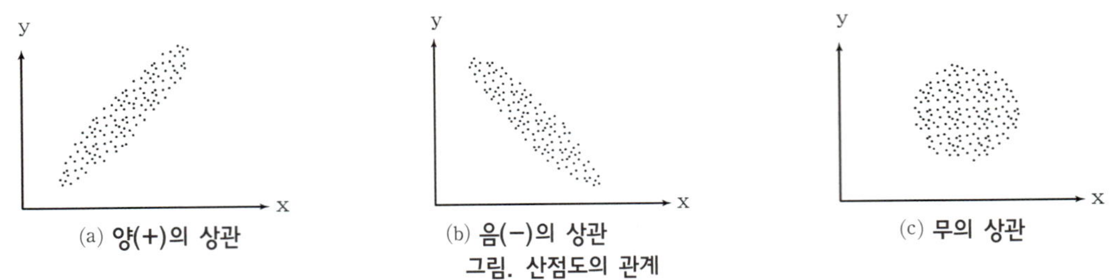

그림. 산점도의 관계

④ 히스토그램(Histogram)

히스토그램은 모 집단에 대한 품질 특성을 알기 위하여 모 집단의 분포상태, 분포의 중심 위치, 분포의 산포를 쉽게 파악할 수 있게 막대그래프로 작성한 도수분포도이다.

㉮ 히스토그램의 작성 순서

㉠ 데이터를 수집하고 데이터 중에서 최대치와 최소치를 구한 다음에 전체 범위(R)를 구한다.

㉡ 구간 폭을 구하고 경계치를 결정한다. 폭의 경계치는 측정치의 1/2 정도를 취한다.

㉢ 데이터를 기초로 도수분포도와 히스토그램을 작성한다.

㉣ 히스토그램과 규격 값을 대조하여 안정한 상태인가를 검토한다.

㉯ 정규분포

히스토그램은 수집한 데이터가 종모양(정규분포)인가 아니면 두 집단이 혼합된 경우인지 또는 특정 구간에 빈도가 몰려있는 비대칭적인 분포인가를 파악할 수 있다. 도수분포도와 히스토그램을 이용하면 수집한 데이터를 요약하여 전반적인 분포를 파악할 수 있다.

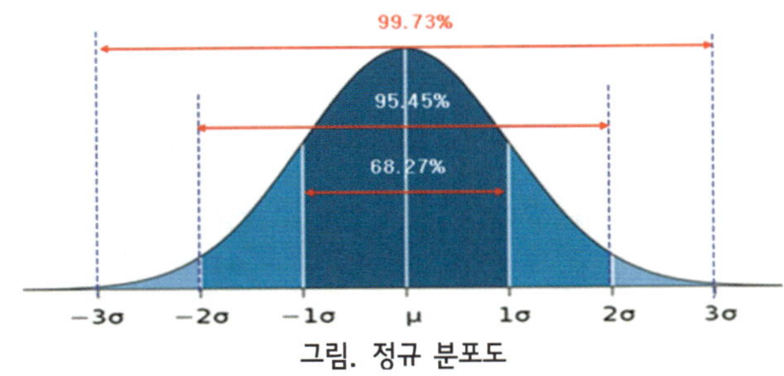

그림. 정규 분포도

정규분포는 많은 데이터가 평균치에 대한 좌우 대칭의 종모양 분포이며 정규분포에 대한 표준편차(σ)를 계산하면 전면적의 68.27%는 평균치의 ±1거리 내에 있고, 95.45%는 ±2내에, 99.73%는 ±3내에 있다. 정규분포는 평균치를 중심으로 좌우 대칭이며 곡선은 평균치 근처에서 높고 양쪽으로 갈수록 낮아지며 평균치는 곡선의 모양을 결정한다.

㉰ 히스토그램과 규격

일반적으로 히스토그램을 작성하면 규격이 있고 규격치와 데이터와의 여유 판정은 히스토그램이 정규 분포를 하는 것으로 고려하여 실시한다.

㉠ 상한과 하한 규격치가 있을 때 : $\frac{S_U - S_L}{\sigma} \geq 6$ 가능하면 8

㉡ 한쪽 규격치만 있을 때 : $\frac{S_U - S_L}{\sigma} \geq 3$ 가능하면 6

여기서, S_U : 상한 규격치, S_L : 하한 규격치, $\overline{x}$: 평균치, σ : 표준편차의 추정치

㉣ 공정능력 지수 (C_p)

㉠ 양쪽 규격의 경우 : $C_p = \frac{S_U - S_L}{6\ \sigma}$

㉡ 한쪽 규격의 경우 : $C_p = \frac{S_U - \overline{x}}{3\ \sigma}$ 또는 $C_p = \frac{\overline{x} - S_L}{3\ \sigma}$

㉤ 히스토그램의 판독법

어떤 공정의 품질을 히스토그램에 의하여 판정할 때에 규격의 상한치와 하한치를 결정한 상태에서 분포가 이 구간 사이에 충분한 여유를 가지고 들어가면 공정은 규격치에 대하여 불만족한 상태에 있게 된다. 히스토그램의 형상에서 어떤 공정의 품질 특성인 산포의 크기, 규격치와의 관계 등을 파악할 수 있으며 평균치가 규격치의 중심에 가까워지도록 필요한 조치를 취해야 한다. 또한 히스토그램의 형상은 여러 가지 종류가 있고 다소의 요철(凹凸)형상을 무시한 전체적인 경향이 중요하며, 다음 그림과 같이 분류할 수 있다.

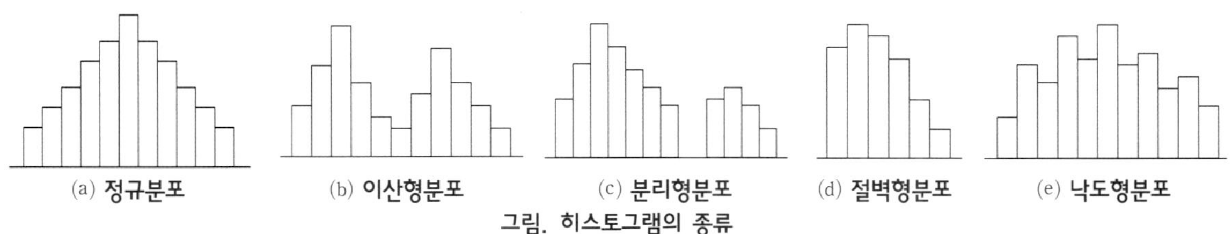

(a) 정규분포 (b) 이산형분포 (c) 분리형분포 (d) 절벽형분포 (e) 낙도형분포

그림. 히스토그램의 종류

㉠ 정규분포

좌우 대칭형의 종모양 분포이며 통계적수법으로 취급할 수 있는 가장 일반적인 분포이다.

㉡ 이산형분포

두 개의 분포가 중복되어 있는 형태로서 품질에 대하여 영향을 미치는 원인이 두 개이며 각각 크게 변동하는 분포이다. 이러한 형태의 분포는 히스토그램을 작성할 때에 필요 이상으로 급의 수를 크게 하였을 때에 나타난다.

㉢ 분리형분포

분포가 분리되어 있으며 측정치에 잘못이 있거나 전혀 다른 종류의 원인이 들어 있는 경우에 나타나는 분포이다.

㉣ 절벽형분포

실제는 정규분포의 형태를 나타내지만 공정의 일부가 규격에서 벗어나서 이를 제거하거나 다시 보정하였을 때에 나타나는 분포이다.

㉤ 낙도형분포

실제는 원활한 형태의 분포인데 히스토그램의 작성 시에 적절하지 않은 등급으로 나누었거나 측정에 문제가 있을 때에 나타나는 분포이다.

⑤ 관리도(Control chart)

관리도는 공정상태를 나타내는 특성치에 대하여 작성된 그래프로서 공정에 관한 데이터를 해석하여 필요한 정보를 얻고 효과적인 공정관리를 하는 데에 목적이 있다. 관리도는 관리상태에서의 품질특성치의 평균을 나타내는 중심선(central line ; C.L.), 관리상한선(upper control limit ; U.C.L.), 관리하한선(lower control limit ; L.C.L.)으로 구성된다.

샘플들을 추출하여 계산한 값들을 관리도에 점으로 나타냈을 때에 모든 점들이 관리한계선의 사이에 있고 점들의 형태가 관리상태를 이탈했다고 판단할 만한 별다른 징후가 없으면 공정이 관리상태에 있다고 본다. 이때에 만약 한 점이라도 관리한계선을 벗어나거나 점들이 비정상적인 형태를 나타내면 공정이 관리상태를 이탈했을 가능성이 있다고 판단하여 원인을 추적한다.

품질에 부정적인 영향을 미치는 원인이 발견되면 그 원인을 제거하여 공정을 관리상태로 유도하고 품질에 긍정적으로 영향을 미치는 요인은 그 효과를 계속적으로 확장, 유지하여 품질향상의 계기로 한다. 이러한 과정을 반복하여 궁극적으로 원하는 수준의 관리상태로 공정을 유지할 수 있다.

㉮ 계량치 관리도 : 길이, 무게, 강도, 슬럼프 등과 같이 연속량으로 측정하는 통계량에 사용한다.

㉠ $\overline{X}$ −R관리도

평균치($\bar{x}$)와 범위(R)에 의한 관리도로 길이, 무게, 시간, 강도, 성분 등과 같이 2개 이상의 데이터가 연속적인 계량치로 나타나는 공정을 관리할 때에 이용한다.(재료의 인장강도 등의 품질관리)

㉡ x관리도

개개의 측정치에 의한 관리도로 데이터를 군으로 나누지 않고 각 측정치를 그대로 사용하여 공정을 관리하는 경우에 사용한다.

㉢ $\tilde{x}-R$ 관리도

중위수($\tilde{x}$)와 범위(R)에 의한 관리도이며 관리도의 평균치 대신에 시간과 노력을 줄이기 위하여 중위수(메디안)을 사용하여 관리한다.

㉯ 계수치 관리도 : 개수를 셀 수 있는 통계량에 사용한다.

㉠ P관리도 : 공정을 불량률(P)로 관리하는 경우에 사용한다.

㉡ Pn관리도 : 공정을 불량개수(P_n)로 관리하는 경우에 사용한다.

㉢ C관리도 : 관리항목의 하나로 이미 정해진 일정단위 중에서 포함된 결점의 수를 취급할 때에 이용한다.

㉣ U관리도 ; 관리항목의 하나로 결점의 수를 일정 단위당으로 바꾸어서 취급할 때에 이용하며 검사대상 시료의 면적과 길이 등이 일정하지 않은 경우에 이용한다.

㉰ $\overline{X}-R$ 관리도의 작성법

㉠ 평균($\overline{x}$)과 범위(R)를 계산한다.

㉡ 전체 평균($\overline{X}$)을 구한다. : $\overline{X}=\dfrac{\sum \overline{x}}{n}$

㉢ 범위의 평균($\overline{R}$)을 구한다. : $\overline{R}=\dfrac{\sum R}{n}$

☞ **$\overline{X}-R$ 관리도의 계수표**

시료의 크기	$\overline{x}$ 관리도	R 관리도	
	A_2	D_3	D_4
2	1.88	–	3.27
3	1.02	–	2.57
4	0.73	–	2.28
5	0.58	–	2.11
6	0.48	–	2.00
7	0.42	0.08	1.92
8	0.37	0.14	1.86
9	0.34	0.18	1.82
10	0.31	0.22	1.78

㉣ 관리 한계선을 구한다.

구 분	$\overline{x}$ 관리도	R 관리도
중심선(CL)	$\overline{x}$	$\overline{R}$
상한관리선(UCL)	$\overline{x}+A_2\overline{R}$	$D_4 \cdot \overline{R}$
하한관리선(LCL)	$\overline{x}-A_2\overline{R}$	$D_3 \cdot \overline{R}$

여기서, A_2, D_3, D_4는 각 조의 측정값의 수에 따라서 정해지는 계수

㉱ 관리상태(안정상태)의 판정

관리도에서 다음의 두 조건을 동시에 만족하면 공정은 관리상태 또는 안정상태에 있는 것으로 판정한다.

㉠ 모든 점이 관리한계선 안에 있을 것

㉡ 점들의 배열에 습성(버릇)이 없을 것

ⓐ 모든 점이 관리한계선 안에 있는 경우의 조건

- 연속 25점 모두가 관리한계선 안에 있을 때
- 연속 35점 중에서 34점 이상이 관리한계선 안에 있을 때
- 연속 100점 중에서 98점 이상이 관리한계선 안에 있을 때

ⓑ 슈허트의 조건

- 적어도 25점 이상이 관리한계선 안에 있을 것

㉤ 점의 분포상태

㉠ Run : 중심선이 한쪽으로 연속적으로 나타난 점을 Run이라고 한다.

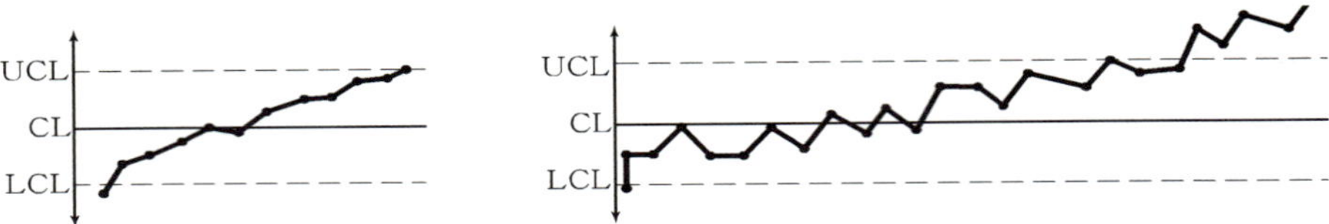

㉡ 경향 : 나타난 점이 점점 올라가거나 내려가는 상태

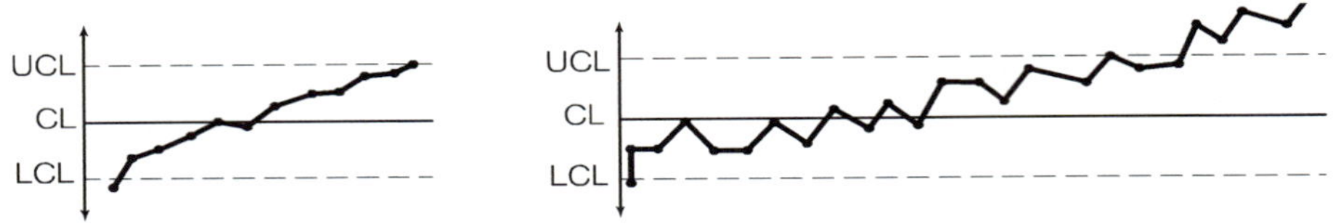

㉢ 주기 : 점이 주기적으로 상하로 변동하여 파형을 나타나는 상태

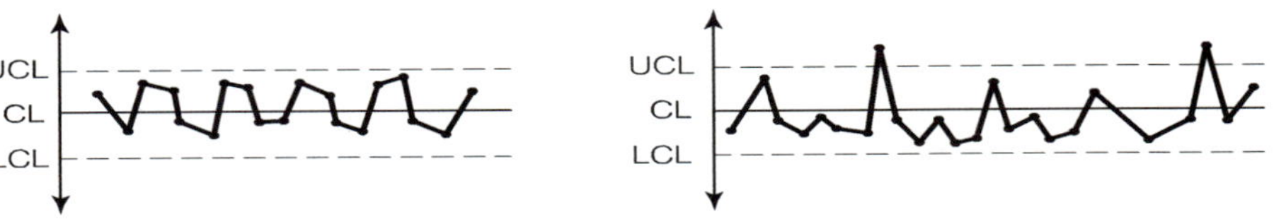

㉣ 치우침 : 중심선 한쪽에 점이 연속해서 나타나는 상태

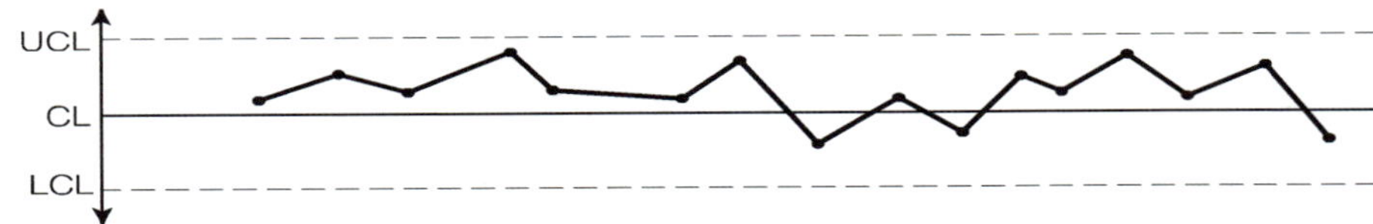

㉤ 관리한계선 접근 : 점이 관리한계선에 접근하여 나타나는 상태

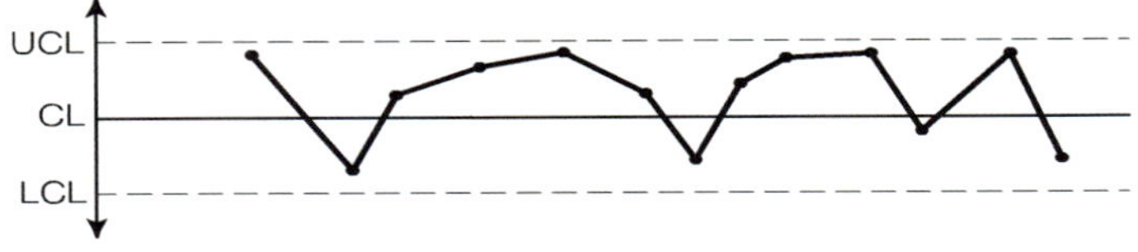

㉥ 관리도의 판독

$\overline{X}$ 관리도에서 조별 값이 관리도의 관리중심선(central line)을 기준으로 촘촘하게 분포하면 품질관리가 양호한 상태이고, R관리도에서는 중심선을 기준으로 촘촘하게 분포하면 품질관리가 균일한 상태에 있는 것이다.

관리도에서 다음의 경우는 품질관리가 관리범위 밖에 있는 것을 나타내고 있다.

㉠ 관리도에서 연속적으로 관리한계선 밖에 나타나는 점이 일정한 개수 이상인 경우(35개의 점에서 1개, 또는 100개의 점에서 2개 이상이 관리한계의 밖에 있는 경우)

㉡ 값들의 분포가 연속하여 5점 이상이 위 또는 아래 방향에 있는 경우
㉢ 관리중심선(CL)을 기준으로 일정한 비율(전체의 약 80%) 이상이 위, 아래 방향에 있는 경우
㉣ 관리도에서 값들의 전체 분포가 일정한 주기로 나타나는 경우

품질특성은 관리도의 관리한계 내에서 일정한 주기를 나타내지 않고 관리중심선의 위와 아래에 균등하게 분포하는 것이 가장 이상적인 상태이다. 관리도에서 관리한계를 벗어나는 값이 여러 개가 발생하면 표본조사, 작업표준, 작업방법 등의 품질관리에 관한 전반적인 검토가 필요하다.

⑥ 체크쉬트(Check sheet)

체크쉬트(check sheet)는 공정과 프로세스에서 데이터를 수집하기 위하여 사용하며 불량품의 수, 결점의 수, 고객의 불만 건수 등과 같은 계수형 특성값을 항목별로 분류하여 기록하는 방법이다. 체크쉬트(check sheet)는 기록을 위한 용도와 점검을 위한 용도의 2가지가 있다.

기록용 체크쉬트는 층별 기준에 따라서 세분화된 발생빈도를 기록하기 위하여 사용하며 불량 요인을 몇 개의 항목별로 분류하여 점검하고 데이터를 수집하여 집중된 항목을 해석할 수 있다.

점검용 체크쉬트는 미래에 발생할 수 있는 사고와 오차를 예방하기 위하여 확인할 사항을 미리 나열하여 점검하기 위한 것이다.

불량 항목	월	화	수	목	금	토
표면처리 불량	////	///	//// ////	//// //	////	////
용접 불량	//// /	//// ////	//// /	////	//	//// ///
마무리 불량	///	/	//		//	///
도장 불량	///	//	////	/	///	//// ///

그림. 기록용 Check sheet의 예

⑦ 층별(Stratification)

층별은 집단을 구성하고 있는 많은 데이터를 어떤 특징에 따라서 몇 개의 그룹과 부분집단으로 나누는 것이다. 측정치에는 반드시 산포가 있으며 산포의 원인이 되는 인자에 대하여 층별을 하면 산포의 발생 원인을 규명할 수 있고 산포를 줄이거나 공정의 평균을 좋은 방향으로 개선하는 등의 품질 향상에 도움이 된다.

층별을 비교하여 품질에 영향을 미치는 원인을 명확하게 찾아내면 원인이 품질에 미치는 정도를 파악할 수 있다. 예를 들면, 불량이나 고장 등이 발생했을 때에 기계별, 작업자별, 재료별, 시간별 등의 각각의 자료를 요인별로 분류하여 몇 개의 층으로 나누어 불량 원인을 파악할 수 있다.

(4) 안전관리

1) 개요

건설업은 일반 제조업과는 다르게 주문에 의한 생산활동을 하는 비중이 대단히 높다. 일반 제조업의 안전관리는 계획적이고 안정된 수주에 의하여 규격화된 제품을 생산하는 작업으로 조직적인 관리가 용이하지만 건설업은 작업현장이 이동하는 동적 특성을 갖고 있기 때문에 안전관리가 어렵고 안전사고가 다른 업종과 비교하면 빈도수가 많고 대규모로 발생하는 특성을 가지고 있다.

안전관리는 재해가 발생하지 않는 상태를 유지하기 위한 활동, 즉 재해로 부터 인간의 생명과 재산을 보호하기 위한 계획적이고 체계적인 활동을 의미한다. 건설공사의 안전관리는 인간의 생명 보존과 상해를 예방하기 위하여 여러 재해요인을 사전에 검토하고 교육과 훈련을 실시하여 정신적으로나 신체적으로 안전을 확보하여서 목적 구조물을 계획, 시공, 유지하기 위한 관리기능이다.

2) 안전관리의 중요성

① 인도주의적 측면

인도주의가 바탕이 된 인간 존중의 개념에서 피할 수 있는 사고가 발생하여 인명과 재산을 손실한다면 도덕적으로 용납할 수가 없다.

② 사회적인 책임

예방할 수 있는 재해사고를 방지하지 못하고 인명과 재산의 손실이 발생한다면 경영주는 사회적인 책임을 못한 것이 된다.

③ 생산성 향상의 측면

안전이 보장되면 생산성이 향상되어 기업의 궁극적 목표인 이윤이 보장된다.

㉮ 근로자의 사기 진작 : 사기는 인간의 일에 대한 정신적 자세로서 안전에 미치는 중요한 요인이므로 기업의 능률, 품질, 매출액, 이윤 등에 큰 영향을 미친다.

㉯ 생산 능률의 향상 : 안전태도의 개선과 안전 동기의 부여

㉰ 대내외 여론이 개선되어 신뢰성이 향상 : 노사협력의 경영자세가 완성

㉱ 비용 절감 : 사고방지를 위한 비용이 사고처리에 소요되는 비용보다 적게 든다.

3) 건설재해가 미치는 영향

① 산업재해가 개인(근로자)에게 미치는 영향

㉮ 재해를 당한 본인과 가족의 육체적, 정신적 고통

㉯ 일시적 또는 영구적인 노동력의 상실

㉰ 본인과 가족의 생계에 막대한 손실

② 산업재해가 기업에 미치는 영향

㉮ 부상당한 근로자의 요양, 휴업, 장애 등에 대한 보상

㉯ 재해를 당한 노동 인력의 일시적, 영구적 상실로 인한 작업 지연

㉰ 재해로 인한 건물, 기계, 기구 등의 파손

㉱ 재해로 인한 근로 의욕의 침체와 생산성 저하

㉲ 작업 지연으로 인한 납기 지연으로 신용을 상실

4) 재해의 형태

① 재해의 발생 형태

재해의 발생 원인은 여러 요소들이 복합적으로 작용하고 있으며 이들을 구성요소에 따라서 다음의 3가지로 구분한다.

㉮ 단순 자극형(집중형) : 발생 요소가 각각 독립적으로 작용하는 형태로 일시적으로 요인이 집중한다고 하여 집중형이라고 한다.

㉯ 연쇄형 : 어느 하나의 요소가 원인이 되어 다른 요인을 발생시키고 이것이 또 다른 요소를 발생시키는 연쇄적인 작용으로 재해를 일으키는 형태이다.

㉰ 복합형 : 집중형과 연쇄형의 복합적인 형태로 많은 단순한 자극적 요인이 연쇄적인 요인과 결합하여 하나의 복합된 사고 원인을 형성하여 재해를 일으킨다. 대부분의 재해는 복합형으로 발생하고 있다.

② 재해발생의 비율

하인리히는 약 5,000건의 사고를 분석한 결과에 의하여 330건의 사고가 발생할 때에 무상해 사고가 300건, 경상해가 29건, 사망 또는 중상해가 1건의 비율로 재해가 발생된다는 이론(1:29:300의 법칙)을 발표하였다.

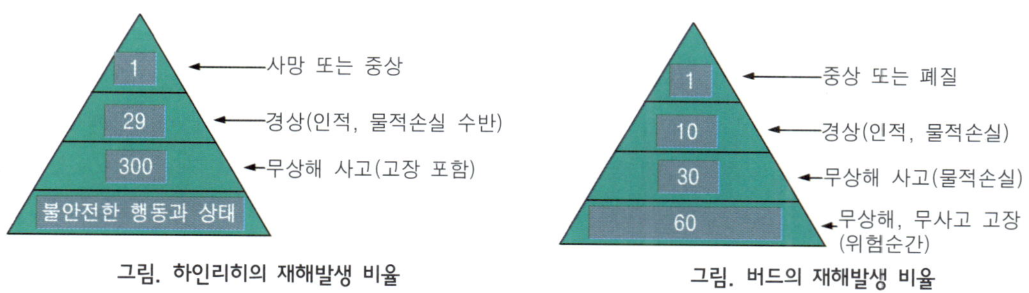

그림. 하인리히의 재해발생 비율

그림. 버드의 재해발생 비율

5) 재해발생의 원인

재해의 원인은 직접 원인과 간접 원인으로 구분하며 재해의 과정은 연쇄적인 관계를 거쳐서 진행한다. 따라서 연쇄성을 단절하여 하나의 원인을 제거하면 사고의 발생을 방지할 수 있다.

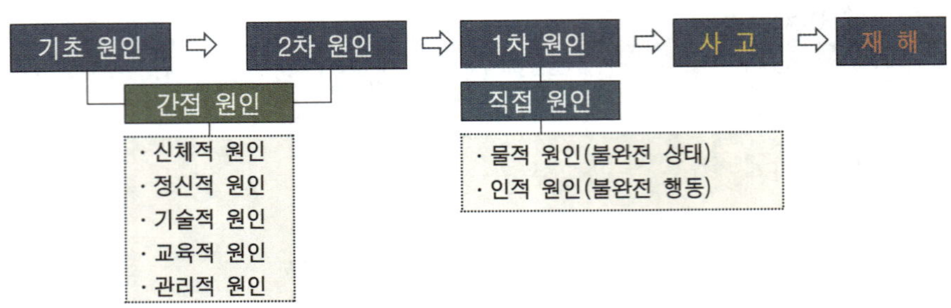

그림. 재해 발생의 원인

산업재해의 직접적인 원인은 근로자의 불안전한 행동과 작업현장의 불안전한 상태가 있으며 최근의 산업재해를 통계적으로 분석하면 불안전행동과 불안전상태의 복합적 요인이 작용하여 발생하는 재해가 전체의 80% 이상을 점유하고 있다. 따라서 산업재해의 예방에 가장 중요한 것은 불안전한 행동과 불안전한 상태를 제거하는 것이다.

① **직접 원인** : 불안전한 행동(인적 원인)과 불완전한 상태(물적 원인)로 구분

㉮ 불안전한 행동(인적 원인)

직접적으로 사고를 일으키는 원인이 되는 행동이며 총 재해의 약 88%정도를 차지한다.

㉠ 안전장치의 기능 제거
㉡ 복장, 보호구의 미착용과 잘못된 사용
㉢ 불안전한 조작
㉣ 불안전한 자세와 위치
㉤ 위험 장소에 접근
㉥ 결함이 있는 장비, 공구, 차량 등의 사용
㉦ 위험물의 취급 부주의
㉧ 불안전한 상태의 방치
㉨ 감독, 연락 불충분

㉯ 불안전한 상태(물적 원인)

사고 발생의 직접 원인으로 기계적, 물리적인 위험 요소 등의 상태로서 총 재해의 약 10% 정도를 차지하고 나머지 2%는 천재지변 등의 불가항력적인 재해이다.

㉠ 물 자체의 결함
㉡ 안전방호장치의 결함
㉢ 복장, 보호구의 결함
㉣ 물의 배치와 작업장소의 결함
㉤ 작업환경의 결함
㉥ 생산 공정의 결함
㉦ 경계 표시, 설비의 결함

② 간접 원인

㉮ 기초 원인

㉠ 관리적 원인 : 최고 관리자의 안전에 대한 책임감 부족, 작업기준의 불명확, 점검 보전제도의 결함, 인사 적성 배치의 부적절 등

㉡ 학교 교육적 원인 : 조직적인 교육기관에서의 안전교육 미비 등

㉯ 2차 원인

㉠ 기술적 원인

건물, 기계장치의 설계불량 구조, 재료의 부적합, 생산방법의 부적합, 점검, 정비, 보존 불량이 원인이 된다.

㉡ 교육적 원인

안전지식의 부족, 안전수칙의 오해, 경험 훈련의 미숙, 작업방법에 대한 교육의 불충분, 유해·위험작업의 교육 불충분 등이 원인이다.

㉢ 신체의 요인

신체적 결함(두통, 현기증, 간질병, 근시, 난청)과 수면 부족에 의한 피로, 숙취 등이 있다.

㉣ 정신적 요인

ⓐ 태만, 불만, 반항 등의 태도 불량

ⓑ 초조, 긴장, 공포, 불화 등의 정신적 동요

ⓒ 편협 등의 성격적인 결함

ⓓ 백치 등의 지능적인 결함 등

③ 사고 발생의 연계성

㉮ 하인리히(H. W. Heinrich)의 도미노이론

사고의 원인이 어떻게 연쇄반응을 일으키는가에 대한 하인리히의 도미노(domino)이론은 사고의 원인에서 발생에 이르는 과정을 5단계로 정리하였다.

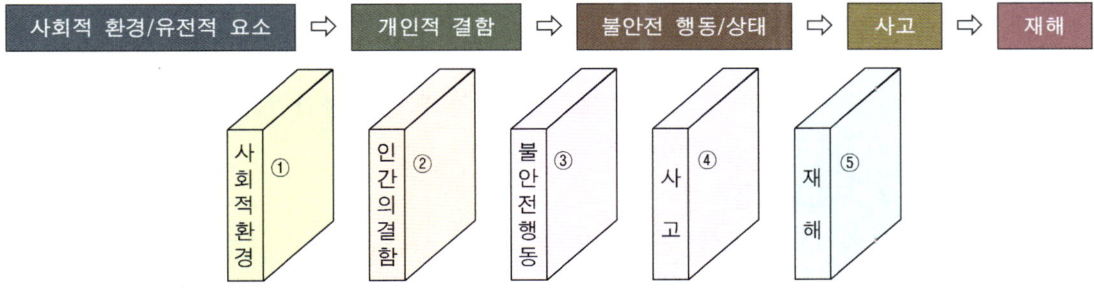

그림. Heinrich의 재해발생사고 5단계

5단계의 계열을 골패에 비유하면 각 요소는 서로 밀접한 관련을 가지고 일렬로 나란히 서기 때문에 한 쪽에서 쓰러지면 연속적으로 모두 쓰러지는 것과 같이 사고의 발생은 선행 요인에 의해서 일어나고 이들 요인이 겹쳐져서 연쇄적으로 발생한다.

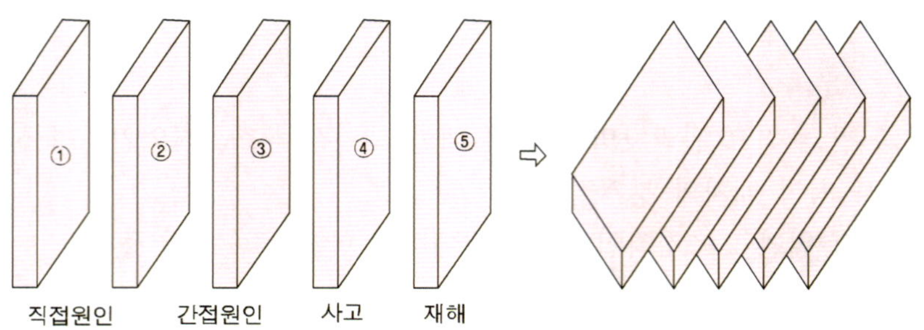

그림. 하인리히의 도미노 이론

㉠ 사회적 환경과 유전적 요소(선천적 결함)
ⓐ 바람직하지 못한 가정, 사회환경
ⓑ 공중도덕심, 준법정신이 결여된 사회적 분위기
ⓒ 인명 경시의 풍조

㉡ 개인적 결함(인간의 결함)
ⓐ 안전에 대한 무지
ⓑ 기능 미숙
ⓒ 부적절한 태도와 의욕
ⓓ 인간의 신체적, 정신적 결함

㉢ 불안전한 행동과 상태(물리적, 기계적 위험) : 해결 가능
ⓐ 각종 안전수칙의 불이행
ⓑ 위험한 장소의 접근
ⓒ 기계, 기구의 잘못된 사용
ⓓ 불안전한 자세
ⓔ 각종 도구의 준비가 불충분
ⓕ 환경 정리정돈 미흡

㉣ 사고

㉤ 재해 : 경제적, 신체적 피해가 발생

따라서 하인리히는 사고 예방의 핵심문제로서 제3의 요인인 불안전한 행동과 불안전한 상태의 중추적인 요인의 배제에 중점을 두어야 한다고 강조하고 있다.

㉯ 버드(F. Bird)의 도미노이론

버드는 사고가 연쇄적으로 발생하는 첫 번째 요소는 사업주, 안전·보건관리자와 관리감독자의 통제의 부족의 관리적인 측면이 있고 다음으로 개인의 지식과 기능의 부족, 신체적·정신적 문제 등의 기본 원인으로 파악하였다.

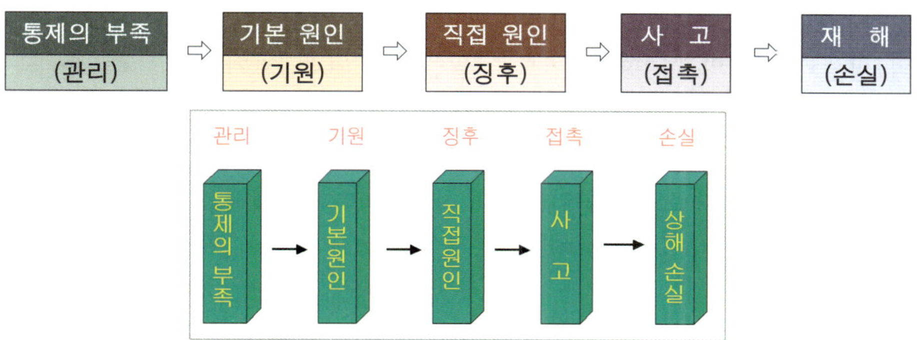

사고의 연쇄성 중에서 가장 중요한 직접 원인, 즉 근로자의 불안전한 행동과 상태를 사고가 차단되기 위해서 강력히 규제할 것을 주장하였고 마지막으로 재해(손실)가 발생하기 이전에 사고(접촉)가 일어나서 원인을 제공한 것으로 결론지었다.

6) 재해예방

① 재해예방의 4원칙

산업재해는 교육적 원인, 기술적 원인, 작업 관리상 원인 등의 기본적 원인과 근로자의 불안전한 행동과 시설의 불안전한 상태 등의 직접적인 원인에 의하여 발생하고 기본적인 원인에 의하여 직접적인 원인이 생겨난다. 이러한 재해는 교육, 기술, 관리적 대책과 재해예방의 원칙에 의하여 최소화시킬 수 있다.

㉮ 예방 가능의 원칙

인적재해의 특성은 천재를 제외하고는 발생을 미연에 방지할 수 있다. 안전관리를 재해예방에 목적을 두고 있는 것은 예방 가능의 원칙에 기초를 두고 있는 것이다. 따라서 체계적이고 과학적인 예방대책이 요구되고 물적, 인적인 면에서 원인의 징후를 사전에 발견하여 재해의 발생을 최소화시켜야 한다.

㉯ 손실 우연의 원칙

하인리히 법칙은 같은 종류의 사고를 되풀이하였을 때에 중상이 1회, 경상은 29회, 상해가 없는 경우가 300회의 비율로 발생된다고 하여 1:29:300의 하인리히 법칙이라고 하고 사고와 상해 정도의 사이에는 언제나 우연적인 확률이 존재한다는 이론이다. 따라서 사고와 상해 정도(손실)는 "사고의 결과로서 생긴 손실의 대소와 손실의 종류는 우연에 의하여 정해진다."는 관계가 있다.
사고가 발생해도 손실이 전혀 따르지 않는 경우를 "near accident"라고 하고 손실을 면한 사고라도 재발할 경우에 얼마만큼의 큰 손실이 발생할 것인가는 우연에 의해 정해지므로 예측할 수는 없다. 그러므로 큰 손실을 막기 위해서는 사고의 재발을 예방해야 하며 재해예방에서 근본적으로 중요한 것은 손실의 유무에 관계없이 사고의 발생을 미연에 방지하는 것이다.

㉰ 원인 계기의 원칙

사고의 발생과 원인의 사이에는 반드시 필연적인 인과관계가 있다. 즉 손실과 사고와의 관계는 우연적이지만 사고와 원인과의 관계는 필연적이다.

㉱ 대책 선정의 원칙

재해의 원인이 각각 다르므로 원인을 정확하게 규명하고 대책을 선정하여 실시해야 한다. 안전사고의 대책에는 교육적(education)대책, 기술적(engineering)대책, 관리적(enforcement)대책의 3E 대책이 중요하다.

안전사고의 예방은 3E를 모두 활용하여 효과를 얻을 수 있고 합리적인 관리가 가능하다. 재해 예방대책의 선정은 정확한 원인을 분석한 결과에 의하여 직접 원인을 유발시키는 배후의 기본적 원인에 대한 사전대책을 선정하며 예방대책은 확실하고 신속하게 실시해야 한다.

㉠ 적합한 기준의 설정

㉡ 각종 규정과 수칙의 준수

㉢ 전 종업원의 기준 이해

㉣ 경영자와 관리자의 솔선수범

② 재해예방의 기본원리.

㉮ 제1단계 : 조직(안전관리조직)

안전관리에서 가장 기본적인 활동은 안전기구의 조직이다. 경영주는 안전관리 업무를 수행할 수 있도록 안전조직을 통하여 안전방침을 하달하고 안전책임자는 안전관리계획을 수립하여 안전업무를 전문적인 기술을 가진 조직을 통하여 전 종업원의 참여하에 수행해야 한다.

㉯ 제2단계 : 사실의 발견(현상 파악)

사업장의 특성에 적합한 조직을 통하여 각종 사고와 안전활동의 기록 검토, 작업 분석, 안전점검, 안전진단, 사고조사, 안전회의, 토의, 종업원의 건의, 여론조사에 의한 불안전한 요소를 발견한다.

㉰ 제3단계 : 평가, 분석

발견된 사실, 즉 안전사고의 원인 분석은 불안전한 요소를 토대로 하여 사고를 발생시킨 직접, 간접적인 원인을 찾아내는 것이다.

㉠ 사고보고서와 현장조사의 분석

㉡ 사고 기록과 관계 자료의 분석

㉢ 인적, 물적, 환경적 조건의 분석

㉣ 작업공정의 분석

㉤ 교육과 훈련의 분석

㉥ 배치사항의 분석

㉦ 안전수칙과 작업표준의 분석

㉧ 보호장비의 적부 분석

㉱ 제4단계 : 시정책 선정(대책의 선정)

분석을 통해서 발견한 원인을 토대로 하여 효율적인 개선방법을 선정해야 한다.

㉠ 기술적 개선
㉡ 배치 조정
㉢ 교육과 훈련의 개선
㉣ 안전 행동의 개선
㉤ 규정, 수칙, 작업표준, 제도의 개선
㉥ 안전운동 전개의 효과적 개선

㉲ 제5단계 : 시정책 적용(목표 달성)

작업현장에 직접 적용하는 단계로 시정책은 기술(engineering), 교육(education), 규제(enforcement)의 3E대책을 실시하여 이루어진다.

7) 안전보건관리체제

근로재해를 예방하는 책임은 사업자에게 있지만 관리체제는 산업안전보건법에서 일정 규모의 사업장은 사업자가 관리책임자를 지명하여 안전보건업무를 추진하도록 규정하고 있다. 사업자는 산업안전보건법에서 "사업을 행하는 자"로 정의하고 있으며, 구체적으로는 사업경영의 주체로서 손익계산이 귀속하는 자를 지칭하며 개인 기업에서는 기업의 경영주이고 회사 또는 법인에서는 법인을 말한다. 그러므로 사업 경영주체의 안전보건상의 책임을 강조해서 사업자라는 개념을 사용하고 있다.
사업자가 법인인 경우에 법규 위반은 법인이 실제의 위반행위를 한 것이 아니므로 실제로 위반행위를 한 자연인이 산업안전보건법의 양벌 규정이 적용되어 행위자로서 처벌을 받는다.

① 안전보건 관리조직

산업안전보건법은 안전과 보건을 위한 위원회와 협의조직의 설치를 의무화하고 있다.

㉮ 안전보건위원회

사업자를 주체로 하는 조직이며 직접 고용관계가 있는 상시 근로자를 100인 이상 사용하는 경우는 안전위원회, 보건위원회의 설치가 의무이고 개별로 설치하거나 안전보건위원회로 통합하여 설치할 수도 있다.

안전보건위원회의 토의사항은 다음과 같다.

㉠ 근로자의 위험, 건강 장해를 예방하기 위한 기본 대책
㉡ 근로 재해의 원인 또는 재발 방지대책
㉢ 안전보건에 관한 규정의 작성
㉣ 신규로 채용하는 기계, 기구, 기타 설비, 원 재료에 관계되는 위험과 건강장해의 방지
㉤ 작업 환경의 측정, 건강진단
㉥ 근로기준 감독관서 등으로부터 문서에 의한 명령, 지시, 권고, 지도를 받은 사항

㉯ 안전보건협의회

원도급 시공자 또는 하도급 시공자가 같은 장소에서 근로자 50인 이상을 고용하여 작업을 수행할 때에 근로재해의 발생을 방지하기 위해서 원도급 시공자는 다음 사항에 대한 의무를 가진다.

㉠ 협의조직의 설치와 운영

㉡ 작업간의 연락과 운영

㉢ 작업장소의 순시

㉣ 관계 도급 시공자가 행하는 근로자의 안전 또는 보건을 위한 교육에 대한 지도 또는 지원

㉤ 기타 근로재해를 예방하기 위하여 필요한 사항

안전보건협의회의 운영은 사업자나 특정한 원 사업자로부터의 단순한 전달기관이 아니고 하도급 시공자를 포함하여 상호 개발, 정보의 교환, 작업환경의 개선 등에 대한 구체적인 대책이 자발적, 적극적으로 나올 수 있도록 효과적으로 운영해야 한다. 특히 예산을 필요로 하는 대책은 사업자가 협의에 참가하고 사전에 신속한 조치를 해야 한다.

② 현장의 안전보건관리 조직

현장의 안전을 유지하기 위해서는 안전활동을 추진하는 관리조직이 필요하다. 특히 안전조직은 산업재해의 방지와 예방활동을 목적으로 조직되므로 현장에 산재한 위험성의 제거와 제거 기술의 수준 향상과 함께 경제적인 예방비용의 절감도 고려해야 한다.

현장소장은 현장 특성에 적합한 조직표를 작성하여 운영하고 가능한 한 작업반까지 고려하여 지휘체제와 책임한계를 분명하게 하고 체계적인 활동이 이루어지게 조직해야 한다.

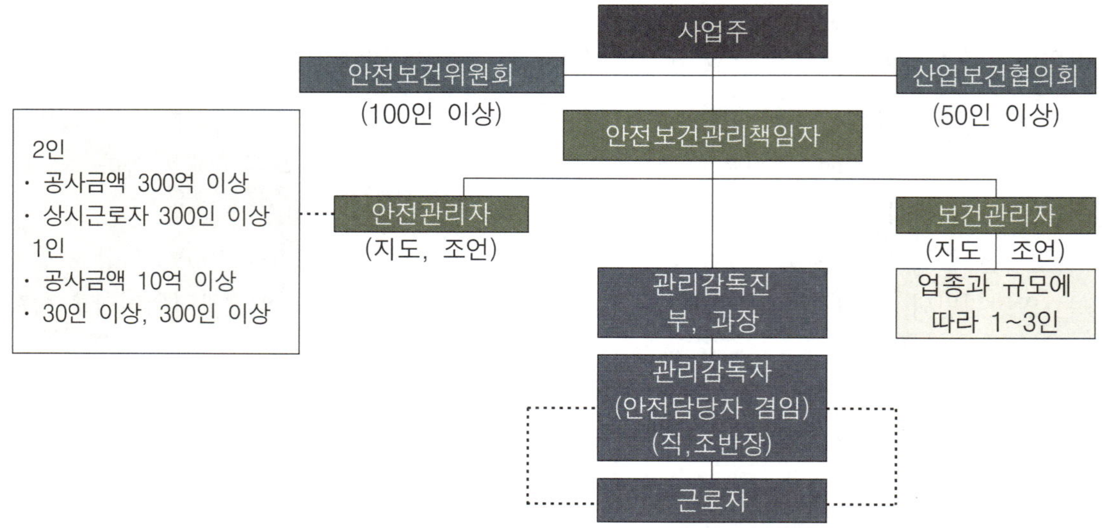

그림. 건설현장 안전관리 조직도

㉮ 담당자의 법정 직무

㉠ 안전보건 관리책임자

ⓐ 산업재해 예방계획의 수립에 관한 사항

ⓑ 안전보건관리 규정의 작성과 그 변경에 관한 사항

ⓒ 근로자의 안전, 보건교육에 관한 사항

ⓓ 작업환경의 측정 등 작업환경의 점검과 개선에 관한 사항

ⓔ 근로자의 건강진단 등 건강관리에 관한 사항

ⓕ 산업재해의 원인 조사와 재발 방지대책의 수립에 관한 사항

ⓖ 산업재해에 관한 통계의 기록, 유지에 관한 사항

ⓗ 안전보건에 관련되는 안전장치, 보호구 구입시에 적격품 여부의 확인에 관한 사항

ⓘ 근로자의 유해, 위험 예방조치에 관한 사항으로 노동부령이 정하는 사항

㉡ 안전보건 총괄책임자

ⓐ 작업의 중지와 재개

ⓑ 도급사업의 안전보건 조치

ⓒ 수급업체의 표준 안전관리비의 집행 감독과 사용에 관한 수급업체간의 협의 조정

ⓓ 기계기구와 설비의 사용 여부의 확인

㉢ 관리감독자

ⓐ 사업장내 관리감독자가 지휘 감독하는 작업과 관련되는 기계기구 또는 설비의 안전보건 점검과 이상 유무의 확인

ⓑ 근로자의 작업복, 보호구, 방호장치의 점검과 착용 사용에 관한 교육지도

ⓒ 당해 작업에서 발생한 산업재해에 관한 보고와 이에 대한 응급조치

ⓓ 작업장의 정리 정돈과 통로 확보의 확인과 감독

ⓔ 산업 보건 안전관리자, 보건관리자의 지도 조언에 대한 협조

ⓕ 당해 작업의 안전보건에 관한 사항으로 노동부장관이 정하는 사항

㉣ 안전관리자

ⓐ 산업안전보건위원회에서 심의 의결한 직무와 당해 사업장의 안전보건관리 규정, 취업규칙에서 정한 직무

ⓑ 방호장치, 기계 기구, 설비 또는 안전에 관련되는 보호구 구입 시에 적격품의 선정

ⓒ 사업장 안전교육계획의 수립과 실시

ⓓ 사업장 순회점검 지도와 조치의 건의

ⓔ 산업재해 발생의 원인 조사와 재발 방지를 위한 기술적 지도 조언

ⓕ 법에 의한 명령, 안전보건관리 규정, 취업규칙 중에서 안전에 관한 사항을 위반한 근로자에 대한 조치의 건의

ⓖ 기타 안전에 관한 사항으로서 노동부 장관이 정하는 사항

㉤ 안전담당자(관리감독자 업무로 통합)

관리감독자 중에서 1인을 안전담당자로 지정하여 산업안전기준의 규칙에서 정한 법정직무를 수행하도록 한다.(별도 지정이 없으면 관리감독자가 안전담당자의 업무 수행이 가능)

㉯ 협의체의 구성과 운영

㉠ 설치 의무

도급공사에서 하도급 공사계약에 의하여 사업을 시행할 때에 안전보건 총괄책임자와 협력업체 대표간의 재해예방에 관한 업무 협의와 조정을 위하여 협의체를 운영한다.

㉡ 구성

ⓐ 위원장 : 현장소장

ⓑ 위원 : 협력업체 대표자

ⓒ 간사 : 안전관리자

㉢ 조직도

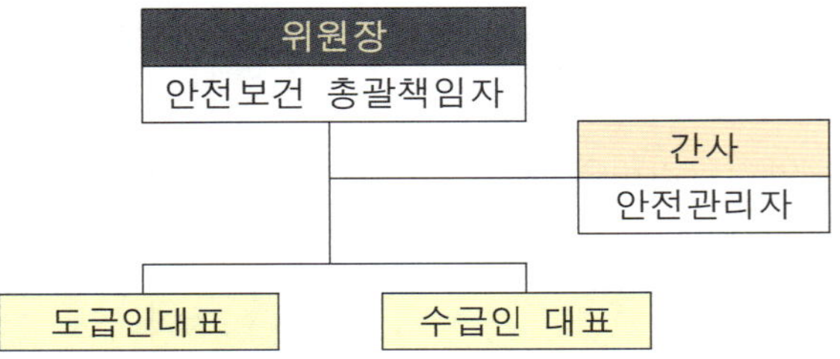

㉣ 주요 협의사항

ⓐ 산업안전보건위원회에서 의결된 사항의 이행에 관한 사항

ⓑ 합동, 순회점검과 안전교육 실시에 관한 사항

ⓒ 작업 시작과 종료 시간에 관한 사항

ⓓ 발파작업, 화재 발생, 토석 붕괴시의 경보에 관한 사항

ⓔ 안전수칙 준수 서약서 징구에 관한 사항

㉤ 운영

ⓐ 정기회의 : 매월 1회 소집

ⓑ 임시회의 : 필요시 수시 소집

㉥ 위원회에서 의결하는 사항

ⓐ 산업재해예방계획의 수립에 관한 사항

ⓑ 안전보건 관리규정의 작성과 그 변경에 관한 사항

ⓒ 근로자의 안전보건교육에 관한 사항

ⓓ 작업환경 측정 등 작업환경의 점검과 개선에 관한 사항

ⓔ 근로자의 건강진단 등 건강관리에 관한 사항

㉰ 노사협의체

㉠ 개요

도급사업으로 진행되는 건설현장의 공사금액이 120억 원(토목공사 150억 원) 이상인 경우는 협의체와 산업안전보건위원회를 운영해야 한다. 사업주가 노사협의체를 구성, 운영하면 산업안전보건위원회와 안전·보건에 관한 협의체를 각각 설치·운영하는 것으로 본다.

㉡ 노사협의체 협의사항

ⓐ 생산성 향상과 근로자의 복지 증진에 관한 사항

ⓑ 근로자의 교육훈련에 관한 사항

ⓒ 노사분규예방에 관한 사항

ⓓ 근로자의 고충처리에 관한 사항

ⓔ 안전·보건 기타 작업환경의 개선에 관한 사항

ⓕ 인사·노무관리의 합리적 운영을 위한 제도개선에 관한 사항

ⓖ 기타 노사협조에 관한 사항

㉢ 노사협의체의 운영

ⓐ 협의회는 3개월마다 정기적으로 회의를 개최한다.

ⓑ 협의회는 필요에 따라 임시회의를 개최할 수 있다.

ⓒ 의장은 노사 일방의 대표자가 회의의 목적사항을 문서로 명시하여 회의의 소집을 요구한 때는 이에 응하여야 한다.

㉣ 노사협의체의 구성

노사협의체 구성 방식(위원 동수)	
사용자 위원	근로자 위원
· 현장의 대표자 · 안전관리자 1명 · 보건관리자 1명 · 산업보건의 · 공사금액 20억 원 이상 업체 대표자 근로자 위원	· 근로자 대표 · 명예산업안전감독관(현장에 있는 경우) · 공사금액 20억 원 이상 업체 근로자

㉣ 고충처리

ⓐ 모든 사업 또는 사업장에는 근로자의 고충을 청취하고 처리하기 위하여 고충처리위원을 두어야 한다.

ⓑ 고충처리위원은 노사를 대표하는 3인 이내의 위원으로 구성하고 협의회가 설치된 경우는 협의회가 위원 중에서 선임하며 협의회가 설치되어 있지 않은 경우는 사용자가 위촉한다.

ⓒ 고충처리위원은 근로자로부터 고충사항을 청취한 때에는 10일 이내에 조치사항과 기타 처리 결과를 당해 근로자에게 통보한다.

ⓓ 고충처리위원이 처리하기 곤란한 사항은 협의회에서 협의하여 처리한다.

8) 재해발생시 조치와 조사

① 재해발생시 조치

재해가 발생하면 신속하게 긴급조치를 시행하고 관계 관서를 비롯한 관계자에게 주지시켜야 하며 다음 사항을 조치해야 한다.

㉮ 재해와 관련된 설비, 기계 등의 운전 중지

㉯ 피해자의 우선적인 구출

㉰ 근접자의 협조를 구하고, 필요하면 구급차 등을 수배

㉱ 피해자의 구급조치와 함께 신상을 파악

㉲ 직접 관계자에게 연락

㉳ 2차재해의 예방을 위한 처치

㉴ 재해발생 현장의 보존

② 재해의 조사

재해조사의 근본적인 목적은 사업장에서 발생한 재해발생의 원인을 찾아내어 명확히 규명하고 동종 재해의 재발을 방지하기 위하여 실시한다. 재해가 발생하면 반드시 24시간 이내에 현장이 보존된 상태에서 상황을 명확히 파악하여 조사하고 원인 조사와 재발방지계획을 수립하여 재해상황을 홍보자료, 교재로 작성하여 배포와 교육을 실시하는 필요한 조치를 취해야 한다.

㉮ 개요

재해가 발생하면 사실을 바르게 파악하기 위해서 사람, 물건, 관리방법에 관하여 검사하고 원인과 대책이 안전보건관리에 반영되도록 관계자에게 주지시켜야 한다.

재해조사에서는 다음 사항에 유의해야 한다.

㉠ 개인의 책임 추궁에 빠지지 말 것

㉡ 과거에 발생한 같은 재해의 기록을 참조

㉢ 조사는 재해발생 직후에 할 것

㉣ 재해 원인이 설비, 기계, 시공법, 공기, 공종 등에 관련되는 경우는 시공계획서를 검토

㉤ 대책 결정은 관계 근로자와 충분히 협의할 것

㉯ 주요 용어

㉠ 산업재해

산업재해는 근로자가 업무에 관계되는 건설물, 설비, 원재료, 가스, 증기, 분진 등에 의하거나 작업 기타 업무에 기인하여 사망, 부상, 질병이 발생하는 것을 말한다. 위험 기계, 유해 가스 등의 물적 요인에 기인하는 재해, 근로자의 기능과 지식의 부족, 신체조건 등의 인적 요인에 기인하는 재해와 유해물질에 장기간 노출되어 발생하는 건강상의 장해(직업성 질병 포함)를 포함하며, 업무수행과 관련하여 발생하는 것만을 대상으로 한다.

㉡ 중대재해 : 산업재해 중에서 사망 등의 재해 정도가 심한 것으로서

ⓐ 사망자가 1인 이상 발생한 재해
ⓑ 3개월 이상의 요양을 요하는 부상자가 동시에 2인 이상이 발생한 재해
ⓒ 부상자 또는 직업성 질병자가 동시에 10인 이상 발생한 재해

㉢ 중대산업사고

유해·위험설비로부터 위험물질의 누출, 화재, 폭발 등으로 인하여 사업장 내의 근로자에게 즉시 피해를 주거나 사업장 인근지역에 피해를 줄 수 있는 사고를 말한다.

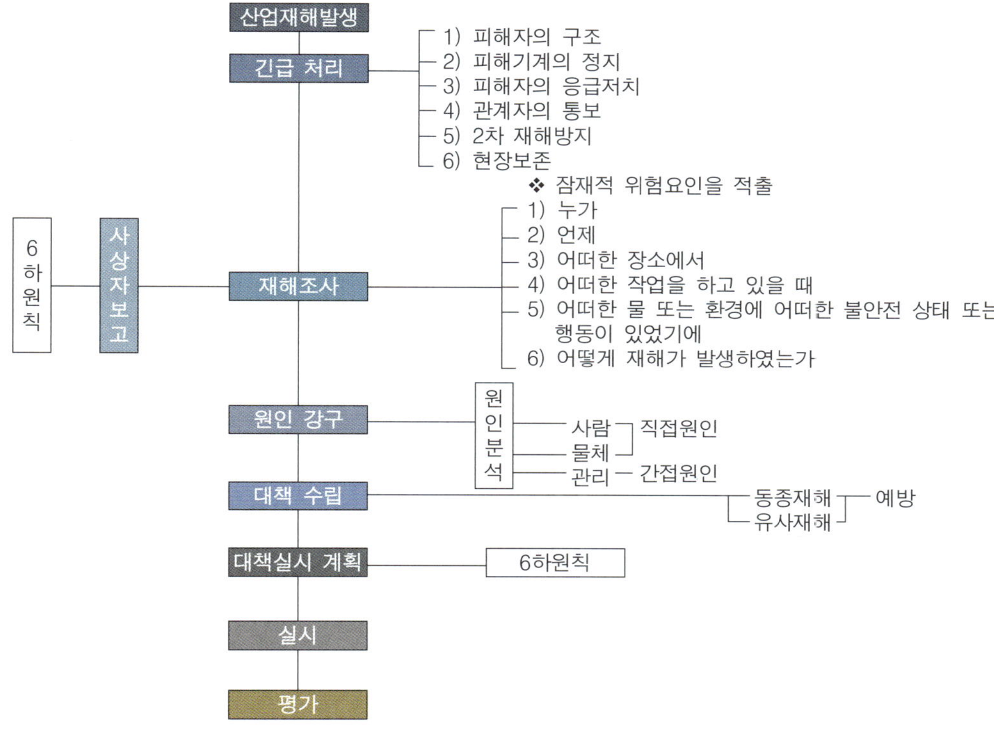

그림. 재해 원인조사의 절차

㉰ 산업재해의 발생 보고

㉠ 산업재해로 사망자가 발생하거나, 3일 이상의 휴업이 필요한 부상을 입거나 질병에 걸린 사람이 발생한 경우는 해당 산업재해가 발생한 날부터 1개월 이내에 산업재해조사표를 작성하여 관할 지방고용노동청장 또는 지청장에게 제출(전자문서에 의한 제출을 포함)한다.

㉡ 산업재해가 발생한 때는 다음의 사항을 기록·보존해야 한다. 다만, 산업재해조사표 사본을 보존하거나 요양신청서의 사본에 재해 재발방지 계획을 첨부하여 보존한 경우는 그러하지 아니하다.

ⓐ 사업장의 개요와 근로자의 인적사항
ⓑ 재해발생의 일시와 장소
ⓒ 재해발생의 원인과 과정
ⓓ 재해의 재발방지계획

㉢ 중대재해가 발생한 사실을 알게 되면 지체없이 다음 각 호의 사항을 관할 지방고용노동관서의 장에게 전화, 팩스, 그 밖에 적절한 방법으로 보고해야 한다. 다만, 천재지변 등의 부득이한 사유가 발생한 경우는 그 사유가 소멸된 때부터 지체없이 보고해야 한다.

ⓐ 발생 개요와 피해 상황

ⓑ 조치와 전망

ⓒ 그 밖의 중요한 사항

㉣ 산업재해조사표에 근로자 대표의 확인을 받아야 하며 기재 내용에 근로자 대표의 이견이 있는 경우는 그 내용을 첨부한다. 다만, 건설업의 경우는 근로자대표의 확인을 생략할 수 있다.

㉤ 산업재해의 기록과 보존의 의무

산업재해가 발생한 때는 노동부령이 정하는 바에 따라서 재해발생의 원인 등을 기록하며 3년간 보존해야 한다.

㉥ 대책수립과 실행

재해 조사시에 도출된 재해요인으로 파악된 문제점과 재해 원인에 근거하여 구체적이고 실시 가능한 내용으로 물적, 인적, 관리적측면에서 재발방지계획을 수립해야 한다.

ⓐ 교육 실시

- 재해발생 부서는 대책의 내용을 즉각적으로 교육하고 재해발생의 원인이 잠재된 유사 부서도 교육을 실시한다.
- 재해발생 부서는 익일 업무가 시작되는 시점에 조례에서 집합교육을 실시하며 그 외의 부서는 사고 사례와 함께 방지대책이 집합교육을 통하여 이루어져야 한다.

ⓑ 안전작업표준의 준수와 규정, 지침의 수정

재해발생 부서의 당해 작업에 대한 안전작업표준을 재검토하여 문제점을 확인하고 수정, 보완하여 수정사항을 교육한다. 작업표준의 수정, 보완은 당해 부서의 관리자와 감독자가 시행한다.

ⓒ 설비의 보완

재해의 원인이 시설에 기인하였거나 간접적인 원인으로 작용한 경우는 개선계획을 수립하여 시정 조치한다.

ⓓ 사례집 발간

재해발생을 은폐하거나 축소하는 것이 일반적으로 발생하고 있지만 은폐와 축소는 엄연한 책임의 회피이다. 따라서 실패 사례를 유인물(안전회보, 사례집 등)로 발간하여 동종 재해의 발생을 방지하도록 한다.

ⓔ 자료의 보관

재해발생 상황에 대한 사진, 도면, 검사 측정 등의 자료를 비치하고 필요한 경우는 검사, 측정 자료를 전문기관에 의뢰하여 자체 조사결과에 대한 자문과 확인을 받아야 한다.

9) 안전보건관리

① 안전보건계획

공사 안전을 확보하기 위해서는 시공계획단계에서 예상되는 불안전한 조건을 검토하여 시공시에 이를 배제할 수 있는 대책을 수립해야 한다. 안전보건계획은 시공상태에 적절한 내용이어야 하고 소음, 진동, 지반침하, 오탁수 등의 지역사회에 대한 공해방지대책과 공공시설, 일반 주민의 재산과 생명 등에 위험을 주지 않는 대책도 포함시켜야 한다.

안전보건관리계획은 공사 진행에 따라서 발생할 것으로 예상되는 불안전한 상태와 불안전한 행동을 공정에 따라서 추출하여 대책을 기록하고 공사관계자에게 실시방법을 이해시키는 것이 중요하다.

안전보건계획에 포함하는 내용은 다음과 같다.

㉮ 입지와 환경조건 : 입지와 환경의 조건이 되는 근린, 교통 등의 실태 파악
㉯ 안전보건관리의 중점 목표 : 기본방침과 주요 목표의 설정
㉰ 공종, 공정별로 예측되는 재해발생 요인의 예견
㉱ 재해예방의 구체적인 실시계획 : 재해 발생요인을 중심으로 재해예방의 구체적인 실시내용과 교육계획의 수립
㉲ 안전보건관리기구
  ㉠ 안전보건위원회의 조직과 업무내용의 명시
  ㉡ 안전보건협의회의 조직과 업무내용의 명시
  ㉢ 안전보건 행사계획의 수립
  ㉣ 안전보건 관리업무의 추진 역할 분담을 명시
  ㉤ 근로기준감독관서, 경찰서, 소방서, 병원 등의 긴급시 연락처 일람표
  ㉥ 화재, 폭발, 태풍 등의 재해발생에 대비한 긴급 처치체제의 확립
㉳ 기타 현장의 특수한 사정을 명시

② 작업표준

설비 결함을 제거하는 것이 비교적 용이하지만 설비가 완전해도 작업순서가 잘못되면 재해가 발생할 수 있다. 불안전한 행위가 없기 위해서는 작업표준에서 바르고 안전한 동작방법과 순서를 정하고, 이것이 숙달되면 안전하고, 바르고, 빠르게, 피로가 적고, 좋은 작업을 기대할 수 있다.

작업표준은 작업을 동작과 시간의 관계로 분석하여 안전요소를 추가한 것이며 작업표준의 작성에 유의할 사항은 다음과 같다.

㉮ 작업분석과 이것을 기초로 한 작업표준의 작성은 작업원과 함께 검토한다.
㉯ 동작의 단계는 가능한대로 적어야 한다.
㉰ 동작의 순서는 바르게 정해야 한다.
㉱ 동작과 동작단계는 리듬이 있어야 한다.
㉲ 동작속도를 적정하게 하여 긴장이 치우치지 않게 한다.

㉳ 수족은 유효범위 내에서 움직일 수 있어야 한다.

㉴ 다른 규칙과의 관계를 배려한다.

③ 안전보건교육

안전보건교육은 근로자가 안전하게 업무를 수행할 수 있도록 안전의 중요성을 인식시키고 현장의 위험요소를 파악하여 대응하게 하여 재해를 제거하는 것이다. 만일 재해가 발생하더라도 그것을 최소화하여 피해를 최소한으로 줄이게 하는 지식과 기량을 습득시키기 위한 것이다.

교육을 효율성있게 실시하고 성과를 올리기 위해서는 교육대상자에 대한 적합한 교육내용, 교육방법, 교재, 교육시간 등을 사전에 파악하여 결정하고 종합적인 안전교육계획의 수립과 기본계획에 따라서 구체적인 실행계획을 작성하여 실시한다.

㉮ 안전교육의 단계별 교육과정

안전교육은 무지한 사람에 대한 지식교육, 무능한 사람에 대한 기능교육, 이행하지 않는 사람에 대한 태도와 교정교육이 있고 반복적인 실시가 중요하다.

표. 안전교육의 단계별 교육과정

단계	과 정	교육 목표	내 용
1단계	지식교육	· 안전의식 제고 · 기능지식의 주입 · 안전의 감수성 향상	· 안전의식을 높이고 안전 책임감을 주입 · 기능, 태도교육에 필요한 기초지식을 주입 · 안전규정 숙지
2단계	기능교육	· 안전작업 기능 · 표준작업 기능 · 위험예측과 응급처치 기능	· 전문적 기술 기능 · 안전기술 기능 · 방호장치 관리 기능 · 점검검사 정비 기능
3단계	태도교육	· 작업동작의 정확화 · 공구, 보호구 취급태도의 안전 · 점검태도의 정확성 · 언어태도의 안전	· 표준작업방법의 습관화 · 공구, 보호구 취급과 관리자세의 확립 · 작업 전후의 점검검사 요령의 정확한 습관화 · 안전작업 지시전달의 확인 등 언어태도의 습관화와 정확화

㉯ 교육계획의 수립과 방법

㉠ 본 교육은 사전에 다음의 내용을 충분히 검토하여 실시한다.

ⓐ 년간 교육 과정별 안전보건교육계획 작성

ⓑ 교육과정별 강사를 지정하고 교재를 작성하여 활용

ⓒ 교육과정별 교육시간과 교육내용을 적합하게 선정하여 실시

㉡ 안전교육계획의 수립과 실시는 법에서 규정된 사항만 교육시키지 않게 하고, 현장 감독자, 근로자의 의견을 충분히 반영한 교육을 실시하도록 다음의 순서에 따른다.

ⓐ 교육에 관한 필요한 정보의 수집

ⓑ 교육대상이 결정되면 현장의 의견을 충분히 반영하여 교육내용과 교육방법의 결정

ⓒ 교육준비(지도안 작성, 교재준비, 강사)

ⓓ 교육실시

ⓔ 교육 효과의 파악

㉰ 교육방법

교육을 실시할 때는 적합한 교육교재와 적절한 교육장비를 갖추고 다음의 교육을 실시한다.

교육 방법	내 용
집체교육	교육 전용시설 또는 그 밖에 교육을 실시하기에 적합한 시설 (생산시설과 근무장소는 제외한다)에서 실시하는 교육
현장교육	산업체의 생산시설 또는 근무장소에서 실시하는 교육
인터넷 원격교육	전산망을 이용하여 멀리 떨어져 있는 근로자에게 실시하는 교육

교육을 자체적으로 실시하기 어려운 경우는 일정한 인력, 시설과 설비를 갖춘 안전보건전문 교육기관에 위탁하여 실시할 수 있다. 교육 불참자는 재교육의 수립과 실시를 하여 사후관리가 철저히 될 수 있게 한다.

10) 안전보건 점검

① 점검의 의의

안전보건 점검은 재해발생의 위험이 되는 불안전한 행동과 불안전한 행동을 사전에 발견하고 시정하여 재해발생을 미연에 방지하는 것이며 재해 예방활동의 중심으로서 사람, 물건, 환경과 기술면에서 철저하게 실시해야 한다.

② 점검의 종류

점검이 주로 기계와 설비에 치중되어 왔으나 사람의 적정한 배치, 기능, 건강 등도 고려하며 안전보건 점검은 일상점검, 정기점검(월례, 연례점검), 특별점검이 있다. 법정점검은 작업내용, 설비, 기계 등에 따라서 점검시기와 항목이 정해져 있다.

11) 안전보건경영시스템

① 정의

안전보건경영시스템은 기업이 산업재해의 예방과 쾌적한 작업환경의 조성을 목적으로 모든 조직원과 이해관계자가 참여하여 조직원의 안전과 보건의 유지, 증진을 위한 목표를 정하고 이를 달성하기 위한 조직, 책임, 절차를 규정하여 조직 내의 물적, 인적자원을 효율적으로 배분하여 조직적으로 관리하는 경영시스템이다.

② 개요

안전보건경영시스템은 기존 경영시스템(ISO 9000 또는 14000)과 통합시스템으로 구축하는 것이 바람직하다. 안전사고를 예방할 수 있는 산업안전과 보건활동의 성과를 향상시키는 체계적이고 효과적인 시스템뿐만이 아니라 다른 활동과 통합적으로 이루어지는 방향을 제시하고 있다.

③ 안전보건경영시스템의 목표

㉮ 작업장 내의 위험성을 관리하고 예방하여 재해 사고율이 감소

㉯ 신뢰성있는 안전보건경영시스템의 구축으로 보험료를 절감

㉰ 근로자의 보건안전 위험성을 개선하여 생산성 향상

㉱ ISO 9000, ISO 14000과 함께 통합시스템의 구축이 용이

㉲ 사업주와 근로자의 안전보건 관리의식이 발전되어 기업의 자율적인 안전보건관리 체제를 조속하게 정착

㉳ 생산제품과 작업환경에 대하여 안전보건에 대한 근로자의 편향된 불만을 해소하여 노사관계의 안정에 기여

④ 안전보건경영시스템의 접근방법

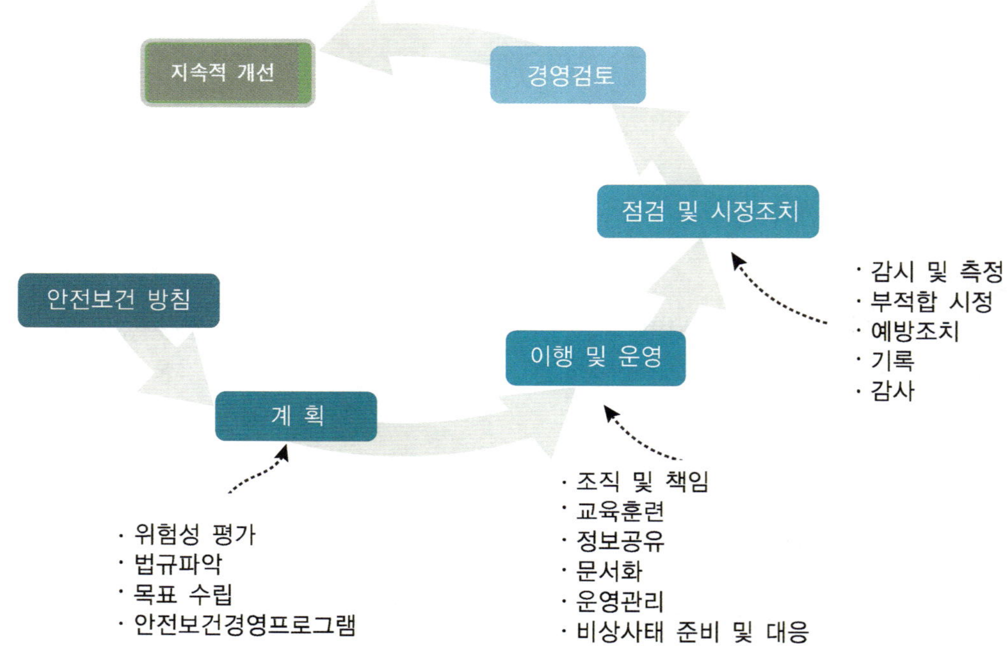

12) 유해위험방지계획서

재해 위험이 높은 건설공사의 안전성을 확보하기 위하여 사업주는 일정한 자격을 갖춘 자의 의견을 들은 후에 유해위험방지계획서를 작성하고 공단에 제출하여 심사를 받아야 한다.

① 유해위험방지계획서의 제출 대상

㉮ 지상높이가 31m 이상인 건축물 또는 인공구조물, 연면적 30,000m² 이상인 건축물 또는 연면적 5,000m² 이상의 문화와 집회시설(전시장, 동물원, 식물원은 제외), 판매시설, 운수시설(고속철도의 역사와 집배송시설은 제외), 종교시설, 의료시설 중 종합병원, 숙박시설 중 관광숙박시설, 지하도 상가 또는 냉동·냉장창고시설의 건설, 개조 또는 해체

㉯ 연면적 5,000m² 이상의 냉동·냉장창고시설의 설비공사와 단열공사

㉰ 최대 지간길이가 50m 이상인 교량건설 등의 공사

㉱ 터널 건설 등의 공사

㉲ 다목적댐, 발전용댐, 저수용량 2천만톤 이상의 용수 전용댐, 지방상수도 전용 댐건설 등의 공사

㉳ 깊이 10m 이상인 굴착공사

② 제출기한과 검토 자격

일정한 자격을 갖춘 자의 검토를 거쳐서 공사 착공(실 착공 기준) 전일까지 공단에 제출하여 심사를 받아야 하며 "착공"은 유해위험방지계획서의 작성 대상 시설물 또는 구조물의 공사를 시작하는 것이고 대지정리와 가설사무소 설치 등의 공사 준비기간은 착공으로 고려하지 않는다.

㉮ 건설안전분야 산업안전지도사

㉯ 건설안전기술사 또는 토목/건축분야 기술사

㉰ 건설안전산업기사 이상으로 건설안전 관련 실무경력 7년(기사는 5년) 이상인 사람

③ 심사와 확인 절차

㉮ 안전보건공단은 접수일로부터 15일 이내에 심사 결과를 적정, 조건부 적정, 부적정으로 통보

㉯ 건설공사 중에 안전보건공단은 6개월 이내마다 유해위험방지계획서와 실제공사 내용의 일치 여부, 변경내용의 적정성 여부, 추가적인 유해·위험 요인의 존재 여부를 확인

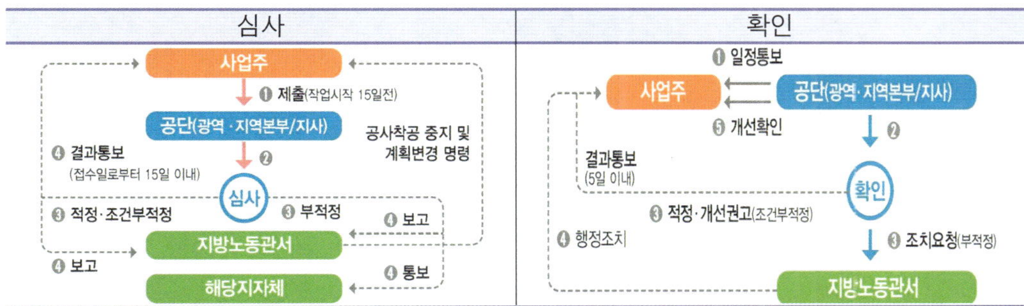

그림. 유해위험방지계획서의 심사와 확인 절차 [자료 출처 : 위드산업안전]

(5) 원가관리

1) 개요

원가관리는 공사의 착수에서 완성단계에 이르기까지 사업비를 관리, 통제, 감독하는 활동을 의미한다. 효과적인 원가관리는 발주자의 사업비한도 내에서 실제적인 공사예산을 수립하고 공사를 가장 경제적인 방법으로 계획, 설계, 시공하는 원가관리기술과 기법에 대하여 적용한다.

원가관리시스템은 발주자의 회계규정에 적합하고 사용에 편리한 형식으로 적기에 원가자료를 얻으려는 발주자와 사업관리자의 요구를 반영해야 한다.

건설공사의 원가관리는 공사의 시공 전에 가장 합리적이고 경제적인 시공계획을 수립하며 이것을 기초로 하여 실행예산을 작성하고 원가 절감을 위하여 공사 착공에서 준공까지 지속적으로 통제하고 개선하는 기능이다. 원가의 개선 기능은 원가 절감을 하여 적정 이윤을 확보하기 위하여 원가의 변동요인을 파악하고 공사의 종류, 규모, 내용에 따라서 중점적으로 신속하고 정확하게 효과적으로 관리하는 것이 중요하다.

① 일반적인 원가관리

기업이 생산하는 일정한 제품과 제공하는 각종 서비스에 필요한 여러 가지 재료와 노동력이 생산을 위하여 소요된 물건 등을 화폐가치로 환산하여 나타낸 것을 원가라고 하며 정해진 원가를 토대로 제품의 생산과 판매에 관련된 자원의 운용에 소요되는 자금의 흐름을 관리하고 통제하는 절차를 원가관리라고 한다.

② 건설공사의 원가관리

㉮ 건설공사의 원가는 공사수행에 소요되는 모든 비용이며 직접공사비와 간접공사비가 있다. 직접공사비는 자재비, 노무비, 장비비, 외주비 등이 있고 간접공사비는 공통가설비, 현장 경상비(급료, 복리후생비, 노무관리비, 통신비 등) 등이 포함된다.

㉯ 건설공사의 원가관리

예정된 공사금액과 공사일정에 따라서 공사가 원만하게 진행되고 예산이 계획대로 집행되어 공사가 성공적으로 수행되도록 건설자원에 소요되는 비용을 효율적으로 관리하고 통제하는 절차이며 노무와 장비의 생산성을 높이고 차후 공사의 원가산정에 유용될 수 있는 비용자료를 축적한다.

2) 건설원가의 구성

① 건설원가의 4요소(재료비, 노무비, 외주비, 경비)는 수주단계의 견적원가, 시공단계의 실행예산원가, 준공단계의 확정 정산원가로 구분할 수 있다.

② 건설원가의 구성은 다음과 같이 요약할 수 있다.

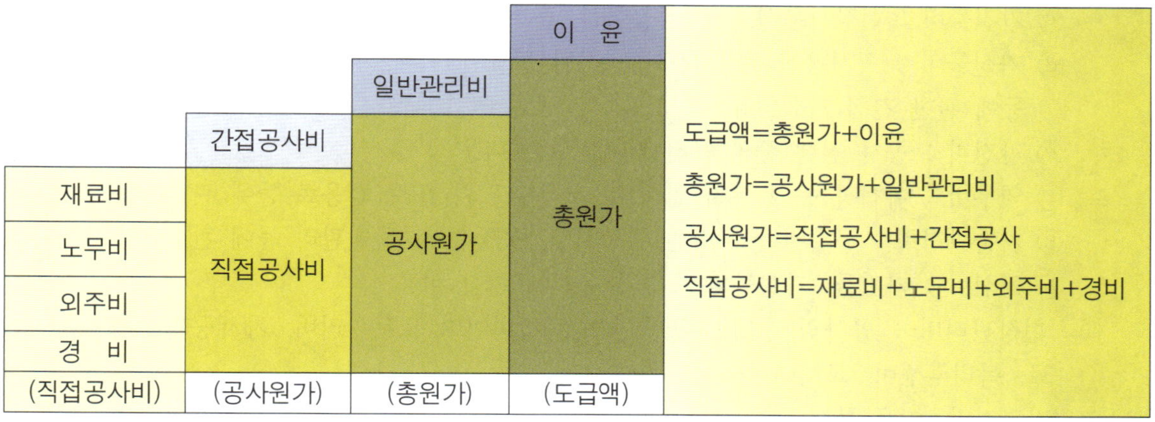

			이 윤
		일반관리비	총원가
	간접공사비	공사원가	
재료비	직접공사비		
노무비			
외주비			
경 비			
(직접공사비)	(공사원가)	(총원가)	(도급액)

도급액=총원가+이윤

총원가=공사원가+일반관리비

공사원가=직접공사비+간접공사

직접공사비=재료비+노무비+외주비+경비

표. 건설원가의 구성

공사비 구성의 비목분류는 적산업무의 기반이 되는 중요한 사항으로 공사 규모와 내용에 따라서 원가관리의 효과를 높일 수 있게 분류하며 직접공사비, 간접공사비, 일반관리비 등으로 나누고 있다.

㉮ 직접공사비 : 공사원가의 중심으로 공사 목적을 완성하기 위하여 직접 소요되는 금액

㉠ 재료비

재료비는 시공에 소요되는 소정 규격의 재료량에 단위당 가격 또는 재료단가를 곱한 금액의 합계액이며 직접재료비와 간접재료비 등으로 구성되고, 재료단가는 거래실례가격 또는 전문가격조사기관의 물가지수에 의한다. 적용 시에는 조달청가격과 전문 가격조사기관의 월별 공표가격 중에서 최저공표가격을 적용한다.

㉡ 노무비

ⓐ 직접노무비 : 1일 8시간의 기준임금, 휴일, 야간, 시간외 수당 등은 통상임금의 100분의 50 이상을 지급

ⓑ 간접노무비 : 직접 계산방법(노무량×노무비 단가), 비율분석방법(직접 노무비×간접노무 비율), 보완 적용방법(공사원가 계산 자료 이용) 등에 의하여 계산

ⓒ 노임단가 : 정부고시 노임단가로서 50~60개 현장을 대상으로 년1회 실사하여 매년 1월 1일부터 공표하여 적용한다.

㉢ 직접경비

공사원가 중에서 재료비, 노무비를 제외한 22개의 비목으로 구성되며 시공기간에 예상되는 소요량을 측정하거나 원가계산 자료를 근거로 하여 산출한다.

㉯ 간접공사비

㉠ 공통가설비 : 직접공사의 시공수단으로 공사기간 중에 설치되어 공사종료 후에 철거되는 일시적 비용으로 운반비, 준비비, 가설물비 등으로 구성된다.

ⓐ 운반비 : 공통 가설에 따른 운반비용

ⓑ 준비비 : 부지측량, 벌개 제근 등에 관한 비용

ⓒ 가건물비 : 현장사무실, 창고, 실험실, 숙소 등의 비용

ⓓ 가설물비 : 공사용 도로와 공사에 직접 필요한 비계, 동바리 등의 직접 가설비용과 울타리 등에 관한 간접 가설비용

ⓔ 안전비 : 공사 진행 중의 안전관리를 위한 비용

ⓕ 역무비 : 야적장 등의 부지 임대료, 전기수도료, 도로 점용료 등에 관한 비용

ⓖ 기술관리비 : 공사전반에 걸친 현장설계, 공정관리, 품질관리 등에 관한 비용

ⓗ 영선비 : 가건물, 가설물의 보수와 유지에 관한 비용

㉡ 현장관리비 : 공사의 운영에 필요한 간접경비이며 노무관리비, 제세공과(자동차세 등), 보험료, 복리후생비, 교제비 등으로 구성된다.

㈐ 일반관리비, 이윤 등

㉠ 공사 시공을 위한 기업의 경영, 관리 등의 활동을 위하여 필요한 본·지사의 경비로서 그 항목은 시공회사의 이윤을 포함하여 임원과 직원의 급료, 기부금, 비품과 차량 등의 감가상각비, 퇴직금, 광고비 등으로 구성된다.

㉡ 일반관리비는 재료비, 노무비, 경비 합계액의 6% 미만으로 하며 산정식은 다음과 같다.

ⓐ 일반관리비 = (재료비 + 노무비 + 경비) × (일반관리비율 × 1/100)

ⓑ 이윤 = (노무비 + 경비 + 일반관리비) × (이윤율 × 1/100)

③ 비용 요소별 적산

일반적으로 실행예산을 공종별로 편성하지만 소규모 공사, 도급금액이 고정되어 있는 공사, 공사내용이 간단하여 예산상 큰 변동이 없는 공사는 발주관리에 중점을 두어 요소별로 관리하기 위하여 적산과정을 재료비, 노무비, 경비의 3요소로 분리하여 각 요소별로 집계가 가능하게 한다.

표. 비용 요소별 적산체계의 예

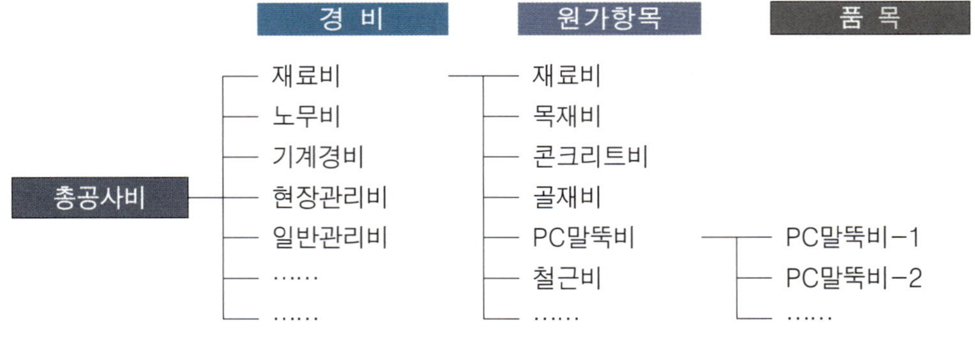

요소별 적산체계에서 각 비용 요소별의 집계는 공사분할체계(W.B.S. ; Work Breakdown Structure)에 나타난 모든 항목별로 집계가 가능하여 각 항목마다 비용의 부족과 과다한 상황을 알 수 있고 원가항목이 단순하여 원가수집과 정리가 간단해진다.

㉮ 기계경비 산출

공사에 기계를 사용하는 경우가 많아져서 전체공사비에서 기계경비가 차지하는 비율이 점점 높아져서 원가관리의 중요한 요소이다. 기계경비의 내역을 세부적으로 구분하면 연료, 운전비, 운전노무비, 관리비 등으로 구성되고 이 들을 모두 합하여 기계경비라고 하며 일당 또는 시간당 금액으로 나타낸다.

㉯ 노무비 산출

공사에 필요한 노무비의 소요 인원수는 공사의 종류와 조건을 세분화하여 품셈조사를 통해서 직종별로 구한다. 노무비의 산출 시에 소요인원의 산정은 품셈을 최대한 활용하고 품셈의 적용이 적절하지 않은 경우는 현장에서 입수한 실행 예산내역서를 참고한다.

노무비의 산정방법은 (소요 인원수×임금 단가)이므로 노무비 관련 자료는 직종코드, 직종별, 일당 단가로 구성되고 간접노무비는 다음과 같이 산출된다.

㉠ 간접노무비 = 표준품셈에 의한 직접노무비 × 간접노무비율

㉡ 간접노무비율 = 간접노무비/직접노무비

㉰ 재료비 산출

재료비는 적산업무에서 가장 방대한 자료가 되고 금액도 큰 비중을 차지하며 공사에 직접 투입하는 직접재료비와 보조적으로 소비되는 간접재료비로 구분된다. 재료비는 품셈 또는 시공경험에서 나타난 소요수량×자료단가로서 구하고 각종 자재의 단가는 조달청이나 일반 물가조사기관에서 매월 출판하는 물가자료에 근거한다.

3) 원가산정

① 원가산정(비용 산정)의 원칙

㉮ 실제 상황의 반영

㉯ 동일한 상세수준의 유지

㉰ 모든 비용요소의 포함

㉱ 가변성있는 서류양식으로 작성

㉲ 직접비와 간접비의 구분

㉳ 변동비용과 고정비용의 구분

㉴ 불확실성에 대한 예비비를 포함

② 원가산정의 종류

㉮ 개산견적(Approximate estimates)

㉠ 설계가 시작되기 전에 사업의 타당성과 설계의 초기와 진행단계에서 설계대안의 경제성을 평가하기 위하여 수행하며 개념견적(conceptual estimate), 기본견적(preliminary estimates), 예산견적(budget estimates)이 있다.

㉡ 일반적으로 개산견적은 설계도면과 시방서가 준비되지 않은 상태에서 공사비를 예측하므로 얻을 수 있는 가능한 정보를 토대로 견적자의 경험과 판단에 의하여 수행된다.

㉯ 상세견적(Detailed estimates)

㉠ 상세견적은 설계의 최종단계, 시공입찰, 시공계획단계에서 수행하며 완성된 도면과 시방서를 근거로 하며 프로젝트의 수행에 소요되는 재료, 노무, 장비 등에 대한 상세한 수량과 비용을 결정하는 것이다.

㉡ 상세견적은 설계단계에서 견적자가 공사 예정가격을 결정하거나 시공자가 입찰서를 제출하고 시공계획을 수립하기 위하여 수행한다.

③ 원가산정의 절차

㉮ 물량 산출 : 각 단위작업에 대한 수량을 산출하는 작업으로 일정한 양식의 수량조서를 이용한다.

㉯ 일위대가 산정

㉠ 각 단위작업에 소요되는 재료비, 노무비, 기계경비를 산정하여 합산한 복합단가이고 일위대가 산정은 품셈을 이용하며 자재와 노무에 대한 단위가격과 품의 수량을 곱하여 산정된다.

㉡ 일위대가의 산정 결과는 자재단가와 노무단가별로 집계되어 일정한 양식의 일위대가표에 기록된다.

㉰ 공사비 계산

공사비의 계산은 산출된 각 단위공정의 수량에 일위대가에서 산정된 단가를 곱하여 전체 공사금액을 산정하고 여기에 간접비, 예비비, 이윤, 세금 등의 공사수행에 필요한 모든 금액을 포함하여 공사금액을 결정한다. 최종적으로 결정된 공사금액은 입찰에 적용하거나 발주자에게 공사비를 청구할 때에 사용한다.

4) 원가통제

① 원가통제의 내용

㉮ 정의, 방침과 절차

㉯ 관리체계의 흐름도를 활용

㉰ 예비비 관리

㉱ 예산/실적의 대비와 현황 분석

㉲ 계획/실적의 차이 분석

㉳ 비용/일정의 종합 보고

㉴ 달성도의 분석

② 작업진도의 측정

㉮ 직접 측정법 : 소수의 비용 분류를 갖는 소규모 또는 단순한 공사에 적용

㉯ 완성 비율 적용법 : 다수의 비용 분류를 갖는 건설공사에 적용

㉰ 일일 기록방법 : 작업일지를 이용하여 일일 작업수량을 기록

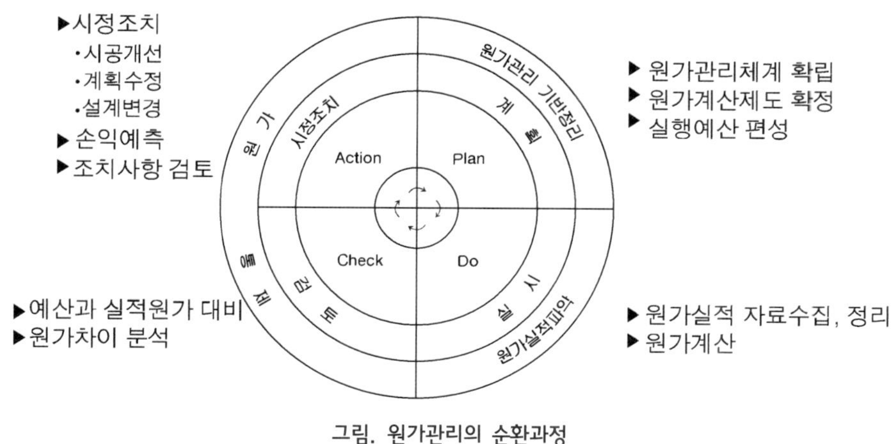

그림. 원가관리의 순환과정

5) 원가관리 체제

① 현장 관리조직

㉮ 공사현장의 원가관리는 공무부서가 담당하지만 다른 부서와의 협조와 조정이 중요하다.

㉯ 규모가 크고 복잡한 공사는 공사 중에 원가의 분석과 검토를 전담하는 원가부서가 필요하다.

㉰ 모든 현장인원들이 원가관리 의식과 자발적인 의욕을 가지고 효율적인 원가관리를 추진하는 여건 조성이 필요하다.

② 원가부서의 역할

㉮ 원가관리 담당자는 현장 실정을 파악하여 수지현황, 문제점, 최종 예상 손익 등을 현장관리자에게 보고하고 공사의 설계변경과 조건 변경에 대한 발주자와 협의자료를 작성한다.

㉯ 원가계산은 시공의 진행 중에 발생하는 공사비용을 집계하도록 공사 규모와 내용에 따른 관리지침으로 정한 절차와 방법으로 실시한다.

6) 실적공사비제도

① 개요

원가계산에 의한 예정가격의 산정방법은 일반적인 공종과 공법에 대한 품셈상의 시공 소요량과 단위당 가격만을 반영하고 해당 공사의 특수성은 반영하지 못하고 있다. 내역 입찰시에 배부되는 공종별 물량내역서는 시공자가 선정하는 공법과 장비 규격까지 지정하거나 가설공사에 대한 세부적인 물량까지 명시하여 입찰시에 건설업체가 보유하고 있는 신기술, 신공법 등의 적용이 어렵다.
또한 표준화된 공종 분류체계와 이에 따른 내역서 작성의 지침이 없어서 단가 산정에 정확한 근거를 마련하기 어려워서 공사 중에 설계변경의 사례가 발생하고 있다. 따라서 표준품셈에 의한 현행 원가계산방식의 문제점을 해결하고 발주자 적산업무의 간소화와 효율화를 추구하며 적기에 시장 거래가격을 예정가격에 반영하기 위하여 기존의 품셈에 의한 예정가격 산정방식을 폐지하고 실적계약을 근거로 하는 예정가격 산정방식인 '실적공사비 적산제도'를 도입한 배경이다.

실적공사비 적산제도는 과거 시행된 건설공사에서 산출된 공종별 계약단가를 기초로 시간, 규모, 지역차 등에 대한 보정을 실시하여 차기 건설공사의 예정가격 산출에 활용하는 제도이다. 따라서 정부는 실적공사비 축적의 기초가 되는 수량산출 기준을 확립하고 이에 따라서 일정기간 실적공사비를 축적하고 있다.

② 실적공사비 적산제도의 기대효과

㉮ 시공자가 가장 경제적인 작업방법을 자율적으로 선택하여 입찰하는 환경을 조성하여 기술경쟁에 의한 적정한 시장가격을 형성

㉯ 낙찰자의 계약금액을 실적공사비로 축적하므로 무분별한 저가입찰을 방지하고 성실한 적산을 통한 건전한 입찰풍토의 조성

㉰ 양질의 실적정보를 기초로 하여 예정가격 산정업무를 간소화하고 물가변동에 의한 계약금액 조정 등 계약 관련업무의 효율성을 제고

③ 예정가격 결정기준

정부조달물품, 공사, 용역 등에 관한 예정가격은 4가지 방법에 의하여 결정하도록 규정하고 있으며 공공 건설공사는 현장조건이 다양하고 복잡하여 대부분이 표준품셈을 기초로 원가계산에 의하여 예정가격을 산정한다.

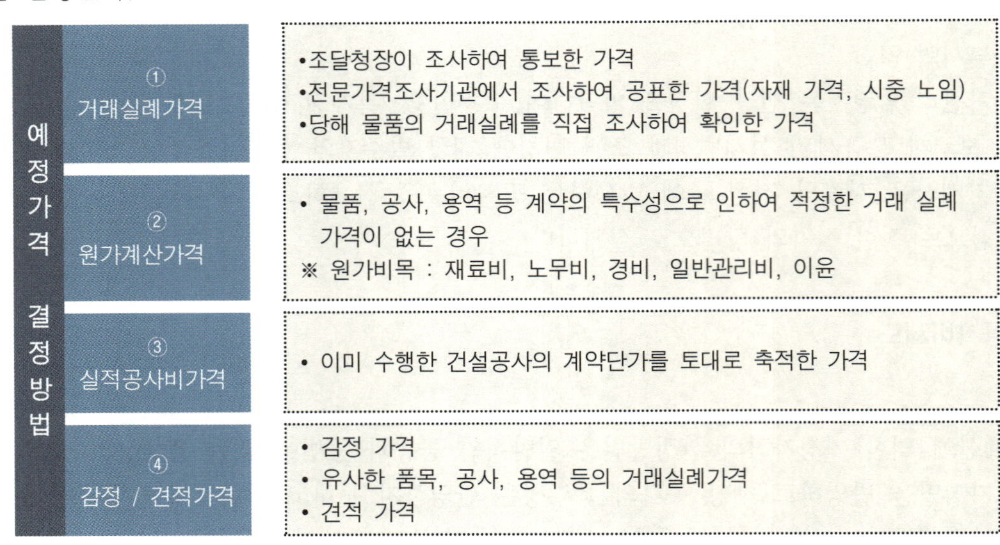

그림. 현행 예정가격의 결정기준

㉮ 원가계산에 의한 예정가격 산정방식(표준품셈)

㉠ 원가 계산방식은 건설공사에 소요되는 원가비목을 재료비, 노무비, 경비, 일반관리비, 이윤으로 구분하여 각각의 소요량과 단위당 가격을 곱하여 예정가격을 산정하는 방식이다.

㉡ 원가계산을 위한 각 비목별 소요량은 표준적이고 보편적인 공법과 공종을 기준으로 단위 작업당 소요되는 재료수량, 노무량, 장비 사용시간 등을 수치로 표시한 적산기준인 표준품셈을 기초자료로 활용한다.

㉢ 원가계산을 위한 각 비목별 단위당 가격은 시중노임과 거래 실례가격을 활용하고 있다.

ⓐ 시중노임은 105개의 공사 직종에 대하여 건설협회에서 연 2회 조사하여 발표하고 있다.

ⓑ 거래 실례가격은 조달청장이 조사하여 공표하는 가격과 물가조사기관 등에서 조사하여 발표하는 가격 등

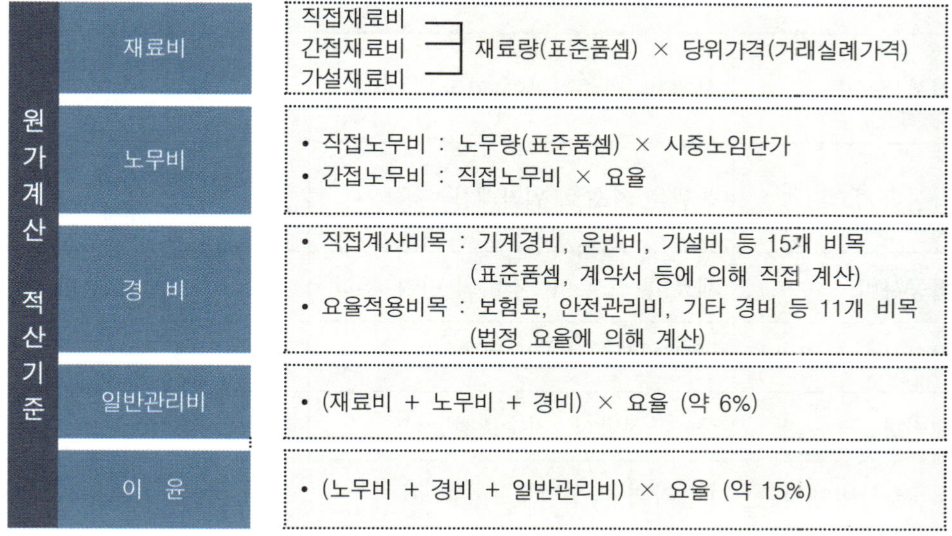

그림. 원가계산에 의한 예정가격의 산정기준

㉯ 실적공사비제도

실적공사비 제도는 품셈을 이용하지 않고 재료비, 노무비, 직접공사 경비가 포함된 공종별 단가(unit price)를 계약단가에서 추출하여 유사 공사의 예정가격 산정에 활용하는 방식으로 과거 시행된 건설공사에서 산출된 공종별 계약단가를 기초로 시간, 규모, 지역차 등을 보정하여 차기 건설공사의 예정가격 산출에 활용하는 제도이다.

④ 실적공사비에 의한 예정가격 산정방법

㉮ 실적공사비의 단가 적용기준

㉠ 국가, 지방자치단체, 정부투자기관과 위 기관의 감독과 승인을 요하는 기관에서 시행하는 건설공사의 예정가격 작성에 활용한다. 다만 소규모 공사, 전문공사, 보수와 유지관리공사, 건물의 증·개축공사, 복합 건축시설물 등은 발주기관장의 책임 하에 적용 여부를 결정한다.

㉡ 실적공사 단가 적용의 예외 규정

ⓐ 실적공사비 단가집에 실적공사비의 단가가 제시되지 않은 공종과 실적공사비 단가가 제시된 공종이라도 단가의 정의와 적용조건이 일치하지 않는 경우는 별도 단가를 산출하여 적용

ⓑ 근로시간을 벗어난 시간외, 야간, 휴일의 근무가 불가피한 경우, 유해 위험작업인 경우에 표준품셈 등에서 규정된 품의 할증이 필요하다고 인정하는 경우는 본 단가를 적용하지 않음

ⓒ 실적공사비 단가집에 제시된 동일 공종의 다른 규격에 대하여 표준품셈 등의 타 기준으로 단가를 산정하는 경우는 실적공사비 단가와 표준품셈 등에 의해 산출된 단가가 상호 모순되지 않도록 예정가격을 결정한다.

표. 품셈제도와 실적공사비제도의 비교

구 분	품셈제도	실적공사비제도
내역서 작성방식	설계자, 발주기관에 따라서 상이	표준분류체계인 "수량산출기준"에 의해 내역서 작성을 통일
단가산출 방법	품셈을 기초로 원가계산	계약단가를 기초로 축적한 공종별 실적단가에 의해 계산
직접공사비	재료비, 노무비, 경비의 단가 분리	재료비, 노무비, 경비의 단가 포함
간접공사비(제경비)	비목(노무비 등)별 기준	직접공사비 기준
설계변경	품목조정방식, 지수조정방식	지수조정방식(공사비지수 적용)

㉯ 실적공사비에 의한 예정가격 작성방법

㉠ 직접공사비의 산정방법

ⓐ 직접공사비의 범위

재료비, 직접노무비, 직접공사 경비(기계경비, 운반비, 전력비, 가설비, 지급임차료, 보관비, 외주가공비, 특허권사용료, 기술료, 보상비, 연구개발비, 품질관리비, 폐기물처리비, 안전점검비 등)

ⓑ 직접공사비의 산정방법

- 공종별 수량 × 단가
- 공종별 수량은 계약 목적물의 설계서 등에 의하여 그 완성에 적합하다고 인정되는 합리적인 단위와 방법으로 산출된 공사량
- 공종단가는 각 중앙관서의 장 또는 각 중앙관서의 장이 지정하는 기관이 공종별로 직접공사비를 가능한 범위 내에서 조사·집계하여 비치한 실적단가
- 실적단가를 적용할 수 없는 공종은 표준품셈 등을 적용하여 산정

수량 산출기준의 제정(토목, 건축, 기계플랜트, 전기)

내역항목 구성체계과 작성기준	실적단가 자료 축적 기반
· 내역서 작성시에 적용할 공종분류체계 · 공종별 수량산출단위와 수량산출방법 · 공종별 단가 산출시에 포함할 세부 작업 내용	· 단위 시설물별, 공종별 실적단가 자료 · 개략공사비 산정을 위한 기초단가

중공종	소공종	세공종	추 가 고지사항	수량산출 방 법	단가 정의
A. Concrete 생산(m^3) B. Concrete 구입(m^3)	1. 강도 150kg/cm^2 2. 〃 180kg/cm^2 3. 〃 210kg/cm^2 4. 〃 240kg/cm^2	1. 골재최대치수 15mm 2. 〃 19mm 3. 〃 25mm 4. 〃 32mm	A1 : Concrete 혼합재		C1 : Concrete 혼합재, 운반 비용을 포함
C. Concrete 타설(m^3)	1. 무근 Concrete 2. 철근 Concrete 3. PS Concrete	1. Lean Concrete 2. 기초와 바닥 3. 상부 Slab/보 4. 기둥/교각 5. 소형 구조물 6. 매스콘크리트	A2 : 생략 A3 : 생략		C2 : 양생비용 포함
D. 거푸집(m^3)	1. 거친마감 2. 보통마감 3. 매끈한 마감 4. 특징있는 마감	1. 수평면 2. 수직면 3. 경사면 4. 곡면	A4 : 특수구조물은 별도 명기	M2 : 거푸집 수량 공제유무	C2 : 동바리 비용 포함

그림. 수량산출 기준(예)

㉡ 간접공사비의 산정방법

ⓐ 간접공사비의 범위

- 간접노무비, 산재보험료, 고용보험료, 건설근로자 퇴직공제부금비, 안전관리비, 환경보전비와 기타 관련법령에 규정되어 있거나 의무가 있는 경비로서 공사원가의 계산에 반영하도록 명시된 법정경비
- 기타 간접공사 경비(수도광열비, 복리후생비, 소모품비, 여비·교통비·통신비, 세금과공과, 도서인쇄비, 지급수수료 등)

ⓑ 간접공사비의 산정방법

- 간접공사비의 비목별로 구분하여 〔직접공사비〕 ×요율
- 요율은 관련법에 의하여 각 중앙관서의 장이 정하는 법정요율이며 법정요율이 없는 경우는 다수기업의 평균치를 나타내는 공신력이 있는 기관의 통계자료를 토대로 각 중앙관서의 장 또는 계약담당공무원이 정함
- 직접공사비를 구성하는 일부 공종에 대하여 실적공사비를 적용하는 경우는 간접공사비의 산정은 상기방법을 토대로 하여 작성

(6) VE(Value Engineering)

1) 개요

VE는 “제품과 제품을 위한 부품, 시스템, 조직, 공정, 추진절차, 서비스들로부터 요구되는 기능, 품질과 근본적으로 필요한 특성을 유지하면서 가장 합리적인 방법으로 불필요한 비용을 찾아내어 제거하는 것이다” 라고 정의하며 건설 VE 매뉴얼은 최소의 생애주기비용(LCC ; life cycle cost)으로 대상 시설물이 최상의 가치를 얻기 위하여 설계내용에 대한 경제성과 현장 적용의 타당성을 여러 전문분야의 협력을 통해서 기능별, 대안별로 검토하는 체계적인 과정이라고 정의한다.

2) VE의 기능적 특성

① 일반적인 기능

기능 분석과정은 VE활동에서 중요한 사항이며 원하는 기능을 얻기 위해 지불하는 고객이 만족할 수 있는 비용 수준을 결정할 수 있다. VE는 기능에 대한 새로운 인식에서 출발하며 기능은 제품과 서비스가 추구하는 목적과 수단의 역할 또는 사용이라는 개념이고 VE 창시자인 Lawrence D. Miles는 “대상물이 시장에서 팔리도록 하는 독특한 성질을 기능” 이라고 정의하였다.

기능으로 사물을 관찰하고 분석할 수 있을 때에 그 대상에 담아야 할 고객의 입장에서 꼭 필요한 기능이 무엇인가를 확인하여 새로운 최적의 창조적 방법으로 구체화할 수 있다.

② 기능적 특성

㉮ 원가 절감형

본래의 기능수준을 유지하면서 대상물에 포함되어 있는 불필요, 중복, 과잉 기능을 찾아서 제거하고 설계 착상의 변경으로 같은 기능 수준을 유지하면서도 값이 싸고 생산성을 높일 수 있는 대체 소재를 활용하여 가치를 보증하는 VE 활동

㉯ 기능 향상형

대상의 기능 분석을 통하여 불필요, 중복, 과잉 기능을 찾아내어 제거하고 소재의 변경과 설계착상의 변경을 통하여 원가의 상승없이 기능만을 향상시켜서 가치를 보증하는 VE 활동

㉰ 혁신형

기능을 월등히 향상시키면서도 비용(cost)은 오히려 획기적인 절감을 할 수 있는 이상적인 가치를 보증하는 VE 활동

㉱ 기능 강조형

가치결정 요소인 비용(C)과 기능(F)이 모두 변하지만 비용의 상승에 비하여 기능의 향상과 다양성이 월등하게 개선 가치를 보증하는 VE 활동

표. VE의 기능적 특성

구 분	원가 절감형	기능 향상형	혁신형	기능 강조형
V=	$\frac{F \rightarrow}{C \downarrow}$	$\frac{F \uparrow}{C \rightarrow}$	$\frac{F \uparrow}{C \downarrow}$	$\frac{F \uparrow}{C \uparrow}$

[주] V = Value, F = Function, C = Cost, $V=\frac{F \downarrow}{C \downarrow}$, $\frac{F \downarrow}{C \rightarrow}$은 추구하지 않음

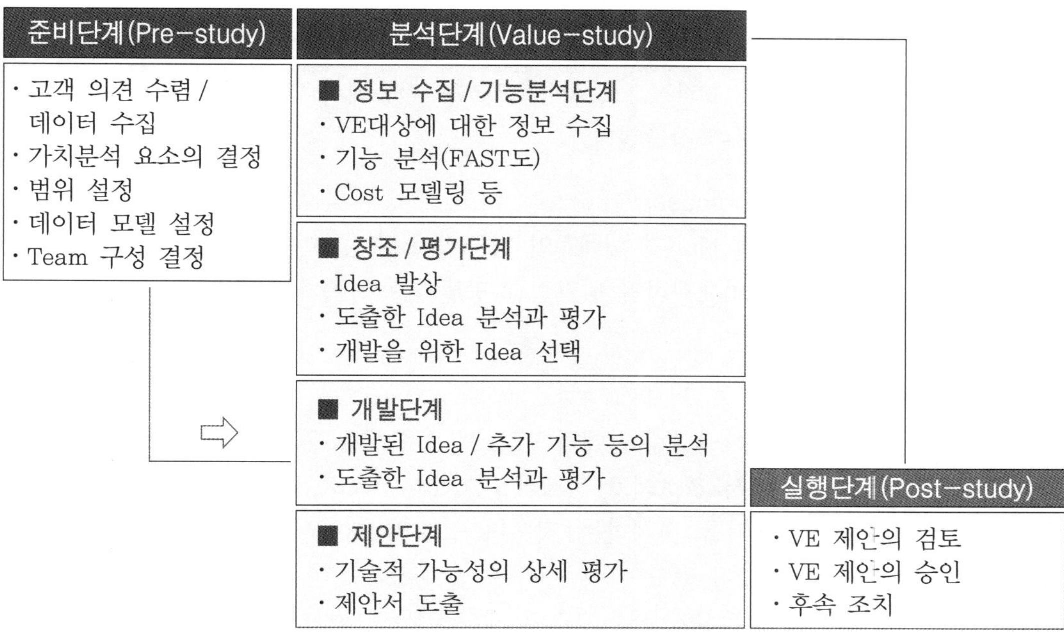

그림. Value Engineering Process

3) 설계 VE의 핵심 요소

① 생애주기비용(Life Cycle Cost)

VE의 대안 비교에 다루어지는 비용은 초기비용에 국한되지 않고 시설물의 완성 후의 사용기간 동안의 유지, 관리, 교체비용을 포함한 총 비용(total life cycle cost)의 관점에서 총체적인 대안 평가가 이루어진다.

② 가치(Value)

VE의 궁극적인 목표는 건설사업의 3대 요소인 시간, 비용, 품질(기능)의 적정한 분배를 통한 건설사업의 가치를 향상시키는 것이다. VE 제안은 최적안(optimum solution)을 의미하지 않고 적정안(satisfactory solution)에 머무르지 않게 하는 것이 추구하는 가치 향상이며, VE는 프로젝트가 요구하는 필수적인 기본기능의 수준을 낮추는 설계 변경은 추구하지 않는다.

③ 기능적 사고

VE는 문제대상의 기능 분석을 수반하며 대안 개발에서 일반적인 원가 절감방법과 설계 검토과정에서는 'What else we can use?' 라는 대안을 찾는 방법이 사용되고 있으나, VE의 'What does it do?' 라는 무형 기능을 파악하는 과정을 수반하는 기능 중심의 사고는 창조적 아이디어를 개발하는 VE만의 독특한 접근법이다.

④ 여러 전문분야의 협력(Multi-disciplinary effort)

VE는 대상 사업의 각 분야에 전문지식을 가진 팀 또는 그룹이 수행하며 팀 리더의 조정을 통하여 개별 팀 구성원의 전문지식이 효과적으로 활용되고 VE 활동에서 얻어지는 최상의 아이디어는 구성원 상호간의 시너지 효과에 의하여 창출된다.

⑤ 체계적인 절차(Systematic process)

VE는 시작과 끝이 분명한 job plan의 체계적인 절차(정보 수집, 아이디어 창출, 평가, 대안의 구체화, 제안)에 의하여 수행되므로 비체계적인 원가절감 방법과는 차이가 있다.

4) 설계 VE와 시공 VE

설계 VE는 계획, 기본설계와 상세설계 단계의 VE로서 발주자가 계획과 설계에 종사하지 않은 사람으로 구성된 VE team을 만들어서 프로젝트 전체의 LCC(life cycle cost) 절감을 목적으로 원래의 계획과 원 설계를 재검토하고 대안을 작성하는 것이며 설계의 개선사항에 중점을 두므로 원가 절감이 10~20%로 크게 나타나는 경향이 있다.

설계 VE가 효율적이고 효과적으로 이루어지려면 계획 마무리 단계, 기본설계 마무리 단계, 상세설계 마무리단계에서 하는 것이 효과적이다. 현장여건과 시공의 최적 관리요소를 구체적이고 기능적으로 검토하여 설계자의 불필요한 비용(cost)의 유입을 차단하고 고객 지향적으로 설계를 변경하면 많은 성과를 얻을 수 있다.

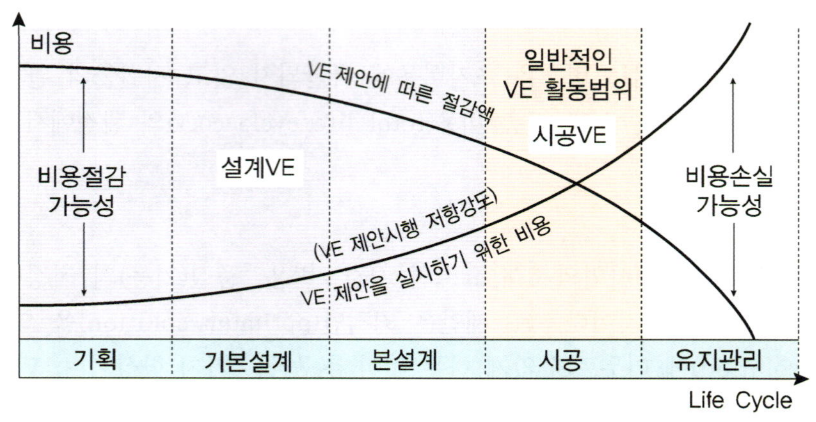

그림. VE 적용시기와 효과

시공 VE는 설계도서가 확정된 시공단계에서 이루어지므로 시공 중에 설계변경을 하여 근본적인 개선을 하기에는 어려움이 많다. 시공 VE는 설계상 특별한 하자가 발견되지 않는 한 설계도서에 반영된 기능과 품질을 손상시키지 않으면서 기능과 품질을 유지하기 위한 더 나은 시공방법과 전반적인 관리의 낭비요인을 찾아서 기능수행의 최적화된 방안을 찾는 것이므로 활동범위가 제한적이고 많은 간접적인 제약을 받게 된다.

설계 VE와 시공 VE는 같은 목표 하에서 비슷한 추진과정으로 진행되며 특히 설계 VE는 사용자의 요구를 측정하는 과정을 포함되어 진행되므로 VE의 적용시기가 빠를수록 개선 가능성이 크고 활동에 소요되는 비용이 적어서 기대되는 비용 절감과 성능의 향상효과가 매우 크므로 설계 VE의 중요성이 더욱 강조된다.

5) 건설 VE 적용의 효과

① 일반적인 적용 효과

VE는 건설산업의 여러 분야에서 효과적이며 프로젝트 생애주기의 각 단계에서 적용될 수 있다.

또한 VE기법의 특징인 유연성과 창조성을 적용하면 잠재적인 비용 절감이 뚜렷하지 않은 분야에서도 활용할 수 있다.

건설산업에서 VE가 적절하게 활용되면 기존 자원의 효율적인 활용, 비용에 대한 인식과 효율성의 제고, 창의적인 아이디어의 창출, 건설기술의 혁신 등의 효과를 기대할 수 있다.

㉮ VE는 전반적인 프로젝트에 대한 신뢰성있는 점검이 가능하다.

㉯ 생산성을 향상하는 제안이 많이 도출되어 이익 창출에 혁신적으로 기여할 수 있다.

㉰ 개선결과에서 축적한 노하우를 유사 현장 또는 유사 사례가 발생하는 경우에 활용할 수 있다.

㉱ 설계단계에서는 대상 시설물의 체적과 규모를 축소하여 전체 투자비를 절감할 수 있으므로 직접적인 수혜 대상자가 발주자이고 건설사업의 효율화를 위해서는 설계단계에서의 VE 도입이 필요하다.

㉠ 설계단계의 VE는 소요비용과 기간에 비하여 절감액이 상대적으로 크게 나타난다.

㉡ 시설물의 기능과 성능 분석, 자재의 성능과 수량, 공법, 시설물의 위치 선정, 적용공법의 적합성, 대안공법의 적용 가능성 등을 검토하여 효율성이 증가한다.

㉲ 시공단계에서 VE는 시공지식과 경험을 최대한 활용하여 시공성 개념을 높일 수 있다.

② 비용절감 측면의 적용 효과

VE를 적용하면 비용 절감과 성능향상 측면에서 개선이 기대되고 특히 비용 절감은 산술적인 측정이 가능하므로 적용 효과가 잘 나타난다. 일반적으로 VE 활동에 소요되는 비용이 전체 프로젝트 비용의 1% 미만이지만 기대되는 비용 절감은 프로젝트 비용의 약 5~10%이다.

(7) 내역·공정 통합관리(EVMS, Earned Value Management System)

프로젝트의 성과를 측정하는 요소는 일정, 비용, 품질이 있고 일정과 비용관리는 품질관리에 비하여 객관적이고 정량적인 평가가 가능하다. 일정과 비용의 관리는 건설 프로젝트 관리의 핵심분야이므로 다양한 형태의 관리방법이 활용되고 있다. 프로젝트 정보의 활용에서 비용관리와 일정관리에서 발생되는 자료는 활용빈도가 높고 일정관리와 비용관리가 밀접한 관계를 갖고 있어서 자료의 종류, 내용, 활용시기에서 중복되는 부분이 상당히 많다. 따라서 일정과 비용관리 기준의 설정과 통합 운영하는 방안을 제시하는 EVMS는 프로젝트의 성과 측정에 광범위하게 적용되고 있다.

1) 개요

① EVMS는 프로젝트의 비용, 일정과 기술 측면에서 목표와 기준을 설정하고 실제 성과를 측정하여 분석하는 관리체계이며 비용과 일정을 통합 관리하여 현재의 문제점 분석, 만회 대책의 수립, 향후의 예측이 가능하다.

② Fleming과 Koppelman은 EVMS를 '상세히 작성된 작업계획에 실제 작업을 계속적으로 비교하여 프로젝트의 최종 사용비용과 일정을 측정할 수 있도록 하는 관리방법'으로 정의하였고 미국 예산관리처(Office of management and budget)에서는 EVMS를 '프로젝트 비용, 일정, 수행 목표의 기준 설정과 실제 진도를 측정하는 성과 위주의 관리체계'라고 정의하였다.

프로젝트 관리에서는 EVMS와 유사한 개념이 표현방법과 내용은 다르지만 활용되어 왔다. 예를 들면, 건설시행자의 관점에서 건설현장의 실행 기성고, 투입원가, 진도율, 손익의 예상 분석 등은 EVMS의 기본적 개념들을 포함하고 있다. 체계화된 EVMS는 일정과 비용을 연계하여 일관된 관리체계를 유지하며 다양한 실적진도(earned value)의 측정방법을 제시하고 관리방법을 체계화하여 기준을 반드시 준수하는 지침의 설정에 있다.

2) EVMS의 진도측정 요소

① BCWS(Budgeted Cost of Work Scheduled) / PV(Planned Value) : 계획진도, 목표기성금액, (실행)예산

㉮ 어느 기간 동안에 수행하기로 계획된 일의 양과 할당된 예산으로 공사진도를 측정하기 위한 기본 지표이며 금액이나 물량으로 표시한다.

㉯ 계획 작업량은 계획 인력을 계획진도에 따라서 할당하여 분개한 값이며 예산금액을 할당하여 분개한 것을 도급기성이라고도 한다.

② BCWP(Budgeted Cost of Work Performed) / EV(Earned Value) : 실적 진도, 실행 기성

㉮ 어느 기간 동안에 실제 수행되거나 완료된 일의 양 또는 할당된 예산으로 실제로 측정된 공사진도

㉯ 실적진도는 실시 물량에 의해 파악한 진도에 계획 인력을 곱하여 산출한 값이며 작업 진도와 예산금액과의 곱을 실행기성이라고도 한다.

③ ACWP(Actual Cost of Work Performed) / AC(Actual Cost) : 실 투입비용, 실제 비용
㉮ 어느 기간 동안에 EV를 달성하기 위하여 실제로 투입된 비용
㉯ 실투입 비용는 업무를 수행하며 실제 투입된 비용 또는 인력량

④ BAC(Budget At Completion) : 총 사업예산, 목표공사비, 계약금액
㉮ 프로젝트 예산의 총합계, 프로젝트 시작단계에서 승인된 전체 물량에 대한 예산
㉯ 프로젝트의 종료시점에서 확정된 소요인력과 비용을 의미하며 예산이 변경되지 않으면 단위업무 종료 시의 계획 작업량, 수행 작업량, 예산은 동일하다.

⑤ EAC(Estimate At Completion) : 총 예상비용
㉮ 프로젝트를 시작하여 현재까지 수행한 작업 실적에 근거하여 현재 시점에서 추정한 프로젝트 시작부터 완료시까지 예상되는 비용의 총 합계
㉯ EVMS을 적용한 project의 공정보고서 제출 시에 EAC를 추정하여 보고
㉰ 생산성의 양호, 불량에 따른 업무의 수행 성과분석을 기준으로 예측한 예산에 대한 추정치이며 업무가 종료되는 시점에서 비용의 증감을 예측

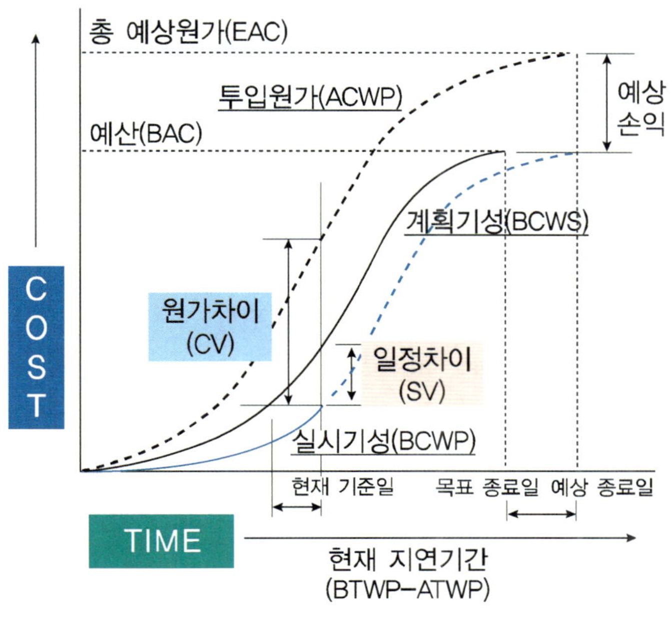

그림. EVMS의 측정

3) EVMS의 진도분석 요소

EVMS에서의 진도분석은 진도측정 요소를 사용하여 진도의 편차(variance)와 지수(index)를 계산하며 프로젝트 진도를 분석하기 위한 요소는 다음과 같다.

① CV(Cost Variance) : 비용 차이, 공사비 차이
- ㉮ CV=BCWP−ACWP 또는 CV=EV−AC
- ㉯ 작업 효율성을 나타내는 지수
- ㉰ CV 〉 0 : 비용이 계획보다 초과
- ㉱ CV 〈 0 : 비용이 계획보다 절약

② SV(Schedule Variance) : 일정 차이, 공정 차이
- ㉮ SV=BCWP−BCWS 또는 SV=EV−PV
- ㉯ 계획 대비 공정 진척도를 측정하는 지수
- ㉰ SV 〉 0 : 작업진도가 계획보다 빠름
- ㉱ SV 〈 0 : 작업진도가 계획보다 지연

③ SPI(Schedule Performance Index) : 진도지수, 일정성과 지표
- ㉮ SPI=EV/PV
- ㉯ 진도 효율, 공정 효율
- ㉰ SPI 〉 1 : 진도가 빠름
- ㉱ SPI 〈 1 : 진도가 늦음

④ CPI(Cost Performance Index) : 비용지수, 비용성과 지표
- ㉮ CPI=EV/AC
- ㉯ 수행된 작업의 비용측면에서 효율성을 측정하기 위한 지수, 비용 효율, 생산성
- ㉰ CPI 〉 1 : 비용 절감(under cost, under run)
- ㉱ CPI 〈 1 : 비용 초과(over cost, over run)
- ㉲ CPI는 실투입 금액 1에 대한 기성금액의 크기를 표시

⑤ 예상 손익(VAC, Variance At Completion) : 예상 총공사비(EAC)−예산(BAC)

⑥ 예상 잔여공사비(ETC, Estimate To Completion) : 예상 총공사비(EAC)− 투입공사비(ACWP)

이러한 요소들 중에서 중요한 일정지수(SPI)와 비용지수(CPI)를 복합적으로 표현하여 프로젝트가 비용과 일정측면에서 어떠한 상태인가를 파악하는 것이 용이해진다.

4) EVMS의 관리절차

EVMS의 관리는 일반적으로 프로젝트 업무의 정의, 프로젝트 일정계획, 프로젝트 예산편성과 배정, 기준진도 작성, 진행관리, 프로젝트 성과 예측 등의 순서로 진행하며 feed back이 필요하다.

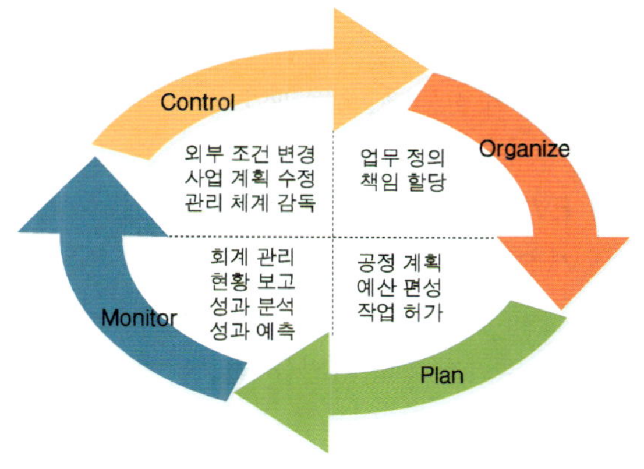

그림. EVMS의 일반적 관리절차

① 프로젝트 업무의 정의(Scoping)

업무정의는 프로젝트 관리에서 가장 우선적인 사항으로 수행할 범위 내의 모든 작업을 단계적으로 분류하여 정의한다. 작업분류체계(WBS)에 의하여 분할된 최소 단위인 관리계정(control account)은 EVMS에서 비용과 일정의 성과측정 기준단위가 된다. 따라서 프로젝트와 이에 참여하는 조직의 관리목표에 따라서 관리계정의 상세 수준이 달라지며 EVMS의 활용방안을 다르게 규정할 수 있다.

② 프로젝트 일정계획(Planning & scheduling)

프로젝트의 계획과 공정표는 관리계정 수준에서 비용과 일정의 성과를 동시에 측정할 수 있도록 작성하며 프로젝트 단계별로 수평적 상관관계의 파악이 용이하고 주 공정표와 하위 공정표간의 수직적 상관관계가 작업분류체계에 의한 명확한 관리가 되게 작성한다.

③ 프로젝트 예산 편성과 배정(Estimating & budgeting)

공정표에 나타나는 작업 단위와 연계되는 내역서를 작성하고 각 activity에 예산을 배정한다. 예산을 편성하기 위한 견적자료는 프로젝트의 진행과정에 따라서 산출방법, 사용자료, 용도가 다르므로 설계단계의 견적, 입찰단계의 견적, 시공단계의 견적이 차이가 있다. 그러나 EVMS는 명확한 관리계정으로 구성된 기준진도에 따라서 실적을 관리하므로 견적자료의 상세수준 차이에도 불구하고 적합한 관리계정의 설정이 필요하다.

④ 기준진도(Baseline)의 작성

프로젝트의 기준진도는 작업분류체계(WBS)를 활용한 업무의 정의와 관리계정을 기준으로 한 CPM 공정표와 프로젝트 예산을 바탕으로 통합된 일정과 비용계획을 수립한다. EVMS에서 기준진도의 작성은 각 관리단위에 적합한 진도 산정기준을 설정하며 집행관리의 척도가 된다.

⑤ 진행관리(Monitoring)

설정된 기준진도에 따라서 프로젝트 진행과정에서 계획 대비 실적을 평가하며 수행 작업량과 실투입공사비를 비교한 비용 차이(CV)와 계획 작업량과 수행 작업량을 비교한 일정 차이(SV)로 나타낸다. 2가지 차이를 비율로 표시한 비용지수(CPI)와 일정지수(SPI)는 금회 값 또는 누계 값으로 표현하며 비용과 일정의 현황을 효율적으로 판단하는 자료를 제공한다.

⑥ 프로젝트의 예측(Forecasting)

EVMS은 프로젝트 진행에 따른 실적 자료를 활용하여 비용과 일정의 차이와 지수를 지속적으로 분석하여 프로젝트 성과의 추이를 예측할 수 있다.

5) EVMS 활용의 기대효과

EVMS 활용의 기대효과는 WBS를 통한 업무관리단위의 유지, 일정관리의 활성화, 비용과 일정의 통합관리에 의한 생산성과 정확성 증대와 프로젝트의 위험관리와 예측 기능 등이 있다.

① 단일화된 관리기법을 활용하여 정확성, 일관성, 적시성 유지
② 일정, 비용, 업무범위의 통합된 성과 측정
③ 축적된 실적 자료를 활용하여 프로젝트 성과의 예측
④ 사업비 효율의 지속적 관리
⑤ 예정 공정과 실제 작업 공정의 비교 관리
⑥ 비용지수를 활용한 프로젝트 총사업비의 예측 관리
⑦ 비용지수와 일정지수를 함께 고려한 총사업비의 예측과 통계적 관리
⑧ 잔여 사업관리의 체계적인 목표 설정
⑨ 계획된 사업비 목표를 달성하기 위한 주간 또는 정기적인 비용 관리
⑩ 중점관리 항목의 설정과 조치

6) EVMS의 구축 절차

① 시공계획 입안
㉮ 공사 완료일, 공종별 중간 목표일
㉯ 공구 분할, 하도급공사의 범위, 사업조직 등에 대한 방침
㉰ 문서, 품질, 안전관리 등의 방침 결정
㉱ 시공달력 설정과 공기에 영향을 미치는 요소의 검토
㉠ 대민, 대관 업무에 관련된 요인의 검토(주민 의견의 수렴, 행정처리, 인허가, 설계변경 등)
㉡ 지장물의 검토(통신선로, 하수관로 등)
㉢ 현지 지반조건의 검토
㉣ 환경, 교통, 문화재 등의 각종 영향 요소
㉤ 인력과 기자재 조달, 각종 계약의 지연

② 사업분류체계(WBS)의 작성
㉮ WBS의 작성과 공종 코드(code)의 부여
㉯ 공종별 견적(공종별 물량 산출과 공기 산정)

③ 시공 순서와 Network 작성, 공기 계산

제 2 장
토 공

토 공 2

1 개 설

토공작업은 도로, 철도의 기초가 되는 선형의 토공, 하천제방, 방조제, 댐과 같이 물의 흐름을 제어하는 토공, 구획정리와 단지조성과 같이 넓은 지역을 평탄하게 하는 토공, 구조물 기초의 설치를 위하여 굴착하는 토공이 있다. 토공은 계획선에 따라서 굴착을 하고 운반기계로 운반하여 시공기면에 쌓기를 하는 작업이며 땅깎기(cutting), 운반(hauling), 흙쌓기(성토, embankment), 다짐(compaction) 등으로 이루어진다.

시공기면(F.L.: formation level)은 지반의 최종 끝 손질면을 의미하며 시공기면보다 높은 지반의 흙을 깎아서 운반하여 낮은 곳에 쌓고 다짐을 한다. 시공기면은 토공 작업량이 최소가 되고 절·성토가 균형이 이루어지도록 결정하며 작업구간과 가까운 곳에 토취장이나 사토장을 선정하여 흙의 운반거리가 짧아야 한다.

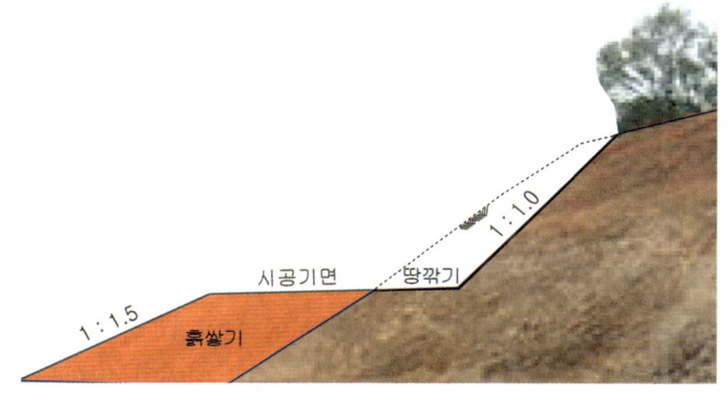

그림. 시공기면

깎은 토사를 가까운 장소에 쌓는 것이 가장 효율적이지만 흙쌓기에 필요한 토사가 부족하거나 흙쌓기 재료로서 부적합하면 토취장(borrow pit)을 선정하여 흙쌓기재료를 확보하고, 땅깎기한 토사가 남는 경우는 사토장을 선정하여 처리한다.

2 토공 계획

공사계획을 파악하고 지형, 지질, 기상, 주변환경 등의 현지조사를 하여 시공계획을 작성하며 현지조건에 적합한 시공법, 적정한 공기와 공정을 설정하여서 경제적인 토공작업이 되게 한다. 또한 시공방법은 가설계획, 재료의 사용계획, 장비기종, 작업계획을 검토하여 선정하며 그 중에서도 공사용 도로와 우회로, 가교 등의 가설계획은 토공사에 필수적인 수단이고 토공계획에 따라서 공사의 경제성이 결정되므로 충분한 검토가 필요하다. 아울러서 토공사는 절·성토작업 외에도 횡단구조물, 배수공 등의 공정계획과 상호 연관되어서 진행되므로 이들을 종합적으로 고려한 공정계획의 작성이 중요하다.

(1) 노선 선정

노선 선정은 충분한 조사와 도로, 교량, 터널 등의 종합적인 검토가 필요하고 특히 지형과 지질의 파악이 중요하므로 상세한 현지답사가 매우 중요하다. 토공계획은 지형, 지질, 기상 등의 자연조건이 큰 비중을 차지하며 공사비와 유지관리 측면에서 영향을 미치는 요소를 충분히 검토하고 결정해야 한다. 특히 산사태와 눈사태의 위험지역, 깎기 비탈면, 경사진 지반의 흙쌓기구간, 문화재 매장지역은 토공계획의 수립에 특별한 주의가 필요하다.

(2) 토량의 배분

1) 개요

토공사는 원지반을 굴착하여 흙을 쌓는 작업이 대부분이므로 평면선형, 종단선형, 비탈면 경사 등에서 가능한 토공량을 줄이면서 절·성토가 평형이 되게 계획하고, 토공의 평형은 노선 전체에 대한 평형과 시공성을 고려하여 구간마다 평형이 이루어지도록 한다. 전체적인 땅깎기량과 흙쌓기량의 평형을 고려하는 경우에 운반거리가 너무 길면 비경제적이므로 인접 구간과의 토량을 조정하거나 공구 분할을 재검토하여 사토와 순성토가 많이 발생하지 않도록 한다.

2) 토량 변화율

토량은 본 바닥의 토량(자연상태 토량), 흐트러진 토량(운반 토량), 다져진 상태의 토량으로 분류하고 흐트러진 흙은 자연상태와 다르게 체적이 변하므로 운반시에 이를 고려해야 한다. 흙을 쌓을 때에 다져진 후의 체적과 자연상태의 본 바닥 체적과의 차이가 발생하는데 이러한 변화는 공사비와 공사기간에 큰 영향을 미친다. 흙의 체적변화를 체적비에 의하여 표시한 것을 토량 변화율이라고 한다.

$$L = \frac{\text{흐트러진 토량}}{\text{자연상태(본바닥) 토량}}, \qquad C = \frac{\text{다진 후의 토량}}{\text{본 바닥 토량}}$$

표. 토량환산계수(f)

구 분	자연 상태	흐트러진 상태	다져진 상태
자연상태	1	L	C
흐트러진 상태	1/L	1	C/L
다져진 상태	1/C	L/C	1

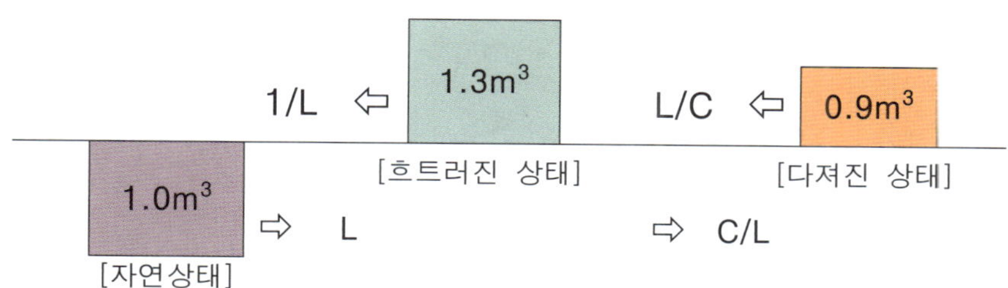

그림. 흙의 팽창과 압축에 의한 체적의 변화

흙쌓기에서 C값을 작게 예상하면 본 바닥을 너무 굴착하여 흙이 남고 크게 예상하면 흙이 부족하며, L값이 변경되면 운반계획에 차질이 발생한다. 토량 변화율에서 L, C의 값은 토질의 종류에 따라서 다르고 그 값은 다음과 같다.

표. 토량 변화율(건설부 표준품셈)

종 별	L	C
경암	1.70~2.00	1.30~1.50
보통암	1.55~1.70	1.20~1.40
연암	1.30~1.50	1.00~1.30
호박돌	1.10~1.15	0.95~1.05
자갈	1.10~1.20	1.10~1.05
자갈질 흙	1.15~1.20	0.90~1.00
고결된 자갈질 흙	1.25~1.45	1.10~1.30
모래	1.10~1.20	0.85~0.95
암괴, 호박돌섞인 모래	1.15~1.20	0.90~1.00
점질토	1.25~1.35	0.85~0.95
호박돌	1.35~1.40	0.90~1.00
암괴, 호박돌섞인 점질토	1.40~1.45	0.90~0.95
점성토	1.20~1.45	0.85~0.95
자갈섞인 점성토	1.30~1.40	0.90~0.95
암괴, 호박돌섞인 점성토	1.40~1.45	0.90~0.95

3) 토적곡선(Mass curve)

도로, 철도와 같은 노선이 긴 토공작업에서 절·성토의 토량을 균형있게 계획하면 효율적인 토공사가 이루어진다. 이러한 노선공사의 토공량이 균형을 이루는 토공작업을 위한 시공기면을 설정하기 위하여 토적곡선을 이용한다.

① 토량배분의 원칙

㉮ 운반거리는 가능한 짧게 한다.

㉯ 흙은 높은 곳에서 낮은 곳으로 운반한다.

㉰ 운반은 가능한 1가지 방법으로 한다.

② 토공 유동의 산정 기준

㉮ 운반거리의 산정시에 모든 수량은 다짐상태로 환산하여 계산하고, 내역서에 적용하는 수량은 자연상태로 산정한다.

㉯ 토적곡선의 분석에 반영하는 공종은 땅깎기(토사, 리핑암, 발파암), 측구 터파기, 흙쌓기(노상, 노체, 녹지대)가 있다.

㉰ 표토 제거량은 무대에 삽입하고, 다짐 환산계수만큼의 차이는 덤프트럭의 운반에 포함된다.

㉱ 공제토는 덤프트럭의 운반에서 제외한다.

㉲ 토적곡선은 표토 제거, 공제토, 유용토, 교량 압성토, 철거수량, 되메우기, 가도공, 본선암의 유용에 관한 사항을 포함한다.

㉳ 양측을 확장하는 토공구간은 좌우측에 별도의 토적곡선을 작성하여 운반거리를 산출한다.

③ 토량계산서의 작성

㉮ 토적계산은 평균단면법을 사용하여 횡단면도에 따라서 토적표를 작성하고, 땅깎기량은 다짐상태로 보정한다.

㉯ 흙쌓기의 횡단면도 수량은 그대로 기입한다.

㉰ 횡방향 토량은 절·성토의 수량 중에서 작은 수량을 기입하고 이 수량은 유용무대로 처리한다.

㉱ 차인 쌓기량에는 땅깎기량과 흙쌓기량의 차이수량을 기입하고 흙쌓기량이 땅깎기량보다 많으면 (−), 반대인 경우는 (+) 기호를 붙인다.

㉲ 누가 토량란에는 첫 측점부터의 누계치를 기입하고 (+), (−) 부호에 유의해야 한다.

④ 토적곡선의 성질

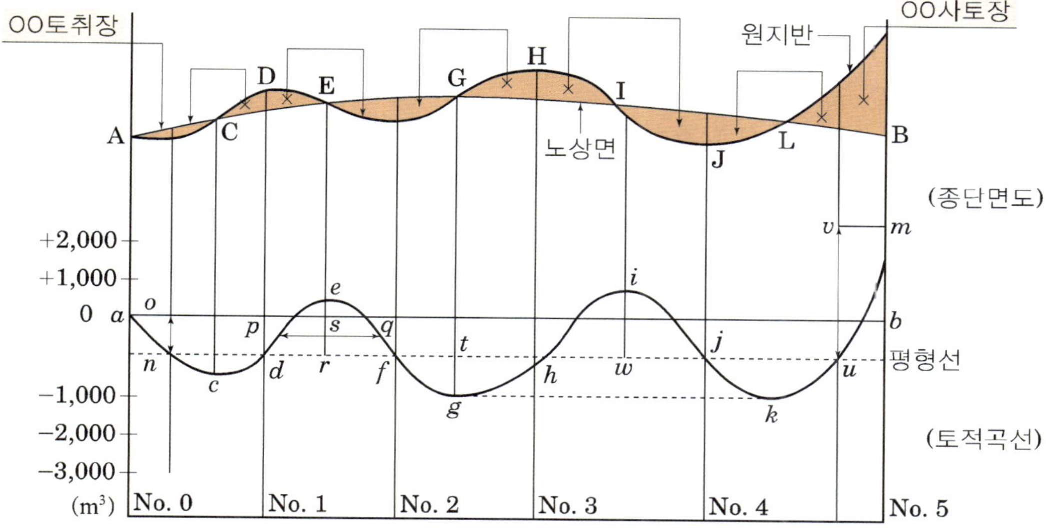

㉮ 토적곡선의 하향구간은 흙쌓기구간, 상향구간은 땅깎기구간이다.

㉯ 곡선의 극소점 c, g, k는 흙쌓기에서 땅깎기로 변하는 변곡점이고, 곡선의 극대점 e, i는 땅깎기에서 흙쌓기로 변하는 변곡점이다.

㉰ 기선에 평행한 임의의 직선을 그어 토적곡선과 교차하는 인접한 교차점사이의 땅깎기량과 흙쌓기량은 서로 같다. 곡선 def에서 de의 땅깎기량과 ef의 흙쌓기량이 같고, 곡선 hij에서 hi의 땅깎기량과 ij의 흙쌓기량이 같다.

㉱ 평형선에서 곡선의 최대점과 최소점까지의 수직거리는 땅깎기에서 흙쌓기로 운반하는 운반토량을 표시한다. 곡선 def에서의 운반토량은 er의 수직거리이고, 곡선 hij에서는 운반토량이 iw의 수직거리이다.

㉲ 땅깎기에서 흙쌓기까지의 평균 운반거리는 땅깎기의 중심과 흙쌓기의 중심간 거리로 표시된다. 평균 운반거리는 전체 토량의 1/2점을 통과하는 수평거리로 표시하며, df구간의 평균 운반거리는 pq이다.

㉳ 토적곡선이 볼록한 모양이면 굴착토를 좌측에서 우측으로 운반하고, 움푹한 모양이면 굴착토를 우측에서 좌측으로 운반한다. 또한 땅깎기토량은 양측으로 운반하는 것이 유리하다.

㉴ 토적곡선이 기선의 위쪽에서 끝나면 과잉토량이 되어 사토를 하고, 아래쪽에서 끝나면 토량이 부족하므로 토취장이 필요하다.

㉵ 토적곡선은 종방향 토량의 이동만을 표시하고, 횡방향의 이동은 반영되지 않으므로 횡방향 토량이 누락되지 않게 주의해야 한다.

⑤ 토공기계의 선정

토공기계의 선정은 토적곡선을 이용하여 장비별로 평균과 최대 운반거리, 장비조합, 장비별 토공 운반량을 산정한다. 장비별 경제적인 운반거리는 불도저가 50m 이하, 스크레이퍼는 50~500m 이하, 셔블과 덤프트럭은 500m 이상으로 한다.

불도저의 최대 운반거리는 아래 그림의 토적곡선에서 $\overline{ab}$의 평형선을 긋고, 스크레이퍼의 최대 운반거리는 평형선 $\overline{df}$를 그어서 남는 토량을 셔블과 덤프트럭으로 운반하는 것으로 계획한다.

땅깎기토량을 좌우로 분산시키면 운반거리가 짧아져서 경제적이므로 토적도의 모든 고저부에 평형선을 그어서 운반거리에 상응하는 토량과 평균거리를 구하여 가중평균을 하면 각 장비마다의 평균 운반거리를 구하여 운반기종에 적합한 토량을 배분할 수 있다.

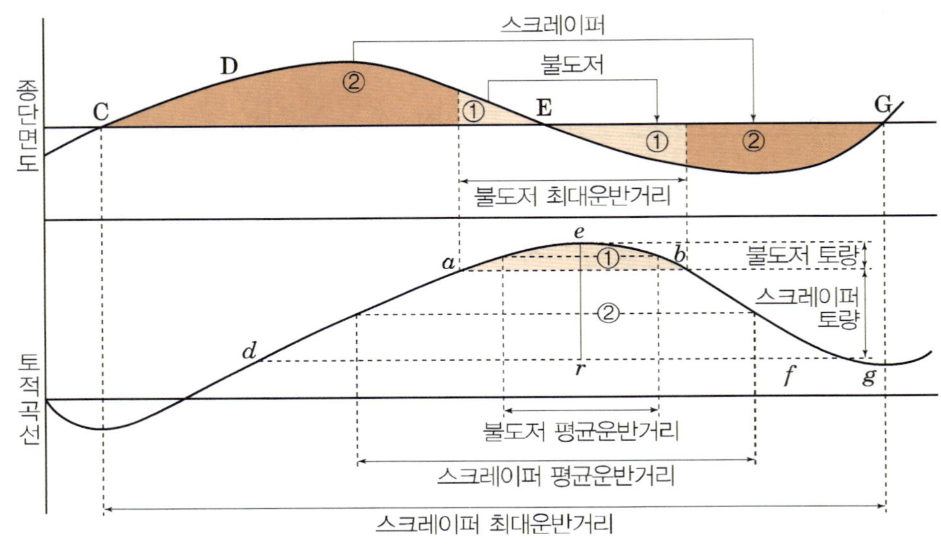

그림. 운반거리에 따른 토공기계의 선정

(3) 공사용 도로

공사용 도로는 토사운반, 기자재의 반입과 반출, 구조물공사를 위한 기자재의 운반, 가설기계(트럭, 크레인 등)의 반입과 반출을 위해서 설치하며 현장내 도로와 현장외 도로가 있다.

공사용 도로의 계획에 의하여 공사 전체의 공정, 시공성, 경제성이 크게 좌우되므로 노선, 노선수 등을 검토하여 도로의 규모를 결정하고, 공사용 도로는 현장내 공사용 도로, 기존 도로, 신설 도로의 순으로 관련 공사의 공정을 고려하여 선정한다.

그림. 공사용 도로

(4) 토취장(Borrow pit)

토공에 필요한 흙쌓기 토량을 확보할 수 있는 적합한 토취장에 대한 지형, 채취 가능한 토량, 방재대책, 매립문화재, 법적규제, 흙 운반로, 보상관계, 주위의 환경, 토지이용 등의 여러 가지 조건을 조사하고 충분히 검토하여 선정한다.

그림. 토취장 전경

① 토취장은 시공 중에 토량 변화율의 변화에 의하여 채취 토량이 변경되는 경우가 있으므로 충분한 여유가 있도록 선정한다.

② 토취장 사용 후의 토지 이용계획은 소유자와 충분히 협의하여 설계에 반영한다.

③ 땅깎기 후에 발생하는 토취장의 비탈면 안정성을 검토하여 비탈면 보호공을 실시한다.

④ 토취량과 운반거리의 변경 등에 의한 공사비 변동이 최소화되도록 지반조사의 실시, 채취 가능한 위치에 대한 관련 법규와 관할 행정기관과의 협의를 실시한다.

(5) 사토장

사토장은 사토 가능량, 방재대책, 법적규제, 흙 운반로, 현지조건 등을 충분히 조사하여 선정한다.

1) 땅깎기 등에서 발생한 잔토를 사토하는 경우는 가능 사토량, 토사의 유출과 붕괴를 방지하기 위한 방재대책, 법적규제, 흙 운반로, 토지 이용계획, 용지보상 등을 고려하여 선정한 후보지를 검토한 후에 가장 유리한 사토장을 선정한다.

2) 사토장의 선정 시에는 다음 사항을 고려해야 한다.

그림. 사토장 전경

① 사토장은 가능한 한 도로와 가까운 곳에 선정하고 흙의 운반 경로는 운반거리, 교통량, 보도, 도로 폭, 포장상태를 고려하여 선정한다.

② 사토장의 용량은 토량 변화율, 토질과 암질의 변화에 의한 절·성토량과 사토량의 변화를 고려하여 충분한 여유가 있어야 한다.

③ 사토장은 일반적으로 지형, 지질적으로 불리한 장소에 설치되는 경우가 많고 시공 중이나 시공 후에 우수 등에 의한 토사의 유출과 붕괴의 위험이 있으므로 배수로와 기존 수로의 교체, 옹벽에 의한 흙막이공, 비탈면 보호공의 계획, 계획적인 매립과 배수경사의 확보 등이 필요하다.

④ 장소에 따라서 사토장이 법적 규제를 받으므로 관계 기관과 충분한 협의를 하여 결정한다.

⑤ 사토의 운반경로는 운반거리뿐만이 아니라 연도 상황, 교통량, 보도 등을 고려하고 도로 폭과 포장상태를 반영하여 선정한다.

3 토공작업(Earthwork)

(1) 토공 준비

1) 준비공

① 땅깎기와 흙쌓기 비탈면의 정확한 마무리를 위하여 규준틀을 정확한 위치에 설치한다.

② 노체, 노상, 포장층의 높이를 파악하는 수평규준틀을 흙쌓기와 땅깎기구간에 설치한다.

③ 절·성토의 경계부에 수평규준틀을 설치하여 지형이 교차하는 부분의 토공계획을 파악하도록 한다.

④ 수직규준틀은 비탈면의 경사, 노체, 노상의 마무리 높이 등을 표시하는 토공의 기준이므로 정확하고 견고하게 설치한다. 수직규준틀은 공사 초기에 직선부의 지형이 복잡하지 않은 경우는 20m 간격으로 설치하고, 토공의 마무리 단계에서는 필요한 장소에 추가적으로 설치한다.

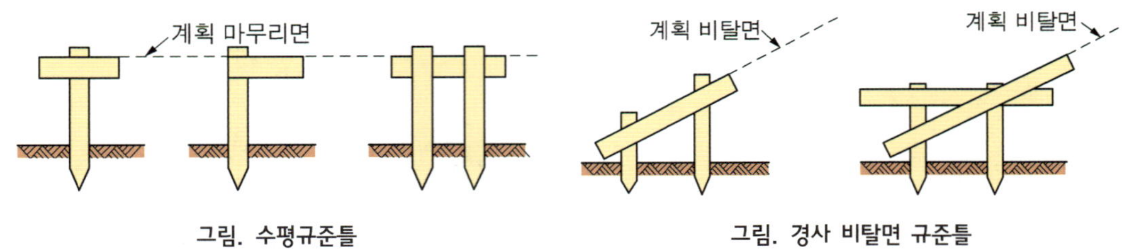

그림. 수평규준틀　　　그림. 경사 비탈면 규준틀

표. 수직규준틀의 표준 설치간격

설치장소 조건	설치간격
직 선 부	20m
평면 곡선반경 300m 이상	20m
평면 곡선반경 300m 이하	10m
지형이 복잡한 장소	10m 이하

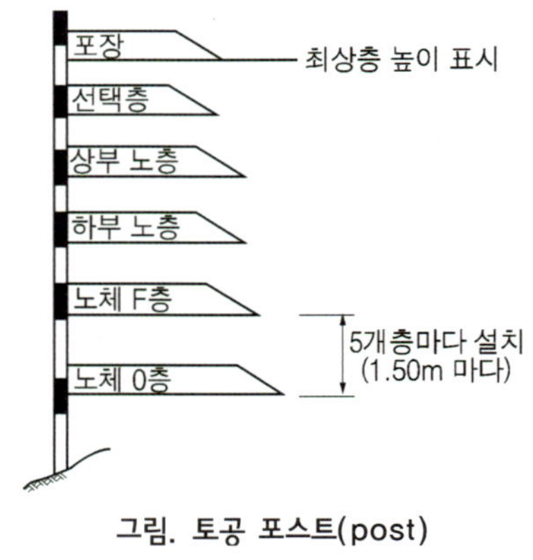

그림. 토공 포스트(post)

2) 준비 배수

토공작업 전에 땅깎기부와 흙쌓기부의 바닥에 고인 물을 제거하고, 시공 중에는 도랑 등의 배수시설을 설치하여 배수가 이루어지게 한다.

절·성토에서 준비배수는 흙쌓기재료의 함수비를 저하시키고 땅깎기면과 흙쌓기면에서 시공기계의 주행성(trafficability)을 확보하며 시공 중인 땅깎기 비탈면의 분리와 붕락을 방지한다.

① 함수비가 높은 흙쌓기재료는 규정 다짐도의 확보와 공사용 차량의 통행을 위하여 함수비를 저하시켜야 한다.

② 땅깎기한 흙쌓기재료의 함수비가 낮아지게 바닥에 깊은 도랑을 파서 지하수위를 저하시키면 토공 작업이 효과적이다.

③ 배수용 도랑은 지하수위의 저하와 강우시의 배수에 효과적이다.

④ 땅깎기 비탈면에 빗물 등이 유입되어 비탈면의 침식이 우려되면 비탈어깨에 배수구를 설치한다.

⑤ 흙쌓기에서 준비배수는 기초지반의 배수와 시공 중의 배수로 구분하여 실시한다.

㉮ 기초지반의 표면이 연약하면 깊이 0.5~1.0m의 도랑을 파고 막자갈 등의 투수성재료를 채워서 배수하여 지반을 건조시키고 흙쌓기하면 흙쌓기 제1층에서 공사용 차량의 운행이 용이하다.

㉯ 낮은 흙쌓기에서 기초지반이 연약하면 교통하중에 의한 노면 처짐이 발생할 수 있으므로 배수처리가 중요하다.

㉰ 고성토에서 흙쌓기 제1층에 작업차량의 진입이 곤란한 경우는 막자갈, 모래 등을 이용하여 두께 0.5~1.0m의 모래 부설층(sand mat)을 설치하고 흙쌓기를 한다.

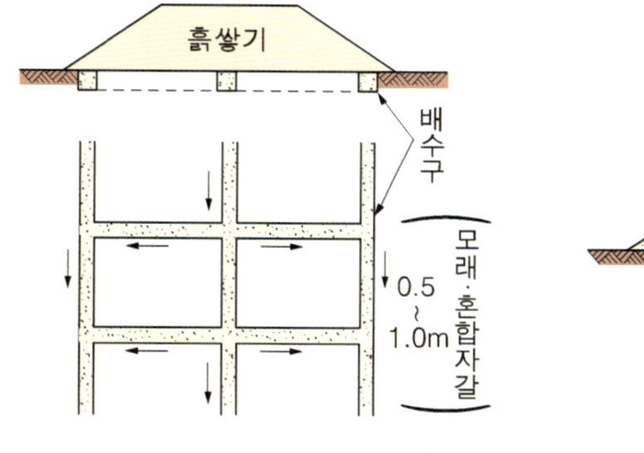

그림. 기초지반 배수구의 설치

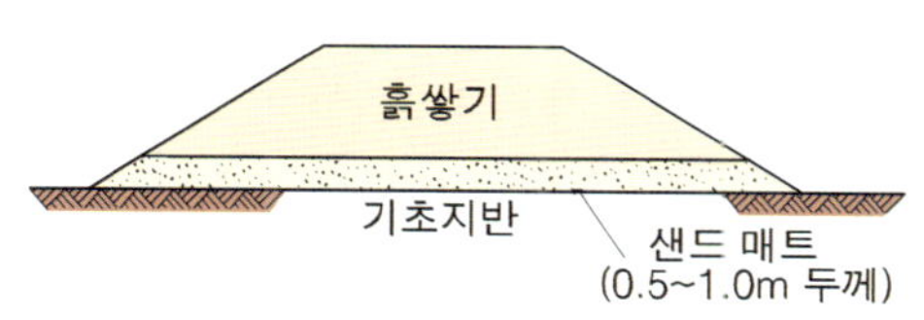

그림. 샌드매트(sand mat)의 설치

3) 벌개 제근

벌개 제근은 땅깎기 또는 흙쌓기를 실시하기 전에 원지반의 표면에 있는 풀, 나무뿌리, 표토, 유기질토, 공사 장애물 등을 처리하는 작업이다.

토취장과 흙쌓기에 사용되는 땅깎기부의 나무뿌리, 표토부의 유기질토를 제거하여 흙쌓기 중에 혼입된 초목, 나무뿌리가 장차 부식하여 부등침하, 처짐 등이 발생하지 않도록 벌개 제근을 실시한다. 벌개 제근의 범위는 땅깎기부의 외측 1.0m까지로 하고, 일반적으로 불도저를 사용하여 작은 초목을 제거하며 불도저로 굴삭할 수 있는 최소 두께는 약 0.2m이다.

그림. 벌개 제근작업

4) 구조물과 장애물의 제거

벌개 제근 구간에 있는 구조물, 배수시설, 관개시설, 하수시설 등의 각종 시설물과 콘크리트, 교량, 공사에 장애가 되는 지장물을 제거하고 제거작업에서 발생한 웅덩이, 도랑 등은 되메우기를 한다.

① 사용 중인 교량, 암거, 기타 배수시설은 대체시설을 설치한 후에 제거한다.

② 구조물의 하부구조에서 유수부는 하상면까지 장애물을 제거하고 범위는 지표면에서 최소한 30cm 깊이까지 제거한다.

③ 발파로 장애물을 제거하는 경우는 발파 영향권에 새로운 구조물이 설치되기 전에 완료한다.

④ 토공의 완성면에서 최소 1m 깊이에 존재하는 모든 콘크리트 구조물을 제거한다.

(2) 땅깎기(절토, Cutting)

1) 일반 사항

① 땅깎기는 벌개 제근, 표토 제거, 기존 구조물과 지장물의 철거, 규준틀 설치, 외부 유입수의 차단이 이루어진 후에 실시한다.

② 땅깎기부에 지표수와 용출수가 고이지 않게 배수처리를 하고, 특히 노상의 마무리작업에서 빗물과 지하수가 노상에 침투할 수 있으므로 측구 등의 배수시설을 설치한다.

③ 땅깎기 중에 예상하지 못한 지층의 변화, 절리, 단층 등의 불연속면 발달, 지하수의 용출이 발생하여 비탈면이 불안정하면 비탈면 안정성을 검토하여 깎기 기울기를 조정한다.

그림. 땅깎기작업

2) 땅깎기의 대상 지반

① 토사 : 불도저, 굴삭기가 유효하게 사용되는 정도의 흙, 모래, 자갈, 호박돌이 섞인 토질

② 리핑암 : 불도저에 장착한 유압식 리퍼로 깎기를 할 수 있는 정도의 풍화가 상당히 진행된 지층

③ 발파암 : 깎기에서 발파를 사용하는 것이 가장 효율적인 지층

지층 판단이 육안으로 어려우면 유압식 리퍼(암굴착량이 25,000m^3 이상은 30ton급, 25,000m^3 미만은 20ton급의 유압식 리퍼)에 의한 시험시공에서 결정한다.

3) 땅깎기 비탈면의 경사

비탈면의 지반상태가 불균질하면 풍화도, 성층상태, 균열 등에 의하여 지반강도가 현저하게 달라지므로 현장의 지질조건을 판단하여 땅깎기 비탈면의 경사를 결정한다.

① 땅깎기 비탈면의 경사 결정시 고려사항

비탈면의 지반특성을 파악하고 파괴가 우려되는 비탈면은 안정해석을 실시하여 암반의 불연속면, 절리방향, 주향과 경사가 비탈면의 경사와 교차하는 상태를 판단해야 한다.

땅깎기 비탈면의 경사는 다음의 경우에 비탈면 안정대책을 검토한다.

㉮ 지반이 두꺼운 붕적층, 퇴적층으로 구성되어 불안정한 상태를 나타내는 구간

㉯ 붕괴 이력이 있고 비탈면에서 붕괴가 발생할 가능성이 있는 구간

㉰ 지하수위가 높고 용출수가 많은 구간

㉱ 갈라진 틈이 있고 지반의 활동 가능성이 있는 구간

㉲ 액상화의 발생이 예측되는 지반

㉳ 비탈면 부근에 기존 구조물이 위치하는 구간

㉴ 기타 땅깎기 비탈면에 불안정한 요인이 있는 것으로 판단되는 구간

② 표준 비탈면 경사

땅깎기 비탈면에 불안정한 요인이 없는 소규모의 비탈면은 다음의 표준경사를 적용할 수 있다.

㉮ 토사 땅깎기 비탈면의 표준경사

토사층의 땅깎기는 다음 표의 「건설공사 비탈면 설계기준」을 적용한다.

토질 조건		비탈면 높이	경사	비고
모래		-	1:1.5 이하	SW, SP
사질토	밀실한 것	5m 이하	1:0.8~1:1.0	SM, SP
		5~10m	1:1.0~1:1.2	
	밀실하지 않고 입도분포가 나쁨	5m 이하	1:1.0~1:1.2	
		5~10m	1:1.2~1:1.5	
자갈 또는 암괴섞인 사질토	밀실하지 않고 입도분포가 좋음	10m 이하	1:0.8~1:1.0	SM, SC
		10~15m	1:1.0~1:1.2	
	밀실하지 않거나 입도분포가 나쁨	10m 이하	1:1.0~1:1.2	
		10~15m	1:1.2~1:1.5	
점성토		0~10m	1:0.8~1:1.2	ML, MH, CL, CH
암괴, 호박돌섞인 점성토		5m 이하	1:1.0~1:1.2	GM, GC
		5~10m	1:1.2~1:1.5	
풍화암		-	1:1.0~1:1.2	시편이 형성되지 않는 암

㉯ 암반 깎기 비탈면의 표준경사

리핑암 이상의 암반 비탈면은 암반 내에 발달한 단층과 주요 불연속면의 경사와 방향을 이용한 평사투영해석을 실시하고, 발생 가능한 파괴형태에 대한 안정해석에서 결정된 비탈면 경사, 풍화상태, 코아 회수율(TCR), 암질지수(RQD) 등을 고려하여 비탈면의 경사를 결정한다.

암반 구분	암반 파쇄 상태 NX 시추시(BX)		굴착 난이도	경사	소단 설치	비 고
	TCR(%)	RQD(%)				
풍화암 또는 연, 경암으로 파쇄가 극심한 경우	20% 이하 (5% 이하)	10% 이하 (0%)	리핑암	1:1.0 ~1:1.2	H=5m마다 1m 폭	*최하단기준 매 20m마다 3m 소단을 설치 *발파암과 리핑암 사이는 소단을 설치하지 않음 *소단 사이에 토사와 리핑구분선이 발생시 많은 쪽의 비탈면 경사를 적용
강한 풍화암으로 파쇄가 거의 없는 경우와 대부분의 연, 경암	20~40% (10~30%)	10~25% (0~10%)	발파암 (연암)	1:0.8 ~1:1.0	H=10m마다 1~2m 폭	
	40~60% (30~50%)	25~50% (10~40%)	발파암 (보통암)	1:0.7		
	60% 이상 (50% 이상)	50% 이상 (40% 이상)	발파암 (경암)	1:0.5	H=20m마다 3m 폭	

㉰ 붕괴성 요인이 있는 지질의 비탈면 경사

지하수 조건	경사
강우시에도 지하수위가 설계고보다 낮은 경우	1:1.2
강우시만 지하수위가 설계고보다 높아질 경우	1:1.5
상시 지하수위가 설계고보다 높은 경우	1:1.8~1:2.0

③ 소단의 설치 기준

㉮ 높은 땅깎기 비탈면은 유지관리를 위한 점검과 보수용 통로, 비탈면의 침식방지를 위한 배수시설의 설치공간으로 활용하기 위하여 소단을 설치한다.

㉯ 소단은 비탈면 높이 5.0m마다 폭 1.0m를 표준으로 설치하며, 비탈면 전체의 높이, 지반의 종류, 암질상태, 침식작용에 대한 안전성, 소단에 설치되는 배수시설을 고려하여 소단의 높이와 폭을 조정할 수 있다.

그림. 깎기부의 소단 설치

㉰ 소단은 점검, 보수용 통로와 배수시설의 기능이 유지되도록 설치한다.

㉱ 배수시설을 설치하는 소단은 배수계획에서 결정된 종단과 횡단방향의 경사를 유지하여 원활한 배수가 이루어져야 한다.

㉲ 빗물 등으로 침식되기 쉬운 토질과 풍화가 빠르게 진행하는 암반에서 소단이 무너질 우려가 있으면 소단 폭을 넓게 한다. 또한 장비 진입 등의 작업공간이 필요하면 소단 폭을 넓게 조정한다.

㉳ 비탈높이에 관계없이 투수층과 불투수층의 경계부는 종방향으로 일정한 높이에 횡단 기울기 4.0%의 소단을 설치한다.

㉴ 땅깎기 비탈면의 높이가 10m 이상인 비탈면은 비탈면 유지관리를 위한 점검과 배수시설의 설치 공간으로 비탈면의 중간에 5~20m 높이마다 폭 1~3m의 소단을 설치한다.

4) 땅깎기부의 처리

① 토사 깎기부

㉮ 토사 깎기부는 지하수, 용수 등의 영향으로 현장함수비가 대체적으로 높아서 노상의 마무리작업에 어려움이 예상되므로 밭갈이를 하여 함수비를 조정하고 다짐을 한다.

㉯ 깎기부재료가 흙쌓기재료의 품질기준을 만족하지 못하면 토성시험에서 적합성을 판단하고, 원지반은 현장 CBR값을 만족시키는 층까지 양질토사로 치환하여 소요 지지력을 확보한다.

그림. 토사 땅깎기작업

그림. 비탈면 암깎기작업

② 암반 깎기부

㉮ 발파

㉠ 발파는 완성된 비탈면과 노상면의 교란, 이완과 여굴이 발생하지 않도록 천공의 깊이, 간격, 방향, 장약량 조절에 주의해야 한다.

㉡ 발파장소가 주거 밀집지역, 기존 구조물, 시설물, 도로와 인접하면 비석에 대한 방호와 기존 구조물 등에 대한 현장조사를 실시하여 안전대책을 수립하고 발파를 실시한다.

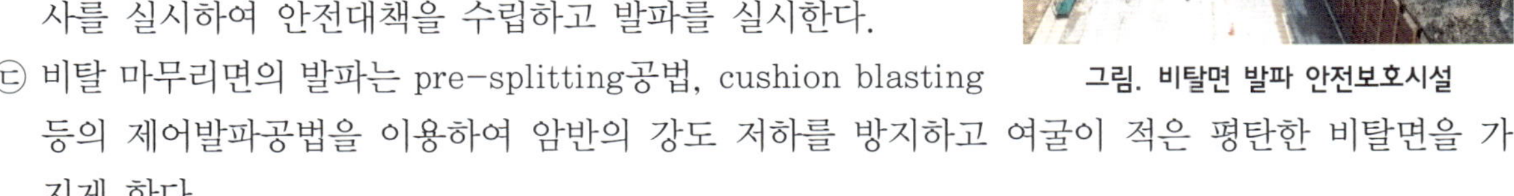

그림. 비탈면 발파 안전보호시설

㉢ 비탈 마무리면의 발파는 pre-splitting공법, cushion blasting 등의 제어발파공법을 이용하여 암반의 강도 저하를 방지하고 여굴이 적은 평탄한 비탈면을 가지게 한다.

㉣ 발파로 인하여 기존 구조물, 시설물, 가축 또는 주민들에게 발파공해가 예상되면 적절한 방지 계획을 수립해야 한다.

㉯ 브레이커와 미진동파쇄공법의 적용

㉠ 구조물의 인접지역, 기존 도로의 확장부, 민가 등에서 발파로 인한 진동, 소음, 비석에 의한 피

해가 우려되면 미진동발파공법, 브레이커 파쇄, 무진동파쇄공법을 적용한다.

㉡ 브레이커(power breaker)에 의한 암파쇄는 발파 진동과 비석에 의한 피해가 우려되는 지역, 기존 구조물의 파쇄, 소량의 발파암 절취 등에 활용한다.

㉢ 기존 도로의 확장과 보수공사에서 암편이 비산되거나 파쇄된 암석이 굴러서 통행차량의 안전이 위험하면 안전보호시설을 설치하고 파쇄작업을 실시한다.

㉣ 시가지 또는 주요 구조물과 인접한 장소에서 암반과 콘크리트를 파쇄할 경우는 무진동 파쇄공법(유압식파쇄공법, 팽창성파쇄공법 등)을 적용할 수도 있다.

③ 땅깎기 허용오차의 범위

노 상		비탈면		
토 사	암 반	토 사	풍화암	발파암
± 3cm	+ 3cm, −15cm	± 10cm	± 20cm	± 30cm

④ 땅깎기구간의 노상부 처리

㉮ 토사 깎기구간

㉠ 토사 깎기구간의 노상부는 침투수가 집중되어 연약해지기 쉬우므로 배수처리를 철저히 한다.

㉡ 토사 깎기구간의 마무리면 재료가 노상재료로 적합한 경우는 상부 15cm 깊이의 재료를 긁어 일으켜서 최적 함수상태로 조절한 후에 다짐을 한다.

㉯ 암반 깎기구간

암반 깎기구간의 요철은 15cm 이하로 하며 오목하게 들어간 곳에 물이 고이지 않게 배수처리를 하고 적합한 재료로 되메우고 다짐을 한다.

㉰ 땅깎기부의 노상은 흙쌓기부의 노상과 동일하게 proof-rolling시험을 실시한다.

5) 땅깎기부의 지하수 처리

깎기부는 대체적으로 지하수맥이 형성되어 노상면의 함수비관리가 어렵다.

① 시공 중에 표면수와 용수에 의하여 비탈면이 세굴 또는 붕괴의 우려가 있는 경우는 비탈면의 배수시설을 땅깎기작업과 동시에 설치하거나 가배수시설을 설치한다.

② 공사 중에는 항상 배수가 원활하게 이루어지도록 노면을 관리하고 절·성토부의 경계부에는 측구와 도수로를 설치하여 세굴을 방지한다.

③ 다량의 지하수가 발생하는 지역은 땅깎기부의 하부를 약 1m 깊이까지 굴착하여 지하수위를 노상 아래로 저하시키고 투수성이 양호한 자갈 등을 채워서 지하수의 포장체 내부로 유입을 방지한다.

④ 현장의 지하수상태에 따라서 횡방향 맹암거를 적당한 간격으로 설치한다.

⑤ 땅깎기부 하단의 노상에 설치하는 종방향 맹암거의 유공관은 개공면이 아래에 놓이도록 설치한다.

6) 비탈면 마무리

① 땅깎기 비탈면의 모따기

㉮ 땅깎기 비탈면의 상단과 양단부는 원지반과 비탈면의 경계부가 불안정하여 식생의 정착이 어렵고 침식을 받기 쉬우므로 모따기를 실시한다.

㉯ 비탈면 상단의 모따기는 원지반과 비탈면의 경계를 중심으로 상·하 방향으로 접선길이 1.0m의 범위에 실시한다.

그림. 비탈면 마무리작업

㉰ 비탈면 양단부는 지형, 지반상태, 미관 등을 고려하여 모따기 범위를 결정하고, 지반 종류별로 비탈면 안정을 유지할 수 있는 비탈면 경사를 적용한다.

② 비탈면의 라운딩

㉮ 땅깎기 비탈면의 어깨와 양단부는 원형으로 매끄럽게 라운딩을 한다.

㉯ 땅깎기 비탈면의 어깨와 양단부는 침식을 받기 쉬우므로 침식방지, 식생의 정착, 경관의 측면에서 라운딩하는 것이 바람직하다.

㉰ 비탈 어깨부의 라운딩은 상·하 방향으로 접선길이는 1.0m 정도로 한다.

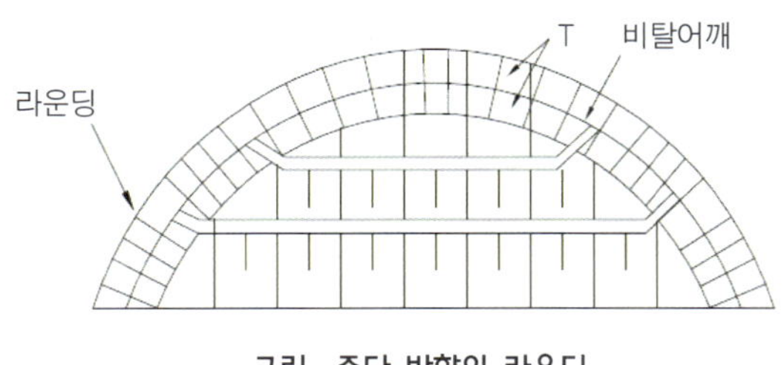

그림. 종단 방향의 라운딩

7) 표면수와 용출수 처리

① 비탈면의 안정에 불리한 표면수와 용출수는 비탈면의 세굴과 붕괴를 초래할 수 있으므로 용출수 처리대책을 수립한다.

② 비탈면 상부의 자연 경사면에서 표면수의 유입이 예상되면 비탈면 상단에 산마루 측구 등을 설치한다.

③ 지하수 침투로 용출수가 예상되는 비탈면은 맹암거, 유공관에 의한 비탈면 처리, 수평천공에 의한 배수공을 설치한다.

그림. 산마루 측구

④ 표면수, 용출수에 의하여 비탈면이 세굴되거나 붕괴될 우려가 있으면 비탈어깨와 소단에 배수로를 설치하며, 소단 배수로는 월류와 침투가 발생하지 않도록 경사와 규모를 결정한다.

⑤ 수평배수공은 지하수의 배수가 용이하게 수평하향으로 약 5°의 경사를 유지하고, 용출량이 많은 배수공의 끝부분에 돌망태, 콘크리트벽을 설치한다.

(3) 흙쌓기(성토, Embankment)

1) 개요

그림. 흙쌓기작업

① 흙쌓기부는 교통하중을 지지하는 동시에 흙쌓기하중에 의한 큰 변형과 침하가 발생되지 않아야 하며, 강우 침투 또는 지진 등의 붕괴 원인에 대한 충분한 안정성이 있어야 한다.

② 흙쌓기는 강도가 작고 물의 영향을 받기 쉬운 토사와 암반으로 시공하면 침하와 붕괴가 발생할 가능성이 있으므로 충분한 내구성이 있어야 한다.

③ 흙쌓기 구조물은 적합한 흙쌓기재료를 선정하여 관리하고 정밀한 시공과 품질관리를 하여 설계 하중을 충분히 지지해야 한다.

④ 특히 노상은 충분한 지지력을 갖고 변형량이 적어야 하며 표면수의 침투에 의한 팽윤과 동상 등에 대한 내구성이 있어야 한다.

2) 흙쌓기재료

흙쌓기재료의 특성은 지역에 따라서 다르고 토공 구조물의 안정성과 지지력에 영향을 미치므로 재료의 성질을 정확하게 판단해야 하고 흙쌓기재료에 초목, 그루터기, 덤불, 뿌리 등의 유기물질과 쓰레기와 같은 환경오염 물질이 함유되지 않아야 한다.

흙쌓기 구조물의 안정성은 지반조사 결과에서 정량적으로 판단하고 보다 합리적인 판단은 과거의 실적과 경험을 비교하여 결정한다.

① 흙쌓기재료의 기준

적합한 재료	부적합한 재료
· 액성한계 50% 미만 · 소성한계 25% 미만 · 건조밀도 1.5ton/m^3 이상 · 간극률 42% 미만	· 벤토나이트, 유기질토 등의 흡수성과 압축성이 큰 흙 · 빙토, 빙설, 초목, 다량의 부식물이 포함된 흙 · 자연함수비가 액성한계보다 높은 흙

② 구비조건

㉮ 시공기계의 주행성(trafficability)이 확보될 것

㉯ 흙쌓기 비탈면의 안정에 필요한 전단강도가 크고 압축성이 작을 것

㉰ 다짐효과가 우수할 것

㉱ 교통하중을 충분히 지지할 것

3) 흙쌓기 비탈면의 경사

① 흙쌓기 비탈면의 표준경사

흙쌓기재료	비탈면 높이	비탈면 상하부에 고정 시설물이 없는 경우 (도로, 철도 등)	비탈면 상하부에 고정 시설물이 있는 경우 (주택, 건물 등)
입도분포가 좋은 양질의 모래, 모래자갈, 암괴, 암버력	0~5m	1:1.5	1:1.5
	5~10m	1:1.8	1:1.8~1:2.0
	10m 초과	별도 검토	별도 검토
입도분포가 나쁜 모래, 점토질 사질토, 점성토	0~5m	1:1.8	1:1.8
	5~10m	1:1.8~1:2.0	1:2.0
	10m 초과	별도 검토	별도 검토

② 흙쌓기 비탈면의 소단 설치

소단은 흙쌓기 비탈면의 안정성을 크게 하고 비탈면에 흘러내리는 물의 유속을 감소시키며, 우수의 집수면적이 감소하여 심한 침식을 방지하도록 비탈어깨로부터 수직거리 5m마다 1~2m의 폭으로 설치하며 완만한 비탈면은 소단 설치간격을 넓게 할 수 있다.

③ 고성토(15m 이상)는 용지 폭과 토공량이 절감되도록 하부 비탈면의 경사를 완만하게 하거나 보강토옹벽 등을 설치한다.

그림. 흙쌓기 비탈면의 소단 설치작업

4) 흙쌓기 작업방법

① 수평층 쌓기

㉮ 두꺼운 층 쌓기 : 두께 60~100cm

다짐두께가 두꺼우면 다짐작업과 다짐도의 측정이 곤란하여 품질관리가 어렵다.

㉯ 얇은 층 쌓기 : 두께 20~30cm

② 전방층 쌓기

㉮ 전방에 흙을 덤프트럭으로 투하하면서 경사지게 쌓는 방법

㉯ 자연경사의 비탈면은 흙쌓기에 유리하지만 완성 후에 침하가 발생

㉰ 공사비와 공기에서 유리하므로 상대 다짐도가 낮은 철도 노반의 조성에 유리

③ 물다짐 공법(Hydraulic fill)

펌프준설선으로 준설토사를 물에 섞어서 매립지에 운송하여 쌓는 방법이다.

5) 흙쌓기 다짐장비

① 진동식 철륜 롤러 : 6ton 이상
② 양족식 롤러 또는 탬핑 롤러 : 드럼의 길이방향 45kg/cm 이상
③ 타이어 롤러의 접지압 : 5.6kg/cm^2 이상
④ 암성토 : 양족식 롤러(sheep-foot roller) 또는 대형 콤팩터(compactor)를 사용

표. 토질별 다짐장비의 선정

장비명	적용 토질	적용 작업 공종	포설두께 (cm)	다짐 횟수	표준속도 (km/hr)	비고
탄뎀 롤러	조립토	노상, 노반 마무리 다짐	20	5~8	2~2.5	함수비가 많으면 곤란
마카담 롤러	조립토	쇄석기층, 노상	20	5~8	2~2.5	
타이어 롤러	점성토, 조립토	노상, 노반	20~30	5~8	3~4	광범위한 토질
탬핑 롤러	점성토	노상, 연약한 지반의 토공	20~30	6~10	4~8	함수비가 많으면 부적합
진동 롤러	조립토	노상, 노반, 비탈면	20~30	8	1~2	
진동 콤팩터	조립토	노상, 노반, 비탈면	15~25	4~8	0.4~0.8	
탬핑 램머	조립토	좁은 장소	15~25	4~8	-	광범위한 토질

(a) Vibrating roller

(b) Tamping roller

(c) Compactor, Rammer

그림. 토공 다짐장비의 종류

6) 흙의 다짐(Compaction)

자연상태의 흙을 쌓는 경우에 너무 느슨하여 요구되는 강도와 허용침하량을 만족하지 못하면 기초지반으로 이용할 수 없으므로 흙의 물리적, 역학적 성질을 개선하기 위하여 다짐을 실시한다.
다짐은 함수비를 크게 변화시키지 않고 압력, 충격으로 간극 내의 공기를 배출시켜서 흙 입자간의 결합을 치밀하게 하여 건조밀도를 증가시키는 과정으로 느슨한 흙을 다지면 흙의 건조밀도와 전단강도가 증가하고, 투수계수와 압축성이 감소하여 흙의 공학적 성질이 크게 개선된다.
흙을 다지면 간극 속의 공기가 쉽게 배출되어 흙의 체적이 순간적으로 감소한다. 그러나 간극이 크면 물이 빨리 배출될 수 있지만 다져진 흙입자 사이에 항상 공기와 물이 존재하므로 다짐은 간극 속에서 물이 천천히 배출되는 압밀과는 다르다.

① 다짐의 목적

㉮ 단위중량의 증가

㉯ 부착력의 증가

㉰ 역학적 강도와 지지력의 증가(전단강도의 증가)

㉱ 압축성, 흡수성, 투수성의 감소

② 실내다짐시험

㉮ 시험방법

㉠ 흙을 다진 후에 전체단위중량(γ_t)과 함수비(w)를 측정하여 건조밀도(γ_d)을 계산한다.

$$\gamma_d = \frac{\gamma_t}{1+w}$$

㉡ 실내다짐시험의 종류

다짐에너지의 크기에 따라서 실내다짐시험의 다짐방법을 분류하면 표준 다짐시험(standard proctor test)과 수정 다짐시험(modified proctor test)이 있고, 수정 다짐시험은 표준 다짐시험보다 약 4배가 큰 다짐에너지가 가해진다. 한국산업규격 KS F 2312에서는 다짐방법을 A, B, C, D, E의 5가지 방법으로 구분하며, A방법이 표준 다짐시험이고 D방법이 수정 다짐시험이다.

표. 흙의 실내다짐시험 방법

다짐방법	래머무게 (kg)	몰드 안지름 (cm)	용적 (cm^3)	낙하고 (cm)	층수 (층)	1층당 다짐회수	허용최대입경 (mm)	비고
A	2.5±0.01	10±0.04	1000±12	30±0.15	3	25	19	표준다짐
B	2.5±0.01	15±0.06	2209±26	30±0.15	3	55	37.5	
C	4.5±0.02	10±0.04	1000±12	45±0.25	5	25	19	
D	4.5±0.02	15±0.06	2209±26	45±0.25	5	55	19	수정다짐
E	4.5±0.02	15±0.06	2209±26	45±0.25	3	92	37.5	

㉢ 흙의 함수비를 바꾸어가면서 주어진 에너지로 흙을 다지면 함수비에 따라서 다져진 흙의 건조밀도가 달라진다. 최소 5회 정도의 다짐시험을 하여 얻어진 흙의 함수비와 건조밀도의 관계곡선을 다짐곡선(compaction curve)이라고 하며, 다짐곡선에서 주어진 에너지로 흙을 다질 때에 함수비를 증가시키면 건조밀도가 증가하고 일정한 함수비에 도달하면 건조밀도가 최대가 되지만 그 이상으로 함수비가 증가하면 오히려 건조밀도가 감소한다. 흙이 가장 잘 다져지는 함수비를 최적함수비(OMC, optimum moisture content)라고 하고, 최대 건조밀도는 최적함수비에서 얻어진다. 최적함수비보다 작은 함수비에서의 다짐을 건조측 다짐, 큰 함수비에서의 다짐을 습윤측 다짐이라고 한다.

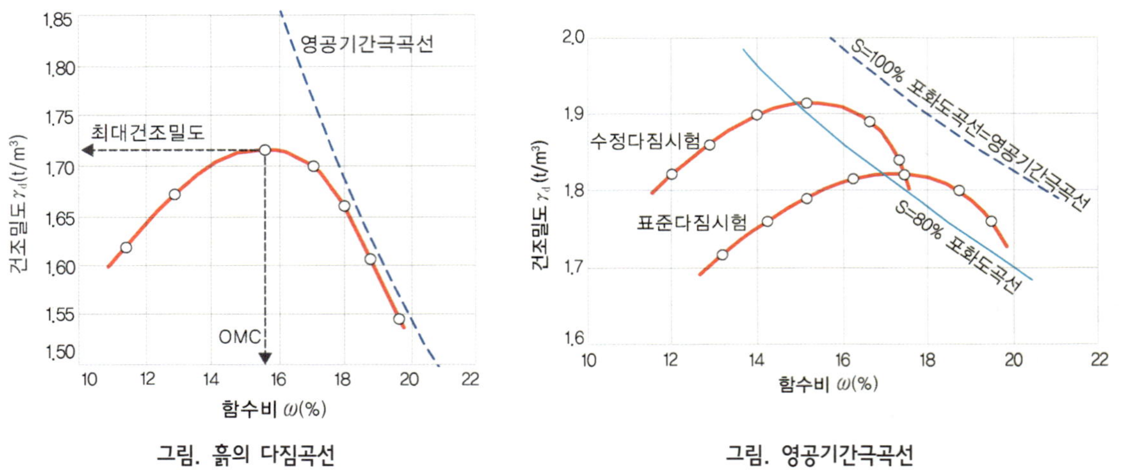

그림. 흙의 다짐곡선　　　그림. 영공기간극곡선

㉯ 영공기 간극곡선(Zero－air－void curve, 포화곡선)

어떤 함수비에서 다짐에 의해서 흙 속의 공기가 완전히 배출되면 흙이 포화상태가 되어 건조밀도가 최대가 되는 것을 영공기간극상태라고 하며, 간극 속에 공기가 존재하지 않는 경우의 이론 최대밀도이다. 포화도가 100％(S=1)이면 간극 속에 공기가 차지하는 부분이 0이므로 함수비와 건조밀도의 관계를 나타내는 곡선을 영공기간극곡선 또는 포화곡선(saturation curve)이라고 하며, 아무리 다짐을 잘 해도 공기를 완전히 배출할 수 없으므로 다짐곡선은 반드시 영공기간극곡선의 좌측에 위치한다.

$$\gamma_d = \frac{G_s \cdot \gamma_w}{1+e} = \frac{G_s \cdot \gamma_w}{1+\dfrac{w \cdot G_s}{S}} = \frac{\gamma_w}{\dfrac{1}{G_s}+\dfrac{w}{S}}, \qquad \gamma_{sat} = \frac{\gamma_w}{\dfrac{1}{G_S}+\dfrac{w}{100}}$$

㉰ 최적함수비선(Lines of optimums)

다짐에너지의 크기에 따라서 다짐곡선이 달라지며 다짐에너지가 클수록 최대 건조밀도는 커지고 최적함수비는 감소하며, 다짐에너지가 다른 다짐곡선의 꼭지점을 연결하여 얻어지는 영공기간극곡선과 평행한 곡선을 최적함수비선이라고 한다. 표준다짐과 수정다짐의 중간 에너지를 사용하여 다짐을 하면 꼭지점은 최적함수비선의 위에 나타난다.

③ 다짐효과에 영향을 주는 요소

㉮ 흙의 함수비

㉠ 최대 건조밀도가 큰 흙일수록 최적함수비가 작다. 사질토는 건조밀도가 크고 최적함수비가 작으며 곡선 기울기가 급하고, 점성토는 건조밀도가 작고 최적함수비는 크며 다짐곡선은 완만하다.

㉡ 다짐함수비의 범위가 크면 최적함수비의 건조측 또는 습윤측 다짐에 따라서 토질구조물의 거동이 달라지고, 최적함수비의 건조측에서 다지면 더 큰 강도를 확보할 수 있다.

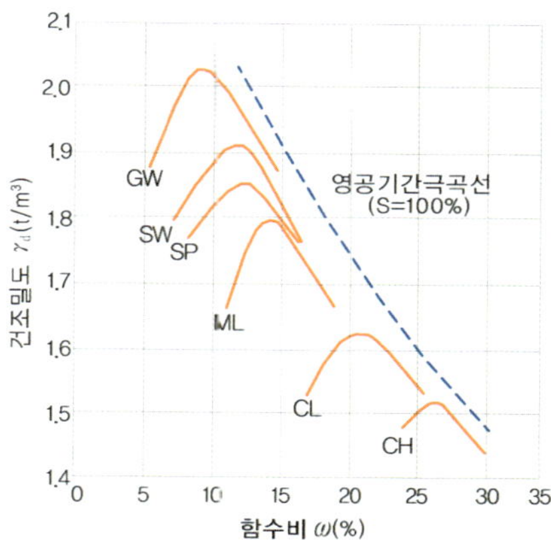

그림. 여러 가지 흙의 다짐곡선

㉯ 흙의 종류

㉠ 최대 건조밀도와 최적함수비는 입도분포, 입자 형상, 흙의 비중, 점토광물의 종류와 양에 다르며 최대 건조밀도는 사질토가 크고 점성토는 작다. 또한 다짐곡선의 경사는 사질토에서 급하고 점성토는 완만하다.

㉡ 점성토는 표면적이 커서 결합력과 윤활성에 필요한 함수량이 많이 소요되므로 사질토보다 최대 건조밀도가 작고 최적함수비는 크게 나타난다.

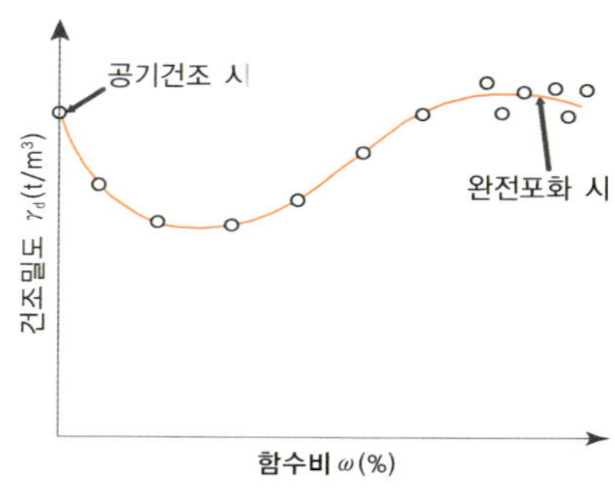

그림. 모래의 다짐곡선

㉢ 점성토의 다짐 특성

점성토는 소성이 증가할수록 최대 건조밀도가 감소하고 최적함수비가 증가하며 점성토의 전형적인 다짐곡선의 형태는 종모양(bell shaped)으로 나타나며, 화산회질 점성토는 최대 건조밀도가 매우 낮고 최적함수비가 크다.

㉣ 사질토의 다짐 특성

동일한 다짐에너지를 가하는 경우에 사질토가 조립(모래, 자갈)이고 입도분포가 양호할수록 최대 건조밀도가 커지고 최적함수비가 감소한다. 사질토에서 함수비가 증가하면 건조밀도가 초기에는 감소하지만 더 증가하면 최대값으로 증가하고, 함수비 증가에 따른 건조밀도의 거동이 초기에는 낮은 함수비에서 간극수에 의한 모세관 인장으로 인하여 흙입자 이동으로 조밀하게 되려는 경향이 감소하는 모세관 인장효과(capillary tension effect)에 의하여 발생한다.

낮은 함수비에서 사질토를 다짐하면 흙입자의 이동이 입자의 마찰에 의한 저항을 받지만 물을 약간 가하면 모관장력이 생겨서 저항력이 더 증가되어 건조밀도가 공기 건조시보다 더 감소하는 용적팽창(bulking)현상이 발생하지만 물이 더 증가하면 모관장력이 없어지므로 처음의 단위중량보다 비슷하거나 더 증가한다.

Bulking현상은 두 입자사이의 수막에 작용하는 모관장력에 의하여 발생하고 이러한 체적변화는 입자 크기와 함수비에 의존하여 함수비 5~6 %에서 체적이 최대가 되며 최적함수비는 완전포화시의 함수비와 거의 같고 그 이상의 물을 가하면 여분의 물이 간극으로 쉽게 배수된다.

㉰ 다짐에너지

㉠ 다짐에너지가 크면 최대 건조밀도가 증가하고 최적함수비는 감소한다. 흙을 최대 건조밀도와 최적함수비의 상태에서 다질 때에 함수비가 낮으면 큰 다짐에너지가 필요하고 다짐에너지는 단위 체적당 가해지는 에너지에 의해서 결정한다.

$$Ec = \frac{W_R \cdot H \cdot N_B \cdot N_L}{V} \quad (\mathrm{kg \cdot cm/cm^3})$$

여기서, E_C : 다짐에너지 W_R : 램머 중량(kg)

H : 램머의 낙하고(cm) N_B : 각 층당 다짐횟수

N_L : 다짐 층수 V : 몰드의 체적

㉡ 다짐에너지가 클수록 최적함수비는 감소하는 경향을 나타내고 진동 다짐시에 진동가속도가 크면 건조밀도가 증가한다.

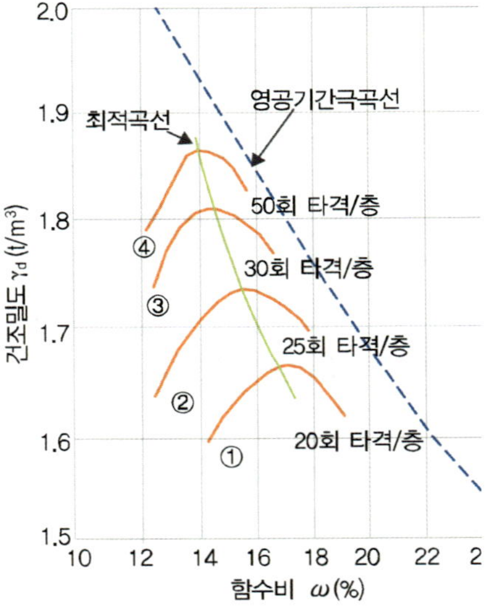

그림. 다짐에너지의 영향

㉱ 과다짐(Over compaction)

㉠ 다짐시에 함수비의 범위가 크면 건조측 또는 습윤측의 다짐에 따라서 토질구조물의 거동이 달라지며 최적함수비의 건조측 다짐이 강도 증가에 효과적이지만 대형 롤러로 습윤측에서 다지면 경량 다짐장비의 다짐보다 강도가 더 저하한다.

㉡ 실트질, Loam 등의 흙을 대형 다짐장비로 다질 때에 다짐횟수가 많아지거나 다짐에너지가 커지면 흙의 구조가 파괴되어 다짐효과에 오히려 결함을 일으키는 현상을 과다짐이라고 한다.

④ 다짐관리

㉮ 건조밀도 관리

㉠ 상대다짐도(Relative compaction)

ⓐ 흙쌓기재료가 균일하고 자연상태의 함수비가 최적함수비와 큰 차이가 없는 경우에 적용하며 도로, 흙댐의 다짐관리에 많이 이용한다.

ⓑ 실내 다짐시험에서 구한 최대 건조밀도에 대한 다진 후에 현장밀도시험에서 얻은 건조밀도의 백분율로 다짐정도를 규정한다.

$$\text{상대다짐도} = \frac{\gamma_d\,(\text{현장의 건조밀도})}{\gamma_{d\max}\,(\text{실내의 최대건조밀도})} \times 100(\%)$$

표. 흙쌓기의 다짐기준

구 분	다짐 기준	1층 다짐 두께
도로의 노체	γ_{dmax} 90% 이상	30cm
도로의 노상	γ_{dmax} 95% 이상	20cm
구조물 뒷채움	γ_{dmax} 95% 이상	20cm
제방 축조	γ_{dmax} 85% 이상	30cm

ⓒ 일반적으로 상대다짐도는 도로와 댐 성토의 다짐관리에 이용하고 다음의 경우는 적용이 곤란하다.

- 토질 변화가 심한 곳
- 기준이 되는 최대 건조밀도를 구하기 어려운 경우
- 흙쌓기재료의 함수비 저하가 비효율적인 경우

ⓓ 다짐도 시험법

- 모래치환법(Sand replacement method)
- Core 절삭법(Core cutter method)
- 고무막법(Rubber baloon method)

(a) 모래치환법

(b) 고무막법

그림. 다짐도 시험장비

ⓛ 상대밀도(Relative density, D_r)

ⓐ 함수비 변화에 따른 밀도의 변화가 작은 사질토는 상대밀도로 다짐도를 관리하는 것이 효과적인 방법이다.

$$D_r = \frac{e_{max} - e}{e_{max} - e_{min}} \times 100(\%) = \frac{\gamma_{dmax}}{\gamma_d} \times \frac{\gamma_d - \gamma_{dmin}}{\gamma_{dmax} - \gamma_{dmin}} \times 100(\%)$$

여기서, γ_d ; 현장다짐으로 구한 건조밀도

ⓑ 상대밀도의 관리기준

구 분	다짐 기준(D_r)
진동이 심한 기계 기초, 공항	90%
침하에 민감한 기초	70~75%

㉯ 포화도 또는 간극률에 의한 관리

㉠ 포화도= $\frac{V_W}{V_a+V_W}=\frac{V_W}{V_V}$, $S=\frac{G_s \cdot w}{e}$

㉡ 공기 간극률= $\frac{V_a}{V}=1-\frac{\gamma_d}{\gamma_w}(\frac{W}{100}+\frac{1}{G_s})$

㉢ 표준다짐의 규정

ⓐ 포화도 : 80~95%

ⓑ 공기 간극률 : 10~12%

㉣ 건조밀도로 다짐관리가 곤란한 흙에 사용

ⓐ 다짐곡선의 습윤측 함수비보다 자연함수비가 높은 흙

ⓑ 토질 변화가 심하여 밀도비교법으로 판정이 곤란한 흙

㉰ 강도 특성에 의한 관리

㉠ 강도 특성의 측정 : 평판재하시험의 지지력계수(K), CBR치, Cone지수, N치

㉡ 물의 침입에 의한 팽창과 강도 저하가 적은 안정된 흙쌓기재료에 적용(암괴, 호박돌, 모래질흙)

㉢ 암괴, 호박돌과 같은 건조밀도의 측정이 곤란한 경우에 적용한다.

표. 평판재하시험에 의한 K값 기준

구 분	강도 기준
시멘트 콘크리트포장(보조기층)	$K_{30}=20\text{kgf/cm}^3$
아스팔트포장(보조기층)	$K_{30}=28\text{kgf/cm}^3$

㉱ 다짐기계의 종류와 다짐횟수로 관리

㉠ 토질과 함수비가 크게 변하지 않는 경우에 적용(암괴, 호박돌)

㉡ 다짐관리방법(건조밀도, 포화도, 간극률, 강도)을 선정하고 시험성토를 실시하여 현장다짐에서 장비종류, 다짐횟수, 포설두께를 선정한 후에 규정된 다짐방법으로 관리한다.

㉲ 다짐도 관리

㉠ 다짐상태의 분석

ⓐ Histogram : 평가한 다짐값이 허용범위 이내인가를 확인

ⓑ $X-\overline{R}$ 관리도 : 다짐 작업의 안정한 상태를 판정

㉡ 문제점의 파악

ⓐ 특성 요인도

ⓑ 파레토도

7) 시험성토

다짐작업의 실시 전에 흙쌓기재료에 적합한 다짐장비와 다짐방법(포설두께, 다짐횟수, 최적함수비)을 선정하고 시공 품질관리체계를 검토하여 효율적인 다짐시공이 되도록 일정한 구간을 선정하여 현장에서 시험다짐을 수행한다.

① 시험다짐 계획

㉮ 시험다짐구간의 면적은 약 400~500m^2로 하고, 1층의 다짐두께가 시방(20~30cm)에 적합하며 흙쌓기재료는 본 공사에 사용될 재료를 사용한다.

㉯ 시험시공에 적용하는 장비(불도저, 모터그레이더, 다짐장비 등)는 본 공사용 장비로 한다.

② 시험다짐에서 선정한 10개 지점의 현장 들밀도 측정의 평균밀도는 다음의 값 이상이어야 한다.

㉮ 노체 : 평균밀도가 $\gamma_{d\ max}$의 90% 이상

㉯ 노상 : 평균밀도가 $\gamma_{d\ max}$의 95% 이상

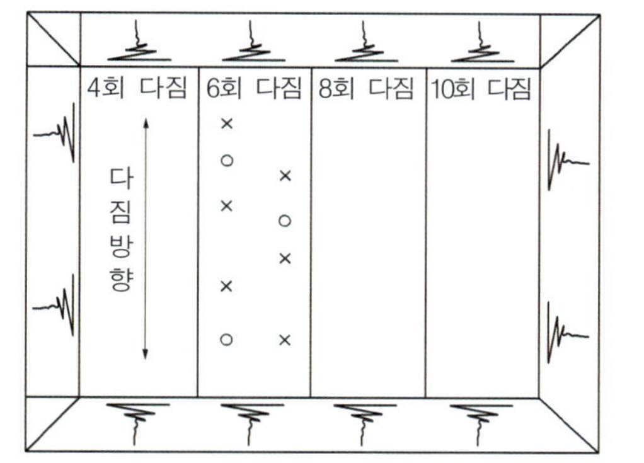

그림. 시험다짐 구간의 평면도

③ 시험성토에서 얻어진 포설두께, 다짐횟수, 함수비 등을 본 공사에 적용하고 재료원의 변경, 다짐장비의 교체와 같은 변동사항이 발생하면 기준값을 변경해야 한다.

8) 흙쌓기의 일반적인 유의사항

① 시험성토에서 선정한 최적함수비, 포설두께, 다짐횟수, 다짐도에 의하여 흙쌓기를 실시한다.

② 나무뿌리 등의 이물질이 혼입되지 않게 흙쌓기재료를 관리한다.

③ 흙쌓기부에 동일한 경로로 차량이 반복하여 통행하지 않고 전폭으로 통행하도록 운반로를 수시로 바꾸어서 균일한 다짐이 되도록 한다.

④ 땅깎기부에서 암층과 접속되는 구간은 접속부에 1:4의 완화구간을 설치하여 재료에 의한 잔류침하가 발생하지 않게 한다.

⑤ 흙쌓기부의 원지반에 설치한 토사측구로 배수를 유도하여 토사가 유출되지 않게 한다.

⑥ 흙쌓기재료는 배수를 고려하여 4%의 횡단경사를 가지도록 포설한다.

⑦ 땅깎기면에 배수를 위한 종·횡단경사를 설치하고 배수용 측구를 굴착하여 함수비를 저하시킨다.

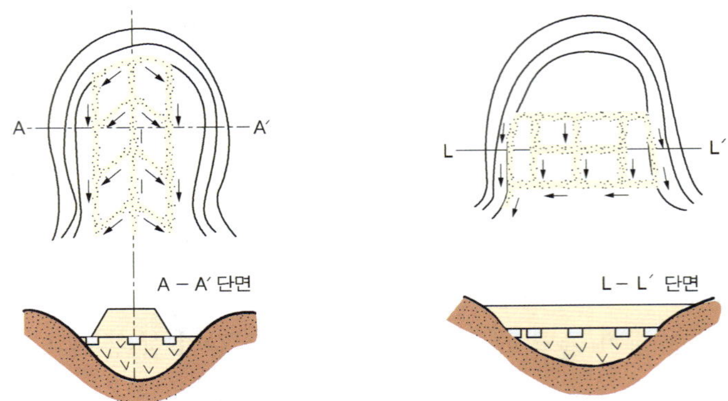

(a) 물의 유출방향과 흙쌓기부가 평행 (b) 물의 유출방향과 흙쌓기부가 직교

그림. 배수구의 배치

⑧ 흙쌓기부에 배수를 위한 토사 다이크(dyke)를 설치하고 도수로 연결부는 가마니, 비닐 등으로 덮어서 비탈면의 세굴을 방지한다.

⑨ 땅깎기부 소단의 양측에 유공관으로 가배수관을 연결하여 비탈면의 붕괴를 방지한다.

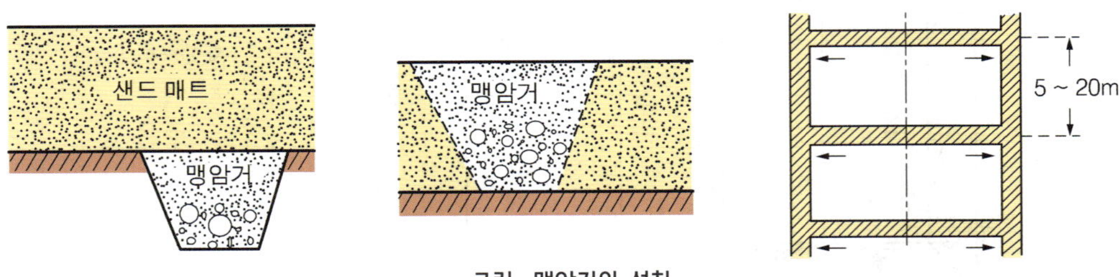

그림. 맹암거의 설치

⑩ 1층의 다짐이 완료되면 다짐도를 확인하고 다음 층의 작업을 시행하며 다짐관리도를 기록하여 시공품질을 관리한다.

⑪ 시공 중 배수

㉮ 흙쌓기 중에 배수에 유의하여 표면에 물이 고이지 않게 하고 외부 유입수는 배수처리를 한다.

㉯ 작업의 종료 또는 작업을 중단하는 경우는 흙쌓기 다짐면에 4% 이상의 횡단경사를 설치하고 다짐하여 배수가 잘 되게 한다.

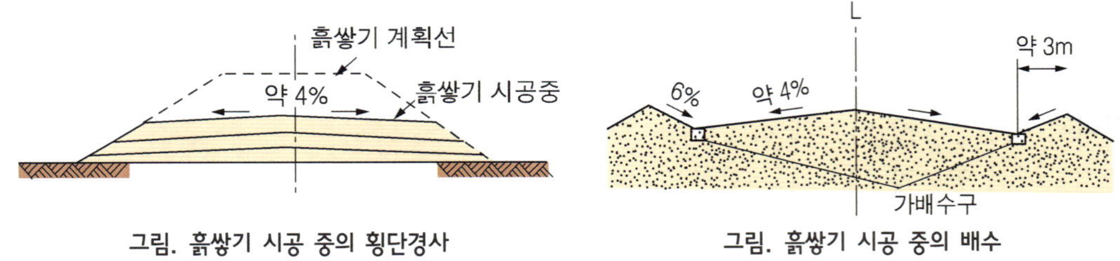

그림. 흙쌓기 시공 중의 횡단경사 그림. 흙쌓기 시공 중의 배수

㉰ 강우가 예상되면 비닐 등으로 시공면을 덮어서 빗물의 침입을 방지한다.

㉣ 땅깎기부의 용수와 강우에 의하여 유출되는 표면수는 흙쌓기 비탈면을 세굴, 붕괴시킬 우려가 있으므로 흙쌓기한 가장자리에 가배수시설을 설치하고 외부 유출에 적당한 장소와 흙쌓기부의 도수로 지점에 가마니, 마대, 비닐 등으로 가도수로를 만들어서 유출시킨다.

9) 경사지반의 흙쌓기

① 층따기

㉮ 비탈면 기울기가 1:4보다 급한 기울기의 지반에 흙쌓기하는 경우는 원지반 표면에 층따기를 실시하여 흙쌓기부와 원지반을 밀착시켜서 지반의 변형과 활동을 방지한다.

㉯ 기존 도로의 확장시에 기존 도로에 접속되는 구간은 층따기를 하고 흙쌓기를 한다.

㉰ 비탈면에 흙을 쌓는 경우는 지하수가 흙쌓기부와 기초지반 사이에 침투하여 활동을 일으키지 않게 배수구를 설치하며, 기초지반에 용수가 있거나 우기에 용수가 예상되는 부위는 원지반과 접하여 배수층을 설치한다.

㉱ 층따기 높이는 토사지반에서 50cm, 암반은 40cm로 하고, 폭은 1m(기계시공 시는 3m) 이상으로 한다. 노체 마무리면의 시공오차는 ±5cm 이내로 한다.

② 경사지는 흙쌓기와 기초지반의 경계에 물이 침입하여 활동을 일으키지 않게 배수구를 설치하여 지표수를 배수시킨다.

③ 층따기면은 시공 중의 배수를 위하여 3~5% 경사를 유지한다. 기초지반에 용수가 있는 경우에 흙쌓기는 투수성재료를 사용하여 배수층을 설치하고 비탈끝이 붕괴되지 않게 돌쌓기 등을 한다.

④ 층따기의 표준치수

㉮ 토사지반

㉠ 최소 높이 : 50cm

㉡ 최소 폭 : 1m(기계 시공은 3m 이상)

㉯ 암반구간 : 층따기 깊이는 암 표면에서 수직으로 최소 40cm

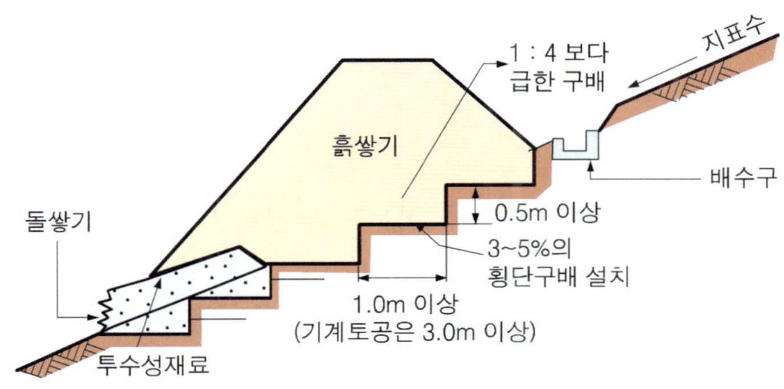

그림. 비탈면 흙쌓기의 층따기

10) 편절·편성 구간

편절·편성구간은 절토부 단부에서 성토부 노상의 저면까지 깎고 1:4의 경사로 절토부의 노상 저면에 접속시킨다. 절토부는 성토부의 노상재료로 되메우고 균일하게 다져야 한다.

① 편절·편성구간에서 단차가 생기는 원인

㉮ 절·성토부는 지지력이 불연속적이고 불균등하게 분포된다.

㉯ 절·성토의 경계부에 지표수, 용수, 침투수 등이 집중하면 성토부가 약화되어 침하된다.

㉰ 절토 경계부에서 다짐이 불충분하면 성토부는 압축침하가 발생한다.

㉱ 편절·편성구간에서 기초지반과 흙쌓기의 접착이 불충분하면 지반의 변형과 활동에 의한 단차가 발생하기 쉽다.

② 편절·편성구간에서 단차에 의한 포장 균열을 억제하기 위해서 절토부 노상저면(깎기면)과 성토부 노상 저면(노체 상부면)을 연결하는 접속구간을 설치한다. 또한 노체 상부면과 절토면에 지하배수공을 설치하여 배수 유출구로 배수한다.

③ 용수가 많은 편절·편성부의 비탈면 하단에 배수층을 설치한다.

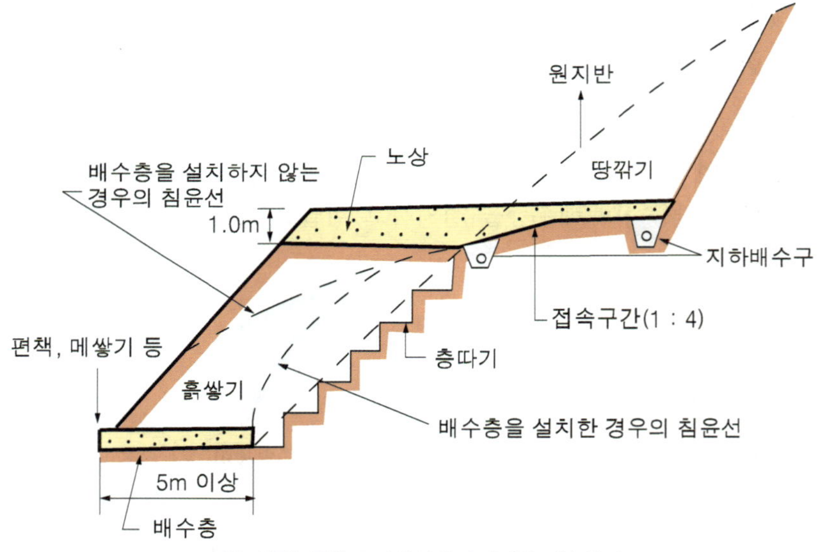

그림. 편절·편성 구간에서의 층따기와 배수처리

11) 절·성토 경계부의 마무리

① 절·성토 접속부에서 부등침하가 발생하기 쉬우므로 절토부 끝부분은 성토부 노상 저면까지 깎기를 하여 완만한 경사로 절토부 노상 저면에 접속시켜야 한다.

② 절·성토 경계부에서 접속구간은 약 25m 길이로 설치한다.

③ 암발파 구간은 절토부와 성토부 노상의 지지력 차이로 인하여 접속구간이 길면 유리하지만 경제성을 고려하여 5m 정도로 한다.

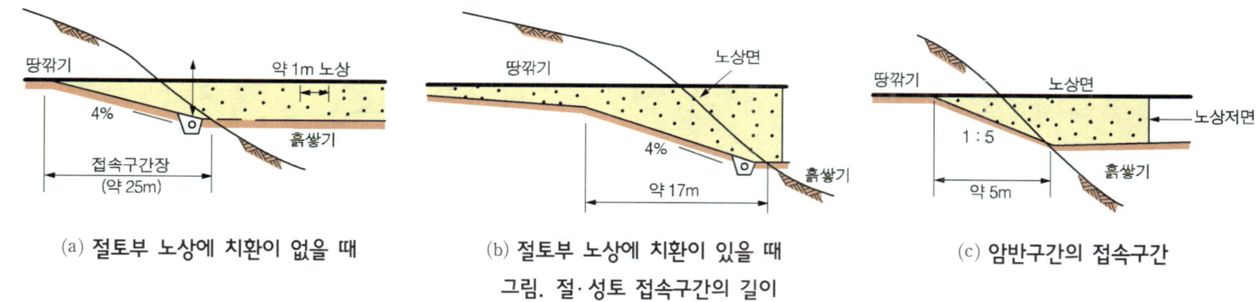

(a) **절토부 노상에 치환이 없을 때** (b) **절토부 노상에 치환이 있을 때** (c) **암반구간의 접속구간**

그림. 절·성토 접속구간의 길이

12) 흙쌓기 비탈면의 다짐

① 일반사항

㉮ 본체 다짐과 동등하게 품질을 관리한다.

㉯ 흙쌓기재료의 포설과 다짐 시에 폭원을 충분히 확보하여 쌓기 후에 노폭이 부족하여 별도의 쌓기를 하지 않게 한다.

㉰ 일정한 높이까지 쌓고 비탈면을 다짐하면 쌓기 후에 비탈면 다짐이 필요하지 않다.

㉱ 비탈면의 길어깨에 가배수로와 측구를 설치하고 비닐, 가마니 등으로 덮어서 유수에 대한 비탈면 보호를 실시한다.

그림. 비탈면의 흙쌓기작업

② 비탈면 시공방법

㉮ 일반 쌓기구간

비탈면의 시공은 덧돋음(피복토)을 설치하는 방법과 설치하지 않는 방법이 있다.

㉠ 덧돋음을 설치하는 방법

ⓐ 점착성이 없고 우수에 씻겨 내리기 쉽거나 식생이 힘든 토질의 비탈면은 점착성이 있는 흙으로 덧돋음을 한다.

ⓑ 흙쌓기 본체에 층따기를 하고 덧돋음을 하면 비탈면의 다짐이 곤란하여 부실한 시공이 되기 쉬우므로 본체와 동시에 쌓는 것이 유리하다.

㉡ 덧돋음을 설치하지 않는 방법

ⓐ 점착성 흙은 쌓기가 어느 정도 진행되면 다짐장비로 비탈면을 다짐한다.

ⓑ 진동 롤러로 비탈면을 다질 때에 내리막방향으로 다지면 흙이 느슨해져서 무너지므로 롤러를 위로 끌어올리면서 다져야 한다.

㉢ 비탈면을 덧돋음한 후에 깎는 방법

흙쌓기를 정해진 폭보다 0.5~1.0m를 더 쌓고서 굴삭기로 덧돋음부를 깎아내고 재다짐하면 덧돋음한 폭만큼의 공사비와 용지비가 소요된다.

(a) 진동롤러에 의한 다짐

(b) 불도저에 의한 다짐

(c) 덧돋음 후에 깎기

그림. 흙쌓기 비탈면의 다짐방법

㉯ 암성토부의 비탈면 처리

일반 흙쌓기구간과 동일하게 쌓기부의 암성토재료와 비탈면의 양질토사가 일체가 되게 다짐하고 덧돋음은 층따기를 하면서 쌓고 다짐장비로 층다짐을 한다.

13) 암성토

① 개요

㉮ 암성토는 터널 굴착 또는 땅깎기에서 발생한 암버력을 유용하는 토공작업에 많이 사용한다.

㉯ 암버력 사이의 공극을 토사로 채우고 다짐을 한다.

㉰ 최대치수 15cm 이상(입경 15cm 이상의 입자가 70% 이상 포함)의 암버력은 다짐관리와 균질한 시공이 어려우므로 가급적 사용하지 않고 부득이 한 경우는 지정된 구간에만 적용한다.

㉱ 절·성토의 접속부와 구조물의 접속부는 암성토를 하지 않도록 한다.

② 암성토의 문제점

㉮ 다짐이 어렵고 다짐도의 확인이 곤란

㉯ 우수가 침투하면 공극이 발생하여 침하가 발생

㉰ 다짐이 불충분하면 반복 교통하중으로 인한 단차, 균열의 발생, 포장 파손의 발생 우려

그림. 암성토작업

③ 암성토의 시공 유의사항

㉮ 상부 노체의 완성면에서 60cm 하부는 직경 15cm 이하의 암버력으로 쌓는다.

㉯ 최대입경은 60cm 이하, 대형 다짐장비를 사용할 때는 최대 90cm까지 사용한다.
(토사 쌓기의 최대치수 : 10cm 이하)

㉰ 1층 다짐두께는 암버력 최대입경의 1.0~1.5배를 기준으로 하여 시험시공에서 결정한다.

㉱ 다짐두께가 얇으면 품질이 향상되므로 다짐층의 두께 결정에 유의하고 전체구간을 암성토하는 경우는 큰 덩어리가 고르게 분산되고 공극이 최소가 되도록 포설한다. 조립재와 세립토를 입도가 양호하도록 현장에서 혼합하여 균등하게 포설한다.

㉲ 암성토의 다짐방법

㉠ 1차 다짐(안정성 다짐) : 고르기작업이 끝난 구간의 습윤상태를 고려하여 적당량을 살수한 후에 10~15ton의 양족식 철륜 롤러, 탬핑 롤러로 무진동상태에서 15km/hr 정도의 속도로 다짐의 겹침 폭이 45cm 이상이 되도록 왕복 4회 정도를 다진다.

㉡ 2차 다짐(밀도 다짐) : 1차 다짐이 완료되면 10~15ton의 진동 롤러를 투입하여 최대 진동출력의 3/4의 진동출력으로 5~10km/hr 속도로 왕복 3회 정도를 다진 후에 진동출력을 1/3로 낮추어서 약 5km/hr의 속도로 왕복 2회를 다진다.

㉢ 3차 다짐(평탄성 다짐) : 2차 다짐이 완료되면 10~15ton의 무진동 롤러를 투입하여 5km/hr 의 속도로 왕복 2회를 다진다.

표. 암성토의 두께와 다짐 기계

다짐 두께	다짐 기종(기진력 표시)
30cm 이하	진동 롤러 5ton 이상 (단, 진동 롤러가 다짐에 부적합한 재료는 타이어 롤러 15ton 사용)
30~60cm	진동 롤러 13ton 이상
60~90cm	진동 롤러 20ton 이상

㉳ 암성토의 마지막 층은 입상재료로 공극을 충분히 메우고 30cm 이하의 두께로 다짐하며 마지막 층의 상부에 입상재료층 또는 소일시멘트 중간층을 설치하여 세립자가 암버력 사이의 간극으로 이동하여 발생하는 침하를 방지한다. 암버력 사이의 간극은 암 부스러기 등으로 채워서 interlocking에 의한 다짐이 되게 한다.

㉴ 일반 쌓기부 위에 암성토를 할 때는 기 시공한 표면의 중심에서 외측으로 1:12의 경사를 가지게 충분히 다진다. 암버력과 일반 흙쌓기재료를 동시에 사용하는 경우는 암버력을 외측에 쌓고 기타 재료는 중앙부에 포설한다.

㉵ 암버력 다짐은 무겁고 지진력이 큰 대형장비를 사용한다.

㉶ 말뚝기초의 설치가 예정된 지역에 암성토를 하면 말뚝의 타입이 불가능하다.

④ 암성토의 다짐도 관리

암성토의 다짐도는 KS F 2310에 의하여 지지력계수(K_{30})가 침하량 0.125cm일 때에 200MN/m³ 이상으로 관리하고, 평판재하시험에 사용되는 재하판은 흙쌓기 재료의 최대치수 이상의 지름을 갖는 규격으로 사용하고 지지력 계수값은 30cm 표준치에 대한 환산치로 관리한다.

㉮ 평판재하시험(PBT)의 침하량 기준

구 분	침하량(cm)	비 고
K_{30}	아스팔트 : 0.125	흙쌓기재료의 최대치수에 따라서 재하판을 사용
	콘크리트 포장 : 0.25	

㉯ Proof rolling의 변형량 기준

구 분	침하량	비 고
노 상	최대 5mm	의심 구간은 벤켈만 빔(Benkelman beam)으로 확인
선택층, 보조기층	최대 3mm	

14) 고성토(높은 흙쌓기)

흙쌓기 높이가 15m를 넘는 고성토는 지형, 지질, 용수, 지지력 등의 기초지반 상태, 도로 계획고, 현지 발생토의 유용 등에 따른 흙쌓기 비탈면의 안정성을 고려해야 한다. 또한 비탈 하단에 중요한 시설이 있거나 불안정한 기초지반, 고함수비의 점성토로 고성토를 할 때는 주의가 필요하다.

① 고성토 재료의 구비조건

㉮ 입도분포가 양호하고 잔류침하가 적은 재료

㉯ 다짐 후에 흙의 전단강도가 크고 압축성이 적은 재료

㉰ 동상의 영향이 적고 안정성이 있는 투수성재료

② 시공 유의사항

㉮ 고성토는 기초지반의 개량, 흙쌓기재료의 선정, 비탈면 보호공과 배수에 유의한다.

㉯ 연약지반, 경사지반, 사면 활동이 우려되는 불안정한 기초지반에 고성토를 하는 경우는 현장조사를 하여 기초지반의 상태를 파악해야 한다.

㉰ 고성토의 시공 유의사항

㉠ 흙쌓기재료는 현지 발생토를 쌓기부에 적합하게 배분하여 성토부가 안정해야 하고 투수성이 좋은 재료(암편 등)는 최하부(배수층)의 필터층에 사용한다.

㉡ 고성토의 안정과 침하, 시공 중의 차량 진입, 붕괴방지를 위한 배수처리가 중요하다.

㉢ 흙쌓기 비탈면은 현장 여건, 쌓기 조건, 강우에 의한 비탈면 침식을 고려하여 비탈면에 배수시설을 설치하고, 편절·편성구간은 지하수 유출에 따른 비탈면 보호를 위하여 편절·편성구간과 인접구간으로 구분하여 돌붙임을 한다.

15) 구조물 접속부의 뒷채움

교대, 암거 등의 구조물과 토공의 접속부는 공간이 협소하여 불충분한 다짐으로 부등침하가 발생하면 포장이 파손되어 교통사고의 원인을 유발하므로 구조물과 토공 접속부의 뒷채움은 양질재료를 사용하고 철저한 다짐관리가 필요하다.

그림. 구조물 접속부의 뒷채움

① 부등침하(단차)의 발생 원인

㉮ 비압축성 구조물과 압축성 흙의 사이에 상대침하가 발생하고 지반 지지력의 차이로 부등침하가 발생한다.

㉯ 뒷채움과 흙쌓기에 부적합한 재료를 사용하면 배수성과 다짐도가 저하한다.

㉰ 구조물 접속부의 작업공간이 협소하여 다짐이 부족하면 지표수가 침투하여 지반이 연약해진다.

㉱ 흙쌓기부의 경사진 기초지반은 쌓기 후에 부등침하가 발생할 수 있다.

㉲ 강우시에 지표수가 침투하여 흙이 포화되면 전단강도가 저하하여 침하가 발생한다.

㉳ 지하수의 용출과 지표수의 침투로 흙쌓기체가 연약해지면 침하가 발생한다.

㉴ 토압, 충격에 의해서 구조물이 변형되면 부등침하가 발생한다.

② 뒷채움재료와 다짐 기준

㉮ 시방에 적합한 입상재료를 다짐 완성후의 두께가 20cm가 되게 시공하고 뒷채움 다짐도는 상대다짐도 95% 이상, 시공함수비는 최적함수비 부근과 다짐곡선 90%의 밀도에 대응하는 습윤측 함수비로 다짐한다.

㉯ 뒷채움재료의 구비조건

㉠ 최대치수 : 100mm

㉡ 5.0mm체 통과량 : 25~100%

㉢ 0.08mm체 통과량 : 15%

㉣ 소성지수(P.I.) : 10 이하

㉤ 수침 CBR(%) : 10 이상

㉰ 매우 중요한 구조물은 빈배합 콘크리트에 의한 뒷채움을 고려할 수 있다.

③ 뒷채움부의 부등침하 방지대책

㉮ 기초지반이 연약하고 구조물 배면의 성토 높이가 커서 부등침하가 예상되면 구조물과 흙쌓기의 접속부에 approach slab를 설치하며 뒷채움 접속부의 침하로 approach slab와 뒷채움부에 발생한 공간은 채움 grouting을 실시한다.

㉯ 경량재료(EPS 등)로 뒷채움하여 상재하중과 토압을 저감시켜서 부등침하를 감소

④ 구조물 뒷채움부의 배수

구조물 뒷채움부의 배수는 지형조건과 용수 상황에 따라서 배수시설을 설치한다.

㉮ 지하배수공

㉠ 지하배수공은 흙쌓기 하부의 횡단방향과 절·성토의 경계부에 설치한다.

㉡ 원지반에 경사가 있고 뒷채움부에 물이 침수하는 경우는 인접한 흙쌓기와 뒷채움의 경계부, 구조물 배면의 용수량에 따라서 지하배수공을 설치한다.

㉢ 원지반이 경사지거나 많은 용수가 예상되면 지하배수공에 필터층을 추가하여 설치한다.

㉯ 종방향배수재의 설치

㉠ 뒷채움재료가 물이 고이기 쉬운 지형은 종방향배수재를 설치한다.

㉡ 종방향배수재는 투수성이 좋은 모래, 막자갈 등을 사용하고 설치간격은 2~4m로 한다.

㉢ 구조물 배면에 부착한 drain board를 부직포로 덮고서 양질토사로 뒷채움한다.

⑤ 구조물과 토공 접속부(뒷채움부)의 시공 유의사항

㉮ 뒷채움재료의 포설 전에 구조물 벽체 표면에 20cm 간격으로 층다짐을 표시한다.

㉯ 뒷채움 작업에 충분한 면적을 확보하여 대형장비로 다지고 작업공간이 좁으면 소형 다짐장비를 사용하여 얇은 층으로 다짐한다.

㉰ 배수층은 배수가 양호한 입상재료를 20cm 이상 두께의 수평층으로 원지반까지 되메우기를 실시한다.

㉱ 원지반의 경사가 1 : 4보다 급하면 층따기를 하여 뒷채움부의 변형과 활동을 억제한다.

㉲ 편토압이 작용하지 않게 구조물의 양면을 동시에 같은 높이로 다진다.

㉳ 뒷채움부에 여성토(extra banking)를 하여 조기침하를 유도한다.

㉴ 매 층마다 들밀도시험을 실시하여 다짐관리도를 작성하고 뒷채움이 완료되면 proof rolling에 의한 변형상태를 확인한다.

㉵ 침투한 지표수를 처리하는 배수구와 지하배수구 등을 설치한다.

㉶ 뒷채움 전에 콘크리트 시공면의 정리와 방수처리를 하고 충격완화재를 벽면에 설치한다.

그림. 암거의 뒷채움작업

그림. 교대의 뒷채움작업

 4 깎기 비탈면의 안정공법

비탈면의 붕괴는 원래 비탈면이 안정된 상태에서 안전율이 저하하는 경우와 원래부터 불안정한 비탈면에서 발생한다. 비탈면이 안정된 상태에서 우수의 침투로 인한 전단강도의 저하, 세굴, 침식 등으로 표면이 유실되어 비탈면의 안전율이 감소되어 붕괴되는 경우가 있고 깎기 비탈면에서 안정성이 확보되지 못하거나 부족하면 강우, 풍화 등의 외적요인이 작용하여 비탈면 파괴가 발생한다.

안전율이 감소되면 비탈면의 안정성을 유지시키는 대책이 필요하고, 비탈면의 안정성이 부족하면 소요 안정성을 확보하도록 보강하거나 지반을 강화하여 비탈면의 파괴를 방지한다.

(1) 비탈면 붕괴의 원인

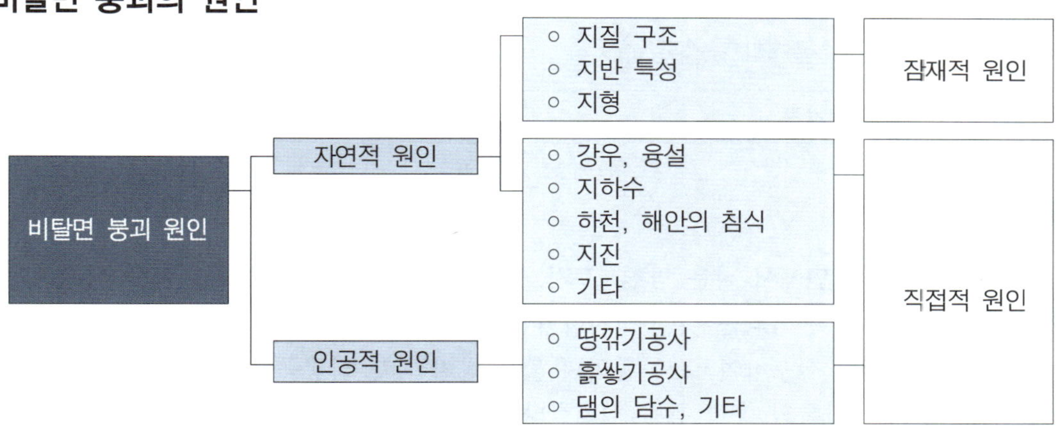

(2) 비탈면 안정공법의 분류

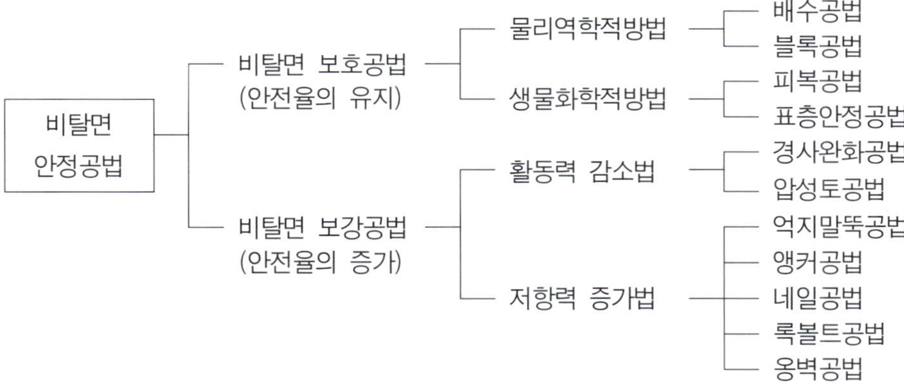

(3) 비탈면 보호공법(안전율 유지방법, 억제공)

비탈면 보호공은 식생공을 우선적으로 검토하고 식생공의 적용이 어려운 경우는 구조물에 의한 보호공을 적용하며 용출수가 발생되면 필터층, 맹암거 등의 배수시설과 함께 적합한 보호공을 선정하여 적용한다.

표. 비탈면 보호공의 종류와 용도

구 분	보호공의 종류	주요 용도
식생공	떼붙이기, 종자분사파종공법, 볏짚거적덮기, 얇은식생기반재 취부공법, 두꺼운 식생기반재 취부공법, 덩굴식물식재, 자생종묘식재+식생기반재 취부	식생에 의한 비탈면 보호, 녹화, 구조물에 의한 비탈면 보호공의 병용
구조물공	콘크리트 블록 격자공, 모르터 뿜어 붙이기공, 블록 붙임공, 돌붙임공	비탈표면의 풍화 침식과 동상 등의 방지
	현장타설 콘크리트 격자공, 콘크리트붙임공	비탈 표면부의 붕락 방지, 약간의 토압을 받는 흙막이
	비탈면 돌망태공, 콘크리트 블록공	용수가 많거나 부등침하가 예상되는 곳, 흙막이
	블록쌓기공, 돌쌓기공	흙막이

1) 식생공법

식생공은 암반과 인공 비탈면에서 작은 암편, 토사 등이 유출하여 불안정해지는 것을 방지하거나 풍화로 인하여 비탈면 표면이 손상되는 것을 방지하기 위해서 설치한다. 비탈면에 성장이 빠른 목초 등의 종자를 뿌리거나 기계로 살포하여 토사 등의 유출을 방지하고, 식생공으로 억지력을 기대할 수 없으면 식생블록, 대형 식생블록의 옹벽 등을 설치한다. 흙쌓기 비탈면에는 줄떼공, 식생 줄떼공, 식생 매트공을 적용하고, 땅깎기 비탈면은 식생대공, 식생매트공을 적용한다.

① 줄떼, 평떼

평떼는 가로 · 세로 폭이 30cm 이상, 줄떼의 폭은 10cm 이상이며 떼는 줄기와 뿌리가 번성하고 잡초, 수목뿌리 등의 이물질이 혼입되지 않아야 한다. 현장에 반입된 잔디는 직사일광, 강우 등에 의하여 고사되지 않게 바로 시공한다. 시공부의 비탈면을 정리하고 떼를 붙인 후에 떼밥을 주고 인력, 롤러로 다짐하여 부착을 좋게 하며 시공은 우기와 동절기는 피하도록 한다.

㉮ 평떼

평떼는 채취한 잔디를 면고르기가 된 비탈면에 식재하는 방법으로 주로 토사 깎기부의 비탈면에 적용한다. 비탈부에서 30cm×30cm 크기의 뗏장을 수평으로 나열하고 잔디가 비탈면에 밀착하도록 잘 누르면서 대나무 등으로 고정시키며 시공한다.

㉯ 줄떼

흙쌓기 비탈면에 객토를 하면서 약 30cm의 일정한 간격으로 단을 만들어 수평으로 15~20cm의 줄떼를 시공하며 비탈 아래쪽부터 줄떼의 장변을 비탈면에 수평으로 펴서 심는다. 또한 비탈면에 잔디를 붙일 때는 떼꽂이로 잔디가 움직이지 않게 고정한다.

그림. 평떼 붙이기 작업

그림. Seed spray

② 씨앗 뿜어붙이기(Seed spray)

종자, 비료, 안정제, 양생제, 흙 등을 혼합하여 압력으로 비탈면에 뿜어 붙이는 방법으로 지형이 낮거나 완만한 경사지의 비탈면 보호에 적용하고 시공 능률이 양호하다. 씨앗을 뿜어 붙이는 비탈면 표면의 잡석을 제거하고 평활하게 정지하며, 종자의 발아를 촉진하고 분사물의 침투가 좋아지게 1~3ℓ/m^{2}의 물을 미리 살포한다.

시공 후 1개월 이내에 발아되지 않거나 균일하게 발아되지 않고 일부분만 발아되면 재파종한다. 시공시기는 동절기(11월~2월)를 제외하고 연중 시공이 가능하지만 일반적으로 봄(3~6월), 가을(9~10월)에 시행한다.

③ 식생 기반재 취부공법

식생 기반재 취부공법은 취부두께에 따라서 구분하며 식생 기반재의 두께는 종자 취부층과 생육 기반층을 합친 것이다. 식물의 자연 생육이 곤란한 암반 비탈면에 식생 기반재, 종자, 비료 등을 섞어서 경관적인 녹화, 생태적인 복원과 보전을 위하여 적용하며 식생 기반재는 부착성을 향상하기 위하여 습식시공을 한다.

그림. 식생 기반재 취부공법

그림. 거적덮기공법

④ 거적(Net)덮기공법

거적은 종자 분사파종을 실시한 후 또는 비탈면의 녹화, 세굴 방지, 파종지역의 건조 피해를 방지하기 위하여 설치하며 피복 후에 지면이 노출되지 않게 한다. 비탈면을 정리하고 식생용지에 종자와 비료를 접착하여 비탈면 위에서 아래로 길게 세로로 깔면서 양단이 5cm 이상 중첩되게 시공하고 거적이 바람에 날리지 않게 X자 형태로 2m 간격의 고정줄을 설치한 후에 $2m^2$ 당 1개의 고정핀(ϕ 10mm, L=20cm)으로 고정시킨다.

⑤ 식생매트공

평활하게 마무리한 비탈면에 고정핀과 고정줄을 사용하여 종자, 비료 등을 넣은 매트가 떨어지지 않도록 고정하여 비탈면을 피복한다. 매트재료는 부직포, 종이, 가마니를 사용하고 시공 후에 부식을 방지하는 보호효과가 양호하다.

그림. 식생매트공

그림. 녹생토공법

⑥ 녹생토공법

땅깎기 비탈면에 인공 토양인 종비토를 비탈면에 고정된 PVC 코팅망의 사이에 정해진 두께로 부착하고 식물이 생육할 수 있게 초목류를 파종하여 비탈면을 보호하는 녹화공법이다.

녹생토공법은 철망을 이용하여 인공 토양층을 강제로 부착시켜서 녹화를 유도하는 공법으로 초기 녹화효과가 우수하지만 일정기간이 경과된 후에 인공 토양층의 건조와 균열이 반복되면 암면과 분리되거나 이탈현상을 초래할 수 있고 우기시는 함수량의 증가에 따른 단위중량이 증가하여 비탈면 붕괴의 원인을 제공할 수도 있다.

2) 구조물에 의한 비탈면 보호공법

식생에 의한 보호공으로 비탈면의 안정을 유지할 수 없거나 경사가 급하여 구조물에 의한 비탈면 보호가 비탈면의 안정에 경제적인 경우에 실시한다.

① 콘크리트 붙임공

비탈면 보호를 위하여 콘크리트를 타설(철근 콘크리트는 1:0.5, 무근 콘크리트는 1:1의 경사로 설치)하는 공법이며 용수가 적고 절리가 많은 연암 등의 비탈면에서 탈락과 붕괴의 우려가 있는 경우에 사용한다. 콘크리트 붙임공은 암반 내로 지표수가 침입하는 것을 방지하고 풍화에 의한 비탈면의 붕락을 방지할 수 있다. 풍화의 원인이 되는 지표면의 노출을 피하고, 용수가 있거나 예상되는 경우는 배수구와 물구멍을 설치한다. 물구멍은 1~2개/2m²를 설치하고 무근 콘크리트 붙임공은 20cm 두께로 하며 시공이음은 비탈면에 수직으로 설치한다.

그림. 콘크리트 붙임공

그림. 콘크리트 블록쌓기공

② 돌쌓기공, 콘크리트 블록쌓기공

돌쌓기공, 블록쌓기공은 1:1 이상의 급경사 비탈면에서 풍화와 침식을 방지하고 토압을 지지하는 옹벽 구조로 한다. 견치석, 프리캐스트 콘크리트 블록을 쌓는 공법(메쌓기와 찰쌓기)의 한계높이는 7m로 하고, 돌쌓기공에서 찰쌓기는 5m, 메쌓기는 3m로 하며 물구멍은 1개/2m²를 설치한다. 흙쌓기의 경우에 뒷채움돌은 하부를 두껍게 상부를 얇게 하고 땅깎기의 경우는 3~40cm의 두께로 상, 하부를 같은 두께로 한다.

③ 돌붙임공, 콘크리트 블록붙임공

돌붙임공, 블록붙임공은 1:1 이상의 완만한 비탈면에 점착력이 없는 토사와 허물어지기 쉬운 비탈면에서 풍화와 침식을 방지하기 위하여 적용한다. 돌붙임공, 블록붙임공은 붕괴되기 쉬운 비탈면(1:1 이상)에 돌, 콘크리트 블록을 붙이는 공법이며 용수와 침투수가 있으면 뒷채움돌 또는 강자갈을 사용하고 콘크리트 격자블록공과 병용하면 효과적이다.

그림. 콘크리트 블록붙임공

그림. 콘크리트 격자블록공

④ 콘크리트 격자블록공

비탈면에 격자블록을 설치하고 블록 안쪽에 식생 또는 자갈 채움을 하는 공법이며 용수가 있거나 긴 비탈면과 표준경사보다 급한 흙쌓기 비탈면에서 식생이 부적당하고 표면이 붕괴될 위험이 있는 경사가 1:0.8보다 완만한 비탈면에 적용한다. 암반 중에 균열이 많고 물이 침입하여 풍화의 촉진과 붕락을 일으킬 염려가 있으면 모르터 뿜어붙이기를 병용한다.

⑤ 모르터와 콘크리트 뿜어붙이기공(shotcrete)

비탈면에 용수가 없어서 붕괴의 위험성은 없으나 풍화되기 쉬운 암반에서 낙석의 위험이 있거나 전석과 조약돌이 섞여서 식생이 곤란한 비탈면에 모르터, 콘크리트를 뿜어 붙이는 공법이며 타설 두께는 모르터가 5~10cm, 콘크리트는 10~20cm를 적용한다. 비탈 표면의 뜬 돌, 풍화층 등을 압축공기로 제거하고서 비탈면에 철망을 부착하고 앵커로 고정시킨다.

그림. 숏크리트 피복공법

3) 배수공

① 지표수배제공

활동파괴가 우려되는 비탈면은 지표수를 배제하는 수로를 형성하거나 점토, 시멘트, 비닐 등의 지수성재료로 지하수의 침투를 방지하는 침투방지공을 설치한다.

② 지하배수공(암거)

비탈면의 내부 또는 하부에 지하배수공을 설치하여 비탈면 내부로 흐르는 지하수와 침투수를 배수시키며 지하배수구 암거라고도 하고 유공관과 배수성골재를 부직포로 싸서 만든다.

③ 수평배수층

수평배수층은 성토체의 내부와 원지반과 흙쌓기의 경계부에 설치하며 성토체 내부의 지하수와 원지반과 쌓기 경계부로 흐르는 지하수의 유로를 인공적으로 조성하여 지하수와 침투수를 배제시키고 배수성 모래와 자갈을 부직포로 싸서 만든다.

④ 수평배수공

비탈면의 지하수를 배수하기 위한 수평배수공은 집속 다발관과 유공관방식이 있고 다발관은 부직포를 감아서 철선 등으로 결속하여 다발관의 손상과 이물질이 유입되지 않게 한다. 유공관은 관통 길이와 천공 직경을 고려하여 부직포를 감아서 손상되지 않게 한다.

(a) 다발관의 형상

(b) 수평 배수공의 설치

그림. 수평 배수공의 설치작업

(4) 비탈면 보강공법(안전율 증가방법, 억지공)

비탈면 보호공으로 비탈면의 안정성 확보가 어려운 비탈면을 보강하고 활동파괴가 발생할 때에 영구대책으로 비탈면의 붕괴를 억지하는 공법을 적용한다.

1) 보강토(Reinforced earth)옹벽

보강토옹벽은 흙쌓기와 땅깎기 비탈면 내에 흙과 결속력이 큰 보강재를 배치하여 흙의 횡방향변위를 구속하여 파괴와 변형에 저항하는 토체를 안정시키는 지반강화공법으로 옹벽, 교대 등의 토압을 지지하는 구조물에 적용한다.

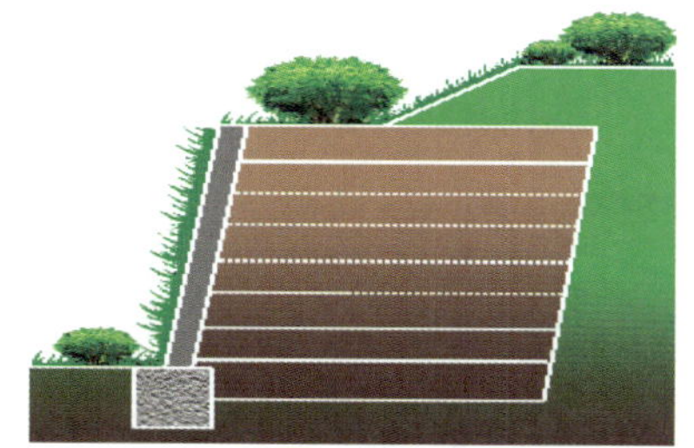

그림. 흙쌓기부의 보강토옹벽

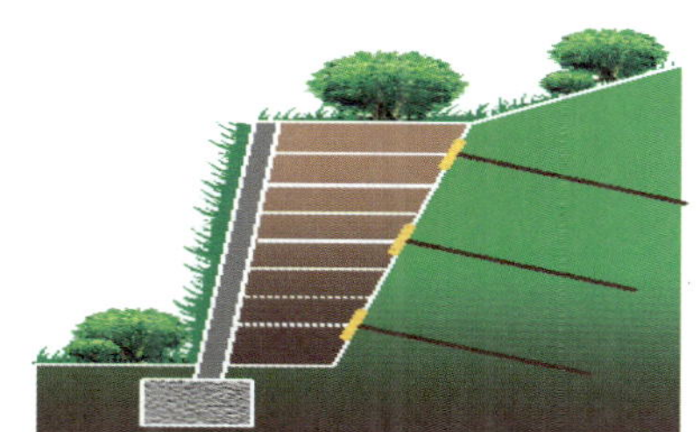

그림. 땅깎기부의 보강토옹벽

2) 억지말뚝공법

비탈면의 활동 토괴를 통과하여 견고한 지반까지 말뚝을 설치하여 비탈면의 활동하중을 말뚝의 수평저항으로 지반에 전달시키는 억지말뚝은 대표적인 수동말뚝(passive pile)으로 활동 토괴에 역학적으로 저항하는 공법이다. 억지말뚝공법은 비탈면에서 안전율의 증가효과가 크고 지중 깊은 곳까지 발생하는 산사태에 저항하는 구조물을 설치하므로 산사태 예방에 많이 사용한다.

억지말뚝은 파괴토체의 중간과 하부에 파괴토체의 이동방향에 직각으로 열을 이루어 설치한다. 파괴토체의 범위가 크면 파괴토체 중간에 여러 열의 억지말뚝을 설치하여 안정성을 증대시키고 1열의 억지말뚝으로 파괴토체의 활동력을 억제하지 못하는 경우는 2~3열의 억지말뚝을 무리말뚝형태로 설치하고 억지말뚝의 머리 부분을 강결시켜서 일체로 거동시킨다.

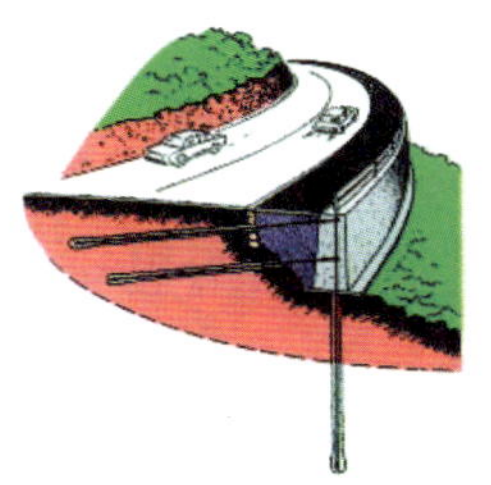

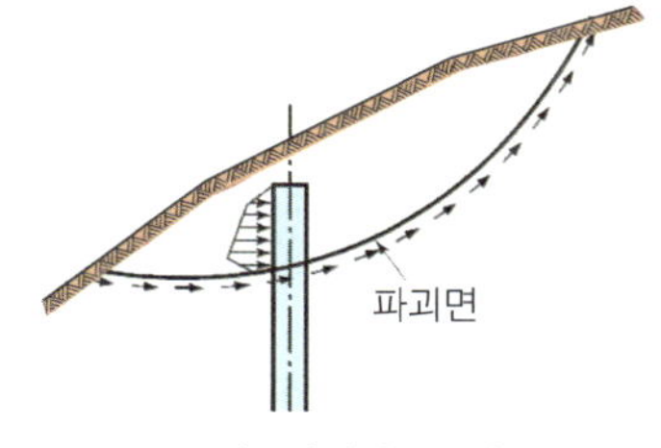

그림. 억지말뚝공법

억지말뚝 두부의 횡방향 변위를 억제하는 앵커를 사용할 수 있고 억지말뚝의 해석은 말뚝두부의 횡방향 변위를 고정단으로 고려하고 앵커는 파괴면 하부의 지지층에 정착시킨다.

3) Soil nailing공법

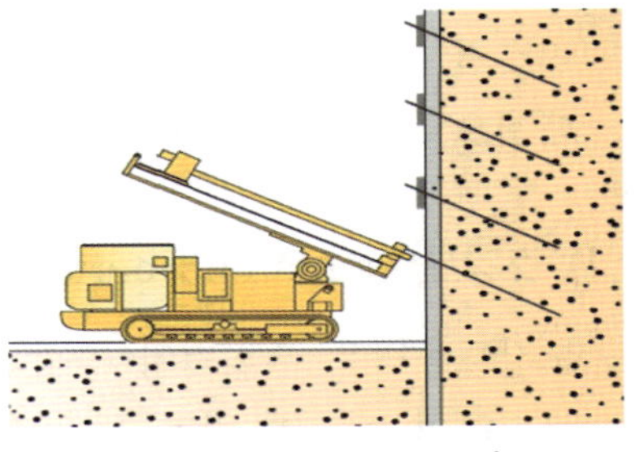
그림. Soil nailing공법

Soil nailing공법은 원지반 강도를 최대한 이용하면서 보강재를 설치하여 복합 보강지반을 형성한다. 지반의 전단강도와 인장강도가 증가되어 변위를 억제하고 지반 이완을 방지하는 공법이다.
Soil nailing공법은 흙막이, 비탈면 보강, 옹벽의 보수 등에 사용되며 비탈면 상부에서 하부로 시공하므로 시공속도가 빠르고 시공장비가 간단하여 좁은 장소와 급경사지에서 시공성이 우수하다.
Soil nailing공법은 보강재와 지반의 충분한 마찰저항을 기대할 수 없는 모래와 자갈지반, 지하수위가 높고 용수가 발생하는 경우, 예민비(sensitivity)가 큰 점성토지반은 적용하지 않는다.

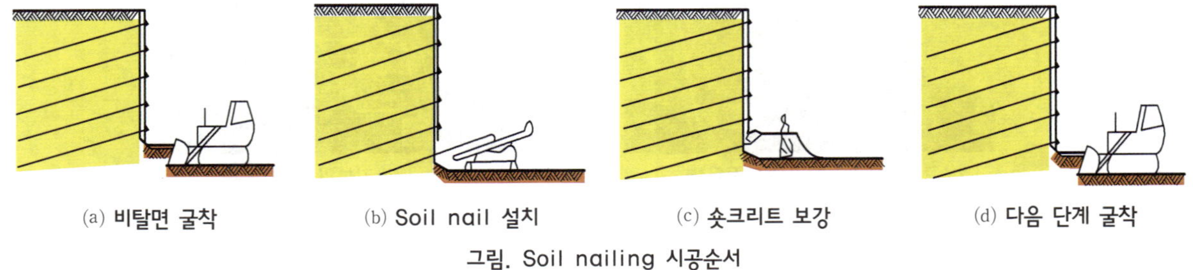
(a) 비탈면 굴착　(b) Soil nail 설치　(c) 숏크리트 보강　(d) 다음 단계 굴착

그림. Soil nailing 시공순서

① 제거식 soil nailing

흙막이 벽체에 고정자 소켓과 PVC 파이프를 이용하여 soil nailing에 설치한 철근을 제거하는 공법이며 soil nailing의 부식과 인접 구조물을 축조할 때에 남겨진 soil nail이 지중 장애물이 되는 문제를 해결하기 위하여 적용한다.

② 자천공 soil nailing(Self drilling grouting method)

Nailing의 천공 시에 비트와 연결된 강관이 롯드의 역할을 하고 천공 후에는 네일로 사용되어 천공과 그라우팅을 동시에 실시하므로 연약층(토사, 사질토), 절리가 많은 암반층에 효과적이며 soil nailing의 시공 시에 주변지반의 침하와 지반변위를 최소화할 수 있다.

4) 앵커(Anchor) 공법

연암, 경암의 비탈면에 절리가 발달하여 붕괴의 우려가 있거나 불안정한 암반 비탈면의 안정을 확보하기 위하여 앵커를 설치한다.
잠재적인 붕락개소를 볼트, 앵커에 의해서 지지층에 정착하고 프리스트레스를 도입하여 활동력에 저항하는 공법으로 암반 비탈면에 주로 사용하며 록볼트(rock bolt)는 소규모의 암석 붕괴지역에 적용하고, 록앵커(rock anchor)는 대규모의 암반 붕괴지역에 사용한다.

(a) 천공

(b) 앵커 설치

(c) 앵커 인장

그림. Rock anchor설치작업 [자료 출처 : 비엠테크]

5) 비탈면 록볼트(Rock bolt) 공법

비탈면에서 활동이 우려되는 소규모 암반블록을 ϕ25mm, 길이 6m의 강봉을 암반에 정착시키고 록볼트 전체를 그라우팅하여 암반의 전단강도를 증가시키는 수동보강형 공법이다. Rock bolt공법은 다양한 절리, 전단 파쇄대의 블록이 조합되어 쐐기활동이 예상되는 지역, 암반이 뜬 상태로 있는 경우에 기반암에 고정시키거나 평면 파괴가 우려되는 지역에 적합하고 필요시에는 낙석방지망과 조합하여 시공한다.

그림. 록볼트(Rock bolt)

록볼트는 부재의 전단강도나 원지반과의 인발저항에 의한 원지반 보강과 원지반의 물성을 강화하는 효과가 있다. 록앵커와의 차이점은 프리스트레스를 가하지 않는 것이고 표면의 암반이 연약한 경우는 숏크리트 등을 타설한 후에 록볼트 또는 록앵커를 시공한다.

6) 기타 비탈면 보호공법

① PEM(Prestressed earth method)공법

PEM옹벽은 땅깎기부와 흙쌓기부에 적용이 가능하며 원지반의 깎기를 최소화하고 precast panel과 earth bolt를 이용하여 뒷채움과 원지반 강도를 증진시키는 중력체를 만들어서 수평토압에 저항하는 공법이다.

일반 옹벽은 강성이 큰 벽체와 바닥판이 필요하지만 PEM옹벽은 압축토체를 만들기 위하여 얇은 벽체와 earth bolt를 사용한다.

그림. PEM 옹벽

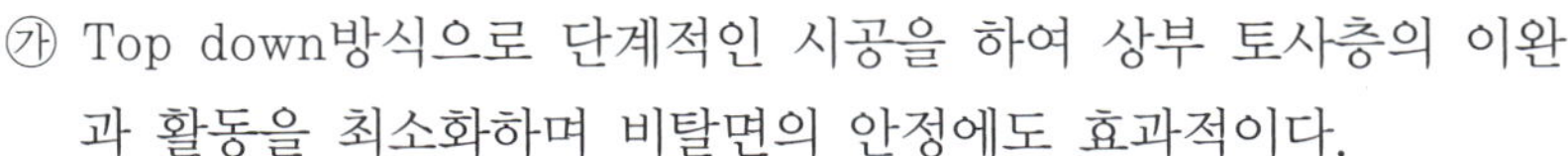

㉮ Top down방식으로 단계적인 시공을 하여 상부 토사층의 이완과 활동을 최소화하며 비탈면의 안정에도 효과적이다.

㉯ 토사지반은 압력 그라우팅(0.3~0.5N/mm^2)으로 지반을 보강하고, 암반층은 earth bolt로 절리면을 봉합하고 그라우팅을 실시하여 전단강도를 증가시킨다.

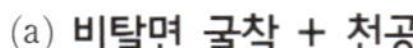
(a) 비탈면 굴착 + 천공

(b) 기초 콘크리트 타설

(c) PC panel 설치와 Anchor 인장

그림. PEM 옹벽의 시공 [자료 출처 : (주)펨텍]

② PAP옹벽(Prestressed anchor and Precast panel retaining wall)

PAP옹벽은 프리캐스트 콘크리트 패널(precast concrete panel)과 영구 앵커에 의한 주동 보강공법의 조합으로 비탈면을 보호하며 프리캐스트 패널이 수직으로 설치되어 비탈면의 붕괴방향에 대한 저항력이 증가하고 앵커를 수평에 가깝게 설치하므로 앵커의 유효 보강력이 향상된다.

그림. PAP옹벽

PAP옹벽은 기초지반에 기초 콘크리트를 타설한 후에 프리캐스트 패널을 설치하고 앵커에 의해 프리캐스트 패널을 정착하며 비탈면의 평탄부에 수목을 식재하여 자연지반과 유사한 생태 복원이 가능하다.

(5) 암반 비탈면 안정공

1) 개요

암반을 굴착하면 기존 암반의 응력상태가 균형을 잃고 비탈면에 노출된 암괴는 평형상태를 유지하지 못하여 비탈면에 파괴가 발생한다. 암반 깎기부의 비탈면 붕괴는 대규모 피해로 연결되고 특히 강우 시에 비탈면 붕괴와 낙석 등의 피해가 많이 발생한다.

불안정한 암반 비탈면의 안정대책은 비탈면의 경사를 완화하는 방법과 억지공법으로 대별할 수 있으며 억지공법은 억지말뚝, 록볼트, 케이블 볼트에 의한 방법을 많이 사용하고 있다.

그림. 암반 비탈면의 형상

① 암반 비탈면의 붕괴 요인

암반 비탈면은 수리적인 요인, 지질적인 요인, 인위적인 요인에 의하여 붕괴가 발생하므로 깎기 비탈면과 비탈면 시설의 안정성을 저해하는 붕괴 요인에 대한 적절한 유지관리대책이 필요하다.

㉮ 수리적인 요인

암반 비탈면 붕괴의 수리적인 요인은 기후적 수리, 인위적 수리, 지형적 수리가 있으며 이러한 수리적 요인은 단기적으로 비탈면의 활동력을 증가시키고 지반 저항력을 감소시켜서 장기적으로 비탈면의 열화와 비탈면시설의 노후화를 가속시킨다.

㉠ 기후적 수리

집중 강우는 간극수압의 증가, 활동력의 증가, 지반강도의 저하를 유발하여 비탈면의 주요 파괴 요인이므로 신속한 배수와 침투를 방지해야 한다. 기후적으로 동결융해가 장기간 반복하는 산악지역, 고지대, 고개 정상부에 위치한 깎기 비탈면은 표층 지반의 동상에 의한 들뜸현상으로 식생공의 박락과 표층의 유실이 발생하므로 경사완화공, 표면보호공, 동결깊이를 고려한 양질재료의 치환이 필요하다.

㉡ 인위적 수리

깎기 비탈면의 상부에 위치하는 전답은 강우시에 지표수의 침투가 용이하여 침투된 지하수가 활동력을 증가시키고 유선이 깎기부에 형성되어 비탈면의 안정성이 저하된다.

㉢ 지형적 수리

깎기 비탈면의 상부에 위치한 계곡부에서 지표 지하수가 지속적으로 공급되면 지반강도를 약화시키고 동결융해로 지반의 열화를 가속시켜서 비탈면 안정성을 저하시킨다.

㉯ 지질적인 요인

지질적 요인에 의한 붕괴는 암반의 불연속면이 발달하여 단층, 습곡, 암맥, 절리, 엽리, 층리, 편리 등의 영향과 특정 광물에 의한 약대, 풍화에 취약한 암질이 붕괴의 원인이 된다.

㉠ 단층

취성 지반이 변형을 일으키며 생성된 균열을 따라서 상대적인 변위가 발생하는 단층은 지반이 심한 변형작용을 받아서 교란, 파쇄된 것이다. 단층면과 파쇄대는 지하수의 이동경로이므로 풍화가 급속히 진행되어 지반이 열화되면 깎기 비탈면의 불안정한 요인으로 작용한다. 단층면 양쪽의 암석이 부서져서 단층각력과 미끈미끈한 단층점토가 형성되고, 단층점토는 물에 의한 팽창성이 크고 강도가 약하므로 단층 방향이 비탈면에 불리하면 붕괴면으로 작용한다.

그림. 단층

그림. 절리

㉡ 절리

높은 지압을 받던 암반의 응력이 해방되거나 기타 지질환경에 따른 온도와 압력변화에 의하여 여러 가지 형태의 절리가 발생하고 절리방향이 비탈면의 방향과 불리하게 형성되면 붕괴의 원인이 된다. 화강암 암반은 도로 방향으로 발달하는 판상절리, 퇴적암은 층리면에 직각으로 서로 수직을 이루는 두 방향의 주향절리, 경사절리에 의한 쐐기파괴와 낙석 등이 발생한다.

㉢ 엽리, 편리

변성암에서 광물들이 여러 가지 지질환경에 따라서 일정한 방향으로 배열되거나 재결정되어 특정한 방향성을 가지는 것을 엽리, 편리라고 한다.

㉣ 층리

퇴적암의 생성시에 물질의 퇴적순서에 따라서 이루어진 면을 층리라고 하며, 층리면 내에 약한 강도를 가지는 충진물질이 분포하고 비탈면의 방향과 불리하게 형성되어 있으면 대규모 평면파괴가 발생할 수 있다.

그림. 엽리

그림. 층리

㉤ 습곡

지층이 심한 지중압력에 의한 변형작용으로 휘거나 접히는 습곡은 형성과정에서 수반되는 심한 전단과 변형작용으로 암반이 약화되어 비탈면의 붕괴 원인으로 작용한다.

그림. 습곡

그림. 암맥(Dyke)

㉥ 암맥(Dyke)

암깎기 비탈면에서 층리, 엽리 등의 불연속면을 따라서 다른 종류의 반심성암체가 용융상태로 뚫고 들어 온 암맥이 차별 풍화과정을 거쳐서 열화되면 최초의 붕괴면으로 작용한다. 또한 결정조직을 갖지 않는 암의 특성으로 완전히 풍화되면 입도분포가 다양하지 못하여 입자간의 맞물림효과가 저하하고 낮은 강도정수를 가진다.

② 암반 붕괴의 형태

암반 비탈면은 강우와 풍화작용에 의하여 활동, 붕괴, 붕락으로 파괴되지 않게 적절한 비탈면 보호공이 필요하다. 활동은 완만한 비탈면이 서서히 이동하는 현상이고, 급한 비탈면에서 소규모 비탈면이 흘러내리는 것을 붕괴, 비탈면이 급속하게 미끄러지는 것을 붕락이라고 한다.

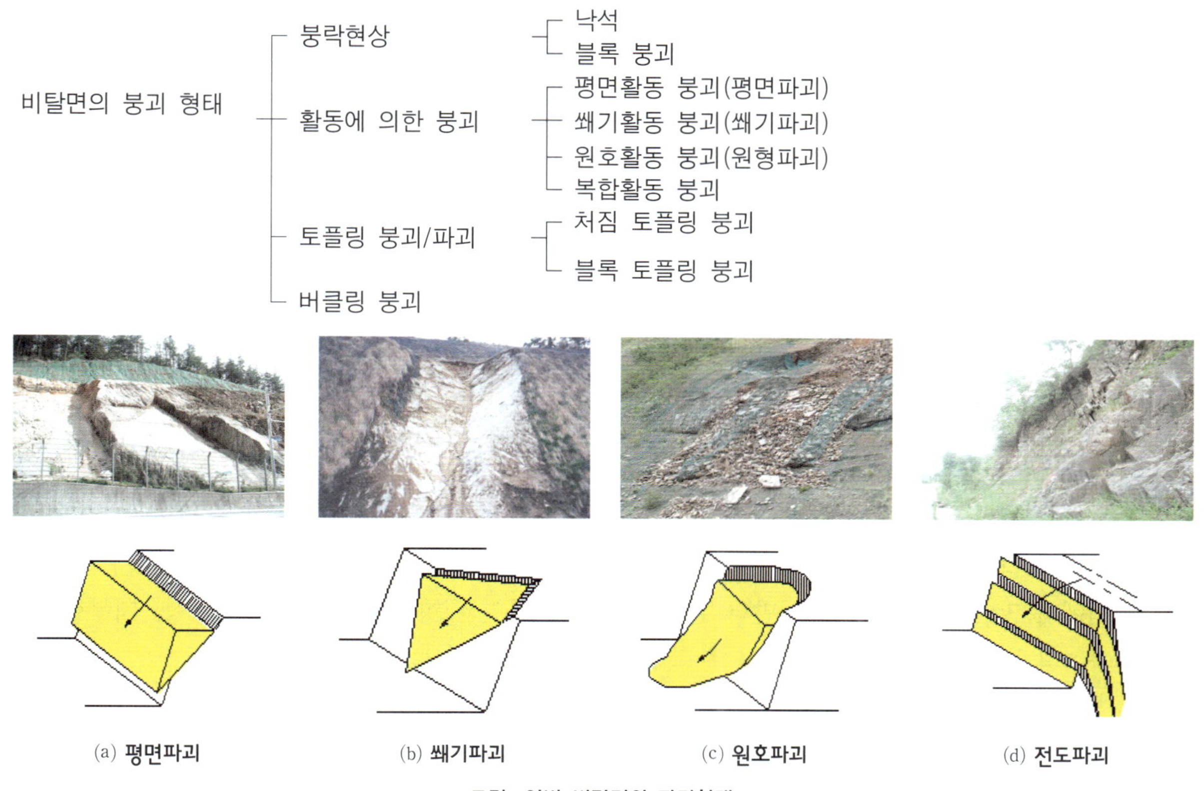

그림. 암반 비탈면의 파괴형태

㉮ 붕락현상

㉠ 낙석

풍화와 침식작용을 받아서 이완된 비탈면의 암석이 분리되어 낙하되는 현상으로 비탈면 붕괴의 전조현상을 나타내는 경우가 많다.

㉡ 블록 붕괴

균열과 절리가 발달된 경암이 초기에는 가장 약한 블록이 파괴되고 이어서 다른 블록이 붕괴되는 현상이며 붕괴 초기에 낙석을 수반하는 경우가 있다.

㉯ 암반 비탈면의 붕괴

암반 비탈면의 붕괴 유형은 크게 블록파괴와 활동파괴로 구분하고 블록파괴는 암반 내의 불연속면에 의해 발생되는 활동면 형상에 따라서 쐐기파괴, 평면파괴, 전도파괴로 분류한다. 활동파괴는 비탈면 암반이 연속체적인 거동을 나타내고 다양한 활동면을 가지는 비탈면의 붕괴형태이다.

㉠ 블록파괴

ⓐ 쐐기파괴(Wedge failure)

암반 내에 발달된 2개의 불연속면으로 둘러싸인 암반이 전단활동에 의하여 쐐기형태로 붕괴되는 것을 쐐기파괴라고 한다.

ⓑ 평면파괴(Plane failure)

평면파괴는 암반에 발달된 불연속면의 방향이 비탈면과 동일하고 마찰각보다 큰 경사각을 가지는 경우에 발생한다. 절리, 층리, 편리 등의 연속적인 구조적 약면, 단층과 같은 큰 불연속면을 따라서 붕괴되며 불연속면의 위치, 방향, 경사가 비탈면 안정에 불리하면 발생한다.

ⓒ 전도파괴(Toppling failure)

암반 내에 발달된 불연속면의 주향이 깎기면과 유사하고 경사방향이 깎기면과 반대이며 경사각이 수직에 가깝거나 급하면 전도파괴가 발생한다. 전도파괴는 암석 블록들이 어떤 기준점을 중심으로 중력에 의해 회전하면서 사면이 파괴되는 형태이며 주로 낙석형이 많이 발생한다. 절리, 층리, 편리 등의 연속적인 구조적 약면, 단층과 같은 큰 불연속면을 따라서 붕괴되며 불연속면의 위치, 방향, 경사 등이 비탈면의 안정에 불리하면 붕괴가 발생한다.

㉡ 활동파괴

연속체적인 거동에 의한 붕괴형태를 활동파괴라고 하며 전형적인 활동면 형상을 가지는 블록파괴와는 다르게 다양한 활동면 형상을 가지고 주로 절리빈도가 높은 파쇄 암반, 토사, 복합 비탈면에서 많이 발생한다. 활동면의 위치에 따라서 사면 내형, 사면경계형, 선단형, 저부형으로 구분하고 활동면의 형상에 따라서 원호형, 직선형, 복합형으로 나눈다.

2) 암반 비탈면의 안정대책

비탈면 안정대책은 비탈면의 특성과 파괴 유형을 고려하여 공법을 선정하고 안정대책은 적용이 가능한 2~3개의 공법 중에서 적용성, 경제성, 환경훼손 범위를 고려하여 결정한다. 안정대책은 비탈면 경사의 완화를 우선적으로 검토하고 지형적으로 불리하면 보강공법을 선정한다.

① 비탈면 경사의 완화

풍화대, 충적층 등에서 인위적으로 전단력의 증대가 곤란하거나 중요 시설물이 위치한 주변의 비탈면에서 영구적인 안정성이 필요한 경우에 효과적인 공법이다.

② 배수처리에 의한 방법

㉮ 비탈면의 안정에 수압이 큰 영향을 미치므로 비탈면 내부의 불연속면에 작용하는 수압을 저하시켜서 비탈면의 안정성을 증가시킨다.

㉯ 배수공법은 지하수가 유입하여 지하수위의 변동이 심한 경우에 불연속면 내의 수압을 제거하면 안정성이 유지될 때에 유용한 방법이다.

③ 록볼트, 케이블에 의한 보강방법

㉮ 불연속면의 전단력이 저하하여 붕괴의 위험이 있거나 불규칙한 불연속면이 발달한 경우는 록볼트와 케이블을 이용하여 불안정한 암반 블록의 수직응력을 증가시키고 절리면의 전단력을 크게 하여 암반 블록을 안정시킨다.

㉯ 록볼트, 케이블에 의한 보강은 쐐기파괴, 전도파괴와 같은 블록형 비탈면 파괴에 효과적이다.

그림. 록볼트와 케이블에 의한 보강

그림. 낙석 방지망 + 낙석방지책

④ 철책공에 의한 방법

암반 비탈면의 상부에서 떨어지는 낙석과 비탈면 표면에서 발생하는 소규모 붕괴를 철책공과 낙석방지망으로 방호하는 방법은 전체적인 비탈면의 안정에 큰 효과가 없다.

㉮ 낙석방지책

낙석방지책은 예상되는 낙석 하중, 높이와 비탈면에서의 거리를 고려하여 낙석방지책의 높이를 결정하고 낙석방지망과 결합하여 시공하면 효과적이다.

㉯ 낙석방지망

낙석방지망은 암반 비탈면이 우수 등에 의해서 붕괴와 낙석이 예상되는 장소에 설치하며 고정식 낙석방지망은 망과 비탈면과의 마찰과 망의 장력으로 비탈면과 결합력을 상실한 암석을 구속하도록 와이어로프의 교차점에 앵커를 설치한다.

비탈면의 높이가 20m 이상에 설치하는 고정식 낙석방지망은 결합력을 잃은 암석을 네트(net)와 비탈면의 마찰, 네트 장력으로 구속하는 낙석 예방의 기능을 가진다.

(a) 록볼트 설치

(b) 사면 압착망 연결

(c) 사면 압착망 설치 완료

그림. 사면 압착망의 설치 [자료 출처 : (주)현이앤씨]

5 연약지반개량공법(Soft soil improvement)

연약지반은 도로, 제방, 상부 구조물 등의 하중을 자연상태로 충분히 지지할 수 없는 지반이며 연약한 점성토, 느슨한 사질토, 유기질토 등으로 구성되어 있다. 연약지반은 압축성이 커서 침하가 크게 일어나고 지지력이 부족하여 구조물을 직접 축조할 수 없는 경우가 많으므로 연약한 지반에 구조물을 설치하기 위해서는 지반의 거동을 정확하게 파악하고 상부하중을 지지하는 지반으로 개량해야 한다.

(1) 연약지반의 특성

연약지반에 흙쌓기 또는 구조물을 축조할 때는 기초지반의 지지력이 부족하여 생기는 활동파괴와 지반의 압축성이 커서 발생하는 침하의 문제를 해결해야 한다.

1) 연약지반의 판정기준

① 구조물의 규모, 하중 강도, 중요성 등에 의해서 결정

② 연약층의 두께에 따른 기준

지반 조건	연약층 두께(m)	N치	q_u(kN/m^2)	q_c(kN/m^2)
점성토, 유기질토 지반	D ≤ 10	4 이하	60 이하	800 이하
	D ≥ 10	6 이하	100 이하	1,200 이하
사질토지반	–	10 이하		4,000 이하

③ 토질 특성에 따른 기준

지반 조건		특 성	토질정수			
			W_n(%)	e_0	q_u(kN/m^2)	N치
고유기질토(이탄질)	Peat	섬유질 고압축토	300이상	7.5이상	40 이하	1 이하
	흑니	분해된 고유기질토	300~200	7.5~5.0		
세립토	유기질토	소성도 A선 이하, 유기질토	200~100	5.0~2.5	100 이하	4 이하
	화산회질 점토	소성도 A선 이상 화산회질, 2차 퇴적 점성토				
	실트	소성도 A선 이하 Dilatancy 큼	100~50	2.5~1.25		
	점토	소성도 A선 이상과 부근 Dilatancy 큼				
사질토	SM, SC	0.08mm체 통과량 15~50%	50~30	1.25~0.8	상대밀도 35% 이하	10 이하
	SP–SC SW–SM	0.08mm체 통과량 15% 이하	30 이하	0.8 이하		

2) 연약지반의 문제점

① 비탈면과 흙쌓기 제체의 활동파괴, 기초의 지지력, 말뚝의 횡저항 등에서 흙의 전단강도가 약하면 지지력이 부족하고 비탈면이 파괴되는 문제가 발생한다.

② 연약지반은 흙의 압축성이 커서 즉시침하, 압밀침하, 침하에 의한 횡방향 유동에 의하여 과도한 침하가 발생하고 구조물의 안정성에 영향을 미친다.

③ 연약지반에 말뚝을 타입할 때에 주위지반이 말뚝보다 더 많이 침하하여 발생하는 부주면마찰력에 의해서 구조물의 변위와 침하가 발생한다.

④ 느슨한 모래, 실트와 같은 느슨하고 포화된 사질토지반이 지진, 폭파 등의 진동을 받으면 순간적으로 다져지면서 체적이 감소하여 간극수압이 유발되고, 이 값이 상재하중과 동일하면 유효응력이 소실되어 전단강도를 잃고 액체와 같은 거동을 하는 액상화(liquefaction)현상이 발생할 수 있다.

3) 액상화(Liquefaction)현상

액상화는 비배수상태의 느슨한 포화 사질토지반에서 진동, 폭파, 지진 등의 순간적인 반복하중으로 발생한 전단응력이 지반변형을 일으키는 과정에서 과잉간극수압의 발생과 동시에 유효응력이 감소하여 지반이 전단저항을 잃고 액체와 같이 거동하는 현상으로 진동에 의한 전단응력이 액상화 전단 저항응력보다 큰 경우에 발생한다.

그림. 지진에 의한 액상화현상으로 발생한 피해 사례

① 액상화 영향인자

영향 인자	액상화 가능성
토층 형성과 지질학적 연령	퇴적년대가 오래된 지층은 액상화의 가능성이 낮음
세립자 함유율과 소성지수	세립자 함유율과 소성지수가 높을수록 액상화의 가능성이 감소
포화도	포화도 80~85 %의 흙도 액상화 가능(최고 만수위로 판단)
지하구조물의 심도	기초형식에 따라서 발생심도가 달라짐
지반의 관입저항	$N \geq 22$, $CPT \geq 15MPa$에서는 액상화가 발생하지 않음

② 액상화 발생 가능성이 큰 지반

㉮ 지표면에서 지하수위가 2~3m 이내의 지반

㉯ N ≤ 20의 느슨한 사질토지반

㉰ 소성지수(PI) ≤ 10, 점토 성분 〈 20%

㉱ 세립토 함유량 ≤ 30%, 균등계수(C_u) ≤ 5

㉲ 상대밀도 ≤ 80%

③ 액상화 방지대책

㉮ 입도가 불량한 사질토지반

㉠ 입도가 양호한 재료로 치환

㉡ 치환깊이가 깊으면 지반의 밀도를 증가

㉯ 포화 사질토지반

㉠ 지하수위 저하공법(well point, deep well)을 적용

㉡ 지하수위의 저하에 따른 구조물 침하에 유의

㉰ 느슨한 사질토지반

㉠ 밀도를 증가시켜서 한계간극비 이하로 상대밀도를 유지

㉡ Sand Compaction Pile, Vibroflotation, 동적다짐공법 등을 적용

4) 측방유동(Lateral flow)

연약지반의 두께에 비해서 재하면적이 큰 기초지반은 연직방향의 1차원 압밀이 발생하지만 제방처럼 좁고 긴 하중과 교대의 뒷채움과 같은 국부적인 하중이 극한상태까지 작용하면 연약지반 수평면의 응력분포가 균등하지 않으므로 2차원 또는 3차원 변형이 발생하여 연직방향의 압밀변형 이외에도 수평방향의 전단변형이 발생하는 현상을 측방유동이라고 한다.

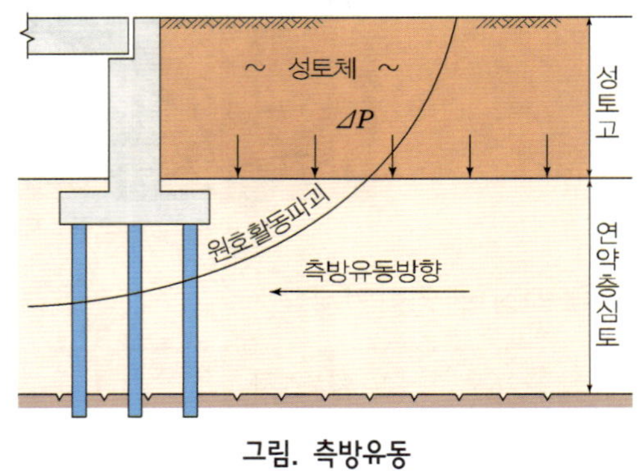

그림. 측방유동

연약지반 위에 설치된 교대, 옹벽같은 도로의 재하중을 받는 구조물에서 배면의 흙쌓기하중이 작용하여 소성변형을 일으켜서 지반이 수평으로 이동하는 현상이다.

① 측방유동의 영향

㉮ 압밀침하에 의한 교대 배면의 단차

㉯ 교대의 수평이동과 경사(main girder와 흉벽의 폐합)

㉰ 신축 이음부의 기능 저하

② 측방유동의 판단(흙쌓기하중과 전단강도에 의한 방법)

판정 기준	판정 방법
Tschebotarioff방법	1) 판정방법 : $N_b = \frac{\gamma H}{C_u}$ 2) 판정 : $N_b > 3$, 측방유동의 발생 가능
측방 이동계수(F)에 의한 방법 (일본도로공단)	1) 판정방법 : $F = \frac{C_u}{\gamma H\ D}$ 2) 판정 : $F < 0.04$, 측방유동의 가능성
측방 이동지수(I)에 의한 방법	1) 판정방법 : $I = \mu_1 \mu_2 \mu_3 \frac{\gamma H}{C_u} \geq 1.2$ 2) 판정 : $I \geq 1.5$, 측방유동의 가능성
수정 측방이동지수(M_I)에 의한 판정법	1) 판정방법 : $M_I = \alpha \frac{\gamma H}{C_u} \leq 1.5$ 2) 판정 : $M_I \geq 1.5$, 측방유동에 안전

③ 측방유동의 방지대책

㉮ 교대 배면의 흙쌓기하중을 경감

㉠ 경량 쌓기재의 이용

교대 배면에 EPS블록 등으로 뒷채움하여 흙쌓기하중이 경감되면 측방유동을 일으키는 편차응력이 감소한다.

㉡ BOX 구조물을 이용

교대 배면에 교대기초를 확대한 상부에 중공 박스 구조물을 설치하여 흙쌓기하중을 경감시킨다. 비탈면의 안정에 유용하지만 매우 연약하고 두꺼운 연약층은 박스 구조물의 하중에 의한 압밀침하와 약간의 측방유동이 발생할 수 있다.

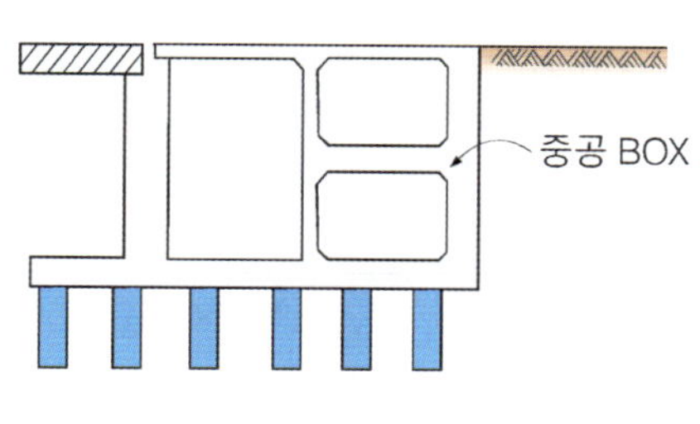

그림. 교대 전면의 지지 구조물

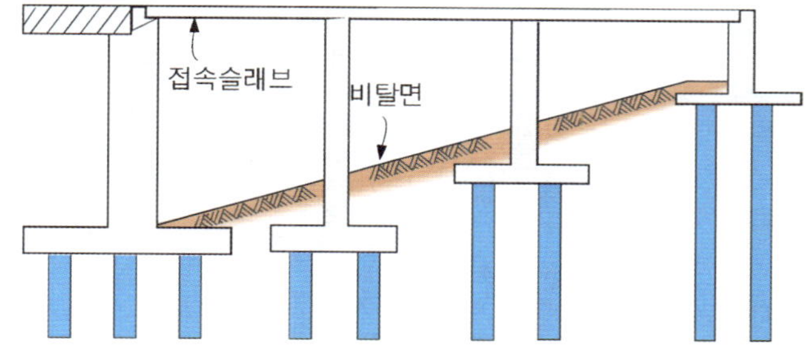

그림. 접속 슬래브와 교량의 설치

㉯ 접속 슬래브와 교량의 설치

㉠ 교대 배면에 비탈면을 형성하고 교량 상부를 접속 슬래브(approach slab)로 연결하여 흙쌓기하중을 제거한다.

㉡ 편차응력을 제거하여 측방유동을 방지할 수 있지만 시공이 번거롭고 공사비가 증가한다.

㉰ 교대 전면에 지지 구조물 설치

㉠ 교대 전면에 측방유동에 저항하는 버팀, 앵커 등의 지지 구조물을 설치하여 교대 변위를 방지하거나 최소화한다.

㉡ 교대 전면에 버팀보 등을 지지할 수 있는 지지대와 교대 배면에 앵커를 지지할 수 있는 양호한 지층이 있는 경우에 적용한다.

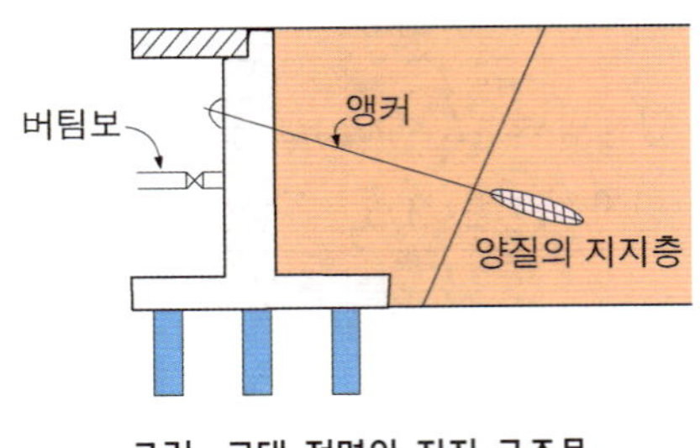

그림. 교대 전면의 지지 구조물

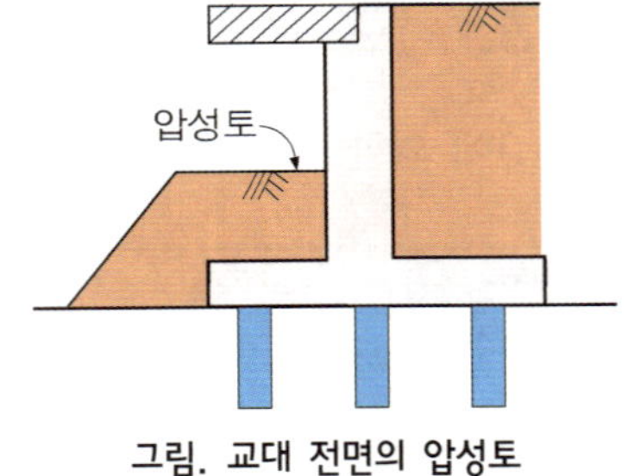

그림. 교대 전면의 압성토

㉱ 교대 전면의 압성토

㉠ 교대 전면에 압성토를 실시하여 측방유동을 일으키는 편차 성토고를 경감시킨다.

㉡ 압성토 부지가 필요하고 강우 시에 유수에 의하여 압성토가 세굴되면 효과가 저하된다.

표. 측방유동 대책공법

대 상	개량 원리	대책공법
뒷채움 쌓기	편재하중의 경감	· 연속 암거공법 · EPS 쌓기 · 파이프매설공법 · 슬래그쌓기공법
	배면토압의 경감	· 소형 교대공법 · 압성토공법 · Approach cushion
연약지반	압밀 촉진에 의한 지반강도 증대	· Preloading · Sand compaction pile
	화학반응에 의한 지반강도 증대	· 생석회 말뚝공법
	치환에 의한 지반개량	· 치환공법
교대 구조물	교대형식	· 벽식 교대 · 소형 교대공법 · Approach cushion 공법
	교대치수	· 교축방향 길이의 증대
기초	기초형식	· 케이슨기초를 적용
	기초의 강성 증대	· 흙쌓기 지지 말뚝공법 · 버팀 슬래브공법 · 말뚝본수의 증가

(2) 연약지반 개량공법의 분류

1) 공법 선정시 고려 사항

도로, 제방 등의 인위적인 하중을 자연상태로 충분히 지지할 수 없는 연약지반에 흙쌓기를 하거나 구조물의 하중이 재하되면 기초지반이 변형되어 침하가 발생한다. 이러한 문제점을 해결하기 위하여 연약지반을 개량하는 경우는 지반 특성을 고려한 적절한 공법의 선정이 중요하다.

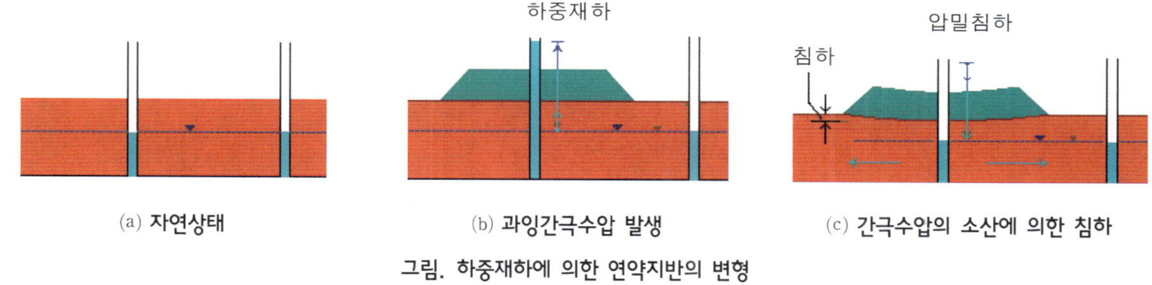

(a) 자연상태　　(b) 과잉간극수압 발생　　(c) 간극수압의 소산에 의한 침하

그림. 하중재하에 의한 연약지반의 변형

표. 연약지반 개량공법의 선정시 고려사항

고려조건	검토 항목		비 고
지 반	토질	사질토지반	액상화 가능성
		점성토지반	입도분포, 예민비(흙의 교란)
		이탄질지반	함수비, 투수성
		연약층 두께	–
	지반 구성	배수층(모래층)이 협재되고 연약층 두께가 얇은 경우(3~4m 이하)	배수층의 확인
		연약층이 두껍고 배수층이 없는 경우	침하대책
		얇은 모래층 하부에 두꺼운 연약 점토층(4m 이상)이 존재	침하대책
		경사진 연약층 기반	부등침하대책
구조물	구조 형태가 다른 상부 구조물		구조물의 성격, 형상, 부위
시 공	공사기간		급속 시공의 필요성, 공기 만족
	재료		사용재료의 확보성
	시공기계의 주행성(trafficability)		표층처리공법의 병용 필요성
	시공심도		시공 한계심도
	주변에 미치는 영향		건설공해(진동, 소음 등)

2) 목적에 따른 개량공법

구분	개량원리	공 법		개량목적	적용지반
하중 조절	경량화	경량자재		·지지력 향상 ·전단변형, 침하의 억제 ·장비 주행성 확보	점성토, 유기질토
	하중균형	압성토공법			
	하중분산	Sand mat 공법			
		표층혼합처리공법			점성토
지반 개량	치환	굴착치환공법		·활동파괴 방지 ·전단변형, 침하의 억제	점성토, 유기질토
		강제치환공법			
	탈수	Preloading공법		·압밀침하를 촉진 ·지반강도의 증가를 촉진 ·활동파괴를 방지	점성토, 유기질토
		연직배수 공법	Sand drain 공법		
			Pack drain 공법		
			Paper drain 공법		
			PBD 공법		
		지하수위 저하공법	Well point 공법		사질토
			Deep well 공법		
			진공배수공법		점성토
	다짐	Sand compaction pile 공법		·침하 감소 ·액상화 방지 ·활동파괴 방지	점성토, 사질토
		Vibroflotation 공법			사질토
		쇄석 말뚝공법			점성토, 사질토
		동압밀공법, 동치환공법			사질토
	고결	석회계 심층혼합처리공법		·활동파괴 방지 ·침하 감소 ·전단변형 방지 ·Piping현상의 방지	점성토
		시멘트계 심층혼합처리공법			
		분사교반공법			점성토, 사질토
		동결공법			
	지수	약액주입방법		·측방유동 방지 ·차수	사질토
		분사주입방법			점성토, 사질토
		지수널말뚝공법			사질토, 유기질토

(3) 표층처리공법

준설토의 매립이 완료된 연약지반의 개량 시에 차량 주행성을 확보하고 연직배수재를 설치하는 장비 투입을 위한 표층처리공법은 토목섬유공법, sand mat공법 등이 있다.

표층처리공법은 지반조건에 따라서 sand mat만을 포설하는 경우, 토목섬유와 sand mat를 포설하는 경우, 매립 후에 PTM(progressive trenching method)을 실시하고 토목섬유를 병행하여 시공하는 경우가 있다.

표. 표층처리공법의 분류

구 분	개량 원리	주요 공법
표층 부설(피복)	표층 보강	토목섬유공법 등
연약층의 개량	치환	굴착치환공법, 강제치환공법
	배수(압밀)	자연건조공법, Trench공법, PTM공법 Sand mat공법, 수평 진공배수공법, 대기압재하공법
	고결	표층 혼합처리공법

1) 포설공법

① Sand mat공법

샌드매트는 연직배수재를 타입하는 장비의 주행성을 확보하고 압밀침하에서 발생한 간극수를 배출하기 위하여 설치한다. 연약지반의 상태에 따라서 sand mat를 PP mat와 함께 사용하면 효과를 증대시킬 수 있다.

그림. Sand mat공법

그림. 토목섬유공법

② 토목섬유공법

토목섬유공법은 토목섬유를 연약지반 표면에 깔고 양질의 토사를 쌓는 공법으로 하부에 부설된 토목섬유가 상부 토사의 함몰을 방지하여 건설장비의 주행이 가능한 초연약지반의 표층개량에 많이 적용한다. 토목섬유는 흙쌓기형태, 연약층 두께, 흙쌓기재료, 수중시공 여부, 성토 시공기계, 흙쌓기 두께, 인장강도, 할렬강도, 흙과의 마찰력, 투수성과 내구성을 고려하여 선정한다.

표. 토목섬유의 재료별 공학적 특성

구분	PET(Polyester)	PE(Polyethylene)	PP(Polypropylene)
특징	· 무거움 · 신율이 작음	· 무게 보통 · 신율이 작음	· PE보다 가볍고 신율이 큼 · PE보다 강도가 낮음
장점	· 강도가 큼 · 자외선 내구성이 가장 우수 · 내열성, 내한성 큼	· 강도가 큼 · 생물학적, 화학적저항 우수 · 내한성 우수 · 자외선에 의한 열화가 큼	· 강도가 큼 · 생물학적, 화학적저항 우수 · PE보다 장기적 안정
단점	· 내알칼리성 작음	· PP보다 중량 큼	· 자외선에 약함

2) 배수와 건조공법

① PTM(Progressive trenching method)공법

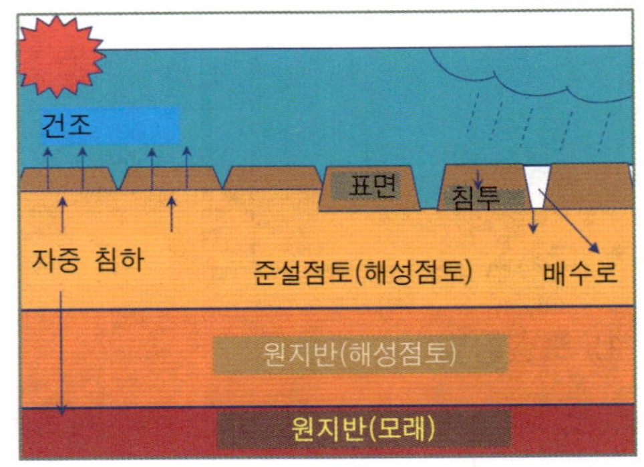

그림. PTM 공법의 원리

PTM공법은 배수로를 이용하여 준설, 매립된 표층의 여수를 배수시키고 배수로 주변의 지하수위를 저하하여 자연 건조에 의한 건조층을 형성한다. 배수로의 깊이와 간격을 변화시켜서 건조효과가 증가하여 자연 방치보다 건조기간을 단축하고 건조층의 두께와 강도를 증가시키는 공법이다. 일반적으로 준설, 매립이 완료된 후에 준설매립재의 자중압밀을 위한 자연 방치기간 중에는 표면의 여수를 효과적으로 제거하기 어렵고 표층 건조를 위한 수면 상부의 노출에 오랜 시간이 소요되며 집중 강우시는 배수가 곤란하여 건조에 많은 시간이 소요된다.

PTM공법은 배수로와 수평배수재를 이용하여 준설, 매립한 표층부 여수의 배수와 배수로 주변의 지하수위를 저하시키면 자연 건조에 의한 건조효과가 증가하여 자연 방치보다 건조기간을 2배 이상 단축하고 건조층의 두께와 강도를 증가시키는 공법이다.

㉮ 특성

㉠ 매립현장에서 매립재료의 공급 문제를 해결하고 육상토 사용에 따른 육지부의 자연 훼손과 생태계의 파괴를 감소시킨다.

㉡ 체계적으로 배수로망을 형성하면 항로 준설시에 발생하는 해성점토(준설토)의 투기장 면적과 제방 높이가 감소한다.

㉢ 장기적인 자연 방치에 의한 해성점토(준설토)의 처리와 비교하면 단기간 내에 부지를 사용할 수 있으므로 공기를 절감하는 효과가 우수하다.

㉯ PTM공법 적용시 고려사항

PTM공법은 지반과 기상조건을 고려하여 적용하고 표층에 배수로(trench)를 형성하기 위한 최소한의 지반강도가 필요하므로 준설, 매립이 완료된 후에 함수비가 약 150% 이하인 지반에 적용한다. PTM공법은 연중 강우량이 적고 증발효율이 높을수록 표면 건조층의 형성에 유리하며, 연중 증발량이 강우시의 유출량을 제외한 잔류유량보다 작으면 효과가 감소한다.

㉰ PTM공법의 시공

토제(containment dyke)로 분할한 매립구간에 해성점토로 준설, 매립한 매립토가 침전되는 동안에 여수를 제거한다. 침강이 끝나고 자중압밀이 어느 정도 진행되면 토제를 따라서 내측에 주배수로(main trench)를 설치하고 방치기간 동안에 표면이 굳어지면 배수로(깊이 ; 0.5~1.0m 정도)를 점진적으로 깊게 형성하여 PTM공법을 적용한다.

그림. PTM공법의 시공 전경(Amfirol 장비)

㉠ 배수로(trench) 굴착
ⓐ 준설, 매립 후에 3~4개월 경과되면 토제를 따라서 주배수로를 시공
ⓑ 준설 매립지에 얕은 배수로를 시공

㉡ 방치와 배수로 깊이의 증가
ⓐ 방치기간에 증발과 지하수위가 저하하여 표면이 건조
ⓑ 소정 깊이까지 배수로 깊이를 점차적으로 증가

㉢ 표층 개량공의 시공 : PTM에 의해서 소정 강도가 발현되면 매트 포설 후에 복토를 실시

② 표층 배수공법

대상부지의 주변에 인력과 습지장비를 이용하여 폭 0.5~1.0m, 깊이 0.3~0.7m의 배수로를 설치하고 점진적으로 전체 지반에 확대하여 배수를 촉진하는 공법으로 배수로에 집수된 물은 집수정에서 펌프를 이용하여 배수한다. 매립 직후에 지반이 연약하면 배수로 설치가 곤란하지만 자연건조 후에 초습지용 장비를 활용하면 작업이 가능하고 침하와 유수에 의하여 배수로가 함몰될 수 있으므로 지속적인 유지관리가 필요하다.

③ 수평 진공배수공법

수평 진공배수공법은 초연약지반 표층부에 일정한 간격으로 배수재를 수평으로 매설하고 배수재 단부에 부압을 작용시켜서 압밀을 촉진하여 표층부의 지지력을 증대시키는 공법이다.

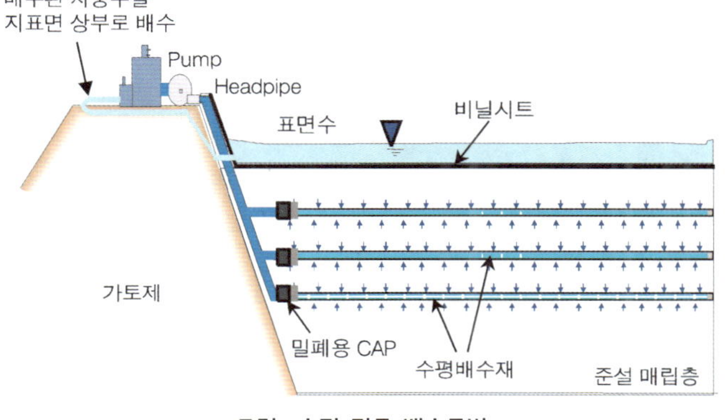

그림. 수평 진공 배수공법

3) 고결공법

고결공법은 흙입자 사이를 고결시켜서 지반을 개량하며 고결은 경화성물질을 흙에 첨가하여 혼합하는 방법, 흙입자의 간극에 경화성물질을 충진하는 방법, 가열에 의해 점토광물 중에 고용체를 생성시켜서 흙입자 사이를 결합시키는 방법이 있다. 고결공법은 경화재를 연약토와 혼합 교반하는 혼합처리공법, 흙의 간극에 경화재(고결재 또는 냉동액)를 주입하여 고결시키는 약액주입공법, 동결공법이 있다.

① 혼합처리공법

혼합처리공법은 연약지반에 석회, 시멘트 등의 경화재를 혼합, 교반하여 지반을 개량하고 장비 주행성을 확보하는 천층 혼합처리공법과 깊은 연약지반을 개량하는 심층 혼합처리공법이 있다.

지반개량재의 첨가방식에 따라서 분체방식과 슬러리방식이 있고, 원지반 연약토와 지반개량재의 교반방식에 의하여 기계교반방식과 고압분사교반방식으로 분류하며 고압분사교반방식은 고압 유체의 분사에 의한 연약토의 절삭과 동시에 교반하여 개량체를 형성한다. 심층혼합처리공법에 의한 개량체의 직경은 0.6~2.0m, 고압분사교반방식은 직경 3m 이상의 개량체를 형성하는 공법도 있다.

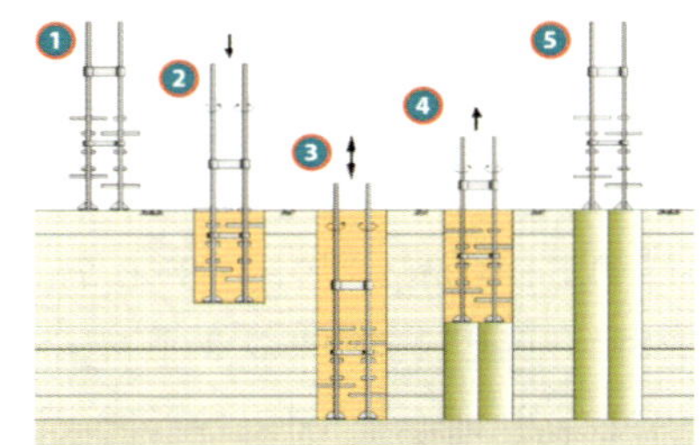

그림. 심층혼합처리공법(Deep soil mixing)

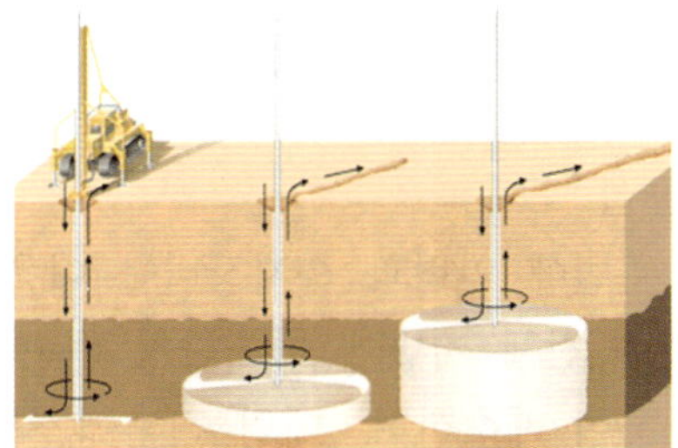

그림. 고압분사공법(Jet grouting)

② 약액주입공법

약액주입공법은 지반 내에 삽입한 주입관을 통하여 주입재를 지중에 압송, 충진시켜서 일정한 시간(gel time 또는 setting time)이 경과된 후에 지반을 고결시키는 공법으로 지반의 불투수화(차수, 지수), 지반강도, 방진효과의 증대를 목적으로 한다.

약액주입공법은 소형 장비로 깊은 지반까지 개량이 가능하고 개량효과의 발현이 빠르지만 토질조건, 지하수 조건, 인접 구조물의 조건, 지하수 오염 등의 환경조건을 고려해야 한다.

③ 동결공법

동결공법은 연약지반과 지하용수가 많은 지반에서 굴착하는 경우에 흙의 간극수를 동결시켜서 차수벽을 형성하며, 염화칼슘용액 등의 부동액을 순환 사용하는 브라인방식과 액체질소 등의 기화열로 지반을 냉각하는 저온 액화가스방식이 있다. 동결공법은 동결토의 강도가 매우 크고 완전한 지수성을 가지며 지반개량 후에 지하수 오염 등의 염려가 없다.

4) 표층 혼합처리공법

표층 혼합처리공법은 석회, 시멘트 등의 화학적 안정재를 표층의 연약토와 혼합하여 포졸란반응 등의 화학적 고결작용에 의해서 표층을 고화처리하는 방법이다.
예전부터 soil cement공법이 도로의 노상과 노반의 안정처리에 사용되었고 고함수비 점성토, 고유기질토의 고결에 시멘트를 효과적으로 이용하며 개량재에 따라서 시멘트계, 석회계, 산업부산물(슬래그, 석탄회 등)을 이용하여 표층을 고결시키는 공법이 있다.

그림. 표층혼합처리공법

(4) 치환공법

치환공법은 연약지반을 양질토로 치환하여 시공성과 안정성을 확실하게 확보하지만 치환심도, 폭, 단면형상, 재료, 경제성 등이 합리적이고 치환 후에 개량효과를 만족해야 한다. 공사기간을 단축할 수 있지만 양질 토사의 확보와 사토처리가 곤란하면 공사비가 많이 소요되고 환경 제약으로 적용이 어려운 경우도 있다.

1) 굴착 치환

지반개량이 필요한 깊이까지 연약토를 굴착하여 양질토사로 메우는 공법으로 짧은 기간 내에 확실한 개량효과가 있다. 굴착 작업시에 시공기계가 연약지반의 주행이 곤란하므로 굴착 공간에 양질토사를 투입하는 치환은 시공장비가 연약토를 굴착하면서 동시에 흙쌓기를 실시한다.

① 전체 굴착치환

연약층 심도가 3m 이하에 적용하며 굴착토의 사토처리, 굴착부의 비탈면 안정, 굴착방법, 치환토사의 확보와 다짐에 유의해야 한다.

② 부분 굴착치환

심도가 깊은 연약층의 지지력을 보강하는 방법이며 문제점은 전체 굴착치환과 동일하고 적정한 치환심도의 결정이 중요하다.

③ 펌프준설선에 의한 굴착과 치환방법

준설선은 수면 아래의 연약한 지반의 굴착에 이용하며 굴착심도의 유지가 곤란하고 철저한 시공관리가 필요하다.

2) 강제 치환공법

연약토를 굴착하지 않고 제거 또는 배제하여 양질토사와 치환하며 시공방법에 따라서 흙쌓기 자중에 의한 강제치환, 폭파치환, 다짐모래말뚝에 의한 치환이 있다.

① 흙쌓기 자중에 의한 강제치환

연약지반의 지지력보다 큰 하중의 양질토사를 연약층 위에 포설하고 흙쌓기한 토체를 연약층에 함몰시켜서 연약토를 강제적으로 배제시키는 방법이다. 함몰을 촉진하기 위하여 흙쌓기를 계획보다 높게 하여 하중을 가하거나, 워터제트를 이용하여 측방유동을 촉진하거나, 흙쌓기한 측방의 지반을 굴착하는 경우도 있다. 강제치환은 시공이 단순하지만 치환된 양질토사는 측방유동적인 파괴와 원형 활동파괴에 의한 함몰이 발생하여 불규칙한 단면 형상을 나타낸다.

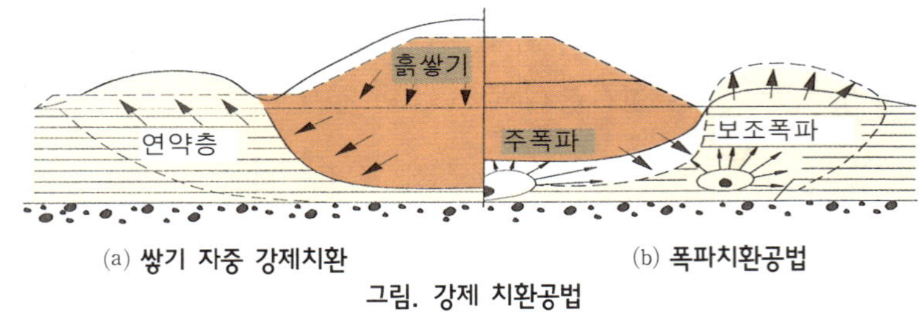

(a) 쌓기 자중 강제치환 (b) 폭파치환공법

그림. 강제 치환공법

② 폭파치환

연약층을 제거하거나 흙쌓기 직후에 연약층의 배제와 자중에 의한 치환을 폭파에너지를 이용하는 방법이다. 양질토사를 쌓고서 연약지반을 폭파하여 동시에 치환하는 공법이며 폭약을 사용하므로 적용 장소에 제약이 있고 시공효과의 확인이 필요하다.

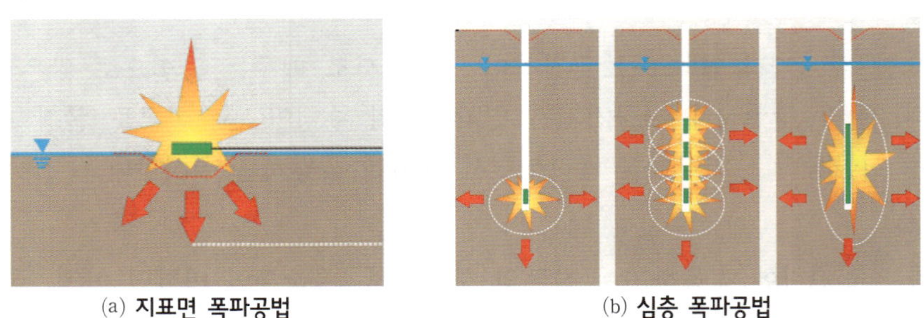

(a) 지표면 폭파공법 (b) 심층 폭파공법

그림. 폭파공법(Micro blasting)의 적용사례

(5) 지하수위 저하공법

지하수위가 저하하면 간극수압이 감소되고 유효응력이 증가되어 연약한 점성토의 압밀을 촉진시키고 전단강도가 증가한다. 지하수위 저하공법은 유선을 저하시켜서 침투압력과 측압을 감소시키며 지반의 안정성을 확보하기 위하여 well point공법, deep well공법, 진공배수공법 등을 적용한다.

1) Well point 공법

지하수면 아래에 well point를 10~20m 간격으로 설치하고 진공펌프로 배수하여 지하수위를 저하시키는 공법으로, 진공에 의한 지하수위의 저하는 약 6m가 한계이며 지하수위의 저하가 크게 필요하면 다단식 well point를 설치한다. 사질토지반의 지하수위 저하에 적용하고, 점성토지반은 진공효과가 없어서 배수효과도 없다.

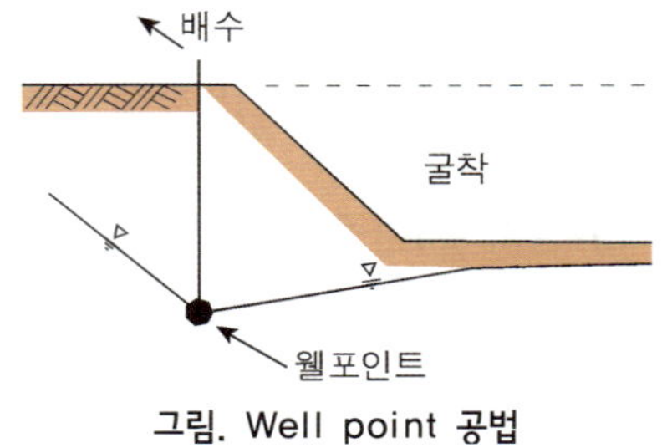

그림. Well point 공법

① 장점

㉮ 압밀을 촉진하여 전단저항이 증가하고 quick sand현상과 굴착 비탈면의 붕괴를 방지할 수 있다.

㉯ 건조한 지반상태에서 굴착작업이 가능하여 시공속도가 증진되는 효과가 있다.

② 단점

㉮ 수위 강하에 의한 주변지반의 침하가 발생할 수 있다.

㉯ 세립토는 투수성이 낮아서 배수간격이 좁아지므로 비경제적이다.

㉰ 지속적인 펌프의 가동으로 유지관리비와 운전경비가 많이 소요된다.

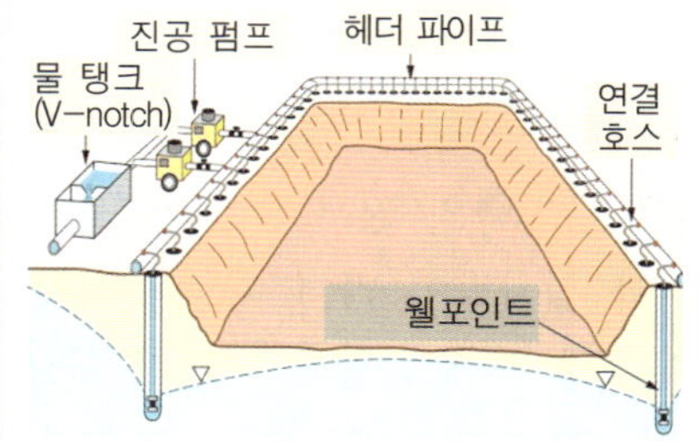

그림. Well point에 의한 dewatering

2) Deep well 공법

지중에 설치한 집수정(ϕ0.3~1.0m)에서 양수하여 지하수위를 저하시키는 deep well공법은 투수계수가 1×10^{-2}cm/sec 이상의 사질토와 자갈층에 효과적이고 적용심도는 약 30m이다. 사질토지반은 대수층의 수압을 감소시켜서 굴착 중에 발생하는 보일링(boiling)을 방지할 수 있다.

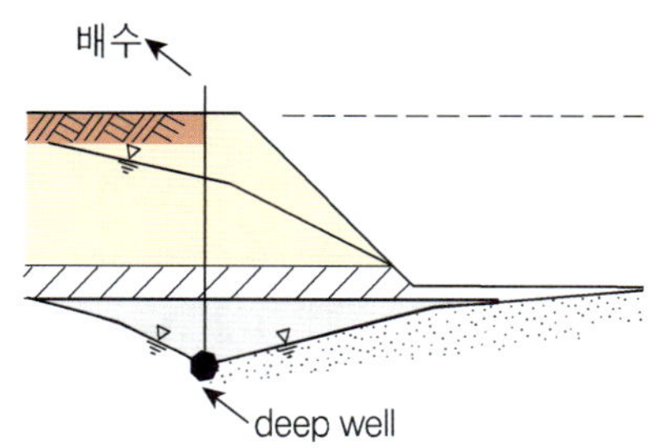

그림. Deep well 공법

① 장점

㉮ 수위 강하로 인한 주변지반의 침하에 영향이 없는 대규모 현장에서 시공성이 우수하다.

㉯ 지표면에서 10m 이상의 지하수위 저하에 효과적이다.

㉰ 투수성이 양호한 지반에서 지하수위의 저하와 다량의 양수가 필요한 경우에 유리하다.

② 단점

㉮ 수위 강하에 따른 인접 구조물의 지반침하가 발생한다.

㉯ 에너지 손실이 많고 대용량의 송수량과 송기량이 필요하며 운전비용이 많이 소요된다.

(6) 하중 재하공법

1) 과재쌓기와 선행하중(Preloading)공법

① 과재쌓기(Surcharge)공법

Surcharge 공법은 연약지반에 흙쌓기하중이나 구조물 하중 이상의 흙쌓기하중을 재하하여 침하를 촉진시키고 과재쌓기에 의한 침하량이 목표 침하량에 도달하면 여성토를 제거하는 공법이다. 성토고가 높으면 제체의 안정대책을 검토하고 연약층이 두꺼우면 재하기간이 길어지므로 연직배수공법과 병용하며 과재쌓기의 범위는 구조물 하중의 영향범위를 고려하여 결정한다.

② 선행하중(Preloading)공법

선행하중공법은 연약지반 표면에 계획 구조물의 하중보다 크거나 동등한 하중을 미리 재하시켜서 영구 구조물을 설치하기 전에 필요한 만큼의 침하가 발생하게 유도하는 공법이다. 압축성이 큰 점토층이 두껍게 분포되어 침하기간과 침하량이 많이 예상되면 구조물의 축조 전에 흙쌓기하중을 가하여 압밀을 촉진시키는 공법으로 개량 후에 하중의 제거가 필요하지 않은 경우에 유리하다.

선행하중공법은 연약층이 두꺼우면 개량기간이 길어지므로 침하기간을 단축하기 위해서 연직배수공법과 병행하면 효과적이다.

③ 방치기간

㉮ 흙쌓기 후에 방치기간은 과재쌓기 또는 선행하중에 의한 침하가 목표 침하량에 도달하는 시점으로 잔류침하가 허용치 이내인 시점으로 한다.

㉯ 지반의 침하거동이 설계와 다른 경우는 공사기간 등을 고려하여 방치기간을 결정한다.

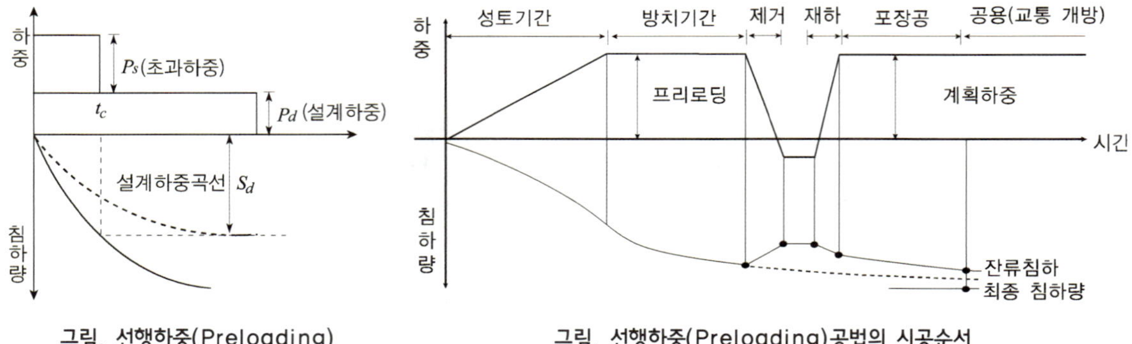

그림. 선행하중(Preloading)

그림. 선행하중(Preloading)공법의 시공순서

④ 선행하중과 과재쌓기의 제거시기

㉮ 실측 침하량이 설계 침하량에 도달하는 시점에 제거하고, 실측 침하량이 설계 침하량과 차이가 있으면 계측을 하여 재하기간과 재하쌓기의 높이를 조절한다.

㉯ 계측에 의한 압밀도가 설계 압밀도보다 크면 과재쌓기를 제거하고 그렇지 않으면 과재쌓기를 방치한다.

㉰ 현장 계측에서 최종 침하량을 예측하고 현재 침하량과 최종 침하량을 비교하여 잔류 침하량이 허용 침하량보다 작으면 과재쌓기를 제거한다.

㉱ 과재쌓기 하중이 공용하중보다 작은 경우는 실측 침하량에서 압축비를 산정하고 공용하중에 의한 침하량과 잔류 침하량을 검토하여 제거 여부를 판단한다.

2) 하중 조절공법

지반에 작용하는 구조물의 자중과 구조물에 작용하는 외력을 경감시키기 위하여 구조물을 경량화하거나 구조물 하중과 서로 균형을 유지하여 하중을 상쇄하는 방법을 사용한다.

그림. 경량 EPS 블록 쌓기

① 구조물 자체의 경량화

㉮ 건축물의 지하실과 교량 기초에 Box 구조를 사용

㉯ 경량골재, 발포제를 사용한 경량 콘크리트의 적용

㉰ 단위 체적중량이 작은 경량재료(EPS)로 쌓기

② 구조물의 하중이 서로 균형을 이루어서 하중을 상쇄

㉮ 도로, 제방의 흙쌓기에 많이 이용(압성토공법)

㉯ 지반의 강화가 목적이 아니므로 타 공법과 병행하면 효과적이다.

③ 구조물과 지반 사이에 다른 층을 설치하여 하중을 분산

㉮ 지표층에 sand mat, PP mat를 설치하면 구조물의 하중이 분산되어 접지압이 감소한다.

㉯ 표층토와 고결재(석회, 시멘트)를 혼합하여 고결 구조물의 자중과 구조물에 작용하는 외력에 의해서 지표면에 작용하는 접지압을 경감시킨다.

3) 진공압밀공법(Vacuum Consolidation Method, 대기압재하공법)

진공압밀공법은 연약한 포화점성토와 실트질지반의 압밀에 필요한 하중을 재하중공법의 흙쌓기하중 대신에 지중을 진공상태로 만들고 이에 작용하는 등방의 대기압을 이용하여 지중에 설치한 배수재에서 간극수를 소산시켜서 침하를 촉진시키는 공법이다.
진공압밀공법은 지표면에 모래를 깔고 비닐쉬트 등의 기밀성 막을 덮은 후에 진공펌프로 차단막의 내부를 진공상태로 만들어 대기압을 하중으로 이용하여 유효하중을 증가시켜서 지하수위를 저하시킨다.

① 장점

㉮ 흙쌓기하중의 단계별 재하가 필요하지 않으므로 지표면이 매우 연약하여 흙쌓기가 곤란한 매립지와 추후에 재하중의 제거가 필요한 경우에 적합하다.

㉯ 지반 붕괴의 위험성이 없고 고성토가 가능하며 비탈면 안정을 위한 대책이 필요하지 않다.

㉰ 간단한 설비에 의하여 큰 압밀하중이 얻어지므로 협소한 장소에 적용이 가능하다.

② 단점

㉮ 재하중은 누기 등의 손실로 약 5~6t/m^{2}가 필요하고, 더 큰 하중이 필요하면 흙쌓기재하공법을 병행한다.

㉯ 압밀기간 중에 진공펌프를 계속하여 가동하므로 유지관리가 어렵다.

㉰ 장기간 재하하면 과다한 수위 강하가 발생하여 주변지반의 침하가 발생할 수 있다.

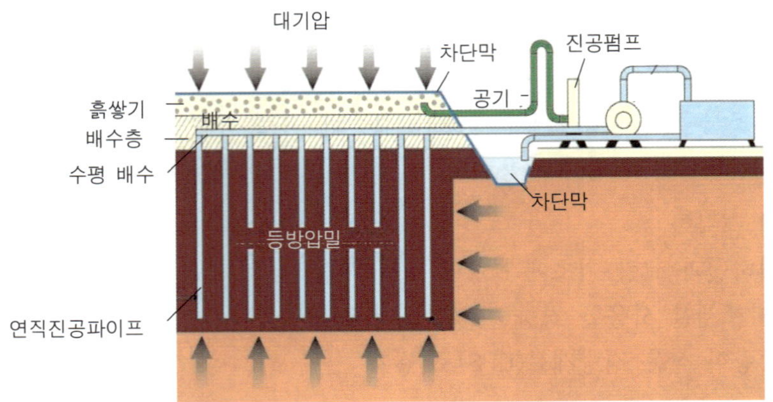

그림. 진공 압밀공법의 개요

③ 시공순서

㉮ 장비 주행성의 확보와 배수층이 형성되도록 연약지반에 약 60~80cm 두께의 sand mat를 포설하고 연직배수재를 개량심도까지 설치하며, 수평배수재와 배관망을 구성하여 진공펌프에 연결한다.

㉯ 개량지역의 지표면에 진공 보호막을 덮고, 가장자리는 벤토나이트 안정액 도랑(trench)을 설치하여 공기차단막을 형성한다.

㉰ 진공펌프가 공기와 물을 동시에 흡입하고 도랑 밖으로 배관망을 설치하여 배수시킨다.

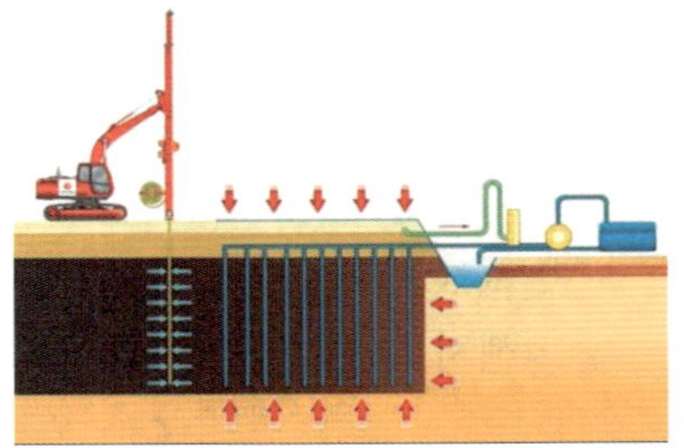

그림. 진공 압밀공법

(a) 수평 배관망

(b) 진공 보호막

(c) 공기 + 물 흡입

그림. 진공압밀공법의 구성

4) 압성토공법

연약지반에 흙쌓기를 하면 지반의 지지력이 부족하여 과도한 침하와 흙쌓기한 측방에 융기가 발생하므로 측방의 융기부에 하중을 가하여 균형을 유지하는 공법이다.

압성토공법은 용지의 확보가 용이하고 저렴하게 흙쌓기재료를 구할 수 있는 경우에 적합하며 시공이 간편하다.

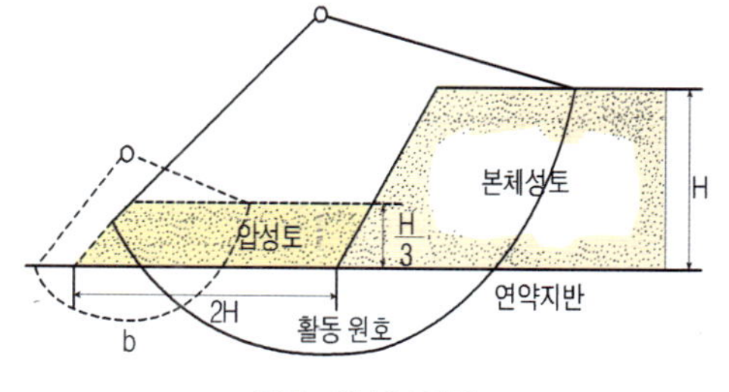

그림. 압성토공법

① 특성

㉮ 활동 저항에 확실한 공법이지만 압밀을 촉진하는 효과가 없으므로 연직배수공법(sand drain, PBD, sand pack drain)과 병용하면 효과적이다.

㉯ 압성토 높이는 한계성토고를 초과하지 않도록 성토고의 1/3H, 압성토 길이는 성토고(H)의 2H, 압성토의 크기는 사면안정해석을 하여서 결정한다.

㉰ 흙쌓기한 지반의 활동 파괴와 히빙을 방지하고 주변 지역과 완충지대의 역할을 한다.

② 한계성토고

㉮ 일시적으로 급속하게 흙쌓기를 하면 안전율이 저하하여 활동파괴가 발생하므로 지반 보강을 하지 않고 흙쌓기를 할 수 있는 최대높이를 한계성토고라고 한다.

㉯ 한계성토고까지 쌓고서 방치하여 흙쌓기하중에 의한 점성토층의 강도가 증가되면 반복적으로 한계성토고까지 흙쌓기를 실시한다.

㉰ 한계성토고에 도달하기 전까지는 허용 최소안전율의 상태이지만 시간이 경과하면 지반강도가 증가하여 안전율이 증가한다.

㉱ 한계성토고(H_c)는 연약층의 점착력(C_u)에 대한 극한지지력(q_d)을 구하여 결정한다.

$$H_c = \frac{q_d}{\gamma_t F_s}$$ (여기서, H_c : 한계성토고, q_d : 극한지지력)

표. 연약층 두께에 따른 점성토지반의 극한지지력

구 분	극한 지지력(q_d, kN/m²)
두꺼운 점성토지반, 유기질토가 두껍게 퇴적된 이탄질지반	$3.6C_u$
보통의 점성토지반	$5.1C_u$
얇은 점성토지반, 유기질토가 포함되지 않은 이탄질지반	$7.3C_u$

(7) 연직배수공법(Vertical drain method)

1) 개요

점성토지반의 압밀 소요시간은 배수길이의 제곱에 비례하므로, 연직배수층을 설치하여 배수길이를 감소시켜서 압밀을 촉진시키는 연직배수공법은 점성토지반의 압밀시간을 단축하기 위하여 사용한다.

$t = \dfrac{TH^2}{C_v}$ (t : 압밀 소요시간, H : 점토층 배수 길이, T : 시간계수, C_v : 압밀계수)

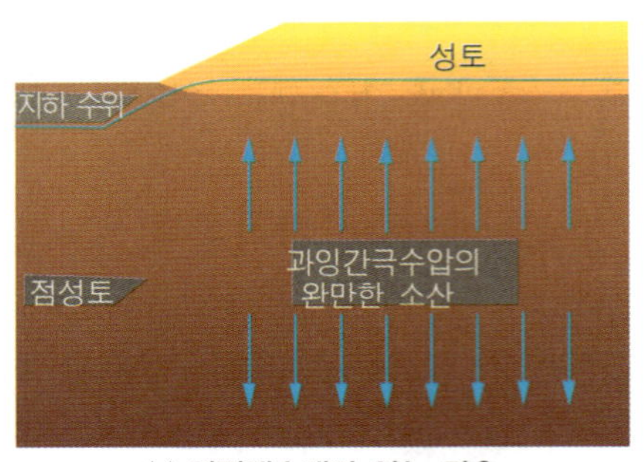

(a) 연직배수재가 없는 경우

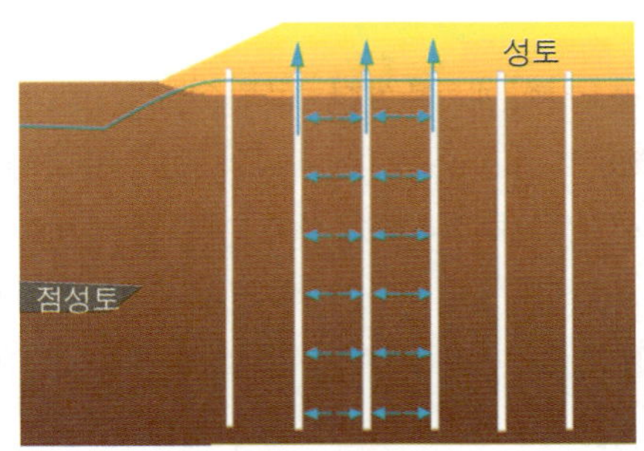

(b) 연직배수재가 있는 경우

그림. 연직배수공법의 원리

자연지반에서 과잉간극수압은 점토층의 상하 또는 한 쪽의 배수층을 통해서 소산되지만 지반 내에 연직방향으로 배수재를 설치하고 하중을 재하하면 과잉간극수가 방사선방향으로 배수재를 통하여 배수되어 압밀이 촉진된다. 연직배수공법은 배수재의 종류에 따라서 sand drain, plastic board drain, sand pack drain공법 등이 있고 공법의 원리는 모두 동일하다.

2) Sand drain 공법

Sand drain공법은 점성토지반에 2~3m 간격으로 모래기둥(ϕ30~50cm)을 타입하고 연직방향의 압밀배수거리를 단축하여 압밀을 촉진시키며 압밀에 의한 지반강도를 증가시키는 강제 압밀 배수공법이다. 샌드드레인은 모래가 배수재의 역할만을 수행하고 배수재의 전단강도는 고려하지 않으며 모래의 투수계수는 10^{-5}m/sec 이상이어야 한다.

① 배수재의 영향원

점성토지반에 연직배수재를 설치하는 경우에 간극수가 배수재로 유입하는 유효원의 직경을 유효경이라고 하며, 배수재의 배치는 등면적의 원으로 환산하여 산정한다.

$d_e = 1.05\,S_p$: 정삼각형 배치(S_p ; 중심간 거리)

$d_e = 1.13\,S_p$: 정사각형 배치

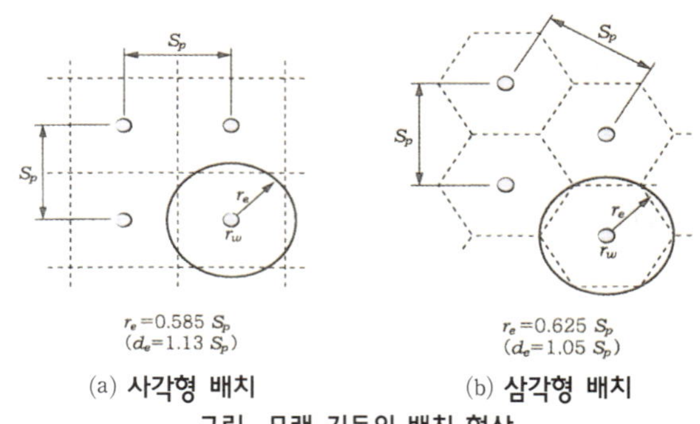

(a) 사각형 배치 (b) 삼각형 배치

그림. 모래 기둥의 배치 형상

② 장점

㉮ 과잉간극수압이 초기에 배제되고 단기간에 압밀을 촉진하여 연약지반을 안정시킨다.

㉯ 단계별로 하중을 재하하므로 지반을 파괴하지 않고 깊은 연약층을 개량할 수 있다.

㉰ 모래기둥의 직경과 간격을 조정하면 공사기간을 단축시킬 수 있다.

③ 단점

㉮ 배수용 모래의 선정과 재료원 확보에 제약이 있다.

㉯ 함수비가 높은 지반은 압밀 진행에 따른 과도한 응력집중으로 모래기둥이 절단될 가능성이 있고 침하량이 큰 지반은 모래기둥에 변형이 발생할 수 있다.

㉰ 모래기둥의 타입 시에 주변 흙이 교란되면 전단강도와 투수성이 감소하여 침하량이 증가한다.

㉱ 모래기둥의 타입 시에 arching 효과가 발생하여 모래기둥의 연속성에 대한 신뢰도가 낮다.

④ 시공순서

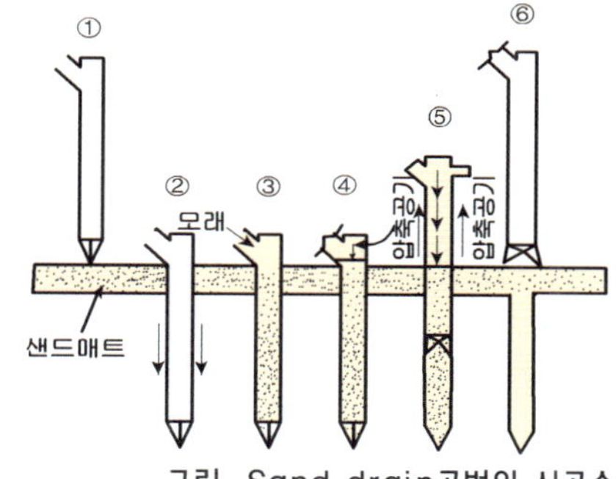

그림. Sand drain공법의 시공순서

㉮ sand mat 설치(두께 : 0.5~1.0m)

㉯ 케이싱 관입 : 타격 또는 진동

㉰ 케이싱 속에 모래 채움(ϕ30~50cm)

㉱ 케이싱 인발(모래 말뚝의 형성)

㉲ 흙쌓기

⑤ Smear zone과 Well resistance

㉮ Smear zone

㉠ 연직배수재를 타입할 때에 사용하는 케이싱(mandrel)에 의한 배수재 주변의 교란영역을 smear zone이라고 하고, smear zone이 형성되면 투수계수가 감소하여 압밀이 지연되는 현상을 smear effect이라 한다.

㉡ 배수재에서 멀어질수록 smear effect가 감소하고 smear zone의 두께와 저하된 투수계수가 smear effect의 영향인자이며 투수계수의 저하에 큰 영향을 미친다.

㉯ Well resistance

㉠ Well resistance는 연직배수재의 방사선방향의 수평 투수성을 고려하고 연직방향의 배수성이 충분할 때에 간극수가 배수재를 통하여 배출되는데 저항을 받는 현상이다.

㉡ 배수재가 지중에서 받는 횡방향 응력(구속압력), 배수재가 긴 경우에 배수재의 휨, 배수재 내에 미립자의 퇴적, 배수재의 노화 등이 well resistance가 발생하는 원인이 된다.

㉢ 압밀이 진행되는 동안에 well resistance로 인하여 침투한 물을 충분히 배수하지 못하면 압밀이 지연된다.

3) Sand pack drain공법

Sand pack drain공법은 sand drain공법에서 모래기둥의 중간부분이 절단되거나 잘록해지는 현상을 방지하기 위하여 합성 섬유망(net)에 모래를 넣어서 배수재를 형성하는 방법이다.
모래기둥의 압밀 촉진효과는 모래기둥의 직경과 배치간격에 의해 결정되므로 작은 직경(ϕ12cm)으로 간격(1.2m 이상)을 좁게 하여 타설 본수를 증가시키면 동일한 배수와 압밀효과를 가지고 모래량이 절감되어 경제성에서 유리하다.

그림. Sand pack drain

① 장점

㉮ 압밀의 진행 중에 지반변위가 발생해도 모래기둥이 연속성과 형상을 유지할 수 있다.
㉯ 모래기둥의 단면적이 작아서 모래 사용량이 적고 4~6본을 동시에 시공하므로 공기가 단축된다.
㉰ 타설 후에 모래기둥이 지표면에 노출되므로 시공관리가 용이하다.

② 단점

㉮ 4~6본을 동시에 시공하므로 불균질한 지반은 잔류 침하량이 증대한다.
㉯ 1본의 시공이 불량하면 4~6본을 다시 설치하므로 불필요한 지반교란이 발생할 수 있다.
㉰ 막힘현상(plugging)이 발생하여 투수기능이 저하될 수도 있다.
㉱ N≥10 이상의 지반은 압입이 곤란하고, 적용 한계심도는 약 30m이다.

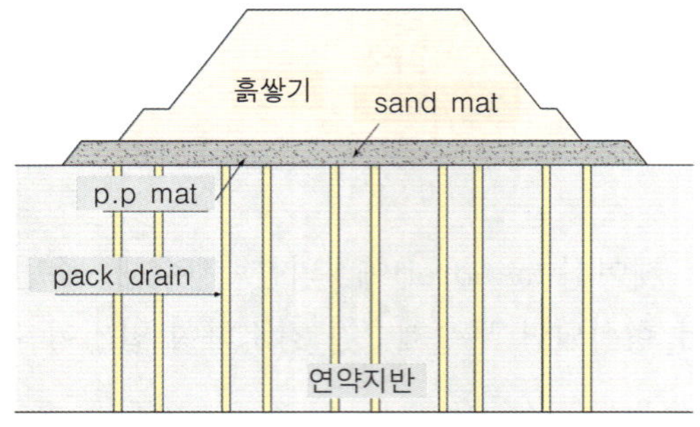

그림. Sand pack drain의 배치 단면도

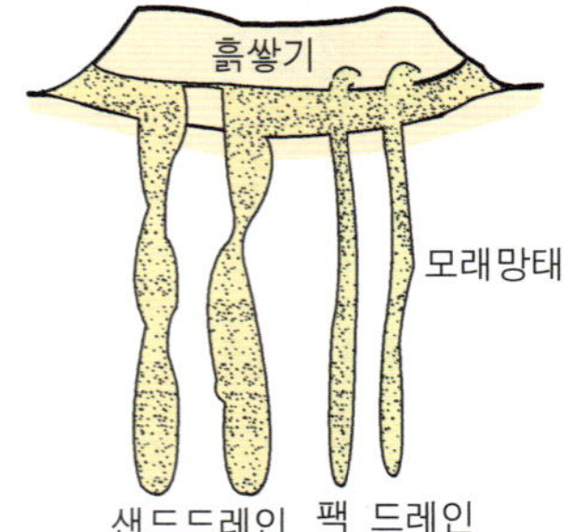

그림. Sand pack drain 형상

③ 시공순서

㉮ 타설장비를 설치하고 진동해머에 의하여 케이싱을 수직으로 타입한다.
㉯ 망태(합성 섬유망)를 케이싱 내에 투입하고 망태의 상단을 호퍼(hopper)의 모래 투입구에 물림쇠로 고정시킨다.
㉰ 호퍼의 모래를 망태에 진동을 가하면서 충전시키고 망태에 모래가 채워지면 케이싱을 인발한다.
㉱ 케이싱을 인발하면 형성된 pack drain이 샌드매트(sand mat)에 노출되므로 타설상태의 확인이 용이하다.

④ Sand pack drain의 시공 문제점(재시공을 실시)

㉮ Pack drain이 케이싱(casing) 길이보다 길게 표면에 노출된 경우

㉯ Pack drain의 관입경사가 2° 이상이거나, pack drain이 소요 심도에 도달하지 않은 경우

㉰ 모래 충전 중에 pack drain 망태의 절단과 손상으로 모래가 완전히 충전되지 않았을 때

㉱ 과재하로 인한 지반파괴의 발생

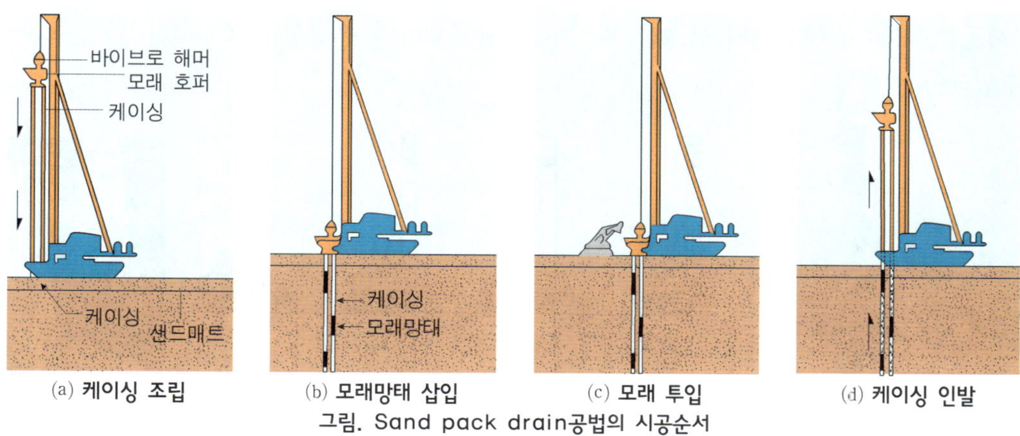

(a) 케이싱 조립 (b) 모래망태 삽입 (c) 모래 투입 (d) 케이싱 인발

그림. Sand pack drain공법의 시공순서

4) PBD(Plastic Board Drain) 공법

점성토지반에 합성섬유의 연직배수재(PBD)를 타입하여 압밀을 촉진하는 공법이며, 연직배수재가 점성토층에 좁은 간격(1.0~2.0m)으로 타입되므로 연직방향의 흐름은 무시하고 수평방향의 흐름만을 고려하여 압밀도를 계산한다. PBD공법을 preloading공법, 완속재하공법과 병용하면 압밀침하의 촉진에 효과적이다.

초기에는 간극수를 배제하는 연직배수재로 종이가 사용되어 paper drain공법으로 불리었으나, 현재는 plastic board drain을 사용하므로 국제적으로 PBD공법이라고 한다.

그림. PBD의 설치작업

① 장점

㉮ Card board가 공장제품이므로 품질이 균질하고 배수효과가 일정하며 중량이 가벼워서 운반과 취급이 용이하다.

㉯ 타설장비가 경량이므로 초연약지반에서 시공이 가능하고 시공속도가 빠르다.

㉰ Sand drain공법보다 주변 흙의 교란이 적고 단기공사에 적합하다.

② 단점

㉮ 지반에 타입한 연직배수재가 측압과 압밀의 영향으로 필터가 막혀서 투수성이 저하할 수 있고, 타설시와 지반이 변형되는 경우에 배수재가 절단될 수 있다.

㉯ 배수재가 습윤되면 강도가 감소하여 절단의 위험이 있고 부분적인 강도 증가가 곤란하며 장기간 사용하면 배수효과가 감소한다.

㉰ 지중 장애물이 있거나 상부에 단단한 모래층이 있으면 배수재의 설치가 곤란하다.

㉱ 해저지반은 시공이 불가능하다.

③ 시공 유의사항

PBD시공은 대상 연약지반의 특성을 파악하고 시공장비의 주행성(trafficability)을 포함한 시공계획을 수립해야 한다.

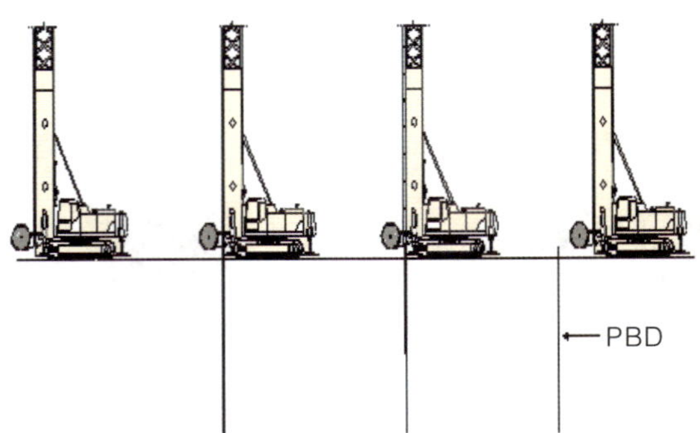

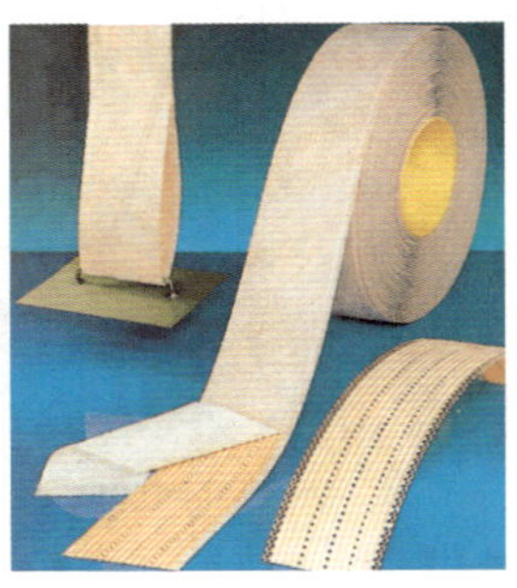

그림. PBD공법의 drain board 형상과 타입순서

㉮ Drain board의 품질

구 분	기 준
폭	100±2mm
두께	3~4mm
투수계수	5×10^{-6}m/sec 이상
인장강도	3kgf/cm² 이상

㉯ 준비작업

㉠ 타입장비의 기울기 조절장치에 의한 수직도 확인

㉡ 앵커 플레이트를 장착하고 PBD가 바람에 날리거나 느슨하지 않게 조정

㉢ Mandrel 타입장비의 주행성(trafficability)이 확보되어야 한다.

㉰ PBD의 타입작업

㉠ 공내에서 배수재를 연결하여 사용하지 않고 불가피한 경우는 공당 1회에 한하여 30cm 이상을 포켓방식으로 겹치게 한다.

㉡ 맨드렐의 수직도를 유지하면서 소요 심도까지 관입하면 drain board를 지중에 남겨 두고 맨드렐을 인발한다.

㉢ Mandrel의 인발시에 drain board의 따라오름과 기울기를 확인하고 drain board가 샌드매트 상부에서 간극수의 배출이 용이하게 15cm 이상이 노출되도록 절단한다.

㉣ 타설위치의 허용오차는 ±15cm, 계측기를 매설한 근처는 ±5cm으로 하고 정확한 간극수압의 소산을 측정하기 위하여 mandrel 단면계수가 큰 방향이 간극수압계의 설치지점과 인접한 방향이 되게 한다.

㉤ PBD 타입시의 연직도는 타설심도가 깊어질수록 경사의 영향이 커지므로 연직도는 1° 이하로 관리하는 것이 바람직하다.

㉥ 하부지반이 불규칙한 경우에 PBD를 균일하게 타입하면 부등침하의 발생이 우려되므로 타입 전에 시험시공을 하여 단차의 발생을 방지해야 한다.

㉦ Mandrel의 인발시에 공벽의 함몰로 공동이 발생하여 압밀이 지연될 우려가 있으면 물 분사 또는 공동 내에 물을 주입하여 간극수가 정상적으로 배수되게 한다.

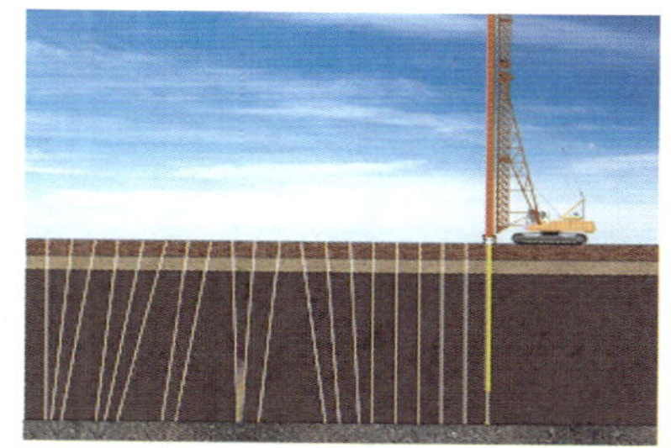

그림. PBD 설치가 불량한 경우

(a) 준비작업(배수)

(b) Sand mat 포설

(c) 앵커 플레이트 장착

(d) 케이싱 압입(PBD설치)

(e) 케이싱 인발

(f) PBD 설치 완료

그림. PBD공법의 시공순서

표. 연직배수공법의 비교

구 분	Cylindrical drain	PBD	Sand pack drain	Sand drain
원 리	점성토지반에 연직배수공을 설치하여 수평 배수거리를 짧게 하여 압밀침하를 촉진시키고 지반의 전단 강도와 지지력을 증가시키는 공법			
개 요	· 플라스틱 원형 주름관을 타입하여 연직방향 배수로를 형성하여 압밀을 촉진 · 구멍이 뚫린 원형주름관의 외부에 부직포를 씌운 작은 우물관이 형성	· 맨드렐(mandrel)로 PBD를 타입하고 간극수를 소산시켜서 압밀을 촉진	· sand drain을 개량한 공법으로 섬유망에 모래를 넣어 타입하고 흙쌓기하중으로 압밀을 촉진 · 섬유망에 모래말뚝을 만들어 연직방향 배수로를 형성	· 케이싱을 타입하고 인발하면서 모래 기둥을 만들어 간극수를 배출시켜 압밀을 촉진
사용재료	플라스틱관 + 인공섬유필터	플라스틱재 + 복합재	섬유 포대 + 모래	모래
적용성	· 개량깊이 : 약 30m · 시공속도 : 빠름 · 직경 : 내경 ϕ44mm · N≥10은 압입이 곤란	· 개량깊이 : 30m 이내 · 시공속도 : 빠름 · 직경 : 5cm에 해당 (100×4mm) · N≥10은 압입이 곤란	· 개량깊이 : 약 30m · 시공속도 : 빠름 · 직경 : 12cm · N≥10은 압입이 곤란	· 개량깊이 : 20~25m · 시공속도 : 느림 · 직경 : 40cm · N≥20은 압입이 곤란
장 점	· 원형타입으로 지반교란이 적음 · 가볍고 취급이 용이 · 경량기계이므로 초연약지반에 사용 가능 · 침하 소요기간이 짧은 경우에 효과적	· 재료 구입이 용이하고 재질이 균질 · 중량 가볍고 취급 용이 · 타입시 지반 교란이 적음 · 경량기계이므로 초연약지반에 사용 가능	· 배수재의 절단 가능성이 적고, 배수효과가 우수 · 소구경 모래기둥을 형성하므로 모래량 감소 · 시공속도가 빠름 · 횡력에 의한 배수재 절단이 거의 없음	· 투수효과가 우수 · 불규칙한 지층에서 작업성이 양호 · 지반 지지력을 증대
단 점	· 플라스틱관 내의 물이 모세관현상에 의한 배수효과가 없으므로 재하 성토 작용이 없어지면 지중 간극수가 잔류	· 불균질한 지층에서 시공성이 저하 · 배수 유효기간이 짧음 · 세립 점토는 배수재에 이물질이 부착되어 배수기능 저하 · 장기공사에서 필터 막힘 현상으로 압밀촉진 저하	· 타설심도 조절이 곤란 · 대형장비이므로 초연약지반은 장비 주행성의 확보가 필요 · 양질 모래의 수급이 어려움	· 측방유동에 의한 절단 가능성이 있음 · 재료 확보가 어렵고 운반거리가 멀면 공사비 증가 · 배수재의 불연속 가능성이 있음

(8) 다짐공법

1) 동다짐공법(Dynamic compaction, Dynamic consolidation)

동다짐공법은 연약지반에 무거운 추(10~30톤)를 낙하시켜서 발생하는 충격에너지(100~1200ton - m)가 탄성파로 지중에 전달되면 수평방향의 인장응력이 발생하여 수직방향의 균열과 유로를 형성하며 충격에 의해 발생한 과잉간극수압이 소산되어 지반의 압축을 촉진하는 공법이다.

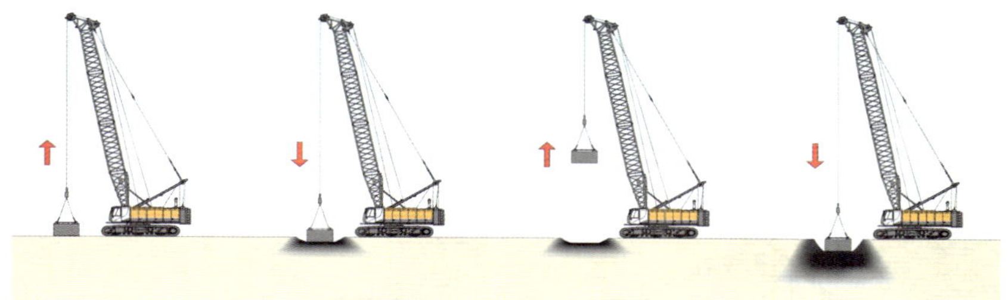

그림. 동다짐공법의 시공

동다짐에 의한 진동은 P파, S파, R파가 복합적으로 발생하며 첫 번째로 도달하는 P파(primary wave, 압축파)에 의해 간극수압이 증가하여 입자를 이완시키고, 두 번째로 도달하는 S파(secondary wave, 전단파)는 입자를 조밀한 상태로 재배열한다. 그리고 세 번째로 도달하는 R파(rayleigh wave)는 전단파와 유사하게 지표 부근에서 전파되는 표면파이다.

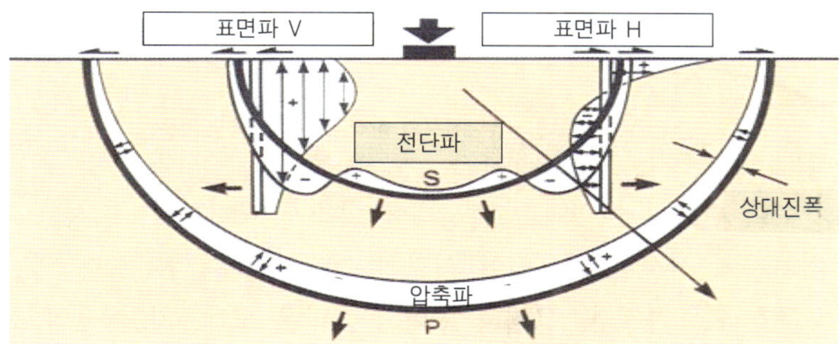

그림. 동다짐 충격파의 전파 형태(S : 전단파, P : 압축파, Rayleigh파)

지반조건에 따라서 충격하중을 적용하며 점성토지반은 과잉간극수압이 발생하여 순간적으로 지반이 연약화되지만 간극수압이 소산되면 유효응력의 증가로 전단강도와 탄성계수가 증가한다. 사질토지반은 충격에 의해서 한계간극비 이하로 다짐하여 진동 시에 유동화와 액상화를 방지할 수 있다.

① 동다짐공법의 원리

㉮ 동압밀공법의 다짐에 의한 지반 거동은 흙의 종류에 따라서 다르게 나타난다.

포화점성토는 미세한 기포(micro bubbles)가 존재하여 압축성이 있고, 조립질 흙을 다지면 즉시 침하가 발생하며, 투수성이 낮은 점성토는 미세한 기포의 형태로 기체(1~4%)가 존재하여 다짐압력에 의한 체적이 감소하므로 침하가 발생한다. 침하량은 흙의 종류와 다짐에너지에 따라서 다르지만 개량지반 두께의 3~8%가 발생하고 폐기물 매립지는 20~30%까지 도달할 수 있다.

㉯ 반복 다짐에 의하여 흙은 점진적으로 액상화(liquefaction)상태에 도달한다.

흙을 반복하여 다지면 흙 속의 기체가 점차 압축되어 체적비가 0에 접근하면서 흙은 비압축성 재료로 변하여 액상화상태에 도달하는 데에 필요한 에너지를 포화에너지(saturation energy)라고 한다. 흙이 포화에너지에 도달한 후에 가해지는 다짐에너지는 효과가 없으므로 점성토는 포화에너지의 파악이 중요하다.

㉰ 다짐으로 발생한 균열(fissure)에 의하여 흙의 투수성이 증대된다.

다짐으로 발생하는 지반 내의 과잉간극수압은 다짐을 종료해도 잔류하며, 투수성이 낮은 점성토는 잔류수압이 높고 소산시간도 길지만 사질토지반은 짧은 시간에 소산된다. 사질토와 점성토에서 과잉간극수압의 소산시간은 다짐 시에 발생한 균열에 의하여 매우 짧아진다.

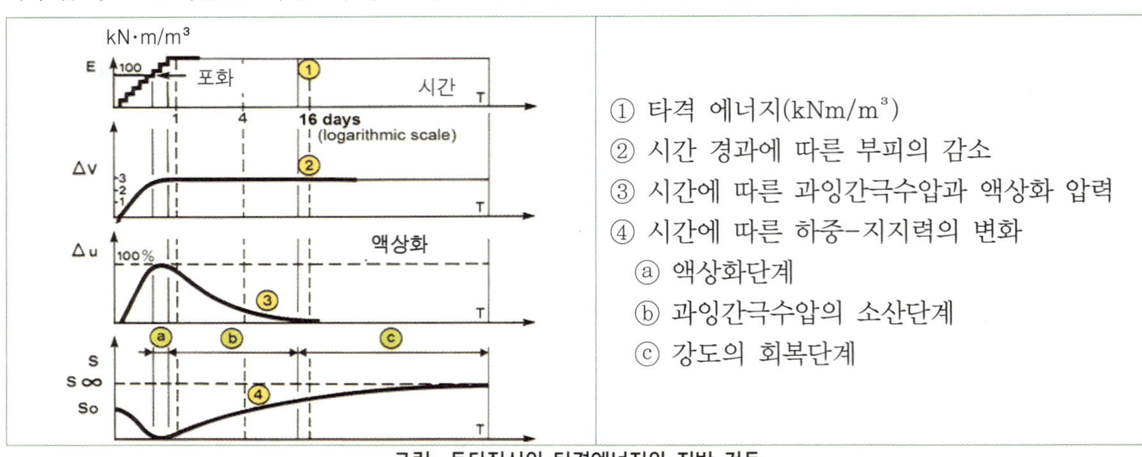

그림. 동다짐시의 타격에너지와 지반 거동

㉱ 지반강도의 회복(Thixotropic Recovery)

다짐 후에 지반강도의 변화는 토질과 포화상태에 따라서 달라진다. 점성토의 지반강도는 다짐 후에 감소하고 정치기간에 서서히 회복되어 시간이 경과되면(수 주간~수 개월) 최종적으로 초기강도를 상회하는 개량효과를 가진다. 그러나 포화되지 않은 모래, 자갈 등의 조립토는 다짐 후에 즉시 강도가 증가하고, 포화 조립토는 과잉간극수압이 소산된 후에 강도가 증가한다.

② 특성

㉮ 모래, 세립토, 폐기물 등의 지반 개량에 적용하며 지반 내에 암괴 등이 있어도 시공이 가능하다.

㉯ 지반조사에서 파악이 어려운 지반의 불균질을 시공 중에 대처할 수 있고 부지 전체의 개량효과가 확실하다.

㉰ 타격에너지를 증가시키면 깊은 심도의 지반 개량이 가능하다.

㉱ 특별한 약품과 자재가 필요하지 않고 시험시공에 의하여 설계를 한다.

③ 동압밀공법의 설계

최초에 심부를 다져서 개량하고 순차적으로 상부를 개량하며 최종적으로 지표면의 마무리 다짐(ironing)을 한다. 이론적인 근거보다는 경험적인 방법에 의한 설계개념이 정립되어 있다.

㉮ 개량심도와 추의 중량(W)

$D = \alpha\sqrt{WH}$

여기서, D : 개량 깊이

α : 개량 심도계수(0.3~1.0)

W : 추의 무게

H : 낙하높이

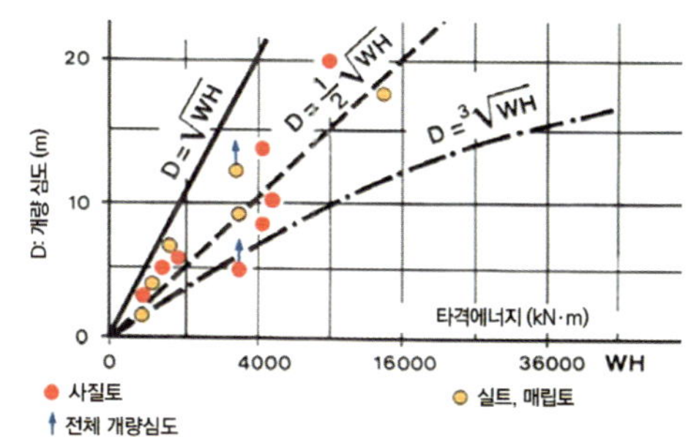

그림. 타격에너지와 개량 심도

개량 심도계수(α)는 지반의 종류와 경험 자료에 따라서 0.3~1.0을 적용하며 사질토지반은 0.4~0.6, 쇄석과 자갈지반은 0.5~0.7, 폐기물지반은 0.3~0.5의 값을 가지고 포화지반보다 건조한 지반에서 심도계수가 일치하는 경향을 나타낸다.

㉯ 타격 간격과 타격횟수

타격 간격(L)은 추의 무게와 크기, 지반상태, 낙하높이를 고려한 1회 타격에너지와 개량 총 소요에너지를 비교하여 $L = 0.5 \sim 1.0D$ 에서 결정하고 타격횟수는 타격에너지, 단위면적당 소요에너지, 시리즈의 수에 의하여 선정한다.

$$\text{소요 에너지} = \frac{\text{타격 에너지} \times \text{타격 횟수}}{\text{면적}}$$

표. 총 소요 타격에너지

(m^2 당)

토 질 종 류	타격 조건	
	총 소요 에너지(T - M)	타격 시리즈
쇄석, 모래 자갈	200~400	2~3회
사질토	200~500	2~3회
점성토	300~500 이상	4~6회
쓰레기 매립층	300~600	2~3회

㉰ 정치기간

포화점성토와 세립분이 많은 포화된 사질토는 타격에 의한 과잉간극수압과 분사현상이 발생하면 타격을 계속해도 개량효과가 없으므로 과잉간극수압이 소산될 때까지 정치기간이 필요하다.

㉱ 인접 구조물에 대한 영향

충격에너지에 의한 진동이 인접구조물에 영향을 주지 않도록 충분한 이격거리를 유지하고 진동감쇠를 위한 방진구(trench)를 설치하면 진동원과 구조물의 사이에 불연속면이 발생하여 진동 전파가 감소된다.

㉲ 시공관리

㉠ 타격 시에 발생한 타격 구덩이(crater)는 양질 재료로 메워야 한다.

㉡ 동다짐공법은 타격과 함께 측정과 시험을 수행하는 것이 특징이므로 1단계 타격을 마치고서 측정한 개량효과를 검토하여 다음 타격단계에 반영하는 시공관리가 필요하다.

2) 동치환공법(Dynamic Replacement Compaction)

동압밀공법이 점성토의 개량에 효과가 적은 문제점을 해결하기 위하여 개발된 동치환공법은 연약지반 위에 미리 포설한 쇄석, 모래, 자갈 등을 큰 에너지로 타격하여 지중에 관입시켜서 큰 직경의 쇄석기둥을 형성한다. 타격에 의한 다짐에너지로 조성된 격자간격의 기둥과 주변지반은 지지력이 큰 복합체로 작용하고, 점성토지반은 약 4.5m의 깊이까지 치환기둥을 형성하며 개량심도가 4.5m 이상인 경우는 연직배수공법을 선행하는 것이 필요하다.

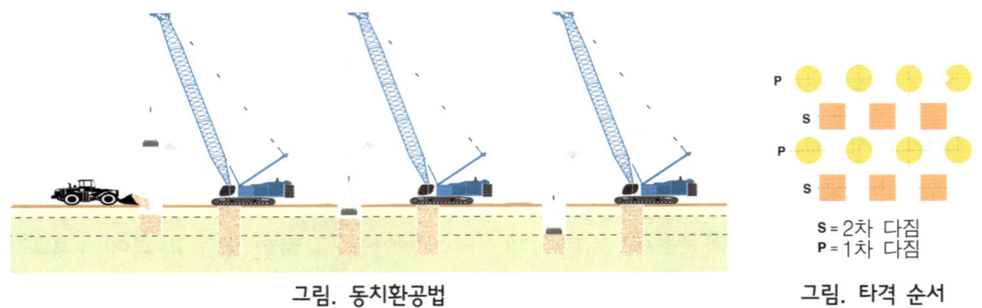

그림. 동치환공법　　그림. 타격 순서

① 설계

㉮ 쇄석 다짐기둥의 지지력은 기둥 주변의 지반강도에 의해서 결정된다.

$$Q = K_p \cdot P_{li} / F$$

여기서, Q : 기둥 지지력

P_{li} : 주변 토사의 한계응력

K_p : 수동토압계수

F : 안전율

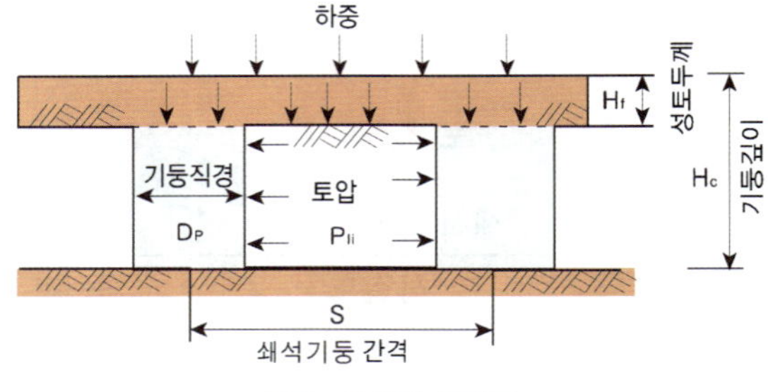

그림. 동치환 단면도

동치환으로 형성되는 쇄석기둥은 다음의 조건을 만족하는 단면으로 한다.

$$4H_f > S - D_p < H_c$$

여기서, H_c : 기둥의 깊이

H_f : 기둥사이 아치 형성층의 두께

S : 기둥 간격

D_p: 기둥의 직경

㉯ 쇄석 다짐기둥은 기둥이 형성되는 과정에서 pressuremeter시험을 하여 유효반경을 확인한다.

② 시공방법

㉮ 큰 타격에너지를 가하여 지표의 쇄석을 지중으로 관입시키며 움푹하게 패인 자리에 쇄석을 채우고서 타격하여 관입시키는 공정을 반복하여 지중에 대구경 쇄석기둥을 조성한다.

㉯ 다짐장비는 동다짐공법과 동일하고 기둥의 근입깊이를 증가시키기 위하여 선 굴착을 실시한다.

3) 다짐말뚝공법

① SCP(Sand Compaction Pile)공법

SCP공법은 느슨한 사질토와 점성토지반에 1.5~2.5m 간격으로 진동과 충격을 가하여 모래를 다져서 형성한 모래다짐말뚝(ϕ0.6~0.8m)과 점성토지반이 복합지반을 형성하며, 느슨한 사질토지반은 액상화 방지, 전단저항과 수평저항이 증대하고 점성토지반은 전단저항의 증대, 지지력 증가, 압밀침하의 감소와 활동파괴가 방지되어 부등침하가 저감된다.

SCP가 형성된 복합지반에 상재하중이 가해지면 모래말뚝과 점성토의 응력분담이 다르므로 모래말뚝에 응력이 집중되어 점성토지반에 작용하는 응력이 감소한다. 연직 배수효과로 초기침하가 발생하며 포화된 사질토지반의 액상화현상을 방지할 수 있다.

그림. SCP 공법

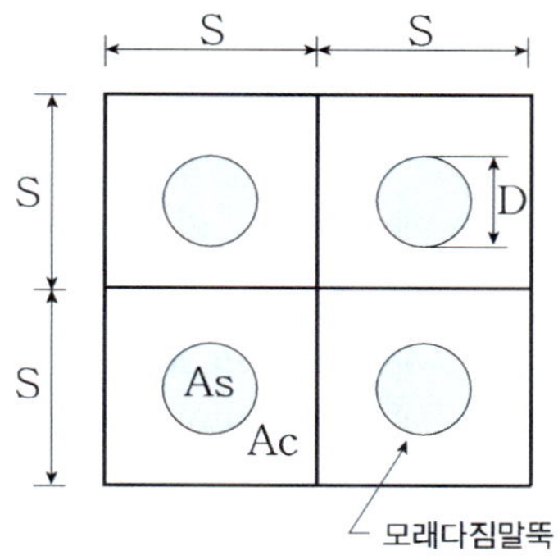

그림. SCP에 의한 복합지반의 형성

$$\sigma_A = \sigma_s A_s + \sigma_c A_c$$

여기서 σ_A : 면적 A에 가해지는 평균응력(t/m²)

A : 1본의 말뚝 하중의 분담면적(m²)

σ_s : 모래말뚝이 분담하는 응력

σ_c : 점성토부분이 분담하는 응력

A_s : 모래말뚝의 면적

A_c : 점성토지반의 면적

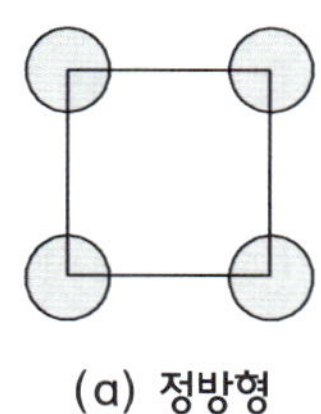

(a) 정방형

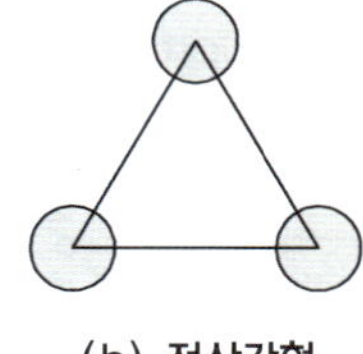

(b) 정삼각형

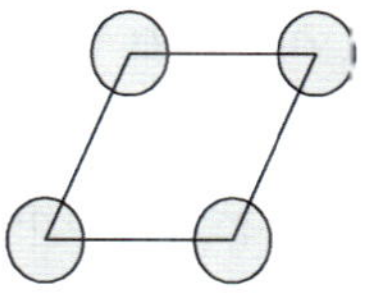

(c) 평행사변형

그림. 모래다짐말뚝의 배치형태

㉮ 장점

㉠ 사질토와 점성토지반에 적용하고 복합지반을 형성하여 지내력과 전단강도가 증가한다.

㉡ 활동 방지와 모래말뚝에 응력 집중현상이 발생하여 압밀량이 감소한다.

㉯ 단점

㉠ 배수재료(모래)가 많이 필요하고 점토 함유율이 20% 이상이면 다짐효과가 감소한다.

㉡ 모래 투입량과 다짐시간을 측정하는 시공관리가 어렵다

㉢ 지표면 근처의 상부층 1~2m는 지반의 구속성이 적어서 다짐효과가 감소한다.

㉰ 토질 종류에 따른 SCP공법의 효과

사질토지반	점성토지반
· 진동, 충격 압입으로 지반을 한계간극비 이하로 다지므로 지진, 진동시의 액상화현상을 방지 · 다져진 모래말뚝과 함께 지반강도가 증가하여 기초의 지지력이 향상 · 다짐에 의해 균일한 지반을 조성 · 다짐으로 모래말뚝의 주변지반이 조밀해져서 전체 침하량과 부등 침하량이 감소	· 압입된 모래에 의한 복합지반의 형성으로 전단강도가 증가하여 지지력 증가와 활동파괴를 방지 · 모래기둥 내부에 재하중의 응력 집중으로 압밀침하가 저감 · 모래말뚝의 치환과 압밀 효과 · 배수가 양호하여 잔류침하가 조기에 종료 · 사질토지반보다 다짐효과가 저하

㉱ 시공순서

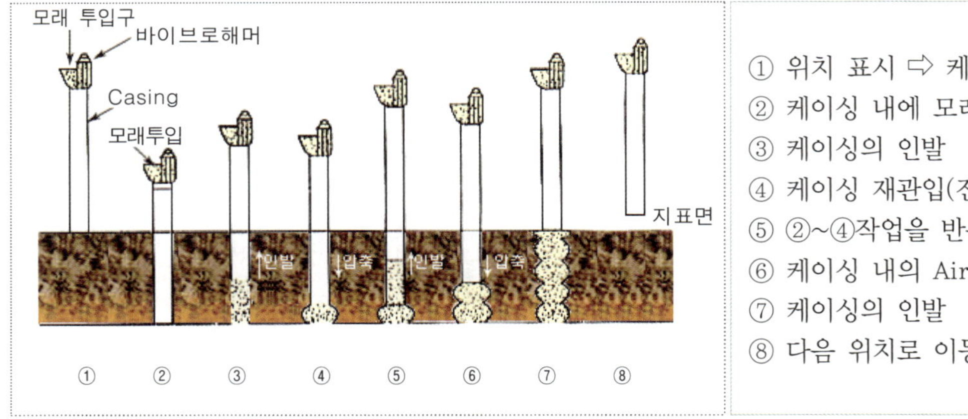

① 위치 표시 ⇨ 케이싱의 관입
② 케이싱 내에 모래를 투입
③ 케이싱의 인발
④ 케이싱 재관입(진동 다짐)
⑤ ②~④작업을 반복
⑥ 케이싱 내의 Air jet를 정지
⑦ 케이싱의 인발
⑧ 다음 위치로 이동

그림. SCP공법의 시공순서

② 진동쇄석말뚝공법(Vibrated Crushed stone Compaction Pile)

연약지반에 쇄석기둥을 형성하여 연약층이 치환되면 쇄석기둥과 점성토지반이 복합지반으로 거동하여 전단강도와 지지력의 증가, 활동파괴의 방지, 압밀침하가 감소한다. 진동쇄석말뚝공법(VCCP)은 원주형의 개량체를 지중에 형성하여 지지력 증가, 침하량의 감소, 액상화 방지 등의 지반보강에 주로 적용한다.

그림. VCCP 시공장비

㉮ 특성

㉠ 진동에 의한 지반의 압밀과 마찰각이 큰 채움재로 연약지반을 치환하여 지반의 지내력을 증가시켜서 상부 구조물의 지지력이 향상된다.

㉡ 진동치환으로 설치되는 쇄석말뚝은 과잉간극수압을 효과적으로 소산시키는 배수효과가 있다.

㉢ 강성이 큰 쇄석말뚝이 하중을 분담하므로 침하량이 감소하고 지지력이 증가한다.

㉣ 주변지반의 압밀을 유도하여 액상화를 방지하고 배수능력의 증가와 큰 전단응력에 저항한다.

㉤ 흙쌓기한 하부에서 쇄석말뚝의 큰 내부마찰각과 쇄석말뚝에 집중되는 하중효과에 의하여 비탈면의 전단저항이 증가한다.

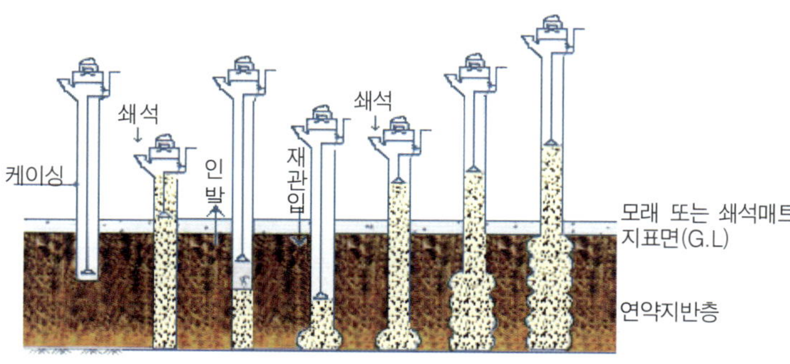

그림. 진동쇄석말뚝의 시공순서

그림. 해상 VCCP 시공장비

㉯ 시공순서

㉠ 진동해머로 케이싱이 관입되면 호퍼에서 쇄석을 케이싱에 공급하고 공기압을 가한다.

㉡ 케이싱의 내압이 소요 압력(0.5~0.7MPa)에 도달하면 케이싱을 인발하고 재관입하여 쇄석기둥을 다진다.

㉢ 케이싱 내에 쇄석이 1.5m 정도가 남았을 때에 인발을 중지하고 쇄석을 공급하면서 공기압을 가한다.

(a) 장비 조립과 거치 (b) Casing 관입 (c) 쇄석 투입
(d) 쇄석기둥 조성(인발/관입) (e) 시공 완료 (f) 구근 확인

그림. 진동쇄석말뚝(VCCP)의 시공 [자료 출처 : (주)석정건설]

4) Stone Column공법

Stone column공법은 느슨한 실트질 모래와 점성토지반에 적용하며 수평방향으로 진동하는 봉(vibroflot)을 고압수와 함께 지중에 관입하여 생긴 공간에 자갈, 쇄석 등의 입상재료를 투입하면서 진동에너지로 주변지반과 쇄석을 다짐하여 복합지반을 형성한다. 입상재료를 지반에 투입하는 방법에 따라서 wet top feed 방식과 dry bottom feed 방식으로 분류한다.

그림. Stone Column공법

① Stone column공법의 효과

㉮ 흙입자가 재배열되어 상대밀도와 마찰 저항각의 증가
㉯ 간극비가 감소되어 투수성과 액상화의 영향이 감소
㉰ 개량이 완료되면 즉시침하의 발생을 유도
㉱ 지반 변형계수의 증가(2~5배 증가)

② 적용성

㉮ 매립지 등의 느슨한 사질토지반(N≒15)에 적용하고 부등침하의 방지에 효과적이다.
㉯ 공사기간이 짧고 개량심도는 약 7~8m이다.
㉰ 실트가 30% 이상 포함된 사질토지반은 적용이 곤란하다.

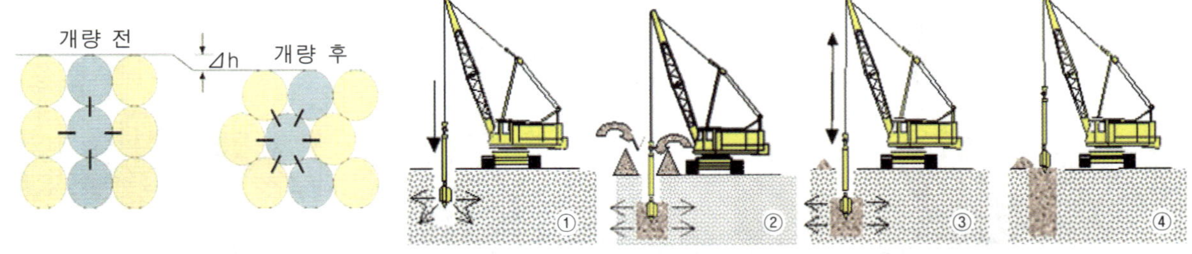

그림. 진동다짐 전후의 압밀도

그림. Stone Column공법의 시공순서

③ 시공 유의사항

㉮ 고압수를 분사하면서 지반에 관입되는 vibroflot가 경사지게 박히지 않게 주의한다.
㉯ 관입시에 저항이 발생하면 vibroflot가 상하운동을 반복하여 관입시킨다.
㉰ Vibroflot 관입에 필요한 수량은 300~350ℓ/min이고 0.4~0.6MPa의 수압이 필요하다.
㉱ Vibroflot가 관입되어 생긴 공간에 투입하는 입상재료의 입경이 작으면 고압수의 압력을 낮게 하여 투입한다.

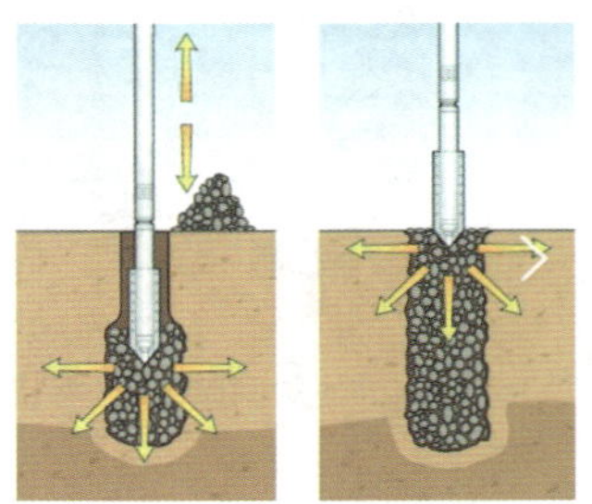

그림. Vibrofloat의 관입

(9) 연약지반 계측관리

1) 개 요

연약지반에 단지조성, 도로공사를 하는 경우에 지반의 지지력이 부족하면 흙쌓기와 구조물의 하중에 의한 침하가 발생하고 흙쌓기 비탈면의 선단부에서 전단파괴가 발생할 수 있다.

연약지반은 지역에 따라서 변화가 심하고 예견할 수 없는 연약층이 존재하므로 대표지반에서 시추조사와 실내시험을 실시해도 지반 거동의 정확한 예측이 곤란하므로 연약지반의 흙쌓기는 침하관리, 안정관리, 대책공법의 효과를 확인하는 계측관리가 중요하다.

연약지반의 주요 계측항목은 침하측정, 간극수압 측정, 수평변위 측정 등이 있고 침하측정은 흙쌓기에 따른 공사 중 또는 최종 침하량을 추정하여 공사계획의 수립과 정확한 토공량 산출을 목적으로 한다. 압밀에 의한 강도 증가를 목적으로 하는 단계별 흙쌓기에서는 간극수압을 측정하여 각 단계마다 상재하중에 의해서 발생한 과잉간극수압의 소산정도와 압밀도를 파악하여 다음 단계의 흙쌓기를 계속하기 위한 시공지침을 확보한다. 또한 흙쌓기에 따른 원지반의 침하 원인이 압밀 또는 전단활동에 의한 것인지를 판단하기 위하여 수평변위를 측정한다.

2) 계측의 목적

① 연약지반에 축조된 구조물의 안정성을 평가하고 유지하기 위한 시공절차의 수정여부를 판단한다.
② 구조물 설계의 적합성을 평가하고 향후 설계 변경의 가능성을 예측한다.
③ 지반변위가 발생하는 원인, 변위의 크기와 분포가 주변 구조물에 미치는 영향을 판단한다.
④ 계측결과를 분석하여 적절한 대책공법을 선정한다.

3) 계측 항목

연약지반의 흙쌓기에 적용하는 계측항목은 성토체와 원지반의 침하, 원지반의 간극수압, 흙쌓기 비탈면 선단부의 수평변위와 수직변위이며 특별한 경우는 층별 침하, 수평변위, 원지반 심층부의 지중응력 측정이 포함된다.

① 현장계측의 검토 사항
㉮ 지반 특성을 포함한 공사장과 주변 환경조건
㉯ 대상 구조물과 지반계측의 목적, 계측의 범위와 위치
㉰ 계측의 종류와 수량
㉱ 계측기의 매설, 설치, 유지, 보호방법
㉲ 공기에 따른 계측빈도와 계측기간

② 계측항목과 계측기기

항목	계측기기	목 적
침하	지표면 침하판	· 설치 지점의 전체 침하량 · 흙쌓기속도의 관리 · 여성토 제거시기의 결정
	층별침하계	· 두꺼운 연약층에서 각 층의 침하량을 측정 · 흙쌓기속도의 관리 · 여성토 제거 시기의 결정
측방 유동	지표변위계 (변위 말뚝, 신축계)	· 지표면의 수평 이동량, 비탈면 선단부의 침하, 융기 측정 · 구조물 안정을 확인하기 위하여 설치
	지중경사계	· 흙쌓기 비탈면 선단부의 수직방향층마다 변위를 측정 · 지중의 측방 이동량을 확인 · 흙쌓기속도의 조절
간극수압	간극수압계	· 흙쌓기하중에 의한 간극수압의 증감을 측정 · 간극수압 증감에 의한 대책공법의 효과와 침하상태의 확인 · 압밀 진행과 강도 증가의 상태를 확인
토압	토압계	· 흙쌓기하중에 의한 연직방향의 증가 토압을 측정

③ 계측기기의 설치 위치와 측정 목적

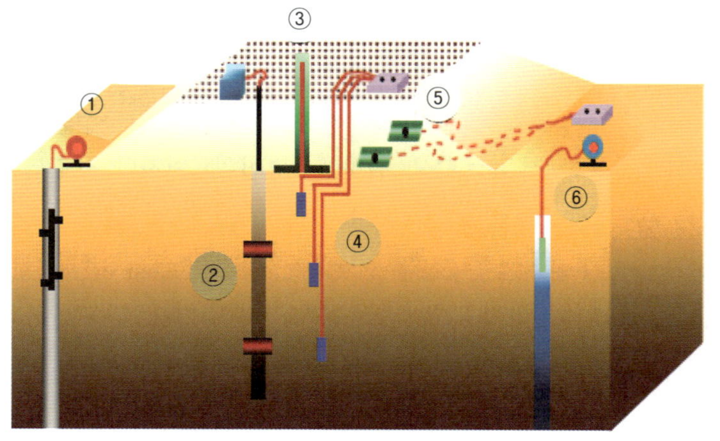

계측 항목
① 지중경사계 ② 층별침하계 ③ 지표침하판 ④ 간극수압계 ⑤ 토 압 계 ⑥ 지하수위계

그림. 연약지반의 계측기 설치 사례

계측계획에 따라서 계측기를 설치하며 압밀과 관련한 지표면 침하, 층별 침하, 측방 변위(경사), 간극수압 등의 계측을 수행한다. 계측기의 배치간격은 지반이 복잡하고 중요한 구조물이 축조된 경우는 집중관리를 위하여 계측기를 많이 설치하고 연약지반에 흙쌓기하중 재하 시의 지반거동을 고려한다. 지표면 침하계와 층별침하계는 도로의 중앙, 간극수압계는 흙쌓기한 하부에 설치하고, 고성토에서는 흙쌓기한 비탈 끝에서 융기와 측방이동을 관측하는 경사계와 변위말뚝을 설치한다.

표. 계측기의 설치위치와 목적

계측기 명	설치 위치	측정 목적
지표침하판	단지와 도로 내 대표단면	· 전체 침하량의 파악 · 층별침하계의 측정치와 상호 보정 · 부등 침하량과 잔존 침하량의 파악 · 토공량 산정
층별침하계	단지와 도로 중앙부	· 전체 침하량을 정밀하게 파악 · 토층 분포가 다양하면 각 층의 침하량을 독립적으로 측정 · 잔류 침하량의 예측에 중요 · Preloading 하중의 제거와 구조물공사 시기를 추정
간극수압계	도로 중앙부	· 침하 측정자료와 함께 정밀한 침하예측이 가능 · 계측 중의 압밀도 예측이 침하량 예측방법보다 유리
지하수위계	도로 중앙부	· 측정된 간극수압에서 정수압 측정치를 보정 · 지하수위 변동에 따른 성토 단위중량의 변화량 파악
지중수평변위계	도로 선단면	· 측방변위를 측정하여 전단파괴 방지를 위한 시공속도 조절 · 침하량 산정시에 수평변위 발생에 따른 연직 침하량의 보정
전단면침하계	도로부	· 도로 종단면의 전체 침하량을 파악 · 정확한 토공량을 산정

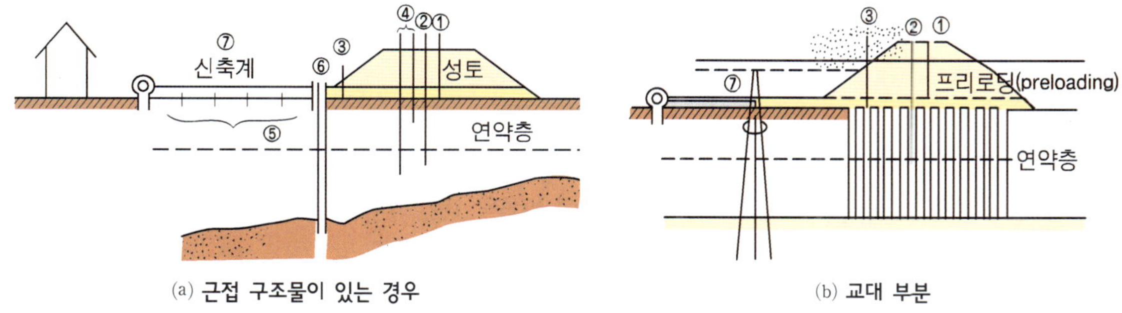

(a) 근접 구조물이 있는 경우 (b) 교대 부분

① 지표면 침하판(중앙) ② 층별침하계 ③ 지표면 침하판(경사면) ④ 간극수압계 ⑤ 지표면 변위말뚝 ⑥ 경사계 ⑦ 신축계

그림. 계측기 설치사례(특수한 경우)

4) 계측기의 선정

① 계측기 종류

㉮ 변형 측정형 : 침하와 변위의 측정

㉯ 압력 측정형 : 토압, 수압, 지반내 압력의 측정

② 계측 유의사항

㉮ 측정값의 이상을 측정 중에 발견하면 전회의 측정치와 비교한다.

㉯ 측정이 종료되면 기록을 정리하고 침하량 등을 계산하여 그래프로 분석한다.

㉰ 계측기가 시공 중에 파손되지 않도록 보호시설과 표지를 설치한다.

5) 계측기 종류

① 지표침하계(지표 침하핀)

지표침하계는 지표면에 설치한 침하핀을 측량하여 침하량을 측정한다. 설치 위치에 천공을 하고 콘크리트로 메워서 지표 침하핀을 설치하며 측량을 하여 초기치를 설정한다.

그림. 지표 침하핀

그림. 지표 침하판

② 지표침하계(지표 침하판)

지표침하계는 지표에 설치한 측량점에서 침하량의 변화를 측정하고 허용치와 비교하여 안정성의 예측과 대책을 수립하기 위하여 설치한다. 지표 침하판이 설치되면 침하판의 상부를 측량하고 현재치와 초기치를 비교하여 침하량을 추정한다.

③ 경사계

경사계는 흙쌓기에 따른 지반의 심도별 수평 변위량의 위치, 방향, 크기와 속도를 측정하여 수평지반의 이완 영역을 판단하며 각 지점에서 응력상태의 판단이 가능하다. 필요시에는 흙쌓기 비탈면의 선단에 경사계를 매설하고 각 깊이마다 수평 변위량을 측정한다.

④ 지하수위계

지하수위계는 공사 전과 흙쌓기에 따른 수위와 수압의 변동을 측정하여 주변 지반의 투수성과 거동을 예측한다. 지하수위계는 관측정 아래로 센서를 내려서 물과 접촉하면 부저음과 표시등이 작동되고, 센서와 테이프의 연결 부위에서 단선과 단락의 위험이 없도록 구성되어 있다.

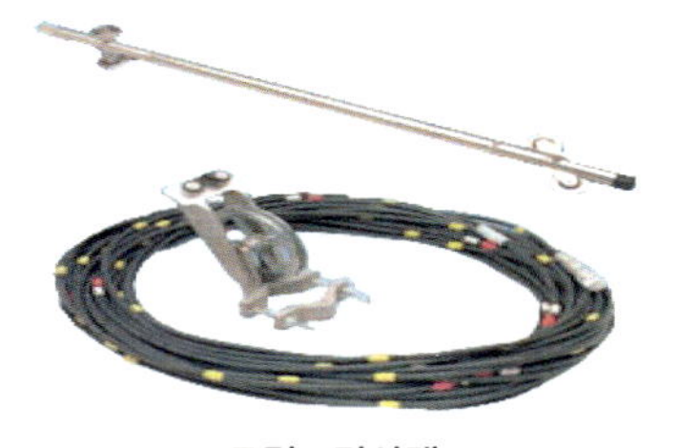
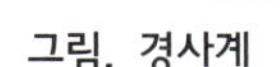
그림. 경사계

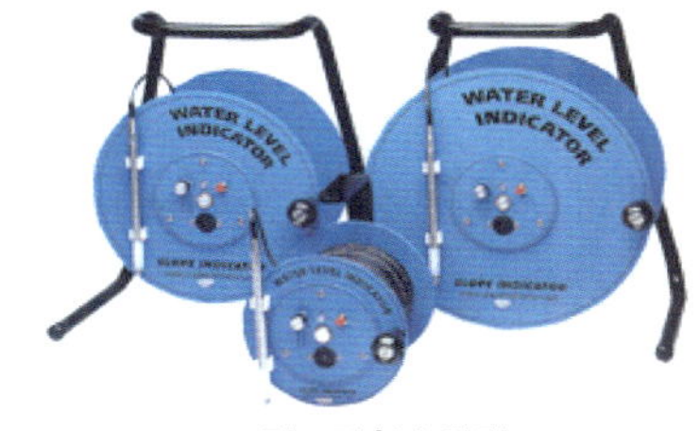

그림. 지하수위계

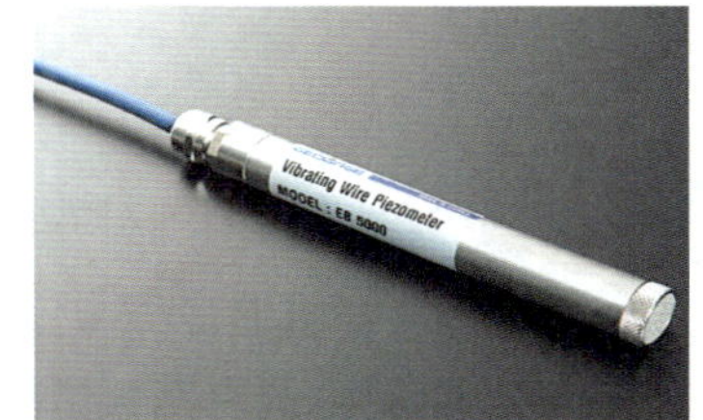

그림. 간극수압계

⑤ 간극수압계

간극수압계는 흙쌓기로 인한 간극수압의 변화를 측정하고 과잉간극수압의 소산 여부를 확인하여 압밀도를 판단하며, 천공된 공내에 설치하여 수위 변화를 지속적으로 관측한다. 침하관리를 위하여 심층 침하계가 설치된 위치에서 3m 이내에 설치한다.

⑥ 층별침하계(지중침하계)

침하로 인한 각 지층의 침하량과 속도를 파악하여 지층별 탄성과 압밀 침하량을 측정한다. 층별침하계는 각 층별로 침하량의 변동을 파악하여 보강 대상과 범위를 결정하고 최종 침하량을 예측할 수 있으며 흙쌓기한 중앙 지지층까지 천공을 하고서 설치한다.

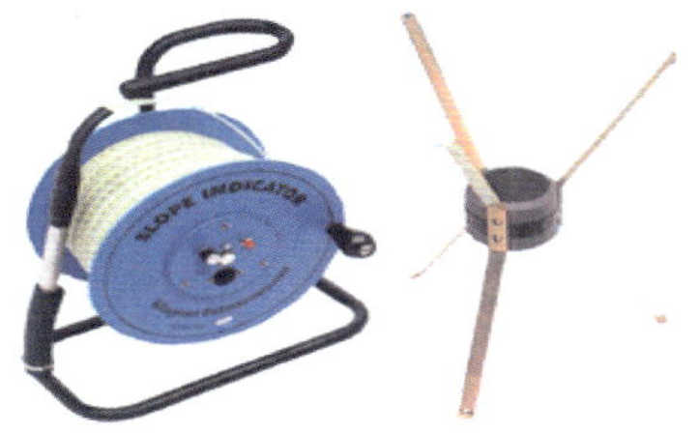

그림. 층별 침하계

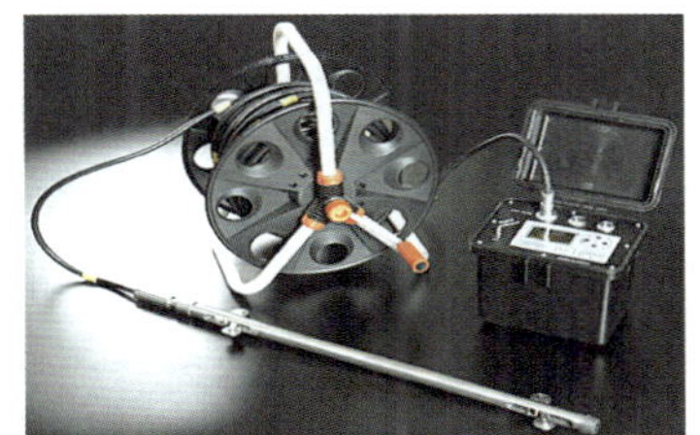
그림. 지중경사계

⑦ 지중경사계

흙쌓기작업 중에 지반의 수평 변위량과 위치, 방향, 크기를 측정하여 지반상태를 파악하기 위해서 흙쌓기 폭의 2배보다 깊은 부동층까지 천공하고 지중경사계를 설치한다.

6) 계측빈도

계측 구분	지반개량 중	흙쌓기 중	흙쌓기 완료 후		
			최초 1개월	1~3개월	3개월 이후
· 층별침하계, 지하수위계, 간극수압계	1회/3일	1회/3일	1회/1주	1회/2주	1회/1개월
· 지표침하핀(침하 판단)	–	1회/3일	1회/1주	1회/2주	1회/1개월
· 지표침하판(안정 판단)	–	1회/1일	1회/3일	1회/1주	1회/1개월
· 경사계	–	1회/1일	1회/3일	1회/1주	–

7) 안정관리

① 개요

연약지반의 흙쌓기에서 안전율은 평균 흙쌓기속도에 따라서 달라진다. 흙쌓기속도가 빠르면 큰 안전율이 요구되어 불안정한 상태가 발생할 수 있고, 흙쌓기하중이 증가하면 지반강도가 증대하므로 흙쌓기속도의 관리가 필요하다.

② 정성적 안정관리방법

㉮ 흙쌓기한 상단부에서 비탈면을 따라서 발생하는 미세한 균열의 확인

㉯ 흙쌓기한 중앙부의 급격한 침하

㉰ 비탈면 주변 지반의 수평변위가 흙쌓기한 좌측방향으로 급속하게 증가

㉱ 흙쌓기 비탈면 근처에서 지반의 연직변위가 상향으로 급속하게 증가

㉲ 흙쌓기작업을 중지해도 변위가 지속되고 지반 내 간극수압의 계속적인 상승

③ 흙쌓기 중에 예상되는 지반 거동과 안정관리방법

㉮ 침하량

㉠ 안정한 상태의 지반은 침하량이 시간에 따라서 일정한 값에 수렴

㉡ 지반이 불안정하면 침하량은 시간에 따라서 직선적으로 증가하고 침하속도가 급증하여 파괴에 도달

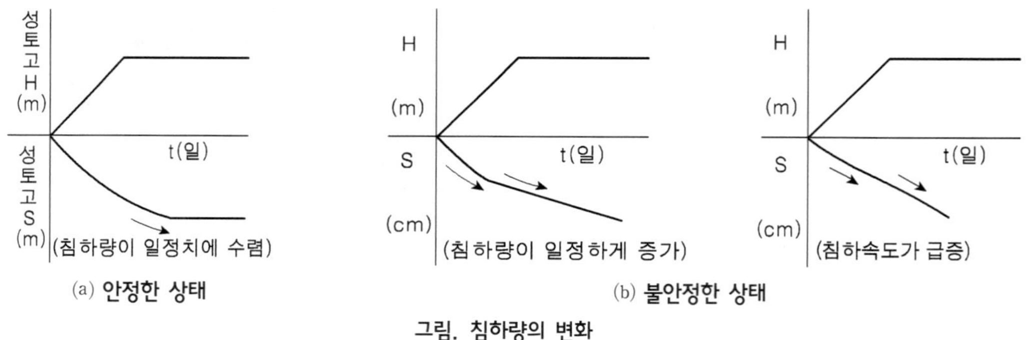

그림. 침하량의 변화

㉯ 지표면 변위량

㉠ 지반이 안정상태에서 측방지반의 지표면 변위말뚝의 수평변위량은 시간 경과에 따라서 크게 변하지 않고 흙쌓기한 방향으로 이끌리는 경향이 있다.

㉡ 지반이 불안정한 상태는 수평변위량이 급증하면서 흙쌓기한 바깥쪽으로 밀려나간다.

㉢ 연직변화량은 안정상태에서 변화가 거의 없고 흙쌓기한 하부로 끌려 들어가며 불안정한 상태는 상향으로 융기가 발생한다.

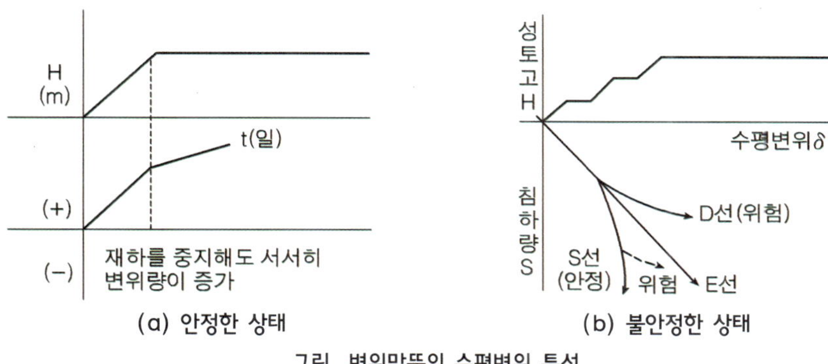

(a) 안정한 상태 (b) 불안정한 상태

그림. 변위말뚝의 수평변위 특성

④ 정량적 안정관리방법

㉮ 흙쌓기에서 지반 거동의 정량적인 관리는 성토체 중앙부의 침하량(S), 비탈면의 수평변위량(δ), 성토하중(q)를 사용하여 관리하는 방법이 있다.

㉯ $S-\delta$ 관리도

성토하중이 적으면 안정한 상태에서 곡선의 기울기가 직선을 나타내고 하중이 커지면 불안정하게 되어 수평변위가 증가하면서 침하도 상대적으로 증가한다.

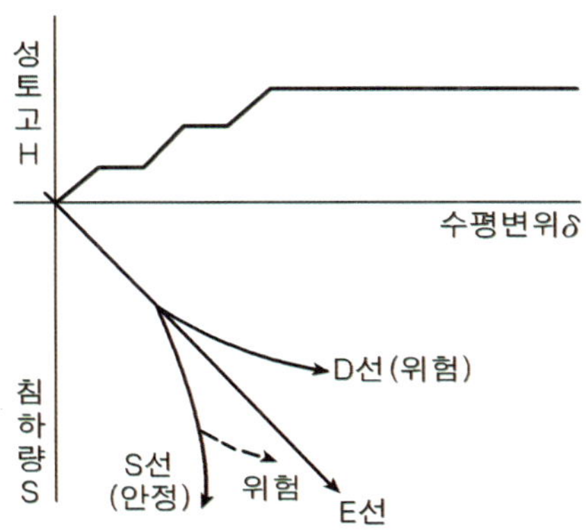

그림. 침하와 수평변위에 의한 판정법

㉰ $\Delta\delta/\Delta t-t$ 관리도

수평변위량의 1일당 변화량과 수평변위속도 $\Delta\delta/\Delta t$의 시간적인 변화량을 그래프로 그린 $\Delta\delta/\Delta t-t$ 관리도로 안정관리를 실시한다.

㉱ $S-\delta/S$ 관리도

흙쌓기에 의한 지반 파괴는 $S-\delta/S$ 곡선의 일정한 부근에서 발생하므로 이 곡선을 파괴기준선이라고 하고 시공 중에 $S-\delta/S$ 관계가 파괴기준선에 근접하면 파괴가 발생하고 멀어지면 안정한 상태를 의미한다.

8) 침하관리

연약지반에 구조물을 시공할 때는 시공 중과 시공 후에 침하를 측정하여 침하-시간곡선이 설계시에 계산한 예측 침하-시간곡선과 일치성을 비교하여 시공관리를 한다. 그러나 실제 측정결과는 압밀계산에서 구한 침하량과 완전히 일치하지 않으므로 실측 침하곡선에 적합한 곡선식을 도출하여 장래 침하량을 예측한다. 장래 침하량은 쌍곡선법, Hoshino법, Asaoka법을 활용하여 예측하고 실제 현장에 적합한 방법을 적용한다.

① 목적

㉮ 장래 침하량을 예측하여 토량과 토공 계획고를 수정하고 흙쌓기량을 결정한다.

㉯ 장래 침하량에서 잔류 침하량을 추정하여 교대와 흙쌓기부 등의 단차 대책을 수립한다.

㉰ Preloading 재하기간을 결정한다.

㉱ 공사부지 주변의 지반 변형과 기존 구조물의 변위를 측정하고 변형의 발생을 점검한다.

② 침하관리방법

㉮ 쌍곡선법

흙쌓기가 완료되어 하중이 일정해지면 침하속도는 쌍곡선적으로 감소한다는 가정에 의하여 장래 침하량을 예측하는 방법으로 침하-시간의 곡선으로 표현된다. 쌍곡선법의 침하량은 2차 압밀침하가 포함되어 있으므로 예측치와 실측치가 일치하는 경향이 있고 예측 침하량은 실측치보다 작은 값에서 시작하다가 점진적으로 실측치와 가까워지는 경향을 보이고 있다.

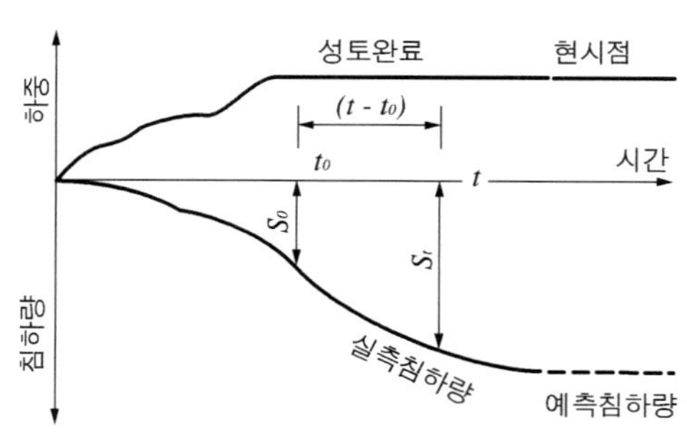

그림. 쌍곡선법에 의한 침하량 예측

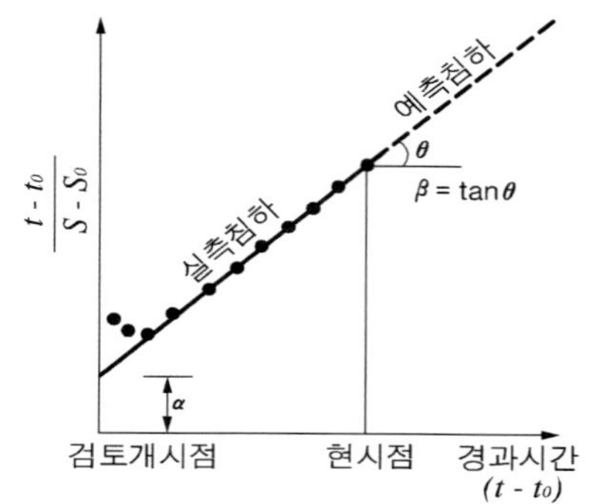

그림. 쌍곡선법의 계수를 구하는 방법

㉯ Hoshino법($\sqrt{t}$ 법)

Hoshino법은 침하속도가 시간의 제곱근에 비례한다는 가정에 의하여 장래 침하량을 구하며 침하속도 (S_t, t_i)의 선정방법에 따라서 예측 정확도가 많이 변화한다. 예측 침하량은 실측치보다 작은 값을 나타내고 시간이 경과하면 실측치에 접근하는 경향을 나타낸다.

㉰ Asaoka법

1차원 압밀방정식을 이용하여 침하 계측치에서 임의 시간의 침하량을 도해적으로 구하는 방법이며 예측 침하량은 실측치보다 작게 나타나고 시간이 경과하면 실측치에 접근한다.

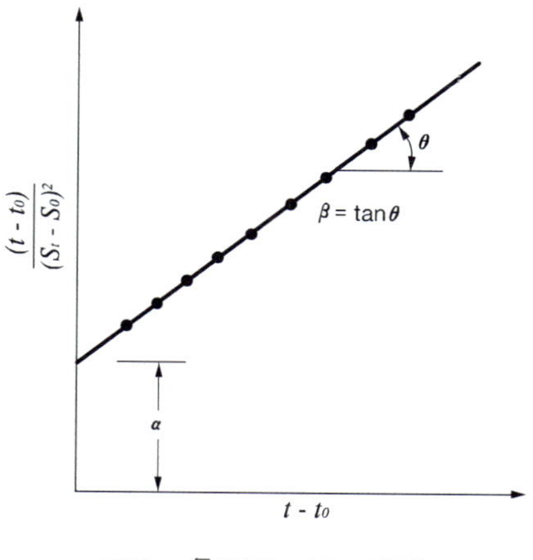

그림. $\sqrt{t}$ 법(Hoshino방법)

그림. Asaoka 방법

표. 침하관리방법의 비교

구 분	개 요	평 가
$S-t$ graph법	침하 실적과 이론치의 비교	· 이해가 쉽고 해석이 간단 · 결과의 오차가 큼
곡선 정규법 ($S-\log t$ 법)	$S-\log t$ 곡선과 이론치 비교	· 압밀 초기에서 중기까지의 자료가 필요 · 압밀이론과 대비되는 정수가 결정 · 2차 압밀침하가 간접적으로 반영
쌍곡선법	침하량 $S = S_0 + \dfrac{t-t_0}{\alpha + \beta(t-t_0)}$	· 침하속도가 쌍곡선으로 감소 · 경험식 · 2차 압밀침하를 고려하지 못함 · 짧은 기간(수개월)의 예측이 편리
$\sqrt{t}$ 법 (Hoshino법)	침하량 $S = S_i + AK\dfrac{t-t_0}{\sqrt{1+K^2(t-t_0)}}$	· 이론적이지 못함 · 2차 압밀침하를 고려하지 않음

6 흙막이공

굴착심도가 깊은 경우에 자연 비탈면을 형성하면서 굴착하면 비탈면이 불안정하므로 흙막이를 설치하고 굴착한다. 지반 굴착에 따른 지반 거동은 흙막이벽체의 변위에 따른 배면지반의 침하, 굴착저면의 히빙(heaving)과 파이핑(piping), 흙막이벽 사이로 배면의 지하수와 함께 유출되는 토사에 의한 지반손실(ground loss), 천공과 굴착시에 진동에 따른 지반침하가 발생하므로 지반 굴착시에 설치하는 흙막이공은 이러한 문제점에 대한 대책이 필요하다.

흙막이공은 수평토압에 견딜 수 있는 강도와 강성을 가져서 주변지반의 변위와 침하에 따른 인접 구조물과 지하매설물에 피해를 주지 않고 소음, 진동 등의 건설공해가 발생되지 않게 설치한다.

흙막이벽체에 작용하는 횡방향 압력의 크기, 토사의 유출, 굴착 바닥면의 파이핑(piping)과 히빙(heaving)과 같은 주위지반의 변형에 관계되는 사항은 지반조건과 지하수상태에 의한 영향을 받으므로 안전한 굴착공사가 되도록 설계 초기단계에서부터 충분한 지반조사와 각종 검토가 이루어져야 한다. 또한 복잡한 도심지의 굴착공사는 주변 구조물의 기초와 지하매설물에 대한 철저한 시공 전 조사가 필요하다.

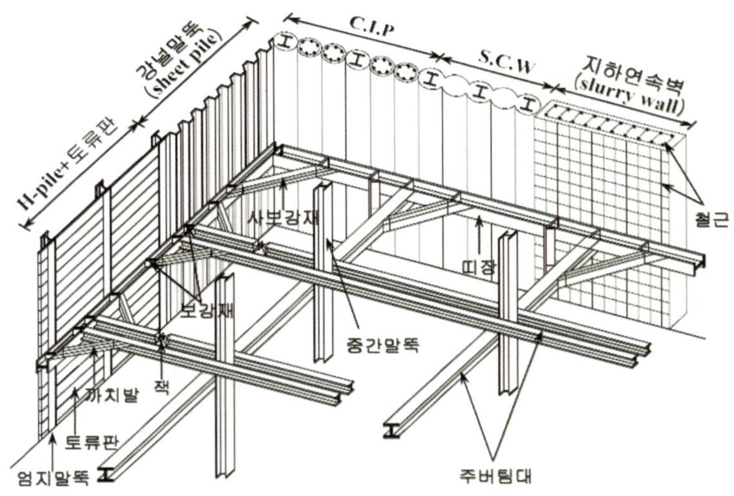

그림. 흙막이벽의 종류별 구조

(1) 흙막이벽에 작용하는 토압

1) 흙막이벽에 작용하는 수평토압

흙막이벽에 작용하는 토압은 앞부리 끝을 중심으로 회전하는 옹벽과는 다르게 삼각형형태로 분포하지 않고 포물선모양으로 분포하는 것이 계측결과에 의해서 밝혀졌다.

흙막이벽은 변위가 버팀보에 의해서 억제되고 강성이 작은 연성벽체이므로 옹벽과 수평토압의 분포상태가 다르다. 흙막이벽의 변형은 굴착깊이에 따라서 증가하고 흙막이벽 상단의 변형은 작아서 수평토압이 정지토압에 가깝고 벽체 하단의 변형이 매우 커서 수평토압이 Rankine의 주동토압보다 작다.

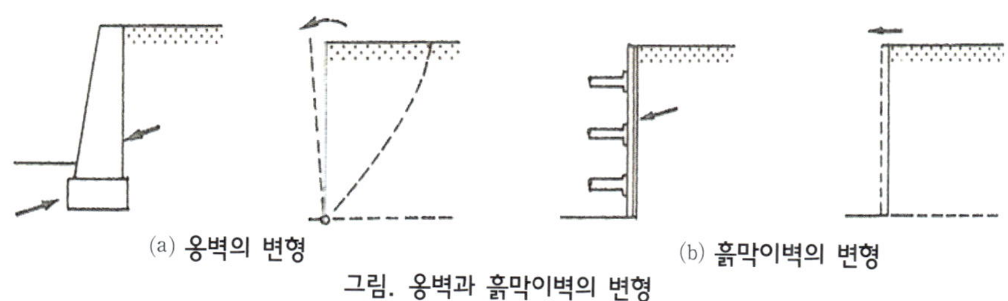

(a) 옹벽의 변형 (b) 흙막이벽의 변형

그림. 옹벽과 흙막이벽의 변형

2) 흙막이벽의 근입깊이 결정에 사용하는 토압

흙막이벽의 근입깊이는 일반적으로 Rankine-Resal토압공식을 사용하여 결정하고, 흙막이벽의 외측에 작용하는 토압은 주동토압, 내측에는 수동토압을 적용한다.

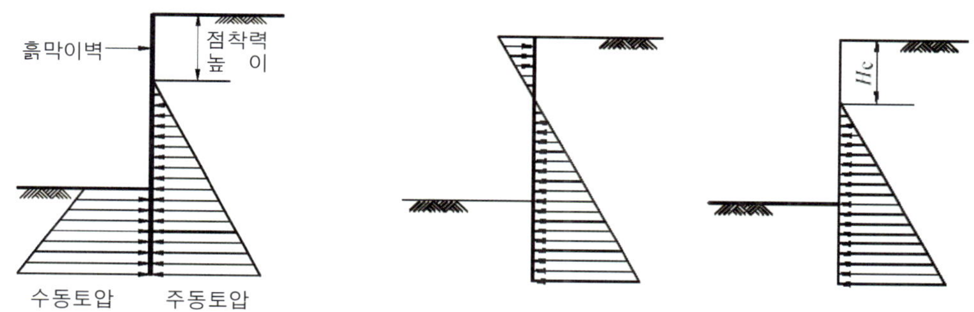

그림. 근입부 계산에 사용하는 토압분포

그림. 점성토지반의 토압분포

$$P_a = (\gamma z + q)\ \tan^2(45° - \frac{\phi}{2}) - 2\ C\tan(45° - \frac{\phi}{2}) = (\gamma z + q)K_a - 2\ C\sqrt{K_a}$$

$$P_p = \gamma z\ \tan^2(45° + \frac{\phi}{2}) + 2\ C\tan(45° - \frac{\phi}{2}) = \gamma z\ K_p + 2\ C\sqrt{K_p}$$

여기서, P_a : 깊이 z에서의 주동토압
P_p : 깊이 z에서의 수동토압
γ : 흙의 단위중량
z : 지표면에서의 깊이(m)
q : 등분포 상재하중
ϕ : 흙의 내부마찰각
C : 흙의 점착력
$K_a = \tan^2(45° - \frac{\phi}{2})$: 주동토압계수, $K_p = \tan^2(45° + \frac{\phi}{2})$: 수동토압계수

점착력을 가지는 지반의 주동토압에서 인장균열의 깊이까지 (-)값을 가지는 토압은 무시하고, 아래의 압축력만 고려하여 토압분포를 구하면 점착력의 높이(H_c)는 다음과 같다.

$P_a = 0$일 때에 z가 H_c가 되므로

$$(\gamma H_c + q)\ \tan^2(45° - \frac{\phi}{2}) - 2\,C\tan(45° - \frac{\phi}{2}) = 0$$

$$\therefore\ H_c = \frac{2C}{\gamma}\cot(45° - \frac{\phi}{2}) - \frac{q}{\gamma}$$

여기서, $q = 0$이면 $H_c = \frac{2C}{\gamma}cot(45° - \frac{\phi}{2})$ 또는 $H_c = \frac{2C}{\gamma}tan(45° + \frac{\phi}{2})$

3) 단면 결정에 사용하는 토압

구조물 기초 설계기준(2015)에서는 흙막이벽에 작용하는 토압을 모래지반과 점성토지반으로 구분하여 Peck(1969)의 수정 토압분포와 Tschebotarioff의 토압분포를 적용하고 있다.

① Peck 방법

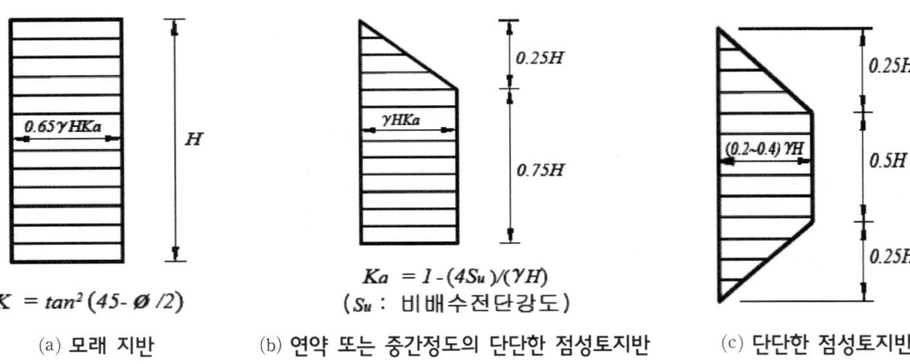

(a) 모래 지반 (b) 연약 또는 중간정도의 단단한 점성토지반 (c) 단단한 점성토지반

그림. Peck(1969)의 수정 토압분포

② Tschebotarioff 방법

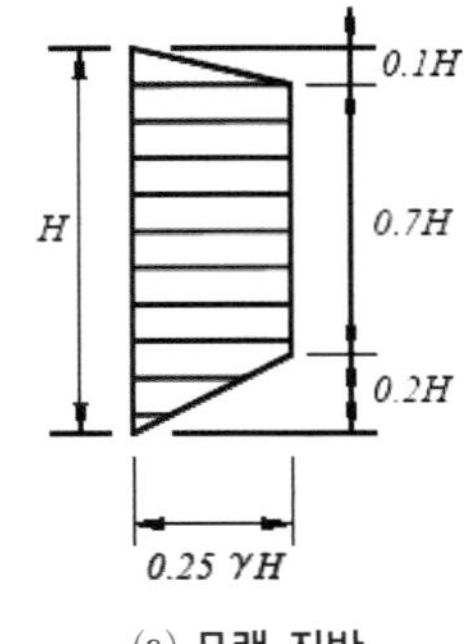

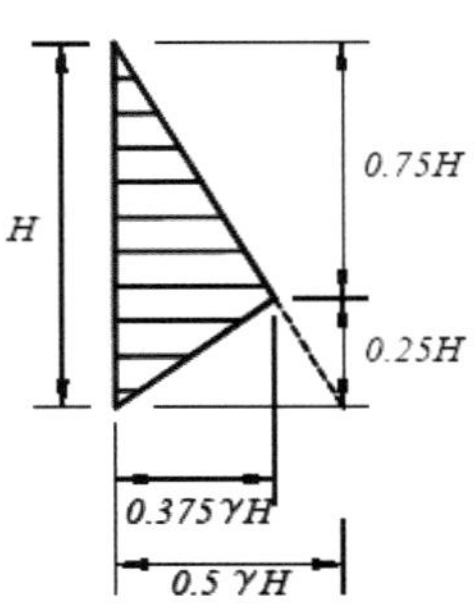

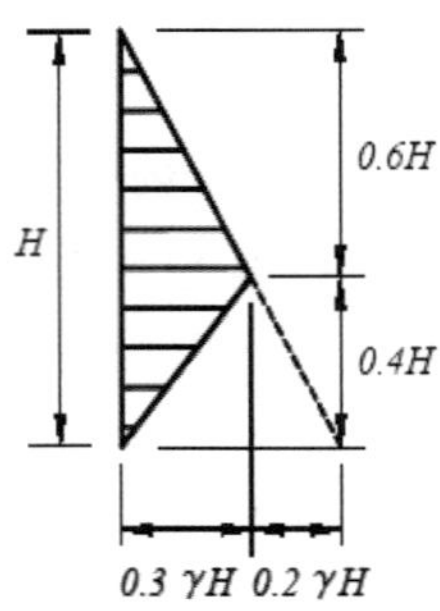

(a) 모래 지반 (b) 연약 또는 중간 정도의 단단한 점성토지반 (c) 단단한 점성토지반

그림. Tschebotarioff의 토압분포

(2) 굴착공법

굴착공법은 굴착방법에 따라서 개착공법, 역타(top-down)공법 등으로 구분하며 굴착 규모, 지반조건, 지하수 상태, 주변여건을 고려하여 안전하고 경제적인 공법을 선정해야 한다.

1) 개착(Open cut)공법

① 비탈면 개착공법

굴착부지에 여유가 있는 경우에 흙막이벽과 지보공을 설치하지 않고 안정한 비탈면을 유지하면서 굴착하는 개착공법은 비교적 부지면적이 넓고 굴착깊이가 얕은 경우에 유리하며 작업조건이 양호하여 공기가 단축되고 유지관리가 용이하다.

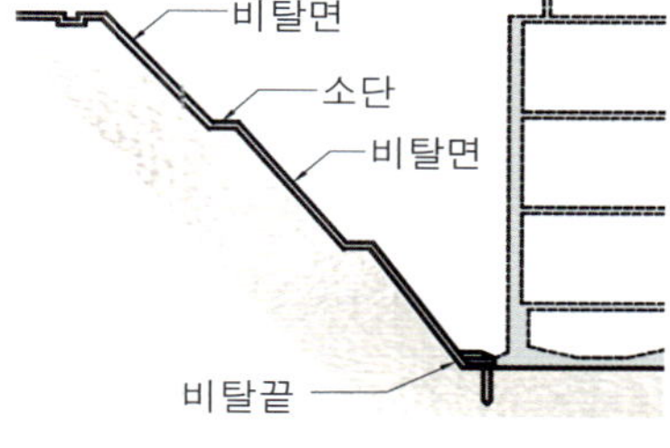

그림. 비탈면 개착공법

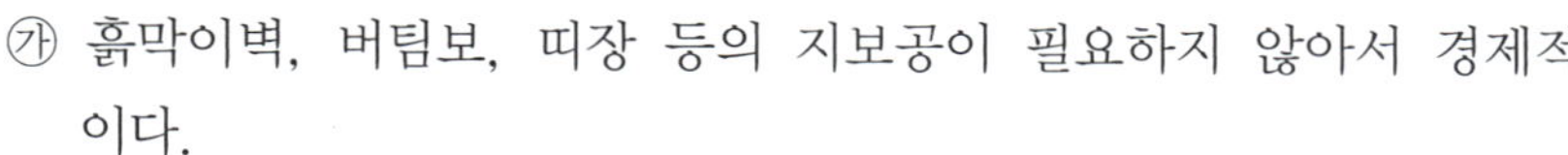

㉮ 흙막이벽, 버팀보, 띠장 등의 지보공이 필요하지 않아서 경제적이다.

㉯ 대형 굴착장비의 사용이 가능하여 공기를 단축할 수 있다.

㉰ 비탈면을 유지하면서 굴착하므로 연약한 지반은 완만한 비탈면을 확보하기 위하여 넓은 면적이 소요된다.

㉱ 굴착심도가 깊으면 굴착과 되메우기 토량이 많아져서 공사비용이 증가한다.

㉲ 지하수, 우수에 의한 비탈면의 붕괴가 우려되면 비탈면 보강이 필요하다.

② 흙막이 개착공법

흙막이벽에 버팀보, 띠장 등의 지보공을 설치하여 토사의 붕괴를 방지하면서 굴착하는 공법으로 지보공의 종류에 따라서 자립공법, 버팀보공법, 어스앵커공법이 있다.

흙막이 개착공법은 흙막이벽, 버팀보, 띠장 등의 지보공을 설치하여 경제성에서 불리하지만 연약지반의 굴착이 가능하고 지하구조물의 외벽선에 근접하여 굴착하므로 부지 활용성이 높고 굴착과 되메우기량이 감소한다.

㉮ 자립식 개착공법

버팀보, 띠장 등의 지보공을 설치하지 않고 흙막이벽의 휨저항과 근입부분 흙의 횡저항에 의하여 토압을 지지하면서 굴착하는 공법이다. 견고한 지반의 얕은 굴착에 적용하는 공법으로 버팀보가 없어서 기계굴착이 원활하고 공기가 단축되며 공사비가 절감된다. 그러나 흙막이벽의 변형에 따른 인접지반의 침하가 크게 발생하므로 도심지는 적용에 제약이 있다.

그림. 자립식 개착공법

㉯ 버팀보식 개착공법

굴착면에 설치한 흙막이벽에 작용하는 토압을 버팀보(strut, raker)와 띠장(wale)에 의해 지지하면서 굴착하는 방법이다.

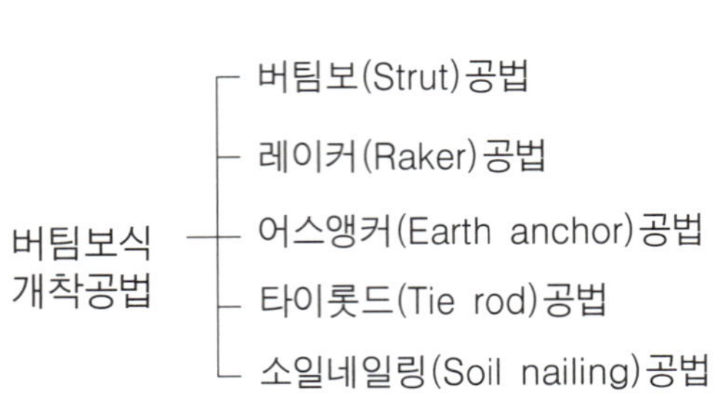

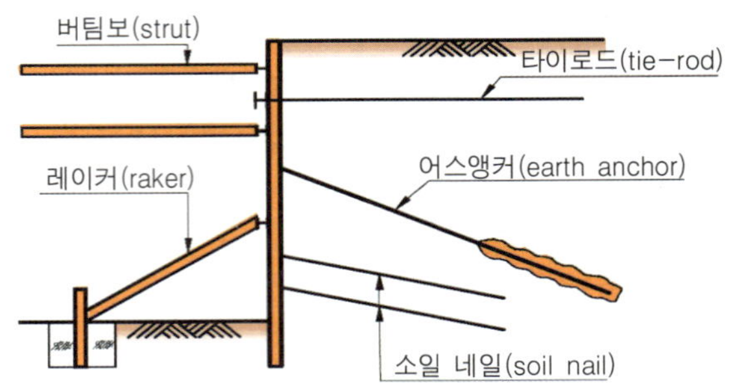

그림. 버팀보식 개착공법 종류

㉠ 버팀보(Strut)공법

강재 버팀보의 압축강도를 이용하여 토압을 지지하므로 작용하는 응력상태를 확인할 수 있고 시공이 간편하며 굴착깊이의 제한을 받지 않는다. 그러나 굴착평면의 크기와 형상에 따른 제약을 받으며 강재의 수축과 접합부에서 유동이 크다.

그림. 버팀보(Strut)공법

ⓐ 버팀보는 띠장과 직각으로 설치하고 중간말뚝과 교차부를 확실하게 결속하며 수직과 수평방향에 브레이싱(bracing)을 설치한다.

ⓑ 버팀보가 중간말뚝에서 단절되지 않게 하고 용접, 볼트의 이음상태를 확인해야 한다.

ⓒ 띠장과 말뚝이 밀착되어 응력이 전달되도록 간격 채움을 실시하고 띠장은 연속체로 한다.

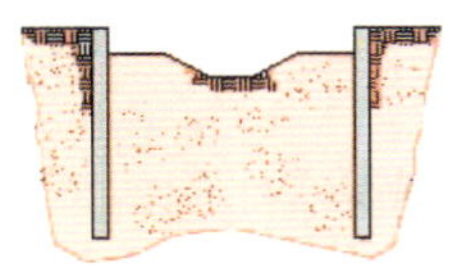

(a) 흙막이벽 설치

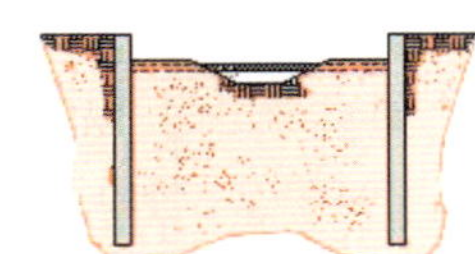

(b) 1단계 굴착 + 버팀보 설치

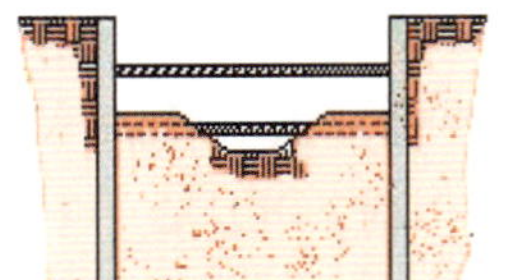

(c) 2단계 굴착 + 버팀보 설치

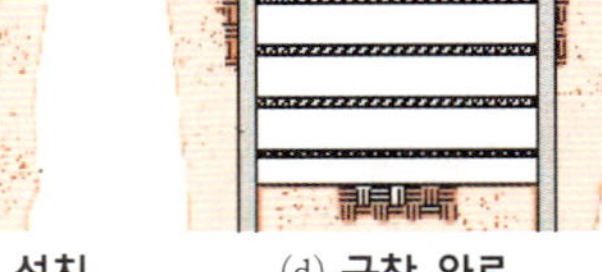

(d) 굴착 완료

그림. 굴착 단계별 버팀보 설치작업

ⓓ 경사방향 버팀보 축력의 수평분력에 의해서 띠장이 이동되지 않아야 하며 굴착을 하고 빠른 시간 내에 버팀보를 설치하여 가설재와 주변 지반의 변형을 억제해야 한다.

(a) H형강 버팀보

(b) 사각 버팀보

(c) 강관 버팀보

그림. 버팀보의 형상과 종류

㉡ 레이커(Raker)공법

버팀보(raker)로 흙막이벽을 지지하므로 굴착 폭이 넓어지며 버팀보의 재질이 균질하고 재사용이 가능하다. 연약지반은 벽체의 변형이 크게 발생할 수 있고 굴착심도가 깊으면 버팀보를 많이 설치하므로 구조물 시공이 복잡하다.

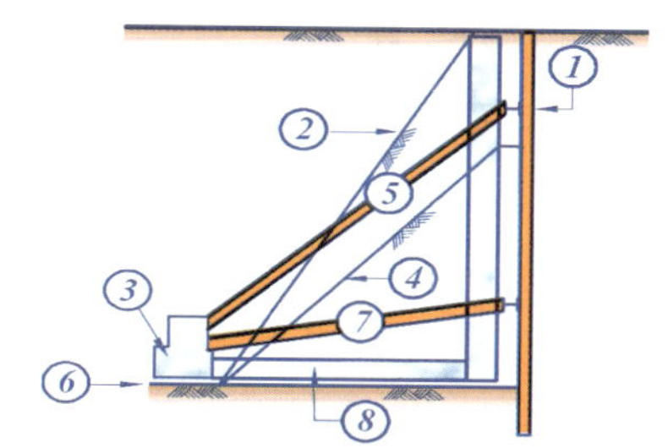

그림. 레이커공법의 시공순서와 시공사례

㉢ 어스앵커(Earth anchor)식 개착공법

굴착하는 주변지반에 어스앵커를 설치하여 흙막이벽에 작용하는 외력을 지지하는 공법으로 굴착평면의 형태와 터파기 깊이가 불규칙하여 버팀보의 설치가 곤란한 경우에 적합하다. 굴착면적이 넓고 굴착심도가 깊은 경우는 대형장비에 의한 굴착이 가능하므로 시공능률이 우수하여 버팀보공법보다 효과적이다.

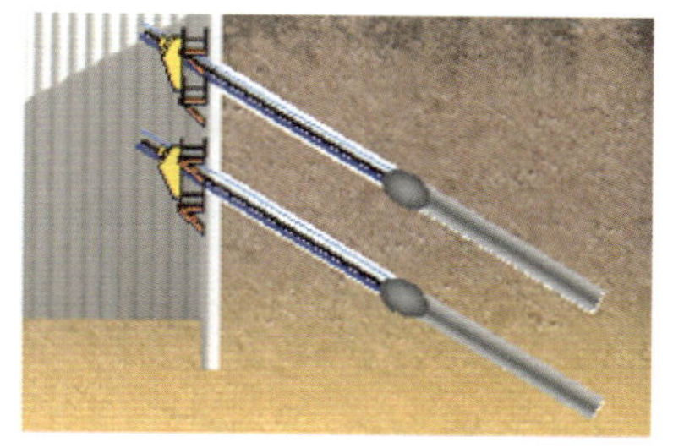

그림. 어스앵커공법

버팀보 등의 장애물이 없으므로 구조물의 설치가 편리하고 굴착 평면과 단면 형상의 제약을 받지 않는다. 그러나 앵커의 정착에 견고한 정착지반이 필요하고, 앵커가 인접대지를 침범하면 민원이 발생하는 문제점이 있다.

그림. 어스앵커의 시공

ⓐ 천공 시에 지하수가 많이 유출되면 주입재를 고압으로 주입하고 재천공하여 지하수의 유출을 방지한다.

ⓑ 앵커체의 PC강선이 공의 중앙에 위치하도록 간격재를 사용한다.

ⓒ 주입은 1차 주입과 2차 주입으로 구분하고, 2차 주입은 무수축 주입재로 공극을 충전하며 공의 바닥부터 주입을 시작하여 공기와 지하수가 배출되게 한다.

ⓓ 강선(strand)의 긴장력은 긴장시험에서 파악하고 주입재가 보통 포틀랜드시멘트는 주입 후 7일, 조강시멘트는 주입 후 3일이 경과하면 긴장을 실시한다.

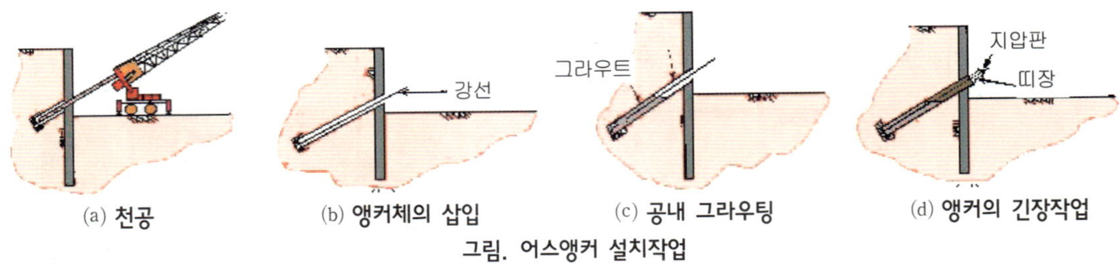

(a) 천공 (b) 앵커체의 삽입 (c) 공내 그라우팅 (d) 앵커의 긴장작업

그림. 어스앵커 설치작업

표. 흙막이 구조물의 토압지지 구조

공 법	Earth anchor	버팀보(Strut)
개념도	띠장(wale) 자유장 보걸이(bracket) 정착장 어스앵커 엄지말뚝(H-pile)	버팀보 띠장 엄지말뚝
시공순서	① 흙막이벽 시공 ② 단계별로 굴착하면서 띠장(wale)을 설치 ③ 어스앵커 설치	① 흙막이벽 시공 ② 단계별로 굴착하면서 띠장(wale)을 설치 ③ 버팀보(strut) 설치
적용성	· 넓은 굴착면적에 유리 · 앵커 정착이 양호하고 지하수위가 낮은 경우 · 외부용지가 충분하고 특히 인접구조물이 없을 때	· 굴착면적이 중규모 이하의 사각형 굴착평면에 유리 · 연약한 지반에 적용이 가능 · 외부 용지에 여유가 없을 때
장 점	· 작업공간이 넓어서 장비 활용이 원활하고 작업능률이 우수 · 굴착평면이 크면 버팀보보다 경제적 · 앵커의 국부파괴가 흙막이 구조물 전체의 파괴로 발전하지 않음	· 변형과 파괴를 조기에 파악 · 굴착면적이 좁으면 앵커보다 경제적 · 버팀보의 재질이 균일하고 재사용 가능
단 점	· 앵커가 인접 대지에 침범하면 민원 발생 · 사전 협의 또는 제거식 C-turn 앵커를 사용	· 버팀보의 국부파괴가 흙막이벽 전체에 영향 · 넓은 지역에 적용이 곤란하고 공사비 고가

㉣ 소일네일링(Soil nailing)을 이용한 개착공법

소일네일링공법은 원지반을 주된 구조요소로 이용하여 굴착과 동시에 네일과 전면판(숏크리트)을 설치하는 방식이다. 버팀굴착에서 사용하는 엄지말뚝(soldier pile)과 버팀보를 사용하지 않고 굴착하므로 시공속도가 빠르고 지반의 교란이 최소화되어 안정적으로 굴착할 수 있다.

ⓐ 원지반을 보강하여 벽체로 사용하므로 안정성과 시공성이 양호하고 소음, 진동이 적다. 지하수위가 낮거나 지하수위가 저하된 안정한 지반에 제한적으로 사용한다.

ⓑ 상부에서 하부로 지반을 굴착하면서 소일네일을 설치하므로 설계시와 다른 지층이 나타나도 네일의 설치간격과 길이의 조정이 가능하여 현장 적응성이 우수하다.

ⓒ 소형의 천공기와 그라우팅장비로 시공이 가능하여 좁은 장소와 급한 비탈면 경사에서도 작업성이 우수하다.

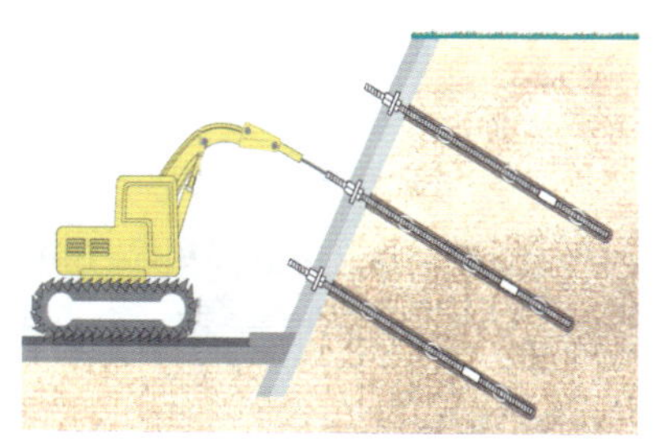

그림. Soil nailing공법

그림. Soil nailing공법의 시공

㉤ Island cut공법

비탈면 개착공법과 버팀보공법의 장점을 조합한 공법으로 넓은 부지의 굴착에 유리하다. 흙막이벽을 시공하고 내측에 비탈면을 남기면서 중앙부분을 굴착하고 구조물을 설치한 후에, 구조물벽체에 버팀보를 가설하여 흙막이벽을 지지하고 주변 비탈부분의 굴착과 바깥 부분의 구조물을 축조한다. 버팀보의 설치는 중앙부에 먼저 시공한 구조체의 기초에서 비탈면 버팀을 하는 방법과 중앙부의 구조체를 상부까지 시공하고 수평버팀을 하는 방법이 있다.

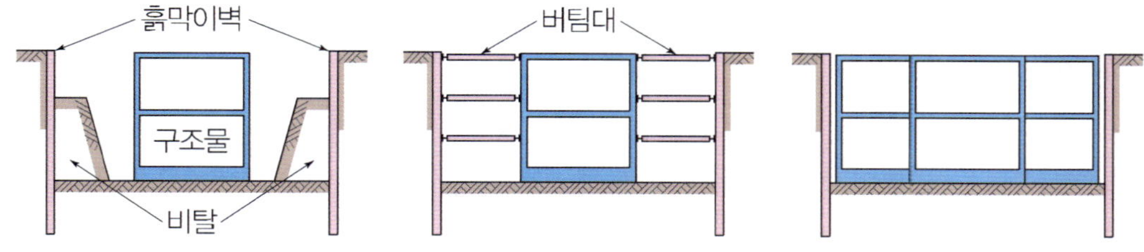

그림. Island cut공법의 시공순서

ⓐ 장점

- 대지 경계면에 근접하여 구조물을 설치할 수 있다.
- 지보공이 감소하고 장경간에서 버팀보의 약점을 보완하여 버팀보가 짧아지므로 버팀보의 수축과 접합부의 유동에 의한 영향이 감소한다.

ⓑ 단점

- 지하구조물을 2회로 나누어 시공하므로 공기가 길어진다.

- 연약한 지반은 비탈면의 안정성 확보가 어렵고 깊은 굴착에 부적당하며 주변부를 시공할 때에 작업공간 확보와 작업성이 불리하다.

㉥ Trench cut공법

Trench cut공법은 Island cut공법에서 비탈부분이 남는 문제를 개선한 공법으로 설치하는 구조물의 외부를 버팀보로 활용하여 토압을 지지하면서 trench형태로 굴착하고 구조물을 축조한다. 선행 시공된 외부 구조물을 흙막이로 이용하여 내부를 굴착하고 구조물을 완성하므로 연약한 지반에서 넓은 면적의 깊은 굴착에 적합한 공법이다.

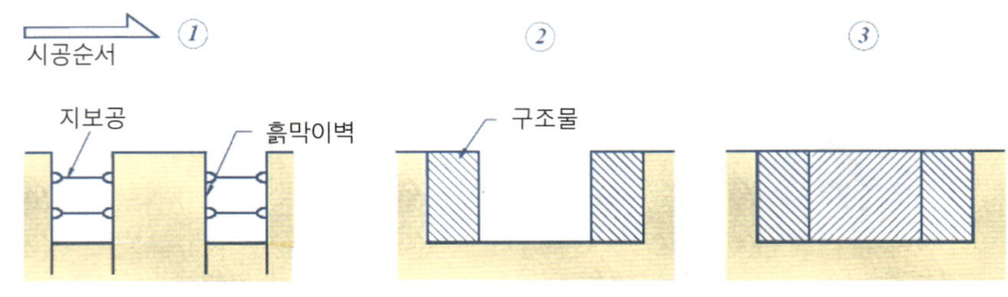

그림. Trench Cut 시공순서

ⓐ 장점

- 연약한 지반의 대단면 굴착에 유리하고 히빙(heaving) 방지에 효과적이다.
- 중앙부분을 작업공간으로 사용하며 부지 경계면까지 활용할 수 있다.
- 장경간 버팀보의 단점(안정성, 변형)을 방지할 수 있다.

ⓑ 단점

- 지하부분을 분할하여 시공하므로 공기가 길어지고 작업이 복잡하며, 굴착면적이 좁으면 작업 능률이 저하한다.
- 2중 토류벽이 필요하여 공사비가 증가한다.

2) 역타(Top Down)공법

Top-down공법은 도심지에서 부지가 좁은 지역의 깊은 굴착을 하는 경우에 인접 구조물에 영향을 주지 않고 시공하는 방법이다. 지하굴착과 상부 구조물공사를 동시에 수행하므로 공기단축이 가능하고 부지를 최대한으로 활용할 수 있다.

역타공법은 굴착 전에 지상에서 지하구조물의 외부에 벽체(지하연속벽 등)와 내부의 구조물 기둥(RCD, Benoto공법 등)을 설치하여 작업공간을 확보한 후에 지상 구조물공사와 동시에 지하를 단계별로 굴착하면서 구조물 슬래브를 설치하여 버팀보, 어스앵커와 같은 토압을 지지하는 지보공을 설치하지 않고 위에서 아래로 지하 구조물을 축조하는 공법이다.

① Top down공법의 적용

㉮ 대심도 굴착시에 인접 건물의 침하와 변형 등으로 민원이 발생할 수 있는 지역

㉯ 대형 구조물의 지하 굴착공사에서 흙막이벽체와 버팀보의 탄성변위가 허용 변위량을 상회하는 경우

㉰ Earth anchor에 의한 버팀에서 앵커 천공시에 주변지반의 이완과 천공부에서 지하수가 다량 유출되어 지반침하가 예상되는 경우

㉱ 도심지에서 굴착시에 발생하는 소음, 진동, 분진 등으로 민원의 발생이 우려되는 경우

㉲ 절대 공기가 짧은 경우

그림. Top down공법

② 장점

㉮ 1층 바닥을 선시공하여 작업장으로 활용하며 악천후에도 하부 굴착과 구조물의 시공이 가능하다.

㉯ 굴착시에 구조물의 슬래브가 버팀보 역할을 하여 토압을 지지하므로 어스앵커와 버팀보를 설치하지 않는다.

㉰ 상부 구조물과 지하구조물을 동시에 시공하므로 공기 단축이 가능하다.

③ 단점

㉮ 지하연속벽과 구조물의 기둥을 설치할 때에 정밀한 시공과 품질관리가 필요하다.

㉯ 여러 공종이 동시에 진행되므로 작업능률이 저하할 수 있다.

㉰ 지하연속벽과 구조물 내부의 기둥을 설치하는 공사비용이 증가한다.

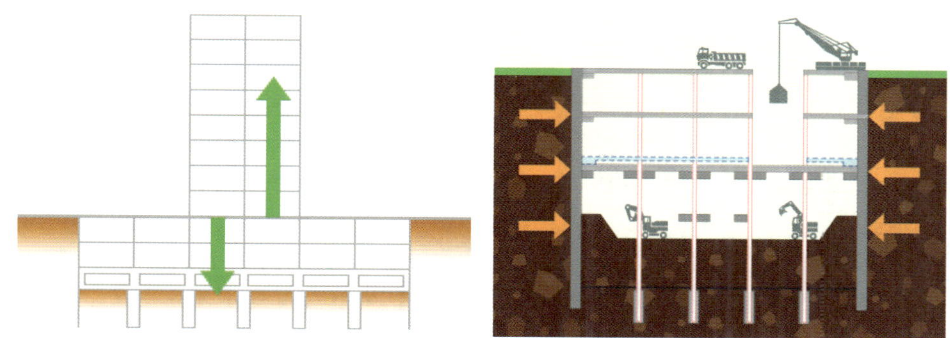

그림. Top down공법의 시공순서

표. 굴착공법의 비교

공법 종류	적용성과 작업방법	특 성
버팀보공법(strut/raker) 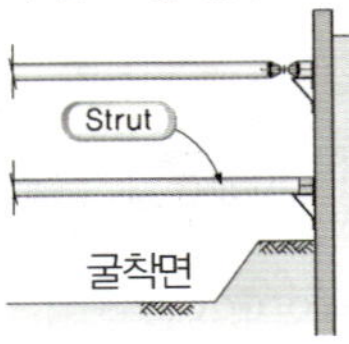 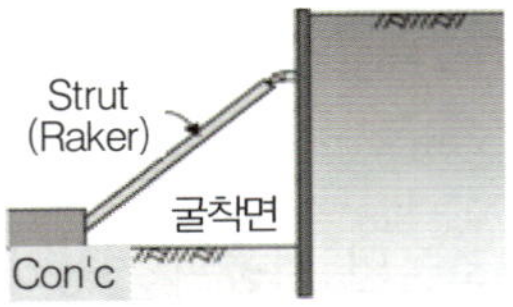	· 모든 지층에 적용이 가능 ① 굴착 후, 흙막이에 띠장 설치 ② 띠장에 버팀보(strut, raker) 설치 ③ 선행 하중 잭과 스크류잭으로 버팀보를 흙막이벽에 밀착	· 버팀보의 압축강도를 활용하므로 응력상태의 확인 가능 · 굴착면적이 크면 버팀보의 비틀림과 이음부의 좌굴이 우려 · 버팀보의 국부파괴가 전체 흙막이의 안정성에 큰 영향을 미침 · 주변지반의 침하 발생이 우려 · 자재의 재사용이 가능
Earth anchor공법 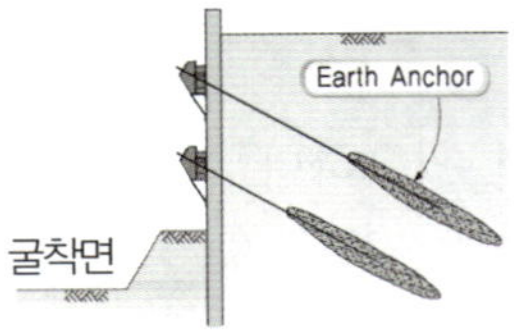	· 보통 조밀~매우 조밀한 토질 · 암반층 ① 굴착 후에 천공과 앵커 설치 ② 그라우팅과 흙막이벽에 띠장 설치 ③ 앵커에 선행하중을 가하여 흙막이벽을 지반에 밀착	· 작업공간이 넓게 확보되고 굴착 폭이 크면 경제적 · 앵커를 긴장하여 체적 변위와 지반침하가 작지만 보수 보강이 곤란 · 주변에 지하구조물, 매설물이 있으면 시공이 불가하고 앵커가 인접부지를 침범하면 민원이 발생 · 앵커의 정착지반이 필요하고 천공 시에 지하수위 저하와 주변 침하의 우려
Tie rod공법 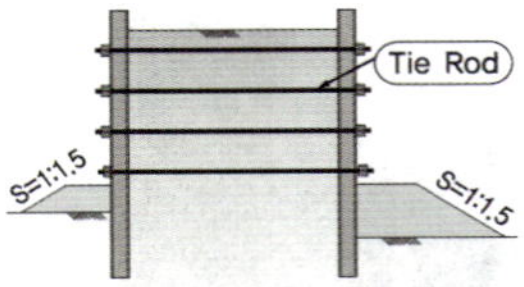	· 모든 지층에 적용이 가능 ① 굴착 후에 수평천공, 강선(tie rod)의 삽입 ② 배면지반에 설치된 흙막이벽체를 강선으로 결속 ③ 굴착면에서 앵커 인장과 띠장을 결속	· 버팀보, 앵커로 토압의 지지가 어려운 경우에 효과적 · 벽체의 강선 근입길이가 부족하면 전도파괴가 우려되고 정밀시공이 필요 · 굴착면과 배면지반을 동시에 굴착하므로 시공성이 저하
Soil nailing공법 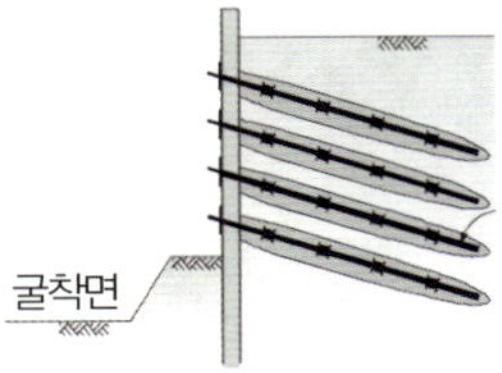	· 매립지반을 제외한 모든 지층 · 단단한 지반(풍화토 등)에 적용성이 우수 ① 굴착면에 1차 숏크리트 타설 ② 천공 후 네일 설치, 그라우팅 ③ 연결철근과 지압판을 설치 ④ 2차 숏크리트 타설	· 보강재가 파손되어도 구조물 전체에 미치는 영향이 적고 시공속도가 빠름 · 깊은 굴착에 적용이 곤란하고 지하수위가 높으면 배수가 필요 · 천공 후에 그라우팅을 하여 원지반의 강도가 증진 · Nail을 정착할 때에 굴착면 자립이 필요

(3) 흙막이 구조물

흙막이벽은 터파기 중에 토압, 수압 등의 측압에 저항하고 주변지반의 침하와 인접 구조물의 보호를 위하여 설치하며 직접 흙에 접하는 흙막이벽과 이를 지지하는 지보공으로 구성되어 있다. 효과적인 흙막이공법의 선정은 지반조건, 현장여건, 인접 구조물의 존재와 굴착에 따른 영향을 검토하고 공사비, 공사기간, 시공성을 종합적으로 고려한다.

표. 흙막이벽의 형식과 지지구조

형　식	지 지 구 조
· 엄지말뚝(H형강)+토류판	· 자립식
· 강널말뚝(Steel sheet pile)	· 버팀보(Strut)
· 주열식벽(Continuous pile wall)	· 어스앵커(Earth anchor)
· 지하연속벽(Diaphragm wall)	· 역타공법(Top-down)

표. 흙막이벽의 분류

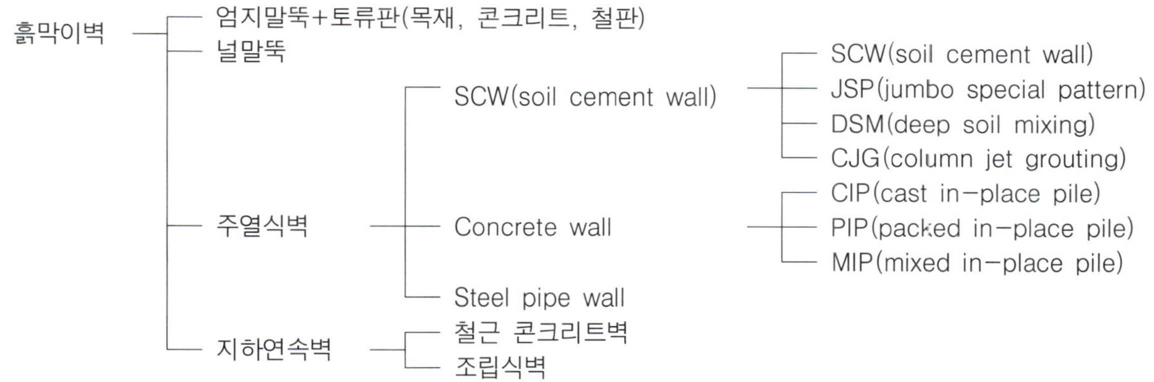

1) 엄지말뚝(H형강) + 토류판(목재 또는 콘크리트)공법

엄지말뚝식 흙막이벽은 강재 엄지말뚝(soldier pile)을 타입, 진동압입, 천공에 의해서 지중에 삽입하고 굴착과 함께 토류판을 설치하여 흙막이벽을 지지한다. 시공이 간편하고 공사기간이 단축되며 공사비가 저렴하여 널리 적용되는 공법이다.

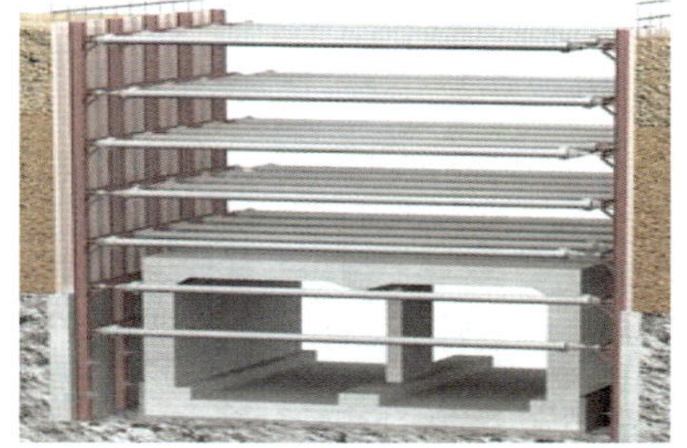
그림. 엄지말뚝공법

엄지말뚝식 흙막이벽은 사질토, 점성이 약한 지반, 지하수위의 상부지반에서 주로 적용하고 지하수위가 높으면 토류판 사이로 토사가 유출되므로 그라우팅 등의 차수대책이 필요하다. 지하수위 아래에서 지반이 세굴되는 경우는 굴착 바닥면 아래로 지하수위를 낮추고서 시공을 한다.

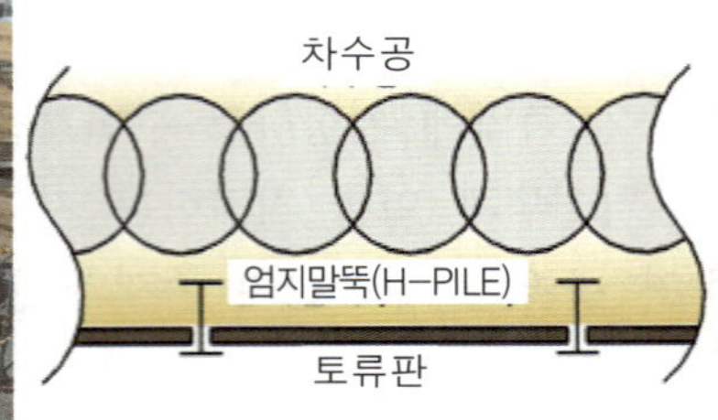

그림. H-pile + 목재 토류판

① 장점

㉮ 굴착을 하면 지하수위가 저하하여 흙막이벽에 수압이 작용하지 않는다.

㉯ 공기가 단축되고 엄지말뚝을 반복하여 사용이 가능하다.

㉰ 엄지말뚝을 천공을 하고 설치하면 소음과 진동이 감소된다.

② 단점

㉮ 지하수위가 저하하면 근접한 지반의 침하가 우려된다.

㉯ 토류판과 굴착면의 사이에 공간이 발생하면 흙막이벽의 안정에 문제가 발생한다.

㉰ 연약한 지층을 굴착하고 토류판을 설치할 때까지 자립이 되지 않는 지반과 굴착 바닥면에서 히빙, 보일링이 우려되면 적용이 곤란하다.

㉱ 항타에 의해서 엄지말뚝을 타입하면 진동과 소음이 발생한다.

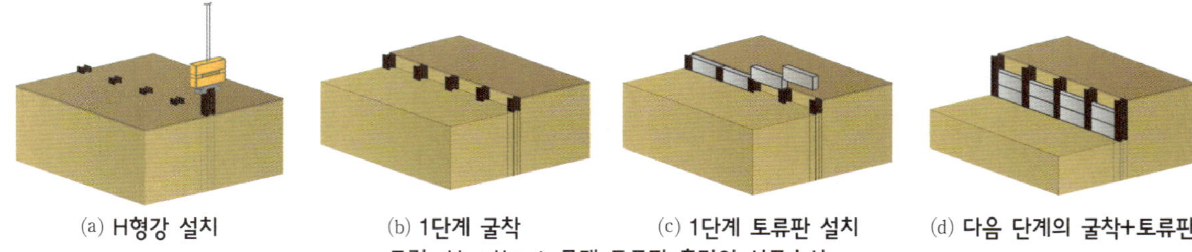

그림. H-pile + 목재 토류판 흙막이 시공순서

③ 시공 유의사항

㉮ 흙막이의 설치 위치에 존재하는 지하매설물은 굴착 전에 인력 또는 장비로 줄파기를 하여 확인한다.

㉯ 수직으로 천공하고 말뚝이음이 동일한 높이에 있지 않게 한다.

㉰ 엄지말뚝은 1/200 이하의 경사로 천공하고, H형강을 삽입한 후에 양질 토사, 모르터로 채워서 공벽의 붕괴를 방지한다.

㉱ 굴착과 동시에 토류판을 설치하여 지반 변형과 토사 유출을 방지하고 토류판 배면의 공동은 양질 토사, soil cement로 뒷채움한다.

그림. 엄지말뚝식 흙막이공

㉮ H형강의 철거 시에 말뚝의 인발로 인한 진동으로 인접 구조물의 피해가 예상되면 말뚝을 매몰시키고 지표면에서 2m 이하까지 절단한다.

(a) 가이드 빔+H형강 근입

(b) Steel Plate 근입

(c) 버팀보 설치

그림. 철판 토류판을 사용한 H형강 토류벽공법(RSW공법)

2) 강널말뚝(Steel sheet pile)공법

강널말뚝을 디젤해머 또는 진동해머로 서로 맞물리게 타입하여 횡방향토압에 저항시켜서 흙막이와 차수벽의 기능을 동시에 가지는 공법이며 시공성이 우수하고 연약지반과 지하수가 많은 지역에서 간편하게 시공할 수 있다.

그림. 강널말뚝의 시공 사례

① 장점

㉮ 연속벽 형태의 강널말뚝을 설치하면 차수벽과 흙막이의 역할을 동시에 기대할 수 있다.

㉯ 강널말뚝의 수밀성이 우수하여 차수효과가 크고 재질이 균질해서 시공 신뢰성이 크다.

㉰ 시공이 간단하고 공기 단축이 가능하다.

② 단점

㉮ 강널말뚝의 타입과 인발시에 진동과 소음이 발생하여 도심지에서 적용이 어렵고 배면지반이 이완되면 인접지반의 침하가 발생할 수 있다.

㉯ 자갈, 전석층은 강널말뚝의 타입이 어렵고 깊은 굴착에서는 이음시공의 능률이 저하하고 정밀도가 나빠질 수 있다.

㉰ 강널말뚝의 맞물림이 불완전한 곳에 지하수가 집중되어 모래의 유입이 심해지면 배면이 함몰하거나 굴착 바닥면에서 보일링이 발생하는 경우가 있다.

㉱ 강널말뚝이 노후하거나 시공이 불량하면 맞물림하는 접합부에서 지수성이 나빠지고 굴착 중에 발생하는 유입수의 처리가 곤란해지는 경우가 있다.

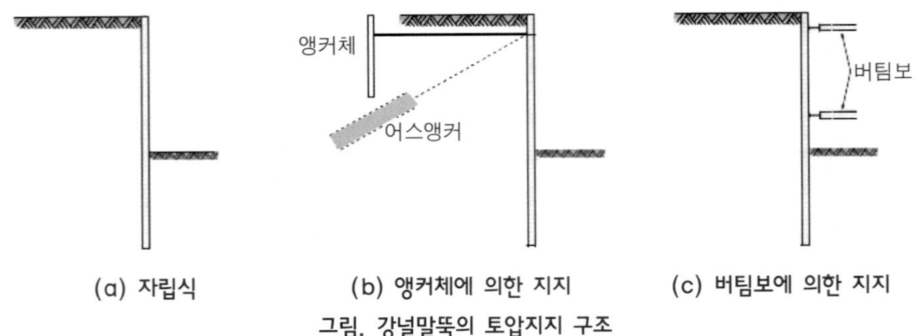

(a) 자립식 (b) 앵커체에 의한 지지 (c) 버팀보에 의한 지지

그림. 강널말뚝의 토압지지 구조

③ 시공 유의사항

㉮ 강널말뚝은 위치와 경사에 유의하여 설치하고 널말뚝이 1장 이상의 폭 만큼의 경사가 발생하면 이형 널말뚝으로 수정해야 한다.

㉯ 널말뚝의 연결부가 이탈되면 벽체의 강성이 저하하고 누수와 흙 입자가 유출되므로 시공에 유의해야 한다.

㉰ 하천 주변과 지하수위가 높은 지역은 강널말뚝의 연결부에 지수재를 도포한다.

㉱ 강널말뚝의 인발시에 인접한 구조물이 있는 경우는 진동, 말뚝 자체의 체적, 부착 토사량에 의해서 발생하는 공극을 모래, 모르터 등으로 메워야 한다.

3) 주열식 벽체공법

주열식 흙막이벽은 현장타설말뚝, 기성제품말뚝을 1열 또는 2열 이상으로 설치하여 횡방향 토압과 외력에 저항하는 흙막이벽을 형성하는 공법으로 벽체 재료에 따라서 소일시멘트 벽체, 콘크리트 벽체, 강관 벽체가 있으며 주로 소일시멘트 또는 콘크리트벽체가 사용되고 철근망, H형강을 삽입하여 벽체를 보강한다. 주열식 말뚝의 직경은 ϕ400~500mm가 많이 사용되고 말뚝은 1열 접촉 시공(contact style), 1열 겹치기 시공(overlapping style), 지그재그(zigzag style) 형태로 다양하게 조합하여 배치한다. Jet-grouting공법에 의한 주열식 벽체는 초고압 분사 분류체(고압수, 공기, 경화재 등)를 지반내에서 회전, 분사시켜서 원주상 고결체의 벽체를 조성한다.

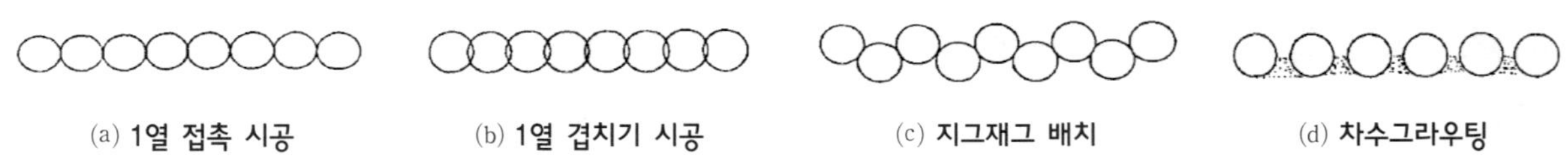

(a) 1열 접촉 시공 (b) 1열 겹치기 시공 (c) 지그재그 배치 (d) 차수그라우팅

그림. 주열식 벽체의 배치방법

① 주열식 벽체의 종류

표. 주열식 벽체의 종류

구성 재료	공법 원리	공법 종류
Soil-element wall	교반날개 혼합방법	SCW(Soil Cement Wall)
		SEC(Special Earth Concreting)
		DSM(Deep Soil Mixing)
	고압분사 혼합방법	CCP(Chemical Churning Pile Method)
		JSP(Jmbo Special Pile Pattern)
		JGP(Jet Grout Pile)
	고압분사 치환방법	SIG(Super Injection Grout)
		CJG(Column Jet Grout)
Concrete wall	현장타설 콘크리트	MIP(Mixed In-place Pile)
		CIP(Cast In-place Pile)
		PIP(Packed In-place Pile)
Steel pipe wall	벽강관말뚝	Steel pipe wall

② 특성

㉮ 장점

㉠ 차수성이 있고 벽체의 강성이 우수하다.

㉡ 시공단면이 작아서 인접 구조물에 미치는 영향이 적고 벽체의 안정성이 크다.

㉢ 경암반의 굴착이 가능하여 지지력이 증가하고 불균일한 평면 형상에서 시공이 가능하다.

㉯ 단점

㉠ 깊은 심도에서는 수직도의 유지가 중요하다.

㉡ 공기가 길어지고 공사비가 증대한다.

㉢ 가설벽체로 사용하는 경우는 시공 후에 철거가 곤란하다.

③ SCW(Soil Cement Wall)공법

SCW공법은 삼축오거의 윙빗트(ϕ330~400mm)가 서로 역회전하면서 롯드 선단에서 지반 내에 주입한 시멘트밀크가 토사와 교반날개에 의하여 혼합되므로 차수성이 높은 벽체를 조성할 수 있다. 롯드에 부착된 혼합날개의 회전권이 역회전하여서 기존 벽체의 일부분과 중첩하여 조성되므로 벽체의 이음이 양호하고 차수성이 우수하다. 오거로 지반을 굴착하므로 소음, 진동이 적고 주열식 벽체에 보강형 H형강을 삽입하여 흙막이벽의 강성을 증대시킨다.

그림. SCW 시공장비

㉮ 장점

㉠ 심도가 20m 이하의 깊지 않은 토사층과 점성토지반에서 차수용 흙막이벽으로 적합하다.

㉡ 연약지반과 지하수위가 높거나 인접건물이 밀집된 지역에서 유리하고 말뚝을 타입하는 공법에 비하여 소음, 진동이 거의 없다.

㉢ 흙막이벽에 토류판을 사용하지 않고 시공속도가 빠르다.

㉯ 단점

㉠ SCW 벽체의 설치에 대형장비가 사용되므로 넓은 작업부지가 필요하고 교통이 혼잡하거나 보행자가 많은 도심지는 부적합하다.

㉡ 자갈과 전석이 많이 함유된 지층은 오거 굴착이 어렵다.

㉢ 중요 구조물을 보호하는 지반 보강에 사용하는 경우에 SCW벽체의 일축압축강도가 낮아서 다소 불리하다.

(a) SCW 천공 (b) 혼합 +교반 (c) H형강 근입 (d) SCW 벽체 조성

그림. SCW 시공

㉰ 시공 유의사항

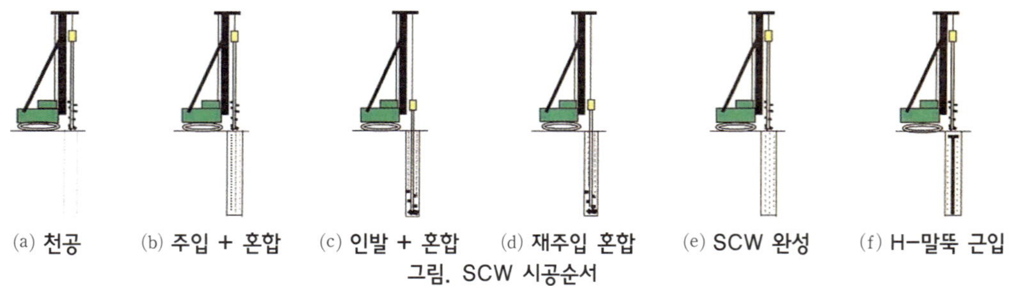

(a) 천공 (b) 주입 + 혼합 (c) 인발 + 혼합 (d) 재주입 혼합 (e) SCW 완성 (f) H-말뚝 근입

그림. SCW 시공순서

㉠ 오거 교반축의 선단에 장착된 커터(cutter)에서 분출되는 경화재와 흙을 혼합하여 굴착하고 H형강을 굴착공에 압입하여 주열식 벽체를 형성한다.

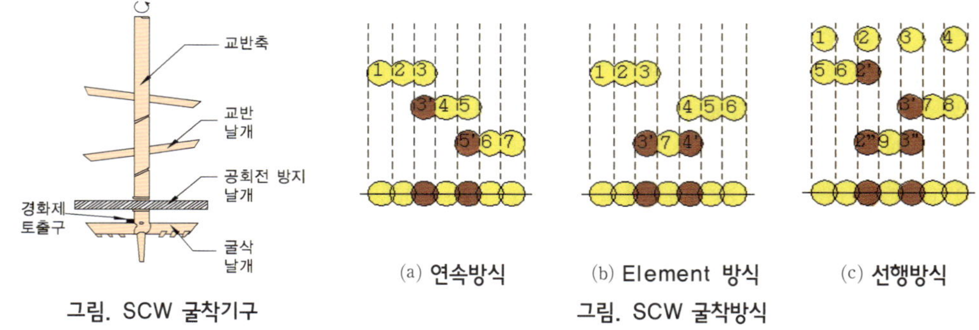

그림. SCW 굴착기구

(a) 연속방식 (b) Element 방식 (c) 선행방식

그림. SCW 굴착방식

㉡ 굴착용 오거는 1~6축을 사용하고, 연약한 지반은 다축오거를 사용하며 전석, 자갈층의 굴착이 어려운 지반은 단축오거를 이용한다.

㉢ 과포화된 실트층과 사력층에서 침투수압이 크면 공벽의 유지가 곤란하고 자갈층은 오거의 굴진이 곤란하다.

㉣ 벽체를 중첩하여 굴착하므로 수직도의 유지가 중요하다.

㉤ 시멘트의 블리딩 억제, 시멘트의 유출 방지, 초기 경화의 방지, 시멘트의 유동성을 증가시키기 위하여 벤토나이트 안정액을 사용한다.

㉥ 굴착공 바닥에 슬라임이 남지 않도록 교반횟수와 시멘트 주입량을 증가시킨다.

㉦ 시공 편차에 의한 벽체의 틈새는 그라우팅을 실시하여 보강한다.

④ CIP(Cast in-place pile)공법

CIP공법은 로터리 보링기, 오거 등으로 천공하고 H형강, 철근망을 삽입한 후에 콘크리트를 타설하거나 굵은골재를 채우고 모르터(mortar grout)를 주입하여 콘크리트말뚝을 연속적으로 형성하며 두부에 cap beam 콘크리트를 타설하여 폐합한다.

그림. CIP 흙막이벽

㉮ 장점

㉠ 자갈, 암반층을 제외한 대부분 지반에 적용이 가능하고 장비가 소형이므로 협소한 장소에서 시공이 가능하다.

㉡ 벽체 강성이 커서 배면토의 수평변위가 억제되므로 인접 구조물에 미치는 영향이 적다.

㉢ 비교적 저진동, 저소음공법이다.

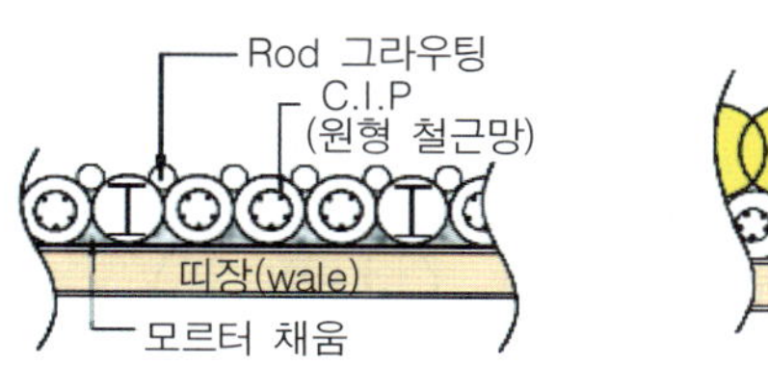

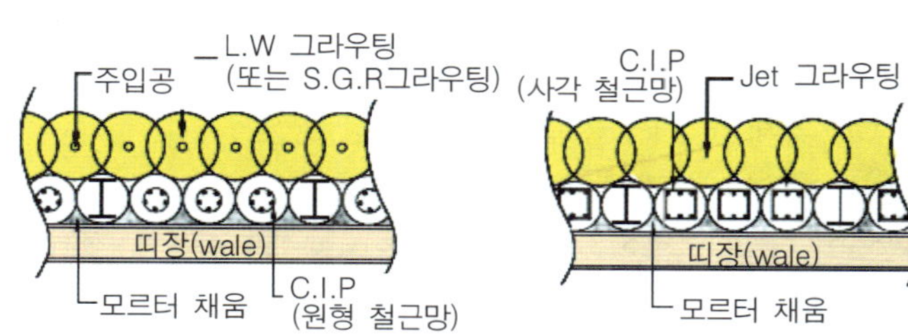

그림. CIP공법의 벽체 단면

㉯ 단점

㉠ CIP 말뚝은 기둥사이의 이음부가 취약하므로 그라우팅에 의한 차수 보강이 필요하다.

㉡ 말뚝을 중첩하여 시공할 수 없으므로 지하수위가 높으면 별도의 차수용 그라우팅이 중요하다.

㉢ 암반의 천공이 어렵고 굴착공 바닥에 슬라임이 발생할 수 있다.

㉰ 시공 유의사항

㉠ CIP공법은 연결부가 중첩되지 않아서 틈이 발생할 수 있고 설치 후에 수정이 불가능하므로 천공 수직도의 유지가 중요하다.

㉡ 지표부의 토사층은 공벽이 붕괴되지 않게 케이싱을 설치하고 천공한다.

㉢ CIP 벽체의 연결부에 지수성이 확보되게 별도의 차수 그라우팅을 실시한다.

㉣ 철근망의 피복두께는 50mm 이상으로 하고 주철근의 형상을 정확하게 유지해야 한다.

(a) Guide beam 설치

(b) CIP 천공작업

(c) 철근망 설치

(d) 콘크리트 타설

(e) 콘크리트 타설 완료

(f) CIP 상부 cap beam 타설

그림. CIP의 시공순서 [자료 출처 : LT삼보]

㉣ 시공 사례

㉠ CIP 흙막이벽

오거 등으로 천공(ϕ400~550mm)하여 콘크리트를 타설하고 보강형 H-형강을 삽입하며 연속적으로 흙막이벽을 형성하여 횡방향 토압을 지지한다.

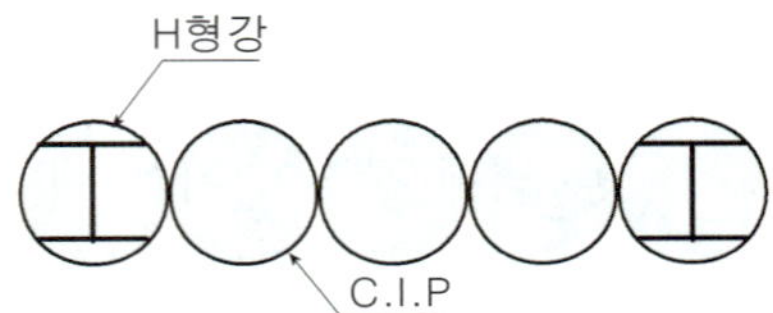

그림. CIP 흙막이벽의 형상

㉡ CIP벽체 + 차수용 보조그라우팅 공법

CIP벽체의 연결부에 누수가 우려되면 CIP배면부에 차수그라우팅(ϕ100mm)을 실시한다. 주열식 강성체가 흙막이벽의 역할을 하고 CIP벽체의 배면에 차수 그라우팅을 실시하므로 차수성이 증가된다.

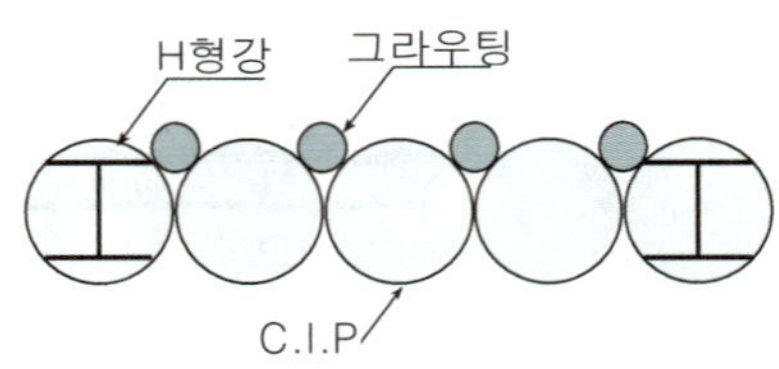

그림. CIP 흙막이+차수용 그라우팅

⑤ 지하연속벽(Diaphragm Wall)공법

지하연속벽공법은 벤토나이트 안정액을 공급하면서 굴착하여 굴착면 붕괴를 방지하고 지하수의 유입을 차단한다. 굴착이 완료되면 철근망을 건입하고 콘크리트를 타설하여 지중에 연속된 철근콘크리트벽체를 형성한다. 지하구조물을 설치하는 지반 굴착시에 가설 토류벽으로 사용하거나 영구 구조물의 벽체로 활용한다.

그림. 지하연속벽 시공 전경

㉮ 장점

㉠ 시공 시에 크레인 등의 진동과 소음이 한정되므로 항타 또는 인발을 시행하는 공법에 비하여 소음, 진동 등의 건설공해가 적게 발생한다.

㉡ 강성이 큰 철근 콘크리트벽체이므로 측압이 크게 작용하는 깊은 굴착에 적합하며 벽체의 변형이 작으므로 주변지반과 구조물에 영향을 미치는 침하를 적극적으로 방지할 수 있다.

㉢ 다양한 두께(tck=620~1,400mm)의 철근 콘크리트벽체를 조성할 수 있고 사각형, 원형 등의 단면을 축조할 수 있다.

㉣ 연약한 점토층에서 암반까지 광범위한 지반에 시공이 가능하고 수직도가 우수하다.

㉯ 단점

㉠ 안정액 속에 부유상태로 혼합된 흙입자가 굴착공 바닥에 침전된 슬라임(slime)을 제거하지 않고 콘크리트를 타설하면 콘크리트 내로 슬라임이 흘러 들어가서 강도가 저하하거나 시공 이음부에 부착되어 누수의 원인이 되므로 슬라임의 제거가 중요하다.

㉡ 굴착장비와 안정액을 처리하는 장비가 대형이므로 넓은 작업공간이 필요하다.

㉢ 안정액이 포함된 굴착토사는 폐기물로 처리한다.

㉰ 시공순서

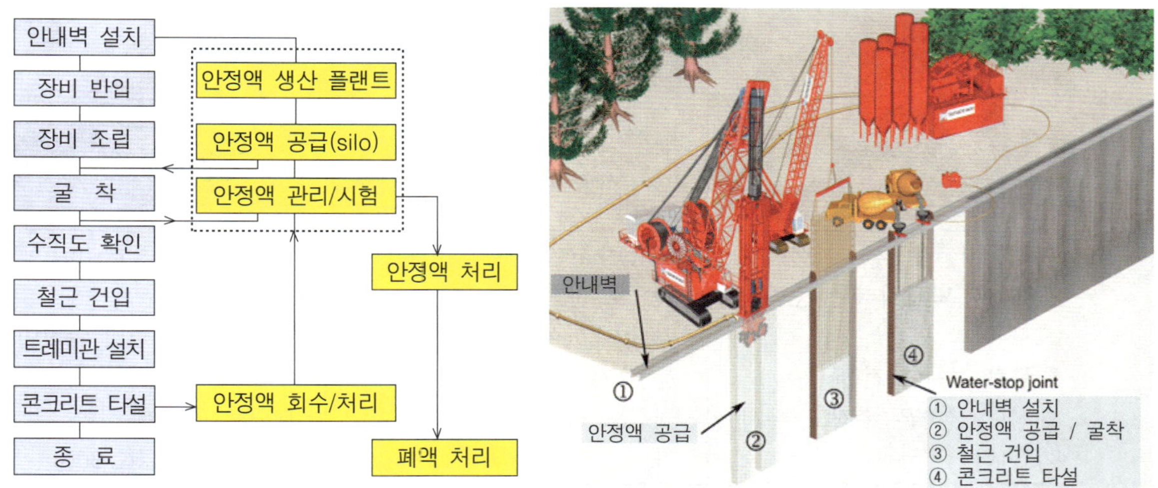

그림. 지하연속벽의 시공순서

㉱ 시공 유의사항

㉠ 안내벽(Guide wall)

ⓐ 안내벽은 지하연속벽의 굴착시에 기준면 역할을 하고 철근망 등의 중량물을 지지하며 안정액의 저수조 역할과 우수의 유입을 방지한다.

ⓑ 지하연속벽의 굴착시에 표토부의 붕괴를 방지하고 정확한 굴착을 위하여 설치하는 안내벽은 굴착 폭보다 5cm 크게 하고 심도는 약 1.0~2.0m로 한다.

ⓒ 안내벽의 단면은 표층의 토질, 굴착기의 충격을 고려하여 결정하고 굴착 중에 토압에 의하여 안내벽 내측으로 변위가 발생하지 않게 각재 등으로 버팀보를 설치한다.

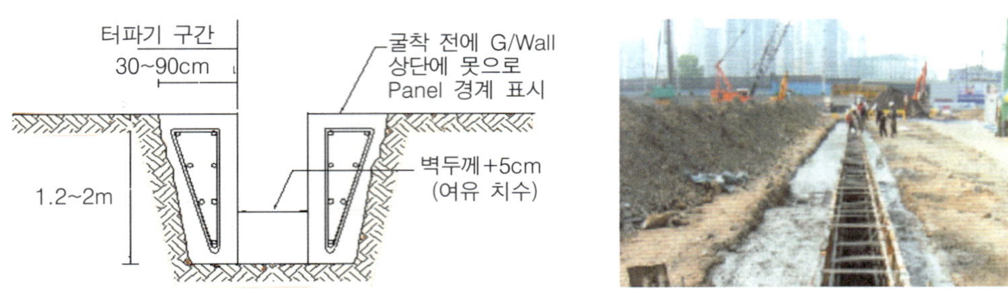

그림. 안내벽의 형상

㉡ 지하연속벽의 굴착

ⓐ 안내벽 내부에 안정액(벤토나이트 용액)을 공급하면서 굴착장비로 굴착한다.

ⓑ 굴착장비의 종류

Hang grab형식	Kelly bar형식	Hydro 형식(유압식 비트형)
· 크레인에 장착된 그랩버킷을 자유 낙하시켜서 중력식으로 굴착 · 소규모 공사에 적합 · 대심도 굴착은 수직도 유지가 곤란	· Kelly bar 하단에 설치된 버킷으로 굴착 · Kelly bar에 의해서 수직도를 유지 · 대심도 굴착은 수직도 유지가 곤란	· 회전식 유압 비트(bit)에 의한 굴착 · 대심도 굴착(암반 굴착이 가능)에 적합 · 대규모 공사에 적합 · 수직도가 양호(1/300)

ⓒ 굴착 유의사항

- Guide wall 내부의 안정액을 지하수위보다 1.5m 이상 높게 유지하고, 선행(primary panel)과 후행 패널(secondary panel)의 순서로 굴착한다.
- 굴착 패널(panel)의 길이는 토질조건에 따라서 약 5~8m로 결정한다.
- 대심도 굴착은 수직도의 유지(0.3~1.0%)가 중요하다.
- 소요 지지층에 도달하면 굴착한 토사와 암편의 상태를 육안으로 확인한다.

primary panel	secondary panel	primary panel	secondary panel	primary panel
P	S	P	S	P
①	④	②	⑤	③

그림. 지하연속벽 Panel의 굴착순서

㉢ 안정액 관리

ⓐ 안정액의 혼합비율

지반조건	벤토나이트(%)	중점제(%)	분산제(%)
점성토	5~8	0~0.02	0~0.5
모래	5~8	0~0.05	0~0.5
모래, 자갈	6~12	0.05~0.1	0~0.5

그림. 안정액 생산 플랜트

ⓑ 안정액의 역할

- 굴착 벽면의 붕괴를 방지
  안정액 액압이 굴착 벽면에 작용하는 토압과 수압에 저항하고 지하수의 용출을 방지하며 굴착 벽면에 불투수성 필름(mud film)을 형성하여 굴착 벽면의 붕락을 막고 안정액이 굴착 벽면의 지반 내에 침투되어 지반의 붕괴와 투수성을 감소시킨다.
- 부유물의 침전을 방지
  안정액 중에 혼입된 굴착토사가 굴착공 바닥에 침전되면 철근망의 건입이 곤란하고 타설하는 콘크리트의 품질이 불량해지므로 안정액의 비중을 관리하여 침전 퇴적물의 발생을 억제한다.
- 굴착토사를 지표까지 운반하는 기능
  굴착토사가 안정액과 함께 지상으로 순환되어 배출이 이루어진다.

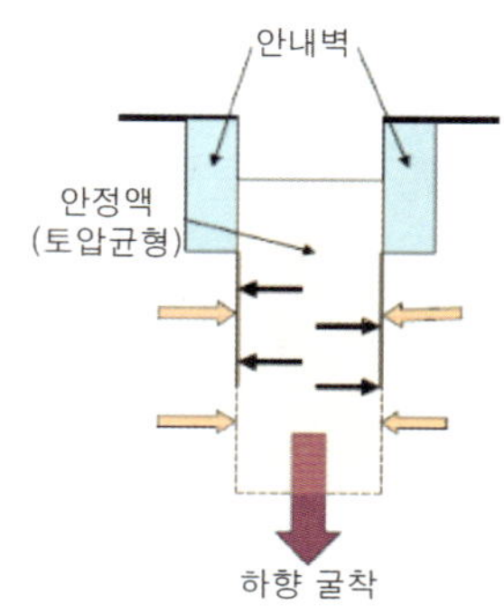

그림. 안정액의 역할

㉣ 슬라임 처리(Desanding)

ⓐ 굴착면 바닥의 슬라임은 벽체의 지지력을 확보하도록 제거하고 슬라임 처리는 굴착 후에 굴착공 내의 안정액을 처리하는 작업으로 mud pump와 압축공기를 이용한 air-lifting에 의해서 안정액에 혼합된 부유물과 슬러지(sludge)를 desanding plant로 압송하여 처리한다.

ⓑ Desanding 후에 안정액 내의 모래함량은 1% 이내, 비중은 1.05~1.15를 유지해야 한다.

표. 안정액 관리 기준치

구 분	비 중	점성(sec)	모래 함량	pH
굴착 전	1.02~1.05	32~46	3 %	7.5~10.5
굴착 중	1.05~1.20	34~50	5 %	7.5~10.5
콘크리트 타설전	1.05 이하	32~46	3 % 이하	7.5~10.5
굴착 후	1.2 이상	60 이상	5 % 이상	12 이상

그림. 안정액의 점도 측정

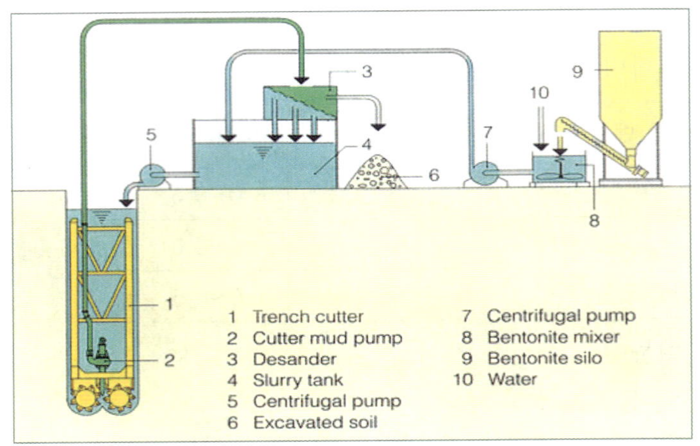

그림. 안정액의 순환과정

㉤ 철근망(Reinforcing cage)의 제작과 건입

ⓐ 철근망 제작

- 철근망 제작장은 견고한 지반에 설치하고 기초지반이 연약하면 콘크리트를 타설하여 철근망의 제작 중에 전도 등의 안전사고에 대비한다.
- 철근망의 치수와 배근간격을 확인하고 철근망에 트레미관의 설치 공간을 확보해야 한다.
- 철근망은 약 15m의 길이로 제작하며 굴착심도가 깊으면 철근망을 용접이음하고 변형 방지용 보강재(X형)를 설치하며 철근망의 연결은 용접, 결속선(#18철선)을 사용한다.
- 지하연속벽과 구조체를 연결하는 연결철근(starter bar, 연강)을 철근망에 설치한다.

그림. 철근망의 가공과 조립

그림. 철근망 건입

ⓑ 철근망 건입

- 철근망은 크레인으로 trench내에 건입하며 철근망의 이음은 안내벽 상단에 철근망을 고정시키고서 용접하여 이음한다.
- 철근망 외측에 간격재(spacer)를 설치하여 철근망의 건입시에 굴착한 공벽이 손상되지 않게 하며, 철근망의 인양시에 크레인의 안전관리에 유의하고 철근망의 결속상태를 재확인한다.

㉥ 콘크리트 타설

ⓐ 트레미관(ϕ300mm)에 의한 수중 콘크리트를 타설하며 트레미관은 1m, 2m, 3m의 길이로 조합하여 패널 길이 3m마다 1개소에 설치한다(길이 6m 패널은 2개소에 설치).

ⓑ 콘크리트 타설 유의사항

- 수중 콘크리트의 최초 타설시에는 굴착면 바닥과 15~20cm의 간격을 유지하게 트레미관을 설치하고, 타설 중에 트레미관이 항상 콘크리트 속에 2~3m가 묻히도록 한다.
- 트레미관 연결부에서 누수가 발생하여 콘크리트의 품질이 저하되지 않도록 한다.
- 콘크리트의 타설관리도를 작성하여 여굴 등의 굴착과 벽체의 상태를 판단한다.
- 벽체 상부는 블리딩에 의해서 발생하는 레이턴스를 고려하여 계획고보다 30~60cm가 높게 콘크리트를 타설하고 양생 후에 두부정리를 실시한다.
- 콘크리트의 타설과정에서 회수되는 안정액은 재처리(desanding)하여 사용한다.

그림. 콘크리트 타설

그림. 지하연속벽의 두부정리

ⓢ 두부정리, Guide wall 철거, Cap beam의 설치

ⓐ 타설한 콘크리트에 블리딩과 레이턴스가 발생하여 충분한 강도를 발휘할 수 없는 벽체 상부의 불량 부위(약 30~60cm)는 제거해야 한다.

ⓑ 브레이커(breaker)에 의한 두부정리는 콘크리트에 충격과 균열을 유발시키므로 가급적 배제해야 한다.

ⓒ 두부정리를 하는 부위의 철근은 콘크리트를 타설하기 전에 PVC 파이프로 씌우고 타설 후에 팽창성 파쇄재로 제거하는 것이 효과적이다.

ⓓ 두부정리를 하고 패널 연결부의 구조적인 취약점을 보강하여 지하연속벽체가 일체로 거동하도록 벽체 상부에 cap beam 콘크리트를 타설한다.

ⓞ 토공과 벽면정리

ⓐ Cap beam을 설치하고 굴착 단계별로 earth anchor 또는 버팀보(strut)를 설치하여 지하연속벽에 작용하는 횡방향 토압을 지지하면서 굴착을 실시한다.

ⓑ 굴착이 진행되면 지중에서 지하연속벽체의 노출면을 정리한다.

그림. Cap beam 콘크리트 타설

그림. 토공과 벽면 정리

표. 지하연속벽의 시공 단계별 주의사항

단계	주의사항	사진
① 각종 플랜트 설치 ·안정액 Mixer/배관 ·안정액 저장 Silo ·Desanding plant/pump	·플랜트 소요 면적(약 20m×30m) ·각종 플랜트의 기초에 콘크리트를 타설 ·안정액의 공급과 회수하는 배관망과 펌프를 설치 ·작업장이 좁으면 바닥면 전체에 콘크리트 타설 ·안정액 소요량에 적합한 silo/pump를 설치	
② 안내벽 설치	·안내벽은 토류벽과 기준면의 역할 ·중량물의 지지와 안정액 저수조의 역할 ·우수 등의 유입을 방지 ·안내벽은 굴착 폭보다 5cm 크게 시공	
③ 지하연속벽 굴착 (선행 굴착 ⇨ 본 굴착)	·안정액(bentonite slurry)을 공급하면서 굴착 ·안정액은 지하수위보다 1.5m 이상을 유지 ·선행과 후행 panel의 순서로 굴착 ·굴착시에 수직도(1/300)의 유지가 중요	
④ 철근망의 제작과 건입	·크레인으로 굴착공에 철근망을 건입 ·철근망 이음은 안내벽에 고정하고서 실시 ·철근망 건입시에 철근망의 결속상태를 확인 ·철근망 건입시에 굴착벽의 손상에 유의	
⑤ 콘크리트 타설 (트레미관을 이용한 수중 콘크리트 타설)	·트레미관(ϕ30cm)을 이용한 수중 콘크리트 타설 ·최초 콘크리트는 바닥면과 15~20cm의 간격을 유지하고서 타설 ·트레미관은 콘크리트 속에 항상 2~3m 매입 ·트레미관 연결부의 누수상태를 확인(누수시에 콘크리트의 품질 저하) ·콘크리트 타설관리도를 작성 ·타설 중에 회수한 안정액은 desanding하여 재사용(안정액의 비중관리에 유의)	
⑥ 두부정리/Cap beam 설치	·레이턴스가 발생한 두부(약 60cm)를 제거 ·제거부의 철근에 콘크리트 타설 전에 PVC 파이프를 씌우면 두부정리가 용이 ·panel 연결부를 구조적으로 보강하고 벽체가 일체로 거동하도록 cap beam을 설치	
⑦ 굴착과 횡방향토압 지지 (어스앵커, 버팀보를 설치)	·벽면을 브레이커 등으로 정리하면서 굴착 ·토압에 저항하는 앵커 또는 버팀보을 설치 ·과굴착에 의한 벽체 변위가 없도록 유의 ·굴착 전·후의 변위를 계측하여 관리	

⑥ Secant Pile

Secant pile은 주로 점성토지반에 적용하며 안내벽을 축조하고 1차 굴착공(primary pile)의 사이에 2차 굴착공(secondary pile)을 설치하는 작업을 반복하여 흙막이벽체를 축조한다.

1차 굴착공은 굴착 후에 철근망을 설치하지 않고 콘크리트를 타설하며, 2차 굴착공은 1차 굴착공의 연결부와 함께 굴착하고 철근망을 압입한 후에 콘크리트를 타설하여 흙막이벽을 조성하거나, secant pile을 벽체로 이용하여 콘크리트 구조물을 설치한다.

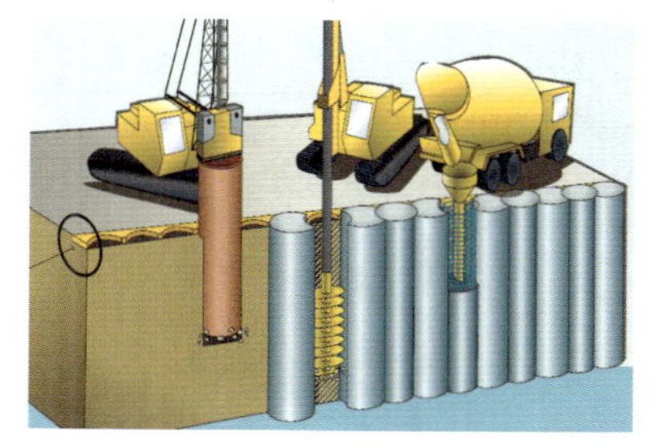

그림. Secant Pile의 시공

(a) Primary Pile (b) Secondary Pile

그림. Secant Pile의 형상

그림. Secant Pile 설치된 형상

㉮ 무근 콘크리트말뚝을 타설하고 10~25%의 겹침으로 후속 말뚝의 굴착 후에 철근망을 건입하고 콘크리트를 타설하여 연속적으로 벽체를 설치하며 말뚝이 겹쳐서 시공되므로 차수가 가능하다.

㉯ 다양한 지층 변화에도 적용이 가능하고 근입 깊이의 확보가 용이하다.

㉰ 원형 굴착과 케이싱을 사용하므로 공벽의 유지가 용이하고 연약지반에 사용이 가능하다.

㉱ 벽체에서 누수(water leakage, soil leakage)의 우려가 적다.

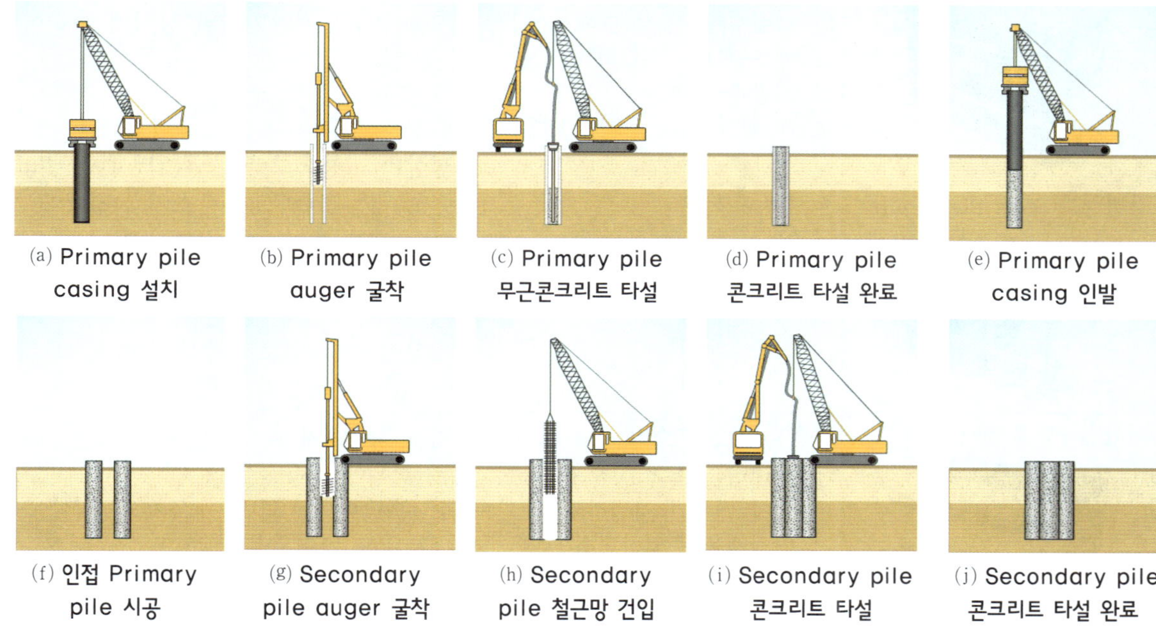

그림. Secant pile의 시공순서

표. 흙막이 공법의 종류와 특성

공법의 종류		특 성
엄지말뚝+목재 토류판	모든 지반에 적용 ① 천공기(T-4)로 천공 ② 엄지말뚝(H-형강) 설치 ③ 토류판 설치	·비교적 양호한 지반에 적용 ·차수대책이 없으면 지하수와 토사가 유출되어 지반침하와 벽체의 변형이 발생 ·인접 구조물과 떨어진 거리가 비교적 크고 가시설 사용기간이 짧은 경우에 적용 ·차수와 안정성 불량
엄지말뚝+콘크리트 토류벽	모든 지반에 적용 ① 천공기(T-4)로 천공 ② 엄지말뚝(H-형강) 설치 ③ 콘크리트 토류판 설치	·강성이 크며 장기공사에서 안정성이 양호 ·지반조건에 따른 제약이 적고 콘크리트 양생 후에 굴착 ·이음부가 많아서 지하수와 토사 유출의 우려 ·강재의 재사용이 불가능하여 경제성 저하 ·장기 안정성과 시공성이 양호
주열식 말뚝공법(CIP)	토사층에 적용 ① 공벽을 안정액과 케이싱으로 유지하면서 천공 ② H형강 또는 철근망 설치 ③ 콘크리트 타설	·지반조건이 불량하고 주변 구조물이 가시설 토류시설과 인접한 경우에 적용 ·흙막이벽의 안정성이 우수하고, 지반침하가 적게 발생 ·차수성 보통(차수 보조공법이 필요) ·상부하중 지지하도록 지지층까지 말뚝을 설치
SCW(Soil cement wall)	토사층에 적용 ① 오거에 의한 천공 ② 인발시 중공 롯드에서 시멘트밀크를 주입하면서 원지반과 교반 ③ H-형강 또는 강관을 삽입	·부지가 넓고 지하수가 많은 구간에 적용하며 벽체가 차수, 흙막이벽체의 역할 ·장기공사에서 지반변형의 방지에 우수하며 지중 장애물이 있으면 시공이 불가능 ·지반침하, 안정성 양호 ·차수성은 보통(차수 보조공법 필요) ·대형장비 사용으로 넓은 작업공간이 필요
강널말뚝(Steel sheet pile)	토사층에 적용 ① 진동해머로 강널말뚝을 압입 ② 또는 천공 후에 강널말뚝을 설치	·부지가 넓고 지하수가 많은 구간에 적용 ·지중 장애물이 있으면 시공이 불가능 ·차수성과 벽체 강성이 크고 지반침하와 안정성이 우수 ·차수성이 매우 양호(차수대책 불필요) ·깊은 심도에 적용이 곤란
지하연속벽(Slurry wall)	토사층~연암층에 적용 ① 안내벽을 설치하고 굴착 ② 굴착 벽체가 자립하도록 안정액을 주입하면서 굴착 ③ 철근망 설치 ④ 콘크리트 타설	·부지가 넓고 지하수가 많거나 인접 구조물이 있는 경우에 적용성이 우수 ·가설 흙막이벽, 외벽 구조체의 역할을 하며 배면부의 지반이완을 최소화 ·지반 침하의 최소화, 안정성, 차수성이 양호 ·대형장비의 사용으로 넓은 작업공간이 필요

4) 굴착에 따른 지반 거동

도심지의 지하 굴착공사에서 발생하는 사고는 흙막이벽이 외력에 견디지 못하여 붕괴하는 경우와 붕괴에 도달하지 않았지만 지반에 과도한 변위가 발생하여 인접한 구조물에 피해를 주는 경우가 있다.
지하굴착은 흙막이벽의 안정성을 확보하고 굴착시에 지반 거동에 따른 인접 구조물이 불안정한 상태가 되지 않게 한다.

그림. 흙막이벽의 붕괴

① 지반 굴착에 따른 지반 거동

㉮ 흙막이벽의 변위에 따른 배면지반의 침하

㉯ 굴착 바닥면에서 히빙과 파이핑의 발생

㉰ 흙막이벽의 사이에서 배면 지하수와 함께 유출되는 토사에 의한 지반 손실(ground loss)

② 지반조건에 따른 흙막이벽체의 변위와 대책

흙막이벽체의 변위는 굴착단계부터 버팀보의 해체 완료시까지 계속하여 발생할 수 있으므로 최종단계의 누적변위를 적용하여 주변 건물과 지하매설물의 침하에 대한 안정성을 검토해야 한다. 또한 굴착을 위한 흙막이벽체와 횡방향토압을 지지하는 구조의 안정과 함께 인접 구조물의 침하, 경사, 균열에 대한 검토와 대책이 필요하다.

㉮ 연약한 점성토지반

㉠ 연약한 점토층 또는 굴착면 부근에 연약한 점토층이 있으면 굴착에 의한 지반중량의 차이로 흙막이벽 배면의 상부지반이 함몰하여 히빙(heaving)이 발생

㉡ 히빙에 의한 붕괴의 형태

ⓐ 흙막이벽 전체의 붕괴

ⓑ 흙막이벽체의 변형

ⓒ 흙막이벽체의 파괴

㉡ 안정대책

ⓐ 흙막이벽의 근입깊이와 강성을 증가

ⓑ 굴착면 내측의 지반강도를 증대

ⓒ 굴착 평면의 축소 또는 배면지반을 굴착

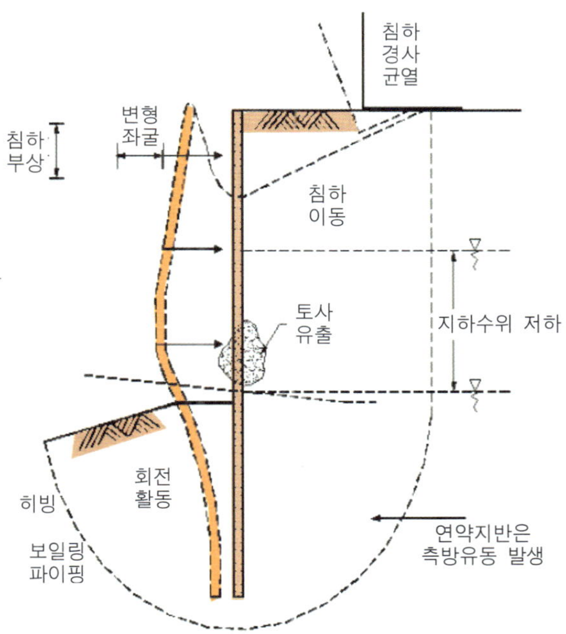

㉯ 느슨한 사질토지반

㉠ 지하수위가 높은 투수성지반(모래, 자갈층)은 차수성벽체를 설치하고 배수를 하면서 굴착하면 벽체의 배면과 굴착면의 지하수위 차이에 의한 상향 침투압에 의해서 모래의 유효응력이 감소하여 boiling 또는 piping 현상이 발생

㉡ 벽체 전면의 수동저항과 벽체 하단의 지지력이 손실되고 모래입자가 이동하여 흙막이 구조체와 주변지반에 피해가 발생

㉢ 안정대책

ⓐ 흙막이벽의 근입깊이를 증가

ⓑ 적절한 배수공법(well point, deep well)의 적용

ⓒ 굴착부 흙막이벽의 근입구간에 지수공법을 적용

㉰ 피압수(굴착 저면의 팽창)

㉠ 점성토 등의 불투수층 하부에 대수층 피압수가 작용하여 점토층을 밀어 올리는 heaving현상이 발생

㉡ 안정대책

ⓐ 지수벽의 근입깊이를 불투수층까지 연장

ⓑ 대수층에 배수공법을 적용하여 정수압을 감소

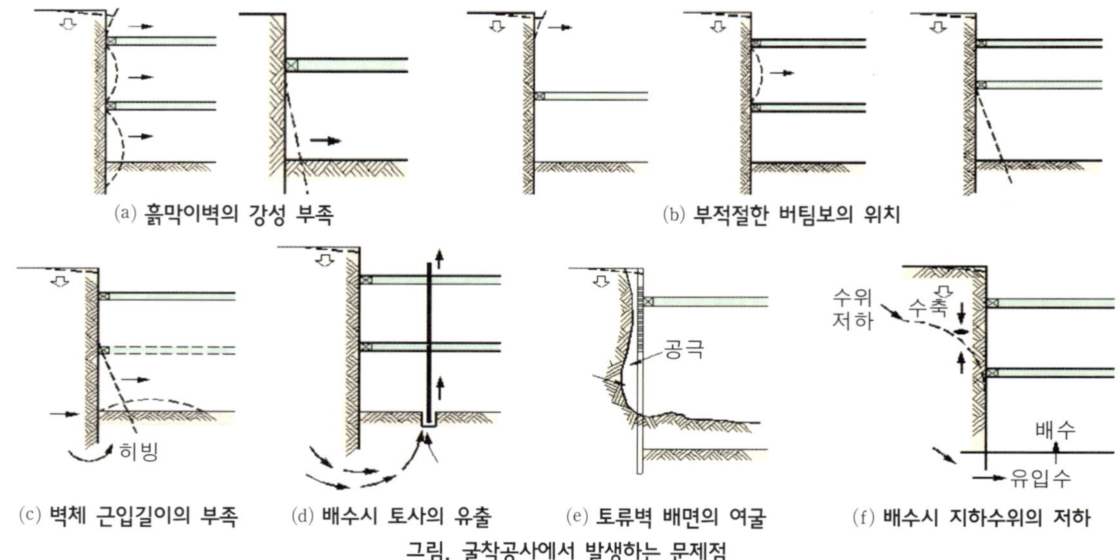

(a) 흙막이벽의 강성 부족 (b) 부적절한 버팀보의 위치

(c) 벽체 근입길이의 부족 (d) 배수시 토사의 유출 (e) 토류벽 배면의 여굴 (f) 배수시 지하수위의 저하

그림. 굴착공사에서 발생하는 문제점

③ 굴착에 의한 인접 지반의 변위

㉮ 주위 지반의 매립이 불완전하면 말뚝 관입시에 천공에 의한 진동으로 압축침하가 발생

㉯ 흙막이벽의 수평변위에 따른 배면토의 이동으로 인한 침하

㉰ 지하수의 유출시에 토사가 함께 배수되어 발생되는 침하

㉱ 배수에 의한 점성토의 압밀침하

㉮ 굴착 바닥면이 연약하여 히빙과 보일링에 의한 배면 지반의 침하
㉯ 엄지말뚝의 인발시에 발생하는 진동과 인발 후에 발생하는 공극의 처리 불량에 따른 침하
㉰ 1차 원인에 의해 발생한 침하가 인접한 상하수도 관거를 파손하여 일시적으로 토사가 대량 유출되면 2차적인 함몰침하가 발생하여 큰 피해가 발생하는 경우도 있다.

④ 흙막이 구조의 변위에 의한 변형

흙막이벽체의 설계조건과 지반상태, 시공여건 등의 차이에서 오는 구조적인 결함에 의하여 흙막이 구조에 변위가 발생한다.

㉮ 버팀보(Strut)
㉠ 버팀보 교차점의 결합과 중간 말뚝과의 결속이 불량하여 좌굴이 발생
㉡ 중간 말뚝은 충분한 지지력을 확보하도록 깊게 타입
㉢ Bracing에 유동이 있으면 띠장에 과대한 휨 응력이 작용하여 변형

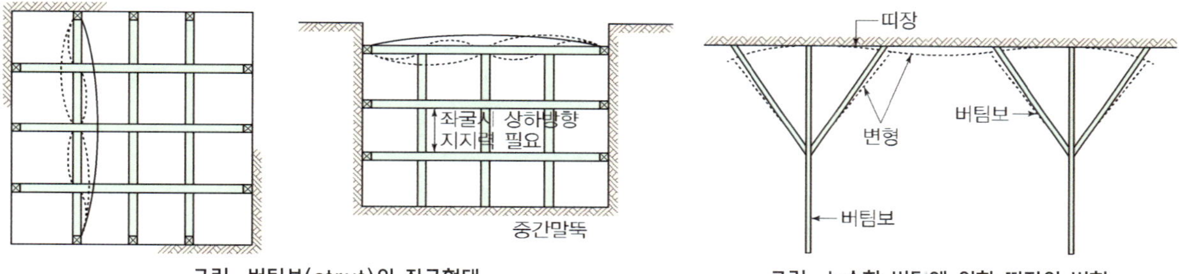

그림. 버팀보(strut)의 좌굴형태

그림. 느슨한 버팀에 의한 띠장의 변형

㉯ Earth anchor
㉠ 어스앵커는 지반상태의 변화, 이완, 변형에 따른 강도의 저하와 지하수의 영향에 의하여 안정성이 저하하고 시공 품질이 불량하면 기대 지내력보다 내력이 감소한다.
㉡ 어스앵커의 설치과정에서 발생하는 변위
ⓐ 앵커체가 지지층에 충분히 정착되었으나 과도한 인장력이 가해지면 흙막이벽체가 파괴
ⓑ 앵커 길이와 흙막이벽의 근입깊이가 부족하여 흙막이벽체가 활동
ⓒ 흙막이벽의 근입깊이는 충분하지만 앵커길이가 부족하여 지반의 활동파괴가 발생
ⓓ 흙막이벽의 수평변위와 인접 지반의 지표침하에 의하여 인접 구조물에 피해가 발생

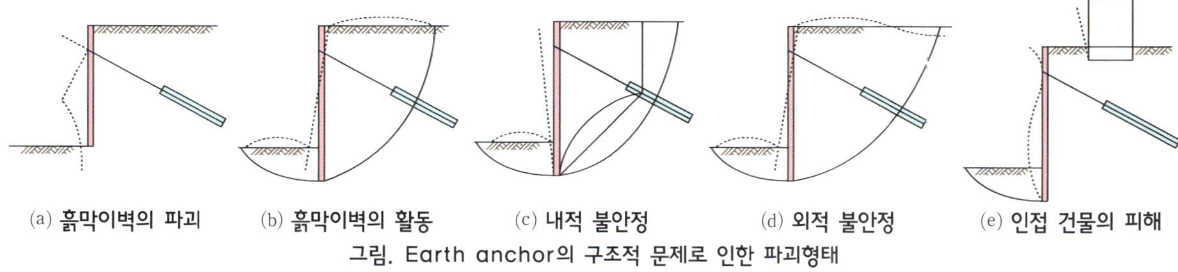

(a) 흙막이벽의 파괴 (b) 흙막이벽의 활동 (c) 내적 불안정 (d) 외적 불안정 (e) 인접 건물의 피해

그림. Earth anchor의 구조적 문제로 인한 파괴형태

⑤ 굴착 바닥면의 안정성

지하구조물 설치를 위한 굴착 중에는 굴착면의 응력상태와 지하수위의 변화로 인하여 굴착 바닥면의 안정에 불리한 여러 가지 현상이 발생한다. 연약한 점성토지반과 지하수위가 비교적 낮고 느슨한 사질토지반은 굴착 바닥면에서 히빙(heaving), 보일링(boiling) 등이 발생하면 흙막이 구조물의 안정이 저해되고 굴착 주변부의 지반침하와 파괴가 발생하여 벽체가 변형되면 붕괴에 도달한다.

㉮ 히빙(heaving)현상의 안정성 검토

히빙은 연약한 점성토지반을 굴착할 때에 굴착 배면의 토괴중량이 굴착저면 이하의 지반지지력보다 커서 지반 내 흙이 미끄러져 내려가고 굴착 바닥면이 부풀어 오르는 하부 침투압에 의한 지반 융기현상으로 굴착면 아래에 피압 지하수가 존재하거나 굴착 비탈면의 흙 중량에 의한 원형 활동 파괴에 의하여 발생한다. 흙막이벽의 근입깊이는 근입부의 안정계산, 변위량의 제한 이외에도 보일링과 히빙에 대한 안정성을 검토하여 결정한다.

㉠ 모멘트 균형에 의한 안정성

최하단 버팀대 위치를 활동면의 중심점으로 하여 흙 중량에 의한 활동모멘트와 활동면을 따라서 발생하는 지반 전단강도에 의한 저항모멘트의 균형에서 히빙의 안정을 검토한다.

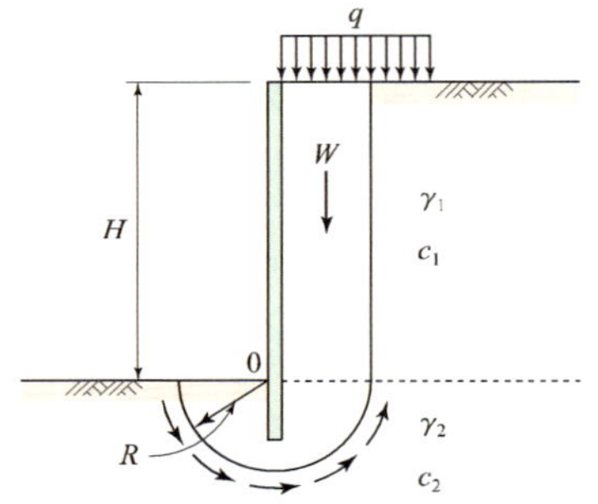

그림. 모멘트 균형에 의한 방법

$$F_s = \frac{M_r}{M_d} = \frac{c_1 HR + c_2 \pi R^2}{\frac{R^2}{2}(\gamma_1 H + q)}$$

여기서, R : 임의의 원호활동면의 반경
q : 흙의 단위중량
H : 굴착 높이
c : 흙의 점착력

㉡ Terzaghi 방법

활동면이 원호와 평면으로 구성되었을 때에 점성토지반의 극한 지지력과 터파기 바닥면보다 위에 있는 배면 지반의 재하하중과의 균형에서 히빙의 안정을 검토한다.

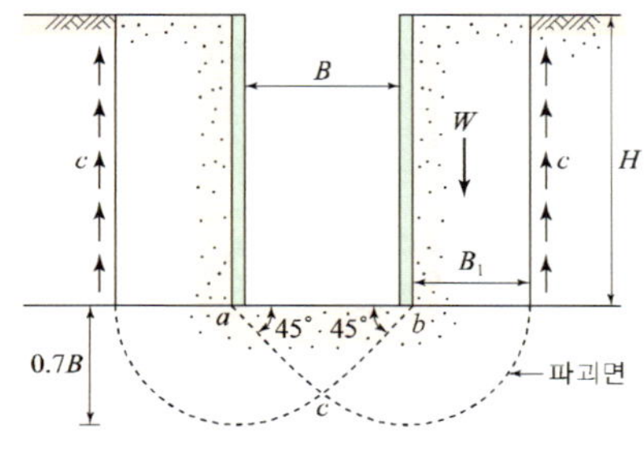

그림. Terzaghi 방법

$$F_s = \frac{5.7c}{\gamma_t H - \frac{cH}{0.7B}}$$

㉢ 최대 굴착깊이

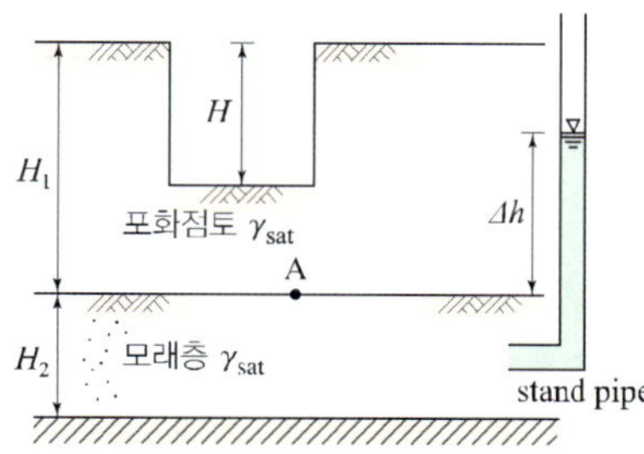

그림. 최대 굴착깊이

$\overline{\sigma_A}=0$일 때에 굴착할 수 있는 최대 깊이 H

유효응력 : $\overline{\sigma_A}=\sigma_A-U_A=(H_1-H)\gamma_{sat}-\triangle h\gamma_w=0$

$$\therefore\ H=\frac{H_1\gamma_{sat}-\triangle h\gamma_w}{\gamma_{sat}}$$

㉯ 보일링(boiling)의 안정성 검토

보일링은 흙막이벽 내에서 배수를 하면서 모래지반을 굴착할 때에 굴착 바닥면으로 배면의 모래가 솟아 오르는 현상으로 지하수위가 높은 모래, 자갈층과 같은 투수성지반에서 강널말뚝으로 흙막이벽을 설치하고 굴착하는 경우에 굴착 바닥면에서 지하수압으로 인하여 물이 솟아 오르고 모래입자가 지표면으로 흘러나와 지반이 파괴되는 현상이다.

침투수의 압력이 증가하여 유효응력이 0이 되면 점착력이 없는 흙은 전단강도가 소실되어 흙이 위로 솟구쳐 오르려는 현상을 보일링 또는 분사현상(quick sand)이라고 한다.

보일링은 지반의 전단저항이 거의 소실되어 흙막이벽 전면의 저항토압이 없어지므로 굴착저면에 가까운 버팀보에 설계하중 이상의 힘이 작용하면 흙막이벽체가 휨 좌굴을 일으켜서 큰 변형과 파괴에 이르게 된다.

㉠ 보일링의 발생 조건

$$\frac{H}{H+2d}\geq\frac{G_s-1}{1+e}=\frac{\gamma_{sub}}{\gamma_w}$$

㉡ 보일링이 발생하지 않기 위한 조건

$$\frac{H}{H+2d}<\frac{G_s-1}{1+e}=\frac{\gamma_{sub}}{\gamma_w}$$

㉢ 보일링의 안전율

$$F_s=\frac{(H+2d)\gamma_{sub}}{H\gamma_w}$$

여기서, H : 수위 차

G_s : 흙의 비중

e : 흙의 간극비

γ_{sub} : 흙의 수중단위중량

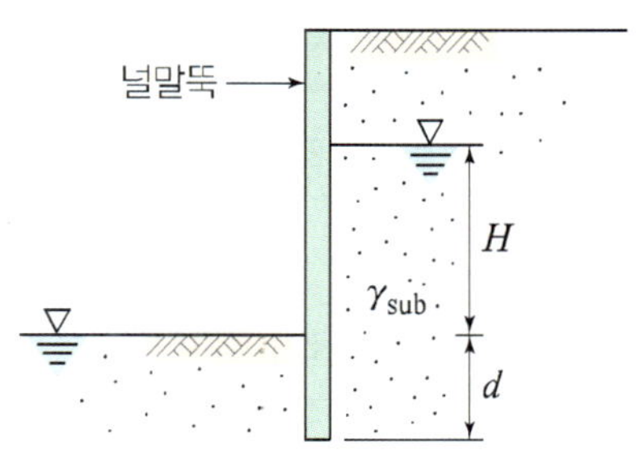

그림. 보일링(boiling) 현상

5) 흙막이벽의 계측관리

지반을 굴착할 때에 흙막이 구조물, 주변지반, 인접 구조물의 거동을 파악하여 설계, 시공, 유지관리에 활용하며 흙막이 구조물의 안정성과 경제성을 확보하고 주변지반과 인접 구조물의 안전을 확보하기 위하여 계측을 실시한다.

① 계측항목

㉮ 계측항목은 부지 주변의 상황과 설계시의 불확실성을 검토하여 결정한다.

㉯ 계측항목 설정의 요인

㉠ 설계시의 불확실성을 해명

㉡ 굴착 범위 내의 구조물 안전성을 확보

표. 흙막이공의 계측 항목

<table>
<tr><th>측정위치</th><th colspan="2">측정항목</th><th>계측기기</th><th>육안 관찰</th><th>목 적</th></tr>
<tr><td rowspan="3">토류벽</td><td>측압</td><td>토압, 수압</td><td>토압계
수압계</td><td rowspan="3">· 벽체의 휨 상태
· 연속성의 확인
· 누수
· 주위 지반의 균열</td><td>· 측압의 설계와 실측을 비교
· 지하수위, 간극수압, 벽면 수압의 관련성 파악</td></tr>
<tr><td>변형</td><td>두부변위
수평변위</td><td>측량, 경사계</td><td>· 변형의 허용정도 파악
· 측압과 벽체 변형의 상관성 파악</td></tr>
<tr><td colspan="2">벽체내 응력</td><td>변형계, 철근계</td><td>· 설계치/실측치의 벽체내 응력 비교
· 벽체의 안정성 파악</td></tr>
<tr><td>버팀보,
어스앵커</td><td colspan="2">축력, 변위량,
온도</td><td>하중계, 신축계,
상대변위계, 온도계</td><td>· 버팀재 연결의 평탄성
· 볼트 조임</td><td>· 지보공의 토압 분담을 파악
· 작용하중과 허용축력을 비교, 안정성 확인</td></tr>
<tr><td>터파기지반</td><td colspan="2">굴착지반 내의
수직과 수평변위,
지중 수평변위</td><td>간극수압계, 경사계</td><td>· 지하터파기 바닥면의 융기, 균열
· 내부지반의 용수</td><td rowspan="2">· 굴착부와 주변 지반의 변형
· 배면지반, 흙막이벽, 굴착 바닥면의 변위 파악
· 허용, 실측 변위량의 비교
· 지하터파기, 배수에 의한 주변 지반의 침하량과 침하 범위 파악</td></tr>
<tr><td>주변지반</td><td colspan="2">지표/지중
연직변위,
간극수압, 지중
수평변위</td><td>경사계,
지중침하계,
간극수압계</td><td>· 배면지반의 균열,
· 도로 연석 벌어짐</td></tr>
<tr><td>인접구조물</td><td colspan="2">연직변위,
경사량, 균열</td><td>침하계, 경사계,
균열측정기</td><td>· 구조물 균열</td><td>· 인접 구조물의 변형</td></tr>
</table>

② 계측위치의 선정

㉮ 원위치시험 등에 의한 지반조건이 파악된 곳

㉯ 설계와 시공측면에서 흙막이 구조물을 대표할 수 있는 장소

㉰ 중요 구조물이 인접한 곳

㉱ 흙막이 구조물이나 특수한 지반조건으로 공사에 영향이 있을 것으로 예상되는 장소

㉲ 교통량이 많은 장소

㉳ 하천 주변 등에서 지하수가 다량으로 분포하고 수위의 상승과 하강이 빈번한 곳

㉴ 계측기기의 설치와 측정이 용이한 지점

③ 계측기의 종류

㉮ 지중경사계

인접 지반의 지중에 설치하여 지반의 횡방향 변위와 변위속도를 측정하고 지중의 횡방향 변위는 흙막이벽체의 변형과 지반침하에 관련되므로 지표침하계, 토압계, 변형률계를 연계하여 해석한다.

㉯ 변형률계

변형률계는 횡방향 토압을 지지하는 버팀보, 복공구간의 I-beam, 엄지말뚝과 띠장의 표면에 부착하여 변형률을 측정하고 부재의 응력과 휨모멘트를 파악하여 강재 자체의 응력이 허용범위에 있는가를 판단하며 인접 구조물과 지반의 거동을 예측하여 관리치로 선정하기 위하여 사용한다.

㉰ 토압계

흙막이 벽체에 작용하는 토압의 변화를 측정하고 토압계의 측정결과는 변형률계와 응력계가 서로 연관되므로 종합적으로 검토해야 한다.

㉱ 간극수압계

지반이 연약한 경우에 간극수압의 변화를 측정하기 위하여 설치한다.

㉲ 지하수위계

굴착공사에서 지하수 처리공법을 적용하면 배면 지반의 지하수위 변화가 흙막이 벽체의 안전과 배면 지반의 침하에 영향을 미치므로 지하수위의 변화를 주기적으로 측정하여 흙막이 벽체와 배면 지반 등에 미치는 영향을 검토한다.

㉳ 그라운드 앵커의 반력측정계

그라운드 앵커의 긴장시에 앵커 반력을 측정하여 배면 지반과 흙막이 구조물의 거동, 정착부의 이상을 전반적으로 파악할 수 있다. 또한 버팀보의 선단에 설치하면 버팀보에 가해지는 축력을 측정하여 버팀보의 안정관리에 이용할 수 있다.

㉴ 건물경사계

인접 건물과 구조물의 바닥과 벽에 부착하여 기울기를 측정하며 허용 기준치와 비교하여 안정성을 검토하고 적절한 조치를 하기 위하여 설치한다.

㉵ 균열측정계

굴착 전에 인접건물에 발생한 균열 위치에 균열측정계를 부착하여 굴착 중에 발생한 균열의 변화를 파악하며 민원의 해소와 굴착공사에 따른 영향을 예측할 수 있다.

④ 계측빈도

계측빈도는 터파기의 진행상태와 계측치의 변화속도에 따라서 결정하며 측정치에 급격한 변화가 없게 빈도를 설정하고 설치 초기는 정상 작동의 여부와 초기치의 설정을 위하여 빈도를 늘린다.

표. 흙막이공의 계측 항목과 측정빈도

계측 항목	측정시기	측정 빈도	비 고
지하수위계	·설치 즉시 ·공사 진행 중 ·공사 완료 후	1회/일(1일간) 2회/주 1회/주(1개월간)	초기치 선정 우천 이후 3일간 연속 측정
하중계 축력계	·설치 즉시 ·공사 진행 중 ·공사 완료 후	3회/일(3일간) 2회/주 1회/주(1개월간)	초기치 선정 다음 단의 설치시에 추가 측정 다음 단의 해체시에 추가 측정
변위계	·설치 즉시 ·공사 진행 중 ·공사 완료 후	1회/일 2회/주 1회/주	초기치 선정 다음 단의 설치시에 추가 측정 다음 단의 해체시에 추가 측정
지중경사계	·설치 즉시 ·공사 진행 중 ·공사 완료 후	1회/일(3일간) 2회/주 1회/주	초기치 선정 다음 단의 설치시에 추가 측정 다음 단의 해체시에 추가 측정
건물경사계, 균열계	·설치 즉시 ·공사 진행 중 ·공사 완료 후	1회/일(3일간) 2회/주 1회/주(1개월간)	초기치 선정
지표침하계	·설치 즉시 ·공사 진행 중 ·공사 완료 후	1회/일(3일간) 2회/주 1회/주	초기치 선정

⑤ 흙막이 구조물의 계측기 배치(사례)

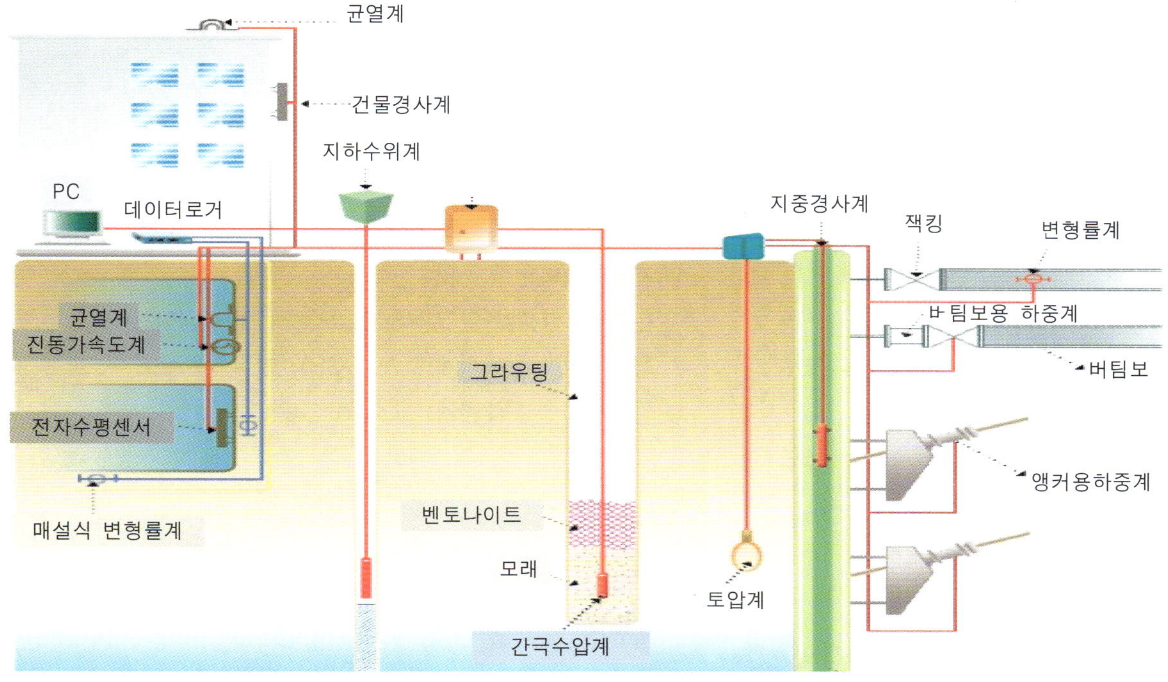

(4) 흙막이벽의 차수공법

1) 개요

흙막이벽은 굴착 시에 토압과 수압을 벽체가 지지하고 벽체의 변형과 파괴를 억제하여 인근 구조물에 미치는 영향을 최소화해야 한다. 그러나 별도의 차수공법을 적용하지 않은 흙막이벽에서 지하수가 유출되어 지하수위가 저하되면 지반의 유효응력이 증가하고 벽체 주변에서 지반침하가 발생한다.

굴착 시에 토압과 수압에 의한 변형은 흙막이벽의 강성을 증가시켜서 억제하고 지하수위의 저하에 의한 지반침하는 흙막이벽에 차수공법을 병행하거나 불투수성 벽체를 설치하여 방지한다.

차수공법은 강널말뚝공법, SCW, CIP 등의 차수를 목적으로 하는 주열식공법이나 굴착배면의 지반에 약액과 시멘트 현탁액을 주입하여 지반을 개량하면 시공이 간편하고 차수효과가 우수하다.

흙막이 구조물은 토질과 지하수의 특성에 적합한 차수공을 설치하지 않으면 토사와 지하수의 유출에 의한 흙막이벽의 붕괴로 이어질 수 있으므로 지반조건, 구조물의 조건, 인접 구조물의 기초상태를 고려한 차수공법의 선정이 중요하다.

표. 흙막이벽 차수공법의 분류

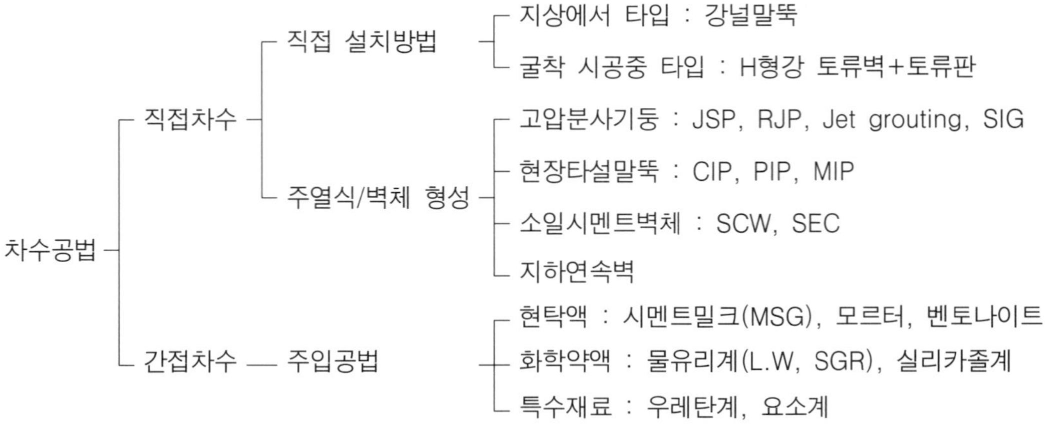

2) 차수공법의 선정시 고려사항

① 굴착 심도와 규모
② 지층상태와 지하수 상황
③ 주변 구조물과 지중 매설물의 상태
④ 주변 지반에 미치는 환경적 영향
⑤ 인근 주민과 소음, 진동 등의 영향
⑥ 굴착공법과 굴착 중의 배수

3) 약액주입공법

약액주입공법은 지중에 삽입한 주입관을 통하여 주입한 약액(또는 주입재)이 일정한 시간(gel time 또는 setting time)이 경과된 후에 지반을 고결시켜서 흙입자의 간극과 지반 속의 틈을 메워서 지하수의 침투를 방지하고 압축과 압밀효과에 의한 흙입자의 점착력이 증가하여 지반강도의 증대와 불투수성(차수 또는 지수)이 증가한다.

① 주입공법의 종류

㉮ 단관 주입공법

로터리(rotary)보링기로 주입심도까지 천공하고 롯드(rod)를 이용하여 주입하는 공법이며 시공이 간편하고 경제성이 우수하여 암반 주입에 많이 사용한다. 그러나 충적층은 천공시에 수직방향으로 형성된 주입관 주변의 공극으로 주입액이 이탈하여 주입효과와 안정성이 저하한다.

㉯ 단관 스트레이너공법

지중에 스트레이너관을 설치하여 주입하는 방법이며 약액이 다수공에서 분산하여 분출하므로 주입압력이 낮아서 균일한 침투주입이 가능하다.

㉰ 2중관 주입공법

㉠ Double packer방법

Double packer방법은 매설 주입관의 토출공이 탄력있는 sleeve로 피복되어 약액은 외관으로 나올 수 있으나 지하수와 함께 관 내부로 역류하지 않으며 대부분의 토질에 적용이 가능하다.

㉡ 이중관 주입공법

2중관 복합 주입공법은 약액의 고결시간(gel-time)이 짧기 때문에 2-shot system이 필요하고, 이중관 롯드를 사용하여 A액(주재), B액(반응재)을 이중관 롯드의 선단에 있는 특수장치 속에서 합류 또는 혼합하여 지반 내로 분사한다.

㉱ 다중관 복합주입공법

② 주입재료의 종류

약액주입에 사용하는 주입재료는 겔, 반응상태, 적용방식, 주입 목적, 효과, 고결시간에 따라서 분류하며 비약액계 주입재는 시멘트, 점토계가 있고 약액계는 물유리와 고분자계가 있다.

표. 주입재료의 종류

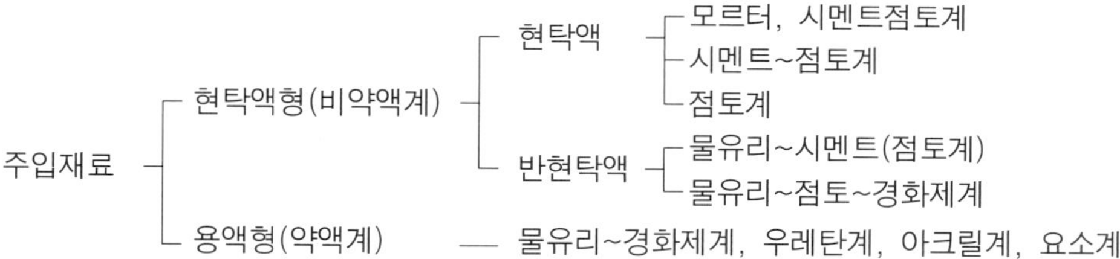

③ 주입재의 선정

㉮ 주입목적에 의한 선정

㉠ 지수

ⓐ 사력층은 현탁액형 주입재를 사용

ⓑ 지하수의 유속이 빠르면 고결시간(gel time)이 짧은 주입재를 사용

㉡ 지반 강화

ⓐ 주입율이 높으면 주입효과가 상승

ⓑ 유기계 약액을 사용

㉢ 공동 충진 : 시멘트, 벤토나이트계의 주입재, 현탁액형 주입재를 선정

㉯ 대상 토질에 의한 선정

㉠ 사질토 : 용액형 약액

㉡ 점성토 : 현탁액형 약액

④ 주입형태

㉮ 침투주입

㉠ 주입재가 흙입자의 배열을 변화시키지 않고 흙입자의 간극에 침투하여 고결되며 지반의 지수성과 강도를 개선하는 주입형태

㉡ 사질토에서 주입효과가 우수($k = 10^{-1} \sim 10^{-2}$cm/sec에서 침투주입이 용이)

㉯ 할렬주입

㉠ 지반의 할렬 부분에 주입재가 침투하여 맥상을 형성하는 주입형태

㉡ 맥상으로 형성된 약액이 주변 지반의 압밀을 촉진하여 지반강도가 증가

㉢ 다층지반은 주입구 부근 또는 상부의 모래층과 점성토층의 경계부에 약액이 할렬되어 판상으로 침입하므로 경계주입이라고도 한다.

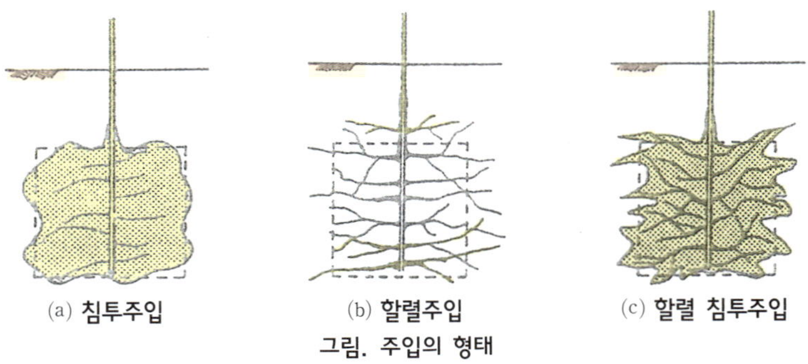

(a) 침투주입 (b) 할렬주입 (c) 할렬 침투주입

그림. 주입의 형태

㉰ 할렬 침투주입

㉠ 사질토지반에서 주입속도가 커지면 주입압력이 상승하여 주입공의 인접 지반을 할렬시키고 약액은 맥상으로 주입되어 할렬 맥상 주변의 미주입 부근에 침투한다.

㉡ 전체적으로 침투주입이 월등하면 침투주입과 동일한 개량효과를 발휘한다.

⑤ 주입방법

약액 주입은 고결시간을 기준으로 gel-time이 20분 이상이면 1-shot방식(1액 1계통식, 1액 1공정), 각각 다른 두 주입관을 나와서 혼합되는 순간에 고결되는 2-shot방식(2액 2계통식, 2액 2공정), gel-time이 2~10분에서 사용하는 1.5-shot방식(2액 1계통식, 2액 1공정)의 3가지 방식이 있다.

지하수의 유속이 크지 않으면 1-shot방식, 유속이 크고 용수와 누수가 많으면 2-shot방식을 사용하며, 두 방식의 중간인 1.5-shot방식이 간편하여 가장 사용된다.

구 분	1-shot방식	1.5-shot방식	2-shot방식
gel-time	20분 이상	2~10분	혼합 순간에 고결
주입 공정	주입재를 동시에 혼합 1액 1계통식, 1액 1공정	2액 1계통식, 2액 1공정	별도 믹서에서 혼합, 주입 2액 2계통식, 2액 2공정
지하수 유속	유속이 크지 않은 경우	두 방식의 중간 가장 보편적으로 사용	유속이 크고, 용수와 누수가 많은 경우

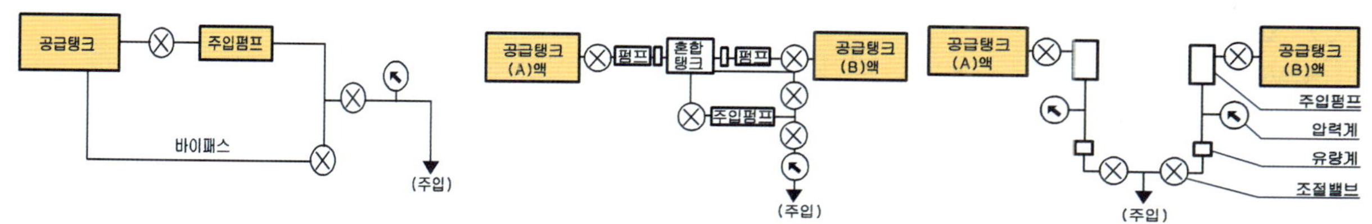

(a) 1-shot방식(1액 1공정식)　(b) 1.5-shot방식(2액 1공정식)　(c) 2-shot방식(2액 2공정식)

그림. 주입방법의 분류

⑥ 약액주입공법의 시공 관리항목

㉮ 주입 목적의 설정 : 지반의 차수성과 강도의 증가

㉯ 주입재의 적용범위

㉰ 지반조건 : 사질토, 점성토, 복합지반

㉱ 주입재의 종류 : 약액형, 현탁액형

㉲ 주입율과 주입비의 결정

㉠ 주입율(λ)

$\lambda = n\alpha(1+\beta)$ (여기서, n : 간극률, α : 충진율, β : 손실계수)

㉡ 주입비

$$\frac{D_{15}}{G_{85}} \geq 15$$

여기서, D_{15} : 입도분포곡선에서 15%를 통과하는 입경

G_{85} : 그라우트재의 입도분포곡선에서 85%를 통과하는 입경

㉳ 주입압력의 결정

㉴ Gel time 결정 : 1-shot, 1.5-shot, 2-shot

㉵ 지하수의 유속 : 1-shot, 1.5-shot, 2-shot

㉶ 주입공의 배치와 심도

㉠ 차수 주입 : 2열로 겹치게 주입

㉡ 주입 심도 : 굴착 깊이, boiling의 영향을 검토하여 깊은 심도에서 주입

㉷ 시험 주입 : 주입공법, 주입율, 주입비, 주입압력, gel time, 주입공 배치, 심도 등을 측정하여 본 주입에 적용

㉸ 주입성과의 확인

㉠ 투수계수

㉡ 개량후 일축압축강도, X-선 회절, SEM(주사전자현미경) 결과

⑦ LW(Labiless Wasser glass) 그라우팅공법

LW공법은 물유리약액과 현탁액을 혼합하면 고결되는 현상에 착안하여 개발되었다. 주입재는 물유리용액을 주재(A액), 시멘트 현탁액이나 시멘트+벤토나이트를 경화재(B액)로 하여 각각의 펌프에서 Y자형관으로 합류시켜서 혼합, 주입하는 1.5-shot방식을 사용한다.

주입압력은 1~2MPa이며 투수시험에서 결정하고 주입범위는 반경 0.4~0.75m, 고결시간은 2~3분이 소요된다. LW공법은 자갈층, 모래층에서 전면 침투가 가능하지만 입경 0.6mm 이하의 세사층은 주입이 곤란하고 연약한 점성토와 실트층은 맥상으로 주입되어 침하방지와 지반 보강에 효과가 있다.

㉮ 장점

㉠ 소규모 혼합플랜트(mixing plant)를 사용하므로 작업공간의 제약이 적다.

㉡ 주입관이 지중에 보존되므로 결함이 있는 경우에 재주입이 가능하다.

㉯ 단점

㉠ 공극이 매우 크고 지하수가 많은 지반은 주입효과가 불량하다.

㉡ 정밀한 시공을 하지 않으면 차수의 신뢰성이 떨어진다.

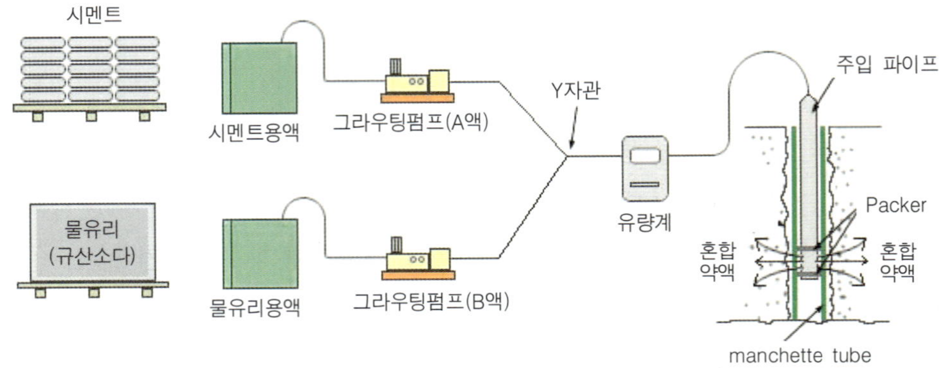

그림. LW공법의 주입 구성도

㉰ 시공순서

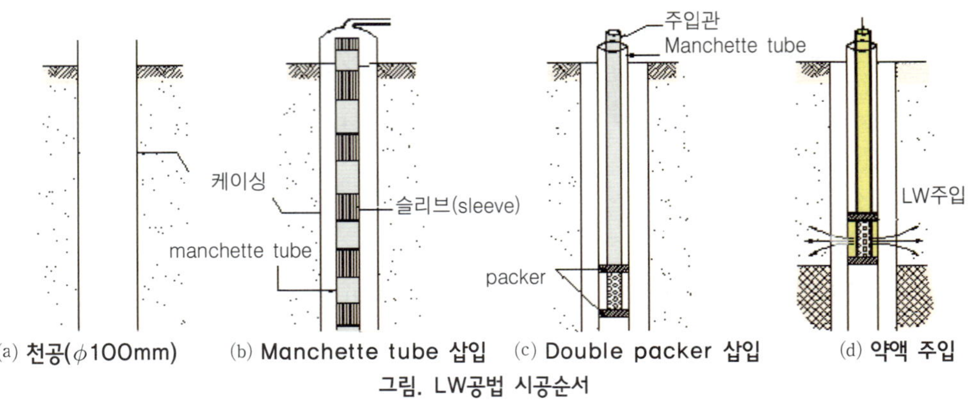

(a) 천공(ϕ100mm) (b) Manchette tube 삽입 (c) Double packer 삽입 (d) 약액 주입

그림. LW공법 시공순서

⑧ SGR(Space grouting rocket)공법

SGR공법은 물유리계 주입재를 사용하는 이중관 복합 주입공법으로 이중관 롯드에 특수 선단장치(rocket)와 3조식 교반장치를 갖추고 지반에 유도공간을 형성하여 급결성과 완결성의 주입재를 저압으로 연속적으로 복합 주입하여 지반을 보강한다.

점성토와 사질토에 모두 적용하며 점성토지반은 맥상으로 주입되어 압밀효과가 있고 사질토지반은 흙입자의 간극에 그라우트를 주입하여 고결시키므로 상대밀도의 증가, 투수성의 감소, 점착력이 증가되는 효과가 있다.

천공시 주입시 유도 공간

그림. SGR공법

㉮ 장점

㉠ 작업공간의 제약이 적고 다양한 주입재의 선택이 가능하다.

㉡ 저압 주입이므로 지반의 교란과 융기로 인한 주변 구조물에 미치는 영향이 적다.

㉢ 롯드를 교환하지 않고 천공과 주입을 할 수 있다.

㉣ 고결시간은 급결형이 6~10초, 완결형은 60~120초를 표준으로 한다.

㉤ 주입관이 회전하지 않으므로 팩커(packer) 효과가 확실하다.

㉥ 연속적으로 복합 주입이 가능하다.

㉯ 단점

㉠ 용액 주입으로 높은 강도를 기대하기 어렵다.

㉡ 점성토지반은 맥상으로 주입된다.

㉰ 시공 순서와 유의사항

㉠ 이중관 롯드의 내관으로 천공수를 보내면서 소요 심도까지 천공한다.

㉡ 천공이 완료되면 외관으로 압력수를 보내면서 롯드를 1-step 인발하면 특수 선단장치가 돌출하여 실린더 형태의 공간이 형성된다.

㉢ 형성된 공간에 1-step마다 내관과 외관에서 A액(급결성 주입재), B액(완결성 주입재)을 연속하여 주입하는 복합 주입을 실시한다.

㉣ 주입공 간격은 0.8~1.0m, step 길이는 0.5m, 토출량은 15ℓ/min로 주입한다.

㉤ 복합 주입은 순결성, 완결성 약액의 순서로 하며 3조식 교반장치를 사용하여 2종류의 gel-time이 다른 약액을 연속적으로 주입한다.

㉥ 주입은 gel-time이 조절되는 경화제를 사용하여 gel-time을 관리한다.

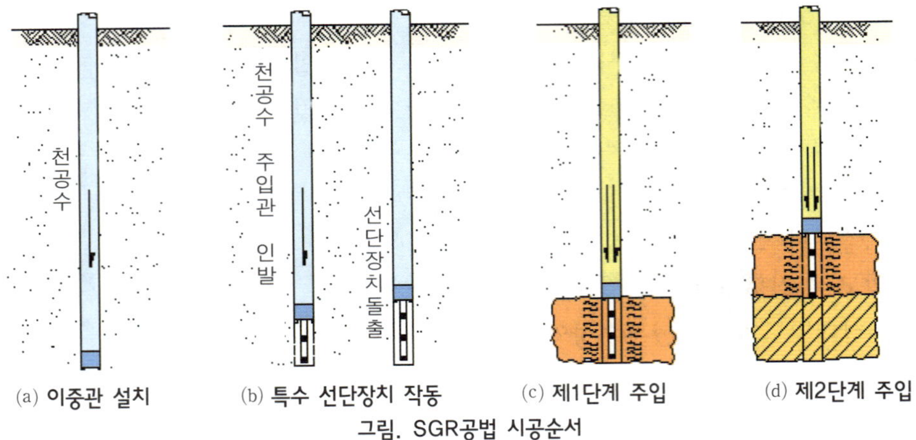

(a) 이중관 설치 (b) 특수 선단장치 작동 (c) 제1단계 주입 (d) 제2단계 주입

그림. SGR공법 시공순서

⑨ CGS(Compaction grouting system)공법

CGS공법은 슬럼프 5cm 이하의 저유동성 모르터주입재를 지중에 방사형으로 주입하여 균질한 고결체를 형성시킨다.

주입재가 느슨한 흙을 방사형으로 밀어내어 주변 지반을 압축시켜서 원기둥 형태의 콘크리트말뚝을 형성하므로 말뚝의 지지력과 주위 지반의 지내력을 확보할 수 있다.

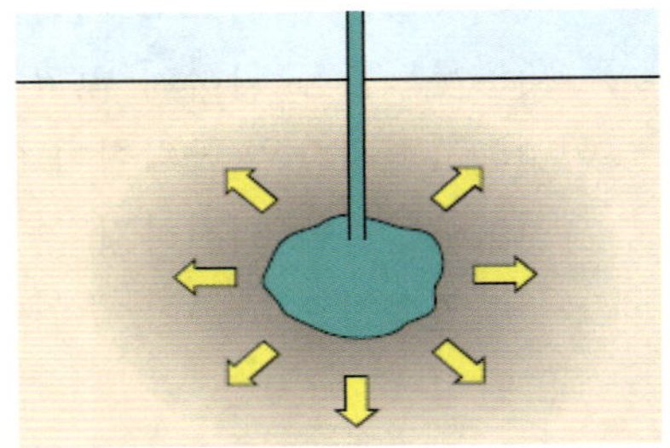

그림. CGS에 의한 구근 형성

㉮ 특징

㉠ 기초 바닥과 기반암의 지지층까지 전체 체적을 개량하여 지반의 지내력을 향상시킨다.

㉡ 폐광, 석회암 공동, 해안구조물 기초사석, 매립층 하부의 공극을 저유동성 주입재로 충전하여 상부 구조물과 하부 지반이 안정성을 가지게 한다.

㉢ 원기둥형태의 주입 고결체는 지내력의 향상과 상부하중을 지지하는 말뚝으로 사용할 수 있다.

㉣ 진동과 소음이 적으므로 도심지작업에 유리하고 연약한 지반, 구조물의 부등침하, 예상되는 침하의 방지와 복원에 이용된다.

㉯ 시공 유의사항

㉠ 주입재의 유동성은 골재와 세립토의 입도, 주입재의 슬럼프, 컨시스턴시가 중요하고 특히 0.08mm체보다 작은 세립분의 양에 주의해야 한다.

㉡ 주입 고결체를 지지말뚝으로 이용하는 경우는 고결체의 강도가 중요하므로 소요 강도에 적합한 양의 시멘트와 골재(직경 5mm 이하)를 사용한다.

표. CGS공법의 주입 고결체 배합비

시멘트	골재와 세립토	물	비 고
260kg	0.84m^3	0.4m^3	m^{3}당

㉢ 세립분이 지나치게 많거나 물의 양이 많으면 고결체의 형상과 주입재의 관리가 어렵고 수압파쇄 등으로 주입효과가 크게 떨어진다. 또한 세립분이 너무 적고 골재와 모래의 양이 많으면 재료분리가 발생하며 dry packing의 영향으로 주입이 어려워진다.

㉣ 주입압력은 주입관의 선단에서 최대가 되고 멀어질수록 감소하며 지표면에서 융기가 관찰되면 구속응력을 초과하여 지반이 파괴되므로 현장조건에 적합한 주입압력을 설정해야 한다.

㉤ 주입은 하향(top-down) 주입방식, 상향(bottom-up) 주입방식과 조합형이 있으며 주입공의 배치는 grid형으로 사각형, 삼각형으로 하고 주입공의 간격은 1.0~3.0m를 적용한다.

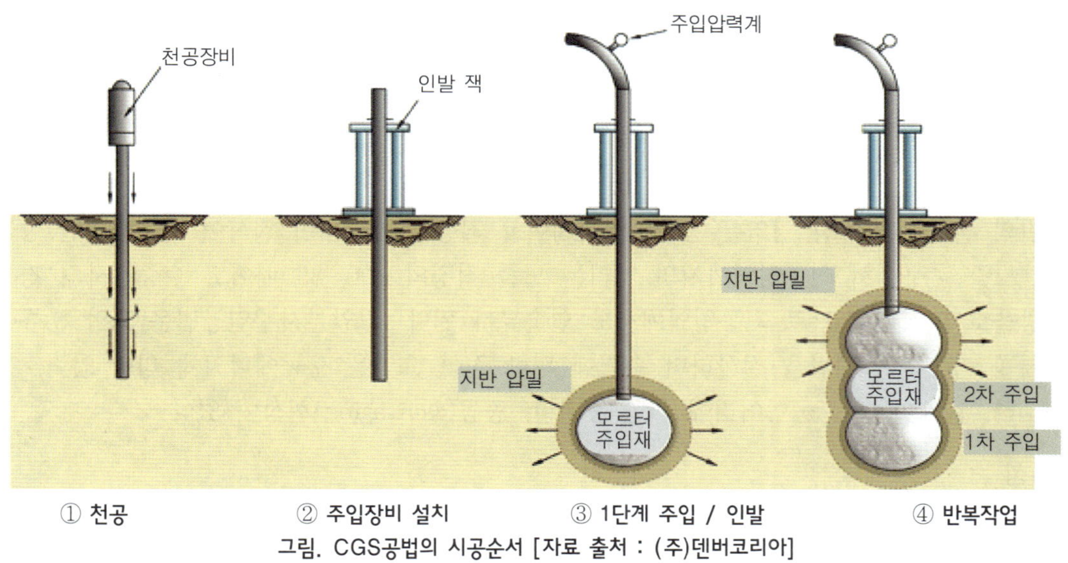

그림. CGS공법의 시공순서 [자료 출처 : (주)덴버코리아]

4) 고압분사(Jet grouting)주입공법

고압분사주입공법은 공기와 물의 힘으로 지반을 굴삭하고 굴삭토를 지표에 배출하여 지중에 인위적인 공동을 만들고 고화재를 충전하는 치환공법으로 약액주입공법과 강제교반공법에서 우려되는 수압파쇄(hydraulic fracturing)와 지반의 융기현상에 의한 주변 구조물과 매설물이 떠오르거나 손상되지 않는다. 고압분사주입공법은 치환공법이므로 지중에서 고화재를 주체로 하여 고강도의 차수성이 큰 고결체(soilcrete)를 조성한다.

고압분사주입은 흙입자의 공극을 메우는 것이 아니고 흙입자와 물을 지표로 배제시켜서 생긴 공동에 고화재(cement slurry)를 충전하는 공법이므로 원지반과는 다른 성질의 고결체가 형성된다.

대부분의 흙입자가 슬라임(slime)상태로 지표로 배출되지만 모래, 자갈, 큰 흙입자는 일부가 고결체 내에 남아 있으므로 모래층은 모르터(mortar)형태, 점성토에서는 소일시멘트(soil cement)형태의 고결체가 형성된다.

① 공법의 원리

공기 중에 분사하는 고압 분류수는 노즐 입구의 포텐셜이 일정한 초기영역(A), 흐름이 충분히 발휘되는 중간영역(B), 불연속류가 되어 공동(cavitation)이 발생되는 최종영역(C)으로 구분하며, 고압 분류수는 전이영역(D)이 중요하다.

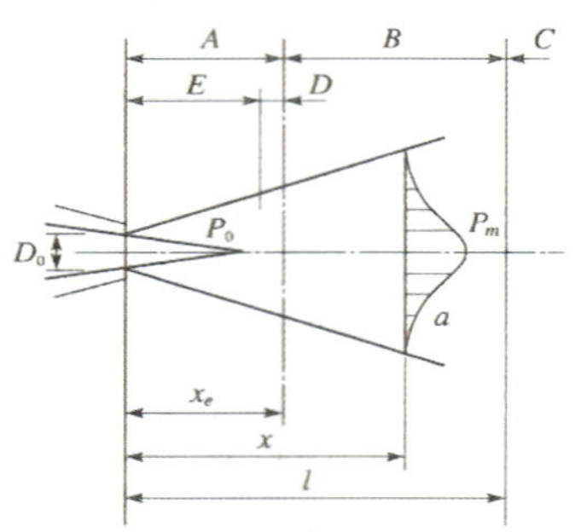

A : 초기 영역
B : 중간 영역
C : 최종 영역
D : 전이 영역
E : 분류 핵
D_o : 노즐 출구의 직경
P_o : 노즐 출구의 압력

그림. 고압분사의 분류 구조도

지반의 절삭에 유효한 영역은 중간영역까지이고 최종영역도 지반 절삭이 가능하지만 능률이 저하된다. 노즐 출구에서 최종영역까지의 거리는 노즐 직경의 300~350배이고 수중분사의 경우는 분류가 물방울로 되지 않으므로 최종영역에서도 연속류가 된다. 고압분사주입공법은 고압 분류수의 운동에너지를 이용하여 지반을 절삭하며 수력에 의한 절삭 요인은 운동에너지에 의한 압력, 분류수의 맥동부하, 물쐐기효과, 물덩어리에 의한 충격력, 공동(cavitation)현상이 있다.

② 특성

㉮ 방향성이 우수하여 필요한 영역 이외로는 확산이 적다.

㉯ 일반 주입공법으로 시공이 곤란한 세립토층에 적용할 수 있고 강도가 큰 개량체를 조성한다.

㉰ 지반상태에 따른 주입재료의 선택이 필요하지 않고 시멘트계를 주로 사용한다.

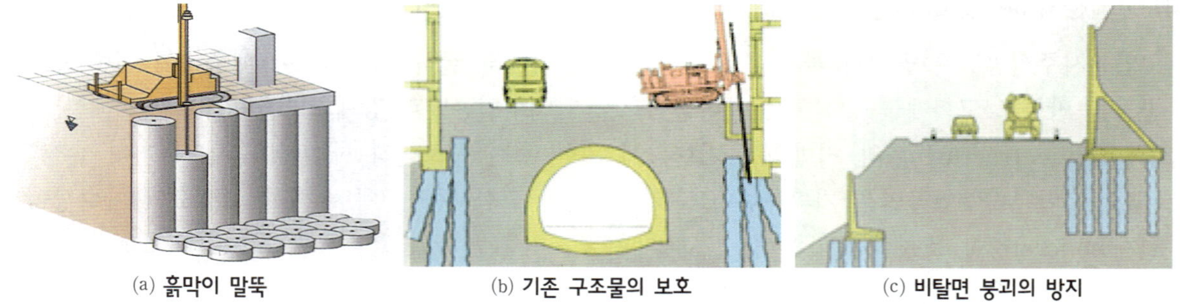

(a) **흙막이 말뚝** (b) **기존 구조물의 보호** (c) **비탈면 붕괴의 방지**

그림. Jet Grouting공법의 적용사례

③ 적용성

㉮ 지수 : 흙막이벽의 지수, 매설관 아래의 지수, 방조제, 저수지 등의 누수방지, 기존 댐의 누수방지와 보강

㉯ 지반강화 : 연약지반의 지지력 보강, 히빙의 방지, 사면붕괴의 방지와 보강, 기설구조물의 보호와 언더피닝(under pinning) 등에 적용

㉰ 현장 타설말뚝, 흙막이벽체 : 현장에서 말뚝을 지중에 조성하거나 흙막이 등에 사용

㉱ 선행 지중보 : 폭이 넓은 구조물 시공시에 지반이 연약하거나 지하매설물로 인한 장애가 있는 경우에 기존 구조물을 보호하고 지반을 개량

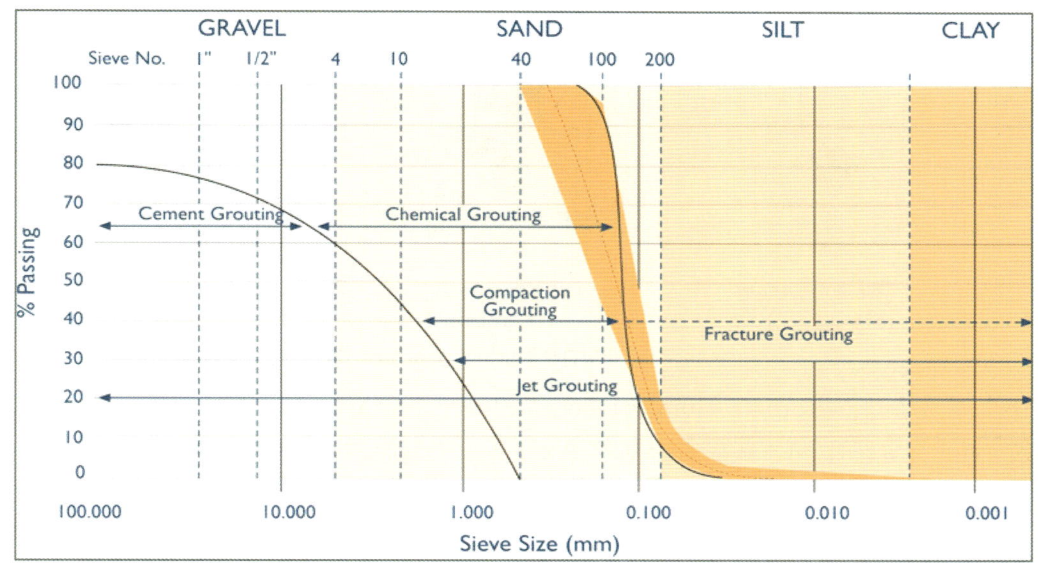

그림. Jet Grouting공법의 적용 범위

④ 개량 효과(주입후 개량체의 특성)

㉮ 개량체의 일축압축강도

㉠ 점성토 : q_u= 2~4Mpa

㉡ 사질토 : q_u= 4~9Mpa

㉢ 사력, 전석층 : q_u= 9~15Mpa

㉯ 투수계수 : k= 10^{-5}~10^{-7}cm/sec

㉰ 탄성계수(E_s)

개량체의 일축압축강도와 탄성계수가 커서 파괴 변형이 작고 파괴후의 잔류강도가 감소하며 일축압축강도(q_u)와 탄성계수(E_s)는 E_s=(40~60)q_uMpa의 관계를 나타내고 있다.

㉱ 포아송비(ν)

강도 증가에 따라서 포아송비도 증가하는 경향이 있으며 근사적으로 $\nu=(4.7\sim8.2)\times q_u\times10^{-4}$의 관계를 나타내고 있다.

㉲ 휨강도(σ_b)

휨강도는 σ_b= 3~8Mpa에서 σ_b= (1/7~1/5)q_u이며 허용 휨강도는 $\sigma_{ba}=1/3\times\sigma_b$이다.

⑤ Jet Grouting의 종류

고압분사주입공법은 분사 메카니즘, 사용기계, 분사압력, 시공방법에 따라서 단관, 2중관, 3중관 분사주입공법의 3가지로 분류한다.

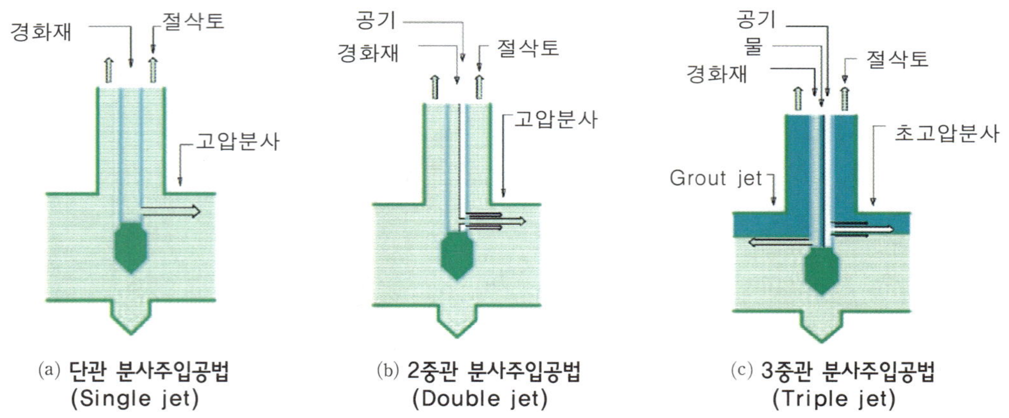

(a) 단관 분사주입공법 (Single jet)
(b) 2중관 분사주입공법 (Double jet)
(c) 3중관 분사주입공법 (Triple jet)

그림. 고압분사공법(Jet grouting)의 분류

㉮ 단관 분사주입공법(Single fluid method ; Slurry jetting)

단관 분사주입공법은 초고압 분류체에 의한 운동에너지를 이용해서 지반을 절삭한 공간에 경화재를 충진하거나 절삭토와 경화재를 교반, 혼합하여 원주상 개량체(soilcrete)를 조성한다.

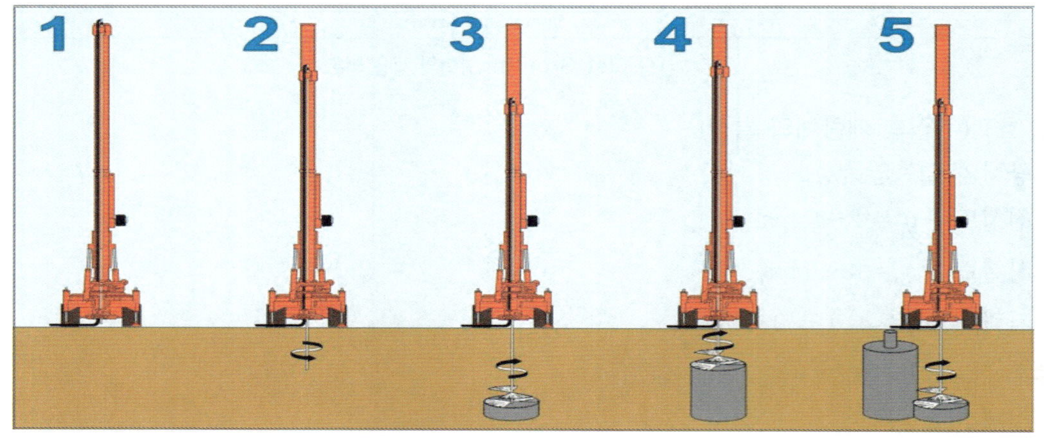

그림. 단관 분사주입공법의 개요도

㉯ 2중관 분사주입공법(Double fluid method ; Slurry and air jetting)

2중관 분사주입공법은 경화재를 고압으로 분사시켜서 분류체의 동적에너지를 이용하여 지반을 절삭시키는 단관 분사주입공법에 공기 분류체를 병용하여 경화재 분류체의 도달거리를 증가시켜서 개량체의 직경을 크게 한 공법이다. 즉 공기와 함께 초고압(20MPa)분류를 이용하여 지반을 절삭하는 동시에 교반 혼합층에 주입재를 충진시킨다.

주입은 소구경으로 소정 깊이까지 천공한 후에 2중관 롯드의 선단에 장착한 분사공의 외주로부터 압축공기, 중심부에서 경화재(cement slurry)를 초고압으로 지반 중에 수평으로 분사시키면서 노즐이 한바퀴 또는 한바퀴 반을 회전하면 자동적으로 2.5cm가 상승되는 작업을 반복하여 원주상 개량체(ϕ0.8~1.2m)를 조성한다.

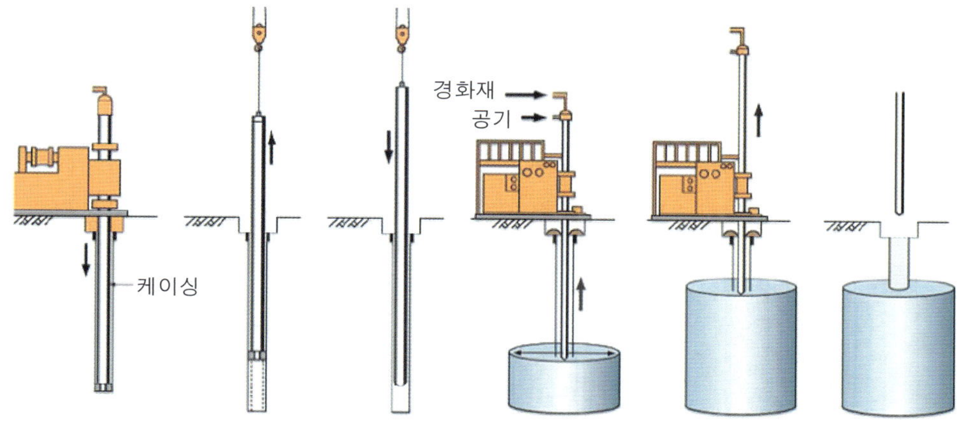

그림. 2중관 분사주입의 개요도

㉠ JSP(Jumbo special pattern pile)공법

JSP공법은 고압(20~40MPa) 분사방식으로 지반을 절삭, 파쇄하여 형성된 공극에 주입재를 충진하는 일종의 유도주입공법이다. 롯드 선단에 장착된 제트노즐이 회전하며 일정하게 상승하면서 주입재를 수평방향으로 고압 분사하여 지반을 파쇄하고 주입재를 채워 넣는 방식으로 파쇄된 토사와 주입재의 혼합과 경화에 의하여 원주형 고결체를 조성한다.

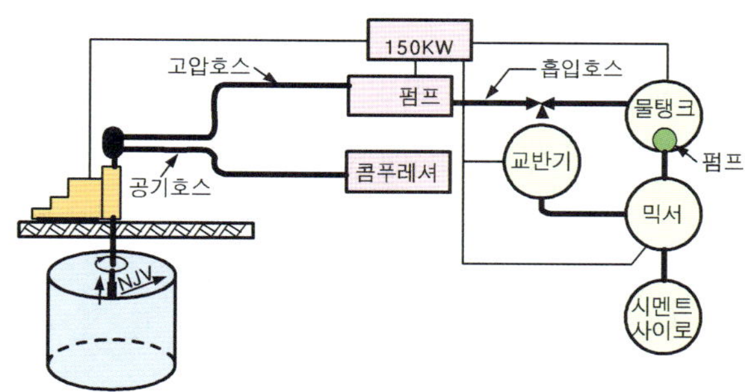

그림. JSP공법의 주입 계통도

그림. JSP공법의 고압 분사 전경

ⓐ 적용성

- 흙막이벽의 지수, 매설관 하부의 지수, 댐과 저수지 등의 누수 방지와 보강에 적합하고 현장 타설말뚝과 흙막이벽으로 사용할 수 있다.
- 연약지반의 지지력 증가, 히빙 방지, 비탈면 보호, 구조물의 보강과 underpinning에 적용이 가능하다.

ⓑ JSP공법의 시공순서

- 지반조건에 따라서 롯드의 회전속도와 스핀들 스트로크(spindle stroke)를 조정하여 계획심도까지 천공(ϕ50mm)한다.

- 천공이 완료되면 주입상태로 롯드의 회전속도를 조정한다.
- 천공수 주입을 시멘트밀크의 주입으로 바꾸고 주입압력을 20MPa로 상승시켜서 분사 주입한다.
- 롯드를 서서히 회전함과 동시에 제트노즐을 인발하면서 연속적으로 분사 주입한다.
- 계획심도까지 분사 주입을 완료하면 시멘트로 고결된 개량체가 형성된다.

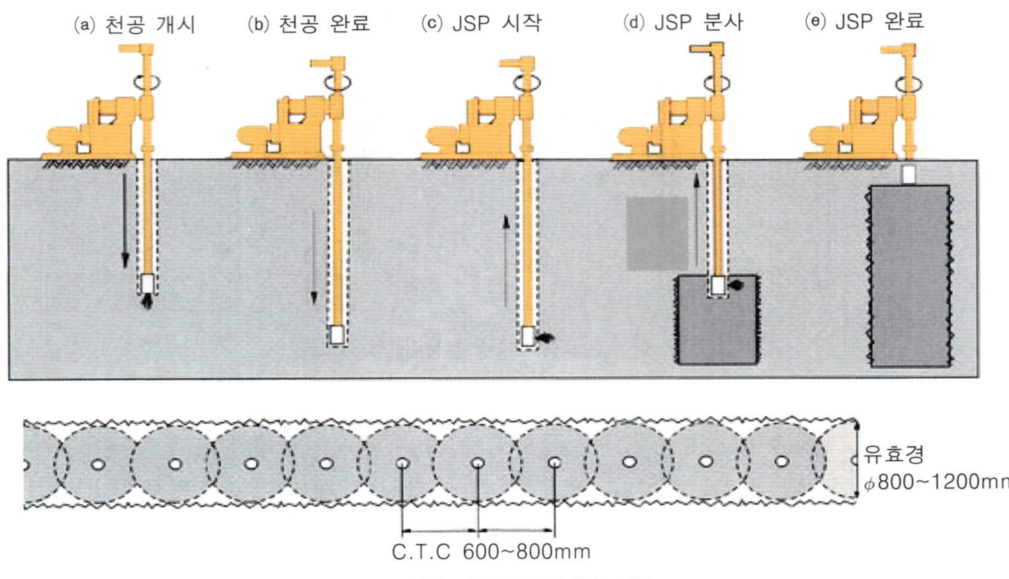

그림. JSP공법의 시공 과정

㉡ SIG(Super Injection grouting)공법

고압력 유체로 구성된 제트분류 에너지로 지반을 절삭하여 형성된 공간에 경화재를 충진하는 치환공법이며 흙막이 굴착의 차수공법, 구조물 기초의 보강에 사용한다.

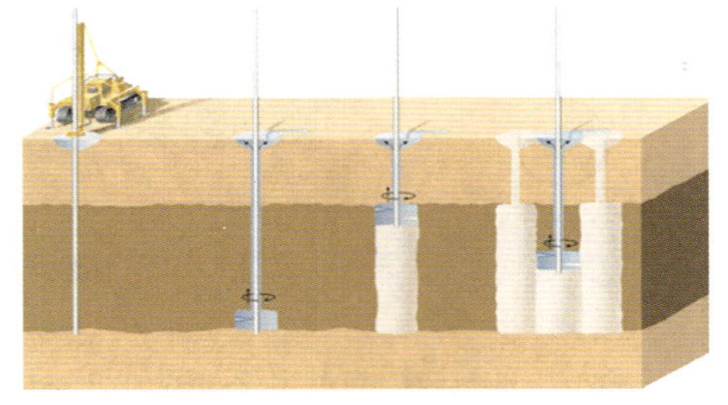

그림. SIG 공법의 시공순서

㉢ 3중관 분사주입공법(Triple fluid method, Rodin jet pile)

3중관 롯드로 천공한 후에 롯드 선단에 부착된 다중 모니터의 상부에서 1차적으로 초고압수(20~40MPa)와 압축공기(0.7MPa)를 분사하여 지층을 절삭하고, 모니터 하부에서 초고압경화제와 압축공기를 분사하여 2차 절삭과 토사와 경화재를 혼합, 교반하여서 원주상 고결체(soilcrete)를 조성한다.

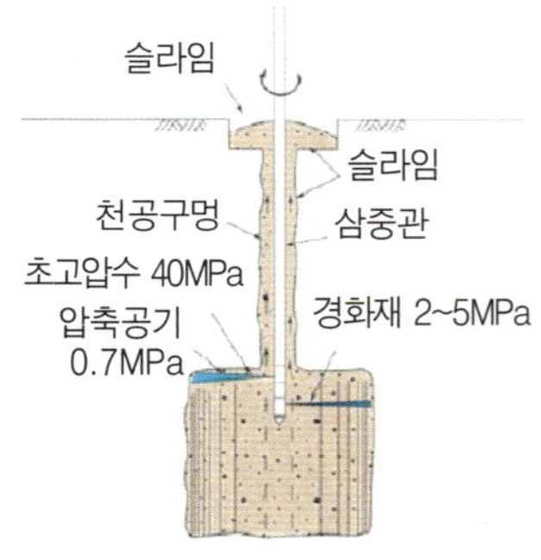

그림. 3중관 분사주입 개요

롯드의 회전, 상승속도, 압력을 조절하면 지반조건에 따라서 ϕ2.0m 이상의 원주체를 만들 수 있다. 3중관 분사주입공법은 수중에서 수분류를 할 때에 거리 증가와 함께 동수압의 감쇠를 보완하기 위하여 노즐 선단의 외주를 따라서 고압공기를 분사하면 유효거리가 증가한다.

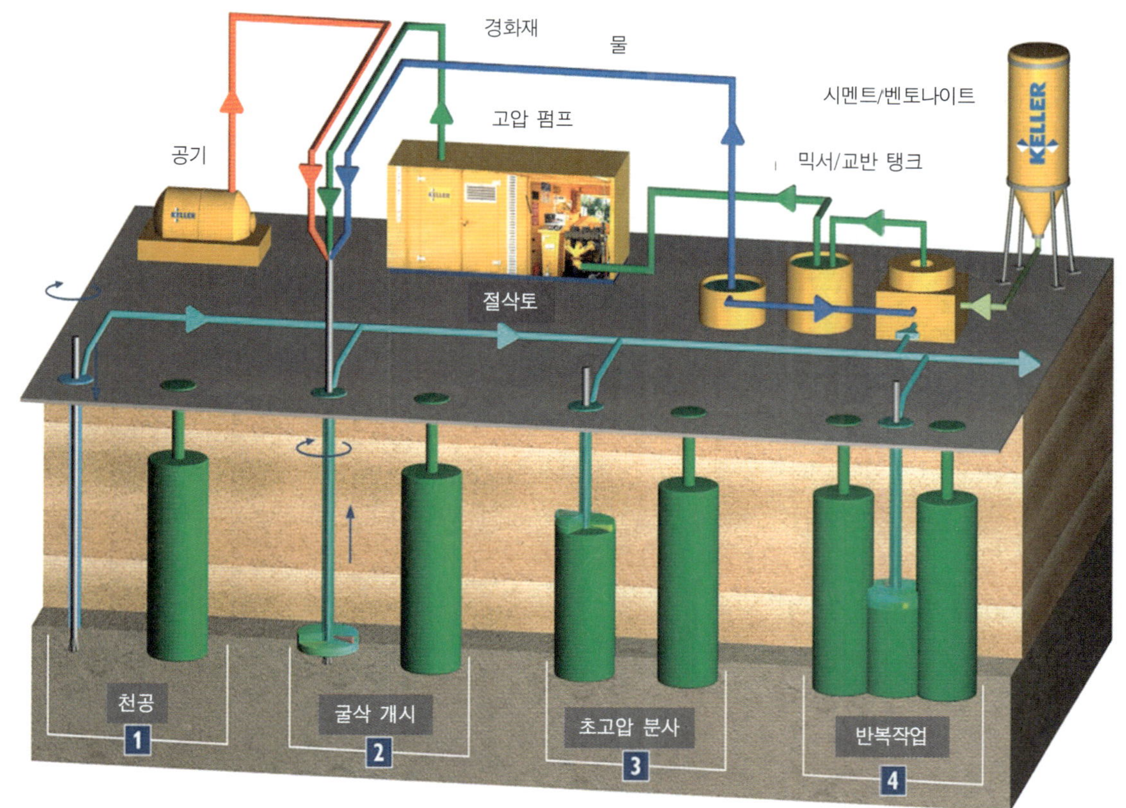

그림. Jet Grouting의 플랜트와 주입 과정 [자료 출처 : Hayward Baker]

노즐의 출구 부근에서 공기를 분사시키면 수분류는 공기에 싸여서 먼 거리까지 도달하고 절삭범위를 확대하기 위하여 사용된 공기는 절삭토의 지표면 배출에 이용할 수 있다.

3중관 분사주입을 하는 RJP(Rodin jet pile)공법은 초고압분류체가 가지는 운동에너지를 이용하여 지반구조를 파쇄하고 파괴된 흙입자와 경화재를 혼합, 교반하여 대구경의 원주상고결체를 조성하는 공법이다.

㉠ RJP공법의 특성

ⓐ 풍화암, 연암 이외의 지층에서 균질한 소일시멘트 말뚝을 조성하고 조성체의 일축압축강도와 강성이 크다.

ⓑ 지수성과 연속성이 있는 개량체를 인접한 구조물의 형상에 따라서 설치할 수 있으며 고압분류체에 의한 파쇄효과가 있어서 밀착성이 크다.

ⓒ 무기질 시멘트계 경화재를 사용하여 장기적으로 개량체의 강성을 유지하는 무진동, 무소음 공법이다.

ⓓ 다중관 롯드의 회전과 인발속도를 조정하면 다양한 개량단면을 형성할 수 있다.

ⓔ 롯드 회전각을 조정하면 개량체의 형태를 변경할 수 있다. 전회전식으로 작동하면 원주상 고결체가 형성되고 요동방식을 90~270° 로 각회전하면 부채꼴 단면이 형성된다.

(a) Full column (b) Partial column (c) Single panel wall (d) Double panel wall

그림. Jet Grouting에 의한 조성체의 형상

㉡ 시공 유의사항

ⓐ RJP공법은 천공장비로 계획심도까지 천공하고 회전속도와 인발속도를 설정하여 분사시험을 하며 모니터를 회전하면서 고압분사에 의한 말뚝을 조성한다.

ⓑ 롯드 인발 중의 제트류에 의한 비산과 안전성을 고려하여 1m 이상의 토피가 필요하다.

ⓒ 제트류가 작동하는 동안에 주변의 지하 매설물에 미치는 영향을 고려해야 한다.

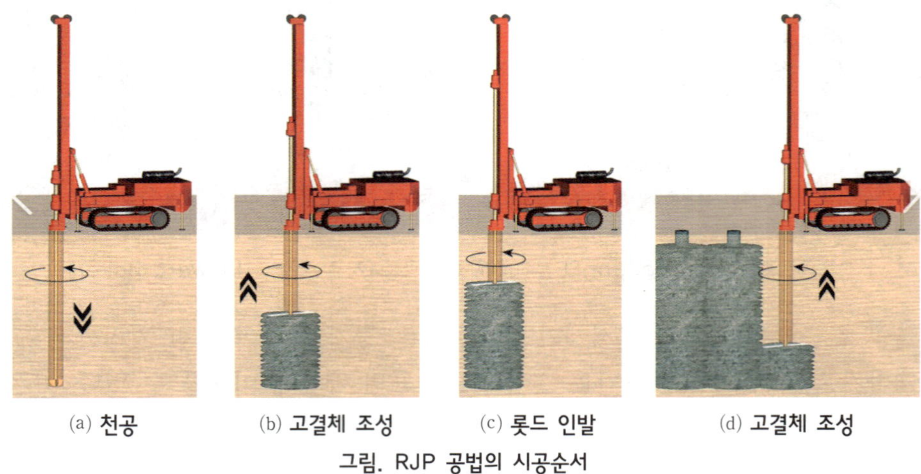

(a) 천공 (b) 고결체 조성 (c) 롯드 인발 (d) 고결체 조성

그림. RJP 공법의 시공순서

제3장
암석발파공

암석발파공 3

1 개 설

암반의 굴착은 화약을 이용한 발파공법과 기계식파쇄공법이 있으며 화약에 의한 발파공법이 가장 효과적이고 경제적이어서 일반적으로 많이 사용되고 있다. 발파에 의한 굴착은 화약을 구성하는 물질의 화학반응에 의해 고온, 고압, 고속의 기체를 생성하는 과정에서 방출하는 에너지를 이용하여 암반을 파쇄한다.

2 발파 이론

(1) 발파에 의한 암반의 파괴 특성

암반 내에서 폭약이 폭발하여 발생한 폭굉파의 충격으로 발생한 충격파가 암반으로 전파해 가고, 이어서 암반은 폭발에 의해 발생한 가스의 팽창에 의한 정적압력을 받는다. 즉 폭발에 의한 파괴는 암반 중을 전파하는 동적인 충격응력과 가스압의 작용으로 발생하며 폭약의 폭굉압은 기폭 후 수 μsec에서 최대치에 도달하고 압력은 100,000기압 이상으로 추정된다.

초고압을 받은 암석은 충격점의 근처에서 유체적인 거동을 나타내고 3,000℃ 이상의 고온에 의하여 폭원에서 수mm~수cm 영역의 암석이 용융된다. 따라서 소성 유동파가 발생하고 충격압에 의한 충격파로 되

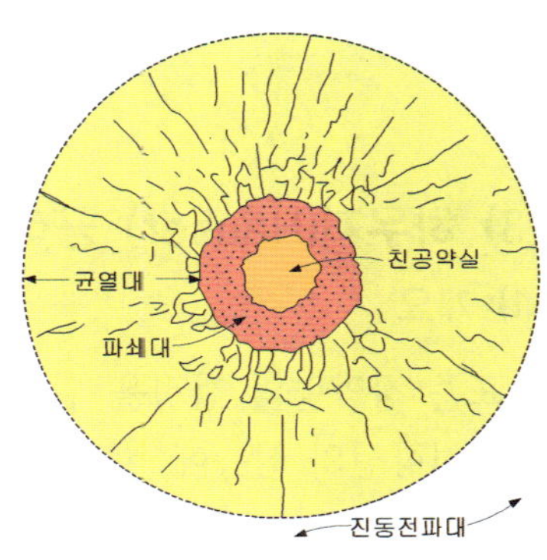

그림. 폭발점 부근의 파괴영역

어 시간 경과와 함께 탄성파 형태로 암반으로 전파되어 간다. 암반 내의 응력이 해방되면 단열 팽창에 따른 급격한 온도 저하에 의하여 암석 구성입자 사이의 열팽창 차이로 암석은 미세한 입자로 파쇄되는 용융 파쇄권이 폭약 반경의 2~3배 정도로 형성되고, 이 충격파의 작용으로 균열이 발생하면 발생한 가스압력에 의한 암석 파쇄를 동반하여 암반 전체가 파쇄된다.

(2) 누두공 이론(Crater theory)

균질한 암반에 구멍을 뚫고 적당량의 폭약을 장전하여 폭발시킬 때에 발생하는 원뿔모양의 파쇄공을 누두공이라고 한다. 폭약의 위력과 발파에 대한 암석의 저항성을 파악하여 장약량을 산정하는 자료를 얻기 위해서 누두공시험을 실시한다.

누두공 형상이 암반의 종류와 강도, 폭약의 위력, 전색 정도, 저항선 거리에 따라서 달라지는 것을 관측하여 암반 파쇄에 필요한 폭약량을 구하는 시험을 누두공시험이라고 한다.

누두공의 반지름을 R, 장약의 중심에서 자유면까지의 거리를 최소저항선(W)이라고 하면 누두공의 형상은 누두공의 반경과 최소저항선의 비인 누두지수(n)로 나타낼 수 있다.

누두지수 : $n = \dfrac{R}{W}$

1) 표준장약($n = 1$, $R = W$) : 가장 적절한 발파
2) 약장약($n < 1$) : 장약량이 불충분하여 공발이 되거나 부석이 남게 됨
3) 과장약($n > 1$) : 장약량이 과다하여 암석의 파쇄정도가 심하고 비산이 우려됨

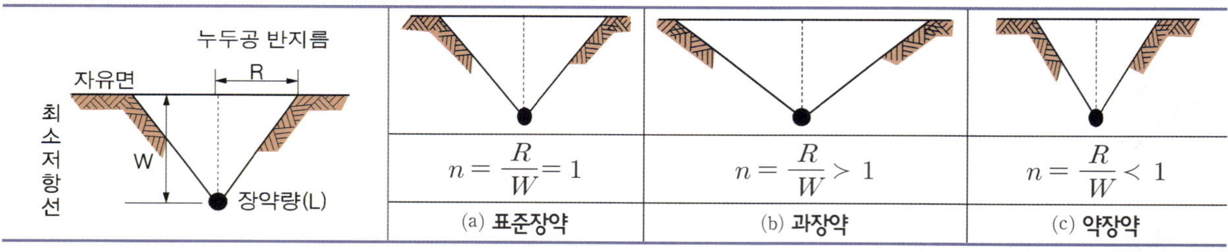

그림. 발파 누두공의 형상

(3) 하우저(Hauser) 공식

1) 개요

표준 장약량의 산정을 위하여 하우저의 제안식을 이용하면 1자유면 발파에서 표준발파의 장약량은 최소저항선의 삼승에 비례하므로 다음 식과 같이 나타낼 수 있다.

$$L = CW^3$$

여기서, L : 공당 장약량(kg), C : 발파계수, W : 최소저항선(m)

이 식은 표준장약에 의한 표준발파(n=1)의 경우에만 적용되므로 과장약 또는 약장약인 경우에 누두지수 함수 $f(n)$을 이용하여 장약량을 보정하면 $L=f(n)CW^3$이 된다.

2) 발파계수(C)

암석강도에 비하여 폭약의 힘이 약하고 전색이 불충분하면 발파효과가 감소하여 효과적인 발파에 필요한 폭약량이 증가한다. 발파계수는 암석 발파에 필요한 장약량 계산에 중요한 계수로서 누두공의 크기와 형상과는 관계가 없고 발파대상 암석의 발파에 대한 저항계수(g), 폭약의 위력계수(e), 전색계수(d)의 영향을 받으며 발파계수(C)는 다음 식으로 구한다.

$C=g\ e\ d$

$L=f(n)\ g\ e\ dW^3$

여기서, e : 폭약 위력계수

g : 암반 저항계수

d : 전색계수

$f(n)$: 누두지수함수

3) 폭약 위력계수(e)

특정한 폭약을 기준으로 하여 다른 폭약과의 발파효과를 비교하는 폭약 위력계수는 강력한 폭약일수록 그 값이 작아진다. 일반적으로 니트로글리세린(NG) 60%를 포함한 다이너마이트를 표준으로 하여 폭약의 위력을 비교한다.

표. 폭약 위력계수(e)

구 분 / 폭약 종류	가비중	순폭도	폭속(m/sec)	위력계수(e)
Gelatine Dynamite	1.3~1.4	4~5	5,000~5,500	1.0
함수폭약	1.1~1.2	2	3,900	1.1
초안폭약	1.0~1.1	2~3	3,000~3,500	1.1

4) 암석계수(g)

암석계수는 발파에 대한 암석의 저항성을 나타내는 계수이다. 니트로글리세린(NG) 60%에 해당하는 다이너마이트를 1m 깊이(최소저항선, W=1m)의 암반에 장전하여 완전 전색($d=1$)을 할 때에 표준 발파에 필요한 장약량을 Lkg이라고 하면 $L=g$가 된다. 즉, 암석 1m^{3}를 발파할 때에 필요한 장약량(g)을 의미한다.

5) 전색계수(d)

전색계수는 발파공에 폭약을 장전하고 발파공을 모래, 점토로 치밀하게 메워서 밀폐시킨 상태를 1로 기준하여 밀폐상태의 불완전한 정도에 따라서 분류한다.

표. 전색계수

전색 상태		전색계수(d)
적당히 깊은 장약공	완전 전색	d = 1.0
	불완전 전색	1.0 〈 d 〈 1.25
	전색하지 않음	d = 1.25
장약만이 장약실에 있음	장약실 위로 성토	d = 1.5
	성토하지 않음	d = 2.0
외부 장약	일반적인 경우	2.0 〈 d 〈 4.5
	특별한 경우	d = 9.0

(4) 누두지수함수

하우저공식이 표준장약에만 사용되므로 임의의 누두형상으로부터 필요한 장약량을 산출하기 위한 수정식은 최소저항선(W)이 일정하고 반지름(R)이 변하는 데에 따른 기울기 $f(n)$가 변한다고 볼 수 있으며, $f(n)$ 변화에 대한 장약량의 환산 함수식을 장약량 수정함수라고 한다.

대표적인 식은 Dambrun의 식으로 $f(n) = (\sqrt{1+n^2} - 0.41)^3$이다.

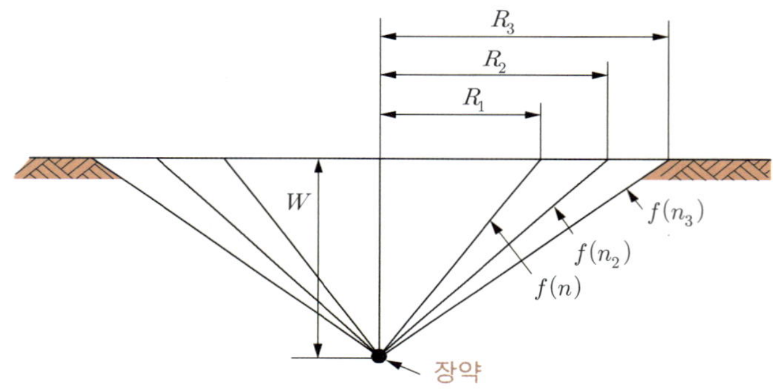

그림. 누두지수함수와 누두 반지름

누두지수함수에 의한 장약량의 수정방법을 예를 들면, 장약량(L)에 의한 누두지수 $n = 0.9$의 약장약을 $n = 1.2$로 발파하기 위한 장약량은 다음과 같이 보정한다.

$$\frac{L_{1.2}}{L_{0.9}} = \frac{e \cdot g \cdot d \cdot f(1.2)\, W^3}{e \cdot g \cdot d \cdot f(0.9)\, W^3} = \frac{f(1.2)}{f(0.9)}$$

$f(n)$을 Dambrun식으로 구하면, $f(n) = \dfrac{L_{1.2}}{L_{0.9}} = \dfrac{(\sqrt{1+1.2^2} - 0.41)^3}{(\sqrt{1+0.9^2} - 0.41)^3} = 1.87$이므로 시험 발파시의 장약량보다 87%가 더 많은 장약량이 필요하다.

(5) 용어 설명

1) 최소저항선

장약된 폭약의 중심에서 자유면까지 가장 가까운 거리를 최소저항선이라고 하며 표준발파시의 장약량은 최소저항선의 삼승에 비례한다.

2) 자유면

자유면은 암반이 대기와 접하는 면이며 자유면의 수가 증가할수록 폭발 시에 자유면 측의 저항이 적어져서 암반에 미치는 폭발에너지의 응력이 다른 면보다 더 많이 작용하여 발파효과가 증가한다.

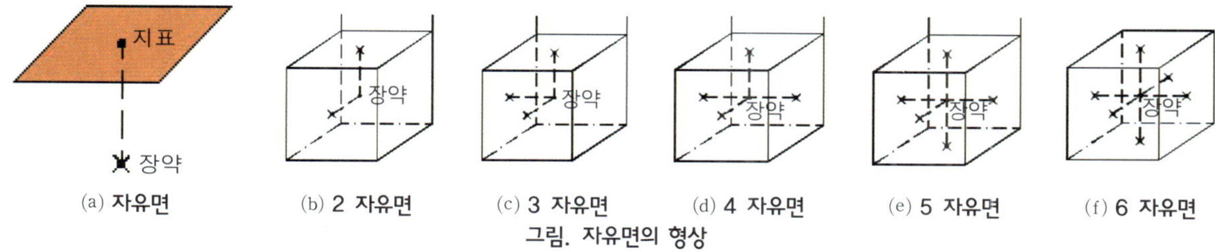

그림. 자유면의 형상

3) 장전 비중

폭약을 구멍에 장전할 때에 장전비중이 높으면 발파효과가 크게 나타나고 공경에 비하여 약경이 작으면 발파효과가 급격하게 저하된다.

4) Decoupling 효과

폭약과 발파공 사이의 공간에서 완충 역할을 하여 공벽의 손상을 감소시키는 것을 decoupling 효과라고 하고 폭약 직경에 대한 천공경의 비를 decoupling지수라고 하며, 약경이 작고 발파공의 직경이 크면 폭약과 발파공 사이의 공간에서 폭굉시에 동적 요소인 충격파와 압축파의 충격효과가 감소한다.
장약공 내벽에 작용하는 접선방향의 최대 응력차가 저하하면 장약공 부근의 방사상 균열에 의한 파괴범위가 좁아지고 준정적 요소인 폭발 생성가스의 약한 팽창압만이 작용하여 발파 예정선을 따라서 균열이 발생한다. Decoupling 효과는 조절발파를 위한 smooth blasting 방법에 많이 이용되고 있다.

$$\text{Decoupling 지수} = \frac{\text{발파공의 직경}}{\text{폭약의 직경}}$$

5) 측벽효과(Channel effect)

폭약을 장전할 때에 약경과 천공경의 차이가 크면 기폭 끝에서의 폭굉압력이 폭약 내부로 전파되는 동시에 빈 공간에서도 충격파가 전달된다.

빈 공간으로 전파되는 충격파속도가 폭약 내부를 통과하는 속도보다 빠르면 공 바닥의 폭약에 폭굉이 전달되기 전에 공기 중으로 전달된 충격파 압력을 받은 폭약이 둔감하게 되어 완폭되지 않고 잔류화약이 발생하는 현상을 측벽효과라고 하며 저폭속 폭약에서 현저하게 발생한다.

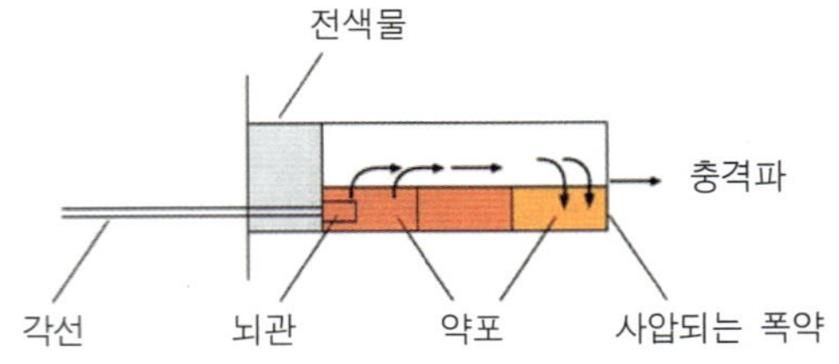

그림. 측벽효과에 의한 폭약의 잔류와 불폭

6) 폭속

폭약이 폭굉하는 속도를 폭속이라고 하고 일반적으로 폭속이 빠른 폭약은 폭력이 크며 동일한 폭약이라도 여러 가지 요인에 따라서 폭속이 변화한다. 폭속은 내경 35mm의 철관이 밀폐된 상태에서 측정한 수치로 나타내며 약경이 작으면 폭속이 저하하는 현상이 나타난다.

7) 소할 발파(2차 발파)

발파 암석이 커서 운반과 적재가 어려운 경우에 적당한 크기로 파쇄하는 발파를 2차 발파라고 한다.

① 복토법

㉮ 암석의 외부에 폭약을 장전하고 흙으로 틈을 메우고서 폭파하는 방법으로 폭속과 맹도가 큰 폭약을 사용한다.

㉯ 장약량은 $L = CD^2$으로 산정한다.
(여기서, L : 장약량, D : 암석의 최소 직경, C : 발파계수, 0.15~0.2)

② 천공법

㉮ 암석에 천공을 하고 장약하여 폭파시키는 방법으로 복토법보다 효과적이다.

㉯ 천공은 암석 두께의 1/3 정도를 하며 장약량이 비교적 적게 소요된다.

그림. 소할 발파 천공작업

③ 사혈법

㉮ 암석 아래에 폭약을 장전하고 발파하므로 비효율적이다.

㉯ 천공시간이 부족하거나 암석의 대부분이 땅 속에 있는 경우에 적용한다.

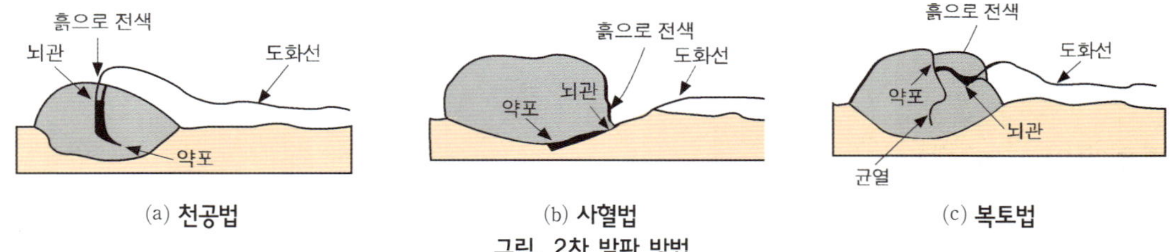

(a) 천공법 (b) 사혈법 (c) 복토법
그림. 2차 발파 방법

3 폭약과 화공품

(1) 개요

화약류(explosives)는 고체, 액체 또는 이들의 혼합물이며 가벼운 타격과 가열로 짧은 시간에 화학변화를 일으켜서 급격하게 높은 온도의 열과 많은 가스를 발생하여 큰 팽창을 하고 순간적으로 큰 파괴력을 얻을 수 있는 물질이다. 화약류는 자체 내에 산소를 포함하여 공기가 없는 곳에서도 반응이 가능하며 폭발이 전달되는 속도(폭속)는 화약의 성능과 밀접한 관계가 있다.

(2) 폭약류

1) 폭약의 선정

발파작업에서 화약류는 경제성, 시공성, 환경적인 안전성의 확보에 중요하므로 발파 설계시에 화약류는 암반 특성, 발파조건, 폭약의 폭발속도, 강도, 순폭도, 밀도, 내수성, 예민성, 동결 저항성을 고려하여 선정한다.

① 암반의 탄성파속도와 폭약의 폭발속도가 일치하는 폭약이 가장 발파효과가 우수하다. 고성능 다이너마이트는 극경암에 적합하고 일반 다이너마이트와 에멀젼폭약은 화강암 등의 경암에 적합하며 ANFO와 같은 저폭속 폭약은 석회암 등의 연암에 사용한다.

② 노천 계단식발파에서는 ANFO 폭약을 많이 사용하고 전폭약은 젤라틴 다이너마이트를 사용한다.

③ 터널 발파에서는 밀폐된 공간에서 발생한 발파후 가스가 인체에 흡입되어 피해를 끼치므로 유독성 폭약(ANFO)보다는 다이너마이트, 에멀젼 폭약 등이 보건환경 측면에서 바람직하다.

④ 폭약이 동결되면 예민해지고 습기에 노출되면 폭력이 저하되므로 겨울철은 니트로글리콜 함유량이 많은 다이너마이트가 적합하고 장마철에는 습기에 강한 폭약을 사용하는 것이 좋다.

2) 폭약의 종류

폭약은 뇌관의 폭발에 의하여 2,000~8,000m/s의 폭발속도로 폭발하고 충격파가 발생하며 젤라틴 다이너마이트(GD)계열, 에멀젼(emulsion)계열, ANFO 등이 있다.

① 다이너마이트(Geratine dynamite)

니트로글리세린을 기제로 하는 젤라틴 형태의 다이너마이트는 높은 폭발에너지와 폭발속도를 가지며 내수성과 내한성이 있고 연암~극경암의 발파에 유리하다. 지발발파에서 사압으로 인한 잔류폭약이 생기지 않고 내충격성이 우수하다. 다이너마이트의 안정도는 제조 직후에 65℃에서 15분 이상의 내열시간을 가져야 한다.

그림. 다이나마이트

표. 다이너마이트 제품의 성능 : (주)한화

제품명	폭발속도 (m/sec)	가비중 (g/CC)	폭발열 (Kcal/kg)	가스량 (l/kg)	낙추감도 (cm)	내한성 (℃)	내수성
메가마이트-I	6,100	1.3~1.5	1,200	880	50	-20	우수

② 에멀전 폭약(Emulsion explosives)

그림. 에멀전 폭약

함수폭약이 내한성, 약상, 폭력 등에서 우수하지만 폭발 위력이 다소 떨어지는 것을 개선한 에멀젼 폭약은 마찰, 불, 기계적 자극을 통한 우연한 기폭에 대해서 니트로글리세린계열의 폭약보다 둔감하여 제조와 취급 안전성이 우수하고 사용이 용이하다.

Emulsion 폭약은 유화제와 가용성 용액에 산화제 수용액을 혼합하고 고속 교반으로 유화시킨 에멀젼에 무기질 중공구체를 넣어서 제조하여 종이포장 또는 합성수지제 튜브에 장전한다. 에멀젼 폭약은 무기질의 중공구체를 사용하므로 사압현상에 대한 저항성을 나타내는 내동압성과 내정압성이 슬러리폭약보다 우수하다.

표. 에멀전 폭약의 성능표

제 품 명			폭속 (m/sec)	가비중 (g/CC)	폭발열 (Kcal/kg)	가스량 (l/kg)	낙추감도 (cm)	내한성 (℃)
(주)한화	고성능	메가멕스	6,000	1.2~1.3	1,300	865	100	-20
	뉴마이트플러스 I		5,700	1.1~1.2	880	950		
	뉴마이트플러스Ⅱ			1.2~1.3	1,100	880		
(주)고려노벨화약	고성능	New Super Emulsion	6,000	1.20~1.25	1,220	812		
		New Super Emulsion100		1.20~1.24	1,310	770		
		New Super Emulsion200		1.22~1.26	1,398	675		
	New Emulite 100		5,900	1.15~1.25	950	888		
	New Emulite 150			1.20~1.25	1,100	830		
	New Emulite 200			1.20~1.30	1,165	812		
	New Emulite 1000			1.20~1.25	690	976		
	New Emulite 2000			1.20~1.25	700	1,020		

㉮ 원료 성분이 비화약으로 구성되고 약 5~20%의 물이 함유되어 취급이 안전하고 기폭용 뇌관으로도 사용할 수 있다.

㉯ 일산화탄소, 질소산화물 등의 유독가스 발생을 최대한 억제하여 후가스의 영향이 비교적 적고 내한성(-20℃)을 가지고 있다.

㉰ Emulsion 폭약은 유화제와 교반조건에 따라서 분산상의 입자를 매우 미세하게 조성할 수 있고, 예감제를 포함하지 않지만 폭속과 저온 기폭성에서 함수폭약보다 우수하다.

㉱ 수공에서 장기간 장전 후에도 사용이 가능한 내수성이 있다.

③ 초유폭약(ANFO, Ammonium Nitrate Fuel Oil Explosives)

ANFO는 질산암모늄(NH_4NO_3)을 주성분으로 하여 연료유(6%)를 혼합한 폭약이며 가격이 저렴하고 안정성이 우수한 저폭속, 저비중의 폭약으로 노천발파에 많이 사용한다. 다이나마이트에 비하여 저폭속으로 연암 발파에 적합하며 대규모 발파, 대형 석산, 석회석 채석장에서 사용한다. ANFO 혼합트럭을 이용하여 현장에서 장전하면 장약시간이 단축되어 경제적이다.

그림. 혼합트럭에 의한 ANFO 장전

㉮ 우천시, 습기가 있는 곳, 수공이나 습공에 사용이 어렵고 취급이 안전한 반면에 흡습성이 있어서 장기간 저장이 곤란하며 잔류폭약은 물을 주입하여 처리한다.

㉯ 뇌관으로 기폭되지 않는 기폭성의 3차폭약(tertiary explosives)을 사용하면 초유폭약의 폭속이 증대하고 -30℃에서 저온 기폭성이 있다.

㉰ ANFO로 발파공을 완전하게 채우므로 측벽효과(channel effect)에 의한 사압현상이 없다.

표. 초유폭약 성능표

제품명		폭속 (m/sec)	가비중 (g/CC)	폭발열 (Kcal/kg)	가스량 (l/kg)	낙추감도 (cm)	내한성 (℃)	내수성
(주)한화	ANFO 플러스	3,300	0.75~0.85	1,100	970	100	-30	보통
(주)고려 노벨화약	뉴 안포	3,300	0.75~0.85	1,100	975	50	-20	보통

④ 정밀폭약(Fine explosives)

정밀폭약은 터널의 조절발파에 효과적으로 사용하며 모암 균열의 최소화, 여굴 방지, 예정 굴착면의 미려함과 정밀성을 만족시키고 발파효율, 안전성과 경제성을 향상시킬 수 있다.

합성수지 파이프로 구성되고 발파공의 중심에 고정하는 날개에 연결구가 부착되어 연결작업이 용이하며 내수성이 우수하고 취급이 안전한 폭약이다.

그림. 정밀폭약

㉮ 약경(ϕ17mm)이 작고 순폭도가 높아서 조절발파용 폭약으로 터널 발파시에 아치(arch)부분의 smooth blasting용으로 사용한다.

㉯ 겔형태의 약상으로 내수성과 발파 후가스에 우수하고 내충격성이 뛰어나서 인접공의 폭압과 측벽효과에 의한 사압현상이 적다.

㉰ 뇌관에 쉽게 기폭되고 내수성과 내한성(-20℃)이 있다.

표. 정밀폭약 성능표

제품명		폭속 (m/sec)	가비중 (g/CC)	폭발열 (Kcal/kg)	낙추감도 (cm)	가스량 (l/kg)	내한성 (℃)
(주)한화	뉴화이넥스	4,400	1.0	800	100	850	-20
(주)고려 노벨화약	KINEX- I	4,200	1.15	870		900	
	KINEX- II		1.15	980		840	
	KINEX- II		1.00	735		870	

(3) 화공품

1) 뇌관

① 뇌관의 종류

폭약이 폭발하도록 마찰, 열, 충격을 가하는 역할을 하는 뇌관은 금속관체에 기폭 감도가 예민한 화약(기폭약, 첨장약)이 채워진 뇌관이 전기 또는 비전기적인 방법에 의하여 기폭되면 파편과 열을 발생시켜서 주폭약이 전폭한다. 뇌관의 첨장약과 점약장치의 사이에 지연장치가 삽입되어 점화 후에 밀리세컨드(millisecond : MS)에서 수 초(second : LP)가 지난 후에 기폭한다.

뇌관은 기폭에너지에 따라서 전기뇌관, 비전기식뇌관, 전자뇌관으로 구분한다.

전기뇌관은 전선(각선)에 전기발파기에서 전기를 흘려 보내서 기폭시키는 방식이고, 비전기식뇌관은 플라스틱 튜브(시그널 튜브)내에 도포된 미량의 화약에 마찰을 가하여 발생하는 열(화염)로 기폭시키는 방식이며, 전자뇌관은 내부구조가 digital timer로 지연초시를 결정하는 IC회로가 내관에 장착되어 signal로 점화하는 방식이다.

표. 뇌관의 종류

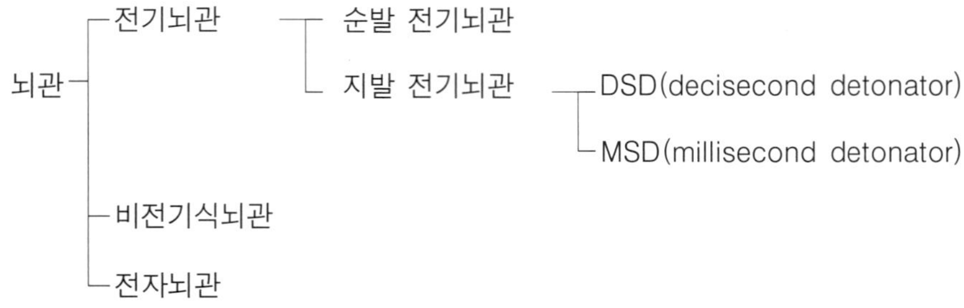

② 전기뇌관(Electric detonator)

전기뇌관은 전기 도화선과 뇌관을 조합한 화공품이며 보통 공업뇌관에 전기 점화장치를 부착한 것으로 관체가 구리 또는 알루미늄으로 되어 있고, 각선은 전기저항이 0.09Ω/m의 구리선에 비닐 또는 합성수지로 피복하여 절연성과 방수성을 가지며 외경은 약 1mm 정도이다.

공업뇌관의 도화선을 끼우는 공간에 각선(구리 도선)을 끼우고 그 끝에 점화약을 묻힌 백금선(전교)을 매단 다음에 공간 부분을 막아 버린 뇌관이다. 각선에 전기를 통하면 백금선(전교)이 가열되어 면화약 등으로 구성된 점화약이 발화하고 계속해서 뇌관이 점폭된다.

전기뇌관은 정전기, 누전, 낙뢰 등의 전기적인 영향에 의하여 폭발할 수가 있어서 예측하지 못한 재해가 발생하는 경우도 있다.

㉮ 순발 전기뇌관(Instantaneous Electric Delay Detonator)

지연장치가 없고 통전 개시부터 폭발시간이 3ms 미만의 뇌관

㉯ 지발 전기뇌관(Delay Electric Detonator)

지발뇌관은 전기뇌관과 점화장치 사이의 연소시간을 지연시켜서 뇌관이 폭발하는 시간을 단계적으로 조절하며 각선은 단차의 식별이 용이하게 여러 가지 색깔로 표시한다.

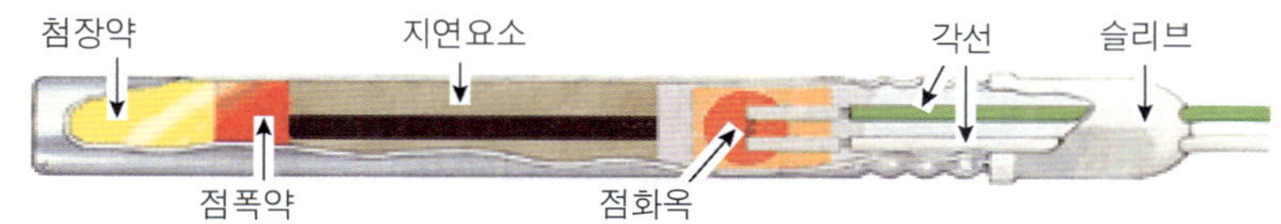

그림. 지발 전기뇌관의 구조

㉠ MS(Millisecond) 전기뇌관

ⓐ 각 단차별 초시간격이 20ms로 규칙적이다.

ⓑ 파쇄 효과, 비석 제어, 발파 진동과 소음의 제어에 우수하다.

ⓒ MS는 0~19단차의 20종이 있고, 초시는 20ms간격으로 0~380ms까지 구성되어 있다.

㉡ LP(Long period) 전기뇌관

ⓐ 각 단차별 초시간격이 100~500ms 단차로 비교적 초시가 길다.

ⓑ 저항선이 큰 계단식발파와 터널의 장공발파에 유리하다.

ⓒ LP 1단~25단의 25종이 있고, 100ms를 1단으로 시작하여 10단(1,000ms)까지는 100ms 단차, 15단(2,000ms)까지는 200ms 단차, 25단(7,000ms)까지는 500ms 단차로 구성되어 있다.

㉰ 전기뇌관은 일반적으로 저압 전기뇌관을 의미하고 백금선 저항은 0.3~1.2Ω, 사용전압이 0.5~2.0 볼트의 전압으로 휴대용 전기발파기를 사용하여 폭발시킨다.

③ 비전기식뇌관(Nonelectric detonator)

전기뇌관이 발파시에 미주전류, 정전기, 낙뢰 등의 유도전류에 불안전하므로 외부의 전기적인 영향에 의한 안전사고를 예방하기 위하여 전기뇌관과 도폭선의 장점을 조합한 형식으로 개발된 것이 비전기식뇌관이다.

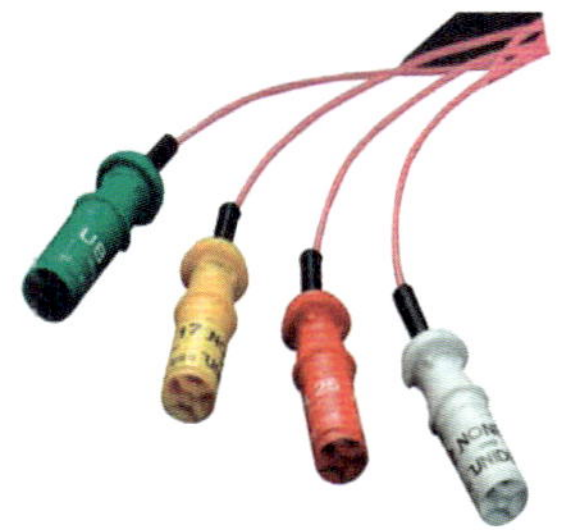

그림. 비전기식뇌관

비전기식뇌관은 시그널 튜브의 안쪽 벽면에 얇은 폭약(HMX+Al)이 도포(0.02g/m)되어서 화염이 튜브를 통해 뇌관에 직접 전달되어 기폭되므로 전기뇌관보다 안전성이 우수하다. 압축공기를 사용하는 기폭이므로 전기뇌관

보다 결선이 단순하여 작업능률이 높고 무한 단수의 확보가 가능하다.

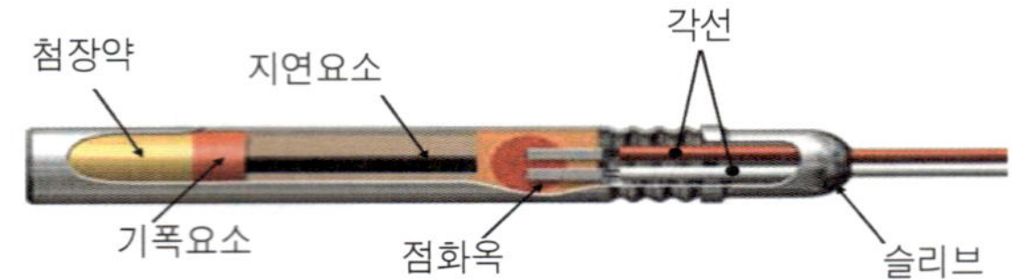

그림. 비전기식 뇌관의 구조 [자료 출처 : (주)고려노벨화약]

㉮ 비전기식뇌관의 특성

㉠ 미주전류, 정전기, 전파 등에 안전한 비전기식이다.

㉡ 뇌관 내부에 연시장치가 있고 초시 정밀도가 양호하여 단발발파를 할 수 있다.

㉢ 커넥터(connector)를 사용하여 무한단차를 얻을 수 있고 튜브 길이를 조절하면 짧은 초시의 단차로 발파가 가능하여 발파 진동의 억제에 효과적이다.

㉣ 결선이 단순하고 용이하여 작업능률이 높다.

㉤ 결선 누락을 계기로 점검할 수 없고 육안에 의해서만 가능하다.

㉯ 원리와 구성

비전기식뇌관의 기폭시스템은 전기뇌관과 도폭선의 장점을 조합한 형식으로 도폭선에 해당하는 비닐튜브와 MS뇌관에 해당하는 공저 기폭뇌관으로 구성되어 있다. 비전기식뇌관은 전용발파기를 사용하고 발파장소에서 안전한 점화 위치에 있는 starter의 튜브를 기폭한다.

㉠ 시그널 튜브(Signal tube)

화염을 전달하는 저폭속의 시그널 튜브는 외경 3.0mm, 내경 1.5mm의 가운데가 비어있는 플라스틱 튜브(5.5g/m)이며 내벽에 얇은 폭약(HMX+Al, 0.02g/m)이 도포되어 있다. 튜브의 한쪽 끝에서 기폭되면 튜브 내에 도포된 폭약이 튜브 내에서 확산하여 미분말의 부유상태로 폭굉하고 약 2,000m/sec의 속도로 튜브 내부에서 기폭이 진행된다. 튜브는 인장, 마찰, 내압 등의 기계적 강도가 높아서 기계적 타격과 마찰에 안전하다.

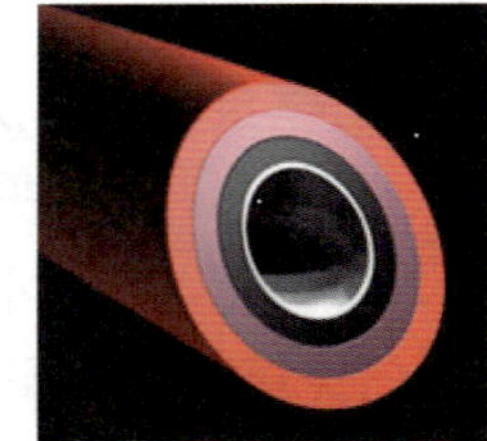
그림. 시그널 튜브

㉡ Connector

한 방향에서 온 충격파를 분기하여 전달시키는 장치이며, 전폭용 미니(mini)뇌관과 플라스틱 connection block로 구성된 연결기구이다.

㉢ 비전기식뇌관

비전기식뇌관의 알루미늄 관체는 외경이 ϕ7.5mm이고 약량은 공업용 8호뇌관에 해당하며 튜브 중의 충격파가 튜브 앞에서 나올 때에 순간적으로 발생하는 화염이 연시장치를 통하여 점화되어 기폭된다.

비전기식뇌관은 플라스틱 튜브의 내벽에 도포된 폭약(HMX)에 충격파가 전달되어 뇌관을 기폭시키고 튜브의 끝 부분이 밀폐되어 내습성과 내수성이 양호하며 타격이나 다른 기계작용, 튜브의 연소에도 기폭되지 않는 3중 구조로 되어 있다.

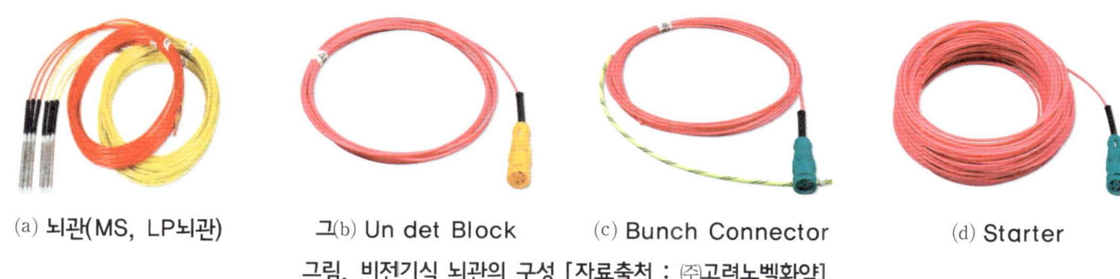
(a) 뇌관(MS, LP뇌관) 그(b) Un det Block (c) Bunch Connector (d) Starter

그림. 비전기식 뇌관의 구성 [자료출처 : ㈜고려노벨화약]

④ 전자뇌관(Electronic detonator)

전자뇌관은 연시제의 위치에 집적회로(integrated circuit)를 내장하여 기폭 초시의 정밀도를 0.1millisecond 수준으로 높이고 earth spike 등의 3차 안전조치로 낙뢰, 누설전류 등의 전기적인 위험에 대비한 뇌관이다.

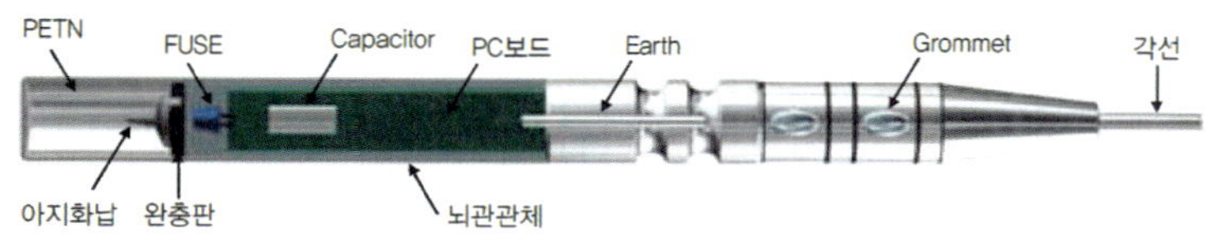

그림. 전자뇌관의 구조

㉮ 전자뇌관의 특성

㉠ 발파에서 발생하는 소음, 진동의 저감

㉡ 터널 굴착시에 과굴착을 억제하여 여굴의 감소

㉢ 발파 후에 버력 크기를 일정하게 유지하는 효과

㉣ Bar code system으로 뇌관을 프로그래밍 장비에 연결하지 않고 scanning하여 초시를 입력하며 직병렬구조로 되어 있으므로 각선을 교차 연결하여 test를 실시한다.

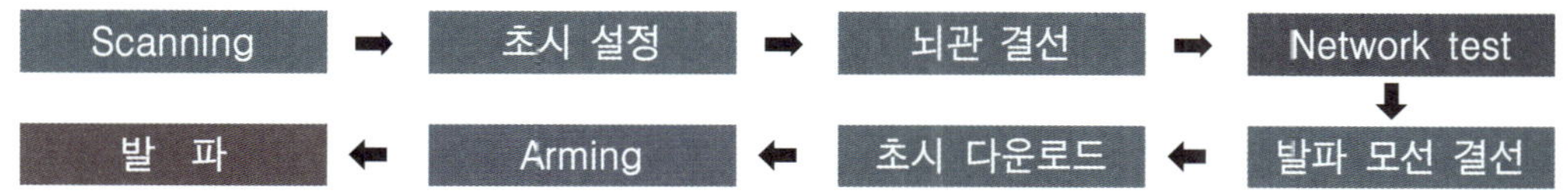

그림. 전자뇌관의 기폭순서

㉯ 장점

㉠ 무한단차의 정밀시차로 진동 감소에 효과적이다.

㉡ 암반의 손상영역이 감소하고 암파쇄 입도가 균일하다.

㉰ 단점

㉠ 사용에 전문성과 컴퓨터 조작이 필요하다.

㉡ 가격이 고가이다.

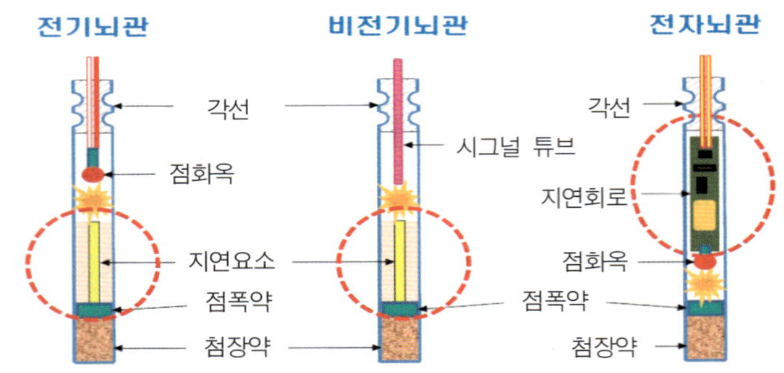

점화 : 전기전류
(a) 전기뇌관

점화방식 : 충격파
(b) 비전기뇌관

점화방식 : 전자직접회로
(c) 전자뇌관

그림. 뇌관 구조의 비교

구 분	전기뇌관	비전기뇌관	전자뇌관
점화방식	전류 전달	충격파 전달	시그널
매개체	점화옥	HMX	휴 즈
지연요소	·화약 성분 ·연시약 길이가 초시 결정	·화약 성분 ·연시약 길이가 초시 결정	· IC 회로

표. 전기뇌관과 비전기뇌관의 비교

구 분	전기뇌관	비전기뇌관	전자뇌관
형상			
사용과 시공성	· 장약공 장전시간 차이 없음 · 결선 소요시간은 비전기식 뇌관이 다소 단축		· 국내 도입 실적 적음 · 별도의 전용 장비 소요
사용 단수	· MS 시리즈 : 20 단차 · LP 시리즈 : 19 단차 · MS+LP 최대 조합단수 ⇨ 39단차	· MS 시리즈 : 20 단차 · LP 시리즈 : 25 단차 · TLD/Bunch : 7 단차 · Bunch 적용하여 무한 단차	· 프로그램 Unit를 사용하여 1ms 이상 초시를 설정 가능 · 무한 단차의 정밀 시차
외부 전류	· 미주전류, 정전기, 유도 전류, 전파 등 전기적 요인에 민감	· 물리적 외력, 미주전류, 정전기, 전파에 안전	· 물리적 외력과 미주전류, 정전기, 전파에 안전.
결선 확인	· 결선 확인 용이 (도통시험기, 저항측정기) · 단선시에 점검, 확인에 장시간 소요	·육안에 의한 결선 확인 · Tube의 인장강도가 커서 결선 중에 절단이 희박	· 결선상태의 확인 점검
효율성	· 다단식발파기 적용하면 단차 확장 가능	·지연초시 편차 극소화 ·진동, 소음의 저감 우수	· 지연초시 정밀성 매우 우수(0.2ms) · 진동, 소음의 저감 매우 우수 · 암반의 손상 영역 감소

2) 도폭선(Detonating fuse)

그림. 도폭선이 연결된 상태

도폭선은 화합화약을 심약으로 사용하여 트리니트로톨루엔(TNT)·피크르산 등을 가느다란 금속관에 채운 것과 펜트라이트를 실이나 종이로 피복한 것이 있다. 폭속은 7.0km/초이며 폭약을 도폭선의 한 끝에 잡아매고 다른 끝을 뇌관에 의하여 점폭하면 다량의 폭약을 동시에 폭발시킬 수 있다.

도폭선은 뇌관류와 뇌관 기폭성 폭약류를 기폭시키는 화공품으로 석재를 채석하는 정밀발파, 터널과 노천에서의 조절발파, 정전기, 누설전류, 고압선 등이 있어서 전기뇌관의 사용이 어려운 장소, 전기뇌관의 각선이 충격파에 의하여 절단될 우려가 있는 암반 등에서 사용한다.

① 장점

㉮ 누설 전류가 발생할 위험이 있는 작업장에서 이용이 가능하다.

㉯ 발파작업이 비교적 용이하다.

② 단점

㉮ 대규모 발파에서 발파계획의 수립이 곤란하고 도폭선의 점화작업이 위험하다.

㉯ 도화선의 절심과 cut off 등에 의한 불발의 우려가 있다.

㉰ 고온에서 자연 폭발의 위험이 있다.

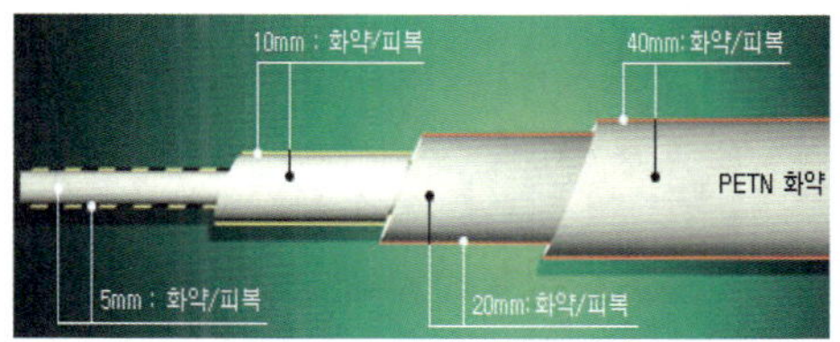

그림. 도폭선 구조 [자료 출처 : (주)고려노벨화약]

3) 발파기

기능에 따라서 발파기를 구분하면 전기발파기(충전용), 비전기식 발파기, 전자뇌관 발파기, 다단식 전기발파기가 있다.

① 전기발파기

전기뇌관의 기폭에 필요한 에너지는 단시간 내에 큰 전류가 순간적으로 흘러야 하므로 콘덴서에 충전한 전기에너지를 순간적으로 방전시켜서 전기뇌관을 기폭하는 콘덴서식 발파기를 널리 사용한다.

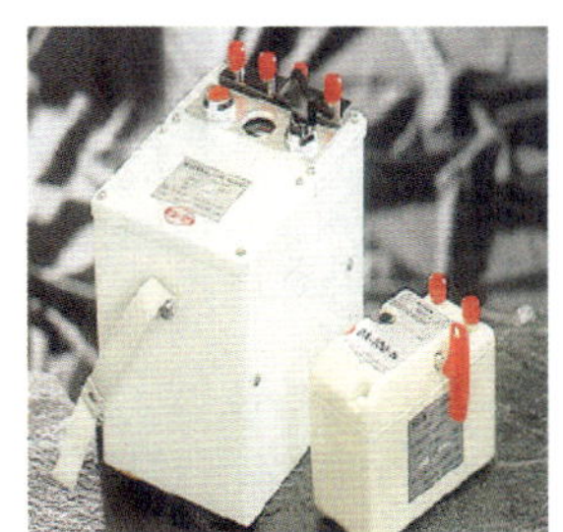
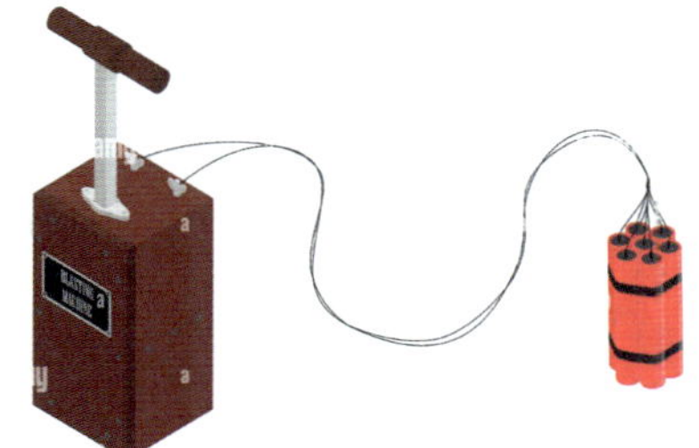
그림. 전기발파기

전기발파기는 100발, 200발, 300발, 500발 등의 다양한 종류가 있고 MS 발파를 위하여 제조된 여러 가지 형태의 발파기도 있다.

도통시험은 회로를 점검하여 각선과 회로에 직접 규제된 전류를 흘려보내서 저항치를 측정하는 것으로 전기뇌관 또는 발파회로의 도통(저항)을 조사하여 이상 여부를 측정하므로 전기뇌관의 발파에서 매우 중요하다.

② 비전기식 발파기

비전기식뇌관은 전용 발파기를 사용하여 starter의 튜브를 기폭시킨다. 플라스틱 튜브의 내벽에 도포된 폭약(HMX)에 충격파가 전달되어 뇌관을 기폭시키고 폭굉이 튜브 중으로 전파되면 그 끝에 있는 미니뇌관을 기폭하며, 분기된 충격파는 각 뇌관에 전달되어 소정의 초시 후에 기폭하고 어떤 것은 다음 connector에 전달된다.

그림. 비전기식 발파기

③ 전자뇌관 발파기

전자뇌관의 기폭시스템은 전자뇌관, Hardware(발파기 등), Software(전용프로그램), 악세서리로 구성되어 있다.

▶

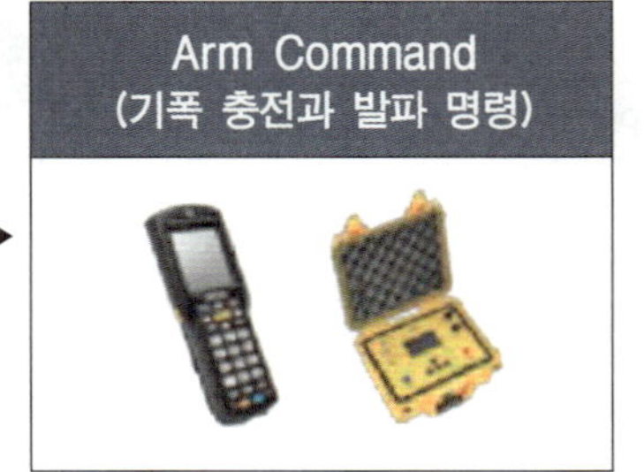

▶

최종 확인 / 발파
(결선과 초시입력 누락 확인)

그림. 전자뇌관 발파기 [자료출처 : ㈜한화]

④ 다단식발파기

다단식발파기는 폭약을 기폭 시키는 뇌관에 전류공급 시간을 적절히 조정하여 지발뇌관의 단차를 최대한 이용하고 진동의 최소화, 파쇄입도 개선, 대기 중의 충격파를 감소시켜서 지발발파의 효과를 최대화하며 발파모선의 단절과 발파작업의 지연을 방지하여 안전과 작업공정의 개선을 위해서 적용한다.

다단식발파기는 전기뇌관을 사용하는 발파에서 효율성과 발파효과가 우수하다.

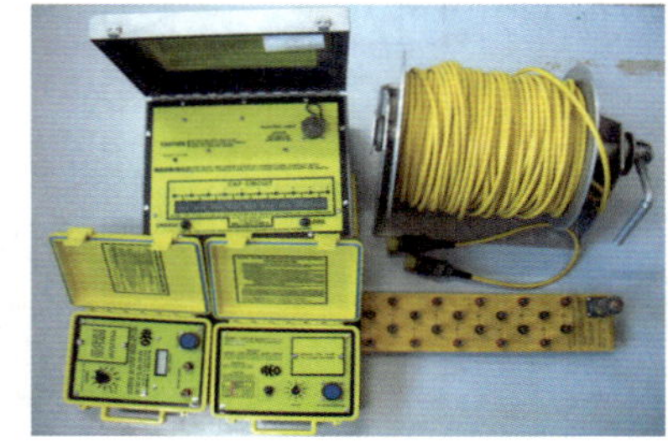

그림. 다단식발파기

4 발파작업

(1) 개요

지형, 지질, 시공조건 등을 고려하여 발파패턴에 의한 천공을 하고 적당한 양의 폭약을 장전한 다음에 전색과 뇌관을 결선하여 점화순서에 따라서 기폭시켜서 암반을 파쇄한다. 발파는 파쇄된 암석이 운반과 적재가 편리한 적당한 크기로 파쇄되고 발파로 인한 소음, 진동, 비산의 영향을 최소하도록 발파계획을 수립해야 한다.

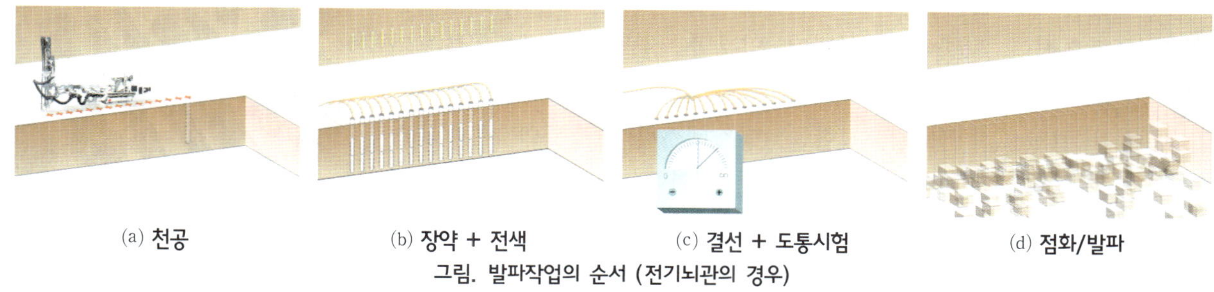

(a) 천공 (b) 장약 + 전색 (c) 결선 + 도통시험 (d) 점화/발파

그림. 발파작업의 순서 (전기뇌관의 경우)

(2) 발파작업 유의사항

1) 천공(Drilling)

천공은 발파공을 착암기로 천공하는 작업이며 발파공의 위치, 깊이, 크기는 발파의 목적, 사용 폭약, 암반의 특성과 자유면의 상태에 의하여 결정한다.

발파공의 방향과 발파효과는 밀접한 관계가 있으며 발파공이 단일 자유면에 직각이면 발파효과가 감소하고 자유면과의 각도가 작아질수록 일정한 정도까지는 효과가 증가한다. 폭약의 지름이 작으면 폭속이 저하하고 천공 능률은 구멍의 크기가 작을수록 증가하므로 발파공 직경이 폭약의 직경보다 너무 크지 않은 것이 좋다.

그림. 착암기의 천공작업

① 착암기

착암기는 롯드(rod)에 가해진 동력을 비트(bit)에 전달하고 비트의 선단이 반복하여 충격하중을 암석에 가하여 발파공을 뚫는 기계적 장치이다.

㉮ 종류

착암기는 운동방식에 따라서 타격식, 회전식, 타격회전식이 있고 천공방향에 따라서 stopper(상향), drifter(수평), sinker(하향)가 있으며 동력은 압축 공기압, 전압, 유압을 사용한다.

㉯ 착암기의 특성

㉠ 롯드(rod)의 형상은 일반적으로 육각형이며 타격과 마찰에 견딜 수 있는 재질이어야 하고 롯드의 길이가 길어질수록 타격력이 도중에 손실되어 일부만 전달되므로 천공속도가 느려진다.

㉡ 비트(bit)는 탄소강, 경합금, 텅스텐카바이트 등의 재질이 있고 형상은 일자형(straight bit), 십자형(cross bit), 로제트형(rossette type)이 있으며 비트 직경이 커질수록 천공속도가 느리고 천공속도는 비트직경의 제곱에 반비례한다.

그림. 롯드(Rod)와 비트(Bit)

$$V = k\,\frac{1}{D^2}$$

여기서, V : 천공속도, D : 비트의 직경, k : 계수

공기 압축력과 추력이 같은 경우는 비트의 날개 수에 따라서 천공속도가 달라지고 비트의 날개가 많으면 암석과 접촉하는 면이 증가하여 석분이 많이 발생한다.

㉢ 압축공기의 압력

압축공기의 압력이 높으면 타격력이 커져서 천공효율이 증가하며 천공속도의 증가를 위해서는 압축공기의 압력을 높이고 피스톤의 타격수가 많아지게 한다. 그러나 압축공기의 압력이 지나치게 크면 착암기의 파손과 고장이 발생할 수 있다.

㉣ 천공수

천공수는 비트가 암석을 타격할 때에 발생하는 석분을 신속하게 물로 씻어서 신선한 천공 벽면을 타격하게 하고 비트를 냉각시키는 역할을 한다. 공내에 석분이 남아 있으면 비트의 타격력이 석분에만 전달되어 효율적인 천공이 되지 못하므로 천공 중에 압력수를 계속하여 공내에 공급해야 한다.

② 천공 유의사항

㉮ 천공 형태와 발파공의 배열은 암질, 암반의 절리, 암층 등을 고려하여 결정한다.

㉯ 정확한 천공각도를 유지하고 장약량은 최소저항선을 고려하여 계산한다.

㉰ 천공은 전회의 발파공을 이용하지 않도록 한다.

2) 장약(Charging)

발파효과는 정확한 천공, 완전한 장약과 전색에 의하여 결정되며 폭약의 장전작업이 발파효과에 큰 영향을 준다. 폭약의 장전과 점화에 소요되는 시간이 전체 발파작업에서 차지하는 시간은 비교적 짧지만 고속으로 천공하는 경우는 장전시간이 큰 비중을 차지한다.

그림. 발파공의 청소와 폭약의 장전

① 발파공 청소

폭약을 장전하기 전에 발파공에 남아있는 암석가루 등을 청소하며 특히 수평공과 하향공을 천공하는 경우는 발파공 내에 남아 있는 암석가루를 압축공기로 불어낸다. 수직터널을 하향으로 굴착하는 경우는 용수처리가 중요하고, 계단식발파의 하향공은 발파공을 청소한 후에 천공한 구멍이 막히지 않도록 가이드 파이프(guide pipe)를 굴착공에 삽입하여 보호하고 장약한다.

② 장전

폭약의 장전은 다짐대를 사용하여 장전비중이 커지게 압입하며 장약공의 지름과 약포 지름의 차이가 작아서 decoupling 계수가 적고 발파효과의 증가를 위해서는 장전비를 크게 한다. 전폭약의 위치에 따라서 뇌관을 발파공의 가장 바깥쪽에 두는 정기폭과 안쪽 끝에 두는 역기폭이 있다.

㉮ 정기폭(Top initiation)

발파공 입구에 기폭점을 두는 정기폭은 충격파가 자유면에 도달하여 반사하는 시간이 빠르므로 자유면에서 반사하는 반사파가 커져서 역기폭보다 발파위력이 크고 순폭성도 우수하다.
정기폭은 장전시에 폭약을 다져 넣는데 비교적 안전하다.
그러나 정기폭은 발파 시에 인접 구멍에 균열이 발생하면 불발의 원인이 되고 장약의 앞부분이 튀어 나오는 경향이 있으므로 폭약이 연소되기 쉽다.

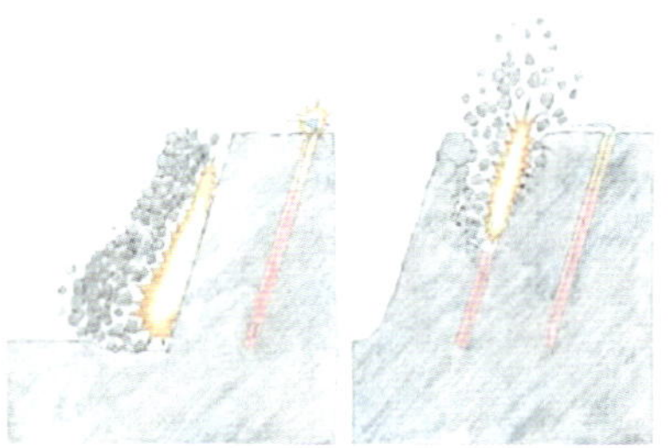

그림. 정기폭

㉯ 역기폭(Bottom initiation)

역기폭은 공저에 위치한 기폭점에서 발파하므로 뇌관선의 길이가 길어지고 폭약을 다질 때에 주의가 필요하다. 공내에 기폭점이 있으므로 공 내부에 발파위력이 크게 작용하여 잔류공이 남지 않고 일반적으로 천공 길이가 길면 역기폭이 효과적이다.

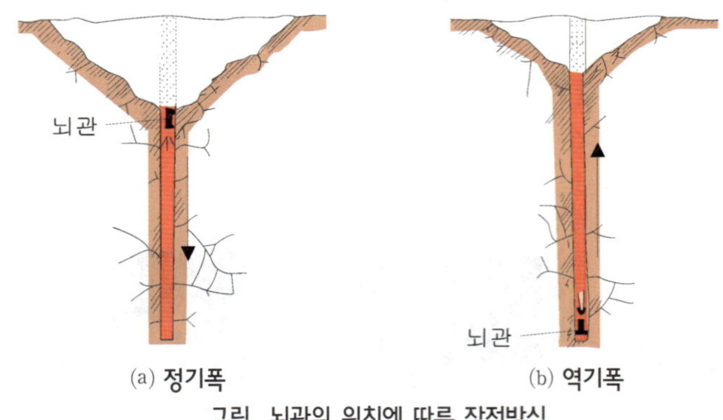

(a) 정기폭 (b) 역기폭

그림. 뇌관의 위치에 따른 장전방식

3) 전색(Stemming)

전색은 발파 위력을 크게 하고 인화의 위험성을 적게 하여 안전도를 높이며 발파 후가스를 적게 한다. 전색을 하지 않거나 전색이 불충분하면 발파효과가 현저하게 감소한다.

일반적으로 전색재료는 모래를 섞은 점토질이 효과적이며 전색물은 다음의 구비조건을 갖추어야 한다.

① 발파공벽과의 마찰이 커서 발생가스의 압력에 견딜 수 있는 것

② 압축률이 커서 잘 다져지고 틈새를 쉽게 메울 수 있는 것

③ 재료의 구입과 운반이 쉽고 가격이 저렴할 것

④ 연소되지 않는 것

⑤ 불발이나 잔류화약의 회수에 안전한 것

그림. 전색작업

(a) 석분

(b) 모래

(c) 점토

그림. 전색재료의 종류

전색물로 물을 사용하면 다음과 같은 장점이 있다.

① 폭염을 적게 하고 분진을 억제할 수 있다.

② 모래, 점토의 대용으로 사용할 수 있다.

4) 결선과 점화(Firing)

각선 상호간, 각선과 모선, 모선 상호간의 결선을 확실하게 하고 필요시는 결선부위를 비닐테이프 등으로 감아서 방습이 되도록 한다.

① 결선(전기뇌관)

㉮ 각선 상호간의 결선 또는 각선과 보조 모선과의 결선

가느다란 각선(지름 0.45mm의 가닥 구리선)의 결선은 결선할 선의 끝 부분을 5cm 정도 껍질을 벗긴 다음에 두 선을 묶음으로 하여 고리를 만들고 이를 5회 이상 돌려서 결선한다.

㉯ 각선과 모선의 결선

가는 각선과 발파기와 연결되는 굵은 모선(지름 1.0mm의 가닥 구리선)의 결선은 모선의 끝부분 껍질을 벗긴 부분(길이 5cm 정도)에 가는 각선의 껍질을 벗긴 부분(10cm 이상)을 10회 이상 감아 붙인 다음에 굵은 모선의 끝부분을 구부려 놓는다.

그림. 각선 상호간의 결선　　　그림. 각선의 연결

㉰ 굵은 모선 상호간의 결선

모선 상호간 결선은 모선의 끝 부분을 5cm 정도 벗기고 결속선으로 단단하게 결속한다.

㉱ 제발 결선 : 직렬식, 병렬식, 직렬식+병렬식

병렬발파는 직렬발파보다 전압이 약 40%가 더 소요되고 직렬연결에서 동시 점화(제발발파)가 되어도 전기뇌관을 병렬로 연결하여 발파하면 부분발파가 일어나는 경우가 있으므로 가능한 한 병렬발파보다 직렬발파를 하는 것이 발파효과가 우수하다.

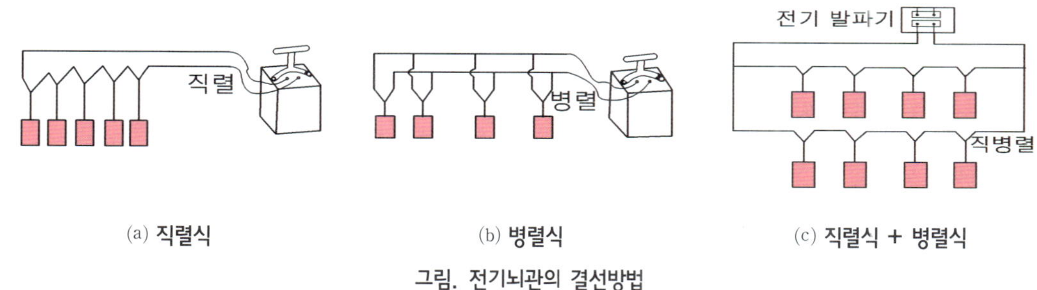

그림. 전기뇌관의 결선방법

② 점화

㉮ 대피

폭약의 장전과 결선이 끝나면 발파와 관련이 없는 사람들은 지시된 안전한 장소로 대피하고 대피 장소는 다음의 조건을 갖추어야 한다.

㉠ 발파 진동으로 천반이나 측벽이 무너질 우려가 없는 곳

㉡ 발파석이 날아오지 않는 곳

㉢ 경계원과의 연락이 용이한 곳

㉯ 경계

발파구역에 통행을 막기 위하여 경계원을 배치하고 경계 위치와 구역, 발파 횟수, 발파 완료 후의 연락방법 등을 확인해야 한다.

㉰ 전기 점화

㉠ 발파모선

발파기와 뇌관의 각선을 잇는 고무 또는 무명천으로 피복한 발파모선의 길이는 30m 이상이 되도록 한다.

㉡ 점화

뇌관의 결선에 이상이 없으면 1.0mA 이하의 도통시험기(저항계)로 결선상태를 확인하고 발파모선과 각선을 연결하여 점화를 한다.

표. 전기뇌관의 불발 원인

불발 상태	원 인
발파회로의 뇌관이 1발도 발화되지 않음 (도통 불량)	· 모선과의 결선 누락 · 기폭 약포의 장전시에 각선의 단선 · 발파모선 또는 보조모선의 단선 · 각선의 단선
발파회로의 전체 뇌관이 1발밖에 발화되지 않음	· 결선부의 벗김 또는 단락 · 불발된 뇌관의 결선 단락 · 기폭 약포의 장전시에 각선이 손상되어 단락
발파회로 내에서 발파모선에 근접한 것은 발화하고 회로 가운데에서 뇌관 불발	· 결선부가 물에 잠기거나 모선의 발파회로 결선부가 침수
발파모선의 결선 위치와 관계없이 특정부분의 뇌관 불발	· 발파회로의 특정부위가 침수 · 결선 착오
근접공 발파의 영향으로 뇌관 불발	· 천공간격이 비교적 가까운 경우 · 발파공 부근의 암반에 균열, 절리, 단층이 있는 경우

5) 발파후 처리

① 발파 후 점검

그림. 발파후 전경

㉮ 도화선 발파시는 점화 후에 발파소리를 세어서 점화횟수와 일치하는가를 확인하고, 전기뇌관은 발파 후에 발파모선을 발파기에서 분리하여 재점화가 되지 않아야 한다.

㉯ 전기뇌관을 이용한 순발발파는 발파 후에 5분 이상, 그 밖의 발파(도화선과 지발 전기뇌관 발파)는 15분 이상이 경과하기 전에 현장에 접근해서는 안 된다.

㉰ 발파 결과를 조사하여 산사태, 낙석 등의 위험이 있는 곳은 출입금지지역으로 설정하여 일정한 기간 동안은 출입을 금지해야 한다.

② 불발, 잔류 화약류의 발생

불발은 점화를 해도 전혀 폭음이 없거나 소폭음이 있는 경우 또는 뇌관의 일부가 폭발했지만 기폭력의 부족으로 전폭약이 폭발하지 않은 경우에 발생한다. 잔류는 장약한 폭약의 일부가 폭발하지 않은 채로 남아 있거나 전폭약이 인접한 발파공의 폭발로 날려가서 불폭하여 잔류된 것이다.

잔류폭약이 발생하면 발파효과가 충분히 나타나지 않고 다음 천공시에 잔류폭약과 접촉하여 폭발사고가 발생할 수 있으므로 폭약이 잔류하지 않도록 주의해야 한다.

발파 후에 불발과 잔류화약이 발생하는 원인은 도화선, 발파선, 뇌관, 폭약 등의 불량과 부적당한 장전과 발파방법에 기인한다.

㉮ 도화선 : 심약의 일부 절단 또는 습윤

㉯ 발파선 : 절연 불량 또는 일부 절단

㉰ 뇌관 : 점폭약의 부족 또는 습윤, 백금선 절단, 전기저항 이상

㉱ 폭약 : 변질, 습윤, 동결 등의 결함

㉲ 장전 : 공간을 남긴 채로 장전, 부적정한 뇌관 위치, channel effect에 의한 것

㉳ 발파방법 : 부적당한 결선, 발파기의 용량 부족

③ 불발, 잔류화약의 처리

㉮ 불발한 폭약이 발파공에 남아 있는 경우는 불발공에서 30~60cm 이상을 떨어져서 불발공에 평행으로 천공하여 장약을 하고 불발된 폭약을 발파시킨다.

㉯ 압력수 또는 압축공기로 발파공 내의 전색물을 씻어 내고서 새로운 기폭 약포를 장전하여 발파한다.

5 계단식발파(Bench Blasting)

(1) 개요

그림. 계단식 발파

계단식발파는 상부로부터 여러 계단(bench)을 조성하면서 굴착하는 2자유면 발파로서 노천 채석에 많이 적용하는 발파법이다. 표토층이 없는 돌산은 바로 계단식발파를 실시할 수 있으나 표토층 심도가 두꺼우면 발파장소를 확장하고 표토층도 제거해야 하므로 표토를 버리는 장소도 계획해야 한다. 계단식발파는 경제성을 고려하여 계단높이를 산정하고 암석을 덮은 표토층이 두꺼우면 표토처리 장소와 운반거리 등에서 생산원가가 높아진다. 계단식발파에서 발파진동은 거리별 지발당 장약량과 최소저항선, 천공각도, 자유면의 수와 크기, 전색상태, 발파공의 기폭방법 등에 의하여 결정되며, 소음의 크기는 저항선 거리와 기폭방법, 전색상태, 절리면 상태, 지발당 장약량, 거리, 대기의 상태, 풍향 등에 의하여 결정되고 비산석은 공경, 폭약경, 공당 장약량, 저항선 거리, 천공각도, 기폭방법 등에 따라서 결정된다.

(2) 특성

1) 장점

① 계단식발파는 설계와 발파작업이 단순하다.
② 대형장비의 투입이 가능하고 장공발파이므로 폭약과 뇌관이 절감되어 경제적이다.
③ 다량의 채석이 가능하고 선별 채굴과 품질관리가 용이하다.

2) 단점

① 노천작업은 일기(우기, 혹한 등)의 영향을 받는다.
② 작업장이 넓고 초기 투자비용이 크다.
③ 발파작업의 착수까지 많은 시간이 소요되고 표토층 두께가 경제성을 좌우한다.

(3) 계단식 노천발파에서 고려 사항

1) 암반상태(단층, 공극 등)

암반의 압축강도, 인장강도, 밀도, 불연속면의 분포 특성, 전파속도 등이 사용하는 폭약보다도 발파효과에 큰 영향을 미친다.

2) 천공비(Specific drilling)

발파계획은 발파공의 직경을 우선적으로 고려하고 일반적으로 대구경 천공이 소구경보다 단위체적당 파쇄량이 커서 비용이 저렴하다. 대구경 천공은 상대적으로 천공과 발파비용이 저렴하지만 발파된 암석의 크기가 크면 2차 파쇄와 적재, 운반, 파쇄경비 등이 증가한다.

표. 천공경과 저항선의 비율에 따른 파쇄 양상(Langefors)

저항선이 먼 경우	저항선이 적당한 경우	저항선이 짧은 경우
B=60φ₀	B=40φ₀	B=20φ₀
· 파쇄대상 암반의 균열 · 지반 진동의 수준이 높음 · 2차 파쇄 비용이 증가	· 파쇄 암편의 이동거리가 양호 · 버력 집적상태 양호 · 지반 진동의 수준이 양호	· 파쇄 암편의 비산거리 증가 · 버력 집적이 넓게 퍼짐 · 집토와 상차비용이 증가

3) 장약비(Specific charge)

천공패턴이 동일하고 장약비가 증가하면 암석의 파쇄상태가 양호하다. 하부장약을 하면 최적 장약비에서 계단하부의 파쇄가 잘 되고, 장약비를 중간장약과 하부장약의 사이에서 증가시키면 암석의 파쇄에 유리하지만 비산의 위험이 있다.

4) 천공과 점화패턴(Drilling & Ignition pattern)

발파 설계시에 천공경의 배열과 장약량은 발파효과와 파쇄된 암석의 비산방향을 고려하며 최초 파쇄선은 측면에 배치하는 방법과 중앙에 배치하는 방법이 있다.

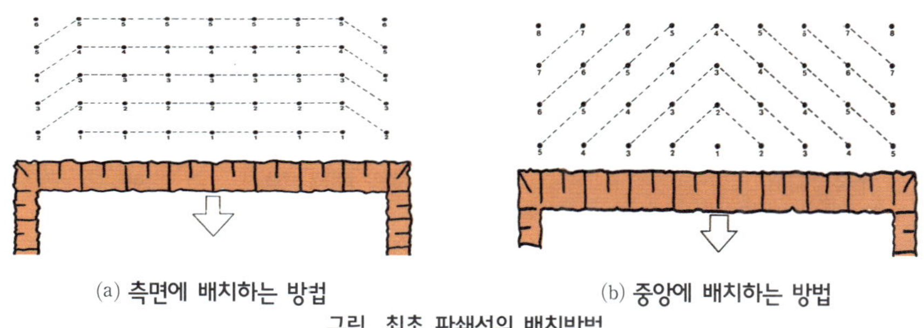

(a) 측면에 배치하는 방법 (b) 중앙에 배치하는 방법

그림. 최초 파쇄선의 배치방법

5) 공 경사(Hole inclination) : 3:1

6) 공 편차(Hole deviation) : 부정확한 천공은 대괴를 형성시키고 발파효과에 불리한 영향을 준다.

(4) 노천 발파의 설계·시공지침(국토교통부)

1) 암 발파 업무 흐름도

2) 거리별 지발당 장약량 조견표

(단위 : kg)

적용공법	진동속도 / 이격거리(m)	0.1 cm/s	0.2 cm/s	0.3 cm/s	0.5 cm/s	1.0 cm/s	5.0 cm/s	적용 공법
TYPE I 미진동 굴착공법	5	0.00	0.00	0.01	0.01	0.03	0.25	TYPE II
	10	0.01	0.02	0.03	0.06	0.13	0.99	TYPE III
	15	0.02	0.04	0.07	0.13	0.30	2.24	TYPE IV
	20	0.03	0.07	0.12	0.22	0.53	3.98	
	25	0.05	0.11	0.18	0.35	0.83	6.21	TYPE V 일반발파
	30	0.07	0.16	0.27	0.50	1.20	8.95	
	40	0.12	0.28	0.47	0.89	2.13	15.9	TYPE VI 대규모발파
TYPE II 정밀진동 제어발파	50	0.19	0.44	0.74	1.40	3.32	24.9	
	60	0.27	0.64	1.06	2.01	4.79	35.8	
	70	0.37	0.87	1.45	2.74	6.51	48.7	
	80	0.48	1.14	1.89	3.58	8.51	63.6	
TYPE III 소규모 진동제어	90	0.61	1.44	2.39	4.53	10.8	80.5	
	100	0.75	1.78	2.95	5.59	13.3	99.4	
	110	0.90	2.15	3.57	6.76	16.1	120	
	120	1.08	2.56	4.25	8.05	19.1	143	
	130	1.26	3.01	4.99	9.45	22.5	168	
	140	1.47	3.49	5.79	11.0	26.1	195	
TYPE IV 중규모 진동제어	150	1.68	4.00	6.64	12.6	29.9	224	
	160	1.91	4.55	7.56	14.3	34.0	254	
	170	2.16	5.14	8.53	16.2	38.4	287	
	180	2.42	5.76	9.56	18.1	43.1	322	
	190	2.70	6.42	10.7	20.2	48.0	359	
	200	2.99	7.11	11.8	22.4	53.2	398	
	210	3.30	7.84	13.0	24.7	58.6	438	
	220	3.62	8.61	14.3	27.1	64.4	481	
	230	3.96	9.41	15.6	29.6	70.3	526	
	240	4.31	10.2	17.0	32.2	76.6	573	
	250	4.67	11.1	18.4	34.9	83.1	621	
TYPE V 일반발파	260	5.05	12.0	20.0	37.8	89.9	672	
	270	5.45	13.0	21.5	40.8	96.9	725	
	280	5.86	13.9	23.1	43.8	104	779	
	290	6.29	15.0	24.8	47.0	112	836	
	300	6.73	16.0	26.6	50.3	120	895	
TYPE VI	450	15.1	36.0	59.8	113	269	2013	

0.06	미진동 굴착공법	0.25	정밀진동제어발파	1.00	소규모 진동제어발파
3.00	중규모진동제어발파	7.50	일반발파	20.0	대규모발파

【주】 1. 위 발파공법별 적용거리 기준 및 지발당 장약량은 설계 발파진동 추정식 $v = 200(D/\sqrt{W})^{-1.6}$에 의하여 설정한 것으로, 발파 대상 현장의 암반특성 및 관리 대상 보안물건의 특성에 따라 증감될 수 있다.

2. 발파소음의 제어가 지반진동보다 훨씬 어려우므로 만약, 발파소음에 민감한 가축 사육시설 또는 요양원, 종교시설 등이 근접한 경우에는 별도의 발파공법을 적용할 수 있다.

3. Type별 발파공법의 설계는 상기 기준에 맞게 하되 현장여건에 따라 조정할 수 있다.

4. 발파진동은 보안물건의 노후도나 상태, 암반상태, 진동주파수 등에 따라 달라지므로, 설계자 및 발파자는 보안물건상태, 현장조건과 관련법규 등을 검토하고 발파진동 허용기준치를 설정하여 이격거리별 지발당장약량을 산정해야 한다.

3) 표준 발파공법별 분류 기준

구 분	TYPE-Ⅰ 미진동 굴착공법	TYPE-Ⅱ 정밀진동 제어발파	TYPE-Ⅲ·Ⅳ 진동제어발파		TYPE-Ⅴ 일반발파	TYPE-Ⅵ 대규모 발파
			소규모	중규모		
공법개요	보안물건 주변에서 TYPE-Ⅱ 공법 이내 수준으로 진동을 저감시킬 수 있는 공법으로서 대형 브레이커로 2차파쇄를 실시하는 공법	소량의 폭약으로 암반에 균열을 발생시킨 후, 대형 브레이커에 의한 2차파쇄를 실시하는 공법	발파영향권 내에 보안물건이 존재하는 경우 "시험발파" 결과에 의해 발파설계를 실시하여 규제기준을 준수할 수 있는 공법		1공당 최대 장약량이 발파 규제기준을 충족시킬 수 있을 만큼 보안물건과 이격된 영역에 대해 적용하는 공법	발파영향권 내에 보안물건이 전혀 존재하지 않는 산간 오지 등에서 발파효율만을 고려하는 공법
주 사용폭약 또는 화공품	최소단위미만폭약 미진동파쇄기 미진동파쇄약 등	에멀젼 계열 폭약	에멀젼 계열 폭약		에멀젼 계열 폭약	주폭약 : 초유폭약 기폭약 : 에멀젼
지발당장약량범위 (kg)	폭약기준 0.125 미만	0.125 이상 0.5 미만	0.5 이상 1.6 미만	1.6 이상 5.0 미만	5.0 이상 15.0 미만	15.0 이상
천공 직경	ϕ51mm 이내	ϕ51mm 이내	ϕ51mm 이내	ϕ76mm	ϕ76mm	ϕ76mm 이상
천공 장비	공기압축기식 크롤러드릴 또는 유압식 크롤러드릴을 선택하여 사용					
표준 패턴	미진동 굴착공법	정밀진동 제어발파	진동 제어발파 소규모	진동 제어발파 중규모	일반발파	대규모 발파
천공깊이(m)※	1.5	2.0	2.7	3.4	5.7	8.7
최소저항선(m)※	0.7	0.7	1.0	1.6	2.0	2.8
천공간격(m)※	0.7	0.8	1.2	1.9	2.5	3.2
표준 지발당 장약량(kg)	-	0.25	1.0	3.0	7.5	20.0
파쇄 정도	균열만 발생 (보통암 이하)	파쇄 + 균열	파쇄 + 균열		파쇄 + 대괴	파쇄 + 대괴
계측관리	필 수	필 수	필 수		선 택	선 택
발파보호공	필 수	필 수	필 수		불필요	불필요
2차 파쇄	대형 브레이커 적용	대형 브레이커 적용	-		-	-

※ 천공 깊이, 최소저항선, 천공간격 치수 등은 평균적으로 제시한 수치이며, 공사의 시행 전에 시험발파에 따라서 현장별로 검토하여 적용할 것.

(5) Trench 발파

그림. Trench blasting

Trench 발파는 가스, 유류를 공급하는 수송관 설치를 위한 암반의 굴착과 도심에서 상·하수도 또는 각종 전선 등을 설치하는 trench 굴착에 적용한다. Trench 발파는 벤치발파의 형태이지만 계단 폭이 4m 보다 작은 경우에 적용하며 특징은 계단의 폭이 계단높이에 비하여 작고 발파를 실시하는 암반이 정상적인 계단식발파보다 더욱 구속되어 있으므로 비장약량이 증가하고 비천공장이 길어진다. Trench 발파는 발파공의 경사가 발파효과에 영향을 미치므로 특히 깊은 trench를 형성할 때에 발파공 바닥부분의 고착상태를 완화시키고 이전에 발파된 암석의 팽창이 용이하도록 발파공의 경사는 3:1보다 커야 한다.

Trench 발파는 천공경의 선택이 중요하며 중간 정도의 발파공(ϕ50~75mm)은 지나친 파쇄와 비산석이 증가하고 장약량의 증가에 따라서 지반진동도 증대한다. 중간 정도의 발파공이 천공과 발파작업에 경제적이지만 굴착과 운반 등에서 비용이 증가하고 흩어진 암석이 증가하면 되메우기에 소요되는 비용이 증가한다. 정상적인 trench 발파에서 발파공경은 trench 폭을 고려하여 선정한다.

$$D = \frac{W}{60}$$

여기서, D : 발파 천공경(cm)

W : 폭(cm)

그림. T·ench 발파 후의 전경

Trench 발파에서 측벽공의 장약밀도가 낮으면 파쇄가 저감하여 측벽 주변을 따라서 양호한 절단면이 형성되지만 측벽공의 전색길이가 짧으면 비석 발생의 위험이 높아진다. Trench 발파는 모든 발파공에 동일한 장약량을 사용하지만 주상 장약밀도는 계단식발파보다 적어지는 경향이 있다.

(6) Wide space blasting

Wide space blasting은 천공간격을 일반적인 계단식발파보다 넓히고 저항선을 작게 하여 파쇄되는 버력을 작게 하거나 비교적 균일하게 하는 발파방법이다. Wide space blasting은 저항선 길이(B)×천공간격(S)의 파쇄면적을 일반적인 계단식발파와 같게 하고 S/B의 비율을 2~8배로 하여 최소저항선의 길이를 짧게 하는 천공패턴을 적용하며 천공장과 장약량은 변경하지 않는다.

Wide space blasting의 천공간격이 크면 각각의 폭원에서 발생하는 균열이 방사상 형태로 발달하여 내부에 많은 균열이 발생하므로 계단식발파보다 파쇄효과가 증가한다.

6 터널 발파(Underground Tunnel Blasting)

(1) 개요

터널 발파에 영향을 미치는 암반의 구조적 특성은 불연속면의 간격, 방향, 충전상태, 절리군의 수 등이 있다. 발파계획은 굴착공법과 굴진 공정에 따라서 지반조건, 단면의 모양과 크기를 고려하여 1회 굴진장을 계획하고 심발형식, 발파공 배치, 화약의 종류, 장약량, 뇌관의 형식, 주변공의 간격, 발파순서를 결정한다. 발파시에 굴진장을 길게 하면 경제성에서 유리하지만 굴착면의 자립과 주변 환경에 미치는 제약 등을 고려하여 굴진장을 결정한다.

(a) 천공패턴 표식 (b) 착암기 천공 (c) 장약

(d) 전색 (e) 전기뇌관 또는 비전기식 뇌관의 결선과 발파

그림. 터널 발파 작업순서

(2) 발파공법의 선정시 고려사항

1) 터널의 단면적
2) 암반의 강도와 불연속면의 상태
3) 심발과 확대영역에서 진동과 소음 등의 영향
4) 1발파당 굴진장
5) 천공장비의 성능과 제원
6) 비산에 의한 터널 내부 시설물의 파손
7) 경제성

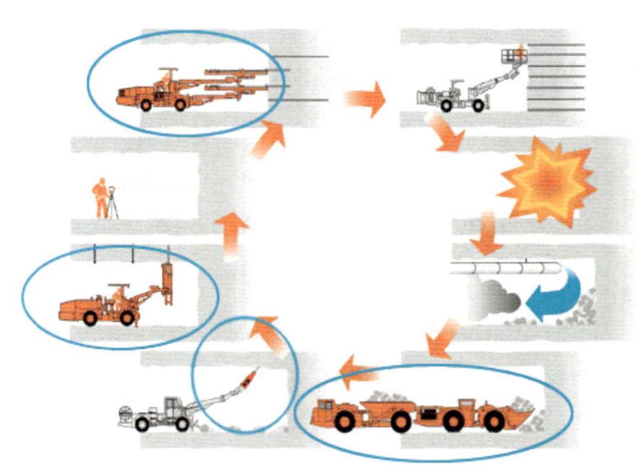

그림. 터널 굴착 Cycle

(3) 터널 발파공의 명칭

1) 심발공(Cut hole)

① 발파면에 자유면을 형성하기 위해서 가장 먼저 발파하는 심발공은 암석을 압축하고 파쇄하여 인위적으로 자유면을 형성시킨다.

② 심발공 면적은 약 $2m^2$를 기준으로 하고 천공형태는 수평천공과 경사천공이 있다.

③ 심발공은 천공밀도가 높고 약 $5\sim7kg/m^3$의 장약량이 소요된다.

2) 확대공(Stopping hole)

① 심발공을 발파하여 자유면이 형성되면 2자유면의 발파형태가 되어 계단발파와 유사한 형태가 되지만 터널 발파에서는 천공오차가 커지므로 좋은 파쇄입도를 얻기 위하여 장약량을 증가시킨다.

② 확대공은 발파공의 위치에 따라서 수평, 하향, 상향으로 구분하며 하향 확대공은 수평과 상향 확대공에 비하여 하향으로 발파되면서 암석 자중이 고려되어 구속력이 적으므로 장약량이 적어진다.

③ 확대공의 평균 장약량은 약 $0.7\sim0.9kg/m^3$이다.

3) 외곽공(Contour hole)

① 주변 암반을 최대한 손상시키지 않고 파쇄하기 위하여 외곽공에 smooth blasting 공법을 적용하여 조절발파를 실시한다.

② Roof, wall hole에서는 천공각도, 방향, 천공간격이 여굴과 암반의 손상에 영향을 주므로 장약량의 산정에 유의해야 한다.

4) 바닥공(Floor hole, Lift hole)

① 상향으로 발파가 진행되므로 다른 공에 비하여 많은 장약량이 필요하다.

② 바닥공의 천공간격과 장약량은 바닥의 평탄성과 관계가 있고 굴착장비의 운행에 영향을 미친다.

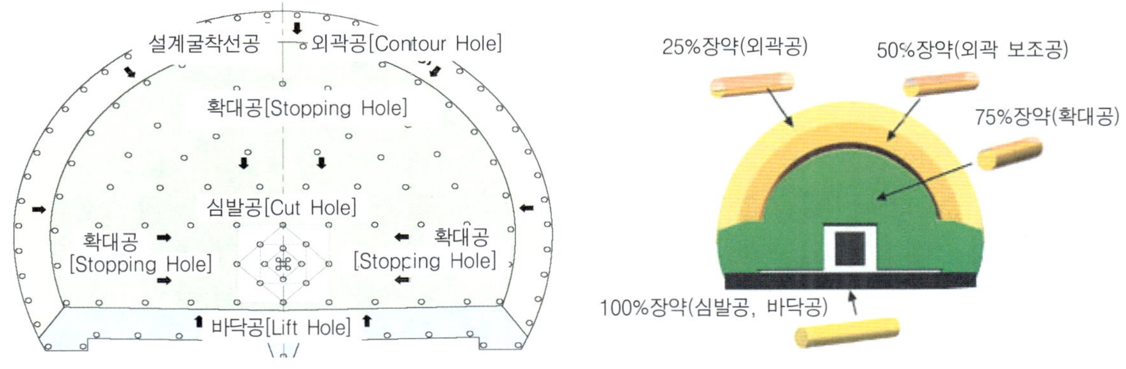

그림. 터널 발파공의 명칭과 장약량

(4) 발파공법의 종류

터널 발파는 굴착면 주변지반의 손상이 최소화되는 발파공법을 적용하고 심발공과 굴착면 외곽공에 적용하는 발파공법은 다음과 같이 분류한다.

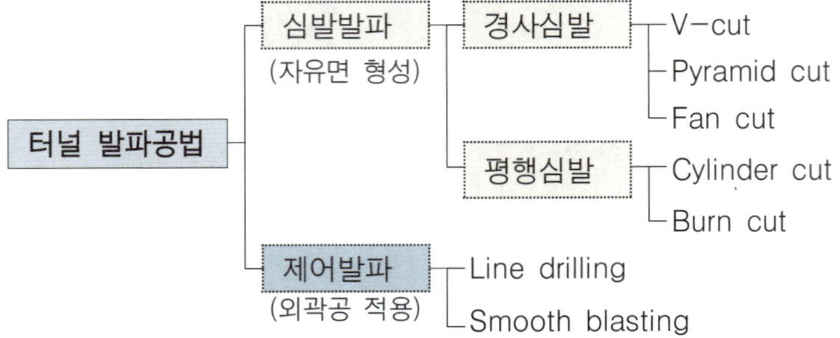

(5) 심발발파

터널 발파에서는 자유면의 수와 방향이 발파효율에 가장 중요한 역할을 하지만 터널은 단일 자유면 상태의 굴착면에서 발파가 이루어지므로 불가피하게 발파효율이 저하된다. 터널발파에서 주변공의 발파 전에 자유면을 형성하는 심발공 발파(cut)는 굴진장과 암반조건을 고려하여 심발방법을 선정하는 것이 매우 중요하다.

심발발파는 천공각도와 방향에 따라서 경사공 심발(angle cut)과 평행공 심발(parallel cut)로 구분하며 1회 굴진장, 터널의 내공단면, 사용장비, 환경 영향 등을 고려하여 심발 방법을 선정한다.

표. 경사공과 평행공의 심발형태

구 분	경사공 심발		평행공 심발	
	Vertical V-cut	Multi V-cut	Burn cut	Cylinder cut
개요도	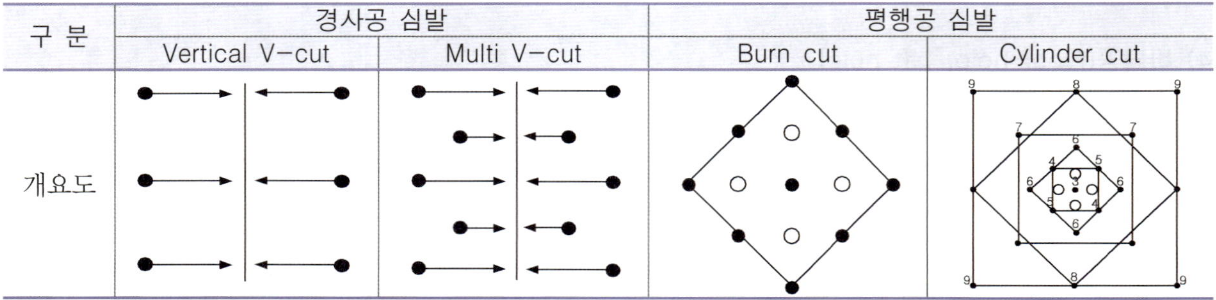			

1) 경사공 심발(V-cut)

경사공 심발은 충분한 굴진장을 얻기 위한 최소 터널 폭이 필요하다. 천공을 심발의 중심선 방향으로 하는 것이 가장 이상적이지만 천공 시에 롯드 조작의 한계성으로 소단면은 적용이 곤란하고 점보드릴로 천공하면 터널 폭이 6m 이상에서 2m 이상의 굴진장을 확보하는 것이 가능하다.

V-cut은 심발공이 1자유면의 상태에서 구속력이 커서 발파 진동이 크게 발생하므로 심발공의 구속력을 저감하는 심발보조공을 적용하면 효과적이다.

도심지터널의 발파는 진동 제어를 위하여 굴진장을 짧게 하고 중단면 터널은 심발부의 장약량이 커지므로 진동 제어가 필요한 경우에 심발보조를 위한 V-cut을 적절히 활용하면 효과적이다.

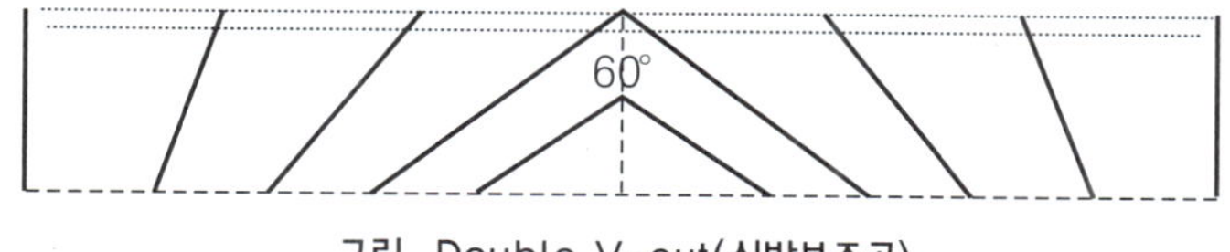

그림. Double V-cut(심발보조공)

2) 평행공 심발(Burn cut, Cylinder cut)

평행공 심발은 심발 중앙부에 천공한 무장약공을 자유면으로 활용하며 burn cut은 소구경(ϕ75mm 이하)의 무장약공을 적용하고, cylinder cut은 대구경(ϕ75~200mm)의 무장약공을 천공한다.

Burn cut은 중앙부에 있는 무장약공 주변의 수평공부터 발파하는 방법으로 정확한 수평천공이 중요하며 무장약공 주변공의 장약량이 많아진다. 무장약공의 공경이 작아서 자유면의 역할이 충분하지 못하면 진동이 증가할 수 있다.

Cylinder cut은 무장약공의 공경이 크고 공수가 많을수록 발파효과가 양호하며 장약량의 조정도 가능하여 장약량의 제한이 있는 경우에 효과적이다. 그러나 대구경 천공에 특수 천공장비가 필요하고 무장약공의 천공이 부정확하면 심발효과가 크게 저하된다.

표. 경사공 심발과 평행공 심발의 비교

구분	평행공 심발	경사공 심발
장점	· 터널단면의 크기에 제약이 없음 · 천공장 3m 이상의 천공에 유리 · 파쇄도가 양호하여 버력처리가 용이 · 중앙으로 비산되어 터널 시설물의 손상이 적음	· 발파 실패율이 적음 · 보조 심발을 적용하면 파쇄입도의 조절이 가능 · 천공수가 적어서 천공시간을 단축 · 기능공의 숙련도가 양호
단점	· 천공간격이 좁아서 높은 정밀도의 천공이 필요 · 심발부 천공수가 많아서 단위 비장약량이 증가 · 단공(2m 이하)천공은 굴진효율이 저하	· 장공 천공(3m 이상)이 곤란 · 점보드릴(Jumbo drill)은 터널 폭 6m 이상에서 2m 이상의 굴진장을 형성 · 터널 벽면으로 비산하여 숏크리트의 파손이 발생

(6) 천공

발파패턴에 따른 정확한 천공이 되지 않으면 폭약에너지의 작용방향이 불확실하여 암반에 큰 손상이 발생하며 굴착면의 요철이 심하고 굴착면 깊게 균열이 발달한다.

굴착한 단면이 계획 굴착단면보다 커서 여굴이 많아지면 원암반이 손상되어 지보재의 설치량이 증가하고 숏크리트와 라이닝 콘크리트의 타설량이 증대한다. 따라서 굴착면의 천공 위치는 측량, 레이저(laser)광선에 의하여 정확하게 표시하고 천공을 실시한다.

그림. 점보드릴(jumbo drill)에 의한 천공

터널 여굴량은 설계단면이 좁아지는 것을 방지하기 위해서 외곽공을 약 4° 정도 경사지게 바깥쪽으로 천공하여 발생하는 것으로 천공장 길이와 강지보재의 설치 여부에 따라서 다르게 적용한다. 여굴량은 강지보재가 없으면 10cm + 천공장 × 4cm/m, 강지보재를 설치하는 경우는 (10cm + 강지보재 두께) + 천공장 × 4cm/m로 한다.

여굴이 많이 발생하면 버력 반출량, 숏크리트와 라이닝 콘크리트의 타설량이 증가하여 공사비가 증가하고 터널의 안정성과 지보재의 설치에 불리하므로 여굴량이 최소가 되는 대책이 필요하다.

1) 외곽공에 smooth blasting공법을 적용
2) 발파 후에 조속한 굴착면의 초기 보강(숏크리트 타설)을 실시
3) 적정한 천공장비와 숙련된 작업원의 활용과 기능교육
4) 외곽공에 정밀폭약을 사용하고 적정량의 폭약을 사용하여 원 암반의 손상을 억제
5) 연약지반이 예상되면 선진 그라우팅(pregrouting)을 실시

그림. 화약 장전 트럭

(7) 주변공 제어발파(Smooth blasting)

터널 발파에서 암반 손상을 최대한 억제하고 여굴(over break)을 적게 하며 편평한 굴착면을 유지하기 위하여 제어발파를 실시한다.

터널 굴착이 설계단면보다 커지면 필요 이상의 콘크리트 라이닝을 타설하고 굴착 후에 암반이 손상되어 부석처리와 지보공 작업량이 증가하여 비경제적이다.

주변공에서 폭약 에너지의 작용방향을 제어하여 암반의 손상과 여굴, 부석의 발생을 적게 하기 위하여 다수의 주변공을 접근하여 배치하고 천공경보다 작은 직경의 정밀폭약을 사용하여 약장약으로 발파하는 제어발파(smooth blasting)를 실시한다.

그림. 비전기식뇌관의 외곽공 발파

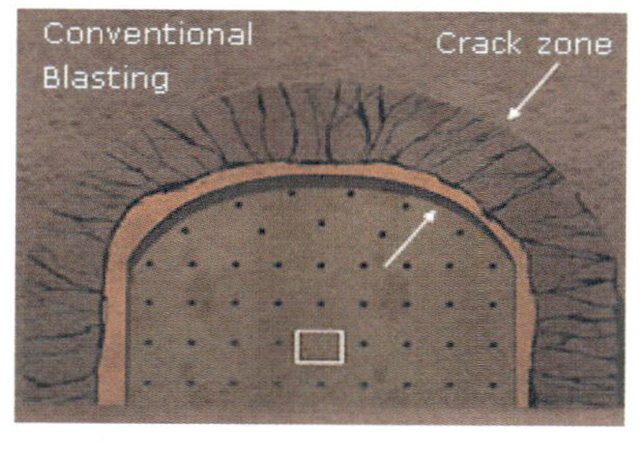

(a) 일반발파

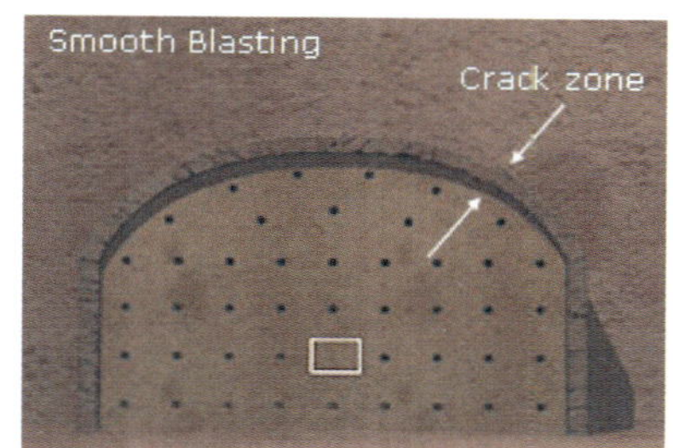

(b) 제어발파(Smooth blasting)

그림. 일반 발파와 제어발파의 암반 이완영역

주변공 제어발파에 사용하는 smooth blasting은 발파력의 cushion작용으로 발파 충격에 의한 불규칙적인 암반의 파쇄를 방지하고 정적에너지를 가진 발파가스의 작용으로 암반을 파괴하여 평탄한 굴착면을 형성한다.

따라서 터널 외곽의 굴착면을 따라서 천공열을 평행하게 배치하고 천공경보다 작은 지름의 정밀폭약을 사용하여 약장약으로 발파하는 방법으로 발파에너지를 제어하여 원지반 손상의 방지와 여굴을 감소시킨다.

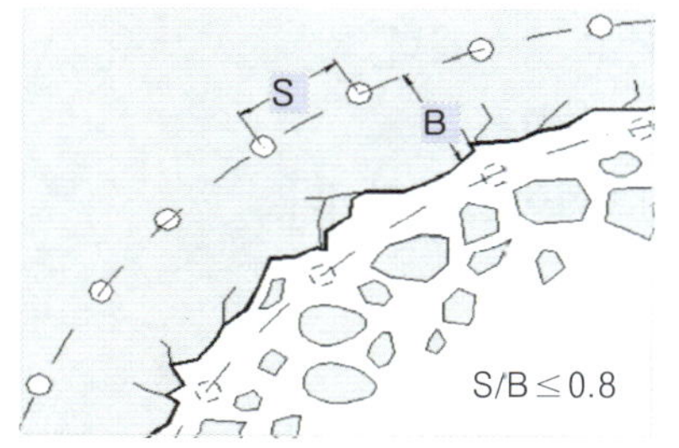

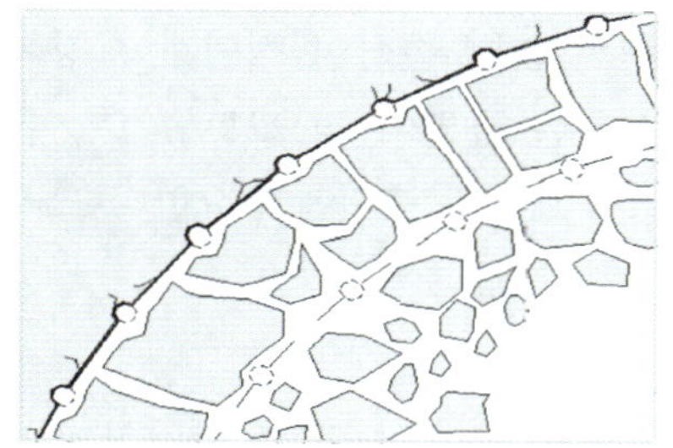

그림. 스무스 발파(Smooth blasting)의 개념도

7 제어발파(조절발파, Controlled Blasting)

(1) 개요

제어발파는 조절발파라고도 하며 넓은 의미에서 작업조건과 발파환경, 규모, 대상 등의 구체적인 조건에 필요한 파쇄결과를 얻고 또한 발파범위, 방향, 지반진동, 소음과 비산을 제어하도록 설계, 시공과 방호 등의 조치를 통하여 폭발에너지의 방출과 암반 파쇄를 제어하는 발파를 의미한다.

일반적인 발파는 폭약에너지를 충분히 제어하지 못하여 주위 암반에 많은 균열이 발생하고 원암반이 큰 손상을 입게 된다. 암반의 손상은 지하수가 유입하는 원인이 되고 암반 보강이 필요하며 부석과 낙반 등의 안정성 문제도 발생한다.

따라서 가능한 한 주위 암반에 손상을 주지 않고 암반이 보유한 지보능력을 최대한 유지하도록 폭약에너지의 작용방향을 제어하는 제어발파가 중요하다.

(2) Smooth blasting

Smooth blasting공법은 1950년대부터 스웨덴에서 사용하기 시작하였으며 노천 발파와 터널발파에 많이 사용한다. 일반 발파와 마찬가지로 굴착 예정면의 발파공을 마지막에 발파시키는 것은 동일하지만 천공패턴은 정상적인 발파보다 공 간격을 좁게 하고 공보다 작은 직경과 낮은 장약밀도를 가진 정밀폭약을 사용하는 것이 차이점이다. 공 주위의 파쇄대와 원주 방향으로 균열의 생성을 억제하도록 decoupling 효과를 이용하여 공벽과 장전된 폭약사이의 공기가 초기 화약에너지를 흡수하므로 고압의 충격효과를 완화시킨다.

그림. 터널 외곽공의 제어발파

1) 장점

① 발파공 주변의 암반 손상이 적어서 보강작업이 빠르고 용이하다.
② 암반에 발생하는 균열이 적으므로 보수 유지비가 저렴하다.
③ 여굴이 적어서 측벽과 충전에 필요한 콘크리트량이 감소하여 경제적이다.

2) 단점

① 절리, 편리, 층리 등이 발달한 불량한 암반에서는 발파효과가 저하한다.
② SB공은 최소저항선과 공간격의 정확도가 요구되는 천공기술이 필요하다.
③ SB공의 천공간격이 일반 발파보다 좁아서 천공수가 증가한다.

3) Smooth blasting의 시공

① SB공은 약포의 직경이 작은 저비중폭약을 사용하고 천공경과 약포 직경의 차를 크게 하여 decoupling 효과를 이용한 발파를 실시한다.

② 천공

㉮ 발파공의 천공장, 천공각도, 공 간격의 오차가 적어야 한다.

㉯ SB공의 간격(S)은 최소저항선(B)보다 좁게 하고 배치간격은 천공 직경의 15~16배로 한다.
$S/B \leq 0.8$ (S : 0.5~0.7m, B : 0.6~0.9m)

③ 장약

㉮ 정밀폭약을 사용하고 decoupling계수는 2~3 정도로 한다.

㉯ 공저에는 바닥공의 발파가 잘 되도록 다이너마이트(100~200g)를 장전한다.

㉰ 약포와 공벽 사이에 공극을 유지하기 위하여 슬리브(sleeve)를 사용한다.

④ 기폭법

㉮ SB공은 가능한 한 동시에 기폭하고 초시편차가 적은 MS뇌관을 사용한다.

㉯ 전폭약의 위치는 정기폭이 좋지만, 절단(cut off)의 우려가 있으면 중기폭 또는 역기폭을 사용한다.

(3) Presplitting

프리스플리팅(presplitting)공법은 Smooth blasting에서 발전한 방법으로 발파 마무리면의 암반을 보호하고 매끈한 굴착면을 형성하기 위해서 굴착 예정선에 천공한 발파공을 본 발파 전에 발파하여 미리 파단면을 형성시킨 후에 나머지 부분을 발파한다. 정밀한 평행 천공기술이 필요하고 암반 균열을 따라서 발파에너지가 작용하므로 장약량과 천공간격은 절리 등의 암반상태를 고려하여 결정한다.

프리스플리팅은 천공을 평행하게 접근시켜서 배치하고 천공경보다 작은 폭약을 사용하므로 발파에너지의 작용방향이 제어되어 원지반 손상이 적고 발파면이 평활하여 여굴이 감소한다. 발파공 공경은 약 ϕ30~64mm이고 모든 공에 장약을 하며 장약길이는 천공 깊이의 3/4까지 하고 발파공은 전색을 하지 않는다.

그림. Presplitting 발파와 일반 발파의 비교

그림. Presplitting 발파의 천공 패턴

Presplitting은 굴착 예정면에 인공적인 공간을 만들어서 잔존 암반과 발파구간이 분리되도록 주변 경계면을 따라서 조밀한 간격으로 1열을 천공한다.

Presplitting은 불균질한 암반에서 발파효과가 우수하고 파단선의 천공수가 적어서 천공비가 절약되며 평행공의 간격을 라인드릴링보다 넓게 할 수 있다. 그러나 발파 시에 비석의 위험이 커서 피복덮개를 설치해야 한다.

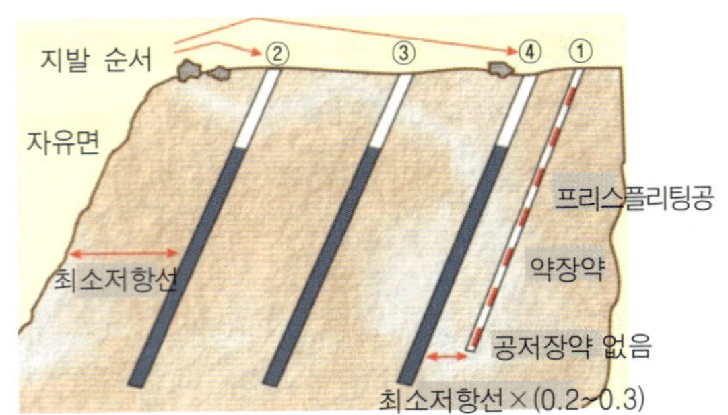

그림. Presplitting 기폭순서

(4) 라인드릴링(Line drilling)

라인드릴링은 굴착 예정면을 따라서 좁은 간격으로 천공하여 본 발파를 할 때에 파단면을 형성하는 방법이며 굴착 예정면에 천공한 공은 장약을 하지 않는다. 무장약공들은 장약공이 발파될 때에 후방으로 전달되는 폭파에너지의 일부가 굴착 예정면에 천공된 공들에 의해 차단되어 라인드릴링면을 따라서 파쇄되고 바깥쪽으로 균열이 발생하지 않는다.

발파면이 양호하지만 라인드릴링의 공경이 크면 천공비용이 많이 소요되므로 공경은 ϕ75mm 이상을 초과하지 않고 공 간격은 공경의 2~4배로 한다.

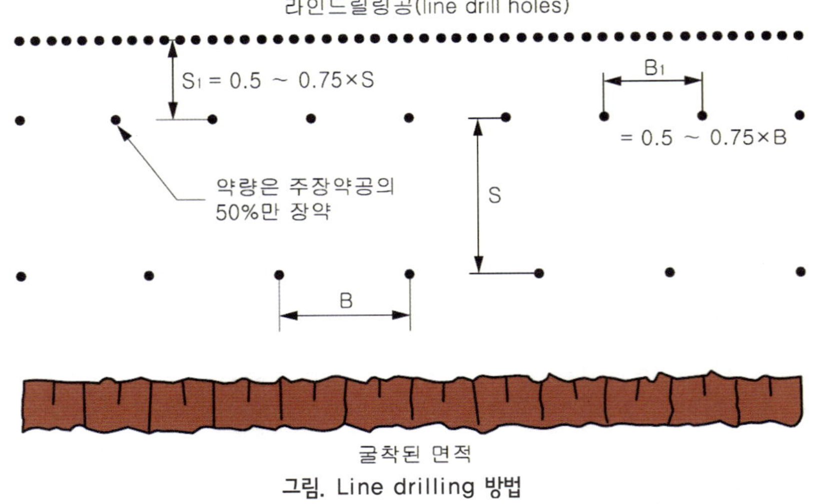

그림. Line drilling 방법

(5) Cushion blasting

Cushion blasting은 smooth blasting과 마찬가지로 굴착 예정면의 발파공들을 마지막에 기폭시키지만 장약방법은 다르다. 발파공보다 작은 지름의 폭약을 발파공 내에 분산시키거나 폭약을 자유면 쪽의 발파공벽에 장약하고 나머지 부분에 전색을 실시한다.

발파할 때에 전색물들이 완충작용을 하여 후방의 암반으로 폭파에너지가 전달되는 것을 제어하여서 굴착 예정면으로 파괴가 일어나도록 유도한다.

발파공의 직경이 커질수록 완충효과가 커지고 쿠션발파공의 간격은 최소저항선의 약 0.8배가 적당하다. 발파공 간격이 넓어서 천공량 감소와 불균질한 암반에 적용성이 우수하고 cushion blasting공의 점화 전에 주발파공을 발파한다.

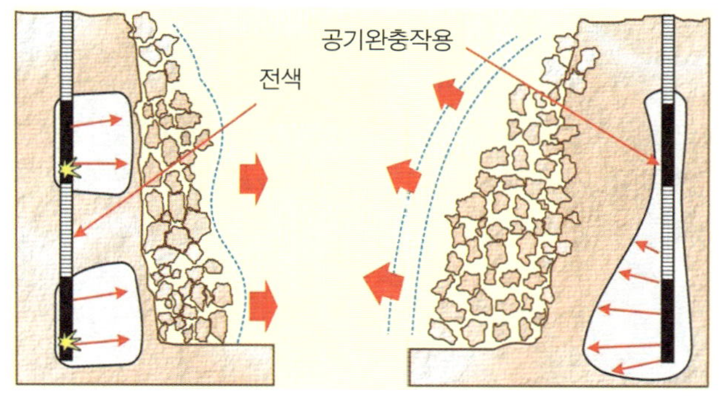

그림. Cushion blasting의 개념도

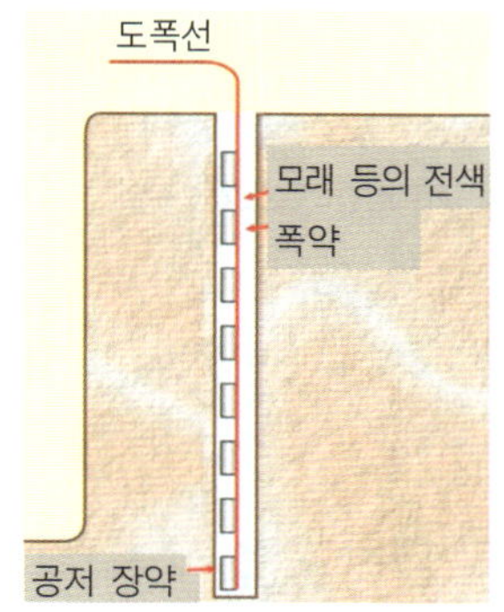

그림. 쿠션발다의 장약방법

(6) 조절발파의 조합(Combined methods)

연약한 암반은 line drilling에 smooth blasting과 presplitting을 조합하여 발파하면 smooth blasting이나 presplitting 방법을 단독으로 적용하는 것보다 발파효과가 우수하고, 곡선부 발파에서 smooth blasting 또는 presplitting을 안내공(guide holes)으로 이용하면 효과적인 발파를 수행할 수 있다.

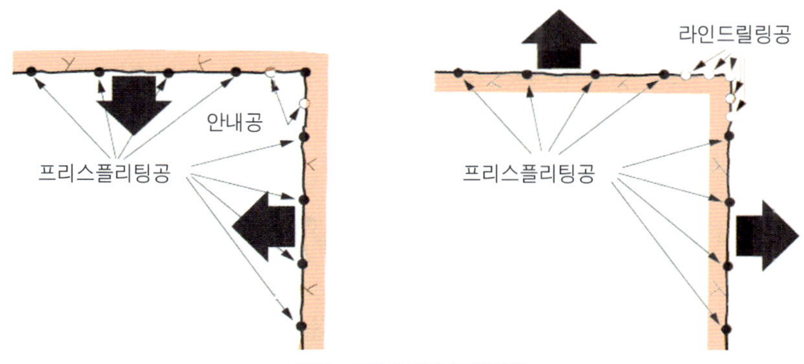

그림. 조절발파의 조합방법

8 폭약을 사용하지 않는 암파쇄공법

(1) 개요

도심지, 중요한 구조물의 부근에서 발파를 하면 소음, 진동 등에 의한 인접 구조물에 피해를 주므로 화약을 사용하지 않는 암파쇄공법을 적용할 필요가 발생한다.

암파쇄공법은 무진동 굴착공법과 미진동 굴착공법으로 분류하고, 무진동 굴착공법은 기계압력에 의하여 암반을 절개하는 진동이 발생하지 않는 공법이며 또한 브레이커, 리퍼 등의 굴착기계를 이용한 굴착공법도 포함된다. 미진동 굴착공법은 폭약을 사용하지 않고 미진동파쇄기 등의 화공품을 이용하여 암반을 절개하는 공법으로 미세한 지반 진동이 발생한다.

(2) 무진동 굴착공법

1) 유압식 파쇄공법

암반과 콘크리트의 인장강도가 압축강도보다 낮은 특성을 이용하여 천공한 구멍에 유압잭을 삽입하고 쐐기원리에 의하여 유압으로 압축강도가 큰 경암과 극경암 등의 암반을 파쇄하는 공법이다.

(a) 천공 후 유압 파쇄작업

(b) 2차 파쇄

그림. 유압식 파쇄공법(Bigger공법)[자료 출처 : (주)코리아카코]

유압드릴로 2.5~3.0m의 천공(ϕ 89mm)을 하고 천공한 구멍에 유압잭을 넣고 파쇄한 후에 브레이커로 2차파쇄를 한다. 백호에 유압잭을 장착하여 사용하므로 조작이 간편하고 파쇄시간도 단축된다.

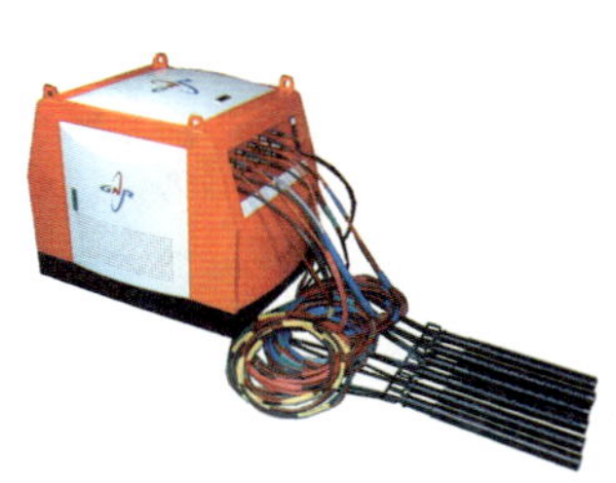

(a) 암 절개 장비

(b) 암 절개작업

(c) 2차 파쇄

그림. 무진동 암반절개공법(GNR공법)[자료 출처 : (주)기술나라]

2) 팽창성 파쇄재

시가지 또는 중요 구조물과 인접하여 암반, 콘크리트 등을 파쇄할 때에 발파 또는 기계적 파쇄가 곤란한 경우는 발파에 의한 소음, 진동 등의 피해를 주지 않고 정적인 파쇄를 하기 위하여 팽창성 파쇄재를 사용한다. 파쇄재의 주성분인 산화칼슘(생석회, CaO)이 수화하면 산화칼슘의 수화층이 시간경과에 따라서 증가하여 미반응의 산화칼슘 입자사이를 밀고 결정압을 발생시켜서 장약공에 팽창압이 작용한다. 파쇄는 장약공을 중심으로 압축응력의 발생과 함께 직각방향에 인장응력이 작용하면 장약공 사이를 연결하는 방향에 균열이 발생하여 이루어진다.

파쇄재의 팽창압은 물과 팽창재의 비율과 주위온도에 의한 영향을 받으며 일반적으로 물비는 27~30%를 사용하고, 천공경은 ϕ30~500mm 사이에서 착암기의 기종에 따라서 선정한다. 팽창성 파쇄재는 2 자유면 이상을 갖는 상태에서 효과적이고 파쇄비용이 고가이므로 제한적으로 사용한다.

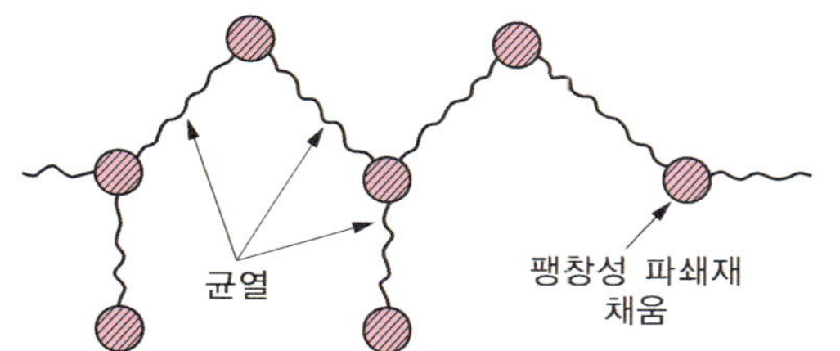

그림. 팽창성 파쇄제에 의한 파쇄 형상

3) Ripper 공법

불도저의 후방에 장치된 리퍼(ripper)가 칼날과 같은 구조로서 유압에 의해 암을 깎고, 암의 깎기 정도는 암석의 탄성파속도에 의한 리퍼빌리티(ripperability)에 의해서 결정되며 대규모 토공의 암반 굴착에 사용한다. 불도저 후방에 장착된 1~3본의 리퍼를 유압으로 지면 아래에 내리고 긁어서 굴착하며 절리가 발달한 암반과 풍화암의 깎기에 효과적이다.

그림. Ripping 작업

① Ripping 작업에 적합한 지질조건

㉮ 단층이 많고 풍화가 진행된 암반

㉯ 층상의 암반

㉰ 균열과 절리가 많이 발달된 암반에 특히 유리하다.

② 특성

㉮ 발파를 하지 않으므로 진동, 소음, 비산석 등이 감소한다.

㉯ 지질, 지형의 변화에 대응이 용이하고 암반 파쇄시에 소할작업이 필요하지 않다.

㉰ 발파작업으로 인한 각종 장비와 인원의 대피가 필요하지 않아서 작업효율이 증대된다.

4) 브레이커(Power breaker)에 의한 파쇄공법

유압식 백호와 브레이커를 조합하여 타격력으로 파쇄하므로 소음이 주변에 미치는 영향이 심각하여 파쇄작업 중의 소음 공해에 유의해야 한다. 브레이커에 의한 파쇄작업량은 암반강도와 작업조건 등에 따라서 차이가 있지만 일작업량이 20~60m^3/대 미만으로 작업효율이 낮다.

그림. Power breaker 암파쇄작업

① 적용성

㉮ 소규모의 암반 굴착인 경우

㉯ 지반 진동에 민감한 보안물건이 주변에 존재하는 경우

㉰ 도로, 철도, 민가 등이 근접하여 발파시에 비산석의 피해가 예상되는 경우

② 특성

㉮ 소음이 크고 지속적이며 저주파 진동이 발생한다.

㉯ 암질에 따른 작업효율의 차이가 매우 크고 보통암 이상의 견고한 암반은 효율이 저하한다.

㉰ 지속적으로 소음이 발생하여 민원 발생의 우려가 크다

③ 브레이커에 의한 암파쇄에서 발생하는 소음도

$$SPL_i = SPL_o(SPL_r) - 20\log(r/r_0)$$

여기서, SPL_i : 수음점과 거리 r 지점에서 발생하는 장비의 소음도(dB)

$SPL_0(SPL_r)$: 소음원과 거리 r_0 지점에서 장비의 합성 소음도(dB)

r : 소음원과 측정지점간의 거리(m)

r_0 : 소음원과 기준점까지의 최단거리(m)

(3) 미진동 굴착공법

1) 미진동파쇄기(Vibration control cracker)

미진동파쇄기는 순간적인 고열에 의한 가스의 팽창으로 암석에 균열이 발생되는 원리를 이용한 파쇄방법으로 도심지와 보안물건이 있는 곳에서 콘크리트, 암반 등의 발파 시에 발파 진동과 소음에 의한 피해를 억제하며 파쇄물의 비산이 거의 없고 전용 점화구를 사용하여 발파를 실시한다.

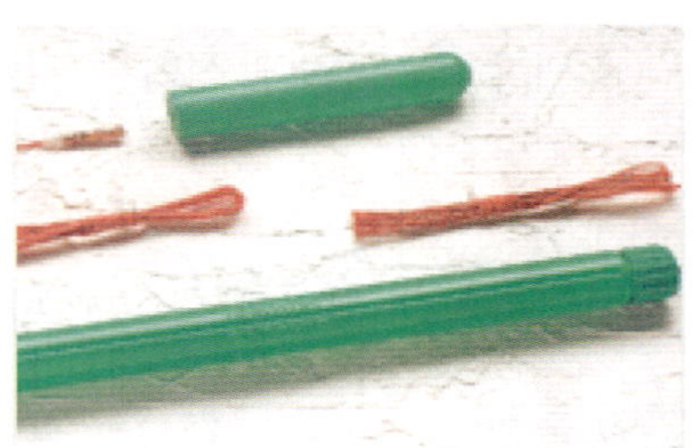

그림. 미진동파쇄기

① 특성

㉮ 가스량이 적고 반응온도가 높으며 폭굉 충격파에 의한 파괴가 아니고 압축 주응력에 의한 정적 파괴로 대상체를 파괴하므로 진동과 소음이 적다.

㉯ 도심지에서 건물, 구조물을 파괴하거나 암반과 콘크리트의 파쇄작업에 사용하며 근접한 시설물을 발파 진동으로부터 보호해야 하는 경우에 적합하다
㉰ 전색재료(tamping material)는 시멘트 : 모래 : 급결제를 1 : 1 : 1(중량비)로 혼합하여 사용하고 충전 후의 대기시간이 하절기는 30분 이상, 동절기는 60분 이상이 필요하다.
㉱ 경암반에서는 효과가 저하된다.
㉲ 미진동파쇄기 1개당 1개의 뇌관을 삽입한다.
㉳ 점화공이 불완전하게 밀폐되면 철포현상이 발생하여 비석이 발생하고 파괴효과가 떨어진다.

② 시공순서
㉮ 천공
㉯ 미진동파쇄기에 점화구를 연결
㉰ 시멘트 모르터의 충전
㉱ 미진동파쇄기 대기(60분)
㉲ 안전덮개 사용
㉳ 점화와 점화의 확인

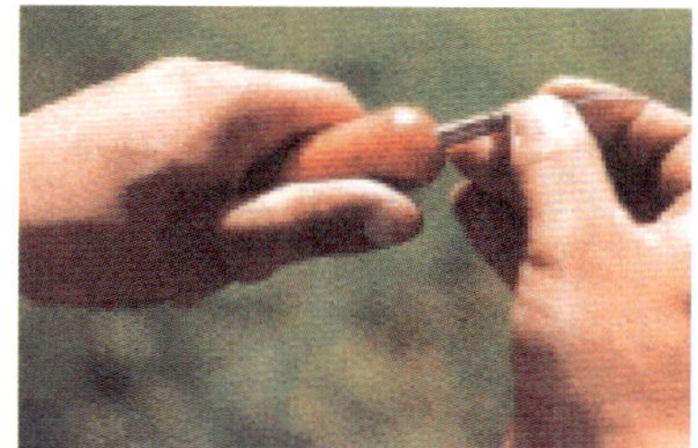
(a) 뇌관 삽입

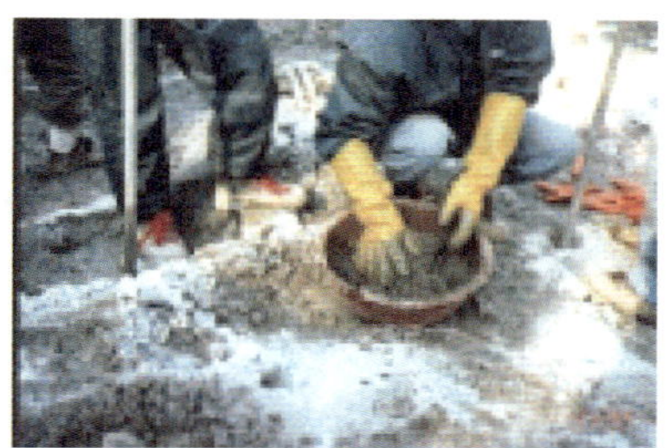
(b) 모르터 충전

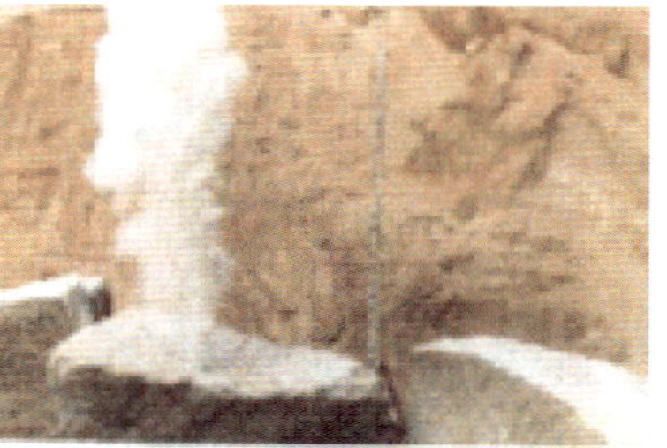
(c) 점화

그림. 미진동파쇄기의 시공순서

2) 플라즈마(전력 충격) 파암공법

플라즈마 파암공법은 병렬로 모듈화된 축전기에 저장된 전기에너지를 암반 속에 삽입한 금속분말과 산화물의 혼합체에 급속히 주입하여 형성된 플라즈마의 팽창으로 발생하는 충격파를 이용하여 암반을 파쇄한다.
플라즈마 파암공법은 축전기에 저장된 전기에너지가 순간적으로 암반 속의 전해질과 반응하면 고열과 충격파가 발생되어 암석을 파쇄하고 급격히 금속물질로 환원되어 소멸되므로 암석의 비산이 발생하지 않는다.

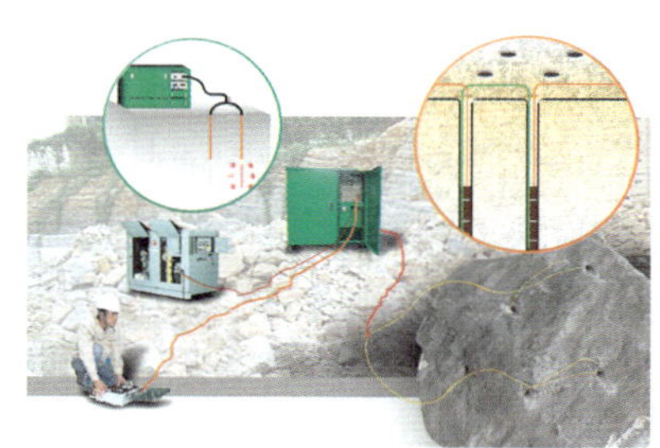
그림. 플라즈마 파쇄작업

① 특성

㉮ 진동, 소음이 적다.

㉯ 무진동공법보다 2차 파쇄량이 감소하여 파쇄효율이 우수하고 공기 절감이 가능하다.

㉰ 고압전류를 사용하므로 우천시에 안전관리가 중요하다.

㉱ 공발시에 소음이 발생하여 진동과 소음에 의한 민원이 우려된다.

㉲ 파쇄시에 파암 보호매트가 필요하다.

㉳ 경암 이상의 견고한 암반에서는 시공성이 저하한다.

㉴ 발파공법보다 시공비용이 증가한다.

② 시공순서

플라즈마에 의한 파쇄는 2~3 자유면의 벤치를 이용하면 시공 효율성이 우수하고, 파암은 자유면을 이용하여 순차적으로 3공을 직렬로 연결해서 실시한다.

그림. 플라즈마 파암공법의 시공순서

㉮ 천공

㉯ 충격 cell의 삽입과 전색

㉰ 충격 cell의 전선을 다중 스위치에 연결

㉱ 전기에너지를 충전하고 암석을 파쇄

㉲ 파쇄된 암석을 제거

3) 겔(Gel)파쇄공법

화학성분을 함유한 액체(겔 약액)에 전기뇌관과 소량의 기폭약으로 고온, 고압의 화학반응을 촉진하여 발생되는 겔의 팽창작용으로 암반을 파쇄하는 공법으로 기폭약의 소음과 진동을 억제하는 공법이다.

그림. 겔(Gel)파쇄공법

① Gel약액이 액체상태에서 가스압력의 팽창 후에 중지되므로 비산, 폭음압에서 안전하다.

② Gel약액에 의한 파쇄시에 팽창가스의 압력이 없으므로 소음, 진동이 적다.

③ 경사 천공과 수중작업이 가능하다.

④ 공기 단축과 공사비의 절감에 유리하다.

9 특수 발파

(1) 수중발파

수중발파는 수중에서 천공, 장약, 결선작업을 수행하므로 일반 발파와는 많은 차이점이 있으며 수중발파공법은 장약방법에 따라서 barge선을 이용하여 천공하고 폭약을 장약하여 발파하는 천공발파, 발파대상물에 폭약을 붙인 상태로 발파하는 수중 부착발파(delaying method), 폭발에 의한 물의 압축력을 이용하기 위하여 수중에 폭약을 매단 형태로 발파하는 수중 현수발파가 있다.

1) 개요

① 수중발파는 계단식발파와 유사하지단 물이 폭발압을 감소하여 완충시키므로 설계 시에 수압을 고려하고 불발과 장약공간의 공폭(flash over)에 의해 균열이 불완전해지므로 계획공 사이의 거리와 장약량의 편차를 고려해야 한다.

② 터널 발파와 계단식발파와 비교하면 특별한 작업방법이 필요하고 화약량은 약 2배가 추가적으로 소요된다.

③ 수중을 통해 전파되는 충격압에서 어패류를 보호하는 안전장치가 필요하다.

2) 수중 발파방법

① 수중 천공발파(Drilling and blasting method)

㉮ 천공방식(Drilling and blasting method)

㉠ 암성토(Rock fill)를 활용한 천공(수심 : 3~4m)

㉡ 작업대(Platform)를 이용한 천공(수심 : 15~20m)

㉢ 수중에서 잠수부에 의한 직접 천공(수심 : 20m까지)

그림. 작업대를 이용한 수중 천공과 발파

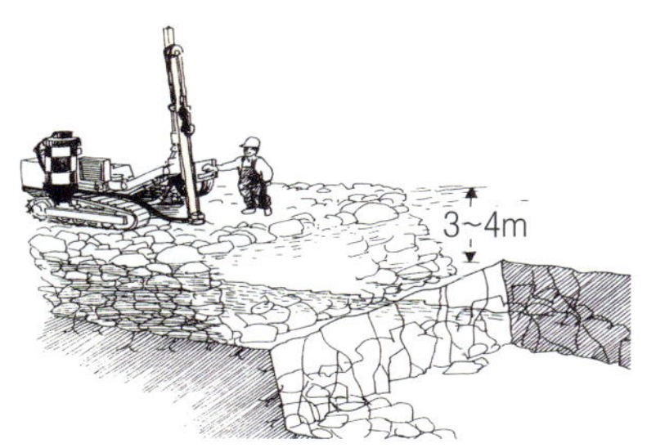

그림. 암성토 후 천공과 발파

그림. 잠수부에 의한 천공, 발파작업

㉯ 발파방법

수중발파는 천공장, 천공위치, 각도 등의 오차 조절이 어렵고 폭발 후에 충격수압이 크면 진동은 육상발파보다 크게 발생한다.

㉠ 천공과 장약은 잠수부 또는 수면 위에 설치한 작업대(self-elevating platform)를 이용하여 실시한다.

㉡ 잠수부에 의한 방법

ⓐ 좁은 지역과 정밀발파가 필요한 경우는 잠수부에 의한 발파작업이 적합하다.

ⓑ 수중에 작업위치를 표시하는 보조기구가 필요하고 장약은 천공한 작업공에서 2m 이상을 떨어져서 실시한다.

㉢ O.D 방법(Overburden drilling method)

ⓐ 특수장비로 두꺼운 점토층을 직접 천공하는 방식이다.

ⓑ 연약한 표토층을 천공하여 기반암에 도달하면 이중 천공장치로 계속 천공하고서 공내에 설치한 플라스틱 호스에 압축공기로 화약을 장전하고 발파를 시행한다.

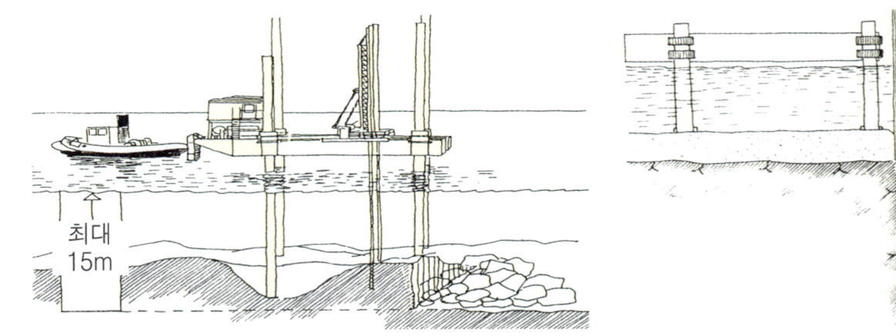

그림. Platform에서의 천공, 발파작업

그림. 드릴 파이프(Drill pipe)를 이용한 장약

② 수중 현수발파

수중에 폭약을 매단 형태로 발파하는 방법이다. 수중 현수발파는 폭약을 수중에서 폭발시키므로 물이 폭발압력에 의해서 압축되는 성질을 이용하여 파괴, 변형시키는 것이며 기뢰, 어뢰, 폭뢰 등의 폭발형식이다.

그림. 수중 현수발파의 장약

③ 수중 부착발파

수중의 암석과 구조물의 표면에 폭약을 부착하고 발파하는 방식이며 천공을 하지 않고 발파할 수 있는 장점이 있지만 폭약과 접한 부분과 아주 가까운 곳이 발파되어 발파효율이 매우 낮으므로 특수한 경우에만 적용한다.

(2) 수직터널의 발파

수직터널은 재료의 운반, 인력과 장비의 운송, 환기, 각종 부대시설(전기, 용수, 통신)을 설치하기 위하여 굴착하며 굴착 방향은 하향 또는 상향으로 터널을 굴착한다.

1) 하향 굴착방법

하향 발파에 의한 굴착은 수직터널의 하부에 작업공간이 확보되지 않은 경우에 사용하며 굴착단면의 크기와 심도에 제약을 받지 않는다. 작업은 천공, 발파, 환기, 버력처리, 보강의 순서로 굴착하고 굴착과 보강작업을 동시에 하는 것이 가능하다.

발파 소음, 진동, 버력 등이 발생하여 굴착 중에 위험성이 크며 공사비가 증가하고 부대시설(환기, 급수, 배수)이 필요하다.

① 지표면에서 지하로 굴착하므로 작업장이 항상 젖어있고 작업공간이 협소하다.

② 소음이 크며 작업이 어렵고 위험하다.

③ 매 발파마다 파쇄한 암석을 상부로 들어내므로 버력처리에 많은 시간이 소요되어 굴착속도가 늦고 작업자가 낙하물의 위험에 노출되어 있다.

④ 수직터널은 원형단면을 주로 채택하며 천공과 발파패턴은 소규모 노천발파와 유사하다.

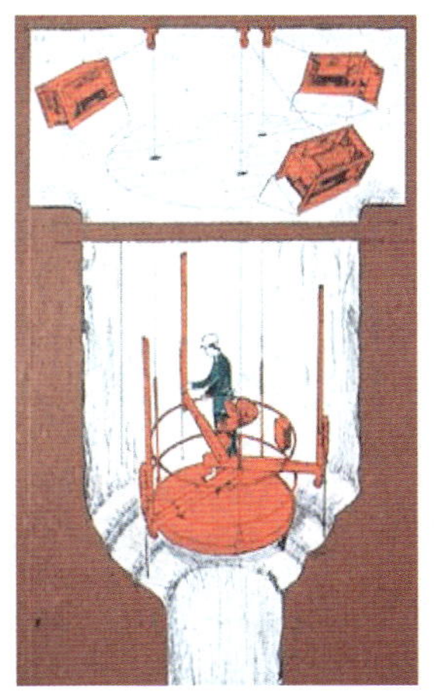

그림. 하향 수직터널의 굴착 작업설비

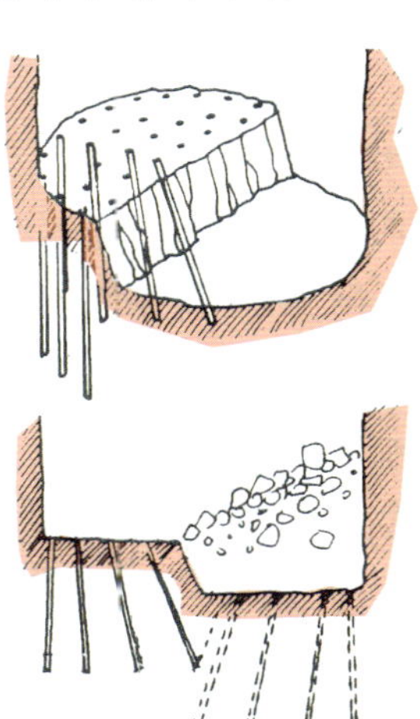

그림. 하향 수직갱의 발파작업

2) 상향 굴착방법

① 수직 또는 경사진 상향의 수직터널은 굴착비용이 많이 소요되고 작업이 위험하므로 안전하고 효율적인 장비의 선정이 중요하다.

② 천공은 특수 제작된 작업대와 점보드릴(jumbo drill)을 사용한다.

㉮ Jora lift 방법 : 대구경 천공 구멍에 와이어를 설치하고 리프트(lift)를 이용하여 굴착하는 방법

㉯ Alimak 상향 천공기(Raise climber)

㉠ 보호지붕과 작업발판이 있는 상향 천공기가 가이드 레일을 따라서 이동하면서 천공, 장약, 발파, 환기, 부석을 제거하는 작업을 실시한다.

㉡ 수직터널의 측벽에 고정한 가이드 레일(guide rail)을 따라서 작업대가 상하로 이동하면서 작업대에서 천공하고 발파 시에 작업대를 수평터널까지 내려서 피난시키고 대기한다.

㉢ 레일 시스템에 압축공기와 용수를 공급하는 배관설비가 부착되어 있다.

그림. Alimak Raise Climber 굴착

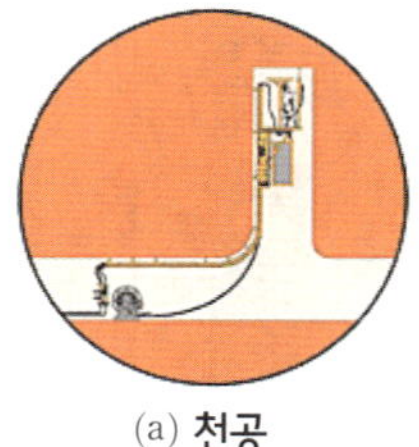

(a) 천공

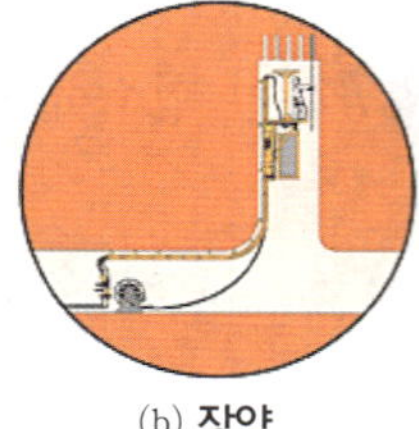

(b) 장약

(c) 발파

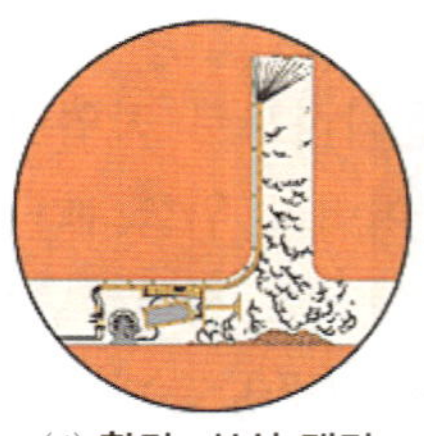

(d) 환기, 부석 제거

그림. Alimak Raise Climber의 수직 굴착작업 Cycle

3) RBM(Raise boring machine)

RBM은 수직 또는 급경사 터널을 굴착하는 장비로 유도공(ϕ 28~31cm)을 천공하고 하부 또는 상부에서 커터가 장착된 리밍헤드(reaming head)를 유도공을 통하여 스태빌라이저와 로드에 연결시켜서 기계 본체에 연결하고 끌어당기면서 암반을 굴착한다.

RBM공법은 하부 터널을 먼저 굴착하고 유도공을 천공한 후에 적용하는 것이 효과적이며 용출수가 발생해도 작업이 가능하고 환기와 발파 등의 영향이 없다. 유도공이 편기되어 천공되면 수직오차의 수정이 어렵고 연암과 풍화암은 측벽이 붕락되어 굴착이 어려운 경우가 있다.

그림. RBM

(a) 상향 굴착

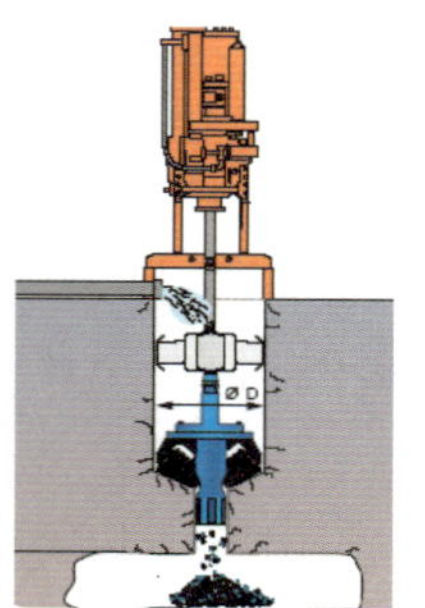

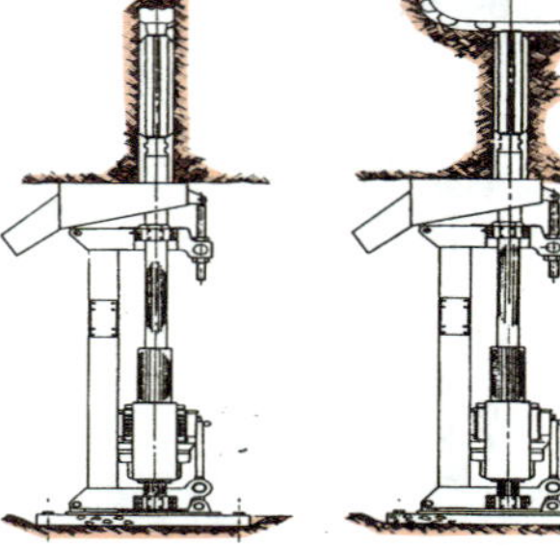

(b) 하향 굴착(Pilot hole 천공 + 암반 굴착)

그림. RBM의 굴착방법

(3) 발파 해체공법

1) 개요

그림. 기계식 해체공법

건물의 해체공법은 인력과 장비를 이용하여 상층부터 단계적으로 철거하는 기계식 해체공법과 발파 해체공법(explosive demolition)이 있다. 기계식 해체공법은 분진, 소음이 장기화되어 일정한 규모 이상은 비경제적이지만 발파 해체공법은 구조물의 주요 지점인 기둥, 내력벽 등의 부재를 소량의 화약으로 파괴하여 불안정한 상태로 만들어서 구조물 자체의 하중으로 붕괴를 유도하는 공법이다.

발파 해체공법은 해체 소요기간이 짧으므로 소음, 진동, 분진에 민감하지 않은 고층건물 등의 파괴에 적합하며, 건물 높이에 따른 폭파 작업공간을 확보하고 발파공해의 방지와 파괴 시에 수반되는 진동에 의한 지하매설물(가스, 통신, 전기 등)의 파손대책을 수립한다.

2) 특성

① 화약 폭발에 의한 충격파와 가스압으로 구조물의 주요 지점을 파쇄하므로 뇌관의 기폭순서를 조절하여 붕괴방향을 결정하고 구조물의 자중에 의한 붕괴를 유도한다.

② 철근 콘크리트 구조물의 일부가 붕괴되면 구조체 전체의 하중과 모멘트가 재분배되면서 내력이 작은 곳부터 파괴되어 전체 구조물이 짧은 시간 내에 붕괴된다.

3) 장점

① 공사기간이 단축되고 공사비용이 경제적이다.

② 대부분 작업이 구조물 내부에서 이루어지므로 기상조건의 영향이 적다.

③ 발파에 의한 붕괴시간이 매우 짧아서 지속적인 소음과 분진이 발생하지 않는다.

④ 구조물의 주요 지지점을 선별하여 발파하며 구조물의 각 부재들은 충격하중과 전단력에 의하여 연쇄적으로 파쇄되므로 안전성이 우수하고 다양한 구조물의 해체에 적용이 가능하다.

4) 단점

① 해체 시에 순간적인 소음, 진동, 분진이 발생한다.

② 철저한 기폭시스템의 설계와 방호공사로 주변에 피해를 주지 않도록 각별한 주의가 필요하다.

5) 발파 해체공법의 종류

① 전도공법(Felling)

㉮ 가장 간단한 공법이며 구조물 하부에 화약을 사용하여 hinge point를 형성한다.

㉯ 전도방향으로 충분한 공간의 확보가 필요하고 계획공간 내에서 전도 붕괴가 가능하다.

㉰ 주로 굴뚝, 고가수조, 송전탑 등의 구조물 해체에 적용한다.

② 상부 붕락공법(Toppling)

㉮ 2~3열의 기둥을 가진 건물을 한 쪽 방향으로 붕괴시키므로 전도와 붕괴가 동시에 발생한다.

㉯ 1방향 또는 2방향으로 여유공간이 있는 경우에 적용한다.

㉰ 점진적인 붕괴가 발생하므로 지반 진동이 제어되도록 설계한다.

③ 단축 붕락공법(Telescoping)

㉮ 구조물이 위치한 장소에서 붕락시키는 공법이며 주변에 여유공간이 없는 경우에 적용한다.

㉯ 대상 구조물이 초기 거동을 시작하여 계속적인 붕괴를 유도하며 구조물 하부에 쌓인 파쇄물이 충격을 흡수하는 역할을 한다.

④ 내파공법(Implosion)

㉮ 붕락 시에 구조물을 외측에서 내측으로 끌어당기도록 유도하는 공법이다.

㉯ 붕괴 대상물 주변의 부지공간이 적을 때에 사용이 가능하다.

⑤ 점진 붕괴공법(Progressive collapse)

㉮ 중심방향으로 붕괴가 되는 내파공법과는 다르게 붕괴가 선형적으로 진행된다.

㉯ 길이방향으로 긴 구조물에 적용이 용이하다.

⑥ 연속 붕괴공법(Sequenced cracking)

㉮ 복합 형상으로 구성된 건물을 순간적으로 붕괴시키는 공법이다.

㉯ 3차원적으로 기폭 시스템을 설계하여 시차를 두고 여러 곳에서 붕괴가 진행된다.

(a) 전도공법

(b) 상부 붕락공법

(c) 단축 붕괴공법

(d) 내파공법

(e) 점진 붕괴공법

(f) 연속 붕괴공법

그림. 건물 해체공법의 종류

10 발파공해

(1) 개요

발파작업은 안전하고 효과적으로 수행되어야 하며 특히 도심지발파는 발파에 의한 진동과 폭굉압에 의한 소음, 암석 조각의 비산 등에 의하여 인접한 구조물과 주민들에게 피해를 주는 발파공해가 발생하지 않게 적절한 대책의 수립이 매우 중요하다.

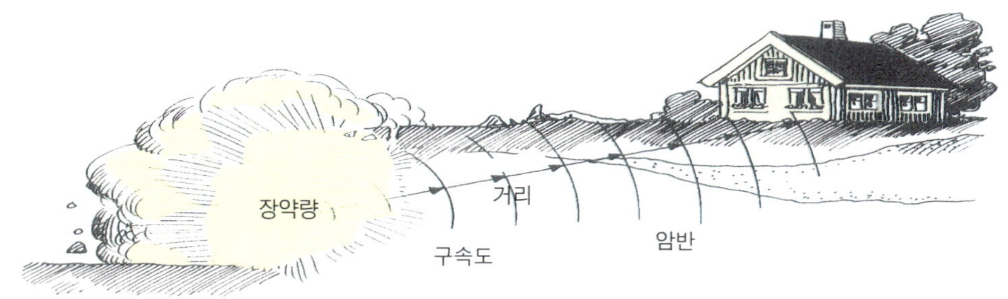

(2) 발파진동(Vibration)

폭약이 장약공 내에서 폭발하면 초기 충격 폭굉압(또는 충격압), 화약의 연소에 의한 지연 폭발가스압, 그리고 3,000℃ 이상의 고온이 발생하고 폭원으로부터 3차원으로 전파되어 온 충격압에 의한 충격파는 거리에 따라서 현저히 감쇠되어 발파에 의한 에너지의 0.5~20%가 탄성파형태로 암반 중으로 전파되어 가면서 지반에 진동을 발생시키는 것을 발파 진동이라고 한다.

발파 진동의 전파 특성은 입지조건과 발파조건에 따라서 달라진다. 입지조건은 발파부지와 인근 구조물의 기하적인 형태, 대상암반의 지질학적 특성과 역학적 성질이 있고 발파조건은 폭약의 종류, 장약량, 기폭방법, 전색상태, 자유면의 수, 발파 유형, 발파원과 측정지점간의 거리 등이 있다. 그 중에서도 지발당 최대 장약량과 폭원으로부터의 거리가 가장 직접적인 요인으로 작용한다.

발파 진동은 다음 식으로 추정할 수 있다.

$$V = K(\frac{W}{D^b})^n$$

여기서, V : 발파 진동속도(입자 최대속도, cm/sec)

K : 발파조건에 따른 진동상수

D : 발파원과 계측점 간의 거리

W : 지발당 장약량

b : 자승근, 삼승근은 적용상수

n : 전파 경로조건에 따른 감쇠지수

표. 발파 변수가 진동에 영향을 미치는 정도

변 수	항 목	영향의 정도		
		심각	보통	미약
조절 가능 변수	· 지발당 장약량	○		
	· 지연 시차	○		
	· 화약의 종류		○	
	· 최소저항선과 천공 간격		○	
	· 자유면의 상태	○		
	· 천공 직경, 각도		○	
	· 발파 방향		○	
	· 1발파당 장약량			○
조절 불가능 변수	· 폭원과 구조물과의 거리	○		
	· 지형		○	
	· 토피의 두께와 형태		○	
	· 암반상태		○	
	· 대기상태			○

표. 발파진동의 저감 방안

저감 방안			대 책
발생원에서 제어	약액사용으로 저감	저폭속, 저비중 폭약 사용	에멀젼폭약 사용
		파쇄기, 팽창제	정밀폭약 사용
	다단발파로 저감	DSD, MSD 뇌관을 사용	비전기식 뇌관 사용
		비전기식 뇌관의 사용	
	지발당 장약량의 조절	지발뇌관의 사용	허용 진동치 적용
	심발발파에서 저감	이중(double)심발	Large hole cut 적용
		심발 위치의 조정	
		Large hole cut을 적용	
	발파방법으로 저감	Decoupling 효과의 이용	Smooth blasting 적용
		분할발파	대단면, 암질 불량구간에 적용
		발파 작업량의 제한	암질, 현장조건에 따라서 적용
진동 전파의 방지			조절발파에 적용
기 타			진동 측정 등의 계측관리

(3) 소음(발파 풍압)

발파작업에서 발생되는 소음은 천공작업, 파쇄된 암석을 적재하여 운반하는 중장비에서 발생되는 소음, 폭약의 폭발에 의해 발생되는 발파 풍압으로 구분할 수 있다.

1) 발파 풍압의 발생과 특성

폭약이 자유면 근처에서 폭발하면 발파에너지의 일부가 암반 중에서 탄성파로 전파되고 공기 중에서는 발파 풍압으로 주위에 전파되면서 소멸된다.

일반적으로 발파 풍압은 넓은 범위의 주파수를 가지며 0.1~200㎐ 범위의 주파수가 중심이 되고, 20㎐ 이상의 발파 풍압은 사람이 들을 수 있는 가청영역의 소음이다.

20㎐ 이하의 저주파는 사람의 가청영역을 벗어나서 사람이 들을 수는 없지만 비교적 먼 곳까지 에너지의 손실없이 전파되어 가옥 등의 구조물을 진동시켜서 2차 소음을 발생시킨다.

2) 발파 풍압의 산출

일반적으로 발파에서 발생하는 저주파음의 대부분은 공기압력파(air pressure pulse)에 의한 것이며 발파 풍압의 세기는 압력의 단위와 사람의 청각 보정을 하여 음압수준 단위(dB)로 표현한다.

$$dB = 20\log\frac{p}{p_o}$$: (음압 수준 = 소음 레벨)

여기서, p : 과압(psi) – 음파의 음압

p_o : 기준치로서 사람이 인지하는 최저 음압

① 천공 착암기의 방음설비

② 이동식 방음설비

(a) 작업 소음의 경감

(b) 갱구부 비산과 소음 저감대책

그림. 암반 발파 작업시의 공해 저감대책

(4) 비산(Scattering)

발파시에 암석이 불규칙하게 튀어 나가는 것을 비산, 작은 돌의 비산은 분산이라고 한다.
주변 구조물에 영향을 주거나 위험을 초래하는 비산은 단층, 균열, 연약대 등에 의한 암석의 강도 저하, 천공 오차에 의한 국부적인 장약공의 집중현상, 점화순서의 착오에 의한 지나친 지발시간, 과다한 장약량 등의 원인으로 발생한다.
비산은 다음의 형태로 발생한다.

1) 전체 발파면의 전방 비산
2) 장약공에서 장약의 폭발에 의한 비산
3) 점화순서의 영향에 의한 비산
4) 가스압력에 의한 표면에서의 비산

발파시에 발생하는 비산은 MS 지발발파의 사용, 비산 방지용 덮개의 설치, 주변 여건을 검토한 발파방법을 선정하여 제어한다.

(5) 진동과 소음의 측정

발파로 인한 소음, 진동을 측정하여 안전성의 판단과 인체와 구조물에 미치는 한계치 이내의 안전한 값을 가지도록 발파를 실시한다.
진동 측정기는 기계식과 전기식이 있고 전기식은 기계식 진동을 지오폰(geophone)에서 감지하여 전기신호로 변환한다. 변환기에서 진동속도에 비례되는 전기신호가 발생한 값을 기록한다.

그림. 진동측정기

그림. 진동측정작업

(6) 발파소음과 진동의 계측관리

1) 발파원 주변에서 지장물을 고려한 계측관리를 할 때는 동일한 지발당 허용장약량이라도 작업조건에 의해 진동이 달라지고 자유면의 수, 천공과 장약의 정확성, 발파패턴에 따라서 진동치가 큰 폭으로 증가하므로 정밀한 발파작업이 시행되어야 한다.

2) 진동, 소음의 계측은 발파패턴마다 실시하고 발파음은 음압 레벨(dBL)과 소음 레벨(dBA)을 교대로 측정하며 매 발파마다 계측자료를 정리하고 회귀분석 등의 방법으로 발파진동을 예측하여 발파패턴에 반영한다.
3) 계측기 센서(geophone, microphone)를 견고하게 고정시키고 여러 장소에서 번갈아가면서 측정한다.
4) 발파음은 지형, 풍향, 기온 등에 따라서 민감하게 변화하므로 이를 충분히 고려하여 계측을 실시하고 측정된 계측자료는 체계적으로 정리하여 보관한다.

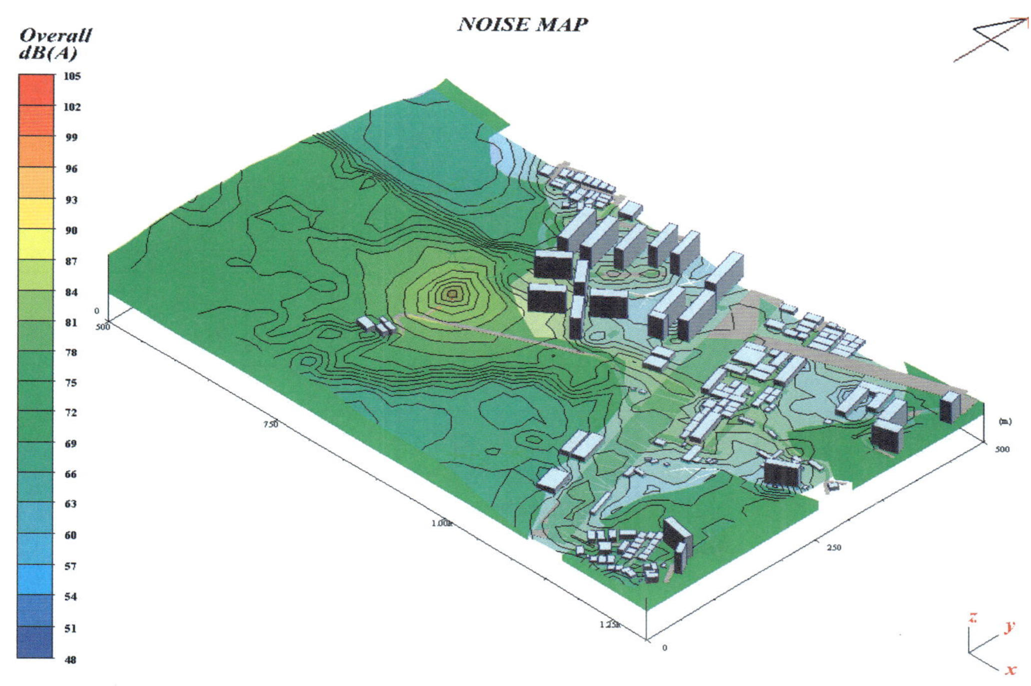

그림. 발파소음의 3D 분석 예측 [자료제공 : GB 이엔지]

(7) 시험발파

1) 개요

① 발파 진동은 지질, 암반의 강도, 발파방법, 화약의 종류, 기폭방법 등에 의하여 변화되므로 현지 암반에서 장약량과 천공 규모를 달리하여 시험발파를 시행하고 파쇄효과와 발파공해(지반진동, 폭음, 비석 등)를 분석하여 발파패턴을 결정한다.
② 설계된 발파패턴을 적용하여 현장의 지반조건과 지형적 특성에 적합한 발파진동추정식을 산출한다.
③ 이격거리별로 지발당 허용장약량을 산출하여 발파 적용구간의 선정과 발파패턴을 설계하는 자료로 활용한다.
④ 시험발파는 일반발파, 대발파를 제외한 암파쇄, 정밀진동, 진동제어(소규모, 중규모) 발파를 적용하며, 일반발파와 대발파도 보안물건에 발파의 영향이 미치는 경우는 시험발파를 실시해야 한다.

2) 시험발파에 의한 발파공사 수행 흐름도

시험발파계획서 작성	·주변 환경을 고려한 허용기준 검토 ·설계 발파진동 추정식을 이용한 발파 영향권의 검토 ·설계 발파패턴 검토
⇩	
시험발파 실시	·당초 설계패턴에 의한 천공과 장약 실시 ·주변 보안물건에 피해가 없는 안전지역에서 실시 ·계측을 하여 거리와 장약량의 변화에 따른 감쇠지수의 파악 ·신뢰성있는 분석을 위하여 30개소 이상의 계측자료 확보
⇩	
시험발파 계측결과 분석	·회귀분석을 실시 ·현장 특성에 적합한 발파진동추정식의 산출 ·이격거리별 지발당 허용장약량을 산출
⇩	
발파공법 선정	·지발당 허용장약량에 따른 발파공법의 선정 ·발파공해 허용기준 이내의 발파공법 적용성 검토
⇩	
발 파 설 계	·선정 공법에 적합한 폭약 종류와 지발당 장약량의 결정 ·뇌관의 종류와 기폭방법 검토 ·이격거리별 발파공해 허용기준을 고려한 발파패턴 설계 ·발파패턴의 안전성을 검토하여 적용 ·발파공사 특별시방서 작성
⇩	
발파작업 실시	·보안물건과의 이격거리별 설계패턴을 적용 ·설계 패턴별 장약량과 천공패턴의 준수 ·발파작업과 병행하여 계측을 실시

3) 시험발파 시행방법

① 시험발파 수행계획에 포함될 사항

㉮ 사용 화약류의 종류와 특성

㉯ 지발당 장약량

㉰ 기폭방법과 뇌관의 종류

㉱ 주변 보안물건에 대한 조사 내용, 폭원과 측점과의 이격거리

㉲ 천공 제원(천공 구경, 천공 깊이, 최소저항선, 공간거리, 천공 각도 등)

㉳ 장약 제원(사용 폭약, 폭약 직경, 공당 장약량, 지발당 장약량, 전색길이 등)

㉳ 계측계획(계측기의 종류, 형식, 소요 대수, 설치 위치 등)
㉴ 예상 공해 수준(진동, 폭음, 폭풍압, 비석 도달거리 등)
㉵ 해당 지역의 발파공해 규제 기준
㉶ 안전대책(발파 보호공, 경계원 배치, 차량 통제계획 등)

② 발파공해의 영향이 예상되는 보안시설물 종류

발파 위치	보안 시설물
도심지 발파	주거지역, 학교, 병원, 종교시설, 도로, 지하철, 철도, 상하수도와 가스관의 매설 위치, 교량 등
도심 외곽지 발파	주거지역, 도로, 철도, 암반과 토사 비탈면, 종교시설과 요양시설, 축사와 양식장, 고압 송전탑, 교량 등

③ 시험발파의 위치 선정

㉮ 인접 시설물과 50m 이상의 이격거리를 확보하고 이격거리가 짧은 경우는 발파 규모를 축소하여 진동의 거리 감쇠 경향을 파악한다.
㉯ 보안물건과의 이격거리가 충분하면 실제 시공에 적용할 발파패턴으로 시험발파를 실시한다.

표. 국토교통부의 발파진동 허용기준 제시 사례

구 분	가축류	유적, 문화재, 컴퓨터 시설물	주택, 아파트	철근콘크리트 건물과 공장
진동치(cm/sec)	0.1	0.2	0.3~0.5	1.0~5.0

④ 시험발파에 사용하는 진동측정기의 성능

㉮ 진동측정기는 진동속도(cm/sec)와 주파수를 3방향(수직, 진행, 접선방향)으로 측정하는 성능을 구비해야 한다.
㉯ 계측결과를 자체와 외부 컴퓨터에서 출력할 수 있어야 하고 계측자료는 영구 보존이 가능하게 보관한다.

⑤ 시험발파 패턴

㉮ 천공과 장약량을 각각 변화시키면서 다양하게 시험발파를 실시한다.
㉯ 단일 발파패턴에서는 측정거리를 변경하여 다양한 환산거리(scaled distance)를 획득해야 한다.

⑥ 계측자료의 분석

㉮ 자료는 자승근과 삼승근 환산거리에 의한 회귀분석기법으로 통계처리를 한다.
㉯ 입력자료는 각 성분의 최대 진동속도(peak particle velocity)를 기준으로 하여 처리한다.

⑦ 시험발파 결과보고서

㉮ 시험발파 결과보고서에는 다음 사항을 기록한다.

㉠ 개요
㉡ 시험발파의 목적
㉢ 시험발파 위치도, 주변 현황
㉣ 발파원 지역의 지질 현황
㉤ 발파 진동, 소음의 허용기준치 검토와 설정
㉥ 시험발파의 조건과 방법
㉦ 발파 진동, 소음의 측정방법과 결과
㉧ 발파진동추정식
㉨ 지발당 허용장약량의 결정
㉩ 발파패턴 설계
㉪ 발파공해의 저감대책 등

㉯ 발파공해의 저감은 저폭속 폭약의 사용, 다단발파의 적용, 장약량 제한, 발파방식 변경, 진동전파 경로의 차단대책 등을 적용하여 진동치가 허용범위 이내가 되도록 한다.

㉰ 시험발파 결과의 분석은 진동과 소음의 측정, 파쇄암의 집적상태와 크기, 비석 상태, 굴착률, 대괴의 발생량 등을 관찰하여 기록한다.

㉱ 보고서에 회귀분석 자료와 본 발파에 적용하는 발파패턴과 시방 등을 명시한다.

(a) 현장여건의 조사

(b) 발파패턴의 확인

(c) 장약과 전색

(d) 발파 보호매트의 설치

(e) 진동 계측기 설치

(f) 암파쇄 상태의 파악

그림. 시험발파의 실시과정 [자료제공 : GB 이엔지]

제 4 장
건설기계공

건설기계공 4

1 개 설

건설기계는 기계적인 동력으로 작업능력이 증가하여 짧은 시간에 많은 작업량을 처리하며 작업능률을 향상시켜서 효과적으로 건설공사를 수행하는 공사수단이다. 오늘날의 건설기계는 대형화, 고능률화의 추세에 있고 구조, 능률, 용도가 다양해지고 있으므로 효과적인 기계 제원의 활용이 필요하다.

(1) 건설기계화시공의 특성

1) 장점

① 공사기간이 단축되고 공사비가 절감된다.
② 공사 규모와 시공 가능성이 확대된다.
③ 공사의 품질 향상이 가능하다.

2) 단점

① 기계의 구입과 설비비가 고가이다.
② 동력 연료, 기계부품, 수리비 등이 필요하다.
③ 숙련된 운전자와 정비원이 필요하다.
④ 소규모 공사는 인력보다 비용이 많이 드는 경우도 있다.

(2) 건설기계의 운영

건설기계는 특정한 목표를 위한 생산수단이고 원가 절감과 밀접한 관계가 있으므로 작업조건을 고려하여 투입기계를 결정하는 것이 중요하다.

1) 공사 조건에 따른 기계의 기종과 용량의 타당성을 검토
2) 기계의 합리적인 조합
3) 기계의 작업 현장과의 적응성
4) 공사 수량과 기계의 표준 시공능력과의 관계
5) 인력시공과의 비교
6) 투입과 철수시기의 판단과 계속성의 검토
7) 작업이외의 제한성(교통, 작업거리 등)

건설기계의 투입계획은 공사의 계획과 설계단계부터 기종의 선정, 사용계획과 수량, 유지관리계획, 정비계획, 수송계획 등을 충분한 조사하여 계획에 반영하고 도로상태, 장애물의 제거, 진입로에 대한 부대공사의 계획도 함께 검토해야 한다.

(3) 건설기계의 조합

건설기계의 합리적인 조합은 건설공사의 기계화에 따른 수반작업의 기능적인 분업과 작업형태의 분류를 검토하여 계획한다. 작업의 기계화는 작업을 직렬로 분할하여 여러 가지 기종의 기계가 분업으로 시공하는 흐름작업이 가장 효율적이다.

1) 흐름작업과 계속작업

작업은 취급재료의 이동 유형에 따라서 흐름작업과 계속작업으로 구분하고, 흐름작업은 골재생산의 경우처럼 천공(착암기) ⇨ 폭약 장전(인력) ⇨ 발파(인력) ⇨ 발파석 싣기(파워 셔블) ⇨ 운반(덤프트럭) ⇨ 쇄석(쇄석기) ⇨ 운반(벨트 컨베이어) ⇨ 저장의 순서로 작업이 연결되는 과정이며 계속작업은 재료를 일정한 장소에 적치하고 기계 또는 인력이 계속적으로 작업하는 것이다.

2) 주작업과 종속작업

기계화시공에서 주기적인 흐름작업은 주작업과 종속작업으로 구분한다. 예를 들면 1대의 백호(back hoe)와 여러 대의 덤프트럭이 조합하여 시공하는 경우에 백호의 적재가 주작업이 되고, 덤프트럭에 의한 운반은 종속작업이 된다.

3) 분업된 작업능력의 균등화

① 기계화시공은 여러 가지 종류의 기계가 조합되어 분업으로 흐름작업을 하는 것이 일반적이고 분업된 작업의 시공속도가 다르면 그 중의 최소 시공속도에 의하여 전체 시공속도가 지배되므로 가장 효율적인 기계조합은 각 작업의 시공속도와 작업 소요시간을 일정하게 유지하는 것이다.
② 각 작업의 표준 시공속도가 결정되어 실시공 속도가 표준 시공속도에 적합하도록 기계와 인력의 배치가 가능하면 기계와 인력의 직렬조합을 피하고 기계의 직렬조합이 되도록 배치한다.

③ 기계화시공에서 흐름작업의 분업수를 증가시켜서 병렬작업을 하면 시공량이 증대하고 기계 고장 등에 의한 다른 작업의 대기를 방지하여 작업 손실을 감소시킬 수 있다.

4) 조합기계의 작업효율

① 조합기계의 최대 시공속도는 각 작업의 최소치에 따르고 작업효율의 최소치는 각 작업의 시간 손실이 중복되지 않고 각각 독립적으로 발생할 때가 된다.

② 기계의 작업효율은 실 작업시간율과 현장조건 등에 의한 작업능률에 의하여 산정된다. 그러나 동일한 작업조건에서 여러 가지 공정으로 분할된 작업에서는 작업효율의 최소치가 감소하며 조합 작업시의 실제 작업효율은 0.6~0.72에서 결정한다.

5) 기계조합의 계획

효율적인 기계조합은 각 작업의 소요시간을 일정하게 하고 작업속도를 균등하게 하는 것이지만 분할작업의 수가 증가하면 작업효율이 저하된다.
따라서 기계의 작업효율을 고려한 합리적인 기계조합은 분할작업 중에서 선정한 주작업을 중심으로 각 작업의 시공속도를 검토하여 결정한다.

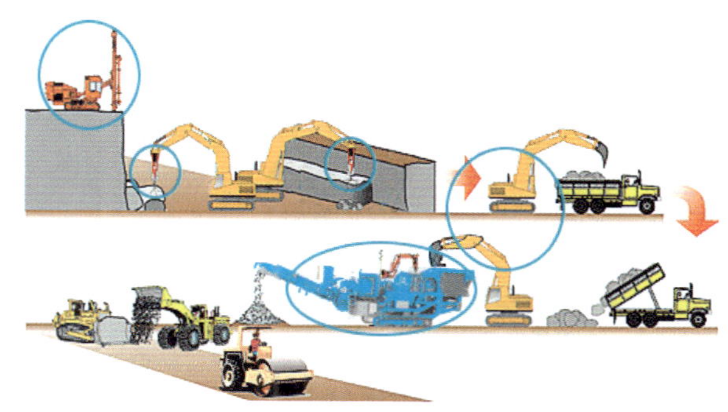

그림. 건설기계의 조합작업

2 건설기계의 종류와 용도

(1) 건설기계 선정기준

1) 공사 규모별

① 건설공사의 설계시에 적정 공사비의 산정과 합리적인 기계화시공을 위해서는 현장 여건을 고려하여 공사 규모에 적합한 건설기계를 적용한다.

② 토공량이 100,000m^3 이상의 공사를 대규모공사, 10,000~100,000m^{3}의 공사를 중규모공사, 10,000m^3 미만을 소규모공사로 구분하고 현장과 토질조건(습지, 연약지반)에 따라서 효율적인 건설기계를 선정한다.

표. 공사 규모에 따른 표준 건설기계

구 분	작업 종류	작업 규모	표준 규격
불도저 작업	유압 리퍼작업	중규모 이하 대규모	19ton급 32ton급
	굴삭·압토(운반)	중규모 이하 대규모	19ton급 32ton급
	집토(굴삭·보조)	중규모 이하 대규모	19ton급 32ton급
	습지, 연약토 작업	–	13ton급
스크레이퍼	집토 + 운반 + 포설	소규모 중규모 대규모	5.4~9.0m^3 11.0~18.0m^3 18.0m^3 이상
굴삭기 (무한궤도)	굴삭·적재작업	소규모 중규모 대규모	0.4m^3 0.7m^3 1.0m^3 이상
덤프트럭	운반	소규모 중규모 대규모	8ton 이하 8~15ton 15ton 이상

2) 운반거리별 적정 장비와 장비의 조합(표준품셈)

작업 구분	운반거리	표준 규격
절붕, 압토	평균 20m	· 불도저(10~30m)
흙 운반	60m 이하	· 불도저
	60~100m	· 불도저 · 셔블계 굴삭기(백호, 셔블, 드래그라인, 클램셀) + 덤프트럭 · 로더 + 덤프트럭 · 굴삭기(무한궤도) + 덤프트럭 · 피견인식 스크레이퍼
	100m 이상	· 셔블계 굴삭기(백호, 셔블, 드래그라인, 클램셀) + 덤프트럭 · 로더 + 덤프트럭 · 굴삭기(무한궤도) + 덤프트럭 · 모터스크레이퍼

3) 작업 종류별 건설기계

용 도	건설기계 종류
벌개·제근	불도저(레이크 도저)
굴삭(착)	셔블계 굴삭기(파워 셔블, 백호, 드래그라인, 클램셀) 로더, 굴삭기(무한궤도), 불도저, 리퍼
싣기	로더, 버킷식 굴삭기 셔블계 굴삭기(파워 셔블, 백호, 드래그라인, 클램셀)
굴삭(착)+싣기	로더, 굴삭기(무한궤도), 버킷식 굴삭기 셔블계 굴삭기(파워 셔블, 백호, 드래그라인, 클램셀)
굴삭(착)+운반	불도저, 스크레이퍼, 트랙터 셔블, 준설선
운반	불도저, 덤프트럭, 벨트 컨베이어, 기관차/토운차
포설	불도저, 모터 그레이더
함수량 조절	살수차
다짐	롤러(로드, 타이어, 진동, 탬핑), 불도저 진동 콤팩터, 램머, 탬퍼
정지	불도저, 모터 그레이더
중량물 인양	크레인(크롤러, 트럭, 케이블, 데릭, 타워)
골재생산	크라싱플랜트, 진동 스크린
콘크리트 생산	배치플랜트, 콘크리트 믹서, 트럭 애지테이터, 트럭 믹서
콘크리트 타설	트럭 믹서, 펌프카, 트럭 크레인, 콘크리트 진동기, 페이버
터널공사	착암기, 점보드릴, 장약 트럭, 덤프트럭, 숏크리트 장비, TBM, 쉴드기
아스팔트 포장	파워 브룸, 아스팔트 살포기, 아스팔트 플랜트, 페이로다, 덤프트럭, 페이버, 롤러(매커덤, 탄뎀, 타이어), 살수차
콘크리트 포장	배치플랜트, 덤프트럭, 콘크리트 페이버, 콘크리트 스프레더, 콘크리트 절단기
해상작업	준설선(그랩, 디퍼, 펌프, 버킷), 쇄암선, 기중기선, 토운선, 예인선

(2) 건설기계의 종류와 용도

1) 굴착 운반기계

굴착과 운반을 함께 수행하는 굴착 운반기계는 굴착, 운반, 사토작업을 일괄적으로 단일 장비가 수행하는 것으로 형식은 무한궤도식(crawler type)과 타이어식(tire type)이 있으며 작동장치에 따라서 케이블식과 유압식으로 분류한다. 굴착 운반기계는 주로 단거리작업을 하므로 속도보다는 힘에 중점을 두고 개발되었으나 운반거리가 긴 경우는 주행속도에 중점을 두어야 한다.

트랙터계통의 굴착 운반기계는 트랙터를 기본으로 하여 전·후에 작업장치를 부착한 것으로 전면에 배토판을 부착한 것이 불도저(bulldozer)이고, 후면에 견인장치와 운반기기를 부착한 것이 스크레이퍼이며 크레인을 부착한 것과 셔블(shovel)을 부착한 것으로 구분할 수도 있다.

① 불도저(Bulldozer)

불도저는 크롤러트랙터를 주체로 하고 굴삭장비인 배토판을 전면에 부착한 것으로 전방과 횡경사 방향의 땅깎기가 가능하다. 불도저의 주요 작업은 벌개, 제근, 정지, 단거리 구간의 운반, 굴착, 흙쌓기, 땅깎기, 견인 등이 있으며 트랙터 전면에 부착한 배토판을 내리고 지면을 굴착하여 트랙터의 견인력으로 굴착한 배토판을 수평으로 밀고 전진하면서 흙을 이동시키는 작업을 한다.

(a) 크롤러 트랙터

(b) 배토판

(c) 리퍼(ripper)

그림. 불도저의 구조

㉮ 주행 장치에 의한 분류

㉠ 무한궤도식(Crawler type)

무한궤도식은 접지면적이 넓고 지면의 분포하중이 일정하므로 연약지반과 경사지에서 작업이 가능하고 암반 굴삭 등의 어려운 현장조건에서 효과적으로 사용할 수 있다. 그러나 작업속도가 느리고 장비 이동시에 노면이 패여서 손상이 발생한다.

㉡ 타이어식(Tire type)

사질토지반과 골재 채취장 등에서 고속작업이 가능하여 기동성과 작업능률이 우수하다.

(a) 무한궤도식

(b) 타이어식

그림. 주행장치에 의한 불도저의 종류

㉯ 부수장치에 의한 분류

㉠ 스트레이트 도저(Straight dozer)

트랙터 전면에 장치된 배토판 상단부를 전후로 이동하여 조정하므로 도랑파기와 동결지반의 굴착에 편리하다.

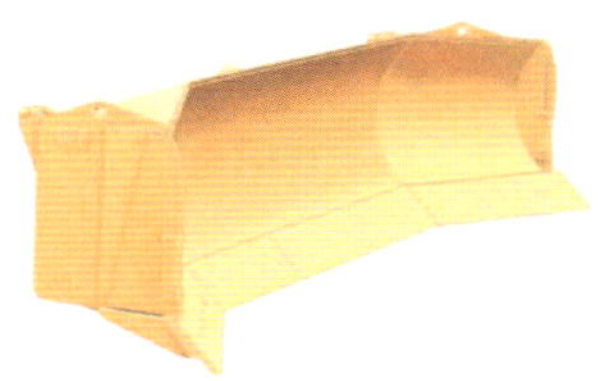
(a) Universal blade

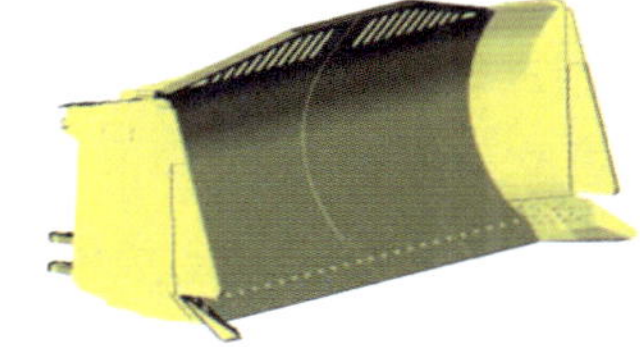
(b) Semi-universal blade

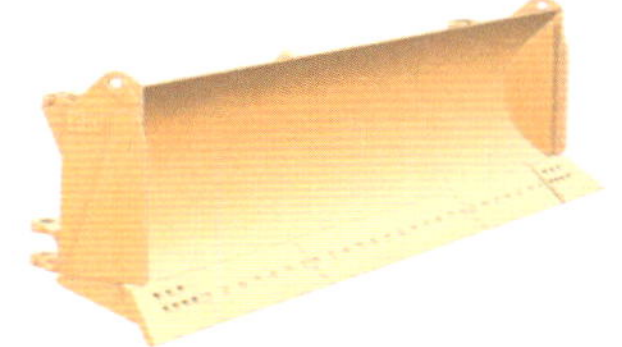
(c) Straight blade

그림. 스트레이트 불도저의 삽날 형상

㉡ 앵글 도저(Angle dozer)

배토판의 좌단과 우단을 작업방향의 전후로 이동하여 배토판의 작업각도를 변동할 수 있으므로 굴착된 토량을 용이하게 한쪽으로 사토하거나 이동시킬 수 있다.

㉢ Rake dozer

배토판 대신에 레이크형으로 생긴 부속장치를 트랙터에 장착하여 산지의 벌개 제근시에 나무뿌리를 뽑거나 운반된 토사 중에서 큰 돌을 골라내는 작업 등에 사용한다.

㉣ 트랙터 크레인

트랙터의 뒷 부분에 크레인을 장치한 것으로 배관공사와 자재 하역용으로 사용한다.

(a) 레이크 도저

(b) 타이어 도저

(c) Pipe layer

그림. 불도저의 활용

㉰ 작업 방법

㉠ 비교적 단거리(60m 전후)의 굴삭과 운반용 기계, 스크레이퍼, 셔블, 덤프트럭 등의 기계와 조합하여 작업을 한다.

㉡ 굴삭과 운반은 중력을 이용하는 하향작업이 효율적이며 항상 지면을 평탄하게 절취한다.

㉢ 최소 운반거리가 되도록 운반작업을 하고 작업로는 항상 양호한 상태를 유지하며 강우시에 물이 고이지 않게 배수에 유의한다.

㉣ 토질과 작업 목적에 적합하도록 불도저의 굴착 각도, 앵글과 틸팅(tilting)각도를 조정한다.

② 유압식 리퍼(Hydraulic ripper)

리퍼는 대형 불도저의 후방에 장착하여 유압으로 작동하며 견고한 지반에서 배토판으로 굴삭이 어렵거나 균열과 절리가 발달하여 발파작업이 곤란한 암석의 파쇄와 토사 중의 호박돌 등의 제거작업에 사용하며 견고한 본 바닥을 리퍼로 미리 파헤치면 불도저의 후속 굴삭작업이 용이해진다.

리퍼는 토질과 암질에 따라서 효과가 다르므로 암석의 탄성파속도에 의하여 리퍼빌리티(ripperability)를 판단하고 단단한 암반일수록 생크의 수를 적게 하여 굴삭을 한다.
불도저의 후방에 장착된 유압리퍼를 지면 아래로 내리고 차체 중량으로 긁어서 굴삭하며 배토판으로 굴삭이 곤란하거나 발파효과가 저감되는 풍화암층의 굴삭에 매우 효과적이다.

그림. 유압식 리퍼

③ 모터 스크레이퍼(Motor scraper)

모터 스크레이퍼는 트랙터에 견인되어 흙을 굴삭, 적재, 운반, 포설을 할 수 있는 피견인식과 자주식이 있다. 스크레이퍼는 절삭 칼날을 내리고 흙을 깎으면서 전진하여 흙이 상자(bowl)에 담기면 목적지까지 주행하여 흙을 포설한다.
깎은 흙을 중·장거리로 운반하는 스크레이퍼는 내리막 경사의 굴착에 유리하고 방향 전환 등에 넓은 장소가 필요하므로 주로 대규모 토공작업에 효과적이다.

(a) 자주식 스크레이퍼

(b) 피견인식 스크레이퍼

그림. 스크레이퍼(Scraper)의 종류

2) 굴삭과 적재기계

굴삭기계는 굴삭용 버킷을 조작하여 토사 등의 굴삭과 싣기를 하는 기계이며 셔블(shovel)계 굴삭기의 부속장치(attachment)를 교체하면 셔블, 드래그라인, 클램셸, 크레인, 파일 항타기 등의 다양한 용도로 사용할 수 있다.

① 파워 셔블(Power shovel)

셔블계 굴삭기는 기계위치보다 높은 장소의 굴삭에 적합하고 붐이 튼튼하여 단단한 토질의 굴삭도 가능하며 일반적으로 굴삭기과 운반기계를 조합하여 시공한다. 디퍼(dipper)용량이 충족되도록 굴삭작업을 하면 최대 능률을 발휘하고 적재방법에 따라서 작업량에 많은 차이가 발생한다. 무한궤도식은 유압조작을 하는 버킷을 장치하여 차체의 안전성이 향상되도록 접지길이를 길게 한 것이고, 타이어식은 주행속도가 빠르고 기동성이 우수하여 작업의 범위가 넓다.

그림. Power shovel

(a) 무한궤도식 (b) 타이어식

그림. 주행장치에 따른 파워 셔블의 종류

② 백호(Back hoe)

㉮ 파워 셔블과 유사한 백호는 단단한 지반의 굴삭이 가능하고 동일 용량의 파워 셔블과 동일한 작업능력을 발휘할 수 있다.

㉯ 백호는 기계보다 낮은 쪽을 굴착하여 기계보다 높은 곳에 있는 운반장비에 적재가 가능하다.

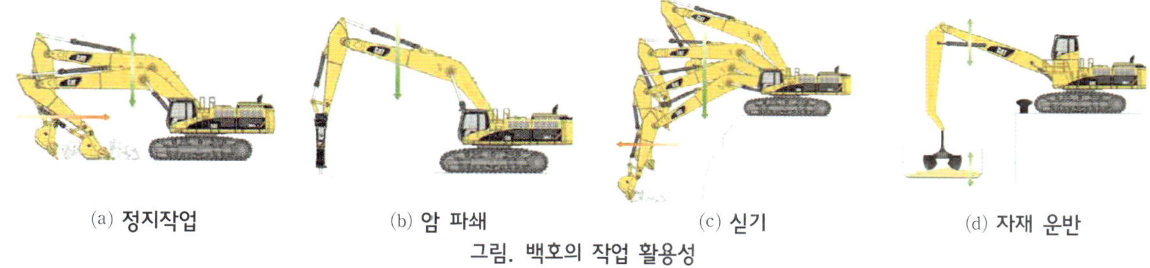

(a) 정지작업 (b) 암 파쇄 (c) 싣기 (d) 자재 운반

그림. 백호의 작업 활용성

③ 드래그 라인(Drag line)

드래그 라인은 버킷을 와이어로프로 달아 내리는 형식으로 토사를 긁어서 굴삭하는 형식의 기계이며 버킷의 자중과 버킷을 앞으로 끄는 힘에 의해서 굴삭한다.

기계위치보다 낮은 장소의 굴삭에 적합하고 수중 굴삭도 용이하여 수로, 하상, 하천의 모래, 자갈의 채집 등에 사용한다.

그림. Drag line

④ 클램셀(Clamshell), 그랩 버킷(Grab bucket)

양쪽으로 개방되는 구조의 버킷을 와이어로프로 매달아서 조작하며 기초와 우물통 등의 좁은 장소의 깊은 굴착과 높은 장소의 적재작업에 적합하다.

클램셸은 연약한 지반의 굴착과 토사의 싣기에 적합하지만 단단한 지반의 굴착에는 적합하지 않다. 버킷의 지반 관입력은 버킷 자중이 크면 증가하고 버킷의 토사중량과 버킷의 중량비는 지반의 굳기에 따라서 약 2~5배로 하여 버킷의 중량을 선정한다.

그림. 그랩 버킷 작업

(a) Tine형

(b) Plate형

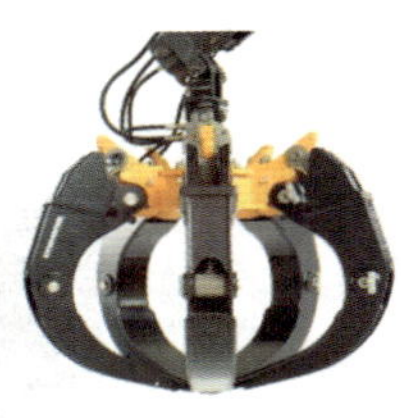

(c) Orange peel형

그림. 그랩 버킷(Grab bucket)의 형태

3) 운반기계

건설공사에서는 운반작업의 비중이 매우 크고 특히 토목공사에서는 토사 운반 등이 주요작업이 된다. 운반기계는 운반방법에 따라서 수평운반, 수직운반, 혼합식이 있고 운반거리, 작업 종류, 운반재료의 종류, 운반량에 따라서 기종과 용량을 선정한다.

① 덤프트럭(Dump truck)

덤프트럭은 장거리 운반에 많이 사용하며 작업효율이 높고 기동성이 양호하다. 공사진도에 따라서 투입대수를 증감하여 운반량을 조정하고 정비가 용이하다.

㉮ 덤프 방식에 의한 분류

뒷면 덤프가 가장 일반적인 형식이고 측면 덤프는 골재의 운반과 도로의 한 쪽에 흙을 버리는데 사용하면 편리하다.

㉠ Rear 덤프트럭 : 적재물을 트럭의 뒤에서 내린다.

㉡ Side 덤프트럭 : 적재함이 옆으로 경사지게 작동하므로 트럭의 선회와 후진 동작이 필요하지 않으며 터널공사의 버력처리 작업 등에 효과적이다.

㉢ Bottom 덤프트럭 : 적재함의 밑바닥에서 덤핑하는 방식

(a) Rear dump truck

(b) Side dump truck

(c) Bottom dump truck

그림. 덤프방식에 의한 덤프트럭의 종류

㉯ 덤프트럭의 선정

㉠ 덤프트럭의 형식과 용량은 조합작업을 하는 적재기계의 구조와 성능, 도로의 폭과 선형, 교량의 허용하중, 경사 등을 고려하여 결정한다.

㉡ 적재기계의 버킷용량과 덤프트럭의 적재용량이 균형을 이루지 않으면 적재와 운반시간에서 손실이 발생하여 공사효율이 떨어지고 비용이 증가한다.

② 기관차(Locomotive)

궤도에 의한 수송은 1대의 기관차가 다수의 토운차를 견인하여 효율적이지만 레일의 부설위치가 고정되어 다른 운반기계의 진입이 곤란하므로 주로 터널공사의 버력 운반에 사용하고 있다.

기관차의 동력은 디젤 또는 전기식을 사용하고 소단면 터널에서 내연기관의 유해가스가 우려되면 전기식기관차가 바람직하다.

제4장

(a) 디젤식기관차

(b) 전기식기관차

그림. 기관차의 종류

③ 벨트 컨베이어(Belt conveyor)

벨트 컨베이어는 연속 운반이 가능하므로 높은 능률의 작업이 가능하고 각종 플랜트에서 골재 등의 운반용으로 매우 중요한 설비이다. 벨트 컨베이어는 운반거리에 관계없이 운반능력이 일정하고 초기 설비 투자비는 고가이지만 장시간 사용할수록 경제적이다.

그림. 벨트 컨베이어(Belt conveyor)

4) 정지용 기계

지반을 평탄하게 고르는 정지작업은 불도저, 스크레이퍼로 흙을 깔고 고르기를 할 수도 있으나 평탄성이 거친 작업이 되므로 모터 그레이더가 평탄작업에 가장 적합한 장비이다.

모터 그레이더(motor grader)는 도로의 보수, 정지, 포장공사의 정지, 다짐 전의 고르기, 흙쌓기 비탈면의 정리, 성토재료의 혼합 등의 작업을 할 수 있다.

그림. 모터 그레이더

5) 다짐기계

다짐기계는 흙과 포장면을 다짐하여 밀도를 증가시켜서 전단력과 지지력을 크게 하고 성토체의 침하량과 투수성을 감소시킨다. 노반, 노상의 다짐기계는 전압, 진동, 충격력을 이용하여 다짐을 한다.

① 다짐기계의 분류

㉮ 정적 압력에 의한 것

롤러의 자체 중량에 의한 정적압력으로 토사 등의 재료를 다지는 기계로서 롤러의 회전에 따라서 압력의 위치와 크기가 변화하며 타이어 롤러, 머캐덤 롤러, 탄뎀 롤러, 탬핑 롤러 등이 있다.

㉯ 원심력에 의한 것

롤러 자체의 중량이 부족한 것을 보충하기 위하여 기진장치에 의해 발생하는 원심력을 상하 또는 원주 방향의 수평 진동력으로 변환하여 다짐에 사용하며 진동 롤러, 진동 콤팩터, 진동 타이어 롤러 등이 있다.

㉰ 충격력에 의한 것

자유 낙하하는 기계의 충격력을 다짐에 이용하며 주로 소규모 다짐에 적용하고 램머, 탬퍼 등이 있다.

② 다짐기계의 선정

㉮ 시공조건

시공 조건	적용 기계
노체, 하천제방, 사력댐 등과 같이 다지는 면적이 넓고 두꺼운 층의 균일한 다짐	탬핑 롤러, 머캐덤 롤러, 타이어 롤러, 진동 롤러
노상, 노반, 아스팔트 포장 등과 같이 높은 밀도와 정도가 요구되는 곳	진동 롤러, 타이어 롤러, 머캐덤 롤러, 탄뎀 롤러
교대, 암거, 벽 등의 뒷채움부 다짐, 구조물 기초의 다짐 등 한정된 좁은 면적	진동 롤러, 진동 콤팩터, 램머
측구, 노견 등의 다짐	진동 롤러, 진동 콤팩터, 탄뎀 롤러
흙쌓기 비탈면 등의 다짐	진동 롤러, 피견인식 롤러

㉯ 토질조건

㉠ 사질토

ⓐ 일반 사질토 : 진동 롤러

ⓑ 자갈섞인 모래 : 탬핑 롤러, 진동 롤러

ⓒ 실트, 점토섞인 모래 : 타이어 롤러, 진동 롤러

㉡ 점성토

ⓐ 일반 점성토 : 탬핑 롤러

ⓑ 함수비가 높은 점성토 : 타이어 롤러, 양족식 롤러

③ 다짐기계의 종류

㉮ 로드 롤러(Road roller)

주철 또는 강판의 평활한 차륜을 가진 자주식이며 차륜의 배치에 따라서 2륜 또는 3륜의 탄뎀 롤러, 3륜의 머캐덤 롤러로 분류한다. 로드 롤러는 작업면을 평활하게 마무리하므로 주로 노상, 노반의 다짐에 사용하며 쇄석, 사질토, 자갈섞인 사질토 등의 입상이고 변형에 대한 저항이 큰 재료를 얇게 다질 때에 적합하다. 다짐효과는 차륜에 걸리는 중량, 차륜의 폭과 직경에 좌우되고 중량을 증가시키기 위하여 드럼 내에 물, 모래 등을 넣는 방법도 있다.

㉠ 머캐덤 롤러(Macadam roller)

1개의 안내륜(앞바퀴)과 2개의 구동륜(뒷바퀴)으로 구성되고 중량은 5~6ton, 다짐 폭은 1,600~2,080mm이며 함수량이 적은 토사를 얕은 두께로 다지거나 아스팔트 콘크리트 포장의 초기전압에 적합하다.

㉡ 탄뎀 롤러(Tandem roller)

앞바퀴와 뒷바퀴가 평행으로 배치되고 중량은 3~13ton이며 사질토, 점질토, 쇄석 등의 다짐에 사용하고 아스팔트 콘크리트 포장의 표층 다짐에 효과적이다.

제4장

그림. 머캐덤 롤러

그림. 탄뎀 롤러

㉯ 타이어 롤러(Tire roller)

차량바퀴에 공기식 고무타이어를 장착하여 평탄하게 주행하면서 다지므로 주행속도가 빠르다.
접지면적이 넓고 표면에서 전단력 파괴가 방지되어 점착력이 작은 토질에 효과적이다.
자주식과 피견인식이 있고 진동장치를 한 것도 있으며 노상, 노반의 전압과 아스팔트 포장의 표층 다짐에 많이 사용한다. 기초 다짐은 중량이 크고 독립된 차륜으로 진동 폭과 구동력이 큰 타이어 롤러를 낮은 공기압으로 사용하면 효과적이다.

그림. 타이어 롤러

그림. 탬핑 롤러

그림. 진동 롤러

㉰ 탬핑 롤러(Tamping roller)

탬핑 롤러는 사력댐, 축제, 도로 등의 대규모 흙쌓기작업에 사용하며 tamper foot의 두부에서 작용하는 압력에 의해 다짐이 이루어지고 자주식과 피견인식이 있다.

㉱ 진동 롤러(Vibrating roller)

진동 롤러는 진동, 충격력, 자중에 의한 압력을 가하여 다짐하는 기계로서 자주식과 피견인식이 있고 자갈질흙, 모래, 사질토 등의 조립토에 적합하며 재료의 함수비, 기계의 진동수, 진폭, 중량, 작업속도 등이 다짐효과에 영향을 미친다. 진동 롤러는 다짐을 하는 철륜에 기진장치를 하여 강제로 진동시키며 3~4배의 중량을 가진 정적 압력식 롤러에 상당하는 선압을 가지고 있다.

구조와 차륜의 배치에 따라서 탄뎀형, 머캐덤형, 타이어 구동형, 타이어 롤러 결합형이 있고, 탄뎀형은 단륜과 전륜 진동식이 있으며 진동수와 전압력 가변장치에 의하여 분류한다.

㉠ 진동수에 의한 분류

ⓐ 저주파형 : 진동 + 충격력

ⓑ 고주파형 : 진동 + 중량

㉡ 전압력 가변장치에 의한 분류

ⓐ 진폭 가변형 : 일정 진동수에서 진폭을 변화시켜서 충격력을 전압력으로 변환

ⓑ 진동수 가변형 : 진동수를 변화시켜서 전압력을 변환

㉲ 기타 다짐기계

㉠ 램머(Rammer)

램머는 가솔린 엔진의 폭발 에너지를 이용하여 기계가 낙하할 때의 충격력으로 다짐하는 기계이며 소형, 경량이므로 운반이 용이하고 협소한 장소의 다짐에 적합하여 보수공사 등에 많이 사용한다.

㉡ 탬퍼(Tamper)

ⓐ 외형은 램머와 유사하고 소형 가솔린 엔진의 회전력을 크랭크(crank)에 의한 왕복운동으로 변환하여 다짐판에 연속적인 충격을 가하여 다진다.

ⓑ 충격 횟수와 진행속도가 일정하므로 균일한 다짐작업이 가능하다.

ⓒ 협소한 장소의 다짐에 사용한다.

㉢ 콤팩터(Compactor)

가솔린 엔진에 의한 진동장치와 평판 진동체가 조합된 다짐기계이며 도로, 제방 등의 보수공사와 배관공사의 뒷채움 다짐에 사용한다.

그림. Rammer

그림. Tamper

그림. Plate compactor

6) 크레인(Crane)

크레인은 중량물을 인양하여 이동하는 기계로서 상하, 수평으로 작업이 가능하며 자주식 크레인(크롤러 크레인, 트럭 크레인)과 고정식 크레인(케이블 크레인, 데릭 크레인, 타워 크레인)이 있다.

① 무한궤도식 크레인(Crawler crane)

셔블계 굴삭기의 본체에 boom과 hook을 장착한 기계이며 본체와 boom, boom hoist rope, hook hoist rope, hook 등으로 구성되고 접지압이 적어서 연약한 지반의 작업에 유리하며 기계의 중심이 낮으므로 안정성이 우수하다.

(a) 무한 궤도식 크레인

(b) 트럭 크레인

(c) 유압식 크레인

그림. 크레인 종류

② 타이어식 크레인

무한궤도식 크레인의 주행장치를 타이어로 한 것이 휠(wheel) 크레인, 주행장치를 트럭차대로 바꾼 것이 트럭 크레인이다. 타이어식 크레인은 무한궤도식 크레인에 비하여 작업의 안정성이 크고 이동이 신속하지만 큰 접지압이 필요하므로 연약지반의 작업에는 적합하지 않다.

7) 콘크리트용 기계

콘크리트용 기계는 콘크리트 생산 플랜트, 콘크리트 운반기계, 콘크리트 타설기계, 콘크리트 진동기 등이 있다.

① 콘크리트 생산 플랜트(Concrete batcher plant)

콘크리트 batcher plant 또는 콘크리트 batching & mixing plant 라고 하며 시멘트, 모래, 골재, 물 등을 계량하여 공급장치에 의해 믹서(mixer)에 공급, 혼합하여 콘크리트를 대량으로 생산한다.

그림. 콘크리트 생산 플랜트

② 콘크리트 운반기계

㉮ 트럭 믹서(Truck mixer)

트럭에 믹서를 탑재하고 트럭엔진으로 회전시켜 콘크리트 재료를 혼합하면서 현장에 운반하며 드럼의 회전을 감소시키면 트럭 애지테이터로 사용할 수 있다.

㉯ 트럭 애지테이터(Truck agitator)

콘크리트를 교반하면서 운반하도록 나선형 날개가 부착된 드럼이 트럭대차에 탑재되어 있으며 엔진을 회전하여 교반과 배출이 이루어지고 수평 드럼형과 경사 드럼형이 있으며 용량은 1회 최대 운반량으로 표시한다.

(a) 트럭 애지테이터

(b) 덤프트럭

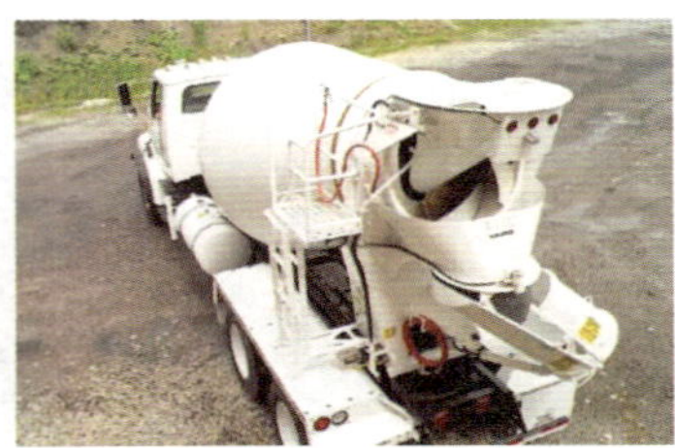

(c) 트럭믹서

그림. 콘크리트 운반기계

③ 콘크리트 펌프(Concrete pump)

콘크리트를 압송관을 통하여 타설 현장에 연속적으로 압송하는 콘크리트 펌프는 구동방식에 따라서 피스톤식(piston type)과 스퀴즈식(squeeze type)이 있다. 피스톤식은 기계식과 유압식으로 분류하고 이동방법에 의하여 정치식, 피견인식, 자주식으로 구분한다.

(a) 자주식 콘크리트펌프

(b) 정치식 콘크리트펌프

그림. 콘크리트 펌프 타설작업

8) 포장기계

도로 포장용 기계는 아스팔트 포장과 콘크리트 포장용으로 대별하고 아스팔트 포장은 아스팔트 콘크리트 생산 플랜트, 아스팔트 페이버(paver), 아스팔트 살포기, 골재살포기 등이 있으며, 콘크리트용 포장기계는 콘크리트 페이버(concrete paver), 콘크리트 스프레더 등이 있다.

① 아스팔트 포장기계

㉮ 아스팔트 콘크리트 생산 플랜트

아스팔트 콘크리트 생산 플랜트는 재료의 공급, 가열, 건조, 선별, 계량, 혼합의 일관작업에 의하여 아스팔트 혼합물을 생산하는 기계이다.

그림. 아스팔트 콘크리트 생산설비

계량방법에 따라서 뱃치식(batch type)과 연속식(continuous type)이 있고 설치방법과 장소에 따라서 정치식과 이동식으로 분류한다.

㉯ 아스팔트 살포기(Asphalt distributor)

아스팔트 포장에서 노반과 아스팔트 혼합물의 결합을 위하여 가열된 아스팔트를 분사장치로 노반에 균일하게 살포하는 기계이며 아스팔트 탱크, 가열장치, 살포장치, 연료탱크, 원동기로 구성되고 트레일러, 트럭 등에 탑재한 것을 트럭 적재식이라고 한다.

그림. Asphalt distributor

㉰ 아스팔트 콘크리트 포설기계(Asphalt finisher, Paver)

아스팔트 혼합물을 포설하는 asphalt paver는 주행장치에 따라서 무한궤도식(crawler type)과 타이어식(tire type)이 있다.

주행장치는 무한궤도식을 많이 사용하고, 페이버에 적재되는 아스팔트 혼합물의 중량 변동에 의한 중심 변화의 영향과 노면의 요철에 의한 영향을 스크리드(screed)가 받지 않게 무한궤도의 길이를 길게 하며 페이버의 이동성을 고려한 타이어식도 사용한다.

(a) 무한궤도식

(b) 타이어식

그림. 아스팔트 콘크리트 포설기계의 종류 [자료출처 : Caterpillar]

㉱ 아스팔트 혼합물의 다짐장비

다짐장비의 최소 중량은 머캐덤 롤러의 경우에 기층용은 12ton 이상, 중간층과 표층용은 8ton 이상, 2축식 탄뎀 롤러의 기층용은 8ton 이상, 중간층과 표층용은 6ton 이상으로 하고, 타이어 롤러는 기층용은 12ton 이상, 중간층과 표층용은 10ton 이상의 중량을 가진 다짐장비를 사용한다.

(a) 탄뎀 롤러

(b) 머캐덤 롤러

(c) 타이어 롤러

그림. 아스팔트포장 다짐장비

② 콘크리트 포장기계

콘크리트 포장은 콘크리트 슬래브가 교통하중으로 인한 전단과 휨에 저항하여 하중을 기초에 전달하는 구조이며 표층의 콘크리트층은 포장장비(paver)로 시공한다.

① 운반 + 포설 장비(Paver)

② Texture M/C

③ Curing M/C

그림. 콘크리트 포장기계

9) 터널 굴착장비

TBM은 천공과 발파를 반복하는 발파굴착과는 다르게 터널 전단면을 자동화된 원형의 대형 보링기계로 굴착하고 숏크리트, 록볼트 등의 지보재를 설치하여 원지반의 손상을 최소화하는 비발파식 기계굴착공법이다.

쉴드(shield)는 터널의 외형보다 약간 큰 단면의 원형 강제틀을 지반 중에 밀어 넣고 굴착면의 붕괴를 방지하면서 굴착하고 쉴드기의 후방에 복공용 세그먼트를 설치하여 터널 단면을 형성시키는 공법으로 터널 단면의 형성과 안정성의 확보가 어려운 연약지반, 자갈층 등의 지반에서 안정성, 시공 정밀도, 경제성을 향상시키기 위하여 적용하는 공법이다.

① 발파 굴착장비

㉮ 천공

발파작업에서 발파패턴에 따른 정확한 천공이 되지 않으면 폭약 에너지의 작용방향이 불확실하여 암반에 손상을 주며 굴착면의 요철이 심하고 여굴이 발생한다.

㉯ 버력처리

굴착한 버력을 적재하는 기계는 터널 단면의 크기에 적당하고 지반상태, 발파상태 등의 조건에 효율적으로 적용하도록 선정해야 한다.

일반적으로 버력의 적재는 셔블계장비를 사용하고 굴착한 버력은 주로 덤프트럭에 의해서 터널 외부로 반출된다.

그림. 천공 장비(3-boom jumbo drill)

㉰ 숏크리트(Shotcrete) 타설

숏크리트의 타설은 배합과 작업방법에 따라서 건식과 습식이 있으며 건식방법은 물 이외의 혼합 재료(시멘트, 모래, 자갈)를 압축공기로 노즐까지 보내서 노즐에서 물과 함께 뿜어 붙이는 방식이고, 습식공법은 모든 재료들을 혼합하고서 압축공기로 터널 굴착면에 뿜어 붙이는 방식이다.

㉱ 록 볼트(Rock bolt) 설치

록 볼트는 굴착한 터널 주변의 암반 보강을 위하여 천단과 측벽에 설치하며 주변 지반의 지보 기능을 최대한 활용하기 위한 중요한 지보재이므로 지반과 일체가 되어 충분한 보강효과가 발휘되어야 한다.

그림. Rock bolting 장비

② 기계식 터널 굴착공법

터널 굴착은 인력에 의한 굴착에서 점보드릴(Jumbo drill)을 사용한 발파공법으로 발달되어 왔으며 최근에는 발파공해, 안전성, 민원 등에 의한 제약을 최소화하고 굴착 시공이 안전한 TBM(Tunnel Boring Machine), 쉴드(shield) 등과 같은 기계식 굴착공법이 다양한 지반을 대상으로 하여 적용되고 있다.

㉮ TBM(Tunnel Boring Machine)

자동화된 대형 보링기계를 이용하여 터널 전단면을 원형 단면으로 굴착하므로 역학적으로 안정한 굴착공법이다. 굴착시에 지반 변형이 최소화되고 비발파작업으로 안전성이 높으며 터널 내의 청결한 작업환경을 유지할 수 있다.

㉠ TBM의 구성

TBM은 본체, 후속설비, 부대시설로 구성되고, 본체는 커터, 커터헤드, 추진시스템, 클램핑 시스템이 있으며 후속설비(backup system)는 벨트 컨베이어, 광차가 있고 부대시설은 버력처리장, 오탁수 정화시설, 환기시설, 수전설비, 급수설비, 배수설비 등으로 구성되어 있다.

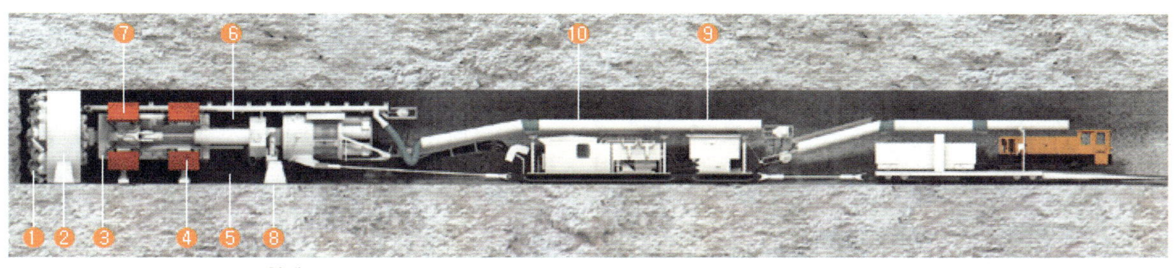

그림. TBM의 구성 [자료 출처 : 울트라건설]

㉡ TBM의 버력처리

TBM의 굴착에서 발생한 버력의 운반은 기관차와 광차(muck car)를 이용하는 궤도식방법, 벨트 컨베이어에 의한 방법 등이 있다.

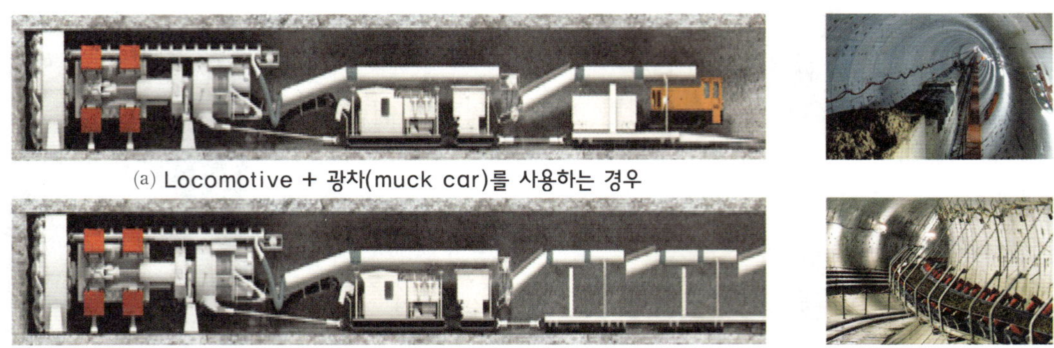

(a) Locomotive + 광차(muck car)를 사용하는 경우

(b) Belt conveyor를 사용하는 경우

그림. 버력처리방법

㉯ 쉴드(Shield)

쉴드는 지반과 지하수의 조건이 매우 불안정한 지반에서 지표의 교란과 큰 침하가 없이 터널을 굴착하는 공법으로 원통형 강재틀을 지반에 밀어 넣어 터널 전방을 방호하는 기계식 굴착공법이다.

쉴드는 굴착면과 작업실(working chamber)을 분리하는 전면의 구조형식에 따라서 개방형과 밀폐형으로 분류하고, 개방형쉴드는 전면개방형과 부분개방형으로 구별된다. 전면개방형은 인력식, 반기계식, 기계식으로 분류하고 부분개방형은 블라인드(blind)식으로 격벽(bulkhead)의 일부에 개구면적(opening area)을 조절할 수 있는 토사 반출구를 설치한 방식이다.

밀폐형은 쉴드기에 격벽을 설치하여 굴착한 토사가 굴착면과 격벽사이의 커터 챔버에 반입되면 이수, 토압에 의하여 굴착면의 지지에 필요한 유효압력을 작용시켜서 굴착면의 안정을 유지하고 이수가압식, 토압식, 압축공기식이 있다.

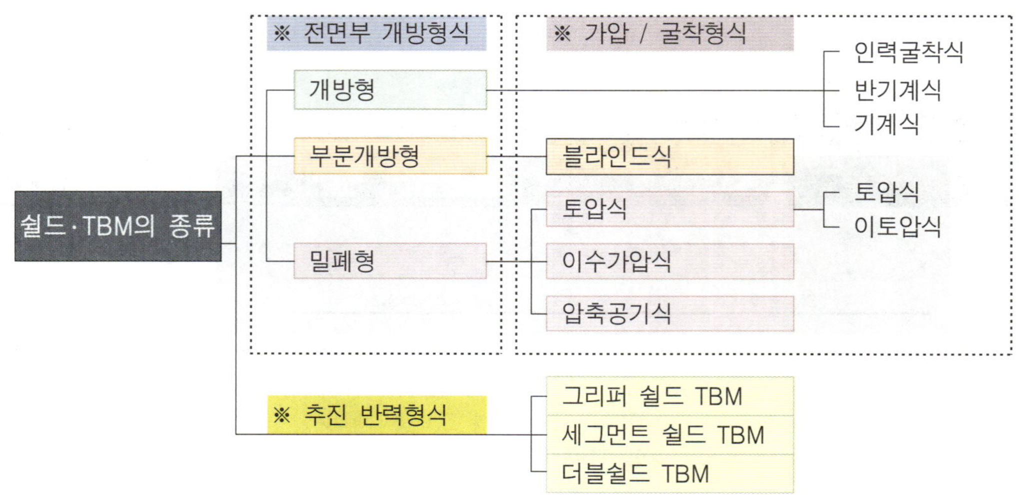

그림. 쉴드공법의 분류

최근에는 혼합지반 등의 다양한 지반조건에서 TBM에 쉴드를 부착하거나 쉴드 전면판에 디스크 커터(disc cutter) 등의 경암반 굴착기술을 적용하여 TBM이나 쉴드의 본래 의미가 상실되고 있다. 따라서 광의의 의미로 TBM은 소규모 굴착장비와 발파방법에 의하지 않고 굴착에서 버력처리까지의 과정이 기계화, 시스템화가 되어 있는 대규모 굴착기계를 의미하는 쉴드를 포함하므로 쉴드는 쉴드·TBM으로 부르는 것이 합당하다.

㉠ 이토압식 쉴드(Earth pressure balanced shield)

이토압식 쉴드는 쉴드 전면부에 설치된 격벽(bulkhead)에서 굴착된 토사와 첨가재를 소성 유동성과 불투수성을 가지도록 교반날개로 혼합하여 배토용 screw conveyor에 채우고 이토압의 압력으로 수압과 토압에 저항하여 굴착면을 안정시킨다.

이토압식 쉴드는 이토화시킨 굴착토에 압력을 가하여 굴착면의 안정을 유지하면서 굴착하고 굴착토를 교반하는 이토화 혼합기구, 굴착토를 배출하는 배토기구, 굴착토의 압력을 일정하게 유지하는 제어장치가 장착되어 있다.

㉡ 이수가압식 쉴드(Slurry shield)

이수가압식 쉴드는 압축공기로 압력을 가한 이수에 의하여 터널 굴착면을 지지하고 굴착한 토사를 이수와 함께 지상 플랜트까지 연결된 배관을 통하여 지상까지 액상으로 수송하는 방식이며, 지반의 굴착기구, 이수의 순환과 이수에 일정한 압력을 가하는 이수의 송·배수설비, 수송된 이수를 분리하여 소성상태로 조정하는 이수의 조정과 처리설비가 구비되어 있다.

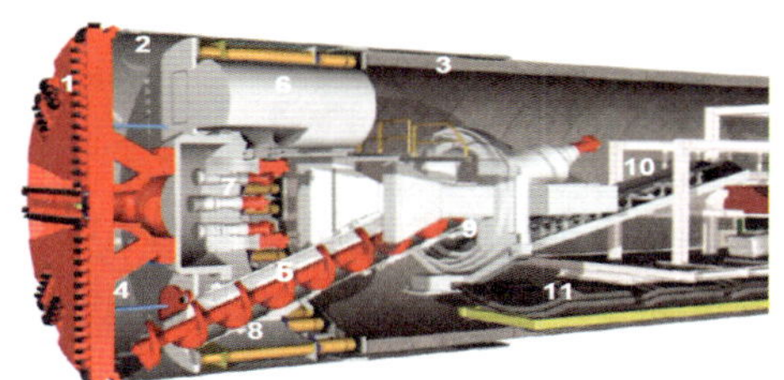

그림. 이토압식 쉴드(EPB shield)

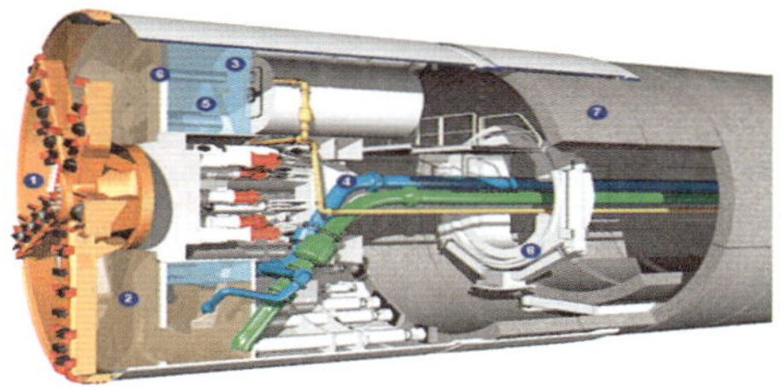

그림. 이수가압식 쉴드(Slurry shield)

㉰ 로드 헤더(Road header)

로드 헤더가 초기에는 채탄용 기계로 개발되었으나 최근에는 연암용 터널 굴착기로 사용되고 있다. 로드 헤더는 경량, 소형이고 기동성이 우수하여 터널 굴착시에 여굴이 감소하는 장점이 있으며 굴착장치는 cutter drum, 구동장치, 상하·좌우로 선회하는 붐(boom)으로 구성되어 있다.

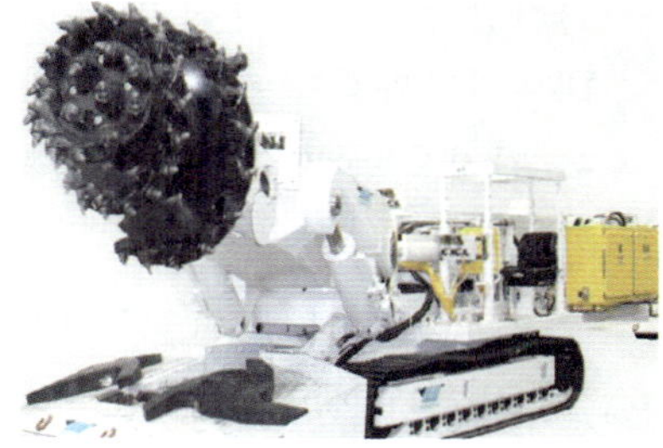

그림. 로드헤더

3 건설기계의 경비 산정

(1) 기계경비의 구성

기계경비는 건설기계의 사용에 소요되는 경비로서 기계손료, 운전경비, 조립과 해체비 등으로 구성되어 있다.

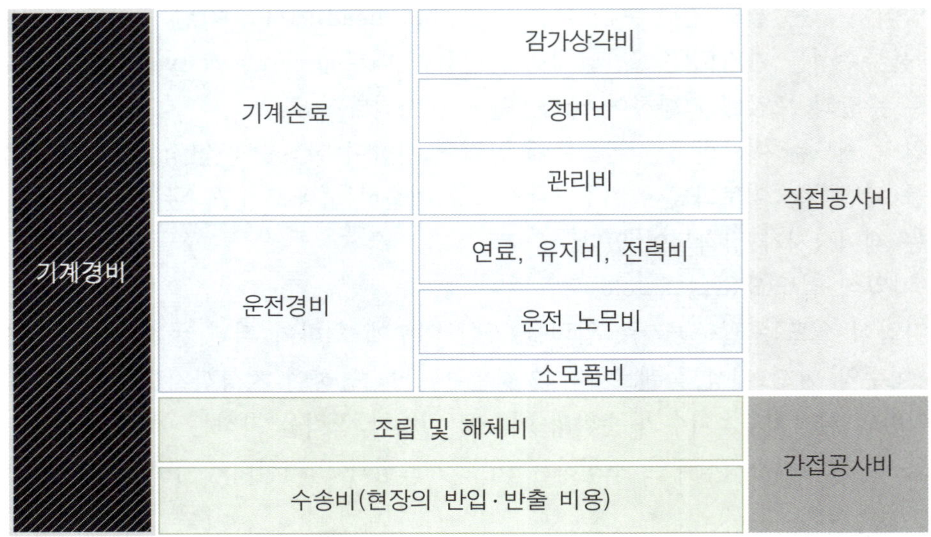

1) 기계손료

건설기계를 사용하면 각 부분이 마모되어 정비와 수리가 필요하고 성능도 저하된다. 따라서 기계는 사용할수록 감가되므로 이에 해당하는 상각비를 계산하고 기계의 보관·격납을 위한 비용, 제세공과금, 기계취득을 위한 투자비 이자 등의 관리비를 고려한다.

① 감가상각비

감가상각비는 경제적인 유효한계 내용시간까지의 잔존가치율을 100%라고 할 때에 총 운전시간 즉, 내용시간까지의 상각비 누계액이다. 시간 경과에 따라서 감소하는 가치를 금액으로 환산하는 개념을 감가상각이라고 하며 감가상각방법은 정액법, 정률법 등이 있고 우리나라는 정액법을 적용한다.

㉮ 정액법

정액법은 기계 취득가격에서 잔존가치(10%)를 공제한 금액을 내용년수로 나누어 매년 상각비를 동일하게 산정하는 상각방법이다. 초기에 상각비가 적게 산정되므로 사용료가 기계 노후에 따른 상각비와 유지비가 증가하는 것을 보정하기가 어렵다.

$$\text{상각비} = \frac{\text{취득가격} - \text{잔존가치}}{\text{내용년수}}$$

㉯ 정률법

정률법은 기계상각비를 일정률로 상각하는 방법이고 내용년수에 의한 상각률을 미상각금액에 곱하므로 초기년도에는 상각비가 많게 계산되지만 연차적으로 감소하게 된다.

② 정비비

㉮ 건설기계를 정상적인 상태로 유지하기 위하여 필요한 정기적인 손질, 점검, 주유, 조정과 정상적으로 마모, 손상된 부분품을 교환하는 것이 정비(maintenance), 비정상적인 손상, 소모 또는 사고에 의한 훼손 등에서 가동상태로 회복시키는 것을 수리(repair)라고 한다.

㉯ 건설기계의 정비는 기계의 유지수리를 위한 분해와 조립, 소모품의 교환 등이 있고 수리는 고장수리와 사고수리가 있다.

㉰ 정비비용은 기계의 경제적 내용기간 동안에 소요되는 정비비 누계액의 기계 취득가격에 대한 비율을 말한다.

$$\text{시간당 정비비율} = \frac{\text{정비 또는 수리비율}}{\text{내용시간}}$$

③ 관리비

건설기계의 소유에 필요한 비용을 기계 손료상의 관리비라고 하며 기계관리비는 보관격납비용, 이자, 보험료, 세금 등으로 구성되고 1년간을 기준으로 하여 연간 관리비를 평균 취득가격으로 나눈 값을 연간 관리비율이라 한다.

$$\text{평균 취득가격} = \text{취득가격} \times \frac{1.1 \times \text{경제적 내용년수} + 0.9}{2 \times \text{경제적 내용년수}}$$

㉮ 보관격납비용

일반적으로 연간 소요되는 보관격납비용은 평균 장비가격의 1.5~3.5%이며 건설공사 표준품셈에서는 2%를 적용하고 있다.

㉯ 이자

기계가격이 고가이므로 기계 구입자금에 대한 이자를 기계원가에 반영하고 기계 내용기간 중에 발생하는 기계가격의 상승과 구입가격에 상당하는 투자 이윤도 고려한다.

㉰ 보험료, 세금 등

기계관리에 수반하여 지출되는 보험료, 세금, 공과금을 반영하며 세금을 기계의 내용년수까지 정액 상각법에 의해 매년 미상각 잔가에 과세를 하여 내용기간이 끝날 때까지 계산한다.

2) 운전경비

운전경비는 기계의 사용에 필요한 연료비, 운전노무비, 소모품비, 기타비용이 포함된다.

① 연료비

시간당 연료 소비량은 엔진 부하율(load factor)의 70~80%, 실작업시간은 50/60을 기준으로 산정한다.

작업 중인 기계는 엔진의 부하 변동($\frac{\text{평균 출력}}{\text{정격 출력}}$)에 의하여 연료 소비율도 일정하지 않고 엔진출력은 온도와 대기압에 의하여 변화하므로 연료 소비율도 변화한다.

② 유지비

엔진의 회전을 원활하게 하는 엔진오일(engine oil), 감속장치 등에 사용하는 기어오일(gear oil), 유압계통에 사용하는 유압 작동유와 그리스(grease) 등을 정기적으로 교환하거나 보충에 필요한 비용을 유지비라고 한다. 유지비는 과거의 실적 통계를 기초로 하여 소비량을 정하거나 주연료비에 대한 유지비의 비율을 실적치에 기초하여 결정한다.

③ 소모품비

소모품은 기계 운전시간에 비례하여 소모되어서 정시간을 사용하면 교환이 필요한 부품을 말한다.

④ 운전노무비

㉮ 기계의 운전원과 운전조수에게 지급되는 급여, 상여금, 제수당의 합계액을 운전노무비라고 한다.

㉯ 기계가 공사현장에 투입되는 기간을 운전일수와 휴지일수로 나누며 운전일수는 기계고장 또는 기상조건으로 작업이 중단되는 날이 포함되고, 휴지일수에는 공정상의 대기, 기상조건에 의한 휴지, 기계정비 등의 일수와 조립과 해체일수 등이 포함된다.

3) 수송비

건설기계의 수송비는 공사현장까지의 왕복 수송에 소요되는 비용으로서 공사현장에서 가장 가까운 시·도청 소재지로부터 공사현장까지 수송에 필요한 수송비용, 요금, 노무비 등의 합계액을 2배로 계상한다. 공사현장에서 가장 가까운 시·도청소재지에서 구득이 곤란한 기계는 기계의 소재지에서부터 공사현장까지 운송비를 계산하여 적용할 수도 있다.

(2) 경비 적산요령

1) **기계경비** : 기계손료, 운전경비, 수송비의 합계액으로 하고 특히 필요하다고 인정될 때는 조립과 분해조립 비용을 포함한다.

2) **기계손료** : 상각비, 정비비, 관리비의 합계액으로 한다.
다만, 관리비는 1일 8시간을 초과하는 경우라도 8시간으로 계산한다.

3) **운전경비** : 기계를 사용하는데 필요한 다음 경비의 합계액으로 한다.

① 연료, 전력, 윤활유 등

② 운전사와 조수의 급여 또는 임금과 기타의 운전 노무비

③ 정비비에 포함되지 않은 소모품비

4) 건설기계가격

건설기계가격은 국산기계는 공장도가격(원), 도입기계는 달러화($)로 표시하고, 연도 초에 최초로 외국환은행에 고시하는 환율(외국환거래법에 의한 기준 환율 또는 재정환율)을 적용한다. 다만 5% 이상의 증감이 있을 때는 건설기계가격을 조정할 수 있다.

5) 운반기계의 유류 산정

트럭 또는 기타 운반기계로 기자재를 운반할 때에 소요되는 시간이 10분을 초과할 때는 주행거리에 해당하는 유류만을 계상한다.

6) 건설기계경비의 산정

① 건설기계경비의 산정은 각 건설기계의 총 내용시간과 연간 표준가동시간 등을 손료 산정표에서 구하여 상각비율을 알 수 있다. 우리나라의 상각비 계상은 잔존가치 0.1을 공제한 "1-0.1 = 0.9"가 내용시간 중에 상각이 되도록 획일적으로 규정하고 있다.

② 연간 관리비는 모든 기종이 연간 14%로 통일되어 있고 정비비만이 각 기종별로 구분하고 있다.

③ 건설기계경비의 산정(예제)

불도저의 시간당 상각비는 내용시간이 10,000시간, 연간 표준가동시간이 2,000시간이므로,

$\frac{1-0.1}{10,000} = \frac{0.9}{10,000} = 0.00009$가 되어, $900^{(10^{-7})}$로 표기한다.

정비비율의 계상은 각 기종별로 구분한다. 손료계수가 $800^{(10^{-7})}$이면 그 비율은

$0.8 \div 10,000 = 0.0000800$이므로, 이는 $800^{(10^{-7})}$이 된다.

㉮ 연간 표준가동시간이 2,000시간이고 총 내용시간이 10,000시간이면 경제적인 내용년수는 5년이 된다.

㉯ 건설기계가격(운송통관 및 기타 제비용 포함)이 $100,000이면 원화(예, 1,150원/$)로 115,000,000원이 되므로 상각비는 정액법에 따라서 잔존율 0.1을 공제하고 5년 균등 상각이 된다.

㉰ 시간당 상각비는 $115,000,000 \times \frac{1-0.1}{10,000}$중 $900^{(10^{-7})}$으로서 10,350원/hr가 된다.

㉱ 시간당 정비비는 비율이 0.8이면 $115,000,000 \times \frac{0.8}{10,000}$이므로 9,200원/hr가 된다.

㉲ 관리비는 $115,000,000 \times \frac{1.1 \times 5 + 0.9}{2 \times 5} = 73,600,000$원이 평균가격으로 산출되므로, 연간 관리비는 $115,000,000 \times \frac{1.1 \times 5 + 0.9}{2 \times 5} = 73,600,000 \times \frac{0.14}{2,000} = 5,152$원/hr가 계상된다.

㉳ 이와 같이 상각비, 정비비, 관리비 등은 총 내용시간과 연간 표준가동시간 등에 따라서 손료가 발생하므로 시간당 비용과 시간당 작업량을 구하여서 단위당 공사비를 산출할 수 있다.

(3) 건설기계 시공능력의 산정

1) 기본식

$Q = n \cdot q \cdot f \cdot E$

여기서, Q : 시간당 작업량(m^3/hr 또는 ton/hr)

n : 시간당 작업 사이클 수

q : 1회 작업 사이클 당 표준 작업량(m^3 또는 ton)

f : 토량환산계수　　　　　　　　E : 작업효율

① 기계의 작업시간

기계의 시간당 작업량은 운전시간당 작업량이고 운전시간은 기계의 주기관이 회전하거나 주작동부가 가동하는 시간이며, 주목적의 작업을 하는 실작업시간 외에 작업 중의 기계 이동, 기관과 주 작동부의 예비가동, 운전시간 중의 점검과 조정, 주유, 조합기계인 경우는 대기 등이 포함된다.

② 시간당 작업량(Q)

토공의 작업능력은 일반적으로 m^3/hr로 표시되고 자연상태의 토량, 흐트러진 상태의 토량, 다져진 후의 토량으로 표시하며 기계 종류에 따라서 (ton/hr), (m/hr) 등으로 작업량을 표시할 때도 있다.

③ 1회 작업 사이클 당 표준 작업량(q)

기계는 일련의 동작을 되풀이하는 작업을 하고 이때에 1회 사이클의 동작으로 이루어지는 표준적인 작업조건과 작업관리 상태에서의 작업량을 1회 작업 사이클당 표준작업량이라고 한다.

④ 시간당 작업 사이클 수(n)

$n = \dfrac{60}{Cm(\text{min})}$ 또는 $n = \dfrac{3,600}{Cm(\text{sec})}$ 으로 표시하고 Cm은 사이클 시간이며 기계의 작업속도와 주행속도에 따라서 분(min) 또는 초(sec)로 표시한다.

⑤ 작업효율(E)

기계의 시간당 작업량은 표준적인 작업능력에 작업현장의 여러 가지 여건에 알맞은 효율을 고려하여 산정하며 작업효율은 일반적으로 능력적 요소와 시간적 요소로 구분된다.

작업효율(E) = 현장 작업 능력계수 × 실 작업시간율

⑥ 현장 작업 능력계수

기계의 표준적인 작업능력에 영향을 미치는 기상, 지형, 토질, 공사규모, 시공방법, 기계의 종류, 기계 조종원의 기능도를 반영하고 해상에서는 파도와 풍향 등의 작업현장 여건을 고려한 계수를 표시한다.

⑦ 실 작업시간율 : 기계의 상태, 공사규모, 시공방법 등에 의하여 변화하며 다음과 같이 표시한다.

$$\text{실 작업시간율} = \frac{\text{실 작업시간}}{\text{운전시간}}$$

2) 주요 건설기계의 시공능력

① 불도저(Bulldozer)

그림. 불도저 (Bulldozer)

㉮ 작업능력

$$Q = \frac{60 \cdot q \cdot f \cdot E}{Cm} \, (m^3/hr), \qquad q = q_0 \times e$$

여기서, Q : 시간당 작업량(m^3/hr)

Cm : 1회 사이클 시간(분)

q : 삽날의 용량(m^3)

q_0 : 거리를 고려하지 않은 삽날의 용량(m^3)

e : 운반거리계수, f : 토량환산계수, E : 작업효율

㉠ q_0의 값(m^3)

종별 \ 급수(ton)	4 (초습지)	7	10	12	13 (습지)	15	19	28	32	33
무한궤도	0.5	1.1	1.5	2.0	1.5	–	3.2	–	5.5	–
타이어	–	–	–	–	–	3.1	–	4.0	–	5.7

㉡ e의 값

운반거리(m)	10 이하	20	30	40	50	60	70	80
e의 값	1.00	0.96	0.92	0.88	0.84	0.80	0.76	0.72

㉢ E(작업효율)의 값

토질명 \ 현장조건	자연상태			흐트러진 상태		
	양호	보통	불량	양호	보통	불량
모래, 사질토	0.80	0.65	0.50	0.85	0.70	0.55
자갈 섞인 흙, 점성토	0.70	0.55	0.40	0.75	0.60	0.45
파쇄암					0.35	0.25

㉣ 1회 사이클 시간(cycle time)

$$Cm = \frac{L}{V_1} + \frac{L}{V_2} + t$$

여기서, L : 운반거리(m), V_1 : 전진속도(굴착, 압토, 운반) (m/분)

V_2 : 후진속도(m/분), t : 기어 변속시간(0.25분)

㉯ 리퍼의 작업능력(유압식)

$$Q = \frac{60 \cdot A_n \cdot l \cdot f \cdot E}{Cm} \; (\mathrm{m^3/hr})$$

그림. 불도저 Ripper

여기서, Q : 리퍼 운전시간 1시간당 파쇄량($\mathrm{m^3/hr}$)

l : 1회의 작업거리(m)

A_n : 1회 리핑 단면적

f : 토량의 체적환산계수

E : 작업효율

Cm : 1회 사이클 시간(분), $Cm = 0.05l + 0.25$

㉠ A_n의 값($\mathrm{m^2}$)

규격(ton) \ 리퍼의 수	1본	2본	3본
20	0.15	0.30	0.45
30	0.20	0.40	0.60

㉡ E의 값

암질	발톱 수 (본)	20ton급		30ton급		암질별 탄성파속도와의 관계 (m/sec)
		E값	탄성파속도 (m/sec)	E값	탄성파속도 (m/sec)	
연질	3	0.85 0.65 0.50	500 700 900	0.85 0.65 0.45	600 800 1,000	사암 1,000 이하, 점판암 1,000 석영반암 900, 화강암 600 석회암, 혈암 600
중질	2	0.80 0.60 0.40	700 900 1,200	0.70 0.50 0.40	900 1,200 1,400	사암 1,000~1,500 점판암 1,000~1,500 석영반암 900~1,200 화강암 600~1,000 석회암, 혈암 600~1,000
경질	1	0.70 0.50 0.30	1,000 1,300 1,600	0.80 0.50 0.30	1,200 1,500 1,800	사암, 점판암 1,500~2,000 석영반암 1,200~1,500 화강암 1,000~1,500 석회암, 혈암 1,100~1,500

② 굴삭기(무한궤도)

$$Q = \frac{3{,}600 \cdot q \cdot K \cdot f \cdot E}{Cm} \; (\mathrm{m^3/hr})$$

여기서, Q : 시간당 작업량($\mathrm{m^3/hr}$) q : 버킷 용량($\mathrm{m^3}$)

K : 버킷계수 E : 작업효율

f : 토량환산계수 Cm : 1회 사이클 시간(sec)

그림. 굴삭기 (Excavator)

㉮ q의 값(m^3)

q 의 값	0.12	0.2	0.4	0.7	1.0	2.0

㉯ K의 값

K의 값	현장 조건
1.1	굴착이 용이한 연한 토질로서 버킷에 산적으로 가득 찰 때가 많은 조건이 좋은 모래, 보통토인 경우
0.9	위 토질보다 약간 단단한 토질로서 버킷에 거의 가득 채울 수 있는 모래, 보통 토사와 조건이 좋은 점토인 경우
0.7	버킷에 가득 채우기가 어렵거나 약간의 발파를 필요로 하는 단단한 점토질, 점토, 자갈질토인 경우
0.55	버킷에 담기 어렵고 불규칙적인 공극이 생기는 발파 또는 리핑작업으로 얻어진 암과 파쇄암, 호박돌, 자갈 등인 경우

제4장

㉰ E의 값

현장조건 / 토질명	자연상태			흐트러진 상태		
	양호	보통	불량	양호	보통	불량
모래, 사질토	0.85	0.70	0.55	0.90	0.75	0.60
자갈섞인 흙, 점성토	0.75	0.60	0.45	0.80	0.65	0.50
파쇄암	–	–	–	–	0.45	0.35

㉱ 1회 Cm의 값(초)

규격(m^3) / 선회각도(°)	0.12~0.4	0.6~0.8	1.0~1.2	2.0
45°	13	16	17	22
90°	15	18	19	25
135°	18	20	21	27
180°	20	22	23	30

③ 로더(Loader)(무한궤도)

$$Q = \frac{3,600 \cdot q \cdot K \cdot f \cdot E}{Cm}\ (m^3/hr)$$

$$Cm = m \cdot l + t_1 + t_2$$

여기서, Q : 시간당 작업량(m^3/hr) q : 버킷 용량(m^3)
K : 버킷계수 E : 작업효율
f : 토량환산계수
Cm : 1회 사이클 시간(초)

그림. 로더(Loader)

m : 계수(초/m) (무한 궤도식 : 2.0, 타이어식 : 1.8)

l : 편도 주행거리(8m를 표준)

t_1 : 버킷에 토량을 담는데 소요되는 시간(초)

t_2 : 기어변환 등 기본시간과 다음 운반기계가 도착될 때까지의 시간(14초)

㉮ t_1의 값

현장조건 \ 작업방법 \ 기종별	무한궤도식		타이어식	
	산적상태에서 담을 때	지면부터 굴착 집토하여 담을 때	산적상태에서 담을 때	지면부터 굴착 집토하여 담을 때
용이한 경우	5	20	6	22
보통인 경우	8	29	9	32
약간 곤란한 경우	9	36	14	41
제설	11	–	18	–

㉯ 버킷계수(K)

현장 조건	K
굴착기계로 깎거나 쌓아 모은 산적상태에서 적재하는 것으로 굴착력을 필요로 하지 않고 쉽게 버킷에 산적할 수 있는 것. 즉, 조건이 좋은 모래, 보통토 등	1.2
흐트러진 산적상태에서 적재하는 것으로 위의 상태보다 약간 삽날이 들어가기 어려운 토질로서 버킷에 가득 채울 수 있는 것. 즉, 점토, 역질토	1.0
모래, 사력 보통토, 점토, 역질토 등 직접 자연상태에서 굴착 적재할 수 있는 여건으로 버킷에 평적에 약간 미달되게 채울 수 있는 것	0.9
버킷에 가득 채울 수 없는 것으로 다른 기계로 쌓아 모아 놓은 부순돌 및 점질토나 역질토로서 굳어진 덩어리 상태로 되어 있는 것	0.7
버킷에 담기 어렵고 허술하여 불규칙적인 공극이 생긴 것. 예를 들면 발파 또는 리퍼로 깎은 암괴, 호박돌, 역 등	0.55

㉰ E의 값

토질별 \ 현장조건	자연상태			흐트러진 상태		
	양호	보통	불량	양호	보통	불량
모래, 사질토	0.70	0.55	0.40	0.75	0.60	0.45
자갈섞인 흙, 점성토	0.60	0.45	0.30	0.60	0.50	0.35
파쇄암				0.55	0.35	0.25

④ 모터 스크레이퍼(Motor scraper)

그림. 모터 스크레이퍼(Motor Scraper)

$$Q = \frac{60 \cdot q \cdot f \cdot E}{Cm} \, (m^3/hr)$$

$$Cm = \frac{L_1}{V_1} + \frac{L_2}{V_2} + t$$

여기서, Q : 시간당 작업량(m^3/hr)

q : 적재함 용적×적재계수(K)

f : 토량환산계수

E : 작업효율,

Cm : 1회 사이클 시간

㉮ 적재계수(K)

토질 상태	적재계수(K)
조건이 좋은 보통토	1.13
조건이 좋은 모래, 보통토	1.0
자갈질토, 모래, 자갈이 섞인 점질토, 점토	0.9
조건이 좋은 점질토, 점토	0.9
조건이 나쁜 점질토, 점토, 암괴, 호박돌, 자갈	0.8

㉯ 작업효율(E)

현장 조건	E
작업현장이 넓으며 토질조건이 좋고 어느 정도 모여 있으므로 작업이 순조롭게 될 때	0.85
작업현장이 넓으나 함수비로 토질변화가 일어나기 쉬운 때 등으로 작업이 보통으로 진행될 때	0.8
작업현장이 넓지 않고, 다른 작업기계와 교차가 많으며, 토질조건도 좋지 않아서 작업이 순조롭지 못할 때	0.7
작업현장이 좁고 작업이 복잡할 때 또는 토질조건이 나빠서 작업진행이 불량할 때	0.6

㉰ 1회 사이클 시간

$$Cm = \frac{L_1}{V_1} + \frac{L_2}{V_2} + t$$

여기서, L_1 : 적재시의 주행거리(m)　　L_2 : 공차시의 주행거리(m)

V_1 : 적재시의 주행속도(m/분)　　V_2 : 공차시의 주행속도(m/분)

t : 싣기, 사토, 기어 변속시간 (푸시 도저를 사용할 때 1.6분, 사용하지 않으면 2.8분)

㉣ V_1, V_2의 값

도로 상태 \ 구 분	적재시 주행속도(m/분)	공차시 주행속도(m/분)
노면이 단단하고 안전한 도로로서 주행 시에 타이어가 노면에 침투하지 않고 살수 등이 잘 유지된 도로	400	600
노면이 별로 좋지 않고 주행 시에 타이어가 노면에 약간 침투되며 살수된 도로	300	400
노면상태가 잘 정비되어 있지 않고 다소 정비는 하나 주행 시에 타이어가 노면에 약간 침투되는 도로	200	300
노면이 차량에 의하여 울퉁불퉁해졌고 잘 정비되어 있지 않아서 주행 시에 타이어가 노면에 심하게 침투되는 도로	150	200
흐트러진 모래 또는 자갈	100	150
노면이 극히 불량한 상태	80	100

⑤ 모터 그레이더(Motor grader)

$$Q=\frac{60\cdot l\cdot D\cdot H\cdot f\cdot E}{p\cdot Cm}(\mathrm{m^3/hr}),\quad A=\frac{60\cdot D\cdot W\cdot E}{p_1Cm_1+p_2Cm_2+\cdots p_iCm_i}(\mathrm{m^2/hr})$$

여기서, A : 시간당 작업량($\mathrm{m^2/hr}$)　　Q : 시간당 작업량($\mathrm{m^3/hr}$)

D : 1회의 작업거리(편도 m)　　W : 작업장 전체의 폭(m)

P_i : 작업장 전체의 폭을 V_i 속도로 행하는 작업 횟수

Cm_i : 작업속도 V_i 일 때의 사이클 시간(분)

P : 부설 횟수

H : 굴착 깊이 또는 흙 고르기 두께(m)

E : 작업효율

l : 블레이드의 유효길이(m)　f : 토량의 체적환산계수

그림. 모터 그레이더(Motor grader)

㉮ Cm 산출식

㉠ 방향 변환 또는 블레이드를 선회하여 왕복작업을 할 때의 Cm 산출

$$Cm=0.06\times\frac{D}{V_1}+t$$

㉡ 전진 작업만을 하고 후진으로 되돌아오거나 회송이 필요할 때의 Cm 산출

$$Cm=0.06\times\left(\frac{D}{V_1}+\frac{D}{V_2}\right)+2t$$

D : 작업거리 또는 되돌아오는 거리(편도, m),

V_1 : 작업속도(km/hr)　　V_2 : 후진 또는 회송속도(km/hr)

t : 방향 변환 또는 블레이드의 선회 기어변속에 소요되는 시간(분)

㉯ V_1 , V_2의 값(km/hr)

작업 종류 \ 현장 조건 \ 속도	작업			후진			회송		
	양호	보통	불량	양호	보통	불량	양호	보통	불량
토사도 보수	10	7	4	9	6.5	4	24	18	12
측구 굴착	4	3	2						
비탈면 마무리	3	2.5	2						
흙 고르기	8	6	4						
마무리	8	6	4						
혼합	10	7	4						
제설	10	8	6						

㉰ t값

작업 종류	t(분)
작업거리가 비교적 짧은 경우	2.5
도로 보수	1.5
흙 고르기	0.5

㉱ E값

작업 종류 \ 구분	현장 조건		
	양호	보통	불량
토사도의 보수와 정지 등	0.8	0.7	0.60
흙 고르기 등	0.7	0.6	0.5

㉲ l값

작업 종류	블레이드의 작업각도	블레이드의 길이(3.6m)
단단한 토질에서의 깎기	45°	2.3
부드러운 토질에서의 깎기	55°	2.7
흙 밀기, 제설	60°	2.9
마무리	90°	3.4

⑥ 덤프트럭(Dump truck)

㉮ 작업능력

$$Q = \frac{60 \cdot q \cdot f \cdot E}{Cm} (\mathrm{m^3/hr}), \quad q = \frac{T}{\gamma_t} \cdot L$$

그림. Dump truck

여기서, Q : 1시간당 작업량($\mathrm{m^3/hr}$)

q : 흐트러진 상태의 덤프트럭 1회 적재량($\mathrm{m^3}$)

γ_t : 자연상태에서 토석의 단위중량(습윤 밀도)($\mathrm{t/m^3}$)

T : 덤프트럭의 적재중량(ton)

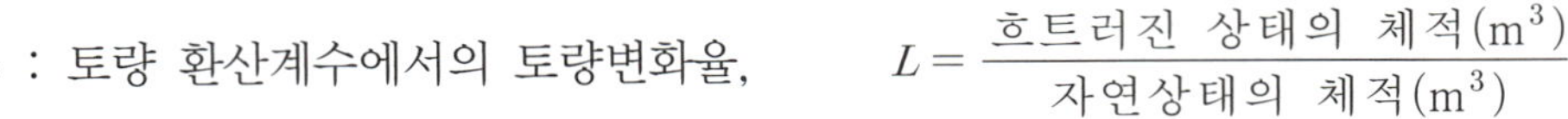

L : 토량 환산계수에서의 토량변화율, $L = \dfrac{\text{흐트러진 상태의 체적}(\mathrm{m^3})}{\text{자연상태의 체적}(\mathrm{m^3})}$

f : 토량환산계수

E : 작업효율(0.9)

Cm : 1회 사이클 시간(분), $Cm = t_1 + t_2 + t_3 + t_4 + t_5$

㉠ 적재시간(t_1) : 적재방법에 따라서 산출

㉡ 왕복시간(t_2) : 왕복시간(분)= $\dfrac{\text{운반거리}}{\text{적재시 평균 주행속도}} + \dfrac{\text{운반거리}}{\text{공차시 평균 주행속도}}$

㉢ 운반도로와 평균 주행속도(km/hr)

도로 상태	평균속도(km/hr)	
	적재	공차
토취장 또는 사토장 등 열악한 조건의 도로	7	8
교차가 힘든 산간지 도로와 제방 등의 도로	10	15
교차가 가능한 산간지 도로와 제방 도로, 미포장도로	15	20
2차로 이상의 공사용 도로	30	35
2차로 교통량 및 교통대기가 많은 시가지 포장도로(7,000대/일 이상) 4차로 이상의 교통량과 교통대기가 많은 시가지 포장도로(40,000대/일 이상)	20	25
2차로 시가지 포장도로(7,000~2,000대/일)	25	30
4차로 이상의 시가지 포장도로(40,000대/일 미만) 2차로 교외 포장도로(2,000대/일 이상) 4차로 이상의 교외 포장도로(40,000대/일 이상)	30	35
2차로 교외 포장도로(2,000대/일 이상) 4차로 이상의 교외 포장도로(40,000대/일 이상)	35	35
2차로 고속도로 또는 교통량(편도) 1일 40,000대 이상의 4차로 고속도로	50	55
4차로 고속도로(편도 교통량 1일 40,000대 미만)	60	60

㉣ 적하시간(t_3)

토질 \ 구분	작업조건(분)		
	양호	보통	불량
모래, 자갈, 호박돌	0.5	0.8	1.1
점질토, 점토	0.6	1.05	1.5

㉤ 적재장소에 도착한 때로부터 적재작업이 시작할 때까지의 시간(t_4)

ⓐ 적재장소가 넓어 트럭이 자유로이 목적장소에 도달할 수 있을 때 : 0.15분

ⓑ 적재장소가 넓지 않으나 목적장소에 불편없이 진입할 수 있을 때 : 0.42분

ⓒ 적재장소가 좁아서 목적장소에 도달하는데 불편을 느낄 때 : 0.70분

㉥ 적재함 덮개의 설치와 해체시간(t_5)

구분	인력	자동 덮개
시간(분)	3.77	0.5

㈏ 적재기계를 사용할 경우의 사이클 시간

$$Cmt = \frac{Cms \cdot n}{60 \cdot Es} + (t_2 + t_3 + t_4 + t_5)$$

여기서, Cmt : 덤프트럭의 1회 사이클 시간(분)

Cms : 적재기계의 1회 사이클 시간(초)

Es : 적재기계의 작업효율

n : 덤프트럭 1대의 토량을 적재하는데 소요되는 적재기계의 사이클 횟수

$$n = \frac{Q_t}{q \cdot k}$$

Q_t : 덤프트럭 1대의 적재 토량(m^3)

q : 적재기계의 디퍼 또는 버킷용량(m^3)

k : 디퍼 또는 버킷계수

⑦ 롤러(Roller)

㈎ 작업능력

$$Q = 1{,}000 \cdot V \cdot W \cdot D \cdot E \cdot \frac{f}{N}$$

$$A = 1{,}000 \cdot V \cdot W \cdot E \cdot \frac{1}{N}$$

여기서, Q : 시간당 다짐토량(m^3/hr)

A : 시간당 다짐면적(m^2/hr)

W : 롤러 유효 폭(m)

D : 펴는 흙의 두께(m)

f : 토량환산계수

N : 소요 다짐횟수

V : 다짐속도(km/hr)

E : 작업효율

㉯ 다짐기계는 토질과 지형조건에 따라서 다음의 표를 참조하여 선정한다.

다짐기계의 종류 \ 토질별	암괴 호박돌 자갈	자갈질토	모래	사질토	점토와 점질토	자갈섞인 점토와 점질토	연약한 점토와 점질토	단단한 점토와 점질토
로드 롤러	B	A	A	A	B	B	C	C
타이어 롤러(자주식)	B	A	A	A	A	A	C	B
탬핑 롤러	C	C	B	B	B	B	C	A
진동 롤러	A	A	A	A	C	B	C	C
콤팩터	A	A	A	A	C	B	C	C
램 머	B	A	A	A	B	B	C	C
불도저	A	A	A	A	B	B	C	A
습지 불도저	C	C	C	C	B	B	A	C

[주] A : 효과적이고 적당한 방법, B : 적당한 기계가 없을 때에 사용, C : 부적당

㉠ 다짐기계의 유효 다짐 폭(W)과 다짐속도(V)

다짐기계 \ 구분	규격	유효 다짐 폭 (m)	표준 다짐속도(km/hr)		
			노체, 축제 노상	보조기층 기층	표층
머캐덤 롤러	6~8	0.7	2.0	2.5	3.0
	8~10	0.8			
	10~12	0.8			
	12~15	0.9			
탄뎀 롤러	6~8	1.1	2.0	–	3.0
	8~10	1.1			
	10~13	1.2			
타이어 롤러	5~8	1.4	2.5	4.0	4.0
	8~15	1.8			
	15~25	2.0			
자주식, 양족식 롤러	19	1.8	4.0		
진동 롤러(자주식)	2.5	0.7	1.0	1.0	–
	4.4	0.8	1.0	1.0	
	6.0	1.5	3.0	3.0	
	10.0	1.9	4.0	4.0	

㉡ 작업효율(E)

공종 \ 다짐기계 \ 현장 조건		양호	보통	불량
표 층	머캐덤 롤러	0.75	0.55	0.35
	타이어 롤러	0.65	0.45	0.25
	탄뎀 롤러	0.6	0.45	0.3
기 층 보조기층	진동 롤러	0.8	0.6	0.4
	머캐덤 롤러	0.7	0.5	0.3
	타이어 롤러	0.6	0.4	0.2
노 체 축 제 노 상	불도저	0.8	0.6	0.4
	타이어 롤러			
	진동 롤러			
	양족식 롤러(자주식)			

㉢ 소요 다짐 횟수(N)와 다짐 두께(D)

공 종		다짐두께(cm)	다짐기계	규격(ton)	다짐횟수	다짐도(%)
노 체		30	진동 롤러	10	6	90 이상
			타이어 롤러	8~15	4	
노 상		20	진동 롤러	10	6	95 이상
			타이어 롤러	8~15	4	
동상방지층		20	진동 롤러	10	7	95 이상
			타이어 롤러	8~15	4	
보조 기층		15~20	진동 롤러	10	8	95 이상
			타이어 롤러	8~15	4	
입도조정기층		15	진동 롤러	10	8	95 이상
			타이어 롤러	8~15	7	
기 층 (아스팔트안정처리)		7.5~10	머캐덤 롤러	10~12	4	96 이상
			타이어 롤러	8~15	10	
			탄뎀 롤러	10~14	4	
표 층		5	머캐덤 롤러	8~10	2	96 이상
			타이어 롤러	8~15	10	
			탄뎀 롤러	10~14	4	
저수지	심벽(점토)	20	양족식 롤러 (자주식)	19	10	95 이상
	성토	30		19	8	
축제	점성토	30	〃	19	5	95 이상
	사질토	30	진동 롤러	10	6	90 이상
			타이어 롤러	8~15	4	

제 5 장
기초공

기초공 5

1 개 설

기초는 상부구조물과 지반의 사이에서 상부하중을 견고한 지반에 전달하여 상부하중에 의한 지반의 전단파괴와 과도한 침하가 발생하지 않게 하고 상부구조물이 안정한 상태에서 기능을 발휘하도록 하는 하부구조물을 의미한다.

일반적으로 상부구조물을 지지하는 기초는 얕은기초와 깊은기초로 대별할 수 있다. 얕은기초(shallow foundation)는 지표면과 가까운 깊이에서 상부구조물을 지지할 수 있는 지지층이 있는 경우에 사용하는 기초이며 직접기초(direct foundation)라고도 한다. 깊은기초(deep foundation)는 지반이 연약하여 상부구조물의 하중을 지지할 수 없는 경우에 말뚝, 케이슨 등을 설치하여 견고한 깊은 지지층에 하중을 전달하는 형식의 기초이다.

그림. 해상 깊은기초

표. 기초의 종류

- 얕은기초 (직접기초)
  - 확대기초
    - 독립 확대기초 : 원형기초, 정방형기초, 장방형기초
    - 연속기초(벽기초)
    - 복합 확대기초
  - 전면기초
- 깊은기초
  - 말뚝기초 : 항타말뚝, 매입말뚝, 현장타설말뚝
  - 피어기초
  - 케이슨기초 : 오픈 케이슨(우물통), 공기 케이슨, 박스 케이슨

(1) 기초의 구비조건

1) 기초는 기초 저면에서 지반의 횡방향 이동을 방지하도록 충분한 근입깊이를 가져야 한다.
2) 기초의 깊이는 동결, 융해, 각종 식물의 뿌리 등으로 인한 지반의 체적변화가 발생하는 범위 아래에 있어야 한다.
3) 기초는 전도, 회전, 미끄럼, 흙의 전단파괴 등에 충분히 안전해야 한다.
4) 침하는 기초와 상부구조물이 구조적으로 안정할 수 있는 허용 범위에 있어야 한다.
5) 기초가 옹벽의 상부 또는 경사면에 설치되는 경우는 전체적인 안정성을 확보해야 한다.
6) 기초는 시공이 기술적으로 가능하고 내구적이며 경제적이어야 한다.

(2) 기초 형식의 선정시 고려사항

1) 기초지반의 지지력과 침하량은 상부구조물에 작용하는 하중의 종류와 크기에 따라서 결정한다.
2) 기초가 설치되는 지반의 공학적 특성을 조사하여 지반의 지지력과 침하량을 고려한 기초형식을 선정해야 한다.
3) 상부구조물과의 상대적인 연성을 충분히 반영한다.
4) 시공 위치(육상, 수상), 시공 심도, 기초의 단면적, 작업공간의 여유, 소음과 진동의 영향 등의 시공조건과 공사의 시기와 공사기간을 고려한다.

표. 기초 형식의 비교

기초형식	얕은기초	깊은기초
단면도	지지층	지지층 깊은기초
적용범위	· 터파기구간에 장애물이 없고 시공 중에 배수처리가 용이할 것 · 세굴 가능성이 없는 지역	· 지하수 영향이 큰 지역 · 하상, 해상 등의 특수지역 · 세굴 가능성이 있는 지역
장·단점	· 기초지반의 육안 확인이 가능 · 공사비 저렴 · 넓은 부지 필요	· 지지층의 심도가 깊은 경우에 적합 · 공사비가 상대적으로 고가 · 항타시 소음과 진동을 유발
시공환경	· 기초지반의 교란 방지가 필요 · 시공시 소음, 진동이 비교적 적음	· 기초의 점유면적이 직접기초보다 적음 · 항타시 소음, 진동이 큼
기초형식	· 독립기초 · 연속기초 · 복합기초 · 전면기초	· 항타말뚝 · 매입말뚝 · 현장타설말뚝 · 케이슨 기초

2 얕은기초(Shallow Foundation)

얕은기초는 상부구조물의 하중을 기초 하부지반에 직접 전달하는 근입깊이가 얕은 기초로서 압축성이 크지 않은 지반에 직접 설치하는 형식으로 직접기초라고도 하며, 하중을 전달하는 기둥의 하부를 넓힌 형식은 확대기초라고 한다.

얕은기초는 기초의 최소 폭(B)과 근입깊이(D_f)의 비($D_f/B \leq 1.0$)가 1.0 이하인 경우이고, 그 비가 3.0~4.0 이하인 경우도 얕은기초에 속한다.

(1) 얕은기초의 형식

얕은기초는 형식과 기능에 따라서 확대기초, 복합 확대기초, 벽기초와 전면기초로 분류하며 공사비, 지반조건, 상부구조물의 종류, 지형, 편심 등을 고려하여 기초 형식을 결정한다.

표. 얕은기초의 종류

직접기초(얕은기초)
- 확대기초
  - 독립 확대기초 : 원형기초, 정방형기초, 장방형기초
  - 연속기초(벽기초)
  - 복합 확대기초
- 전면기초

1) 확대기초(Spread footing foundation)

확대기초는 상부구조물에서 전달되는 단위하중이 지반의 허용지지력 이하가 되도록 기둥이나 벽의 하부을 확대한 기초로서 한 개의 기둥만을 지지하는 독립 확대기초, 2개 이상의 기둥을 지지하는 복합 확대기초, 지중으로 연장된 긴 벽체로 하중을 전달하는 벽기초가 있다.

2) 전면기초(Mat foundation)

전면기초는 지지층 위에 있는 상부구조물의 벽체와 기둥을 하나의 기초 슬래브로 지지하는 형식으로 전단면이 단일 슬래브형식의 기초이다. 일반적으로 확대기초의 바닥면적이 증가하여 기초면적의 합계가 시공면적의 2/3을 초과하면 기둥하중 등을 하나의 기초판으로 지지하는 전면기초가 경제적이다.

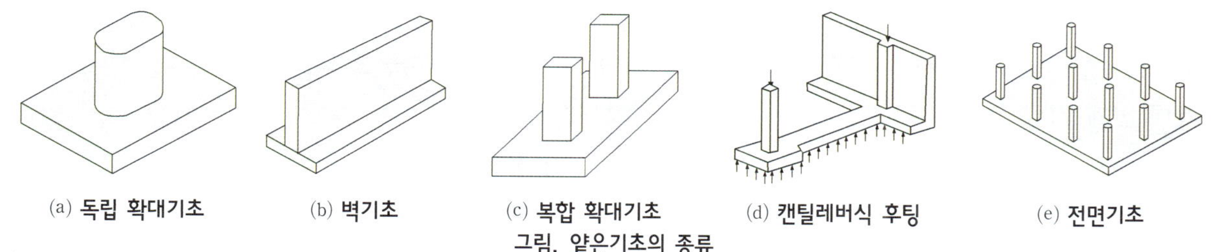

(a) 독립 확대기초 (b) 벽기초 (c) 복합 확대기초 (d) 캔틸레버식 후팅 (e) 전면기초

그림. 얕은기초의 종류

(2) 얕은기초의 전단파괴 형태

얕은기초는 구조물의 하중을 기초저면에 인접한 지반에 직접 전달하는 역할을 하며, 이러한 하중 전달의 과정에서 발생된 압축응력과 전단응력은 구조물의 하중과 기초의 크기에 따라서 좌우되고, 구조물의 하중이 매우 크거나 기초의 크기가 작으면 발생하는 전단응력이 지반의 전단강도를 초과하여 지반의 전단파괴가 발생하고 이러한 지반의 전단파괴는 전반 전단파괴, 국부 전단파괴, 관입 전단파괴로 구분할 수 있다.

얕은기초 아래에 있는 흙이 파괴될 때의 거동은 기초에 작용하는 하중에 의하여 기초 아래에 있는 흙은 아래로 가라앉고 주위에 있는 흙은 옆으로 밀려서 부풀어 오르며 흙의 이러한 파괴형태는 기초의 지지력공식을 유도하는 기본개념을 제시하고 있다.

1) 전반 전단파괴(General shear failure)

전반 전단파괴는 조밀한 모래, 단단한 점성토지반과 같은 압축성이 작은 지반에서 발생하며, 또한 비배수상태의 정규압밀 점성토지반에서도 발생할 수 있는 파괴의 형태이다. 이러한 지반에 설치한 연속기초에서 작용하중이 커지면 기초의 침하가 증가하고 하중이 어느 단계에 도달하면 기초를 지지하는 흙에서 순간적으로 발생하는 전반 전단파괴는 최대하중이 비교적 확실한 하중-침하량곡선을 나타내고 흙의 파괴면이 지표면까지 확장되어 기초지반에 융기가 일어난다.

2) 국부 전단파괴(Local shear failure)

국부 전단파괴는 중간 정도 다짐상태의 모래와 점성토에서 발생하며 전반 전단파괴와 관입 전단파괴의 중간 형태를 보이는 파괴형상으로 주변지반이 다소 부풀어 오르는 현상이 발생하고 갑작스러운 파괴는 발생하지 않는다. 이러한 지반 위에 설치한 기초에 작용하는 하중이 어느 정도 이상으로 커지면 침하가 크게 증가하지만 뚜렷한 정점은 나타나지 않고, 기초의 침하량이 상당히 크게 발생되어야만 흙의 파괴면이 지표면까지 확장될 수 있다.

3) 관입 전단파괴(Punching shear failure)

관입 전단파괴는 대단히 느슨한 지반과 연약한 점성토지반에서 하중이 매우 천천히 작용하는 경우에 발생할 수 있는 파괴형태이다. 기초 아래에 있는 흙이 가라앉기만 하고 부풀어 오르는 현상이 나타나지 않는 흙의 파괴형태이다. 매우 느슨한 흙 위에 놓인 기초의 하중-침하량곡선은 경사가 급하게 되어 직선에 가깝고 흙의 파괴면은 지표면까지 확산되지 않는다.

흙이 국부 전단파괴에 도달하여 침하량이 증가하기 시작하면 증가량의 예측이 어려우므로 국부 전단파괴가 일어날 때의 압력을 지지력으로 하고, 전반 전단파괴는 지지력의 극한상태를 의미하므로 이때의 압력을 극한지지력이라고 하며 허용지지력은 극한지지력을 안전율($F_s = 3.0$)로 나눈 것으로 한다.

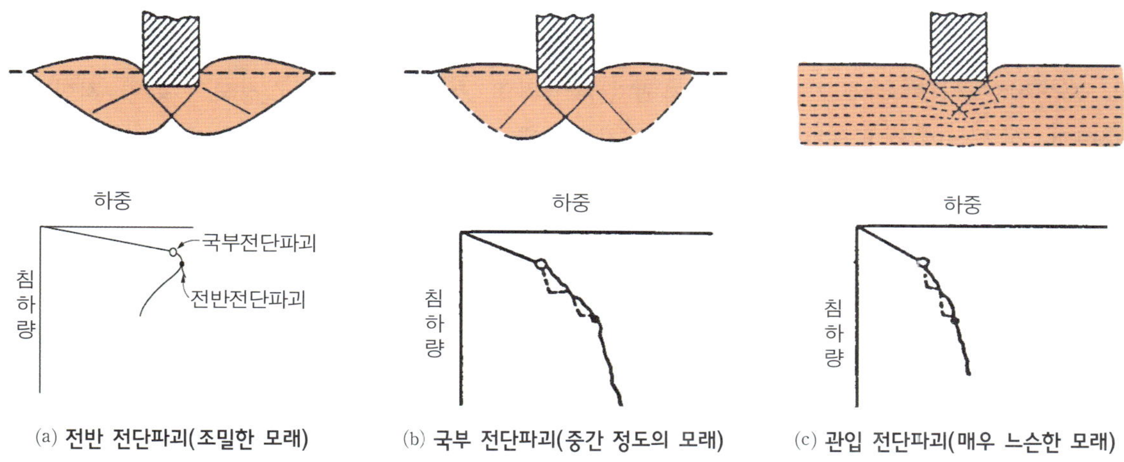

그림. 얕은 기초의 전단파괴 영역과 압력–침하량 곡선(after Vesic, 1963)

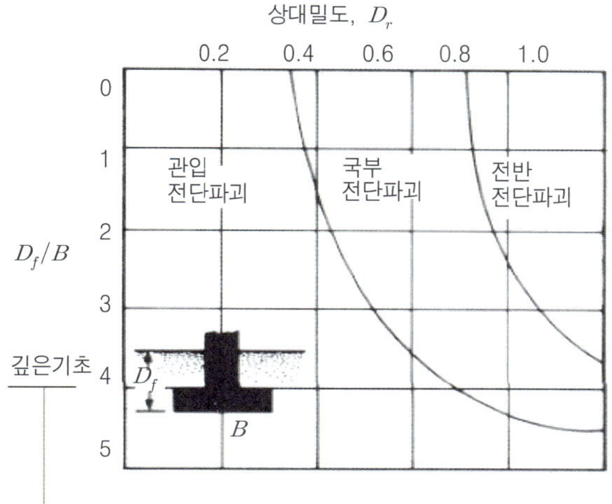

그림. 모래지반에서 얕은기초의 파괴 형상(Vesic, 1973)

(3) 얕은기초의 허용지지력

얕은기초의 허용지지력은 극한지지력을 안전율로 나누어서 구하며 안전율은 사하중과 최대 활하중은 3.0을 적용하고, 활하중의 일부가 일시적으로 작용(지진, 눈, 바람 등)할 때는 2.0을 적용한다.

$$q_{all} = \frac{q_{ult}}{F_s}$$

여기서, q_{all} : 허용지지력

q_{ult} : 극한지지력

F_s : 안전율

(4) 얕은기초의 지지력

얕은기초의 지지력은 기초저면의 지지력과 측면 저항의 합으로 나타내며, 저면 지지력은 지반 내에서 소성 유동이 일어날 때에 기초저면에 가해지는 압력의 크기에 의하여 결정되고 측면 저항은 기초의 외측면과 흙 사이에 작용하는 마찰저항과 점착저항에 의해서 결정된다.

얕은기초의 극한지지력은 전단파괴 형상을 고려하여 산정방법을 적용하고 전단파괴의 형상은 기초지반의 밀도, 기초의 근입깊이, 기초 형상의 영향을 받으며 Terzaghi(1943), Meyerhof(1955), Hansen(1970) 등이 극한지지력의 산정방법을 이론적으로 제시하였다.

표. 얕은기초의 지지력 산정방법

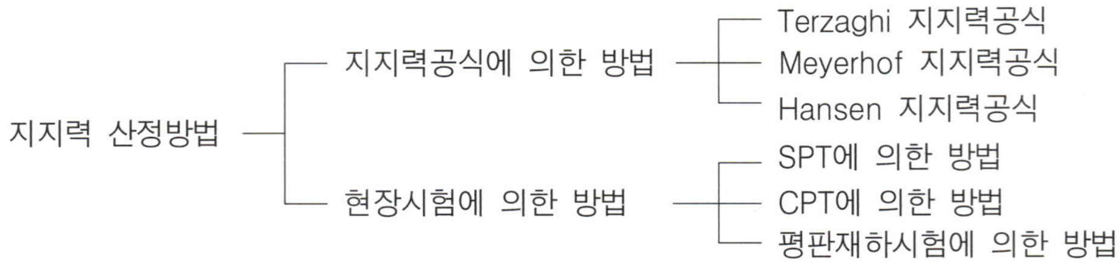

1) Terzaghi의 지지력공식

Terzaghi의 지지력공식은 편심이 작용하지 않는 수평기초에 적용하고 경사하중과 편심하중에 의한 모멘트가 작용하는 기둥과 경사진 기초에는 적합하지 않다. 그러나 지지력을 산정한 결과가 매우 안전측이고 계산과 도표의 이용이 용이하여 근입깊이와 기초 폭의 비($D_f/B \leq 1.0$)가 1 이하인 점착력이 큰 지반에 설치하는 얕은기초에 주로 적용한다.

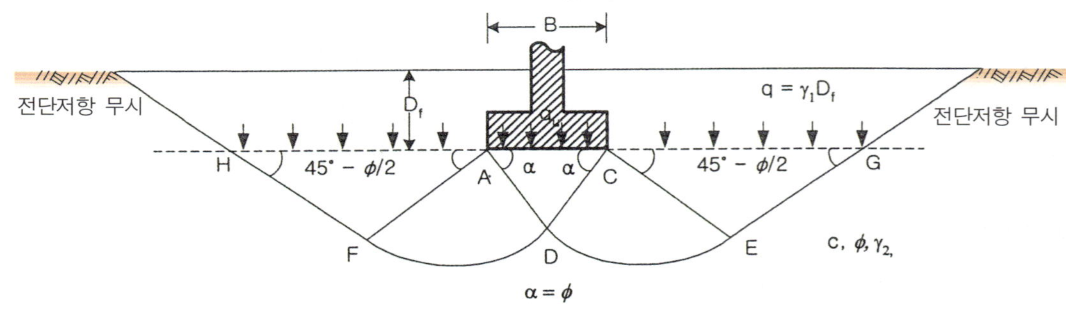

그림. Terzaghi의 전반 전단파괴 모델

Terzaghi는 기초에 의한 지반파괴의 형상을 직선과 대수나선의 결합으로 가정하고 Prandtl(1920)의 개념을 확장하여 기초저면의 상부에 있는 흙의 자중을 고려하는 극한지지력을 유도하였다.

Terzaghi는 기초저면이 거칠면 흙쐐기가 기초의 일부분처럼 작용하며 기초저면 위에 있는 두께 D_f 인 지반의 전단저항은 무시하고 단순히 등가 상재하중으로만 고려하여 기초의 전단파괴를 전반 전단파괴와 국부 전단파괴로 구분한 지지력을 산정하였다.

① 전반 전단파괴(General shear failure)

전반 전단파괴는 극한지지력공식에서 제1항은 지반의 점착력(c), 제2항은 기초 폭(B)에 의한 파괴체의 크기, 제3항은 기초의 근입깊이(D_f)에 따른 상재하중의 영향을 나타내고 있다.

$$q_{ult} = \alpha c N_c + \beta \gamma_2 B N_r + \gamma_1 D_f N_q$$

여기서, γ_1 : 기초저면 상부 지반의 단위중량

γ_2 : 기초저면 하부 지반의 단위중량

α, β : 기초 형상계수(shape factor)

N_c, N_γ, N_q : 전반 전단파괴에 대한 지지력계수

$$N_c = \cot\phi\left[\frac{e^{2(3\pi/4 - \phi/2)\tan\phi}}{2\cos^2(45° + \phi/2)} - 1\right] = \cot\phi(Nq - 1)$$

$$N_r = \frac{1}{2}\left[\frac{K_{pr}}{\cos^2\phi} - 1\right]\tan\phi,$$

$$N_q = \frac{e^{2(3\pi/4 - \phi/2)\tan\phi}}{2\cos^2(45° + \phi/2)}$$

표. Terzaghi의 기초 형상계수

형상계수	연속기초	원형기초	정사각형기초	직사각형기초
α	1.0	1.3	1.3	$1 + 0.3\ B/L$
β	0.5	0.3	0.4	$0.5 - 0.1\ B/L$

[주] B : 기초의 폭, L : 기초의 길이

② 국부 전단파괴(Local shear failure)

국부 전단파괴의 극한지지력은 전반 전단파괴에 대한 극한지지력공식을 변형하여 산정하며, 국부 전단파괴에 대한 지지력계수(N_c', Nq', N_r')는 전반 전단파괴의 공식에서 내부마찰각을 감소하여 구한다.

$$q_{ult} = \alpha c' Nc' + \beta \gamma_2 B N\gamma' + \gamma_1 D_f N\gamma'$$

여기서, 감소 점착력 : $c' = \frac{2}{3}c$, 감소 내부마찰각 : $\phi' = \tan^{-1}(\frac{2}{3}\tan\phi)$

사질토지반의 지지력은 흙의 내부마찰각과 기초 폭의 영향을 많이 받고 점성토지반은 점착력의 영향을 많이 받는다. 사질토지반에서 지지력계수의 산정에 필요한 내부마찰각은 표준관입시험의 N값을 이용하거나 지지력계수 도표에서 구한다. 지지력계수를 사용하여 구한 극한지지력은 전반 전단파괴에서의 응력을 의미한다.

표. Terzaghi와 Meyerhof의 지지력계수

	Terzaghi			Meyerhof		
	N_c	N_γ	N_q	N_c	N_γ	N_q
0	5.7	0	1.0	5.14	0	1.0
5	7.3	0.5	1.6	6.5	0.1	1.6
10	0.6	1.2	2.7	8.3	0.4	2.5
15	12.9	2.5	4.4	11.0	1.1	3.9
20	17.7	5.0	7.4	14.8	2.9	6.4
25	25.1	9.7	12.7	20.7	6.8	10.7
30	37.2	19.7	22.5	30.1	15.7	18.4
35	57.8	42.4	41.4	46.1	37.1	33.3
40	95.7	100.4	81.3	75.3	93.7	64.2
45	172.3	297.5	173.3	133.9	262.7	134.9
48	258.3	780.1	287.9			
50	347.5	1153.2	415.1	288.9	873.7	319.0

2) Meyerhof의 지지력공식

Terzaghi는 연속기초에서 기초바닥 위에 있는 흙을 상재하중으로 가정하였으나, Meyerhof는 기초바닥의 바로 아래에 쐐기형 파괴체의 각도가 다르며 파괴면이 대수나선과 직선으로 교차하여 지표면까지 연장되는 파괴형상을 가정하여 극한지지력공식을 유도하였고 Terzaghi공식과 동일한 형태로 나타낼 수 있다.

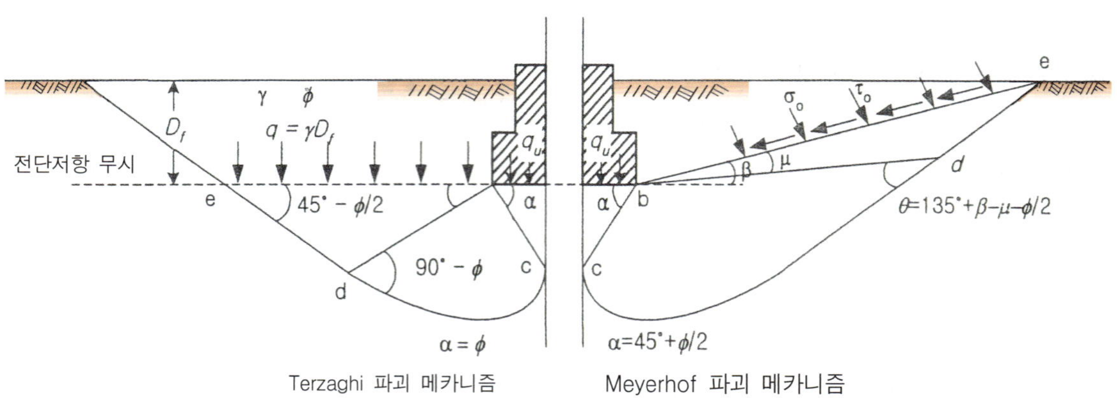

그림. Meyerhof의 전단파괴 메카니즘

기초바닥 아래의 쐐기형 파괴체에서 Terzaghi는 $\alpha = \phi$로 하였으나, Meyerhof는 $\alpha = 45° + \phi/2$로 가정하였다. Terzaghi는 기초저면보다 위쪽에 있는 지반의 전단저항을 무시하고 단순히 상재하중으로 처리하였지만, Meyerhof는 기초저면보다 위쪽에 있는 지반의 전단저항을 고려하였다.

Terzaghi의 지지력은 연속기초에 대한 것이므로 기초 형상이 원형과 직사각형에서는 그대로 사용할 수 없다. 따라서 Meyerhof는 기초의 형상, 깊이에 대한 영향, 하중이 경사지게 기초에 작용할 때에 보정을 하여 지지력공식을 제시하였다.

연직하중 작용시 : $q_{ult} = cN_c s_c d_c + \gamma_1 D_f N_q s_q d_q + \frac{1}{2}\gamma_2 B\ N_r s_r d_r$

경사하중 작용시 : $q_{ult} = cN_c s_c d_c i_c + \gamma_1 D_f N_q s_q d_q i_q + \frac{1}{2}\gamma_2 B\ N_r s_r d_r i_r$

여기서, s_c, s_q, s_r : 형상계수

d_c, d_q, d_r : 근입깊이계수

i_c, i_q, i_r : 경사계수

N_c, N_q, N_r : 기초의 지지력계수

$N_q = e^{\pi \tan\phi}\tan^2(45° + \frac{\phi}{2})$,

$N_c = (N_q - 1)\cot\phi$,

$N_\gamma = (N_q - 1)\tan(1.4\phi)$

Meyerhof는 기초 폭(B)와 길이(L)의 비(B/L), 내부마찰각의 크기에 따라서 형상계수를 제시하여 지지력을 산정하였다.

표. Meyerhof의 형상계수, 근입깊이계수, 경사계수

	모든 ϕ	ϕ > 10°	$\phi = 0°$
형상계수 (s_c , s_q, s_r)	$s_c = 1 + 0.2N_\phi(B/L)$	$s_q = s_r = 1 + 0.1N_\phi(B/L)$	$s_q = s_r = 1.0$
	여기서, $N_\phi = \tan^2(45 + \frac{\phi}{2})$		
근입깊이계수 (d_c, d_q, d_r)	$d_c = 1 + 0.2\sqrt{N_\phi}(D_f/B)$	$d_q = d_r = 1 + 0.1\sqrt{N_\phi}(D_f/B)$	$d_q = d_r = 1.0$
경사계수 (i_c, i_q, i_r)	$i_c = i_q = (1 - \frac{\alpha}{90°})^2$	$i_c = (1 - \frac{\alpha}{\phi°})^2$	$i_r = 0$ $\alpha > 0°$
	α : 경사하중의 연직방향과 하중이 작용하는 방향사이의 각도		

3) 현장시험에 의한 지지력 산정

기초의 지지력은 현장에서 실시한 원위치시험에서 구할 수 있으며 지지력의 산정에 활용하는 원위치시험은 평판재하시험, 표준관입시험(SPT), 콘관입시험(CPT) 등이 있다.

① 평판재하시험(Plate load test)에 의한 방법

평판재하시험은 기초바닥에 설치한 강성재하판(ϕ30~75cm)에 하중을 가하고 시간 변화에 따른 하중-침하량곡선에서 허용지내력(침하, 지지력)을 산정한다. 지내력은 지반 특성, 기초 깊이, 기초 폭과 길이, 지하수위의 영향을 받으며 재하판 지름의 2배에 해당하는 깊이까지 지반 거동을 추정할 수 있고 재하는 실제 하중의 재하 또는 반력을 이용한다.

㉮ 평판재하시험방법(KS F 2444)

평판재하시험은 최소한 3개소에서 실시하고 총 재하하중은 예상 허용지지력의 3배 정도로 하며, 시험 위치에 재하판, 재하대, 유압잭, dial gauge를 설치하고 하중을 단계적으로 재하한다. 초기하중 35KN/m^2을 가한 상태를 초기치로 하며, 하중은 6단계로 나누어서 재하하고 1분, 2분, 4분, 8분, 15분, 20분의 각 단계별 침하량을 기록한다. 10분당 침하량이 0.05MN/분 미만, 15분간의 침하량이 0.01mm 이하, 1분간의 침하량이 하중강도에 의한 그 단계에서의 누적침하량이 1% 이하가 되면 침하가 정지된 것으로 판단하여 하중을 증가한다. 시험의 종료는 허용하중의 3배 이상, 재하판 지름의 10%를 초과, 전체 침하량이 25mm에 도달, 현장에서 항복점을 초과하면 시험을 중지한다.

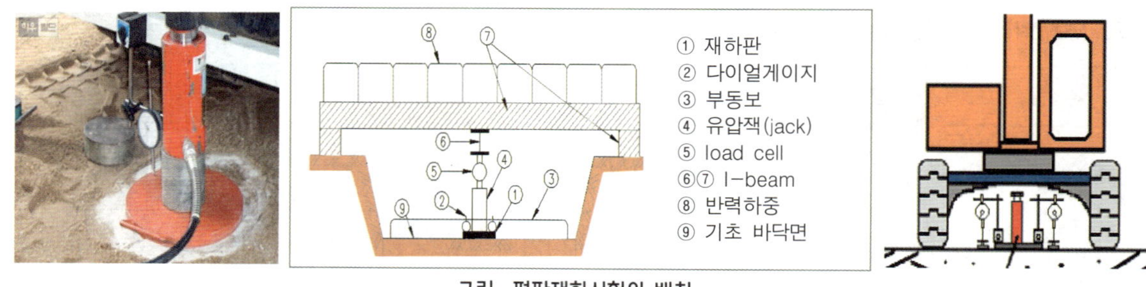

그림. 평판재하시험의 배치

㉯ 지지력의 산정방법

평판재하시험의 결과에서 하중-침하곡선, 시간-하중곡선, 시간-침하량곡선을 구하여 지지력을 산정한다.

㉠ 극한하중의 결정

극한지지력은 하중-침하곡선의 최대 곡률점을 찾아서 구한다. 재하판에 인접한 지반에 설치한 변위계의 측정치가 수렴하거나 처음에는 침하하다가 융기되면서 초기치에 도달하는 순간이 극한하중이 되지만 최대곡률점이 쉽게 찾아지지 않거나 재하량이 부족하여 극한지지력이 구해지지 않는 경우는 측정치를 침하-대수시간(S-logt), 하중-대수 침하속도(P-ds/d(logt)), 대수하중-대수침하(log P-logS)의 곡선에서 곡선이 꺾이는 부분을 항복하중으로 하고, 항복하중의 1.5배를 극한하중으로 하거나 재하판 직경의 10%(0.1B)의 하중강도를 극한하중으로 한다.

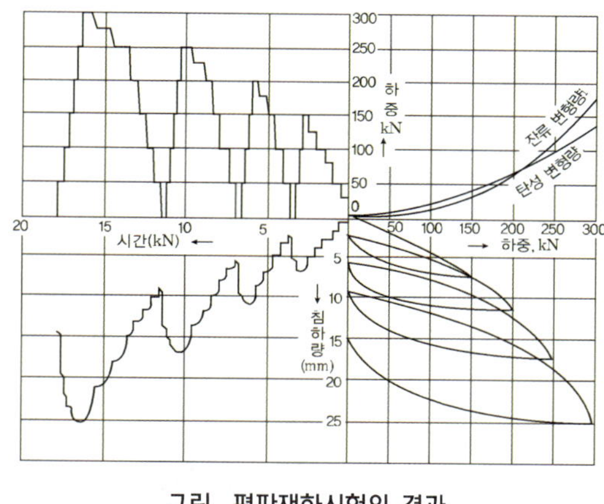

그림. 평판재하시험의 결과

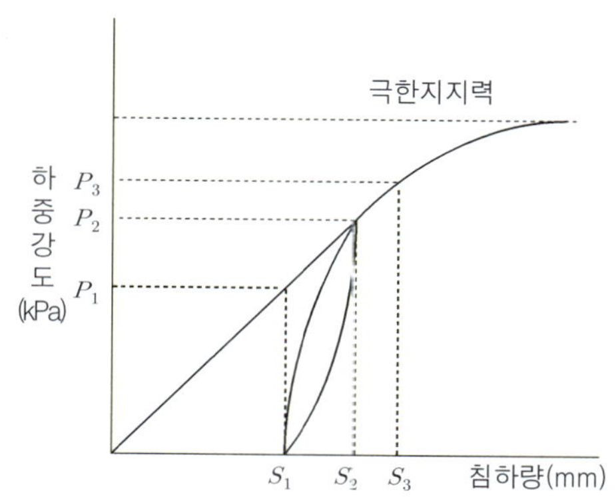

그림. 항복하중의 결정방법

㉡ 허용지지력의 결정

기초의 지지력은 장기 허용지지력과 단기 허용지지력으로 구분하고, 허용지지력은 극한하중을 안전율로 나누어서 구한다. 일반적으로 단기 허용지지력을 항복하중강도로 하며, 장기 허용지지력은 항복하중강도를 안전율 2로 나눈 값과 극한지지력을 안전율 3으로 나눈 값을 비교하여 작은 값으로 한다. 구조물 기초 폭의 2배에 해당하는 깊이까지 균질한 지반은 다음과 같이 지지력을 구할 수 있다.

ⓐ 건물

- 장기 허용지지력

극한지지력의 1/3 또는 항복하중의 1/2 중에서 작은 값을 P라고 하면,

$$q_a = P + \frac{1}{3}N_q' \cdot \gamma \cdot D_f$$

- 단기 허용지지력

극한지지력의 2/3 또는 항복하중 중에서 작은 값을 P'이라 하면,

$$q_a = P' + \frac{1}{3}N_q' \cdot \gamma \cdot D_f$$

ⓑ 토목 구조물

- 상시 허용지지력 : 극한지지력의 1/3 (단, 수평력이 작을 경우)
- 지진 시 허용지지력 : 극한지지력의 1/3 (단, 수평력이 작을 경우)

침하를 기준으로 장기 허용지지력을 정하는 경우는 침하량이 20mm 또는 25mm에 해당하는 하중의 1/2을 장기 허용지지력으로 한다. 또한 장기 허용지지력과 침하를 기준으로 정한 장기 허용지지력을 비교하여 작은 값을 허용지지력(allowable bearing capacity)으로 한다.

㉰ 평판재하시험 결과의 적용 시 유의사항

지반의 지지력은 지반의 성질 이외에도 기초의 근입깊이와 형상, 폭, 길이, 지하수위 등의 영향을 받으므로 평판재하시험 결과를 실제 기초에 적용할 때는 다음의 사항에 유의해야 한다.

㉠ 재하판의 크기

재하판의 크기에 따라서 지반 내 응력변화의 범위가 다르므로 재하판의 영향이 미치지 않는 깊이에 연약지반이 있으면 재하시험에서 그 영향이 나타나지 않지만 실제 기초는 기초크기의 영향으로 기초침하가 예상보다 크게 발생할 수 있다.

㉡ 지하수위

지하수위가 지표에 가까운 지반에서 지하수위가 상승하면 지반의 지지력이 대략 반감하므로 이를 고려하여 기초의 지지력을 판단한다.

㉢ 기초의 크기 효과(scale effect)

기초에서 지중응력이 증가되는 범위는 기초 폭의 2배 깊이이며 재하시험은 재하판의 크기에 의한 영향을 크게 받으므로 기초 폭의 2배 깊이에서 지반상태를 파악해야 한다. 평판재하시험은 기초 폭보다 작은 재하판을 사용하므로 실제 기초의 지지력은 기초 크기의 영향을 고려하여 시험값을 보정한다.

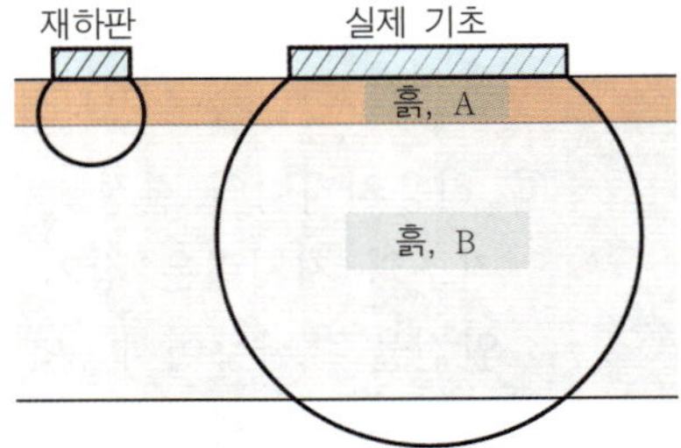

그림. 재하판 크기에 의한 영향

ⓐ 지지력

- 사질토지반 : $q_u = q_{u\ PBT}\dfrac{B}{B_p} = q_{u\ 30}\dfrac{B}{0.3}$
- 점성토지반 : $q_u = q_{u\ PBT}$

(여기서, B : 기초 폭, B_P : 재하판 폭, $q_{u\ PBT}$: 평판재하시험에 의한 지지력)

ⓑ 침하량 : 재하 폭이 크면 지중응력의 범위가 커지므로 재하 폭은 침하량과 밀접한 관계가 있다.

- 사질토지반 : $S_s = S_{30}\left(\dfrac{2B}{B+0.3}\right)^2$
- 느슨한 사질토, 점성토지반 : $S_c = S_{30}\ \dfrac{B}{B_{30}} = S_{30}\ \dfrac{B}{0.3}$

② SPT(Standard Penetration Test)에 의한 방법

표준관입시험을 이용한 지지력의 산정은 Terzaghi & Peck 방법, 수정 Meyerhof 방법, N값으로 구한 내부마찰각을 이용하는 방법 등이 있다.

㉮ Terzaghi and Peck의 방법

사질토지반의 허용지지력(q_{all} : 최대 침하량 25mm 기준)은 표준관입시험의 N값과 기초 폭의 관계에서 추정할 수 있다. 이와 같이 결정한 q_{all}값은 지하수위가 기초저면 아래의 매우 깊은 곳에 위치하는 경우의 허용지지력이며 지하수위가 기초저면까지 상승하면 다음 도표에서 구한 허용지지력의 50%를 사용하고, 이 도표의 N값은 유효 상재압력(effective overburden pressure) 100kPa(토피 약 5m)을 기준하여 보정한 것이며 다른 깊이에서 얻은 N값은 유효 상재압력을 보정하여 q_{all}을 구한다. 지지력 계산에 적용하는 N값은 기초바닥 위로 0.5B와 아래로 2~3B까지의 평균값을 사용하고 N값에서 구한 허용지지력이 사질토와 실트질 모래지반은 신뢰성이 있지만 점성토지반은 신뢰도가 떨어진다.

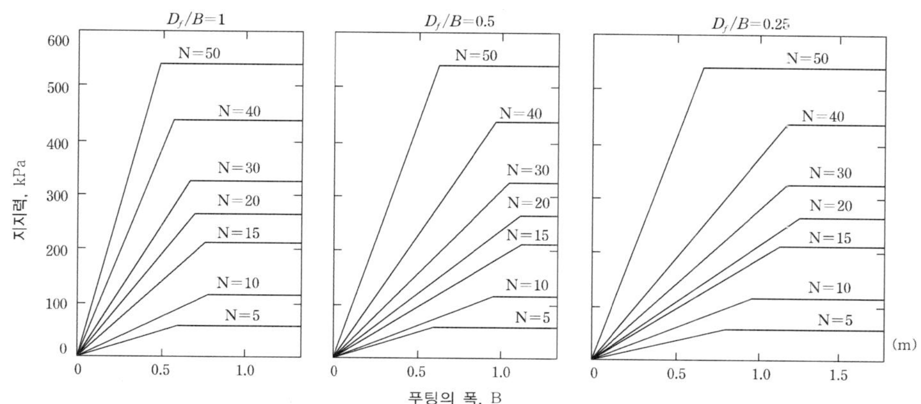

그림. N값에 의한 사질토지반의 얕은기초 지지력(Peck et al., 1974)

㉯ 수정 Meyerhof 방법

Meyerhof(1965)는 표준관입시험의 N값에서 최대 침하량 25mm를 기준으로 하여 허용지지력을 추정하는 공식을 제시하였다,

㉠ $B < 1.2m$ 인 경우 : $q_{all} = 19N' K_d$

㉡ $B \geq 1.2m$ 인 경우 : $q_{all} = 12N' K_d \left(\dfrac{B+0.3}{B} \right)^2$

여기서, N' : 보정된 SPT 관입치

K_d : 깊이계수(depth coefficient)

· $D_f < B$인 경우 : $K_d = 1 + 0.33 D_f / B$

· $D_f > B$인 경우 : $K_d = 1.3$

D_f : 근입깊이(m), B : 기초의 최소 폭(m)

㉰ N값으로 구한 내부마찰각을 이용하는 방법

기초 저판 아래의 기초폭 만큼의 깊이 이내에서 보정한 N'값을 평균한 값으로 $\overline{\phi}$를 추정하고 지지력공식을 사용하여 지지력을 계산한다.

㉱ 표준관입시험 결과의 적용 시 유의사항

표준관입시험은 많은 오류를 수반하므로 N값의 신뢰도가 높지 않고 N값과 내부마찰각의 상관관계가 분명하지 않으므로 N값에서 허용지지력의 추정은 신중하게 적용해야 한다. 또한 점성토지반의 지지력 추정에 N값을 적용하는 것은 부적절하다.

③ 콘관입시험(Cone Penetration Test)에 의한 지지력의 산정

콘관입시험에 의한 허용지지력의 추정은 조밀한 지반과 자갈이 섞인 지반에서는 주의해야 한다.

콘관입시험은 깊은 세립토층에 사용하도록 개발되어서 느슨하고 균질한 비점성토지반은 효과적이고 신뢰성이 높지만 조밀한 혼합 토질은 시험에 어려움이 있다.

콘관입시험에 사용하는 표준 콘(cone)은 단면적이 $10cm^2$이고 콘의 각도는 $60°$ 이다. 근입깊이가 1m

의 얕은기초에서 허용지지력은 다음 식으로 추정할 수 있다.

$$q_{all} = 0.1q_{cone}$$

여기서, q_{all} : 허용지지력

q_{cone} : 콘의 전단저항

4) 지하수위가 지지력에 미치는 영향

지지력공식에 사용되는 흙의 단위중량은 유효단위중량이므로, 지하수위가 지표면과 일치하는 경우는 지지력공식의 제2항과 제3항의 단위중량은 수중단위중량을 사용하므로 지지력이 반감된다.

지지력에 영향을 미치지 않는 지하수위의 위치는 기초바닥 아래에 기초 폭과 같은 깊이에 있는 경우이며 지하수위가 기초 바닥보다 위에 있으면 평균단위중량을 적용한다.

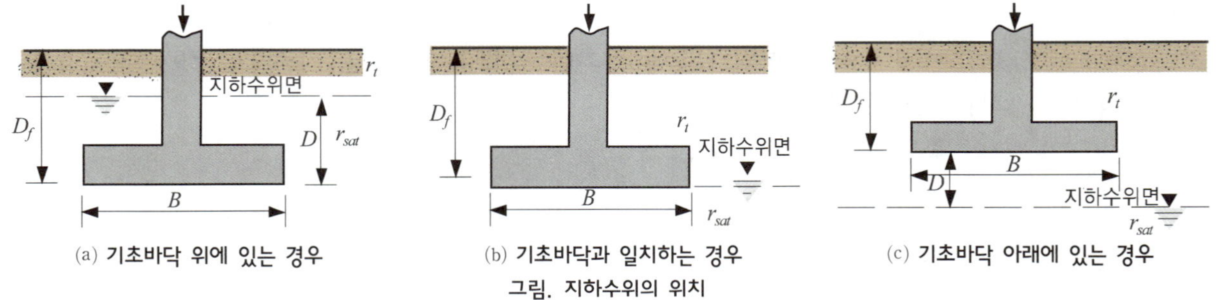

(a) 기초바닥 위에 있는 경우 (b) 기초바닥과 일치하는 경우 (c) 기초바닥 아래에 있는 경우

그림. 지하수위의 위치

① 지하수위가 기초바닥 위에 있는 경우

$$q_{ult} = \alpha c N_c + \beta \gamma_2 B N_r + \gamma_1 D_f N_q$$

$$\gamma_2 = \gamma_{sub}, \quad \gamma_1 \cdot D_f = \gamma_t \cdot (D_f - D) + \gamma_{sub} \cdot D$$

② 지하수위가 기초바닥과 일치하는 경우

$$q_{ult} = \alpha c N_c + \beta \gamma_2 B N_r + \gamma_1 D_f N_q$$

$$\gamma_2 = \gamma_{sub}, \quad \gamma_1 = \gamma_t$$

③ 지하수위가 기초바닥 아래에 있는 경우

㉮ $D > B$ 이면, $\gamma_2 = \gamma_t$, $\gamma_1 = \gamma_t$

㉯ $D \leq B$ 이면, 제2항의 단위중량은 평균 단위중량을 구하여 계산한다.

$$\bar{\gamma} = \frac{D}{B}\gamma_t + \gamma_{sub} - \frac{D}{B}\gamma_{sub} = \gamma_{sub} + \frac{D}{B}(\gamma_t - \gamma_{sub})$$

(5) 기초의 침하(Settlement)

그림. 피사(Pisa)의 사탑

하중이 작용할 때에 기초의 침하량은 하중강도와 지반의 특성에 의하여 결정된다. 침하는 일정한 전응력을 받는 지지층의 변화에 의한 것이며 유효응력이 증가하지 않고 일어나는 것을 크리프(creep), 일정한 전응력에서 일어나는 변형을 변위라고 하며 이러한 변위는 탄성변형, 함수비 감소에 의한 체적변화, 전단변위에 의하여 발생한다. 기초는 지지력과 함께 작용 하중으로 인한 침하량을 산정하고 침하량은 상부구조물의 기능에 따라서 달라지는 허용침하량보다 작아야 한다. 실제의 흙은 비균질, 비등방성이고 흙의 탄성계수도 지표면에서 깊어질수록 증가하므로 흙의 거동과 일치하는 침하량의 예측은 매우 어렵다.

1) 기초의 침하

기초의 침하는 하중을 재하하는 순간에 탄성적으로 압축되어 일어나는 즉시침하와 시간이 경과하여 지반 내의 간극수가 빠져나가면서 간극의 부피가 감소하여 일어나는 압밀침하의 합으로 나타내며, 유기질토와 점성토에서 일어나는 2차 압축침하가 추가된다. 압밀침하에서 2차 압축침하로 변하는 시간은 과잉간극수압이 0이 되는 시점을 기준으로 한다. 즉시침하는 지반에 하중이 가해지면서 거의 동시에 발생하는 침하이며 사질토와 같은 투수계수가 큰 흙과 조립토는 즉시침하의 영향이 중요하다.
압밀침하는 흙 속의 간극수가 소산되면서 발생하는 침하이므로 시간에 의존하여 발생하고 2차 압밀침하는 과잉간극수압이 소산된 후에도 장기간에 걸쳐서 발생한다. 투수성이 낮은 포화 점성토지반은 압밀침하가 탄성침하에 비하여 매우 크고 중요하다.

$$S_t = S_i + S_c + S_s$$

여기서, S_t : 전체 침하량
S_i : 즉시 침하량 또는 탄성 침하량
S_c : 압밀 침하량
S_s : 2차 압밀 침하량

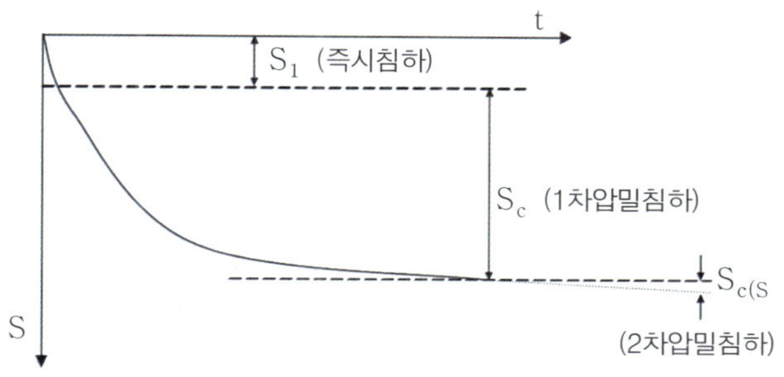

그림. 침하의 형태

2) 기초의 침하 원인

① 외부하중에 의한 지반의 압축
② 지하수위의 저하로 지반의 자중이 증가하여 발생하는 압축
③ 점성토지반의 건조에 의한 건조수축
④ 지하수의 배수에 의한 지반의 부피 변화(압밀)
⑤ 함수비 증가로 지반의 지지력이 부분적으로 약화되어 발생하는 지반의 변형
⑥ 기초 파괴에 의한 지반의 변형

⑦ 지하매설관 등의 지중공간의 압축과 함몰
⑧ 동상 후의 연화작용으로 지지력이 약화되어 발생하는 지반의 변형
⑨ 지반 중의 특정성분의 용해에 의한 압축성이 증가되어 발생하는 지반의 압축

3) 강성기초(Rigid foundation)와 연성기초(Flexible foundation)의 접촉압력과 침하량

기초바닥과 지반 사이에 작용하는 압력을 접촉압력(contact pressure)이라고 하며, 기초에 작용하는 모멘트와 전단력의 산정을 위해서는 접촉압력의 분포를 알아야 한다. 기초의 침하는 기초의 강성과 지층의 특성에 따라서 다른 거동을 나타내고 있다. 연성기초는 지반에 등분포하중이 작용하는 것으로 고려하여 접지압이 균일하지만 침하량은 지반조건에 따라서 불균일하게 나타난다. 점성토의 탄성계수는 대체로 일정하지만 기초 중심부아래의 토압이 가장자리보다 크므로 전반적인 침하량의 분포는 아래로 볼록한 형태를 가진다.

사질토지반은 이와 반대로 기초 외부의 구속압이 중심부의 구속압보다 작고 탄성계수가 지반의 심도가 증가할수록 증가하여 위로 볼록한 형태의 거동이 발생한다. 연성기초의 폭이 매우 넓은 경우는 기초 중앙부의 침하량이 비교적 균일하게 발생하며 기초 외곽부의 침하량보다 작게 나타난다.

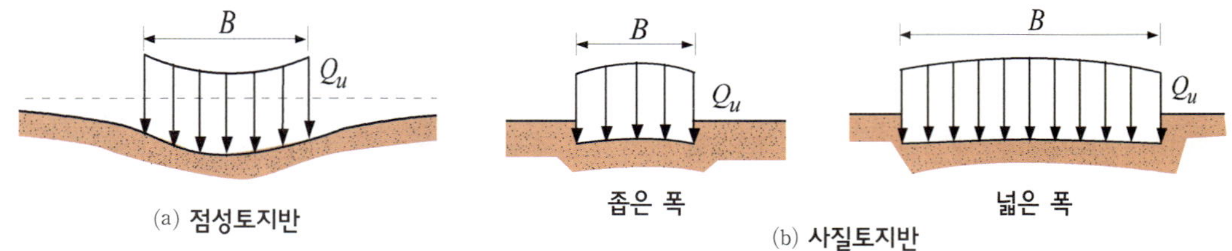

그림. 유연성기초에 등분포 하중이 작용할 때의 즉시 침하량 분포

강성기초는 기초의 강성이 지반보다 매우 커서 침하량은 기초의 형상이 유지되므로 균일하게 발생한다. 접지압의 분포는 연성기초와는 다르게 지반 종류에 따라서 불균일하게 분포한다. 강성기초의 하부지반이 사질토인 경우는 동일한 침하가 일어나기 위하여 중심부의 접지압이 모서리 부분보다 커져야 하며, 하부지반이 점성토인 경우는 기초모서리의 접지압이 중심부보다 크게 발생한다.

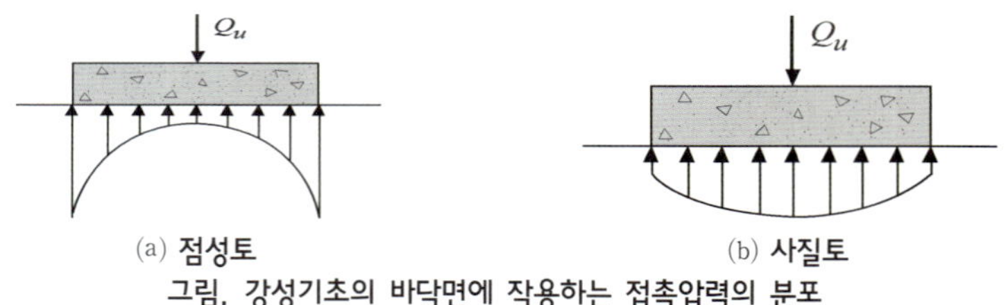

그림. 강성기초의 바닥면에 작용하는 접촉압력의 분포

4) 침하의 형태와 허용침하량

침하는 균등침하(uniform settlement), 전도(distortion), 부등침하(differential settlement)의 형태로 나타나고 허용침하량은 구조물의 종류, 크기, 위치, 용도, 침하 양상, 원인, 침하속도에 따라서 변화하며 기초는 지반의 전단파괴, 과도한 침하, 부등침하에 대해서 안전해야 한다.

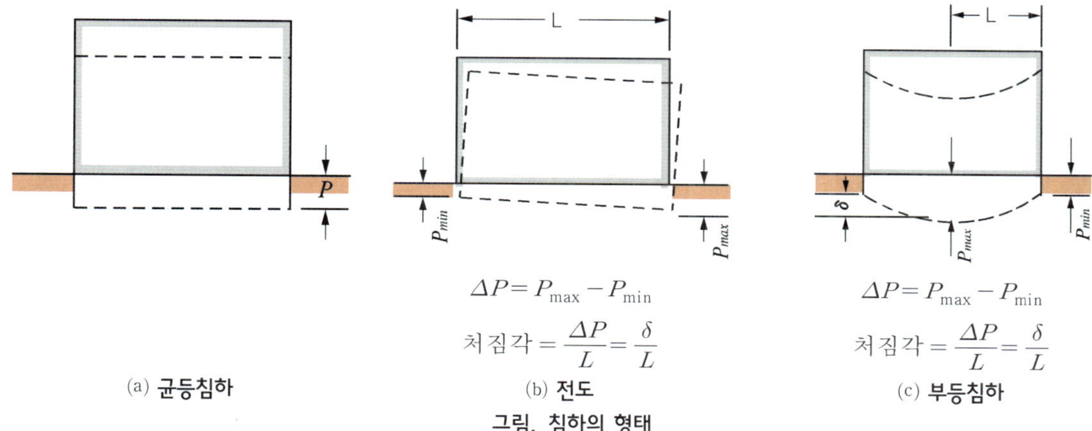

그림. 침하의 형태

점성토지반은 기초의 폭과 무관하게 지지력이 일정하고 사질토지반은 지지력이 기초의 폭에 비례하여 증가한다. 그러나 기초의 침하를 기준으로 지지력을 결정하면 기초 폭이 커질수록 허용지지력은 감소한다. 일반적으로 허용지지력은 크기가 작은 기초는 극한지지력에 의하여 결정되고 크기가 큰 기초는 기초의 침하량에 의해서 정해진다.

구조물의 침하는 구조물이 파괴에 도달하지 않아도 구조물의 외관, 구조물의 사용성, 손상 등의 문제가 발생하므로 기초 침하량이 허용침하량 범위에 있어야 한다. 구조물에 하중이 가해져서 균등한 침하가 발생하면 구조물의 손상보다는 구조물의 기능에 영향을 미친다.

부등침하로 인한 구조물의 손상은 구조물과 지반의 상대적인 강성도에 따라서 달라지므로 일반화하여 수치로 나타내는 것이 어렵기 때문에 허용 부등침하는 경험적으로 처짐각에 의하여 관리한다.

표. 여러 가지 구조물의 각변위(δ/L) 한계(Bjerrum, 1963)

각변위(δ/L)	내 용
1/750	침하에 예민한 기계기초의 작업이 곤란한 한계
1/600	사재를 가진 뼈대의 위험 한계
1/500	균열을 허용할 수 없는 빌딩에 대한 안정한계
1/400	칸막이벽에 첫 균열이 예상되는 한계
1/300	고가 크레인의 작업 곤란이 예상되는 한계
1/250	강성의 고층빌딩의 전도가 눈에 띄는 한계
1/150	칸막이벽이나 벽돌벽의 상당한 균열이 있는 한계 유연성 벽돌벽의 안정한계 일반적인 건물의 구조적 손상이 예상되는 한계

(6) 보상기초(Compensated foundation)

1) 개요

보상기초는 구조물 기초의 하단 계획고까지 원지반을 굴착하여 구조물로 인한 하중의 증가를 감소 또는 완전히 제거하는 형식의 얕은기초이다. 굴착한 흙 중량(W_1)이 구조물 중량(W_2)과 동일한 기초를 완전 보상기초(completely compensated foundation), $W_1 \langle W_2$인 경우는 부분 보상기초(partially compensated foundation)라고 한다.

부분 보상기초의 침하는 $W_1 \langle W_2$에서 추가 하중이 지반에 전달될 때에 발생하며, 얕은기초의 침하량 산정은 구조물의 순응력(q_{net})을 적용한다. 설계시에는 지하수위의 변화에 따른 유효응력의 증가가 없도록 하고 굴착에 의한 지반 팽창과 구조물의 축조에 의한 재압축을 고려한다. 구조물의 침하량이 허용침하량보다 크면 선행재하공법(preloading) 등으로 지반을 개량한 후에 완전 보상기초를 적용한다.

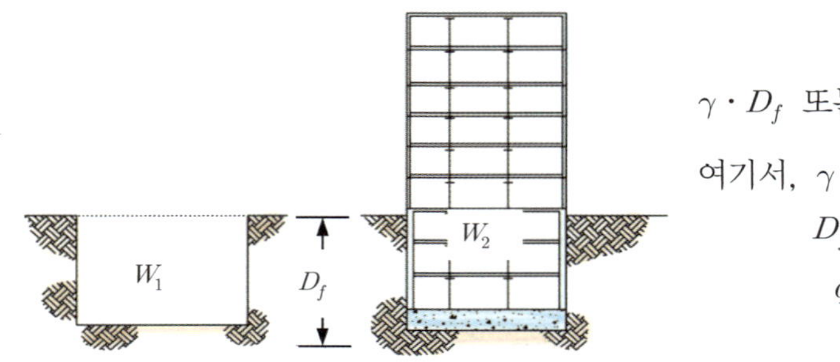

$\gamma \cdot D_f$ 또는 $D_f = \dfrac{q}{\gamma}$

여기서, γ : 굴착토 단위중량

D_f : 굴착깊이

q : 구조물의 단위면적당 하중

그림. 보상기초의 원리

① 총지지력은 기초깊이에 해당하는 부분을 포함하며, $Q_{ult} = \alpha C N_c + \beta \gamma_1 B N_\gamma + \gamma_2 D_f N_q$이다.

② 순지지력(net bearing capacity)은 총지지력에서 기초깊이의 상재하중을 제외한 지지력이며, $Q_{net} = Q_{ult} - \gamma_2 D_f$이다.

③ 보상기초는 순지지력의 개념으로 지지력을 검토하고 순하중($P_{net} = P - \gamma_2 D_f$)은 안전율을 고려한 순지지력보다 작아야 한다.

$$\frac{Q_{net}}{F_s} = \frac{Q_{ult} - \gamma_2 D_f}{F_s} > P_{net}$$

2) 보상기초의 시공 유의사항

① 굴착 깊이에 대한 안정

점성토지반에서 흙막이벽을 설치하고 굴착하는 경우는 인접한 지반이 소성유동으로 굴착 바닥면으로 내려오려고 한다. 따라서 굴착에 대한 안전율이 부족하면 흙막이공의 근입깊이를 증가시켜서 활동에 저항한다.

② 지하수위의 저하

굴착깊이 내에서 지하수위를 저하시키는 경우는 굴착 바닥면의 융기와 주변 구조물의 안정성을 검토해야 한다. 또한 굴착이 완료되고 기초를 시공할 때는 지하수위의 재상승, 강우로 인한 갑작스러운 지하수위의 상승과 구조물의 완성 전에 부력에 의한 구조물의 부상에 유의해야 한다.

③ 굴착 바닥면의 융기

굴착 중에 바닥면 지반의 일시적인 융기는 기초와 상부구조물이 설치되면 원상태로 회복되지만 가능한 한 최소화한다. 지반의 융기는 시간에 의존하여 발생하므로 굴착작업을 빠르게 진행하면 상당히 줄일 수 있다.

(7) 신설 기초가 기존의 기초 구조물에 미치는 영향

1) 기존의 기초 구조물과 신설 기초의 이격거리

신설 기초의 바닥면과 기존 기초의 모서리를 연결한 선은 수평면과 45° 이하의 경사를 유지하고 두 기초의 고저차($m > Z_f$)를 확보하여 기존 기초의 안정성을 확보해야 한다.

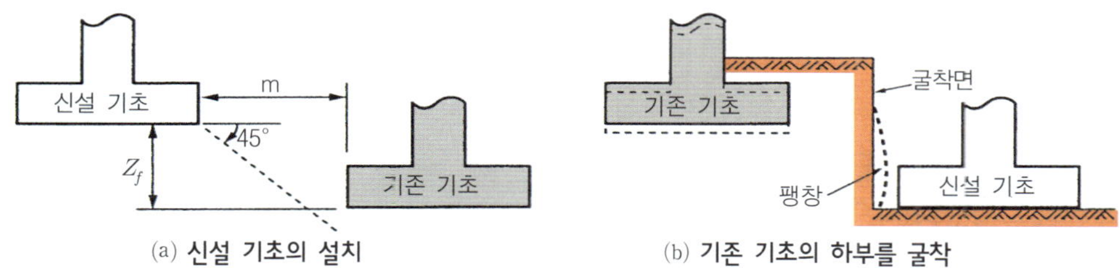

그림. 기존과 신설 기초 구조물과의 이격거리

2) 신설 기초의 굴착으로 인한 기존 기초의 침하

신설 기초의 굴착으로 인하여 지지력공식에서 γD_f 가 감소하면 기존 기초의 지지력이 저하되고 침하가 증가하여 굴착 바닥면에 융기가 발생한다. 신설 기초의 굴착면에서 정지토압상태가 유지되도록 흙막이벽을 설치하고 굴착하면 기존 기초에 영향을 주지 않는다.

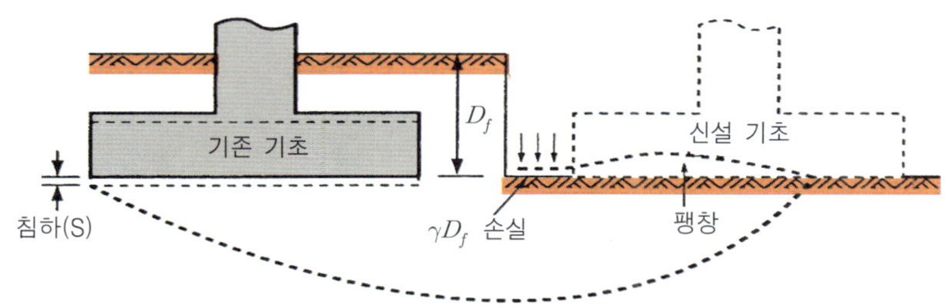

그림. 신설 기초의 굴착으로 인한 기존 기초 구조물의 침하(S)

(8) 얕은기초의 시공

얕은기초의 굴착은 지반상태, 지하수위, 지하매설물과 기초 주변의 상황을 충분히 조사하고 굴착방법, 흙막이공법, 용수처리 등을 검토하여 경제적이고 안전한 굴착공법을 선정해야 한다.

1) 굴착공법

	개착공법	H-형강 + 토류판공법	강널말뚝공법
개 요	토사층 기반암 자연 비탈면으로 굴착	H형강 토사층 기반암 H-형강 설치 ⇨ 굴착 ⇨ 토류판	강널말뚝 토사층 기반암 강널말뚝 설치 ⇨ 굴착
적용성	· 지하수위가 낮은 지반 · 얕은 심도의 굴착 · 충분한 작업공간의 확보	· 개착공법의 적용이 곤란한 경우 · 지하수위가 낮은 지반 · 깊은 심도의 굴착	· 연약한 지반에 적용 · 지하수위가 높은 지반 · 깊은 심도의 굴착

2) 기초바닥의 처리

① 얕은기초는 기초바닥에 하중이 직접 전달되므로 기초 바닥면에 요철(凹凸)이 없도록 평탄하게 정리하여 하중을 균등하게 전달해야 한다.

② 중요 구조물은 기초바닥에서 평판재하시험을 실시하여 지지력을 확인한다.

③ 기초지반이 소요 지지력에 미달하면 콘크리트 등으로 치환하거나 기초 크기의 변경 또는 기초형식을 말뚝기초로 변경한다.

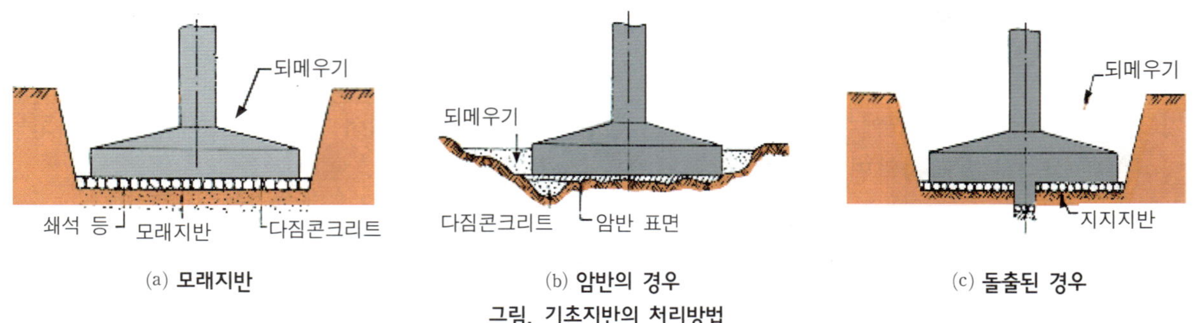

(a) 모래지반　　(b) 암반의 경우　　(c) 돌출된 경우

그림. 기초지반의 처리방법

④ 기초 암반의 처리

㉮ 경사진 암반 기초

㉠ 기초 폭이 7m 미만 : 수평 굴착

㉡ 기초 폭이 7m 이상 : 기울기가 1 : 4보다 크면 계단식굴착, 작으면 수평 굴착

㉯ 편평한 암반의 기초 : 암 굴착면의 요철은 ±10cm 이내

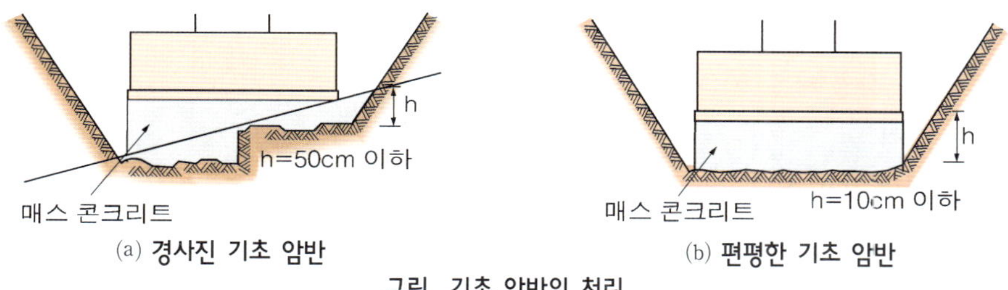

(a) **경사진 기초 암반** (b) **편평한 기초 암반**

그림. 기초 암반의 처리

3) 얕은기초의 되메우기

① 되메우기 재료는 굴착한 토사를 주로 사용하며 반드시 배수를 실시하고 되메우기를 한다.

② 되메우기와 다짐은 구조물에 편압이 발생하지 않게 층 다짐(약 30cm 이하)을 실시한다.

③ 급경사지는 비탈면에 층따기를 하고 되메우기를 실시한다.

4) 기초의 양압력과 부력대책

① 양압력(Uplift pressure)

양압력은 지하수위 아래에 위치한 구조물의 하부에서 상향으로 작용하는 물의 압력이며 수위차가 없는 경우는 양압력이 정수압과 같다.

$$U_p = \gamma_w \times h_s \times B$$
$$(u = \gamma_w \times h_s)$$

여기서, U_p : 양압력(tf/m)

γ_w : 물의 단위중량(tf/m)

h_s : 지하수의 심도(m)

B : 구조물에 작용하는 양압력의 폭(m)

그림. 구조물에 작용하는 양압력

댐과 같이 구조물의 전·후에서 수위차가 있는 경우에 양압력은 침투압을 고려한 유선망에서 구하며 유선망의 형상에 따라서 양압력의 크기가 달라지고 유선망은 비선형적으로 나타난다.

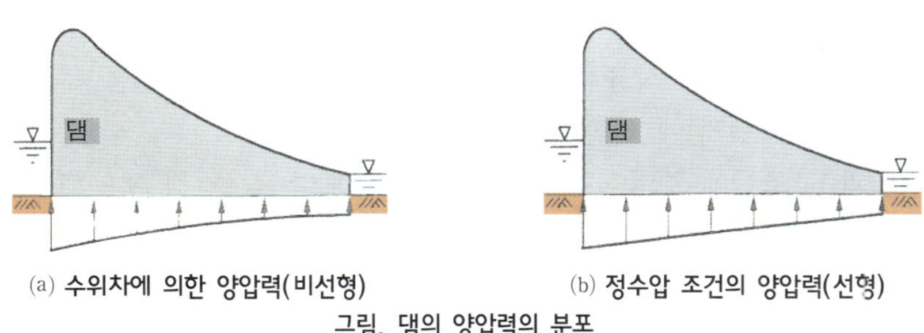

(a) **수위차에 의한 양압력(비선형)** (b) **정수압 조건의 양압력(선형)**

그림. 댐의 양압력의 분포

② 부력(Buoyancy)

부력은 지하수위 아래에서 물에 잠긴 구조물 부피만큼의 정수압이 상향으로 작용하는 힘이며 물체 표면에 상향으로 작용하는 물의 압력이다.

부력$(B) = \gamma_w \cdot V$

여기서, γ_w : 물의 단위중량

V : 유체 속에 잠긴 물체의 부피

㉮ 부력의 발생 원인

지하구조물 공사는 지하수를 배제하고 시공하거나 또는 원지반에 구조물을 축조한 후에 주변을 되메우기하여 구조물을 완성한다.

다음의 경우에 지하수위가 상승하면 부력에 의한 피해가 발생할 수 있다.

㉠ 지하수위가 높은 지역에서 구조물을 완성하고 배수를 중단하는 경우

㉡ 강우에 의한 지표수의 유입과 지하 침투

㉢ 인접 하천의 수위 상승

㉣ 구조물 주변에서 상수도관의 파열 등에 의한 지하수위의 상승

㉯ 부력의 안전율

지하구조물이 지하수위 아래에 설치되는 경우는 부력에 대한 안전성을 검토하고 부력을 받는 구조물의 안정에 대한 안전율(F_s)은 1.2 이상으로 한다.

$$F_s = \frac{W_b + Q_s}{U_p} \geq 1.2$$

여기서, W_b : 시공단계별 구조물의 자중

Q_s : 흙의 전단저항 또는 측벽과 흙의 마찰저항

U_p : 시공단계별 기초 구조물의 저면에 작용하는 정수압에 의한 부력

지하구조물에 작용하는 부력은 공사 중에 가장 불리한 조건과 완공 후의 조건을 검토하여 가장 불리한 조건에서 부재 단면력을 결정한다. 시공 중에는 구조물의 자중과 지하수위를 고려하고 시공이 완료된 후에는 구조물 자중, 토피하중, 측면 마찰저항, 지하수위를 고려한다.

㉰ 부력 대책공법

㉠ 사하중에 의한 방법

구조물의 순하중과 구조물에 작용하는 마찰력이 부력보다 커야 한다.

㉡ 영구앵커(부력방지용 앵커)에 의한 공법

구조물의 자중과 구조물에 작용하는 마찰력이 부력보다 작은 경우는 그 차이만큼을 기초바닥 아래의 암반층에 부력방지용 앵커를 설치한다.

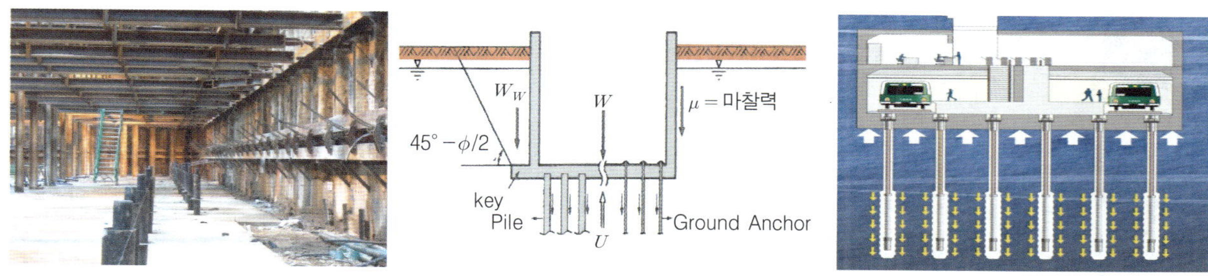

그림. 부력방지용 앵커[자료 출처 : ㈜코리아에스이]

㉢ 외부 배수처리에 의한 방법

지하구조물의 벽체 외부에 배수층을 설치하여 집수정으로 유도한 지하수를 펌프로 배수하여 구조물에 작용하는 부력을 감소시키는 방법

㉣ 구조물 내부의 배수처리에 의한 방법

구조물 기초바닥에 설치한 배수층에서 유공관으로 집수정에 유도한 지하수를 펌프로 배수하여 수압을 경감시키는 방법

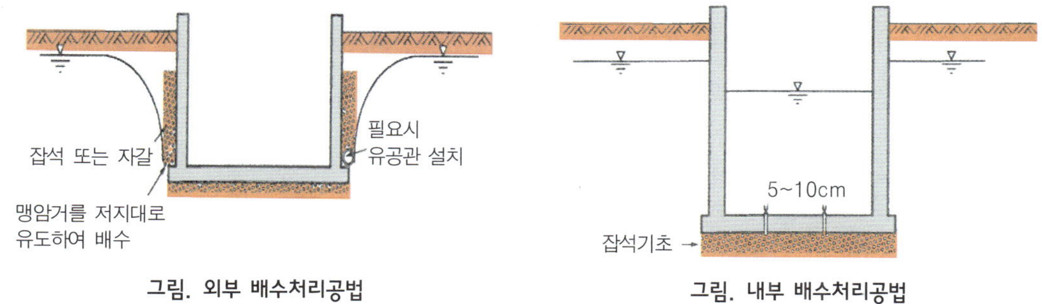

그림. 외부 배수처리공법

그림. 내부 배수처리공법

구조물의 지하바닥 슬래브에 작용하는 부력은 구조물의 자중을 부력보다 크게 하는 방법, 부력저항용 영구앵커의 설치, Micro pile 등을 설치하는 방법, 구조물의 기초 슬래브 하부에 영구 배수설비를 하여 부력을 감소 또는 제거하는 방법으로 저감한다.

구조물의 사하중을 증가하는 방법은 굴착심도와 기초 두께가 증가하여 비경제적이고, 영구앵커를 설치하면 장기적인 변형에 대한 관측이 필요하며, 영구 배수방법은 배수시설의 통수능력이 구조물의 수명기간 동안에 저하될 우려가 있다.

3 깊은기초(Deep Foundation)

(1) 개요

그림. 해상구조물 말뚝기초의 시공

깊은기초는 기초 하부지반의 지지력이 부족하거나 과도한 침하가 발생하여 직접기초의 설치가 곤란한 경우에 말뚝, 케이슨 등을 설치하여 상부하중을 지지층에 전달하는 형식의 기초이다. 깊은기초는 얕은기초와는 상대적인 의미를 가지며 일반적으로 기초 폭(또는 직경)에 대한 근입깊이(D_f)의 비(D_f/B)가 4~5 이상이면 깊은기초로 고려한다. 깊은기초에서 중요한 말뚝기초는 타입, 압입 등의 방법으로 주위의 지반을 배제하면서 지반 내부에 설치하는 긴 기둥 모양의 부재이며 기초 슬래브(footing)를 말뚝이 지지하는 형태의 기초이다.

1) 깊은기초의 기능

① 상부 구조물의 하중을 깊은 곳의 지지층에 전달
② 침식, 세굴, 동상 등의 영향이 없는 지층에 하중을 전달
③ 토압, 풍하중, 수압, 파압 등의 수평하중을 지지
④ 양압력, 지반 팽창력, 앵커력 등의 상향 인발하중을 지지

2) 깊은기초의 적용

① 상부하중을 지지하는 지층이 깊게 위치하고 구조물의 자중을 감소시킬 수 없는 상태에서 표층부의 지반개량에 소요되는 비용이 얕은기초의 설치보다 상대적으로 많이 소요되는 경우
② 지표부의 지반 굴착시에 지하수처리가 곤란한 경우
③ 침하에 민감한 구조물인 경우

표. 깊은기초의 적용성

말뚝 종류 / 선정조건	타입말뚝			매입말뚝		현장타설말뚝		
	PC 말뚝	PHC 말뚝	강관 말뚝	내부 굴착공법	시멘트밀크 공법	어스드릴 공법	올케이싱 공법	RCD 공법
시가지, 주택지 등	×	×	×	○	○	○	△	○
높은 지하수위	○	○	○	△	△	○	△	○
깊은 지지층	×	△	○	△	△	△	△	○
호박돌층의 통과	×	×	△	△	△	×	○	△

[주] ○ 적당, △ 주의하여 시공, × 곤란

(2) 말뚝기초의 분류

1) 지지력의 전달기구와 사용법에 의한 분류

① 선단 지지말뚝(End bearing pile) : 하부 지지층에서 말뚝의 선단만으로 상부하중을 지지
② 하부지반에 의한 지지말뚝 : 견고한 지반에 관입된 부분의 선단지지력과 주면마찰력에 의하여 지지
③ 마찰말뚝(Friction pile) : 타입된 말뚝의 주면마찰력에 의하여 지지
④ 다짐말뚝(Compaction pile) : 항타 시의 지반 다짐효과에 의하여 주면마찰력이 증대
⑤ 경사말뚝(Batter pile) : 횡방향하중에 저항하는 지지말뚝

그림. 말뚝의 기능

2) 시공방법에 의한 분류

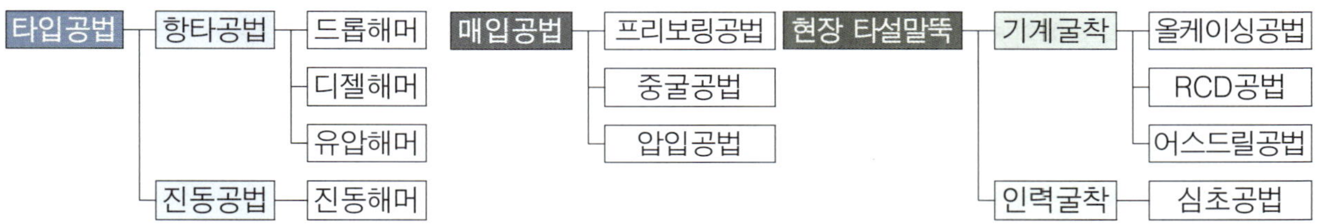

(3) 말뚝기초의 지지력

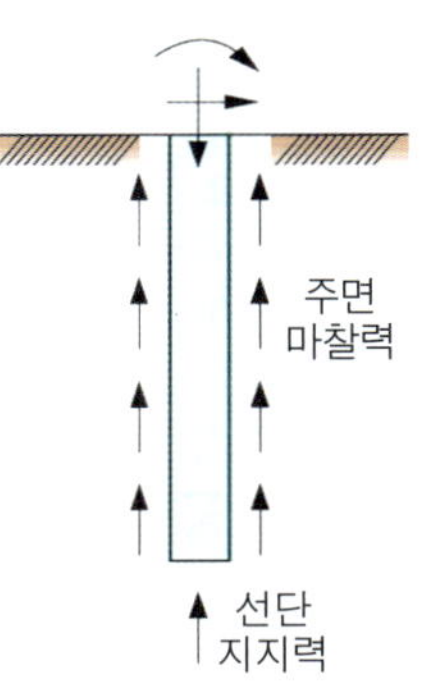

그림. 말뚝의 지지력

말뚝의 극한지지력은 말뚝재하시험에서 구하는 것이 가장 확실하지만 시간, 경비 등의 제약이 있으므로 정역학적공식을 많이 사용하고, 동역학적공식(항타공식)은 시공관리, 말뚝의 내적 안정성 검토에 주로 이용한다.

$Q_u = Q_p + Q_s$

여기서, Q_u : 극한지지력, Q_p : 선단지지력, Q_s : 주면마찰력

1) 정역학적 지지력공식에 의한 축방향 극한지지력

① Terzaghi 공식

Terzaghi의 지지력공식은 말뚝을 얕은기초로 고려하여 기초 폭을 말뚝의 직경이나 폭, 근입깊이는 말뚝의 관입깊이로 하여 얕은기초의 지지력공식에서 말뚝의 지지력을 산정한다.

극한지지력(Q_u) = 선단지지력(Q_p) + 주면마찰력(Q_s)

$$Q_u = q_p A_p + \sum f_s A_s$$

여기서, Q_u : 말뚝의 극한지지력　　Q_p : 말뚝의 극한 선단지지력

q_p : 단위 면적당 선단지지력　　A_p : 말뚝의 선단 지지면적

f_s : 단위면적당 극한 주면마찰력　　A_s : 말뚝 표면적

$q_p = \sigma'_v N_q + cN_c$,　$f_s = C_\alpha + K_s \overline{\sigma_v} tan\delta$

② Meyerhof 공식

Meyerhof는 표준관입시험의 N값을 이용하여 말뚝 지지력을 산정하고 Meyerhof 지지력공식에서 제1항은 말뚝의 선단지지력, 제2항은 사질토층의 주면마찰력, 제3항은 점성토의 점착력을 나타내고 있다.

$$Q_u = Q_p + Q_s = 40NA_P + \frac{1}{5}N_s A_s + \frac{1}{2}N_c A_c$$

여기서, A_p : 말뚝의 선단면적

N : 말뚝 선단지반의 N값,　$N = (N_1 + N_2)/2$

N_s : 말뚝주변 모래층의 평균 N값,　N_c : 말뚝주변 점성토층 N값의 평균치

A_s : 모래층내의 말뚝 주변면적($A_s = U\ l_s$)

U : 말뚝의 둘레길이　　l_s : 모래층 내의 말뚝길이

A_c : 점성토층내의 말뚝 주변면적($A_c = U\ l_c$, l_c : 점성토층 내의 말뚝길이)

2) 동역학적 지지력공식(항타공식)

항타공식은 말뚝 해머의 낙하로 인한 타격에너지와 말뚝에 행한 일이 같다는 에너지 보존법칙을 토대로 하고 있다. 그러나 말뚝에 가해지는 에너지는 모두 일로 바뀌지 않고 해머의 기계적 마찰, 충격, 말뚝과 흙의 일시적인 압축 등으로 에너지의 일부가 손실되고 손실량의 나머지가 일을 하게 된다.

$W_H \cdot h$(효율) = ($R_0 \times S$) + 손실량

여기서, W_H : 해머 중량　　R_0 : 말뚝 저항력

h : 해머 낙하높이　　S : 1회 타격에 의한 말뚝 침하량

① Hiley공식

Hiley공식은 사질토에 박힌 말뚝의 지지력 산정에 주로 적용하고 긴 말뚝과 강성이 큰 말뚝에 적용하면 지나치게 과소 설계가 될 수 있다.

$$Q_a = \frac{1}{3}\left[\frac{e_f F}{S + \frac{1}{2}(C_1 + C_2 + C_3)} \times \frac{W_H + n^2 W_p}{W_H + W_p}\right]$$

여기서, Q_a : 말뚝의 허용지지력

e_f : 해머 효율(드롭해머 ; 0.75~1.0, 증기해머 ; 0.65~0.85, 디젤해머 ; 0.85~1.0)

F : 타격에너지($F = W_H \cdot h$), W_H : 해머 중량, W_p : 파일캡의 중량

C_1, C_2, C_3 : 말뚝, 지반, 캡의 탄성변형량

n : 반발계수(탄성 ; n=1, 비탄성 ; n=0), (강말뚝 ; n=0.5, 나무말뚝 ; n=0.3)

해머와 말뚝의 충돌을 탄성으로 고려하면 n=1이므로,

$$Q_a = \frac{1}{3}\left[\frac{e_f\ F}{S + \frac{1}{2}(C_1 + C_2 + C_3)}\right] = \frac{1}{3}\ \frac{e_f\ F}{S + \frac{1}{2}C} \quad \text{여기서, } C = C_1 + C_2 + C_3$$

② 엔지니어링 뉴스 공식(Engineering News Formula)

Hiley공식은 적용이 복잡하므로 적절한 상수를 가정하여 간단하게 만든 엔지니어링 뉴스 공식은 $(C_1 + C_2 + C_3)$를 50mm로 하고, 해머의 기계효율과 타격효율을 각각 1로 하던 $Q_u = \frac{W_H\,h}{S+25}$ 이다. 증기해머는 25대신에 2.5를 대입하여 수정하였다.

$$Q_a = \frac{W_H\,h}{F_s(S+C)} = \frac{H_e\ e_f}{F_s(S+C)} \quad (\text{여기서, } F_s = 6)$$

표. 엔지니어링 뉴스 공식

해머 종류	동적 공식	비 고
드롭해머	$Q_a = \frac{W_H h}{F_s(S+2.5)}$	Q_a : 말뚝의 허용지지력(kN) W_H : 해머 중량(kN) h : 해머 낙하높이(m) S : 1회 타격당 말뚝의 관입량(m) A_p : 피스톤의 면적(m^2) P : 해머에 작용하는 증기압(kN/m^2)
단동식 증기해머	$Q_a = \frac{W_H\ h}{F_s(S+0.25)}$	
복동식 증기해머	$Q_a = \frac{(W_H + A_p P)h}{F_s(S+0.25)}$	

③ Sander 공식

해머의 낙하에너지가 모두 말뚝의 타입에 소모되는 것으로 가정하였으나 실제는 해머가 낙하할 때에 공기의 저항, 말뚝두부에 발생하는 열 등에 의하여 타격에너지의 손실이 발생한다.

$$Q_a = \frac{W_H h}{F_s S} = \frac{W_H h}{8S} \quad (\text{여기서, } F_s = 8)$$

여기서, Q_a : 말뚝의 허용지지력 W_H : 해머 중량

h : 해머 낙하높이 S : 1회 타격에 의한 말뚝 관입량

3) 허용지지력

말뚝기초는 파괴에 대한 지지력을 확보하고 과도한 변위(침하)가 발생하지 않도록 설계하중(허용지지력)이 극한하중보다 적어야 하며 일반적으로 말뚝의 지지력은 축방향 허용지지력을 의미한다.

$$Q_a = \frac{Q_u}{F_s}$$

여기서, Q_a : 허용지지력, Q_u : 극한지지력, F_s : 안전율($F_s = 3$)

(4) 말뚝기초의 침하

말뚝기초에 하중이 재하될 때의 침하량은 허용 범위에 있어야 하고 외말뚝의 침하량은 압축 정재하시험에서 판정하는 것이 가장 바람직하며 압축 정재하시험의 결과를 이용할 수 없는 경우는 침하량 산정공식에 의하여 추정한다. 허용침하량은 상부 구조물의 형식, 사용재료, 침하의 시간적 성격, 지반조건에 의하여 결정한다.

① 외말뚝의 전체 침하량(S_t)

$$S_t = S_1 + S_2 + S_3$$

여기서, S_1 : 말뚝 자체의 압축으로 인한 길이방향의 탄성 변형
S_2 : 말뚝 선단의 하중에 의한 말뚝의 선단 침하량
S_3 : 말뚝 주변의 지반침하로 인한 말뚝 선단의 침하량

② 말뚝 자체의 압축으로 인한 길이방향의 탄성 변형(S_1)

$$S_1 = \frac{(Q_b + \alpha_s Q_s)L}{A_p E_p}$$

여기서, Q_b : 설계하중의 재하시 말뚝 선단부에 전달되는 하중
Q_s : 설계하중의 재하시 말뚝 주면에 전달되는 하중
α_s : 주면마찰력의 분포에 따른 계수
L : 말뚝길이
A_p : 말뚝 단면적, E_p : 말뚝의 탄성계수

③ 말뚝 선단의 하중에 의한 말뚝의 선단 침하량(S_2)

$$S_2 = \frac{(C_p + Q_b)}{D\ q_p}$$

여기서, C_p : 흙의 종류와 말뚝 시공법에 따른 경험계수
D : 말뚝의 폭 또는 직경
q_p : 말뚝의 단위 면적당 극한 선단지지력

④ 말뚝주변의 지반침하로 인한 말뚝 선단의 침하(S_3)

$$S_3 = \frac{(C_3 + Q_s)}{L_b q_p}$$

여기서, $C_3 = (0.93 + 0.16\sqrt{\frac{L_b}{D}})C_p$, L_b : 말뚝 근입길이

(5) 무리말뚝(Group piles) 효과

무리말뚝을 시공하는 경우에 기 시공된 말뚝과 인접하여 새로운 말뚝을 설치하면 지반조건의 변화가 발생한다. 무리말뚝의 시공에서 나타나는 문제점은 말뚝의 경사, 말뚝 솟아오름이 있고 말뚝의 솟아오름(heaving)이 발생할 때에 솟아오름 양이 일정한 값을 초과하는 경우는 말뚝을 재항타하여 원래 깊이까지 관입시켜야 한다.
무리말뚝의 축방향 압축지지력을 산정할 때는 무리말뚝의 효율, 지반조건(사질토, 점성토, 암반 등)을 고려한다.

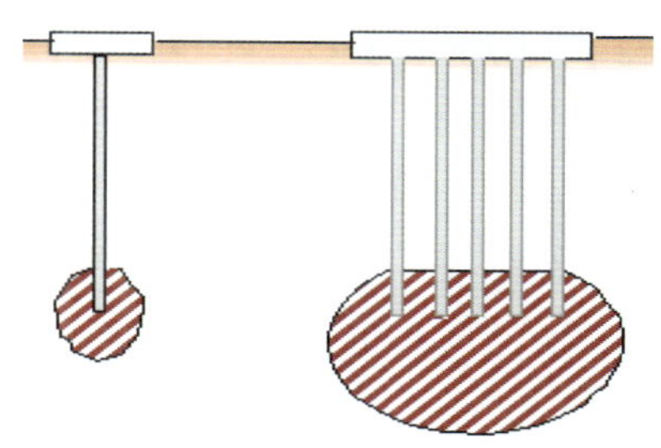
그림. 외말뚝과 무리말뚝의 응력영역

제5장

1) 무리말뚝의 효율

무리말뚝은 여러 개의 말뚝을 인접하여 설치하므로 각 말뚝이 지반에 전달하는 응력이 중복되어서 지지력과 침하 거동은 외말뚝과는 다르다. 무리말뚝의 지지력은 외말뚝의 지지력을 합한 값에 무리말뚝의 효율을 곱하여 구하는 방법과 무리말뚝의 바깥을 연결한 가상 케이슨의 지지력으로 구하는 방법이 있다.

$$\eta = \frac{Q_{g(u)}}{\sum Q_u}$$

여기서, η : 무리말뚝 효율

$Q_{g(u)}$: 무리말뚝의 극한지지력, $\sum Q_u$: 외말뚝 지지력의 합

2) 사질토지반

모래 자갈층에 타입한 선단 지지말뚝은 지지층내의 응력 집중이 문제가 되지 않으므로 무리말뚝 효과를 고려하지 않는다. 즉, 모래층에 타입된 마찰말뚝은 말뚝 관입 시에 주변 모래를 다져서 증가한 전단강도와 무리말뚝 효과에 의하여 감소되는 지지력이 상쇄되므로 무리말뚝 효과를 고려하지 않는다.

① $d > 3B$인 타입말뚝의 무리말뚝 효율 : $\eta = 1.0$

② $d = 3B$인 착공말뚝의 무리말뚝 효율 : $\eta = 2/3 \sim 3/4$

여기서, d는 말뚝 간격, B는 말뚝의 직경이다.

3) 점성토지반

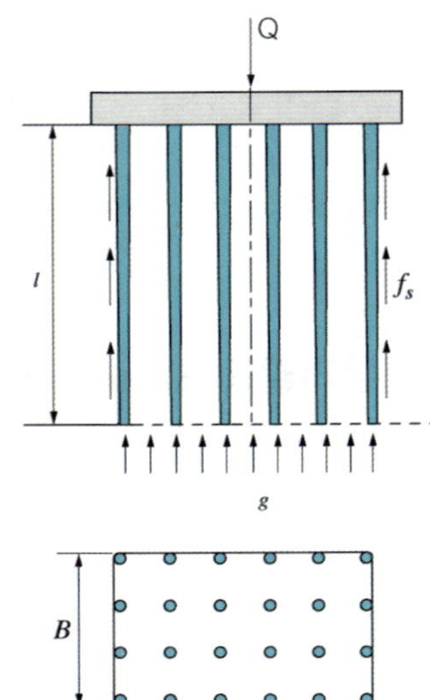

그림. 무리말뚝의 지지력

점성토지반에서 무리말뚝의 지지력은 외말뚝 지지력의 합(ΣQ_u)과 무리말뚝의 바깥면을 연결한 가상 케이슨의 극한지지력($Q_{g(u)}$) 중에서 작은 값을 택한다. 가상 케이슨의 지지력은 케이슨 바닥면에서 극한지지력과 케이슨 벽면의 마찰저항력의 합으로 구한다.

$Q_{g(u)} = q_p A_g + \overline{f_s} A_s$

여기서, $Q_{g(u)}$: 무리말뚝을 케이슨으로 고려할 때의 극한지지력

q_p : 케이슨 바닥면의 단위면적당 극한지지력

A_g : 케이슨 바닥면의 면적, (B×L)

$\overline{f_s}$: 평균 단위면적당 주면마찰력

A_s : 가상 케이슨의 주면적, 2(B+L)l

4) 암반

경사진 암반에 설치된 무리말뚝은 기초 암반의 활동파괴에 대한 검토가 필요하고 지지력의 산정에 무리말뚝의 효율을 고려하지 않는다.

5) 무리말뚝의 지지력

무리말뚝의 지지력은 외말뚝 지지력의 합계와 무리말뚝 전체를 하나의 거대한 말뚝으로 고려한 지지력을 비교하여, 그 중에서 작은 값을 지지력으로 결정한다.

① 극한지지력 : $Q_u = (cN_c + qN_q)\ (B\times L) + 2l(B+L)\ fs$

② 허용지지력 : $Q_a = \dfrac{Q_g}{3}$

6) 무리말뚝의 침하량(S_g)

① 사질토(Vesic 방법) : $S_g = S_t\sqrt{\dfrac{B_g}{D}}$

여기서, B_g : 무리말뚝의 폭, S_t : 외말뚝의 침하량

② 점성토(Terzaghi & Peck 방법)

말뚝 선단 위의 1/3지점에 가상의 기초 바닥면을 설정하고 응력 분포는 2(연직) : 1(수평)로 하여 기초의 침하량을 구한다.

(6) 부주면마찰력(Negative skin friction)

1) 개요

말뚝이 포화된 점토층을 관통하여 지지층에 타입한 경우에 포화된 점토층에 새로운 성토를 하거나 지하수위가 저하되면 점토층에 압밀침하가 발생하여 침하하는 지층은 말뚝에 대하여 하향의 마찰력을 유발시킨다.

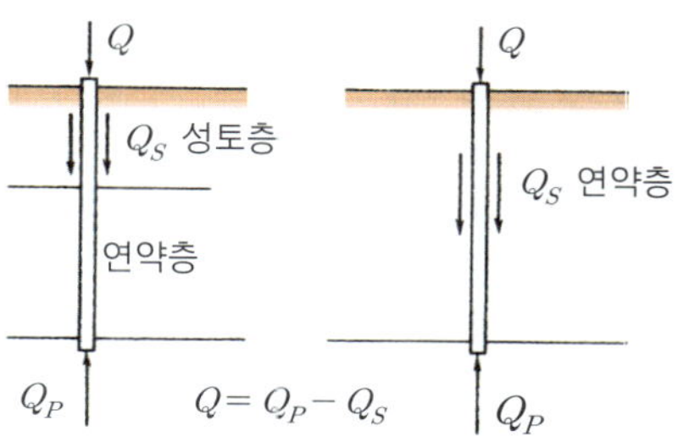

그림. 부주면마찰력의 발생원리

이러한 하향 마찰력은 상향의 주면마찰력과 반대방향으로 말뚝에 재하하중으로 작용하며 부주면마찰력이라고 한다. 부주면마찰력은 말뚝의 축하중을 증가시켜서 축변형에 의한 말뚝 침하가 증가하고 말뚝의 지지력이 감소하며 부주면마찰력이 과다하면 말뚝이 부러지는 경우도 있다.

부주면마찰력의 영향을 고려하지 않으면 말뚝의 파손, 말뚝 선단지반의 파괴 등으로 말뚝의 침하가 증가하여 구조물에 손상이 발생한다.

부주면마찰력은 지반의 극한상태 이전에 허용응력상태에서 발생하는 것으로 말뚝과 주변지반의 상대적인 변위차로 인하여 말뚝에 작용하는 최대하중의 크기와 작용 위치가 달라진다.

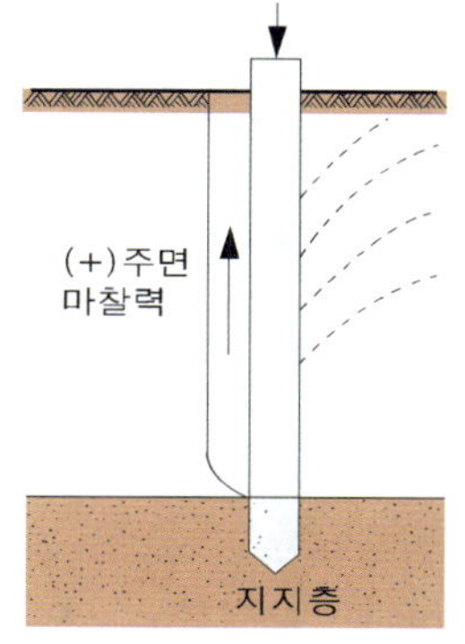

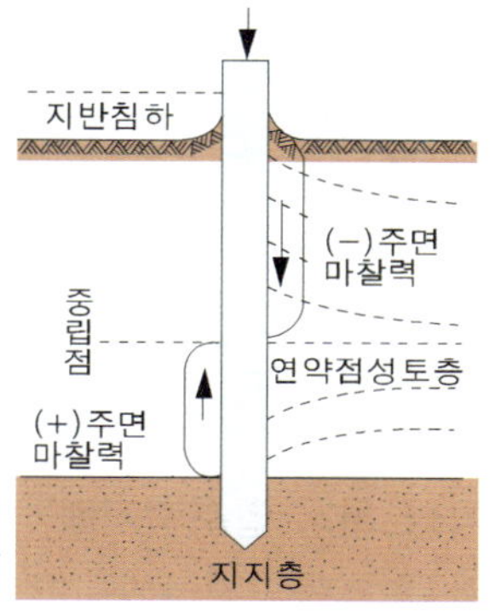

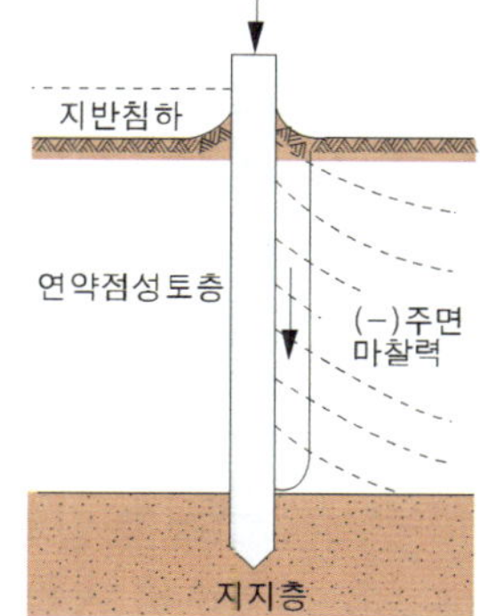

그림. 부마찰력의 진행과정

2) 중립점의 깊이

말뚝 주면의 압밀침하량은 지표면에서 최대이고 깊어질수록 감소하여 압밀층의 최하단에서는 0이 된다. 압밀층 내의 한 점에서는 지반침하와 말뚝의 침하가 같아서 상대적인 이동이 없는 중립점이 있고, 부주면마찰력은 중립점 위에서만 발생하며 중립점의 위치는 말뚝이 박혀있는 지지층의 굳기에 따라서 달라진다.

말뚝 주변의 압밀층 두께를 H, 부주면마찰력이 발생하는 중립층까지의 두께를 nH라고 하면 n값은 다음과 같다.

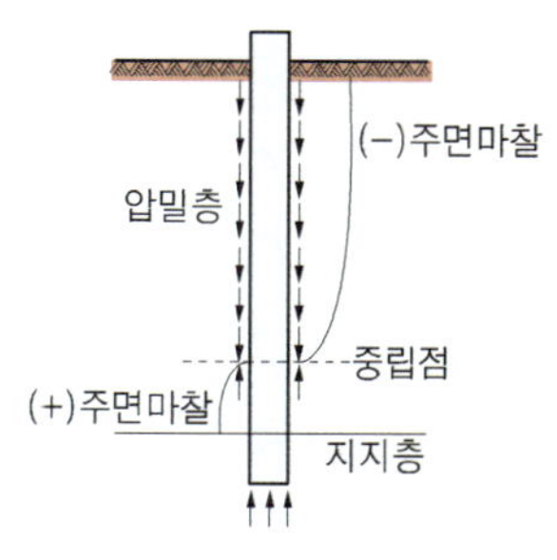

그림. 중립점의 깊이

지지조건	n값
마찰말뚝이나 불완전 지지말뚝	0.8
보통의 모래, 모래자갈층에 지지	0.9
암반이나 굳은 지층에 완전 지지	1.0

3) 부주면마찰력의 산정

① 외말뚝의 부주면마찰력

외말뚝에 작용하는 부주면마찰력의 크기는 다음 식으로 산정한다.

$$Q_{ns} = f_n A_s$$

여기서, Q_{ns} : 부주면마찰력

f_n : 부주면마찰력이 작용하는 부분의 말뚝 주면적

A_s : 단위 면적당 부주면마찰력(단기 거동 : α계수법, 장기 거동 : β계수법을 적용)

표. 외말뚝의 부주면마찰력 산정식

	α 계수법	β 계수법	N값과 전단강도 이용
산정식	$f_{sn} = c_a = \alpha c_u$ c_u : 비배수점착력 α : 부착력계수	$f_{sn} = \beta \sigma'_v$ σ'_v : 각층 연직유효응력 β : 유효응력계수	정주면마찰력 산정식
적용 조건	점성토의 단기 거동	점성토, 사질토의 장기 거동	점성토, 사질토

② 부주면마찰력을 고려한 말뚝의 축방향 허용 압축지지력

부주면마찰력은 지반이 상당히 오랫동안 압밀침하가 진행된 경우도 발생할 수 있고 부마찰력이 작용하는 지반조건에서 축방향 허용 압축지지력은 다음과 같다(구조물기초설계기준, 2015).

$$Q_a = \frac{Q_p + Q_{ps}}{F_S} - Q_{ns}$$

여기서, Q_p : 극한 선단지지력

Q_{ps} : 중립점 아래에 작용하는 극한 정(+)주면 마찰력

Q_{ns} : 중립점에 작용하는 부주면마찰력

F_S : 안전율(극한 지지력 ; 3.0, 항복 지지력 ; 2.0을 적용)

③ 무리말뚝의 부주면마찰력

무리말뚝에 작용하는 전체 부주면마찰력은 외말뚝의 부주면마찰력의 합보다 작고 무리말뚝 내에서도 외부말뚝보다 내부말뚝의 부주면마찰력이 훨씬 작다. 무리말뚝에 작용하는 부주면마찰력의 최대값은 무리말뚝으로 둘러싸인 흙덩어리와 그 위의 성토 무게를 합한 것이다.

$Q_{ng(\max)} = BL(\gamma'_1 D_1 + \gamma'_2 D_2)$

여기서, B : 무리말뚝의 폭

L : 무리말뚝의 깊이

γ'_1 : 성토된 흙의 유효 단위중량

γ'_2 : 압밀토층의 유효 단위중량

D_1 : 성토층 두께

D_2 : 중립층 위의 압밀토층 두께

$Q_{ng(\max)}$: 무리말뚝의 부주면마찰력 상한치

4) 연약지반에서 부주면마찰력을 고려하지 않는 경우

① 압밀침하하는 토층의 두께가 15m 이하인 경우
② 지반의 침하가 정지된 경우
③ 지층 분포가 균일하며 지반침하량이 계속적으로 감소하더라도 침하속도가 2cm/년 이하인 경우
④ 향후 지하수의 양수작업을 해도 지반침하를 고려하지 않는 경우

5) 부주면마찰력을 감소시키는 방법

① 선행 하중을 가하여 지반침하를 미티 감소하는 방법
② 표면적이 작은 말뚝(예 : H형 강말뚝)을 사용하는 방법
③ 말뚝 직경보다 큰 구멍을 뚫고 벤토나이트 등의 안정액을 채운 후에 말뚝을 타입하여 마찰력을 감소시키는 방법
④ 말뚝 직경보다 약간 큰 케이싱을 박아서 말뚝의 부주면마찰력을 차단하는 방법
⑤ 무리말뚝효과에 의한 부주면마찰력의 저감(말뚝수의 증가에 따른 공사비 증가)
⑥ 말뚝 표면에 역청재를 도포하여 부주면마찰력을 감소시키는 방법
부주면마찰력이 발생하는 중립점의 말뚝 상부에 역청재(slip layer compound)를 4~10mm 도포하여 점탄성 미끄럼층을 형성시켜서 지반침하 시에 말뚝에 작용하는 부마찰력을 저감

그림. Slip layer 말뚝[자료 출처 : 동서에코소일(주)]

(7) 말뚝기초의 시공

말뚝의 시공방법은 지반조건, 말뚝 규격, 설계하중, 사용장비, 주변 여건, 건설공해 등을 고려하여 결정하며 기성제품말뚝의 타입공법, 매입공법, 현장타설말뚝 등으로 분류한다.

표. 말뚝 시공법의 선정 고려사항

종류 \ 조건		도심 주택지	높은 지하수위	깊은 지지층	호박돌층 관입
타입말뚝 (항타말뚝)	RC 말뚝	×	○	×	×
	PC(PHC) 말뚝	×	○	△	△
	강관말뚝	×	○	○	△
매입말뚝	선굴착공법	○	△	△	△
	속파기 공법	○	△	△	△
현장타설말뚝	Earth drill 공법	○	○	△	×
	All casing 공법	△	△	△	○
	RCD 공법	○	○	○	△

1) 말뚝재료

① 나무말뚝

나무말뚝은 옛날부터 사용되어 매우 오랜 역사를 가지고 있지만 콘크리트말뚝, 강말뚝 등의 보급으로 특수한 경우를 제외하고는 거의 사용되지 않는다.

② 철근 콘크리트말뚝(Reinforced Concrete pile)

원심력을 이용하여 제작한 철근 콘크리트말뚝은 형상과 치수가 다양하고 지반상태에 적합한 끝과 이음을 가지고 있다. 장점은 강도와 내구성이 크고 재질이 균질하여 지지말뚝에 적합하고 말뚝길이가 15m 이하에서 비교적 경제적이다. 단점은 무거워서 운반과 취급이 불편하고 지지층이 균일하지 않으면 비경제적이다. 단단한 지층의 관통이 어렵고 항타 시에 압축과 인장력이 작용하여 말뚝두부가 손상되면 철근 부식의 원인이 된다.

③ 프리스트레스트 콘크리트말뚝(PC말뚝, Prestressed Concrete pile)

프리스트레스트 콘크리트말뚝은 콘크리트에 프리스트레스를 가하여 콘크리트 부재를 만드는 방법으로 PC말뚝이라고 하며, 프리스트레스를 가하는 방법에 따라서 프리텐션방식과 포스트텐션방식이 있다. PC말뚝은 균열이 잘 발생하지 않으므로 강재 부식의 우려가 없어서 내구성이 크고 휨이 적게 발생한다. 또한 타입 시에 인장력을 받아도 프리스트레스가 유효하게 작용하여 인장파괴가 일어나지 않고 이음이 용이하다.

④ PHC(Prestressed High-strength Concrete pile)말뚝

원심력을 이용하여 만든 PHC말뚝은 콘크리트 압축강도가 78.5 N/mm² 이상의 프리텐션(pretension) 방식에 의한 고강도 콘크리트말뚝이며 외경은 300~1,200mm로 구분한다.

그림. PHC 말뚝

PHC말뚝은 유효 프리스트레스의 크기에 따라서 A종, B종, C종으로 구분하며 유효 프리스트레스는 각각 3.92N/mm², 7.85N/mm², 9.81N/mm²이다. PHC말뚝은 콘크리트 강도가 PC말뚝보다 크고 장기 허용압축응력이 커서 말뚝의 지지력도 커지며, Autoclave양생으로 압축강도가 증대하여 타격 저항력이 크고 항타 횟수가 증가해도 파손이 적어서 지지층까지 도달시킬 수 있다. 콘크리트의 휨 인장응력이 크고 축력과 수평력을 동시에 부담하여 크리프와 수축이 적다. 그러나 말뚝이 파손되거나 균열이 발생하기 쉬우므로 말뚝의 운반, 보관, 거치에 주의가 필요하다.

⑤ 강말뚝(Steel pile)

강말뚝의 장점은 재질의 강도가 커서 지지층(N=60)에 깊게 관입할 수 있고 지지력이 크다. 말뚝의 운반과 취급이 용이하고 현장에서 절단과 용접이 가능하여 대구경 강관말뚝의 설치가 가능하다.

단점은 부식하기 쉽고 지지층의 지지력이 크지 않으면 말뚝길이가 길어져서 비경제적이다. 강말뚝의 부식 대책은 콘크리트로 피복(7~10cm)하거나 전기방식을 하고 설계 시에 미리 부식두께 만큼의 여분 두께를 반영하는 방법이 있다.

㉮ H형 강말뚝

H형 강말뚝은 압축과 인장강도가 커서 운반, 취급, 타입이 비교적 용이하다. 자갈, 호박돌이 포함된 지층에 타입할 때는 선단의 파손이 우려되므로 주물로 만든 슈(shoe)를 사용한다.

그림. H형 강말뚝을 이용한 강교 설치

타입 시에 흙의 배제량이 적어서 자갈층과 좁은 장소에서 조밀한 시공이 가능하며 가설말뚝과 길지 않은 기초말뚝에 적합하다. H형 강말뚝의 타입은 모든 종류의 해머를 사용할 수 있고 말뚝이 길면 말뚝이 휘거나 뒤틀리는 경향이 있으므로 주의가 필요하다.

㉯ 강관말뚝(Steel pipe pile)

강관말뚝은 교각, 잔교, 돌핀 등의 수평하중을 받는 구조물의 기초말뚝으로 사용한다. 강관말뚝은 재질이 균일하고 강력한 타입이 가능하며 수평력에 저항하는 경사말뚝의 시공이 용이하다. 견고한 지반과 자갈층에 타입하는 경우는 말뚝 선단부에 두께 10~20mm, 직경(D+20mm)의 철판을 부착하고 주철 슈를 사용하며 모든 종류의 해머를 사용할 수 있다.

그림. 강관말뚝

㉰ 강널말뚝(Steel sheet pile)

강널말뚝은 강성이 커서 항만 구조물과 흙막이 구조물에 사용되고 차수성이 우수하여 물막이공사와 깊은 굴착에 적용하며 반복적으로 사용이 가능하다.

풍화암, 자갈층은 타입이 곤란하고 항타시에 소음과 진동이 발생한다. 강널말뚝은 수밀성이 우수하여 말뚝사이의 토사 유출을 방지하며 근입깊이를 조절하면 heaving과 boiling을 방지할 수 있다. 그러나 시공이음의 정밀도가 불량하면 깊은 굴착이 곤란하다.

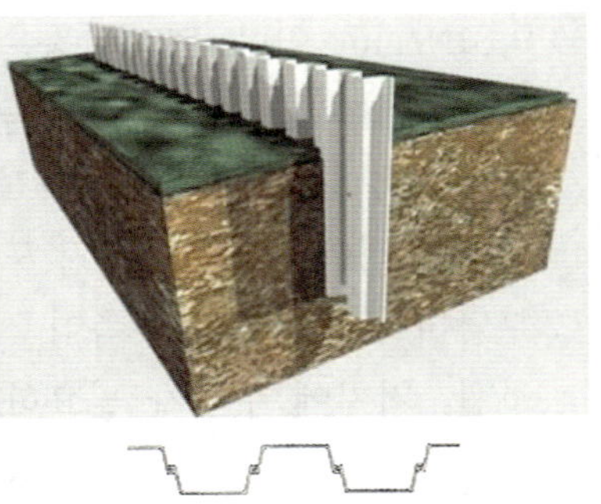

그림. 강널말뚝(Steel sheet pile)의 형상

㉱ 벽강관말뚝(Walled steel pipe piles)

벽강관말뚝은 강관 널말뚝이라고도 하며 강관의 이음부를 용접하여 연결된 벽체를 형성하므로 항만의 안벽, 방파제, 흙막이, 가물막이, 교각 기초 등에 사용한다.

㉠ 강성이 커서 수평과 수직하중에 대한 지지력이 우수하다.

㉡ 대부분의 지반에 관입이 가능하고 충분한 지지력을 확보할 수 있다.

㉢ 차수효과가 우수하고 확실한 시공과 공기단축이 가능하다.

그림. 벽강관말뚝의 형상과 시공

⑥ 복합말뚝(Hybrid composite pile)

복합말뚝은 이질 재료 또는 다른 특성을 갖는 말뚝을 연결하여 복합체로 활용하는 말뚝이다. 강관말뚝과 콘크리트말뚝의 장점을 이용하여 효율성을 향상시킨 복합말뚝은 큰 모멘트가 작용하는 상부는 수평력에 저항하도록 강관말뚝을 사용하고, 축하중이 작용하는 하부는 지지력의 확보가 가능한 콘크리트말뚝을 사용하여 말뚝 거동에 합리적인 구조를 가지므로 안정성이 우수하다.

복합말뚝은 말뚝 선단의 형상이 막힌 단면이므로 열린 단면의 강관말뚝에 비하여 선단지지력의 확보가 용이하고 PHC말뚝의 두부정리 시에 발생하는 말뚝의 균열과 프리스트레스의 손실이 적어서 유리하다. 또한 매입말뚝에 적용하면 선단 폐색을 위한 선단 근고액이 필요하지 않고 주면마찰력을 확보하기 위한 주면 고정액이 감소하여 환경피해를 최소화할 수 있다.

그림. 복합말뚝의 제작과 항타 [자료 출처 : (주)파일테크]

2) 말뚝의 항타공법

① 항타대와 부속품

㉮ 항타대

육상에서 사용하는 항타대를 주행방식과 지지방식에 따라서 구분하면 크롤러-삼점지지식과 크롤러-현수식이 많이 사용되며, 크롤러-현수식은 크레인 붐(boom), 리더(leader), 본체로 구성되고 이동식 크레인을 항타기로 이용한다.

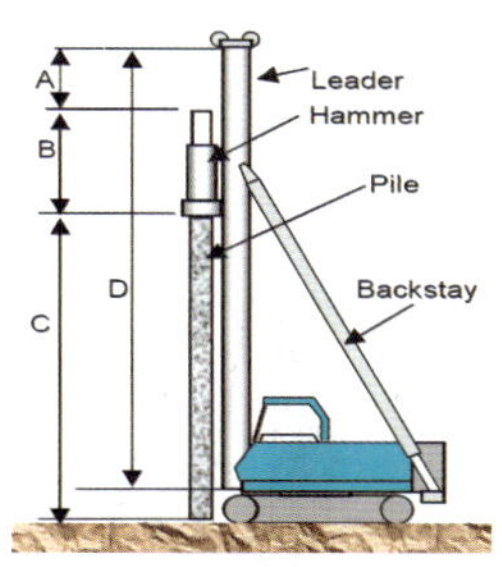

D=A+B+C

여기서, A : 1.5~2.0m

B : 해머 길이

C : 말뚝 길이

D : 리더(leader)의 길이

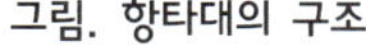

그림. 항타대의 구조

㉯ 캡(Cap, Helmet)

항타용 캡은 말뚝두부에 씌워서 해머의 타격력을 균등하게 말뚝에 전달하고, 말뚝 캡(또는 헬멧)은 말뚝에 꼭 끼거나 느슨하지 않아서 말뚝두부에 비틀림과 휨 응력이 발생되지 않아야 한다.

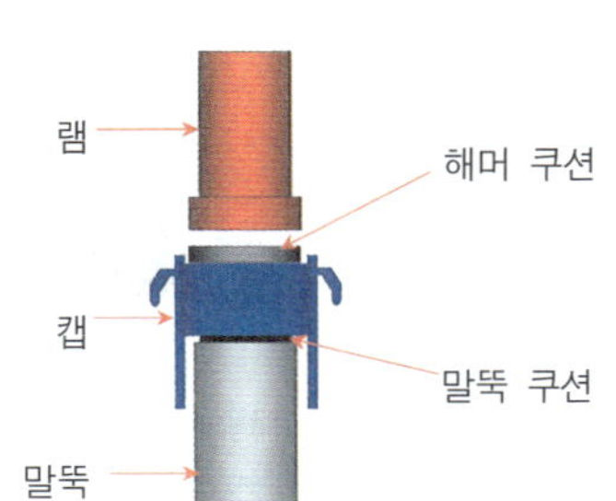

그림. 말뚝 항타용 캡과 쿠션

㉰ 해머 쿠션(캡 블록)

해머 쿠션은 말뚝의 캡 위에 얹어서 해머 충격이 말뚝두부에 직접 전달되어 말뚝두부가 손상되는 것을 방지한다. 캡 블록은 해머별로 적합한 것을 사용하고 일정한 시간을 사용하여 손상되면 교체하여 변형된 캡 블록에 의한 집중하중이 말뚝을 손상하지 않아야 한다.

㉱ 쿠션(Cushion)

말뚝두부의 손상을 방지하고 항타 시에 말뚝에 발생하는 응력을 조절하기 위하여 캡과 말뚝사이에 쿠션을 넣는다. 쿠션은 탄성과 타격에 대한 경화성이 있고 내구성이 커야 한다.

쿠션의 직경은 앤빌 직경의 약 0.8~1.1배, 두께는 10~20cm이고 합판, 합성수지 등의 재료를 사용하며 오래 사용하여 변형이 되었거나 마모된 것은 교체해야 한다.

② 항타 해머(Hammer)의 종류

㉮ 드롭해머(Drop hammer)

드롭해머는 타격에너지가 적으므로 소규모 말뚝의 타입과 선굴착말뚝의 최종 타입에 사용된다. 가장 간단한 항타방법으로 비계틀에서 윈치(winch)로 끌어 올린 해머를 낙하시킬 때의 타격력으로 말뚝을 타입하는 방법이다. 해머의 무게는 타입하는 말뚝의 종류, 지름, 길이, 지반상태, 말뚝의 지지력에 의하여 결정하며 말뚝 중량의 약 1~3배를 적용한다.

그림. 드롭해머

드롭해머는 타격할 때마다 무거운 해머를 끌어올리는 시간이 소요되고 비계의 이동이 어려워서 시공능률이 떨어지므로 긴 말뚝의 타입에 적합하지 않다. 그러나 설비가 간단하고 공사비가 저렴하여 주로 소규모공사에 사용한다. 말뚝 타입 시에 말뚝두부에 작용하는 충격력은 해머의 낙하높이에 비례하므로 말뚝두부의 손상을 고려하여 낙하고는 2m 이하로 한다.

㉯ 디젤해머(Diesel hammer)

디젤해머는 단동식과 복동식이 있고, 디젤해머는 직립한 실린더와 그 중간에 오르내리는 램(ram)과 실린더 하부에 들어있는 앤빌(envil), 연료 분사장치, 기동장치로 구성되어 있다.

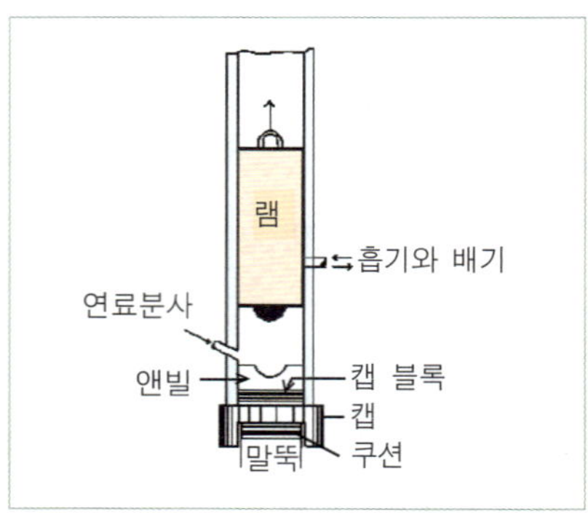

그림. 디젤해머의 구조

디젤해머의 작동원리는 디젤유가 고온, 압축, 폭발하는 폭발압력에 의하여 램이 위로 올라갔다가 낙하하면 실린더 내에 분사된 경유와 공기의 혼합가스가 압축되어 연소 폭발을 일으키고 낙하에 의한 타격력과 폭발력의 2중 에너지가 말뚝두부에 가해지는 동시에 램을 상승시켜서 다음 행정으로 이동하는 2-cycle 디젤기관과 동일하다.

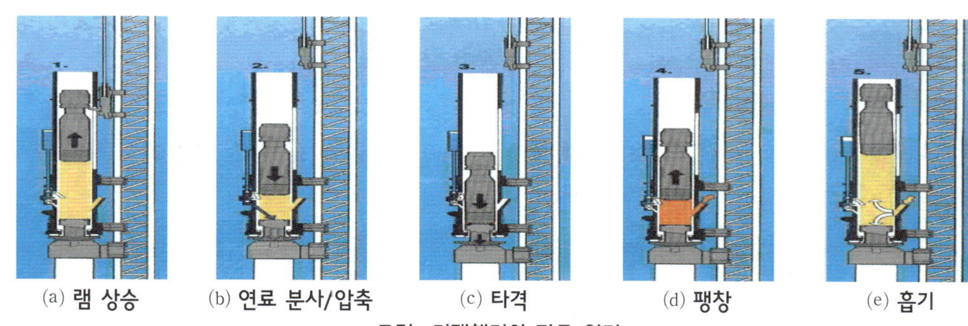

(a) 램 상승　(b) 연료 분사/압축　(c) 타격　(d) 팽창　(e) 흡기

그림. 디젤해머의 작동 원리

디젤해머는 타격력이 커서 관입저항이 적은 연약지반에서는 말뚝의 관입이 커지므로 램의 상승에 필요한 고온과 압축이 어려워서 램이 반발되지 않거나 연속적으로 폭발하지 않는 경우가 발생하므로 지반조건, 말뚝 종류, 말뚝 중량을 고려하여 해머의 형식을 선정해야 한다.

㉠ 장점

ⓐ 경사말뚝의 타입에 적합하고 단단한 지반에서 작동이 잘 된다.

ⓑ 취급이 간단하고 작업성과 기동성이 우수하다.

㉡ 단점

ⓐ 중량이 무거워서 설치비용이 증가한다.

ⓑ 연약지반에서는 지반반력이 부족하여 램이 반발되지 않고 연속적으로 폭발하지 않으면 능률이 저하된다.

ⓒ 타격 중에 소음, 지반 진동, 배기가스에 의한 공해(기름, 비산)가 발생한다.

그림. 디젤해머의 말뚝 항타작업

㉰ 유압해머(Hydraulic hammer)

유압해머는 유압으로 들어올린 램(ram)의 낙하 시에 유압의 가속이 가능하고 항타시에 발생하는 진동, 소음, 매연 등의 환경공해를 감소하기 위하여 많이 사용한다. 말뚝의 관입상태에 따라서 낙하고를 조정할 수 있고 타격 저항이 낮은 연약한 지반에서 계속적인 항타가 용이하다. 구동용 유압장치가 필요하고 해머에 의해 구동하는 디젤해머에 비하여 조작이 복잡하다.

㉠ 장점

ⓐ 타입 시에 말뚝 주면과 선단부에서 지반의 교란이 적고 말뚝에 손상을 주지 않는다.

ⓑ 소음, 진동, 매연에 의한 환경공해가 감소하여 도심지공사에 적용이 가능하다.

ⓒ 말뚝의 타입 심도별로 압입저항을 측정할 수 있다.

㉡ 단점

ⓐ 반력을 얻기 위한 대형설비가 필요하고 압입 반력의 확보가 어렵다.

ⓑ 조립, 해체, 운반 등에서 기동성이 떨어진다.

그림. 유압해머의 말뚝 항타작업

㉣ 진동해머(Vibratory hammer)

진동해머는 말뚝두부에 무거운 자중의 해머를 얹고서 말뚝에 종방향으로 진동을 가하면 지반과 말뚝 사이의 마찰저항이 크게 저하되어 말뚝의 자중과 진동기의 중량에 의하여 말뚝이 관입한다. 포화지반과 배토량이 적은 말뚝에 적합하고 점성토지반과 배토말뚝에 사용되며 말뚝의 인발에 많이 사용한다. 진동해머는 대구경 강관말뚝의 타입에 적합하며, 콘크리트말뚝은 중량이 무거워서 효과적으로 진동이 작용하지 않고 균열이 발생할 우려가 있어서 부적절하다.

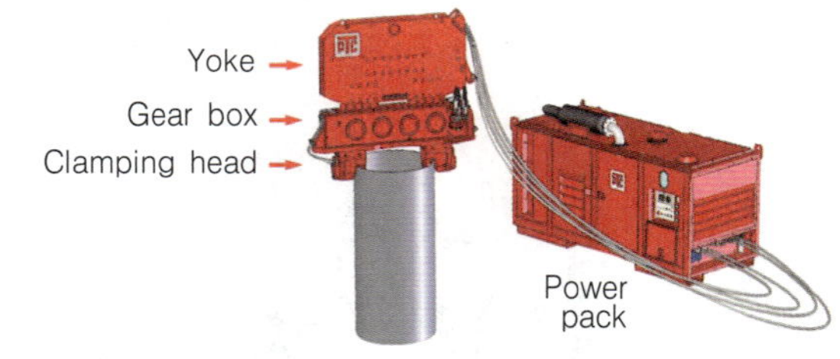

그림. 진동해머의 구성

㉠ 장점

ⓐ 상·하 진동으로 말뚝을 타입하며 강관말뚝, 강널말뚝, H형 강말뚝의 타입과 인발에 사용한다.

ⓑ 타입공법에 비하여 소음이 비교적 적고 말뚝두부의 손상이 없다.

ⓒ 말뚝의 타입속도가 빠르고 인발 성능도 우수하다.

㉡ 단점

ⓐ 높은 주파수의 진동이 발생하여 주변에 건물이 밀집한 도심지에서 시공이 곤란하다.

ⓑ 점성토지반은 말뚝의 지지력이 저하될 우려가 있다.

그림. Vibratory hammer의 말뚝 항타작업

㉱ 압입공법(Press-in method, Silent piler)

말뚝에 oil jack으로 반력하중(counter weight)을 가하여 지반에 압입시키는 공법으로 말뚝 주변과 선단부의 지반을 교란시키지 않는다. 압입기계의 자중이 반력자중으로 작용하여 말뚝을 압입(N≤30)하고, 압입이 불가능한 지층은 스크류 오거를 사용하거나 고압수를 분사하여 말뚝을 압입한다. 다양한 길이의 말뚝 타입이 가능하고 호박돌층도 압입이 가능하다. 수직도와 방향의 조절이 용이하고 타입기계가 이동하면서 작동한다.

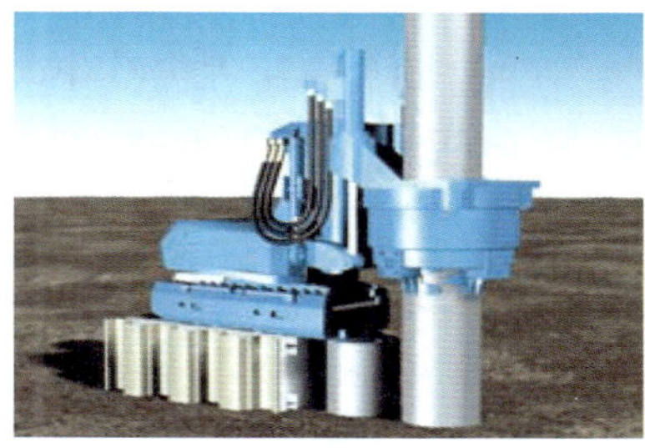

그림. 압입공법 항타장비

㉠ 장점

ⓐ 말뚝이 손상되지 않는다.

ⓑ 심도별 압입 저항은 oil jack에 측정기를 설치하여 측정한다.

ⓒ 진동과 소음이 매우 적고 수질과 대기오염이 없다.

㉡ 단점

ⓐ 말뚝의 압입 시에 큰 반력하중이 필요하다.

ⓑ 압입기계가 대형이므로 기계의 해체, 운반, 조립에 많은 시간과 비용이 소요된다.

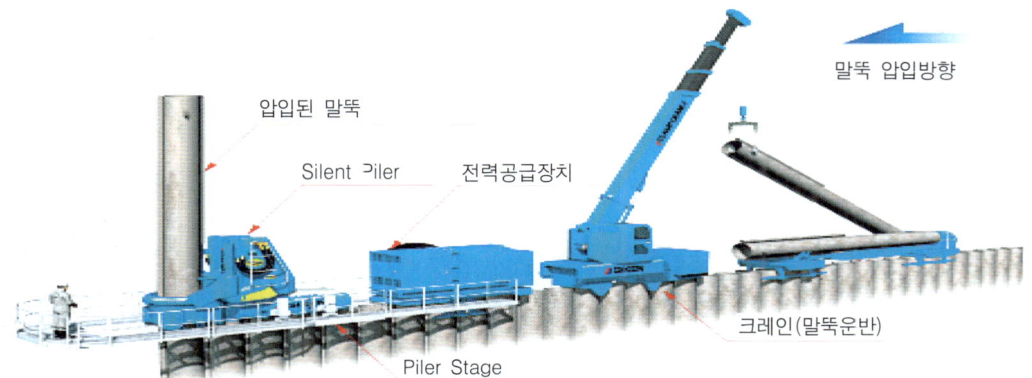

그림. 압입공법의 타입순서 [자료 출처 : Koken Co.]

③ 항타작업

㉮ 항타 준비작업

㉠ 작업지반 준비

항타기계의 접지압(1~2kgf/cm²)이 확보되도록 지반을 정리하고 연약한 지반은 쇄석, 양질토사로 성토 또는 치환하거나 보강판(복공판)을 설치한다.

㉡ 말뚝 위치의 측량 : 말뚝의 타입 위치를 임시말뚝, 측점으로 정확하게 표시한다.

㉢ 장애물의 제거 : 지상과 지중의 장애물을 조사하여 항타 전에 제거하고 지중 장애물을 제거한 곳은 양질 토사로 메운다.

㉣ 항타용 해머의 점검과 정비

㉤ 항타 틀과 부속기기(cap, cushion)의 점검과 정비

㉥ 말뚝 선단보호공

ⓐ 폐단말뚝

말뚝 선단에 두께 10~20mm, 직경(D+20mm)인 철판을 부착하고 풍화암과 호박돌층은 주철슈(shoe)를 사용한다.

ⓑ 개단말뚝

보통 지반은 특별한 보호공이 필요하지 않고 필요시에 보강밴드를 부착한다. 견고한 자갈층과 같은 단단한 지층에 타입할 때는 강재, 강합금으로 제작한 슈를 사용하고, 타입 중에 말뚝 속으로 올라오는 흙의 높이를 측정하여 선단부의 폐색 여부를 확인한다.

㉯ 말뚝의 보관과 운반

㉠ 말뚝 저장

말뚝 받침을 동일한 직선에 설치하여 말뚝은 2단 이하로 2점 이상이 지지되도록 쌓고 항타지점에서 가까운 거리(약 30m)에 저장한다.

㉡ 말뚝 운반

말뚝의 운반 시에는 수평으로 2점 이상을 지지하여 말뚝을 들어 올릴 때에 휨모멘트가 최소가 되도록 하고 RC말뚝과 PC말뚝은 큰 충격이 가해지지 않게 운반한다.

㉰ 시항타(본 항타 전에 시험항타를 실시)

㉠ 해머 용량의 확인

㉡ 말뚝 틀, 캡, 쿠션의 용량과 상태를 확인

㉢ 이음의 방법과 용접공의 기능검사

㉣ 시공 정밀도의 확인

㉤ 타입 깊이(지지층)의 결정

㉥ 말뚝의 파손 유무를 확인(타격횟수의 확인)

㉦ 지지력의 추정(재하시험)

그림. 타입된 강관말뚝의 형상

㉣ 말뚝의 항타

㉠ 말뚝 해머의 용량은 지반조건, 이동성, 말뚝의 형상과 배치, 작업환경을 고려하여 선정한다.

㉡ 타격

ⓐ 항타는 도중에 중단하지 않고 연속적으로 타격하는 것이 좋다.

ⓑ 항타 순서

- 원칙적으로 중앙부에서 외측으로 타입한다.
- 기존 구조물이 있는 경우는 구조물에서 멀어지는 쪽으로 타입한다.
- 지표면이 한쪽으로 경사진 경우는 낮은 쪽으로 타입한다.

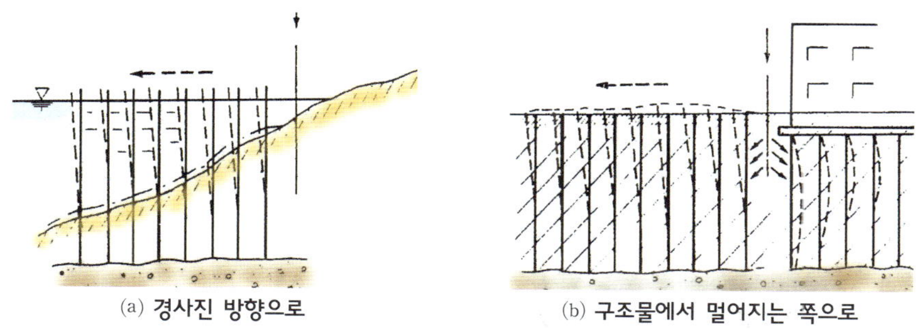

(a) 경사진 방향으로 (b) 구조물에서 멀어지는 쪽으로

그림. 말뚝 항타 순서

ⓒ 타격 도중에 말뚝의 경사, 흔들림, 편타 등에 유의하고 이상이 발견되던 타격을 중단하고 확인한 후에 처리해야 한다.

ⓓ 타격의 정밀도

- 말뚝직경 중심 간격의 D/4 이내 또는 10cm 이내
- 말뚝의 경사 : 1/100 이내

ⓔ 타격횟수의 상한 값

말뚝 종류	강관	PHC	PC	RC
총 타격수(회)	3,000	3,000	2,000	1,000
최종 10m 부분의 타격횟수(회)	1,500	1,500	800	500

㉢ 항타 종료

ⓐ 항타는 말뚝 선단이 지지층에 도달하여 소요 지지력을 얻을 때까지 실시하고 지지층까지 항타가 곤란하면 타입기계를 변경한다.

ⓑ 1회 타입 관입량 : 2~10mm

㉣ 지지력의 확인

ⓐ 항타를 종료할 때는 기준에 규정한 항타공식에 의하여 지지력을 확인한다.

ⓑ 동적지지력의 산출에 필요한 최종 관입량과 리바운드(rebound)량은 말뚝 표면에 기록용지를 부착하여 기록하고 평균값을 적용한다. 말뚝을 타격하면 초기에는 하향으로 내려가지만 말뚝과 주위의 흙이 강성 압축이 일어나서 바로 회복되어 부분적으로 튀어 오른다. 최대 관입

량과 리바운드의 차이가 실제 관입량이 되고 타격당 실제 평균 관입량은 일정한 깊이의 관입에 타격한 횟수로 나누어 구할 수 있다.

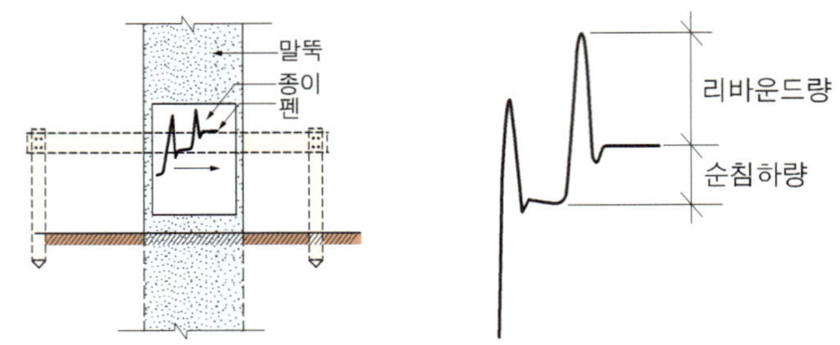

그림. 말뚝두부의 변위에 의한 관입량과 리바운드량 측정

ⓜ 두부정리

ⓐ 말뚝의 타격이 종료되면 소정의 높이로 말뚝을 절단하고 두부를 처리한다.

ⓑ PC, RC말뚝은 두부에 밴드(band)를 감고서 절단기로 절단한다.

ⓒ PC말뚝은 세로 파열이 일어나기 쉬우므로 특히 프리스트레스가 감소되지 않게 보강한다.

ⓓ 강말뚝은 절단 위치를 결정하고 가스로 절단한다.

그림. Concrete pile breaker에 의한 두부정리

ⓑ 말뚝의 이음방법

ⓐ Band식 이음

이음부에 밴드(band)를 채워서 연결하므로 이음구조가 간단하여 짧은 시간 내에 시공이 가능하다. 그러나 이음부의 내력이 적고 강성이 약해서 연결 부위의 파손율이 높다.

ⓑ 충전식 이음

말뚝 이음부에 철근을 보강하고 내부에 콘크리트를 타설하는 방식이며 압축과 인장에 저항하고 내부식성이 우수하지만 콘크리트의 경화시간이 소요되어 공기가 지연된다.

ⓒ 볼트식 이음

말뚝 이음부를 볼트로 체결하는 방식이며 이음부의 내력이 우수하지만 볼트의 부식이 우려되고 타격 시에 변형이 발생할 수 있다.

ⓓ 용접식 이음

말뚝 상·하부의 철근을 용접하고 외부는 철판으로 용접하여 보강하므로 강성이 우수하고 시공이 간편하지만 용접부에 부식이 발생할 수 있다.

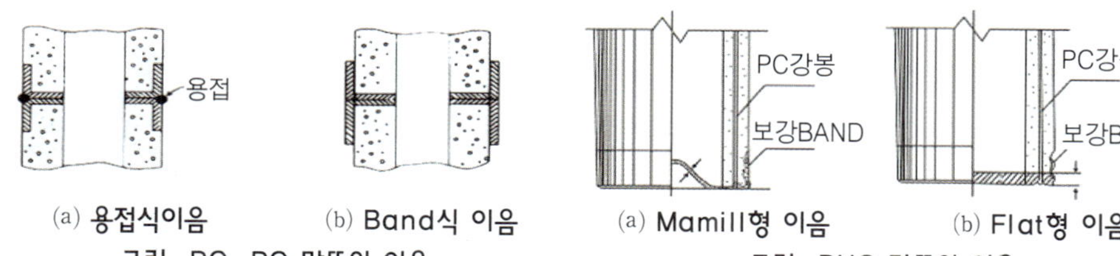

(a) 용접식이음 (b) Band식 이음
그림. PC, RC 말뚝의 이음

(a) Mamill형 이음 (b) Flat형 이음
그림. PHC 말뚝의 이음

ⓔ 이음에 의한 허용하중 감소율

이음방법	용접이음	볼트이음	충전식 이음
감소율	5%/개소	10%/개소	최초 2개소 : 20%/개소, 3개소부터 : 30%/개소

ⓢ 말뚝과 확대기초의 결합

말뚝두부의 결합방식은 강결합과 힌지결합이 있고 구조물의 형식과 기능, 확대기초의 형태와 치수, 말뚝의 종류, 지반조건, 시공 난이도 등을 고려하여 결정하며 교량기초는 수평변위량과 부정정차수를 고려하여 내진 안정성에 유리한 강결합을 적용한다.

말뚝과 확대기초의 강결합방법은 A, B방법이 있다.

그림. 말뚝과 확대기초의 결합

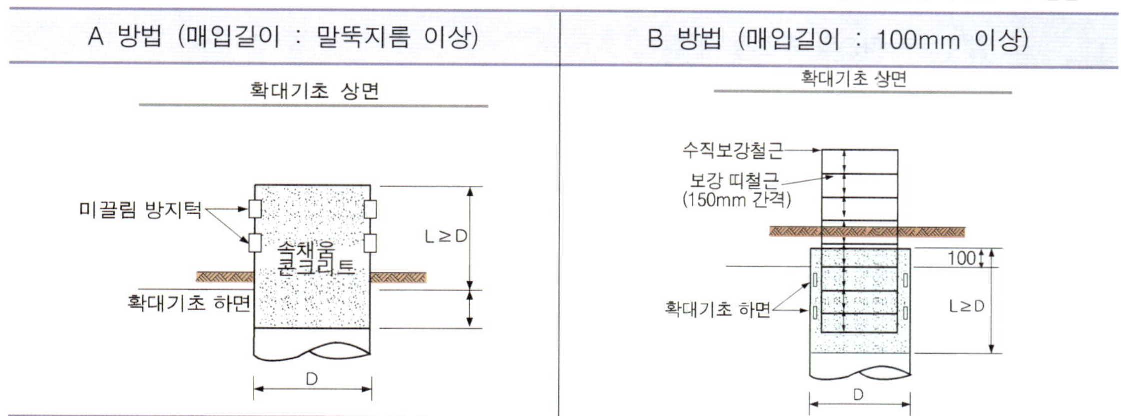

ⓐ A방법

확대기초에 일정한 길이가 매입된 부분이 말뚝두부에 작용하는 휨모멘트에 저항하는 방법이고 매입길이는 말뚝지름 이상으로 하며 강관말뚝, PSC말뚝, PHC말뚝 등에 적용한다.

ⓑ B방법

확대기초에 매입되는 말뚝길이를 최소한으로 적게 하고 말뚝두부에 보강한 철근이 말뚝두부에 작용하는 휨모멘트에 저항하는 방법이며 말뚝두부의 최소 근입길이는 100mm로 한다. 강관말뚝, PSC말뚝, PHC말뚝, 현장타설말뚝에 적용할 수 있다.

ⓞ 강관말뚝의 부식 영향

ⓐ 강관말뚝이 흙 또는 물에 접하는 면은 부식을 고려하고 강관말뚝의 두께는 압축, 인장, 전단 등의 응력에 안전한 두께에 부식 감소 두께를 더한 값을 적용하며 육상 말뚝과 해상 말뚝을 구분하여 적용한다.

ⓑ 해상조건의 말뚝은 2mm보다 큰 부식두께를 적용하고 육상 말뚝은 부식 영향인자에 대한 지반환경 영향을 평가하여 평가기준을 만족하면 1mm의 부식두께를 적용한다.

그림. 강관말뚝의 부식

ⓩ 과항타(Over driving)가 말뚝에 미치는 영향

ⓐ 콘크리트말뚝

해머의 타격력이 너무 크면 편심 타격력에 의하여 말뚝두부와 이음부에 손상이 발생하고 긴 말뚝이 연약층을 통과할 때에 말뚝이 휘어지면 휨 모멘트가 발생한다.

ⓑ 강말뚝

타격력이 크면 말뚝두부가 찌그러지나 이음부에 손상이 발생하며 선단 폐쇄말뚝은 강관 안쪽으로 좌굴현상이 나타나고 비균질지반은 말뚝이 찌그러지는 현상이 발생한다.

ⓧ 말뚝두부 파손의 원인과 대책

말뚝 항타시에 편타, 쿠션 두께의 부족, 말뚝의 강도가 부족하면 말뚝두부가 파괴되기 쉽다.

표. 말뚝두부 파손의 원인과 대책

파손 원인	대 책
말뚝 강도의 부족	· Prestress가 큰 말뚝을 사용 · 말뚝의 보관과 운반에 주의
편타	· 적정한 해머를 사용하고 해머와 말뚝 축선을 일치 · 장애물을 제거하고 수직도를 확인
Cushion 두께의 부족	· 적정한 쿠션재료를 사용하고 쿠션 두께를 증가
과도한 타격	· 적정한 해머를 사용하고 리바운드량과 관입량을 확인
용접 부족	· 철저한 용접과 검사
기타	· 타입 저항이 적은 말뚝을 선정 · 말뚝두부의 파손 시에 보강판을 설치

3) 매입말뚝

그림. 매입말뚝의 시공

기성제품말뚝의 시공은 항타공법이 지지력과 시공관리측면에서 가장 유리하지만 해머의 타격에 의하여 발생하는 소음, 진동에 대한 각종 규제가 점차 강화되므로 저소음, 저진동 형태의 매입말뚝과 현장타설말뚝을 주택 밀집지역, 도심지공사에서 많이 사용하고 있다. 매입말뚝은 지반을 선굴착(preboring)하고 말뚝을 설치하는 공법이며 선굴착에 의해서 관입저항인 주면마찰력이 감소되므로 말뚝을 설치한 후에 항타 또는 시멘트풀을 주입하여 필요한 지지력을 확보한다. 매입말뚝은 기성제품말뚝을 이용하므로 말뚝 품질의 신뢰성이 크고 타입말뚝과 비교하면 소음, 진동이 적지만 굴착시에 지반이 느슨해져서 말뚝의 선단지지력과 주면마찰력이 감소하는 것이 단점이다.

매입말뚝공법은 말뚝의 삽입방법에 따라서 선굴착공법, 속파기공법, 회전압입공법으로 구분하며 굴착장비, 굴착방식, 시멘트풀의 주입, 주면과 선단의 처리방식에 따라서 공법의 시공성과 지지력의 특성이 다르게 나타난다. 다른 말뚝공법과 마찬가지로 소음, 진동, 근접된 지반과 구조물의 변형, 배토, 니수가 발생한다.

표. 매입말뚝의 분류

공 법	말뚝 처리방법
중굴공법	· 최종 항타 · 시멘트풀을 주입하고 교반
선굴착(preboring)공법	· 최종 항타 · 시멘트풀을 주입하고 경타 · 시멘트풀을 주입하고 압밀
회전압입공법	· 오거 스크류, 비트에 의한 회전 압입

그림. 매입말뚝의 시공과정

① SIP(Soil cement Injected precast Pile)공법

SIP공법은 선굴착 시멘트풀공법이라고도 하며 말뚝을 삽입하고 최종 경타를 실시하는 방법과 실시하지 않는 방법으로 구분한다. 굴착공을 조성하고 기성제품말뚝을 삽입하므로 말뚝이 길거나 공벽 붕괴가 우려되는 사질토지반은 소요 깊이까지 매입할 수 없고 지지력이 충분하지 않은 경우가 있다. 또한 긴 말뚝은 굴착공과 기성제품말뚝이 휘어지거나 말뚝 삽입 시에 공벽을 깎아서 소요 깊이에 매입할 수 없는 경우가 발생한다.

말뚝을 압입, 회전관입, 낙하, 최종 경타 또는 항타하여 시공하는 방식으로 굴착한 토사의 배출 여부에 따라서 배토방식과 비배토방식으로 구분하며 시멘트풀의 주입과 시공방식에 따라서 SIP공법, SAIP공법, SDA공법, PRD 공법 등이 있다.

그림. SIP공법

㉮ 경타를 실시하는 SIP공법

㉠ 말뚝 직경보다 50~100mm가 큰 연속날개가 부착된 오거로 선굴착(preboring)을 하고 오거 중공부를 통하여 굴착공에 시멘트풀을 주입한다. 오거를 인발한 후에 말뚝을 삽입하고 드롭해머 또는 유압해머로 최종 경타를 실시한다.

㉡ 항타공법보다 진동, 소음이 감소되지만 경타 시에 소음과 진동은 불가피하게 발생한다.

㉢ 선굴착에 의한 굴착공벽의 지반 교란, 원지반의 지중응력 이완, 부적절한 시멘트풀의 배합과 주입교반, 지지층 확인이 불확실하고 말뚝의 지지력 확보와 확인이 곤란하다.

㉣ 지하수위가 높은 충적층(모래, 자갈, 점성토)은 공벽 붕괴의 우려가 있다.

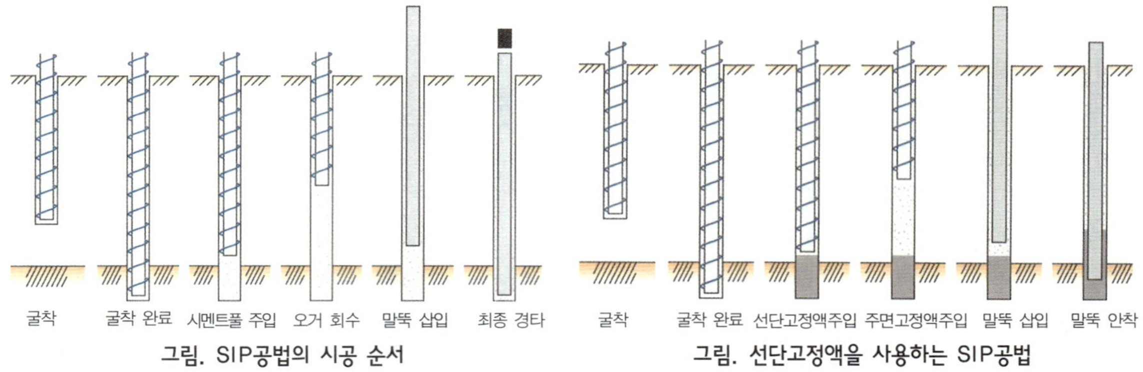

그림. SIP공법의 시공 순서

그림. 선단고정액을 사용하는 SIP공법

㉯ 경타없이 말뚝을 설치하는 SIP공법

㉠ 주변의 환경조건이 경타를 허용하지 않는 경우는 선굴착을 하고 주면고정액과 선단고정액을 별도로 주입한 후에 삽입한 말뚝의 선단을 굴착면 하부에서 이격시킨다.

㉡ 주면과 선단고정액의 교반장치가 필요하고 주면고정액은 평균 배합비(W/C=0.8~1.0) 이하의 빈배합을 사용하며 선단고정액은 부배합을 적용한다.

② SDA(Separated Doughnut Auger) 공법

㉮ SDA공법은 실트, 점토 등의 연약층과 모래, 자갈, 호박돌의 퇴적토층, 핵석이 분포하는 풍화대와 연암층에 적용이 가능하다.

㉯ 굴착토의 배토 시에 지반응력의 이완과 굴착공벽의 붕괴에 따른 말뚝 지지력의 저감과 선단 지지층의 확인이 곤란한 점을 개선한 공법이다. 상호 역회전하는 내부 스크루 오거(screw auger)와 말뚝 직경보다 50mm가 큰 외부 케이싱의 독립된 2중 굴진방식에 의해서 서로의 반력 토크를 이용하여 평형상태를 유지하며 굴착할 수 있다.

㉰ 상부 오거와 하부 케이싱이 상호 역회전하면서 굴진하고 수직도는 1/100 이상이어야 한다.

㉱ 오거와 압축공기로 배토되는 토사와 암편을 육안으로 관찰하여 지층상태를 확인하고 지지층을 결정한다.

㉲ 말뚝의 선단과 주면에 시멘트풀을 주입하여 말뚝 주변지반의 응력 이완을 방지하므로 선단지지력과 마찰지지력의 확보에 유리하다.

㉳ 선단 지지층까지 굴착한 후에 슬라임을 제거하고 굴착심도를 확인한다. 시멘트풀을 천공한 선단으로부터 말뚝직경의 5D 이상을 주입하고 인발하며 하부 케이싱의 오거를 분리하고서 케이싱 내부에 말뚝을 삽입한다.

㉴ 압입, 회전관입에 의하여 말뚝을 지지층에 정착시키므로 경타로 인한 소음과 진동을 방지할 수 있지만 시공품질의 확인을 위하여 최종 경타로 마무리한다.

㉵ 조밀한 중간층, 전석층, 견고한 지반은 오거 굴착이 어려우므로 오거 롯드의 끝에 에어해머(air hammer)를 부착하여 굴착한다.

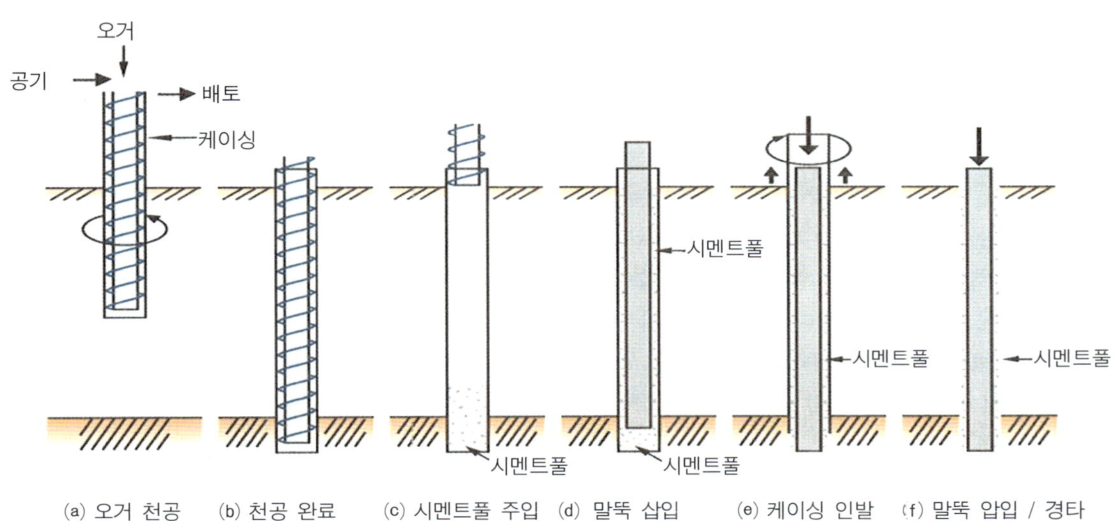

그림. SDA공법의 시공순서

① 오거(Auger) 천공

② 천공 / 시멘트풀의 주입

③ 말뚝 연결 용접

④ 말뚝 삽입 완료

⑤ 케이싱(Casing) 인발

⑥ 최종 항타(경타)

그림. SDA(DRA)공법의 시공순서

③ PRD(Prelocation Rotary Drilling method) 공법

PRD공법은 SDA공법과 T-4 천공기에 의한 굴착이 혼합된 공법으로 강관 케이싱의 내부에 암반 천공장비를 넣고 말뚝 선단부 지반을 굴착하면서 케이싱을 회전, 관입하는 공법이다.

강관말뚝을 케이싱으로 사용되므로 공벽이 붕괴되지 않고 지하수위가 높은 지반에서도 천공할 수 있으며 시공방법은 SDA공법과 동일하다.

그림. PRD공법

㉮ 특징

㉠ 강관 케이싱이 굴착공의 붕괴와 휨을 방지하고 케이싱과 공벽의 마찰저항이 적다.

㉡ 경사진 암반층에서 시공 정밀도가 우수하고 연약지반은 작업효율이 저하하며 T-4 해머의 타격 시에 발생되는 소음에 의한 민원이 발생할 수 있다.

㉯ 시공방법

㉠ 강관 케이싱 내에 천공기를 삽입하여 굴착하며 굴착 시에 압축공기를 주입하여 굴착토사를 케이싱의 두부로 배출시킨다.

㉡ 충분한 선단지지력을 가지는 지지층에 도달하면 말뚝을 삽입하고 시멘트풀을 주입한 후에 강관 케이싱을 인발한다. 강관 케이싱을 인발하고서 드롭해머 또는 유압해머를 사용하여 말뚝에 경타를 실시한다.

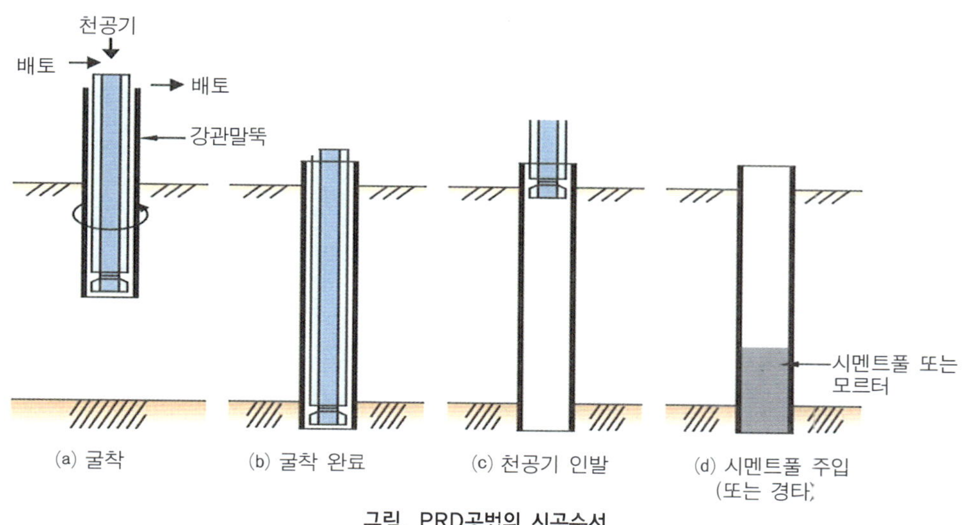

그림. PRD공법의 시공순서

④ 매입말뚝의 시공 유의사항

㉮ 시공 준비

㉠ 말뚝의 시공 전에 지하매설물과 지상의 장애물을 조사하여 천공에 차질이 없게 한다.

㉡ 항타기 이동시에 안정성이 확보되도록 지표면을 평탄하게 다지고 보강판 등을 설치하며 양호한 배수상태를 유지한다.

㉢ 말뚝 위치를 표시하고 항타기 리더에 천공 깊이를 확인하는 눈금(0.5m 간격)을 표시한다.

㉯ 말뚝 세우기

㉠ 말뚝이 수평오차를 벗어나지 않도록 안전하게 천천히 세운다.

㉡ 천공과 말뚝의 삽입 시에 수직도를 확인하는 다림추, 수준기를 2개소에 설치하여 리더와 말뚝의 수직도를 관리한다.

㉰ 천공

㉠ 수직으로 천공되도록 항타기 리더의 수직도를 관리한다.

㉡ 말뚝 직경보다 10cm 정도 크게 천공장비의 직경을 선정하고 천공시에 공벽의 붕괴가 우려되거나 붕괴되는 지반은 케이싱을 사용한다.

㉢ 천공 깊이는 소요 지지력을 만족하는 지층까지로 한다.

㉣ 천공시에 배토된 흙은 즉시 제거하여 공내로 유입되지 않고 말뚝 위치를 식별하도록 한다.

㉱ 시멘트풀의 주입과 말뚝의 삽입

㉠ 천공이 완료되면 천공깊이를 측정하고 시멘트풀을 주입하면서 오거를 인발한다.

㉡ 지하수위가 높으면 오거를 천공구멍의 하부에 위치시키고 시멘트풀을 주입한 후에 오거를 인발한다.

㉢ 시멘트풀의 주입이 완료되면 천공한 구멍에 말뚝을 삽입한다.

㉣ 말뚝의 삽입 시에 낙하높이를 낮추어서 말뚝의 파손이 적게 하고 케이싱을 사용하는 경우는 와이어가 말뚝과 케이싱 사이에 끼지 않게 한다.

㉤ 말뚝을 삽입하고 시멘트풀의 충전상태를 확인하여 부족한 경우는 재충전한다.

㉲ 경타

㉠ 천공구멍에 삽입된 말뚝의 수직도를 확인하고 리더에 부착된 drop hammer로 예비타와 최종 경타를 실시한다.

㉡ 경타 시에 타격당 관입량은 굴착 시에 배토된 흙을 제거하고서 원지반에 설치한 기준대를 이용하여 측정한다.

㉢ 지표면 이하에 말뚝을 설치하는 경우는 보조말뚝을 사용하여 타격한다.

㉳ 말뚝의 시공오차

㉠ 강관말뚝의 수평오차는 말뚝 상단을 기준으로 말뚝 직경의 1/4(또는 10mm 중의 큰 것) 이내이어야 한다.

㉡ PHC말뚝은 수평오차가 150mm를 초과하지 않아야 한다.

㉢ 수평 허용오차를 벗어난 경우는 구조 검토를 하여 추가 항타 또는 기초 보강을 실시한다.

㉣ 수직오차가 강관말뚝은 1/75, PHC말뚝은 1/50 이상이면 보강 여부를 검토한다.

㉴ 콘크리트 말뚝의 두부정리

㉠ 말뚝 두부의 절단 시에 유효 프리스트레스가 감소되는 구간은 말뚝에 사용한 강선 직경의 50배까지로 한다.

㉡ Cutter로 말뚝 본체를 깊게 절단하여 내부 강선이 절단되지 않게 한다.

㉢ 유압파쇄기로 말뚝 절단선의 상부 20cm까지 파쇄하고 균열이 절단선 하부로 전달되지 않도록 한다.

㉣ 말뚝은 절단선까지 해머로 콘크리트를 깨어서 정리하고 capping을 실시한다.

(a) 천공

(b) 말뚝 삽입 후의 경타

(c) 저부에 모르터의 주입

그림. 매입말뚝공법의 시공

4) 현장타설말뚝

기성제품말뚝은 일반적으로 직경이 작은 말뚝을 지중에 타입 또는 매입하여 설치하며 현장타설말뚝은 지반을 굴착하고 콘크리트를 타설하여 설치한다. 현장타설말뚝은 소구경부터 대구경까지 다양한 직경으로 무근과 철근 콘크리트를 모두 사용이 가능하고 선단부를 확대하여 선단지지력을 증가시키는 경우도 있으며 지반조건에 따라서 시공 중에 굴착공 주위의 흙이 무너지지 않도록 케이싱(casing), 안정액을 사용하여 굴착한다.

타입말뚝은 항타 시에 소음과 진동이 발생하므로 도심지 적용에 제약이 있지만 현장타설말뚝은 굴착장비로 천공한 구멍(drilled hole)에 콘크리트를 타설하여 말뚝이 형성되므로 소음, 진동의 피해를 최소화하고 특히 자갈, 전석층, 풍화암으로 구성된 지반에서 타입말뚝의 시공이 용이하지 않은 경우에 소요 지지력을 확보할 수 있다.

현장타설말뚝은 굴착장비가 공벽을 보호하는 방식에 따라서 All casing공법, RCD(Reverse circulation drilled pier)공법, 어스드릴(earth drill)공법 등이 있다.

① 적용성

㉮ 현장타설말뚝은 큰 하중을 지지하고 침하량이 적어서 상향과 횡방향의 하중지지에 효과적이다.

㉯ 시공법이 다양하여 복잡한 지반조건에서도 시공이 가능하고 연약하거나 붕괴되기 쉬운 지반에서는 케이싱(casing), 벤토나이트 등을 사용하여 시공할 수 있다.

㉰ 현장타설말뚝은 지지력이 커서 무리말뚝을 대구경의 현장타설말뚝으로 대체할 수도 있고 현장타설말뚝의 직경은 지반조건, 하중상태, 현장조건에 따라서 결정한다.

㉱ 횡방향력에 저항하는 구조적인 강성이 필요하고 인장응력은 현장타설말뚝의 주면마찰력에 의하여 지지된다.

② 장점

㉮ 현장타설말뚝은 직경이 크므로 일반 기성제품말뚝보다 큰 지지력을 가져서 말뚝의 소요 개수가 적고 큰 수평하중과 휨모멘트에 저항할 수 있다.

㉯ 말뚝 캡(cap)이 필요하지 않고 큰 휨모멘트에 저항하도록 말뚝 상부의 확장이 용이하다.

㉰ 조밀한 모래, 자갈층에서 현장타설말뚝이 기성제품말뚝보다 쉽게 설치할 수 있다.

㉱ 선단 지지층을 확인할 수 있고 굴착공 바닥과 콘크리트가 밀착되어 선단지지력의 확보가 용이하며 시공 중에 발생하는 소음과 진동이 적어서 도심지공사에 적합하다.

③ 단점

㉮ 굴착에 따른 인접 지반의 이완과 유실로 인하여 지반침하와 인접구조물에 피해가 발생할 수 있다.

㉯ 기초 저부에 피압 대수층과 초연약지반이 있으면 굴착이 곤란하다.

㉰ 굴착 후에 말뚝 저부와 지지층 사이의 침전물(slime) 처리에 어려움이 있다.

④ 현장타설말뚝의 종류

㉮ 레이몬드말뚝(Raymond pile)

레이몬드말뚝은 얇은 철판의 외관(step-taper pile)에 내관을 삽입하여 내·외관을 동시에 지중에 타입하고서 내관을 뽑아 올리고 외관 속에 슬럼프 100~150mm의 콘크리트를 채워서 말뚝을 형성한다. 말뚝 본체에 경사(30:1)가 있어서 내관을 뽑아 올리기가 쉽고 말뚝 주변의 저항이 크다.

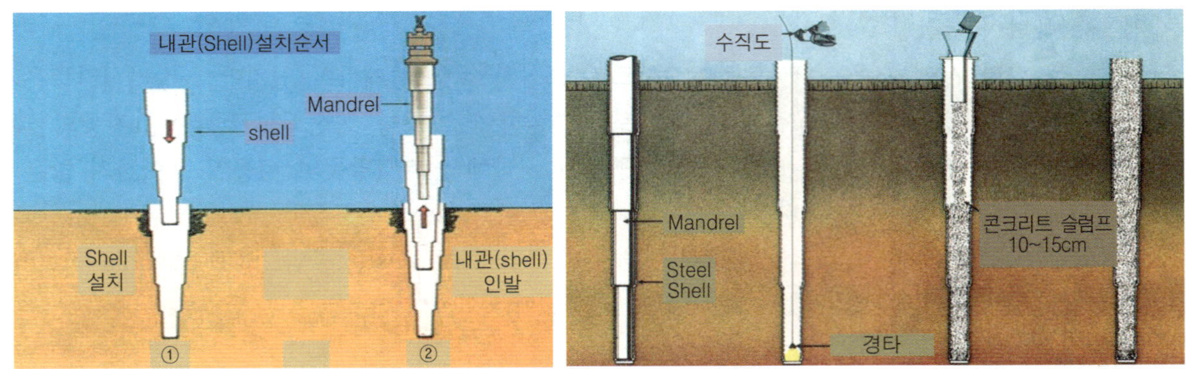

그림. 레이몬드말뚝의 시공순서

㉯ 프랭키말뚝(Franky pile)

프랭키말뚝은 강관 케이싱(casing)을 설치한 후에 케이싱 내부에 콘크리트를 채우고 케이싱을 약 30cm씩 뽑아 올리면서 디젤해머로 콘크리트를 다져서 지중에 말뚝을 설치한다.

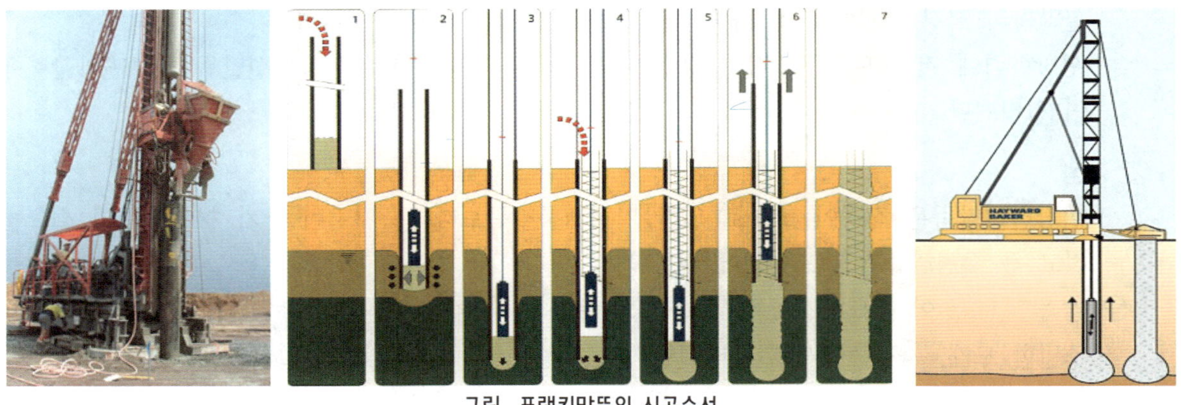

그림. 프랭키말뚝의 시공순서

㉠ 케이싱(ϕ370～470mm)을 설치하고 60～90cm의 높이로 자갈을 채운다.

㉡ 케이싱 속의 자갈을 디젤해머로 다지면 케이싱이 자갈과의 마찰 저항력에 의하여 지중으로 관입한다.

㉢ 소요 깊이까지 타입한 케이싱을 케이블에 매달아서 고정시키고 자갈이 철관 속에 약 30cm가 남도록 해머로 밀어낸다.

㉣ 케이싱에 철근망을 넣고 콘크리트를 채운 다음에 케이싱을 약 30cm씩 뽑아 올리면서 디젤해머로 콘크리트를 다져서 말뚝을 형성한다.

㉰ 심플렉스말뚝(Simplex pile)

지반에 콘크리트 또는 철제로 된 슈(shoe)가 있는 외관을 타입하고 무거운 추로 내부를 다지면서 외관을 뽑아 올려서 말뚝을 형성한다.

연약한 지반은 얇은 내관을 외관과 같이 타입한 후에 지중에 남겨 두고서 외관만 뽑아내는 경우도 있다.

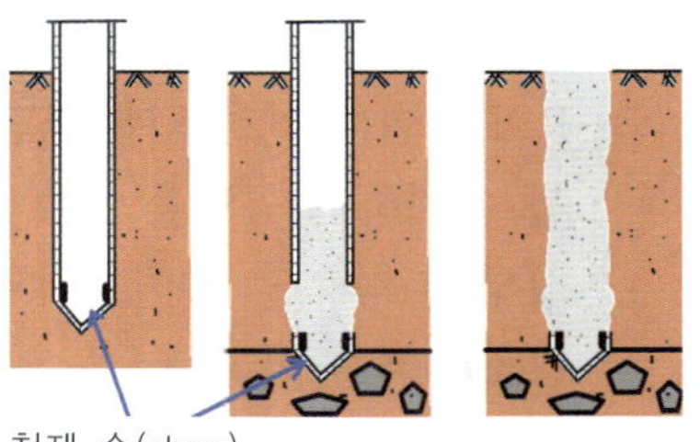

그림. Simplex pile

㉱ 베노토(Benoto)공법

Benoto공법은 대구경 케이싱을 계획 심도까지 Oscillator를 좌우로 15~25° 회전시켜서 압입하며 케이싱 내의 토사층을 해머그랩(hammer grab)으로 굴착한 후에 철근망을 건입하고 콘크리트를 타설하므로 공벽 붕괴의 위험과 여굴을 방지하는 효과가 있다. 장비가 대형이고 케이싱의 인발 시에 반력이 크기 때문에 굴착공 바닥의 지반이 충분한 지지력을 가져야 한다.

그림. 베노토(Benoto)공법

㉠ 장점

ⓐ 케이싱을 사용하므로 공벽의 붕괴가 매우 적고 말뚝 형상을 확실하게 유지하며 굴착으로 인한 근접 구조물에 미치는 영향이 적다.

ⓑ 큰 자갈, 호박돌층의 굴착이 가능하고 굴착공 바닥에서 슬라임(slime)이 적게 발생한다.

ⓒ 말뚝의 콘크리트 품질에 대한 신뢰성이 높고 콘크리트 사용량의 증가율도 적다.

㉡ 단점

ⓐ 전체 말뚝길이의 굴착에 케이싱을 사용하므로 말뚝의 직경과 심도에 제한이 있다.

ⓑ 지하수위 아래에 두꺼운 세립의 모래층이 있으면 케이싱의 인발이 곤란한 경우가 있다.

ⓒ 콘크리트의 타설시에 철근망이 따라서 올라갈 수 있다.

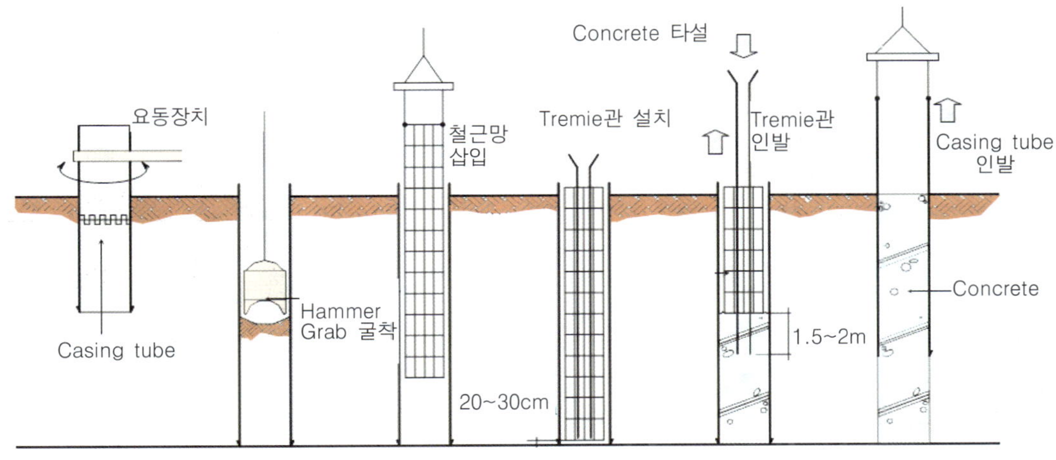

그림. 베노토공법의 시공순서

㉤ RCD(Reverse Circulation Drilled pier)공법

RCD공법은 표층부에 스탠드 파이프(stand pipe)를 설치하고 외수위보다 +2m 이상의 공내 수위를 유지하여 공벽을 보호하면서 비트를 회전하여 굴착한다.

상부 토사층은 해머그랩으로 굴착하고, 연암과 경암층은 드릴롯드에 부착된 암반용 비트(bit)로 굴착하며 drill rod pipe에서 순환수와 함께 굴착토를 역순환방식으로 배출하면서 굴착한다. 공내수는 지반조건에 따라서 안정액(벤토나이트 용액)을 사용하는 경우도 있다. RCD공법은 장비의 활용성이 다양하고 암반 굴착용 비트를 부착하면 경암의 굴착도 가능하다.

㉠ 장점

ⓐ 역순환 굴착공법이므로 굴착공 내의 이수 강하속도가 늦어서 공벽의 붕괴방지가 용이하다.

ⓑ 대구경으로 70~80m 심도까지 시공이 가능하고 연·경암의 굴착과 수상시공이 가능하다.

㉡ 단점

ⓐ 드릴 파이프 내경(200~300mm)의 80% 이상인 크기의 호박돌이 있으면 굴착이 곤란하다.

ⓑ 굴착공벽에 머드케익(mud cake)을 형성할 수 없을 정도의 피압수가 있으면 시공이 곤란하다.

ⓒ 이수관리의 불량에 따른 공벽의 붕괴, 콘크리트의 관리 불량에 의한 품질 저하, 굴착공 저부의 슬라임 처리 불량에 의한 지지력 저하와 굴착공의 수직도에 문제가 발생할 수 있다.

㉢ RCD 시공순서

그림. RCD 공법의 시공순서

㉣ RCD 시공 유의사항

ⓐ 장비 거치 : 시공 위치에 casing shoe를 설치하고 굴착장비의 수직도를 확인한다.

ⓑ 굴착공

붕괴가 우려되는 표층부는 강재 스탠드 파이프(stand pipe)를 설치하고 굴착공을 역순환하는 이수 중의 세립토가 안정액과 유사한 역할을 하여 지하수와의 수두차에 의한 정수압 효과로 공벽을 유지한다. 비트가 회전하여 굴착하면 공내의 이수(자연 이수)와 함께 지상으로 배출된 토사와 혼합된 이수는 슬러지탱크에서 토사를 침전시키고 물을 순환시키는 방식을 사용한다. 굴착공의 수직도를 항상 유지하고 필요에 따라서 공벽이 붕괴되지 않도록 안정액(bentonite 용액)을 사용하여 적합한 속도로 굴착한다.

그림. RCD 굴착장비

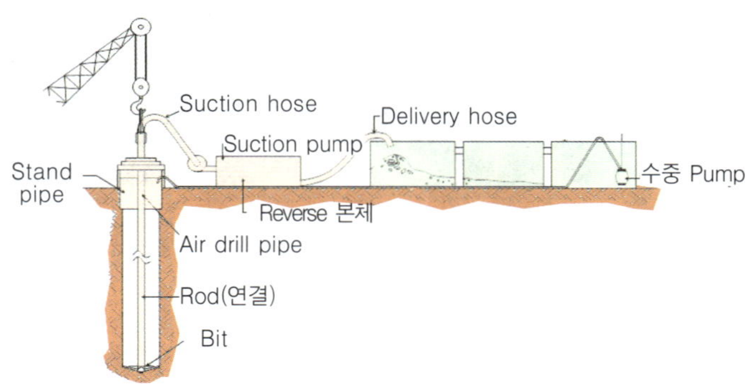

그림. RCD 굴착 system

ⓒ 슬라임(Slime)의 제거

굴착이 완료되면 콘크리트의 타설 전에 공착공 바닥의 슬라임은 에어 리프트(air lift)방식, 수중펌프방식, 흡입펌프방식 등의 순환기구를 이용하여 지상으로 배출하여 제거한다.

ⓓ 철근망의 제작과 설치

철근망은 설계도서에 따라서 가공과 조립을 하며 굴착심도가 깊으면 충분한 이음길이를 확보하고 수직도를 유지해야 한다. 철근의 피복두께를 유지하고 철근망이 굴착공벽을 손상하지 않고 정확하게 설치되도록 철근망 외측에 콘크리트 간격재(spacer)를 부착한다.

ⓔ 콘크리트 타설

굴착공 내의 콘크리트 타설은 트레미관에 의한 수중 콘크리트 타설방법을 사용한다. 콘크리트의 초기 타설은 굴착공 바닥과 트레미관이 15~30cm의 간격을 유지하고 타설 중에는 트레미관을 항상 콘크리트 속에 2m 이상을 매입하며, 타설 중에 케이싱의 인발은 철근망이 따라서 올라오지 않게 일정한 속도로 인양한다. 트레미관은 콘크리트의 타설 중에 트레미관 내부에 공기가 차지 않게 일정한 속도로 뽑아 올린다.

ⓕ 말뚝두부의 정리

콘크리트를 타설한 현장타설말뚝 두부에 슬라임과 레이턴스에 의하여 콘크리트 품질이 저하된 부분은 설계높이까지 제거한다.

(a) 강관말뚝 압입

(b) 해머그랩 굴착(토사층)

(c) RCD 굴착(암반층)

(d) 철근망 건입

(e) 콘크리트 타설

(f) 두부정리

그림 RCD말뚝의 해상 시공사례 [자료 출처 : LT삼보(주)]

㉳ 어스드릴(Earth drill)공법

Earth drill공법은 표층부 지반을 guide casing으로 보호하고 안정액을 사용하여 굴착하는 방법과 지하수위가 낮고 붕괴의 우려가 없는 점성토지반은 특수한 비트가 장착된 대형 오거로 굴착하는 방법을 사용한다.

그림. Earth drill 공법

㉠ 장점

점성토지반의 굴착에 적합한 공법으로 굴착장비의 이동이 용이하고 굴착속도가 빠른 저소음, 저진동의 공법이다.

㉡ 단점

ⓐ 굴착 중에 공벽이 붕괴할 수 있고 말뚝 선단의 지반이 연약해질 우려가 있다.

ⓑ 지중에 피압수가 존재하면 굴착이 곤란하다.

ⓒ 굴착시에 안정액이 함유된 토사는 폐기물로 처리해야 한다.

⑤ 현장타설말뚝의 시공 유의사항

㉮ 시공계획

㉠ 지반조사

대상지역의 토질, 지지층 심도, 지층 두께, 밀도, 자갈과 호박돌의 존재와 크기, 지하수위, 피압지하수의 상태 등을 파악해야 한다. 현장타설말뚝의 시공 시에 발생하는 불량한 굴착과 굴착공의 붕괴는 부실한 지반조사와 공법의 선정이 부적절하여 발생할 수 있다.

㉡ 현장조사

ⓐ 현장의 면적과 형태, 인접 구조물의 관계

ⓑ 기계, 자재의 출입경로와 통행 제한의 확인

ⓒ 굴착 토사와 이수 등의 운반과 처리방법의 확인

ⓓ 작업지반의 강도

ⓔ 콘크리트의 운반거리와 운반 소요시간

㉯ 굴착장비의 설치

굴착기의 설치가 시공 정밀도와 시공 능률에 중요하므로 시공현장의 여건, 시공순서, 기계 진입로 등을 고려하여 기계의 설치방향을 결정하고 말뚝 중심에 맞추어서 정확하게 설치한다.

㉠ 굴착기계를 설치하는 지반의 지지력이 불안정하면 굴착기가 기울어지거나 미끄러져서 말뚝의 경사, 편심이 발생한다.

㉡ 말뚝의 근접시공은 지반조건, 굴착기의 설치 위치, 콘크리트의 경화시간, casing 설치의 필요에 따라서 근접시공의 영향을 결정한다.

㉰ 굴착작업

㉠ 요동식 All casing 공법(Benoto 공법)

고결층은 해머그랩 등으로 굴착하고 호박돌, 전석층은 직경 150~500mm까지 굴착이 가능하다. 큰 전석은 chisel로 파쇄하고, 파쇄되지 않으면 착암기 또는 발파에 의하여 파쇄한다.

㉡ RCD 공법

고결층의 굴착이 다른 공법보다 비교적 용이하지만 치밀한 사력층과 호박돌층은 굴착이 어렵고 효율이 저하한다. Drill pipe 직경의 70% 이상 크기의 호박돌은 해머그랩으로 제거한다.

㉢ Earth drill 공법

Drilling bucket을 사용하여 호박돌과 전석층의 굴착이 가능하고 입경이 크면 해머그랩(hammer grab)을 사용하며 암반층의 굴착은 불가능하다.

㉱ 안정액의 종류와 품질관리

지반조건이 굴착용 안정액의 선정에 영향을 미치는 것은 오염도, 배합수, 압력, 온도, 굴착심도와 침투물질, 굴착층의 공극크기와 지하수의 화학적 성질이다.

㉠ 벤토나이트(Bentonite)

ⓐ 벤토나이트 안정액이 적당한 필터케익을 형성하고 굴착토를 분산시키기 위하여 벤토나이트 점토입자가 충분히 수화되어야 하고 수화(hydration)는 점토입자를 둘러싸는 물의 전기화학적 경계층(확산 이중층)을 형성하는 것이다. 확산 이중층이 형성되면 콜로이드 현탁액은 벤토나이트 입자의 반발력을 촉진하고 적당하게 수화되어 분산된 안정액은 매끄럽고 덩어리가 없는 컨시스턴시(consistency)를 가진다.

ⓑ 벤토나이트는 수화에 충분한 배합과 시간이 필요하여 벤토나이트 안정액은 배합 후에 24시간을 충분히 수화시킨 후에 굴착공에 투입한다.

㉡ 폴리머(Polymer)

ⓐ 폴리머와 물을 배합한 폴리머 안정액은 모든 종류의 지반에서 사용하고 벤토나이트 안정액과 비교하면 재사용 전의 처리과정이 간편하고 폐기물 처리비용이 감소한다. 현장타설말뚝의 굴착용 안정액으로 사용하는 폴리머는 긴 고리모양의 탄화수소분자로 폴리머 고리가 서로 결합되어 굴착공의 안정을 위하여 점토광물의 입자와 같이 거동한다.

ⓑ 폴리머 안정액은 전기화학적 작용에 의하여 사질토에서 그라우팅 첨가제의 역할을 하여 굴착 중에 흙입자를 접착(gluing)시킨다. 굴착공 벽면에 점성의 겔이 침투하여 형성된 얇은 막에 압력이 전달되어 안정액의 지반 침투에 의한 손실을 조절하고 굴착공 벽면에 (+)의 정수두압에 의한 지지압력을 가지게 하여 굴착공의 안정을 유지한다.

그림. Polymer slurry를 사용한 현장타설말뚝의 굴착

표. 폴리머와 벤토나이트 안정액의 비교

항 목	Polymer slurry	Bentonite slurry
배 합	·지상 탱크에서 배합 ·또는 굴착공에 직접 투입	·배합 후에 충분한 수화를 위하여 24 시간 소요 ·교반장치가 필요
밀 도	·밀도가 아닌 부피의 증가	·부피와 밀도가 증가 ·점도와 함께 밀도가 증가
침전 소요시간	·굴착공 바닥에 침전 ·바닥 청소가 용이	·굴착토가 장시간 안정액에 분산 ·침전탱크와 Desander 필요
염분의 영향	·청수와 염분수에서 작업 가능	·염분수에서 수화되지 않고 분해
재사용	·품질의 손상없이 재사용 가능	·2~3회 재사용하면 품질 저하
콘크리트 타설	·20분 후에 모래함량 1.0% 이하 ·콘크리트 타설이 용이, 강도에 영향이 없음	·안정액 특성으로 높은 모래함량 ·콘크리트 강도에 영향
환경 영향	·친환경적	·차수 기능으로 식물 성장에 지장
폐기처리	·표백제 또는 과산화수소에 의해 분해 ·우수로 처리 또는 지상에서 건조 (관련 환경규정을 준수)	·매립지에 매립(폐기물) ·처리비용이 많이 발생

㉢ 굴착공의 안정액 관리

콘크리트의 타설 중에 모래가 안정액에 침전되어 타설한 콘크리트 상부에 침전물이 모여서 콘크리트 내에 모래주머니가 갇힌 형태로 나타난다.

현장타설말뚝은 굴착공 전체의 안정액을 교환하고 굴착공에 있는 불량한 안정액은 펌프로 탱크 또는 desanding장비로 이송하는 동시에 신선한 안정액을 굴착공에 공급한다. 철근망의 건입 전에 안정액 시료를 굴착공 바닥에서 채취하여 밀도, 점도, 모래 함유량에 대한 시험을 실시하며 현장타설말뚝에 사용하는 안정액의 관리기준은 다음과 같다.

표. 벤토나이트 안정액의 관리기준(EN 1538 : 2010, FHWA GEC10, 2010)

종 류	시험방법	기준치
밀도(density)	Mud balance	〈 1.150g/㎖
점도(viscosity)	Marsh cone	≤ 50 seconds
모래 함유량(sand content)	Sand screen set	〈 4%

표. 폴리머 안정액의 관리기준(FHWA GEC10, 2010)

종 류	시험방법	기준치
밀도(density)	Mud balance	〈 1.025g/㎖
점도(viscosity)	Marsh cone	≤135 seconds
모래 함유량(sand content)	Sand screen set	〈 1%

㉮ 폐이수의 처리

㉠ 굴착 토사의 처리

ⓐ 어스드릴공법은 굴착기구로 토사를 직접 지상으로 배출하여 굴착한 토사의 함수량이 적지만 RCD공법은 굴착한 토사를 공내수와 함께 배출하므로 함수량이 많아진다.

ⓑ 굴착한 토사는 함수량과 안정액의 포함 여부에 따라서 매립하거나 폐기물로 처리한다.

㉡ 안정액의 재처리와 폐기 처분

굴착 공벽의 붕괴를 방지하기 위해서 사용한 안정액은 재처리하여 사용하거나 또는 산업폐기물로 취급하여 폐기처분한다.

㉯ 철근망(Steel cage) 설치

철근망은 주철근, 띠철근, 조립철근을 정위치에 배치하고 콘크리트를 타설할 때에 움직이거나 변형되지 않게 버팀재를 설치하며 철근망의 운반과 건입은 크레인을 사용한다.

㉰ 콘크리트 타설

현장타설말뚝은 트레미관(tremie pipe)에 의한 수중 콘크리트 타설방법을 사용하고 타설 후에 콘크리트의 품질검사가 곤란하므로 타설 시에 철저한 품질관리가 필요하다.

㉠ 타설 전(Prior to concreting) 유의사항

ⓐ 굴착공 바닥의 청소

트레미관에 의한 수중 콘크리트 타설은 양호한 배합의 콘크리트를 사용해도 굴착공의 바닥이 깨끗하지 않고 안정액에 모래가 많이 섞여 있으면 현장타설말뚝에 결함이 발생한다. 현장타설말뚝의 굴착공 바닥은 초기 타설시에 콘크리트와 섞일 수 있는 굴착 침전물이 없어야 하고 침전물은 타설시에 상승하는 콘크리트의 윗부분에 갇혀서 혼입된 형태로 나타난다.

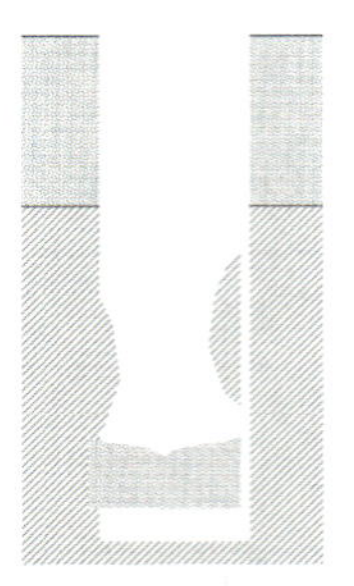

(a) 굴착공 벽면과 바닥의 불안정

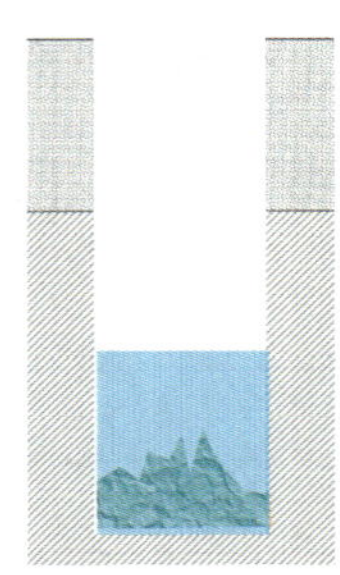

(b) 침전물과 지하수의 불충분한 제거상태

그림. 굴착공 벽면과 바닥 청소의 중요성

ⓑ 굴착공 바닥의 침전물 허용 기준

굴착공 바닥에서 굴착 잔재물을 완벽하게 제거하는 것이 어렵기 때문에 미세한 양의 침전물(slime)은 허용될 수 있다. 일반적으로 굴착공 바닥에 두께 7.5cm 이상의 느슨한 침전물은 콘크리트에 혼입되지 않게 콘크리트 타설 전에 제거하며 선단지지력에 의하여 상부하중을 지지하는 현장타설말뚝은 굴착공 바닥의 침전물 허용기준이 다음과 같다.

· 바닥 면적의 50% ≤ 침전물 두께 : 13mm

· 침전물의 최대 두께 ≤ 40mm

현장타설말뚝의 굴착공 바닥에 있는 침전물은 버킷 등으로 청소하고 과다하게 형성된 안정액의 필터케익(filter cake)은 굴착 중에 굴착면에서 제거하거나 콘크리트와 벤토나이트가 접촉하는 인접한 면에서 제거한다.

㉡ 콘크리트의 타설

현장타설말뚝의 트레미관 또는 콘크리트 펌프에 의한 수중 콘크리트 타설은 콘크리트가 양호한 워커빌리티를 가져야 한다.

ⓐ 트레미관에 의한 콘크리트 타설

- 트레미관은 호퍼(hopper)하부에 강관이 연결된 형태이며 콘크리트 펌프 또는 버킷에 의해 호퍼에 콘크리트를 공급하거나 콘크리트 운반차량에서 직접 공급하는 경우도 있다.
- 트레미관의 직경은 일반적으로 ϕ20~30cm 또는 큰 직경을 사용하며, 트레미관은 1~5m의 길이로 조립하고 콘크리트의 상승에 따라서 매입깊이를 조절한다.
- 철근망은 트레미관의 수직도를 유지하고 트레미관의 프랜지가 통과할 수 있는 충분한 공간이 필요하며 트레미관의 표면은 철근망의 통과에 지장이 없게 매끄러워야 한다.

그림. 트레미관에 의한 콘크리트 타설

- 트레미관의 연결은 이음부의 방수를 위하여 O-ring seal을 설치한다. 트레미관에 콘크리트를 채우는 높이가 최소가 되게 하고 타설이 굴착공에서 트레미관을 인발한 후에 해체한다.

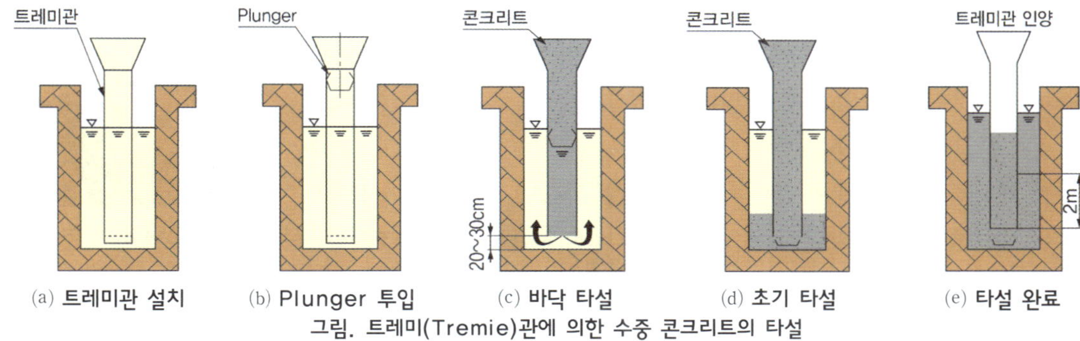

그림. 트레미(Tremie)관에 의한 수중 콘크리트의 타설

ⓑ 굴착공 바닥과 트레미관의 이격거리

- 수중 콘크리트는 콘크리트의 초기 타설이 중요하므로 트레미관 상부로 최소한 3m의 콘크리트 압력수두를 가질 때까지 연속적으로 콘크리트를 공급해야 한다.
- 콘크리트의 초기 타설 시에 트레미관은 굴착공 바닥에서 20~30cm의 거리를 유지하여 콘크리트의 배출량을 조절하고 트레미관 내부의 콘크리트 타설높이를 유지한다.

ⓒ 콘크리트 타설 시의 콘크리트 압력수두

- 타설 초기에 콘크리트가 충분히 공급되지 않은 상태에서 콘크리트를 트레미관에서 배출하면 트레미관 내의 콘크리트가 압력수두를 유지하지 못하여 지하수 또는 안정액이 트레미관 내부로 유입되어 콘크리트와 섞이게 된다.
- 트레미관이 과도하게 콘크리트에 매입되면 타설하는 콘크리트의 상승에 따라서 철근망이 상승하는 원인이 된다.

ⓓ 트레미관의 콘크리트 내의 매입깊이

- 타설하는 콘크리트 내에 트레미관의 최소 매입깊이는 3.0m를 유지해야 한다.
- 트레미 콘크리트의 타설 중에 케이싱을 인발하는 경우는 인발한 케이싱 주변의 공간을 콘크리트가 채워서 콘크리트의 타설높이가 저하하므로 케이싱 제거로 인한 콘크리트 타설높이의 변화가 없도록 트레미관의 최소 매입깊이를 유지해야 한다.

ⓔ 콘크리트 타설 기록(Concreting record)

- 트레미 콘크리트의 타설 중에는 콘크리트 타설량을 측정하여 기록하는 것이 중요하다. 트레미관의 위치마다 콘크리트 타설높이를 측정하고 운반차량의 콘크리트 배출시에 일정한 간격으로 트레미관의 매입깊이를 기록한다.
- 콘크리트의 타설량이 이론수량보다 적으면 공벽의 붕괴, 안정액과의 혼합, 콘크리트에 굴착 잔해물과 토사가 섞여서 굴착공이 불안정한 상태를 나타낸다.

㉶ 말뚝 두부처리

현장타설말뚝의 두부에서 블리딩에 의한 0.6~1.0m 정도의 레이턴스가 있는 콘크리트를 제거하고 설계심도에 따라서 두부를 정리하는 작업과 기초와 일체가 되게 말뚝 두부에 철근을 배치하는 것이 말뚝의 두부정리이다.

그림. 말뚝의 두부정리

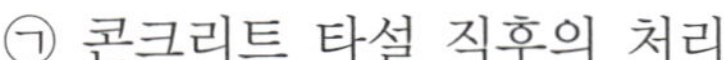

㉠ 콘크리트 타설 직후의 처리

ⓐ 높게 타설된 부분에 고압수를 분사하여 레이턴스를 제거

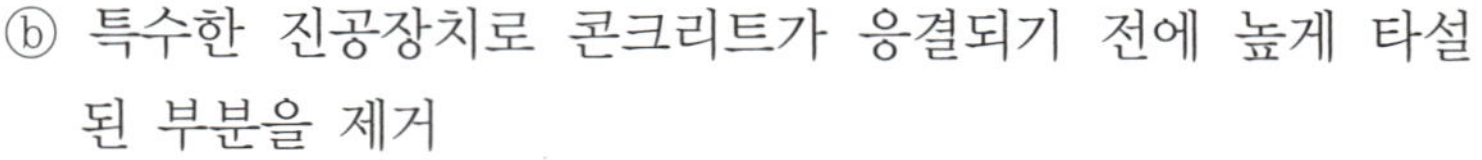

ⓑ 특수한 진공장치로 콘크리트가 응결되기 전에 높게 타설된 부분을 제거

㉡ 콘크리트가 경화된 후의 처리

ⓐ 말뚝 두부에 미리 파이프를 매입하고 콘크리트가 경화된 후에 유압력으로 파쇄

ⓑ 파이프를 매입하고 경화된 후에 팽창제에 의한 균열 파쇄

⑥ 현장타설말뚝의 건전도시험과 결함 대책

㉮ 말뚝의 지지력과 결함의 검사

현장타설말뚝의 지지력은 정재하시험, 동재하시험, 정·동적재하시험, Osterberg cell 재하시험 등의 말뚝재하시험에 의한 확인이 가장 확실한 방법이지만 많은 시간과 비용이 소요된다. 현장타설말뚝의 결함을 검사하는 방법은 공대공 초음파탐사(Cross-hole sonic logging), TIP(thermal integrity profiler), 현장타설말뚝에서 채취한 코어 강도시험을 실시한다.

㉠ 공대공 초음파탐사(Cross-hole sonic logging)

현장타설말뚝의 건전도검사에 이용하는 공대공 초음파탐사에서 말뚝 내부에 결함부위가 있으면 건전한 콘크리트에 대한 응력파의 전파 특성과 다른 이상신호(anomaly)가 감지되어 신호의 감쇄, 도달시간의 지연, 속도의 감소 등으로 나타난다.

공대공 초음파탐사는 말뚝 내부에 2개 이상의 철제 또는 PVC파이프(직경 : 50mm 이상)를 매설하며 초음파 펄스(pulse)를 발생하는 송신기(transmitter)는 설치한 시험관 중의 하나에 삽입하고 수신기(receiver)는 다른 시험관에 삽입한다. 송신기는 짧은 지속시간과 20~100kHz의 주파수를 가진 펄스형태의 응력파를 일정한 간격으로 연속적으로 발생시키고 수신기에서 말뚝 내부를 전파하여 전달되는 신호를 수신한다.

(a) 시험용 튜브 설치

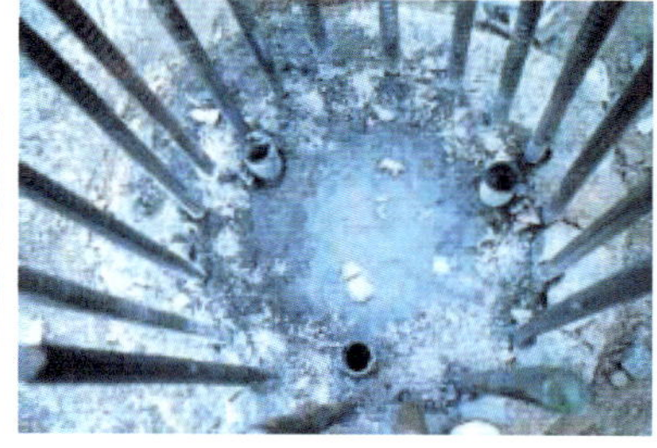
(b) 타설후 튜브 절단

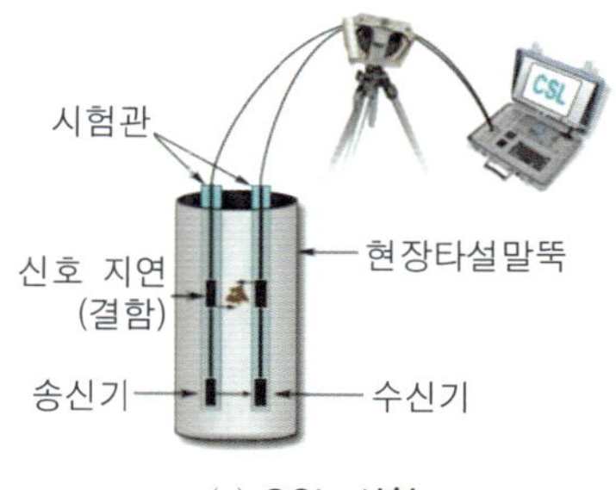

(c) CSL 시험

그림. Sonic test

공대공 초음파탐사는 콘크리트 타설이 완료되면 매입한 시험관에 깨끗한 물을 채우고 시험은 콘크리트의 타설 후 7일이 경과된 시점부터 30일 이내에 실시한다.

공대공 초음파탐사는 초음파 검층 그래프에서 신호의 도달시간이 지연되어 신호 감소(에너지 감소)가 나타난 이상(anomaly)지점을 확인하고 시공기록과 비교하여 결함을 파악한다.

ⓛ Thermal Integrity Profiling(ASTM D7949-14)

현장타설말뚝의 건전도를 측정하는 CSL(cross-hole sonic logging)탐사는 현장타설 콘크리트 말뚝의 굴착공에 설치한 철근망 내부의 결함만을 탐사하는 한계성이 있다. 그러나 콘크리트의 수화열에 의하여 건전도를 측정하는 TIP(thermal integrity profiler)는 철근망 바깥쪽을 포함한 말뚝의 전체 단면에서 콘크리트의 건전도를 판단할 수 있는 3D영상을 제공하여 말뚝 전체의 건전도 평가가 가능하다.

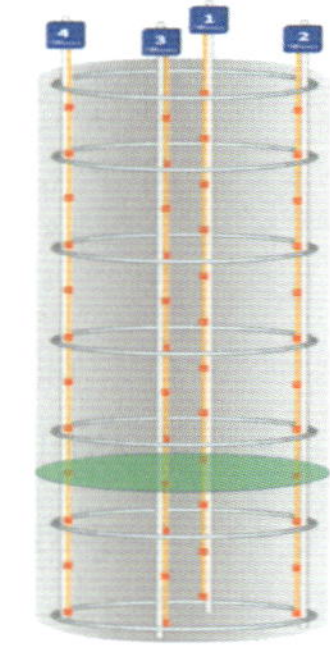

그림. TIP 센서

ⓐ TIP는 콘크리트를 타설하고 12~48시간 후에 시멘트의 수화시에 발생하는 수화열을 이용하여 현장타설 콘크리트 구조물의 품질, 철근 피복두께, 배치의 평가에 사용한다.

그림. TIP thermal wire

그림. 철근망에 부착된 열감지센서

ⓑ TIP의 Thermal wire system은 300mm 간격으로 열감지센서가 부착된 케이블과 thermal acquisition port(TAP)가 포함되어 있다. 기초 구조물의 크기에 따라서 수직 케이블을 설치하고 철근망에 thermal wires가 부착되어 있으며 TAP는 15분 간격으로 열감지센서에서 자동적으로 데이터를 수집한다.

ⓒ TAP데이터 시스템은 콘크리트가 최고온도에 도달(약 3~5일)할 때까지의 자료가 저장되므로 즉시 결함의 판단이 가능하다.

㈏ 현장타설말뚝의 손상과 결함(Damage and defects)

현장타설말뚝은 말뚝 저부의 슬라임(slime), 말뚝 하부에 존재하는 공동 등에 의한 연약한 지지층과 말뚝 본체와 주변부의 토층 사이에 형성되는 측면 공동(side cavity)이 결함의 요인이다.

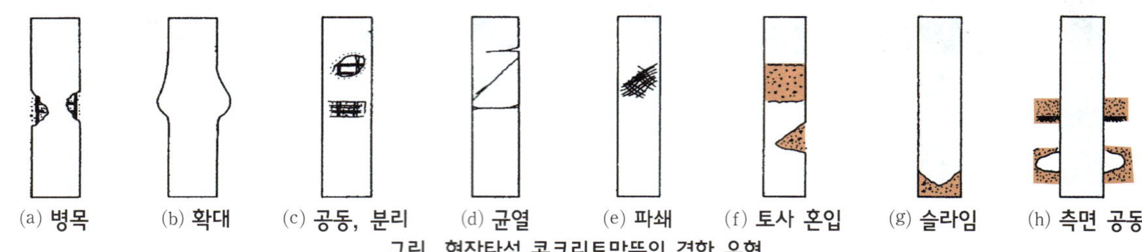

그림. 현장타설 콘크리트말뚝의 결함 유형

현장타설말뚝의 대표적인 결함은 콘크리트의 배합이 부적합하거나 밀집한 철근 간격이 원인으로 작용할 수도 있고, 결함이 없는 말뚝을 시공하기 위해서는 양호한 콘크리트의 배합과 트레미관에 의한 수중 콘크리트의 타설기술이 중요하다. 현장타설말뚝에서 나타나는 전형적인 결함은 주로 철근 피복두께의 부족, 철근과의 부착력과 워커빌리티의 감소에 의하여 발생한다.

㉠ 트레미 콘크리트의 결함 형태

트레미 콘크리트의 타설 후에 나타나는 콘크리트의 결함이 손상으로 이어지거나 주기적으로 발생하는 원인은 콘크리트가 적절한 유동 특성과 안정성을 가지지 못하거나 콘크리트의 부적절한 타설순서와 타설작업이 불량하여 발생한다.

ⓐ 콘크리트 내의 충전물(Inclusion)

- 콘크리트내의 충전물은 콘크리트 내에 갇혀있는 유해한 물질이며 안정액과 혼합하여 발생하는 충전물은 콘크리트의 유동성 부족, 콘크리트의 타설기술과 굴착공 바닥의 청소상태가 불량하여 발생한다.
- 충전물의 분포범위와 발생빈도가 제한적이면 허용할 수 있지만 지지력에 영향을 주는 크기이거나 표면에 넓게 분포되어 내구성이 저감되는 경우는 충전물을 손상으로 분류하여 비파괴시험에서 충전물의 상태를 확인한다.

그림. 충전물의 발생 형태

그림. 블리딩에 의한 유로의 발생 형태

ⓑ 블리딩에 의한 유로(Bleeding channels)의 발생

- 블리딩에 의하여 굴착공 벽면과 콘크리트 사이에 발생하는 물길을 따라서 시멘트 페이스트가 물과 함께 상승하면서 잔골재만 남겨두는 현상으로 유로가 형성되고 말뚝의 표면 가까이에 수직으로 좁게 형성되는 표면 결함이다.
- 블리딩에 의한 유로는 콘크리트의 재료분리와 블리딩 저항성이 불량한 콘크리트에서 발생하고 블리딩이 많이 발생하면 부착력이 저하되고 수밀성이 나빠진다.

ⓒ Mattressing

- 층상 콘크리트(mattressing)는 콘크리트의 타설시에 철근을 통과하여 외측으로 콘크리트가 수평 이동할 때에 철근 주변에서 콘크리트의 유동성이 부족하여 발생한다.
- 매트레싱은 철근의 배면에 갇힌 콘크리트가 철근에서 퍼져나가는 형상이며 수직 매트레싱은 블리딩수의 통로가 되어 복합적인 손상에 이르게 한다.

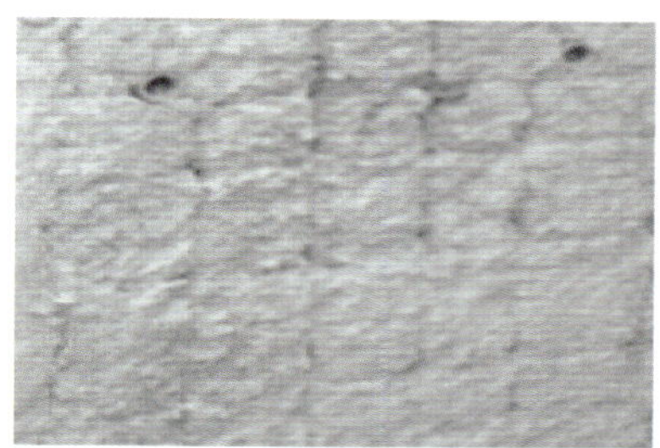

그림. 말뚝에 형성된 Mattressing

그림. 철근 피복두께의 부족에 의한 결함

ⓓ 철근 피복두께의 부족

- 철근망의 피복두께가 부족하면 콘크리트의 워커빌리티가 불량하거나 콘크리트의 타설이 부적절한 경우에 콘크리트 표면에 결함이 발생한다.
- 철근의 피복두께를 확보하기 위해서는 철근망에 간격재(spacer)를 설치하고 콘크리트의 유동성을 고려한 콘크리트의 타설방법을 검토한다.

5) 기타 말뚝공법

① Rammed aggregate pier(Geopier)공법

연약한 지반을 오거로 천공하고 쇄석을 높은 다짐에너지로 다짐하여 원지반의 전단강도와 지지력을 향상시키는 공법으로 긴 말뚝과 직접기초의 중간적인 개념의 말뚝기초이다.

그림. Geopier 공법의 시공

높은 다짐에너지에 의해서 조성된 쇄석 말뚝이 상부하중을 지지하는 공법으로 주로 연약지반에 적용하며 액상화, 지진하중과 수평하중에 대한 저항성이 크다. 각종 구조물 기초, 제방, 옹벽의 기초말뚝, 비탈면의 붕괴를 방지하는 억지말뚝으로 사용하며 침하량을 기준치 이내로 제어하면서 상부 구조물을 지지한다.

시공은 케이싱을 사용하여 오거로 굴착하고 입도 분포가 양호한 골재를 투입하고서 구근(ϕ 50~75cm)을 형성하는 다짐을 바닥에서부터 단계적으로 실시한다.

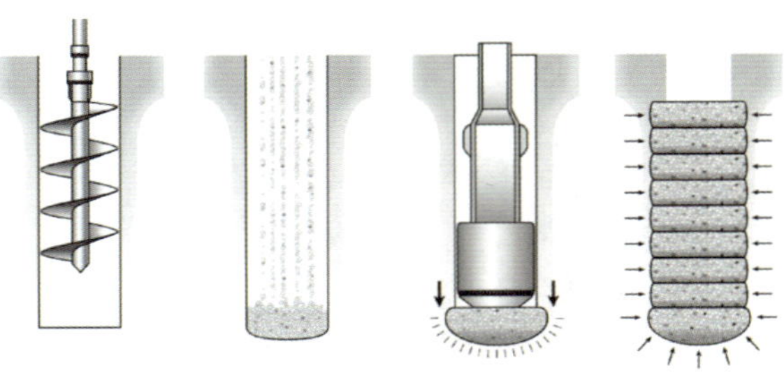

그림. Rammed aggregate pier의 시공순서 [자료 출처 : Geopier]

② Micro pile 공법

㉮ 개요

Micro pile은 주면마찰력을 이용한 직경 ϕ30cm 이하의 소구경말뚝이며 천공장비로 소요 깊이까지 천공한 후에 고강도 강재를 삽입하고 시멘트 그라우트를 주입하여 말뚝체를 형성하는 공법으로 root pile, mini pile이라고도 하며 지반과 말뚝의 복합체를 형성하는 말뚝이다. 소형 천공장비를 사용하므로 협소하고 접근성이 불량한 지역도 적용이 가능하며 콘크리트와 암반 등의 천공이 용이하다.

그림. 교각 기초의 Micro pile 설치

그라우트와 steel bar가 일체가 되어 상호 부착력이 좋아야 하고 연약지반은 정착장 구간에 압력그라우팅을 추가적으로 실시하여 지반과의 마찰력을 크게 한다. Micro pile은 주변지반의 교란이 적고 압력주입으로 유효 직경이 증가하여 지반과 말뚝 사이의 결합강도가 개선되므로 구조물 기초, 기초의 보강, 수평하중의 전달, 부력 방지용 앵커, 비탈면 보강에 많이 적용한다.

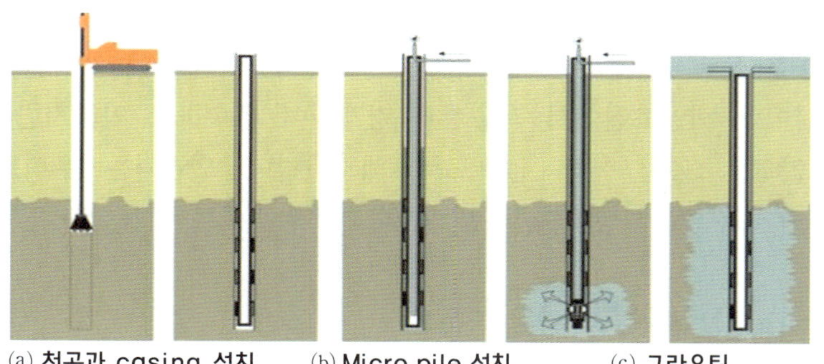
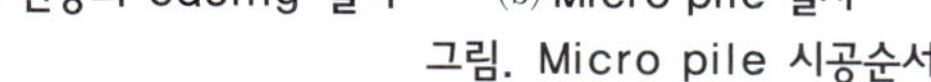

(a) 천공과 casing 설치 (b) Micro pile 설치 (c) 그라우팅

그림. Micro pile 시공순서

그림. Micro Pile 두부 형상

㉯ 특성

㉠ 연직과 경사시공이 가능하여 교각 등의 수평력 지지에 유리하다.

㉡ 마찰형말뚝이므로 연약층이 깊은 지반에 적용이 가능하고 고압 grouting을 실시하여 주면마찰력을 확보할 수 있다.

㉢ Micro pile본체의 연결에 연속 나선형 steel bar를 사용하면 coupler로 연결할 수 있다.

㉰ 시공 유의사항

㉠ 천공 후에 micro pile체의 삽입과 그라우팅단계에서 천공 벽면이 교란되지 않아야 한다.

㉡ 소요 깊이보다 약 0.5m 깊게 천공하고 천공 구멍의 허용오차는 ±2.5° 이내로 한다.

㉢ 천공 시에 벤토나이트 안정액을 사용하지 않아야 한다.

㉣ 천공이 완료되면 micro pile 본체는 인력 또는 장비를 사용하여 설치한다.

㉤ Thread bar는 coupler로 연결하고 간격재를 부착하여 micro pile 본체가 중앙에 위치하게 배치한다.

㉥ 그라우팅은 천공경의 바닥부터 천공경의 상부에서 흘러 넘칠 때까지 주입한다.

㉦ 기초 콘크리트의 타설 전에 micro pile본체의 상부에 steel plate를 설치한다.

③ Suction pile공법

Suction pile은 해상말뚝, 방파제 기초의 설치에 사용하며 말뚝을 수중에 수침시킨 후에 자중에 의해서 지반에 매입시키고, 말뚝 상부에 설치된 수중펌프를 이용하여 말뚝 내부의 물을 외부로 배출시키면 말뚝 내부의 물이 같은 위치의 외부보다 압력이 낮아져서 말뚝 상부에 하중으로 작용하여 말뚝을 지지층까지 자체 중력에 의하여 설치하는 방법이다.

그림. Suction Pile의 설치

Suction pile 외부에서 내부로 물이 유입되면 말뚝 벽면의 마찰이 감소하여 자중과 수압저하에 의한 상부의 수압과 말뚝 주변벽의 마찰이 감소되어 말뚝이 지반에 매입된다.

㉮ 특성

Suction pile은 해성 점성토와 사질토지반에서 말뚝의 크기($L/D < 1$)와 수심에 제약을 받지 않고 설치가 가능하여 깊은 수심이나 해양조건에서 적용성과 경제성이 우수하고 연약지반의 개량, 준설, 치환 등이 필요하지 않고 소음이 거의 없으므로 해양환경이 오염되는 우려도 적다. Suction pile은 해상 풍력발전단지, 부유식 방파제, 안벽 등의 기초말뚝으로 적용한다.

㉯ 시공순서

㉠ Suction pile을 제작하여 barge선으로 설치 위치에 운반

㉡ Jack up barge에서 suction pile을 근입하여 설치

㉢ 말뚝 내부의 물을 suction압력으로 외부로 배출하고 suction pile을 연결

㉣ 지지력을 확인하고 바닥과 상부 콘크리트 타설

그림. Suction pile의 해상 설치 과정

④ CFA(Continuous flight auger)말뚝

CFA말뚝은 연속식 오거로 천공하여 오거날개에 굴착토가 충만되면 굴착공 내의 횡토압을 지지하여 굴착공의 안정을 유지하고 천공 후에 오거를 인발하고 철근망을 건입하며 오거 하부의 파이프에서 모르터 또는 유동성 콘크리트(25~35MPa, W/C=0.45, 슬럼프 : 200±25mm)를 1.0~1.7MPa의 압력으로 타설한다. CFA말뚝의 직경은 ϕ0.3~0.9m, 굴착심도는 약 30m까지 가능하고 외말뚝과 무리말뚝으로 사용하며 무리말뚝의 말뚝 중심간격은 말뚝 직경의 3~5배로 한다.

CFA말뚝은 오거로 천공한 공벽의 붕괴를 방지하기 위하여 케이싱 또는 안정액을 사용하고 토사와 오거 비트로 파쇄가 가능한 연약한 지반에 적용한다.

그림. CFA 말뚝의 시공 [자료 출처 : Bauer사]

굴착시에 오거의 회전과 관입속도가 균형을 이루어야 하고 오거의 관입이 지나치게 느리면 굴착공 내부로 횡방향 압축현상이 발생하여 굴착공 주변지반이 느슨해져서 인접 지반의 침하가 발생하는 경우도 있다.

CFA말뚝은 천공이 완료되면 바닥에서 오거를 15~20cm 인발하고 오거 하부에 있는 파이프를 통하여 모르터 또는 콘크리트를 압력에 의해 굴착공에 주입하며 일반적으로 실제 주입량은 이론 주입량보다 약 15~20%가 많이 주입된다.

콘크리트 타설시에 천공방향으로 오거가 회전하지 않게 콘크리트 공급량보다 오거를 빠르게 인발하면 공벽이 내측으로 붕괴되어 말뚝에 결함이 발생하는 경우도 있다.

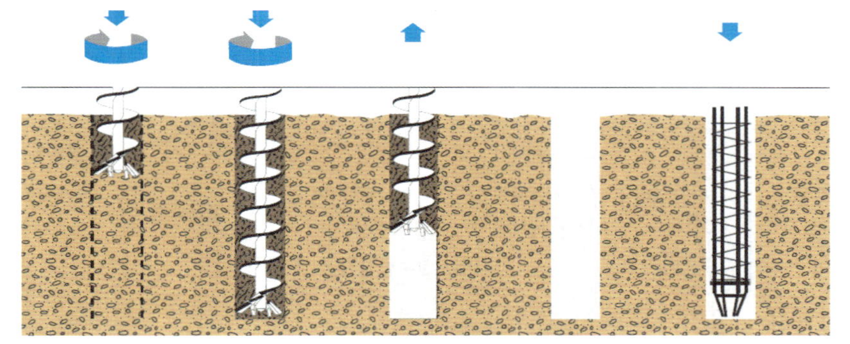

그림. CFA 말뚝의 시공순서

⑤ 심초공법(Caisson type pile method)

심초공법은 굴착 공벽에서 파형강판과 링(ring)지보재를 사용하여 토압을 지지하면서 인력으로 굴착하고 저부를 확대하여 굴착한 후에 철근망의 건입 또는 철근을 조립하고서 콘크리트를 타설하여 말뚝기초를 조성한다. 인력 굴착이므로 좁은 장소와 경사지에서 시공이 가능하고 굴착 직경은 ϕ1,200~5,000mm이며 산사태를 방지하는 비탈면의 억지 말뚝에도 적용할 수 있다.

그림. 심초공법의 굴착작업

㉮ 장점

㉠ 소형 굴착설비를 사용하므로 굴착과 흙막이공이 간단하고 말뚝이 큰 축력을 지지하며 말뚝길이에 따른 저감율을 적용하지 않는다.

㉡ 지표면에서 작업반경이 작으며 경사지와 좁은 장소에서도 시공이 가능하다.

㉢ 인력굴착이므로 지반과 콘크리트의 타설상태를 직접 확인할 수 있다.

㉣ 지중 장애물, 전석, 호박돌 등을 제거하면서 작업할 수 있고 암반층까지 도달에 지장이 없으며 굴착 작업시에 진동이나 소음이 거의 발생하지 않는다.

㉤ 대구경 말뚝의 시공이 가능하고 기초 저부를 확대 굴착하므로 지지력이 증가한다.

㉯ 단점

㉠ 지하수위가 높거나 피압 대수층이 있는 지반조건, 산소결핍공기, 유독가스 등이 발생하는 장소

는 적용이 곤란하고 지하수의 양수에 의한 인접 지반의 변형이 발생할 수 있다.

㉡ Heaving, boiling이 우려되는 지반은 부적합하고 암반층에서 발파공법의 적용이 곤란하다.

㉢ 선단 지반과 말뚝 주변이 연약해질 수 있다.

㉣ Ring beam이 단독으로 토압을 지지하므로 큰 편토압이 작용하는 장소는 부적당하다.

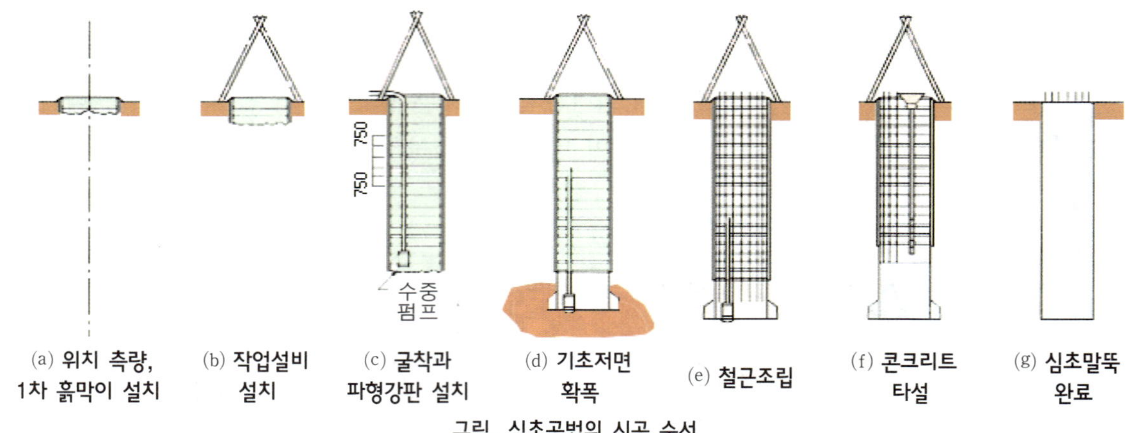

그림. 심초공법의 시공 순서

㉰ 시공 유의사항

㉠ 위치 측량과 1단 파형강판(corrugated iron)의 설치

ⓐ 깊이 60cm의 원형 굴착공에 1단 파형강판을 설치하고 파형강판 주변의 공간은 뒷채움 또는 콘크리트로 채워서 견고하게 고정시킨다.

ⓑ 1단 파형강판은 정확하게 수평으로 설치한다.

ⓒ 파형강판의 pin과 bolt의 결합을 정확하게 하고 전석층, 암반층은 pin의 타입이 곤란하므로 liner plate 연결을 한다.

ⓓ 편토압이 작용하는 경우는 파형강판의 세로방향에 보강재를 추가한다.

ⓔ 말뚝 위치의 허용오차는 ±10cm로 한다.

㉡ 굴착

ⓐ 2단부터는 75cm 단위로 굴착하고 파형강판과 ring beam으로 토압을 지지하면서 하부로 굴착한다.

ⓑ 굴착과 동시에 길이 90cm, 폭 70cm의 파형강판을 설치하고 연약한 지반은 파형강판의 변형을 고려하여 보강 ring beam(ㄱ형강 90×90×10mm)은 원형으로 3개를 1링으로 하여 핀으로 고정시킨다.

ⓒ 굴착 중에 수직도를 확인하고 지하수가 있는 느슨한 사질토지반은 여굴에 유의해야 한다.

ⓓ 지하수위가 높은 사질토지반에서 boiling이 우려되면 선행 흙막이를 설치하고 굴착한다.

ⓔ 지하수의 용출량이 많으면 굴착한 말뚝 주변이 붕락, 함몰되어 느슨해진 사질토지반은 점진적으로 붕괴가 지속되므로 공동부는 자갈로 즉시 채운다.

ⓕ 소요 심도까지 굴착하고 저부를 확대하여 굴착한 후에 철근망 건입 또는 철근을 조립한다.

ⓖ 발파작업

- 무소음, 무진동을 특징으로 하는 심초공법에서 전석과 암반은 breaker, 유압 jack으로 파쇄하고 발파는 가급적 피하도록 한다.
- 경사진 암반에서 발파할 때는 발파로 인한 지지지반의 균열과 뜬 돌의 발생을 확인하고 뜬 돌은 제거한다.

ⓒ 배수처리

ⓐ 굴착공의 갱내 용출수를 배수시키고 용출수가 많은 경우는 굴착 전에 well point, deep well을 설치하여 양수를 실시한다.

ⓑ 굴착 중에 펌프로 배수하면 모래를 함께 흡입하여 굴착공의 바닥부가 느슨해지고 특히 피압수가 있는 경우는 boiling 현상이 발생할 수 있다.

ⓒ 펌프 배수시의 양수량은 50ℓ/min 이하가 좋다.

ⓓ 철근망 건입 또는 철근 조립

ⓐ 철근 조립은 굴착공의 하부에서 상부로 실시한다.

ⓑ 최소 철근 피복덮개

- 파형강판 흙막이를 철거하는 경우 : 200~400mm
- 흙막이재를 매물하는 경우 : 100mm

ⓔ 콘크리트 타설

ⓐ 지지층의 육안 확인이 가능하고 건조한 지반상태에서 콘크리트를 타설할 수 있다.

ⓑ 콘크리트 타설 시에 슈트(chute)의 결합부가 절단되거나 느슨해지지 않아야 한다.

ⓕ 파형강판의 해체

ⓐ 흙막이용 파형강판은 타설하는 콘크리트가 상승하면 아래로부터 순차적으로 해체하고 붕괴가 우려되는 경우는 파형강판을 매몰한다.

ⓑ 파형강판을 매몰하는 경우에 파형강판 주위의 공극은 그라우트 등으로 채워야 한다.

(a) **굴착 / 파형강판 설치**

(b) **철근 조립**

(c) **콘크리트 타설**

그림. 심초공법의 시공 전경 [자료 출처 : LT삼보

6) 말뚝재하시험(Pile load test)

말뚝재하시험은 말뚝의 허용지지력을 예측하거나 또는 설치된 말뚝의 지지력을 확인하는 현장시험으로 지지력의 산정에 가장 신뢰성이 높다. 또한 설계시에 규정한 안전율보다 더 작은 값을 사용할 필요가 있는 설계와 지반조건에서는 반드시 말뚝재하시험을 실시하여 지지력을 결정한다.

① 재하시험의 목적

재하시험은 말뚝기초의 설계에 활용하기 위한 말뚝재하시험과 안전측으로 정해진 설계하중의 지지 가능성을 확인하는 시공 중의 말뚝재하시험으로 구분한다.

표. 목적에 따른 말뚝재하시험의 구분

	설계를 위한 말뚝재하시험	시공중 일반적인 말뚝재하시험
기본원칙	· 극한하중까지 재하(최소한 항복하중) · 하중전이의 측정을 포함 · 연직압축재하시험, 연직인발재하시험, 수평재하시험	· 안전측 설계하중의 2배 이상 · 연직 압축재하시험
시험방법	· 실물 크기 또는 축소말뚝 · 정재하시험을 실시 · 필요시에 동적재하시험과 기타 방법을 적용 · 시공기준과 항타기준의 설정을 위한 시험시공 포함	· 실물 크기 · 정재하시험, 동적재하시험과 기타 방법
시 기	· 설계단계 · 또는 시공 초기	· 시공 중
시험결과	· 하중-침하량곡선 · 축하중 분포도 · 시공기준과 항타기준	· 하중-침하량곡선 (항복하중에 미달)

② 말뚝재하시험의 종류

말뚝재하시험은 재하하중의 작용방식에 따라서 정재하시험, 동적재하시험, 기타 방법이 있다. 정재하시험은 압축, 인발, 수평 정재하시험으로 분류하고 동재하시험은 PDA(pile driving analyzer) 등을 사용하며 기타 방법은 오스터버그재하시험(Osterberg load cell test), 정·동재하시험(statnamic test), 간편 재하시험(simple pile load test) 등이 있다.

표. 말뚝재하시험의 종류

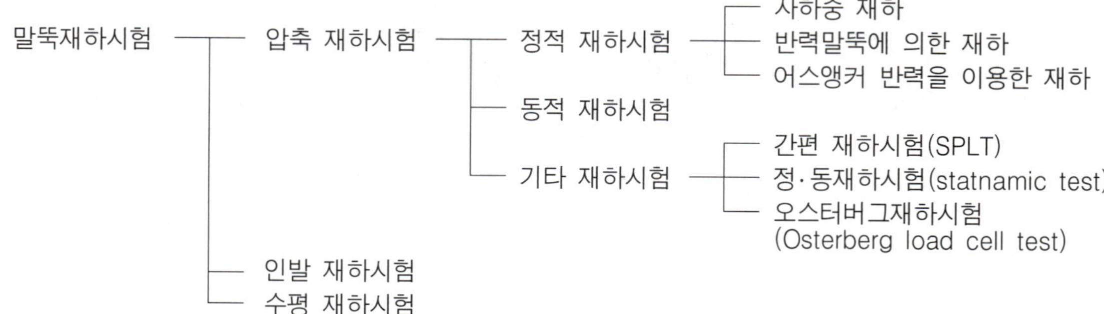

③ 말뚝 재하시험시 유의사항

㉮ 재하하중의 크기

재하하중은 설계하중의 200%까지 재하하여 항복하중을 확인하고, 말뚝의 설계가 안전측이면 설계하중의 200%에서 항복하중의 확인이 어려우므로 말뚝 구조체가 파괴되지 않는 조건에서 설계하중의 400~500%까지 재하하는 것이 바람직하다.

㉯ 하중 재하단계의 조정

설계하중의 200%까지 재하하는 경우는 설계하중의 25%를 단계하중으로 가하고, 400%까지 재하하는 경우는 단계하중을 설계하중의 40~50%에서 조정하는 것이 편리하다.

㉰ 말뚝재하시험의 빈도

재하시험은 말뚝 250개당 1회 또는 각 구조물별로 1회를 실시한다.

㉱ 말뚝재하시험의 수행시기

시간경과에 따른 지반강도의 변화를 고려하여, 말뚝을 타입하고 충분한 시간이 경과된 후에 재하시험을 실시한다.

㉲ 목적에 따른 말뚝재하시험 방법의 선정

설계단계에서는 하중전이 특성, 극한하중, 항복하중을 확인하고, 시공단계에서는 말뚝의 안전도, 설계하중의 지지여부를 확인해야 한다.

④ 압축재하시험

㉮ 정재하시험

㉠ 말뚝두부에 사하중을 재하하거나 시험말뚝 주위에 있는 말뚝의 인발저항과 반력앵커의 인발력을 이용한 하중을 재하하여 말뚝의 지지력을 확인한다.

표. 정재하시험의 하중 재하방법

하중 재하방법	사하중(Kentledge) 재하방법
	반력말뚝의 반력을 이용한 재하방법
	어스앵커의 반력을 이용한 재하방법

㉡ 사하중의 재하는 대용량의 하중 재하에 많은 비용과 시간이 소요되므로 제한적으로 적용하고 반력말뚝과 앵커를 이용하는 방법은 시험준비가 용이하여 소규모 재하시험에서 많이 사용한다.

㉢ 정재하시험은 말뚝을 타입하고 시간이 경과하면 항타 시에 저하된 강도의 회복 또는 감소하는 thixotrophy 현상이 발생하므로 충분한 시간이 경과된 후에 시험을 실시한다.

㉣ 최대 시험하중은 설계하중의 200%를 기준으로 하고 하중은 설계하중의 25%를 단계적으로 재하한다.

㉤ 재하시험 유의사항

ⓐ 하중 제어와 측정장치

재하시험은 충분한 용량의 유압잭을 배치하고 전동펌프로 하중을 제어하며 재하하중은 load

cell을 이용하여 측정한다.

ⓑ 하중을 재하하여 발생하는 말뚝의 침하량은 시험말뚝 부근에 2개의 보조빔(reference beam)을 설치하고 말뚝 몸체에 magnetic holder로 2개의 dial gauge를 설치하여 측정한다.

ⓒ 시험말뚝은 상부하중에 의한 국부적인 소성 변형과 파손이 발생되지 않게 말뚝두부를 그라인더로 절단한 표면을 고강도 에폭시로 도포(capping)하고 그라인더로 평탄하게 마무리한다.

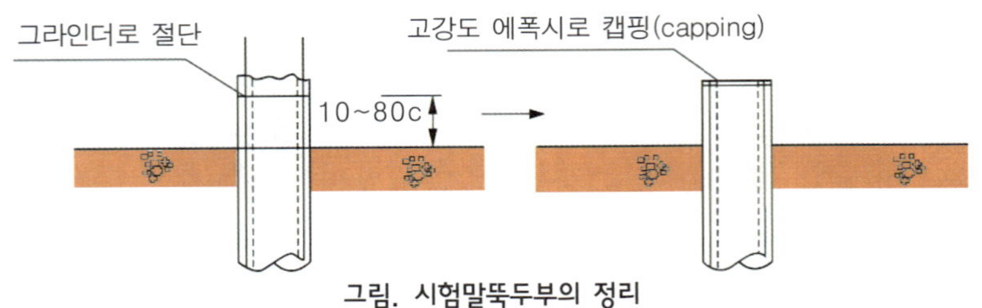

그림. 시험말뚝두부의 정리

ⓗ 극한 또는 항복하중의 판정

ⓐ 허용지지력의 평가

말뚝의 허용지지력은 하중조건, 침하조건, 현지여건을 종합적으로 판단하여 결정하며 재하시험에서 허용지지력을 구하는 경우는 지반의 지지력, 말뚝부재의 내력, 지반의 침하량을 고려하여 다음의 각 조건을 만족하는 최소값을 허용지지력으로 한다.

- 항복하중 × 1/2 이하
- 극한하중 × 1/3 이하
- 상부구조의 허용 침하량에 상당하는 하중 이하
- 말뚝재료의 내력 이하

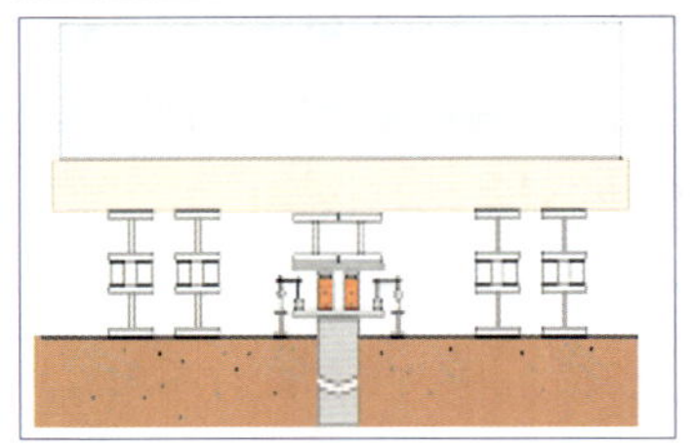

(a) 사하중 재하방식

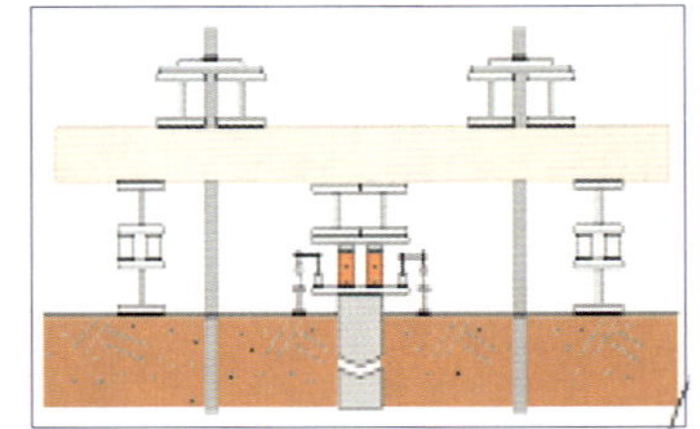

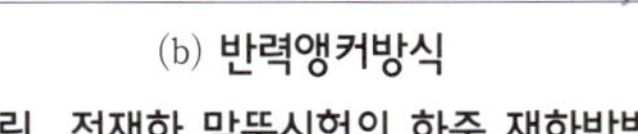

(b) 반력앵커방식

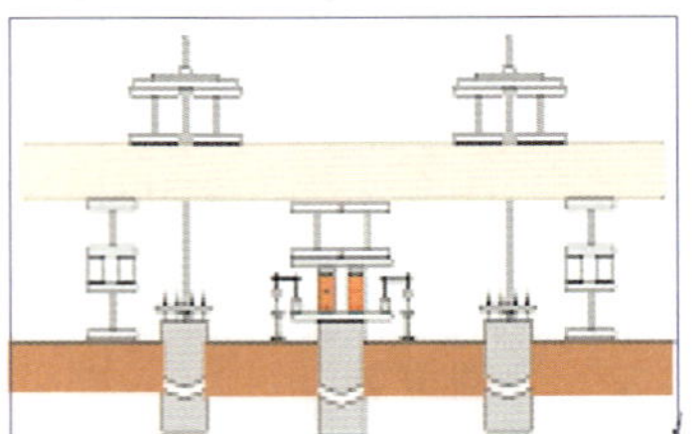

(c) 반력말뚝방식

그림. 정재하 말뚝시험의 하중 재하방법

ⓑ 하중-침하량 곡선에 의한 분석법

재하시험에서 항복하중과 극한하중을 구하는 방법은 초기의 곡선부가 현저하게 구부러질 때의 최대곡률을 나타내는 점을 항복하중으로 하며 $P-S$곡선법, $\log P-\log S$곡선법, $S-\log(t)$ 분석법, $P-\Delta s/\Delta\log(t)$곡선법 등에 의하여 항복하중을 결정한다.

㉯ 동재하시험(Dynamic pile load test)

동재하시험은 말뚝 두부에서 말뚝 직경의 2~3배가 떨어진 위치에 2개의 변형율계(strain transducer)와 2개의 가속도계(accelerometer)를 대각선방향으로 부착하고 cable을 PDA(Pile Driving Analyzer)에 연결하며 말뚝두부에 타격력을 가할 때에 발생하는 응력파(stress wave)를 분석하여 말뚝의 지지력을 측정한다.

동재하시험은 말뚝의 항타시에 말뚝과 지반의 상호작용, 말뚝재료의 건전도, 항타장비의 적합성을 확인하고 정적지지력도 측정하며 항타와 병행한 시험(E.O.I.D : End of Initial Driving), 재항타시험(restrike)과 이들을 병행하는 시험(E.O.I.D+restrike)으로 구분한다. 동재하시험이 항타장비(해머)의 성능과 항타응력을 측정하는 경우는 E.O.I.D시험을 실시하고 말뚝의 지지력을 확인할 때는 시간경과의 효과가 발휘된 후에 restrike시험을 실시한다. 또한 동재하시험과 관련된 항타 관입성의 분석과 시간경과에 따른 지지력 변화를 확인하는 경우는 E.O.I.D와 restrike시험을 모두 실시한다.

㉠ 개요

ⓐ 시험말뚝, 타격장치, 지반조건에서 말뚝의 타설 심도까지 타입 여부를 예측할 수 있다.

ⓑ 말뚝 본체에 발생한 균열(crack) 등의 손상을 조사하는 말뚝의 건전성시험으로 활용하고 말뚝의 타입시에 파괴를 방지하기 위하여 말뚝에 발생하는 응력을 측정할 수 있다.

ⓒ 타격장치의 효율성 평가

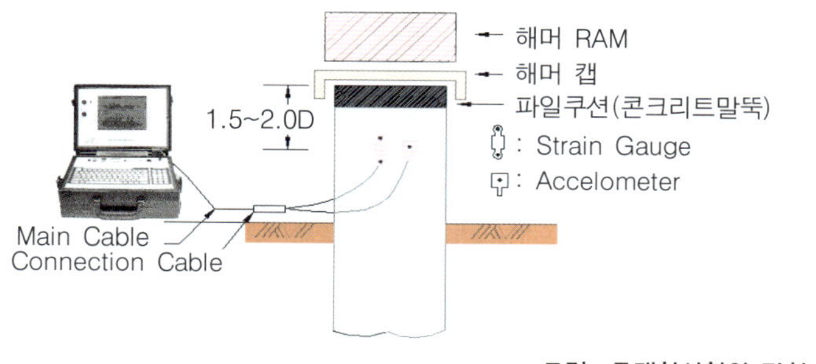

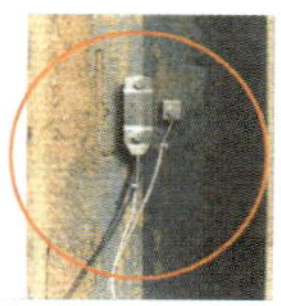

그림. 동재하시험의 장치

㉡ 적용성

동재하시험은 교량 기초와 해상 구조물의 말뚝기초에서 시험하중과 시험 준비작업의 규모가 크거나 재하시험에 소요되는 시간과 비용에 제한을 받는 경우에 정재하시험보다 준비와 시험의 소요시간이 상대적으로 짧고 신속한 재하시험이 필요한 경우에 적용성이 우수하다.

ⓐ 항타 에너지와 항타 응력의 측정

ⓑ 항타장비의 적합성 판단

ⓒ 지반조건의 확인

ⓓ 말뚝의 건전도 확인
ⓔ 시간경과 효과의 확인
ⓕ 선단지지력과 주면마찰력을 분리하여 측정

㉢ 동재하시험 유의사항

ⓐ 동재하시험용 말뚝은 재하시험을 위한 지주를 세우기 전에 각 말뚝의 파동속도를 측정하며 파동속도를 측정할 때는 말뚝을 수평위치에 두고 다른 말뚝과 접촉되지 않아야 한다.

ⓑ 말뚝은 동재하시험에서 극한지지력에 도달하는 깊이까지 타입하고 말뚝에 작용하는 응력은 허용치를 초과하지 않게 동재하시험 중에 측정한다. 필요한 경우는 응력을 허용치 이하로 유지하기 위하여 쿠션을 추가하거나 해머의 에너지 출력을 감소하여 말뚝에 전달되는 타격 에너지를 감소시켜야 한다.

ⓒ 시항타 말뚝의 동재하시험은 항타와 병행하여 실시하고(E.O.I.D) 관입깊이에 따른 지지력 변화와 함께 항타 관입성분석(driveability analysis)에 필요한 자료를 측정하며, 항타 후에 일정시간이 경과한 상태에서 재항타(restrike)를 실시하여 시간경과에 따른 지지력의 변화를 확인해야 한다.

ⓓ 재항타시험을 위한 경과시간은 사질토와 경질 암반은 1~2일이 필요하고 실트, 실트질모래, 점토, 연질 암반(혈암, 니암)은 5~10일이 필요하다.

ⓔ 동재하시험 말뚝은 항타 후에 24시간이 경과하고 재타격을 실시하며 재타격시에 요구되는 관입량은 150mm 이하 또는 요구된 해머 타격횟수가 50회 이하이어야 한다.

⑤ 수평재하시험

수평재하방법은 압축재하시험과 거의 동일한 방법으로 실시하며 수평재하시험은 변위량에 대한 하중을 파악하기 위하여 수행하는 경우가 많다.

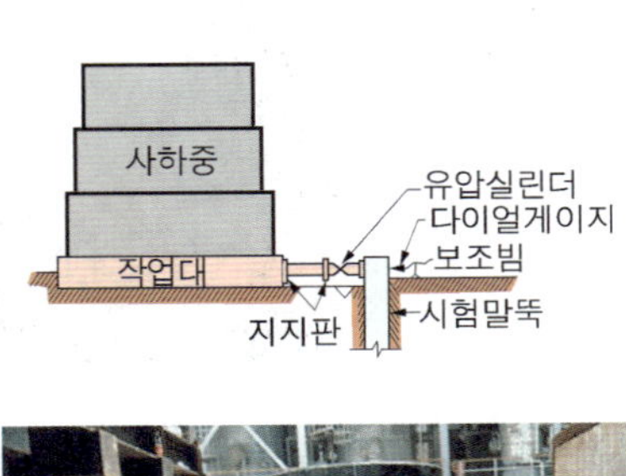

(a) 사하중을 이용한 경우

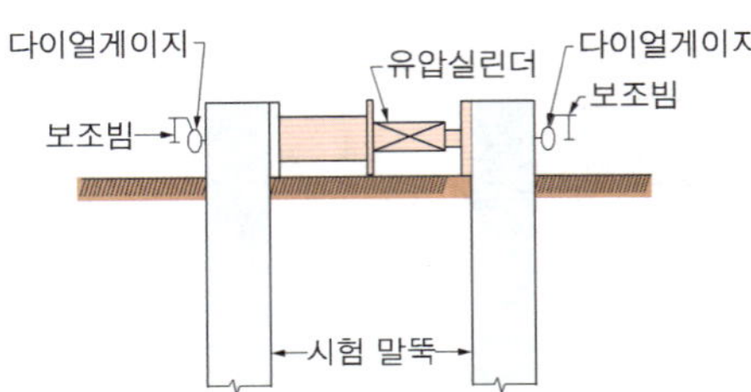

(b) 반력말뚝을 이용한 경우

그림. 수평재하시험

㉮ 계획 최대하중의 선정

㉠ 시험말뚝이 본 공사에 적용하는 말뚝체가 파손되지 않는 정도의 하중

㉡ 시험조건이 실제의 조건과 근사한 경우는 설계 수평하중 이상

㉢ 구조물에서 구해지는 말뚝의 허용 수평변위량 이상의 변위가 생기는 하중

㉯ 시험방법

하중은 설계하중의 200%까지 10단계로 나누어서 재하하고 외말뚝과 무리말뚝에 모두 적용한다. 하중 단계마다 하중과 변위량을 기록하고 하중이 제거되면 리바운드(rebound)량을 기록한다.

⑥ 인발재하시험

인발재하시험은 압축재하시험과 재하방향이 반대인 것을 제외하고는 압축재하시험과 동일하다.

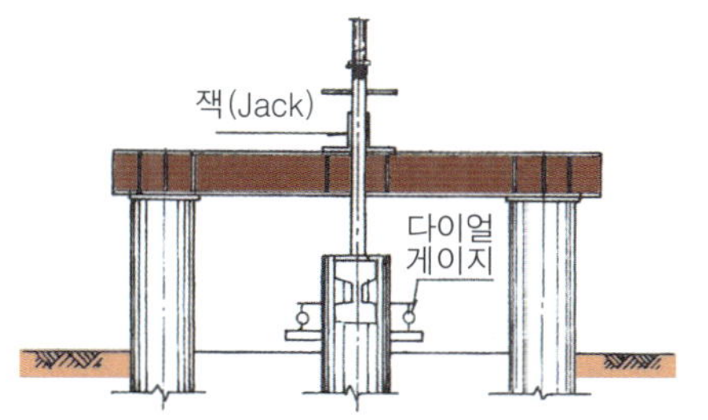

그림. 인발재하시험

⑦ 새로운 개념의 재하시험

㉮ 간편 재하시험(Simple Pile Load Test, SPLT)

SPLT는 시험말뚝의 선단부를 말뚝 몸체와 분리하여 말뚝 내부에 설치된 하중을 전달하는 부재에 의하여 선단부에만 하중이 전달되게 하고 이에 소요되는 반력은 말뚝의 주면마찰력을 이용한다. 선단지지력과 주면마찰력을 분리하여 측정하므로 부분 안전율개념을 적용한 경제적인 설계를 할 수 있고 축소된 선단부를 적용하여 지지력의 극한값을 확인할 수 있다. 그러나 강관말뚝으로 재하시험이 국한되는 단점이 있어서 현재는 거의 적용하지 않고 있다.

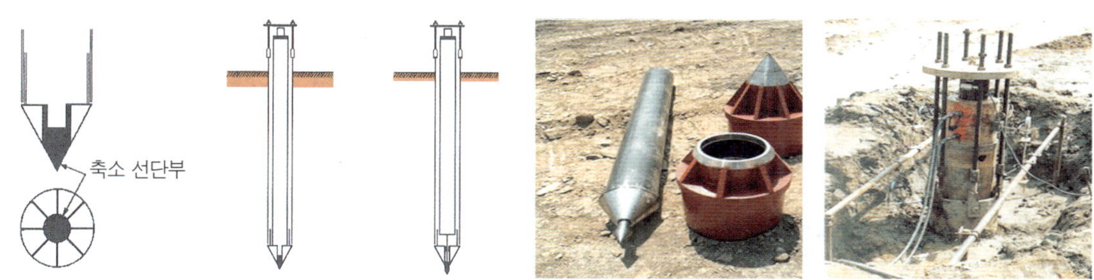

그림. SPLT의 기본 장치

㉯ Statnamic 재하시험

Statnamic 재하시험은 말뚝 두부에 설치한 고체연료를 이용한 폭발장치의 실린더 내부에 특수연료가 발화하여 생기는 높은 가스압으로 상부에 재하하중이 추진되고 추진력에 대한 반발력이 말

뚝두부에 전달되어 말뚝을 지반 속으로 관입시킨다.

정재하시험 하중의 약 5%에 해당하는 상재하중을 반력하중으로 사용하여 정적 지지력과 유사한 하중-침하량의 관계를 구할 수 있고 대용량 현장타설말뚝의 재하시험이 가능하다.

Statnamic 재하시험은 모든 말뚝에 적용이 가능하고 하중 재하시간이 동적재하시험에 비하여 상대적으로 길어서 말뚝에 인장응력을 유발하지 않고 말뚝과 지반을 일체로 압축시킨다.

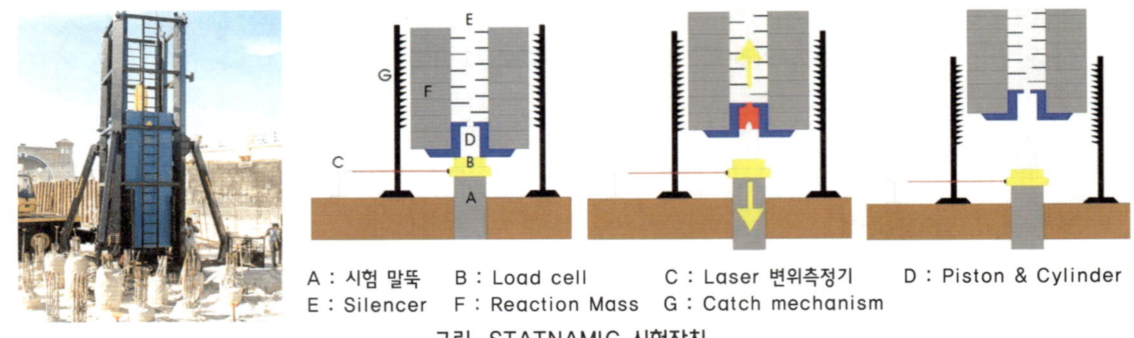

그림. STATNAMIC 시험장치

㉰ Osterberg cell 재하시험

대구경 현장타설말뚝의 정재하시험은 말뚝 두부에 실제 구조물과 유사한 하중을 재하하기 위하여 약 3,000톤 이상의 반력을 확보하는 것이 매우 어렵다. Osterberg cell 재하시험은 큰 지지력이 요구되는 대구경 현장타설말뚝에 효과적인 재하시험이며 양방향으로 재하하므로 양방향 말뚝재하시험(bi-directional pile load test)이라고도 한다.

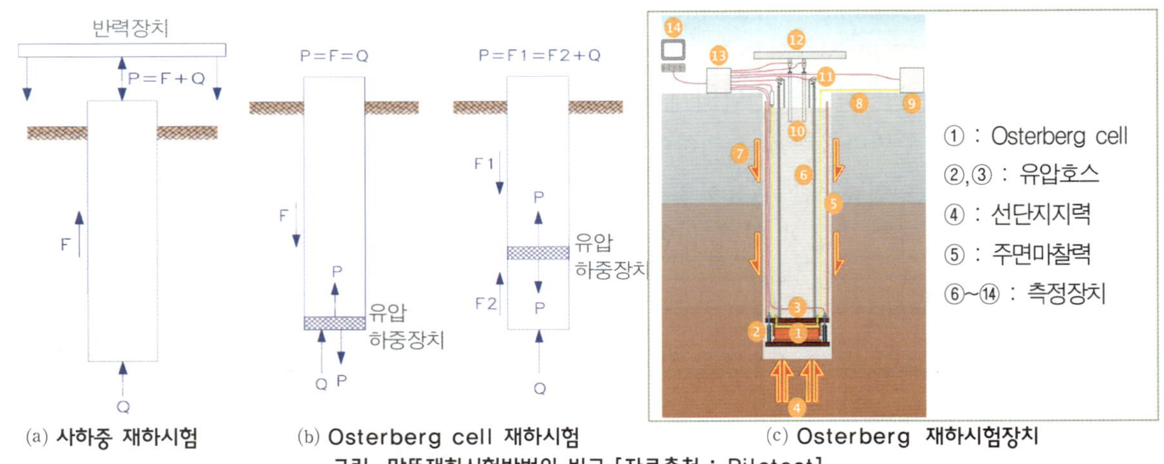

그림. 말뚝재하시험방법의 비교 [자료출처 : Piletest]

㉠ Osterberg cell 재하시험의 원리

ⓐ Osterberg cell시험은 말뚝의 정적재하시험으로 Jorj O. Osterberg가 개발하였으며 말뚝에 매설한 유압으로 작동하는 하중장치(cell)가 양방향으로 작용하여 말뚝 내의 모든 위치에 설치할 수 있고, 말뚝의 주면마찰력에 저항하는 상향 재하와 말뚝의 선단지지력에 저항하는 하향 재하로 구성된다. 일반적으로 Osterberg cell을 말뚝 하단에 설치하므로 사하중과 반력

을 이용한 정재하시험에서 필요한 재하대의 용량과 하중을 전달하는 프레임(frame)의 영향이 없고 재하하중은 지반과 암반의 지지력으로 전이된다.

ⓑ 기본적인 재하방식은 Osterberg cell이 설치된 위치에서 하부의 주면다찰력과 선단지지력이 셀 상부의 주면마찰력 성분에 대한 반력이 되고, 반대로 셀 상부의 주면마찰력이 셀 하부의 주면마찰력과 선단지지력의 반력으로 작용되는 원리로 측정한다.

ⓒ 양방향 말뚝재하시험은 지상에서 유압을 가하면 가압 셀의 하부가 하향으로 움직여서 선단지지력이 발생하고 상부는 동일한 힘으로 상향으로 움직이면서 주면마찰력을 발생시킨다.

㉡ 특성

ⓐ 장점

- 반력이 말뚝 자체에서 확보되므로 경제적이고 시험하중을 증가시킬 수 있다.
- 선단지지력과 주면마찰력을 분리하여 측정하므로 지지력과 시공 품질을 명확하게 파악할 수 있고 수면 위와 경사말뚝에도 적용이 가능하다.

ⓑ 단점

- 말뚝의 시공 전에 Osterberg cell을 철근망에 설치해야 한다.
- 시험 전에 지지력의 예측이 필요하다.
- 시험 시에 재하장치와 측정두위의 상태를 육안으로 확인할 수 없고 재사용이 불가능하다.

㉢ Osterberg cell 시험장치

ⓐ Osterberg cell 재하시험은 재하장치와 계측장치로 구성되며 재하장치는 셀과 부속장치가 있고 계측장치는 하중계, 변위계, 기준대 등이 있다.

ⓑ Osterberg cell의 재하능력은 최대하중을 만족해야 하고 변위계는 상향변위 2개소, 하향변위 2개소, 말뚝두부의 변위는 3개소 이상을 측정한다.

㉣ Osterberg cell 재하시험의 순서

ⓐ 철근망에 Osterberg cell과 변형률계를 설치

ⓑ 현장타설말뚝의 시공과 양생

ⓒ 시험 수행을 위한 계측시스템(하중계, 변위계, 기준대)의 설치

ⓓ 계획된 재하방법에 의한 시험을 실시

ⓔ 말뚝의 하중-변위를 분석

(a) Osterberg cell을 철근망에 설치

(b) O-cell 설치한 철근망 건입

(c) Osterberg cell 재하시험

그림. 현장타설말뚝의 Osterberg cell 재하시험[자료출처 : FUGRO LOADTEST]

(8) 케이손(Caisson) 공법

1) 개요

그림. 우물통의 내부 굴착작업

케이슨공법은 케이슨 내부를 굴착하여 지지층까지 침하시킨 후에 케이슨의 바닥을 콘크리트로 막고 모래 등으로 속채움하는 중공 대형의 철근 콘크리트 기초형식이다. 케이슨을 지중에 설치하고 압축공기를 이용하여 케이슨 내부로 침입하는 물을 막고서 굴착하는 공기케이슨(pneumatic caisson)과 대기압 상태에서 케이슨의 내부를 굴착하는 오픈 케이슨(open caisson, 우물통)이 있다.

케이슨은 다른 기초형식에 비하여 설치비용이 많이 소요되므로 상재하중이 크게 작용하는 중요한 구조물 기초에 사용하며 견고한 지지층이 수면 아래 12m 이상의 깊이에 존재하면 다른 기초형식보다 경제적이다. 케이슨의 단면이 커서 주면저항보다 바닥면의 선단지지력을 고려하므로 지지력이 확실하게 발휘되는 암반 지지층에 충분히 관입시키고 케이슨 기초가 유수의 영향에 의한 주변지반의 세굴에 안전해야 한다.

2) 케이슨의 용도

케이슨은 지하수의 용수, 유사 등의 영향으로 개착이 곤란한 구조물의 기초로 사용하고 말뚝기초가 지지력 또는 지진시의 수평저항력이 부족하거나 침하, 진동이 큰 경우에 적용한다. 또한 케이슨은 큰 수평 저항력이 필요한 흙막이벽, 안벽, 호안 등의 해상 구조물에도 사용한다.

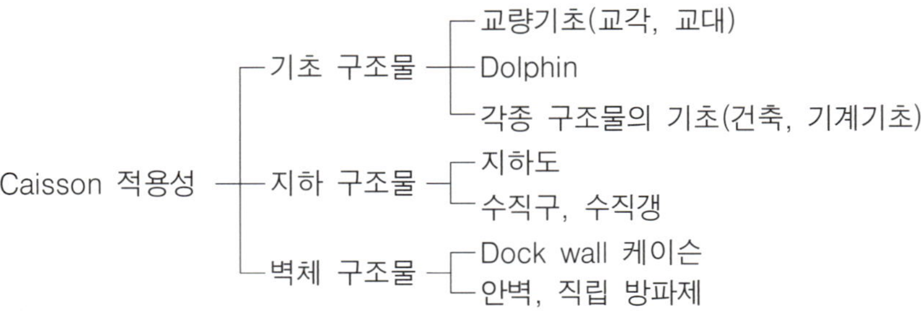

3) 우물통공법(Open caisson)

오픈 케이슨은 상·하부가 모두 열려서 우물통이라고도 하며, 개방 단면을 가진 원형 또는 상자(box)형 구조물 내부의 토사를 굴착하면서 우물통의 자중과 재하하중에 의하여 침하시키고 침하가 완료되면 우물통 내부를 콘크리트, 모래 등으로 속채움하고서 상부구조물을 구축한다.

우물통은 연약한 점토, 실트, 모래, 자갈층의 지반에서는 우물통 내부의 흙을 굴착하면서 침하시킬 수 있지만 전석, 호박돌이 섞인 지층은 편기가 우려되어 부적당하다. 또한 지지암반이 경사지거나 불규칙하면 우물통이 암반에 도달한 후에 기울어질 우려가 있으므로 유의해야 한다.

① 케이슨의 지지력

우물통 기초는 단면이 크기 때문에 말뚝기초와는 다르게 우물통의 주면저항보다는 저면의 선단지지력에 의존하므로 견고한 지지층에 충분히 관입시켜야 한다. 우물통에 작용하는 하중은 연직하중, 수평하중, 전도 모멘트 등이 있으며 우물통 기초는 연직하중에 비하여 수평하중과 전도 모멘트의 값이 적고 우물통 전면지반의 수평지지력과 저면지반의 전단저항력이 충분히 크므로 수평하중과 전도 모멘트에 대한 우물통의 안정은 지진시를 제외하고는 크게 문제가 되지 않는다.

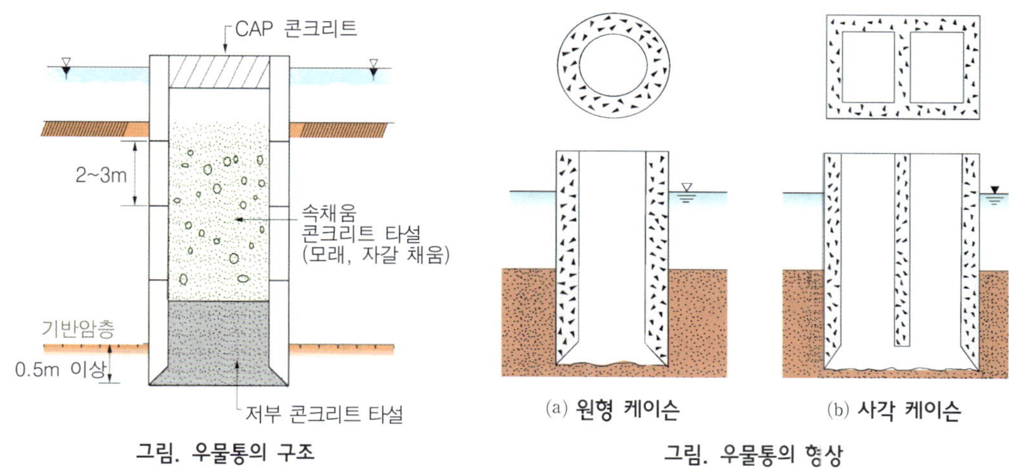

그림. 우물통의 구조

그림. 우물통의 형상

㉮ 정역학적 공식으로 지지력을 산정하는 경우

연직하중에 저항하는 지지력은 정역학적공식으로 산정하며 안전율은 3.0을 적용하고, 케이슨 관입깊이(D_f)에 의하여 배제된 흙의 무게는 안전율을 고려하지 않는다.

$$q_a = \frac{1}{3}\left[\alpha \cdot c \cdot N_c + \gamma_1 \cdot D_f \cdot (N_q - 1) + \frac{1}{2}\beta \cdot B \cdot \gamma_2 \cdot N_r\right] + \gamma_1 \cdot D_f$$

여기서, q_a : 허용지지력

α, β : 케이슨 저면 형상계수

c : 케이슨 저면 아래 부분 지반의 점착력

γ_1 : 케이슨 저면 윗부분 흙의 평균단위중량, 지하수위 이하는 수중단위중량

γ_2 : 케이슨 저면 아래 부분 흙의 단위중량, 지하수위 이하는 수중단위중량

D_f : 지표면에서 케이슨의 관입깊이

B : 케이슨의 최소 폭, 원형단면은 직경

N_c, N_q, N_γ : 지지력계수

교대 등에서 편토압에 의한 수평하중이 크면 수평방향의 지반반력이 부족하여 경사지는 경우가 있으므로 주의가 필요하고 근입깊이가 작을 때는 지반의 활동파괴와 함께 기초 저면의 활동에 유의해야 한다.

㉯ 평판재하시험에서 지지력을 산정하는 경우

공기케이슨은 작업실 내에서 케이슨의 자중을 이용하여 평판재하시험을 실시하고 지지지반의 허용지지력을 구한다.

$$q_a = \frac{1}{3}[q_t + \gamma_1 \cdot D_f(N_q - 1)] + \gamma_1 \cdot D_f$$

여기서, q_t : 평판재하시험에서 추정한 극한지지력

평판재하시험에서 극한지지력의 추정은 다음의 세가지 값 중에서 가장 작은 값을 채택한다.

㉠ 하중-침하곡선이 침하축에 평행하게 되는 점의 하중강도
㉡ 하중-침하곡선에서 구한 항복하중의 1.5배
㉢ 최대 시험하중의 1.5배

일반적으로 지반의 극한지지력은 흙의 점착력, 기초의 관입깊이, 기초의 재하 폭으로 구성되지만 케이슨 기초는 주로 모래와 자갈층이 지지층이므로 점착력은 고려하지 않는다. 또한 평판재하시험에서 재하 폭에 의한 영향은 케이슨 폭이 재하판 폭의 약 10배 이상으로 크고 하중강도는 기초의 침하량이 기초 폭에 비례하여 증가하므로 너무 큰 지지력은 침하량이 커져서 위험하기 때문에 보정을 하지 않는다. 평판재하시험에서 구한 극한지지력은 시험위치가 깊어질수록 지지력이 증가하므로 관입깊이에 대한 보정이 필요하다.

② 특성

㉮ 장점

㉠ 소요 지지층까지 도달이 가능하고 침하 중에 깊이별로 지층상태를 확인할 수 있다.
㉡ 수중 굴착이 가능하고 우물통 벽체의 구조가 경제적이다.
㉢ 굴착설비가 간단하여 공사비가 저렴하고 공기케이슨보다 깊은 심도까지 시공이 가능하다.
㉣ 케이슨은 무리말뚝보다 지지바닥의 면적과 구체가 커서 강성이 크고 수평력에 유리하다.

㉯ 단점

㉠ 기계(clamshell)로 굴착하므로 경사지기 쉽고 위치가 이동하면 수정이 곤란하다.
㉡ 굴착 중에 주변지반이 교란되면 인접 구조물에 지반침하의 피해가 발생할 수도 있다.
㉢ 침하를 촉진하는 하중은 레일, 콘크리트 블록(block) 등의 재하중을 이용한다.
㉣ 침하 도중에 전석 등의 장애물이 우물통 선단에 있으면 공기가 지연되고 굴착비용이 증가한다.

③ 시공순서

㉮ 지지력이 충분한 지반의 축도면에 강판과 형강으로 보강한 날끝을 거치하고 1단 구체 콘크리트(약 3~4m)를 타설한다.
㉯ 구체 콘크리트가 양생되면 우물통의 내부를 크램셸(clamshell) 등으로 굴착한다.
㉰ 굴착과 함께 우물통이 침하되면 우물통 구체의 이음 콘크리트를 타설하고 계획심도까지 우물통 내부를 굴착하면서 침하시킨다.

㉱ 굴착한 우물통 바닥에 수중 콘크리트를 타설하고 케이슨 내부에 속채움(모래 등)을 하고서 상부 콘크리트(cap concrete)를 타설한다.

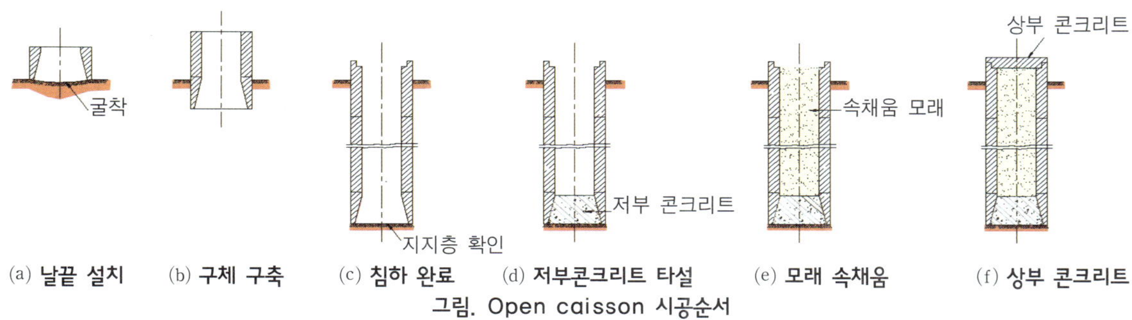

그림. Open caisson 시공순서

④ 우물통 거치방법

㉮ 침강식 거치방법

침강식은 하상, 해상에서 콘크리트 우물통 구체를 타설하고 내부 토사를 굴착하면서 우물통의 자중과 재하 하중에 의하여 침하시킨 후에 우물통 내부를 콘크리트, 모래 등으로 충진하고 상부 구조물을 구축하는 공법이다.

㉠ 육상거치

ⓐ 우물통은 지하수의 영향을 받지 않고 충분한 지지력을 가지는 지반에 설치하여 부등침하와 경사가 발생하지 않아야 한다.

ⓑ 우물통을 거치하는 지반의 지지력이 부족하면 양질토로 치환하여 지지력을 증가시킨다.

㉡ 축도법(Coffer dam)

수심 5m까지는 흙가마니, 강널말뚝 등으로 물을 막고 내부를 토사로 메운 축도 위에서 육상과 같이 우물통을 거치하고 침하시키므로 안전한 공법이다. 물막이가 수밀성을 유지하여 매립토사가 유실되지 않아야 하며 축도면은 공사 중의 예상 최고수위보다 0.5~1.0m를 높게 하고, 우물통 주위에 2.0~3.0m의 여유 폭이 있게 설치한다.

ⓐ 축도면이 수면 위에 있는 경우

- 축도면의 높이는 조위차 등을 고려하여 수위보다 0.5m 이상을 높게 설치하고 우물통과 축도의 가장자리에 2.0m 이상의 여유 폭이 있어야 한다.
- 수심이 1~2m에서는 가마니 또는 마대를 쌓고 수심이 5m 이상이면 강널말뚝, 강관 널말뚝으로 축도를 설치한다.

ⓑ 축도면이 수면 아래에 있는 경우

- 축도는 널말뚝 이음부가 차수가 되게 설치하고 내외 수위차가 작으면 강널말뚝을 설치한다.
- Ring beam이 설치되는 이중 강널말뚝은 널말뚝과 ring beam 사이에 유압잭을 설치한다.

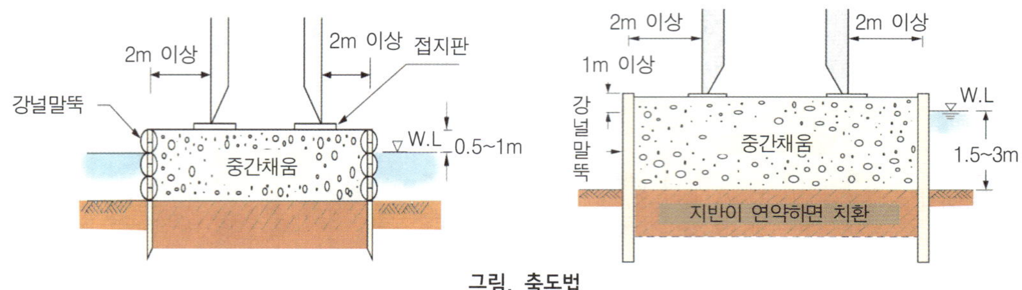

그림. 축도법

㈐ 거치식방법

거치식은 육상에서 제작한 콘크리트 우물통을 대차, 인양 크레인 등으로 수상 운반하여 수중에 미리 소요 심도까지 터파기하여 정리된 기초지반에 우물통을 거치하고 내부를 콘크리트, 모래 등으로 충진하고 상부에 구조물을 구축하는 공법이다.

㉠ 수심이 5m 이상으로 비교적 깊고 조류, 파도 등의 영향을 받는 모래층, 전석층에서 강널말뚝을 타입하여 축도 설치가 어려운 경우는 수중거치방법을 사용한다.

그림. 수상에서 우물통 거치작업

㉡ 수중거치는 우물통 측벽을 강재로 제작한 부유식 케이슨(floating caisson)을 현장에 예인하고 정해진 위치에서 우물통 측벽에 콘크리트를 타설하여 침설시키는 방법이다.

㉢ 침설 전에 거치지반의 장애물과 전석을 제거하고 원지반이 연약하면 모래, 자갈 등으로 치환하여 기초지반을 정리하고 우물통을 설치한다.

㈑ 비계식

비계식은 주로 소형 케이슨에 사용하며 침하된 케이슨의 상부가 수면 위에 50cm 이상이 돌출되도록 비계 위에서 제작하고 가설물을 제거한 후에 서서히 침설시킨다.

⑤ 우물통 굴착공

㉮ 굴착공

㉠ 우물통 침하의 역학적 조건

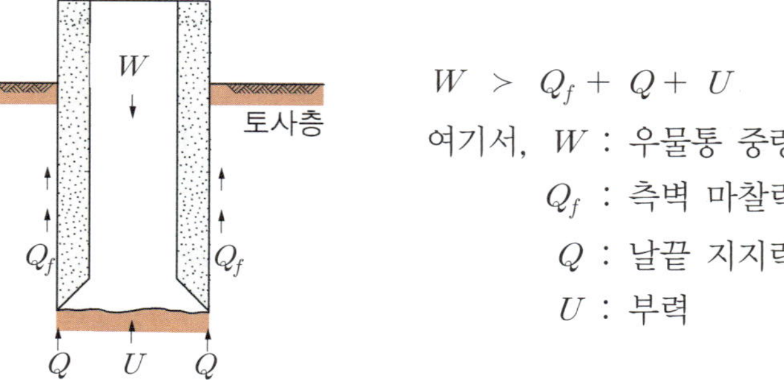

$$W > Q_f + Q + U$$

여기서, W : 우물통 중량

Q_f : 측벽 마찰력

Q : 날끝 지지력

U : 부력

그림. 우물통의 침하 조건

㉡ 날끝(Cutting edge)

날끝은 우물통의 침하시에 마찰력이 감소되도록 굳은 지반은 30°, 중간 정도의 지반은 45°, 연약한 지반은 60°의 경사를 가지게 한다. 날끝에서 2m 윗부분에 5~10cm의 소단을 만들거나 적당한 기울기의 경사부(friction cut)를 부착한다.

또한 날끝의 끝부분에 철제 커브슈(curb shoe)를 붙여서 끝부분이 침하 중에 손상되지 않게 보호하여 침하가 용이하게 하고 날끝은 경사와 휘어짐이 없도록 수평으로 설치한다.

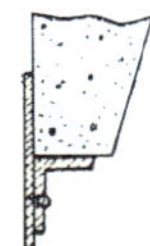
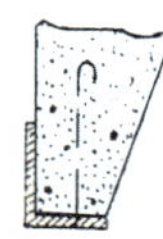
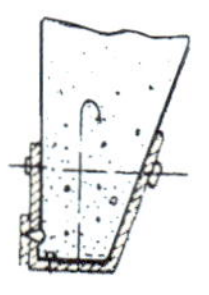

그림. 커브 슈(Curb shoe)의 종류

㉢ 우물통은 굴착순서를 정하여 경사와 편심이 발생하지 않게 굴착하고, 굴착 중에 장애물이나 침하가 저해되는 상태가 발생하면 잠수부가 날끝의 밑 부분이나 구석 부위를 긁어내거나 제트분사를 하여 침하를 촉진시킨다.

그림. 크램셸에 의한 우물통 내부 굴착

㉣ 견고한 지층에 우물통이 침하되면 잠수부가 날끝의 하부지반을 정지하고 우물통을 정착시킨다.

㉤ 날끝이 확고하게 정착되게 하중을 재하하거나 수중발파에 의한 밑따기를 실시한다.

㉥ 우물통 내외의 수위차에 의한 보일링, 히빙의 발생으로 우물통의 급격한 침하, 지반의 이완, 지지력의 감소 등이 우려되므로 굴착에 유의해야 한다.

㉦ 우물통의 기초 암반은 수중발파로 파쇄하고 크레인 또는 그랩준설선을 이용하여 파쇄한 암석을 투기장으로 운반한다.

㉯ 우물통의 침하

㉠ 우물통 상부의 재하중에 의한 침하 촉진

우물통이 초기에는 자중으로 쉽게 침하하지만 침하심도가 깊어지면 주면마찰력이 우물통 자중보다 증가하여 자중 침하가 어려우므로 레일, 콘크리트 블록, 흙가마니 등을 우물통 상부에 재하하여 침하하중을 증가시킨다.

그림. 재하중에 의한 우물통 침하

그림. 반력앵커에 의한 우물통 침하

㉡ 특수 침하공법

우물통 벽체에 매입한 노즐(nozzle)에서 고압수, 압축공기를 분사하여 측벽과 토층 사이의 주면마찰력을 감소하여 침하시키는 분기식공법과 우물통 내에 채워진 물을 하중으로 이용하여 침하를 촉진하는 방법이 있다.

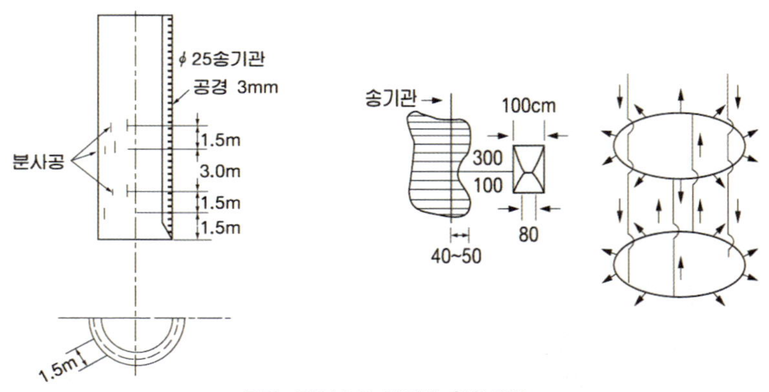

그림. 케이슨의 분기식 침하공법

⑥ 우물통의 경사와 편심

우물통의 굴착 중에는 우물통이 기울어지는 편기에 가장 주의하고 특히 초기 침하단계에서 편기가 발생하기 쉬우므로 우물통의 구체 콘크리트를 짧게 타설하여 침하를 진행시킨다.

㉮ 우물통의 경사가 발생하는 원인

㉠ 우물통의 경사는 연약한 지반에서 급격한 침하와 굴착이 대칭으로 균형을 유지하지 않는 경우에 발생한다.

㉡ 경사진 지층과 연약지반에서 날끝 지지력의 불균등, 침하하중의 불균등, 굴착토에 의한 편하중이 작용하면 경사가 발생한다.

㉢ 굴착이 한쪽으로 치우치거나 날끝에 호박돌, 전석 등의 장애물이 있으면 경사가 발생한다.

그림. 구체 콘크리트 타설

㉣ 구체 콘크리트를 타설하면 우물통 본체의 무게가 급격히 증가하므로 중량의 증가에 의한 침하를 계속적으로 관찰해야 한다.

㉯ 방지대책

케이슨의 경사와 편심이 허용범위에 있어야 하고 케이슨의 경사 허용치는 침하 깊이의 약 1/100 이며, 경사와 편심이 발생하면 빠른 시간 내에 수정해야 한다.

㉰ 편기의 수정

㉠ 높은 쪽을 굴착

㉡ 수평 이동시에는 레일을 케이슨 측벽에 타입하여 경사를 수정

㉢ 편하중의 재하

⑦ 지지력 확인

소요 심도에 우물통이 도달하면 재하시험을 실시하여 지반의 지지력을 확인한다.

⑧ 저부 콘크리트 타설

㉮ 우물통의 침하가 완료되면 우물통 바닥면을 정리하고 우물통 주변에 부착된 토사를 제거한다.

㉯ 저부 콘크리트의 타설은 강제배수를 가능한 한 피하고 수중 콘크리트 타설방법을 적용한다.

㉰ 콘크리트의 타설 후에 내수위가 외수위보다 높으면 양생이 양호하며 양생기간은 10~14일로 한다.

㉱ 저부 콘크리트의 타설시 유의사항

㉠ 우물통 내의 수위 변동이 없는 상태에서 콘크리트를 타설한다.

㉡ 저부 콘크리트는 슬럼프를 10~15cm로 하여 트레미관을 사용한 수중 콘크리트로 타설한다.

㉢ 칸막이가 없는 우물통은 트레미관을 40~50m^2에 1개를 설치한다.

㉣ 트레미관의 선단부는 우물통 바닥면에서 약 5cm 정도 떨어지게 설치한다.

㉤ 수중 콘크리트는 연속적으로 타설하고, 트레미관의 선단은 항상 콘크리트 내에 2~3m가 묻힌 상태를 유지한다.

㉥ 콘크리트의 타설 중에 트레미관의 인발은 일정한 속도로 서서히 뽑아 올린다.

㉦ 콘크리트의 타설 중에는 콘크리트량과 타설높이를 항상 측정하여 상태를 관찰한다.

㉧ 저부 콘크리트의 타설시에 콘크리트 상면은 항상 수평을 유지해야 한다.

㉨ 저부 콘크리트의 상면에 철근 콘크리트 슬래브를 구축하기 위하여 우물통 내의 담수를 배제하는 경우는 지하수의 양압력에 의한 저부 콘크리트의 파괴와 우물통 본체에 균열이 발생되지 않도록 유의한다.

⑨ 케이슨 상부 콘크리트의 타설

㉮ 케이슨은 상부 콘크리트의 시공 전에 우물통 침하 중에 발생한 본체의 편심, 경사, 회전을 측정하여 확인하고 콘크리트를 타설한다.

㉯ 케이슨의 상부 콘크리트 타설을 위한 거푸집과 동바리는 콘크리트 자중과 거푸집 등의 하중에 안전하게 지지할 수 있는 재료를 사용한다.

㉰ 교각 구체의 수직철근은 우물통 상부 콘크리트의 철근과 연결하여 콘크리트 타설시에 이동하지 않게 하고 연속하여 한꺼번에 타설하도록 상부 콘크리트 타설계획을 수립하여 시공한다.

(a) 가이드 프레임 설치

(b) 우물통 인양과 설치

(c) 구체 콘크리트 타설

(d) 수상부 굴착

(e) 우물통 물푸기, 선단지반 검측

(f) 우물통 바닥 콘크리트 타설, 속채움

그림. 우물통의 시공 [가양대교 시공사례]

4) 공기식 케이슨(Pneumatic caisson)

공기식 케이슨은 주로 해저면 아래에 설치하는 구조물의 기초공사를 위하여 제작된 본체 구조물과 주변장치 설비들로 구성된다. 지상에서 제작된 케이슨을 설치 위치에 운반하여 거치시킨 후에 케이슨 하부에 설치된 작업실에서 지하수압에 상응하는 압축공기를 송기하여 지하수와 해수의 침입을 방지하면서 인력과 굴착장비로 지반을 굴착하여 케이슨을 지중에 침설시키는 공법이다.

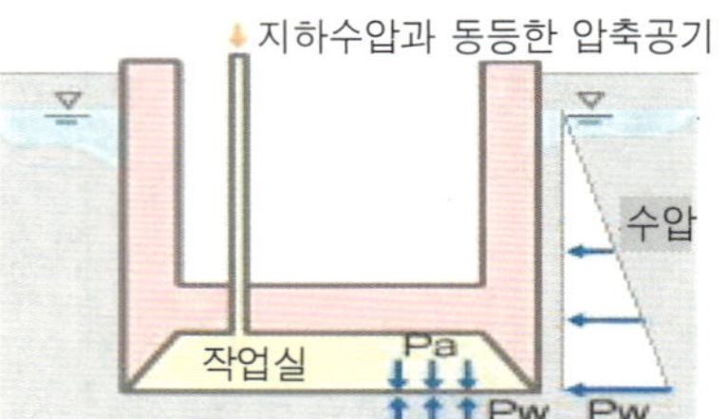

그림. 공기식 케이슨의 원리

① 공기식 케이슨의 적용성

공기식 케이슨은 특수장비와 숙련된 기술인력이 필요하고 공사비가 많이 소요되므로 다음의 경우에 적용한다.

㉮ 인접 구조물의 안정을 위하여 기초지반의 교란이 적어야 하는 경우
㉯ 기존 구조물에 인접하여 더 깊은 구조물 기초를 설치하는 경우
㉰ 전석층, 호박돌층, 두꺼운 풍화암층을 통과하여 지지층에 도달하는 경우
㉱ 기초의 암반 지지층이 경사지거나 불규칙한 경우

② 특성

육상 제작한 케이슨을 정확한 위치에 착저시키고 압축공기에 의하여 케이슨 작업실 내의 물을 제거한 후에 기초지반을 굴착하면서 케이슨을 지지층에 도달시키는 공법이다. 기초지반의 확인이 가능하며 주변지반을 교란하지 않고 굴착하므로 세굴의 발생 시에 구조적 안정성의 확보에 유리하다.

㉮ 주변지반을 교란하지 않고 굴착하므로 세굴에 대한 저항성이 크고 지진 시에 내진효과가 우수하다.

㉯ 우물통보다 구체 중심이 하부에 있으므로 편기가 적게 발생한다.

㉰ 작업실에서 기초지반의 확인과 지지력을 판정하므로 기초의 안정성에 대한 신뢰성이 높고 침하 중에 케이슨의 변위와 경사의 수정이 작업실 내에서 가능하다.

㉱ 작업실에 굴착장비가 부착되어서 굴착속도가 빠르고 공기가 단축되어 경제적이다.

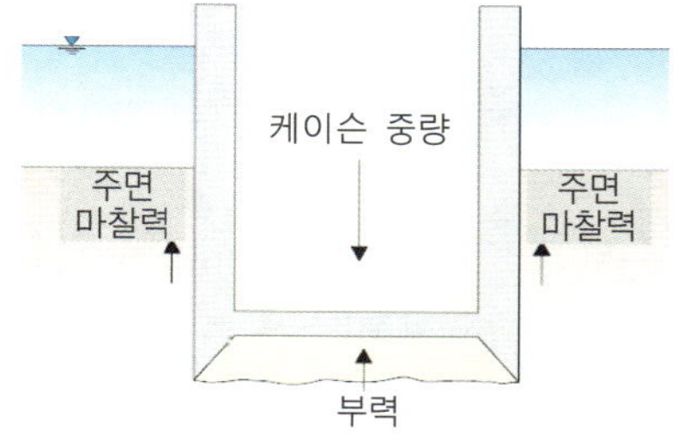

그림. 공기식 케이슨의 개요

㉲ 함내가 건조한 상태이므로 침하가 완료되면 속채움 콘크리트를 타설하여 구체를 안정시킨다.

③ 시공설비

시공설비는 토사 반출과 각종 장비의 투입을 위한 materials lock, 대기압상태로 케이슨 내의 기압을 조정하는 capsule lock, 작업원의 이동을 위한 man lock 등의 설비로 구성되며, 작업자의 응급조치를 위한 hospital lock이 있다. 그 외에도 조명설비, 전력공급설비, 작업실에 압축공기를 공급하는 송기설비, 굴착토사를 배출하는 배토설비, 급배수설비, 안전과 통신설비 등이 설치되어 있다.

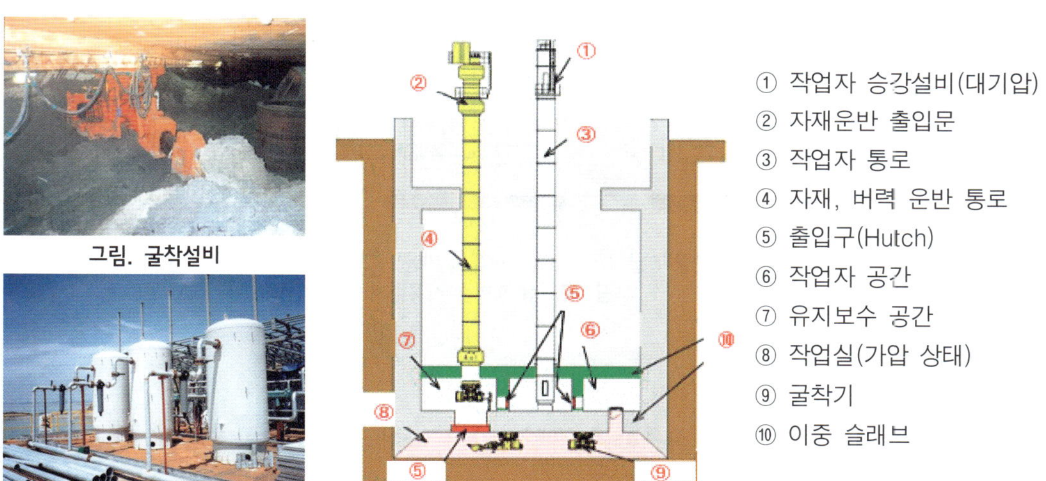

그림. 굴착설비

그림. 송기설비

그림. Pneumatic Caisson의 시공설비 [자료출처 : Daiho Corp.]

㉮ 전력설비

㉯ 굴착설비 : 소형 굴착장비를 사용하고 크레인과 버킷(bucket)을 이용하여 굴착토사를 배출

㉰ 송기설비 : 공기압축기, 공기냉각기, 공기청정기, 공기 공급관(air hose)과 송기관

㉱ Air lock, shaft : 작업원의 출입과 굴착토사의 반출을 위하여 설치

④ 시공 유의사항

㉮ 공기식 케이슨의 거치방법

㉠ 육상 케이슨

ⓐ 케이슨의 거치면이 지하수위보다 상부에 있으면 0.5~1.0m을 굴착하고 전석, 장애물을 제거하여 충분한 지지력을 가지도록 기초지반을 정리한다.

ⓑ 케이슨을 설치하는 기초지반은 증가응력이 작용하여 침하가 발생할 수 있으므로 접지판의 면적은 지지력을 고려하여 선정한다.

ⓒ 케이슨을 구축하고 샤프트의 이음을 하면서 계획심도까지 굴착이 완료되면 지지력을 확인하고 속채움 콘크리트를 타설한다.

㉡ 수중 케이슨

ⓐ 수심이 5~6m 이상이면 수중에서 케이슨을 설치하는 것이 축도공보다 경제적이다.

ⓑ 육상에서 제작한 케이슨을 인양하여 안내틀(guide frame)을 설치한 위치에 정치한다.

ⓒ 케이슨의 이동은 제작장의 경사로(slip way)에서 진수시켜서 현장에 예항하는 방법, 안벽에서 축조하여 크레인선(floating crane)으로 매달아 운반하는 방법을 사용한다.

ⓓ 수중 케이슨은 강구조를 많이 사용하고, 수심이 충분하면 철근 콘크리트 구조를 선택한다.

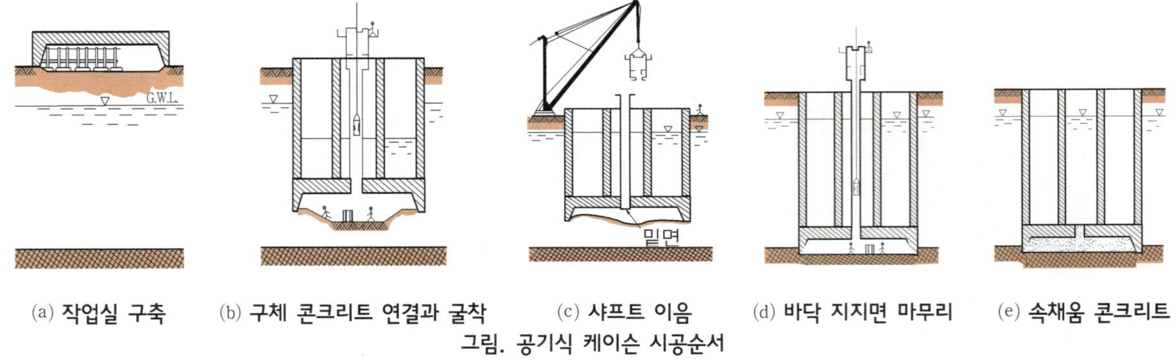

(a) 작업실 구축 (b) 구체 콘크리트 연결과 굴착 (c) 샤프트 이음 (d) 바닥 지지면 마무리 (e) 속채움 콘크리트

그림. 공기식 케이슨 시공순서

㈏ 굴착작업

㉠ 사질토지반

ⓐ 사질토지반은 이론기압을 적용하며 작업기압이 과다하면 고압공기가 지층으로 분출하여 케이슨이 경사지는 원인이 되고 고압공기의 손실도 증가한다.

ⓑ 날끝 선단을 부분적으로 굴착하여 케이슨을 침하시키고 케이슨의 중앙부를 굴착한다(케이슨 중량 〉 침하 저항).

ⓒ 사질토지반은 감압에 의한 침하효과가 없으므로 케이슨에 물 하중을 충분히 유지해야 한다.

㉡ 점성토지반

ⓐ 점성토지반은 투수계수가 낮으므로 작업기압이 이론기압보다 작아도 작업이 가능하다.

ⓑ 굴착은 중앙부에서 날끝 쪽으로 진행하고 날끝은 선단지지력이 작으므로 굴착과 함께 케이슨의 침하가 이루어진다.

ⓒ 날끝의 선단까지 굴착해도 침하되지 않으면 감압 또는 jetting 공법을 병용한다.

㉰ 지지력의 판정

케이슨이 소정 깊이에 도달하면 작업실의 천장과 기초지반의 사이에 유압잭을 설치하고 재하시험을 실시하여 기초지반의 지지력을 확인한다.

㉱ 지지력시험에서 소요 지지력을 만족하면 콘크리트를 작업실의 날끝 주변, 작업실의 주변과 천장에 고르게 채워지도록 타설한다.

(a) 기초 사석의 설치

(b) 강각 케이슨 운반 / 거치

(c) 부유한 상태의 케이슨

(d) 저판 콘크리트 타설 / 거치

(e) 내부 굴착 / 구체 구축

(f) 상부 콘크리트 타설

그림. 공기식 케이슨의 시공(영종대교 사례)

표. Open caisson과 Pneumatic caisson의 비교

종류 조건	Open caisson	Pneumatic caisson
굴착과 침하	· 수중 굴착이므로 굴착 중에 장애물의 철거가 곤란하다. · 케이슨의 경사변위가 많고 경사 수정이 거의 불가능하다. · 침하 중에 주변지반을 교란시킨다.	· 압기상태에서 굴착하므로 정밀한 작업과 많은 설비가 필요하다. · 장애물의 철거가 용이하고 경사의 교정이 가능하다. · 굴착 깊이에 한계(수심 30m)가 있다.
기초지반 확인	· 수중에서 기초지반의 확인과 지내력의 확인이 어렵다. · 케이슨 기초는 견고한 풍화암 이상의 암반층에 설치한다.	· 케이슨의 침하 완료 후에 기초지반의 확인이 용이하다. · 지내력이 부족하면 케이슨 저면을 확대 굴착하여 보강한다.
기초 콘크리트	· 굴착 완료시에 기초지반이 교란되면 바닥 콘크리트를 타설한 후에도 2차침하가 크게 발생한다.	· 작업실(working chamber)내를 완전하게 콘크리트로 타설하고 공극이 있으면 그라우팅을 실시하여 충전한다.

5) 박스 케이슨(Box caisson)

① 개요

박스 케이슨은 케이슨의 바닥부가 막힌 상자형 케이슨이며 육상제작장에서 제작하여 해상에 진수시켜서 설치 위치로 이동시킨 후에 케이슨의 내부에 모래, 자갈, 물 등을 채워서 케이슨을 수직으로 침강시키며 방파제, 안벽 등의 해양구조물에 많이 사용한다.

케이슨은 수심이 비교적 얕고 기초지반의 굴착이 가능한 암반, 비세굴성의 조밀한 모래지반은 표면을 평탄하게 고르고 설치하며 수심이 깊은 경우는 기초지반에 사석을 포설하고 케이슨을 설치한다.

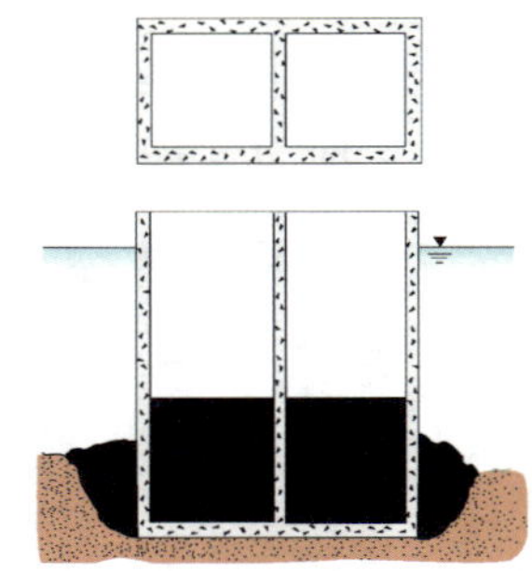
그림. 박스 케이슨

② 시공 유의사항

㉮ 제작

건선거(dry dock), 경사로, 부선거(floating dock) 등을 이용하여 육상 또는 해상에서 제작한다.

㉯ 진수

도크 내 주수방법, 경사 해변의 준설, 경사로+진수대차+윈치 등의 방법으로 진수시킨 후에 예인선으로 케이슨의 설치 위치까지 운반한다.

그림. 박스 케이슨의 수중 거치

㉰ 반거치와 부상

설치 위치에서 케이슨에 주수를 하여 가라앉힌 후에 시공오차를 조정하기 위해서는 배수를 시켜서 다시 부상시킨다.

㉱ 대형 기중기선 등으로 케이슨을 거치하면 즉시 모래, 자갈, 잡석, 콘크리트 등으로 속채움을 실시하여 파랑에 의한 전도 등으로 위치가 움직이지 않게 한다.

(a) 케이슨 육상 제작

(b) 케이슨의 운반과 거치

(c) 케이슨 속채움

그림. 대형 기중기선에 의한 케이슨 설치방법

제 6 장
터널공

터널공 6

1 개 설

터널은 「지반 중에 필요로 하는 목적이나 용도에 따라서 만들어 놓은 공간을 가지는 구조물」이며 지반 자체의 지보능력, 지보공, 복공에 의해서 터널 주변의 지반을 지지하므로 터널의 안정은 지반의 공학적 특성, 주변 환경, 입지조건 등의 영향을 크게 받는다.

터널은 주로 도로, 철도, 지하철과 같은 교통터널을 중심으로 많이 활용되어 왔으나 도시의 팽창과 과밀화로 인하여 대규모 지하공간 개발의 필요성이 증가하고 있다. 또한 발파에 의한 터널 굴착공법과 함께 도심지에서는 쉴드(Shield), TBM(Tunnel Boring Machine) 등에 의한 기계식굴착의 활용이 더욱 활발해질 것으로 기대되고 있다.

2 터널계획

터널은 지반조건과 입지조건에 따라서 터널의 기능과 시공 중의 안전성을 확보하고 시공성과 유지관리비용을 포함한 경제성이 있어야 한다. 터널의 환기시설과 조명시설 등과 같은 유지관리시설이 충분한 기능과 역할을 할 수 있도록 계획하고 공사 중의 안정성 확보와 개통 후의 주행 안전성도 고려해야 한다. 터널의 위치는 불안정한 지형과 이미 재해가 발생한 지역은 피하는 것이 바람직하며 터널의 축방향은 지층방향에 대하여 직각으로 굴착하도록 계획하는 것이 유리하다. 또한 터널 위치의 선정 시에 갱구와 환기용 수직갱 등이 주변 경관과 조화를 이루어야 한다.

(1) 터널의 선형

1) 평면선형

터널의 평면선형은 지반조건이 양호하고 주변 환경에 미치는 영향이 적은 곳을 통과하도록 선정하며 특히 편압이 예상되는 습곡지역, 애추, 용출수가 많을 것으로 판단되는 지역, 안정성이 우려되는 단층과 파쇄대지역 등은 가급적 피하도록 한다. 또한 터널의 앞, 뒤로 접속하는 구간을 포함한 전체적인 선형을 유지하고 운전자의 심리적인 폐쇄감과 압박감을 고려하여 평면선형은 가능한 한 직선으로 계획한다.

2) 종단선형

터널의 종단선형은 공사 중이나 개통 후의 주행 안정성, 환기, 방재설비 등을 종합적으로 고려하고 차량의 주행 안전성이 확보되는 완만한 경사로 한다. 터널 개통 후에 터널 내부의 용수를 종단 배수에 의한 자연배수는 0.1% 이상의 경사가 필요하고, 시공 중에 발생한 용수의 자연배수는 용수가 적으면 0.3%, 상당히 많은 경우는 0.5%의 종단경사가 필요하다.

종단경사가 지나치게 크면 시공 중의 버력처리와 자재 운반 등의 작업능률이 떨어지고 개통 후에도 교통용량이 저하하므로 0.3~2.0%의 완만한 경사를 가지게 계획한다.

3) 터널의 간격

2개 이상의 터널을 병렬로 계획하는 경우는 터널의 단면 형상, 크기, 시공법, 시공시기를 검토하여 상호간격을 결정한다. 터널 상호간의 간격이 시공 중에 미치는 영향은 지반조건과 시공방법에 따라서 다르지만 지반을 완전탄성체로 가정하면 병렬터널의 중심간격은 굴착 폭의 2배, 연약한 지반은 5배를 확보하면 거의 영향이 없다고 알려져 있다.

터널 전체구간의 중심간격을 2~3D로 적용하면 접속하는 토공구간에 길고 큰 비탈면이 발생하며 교량이 근접한 경우는 공사비와 유지관리비가 증가하므로 양쪽 갱구부를 접근시키는 방법도 있다.

원지반의 안정성이 충분하거나 용지비가 많이 소요되는 경우는 갱구 부근에서 터널 중심간격을 좁게 하고 터널 내부를 확장하는 방법도 가능하다.

그림. 병렬터널의 굴착

터널을 부득이하게 다른 구조물과 근접하여 설치하는 경우는 터널 굴착으로 인한 인접 구조물에 미치는 영향을 검토하고 안정성 확보를 위한 대책을 수립해야 한다.

일반적으로 터널이 교차하는 경우는 가능한 한 직교하도록 하고 신설 터널의 굴착으로 인한 영향을 고려하여 기존 터널의 상부에 위치하는 것이 유리하다.

4) 터널 갱구부

터널 갱구부는 공사용 설비의 배치, 공사용 도로의 설치, 사토장, 공사용 전력의 확보와 장래의 유지관리 등을 고려하여 위치를 선정한다. 터널 갱문을 설치하는 구간의 지반이 일반적으로 절리와 균열이 발달된 풍화대 등의 지층이 복잡하고 지표수와 지하수의 영향을 받기 쉬운 토피가 얇고 편압이 우려되는 지형적 특성을 가지는 경우가 많으므로 충분한 검토가 필요하다.

그림. 터널 갱구부

터널의 갱구부는 비탈면과 인접하고 토피가 얇아서 불안정한 지역이 많으므로 갱문은 비탈면의 최대경사각과 직교하거나 비탈면의 활동이 없는 안정한 지반에 설치한다. 비탈면의 붕괴, 낙석, 토석류, 홍수, 눈, 안개 등이 우려되는 불리한 위치에 갱구를 설치하는 경우는 갱구부의 안정성과 방재설비를 고려하여 위치를 선정한다.

(2) 도로터널의 단면

도로터널의 단면은 도로 규격에 따른 도로 폭원과 시설한계를 만족하고 환기, 방재, 조명, 내장 등의 시설공간을 확보하며 터널의 안정성, 시공성과 차량의 주행성을 고려한 합리적인 단면의 형상과 규모로 한다.

1) 단면 형상

터널의 단면은 응력과 변형에 구조적으로 안정하도록 굴착량 등을 고려하여 선정한다. 단면 형상은 원형, 난형, 마제형을 일반적으로 채택하며 원형은 구조적으로 안정하고 양수압에 유리하지만 굴착면적이 커져서 비경제적이고 굴착 시공이 어렵다. 난형은 구조적으로 안정하고 양수압에 안정하며 원형보다 굴착량이 적지만 마제형보다 굴착량이 많다. 마제형은 굴착 시공성이 양호하고 여굴량이 적어서 경제적이지만 원형보다 구조적으로 불리하며 양수압에 불안정하다.

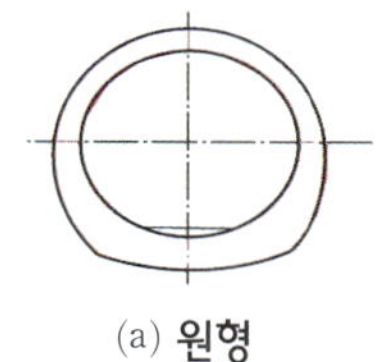

(a) 원형 (b) 난형

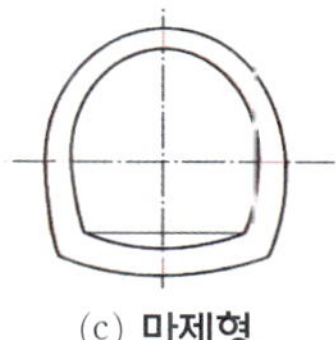

(c) 마제형

그림. 터널의 단면형상

2) 도로 터널단면의 구성

도로터널의 단면은 터널 라이닝과 바닥 원지반 또는 인버트(invert)로 둘러싸인 안쪽 부분의 크기와 모양을 의미하며 필요한 도로 폭원과 시설한계를 충족하고 환기, 방재, 조명, 내장, 배수, 표지판의 설치공간, 보수 점검을 위한 검사원통로의 설치공간이 확보되어야 한다.

또한 내공단면은 소요 시설한계와 선형조건에 따른 확폭량, 터널내 제반설비의 시설공간, 유지관리에 필요한 여유폭을 고려하고 시공오차를 반영하여 결정한다.

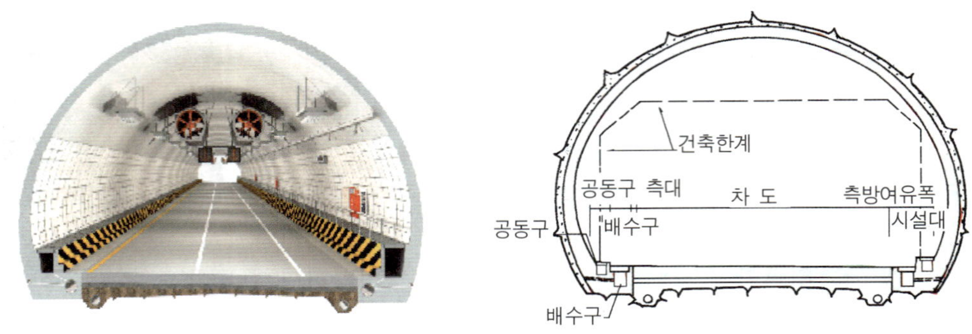

그림. 도로터널의 단면

① 시설한계

시설한계는 차량과 보행자의 교통안전을 확보하기 위하여 일정한 폭, 높이, 범위 내에서 장애가 되는 시설물을 설치하지 못하게 하는 공간의 한계이며 높이는 4.8m를 확보해야 한다.

② 차도 폭

차도는 차량의 통행을 위하여 설치한 도로의 부분으로 차로로 구성되며 터널에서 차로 폭은 토공부의 도로구간과 동일한 폭을 확보하여 주행의 연속성과 안정성을 제공해야 한다.

③ 측대

측대는 차도와 동일한 외측 평면에 일정한 폭으로 설치하며 차로를 이탈한 자동차의 안전과 주행에 필요한 측방 여유폭을 확보하여 차도의 효용을 유지하기 위하여 설치한다.

④ 배수구

배수구는 터널 주변의 암반 절리면에서 흘러 들어오는 용출수, 터널 내부로 유입되는 노면수, 터널 내 청소 등에서 발생되는 표면수를 처리하기 위하여 설치한다.

⑤ 공동구

공동구는 전기, 소화전, 배수관, 통신관 등을 공동으로 수용할 수 있도록 미관과 교통 소통에 지장이 없는 위치에 설치한다.

⑥ 측방 여유폭

터널 내의 측방 여유폭은 차도 끝에서 시설한계선까지이며 길어깨와 같은 폭으로 하고 시설대는 조명시설, 비상시설 등을 고려한 공간이다. 터널에 설치하는 길어깨 폭은 고속도로에서 1.0m 이상으로 하고, 길이 1,000m 이상의 터널에서 오른쪽의 길어깨 폭을 2.0m 미만으로 하는 경우는 최소 750m마다 비상주차대를 설치한다.

⑦ 검사원통로

터널에 설치된 환기, 조명, 방재에 관한 각종 설비의 기능을 유지하기 위해서 보수 점검이 필요하므로 검사원통로는 터널 양측에 설치하는 것이 이상적이나 건설비, 효율성, 피난 연락갱의 위치를 고려하여 편측에 설치한다.

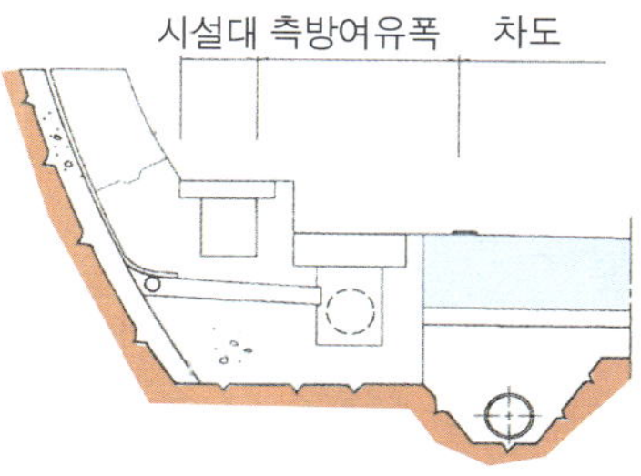

그림. 측방 여유폭과 시설대 단면

검사원통로의 높이는 통행차량이 검사원통로와 접촉해도 검사원을 보호하도록 노면에서 1.0m의 높이에 설치한다.

검사원통로의 폭원은 터널 굴착량 증가에 따른 공사비를 고려하여 최소 폭을 0.75m로 하고, 보행공간의 높이는 보수원의 보행과 작업에 지장을 주지 않는 2.0m를 적용한다.

⑧ 환기설비에 따른 터널 단면

기계식 환기설비가 필요한 터널은 일반적으로 0.3~2.0%의 완만한 종단경사가 바람직하다.

㉮ 종류식(Jet fan) 환기방식

터널 단면의 형상에 영향을 미치는 젯트팬은 차도부 시설한계에서 상단에 0.2m의 여유를 두고 설치한다.

젯트팬의 설치는 고정식과 자유매달기식이 있고 터널에서는 천장에 매다는 방식을 사용하며 젯트팬의 외경과 천장 벽면까지의 이격거리는 0.5D(D: jet fan 내경)를 표준으로 한다.

그림. 종류식 Jet Fan

㉯ 반횡류식과 횡류식 환기방식

반횡류식과 횡류식 환기시설은 터널 연장, 소요 환기량에 따라서 소요되는 덕트 면적을 고려하고 덕트 칸막이, 덕트 단면적, 시설한계, 덕트 칸막이의 여유 폭을 반영하여 터널 내공 단면적을 결정한다. 횡류식 환기방식은 터널 천정에 급기통로와 배기통로를 분리한 풍도를 설치한다. 평소에는 급기구에서 신선한 공기를 공급하고 배기구로 오염공기를 배출하지만 화재 등의 유사시는 급기구도 배기구로 전환하여 유독가스와 연기를 신속하게 배출할 수 있다

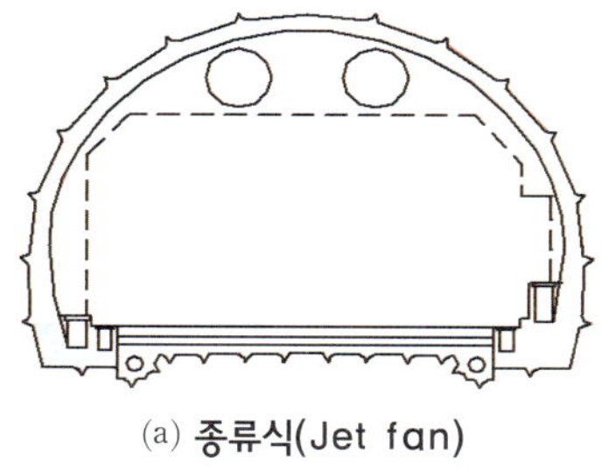

(a) 종류식(Jet fan)

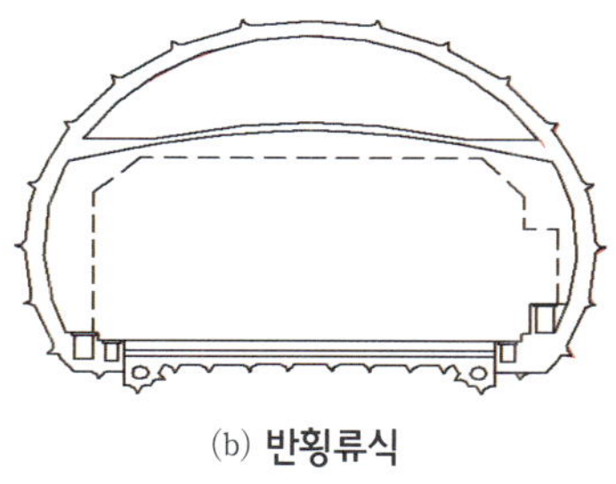

(b) 반횡류식

(c) 횡류식

그림. 환기를 고려한 터널단면

(3) 피난 대피시설

1) 피난 연결통로

그림. 피난 연결통로

피난 연결통로는 병렬터널에서 상대터널을 연결하거나 피난 대피터널과 본 터널을 연결하는 통로이다. 피난 연결통로는 피난 연결통로를 통한 연기의 유출입 방지와 환기를 위하여 차단문을 설치하고 방화벽의 역할을 수행하며 정전 시에도 동작이 용이한 무동력 차폐 기능을 보유해야 한다.

일방통행에서 대인용 피난 연결통로의 설치 간격은 250m 이하로 하고 3개소마다(750m 이하의 간격) 구급차량이 통과할 수 있는 차량용 피난 연결통로를 설치하며, 터널 연장이 1200m 이하의 터널은 최대 설치간격을 300m로 할 수 있다. 피난 연결통로는 비상조명을 설치하고 위치 표시와 터널 측벽부에 피난 연결통로로 유도하는 유도표지등을 설치한다.

2) 피난 대피터널

피난 대피터널은 대면통행 터널에서 화재 시에 안전지역으로 대피자를 탈출시키는 터널이며 본 터널과 평행한 서비스터널, 경사 터널과 수직 터널이 있고 피난 대피터널과 본선터널은 피난 연결통로를 설치하여 연결한다. 피난 대피터널은 생명 유지에 필요한 공기를 공급하고 가압설비를 설치하여 연기 유입을 막아야 하며 피난 대피터널을 연결하는 통로는 연기 유입을 차단하는 차단문을 설치한다.

3) 피난대피소

피난대피소는 피난 연결통로와 피난 대피터널을 확보되지 못한 경우의 화재 시에 임시로 대피하는 대피장소로 생명 유지에 필요한 시설을 갖추어야 한다. 피난대피소는 비상조명, 긴급전화, 소화기, CCTV를 설치하며 정전 시에 자체 축전지에 의해서 3시간 이상 기능을 유지할 수 있어야 한다.

4) 비상주차대

그림. 비상주차대

비상주차대는 터널 내에서 고장 또는 사고차량이 2차 사고를 유발하지 않고 화재 발생 시에 구급차량, 소방차량의 정차와 소화활동을 위한 지역이며 설치간격은 일방향의 교통터널에서 750m 이내 간격으로 차량용 피난 연결통로의 맞은편에 설치한다.

대면통행의 경우는 750m 이내의 간격으로 터널 양측에 설치하고 차량의 회전이 가능하도록 마주 보게 설치하는 것이 바람직하다.

3 터널 굴착방법

그림. 터널의 굴착

터널의 굴착방법은 인력굴착, 발파 굴착, 파쇄 굴착, 기계굴착 등이 있고 2가지 이상의 방법을 혼용하는 경우도 있다. 굴착방법은 지반조건을 고려하고 터널의 단면과 길이에 따라서 경제성, 주변 시설물과 환경에 미치는 영향을 반영하여 선정한다.

굴착방법은 원지반의 지보능력을 최대한 활용하도록 안정성, 경제성, 시공성이 우수한 굴착방법을 채택하고 지반조건, 지하수 유입정도, 굴착단면의 크기와 형태, 터널 길이, 근접 구조물의 유무와 주변 환경에 미치는 영향(진동, 소음, 지표침하 등), 보조공법의 적용성을 고려하여 선정한다.

(1) 인력굴착

인력굴착은 인건비의 상승, 터널 굴착장비의 보급, 지반 보강기술의 발달로 인하여 특수한 경우를 제외하고는 거의 사용하지 않는다.

1) 토사지반의 인력굴착

단면이 비교적 큰 터널에서 대형 굴착과 보강장비의 사용이 곤란한 경우에 높이 1.5m 내외, 폭이 수 m 정도의 소단면을 이용한 분할굴착을 하여 굴착면의 안정을 확보할 수 있다. 또한 전력구, 공동구 등과 같은 소단면 터널에 인력굴착을 적용하며 토사지반의 인력굴착은 소형 브레이커 등을 사용한다.

2) 발파 진동의 감소를 위한 인력굴착

터널과 시설물이 근접한 경우에 발파진동의 제약으로 심발과 확대발파와 같은 체계적인 발파패턴의 적용이 곤란한 경우에 착암기, 소형 브레이커를 이용한 굴착을 적용한다. 인력 굴착시에 암반이 매우 단단하면 국부적으로 발파를 수행하고 느슨해진 암반은 브레이커로 굴착할 수도 있다.

3) TBM 굴진이 어려운 경우의 인력 굴착

Open TBM의 굴진 시에 파쇄대가 출현하여 굴착면의 붕락이 발생하면 TBM Cutter head를 후진시키고서 TBM 전면부의 공간에 인력을 투입하여 파쇄대구간의 굴착과 보강공사를 실시한 후에 TBM굴진을 계속할 때에 적용한다.

(2) 기계굴착

기계굴착은 일반적으로 토사~연경암지반에 적용하며 굴착장비의 특성은 다음과 같다.

1) 백호(Back hoe) 굴착

백호는 가장 일반적인 기계 굴착장비로서 굴착에서 상차와 바닥면 고르기까지 다양한 용도로 사용하며, 비교적 느슨한 토사는 굴착이 가능하지만 풍화토 이상의 견고한 지반은 굴착속도가 느리다.

2) 브레이커(Power breaker) 굴착

굴삭기(Back hoe) 선단에 브레이커를 장착하여 터널을 굴착하는 방법으로 초기 투자비가 적고 토사에서 풍화암까지 굴착이 가능하다. 브레이커 굴착은 굴착속도가 느리고 소음, 진동의 크기가 발파보다는 작으나 지속시간이 길다.

3) 로드헤더(Road header) 굴착

로드헤더는 임의 형상의 터널단면을 굴착할 수 있는 터널 굴착장비로서 전방의 커터헤드에 부착한 픽(pick)으로 굴착하고 하부에 버력을 모으는 장비가 부착되어 있으며 장비 후방까지 벨트 컨베이어가 설치되어 있다. 커터헤드의 회전으로 굴착하여 후방으로 버력이 반출되므로 버력의 상차시간이 절감되어 굴착속도가 매우 빠르다.
연암 이상의 견고한 지반은 픽 소모량이 많아서 경제성이 저하되고, 굴착시에 분진이 많이 발생하므로 작업자의 보건위생을 고려한 환기와 살수설비가 필요하다.

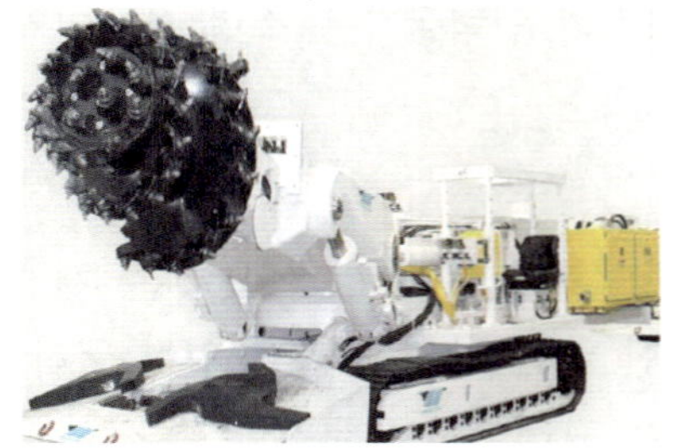
그림. 로드헤더(Road header)

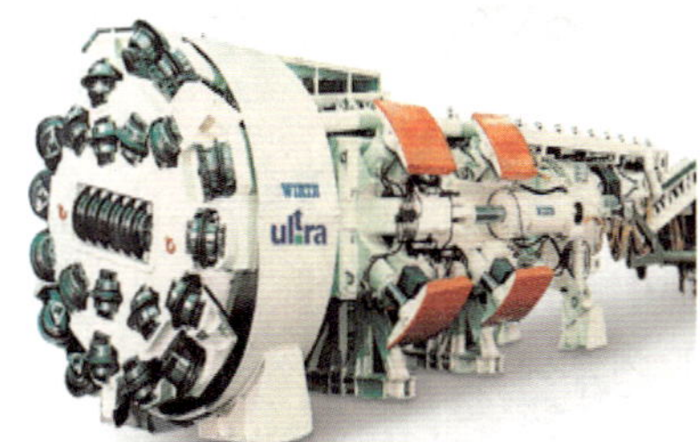

그림. TBM 굴착장비

4) TBM(Tunnel Boring Machine) 굴착

전단면 굴착기(TBM)에 의한 기계식 굴착공법이며 원형의 굴삭기가 회전하여 터널을 굴착하면 발생한 버력은 벨트컨베이어에 의하여 자동으로 운반된다. 일반적으로 연암~경암지반은 open TBM을 적용하고, 토사~풍화암지반은 쉴드 TBM을 적용한다. 갱구부에 TBM장비의 조립과 부대설비의 설치에 필요한 공간을 확보하고 TBM의 특성에 따른 선형과 단면계획을 수립해야 한다.

(3) 발파 굴착

폭약을 이용한 발파 굴착은 지반조건과 자립시간 등에 따라서 선정한 굴착공법, 지보형식과 간격을 고려하여 발파 굴진장, 심발공의 형태, 발파공의 배치, 기폭방법, 장약량 등의 발파패턴을 계획한다.

발파 굴착은 경제성과 시공성이 양호하지만 진동과 소음 등을 수반하므로 지반조건을 고려하여 발파 진동으로 인한 터널 주변지반의 이완영역을 최소화하고 평활한 굴착면이 형성되어 버력 크기가 적재와 운반에 적합하도록 굴착단면의 크기와 형상, 심발형식, 심발공, 발파공과 주변공의 직경, 배치, 각도와 천공깊이, 화약종류와 장약량, 뇌관의 형식, 발파순서, 시험발파계획 등을 결정한다.

주변에 발파 진동으로부터 보호해야 하는 시설물과 구조물이 있으면 대상 시설물의 위치에서 발파 진동허용치의 기준을 만족해야 한다. 또한 발파지점 주변의 주민에 대한 생활 공해방지를 위한 발파 진동허용치는 환경부에서 제정한 「진동과 소음에 관한 규정」을 적용한다.

그림. 발파 굴착

그림. TBM(Pilot tunnel) + 발파 굴착

(4) 파쇄 굴착

파쇄 굴착은 정적파쇄와 동적파쇄로 구분하고 정적파쇄는 유압에 의한 팽창력을 이용하여 암반에 균열을 발생시키고 백호+브레이커로 굴착하며 동적파쇄는 미소 충격력으로 자유면을 확장시키는 방법이다. 파쇄 굴착은 진동과 비산석의 발생이 적지만 2차 파쇄에 대형 브레이커를 사용하므로 연속적인 기계 소음이 발생하고 작업 효율성이 저하되어 공기와 공사비용이 증가한다.

그림. 백호(Back hoe) + Breaker에 의한 터널 굴착

4 터널 굴착공법

터널 굴착공법은 일반적으로 전단면굴착이 분할굴착에 비하여 시공성과 경제성에서 유리하므로 암질이 양호한 구간은 전단면굴착을 적용하고 암질이 불량한 구간과 터널 갱구부는 분할굴착을 적용하여 터널의 안정성을 확보한다.

(1) 지반조건에 따른 굴착공법

1) 전단면굴착

전체 터널단면을 1회에 굴착하는 전단면굴착은 지반의 자립성과 지보능력이 양호한 중·소단면의 터널에 적용한다. 굴착에 따른 응력의 재배치가 1-cycle에 완료되어 조기에 터널이 안정되고 굴착면의 형상이 균일하므로 작업이 단순하며 기계화에 의한 급속 시공이 가능하다. 굴착단면이 커서 지반조건의 변화에 대한 대응성이 떨어지고 숏크리트와 록볼트의 설치작업이 늦어지며 대규모 작업설비가 필요하다.

그림. 전단면굴착

그림. 상·하반면의 분할굴착

2) 수평 분할굴착(상·하반면 분할굴착)

수평 분할굴착은 bench cut공법이라고도 하며 굴착단면을 여러 단계로 분할하여 굴착하고 bench의 단수와 길이는 굴착단면의 크기, 지반조건에 따른 인버트의 폐합시기, 투입되는 기계설비에 의하여 결정된다. 주로 지반상태가 양호한 대단면터널에서 시공성 향상을 위하여 적용하고, 지반상태가 다소 불량한 경우는 굴착면의 자립성이 증가하도록 상·하반면을 분할하여 굴착한다.

① 롱 벤치(Long bench) 굴착

벤치 길이가 3D 이상으로 비교적 지반이 양호하고 시공단계에서 인버트의 폐합이 거의 필요하지 않은 경우에 채택하며 넓은 의미에서 상반 선진도갱 굴착공법도 포함된다. 상·하반면 병행작업이 가능하고 장비의 운영이 용이하며 버력 적재를 위한 경사로가 필요하다.

② 숏 벤치(Short bench) 굴착

벤치 길이가 1~3D 정도로 토사~경암에 이르는 모든 지반에 적용하며 중단면 이상의 터널에 일반적인 공법이다. 굴진 도중에 지반 변화에 대한 대응과 장비의 운영이 용이하다. 상반면에서 작업공간의 여유가 적고 상·하반면 중의 한 부분에서만 작업이 가능하므로 작업 공정의 균형을 조절하는 것이 어려우며 버력 적재를 위한 경사로가 필요하다.

③ 미니 벤치(Mini bench) 굴착

팽창성지반과 토사지반에서 인버트의 조기 폐합이 필요한 경우에 채택하며 인버트의 조기 폐합과 침하를 최소로 억제하는 것이 가능하고 벤치 길이는 터널 직경의 1배 정도를 적용한다.
상반면에서 작업공간의 여유가 적고 상·하반면 중의 한 부분에서만 작업이 가능하므로 작업 공정의 조절이 어려우며 버력 적재를 위한 경사로가 필요하다.

④ 다단 벤치(Multi bench) 굴착

벤치의 수가 3개 이상인 분할 굴착공법으로 대단면터널에서 굴착면의 자립성이 불량하여 분할굴착이 필요한 경우에 채택한다.
버력 처리가 각 굴착면에서 중복되고 벤치 길이가 한정된 경우는 작업공간이 협소하며 숏 벤치굴착보다 변형과 침하가 크게 발생한다.

그림. 다단 벤치굴착

⑤ 가인버트(Invert) 굴착

중단면 이상의 터널에서 지반 변형을 적극적으로 억제하면서 벤치를 길게 하는 경우에 벤치 상부에 숏크리트를 타설하여 가인버트를 형성시키고 굴진하는 공법이다. 상반면의 벤치가 길어지므로 작업공간이 넓어지고 상반면의 관통 후에 하반면을 시공하면 경사로가 필요하지 않다.
가인버트의 타설시간, 숏크리트가 일정한 강도에 도달하는데 소요되는 시간과 굴착장비의 통행으로부터 인버트를 보호하기 위한 버력 메우기 시간 등의 시간 손실이 발생하여 상반면의 시공속도가 크게 저하될 가능성이 크다.

그림. 가인버트 굴착

⑥ 링컷(Ring cut) 굴착

굴착면에 지지코아(supporting core)를 남기고 굴착하며, 굴착면의 안정이 우려되는 불량한 지반에서 지지코아의 주위를 분할하여 굴착한다. 굴착면의 안정성 확보와 연약한 지반에서 대단면굴착이 가능하고 지반변화에 따른 신속한 대응이 용이하다.
작업공간의 확보가 제한적이고 작업 공종이 복잡하여 작업 사이클의 조정이 어렵다.

그림. 링컷(Ring cut) 굴착

표. 굴착방법의 종류

굴착 공법		개념도 횡단면	개념도 종단면	적용 조건 (D : 터널 폭)
전단면굴착				전단면을 1회에 굴착
수평 분할 굴착	Long bench cut			L 〉 3D (L : 벤치 길이, D : 터널 직경)
	Short bench cut			D 〈 L 〈 3D
	Mini-bench cut			L 〈 D
	Multi-bench cut			벤치 수 3개 이상
	Ring-Cut굴착			풍화암 또는 이하의 지반상태
측벽 선진도갱굴착 (Silot 또는 Side Pilot)				단면 일부를 먼저 굴착

3) 중벽 분할굴착

하반면의 지반조건은 양호하지만 상반면의 지반조건이 불량하여 지반 침하량을 억제할 필요가 있거나 대단면에서 굴착면의 지지력이 부족한 경우에 적용하며 안전성을 고려하여 임시 지보재를 설치할 수 있고 굴착면간의 이격거리는 1~2D를 유지한다.

중벽으로 분할하는 단면의 확보가 필요하고 시공속도가 다소 저하하며 작업공간의 제약으로 시공성이 저하되지만 침하량의 억제와 굴착면의 안정성 유지에 유리하다.

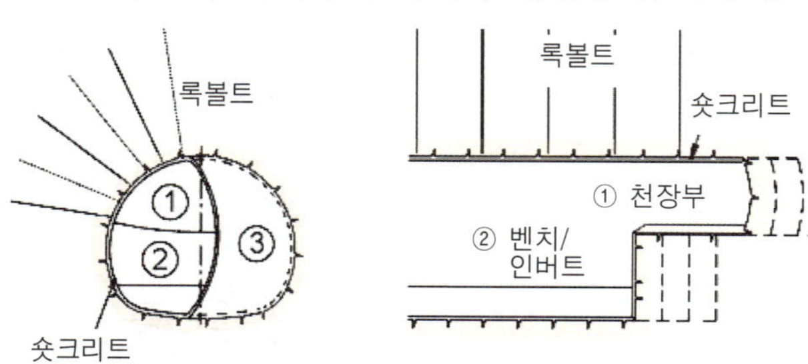

그림. 연직 분할굴착

4) 선진도갱 굴착(Side pilot)

터널 단면적이 매우 크거나 하저 통과구간 등의 특수한 조건에서 굴착면 전방의 지반상태와 지하수 상태를 확인하면서 굴착하는 경우에 채택한다. 소단면의 측벽도갱을 이용하여 굴착면을 미리 보강하여 터널 안정성을 확보하고 연약한 지반에서 침하를 최소화할 수 있다. 대단면터널에서 침하를 최소화하고 굴착면의 안정성 확보가 용이하며 용수가 많은 경우는 측벽 도갱으로 배수가 가능하다. 그러나 도갱의 내벽 철거에 많은 시간과 비용이 소요되어 공사비가 증가한다.

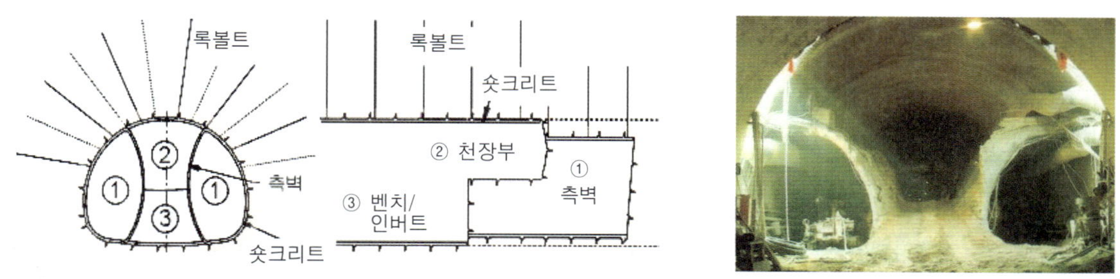

그림. 측벽 선진 도갱공법(Silot 또는 Side Pilot)

(2) 발파공법

터널 발파는 주변 암반의 이완과 손상을 최소로 하고 암반과 화약의 특성을 조화시켜서 최적의 발파 효과를 얻을 수 있어야 한다. 발파계획은 지반조건과 터널의 자립시간에 따라서 선정된 굴착공법, 지보형식과 간격을 고려하여 발파 굴진장, 심발공의 형태, 발파공의 배치, 기폭방법, 장약량 등이 포함된 발파패턴을 계획한다. 굴진장이 길면 작업능률이 우수하지만 굴진장은 지반의 자립성과 주변 환경에 미치는 영향을 반영하여 결정한다.

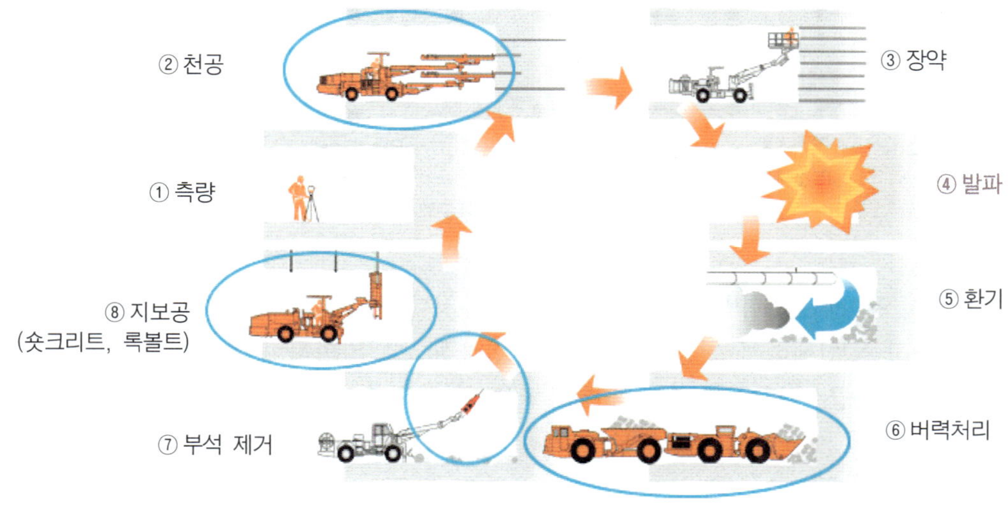

그림. 터널의 굴착 Cycle

1) 발파공법의 종류

터널 발파는 자유면을 형성하는 심발발파와 굴착면의 주변공에 적용하는 발파공법으로 분류한다.

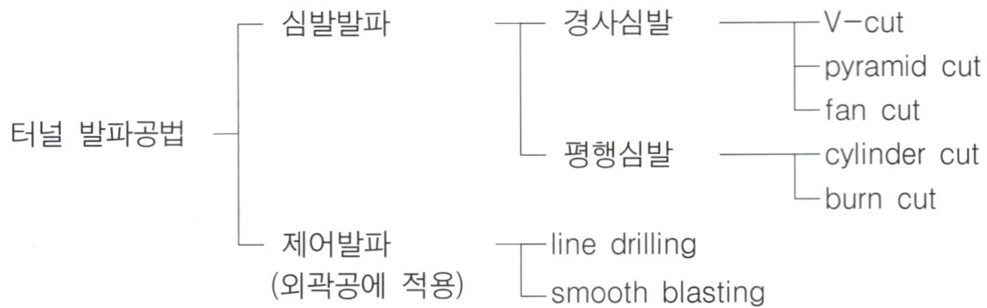

① 심발발파

터널의 발파효과는 대기에 노출된 자유면의 수에 따라서 달라지므로 심발발파에 의한 2개의 자유면을 형성하여 확공발파가 용이해야 한다. 심발방법은 주변공의 발파 전에 이루어지는 자유면의 형성과정이므로 현장여건과 지반조건을 고려하여 채택한다.

터널 발파에 사용하는 심발발파는 경사천공, 평행천공 또는 혼용한 방법으로 구분한다. 심발발파의 천공장이 길고 천공이 정확하면 burn cut, cylinder cut이 효과적이고, 불량한 암질에서 1회 굴진장을 1.5m 내외로 짧게 하는 경우는 V-cut공법을 적용한다.

그림. 심발공 천공작업

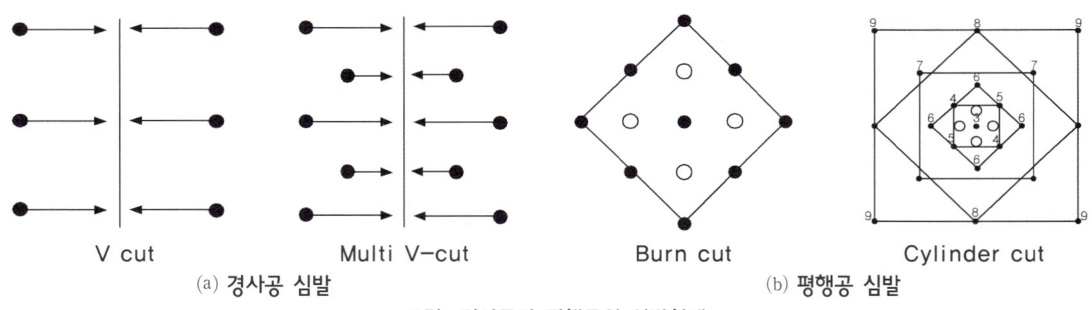

(a) 경사공 심발　　(b) 평행공 심발

그림. 경사공과 평행공의 심발형태

㉮ V-Cut공법

심발발파에서 V-cut은 심발공을 터널 중심에 공저가 서로 마주보는 두 개의 각도공을 1개조로 하여 3~4개조를 평행하게 천공하고 동시에 집약적으로 발파하여 자유면을 형성하며 심발 보조공, 주변공, 외곽공, 바닥공의 순서로 자유면을 확대 발파한다. V-cut공법은 경사천공을 위한 최소한의 터널 폭이 필요하고 천공밀도가 약간 떨어져도 발파효율에 미치는 영향이 적어서 일반적으로 많이 적용한다.

㉠ 장점

ⓐ 각도 천공을 하므로 심발부의 용적이 크다.

ⓑ 천공작업이 용이하다.

ⓒ 버력이 크므로 버력의 비산거리가 짧다.

㉡ 단점

ⓐ 2개 이상의 각도공을 발파하므로 지발당 장약량이 많이 소요된다.

ⓑ 경사천공을 하므로 자유면에 대한 약실의 투사면적이 크고 발파 효율성이 낮다.

ⓒ 폭음, 발파 진동이 크고 대괴의 암석이 발생하기 쉽다.

ⓓ 천공 시에 터널 폭에 따른 롯드(rod) 조작의 한계성으로 소단면터널은 적용이 곤란하다.

㈏ Burn cut공법

심발공은 터널 중심부에 직각방향으로 평행하게 1개 또는 2개 이상의 무장약공(ϕ75~120mm)을 천공하고, 무장약공을 중심으로 천공한 심발장약공을 단계별로 발파하여 심발 보조공, 주변공, 외곽공, 바닥공의 순서로 확대 발파하는 공법이다. 무장약공은 발파 파쇄권 안에 배치하고 장약공과 무장약공의 거리는 150~200mm로 하며 일정한 시차를 가지는 지발뇌관을 사용한다.

㉠ 장점

ⓐ 굴진방향에 수평으로 천공하므로 1발파당 굴진장이 길고 터널 크기에 제한이 없다.

ⓑ 심발공을 수평 천공하므로 심발 용적이 적고 장공발파와 경암 발파에 이용한다.

ⓒ 파쇄 암석편이 작게 형성된다.

㉡ 단점

ⓐ 심발장약공 발파시에 무장약공이 자유면 역할을 하여 버력의 비산거리가 길고 폭음이 크다.

ⓑ 대구경의 무장약공과 무장약공 주위에 많은 장약공을 천공하므로 천공시간이 길고 숙련된 천공기술과 정밀한 천공장비가 필요하다.

ⓒ 심발공의 굴착 용적이 적어서 폭약 사용량이 증가한다.

㈐ Cylinder cut

Cylinder cut은 심발 중앙부에 대구경(ϕ75~200mm) 무장약공을 천공하여 자유면으로 활용하므로 심발효과가 우수하다. 무장약공의 공경이 크고 공수가 많을수록 발파효과가 우수하며 장약량의 조정이 가능하여 장약량의 제한이 있는 경우에 효과적이다. 그러나 대구경 천공에 시간과 비용이 많이 소요되고 무장약공의 천공이 부정확하면 심발효과가 크게 저하된다.

② 주변공 제어발파(Controlled blasting)

발파의 영향으로 굴착단면이 설계단면보다 커져서 여굴이 발생하면 숏크리트의 타설량과 암반 손상에 따른 지보재의 보강이 많아지므로 설계 굴착선에서 여굴량과 암반의 균열을 최소화하는 제어발파를 실시한다. 발파시에 폭약 에너지의 작용방향을 제어하지 못하여 여굴이 발생하면 부석처리와 지보공이 증가하고 라이닝 콘크리트의 타설량이 증가하며 터널의 안정성도 매우 불리하다.

Smooth blasting은 발파력이 cushion작용에 의하여 발파 충격에 의한 불규칙적인 암반의 파쇄를 방지하고 정적 에너지를 가진 발파가스의 작용으로 암반을 파괴하여 평탄한 굴착면을 얻는다. 굴착면을 따라서 천공열을 평행하게 배치하고 천공경보다 작은 지름의 폭약을 사용하여 약장약으로 발파하는 방법으로 발파에너지를 제어하므로 원지반의 손상과 여굴이 감소한다.

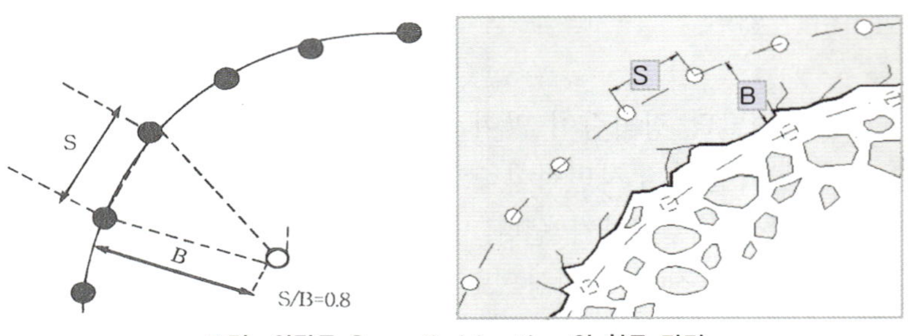

그림. 외곽공 Smooth blasting의 천공 간격

그림. 터널 외곽공 Smooth blasting

2) 천공(Drilling)

발파패턴에 의한 정확한 천공이 되지 않으면 폭약에너지의 작용방향이 불확실하여 암반에 큰 손상을 주고 굴착면의 요철이 심하며 굴착면 깊게 균열이 발달하여 발파효과가 저감되고 여굴이 증가한다. 따라서 굴착면에서 천공위치를 측량과 레이저광선 등으로 정확하게 표시하고 천공을 실시한다.

그림. 점보드릴(Jumbo drill)에 의한 천공

3) 여굴(Overbreak)

터널에서 숏크리트 설계선의 외측 부분보다 크게 굴착된 것을 여굴이라고 하고 여굴이 발생하면 장약량, 버력 반출량, 콘크리트의 충전량이 많아져서 공사비가 증가하는 원인이 된다.

① 여굴의 발생 원인

㉮ 천공장비

천공장비를 사용할 때에 불가피하게 발생하는 여굴은 착암기의 천공방향과 터널 단면이 이루는 최소각도에 의하여 발생한다.

㉠ 점보 드릴(jumbo drill) : 최소 천공각도가 약 4° 필요

ⓐ 천공장 3.7m : 약 26cm의 여굴 발생

ⓑ 천공장 4.2m : 약 29cm의 여굴 발생

㉡ 레그드릴(leg drill) : 천공장 1.0~2.8m에서 약 10~30cm의 여굴이 발생

㉯ 천공작업의 난이도에 따라서 측벽보다 천장부에서 여굴량이 증가하고 굴착면은 요철이 많아서 불규칙하므로 주변공의 위치가 경사진 경우는 천공 숙련도가 여굴량에 큰 영향을 준다.

㉰ 터널 주변공에 다이너마이트와 같은 폭속이 큰 폭약을 사용하면 주변 지반이 크게 손상되고 버력이 많이 발생하며 여굴량도 증가한다.

② 여굴 허용기준

터널 굴착에서 여굴이 발생하면 버력 반출량과 라이닝 콘크리트의 타설량이 증가하여 추가 비용이 소요되고, 굴착단면이 커져서 터널 안정성에 불리하므로 여굴을 최소화하는 대책이 필요하다.

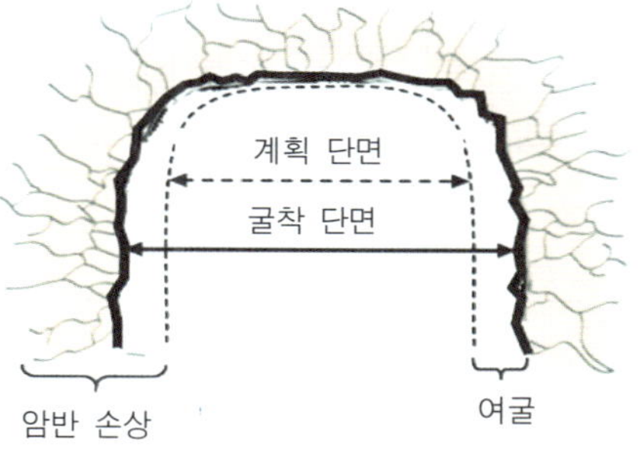

그림. 여굴의 형상

표. 터널 굴착시 여굴량의 표준(국토교통부 표준품셈)

구 분	아치부	측벽부	비 고
여굴 두께(cm)	15~20	10~15	

③ 여굴 방지대책

㉮ 외곽공에 정밀폭약과 적정량의 폭약을 사용하는 smooth blasting공법을 적용

㉯ 발파 후에 조속한 초기 보강(숏크리트 타설)을 실시

㉰ 적정한 천공장비와 숙련된 작업원의 활용과 기능교육

㉱ 연약지반이 예상되면 선행 그라우팅(pregrouting)을 실시

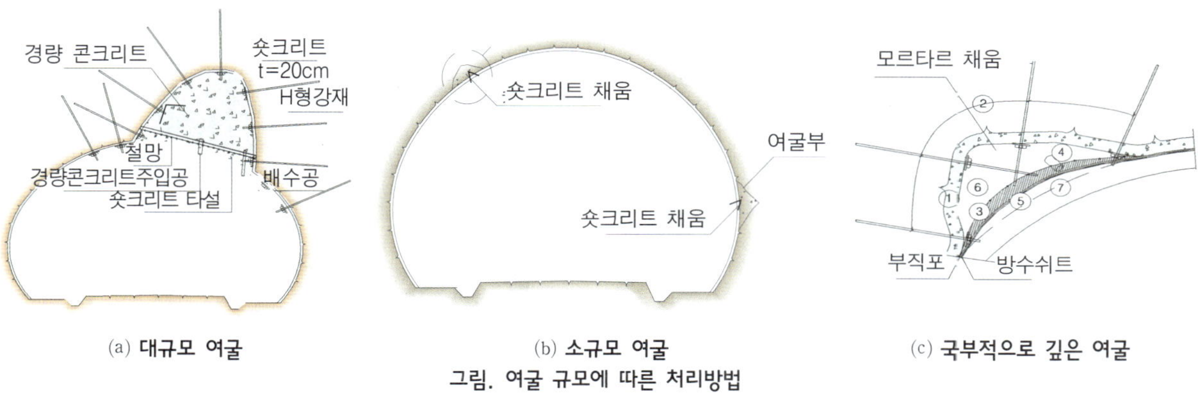

(a) **대규모 여굴** (b) **소규모 여굴** (c) **국부적으로 깊은 여굴**

그림. 여굴 규모에 따른 처리방법

4) 버력처리(Mucking)

터널은 천공, 발파, 버력처리, 보강을 반복하면서 굴착하며 버력 크기가 버력 처리능력과 굴착비용의 결정에 중요하고 버력 반출이 터널 전체공기의 약 30%를 차지하므로 버력처리장비를 효율적으로 조합하여 공기 단축과 굴착비용을 절감해야 한다.

① 버력 반출량

버력 반출량은 용적 변화율과 여굴율을 고려하여 산정하고 용적 변화율은 다음 표와 같다.

버력 반출량 = 굴착량 × (1+여굴율) × 용적 변화율

표. 용적 변화율과 단위질량의 표준

분 류	원지반		운반 중	
	용 적	단위질량(kN/m³)	용 적	단위질량(kN/m³)
경 암	1	22~28	1.4~1.8	14~20
연 암	1	20~25	1.3~1.7	13~19
토 사	1	15~22	1.2~1.5	12~18

② 버력의 적재와 운반

버력의 적재작업이 버력 반출의 능률을 좌우하므로 지반상태, 단면 크기, 천공, 발파상태 등에 따라서 적재장비를 선정하며 적재장비는 주행방식에 따라서 레일식, 타이어식, 크롤라식이 있다.

버력운반은 레일식과 타이어방식이 있고 복선단면은 덤프트럭을 이용하여 갱외로 버력을 반출하는 방법이 유리하다.

그림. 레일식 버력 운반

덤프트럭으로 버력을 운반할 때에 터널의 종단경사는 덤프트럭의 등판능력을 고려하여 12% 이하로 하고 레일방식에서 종단경사가 3% 이상이면 기관차의 등판능력에 제약을 받으므로 버력 운반계획에 유의한다.

그림. 버력 적재작업 (Dump Truck + Pay Loader)

5 지보공(Tunnel Excavation Support)

터널의 지보재는 굴착면 주변지반이 역학적인 지반아치(ground arch)의 기능을 발휘하도록 설치하므로 지보재는 지반 특성에 적합하고 시공 중이나 시공 후에도 터널의 안정성을 유지해야 한다.
지보재는 터널 굴착으로 인하여 발생하는 새로운 응력상태에서 터널 주변지반과 일체가 되어 안정된 상태에 도달해야 한다. 터널 주변지반의 거동이 지표와 지중에 있는 주변 구조물에 영향을 미칠 위험이 있으면 터널 굴착의 영향을 최소화하는 지보재의 규격과 시공순서를 결정하고 터널의 작업 효율성과 안정성을 고려하여 지반 특성에 적합한 지보재를 적절한 시기에 설치해야 한다.

(1) 터널 굴착과 지반의 거동

터널을 굴착하면 굴착 이전에 작용하던 초기응력이 재분배되어 굴착면 주변의 응력은 새로운 응력상태에 도달한다. 터널 굴착면의 종방향과 횡방향으로 원지반 응력의 일부가 전이되며, 전이되고 남은 응력이 터널 주변에 재분배된다. 굴착면에서는 변형이 발생하지만 주변 지반의 변형이 발생하지 않을 때에 원지반 응력이 변위가 발생되지 않는 주변 지반으로 전이되는 것을 아칭(arching)현상이라고 한다.

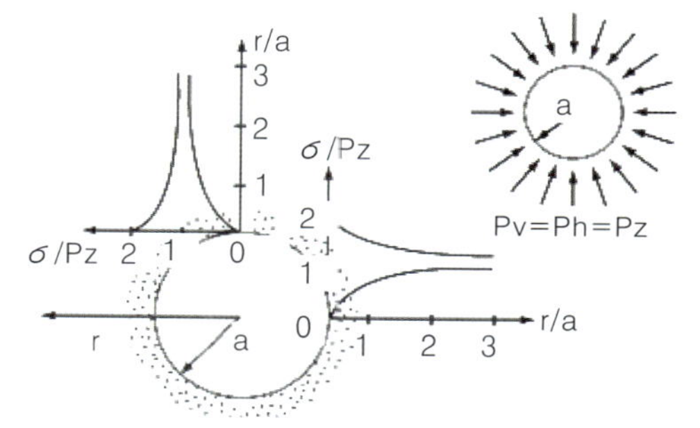

그림. 터널 주변의 응력상태

굴착면 주변의 지반은 터널 굴착으로 인하여 원래의 3축 응력상태에서 새로운 2축 응력상태가 되며 이로 인해 소멸되는 지중응력 때문에 굴착면의 접선응력이 크게 증가하고 굴착던의 변위가 굴착한 터널 내측으로 발생한다. 이때에 증가된 접선응력이 지반강도보다 작으면 터널의 주변지반은 작은 변위와 함께 조기에 안정되고 발생되는 접선응력이 지반의 고유강도보다 크면 큰 변위가 발생되어 지반을 지보재로 지지하지 않으면 터널은 결국 붕괴하게 된다. 특히 굴착면 주변의 지층이 다양하고 불연속면이 임의적으로 존재하는 경우는 터널의 거동 양상이 매우 복잡하다.

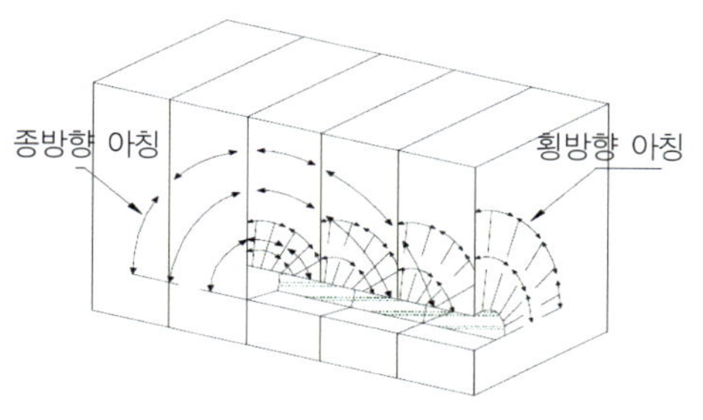

그림. 터널 굴착에 의한 하중의 전이(아칭효과)

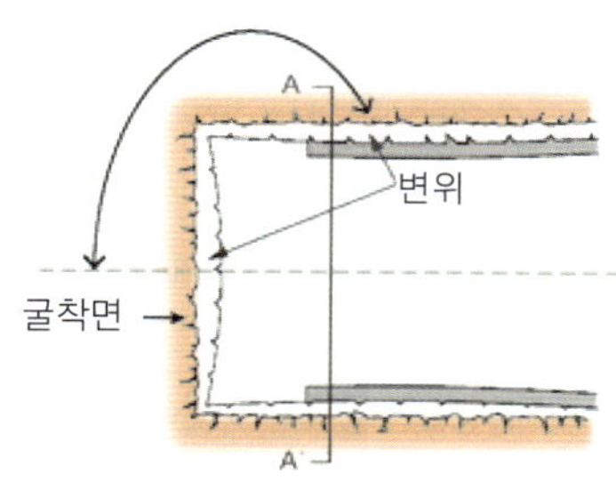

그림. 종방향 아칭

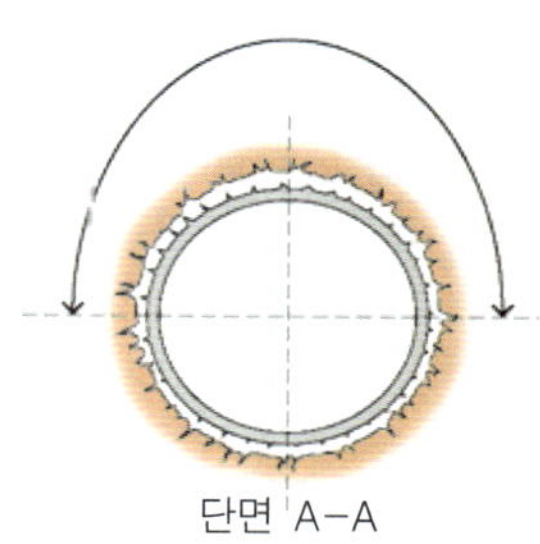

그림. 횡방향 아칭

(2) 지반의 거동과 지보재의 역할

터널을 굴착하면 지반의 자체 지보능력이 없어서 굴착에 따른 하중을 지보재가 모두 지지해야 하는 지반과 굴착된 터널 공동을 스스로 지지할 수 있는 능력을 보유한 지반이 있다. 자체 지보능력이 없는 지반은 작용하중을 터널 지보재가 충분한 안전율을 가지고 지지하기 위하여 강한 지보부재가 필요하고 지반이 지보능력을 보유하고 있으면 자체 지보능력을 최대로 활용하므로 다소 강성이 약한 부재로 지보를 설치하는 것이 가능하다.

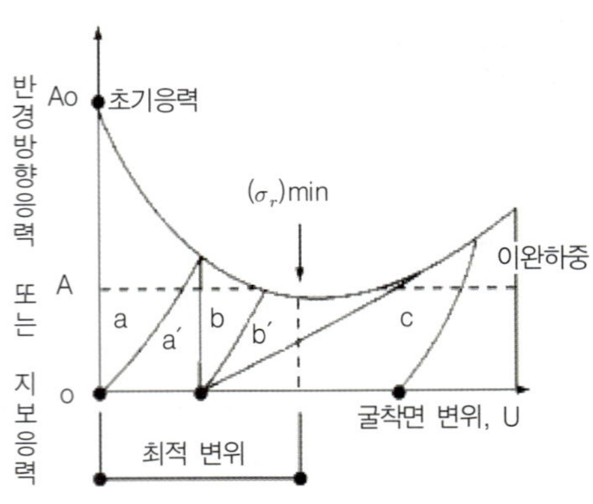

그림. 지보재에 작용하는 응력과 굴착면의 변위

지보재의 역할과 지반의 거동 특성은 다음과 같다.

① 굴착과 동시에 초기응력과 동일한 응력을 굴착면에 작용시키면 반경방향의 변위(벽면 변위)가 발생하지 않고 지보재에 작용하는 하중은 초기응력(A_0)과 동일하다.

② 굴착면의 변위를 허용하면 변위가 증가하면서 반경방향으로 작용하는 응력이 감소하지만 어느 한계를 넘으면 지반이 이완되고 반경방향의 응력은 오히려 증가한다(곡선 b′와 c).

③ 지보가 강하면(곡선 a′) 비경제적이고 너무 약하면(곡선 b′) 위험을 초래하므로 적절한 시기에 적절한 강성의 지보를 설치하는 것이 가장 이상적이다(곡선 b).

④ 지반이 자체 지보능력이 없으면 지반하중을 모두 지지할 수 있는 지보재를 사용해야 한다.

⑤ 굴착면의 변위가 허용치를 넘지 않도록 적절히 대응하여 지보재에 가해지는 응력을 최소화해야 한다.

⑥ 변위를 허용하는 가축성지보재를 사용하여 허용변위 이내로 변위를 허용하되 지반이 자체 지보능력을 상실하지 않는 범위 내에서 지보력과 지보재에 작용하는 지반응력이 평형상태가 되게 하는 것이 합리적인 터널설계의 개념이다.

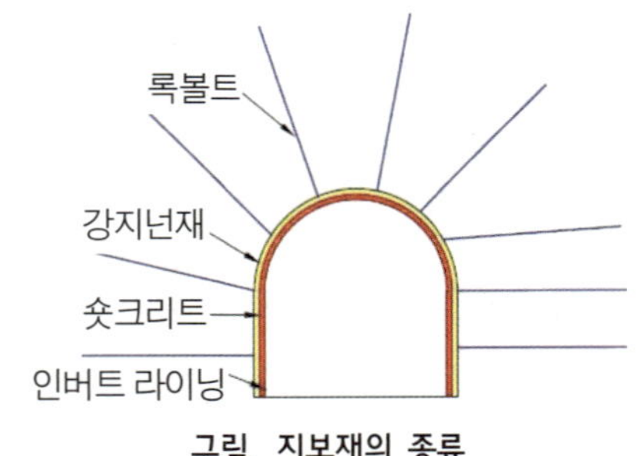

그림. 지보재의 종류

(3) 지보공의 종류

터널 지보재는 강지보재, 록볼트, 숏크리트 등의 주지보재와 굴착의 용이성과 안정성을 증진하기 위하여 주지보재에 추가하여 굴착면의 전방에 시공하는 휘폴링, 굴착면 록볼트, 강관 다단 그라우팅 등의 보조공법을 적용한다.

1) 숏크리트(Shotcrete, Sprayed concrete)

숏크리트는 굴착된 지반면에 압축공기를 이용하여 뿜어 붙이는 모르터(mortar) 또는 콘크리트이며 터널 지보재 중에서 가장 중요한 부재이다. 숏크리트는 터널을 굴착하고 빠른 시간 내에 우선적으로 적용하는 지보재이며 굴착과 동시에 즉시 타설하여 콘크리트 아치를 형성한다.

그림. 숏크리트 타설작업

숏크리트는 층리와 절리 등의 불연속면이 터널 지반의 거동을 지배하거나 경암반에서 절리의 간격이 비교적 큰 경우에 국부적인 암괴의 붕락 방지와 약층의 보강효과가 있으며 절리 간격이 좁고 입상체와 같은 거동을 하는 경우는 내압을 주는 구속효과와 링 아치 효과를 기대할 수 있다.

① 숏크리트의 작용효과

숏크리트의 작용효과	개념도
· 지반과의 부착력, 전단력에 의한 저항 : 지반과의 부착과 전단저항의 효과로 숏크리트에 작용하는 외력을 지반에 분산시키고 터널 주변의 붕락하기 쉬운 암괴를 지지하며 굴착면 가까이에 지반아치를 형성한다.	τ τ
· 휨 압축 또는 축력에 의한 저항 : 지보재에 의하여 지반변위가 구속되어 굴착면에 내압을 가하면 굴착면 주변지반을 3축 응력상태로 유지시켜서 지반의 강도저하를 방지하며 연암, 토사지반 등에서 작용효과가 크다.	N N
· 지반응력의 배분 효과 : 강지보재와 록볼트에 지반압을 전달한다.	
· 약층의 보강 : 굴착면의 굴곡부를 메우고 절리면 사이를 접착시켜서 응력집중을 피하고 약층을 보강한다.	
· 피복효과 : 굴착면을 피복하여 풍화 방지, 지수, 세립자의 유출 방지에 효과가 있다.	

② 숏크리트의 구비조건

㉮ 조기에 필요한 강도가 발현되어 작용하중을 지지할 수 있을 것
㉯ 지반과의 충분한 부착성과 내구성을 가질 것
㉰ 높은 수밀성이 있을 것
㉱ 반발율(rebound)과 분진 발생량이 적을 것
㉲ 평활한 굴착면을 확보하여 방·배수의 시공이 용이할 것
㉳ 충분한 내구성을 확보하여 터널의 공용기간 중에 소요 기능을 확보할 것

③ 숏크리트의 종류

숏크리트의 타설은 배합과 작업방법에 따라서 건식과 습식으로 구분하며 필요에 따라서 강섬유 또는 기타 재질의 섬유를 혼합하여 사용할 수 있다. 건식 숏크리트는 물 이외의 재료(시멘트, 모래, 자갈)를 압축공기로 노즐까지 보내어 노즐에서 타설 직전에 물과 합류하여 뿜어 붙이는 방식이고 습식 숏크리트는 혼합한 모든 재료를 압축공기와 스크류(screw)로 뿜어 붙이는 공법이다.

㉮ 건식(dry-mix)공법

터널과 같은 폐쇄된 공간에서 건식방식은 인체에 유해한 시멘트와 급결제의 분진과 비산이 작업원에게 피해를 주기 때문에 작업환경이 불량하며 시공성과 품질의 확보가 곤란하고 공사비 측면에서도 불리하다.

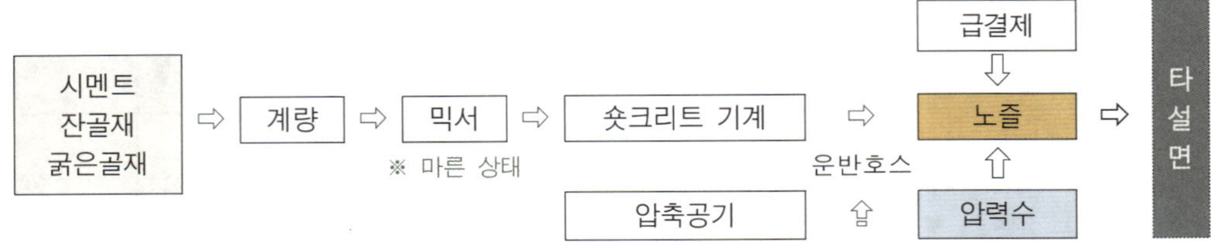

그림. 건식 숏크리트 공법

㉯ 습식(wet-mix)공법

습식공법은 분진이 거의 발생하지 않아서 작업환경이 개선되고 품질관리가 우수하며 반발율이 감소되고 시공능력의 향상과 경제성에서 유리하다. 또한 습식공법의 기계화시공은 건식공법보다 시공성과 보건위생의 환경측면에서 매우 효과적이다.

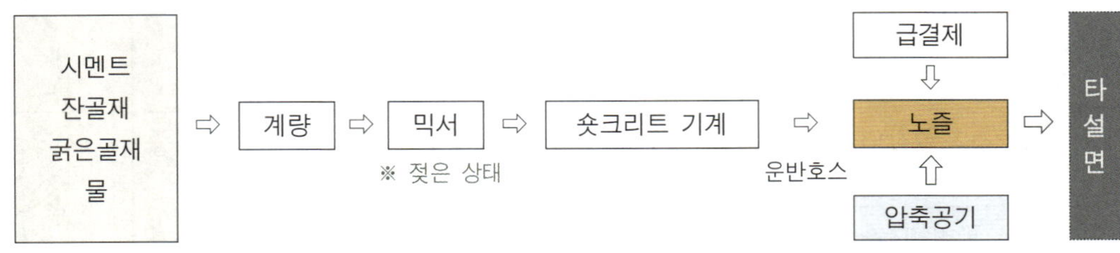

그림. 습식 숏크리트 공법

표. 건식과 습식 숏크리트공법의 비교

	건식공법	습식공법
콘크리트 품질	노즐에서 물과 재료가 혼합되므로 작업원 숙련도에 품질이 좌우됨	모든 재료를 정확히 계량하고 충분히 혼합하므로 품질관리가 용이
작업 제약성	소규모 터널에 적용 재료만 공급하므로 작업 제한이 적음	대규모 터널에 적합 재료 공급의 제한
압송거리	비교적 장거리 압송이 가능(약 200m)	장거리 압송에 부적합(약 80m)
분진	비교적 많음	적음
리바운드량	비교적 많음(30~50%)	비교적 적음(10~20%)
타설장비	소형, 보수가 용이	대형, 호스가 막히면 청소가 곤란
작업 환경	마른 상태의 콘크리트재료를 혼합하므로 분진이 발생하여 작업환경이 불량	젖은 상태로 공급되므로 분진, 비산이 적어서 작업환경이 양호

④ 숏크리트의 배합

터널 굴착 후에 숏크리트를 타설하여 굴착된 지반의 변위를 억제해야 하므로 숏크리트는 작업성이 양호하며 부착된 콘크리트가 자중에 의해 굴착면에서 탈락하지 않고 발파 등의 진동에 견딜 수 있도록 조기강도가 발현되어야 한다.

㉮ 사용재료

보통 포틀랜드시멘트를 사용하고 잔골재는 입경 0.1mm 이하의 미립자가 포함되지 않아야 하며 굵은골재는 깨끗하고 둥근 강자갈 또는 쇄석으로 최대치수는 10mm 이하이어야 한다. 숏크리트의 강도는 재령 1일의 압축강도가 10MPa 이상, 재령 28일 압축강도는 21MPa 이상이어야 한다.

㉯ 급결제

조기강도의 발현에 중요한 급결제는 작업능률의 향상과 부착된 숏크리트가 자중에 의한 탈락을 방지하기 위하여 사용하며 시멘트 중량의 5~10%를 표준으로 사용한다. 급결제는 시멘트계와 비시멘트계, 분말형과 액상형이 있고 액상 급결제가 상대적으로 반발량과 분진의 발생이 적다.

건식 숏크리트는 액상과 분말형을 모두 사용하지만, 습식 숏크리트는 액상 급결제를 사용한다. 급결제는 숏크리트의 반발량을 적게 하고 조기강도가 발현되어 콘크리트의 응결과 경화를 촉진시키며 장기강도에 영향을 주지 않도록 다음의 특성을 보유해야 한다.

㉠ 콘크리트의 응결과 경화를 촉진
㉡ 장기강도의 저하가 적어야 함
㉢ 우수한 부착성
㉣ 강지보재를 부식시키지 않아야 함

⑤ 숏크리트의 타설두께

숏크리트는 사용 목적, 지반조건, 단면의 크기에 따라서 타설두께를 결정한다. 지반압이 전혀 작용하지 않는 경우에 암괴의 붕락을 방지하기 위해서 사용할 때는 최소 두께를 적용하고 지반압과 변형이 큰 팽창성지반은 타설두께를 크게 한다.

굴착면의 임시 보강용과 소형 단면에서 여굴이 거의 없는 경우에 터널의 안정성에 영향이 없으면 5cm 이하의 두께로 할 수도 있다. 또한 전단 저항력이 부족한 경우에 무리하게 숏크리트의 두께를 증가시키면 비경제적이므로 강지보재와 강섬유를 함께 사용하는 것이 효과적이다. 숏크리트의 1회 타설두께가 두꺼우면 박리현상이 발생하므로 최대 타설두께는 10cm 이하가 적당하다.

표. 지반조건에 따른 단면 크기별 숏크리트의 두께

단면 크기 \ 지반 조건	경암 이상	연암	풍화암	토사
$30m^2$ 이하	5cm	5~10cm	5~10cm	10~15cm
$30\sim40m^2$	5~10cm	10~15cm	15~20cm	20cm 내외
$40\sim80m^2$	5~10cm	10~15cm	15~20cm	20~25cm
$80\sim120m^2$	5~10cm	10~20cm	15~20cm	25cm 내외

⑥ 숏크리트의 시공

㉮ 숏크리트의 타설면에 먼지, 기름, 부석 등이 있으면 타설한 숏크리트가 탈락할 위험이 있으므로 부착면을 깨끗하게 청소하고 터널 굴착면의 느슨한 암석을 제거해야 한다.

㉯ 타설시기와 방법

숏크리트의 타설시기는 지반의 자립시간에 따라서 다소 조절할 수 있으나 굴착 후에 부석을 제거하고 즉시 타설한다. 타설시에 노즐과 굴착면의 거리는 1m 정도로 하며 타설각도가 타설면과 직각일 때에 가장 효과적이고 반발율(rebound)이 적다. 벽면에서 탈락된 숏크리트가 터널 바닥에 쌓이므로 타설순서는 측벽부에서 시작하여 아치부의 방향으로 타설한다.

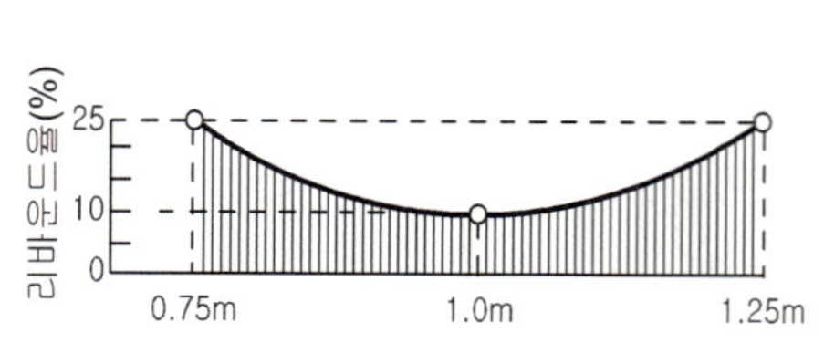

그림. 타설면과 노즐과의 거리

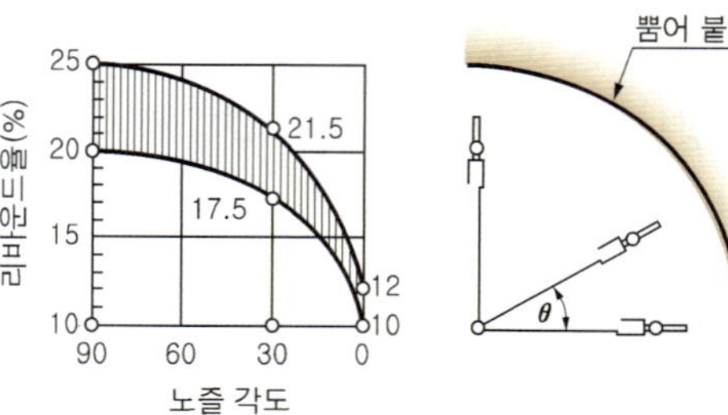

그림. 리바운드량과 타설각도

㉰ 터널 벽면과 강지보재의 틈 사이에 숏크리트를 밀착되게 타설하여 지보효과가 커지게 한다.

㉱ 타설한 숏크리트에 측정핀을 설치하여 타설두께를 측정하며 팽창성지반과 토사터널은 최소 두께로 관리하고 암반터널은 평균 두께로 관리한다.

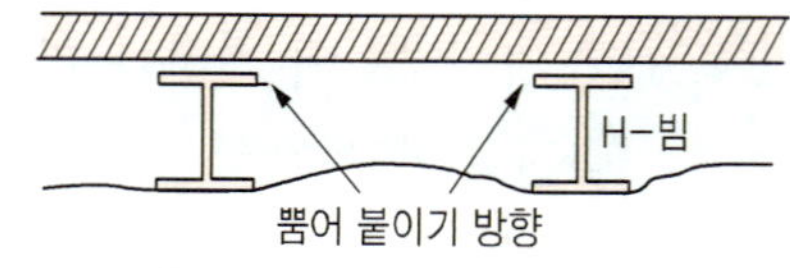

그림. 지보재 배면의 숏크리트 타설

㉤ 용수대책

숏크리트의 타설면에 용수가 있으면 숏크리트가 씻겨 내리거나 부분적으로 탈락하여 품질과 작업성이 저하되므로 부분적인 용수는 배수파이프를 설치하고 숏크리트를 타설하며, 광범위한 용수는 철망에 필터재를 부착하여 원지반에 고정시키고 배수파이프를 설치하여 배수시킨다.

또한 소량의 용수는 시멘트와 급결제가 증가된 배합이나 마른 상태의 숏크리트를 용수와 혼합하여 타설하는 경우도 있다.

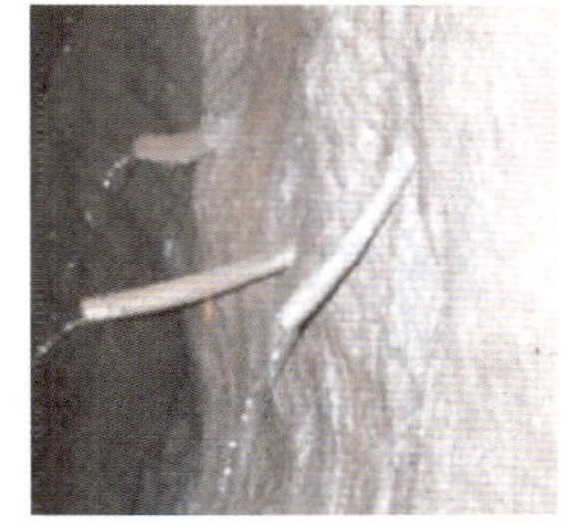

그림. 배수파이프 설치

표. 숏크리트 타설면의 용수대책

출수 상태	대 책
· 굴착면 용수	약액주입, well point, deep well, 선진 물빼기 천공
· 비교적 좁은 범위의 용수	부분 물빼기천공, 방수매트, 집수매트, 방수쉬트
· 엽리, 층리의 용수	배수통로의 형성
· 국부적인 용수(압력수)	물빼기 천공, 물빼기 파이프, 호스

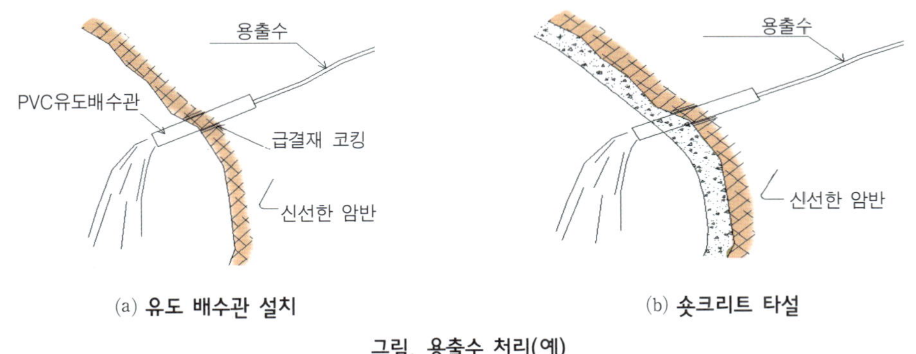

(a) 유도 배수관 설치 (b) 숏크리트 타설

그림. 용출수 처리(예)

⑦ 강섬유 보강 숏크리트

섬유 보강 숏크리트는 강도의 증가와 지보능력이 향상되도록 일반 숏크리트에 강섬유(steel fiber), glass fiber, plastic fiber 등을 첨가한 숏크리트이다.

강섬유 보강 숏크리트는 인장강도가 증가하여 균열의 발생을 억제하도록 강섬유를 혼합한 것으로 터널 갱구부와 파쇄대 등의 지반조건이 불량하고 큰 토압이 작용하거나 구조적으로 큰 응력이 작용하는 경우에 사용한다.

㉮ 강섬유의 구조

강섬유의 인장강도는 700MPa 이상, 직경은 0.3~0.6mm, 길이는 30~40mm를 표준으로 한다.

강섬유의 양단 후크(hook)는 숏크리트가 외력을 받을 때에 뽑히지 않게 앵커 역할을 하며 강섬유가 콘크리트와 혼합 시에 뭉치지 않게 수용성 접착제로 30~50개를 다발로 하여 생산한다.

㉯ 강섬유 보강 숏크리트(SFRS)의 특성

㉠ 숏크리트를 타설하고 조속하게 굴착면을 보강하므로 안정성과 휨 인성이 증대하여 하중 분산능력이 우수하며 충격 저항력이 커서 발파에 대한 내충격성이 있다.

㉡ 공극과 시공 이음이 없는 밀착된 숏크리트가 형성되고 지반의 큰 변형에도 SFRS는 잔류 내하력이 커서 안정성이 있다.

㉢ 숏크리트 표면에 강섬유가 노출되면 부직포, 방수쉬트가 손상될 우려가 있다.

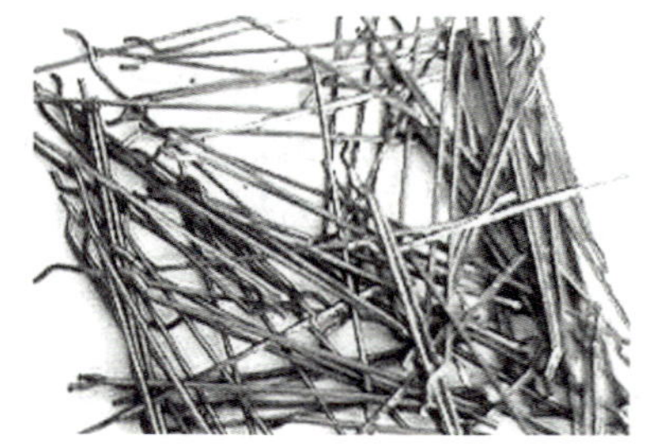

그림. Steel fiber의 형상

㉣ 건식 숏크리트는 강섬유를 사용하지 않고 습식 숏크리트에서 강섬유의 혼합이 불균질하면 보강효과가 저하한다.

표. 철망(wire mesh) + 숏크리트의 방법과 강섬유 보강 숏크리트(SFRS)의 비교

구분	철망(wire mesh) + Shotcrete	강섬유(SFRS)
개요	숏크리트의 강도와 부착을 위하여 철망(wire mesh)을 설치하고 타설 암반 숏크리트 와이어 매쉬	철망을 생략하고 숏크리트의 인장강도를 보완하기 위하여 강섬유를 혼입 암반 강섬유 보강 숏크리트
특성	· 여굴이 크면 철망의 설치가 곤란하고 보강효과가 감소한다. · 숏크리트 타설 시에 철망에 진동을 주면 부착력의 감소와 층분리가 발생한다. · 숏크리트 균열의 발생빈도가 높으면 보강효과가 저하된다. · 철망을 설치하면 보강시기가 지연되어 보강효과가 저하한다.	· 굴착 요철면에 균일한 두께로 시공이 가능하여 보강효과가 증진한다. · 콘크리트의 인장, 휨, 전단강도가 증가하고 시공두께를 절감할 수 있다. · 균열 발생에 대한 저항성이 크고 균열이 발생해도 잔류강도가 증가한다. · 굴착 즉시 숏크리트를 시공하므로 보강효과가 우수하다.

2) 록볼트(Rock bolt)

록볼트는 주변 지반의 지보능력을 활용하는 지보재이므로 지반과 일체가 되어 지보효과가 발휘되도록 지반 거동에 대한 보강효과가 있어야 한다.

① 록볼트의 작용효과

층리와 절리가 발달된 경암반은 암반 강도가 커서 응력상의 문제가 발생하지 않지만 균열 등의 불연속면에 의하여 형성된 암괴의 붕락, 이동 등으로 불안정성이 발생하는 경우에 록볼트가 암괴의 붕락과 이동을 억제하고 암반을 일체화시키는 봉합과 지반을 보강하는 작용을 한다.

강도가 작은 연암 이하의 지반에서 터널 굴착에 의한 주변지반의 응력이 암반 강도를 초과하여 넓은 영역까지 소성화되어 비교적 큰 변형이 발생하는 경우는 록볼트가 지반의 변형을 억제하고 소성영역의 확대를 억제하여 지반의 안정성을 증가시킨다.

표. 록볼트의 작용 효과

기 능	작용 효과	개념도
봉합 또는 매달음 작용	이완된 암괴를 원지반에 고정하여 낙하를 방지하며 균열과 절리가 발달된 지반에서 숏크리트와 병용하면 작은 균열에도 효과적이다.	
보형성작용	층상으로 절리가 발달된 지반에서 록볼트로 절리면 사이를 조여서 전단력을 전달하여 합성보로 거동시킨다.	
내압작용	록볼트의 인장력과 동등한 힘이 내압으로 터널 벽면에 작용하면 2축 응력상태의 터널 주변지반이 3축 응력상태로 되는 효과가 있다.	
아치형성작용	시스템 록볼트를 설치하여 내하능력이 커진 굴착면 주변의 지반이 내공측으로 일정하게 변형되어 내하력이 큰 아치가 형성된다.	
지반보강작용	록볼트를 타설하면 지반의 전단저항력이 증대하여 지반 내하력과 항복 후의 잔류강도가 증가한다.	

② 록볼트의 종류

굴착한 터널 지반이 안정되는 초기단계에서 중요한 역할을 하는 록볼트는 주로 강재를 사용하고 볼트의 정착방식과 시공방법에 따라서 선단정착식, 전면접착식, 혼합형 등으로 구분한다.

표. 록볼트의 종류

㉮ 선단정착형

㉠ 기계적으로 정착하는 쐐기형과 확장형, 캡슐에 의한 접착형이 있고 록볼트의 선단을 암반에 정착하고 너트(nut)로 조인다.

㉡ 확장형과 캡슐 정착형은 암반의 봉합효과를 가지기 위하여 사용한다.

㉢ 절리, 균열이 비교적 적게 발달한 경암과 보통암에 적용한다.

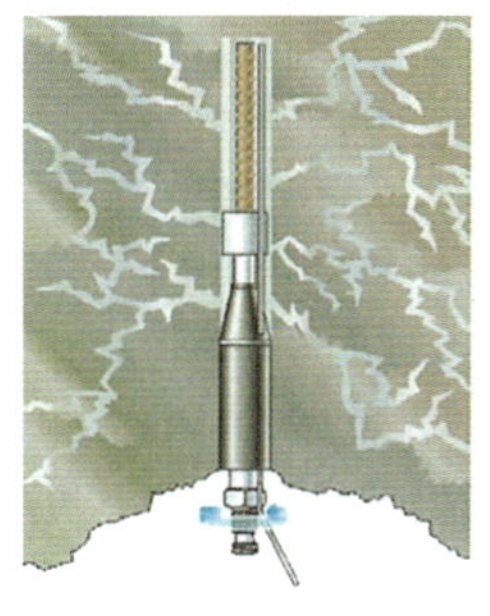
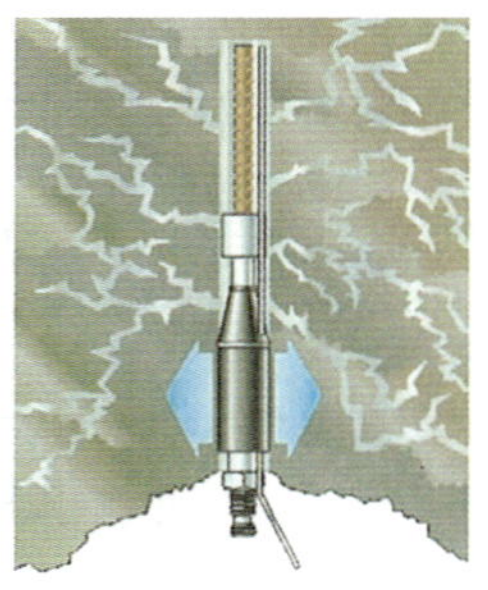
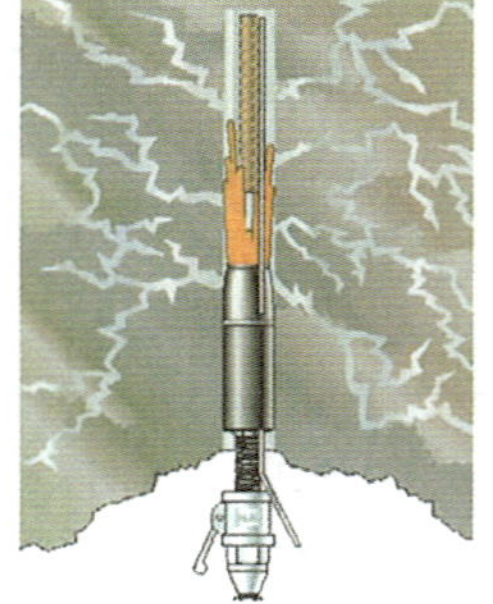
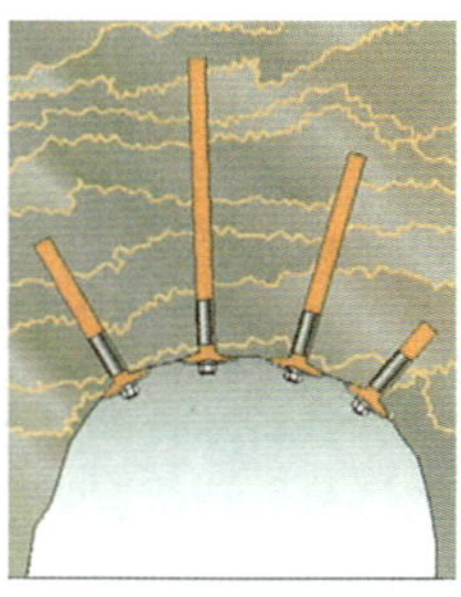

그림. 선단정착형 록볼트의 설치

㉯ 전면접착형

㉠ 수지, 모르터 등의 정착재료를 사용하거나 기계적인 방법으로 록볼트의 전체 길이를 지반에 정착한다.

㉡ 록볼트 전체가 지반을 구속하며 지반의 강도, 절리, 균열상태, 용출수, 굴착면의 자립성에 따라서 다양한 종류의 록볼트를 사용한다.

㉢ 경암에서 팽창성지반까지 광범위한 지반조건에서 사용한다.

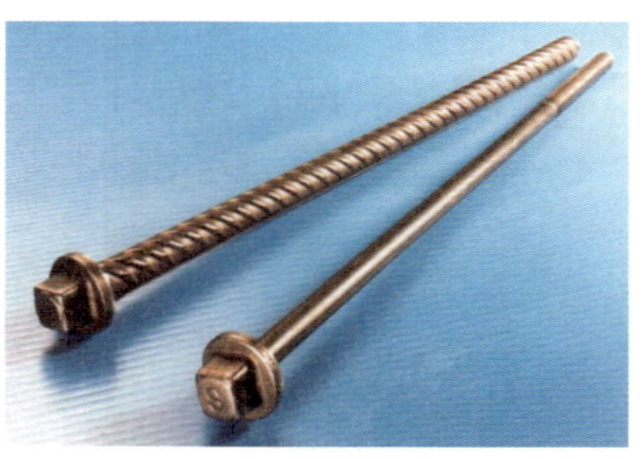

그림. 전면접착형 록볼트

㉰ 혼합형

㉠ 기계적으로 록볼트의 선단을 정착하고 모르터의 주입 또는 전면접착형의 정착재료를 선단에서 급결용 캡슐로 충전하는 방법이 있다.

㉡ 선단정착형과 전면접착형을 혼합하여 사용하는 2단계의 공정이므로 시공상태에 따라서 선단부에서 급결성이 부족한 경우도 발생한다.

㉢ 기계적으로 선단에 정착하는 록볼트는 팽창성지반과 프리스트레스를 도입하는 경우에 효과적으로 사용한다.

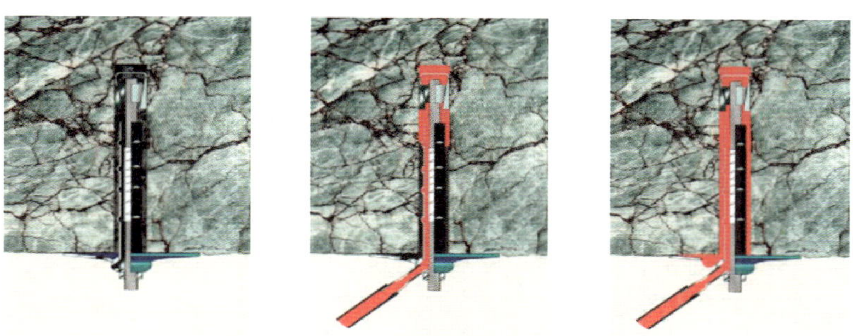

그림. 혼합형 록볼트(기계식 + 충전)의 설치순서

제6장

㉱ 마찰형(Friction bolt)

전면접착형 록볼트는 충진재가 고결되면 지지효과를 발휘하지만, 전면마찰형은 설치와 동시에 지보 기능을 가진다.

전면마찰형의 Swellex 볼트는 천공한 구멍에 볼트를 삽입하고 높은 압력의 수압으로 볼트를 팽창시키면 천공경과 같은 크기로 탄성 팽창을 하여 주변 지반이 수축하고 Swellex 볼트가 암반에 고정되어 설치와 동시에 마찰형볼트의 역할을 한다.

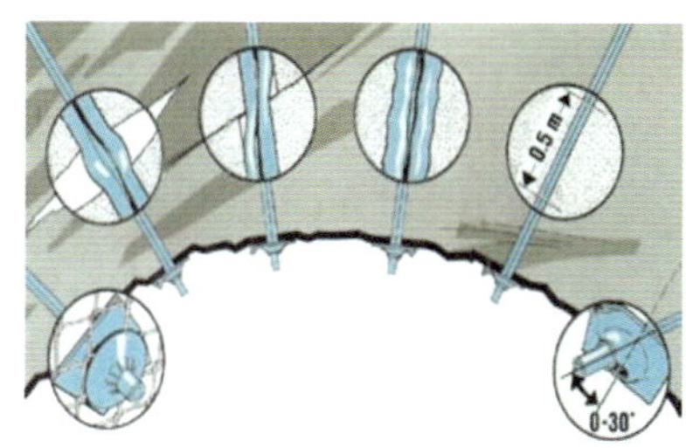

그림. Swellex 볼트

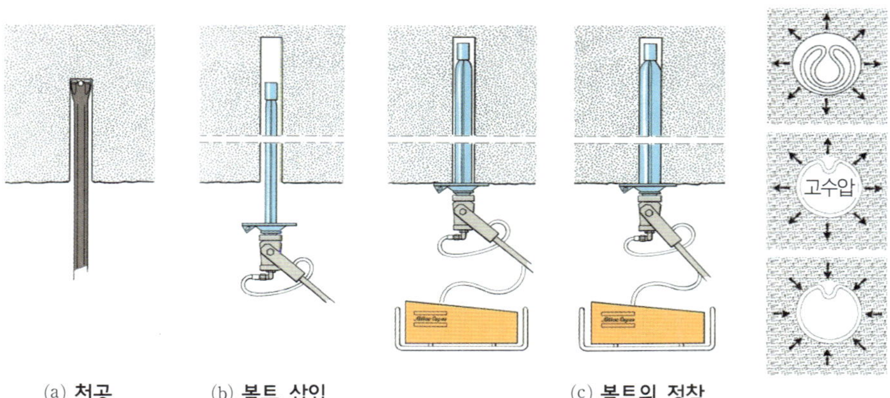

그림. Swellex 볼트의 시공순서 [자료 출처 : (주)Atlas copco]

③ 롤볼트의 배치

터널 굴착에 따른 응력의 이완영역을 보강하는 록볼트의 배치간격과 길이는 사용 목적, 지반조건, 터널 단면의 크기와 형상, 굴착공법, 절리 상태를 고려하여 결정한다.

표. 지반조건에 따른 시스템 록볼트의 배치

주요 기능	적용 지반	배치 개념	
봉합효과	연암~중경암	· 암괴를 봉합하여 붕락을 방지 · 아치부에 배치	
내압과 아치형성	연암~풍화암	· 시스템 록볼트로 내압과 보 형성의 효과를 기대 · 터널 아치부와 측벽부에 배치 · 팽창성지반은 인버트에도 배치	
전단저항	토사	· 연약한 지반의 터널 측벽부에 발생하는 전단파괴를 방지하도록 배치 · 아치 천단부를 제외한 아치와 측벽부에 배치	

㉮ 배치방법

㉠ Random bolting : 굴착면의 상태를 판단하여 록볼트를 배치하고 암괴의 보강을 위하여 부분적으로 타설한다.

㉡ System bolting : 굴착면의 상태와 암반 등급에 따라서 정해진 형식(pattern)으로 록볼트를 배치하여 체계적으로 터널 주변의 지반을 보강한다.

㉯ 록볼트의 길이

록볼트는 굴착에 의한 이완영역을 보강하도록 지반조건, 작용효과, 굴착단면의 크기, 이완영역의 발달깊이에 따라서 길이를 결정하며 시공성을 고려하여 설치간격의 2배 이상인 2.0~4.0m를 많이 사용하고 1회 굴진장과 암반의 절리상태에 의하여 조정한다.

록볼트의 길이(L)는 $L \geq (\frac{1}{3} \sim \frac{1}{4})B$ 또는 $L \geq t$

여기서, B : 터널 단면 폭, t : 굴착면과 지보구간의 거리

㉰ 록볼트의 간격

록볼트는 지반 자체의 지보능력을 충분하게 발휘할 수 있는 간격으로 배치한다.

록볼트의 간격(P)은 $P \leq 0.5 \times L$ 또는 $P \leq 3.0 \times D$

여기서, L : 록볼트 길이, D : 블록화할 암괴의 평균치수

④ 록볼트의 시공

㉮ 설치시기

록볼트는 터널 발파 후에 버력과 부석을 제거하고 조기에 시공하여 터널이 안정한 상태를 유지하게 하며 작용토압이 크면 굴착면 부근에서 시공하고 경암과 토압이 적게 작용하는 견고한 지반은 2~3 cycle을 지연시켜서 시공한다.

㉯ 천공

록볼트의 천공은 천공 직경, 깊이, 방향과 만곡을 고려하여 실시한다.

선단정착형은 천공 정밀도가 록볼트의 정착력에 큰 영향을 미치므로 공벽이 손상되지 않게 천공하며 매 굴착면마다 록볼트가 엇갈리도록 배치하고 굴착면과 수직으로 설치한다.

(a) Rock bolting 장비

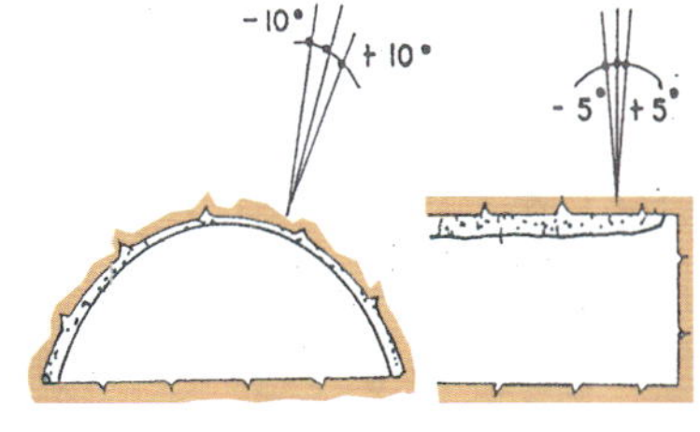

(b) 록볼트의 천공각도

(c) 록볼트의 천공

그림. 록볼트 시공장비 [자료 출처 : (주)Atlas copco]

㉰ 천공경과 천공 깊이

천공경이 너무 작으면 볼트와 접착재의 삽입이 곤란하고 천공경이 너무 크면 충분한 정착력을 발휘하지 못한다. 천공은 필요한 깊이까지 실시하며 확대형은 볼트길이보다 약간 깊게 천공하고 쐐기형과 레진형은 지압판을 부착하도록 록볼트 길이보다 다소 짧게 천공한다.

㉱ 충전

캡슐형태의 레진형은 충전이 용이하고 전면접착식은 천장부에 모르터를 주입할 때에 흘러내리는 것을 방지하기 위해서 최근에는 천공, 삽입, 주입을 연속적으로 수행할 수 있는 장비(Robolt, Boltec 등)를 사용한다.

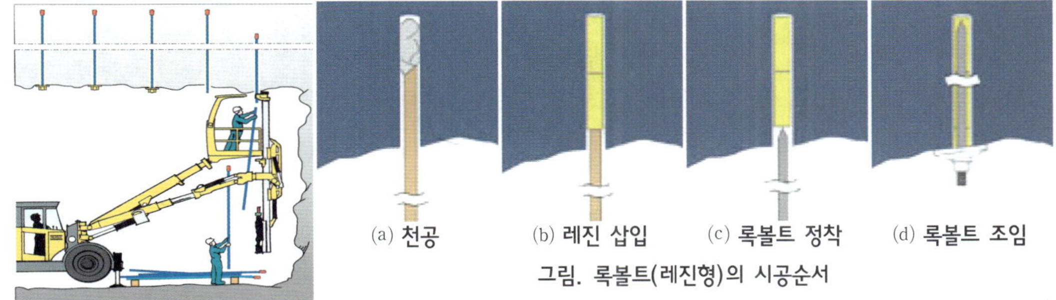

(a) 천공 (b) 레진 삽입 (c) 록볼트 정착 (d) 록볼트 조임

그림. 록볼트(레진형)의 시공순서

㉲ 지압판(Anchor plate)

지압판은 록볼트와 숏크리트를 일체화시키는 역할을 하는 부재이므로 예상되는 응력에 충분한 지압면적, 두께, 강도를 가져야 한다. 평판형 지압판의 규격은 150×150mm, 두께는 6mm가 적당하

고, 팽창성지반은 두께를 9mm 이상으로 한다.

전면접착형은 지압판이 필요하지 않은 경우도 있고, 축력이 크거나 굴착면과 수직으로 록볼트의 설치가 어려우면 원형강판을 사용한다.

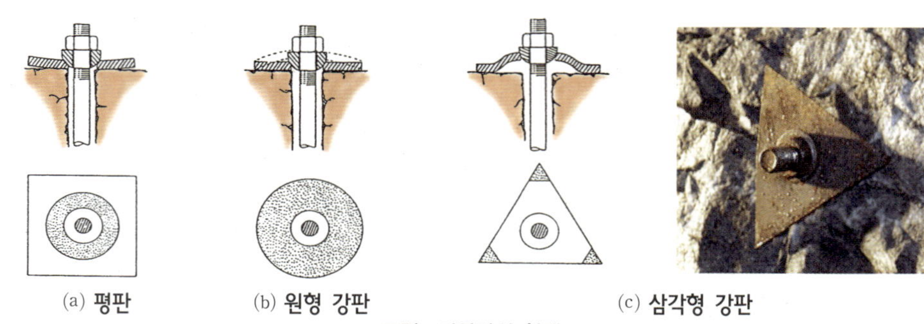

(a) 평판 (b) 원형 강판 (c) 삼각형 강판

그림. 지압판의 형태

㉥ 정착과 조임

선단정착형은 필요한 장력을 가지도록 조이고 전면접착형은 지압판이 숏크리트면에 밀착되어야 한다. 프리스트레스를 도입하지 않는 경우도 숏크리트와 지압판이 밀착되게 1~2톤의 힘으로 단단하게 조여 준다. 록볼트의 정착재료는 보통 포틀랜드시멘트와 최대 직경 2mm 이하의 입도가 양호한 모래를 혼합한 모르터를 사용한다.

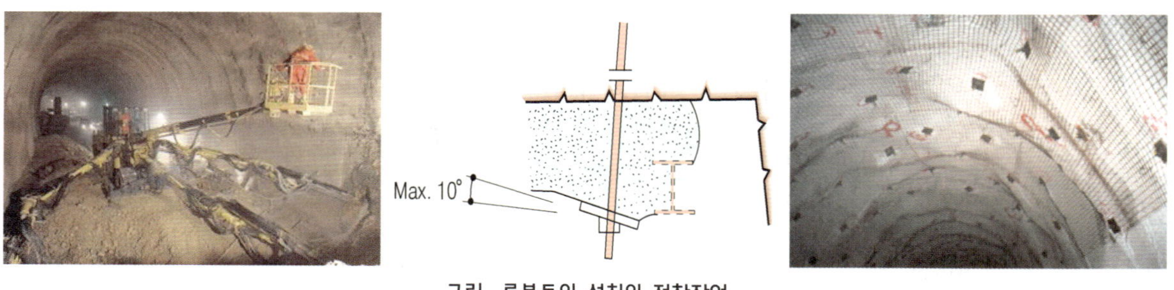

그림. 록볼트의 설치와 정착작업

⑤ 록볼트를 이용한 터널 보조공법

㉮ 훠폴링(Forepoling)

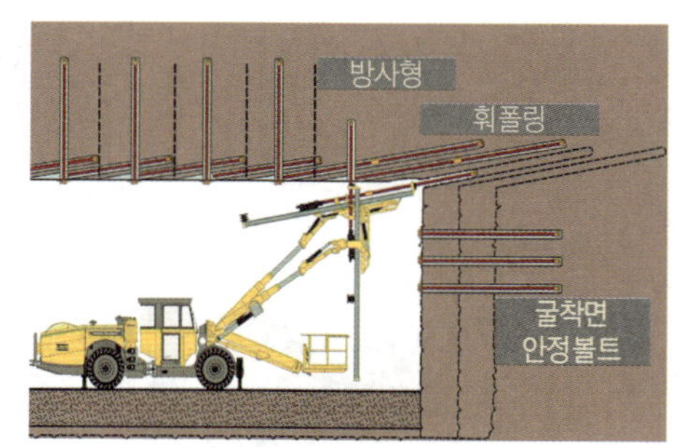

굴착면 상부의 암반을 안정시켜서 천단부의 이완을 억제하고 낙석과 spalling이 방지되도록 굴착면 전방에 수평으로 5~15°의 각도로 타설한다.

㉯ 방사형 볼트(Inclined poling)

굴착면 전방의 지반이 이완되지 않게 45~60°의 각도로 체계적으로 타설한다.

㉰ 굴착면 안정볼트(Face poling)

지반이 불량하여 굴착면의 자립이 곤란하면 굴진방향의 굴착면에 록볼트로 구속력을 가하여 터널을 안정시킨다.

3) 강지보공

강지보재는 굴착 후에 무지보상태의 지반을 직접 보강하고 숏크리트의 하중 분산을 위한 보강과 숏크리트가 경화될 때까지 일시적인 지보기능, 훠폴링(forepoling)의 지지와 터널 단면의 형상을 유지하기 위하여 설치한다. 굴착면을 일시적으로 지지하는 강지보재는 설치와 동시에 강도를 발휘하는 지보재이므로 굴착면의 자립시간이 짧은 토사지반과 균열이 발달한 암반에서 숏크리트와 록볼트가 소요 강도를 발휘하기 전에 충분한 지보효과를 가져야 한다.

① 강지보재의 재질

강지보재는 지지하중, 숏크리트의 두께, 터널 단면의 크기, 시공법을 고려하여 적당한 강도와 강성을 가져야 한다. 강지보재의 재질은 SS400을 표준으로 하며 이와 동등 이상의 성능을 발휘하는 구조용 강재를 사용한다.

② 강지보재의 단면 형상

강지보재는 아치(arch)형상을 유지하도록 설치하며 보강 후에 지반과 강지보재 사이의 공극에 숏크리트의 타설이 용이하고 숏크리트와 일체가 되어 지보기능을 발휘해야 한다.

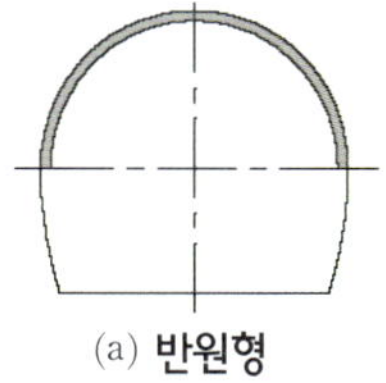
(a) 반원형

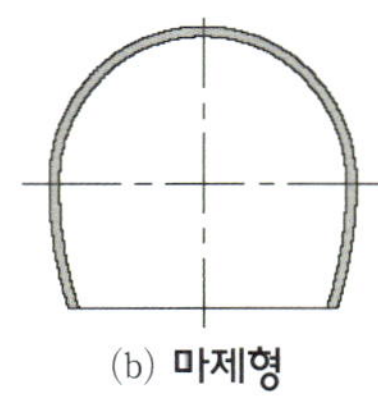
(b) 마제형

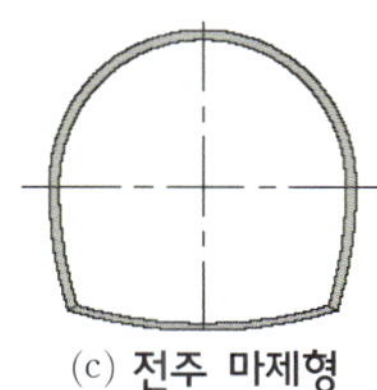
(c) 전주 마제형

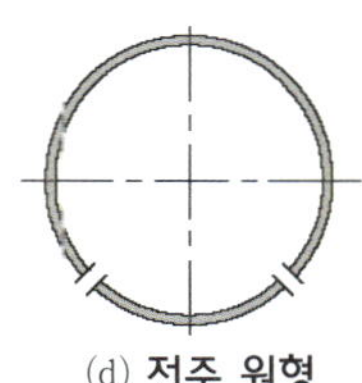
(d) 전주 원형

그림. 강지보재의 설치 형상

③ 강지보재의 종류

강지보재는 H형강, U형강, 격자지보재(lattice girder) 등을 사용하며 일반적으로 H형 강지보재와 격자지보재가 많이 사용되고 부재 단면은 지보재에 작용하는 토압의 크기에 따라서 결정한다.

㉮ H형 강지보재

H형 강지보재가 굴착면과 밀착되던 지반과 강지보재 사이의 공간에 숏크리트의 타설이 곤란하여 공극이 발생할 수 있고 숏크리트의 두께가 얇으면 숏크리트와 강지보재의 일체성이 저하한다. H형 강지보재는 강성이 크고 지보효과가 우수하여 풍화토 이하의 지반에서 많이 사용한다. 그러나 H형 강지보재의 연결시에 타설된 숏크리트로 인하여 시공성이 불량한 단점이 있다.

㉯ 격자지보재(Lattice girder)

격자지보재는 강봉을 삼각형, 사각형으로 엮어서 터널 형상에 따라서 제작한 강지보재이며 다른 형태의 강지보재보다 가벼워서 운반과 설치가 용이하다. 또한 격자지보재 사이를 통과하여 훠폴링, 파이프루프를 상향, 수평으로 설치할 수 있으므로 보강효과가 우수하다. 격자지보재의 종류는 표준형 3개강봉, 보강형 3개강봉, 침하방지용 4개강봉이 있다. 표준형 3개강봉은 대각선

그림. 격자지보재

모양의 3개의 강봉으로 구성되고 보강형 3개강봉은 표준형 상부에 강봉을 더 결합한 형태이며 4개 강봉은 터널의 하부지반이 연약한 경우에 바닥지지재로 사용한다.

표. 강지보재의 특성

격자지보재	· 훠폴링 등의 보조공법을 적용할 때에 설치각도의 조정이 가능하다. · 숏크리트와 부착성이 좋고 치밀한 합성 구조체가 형성된다. · 숏크리트 타설 시에 리바운드량이 감소하고 품질관리가 우수하다.	
H형 강지보재	· 중량이 비교적 커서 운반과 설치가 불편하다. · 판형구조이므로 숏크리트 타설 시에 지보재의 배면에 공극이 발생할 수 있다. · 훠폴링 등의 보조공법 적용 시에 강지보재의 간섭으로 설치각도의 조정이 곤란하다. · H형강의 강성이 커서 연약한 지반에 효과적이다.	

④ 강지보재의 이음과 설치

㉮ 강지보재의 이음

강지보재는 운반과 거치를 고려하여 분할 제작하므로 구조적으로 취약한 이음개소를 최소화하고 부재 상호간의 이음이 견고해야 한다. 특히 구조적으로 불리한 위치에서는 이음을 가능한 한 피하고 지보재와 이음판의 접합이 확실해야 한다.

격자지보재가 과다한 하중을 받으면 연결부가 파괴되므로 연결부는 인장볼트를 사용하고 연결재와 연결볼트를 충분하게 조여야 한다. 팽창성지반 등에서 내공변위가 크게 발생하는 경우는 강지보재의 이음을 가축 변형이 허용되는 이음(joint)구조로 한다. 지보재의 설치간격은 지반조건, 사용 목적, 시공법을 고려하여 결정하고 굴진장 이하로 설치하는 것이 적절하다.

그림. 강지보재 설치

㉯ 강지보재의 간격재

숏크리트가 양생되어 강지보재가 고정되기 전에 전도되지 않도록 강지보재의 사이에 종방향 강재 간격재(ϕ16mm 철근)를 횡방향으로 1~1.5m마다 설치하여 지보재의 간격을 일정하게 유지한다.

㉰ 강지보재의 설치 유의사항

㉠ 강지보재의 바닥판 받침(침하 방지용)

지내력이 부족한 지반은 지보재가 침하하지 않도록 강지보재의 하단에 바닥판을 붙이고 받침을 설치하여 지지력을 확보해야 한다.

바닥판의 받침은 목재, 콘크리트 블록, 강판 등을 사용하고 강지보재에 작용하는 하중이 크면 바닥을 보강하는 콘크리트를 타설한다.

(a) H형 강지보재 (b) 격자 지보형 강지보재

그림. 강지보재의 바닥판 받침

㉡ 사전 높이기량

암반이 지내력이 있어도 강지보재의 자중에 의한 변형과 발파에 의한 하반면 굴착에 미치는 영향으로 발생하는 강지보재의 침하를 고려하여 약 5~15cm를 높게 설치한다.

㉢ 발파에 의한 영향

여굴이 발생한 굴착면에 설치한 강지보재는 암반사이의 틈이 메워지기 전에는 불안정하므로 강지보재의 주변에 숏크리트를 타설하여 변위가 발생하지 않게 한다.

㉣ 강지보재 배면의 숏크리트 타설

강지보재는 굴착 후에 조속하게 설치하여 아치효과가 발휘되게 하고 강지보공 배면에 공극이 있으면 작은 하중에도 변형되므로 숏크리트로 완전히 밀폐시켜야 한다.

그림. 격자지보재 배면의 숏크리트 타설

그림. H형 강지보재 배면의 숏크리트 타설

6 굴착 보조공법

굴착 보조공법은 일반적인 지보공법으로 터널의 안전성 확보와 주변 환경의 보전(지표면 침하방지, 기설 시설물 보호)이 어려운 경우에 지반조건의 개선을 위하여 적용하는 보조적 또는 특수한 공법으로 연약한 지반에서 터널 지보재(숏크리트, 록볼트, 철망, 강지보재 등)와 함께 적용한다.

NATM 공법은 지반이 원래 가지고 있는 내하능력 즉 지지력을 적극적으로 활용하면서 숏크리트, 록볼트 등의 지보재에 의한 구속력을 가하여 내공변위를 제어하고 현장계측과 시공관리를 하면서 터널을 굴착한다. 터널을 굴착하고 내공변위를 대상으로 보강하는 경우는 터널의 안정을 위하여 단순한 구속력을 가하므로 모든 형태의 지반과 응력-변형상태에 적용할 수 없고 굴착면 전방의 보강은 고려하지 않는다.

이러한 접근방식은 응력-변형이 작거나 일반적인 터널은 효과적이지만 연약한 지반의 응력-변형조건에서는 터널의 안정성 확보에 한계성이 있으므로 터널 굴착면의 전방부터 구속력을 가하는 터널 보조공법의 적용이 필요하다.

그림. 지보재에 의한 굴착 후의 보강(NATM공법)　　그림. 보조공법을 이용한 굴착면 전방의 보강

터널 굴착시에 지반의 변형은 굴착면 전방에서 시작하여 터널 축을 따라서 후방으로 발달하며 선행변위(proconvergence), 굴착면 압출변위(extrusion), 내공변위(convergence)로 구성되고 내공변위는 매우 복잡한 응력-변형과정의 최종단계로 나타나게 된다. 선행변위와 굴착면의 압출변위는 굴착면의 전방에서 변형의 조절이 가능하므로 굴착면 전방을 보호하고 보강하며 내공변위의 조절이 가능한 보조공법을 함께 적용하여 터널의 안정성을 확보하는 것이 중요하다.

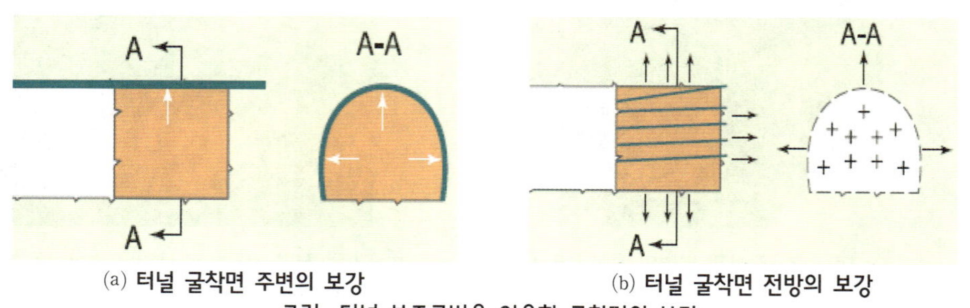

(a) 터널 굴착면 주변의 보강　　(b) 터널 굴착면 전방의 보강

그림. 터널 보조공법을 이용한 굴착면의 보강

(1) 터널의 굴착 보조공법의 적용성

터널의 굴착 보조공법은 터널 굴착시에 안정성을 확보하거나 터널 수명기간 동안의 안정성을 충분히 확보해야 하는 경우에 적용한다.

1) 횡단선형에 토피가 얕은 경우
2) 지반이 연약하여 자립성이 낮은 경우
3) 터널과 인접한 환경의 보호를 위하여 지표면 침하와 지중변위를 억제하는 경우
4) 용출수로 인하여 굴착면의 붕괴, 숏크리트의 부착 불량과 지반의 이완이 진행되어 터널의 안정성 확보가 필요한 경우
5) 편토압 지역, 심한 이방성지반, 특수 지형조건에 터널을 축조하는 경우 또는 터널 굴착시에 안정을 확보할 필요성이 있을 때

표. 터널 굴착 시 용출수에 의한 문제점

원인 또는 환경	직접적인 영향	굴착작업에 미치는 영향
침투성이 큰 지반	· 지반의 연약화 · 파쇄대 암석의 박리 촉진 · 점토의 팽창 · 응집력이 없는 지반의 유동화	· 지반압 증대 · 측벽의 붕괴, 낙반의 원인 · 흡수 팽창, 지탄의 creep · 지반의 붕괴, 자립의 저지
용출수의 접근	· 차수벽의 파괴	· 굴착면 지반의 붕괴, 유실 · 갱도의 매몰
배수설비의 불량	· 배수 불량	· 터널내 작업환경이 불량 · 지보재 기초의 지지력 저하
집중 용출수	· 유속과 수압이 큼	· 굴착면 설비의 수몰 · 작업 위험 · 공사 중지
수직갱, 사갱	· 펌프 배수	· 터널내 침수 · 집수정과 펌프설비의 영구화
지하수의 계속적인 유출	· 지하수위 저하	· 수자원 고갈, 이용수위 저하 · 해안부의 해수 침입, 염수화

(2) 굴착 보조공법의 분류

굴착 보조공법은 보강 목적에 따라서 지반 강화와 구조적 보강, 지수와 배수를 위한 공법으로 구분하고 터널 천단부의 안정과 굴착면을 지지하는 목적으로 구분할 수 있으며 한 가지 공법으로 보강 목적을 달성하기 어려우면 2~3가지 이상의 굴착 보조공법을 병용하여 사용하는 것이 바람직하다.

표. 굴착 보조공법의 종류와 기대효과

대 책	목 적	공법 종류	원지반 조건			비 고
			경암	연암	토사	
지반 강화와 구조적 보강	천단 안정	파이프루프		△	△	· 천단부의 여굴, 낙반 방지
		경사 록볼트		△		· 절리의 활동 방지, 낙반 방지
		훠폴링		△	△	· 천단부의 여굴, 낙반 방지 · 철근, 강봉, 강관을 사용
		강관 보강형 다단그라우팅		△	○	· 절리의 활동 방지 · 천단변위의 억제
		그라우팅공법			○	· 차수(풍화암 이상은 효과 제한적)
	굴착면 안정	굴착면 숏크리트		△	○	· 굴착면의 낙석과 풍화방지 · 장기간 굴착 중지 시에 굴착면 보강
		굴착면 록볼트		△	△	· 굴착면의 낙석 방지 · 숏크리트와 병행하면 효과 향상
		지지 코어		△	△	· 토사지반에 많이 적용(ring cut)
		약액주입공법			○	· 토사층의 지반 보강과 차수
	각부 보강	각부 보강볼트			△	· 지보재 침하, 지반 이완의 방지
		각부 보강파일			△	· 지반의 침하 방지
		가 인버트		△	△	· 상반 굴착면의 폐합
용수대책	지수/배수	그라우팅공법	△	○	○	· 차수(암반은 효과가 적음)
		물빼기공	△	○	○	· 굴착면 전방의 지하수위 저감
		Well point공법			○	· 굴착면 전방의 지하수위 저감
		Deep well공법			○	· 굴착면 전방의 지하수위 저감

[주] ○ : 비교적 자주 사용되는 공법 △ : 보통 사용되는 공법

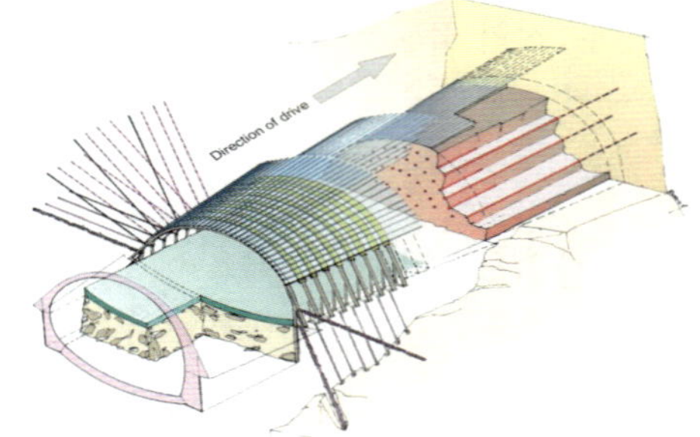

그림. 터널 보조공법의 적용

1) 천단 안정을 위한 보강공법

① 훠폴링(Forepoling)

㉮ 개요

훠폴링공법은 굴착 전에 터널 천단부에 종방향으로 철근과 강관을 설치하여 굴착면의 자유면 길이를 감소시키고 국부적인 낙반을 방지하여 천단부를 안정시키며 굴착면 전방 지반의 보호와 이완을 방지하기 위해서 사용한다. 훠폴링의 설치간격은 굴진장, 지반하중, 지반조건에 따라서 조정하고 매 굴착면 또는 2굴착면마다 설치하여 상호중첩에 의한 강성이 증가한다.

그림. Fo·epoling공법의 중첩효과

㉯ 보강재 규격과 설치

보강재는 철근, 강관, 강지보말뚝을 사용하고 철근의 직경은 D25, 강관 파이프의 직경은 ϕ 30~40mm을 주로 사용하며 보강저의 길이는 굴진장의 2~3배로 한다. 횡방향의 설치간격은 지반조건과 굴진장에 따라서 약 0.3~0.8m로 하고 종방향의 설치간격은 매 굴착면마다 설치하며 설치범위는 터널 굴착면의 천장부에서 좌우로 약 30~60°의 범위에 보강재를 설치한다.

시공시에 여굴을 방지하도록 최대 설치각도가 15° 미만으로 최대한 수평을 유지하고 안정성을 증가시키기 위하여 상호중첩이 되게 하며 시공 후에 느슨하지 않도록 천공부는 모르터 그라우팅을 실시한다.

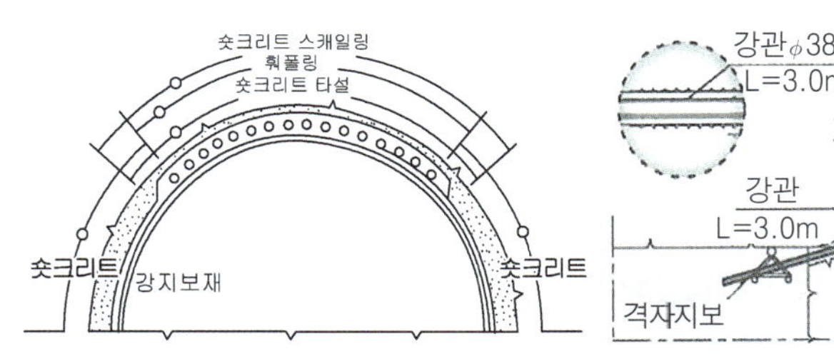

그림. Forepoling의 배치

② 강관 보강형 다단(1단) 그라우팅공법

길이 5m 이상의 강관을 선진 보강 지보재로 사용하는 강관 보강형 다단그라우팅은 단층 파쇄대와 미고결지반 등의 아치작용을 기대할 수 없는 불안정한 지반에서 터널을 굴착하기 전에 보강하여 선행변위의 억제, 천단부와 굴착면의 안정이 확보되도록 강관을 이용한 주입재를 주입하여 차수와 보강효과를 가지게 한다. 굴착면 전방을 강관과 그라우팅으로 보강하여 주입재에 의한 차수와 강관에 의한 beam arch를 형성하면 이완영역이 감소하여 지표침하와 천단침하를 경감하는 효과가 있다.

강관 보강형 다단그라우팅공법은 연약한 지반의 터널 굴착, 터널 갱구부 보강, 도로와 철도 등의 시설물 하부의 횡단, 지상과 지중구조물 주변의 하부 통과, 사면 보강과 개착으로 인한 주변 구조물을 방호하기 위하여 적용한다.

㉮ 규격과 설치 간격

천공 직경은 보강용 강관의 약 1.8~2.0배(φ105~150mm)로 하고 천공장의 겹침 길이는 수평방향으로 12~18m 이상이 되게 한다. 천공각도는 갱구부에서 상향으로 2~7°, 터널 내부에서는 상향 10° 이내로 최대한 수평을 유지하며 천공간격은 약 0.3~0.6m 이내로 한다.

그림. 강관 보강 그라우팅공법

㉯ 시공방법

천공은 주로 착암기를 사용하고 공이 붕괴되는 경우는 케이싱을 이용하여 천공하며 다단식 그라우팅의 주입압력은 정수압과 상재하중을 고려하여 결정하고 공의 선단부에서 0.5m의 간격으로 주입을 실시한다.

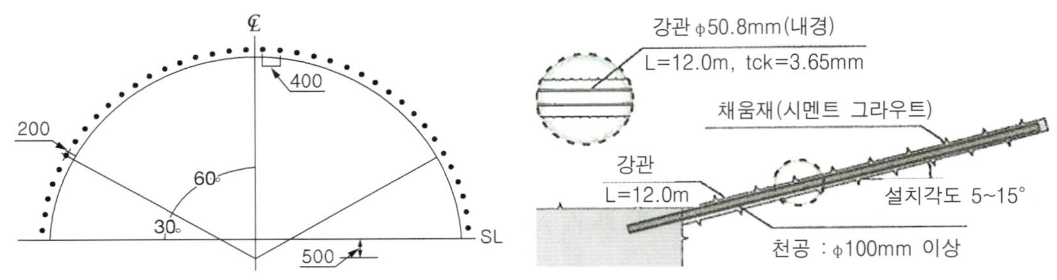

그림. 강관 보강형 다단 그라우팅의 배치

③ 대구경 강관 보강 그라우팅공법

대구경 강관 보강 그라우팅공법은 연약한 토사지반을 통과하는 터널의 굴착시에 지보재의 강성을 증가시켜서 천단변위를 효과적으로 억제하고 상부시설물의 보호와 터널의 안정성 확보를 위하여 적용한다.

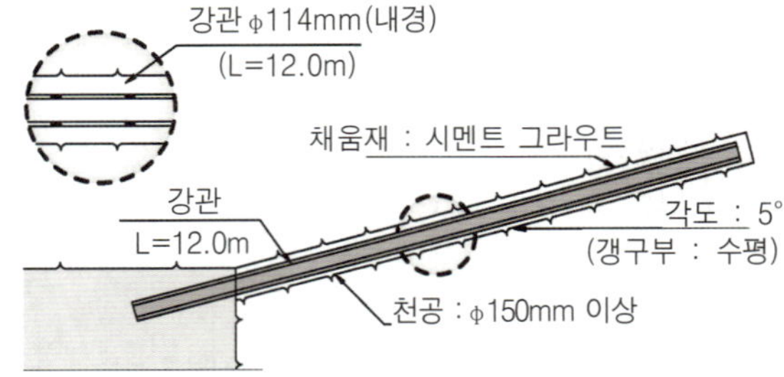

그림. 대구경 강관 보강 다단 그라우팅의 배치

대구경 강관을 사용하므로 그라우트에 의한 지반개량과 강관의 빔(beam)효과로 인하여 상재하중, 토압의 분산과 경감효과가 우수하고 특히 굴착면의 안정성 확보를 위하여 사용한다.

대구경 강관 보강 그라우팅의 시공은 천공, 강관 삽입, 주입구 코킹, seal재 주입과 다단 주입의 순서로 시행한다. 터널 원주면을 따라서 일정한 간격으로 천공한 후에 길이 12m 이상의 대구경 강관(φ114mm)을 횡방향(설치간격 : 300~600mm)으로 삽입하고 강관 내부에 이동식패커를 설치하여 다단으로 그라우트를 주입한다. 강관의 설치각도는 수평 또는 10° 이내로 하며 연속 설치시에는 천단의 안정효과가 증가하도록 지보재는 설치 길이의 1/4 이상을 중첩시켜야 한다.

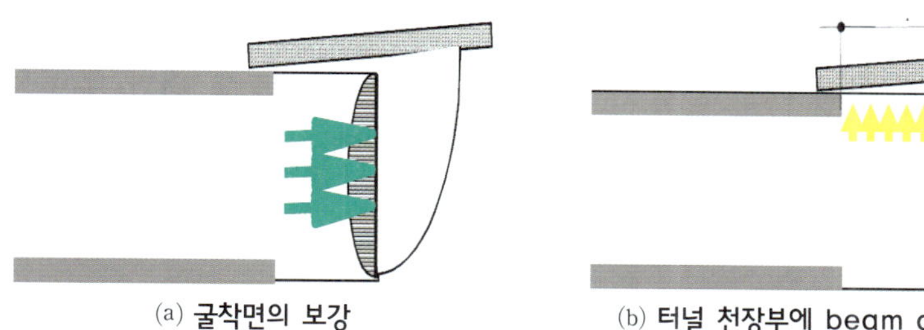

(a) 굴착면의 보강 (b) 터널 천장부에 beam arch 효과

그림. 대구경 강관 다단 그라우팅공법의 역할

④ RPUM(Reinforced Protective Umbrella Method)공법

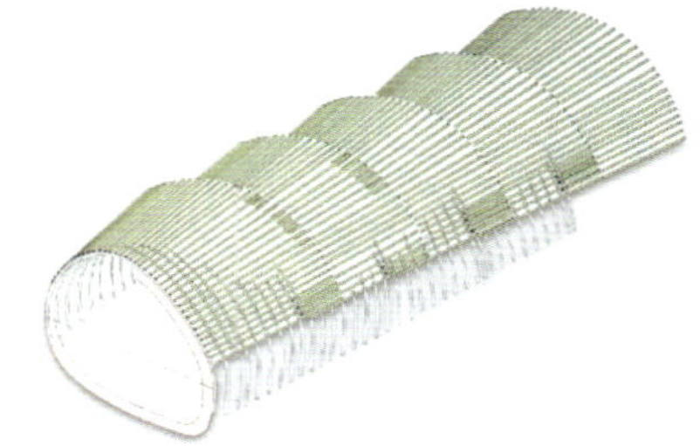

그림. RPUM의 배치 형상

RPUM공법은 굴착면에서 천공과 동시에 터널 전방에 우산모양으로 대구경강관(φ114mm 또는 FRP파이프)을 삽입하고 고압분사에 의한 강관 주변에 원주형개량체를 형성하여 지반을 개량하는 공법이며 토사, 풍화암, 파쇄된 지반, 갱구부와 토피가 얇은 구간에서 터널의 안정과 지표침하의 억제에 효과적이다.

RPUM공법은 강관과 주변지반의 보(beam) 형성에 의하여 터널에 가해지는 상재하중, 토압 등의 분산과 경감효과를 가진다. 또한 터널 굴착 전에 설치한 지보재가 상부 토압과 이완영역을 경감시키고 주입재에 의한 지반보강으로 강관 사이에 간격이 있어도 지반의 전단강도가 증가하여 상부하중을 지지하며 강관 내부에서 주입을 실시하므로 시공성이 우수하다.

㉮ 특성

㉠ 천공과 고압분사에 의한 지반개량이 동시에 이루어진다.

㉡ 천공 타설기, 주입 플랜트 등과 같이 시스템화된 전용장비의 구성이 필요하다.

㉢ 보강강관을 이용한 2차 주입이 가능하므로 조성체 확보의 신뢰성이 향상된다.

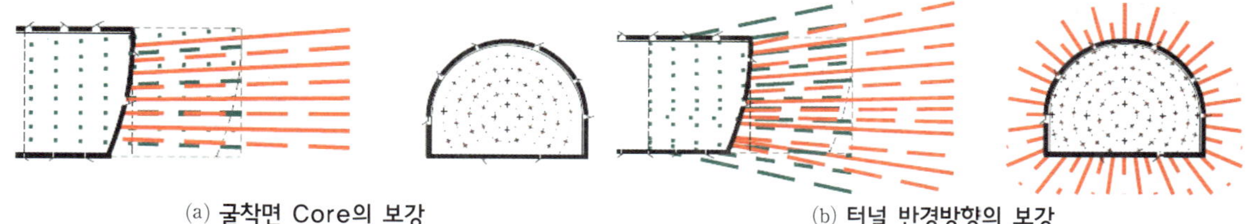

(a) 굴착면 Core의 보강 (b) 터널 반경방향의 보강

그림. RPUM 공법의 보강방법

㉯ 적용성

㉠ 강관을 지반에 삽입하고 롯드(rod) 선단에 설치된 분사장비에서 강관 주변에 고압(40MPa)으로 분사하여 원주형 개량체를 형성하므로 분사압력으로 절삭이 가능한 지반에 적용한다.

㉡ 터널 축방향에 설치하는 RPUM공법은 주변의 기존 구조물에 미치는 영향범위, 지형과 지반상태, 기타 주변 환경의 여건에 따라서 결정한다. 지형과 지질조건이 복잡한 변화가 예상되는 경우는 터널의 종방향으로 수평 시추를 실시하여 적용범위를 결정한다.

㉰ RPUM 공법의 형상

RPUM공법은 터널 굴착시에 주변에 미치는 영향을 최소화하도록 터널 주변을 따라서 일부분 또는 전부분에 강관을 일정한 간격으로 배치하고 지반상태, 지표와 지중의 기존 구조물의 위치를 고려하여 보강범위를 결정한다.

㉱ 설치범위와 설치방법

㉠ 강관의 길이는 13.5m를 표준으로 하고 필요에 따라서 길이를 증감하며 장비의 기계적인 효율을 고려하여 결정한다.

㉡ 강관의 설치간격은 지반조건, 이완하중, 굴착방법, 지보 간격에 따라서 결정하며 횡방향의 설치간격은 40~60cm, 횡방향 보강의 범위는 120~180°를 적용한다.

㉢ 종방향의 설치간격은 기설치된 강관에 의한 굴진면의 지지범위 이내로 하고 파괴추정선이 항상 지반측의 강관선단 이내에 위치하도록, 강관 길이의 1/4~1/2을 중첩하여 설치한다.

㉲ 강관의 종류와 단면

보강용강관은 구조용강관, FRP(fiber reinforced pipe)를 사용하며 강관의 단면은 큰 상재하중이 작용하거나 주변 구조물에 근접하여 터널을 굴착하는 경우는 강성이 큰 대구경강관을 사용하고 지층 두께가 어느 정도 형성되어 지반여건이 양호하면 중·소구경의 강관을 사용한다.

그림. RPUM의 시공

⑤ 직천공 강관 보강 그라우팅공법

직천공 강관 보강 그라우팅은 케이싱을 이용하여 천공하고 강관을 삽입하는 일반적인 강관다단 그라우팅과는 다르게 착암기로 천공과 동시에 강관을 삽입하는 연속 공정으로 이루어져서 터널 천단과 갱구부의 안정을 효과적으로 유도하며 직천공 방식의 시공순서와 제원은 다음과 같다.

㉮ 천공과 동시에 강관 삽입

㉠ 천공경 : ϕ75mm~125mm

㉡ 천공각도 : 0~15° 이내

㉢ 강관 규격 : ϕ60.5~114.3mm

㉣ 강관의 길이 : 3~4m/본

㉤ 강관의 연결 : 나사식 또는 커플링

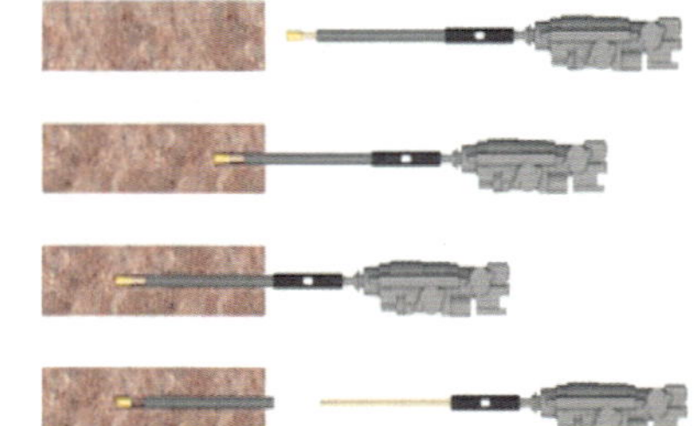
그림. 직천공 강관의 시공순서

㉯ 천공 주입구의 코킹(Caulking)

천공 구멍과 강관 사이에 주입압력에 충분히 견딜 수 있는 코킹재를 사용하여 지하수의 유입을 차단하고 주입재의 누출을 방지하는 코킹(caulking)을 실시한다.

㉰ 그라우트 주입

㉠ 주입압력 : 지하수의 정수압과 상재하중을 고려하여 결정

㉡ 주입재료 : 보통 포틀랜드시멘트, 마이크로시멘트, 변성 실리케이트, 규산소다, 우레탄

2) 굴착면 자립공법

① 지지 코어의 설치(Ring cut 공법)

Ring cut공법은 자립성이 부족한 연약한 지반에서 굴착면의 안정을 위하여 굴착면에 작용하는 압력에 저항하는 코어(core)를 굴착면 중앙부에 남겨 두고 굴착하는 방법이다. 토사지반에 많이 적용하며 코어 길이는 약 2~3m이고 굴착면 숏크리트와 병행하여 시공한다.

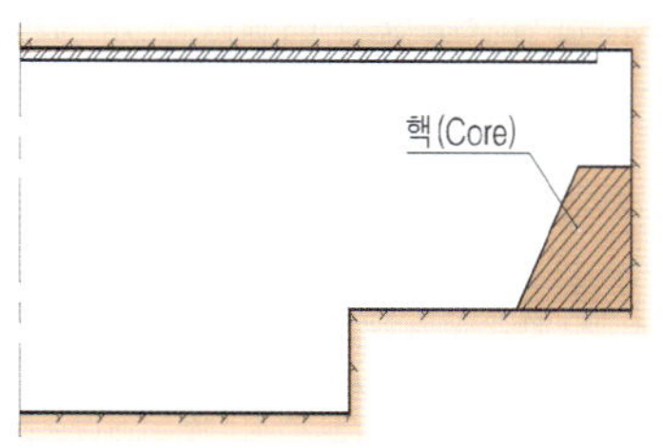

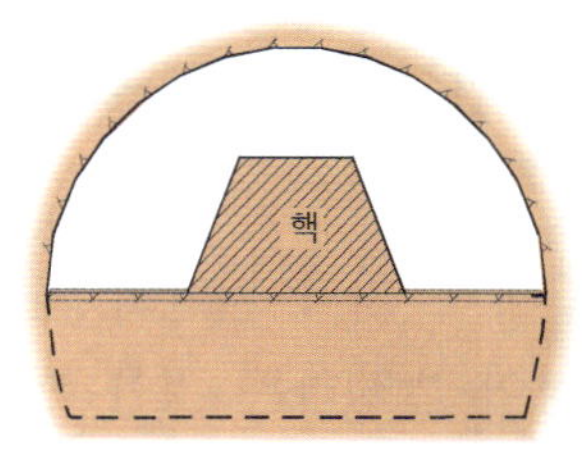

그림. Ring cut 공법

② 굴착면 숏크리트 타설

미고결지반과 팽창성지반과 같은 연약한 지반에서 1회 굴착시간(cycle)에 지반 붕락이 예상되면 굴착면에 5cm 이상의 숏크리트를 타설하여 굴착면의 굴곡을 완화시켜서 응력 집중을 분산시키고 암반의 절리에 따른 이동을 숏크리트의 전단저항력에 의해서 방지하는 효과가 있다. 시공이 간편하고 굴착면의 지지효과가 크며 장기간 굴착작업이 중단되는 경우에 굴착면 강도의 약화를 방지하기 위하여 적용하는 경우도 있다.

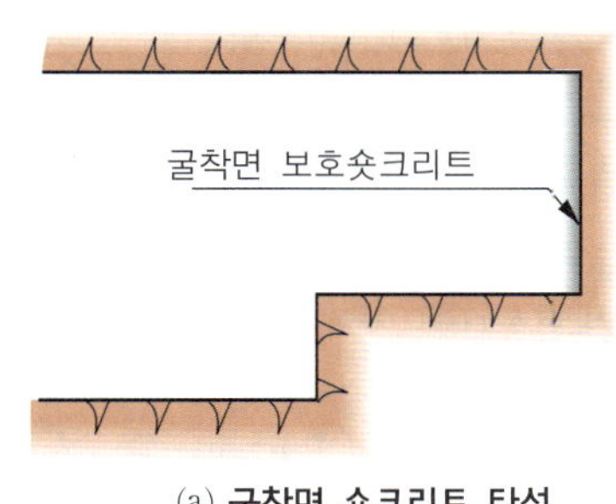

(a) 굴착면 숏크리트 타설

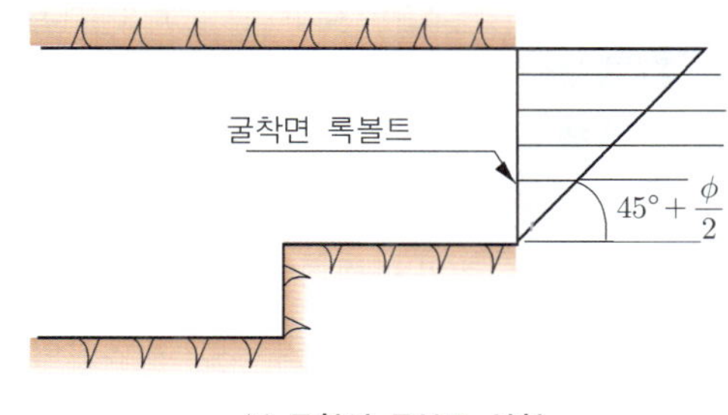

(b) 굴착면 록볼트 설치

그림. 굴착면 보강공법

③ 굴착면의 록볼트 타설

팽창성지반과 굴착면의 자립성이 불량한 지반에서 굴착면의 이완을 방지하고 보강하기 위하여 굴착면에 수직으로 록볼트를 설치한다. 록볼트는 지반상태에 따라서 설치 개수와 간격을 결정하며 1회 굴진장의 3배 길이로 설치하고 설치 간격은 1~2m^2에 1본을 설치한다.

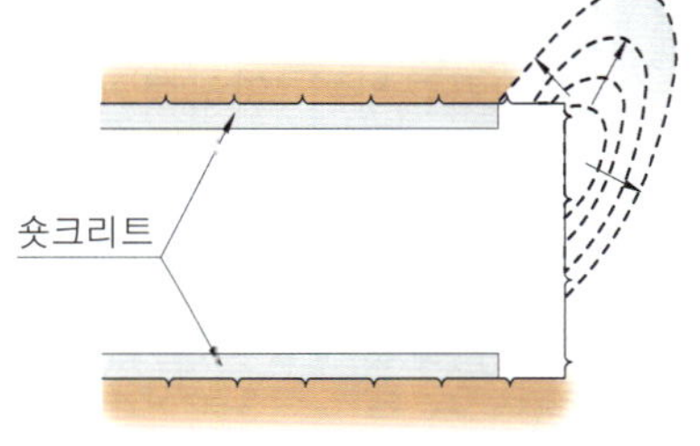

그림. 굴착면에 작용하는 하중

④ 1회 굴진장을 짧게 하는 방법

굴착면의 이완은 굴착면 상부에서 시작하여 점차 넓어지고 굴진장이 길면 굴착면에 작용하는 하중도 증가하므로 굴진장을 짧게 하여 굴착면에 작용하는 하중을 경감시킨다.

3) 각부와 측벽 보강공법

각부는 상반 굴착시에 강지보재를 지지하는 인버트 양단의 지지부위와 아치 하단부이며 연약한 지반은 지내력을 유지하는 보강공법의 적용이 필요하고 측벽부의 변위 억제와 지하수의 차단이 필요하다.

① 각부 보강공법

각부의 보강은 지보재의 각부 부근에서 지지 지반의 지내력이 부족하여 각부의 침하에 따른 지반 이완이 발생하여 터널 안정에 손상이 발생하는 것을 방지하기 위하여 실시한다. 각부 보강공법은 숏크리트에 의한 상반면 가인버트의 시공, 각부에서 아래로 향하는 록볼트, 강관, 제트그라우트를 시공하여 지지력을 증가시키는 방법이 있다.

㉮ 상반면 가인버트

상반면 가인버트는 일반적으로 숏크리트를 이용하여 상반면을 가폐합하며 상반면 굴착 시에 시공성 저하와 하반면 작업시에 인버트 제거로 인한 시공능률이 저하하고 큰 변위가 발생하는 경우가 있다.

㉯ 각부 보강 볼트와 파일(pile)

각부 보강용 볼트와 파일은 상반면에서 지보공 접지부의 응력 집중을 완화하고 하반면 굴착 시에 지반 붕괴를 방지하기 위하여 지보재 각부에서 하향으로 록볼트, 소구경강관, 제트그라우트 등을 시공한다. 각부 주변의 지반강도가 부족하면 볼트의 타설과 동시에 급결성 시멘트밀크, 약액을 압력주입하여 지반강도를 증가시킨다. 볼트와 소구경강관의 타설 시에 천공수가 지반을 교란하여 강도가 저하하는 경우가 있으므로 천공에 주의해야 한다.

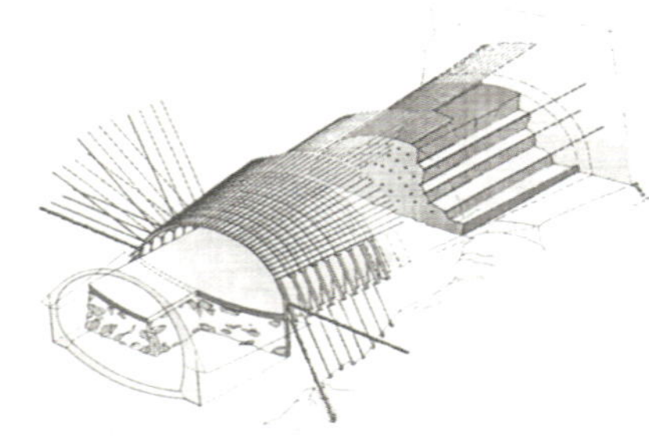

그림. 각부 보강 볼트와 파일(pile)

② 측벽 보강공법

측벽 보강은 연약한 지층에 위치한 터널 하반면의 측벽부 변위를 억제하고 측벽부로 유입되는 지하수를 차단하기 위하여 측벽부에 강관 등의 보강재를 경사지게 설치하고 보강재 주변을 그라우팅하여 지반을 보강한다. 터널의 하반면 굴착 시에 측벽과 바닥부에서 주변지반의 이완으로 인한 팽창압과 구조물 손상의 방지에 적용하고 세립자의 유출을 최소화하므로 스프링라인 하부에서 지하수로 인하여 느슨해진 지반의 차수와 보강에 효과적이다.

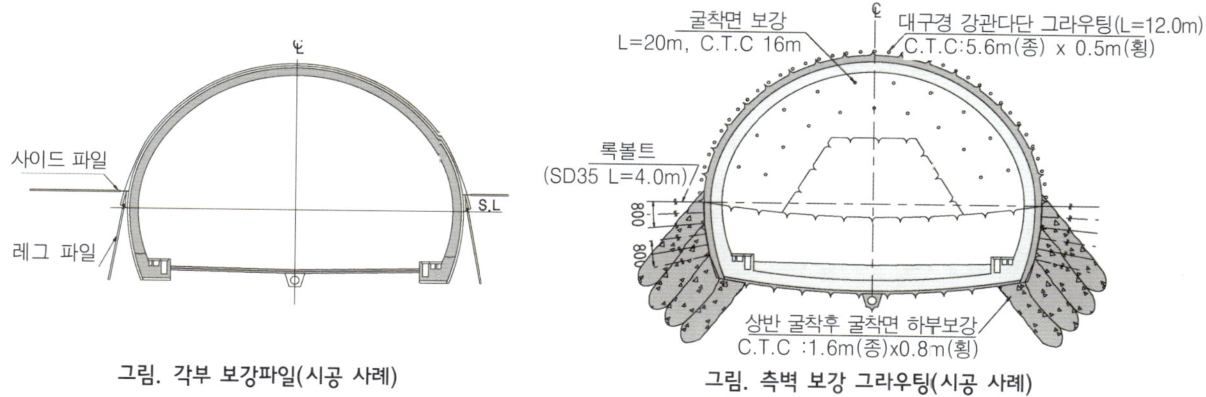

그림. 각부 보강파일(시공 사례)

그림. 측벽 보강 그라우팅(시공 사례)

4) 진행성 여굴(Progressive failure)

터널 굴착에서 여굴은 불가피하게 발생하지만 진행성 여굴은 굴착면에서 작업원과 터널과 인접한 구조물의 안전에 영향을 미치고 과도한 변형이 발생하면 터널의 붕괴를 초래할 수도 있으므로 진행성 여굴의 방지와 차단이 중요하다.

① 진행성 여굴의 원인

㉮ 지하수의 집중 유입

㉯ 불충분한 지하수의 처리대책

㉰ 암 피복이 얇은 지역의 굴착 중에 암반에 손상이 발생하는 경우

㉱ 파쇄대와 불연속면의 존재

㉲ 지하수위 이하의 충적토층 굴착

㉳ 자연 공동

㉴ 굴착 보조공법의 미 시공

㉵ 과다한 화약 사용

㉶ 지보재 설치의 지연과 부적절한 지보재의 설치

㉷ 너무 긴 굴진장

그림. 진행성 여굴에 의한 터널의 붕괴

또한 진행성 여굴은 암반의 시간 의존성 거동인 팽창성(swelling)과 압착성(squeezing)에 의한 장기 거동에 의하여 발생한다. 팽창성암반은 암석의 팽창으로 체적이 증가하여 터널 지보재를 밀어주는 거동을 하므로 시간 의존적 전단거동으로 인하여 터널 지보재에 작용하는 하중이 증가한다.
이러한 현상은 천층에 존재하는 천매암, 이암, 니암 등의 연약한 암반에서 발생할 가능성이 있고 화성암과 변성암도 풍화되었거나 암석이 전단응력을 받으면 압착현상이 일어날 수 있다.

② 진행성 여굴을 차단하는 방법

진행성 여굴을 차단하는 가장 중요한 요소가 시간이므로 진행성 여굴이 발생한 초기에 노출된 굴착면의 신속한 폐합이 중요하다.

㉮ 건조된 비점착성 토사

굴착 중에 휘폴링 사이로 소규모의 비점착성 건조토사가 흘러내리기 전에 즉시 굴착면을 폐합하여 토사의 유출을 중단시켜야 한다. 여굴이 발생한 지역에 타설하는 숏크리트는 짧은 시간 내에 숏크리트가 경화하도록 급결재를 증가시키며, 여굴 면적이 크고 깊지만 진행정도가 빠르지 않으면 철망과 숏크리트를 사용하여 진행성 여굴을 차단할 수도 있다.

㉯ 지하수 유입에 의한 진행성 여굴

지하수의 유입으로 발생하는 진행성 여굴은 1~2굴착면 후방에 배수수발공을 설치하고 시공 중에 배수시설을 가동해야 한다. 지하수가 유입하여 지반이 유실되면 유공관을 깊게 삽입하고 천공 구멍에 강판(collar)을 설치하여 추가 유실을 방지하며 유입수는 펌프와 배수시설에 의하여 처리한다.
유입수가 어느 정도 억제되면 이미 발생된 여굴면을 철망과 숏크리트로 채우고 숏크리트에 작용하는 수압은 수발공을 설치하여 해소시켜야 한다.

그림. 지하수 유입에 의한 진행성 여굴

㉰ 진행성 여굴 차단 후의 여굴부의 처리

토사의 유입이 차단되면 여굴이 발생한 지역을 시멘트 모르터 또는 철망(wire mesh)과 숏크리트로 메워야 한다.

7 방수와 배수

터널 굴착은 지하수위 아래에서 대부분 이루어지므로 굴착한 터널이 배수구의 역할을 하여 배수가 되고 시간이 경과하면 지하수위가 저하한다. 터널 시공 중에 지하수위가 저하하여 발생하는 지반침하는 터널의 배수형식에 관계없이 공통적으로 발생할 수 있다. 터널에서 누수가 발생하면 내구성이 저하되고 터널 내 설비의 유지관리비가 많이 소요되므로 방수공의 설치가 필요하다.

(1) 배수형식

콘크리트 라이닝의 주변지반에 설치한 지하수의 유도배수관에서 배수하여 라이닝에 지하수압이 작용하지 않는 형식이 배수형터널이고, 터널 굴착 후에 라이닝 주변을 완전하게 방수처리하여 콘크리트 라이닝 내부로 지하수가 침투하지 못하게 하고 인위적인 배수를 하지 않는 형식을 비배수형터널이라고 한다.

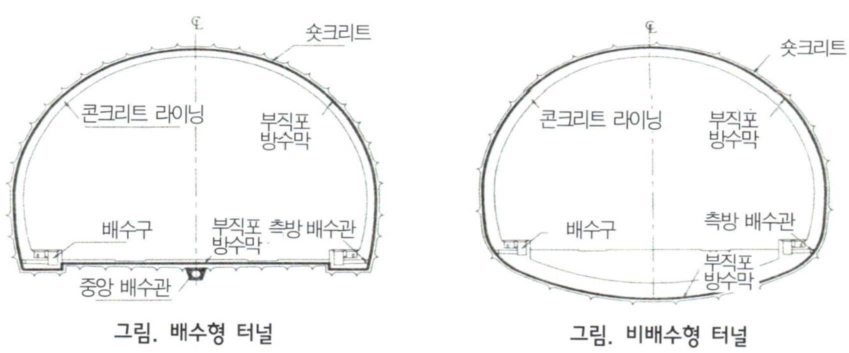

그림. 배수형 터널

그림. 비배수형 터널

1) 배수형터널

배수형터널의 콘크리트 라이닝은 지하수압이 작용하지 않으므로 터널 형상의 선정이 자유롭고 경제적인 굴착면적과 콘크리트 라이닝 단면으로 시공할 수 있지만 유지관리에 많은 비용이 소요된다. 또한 지하수위의 저하로 지하환경이 변화하고 터널 주변의 지반이 침하하여 인접 시설물에 손상을 주는 경우도 발생할 수 있다.

그림. 배수형터널의 배수구조

① 배수형터널은 숏크리트와 방수막 사이의 부직포에서 유입되는 지하수를 터널의 측면 하단부 또는 인버트 중앙부에 설치된 배수관으로 유도하여 배수하고 터널 내의 유입수는 직경 300mm 이상의 측방 배수관 또는 주 배수관을 통하여 배수시킨다.

② 시공 중에는 유입수를 처리하는 배수시설을 설치하여 굴착면에서 발생하는 용출수를 처리한다.

2) 비배수형터널

비배수형터널은 지하수위가 변동해도 문제가 없지만 콘크리트 라이닝이 작용하는 수압에 저항하는 라이닝의 두께가 증가한다.

① 비배수형터널은 숏크리트와 콘크리트 라이닝 사이의 터널 전주면을 방수막으로 감싸고 방수막의 보호를 위하여 숏크리트와 방수막 사이에 부직포를 설치한다.

② 방수막은 내구성과 내수성이 있고 이음부의 강도와 지수성이 양호한 두께 2mm 이상의 합성수지 계통의 방수쉬트를 사용한다.

③ 비배수형터널은 방수막과 콘크리트 라이닝이 모두 방수기능을 가지도록 콘크리트 라이닝은 수밀 콘크리트로 하고 라이닝의 시공이음부, 수축과 팽창 이음부에 지수판을 설치한다.

(2) 시공 중 배수계획

1) 유도 배수방법

① 파이프에 의한 집수

터널의 굴착 중에 부분적으로 발생하는 소량의 용수는 숏크리트 벽면에 PVC관(ϕ 20~100mm)을 막히지 않게 설치하여 집수한다.

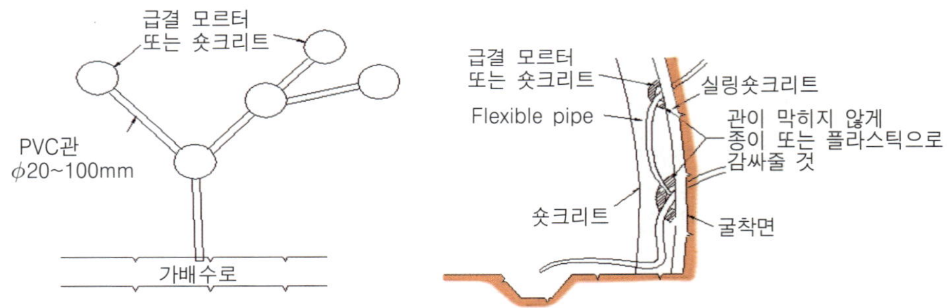

그림. 배수파이프에 의한 집수와 배수

② 반할관에 의한 집수

배수파이프에 의한 배수가 곤란할 정도로 용수량이 많으면 반할관을 숏크리트 벽면에 부착하여 유도배수한다.

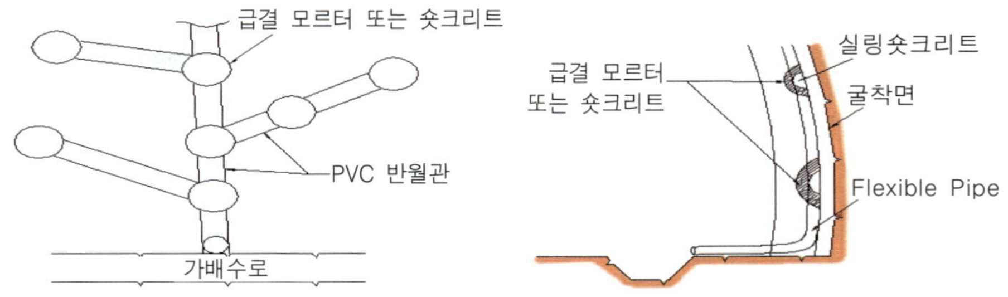

그림. 반할관에 의한 집수와 배수

③ 부직포와 다발관(straw)에 의한 집수

지하수의 유출구간이 명확하고 범위가 넓으면 다발관 또는 부직포를 숏크리트의 타설 전에 암반에 고정하여 집수를 유도한다. 다발관에서 집수된 물은 가배수로에 직접 연결하고 부직포에서 집수된 물은 관으로 가배수로에서 배수한다.

④ Drain board에 의한 집수

요철면이 많은 구간에 발생한 용수는 drain board로 실링(sealing)하거나 1차 숏크리트 벽면에 고정하고 내측에 숏크리트를 타설한다. Drain board의 바깥에서 집수된 물은 가배수로를 통하여 배수하고 양호한 암반은 굴착면에 drain board를 설치한다.

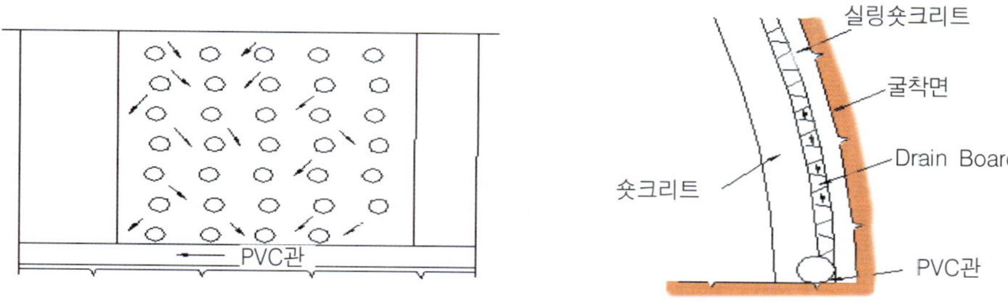

그림. Drain board에 의한 집수

2) 2차 숏크리트 타설 후의 유도 배수

1차와 2차 숏크리트의 사이에서 용수가 많이 발생하면 PVC쉬트 또는 방수막을 숏크리트 벽면에 부착하여 집수하고 유도관으로 배수한다.

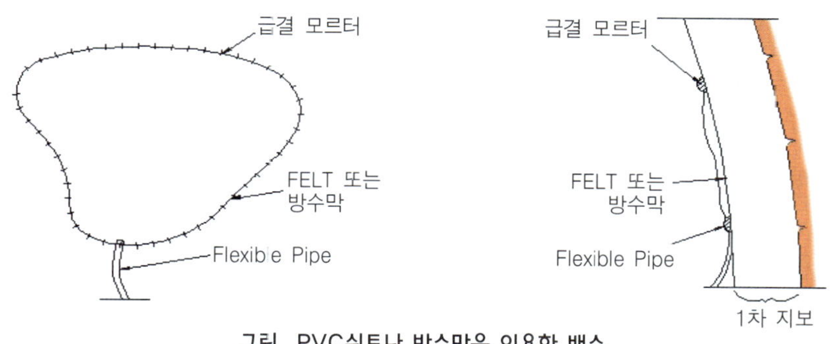

그림. PVC쉬트나 방수막을 이용한 배수

3) 집수와 배수체계

① 상향경사 굴착시의 집수와 배수

터널을 상향경사로 굴착할 때는 터널의 좌우측에서 집수된 유입수를 집수정으로 유도한다.

유입수에 의해서 지반이 연약해질 으려가 있으면 콘크리트 등으로 측구를 설치하거나 PVC 다공파이프를 다공질 콘크리트에 묻어서 측구로 사용하며 자연경사가 너무 작으면 집수정에서 펌프로 배수한다.

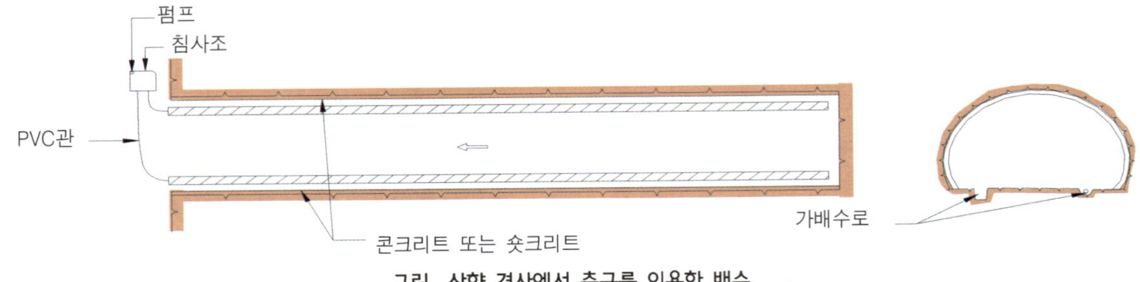

그림. 상향 경사에서 측구를 이용한 배수

② 하향경사 굴착시의 집수와 배수

터널을 하향경사로 굴착할 때는 굴착면에 물이 고여서 시공이 어렵고 지반이 습윤상태가 되어 굴착면이 불안정해지므로 유입수는 펌프로 집수정까지 배수시킨다.

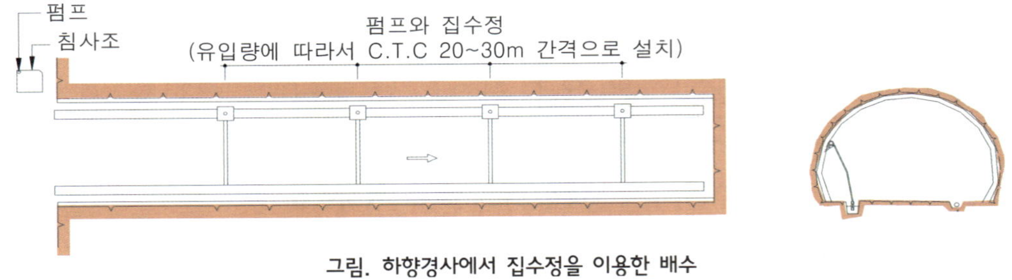

그림. 하향경사에서 집수정을 이용한 배수

(3) 방수공

1) 방수공의 기능

콘크리트 라이닝의 배면에 지하수가 체류하면 과다한 수압이 작용하여 강도측면에서 불리하고, 터널의 완성 후에 지하수 분포상태가 변화하여 라이닝면에서 누수에 의한 피해가 발생하므로 원활한 방수와 배수가 필요하다. 라이닝 내면의 누수는 한랭지에서 고드름이 형성되거나 결빙이 되어 차량 주행에 위험하고 유지관리와 보수작업이 어렵다. 터널 내의 용수, 세정 오수, 자동차 주행에 따른 물의 유입은 터널 내부에 체수되지 않게 터널 밖으로 배출한다.

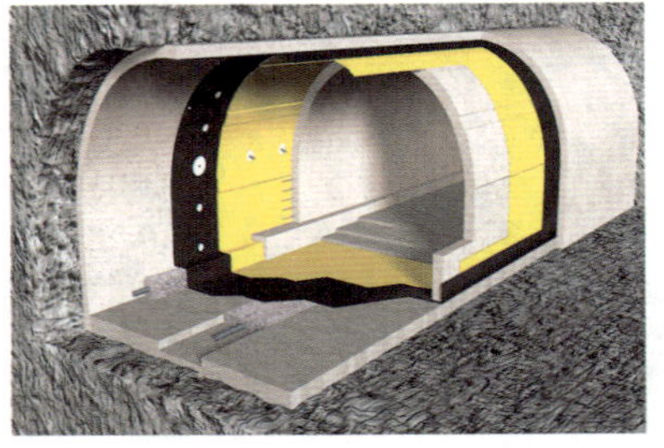
그림. 터널 방수공

① 터널은 지하수위 아래의 깊은 심도에서 굴착하여 지하수에 의한 높은 수압이 절리면을 따라서 작용하므로 방수공은 국부적으로 작용하는 높은 수압을 확산 분포시켜서 터널의 구조적 안정을 확보하는 기능을 가진다.

② 터널은 지중에 공동을 형성하여 지하수가 모이므로 터널 방수공은 지하수를 차단시켜서 미관 유지, 기능 확보, 구조물의 유지관리에 중요한 역할을 한다.

③ 터널이 2중관구조로 형성되므로 양관 사이의 지반 거동에 따라서 발생한 마찰력이 내부 콘크리트

라이닝에 실균열(hair crack)이 발생하는 원인이 되어 터널 구조에 악영향을 미치므로 방수공은 2중관구조에서 양관 사이의 마찰력을 해소하는 기능을 가진다.

2) 방수시스템

방수공은 합성수지 쉬트와 부직포 쉬트를 사용하는 쉬트(sheet) 방식을 많이 사용한다. 쉬트방식은 방수기능과 라이닝의 균열을 억제하는 완충기능이 있지만 용수가 많은 경우는 배수 기능을 가지도록 용수량에 따른 투수층이 필요하다.

쉬트방식은 숏크리트면의 설치장소와 쉬트 이음부가 구조적으로 취약하므로 콘크리트 타설시의 충격력에 견디는 정착강도와 수밀성이 있어야 한다. 방수공은 숏크리트면의 심한 요철의 수정과 록볼트 두부를 정리하고 방수쉬트가 파손되지 않게 설치한다.

① 터널용 방수에 많이 사용하는 2-layer system은 방수체계를 2종으로 구분하여 배수 보호층인 부직포와 차수층인 방수막으로 구성된다.

② 부직포는 원활한 배수, 작용수압의 등분포, 2중관구조에서 오는 마찰력의 중간 차수기능, 숏크리트와 1차 라이닝의 표면에 돌출된 철선, 파이프, 날카로운 면으로부터 쉬트의 손상을 방지하고 방수막은 차수기능을 하도록 구성되어 있다.

③ 배수용 부직포는 유입되는 지하수를 원활하게 배수하는 능력을 가지고 폐수와 지중의 화학성분에 대한 내구성이 있어야 한다.

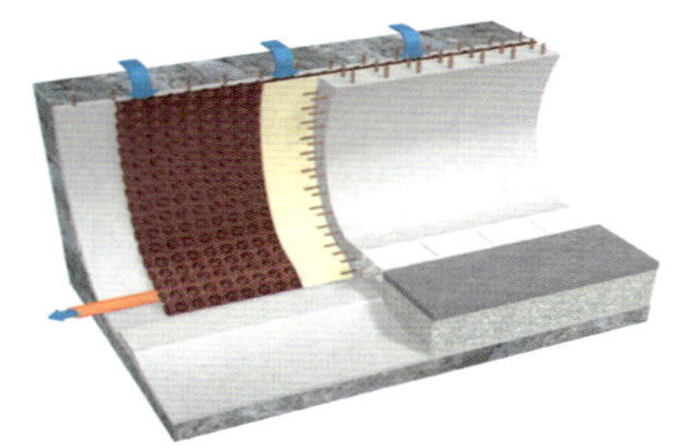

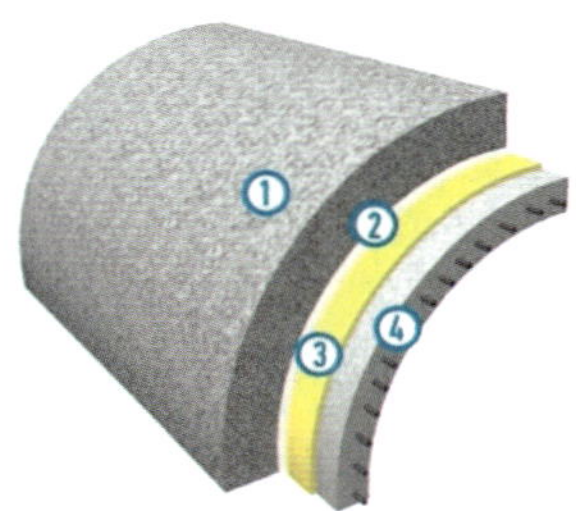

① 숏크리트
② 부직포
③ 쉬트 방수재
④ 콘크리트 라이닝

그림. 터널 2-layer 방수시스템

3) 누수처리방법

① **지수공법** : 누수량이 적고 작용수압이 낮은 경우

㉮ V-cut 지수

㉠ 콘크리트 라이닝의 이음과 균열 등에서 소량의 누수부를 V-cut하고 급결 방수 모르터를 사용하여 지수할 수 있다.

㉡ V-cut부에 모르터를 부착하여 지수하므로 시공이 부실하면 탈락하기 쉽다.

㉯ 우레탄, 실리콘의 도포

㉠ 누수가 경미하고 분포가 좁은 경우에 지수가 용이하고 균열 등의 보수를 겸용할 수 있다.

㉡ 얇은 피막이 누수에 견디어야 하고 도포 시에 벽면청소 등의 처리가 필요하다.

㉰ 모르터 지수

㉠ 누수가 넓은 범위에서 발생되는 경우에 적용하고 누수에 의한 콘크리트 라이닝의 열화에 대한 보강을 겸용할 수 있다.

㉡ 강도가 약한 인접한 곳으로 물이 다시 누수되는 경우가 많으므로 도수공법과 병용한다.

② **도수공법** : 누수량이 많고 지수공법으로 처리가 곤란한 경우

㉮ 절개공법

㉠ 콘크리트 라이닝을 절개하므로 도수단면이 커져서 메워지는 경우가 적고 매설되는 방수재가 탄성체이므로 온도 변화에 대응이 가능하다.

㉡ 도수단면이 작으면 메우기가 용이하다.

㉢ 모르터를 매설 방수재로 사용하면 효과가 떨어진다.

㉯ 통수공법

㉠ 콘크리트 라이닝을 절개하지 않고 연속된 구조로 도수하므로 광범위한 누수처리가 된다.

㉡ 단면이 작으면 메워지기 쉽다.

㉢ 미관과 환기에 불리하다.

③ **배면 처리공법** : 누수량이 많고 집중적으로 분출하는 경우

㉮ 수평 시추를 하고 유공 집수관을 삽입하여 배수한다.

㉯ 정확하게 수맥을 찾아서 천공하는 것이 어렵다.

4) 방수공의 시공 유의사항

① 터널 중심선을 따라서 내공단면을 측정하고 부직포를 설치하여 배수로가 형성되게 한다.

② 여굴이 심한 암반면은 모르터 등으로 공극을 메우고 쉬트를 포설한다.

③ 터널 표면에 돌출된 철선 등은 숏크리트면과 일치하게 절단하여 면을 정리하고 터널 내부의 지보재 사이와 불규칙한 표면은 4cm 이상의 모르터 또는 숏크리트로 마감하며 곡선반경은 최소 30cm로 한다.

그림. 방수쉬트의 설치작업

그림. 방수쉬트 + 철근 배근

④ 지하수가 유입되는 곳은 V-cut을 하고 배수용 호스를 설치하여 맹암거로 배수시키고 침투수의 유량이 많으면 유도하여 처리한 후에 부직포를 포설한다.

⑤ 터널 하부에 설치하는 배수용 유공관은 흙입자가 유입되지 않게 측면과 하부에 부설한 부직포로 감싸야 한다.

⑥ 부직포 쉬트는 2.5개/m^2로 란델을 설치하고 부직포를 포설하며 천장부는 중력을 고려하여 촘촘하게 란델을 시공한다.

⑦ 방수쉬트는 못을 타입하여 고정하지 않고 구조물에 변형이 없도록 느슨하게 설치한다.

⑧ 방수쉬트는 란델 위에서 가열하여 융착시키고 용접부는 평행한 이중선으로 용접하여 봉합시험에서 압축공기가 주입되게 하며 용접 중첩구간은 8cm 이상으로 한다.

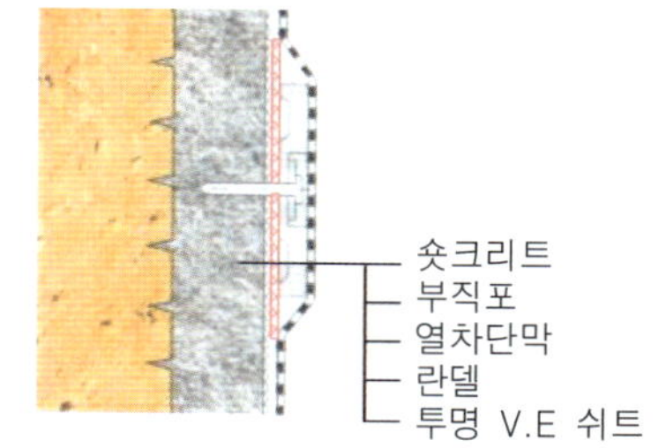

그림. 방수쉬트의 설치단면

⑨ 라이닝 콘크리트의 타설 시에 가해지는 하중에 의하여 란델과 방수쉬트가 분리되어 손상되지 않도록 한다.

⑩ 공기주입시험은 공기압력이 1.5~2.0kg/cm^2에서 공기를 차단하고 4~5분이 지나도 압력이 떨어지지 않으면 완전히 접합된 것이다.

⑪ 손상된 방수쉬트는 보강쉬트를 열융착하여 보수하고 공기를 주입하여 방수쉬트의 접합을 확인한다.

⑫ 라이닝의 이음부는 쉬트 보호대를 50cm의 폭으로 설치한다.

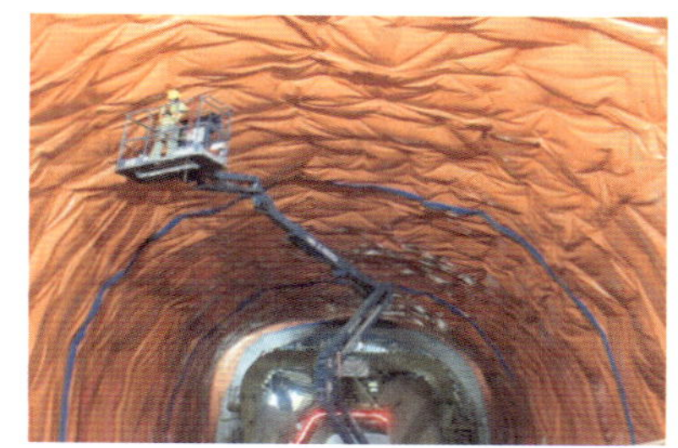
그림. 방수쉬트의 공기주입시험

8 콘크리트 라이닝(Concrete Lining)

콘크리트 라이닝은 터널의 기능을 장기간 유지하기 위한 중요 구조물이며 터널 주변의 지반상태, 환경조건, 주지보재의 지보능력에 적합해야 한다. 또한 콘크리트 라이닝은 장기간에 지반압 등의 하중을 지지하며 균열, 변형, 붕괴가 발생하지 않고 누수에 의한 침식과 강도의 감소가 없는 내구성이 우수한 구조이어야 한다.

그림. 콘크리트 라이닝의 구조

(1) 콘크리트 라이닝의 기능

콘크리트 라이닝은 구조적인 안정성 기능, 비배수형 터널의 내압 기능, 내구성과 미관을 유지해야 한다. 콘크리트 라이닝은 누수가 적고 수밀성이 양호하며 터널 내에 설치한 가설물, 조명, 환기 등의 시설을 지지하고 사용 중에 점검과 보수 등의 유지관리가 편리해야 한다.

(2) 콘크리트 라이닝의 재료와 강도

1) 라이닝은 철근 또는 무근 콘크리트를 사용하고 예상되는 외력을 지지해야 한다.
2) 일반적으로 보통 포틀랜드시멘트를 사용하며 미세균열이 방지되도록 단위수량을 적게 하고 플라이애시, AE제, 유동화제 등의 혼화제를 첨가한 콘크리트를 사용한다.
3) 콘크리트 라이닝의 강도는 지반 특성, 라이닝 형상, 지보재의 종류와 작용하중에 따라서 결정하고 재령 28일의 설계기준강도가 21~24MPa이어야 한다.

(3) 콘크리트 라이닝의 두께

1) 콘크리트 라이닝의 두께는 기능상 필요한 두께, 터널 단면의 크기와 형상, 지반조건, 작용하중, 사용재료, 시공법을 고려하여 결정한다. 또한 숏크리트 등의 지보재의 시공오차와 지반압에 의한 터널 변형의 여유량을 콘크리트 라이닝의 두께에 반영한다.
2) 콘크리트 라이닝은 작용하중의 크기에 따라서 두께를 결정하고 철도와 도로터널은 경제성과 안전성을 고려하여 30cm 이상의 두께를 적용한다. 일반적으로 2차로 이하의 도로터널과 복선 철도터널에서 무근 콘크리트의 두께는 30cm를 표준으로 하고 단면 형상, 단면적, 지반조건에 따라서 두께를 적절하게 증감한다.
3) 지반이 불량한 경우에 인장강도가 작은 무근 콘크리트의 두께를 증가시켜서 휨 파괴를 방지하는 것은 한계가 있으므로 콘크리트 라이닝의 형상을 역학적으로 유리하게 하고 철근 콘크리트 등의 재료를 이용하여 휨강도를 증가시키는 것이 필요하다.

(4) 콘크리트 라이닝의 형상

1) 라이닝의 형상은 아치형이 일반적이며 소요 내공단면을 포함하여 굴착단면의 형상에 적합하고 지반압 등의 작용하중을 충분히 지지해야 한다.

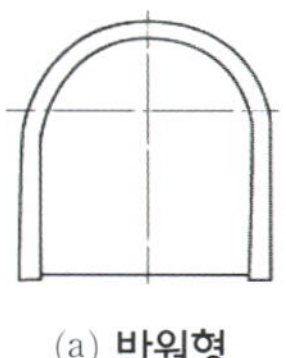
(a) 반원형

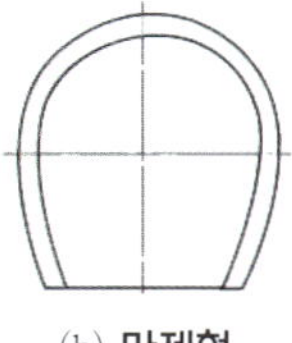
(b) 마제형

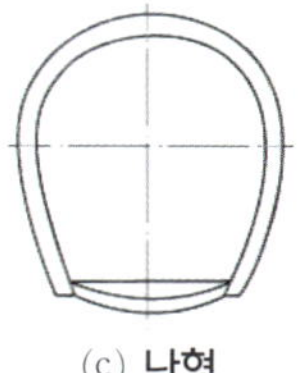
(c) 난형

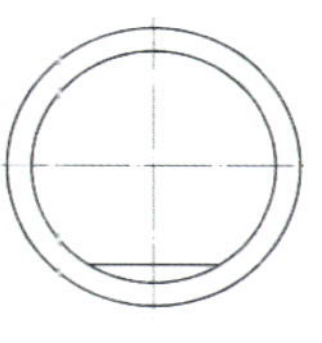
(d) 원형

그림. 지반 특성에 따른 라이닝 형상

2) 콘크리트 라이닝은 지반조건이 나빠질수록 곡률을 가지는 측벽을 적용하고 불량한 지반은 인버트를 설치하며 지반압이 크면 원형에 가까운 형상을 채택하여 지보효과를 증가시킨다.
3) 라이닝은 환기, 조명 등의 부속설비를 설치할 공간을 충분히 확보하고 작업 터널, 연결터널, 라이닝의 접속부는 필요에 따라서 구조적인 보강을 한다.

그림. 콘크리트 라이닝 타설 후의 전경

(5) 인버트(Invert)

굴착 지반에 편압이 예상되거나 지반이 불량하여 인버트가 필요한 경우는 하반면의 굴착과 동시에 인버트를 시공하고 상반면 굴착에 근접하여 숏크리트 등으로 조기에 폐합시키는 것이 중요하다.
인버트는 측벽과 일체가 되어 외력에 안전하게 저항하는 형상으로 원지반에 무근 콘크리트 또는 강섬유 보강 콘크리트를 타설한다.

그림. 인버트 시공

1) 인버트 콘크리트의 설치조건

① 터널 측벽의 하부지반이 취약하여 지보기능이 장기적으로 저하될 가능성이 높은 경우
② 지형조건, 근접 시공, 편압, 상재하중, 지진 등의 영향으로 터널 안정성에 문제가 발생할 것으로 예상되는 경우
③ 대규모 단층파쇄대, 석탄층, 팽창성지반, 함수 미고결층지반 등의 연약대 구간

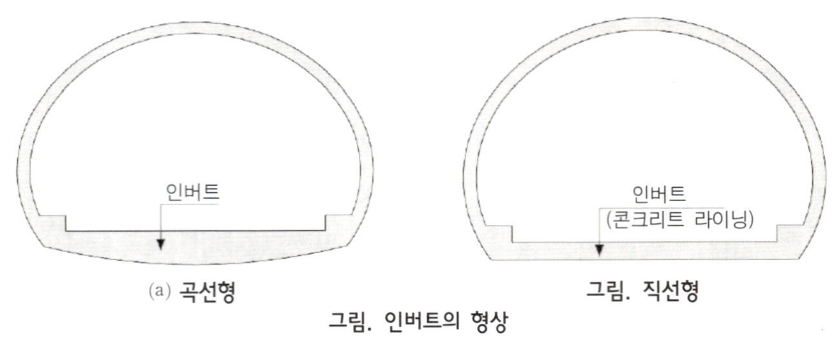

(a) 곡선형 　　　그림. 직선형

그림. 인버트의 형상

2) 인버트의 설치시 고려사항

① 연약한 지반은 인버트를 설치하고 특히 지반이 불량하여 굴착단면을 조기에 폐합할 때는 하반면과 인버트 굴착을 동시에 시공하고 인버트부를 숏크리트로 보강하여 폐합 단면을 형성한다.

② 큰 편압을 받는 경우는 토압이 좌우로 균형을 유지하도록 하부에 인버트 콘크리트를 타설하고 인버트는 하중이 원활하게 전달되는 곡선형으로 한다.

③ 인버트는 측벽과 일체가 되어 외력에 안전하게 저항하는 형상을 선정한다.

④ 곡선형 인버트의 곡선부 깊이는 지형과 지반조건에 따라서 시공성과 경제성을 고려하여 선정한다.

⑤ 콘크리트 라이닝 측벽의 변위에 따라서 적용하는 직선형 인버트는 바닥면의 배수와 포장두께를 고려하여 설치한다.

(a) Invert 굴착

(b) 인버트 굴착 후 기초보(Strut) 설치

(c) 인버트 콘크리트 타설

그림. 인버트 굴착후 하부에 기초보를 설치하는 경우

3) 인버트 기초보

라이닝 콘크리트의 타설을 위하여 거푸집을 정확하게 설치하기 위한 인버트 기초보는 콘크리트 라이닝의 아치부와 인버트 아치의 연결이 용이해야 한다.

① 인버트는 1차 라이닝(숏크리트)를 폐합시켜서 터널의 변형을 제어

② 인버트를 타설하면 터널 변형의 감소와 변형 거동의 제어가 용이

③ 굴착에 따른 지반의 변형 거동이 불리할수록 굴착면에 가깝게 타설

④ 매우 불리한 응력-변형율의 조건에서는 인버트 굴착 후에 강지보 하부에 버팀보(strut)를 설치

(6) 콘크리트 라이닝의 시공

1) 콘크리트 라이닝의 타설 시기

콘크리트 라이닝은 터널의 변형이 수렴된 후에 타설하고 팽창성암반 등과 같이 변형이 장기간에 걸쳐서 증가하여 수렴이 지연되면 터널의 변형이 수렴되기 전에 타설하여 라이닝에 외부 하중의 일부를 부담시키는 경우도 있다.

2) 내공과 선형관리

콘크리트 라이닝을 설치하기 전에 내공과 선형을 측량하여 콘크리트 라이닝의 설계두께가 부족하면 지보재를 재시공하여 설계두께를 확보하고 콘크리트 라이닝은 터널의 내부방향으로 50mm 이내의 시공오차를 허용한다.

3) 콘크리트 라이닝의 두께

① NATM에서는 라이닝에 과다한 휨모멘트가 발생되지 않도록 가급적 두께를 얇게 한다.
② 콘크리트 라이닝의 평균 두께는 설계두께 이상으로 하며 국소부위는 설계두께의 1/3 범위 내에서 오차를 허용한다.
③ 콘크리트 라이닝의 재령 28일 강도는 설계강도 이상이어야 하고 1차 시험에서 기준에 미달하면 시험 위치의 좌우 5m 범위에서 재시험을 실시하여 설계강도에 미달하면 수정, 보완, 재시공한다.

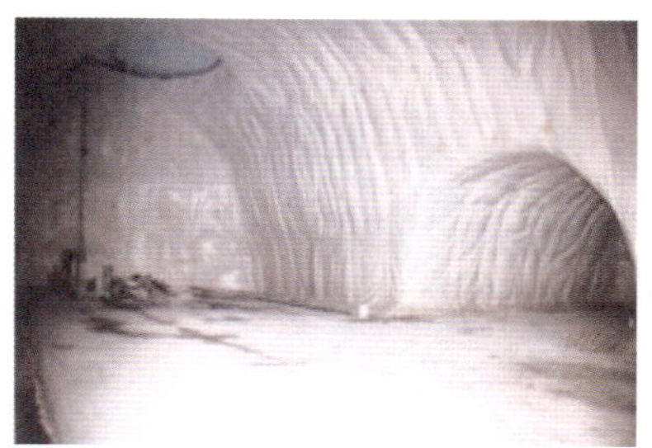

그림. 방수 쉬트와 라이닝 콘크리트 거푸집의 설치

4) 라이닝 거푸집(Forms)

① 거푸집의 구조
㉮ 거푸집은 콘크리트 타설량, 타설길이, 타설속도를 고려하여 타설된 콘크리트의 압력에 충분히 견디는 구조를 가져야 한다.
㉯ 거푸집 측면은 콘크리트의 측압에 견디는 구조로 하여 콘크리트가 새어나가지 않게 굴착단면에 밀착시켜서 틈새가 없어야 한다.

㉰ 거푸집은 이동성이 좋고 견고한 구조로 하며 거푸집의 길이는 시공성과 안전성을 고려하여 15m를 초과하지 않고 거푸집면에 콘크리트가 부착되지 않게 표면을 코팅 처리한다.

㉱ 거푸집 내부에 차량통행이 가능한 구조로 하고 거푸집의 해체시에 거푸집면에 콘크리트가 부착되지 않게 박리제(form oil)를 도포한다. 거푸집을 5~6회 사용하면 샌드 그라인딩 등으로 거푸집면을 깨끗이 청소하고 박리제를 도포하여 사용한다.

② 거푸집 종류

라이닝 거푸집은 조립식과 이동식이 있고 라이닝 두께가 20~40cm로 비교적 얇기 때문에 일반적으로 전단면 이동식거푸집(nontelescopic form)을 사용하며 거푸집 길이는 9~12m을 많이 사용한다.

③ 거푸집 조립

㉮ 아치형 거푸집은 토대 위에 높이를 조절하는 캠버(camber)를 두고 받침대를 올리고서 터널 축에 직각으로 설치한다.

㉯ 슬라이딩 거푸집은 터널단면의 크기와 굴착방식에 따라서 전단면형, 반단면형이 있다.

㉰ 터널 내에서 거푸집을 조립하면 장소가 협소하므로 조립순서에 따라서 거푸집을 반입한다. 거푸집을 설치하는 궤도와 지반이 연약하여 조립 중에 기울거나 부등침하가 발생하면 부재의 접합이 어긋나서 조립이 어렵고 위험하다.

그림. 라이닝 거푸집 조립

㉱ 터널 외부에서 거푸집을 조립하여 반입하는 경우는 크레인의 인양 능력, 지지점의 강도, 하중을 고려하여 안전한 작업이 되도록 한다.

(a) 터널 외부의 조립

(b) 터널 내 조립

그림. 라이닝 거푸집의 조립방법

5) 시공이음과 신축이음

① 콘크리트 라이닝의 시공이음은 거푸집의 길이에 따라서 결정하고 도로터널은 9m를 가장 많이 적용하며 지하철과 고속철도는 공사기간과 경제성을 고려하여 12m로 설치하는 경우도 있다.

② 철근으로 보강한 콘크리트 라이닝에 횡방향하중이 작용하면 시공 이음부를 종방향으로 단절시켜도 되지만 종방향으로 하중의 편차가 발생하는 경우에 종방향의 단면력 변화가 발생되는 곳과 시공이

음부가 일치하면 시공이음부에서 철근을 단절시키지 않는다.

③ 외기온도의 영향을 많이 받는 갱구부와 외부 접속부는 온도변화에 의한 균열의 발생을 방지하기 위하여 신축이음을 설치한다.

④ 신축이음을 설치하는 위치와 간격은 콘크리트 라이닝의 두께, 타설시 온도, 외기온도를 고려하여 결정하며 터널 입·출구부에서 50m구간은 20~30m 간격, 터널 내부는 20~60m 간격으로 설치한다.

⑤ 단면 변화부, 지층의 급격한 변화구간, 철근과 무근 콘크리트 라이닝의 접합부는 추가로 신축이음을 설치할 수 있다. 또한 신축이음부는 누수가 발생하지 않도록 방수처리를 한다.

6) 라이닝 콘크리트의 타설 유의사항

① 아치부와 전단면의 콘크리트 타설은 슬라이딩 거푸집의 전후와 내부에 작업대가 설치되어 작업이 양호하지만 측벽부에 설치하는 이동식비계로 제작한 작업대는 차량 통행에 지장이 없고 콘크리트 압송관의 반동과 작업진동에 견디도록 견고하게 설치한다.

② 콘크리트 압송관은 막히거나 표면이 찌그러진 것을 사용하지 않고 이음 부분을 고정해야 한다.

③ 라이닝 콘크리트의 슬럼프는 12~18cm로 하여 콘크리트 펌프로 타설한다.

④ 콘크리트 타설 시에는 압송관을 물로 충분히 적시고 소량의 모르터를 압송관에 넣은 다음에 콘크리트를 압송한다.

⑤ 거푸집의 해체 시기는 터널단면의 크기, 형상, 시공성을 고려하여 결정하며 천장부 콘크리트가 자중을 견디는 강도를 발휘하기 전까지 제거해서는 안 되고 콘크리트 압축강도가 3.0MPa 이상(고속도로 터널은 4.9MPa 이상)에 도달하면 거푸집을 해체한다.

⑥ 용수가 있는 구간은 콘크리트의 타설 전에 라이닝 배면에 집수매트와 유공관을 설치하고 방수쉬트를 포설하여 용수를 처리한다.

표. 콘크리트 라이닝의 품질관리

구분	관리항목	관리내용과 시험	시험빈도
일상관리	시공 정밀도	철근 위치와 거푸집 설치상태	거푸집 설치시마다
	두께	두께관리	거푸집 설치시마다
	균열, 변형	타설 후의 균열과 변형상태	타설 후 수시
정기관리	슬럼프시험	슬럼프값	품질시험 기준
	압축강도시험	압축강도	품질시험 기준

7) 콘크리트 라이닝의 뒷채움 주입

① 콘크리트 라이닝의 천장부는 콘크리트를 타설할 때에 콘크리트의 소성침하와 레이턴스의 발생 등으로 공극이 발생할 수 있으므로 콘크리트의 타설 후에 실시하는 뒷채움 주입은 콘크리트 라이닝

이 주입압력에 견딜 수 있는 강도에 도달한 후에 가능한 한 조기에 실시한다.

② 뒷채움 주입관은 콘크리트 라이닝의 타설시에 미리 매입하여 주입효과를 향상시키는 것이 유리하고 작업능률도 증가한다.

③ 뒷채움은 주입관(ϕ50mm PVC파이프)의 위치, 간격, 배열에 따라서 주입량과 주입효과가 다르고 주입관은 주입을 확인하기 위하여 가급적 많이 설치한다.

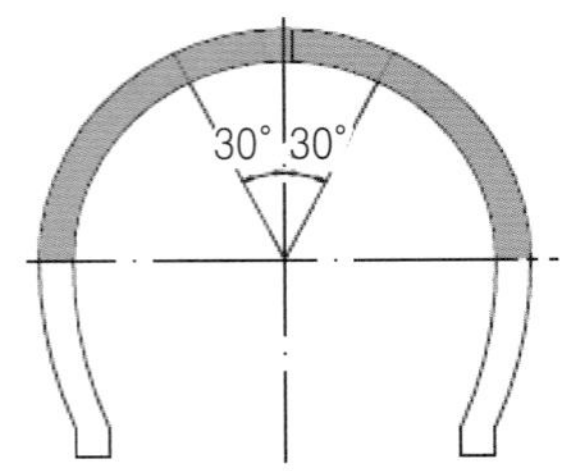

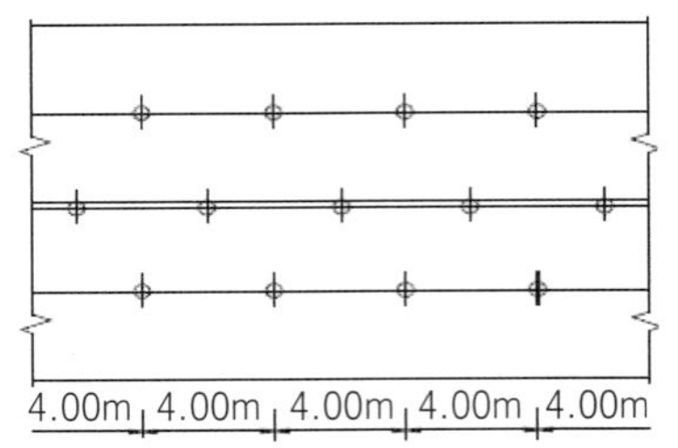

그림. 콘크리트 라이닝의 뒷채움 주입관

④ 뒷채움 주입재는 공극, 배면의 원지반상태, 주입의 시공조건 등에 적합한 재료를 선정한다. 주입재로 모르터를 사용하는 경우는 주입시의 분리현상을 고려하여 고형물의 침전과 주입 후에 체적수축이 작은 것이 좋으므로 무수축성 혼화재료를 첨가한다. 라이닝 배면에 사용하는 주입재는 콘크리트와 동등의 강도가 필요하지 않지만 주입 후의 강도가 1MPa 이상이어야 한다.

⑤ 주입압력은 방수막의 손상과 라이닝에 균열이 발생하지 않는 범위 내에서 0.2~0.4MPa 이하로 주입하며 계획량을 한 번에 고압으로 주입하지 않고 주입구간을 나누어서 저압에서 단계별로 조정하여 뒷채움을 실시한다.

(7) 콘크리트 라이닝의 균열과 유지관리

콘크리트 라이닝에 발생하는 균열은 콘크리트의 강도와 수밀성을 저하시켜서 누수, 고드름, 동결 융해의 원인이 되고 라이닝의 내구성, 안정성, 공용성이 감소하므로 적절한 균열 방지대책을 수립한다.
특히 용수가 많은 구간, 외부 기후의 영향을 받기 쉬운 갱구부, 길이가 짧은 터널은 균열대책이 필요하고, 균열 방지구간은 터널 입구에서 50m 이내에 설치하는 것이 바람직하다.
콘크리트 라이닝의 균열은 작용하중에 의한 인장응력이 증가하여 발생되는 균열보다는 콘크리트의 건조수축에 의하여 발생하고 철근 등으로 보강해도 균열의 발생을 피할 수 없으므로 보강을 실시하여 균열의 폭과 분포를 조절하는 것이 필요하다.

1) 콘크리트 라이닝 균열의 원인

① 터널 내의 온도 변화에 따른 온도신축

② 콘크리트 경화온도의 강하에 따른 온도신축

③ 터널 내의 습도 저하에 의한 건조수축

④ 주변의 변화에 따른 추가하중의 증가

⑤ 콘크리트 라이닝의 두께 부족
⑥ 슬럼프(slump)가 큰 콘크리트의 타설
⑦ 콘크리트 라이닝과 원지반 사이의 공극에 의한 휨모멘트와 편압의 발생
⑧ 숏크리트와 콘크리트 라이닝면이 접촉하면 건조수축에 의한 인장응력이 발생
⑨ 콘크리트 라이닝의 타설시에 요철이 심한 숏크리트면의 방수재가 오목한 부위로 밀려 들어가서 천장부의 처짐에 의한 콘크리트 라이닝의 두께가 부족
⑩ 지하수압의 작용

2) 균열의 종류

① 라이닝 측벽의 하부에 발생하는 수직균열
인버트 슬래브와 터널의 아치부 사이에 있는 시공 이음부의 종방향 온도변화와 건조수축으로 인하여 중앙부에서 발생
② 터널 천단부의 중심선을 따라서 발생하는 종방향균열
횡방향 온도변화, 건조수축, 터널 천장부의 라이닝 뒷채움이 부족하여 터널 천단부에 발생
③ 불규칙한 균열
콘크리트 라이닝의 두께가 균일하지 않은 경우에 발생

3) 균열의 형태

① 종방향균열
② 횡방향균열
③ 전단균열
④ 복합균열

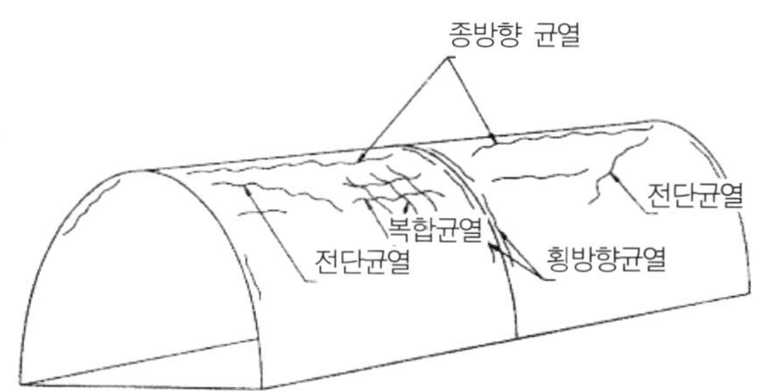

그림. 콘크리트 라이닝에 발생하는 균열의 형태

4) 균열의 억제 대책

콘크리트 라이닝에 발생하는 균열을 억제하기 위해서 다음의 대책을 적용할 수 있다.
① 숏크리트와 콘크리트 라이닝의 평활한 접속(절연)
② 콘크리트에 팽창제, 혼합시멘트, 유동화제 등을 첨가하여 수화열과 건조수축량을 감소
③ 콘크리트 라이닝의 타설순서 조정
④ 필요시 누수대책을 고려한 균열 유발줄눈의 설치
⑤ 균열 방지용 철근과 철망의 배치와 섬유보강 콘크리트 사용
⑥ 습윤양생의 실시

9 터널 계측

(1) 개요

터널 굴착에 따른 지반과 지보재의 거동은 지반구조의 불균일성, 조사와 시험의 한계성, 해석 모델 과 이론의 단순성 등에 의하여 설계시의 예상거동과 현저한 차이를 보이는 이상거동이 발생하는 경우가 있다. 터널 구조물은 지반조사에서 파악한 정보를 제한적으로 이용하고 발생응력과 지반강도는 굴착 공법과 지보의 시공방법에 따라서 변화하므로 사전에 터널과 지반의 거동 특성을 정확하게 예측하는 것이 불가능하다. 따라서 실제 지반의 거동을 정확하게 파악하도록 계측 결과를 종합적으로 분석하고 평가한 후에 설계와 시공에 반영(feed back)하여 경제적이고 안전한 터널 시공이 이루어져야 한다.

1) 안전성 확인

① 주변 지반의 거동 파악
② 지보재의 효과 파악
③ 터널의 안정성 확인
④ 주변 구조물의 영향 파악

2) 경제성 확보

① 설계, 시공에 계측결과를 반영하여 경제적인 시공을 유도
② 향후 공사계획의 기초자료로 활용
③ 소송, 보상을 위한 근거자료로 활용

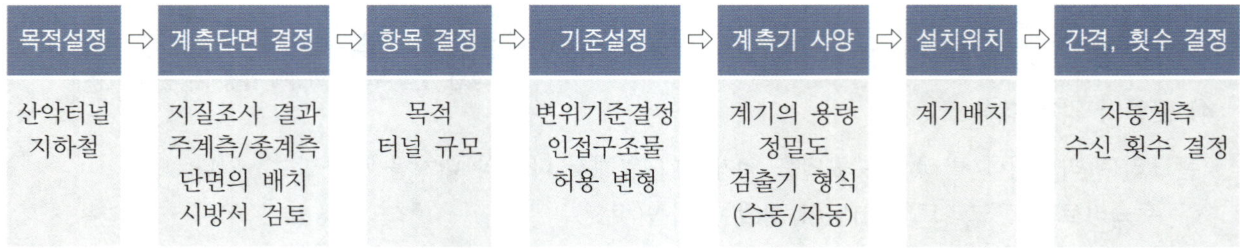

그림. 계측 시스템 절차

(2) 계측 항목의 선정

계측 항목은 공사 중이나 공사 후에 구조물의 안정성과 경제성을 파악할 수 있고 주변 환경에 미치는 영향을 평가할 수 있는 항목을 선정해야 한다.

1) 일상계측(계측 A)

일상적인 시공관리를 위하여 반드시 실시하는 항목

① 터널 내 관찰조사
② 내공변위 측정
③ 천단침하 측정
④ 록볼트 인발시험
⑤ 지표침하 측정

2) 정밀계측(계측 B)

정밀계측은 지반거동을 파악한 결과로부터 계획, 설계의 타당성, 초기 단계의 설계를 확인하고 그 후의 설계와 시공에 반영하는 것을 목적으로 하고 있다. 따라서 정밀계측은 시공 초기단계에서 실시하고 계측단면은 대표적인 지반조건에서 설정한다.

① 지중변위 측정
② 록볼트 축력 측정
③ 라이닝 응력 측정(숏크리트와 콘크리트 라이닝)
④ 지표와 지중침하 측정
⑤ 터널내 탄성파속도 측정
⑥ 강지보재 응력 측정
⑦ 지반의 팽창성 측정
⑧ 지중 수평변위 측정
⑨ 지반진동 측정

3) 유지관리계측

터널은 원지반의 변위와 하중이 굴착된 터널 내부로 작용하므로 굴착단계에서는 내공변위, 지중변위, 록볼트 인발시의 하중-변위 등의 각종 변위와 숏크리트, 록볼트 등의 지보재의 응력과 축력을 측정한다. 굴착 후에 변위가 수렴되고 콘크리트 라이닝을 시공하므로 터널 공용 중의 유지관리단계에서는 추가적인 원지반의 변위와 작용하중이 크게 발생하지 않는 것으로 예상할 수 있다.

그림. 유지관리계측

유지관리계측은 구조적이나 재료적인 취약부, 큰 외력과 내부응력의 변화가 예상되는 곳, 지장물이 근접하거나 주변지반이 열악한 구간을 사전에 조사하여 위치를 선정하고 터널 길이가 500m 이상이면 문제구간 외에도 일반 구간에서 계측을 수행하여 터널의 전체적인 안정성을 관리한다.

① 일반관리 계측

㉮ 터널 내의 관찰조사 : 조명, 환기상태, 온도, 습도, 콘크리트의 균열과 누수, 배수로상태의 조사

㉯ 라이닝의 변형 측정 : 콘크리트 라이닝의 안전성 확인, 지보재, 주변지반의 안정성을 간접적으로 확인하고 균열이 발생하면 원인을 조사

㉰ 용수량 측정

② 대표단면 계측

㉮ 토압 측정

㉯ 간극수압 측정

㉰ 라이닝 응력 측정

㉱ 철근 응력 측정

㉲ 지하수위 측정

표. 유지관리 계측 항목

계측 항목	내 용
토압	· 터널 라이닝의 설계 적정성 평가 · 지반의 이완영역 확대와 지반응력의 변화 조사
간극수압	· 배수터널의 배수기능 저하에 따른 잔류수압의 상승을 측정 · 비배수터널의 라이닝에 작용하는 수압 측정과 라이닝의 안정성 확인
지하수위	· 간극수압 측정시의 신뢰성 평가 · 터널 내 용수량과의 상관성 평가
콘크리트 응력	· 외부하중으로 인한 콘크리트 라이닝의 응력 측정 · 콘크리트 라이닝이 구조체로 설계된 경우에 라이닝의 내부응력 측정
철근 응력	· 외부하중으로 인한 콘크리트 라이닝의 철근 응력 측정 · 콘크리트 라이닝 응력을 측정한 결과의 신뢰성 검증
내공변위	· 외부하중으로 인한 콘크리트 라이닝의 변위량을 측정하여 터널 구조물의 안정성 판단
균열	· 콘크리트 라이닝에 발생한 균열의 진행상태를 측정하여 터널의 안전성 판단
건물 경사	· 터널 구조물의 거동으로 인한 지상건물의 기울기를 측정하여 건물의 안전성 판단
진동	· 지진 발생시에 터널 구조물의 안전성 판단과 열차 운행 등에 의한 주변 구조물의 진동 영향을 판단
온도	· 콘크리트 라이닝의 온도 영향을 판단

(3) 계측계획

1) 계측계획의 수립

계측 목적을 효율적으로 달성하기 위해서는 다음 사항에 유의하여 계측계획을 수립한다.

① 계측의 목적, 문제점과 계측항목을 명확하게 설정한다.

② 계측기기의 선정, 설치, 계측빈도 등을 신뢰도가 높게 계획한다.

③ 계측결과는 신속하게 분석하고 그 결과를 시공에 반영한다.

④ 긴급사태에 신속하게 대응하도록 계측결과를 분석한 후의 조치내용과 범위를 사전에 검토한다.

2) 계측항목의 선정

표. 지반조건에 따른 계측항목의 선정

지반조건	시공시 관찰 또는 계측대상이 되는 현상	필요한 관찰 또는 계측항목	경우에 따라서 추가되는 항목
경암지반	· 균열 등의 붕괴면으로부터 암괴, 암편의 이완, 붕락	· 터널내 관찰조사 · 내공변위 측정 · 천단침하 측정	
연암지반 (팽창성지반 제외)	· 암괴, 암편의 이완 또는 붕락	· 터널내 관찰조사 · 내공변위 측정 · 천단침하 측정	· 지중변위 측정 · 록볼트축력 측정 · 암석시료시험 · 지표침하 측정
팽창성 또는 편압이 작용하는 지반	· 측벽의 압출 · 굴착면의 압출 · 지반 팽창	· 터널내 관찰조사 · 내공변위 측정 · 천단침하 측정 · 지중변위 측정 · 록볼트 축력 측정 · 숏크리트 응력 측정 · 작용하중 측정	· 단면 측정 · 지보재 침하 측정 · 지반 팽창성 측정 · 라이닝 응력 측정 · 암석시료시험
토사지반	· 지반의 이완과 이에 따른 지표 침하 · 인접 구조물에의 영향	· 터널내 관찰조사 · 내공변위 측정 · 천단침하 측정 · 지표침하 측정 · 지중변위 측정	· 지표 관찰조사 · 지중변위 측정 · 록볼트축력 측정 · 숏크리트응력 측정 · 작용하중 측정 · 토질재료 시험

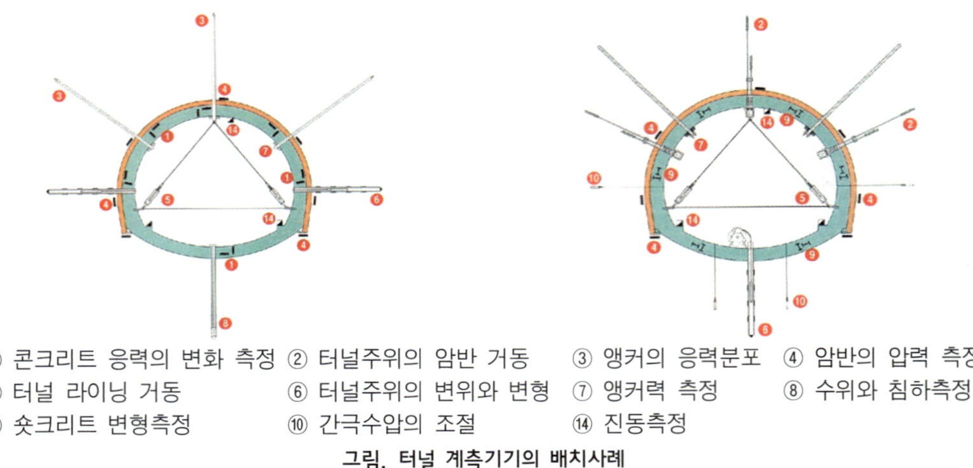

그림. 터널 계측기기의 배치사례

3) 계측기기의 선정

계측기기는 간단하고 가동부분이 적으면 사용, 보정, 보수가 편리하고 기기 자체에 이상이 있으면 정확한 결과를 얻을 수 없으므로 기기의 보정과 유지관리가 중요하다. 또한 기기의 이상과 고장을 고려하여 중요한 위치에 항상 여유있게 계측기기를 설치하고 기기의 재조정(resetting)이 불가능한 경우를 대비한 예비기기를 준비한다.

계측기기의 선정 시에 유의 사항은 다음과 같다.

① 구조가 간단하고 견고하며 설치가 용이할 것

② 계측기기의 가격이 저렴할 것

③ 온도, 습도 등의 제반 영향인자에 대한 자체 보정이 되거나 보정이 간단할 것

④ 측정치에 대한 계산 과정과 분석 절차가 간단할 것

⑤ 기기와 터미널간의 연결 케이블이 물리적, 화학적작용에 충분하게 견딜 수 있을 것

⑥ 부식이나 전기적인 방해 요인을 극복할 수 있는 것

4) 계측의 측정빈도

측정빈도는 지반상태와 시공조건을 함께 고려하고 시공단계에서 지반과 지보의 거동 등의 계측결과를 참조하여 수정한다. 일반적으로 변위와 응력의 변화가 굴착 직후는 크지만 시간이 경과하고 굴착면에서 멀어질수록 감소하는 경향이 있으므로 굴착면에 접근하여 측정하는 초기단계는 측정빈도를 조밀하게 계획한다.

측정 초기치는 이후 측정치의 기준이 되므로 시공여건이 허락하면 굴착면과 근접한 위치에서 조기에 측정한다. 시공조건의 제약으로 계측 항목과 위치에 따라서 측정시기가 틀려지고 계측결과의 평가에 지장을 주는 경우가 있으므로 측정시기에 유의하고 각 계측 항목의 측정시기를 동일하게 한다.

① 일상 계측(내공변위, 천단침하, 지표 침하)

내공변위와 천단침하의 측정빈도는 변위가 수렴할 때까지의 일수, 변위량, 굴착공법에 따라서 다르지만 변위속도(1일당 변위량), 굴착면에서 거리에 따라서 정한다. 변위속도에 의한 측정빈도와 굴착면과의 거리에 의한 측정빈도 중에서 빈도가 많은 쪽을 선택한다.

표. 내공변위, 천단침하의 측정빈도(D : 터널 폭)

측정빈도	변위속도	굴착면으로부터의 거리
1~2회/일	10mm/일 이상	0~1D
1회/일	10~5mm/일	1~2D
1회/2일	5~1mm/일	2~5D
1회/주	1mm/일 이하	5D 이상

내공변위 측정용 측선은 변위속도가 가장 큰 측선의 빈도에 따르고 같은 단면에서는 전체 측선의 측정빈도를 동일하게 한다. 벤치컷(bench cut)공법은 하반 굴착면의 접근에 따라서 상반면 측선의 측정빈도를 높게 하여 변위의 변화를 파악한다.

변위량이 작은 터널(내공 변위량이 복선단면은 50mm 이하, 단선단면은 25mm 이하)은 일반적으로 변위의 수렴이 빠르므로 변위량이 일정치에 수렴한 후에 1주일 정도는 1회/2일의 빈도로 안정상태를 확인한다. 그러나 변위량이 큰 터널(내공 변위량이 복선단면에서 50mm 이상, 단선단면은 25mm 이상)은 변위량이 일정하게 수렴한 후에 2주 정도는 1회/2일 빈도로 측정한다.

계측은 매일 2회에서 주 1회까지 계측 항목과 계측시기에 따라서 실시하고 측정값이 수렴되어 더 이상 변위가 진행하지 않으면 7일간을 더 측정하고서 중지한다.

표. 계측 측정빈도

계측 항목		측정빈도			비고		
		0~15일 (0~7일)	15~30일 (8~14일)	30일~ (15일~)	변위속도	굴착면거리	빈도
계측 A (일상계측)	굴착면 관찰	1회/일	1회/일	1회/일	1회/일	0~1D	1~2회/일
	내공변위	1~2회/일	2회/주	1회/주	1~2회/일	1~2D	1회/일
	천단침하	1~2회/일	2회/주	1회/주	1~2회/일	2~5D	1회/2일
	지표 침하	1~2회/일	2회/주	1회/주	1회/일	5D 이상	1회/주
계측 B (정밀계측)	숏크리트응력	1회/일	1회/주	1회/2주	한 단면에 집중 설치하여 계측		
	지중변위	1~2회/일	1회/일	1회/주			
	록볼트 축력	1~2회/일	1회/2일	1회/주			
	지중수평변위	1회/일	1회/주	1회/2주			
	지중침하	1회/일	1회/주	1회/주			

② 정밀 계측

정밀계측 중에서 지중변위, 록볼트 축력, 라이닝 응력의 3개 항목은 동일한 단면에서 측정하는 일상계측의 내공변위, 천단침하의 측정빈도와 같은 빈도로 측정한다.

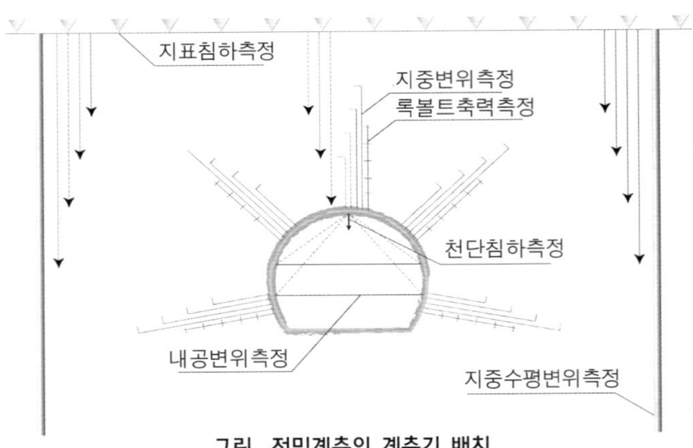

그림. 정밀계측의 계측기 배치

(4) 터널 계측의 시행

1) 터널내 관찰조사(Face Mapping)

터널내 관찰조사는 암반 분류(RMR, Q시스템)에 필요한 정보, 지층, 암석분포, 지층의 방향성, 지층의 풍화정도, 균열의 방향과 빈도, 단층의 방향성과 파쇄정도, 용출 수량과 위치 그리고 붕괴가 발생한 경우는 붕괴 발생의 위치, 규모와 형태를 포함한다. 굴진 중에 굴착면의 지반상태를 관찰하여 지반변화를 확인하고 필요한 조치를 하는 굴착면의 관찰은 굴착면마다 관찰도를 작성하며 터널 안정성에 불리한 지반이 예상되면 필요한 보강을 실시한다.

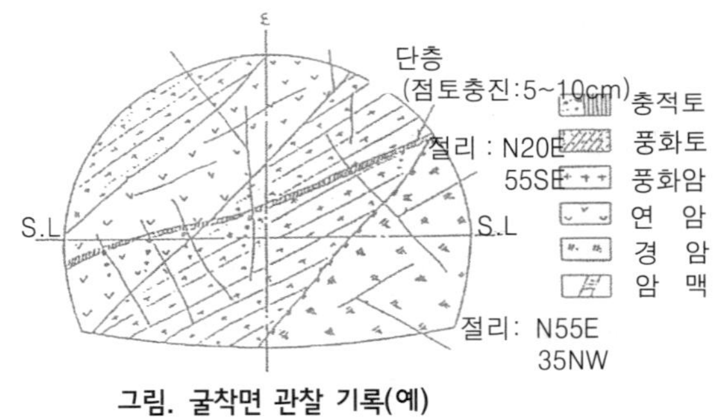

그림. 굴착면 관찰 기록(예)

① 시공 중의 굴착면 관찰

터널내 관찰조사는 매 굴착면마다 실시하고 지반상태의 변화가 거의 없으면 1일에 대표적인 1~2 굴착면에서 실시한다. 관찰자는 적정한 축척으로 관찰도를 작성하여 다음 사항을 기록하고 지반상태가 악화되는 징후가 있으면 즉시 대책을 수립한다.

㉮ 터널 상부의 지층분포 현황

㉯ 굴착면의 주절리 주향, 경사, 고결정도, 풍화와 변질의 정도

㉰ 단층의 위치, 협재물의 유무와 성상

㉱ 용출수의 위치와 수량

㉲ 붕괴의 위치와 형태, 주향, 경사, 파쇄의 정도

② 기시공 구간의 관찰

지보재를 보강한 구간의 관찰조사는 다음 사항을 최소한 1회/1일 정도 관찰하고 변형상태가 확인되면 위치, 종류, 규모 등을 기록하고 의치도, 스케치를 작성한다.

㉮ 록볼트

㉠ 설치 위치, 방향

㉡ 록볼트, 지지판의 변형 여부

㉢ 지지판이 지반에 묻힌 정도

㉯ 숏크리트

㉠ 두께, 지반과의 밀착

㉡ 균열(발생 위치, 종류, 폭, 길이 등)

㉢ 누수 발생 위치의 상태와 누수량

㉰ 강지보재

㉠ 변형, 좌굴 위치, 상태

㉡ 지반에 매입된 정도

㉢ 가축 지보재의 축소상태

㉣ 바닥판 설치의 적정성

2) 내공변위와 천단침하의 측정

① 내공변위 계측

천단침하와 내공변위의 측정은 주변지반의 안정과 주지보재의 효과를 확인하기 위하여 실시한다. 토피가 얕으면 천단침하량이 내공변위량보다 큰 곳이 많으므로 지표침하의 측정위치와 동일한 단면에서 내공변위를 측정하여 분석하는 것이 중요하다.

특히 연직에 가깝게 발달한 파쇄대, 풍화대, 암반 피복이 부족한 구간 등의 붕락 위험구간은 지표침하와 내공변위의 계측결과와 함께 천단침하의 거동을 관찰한다.

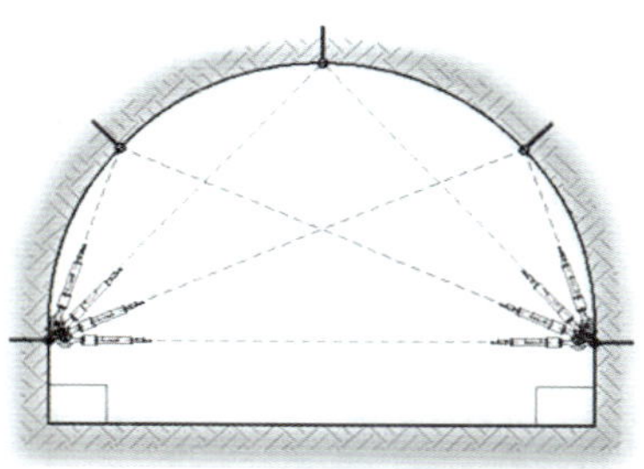

그림. 내공변위의 측정

내공변위의 측정은 갱내 관찰조사와 천단침하의 측정에서 얻어진 결과와 함께 주변지반의 안정성, 지보의 적합성, 인버트의 타설시기를 검토하기 위하여 실시한다. 내공변위는 초기변위의 속도에 따라서 최종변위를 예측할 수 있으며 변위는 굴착면의 진행에 따른 지반 특성의 영향을 받는다.

내공변위는 수평변위를 우선적으로 측정하고 대각선 측정은 필요에 따라서 시행하며 측정위치에 볼트를 매설하여 측정할 때는 볼트와 접촉상태가 동일하고 일정한 장력을 유지해야 한다. 내공변위의 측선은 각종 터널에서 축적한 시공실적에 따라서 적절히 조정하여 배치한다.

표. 내공변위 측정의 측선수

굴착공법 \ 구간	일반 구간	특수 구간			
		갱구구간	토피 2D 이하	팽창압, 편압 예상구간	정밀계측 실시 위치
전단면 굴착	수평 1측선	-	3측선 또는 6측선	-	3측선 또는 6측선
반단면 굴착	수평 2측선	4측선 또는 6측선	4측선 또는 6측선	4측선 또는 6측선	4측선 또는 6측선
분할 굴착	각 벤치마다 수평 1측선	각 벤치마다 3측선	각 벤치마다 3측선	각 벤치마다 3측선	각 벤치마다 3측선

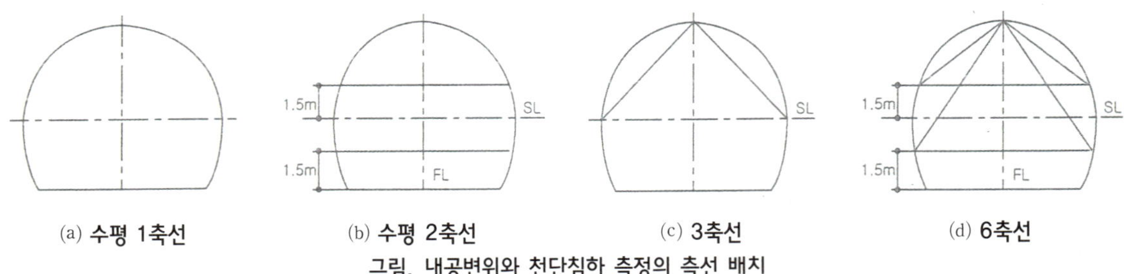

(a) 수평 1축선 (b) 수평 2축선 (c) 3축선 (d) 6축선

그림. 내공변위와 천단침하 측정의 측선 배치

② 내공변위와 천단침하의 계측간격

내공변위와 천단침하의 측정은 동일단면에서 실시하고 두 항목 중에서 한 항목에 중점을 두어 여러 회를 측정하는 경우는 예외로 할 수 있다. 내공변위, 천단침하 측정의 계측간격은 터널의 길이, 지반변화, 굴착 진행, 축적된 시공실적에 따라서 적절하게 조정한다.

표. 내공변위, 천단침하 측정의 계측간격 표준(D : 터널의 굴착 폭)

지반 종류 \ 조 건	갱구 부근	2D 이하의 토피 (D : 터널 굴착폭)	시공 초기단계	어느 정도 시공이 진행된 단계
경암지반	10m	10m	20m	30~50m
연암지반	10m	10m	20m	30m
토사지반	10m	10m	10~20m	20m

굴착 초기단계는 계측간격을 좁게 하여 지반상태, 토피, 시공패턴과 변위량의 관계를 세밀하게 조사하고, 지반 거동의 특성이 파악되면 계측간격을 넓혀서 터널내 관찰조사에서 얻어진 정보와 토피에 중점을 두고서 계측을 실시한다.

표. 내공변위, 천단침하의 측정빈도(D : 터널 굴착 폭)

측정빈도	변위속도	굴착면으로부터의 거리
2회/일	10mm/일 이상	0~1D
1회/일	10~5mm/일	1~2D
1회/2일	5~1mm/일	2~5D
1회/주	1mm/일 이하	5D 이상

③ 내공변위의 평가

㉮ 변위량

최대 변위량이 평가 기준치와 허용치보다 크면 즉시 록볼트를 추가로 보강하거나 숏크리트를 추가로 타설한다.

㉠ 최대 허용변위량은 터널 반경의 10%

㉡ 록볼트 길이의 10%까지

㉢ 이상적인 변위량은 3~4% 이내, 내공변위의 수렴한계는 30cm 이내, 허용변위량의 초과가 예상되면 적절한 보강을 실시한다.

㉣ 굴착 후 10일의 상대변위가 150mm 이상이거나 변위속도가 10mm/일 이상이면 록볼트를 추가로 타설한다.

㉯ 변위속도

㉠ 변위속도가 일정하게 증가하면 터널의 안정성이 위험하다.

㉡ 콘크리트 라이닝의 콘크리트 타설은 변위가 수렴되고 시행하는 것이 바람직하지만 평균 변위속도가 허용치에 미달한 경우는 타설이 가능하다.

표. 콘크리트 라이닝의 강도와 타설시 내공변위

내공변위(평균 변위속도)	콘크리트 강도(MPa)
0~1mm/30일(0~0.03mm/일)	25
1~3mm/30일(0.03~0.1mm/일)	30
3~5mm/30일(0.1~0.17mm/일)	40

④ 천단침하의 측정

천단침하는 주변지반의 안정과 지보재의 효과를 확인하기 위하여 측정하며 토피가 얇은 구간은 내공변위보다 천단침하량이 큰 경우가 많으므로 지표침하와 함께 중요한 측정항목이다. 특히 팽창성 지반압이 작용하여 내공변위가 크고 수평으로 지층의 구분이 뚜렷하면 천단침하의 측정이 필수적이다.

천단침하의 측정은 내공변위 측선이 있으면 천단의 내공변위용 측점을 이용하고 변위가 크거나 편압이 현저한 지반은 아치부의 좌우에 측점을 설치한다. 터널 천단부의 숏크리트에 콘크리트 못을 박거나 내공변위 측정용 볼트를 설치하고 레벨(level)로 측정한다. 측정은 굴착면을 통과하고 1~2시간 이내에 수준측량의 수준점을 기준으로 절대높이를 구하며 측정 정밀도는 ±1mm로 한다.

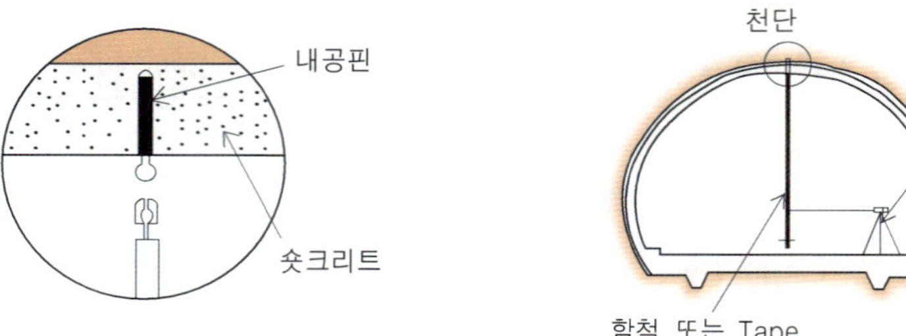

그림. 천단침하의 측정

3) 지중변위의 측정

굴착에 따른 터널 반경방향의 지반내 변위를 측정하여 이완형태의 파악과 주지보재의 적정성을 판단한다. 일반적으로 심도별 지중변위의 분포와 록볼트의 축력상태에 의하여 볼트길이의 적합성을 판단하지만 숏크리트가 주지보재인 경우는 숏크리트의 배면 지반압도 추정할 수 있다. 지중변위의 측정은 1공으로 다측점 측정이 가능한 지중변위계를 사용하며 터널 벽면과 측정앵커 사이의 상대변위를 다이얼게이지, 전기변환식 변위계로 측정한다.

지중변위의 측정은 주의 심도마다 설치하는 측점앵커를 확실하게 지반에 정착시키고 정착방식은 모르터 고정방식과 기계 고정방식이 있다.

4) 록볼트 축력의 측정

록볼트에 작용하는 축력의 크기와 분포상태를 파악하기 위하여 축력을 측정한다. 전면접착식 록볼트의 설치 초기에는 응력이 없는 상태이지만 지반 거동에 의하여 발생한 응력으로부터 축력의 크기와 분포를 구하여 록볼트 배치간격의 검토에 이용하고, 인장 록볼트는 설치 시에 도입한 장력이 발파 진동에 의한 변화가 발생하므로 축력을 측정하여 관리한다.

측정은 록볼트 표면부에 일정한 간격으로 4개소 정도에 변형률게이지를 부착하여 전기적으로 변형을 측정하고 축력을 구하는 방법과 록볼트 내부에 변형률게이지를 설치하여 측정하는 방법이 있다.

측정계기를 설치할 때는 다음 사항에 주의한다.

① 보링공 내의 모르터는 선단까지 충분히 충진한다.

② 두부에서 정확한 축하중을 측정하기 위해서는 압력지지판과 계측볼트가 직각이 되게 하고 지반과의 간극은 급결 모르터로 채운다.

③ 발파 등에 의한 계기 두부의 파손을 방호하기 위해서 덮개를 씌운다.

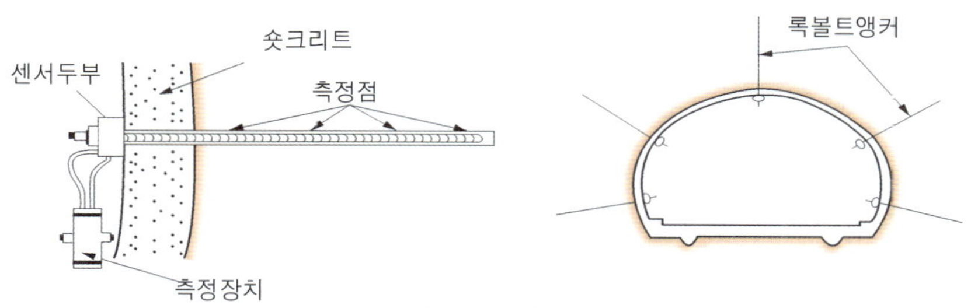

그림. 록볼트 축력의 측정

5) 록볼트 인발시험

록볼트 인발시험은 록볼트 종류의 선정과 시공 후의 정착효과를 파악하기 위하여 실시하고, 특히 미고결 암반과 사질토지반에서 록볼트의 인발내력이 크게 기대되지 않는 경우에 중요하며 가능한 한 굴착 초기단계에 갱구부근의 적당한 장소에서 실시한다.

록볼트 인발시험은 다음의 항목을 변수로 하여 검토한다.

① 정착재료의 종류와 재령
② 록볼트의 형상과 재질
③ 록볼트의 길이
④ 볼트 직경, 천공경과의 관계, 천공방법, 프리스트레싱의 유무 등

록볼트 인발시험은 중공식 잭(center hole jack)을 사용하여 불량한 암반에서 50본당 1본을 시행한다. 볼트의 두부에 인발력을 가하여 다이얼게이지로 변위를 측정하고 하중과 변위의 관계에서 인발력을 확인한다. 인발하중의 평균 재하속도는 10kN/min로 하여 충분한 정착효과가 얻어지도록 조속하게 실시한다.

① 숏크리트가 타설된 경우는 숏크리트를 깨어서 암반을 노출시키든가 또는 인발시험용 록볼트에 숏크리트가 부착되지 않게 천 등으로 감아서 설치하고 시험을 실시한다.
② 테이프, 워셔(washer)를 이용하여 인발방향을 록볼트의 축에 일치시키고 볼트에 휨이 발생되지 않게 하며 지반과 정착재 사이에 정확한 인발 저항치가 얻어지게 한다.

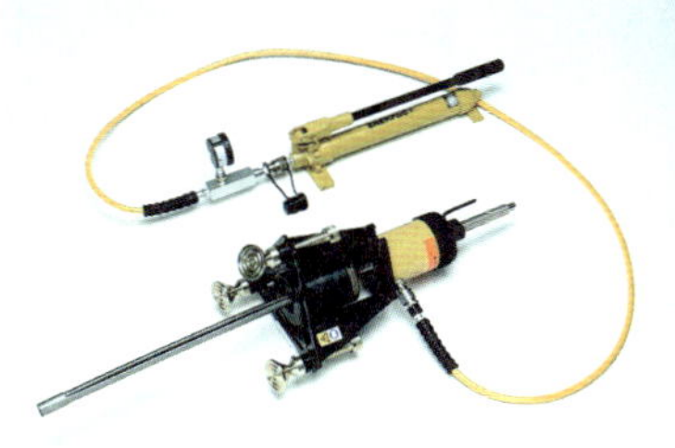
그림. 록볼트 인발시험용 중공식 잭

그림. 록볼트 인발시험

록볼트의 인발내력은 하중-변위곡선에서 A영역 직선부의 접선과 C영역 접선의 교점(D)이다. C영역은 볼트의 정착효과를 기대할 수 없는 영역이고 정착효과를 기대할 수 있는 영역은 D점까지이다. 일반적으로 인발하중이 170kN 이상의 록볼트를 사용하고 암반강도가 낮아서 요구하는 인발저항이 얻어지지 않으면 록볼트 길이를 길게 한다.

토사지반과 같이 전단강도가 작고 소정의 인발내력이 얻어지지 않으면 록볼트의 본수를 증가시키고 길이를 길게 하며 용출수와 지반상태를 고려하여 인발시험에서 록볼트의 길이, 직경, 재질, 천공경과 정착재의 강도 등을 선정한다.

록볼트의 소요 길이는 인발시험과 실제 록볼트의 축력분포가 다른 경우가 있으므로 주의가 필요하다.

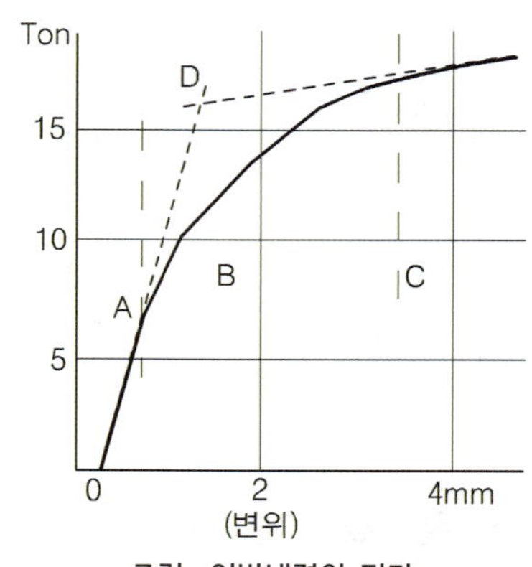

그림. 인발내력의 평가

6) 숏크리트와 라이닝의 응력 측정

숏크리트는 주변지반의 거동에 민감한 부재이므로 숏크리트의 응력상태와 균열의 파악은 터널의 안정에 매우 중요하다.

터널 주변지반에서 숏크리트에 작용하는 배면토압과 숏크리트 내에 발생하는 응력을 매설계기에서 직접 측정하는 방법을 주로 사용하며 계기는 터널 라이닝의 수직과 수평방향에 모두 설치한다.

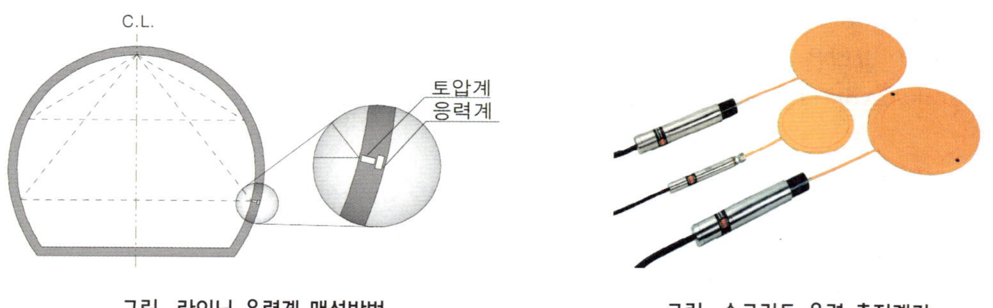

그림. 라이닝 응력계 매설방법

그림. 숏크리트 응력 측정계기

토압계는 숏크리트의 타설 전에 지반에 밀착시켜서 설치하고, 응력계는 접선방향의 응력을 측정할 수 있도록 고정시킨다. 계기를 설치한 후에 공극이 발생하지 않게 숏크리트를 타설하고 숏크리트에 응력계를 매설하면 응력이 집중하는 경우가 있으므로 계기의 강성에 유의해야 한다.

측정결과는 내공변위, 지중변위와 함께 종합적으로 판단하며 일반적으로 내공변위의 측정결과와 종합하여 숏크리트의 타설시기, 두께, 강도 등을 결정한다.

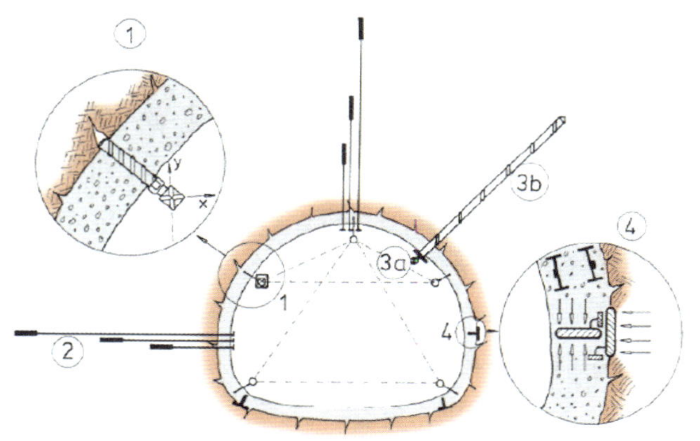

그림. 숏크리트의 응력 측정

7) 지표와 지중침하의 측정

얕은 심도의 터널에서 굴착을 하면 지반내 지지력이 상실되어 흙입자간에 발생되는 전단변형, 배수, 소성영역의 확대가 발생하며 지반변위는 유효응력의 변화에 의한 압밀거동과 터널 내부의 지반손실이 원인이고 이 영향은 지표면까지 전달되어 침하가 발생한다.

터널 굴착에 의한 주변지반의 변위는 3차원거동이므로 연직방향의 침하와 함께 수평변위도 발생하고 지반거동에 영향을 주는 특수한 지반조건을 제외하면 터널 상부지반에서 터널 중심선을 지나는 지점의 지반변위는 일반적으로 연직방향의 침하형태로 발생한다.

터널을 굴착하면 축방향의 굴착면 전면에서 반경방향으로 터널 벽체에서 변형이 발생하고 이에 따른 변위는 임시 또는 영구 지보재에 의하여 구속된다. 완성된 터널이 점성토지반의 배수로처럼 작용하거나 압밀과 재압밀이 주위 토체에서 진행하면 침하가 천천히 발생하고 일반적인 경우는 시공 중에 빠른 속도로 큰 침하가 발생한다.

터널 굴착면의 침하는 여러 가지 변수에 의한 3차원문제이지만 예상 침하량의 산정시에는 터널 굴착과 동시에 반경방향으로 침하가 발생한다고 가정할 수도 있다.

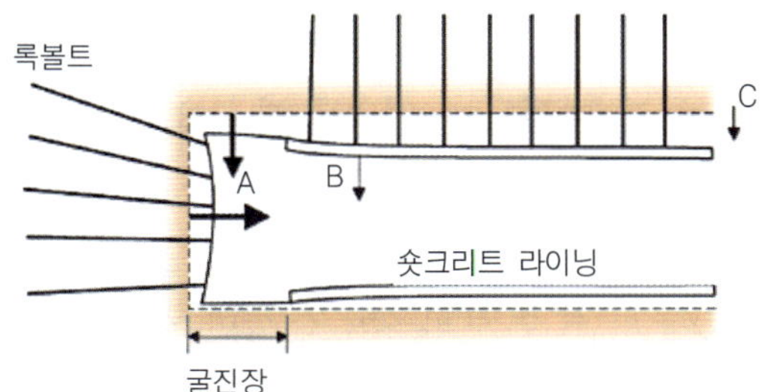

그림. 터널 굴착으로 인한 지반의 변형

토피가 얕고 지반이 불량하여 터널 굴착이 지표면에 영향을 미칠 것으로 예상되는 경우는 지표침하를 일상계측에 포함시켜서 침하에 따른 안정성을 확인한다. 지표침하의 측정은 천단침하 측정과 함께 지반 안정상태의 확인과 지보효과를 파악하기 위하여 실시하고 추가적으로 터널 굴착에 의한 지표면의 영향 범위와 정도를 미리 파악하여 피해를 예방하기 위해서 실시한다. 또한 지표침하의 측정은 침하를 방지하기 위한 대책공법의 효과를 확인하고 주변지반의 이완영역을 추정하는 자료를 제공한다.
지표침하는 굴착 전에 측점을 설치하여 굴착과정에서 발생하는 종변위량을 측정할 수 있고 터널 내의 천단침하와 내공변위의 경시곡선을 비교하여 굴착 이전의 지표침하량과 굴착 이후의 지표침하량의 비율에서 계측시점 이전에 발생한 굴착면의 전방변위량을 추정할 수 있다.

① 지표침하의 측정 위치

지표침하의 측정 위치는 종방향으로 터널 내 계측기가 설치된 단면의 지표면에 설치하고 횡방향은 굴착면에 직각으로 측선을 배열하고 침하 영향의 범위 밖으로 충분한 거리를 확보해야 한다.
종방향으로 동일 위치의 내공변위, 천단변위, 지표침하를 비교하면 정확한 지반거동의 분석이 가능하고 횡방향 침하의 영향범위를 파악할 수 있다.

② 지표침하의 계측간격

토피가 얕은 터널은 큰 지표침하가 발생하는 경우가 많으므로 터널과 주변 지반의 안정성을 파악하기 위하여 지표침하를 측정하며 지표침하의 측정은 내공과 천단침하의 측정과 함께 수행하므로 설치간격도 동일하게 한다. 특히 H < 2D인 경우와 토피가 얇은 토사터널은 지표침하의 측정이 내공변위보다 중요한 계측항목이다.

표. 지표침하의 터널 종단방향 측점 간격

토피와 굴착 폭의 관계	측점 간격
2D < h	20~50m
D < h < 2D	10~20m
h < D	5~10m

여기서, 토피 : h, 터널 굴착 폭 : D

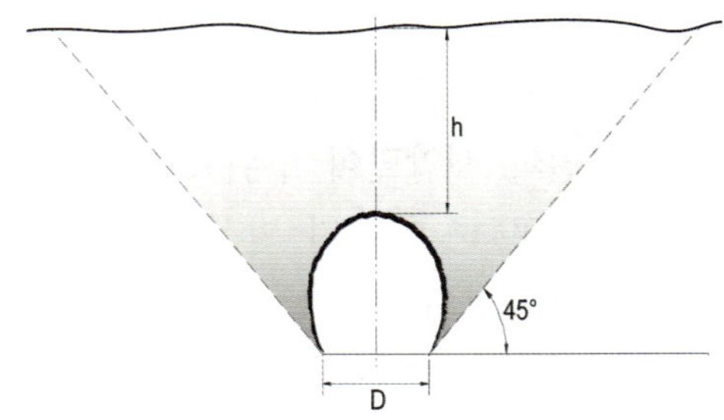

그림. 측정 대상의 범위

③ 지표침하의 측정범위

터널의 횡단방향에 대한 지표침하의 측정은 침하가 발생하는 범위를 대상으로 하고 범위 외에는 부동점을 설치한다. 측점에서 굴착면과 굴착에 의한 침하가 발생하기 전에 측점을 설치하고 측정은 침하량이 일정치에 도달할 때까지 또는 굴착면의 거리가 2~5D가 될 때까지 계속한다.
지표침하의 측정은 굴착면 전방과의 거리가 $H+h_1$(H : 토피, h_1 : 상반 높이) 또는 2D의 시점에서부터 시작하고 터널 굴착의 진행에 따라서 지표면의 침하가 없을 때까지 굴착면부터 거리가 2~5D까지 측정하며 측정빈도는 1회/(1~2일)로 한다.

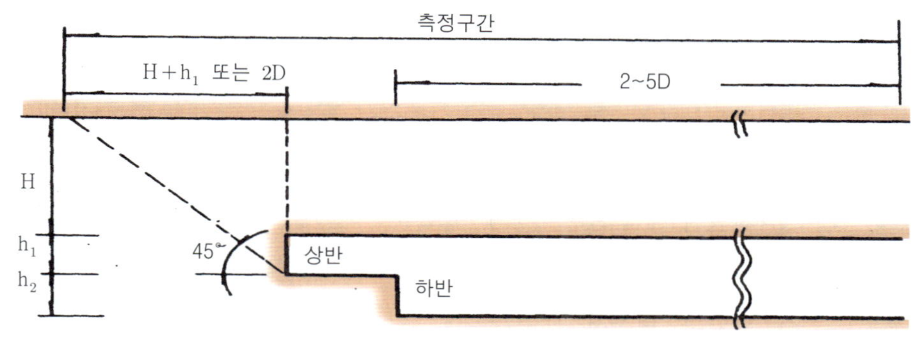

그림. 지표침하의 측정구간

8) 지중변위의 측정

굴착 중에 터널 반경방향의 변위를 측정하여 이완형태를 파악하고 주지보재의 적정성을 판단하며 심도별 지중변위의 분포와 록볼트의 축력상태에서 볼트 길이의 적정성과 숏크리트에 작용하는 배면의 지반압력도 추정할 수 있다. 지중변위는 1공으로 다측점 측정이 가능한 지중변위계를 사용하여 터널 벽면과 측정앵커 사이의 상대변위를 측정한다.

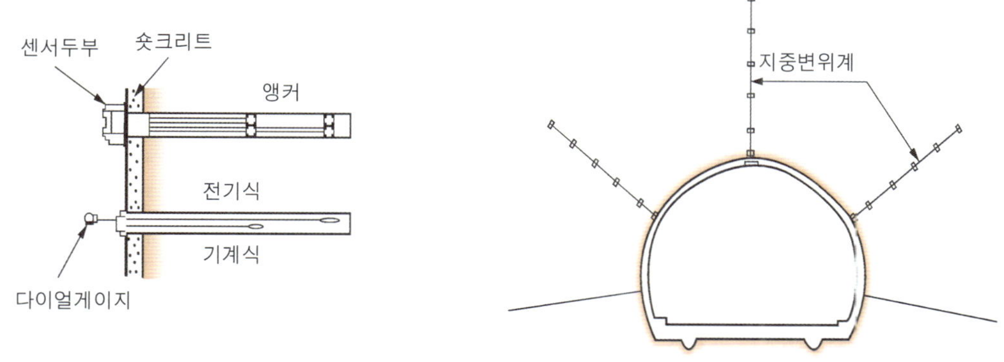

그림. 지중변위의 측정

지중변위의 측정은 터널 반경방향으로 여러 공을 천공하고 1개공마다 심도가 다른 앵커가 부착된 extensometer를 설치하여 각 앵커와 터널 벽면의 변위를 다이얼게이지 또는 다이얼메타로 측정하여 이완영역을 파악한다.

경과일수에 따라서 변화되는 그래프와 앵커의 변위에서 나타나는 심도의 불연속권에서 변위영역을 판단하여 적정한 록볼트 길이를 파악하며 해석은 록볼트 축력과 내공변위를 연관시켜서 실시한다.

표. 터널 굴착중 계측항목별 평가 사항

계측항목	주요 평가사항	계측종류
터널내 관찰조사	· 굴착면의 안정성 · 암질, 파쇄대, 변질대 등의 지질상태와 용출수상태 · 지반의 재분류와 재평가	A
터널내 탄성파 속도 측정	· 이완영역의 변위 · 균열대, 변질정도	B
내공변위 측정	변위량, 변위속도, 변위의 수렴에 따른 · 주변지반의 안정성 · 주지보재 설계, 시공의 타당성, 라이닝 타설시기의 판단	A
천단침하 측정	· 단면 변형상태를 파악하여 터널 천단의 안정성을 판단	A
지표침하 측정	· 지상에서의 굴착 영향범위를 파악 · 지표부의 절대 침하량을 측정하고 침하경사에서 구조물의 안정성 파악	A
지중변위 측정	· 주변지반의 이완영역을 판단하여 설계, 시공의 타당성을 검증	B
록볼트 축력측정	· 록볼트의 보강효과 확인과 시공의 타당성 평가	B
록볼트 인발시험	· 록볼트 인발력을 측정하여 적절한 록볼트 선택	A
라이닝 응력측정	· 라이닝의 내부 응력상태를 측정하여 터널의 안정성 평가	B
지중침하 측정	· 터널 굴착이 주변 구조물에 미치는 영향을 평가	B
강지보재 응력측정	· 강지보재의 치수, 형상, 설치간격을 결정 · 강지보재에 작용하는 토압의 크기, 방향, 측압계수를 추정	B
지반 팽창성 측정	· 인버트의 필요성, 효과의 판정	B
지중수평변위 측정	· 수직갱, 작업갱의 발파와 굴착에 따른 지중 심도별 수평변위량 측정	B
지반진동 측정	· 발파진동 측정	B

[주] A : 일상계측, B : 정밀계측

9) 3차원 변위 계측

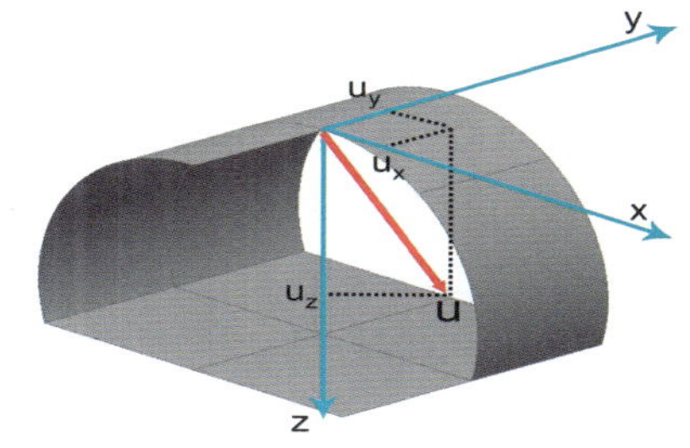

그림. 3차원 좌표계와 절대 변위

터널 내의 변위측정은 단면이 위치한 평면상의 투영된 변위성분을 대상으로 한다. 터널의 종방향으로 균질하고 대칭인 지반조건, 응력조건을 가지는 경우는 2차원 거동을 분석하는 것이 유효하지만 굴착면의 전후방에 지질이상대 등의 비대칭성이 존재하면 종방향 변위를 측정한다.

지반은 굴착면 전방의 터널폭 만큼의 위치에서 이미 종방향변위가 발생하기 시작하므로 3차원 변위를 측정하여 종방향변위를 확인하고 전방 지반에 적절한 보조공법을 적용하면 터널 안정성을 확보할 수 있다.

3차원계측은 3차원 광학 변위측정기, 레이저 스캐닝, 3차원 디지털카메라를 이용하는 기법 등을 이용하여 터널의 거동을 파악할 수 있다.

① 광학 변위측정기(Total station)

그림. 3D Laser mapping(지오메카 이엔지)

터널 굴착시에 3차원적인 변위를 측정하는 3차원 변위측정기는 터널 벽면에 위치한 계측점의 절대변위를 측정하며 터널 내공방향과 종방향 변위의 계측이 가능하여 편토압을 받거나 굴착면 전방에 지질이상대가 존재하는 경우는 절대변위를 분석하여 터널거동을 정확하게 분석할 수 있다.

3차원변위의 측정은 광학을 이용한 고정밀 측정장비를 사용하고 측점에 설치된 타겟은 절대좌표계 내에 있는 삼각측량에 의하여 이루어진다.

㉮ 계측에 소요되는 시간이 짧아서 공정에 미치는 영향이 적고 계측간격을 단축하여 터널의 변위거동을 정밀하게 파악

㉯ 계측점들의 절대변위가 결정되면 두 점간의 상대변위를 계산

㉰ 타겟 설치와 동시에 초기치를 계측하여 초기 변형거동을 파악

㉱ 계측 종료 후에 결과 확인까지의 시간 단축

② 레이저 형상측정기

레이저 형상측정기는 설계에서 설정된 일상계측과 정밀계측의 많은 단면을 짧은 시간에 측정하여 시각적으로 판단하기 쉬운 이미지 형식의 자료로 전산관리를 할 수 있다.

㉮ 내공변위 측정

㉯ 굴착한 터널 내공의 용적 계산과 설계 단면의 비교

㉰ 여굴과 미발파 지점의 비교

㉱ 숏크리트, 라이닝 등의 지보공 시공 전후의 내공단면를 비교하여 품질관리

10) 터널내 탄성파속도 측정(Tunnel Seismic Prediction method)

TSP방법은 탄성파특성을 이용하여 굴착면 전방의 지반을 예측하는 방법으로 체적파인 P파, S파를 이용하여 지반의 물리적 특성과 단층, 파쇄대 등의 불연속면을 탐지할 수 있다. 터널의 전방과 주변에 분포하는 이질 지층의 경계면, 단층 파쇄대, 굴착면에 진입이 불가한 Shield TBM 터널에서 불연속면의 공간적 위치와 경사, 그리고 터널 주변지반의 성층구조와 역학적 특성에 대한 정보를 발진점과 수진점간의 거리를 다르게 하여 얻어진 탄성파의 시간기록에서 추출하는 탐사방법이다.

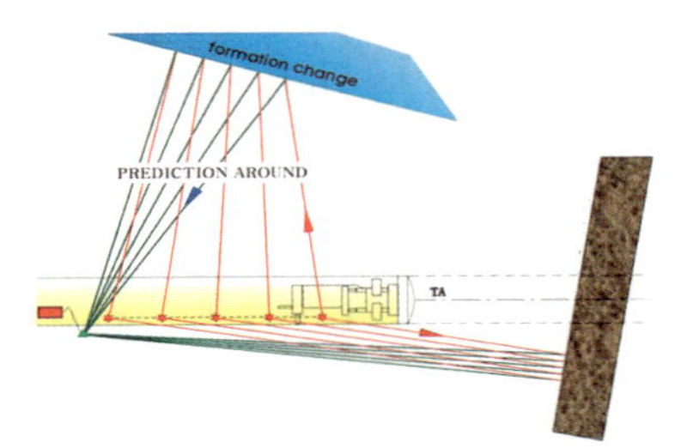

그림. TSP 측정 원리

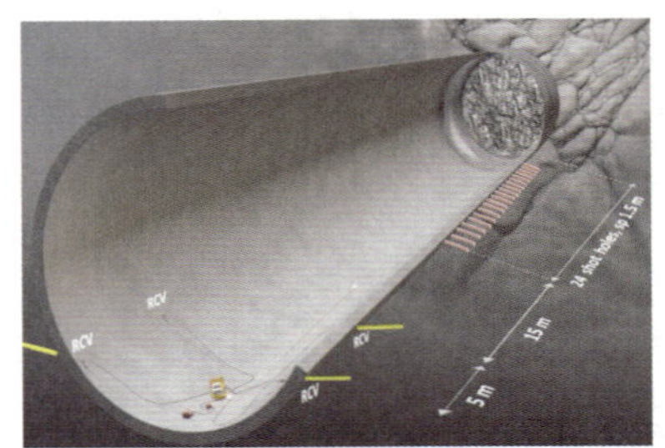

그림. TSP 측점의 배치

① 설치방법

터널 측벽에 수진공(receiver hole)과 발파공(shot hole)의 위치를 표시하고 천공을 한다.
천공이 끝나면 발파공이 함몰되지 않도록 파이프를 삽입한다. 수진기는 터널 벽체에 매입하며 수진점의 간격은 2~5m로 한다.

② 측정방법

발진원에서 화약발파 또는 타격을 가하여 각 수진점까지의 탄성파속도를 동시에 측정하며 여러 번 반복하여 시간경과에 따른 느슨한 영역의 변화를 추정할 수 있다. 발파공에 매입한 파이프에 장약과 전색을 하고 준비가 완료되면 발파기를 점화하여 측정을 시작한다.

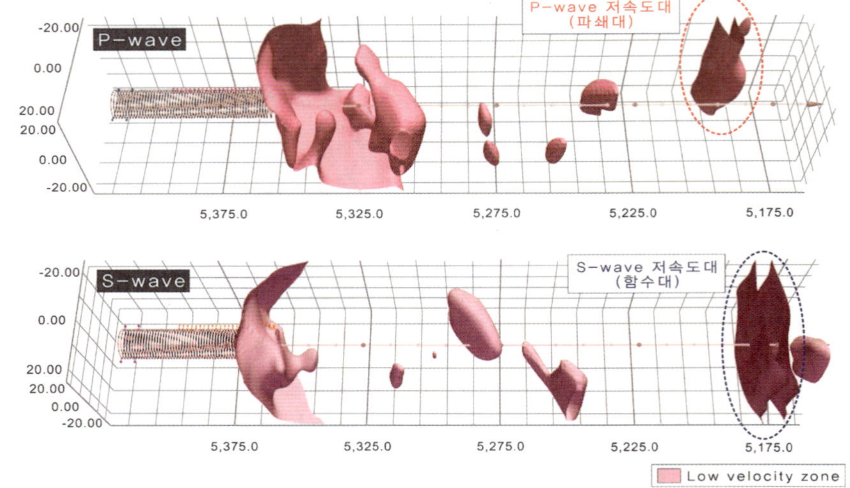

그림. TSP 탐사에 의한 지질 이상대구간의 3차원 분석 [자료 출처 : 지오메카 이엔지]

10 터널 갱구(Portal)

(1) 갱구부

그림. 터널 갱구부

터널 갱구부는 지반조건, 지질구조, 지하수 등의 원지반 상태에 따라서 거동이 지배되는 터널 일반부와는 다르게 지반조건 이외에도 지형, 기상, 입지조건, 근접 시설물 등의 외적조건에 의한 영향을 크게 받는다.

갱구 부근의 지형, 지반, 지하수, 기상 등의 자연조건과 민가, 구조물 유무 등의 조건과 함께 비탈면의 안정, 기상재해의 가능성, 주변 경관과 조화에 미치는 영향을 고려하여 갱구부의 구조, 갱문, 유지관리용 시설을 설치한다.

1) 교통터널은 교통 흐름의 연속성에 많은 영향을 주고 갱구부는 밝은 곳과 어두운 곳이 접속되는 장소이므로 폭원의 감소, 터널벽체의 위압감, 조도변화에 수반되는 순응성에 의하여 속도저하를 초래할 수 있으므로 갱구부의 자연 경관과 갱문이 조화를 이루어서 주행성을 확보해야 한다.
2) 갱구부는 원지반이 불안정하거나 시공시에 터널 굴착과 지표면의 변화 등으로 활동(sliding), 비탈면 붕괴, 편토압이 발생할 수 있고 낙석, 눈사태 등의 영향을 받기 쉬운 곳도 있다.

터널 갱구부는 기본적으로 경사면과 직교하게 설치하고 갱문 구조물의 배면에서 터널의 종단방향으로 터널 직경의 1~2배 또는 터널직경 1.5배 이상의 토피를 확보하며 원지반이 불량한 암반과 붕적층, 충적층 등의 미고결층은 별도 구간을 갱구 범위로 고려한다.

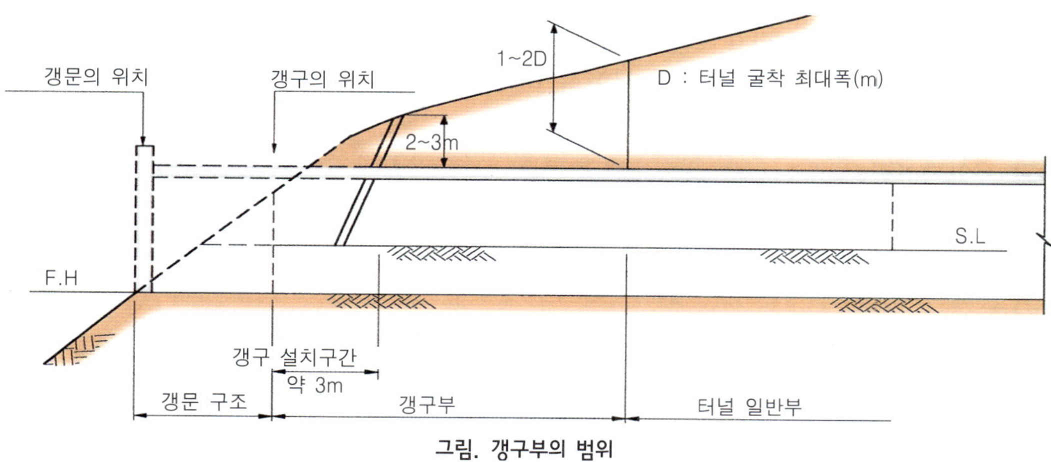

그림. 갱구부의 범위

(2) 갱구부 위치의 선정

터널 갱구부는 지형, 기상의 영향이 크게 작용하므로 다음 사항을 고려하여 위치를 선정한다.

1) 지형의 횡단면이 터널 축선과 가능한 한 대칭이 되는 위치에 설치하여 편토압을 감소
2) 늪, 시냇물과 교차하지 않는 장소
3) 교량 구조물과 근접하는 갱문은 지반조건, 기초지반의 반력이 분포하는 범위와 교대의 굴착선과의 관계를 고려
4) 갱구 부근에 계획되는 유지관리시설의 배치를 고려
5) 갱문은 휨모멘트와 인장력이 작용하므로 철근 등으로 보강

(3) 지형과 터널의 중심 축선

터널 갱구부는 지형과 기상의 영향을 크게 받으므로 지형과 터널의 중심축선과의 위치 관계를 고려한 배치 특성은 다음과 같다.

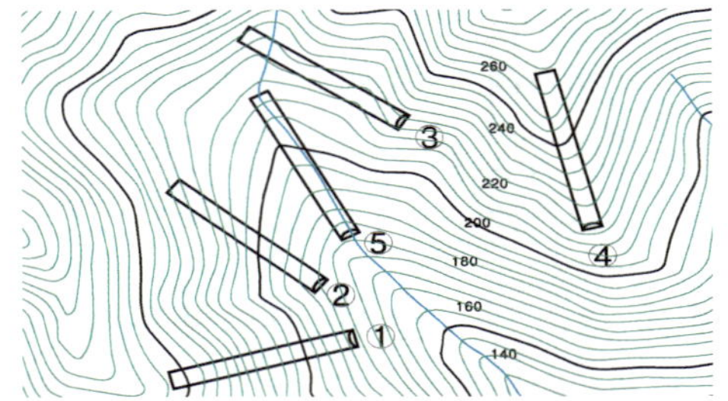

① 비탈면 직교형(가장 이상적인 위치)
② 비탈면 경사교차형(편토압 검토)
③ 비탈면 평행형(토피고와 편토압을 검토)
④ 능선 평행형(터널 양측 토피가 얇아짐)
⑤ 골짜기 진입형(자연재해의 우려)

그림. 터널 중심 축선과 지형과의 관계

1) 비탈면 직교형

가장 이상적인 터널 축선과 비탈면의 위치이며 비탈면의 상부에 갱구부를 계획하는 경우는 공사용 도로의 확보, 설치되는 도로 구조물 등의 시공적인 특성을 고려한다.

2) 비탈면 경사교차형

터널 축선이 비탈면에 비스듬하게 진입하여 비대칭의 절취 비탈면에 갱문을 설치하므로 편토압을 고려하고 횡방향 토피의 확보가 필요하다.

3) 비탈면 평행형

비탈면 경사의 교차가 심하여 가급적 피해야 하고 긴 구간에 걸쳐서 골짜기 쪽의 토피가 매우 얇아지는 경우가 있으므로 편토압을 고려한다.

4) 능선 평행형

터널 양측의 토피가 매우 얇으면 횡단면 검토가 필요하며 암선이 좌우 비대칭이거나 깊어지는 경우가 많으므로 지반조사를 철저하게 실시한다. 선형은 갱구부의 굴착량이 적어서 경제적이고 지반조건이 양호한 경우에 바람직하다.

5) 골짜기 진입형

골짜기는 지질구조대가 발달하여 암질이 불량하므로 지하수위가 높고 지표수가 유입되는 경우가 많으며 토석류, 눈사태 등의 자연재해가 발생하기 쉬운 위치이다. 따라서 부득이하게 계획하는 경우는 수리 수문학적인 검토, 지표수와 갱문 배면의 침투수가 원활하게 배수되게 하고 낙석, 산사태, 눈사태 등의 자연재해에 대한 대책이 필요하다.

(4) 갱구부 비탈면의 안정

갱구 비탈면에서 파괴가 발생하는 주요 원인은 다음과 같다.

1) 터널 굴착으로 인한 갱구부 비탈면 : 갱구부 비탈면과 터널 굴착부와의 저촉 또는 간섭이 발생
2) 지하수압의 증가 : 강우로 인한 침투, 지하수위의 증가
3) 점진적인 강도 저하 : 풍화, 탈색, 광물학적 변화, creep, 절리면의 상태 변화
4) 진동, 반복 하중 : 지진, 발파로 인한 진동

갱구 비탈면은 원지반이 불안정한 경우가 많으므로 갱구 설치에 따른 원지반의 안정성을 유지해야 한다. 갱구 설치가 비탈면에 미치는 영향, 주변 경관과의 조화, 시공방법을 고려하여 갱구부는 최소한 3~5m 정도의 토피를 확보해야 한다. 갱구부에서 영구 비탈면이 발생하는 구간은 토공 비탈면 경사를 유지하고 갱구부 배면의 기울기는 1:0.3~1:0.5로 한다. 갱구부 비탈면의 암질이 양호하고 비탈면 경사가 안전한 경우는 비탈면에 직접 갱구를 설치할 수 있다.

(5) 갱구부 시공 유의사항

터널 갱구부는 상·하반면 분할굴착을 하여도 지반조건에 따라서는 상반부의 지내력이 부족하여 침하하거나 터널과 원지반의 안정이 손상되기 쉽다. 지형에 따라서 편토압이 심하게 작용하면 상반면 굴착시에 터널의 안정성 확보가 곤란하므로 상반면을 추가로 분할하는 링컷(ring cut) 굴착공법, 중벽분할 굴착공법, 측벽 선진도갱 굴착공법을 적용한다.
터널 굴진면과 바닥부에 토사와 풍화대가 깊게 위치하면 인버트를 설치하여 지지력과 터널의 안정성을 확보하고 갱구부는 적용하는 지보재의 기능이 충분히 발휘되어 터널과 원지반의 안정을 손상하지 않아야 한다.

그림. 터널 갱구부의 시공

1) 갱구부는 터널과 지반의 안정을 유지하고 지보재가 충분한 기능을 발휘할 수 있어야 한다.
2) 갱구부 비탈면 보강을 위한 숏크리트 두께는 약 10cm로 하고 철망을 함께 사용하는 경우도 있다.
3) 비탈면 보강 록볼트는 절리가 많은 암반과 풍화암에서 숏크리트와 함께 사용하는 경우가 많다. 록볼트는 ϕ25~32mm의 철근을 시멘트밀크, 모르터에 의한 전면접착형으로 사용하고 타설 간격은 1개/2~4m^2로 하며 록볼트의 두부는 원지반의 변형에 일체로 저항하는 연결구조로 한다.
4) 갱구부의 지보는 본선 터널의 설계와 시공법을 고려하여 강지보재와 숏크리트를 주로 사용한다.
5) 터널 갱구부는 경사지게 교차하는 경사면과 편토압이 작용하는 지형에서 지지 지반이 연약하면 터널 안정성이 손상되기 쉬우므로 토압에 저항할 수 있는 구조로 한다.

(6) 갱문

터널 갱문은 지반조건, 주변 경관과의 조화, 차량 주행에 미치는 영향, 유지관리의 편의성를 고려하여 갱문의 위치, 형식, 구조를 선정하고 갱문 배면은 개통 후에 낙석과 눈사태 등의 재해를 방지하는 시설과 비탈면으로부터 본선으로 유입되는 빗물을 방지하는 배수시설이 필요하다.

그림. 터널 갱문

갱문은 구조적으로 안정하고 차량 통과 시에 공기압의 감소, 소음방지, 눈 녹임장치, 갱문의 미관, 주변의 조경을 고려하여 자연친화적으로 설치해야 한다.

1) 갱문의 위치

갱문의 위치는 기상과 자연재해에 의한 영향을 최소화하도록 갱문 배면의 지형, 지반조건, 땅깎기와 비탈면의 안정성을 검토하고 안정성, 시공성, 미관성, 유지관리를 고려하여 선정한다. 터널의 갱문은 비탈면에서의 낙석, 토사 붕락, 눈사태, 지표수의 유입에서 갱구부를 보호하는 기능을 가지고 최소 토피구간을 선정하여 자연환경의 훼손을 최소화하며 역학적으로 안정한 위치에 설치한다.

① 갱문은 지형의 횡단면이 터널축선과 가능한 한 대칭이 되고 편토압을 받지 않아야 한다.

② 갱문의 위치는 늪이나 시냇물과 교차하지 않게 선정한다. 그러나 부득이한 경우는 충분한 배수 시설물을 설치하여 터널의 안정성에 나쁜 영향을 주지 않도록 한다.
③ 교량 구조물과 근접하는 갱문은 원지반 조건, 갱문 기초의 지지력 분포범위와 교대의 굴착선을 검토하여 터널에 악영향을 주지 않는 위치를 선정한다.
④ 갱문 위치의 선정시에 갱구 부근에 계획된 장래의 유지관리시설의 배치도 고려한다.

갱문은 시공 중이나 시공 완료 후에 작용하는 토압, 상재하중, 지진 등의 영향을 받는 경우가 있으므로 철근 보강과 인버트의 단면을 폐합하는 대책을 수립한다.

2) 갱문의 종류와 특징

비탈면의 낙석, 붕괴, 눈사태, 누수로부터 갱구부를 보호하는 갱문은 변위와 침하가 발생하지 않고 역학적으로 안정하며 갱문 자체의 변위, 갱문의 미관, 주변의 조경을 고려한다.
갱문의 형식은 중력식, 면벽식, 돌출식이 있다. 중력식은 경사가 급한 지형에 많이 적용하고 면벽식은 구조적으로 중력식과 날개식으로 구분하며 면벽에 작용하는 외력이 터널 축방향의 토압과 같으므로 흙막이벽으로 고려한다.
돌출식은 터널 본체와 동일한 내공단면이 터널 갱구부에 연속하여 지반으로부터 돌출한 갱문옹벽을 설치하지 않는 구조이며 갱구의 지형, 지질, 기상 등에 따라서 터널의 라이닝을 채택하고 갱문에 옹벽을 설치하지 않으므로 안정성과 미관이 우수하고 공기압의 감소효과를 기대할 수 있다.

(a) 중력식

(b) 면벽식(날개식)

(c) 면벽식(아치 날개식)

(d) 돌출식(파라펫트)

(e) 돌출식(원통 절개)

(f) 돌출식(벨마우스)

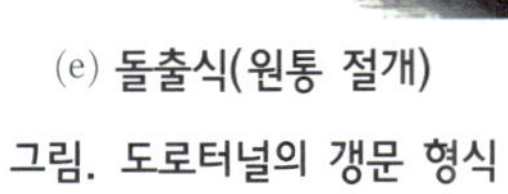
그림. 도로터널의 갱문 형식

11 개착터널

(1) 개요

개착터널은 갱구부와 터널 중간 계곡부의 개착부분, 터널과 터널 사이의 거리가 가까워서 하나의 터널로 연결하기 위하여 지반을 굴착하고 구조물을 설치한 후에 되메우기하는 터널의 형식이다.

개착터널은 지형, 지질조건, 지하수조건, 기상 등의 자연조건과 민가, 구조물의 유무 등의 사회적조건, 경사의 안정, 편토압, 기상재해의 가능성, 주변 경관과의 조화를 고려한다.

그림. 개착터널의 시공

개착터널은 터널 본체와 동일한 내공단면을 가지는 터널을 연속하여 설치하며 완성 후의 성토에 대한 상재하중과 토압 등의 하중을 고려하고 아치형 칼버트구조의 일부가 지상에 노출되는 경우는 온도변화, 건조수축, 지진의 영향 등을 고려한다.

(2) 설치 위치에 따른 개착터널의 종류

1) 돌출형 갱문의 개착터널

돌출형 갱문의 개착터널은 터널 본체와 동일한 내공단면의 아치형 칼버트가 터널 갱구부와 연속되므로 완성 후에 성토에 의한 상재하중, 토압, 기타 하중(적설하중 등)이 재하된다. 아치형 칼버트구조의 일부가 되메우기흙에서 노출되면 온도변화, 건조수축, 지진의 영향을 고려한다. 인버트 하부가 지반의 탄성영역 내에 위치하면 인버트 하부의 원지반응력이 터널 바닥곡률과 같은 형태로 배치되어 구조적으로 유리하고 돌출형 개착터널의 하부지반이 암반이면 인버트 보강을 생략할 수 있다.

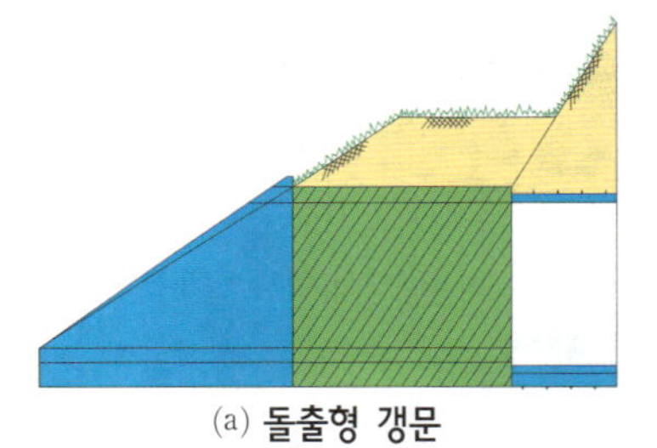

(a) 돌출형 갱문

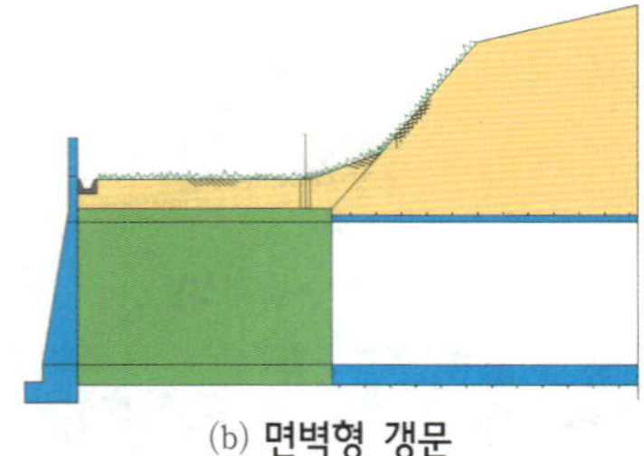

(b) 면벽형 갱문

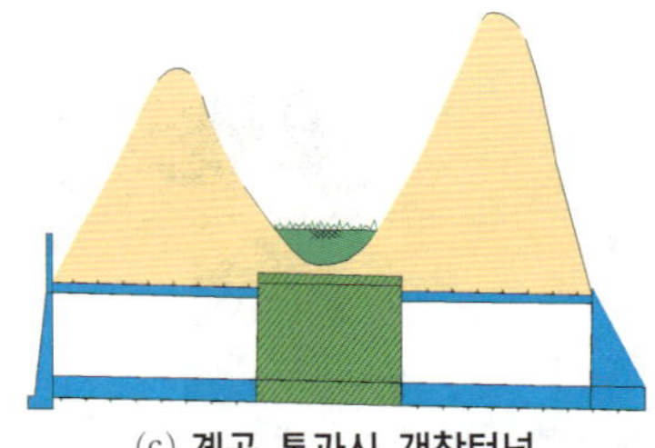

(c) 계곡 통과시 개착터널

2) 면벽형 갱문의 개착터널

면벽형 갱문의 개착터널은 터널 본체와 독립하여 외력에 저항하는 형식으로 갱문과 면벽의 되메우기에 의한 상재하중과 주동토압이 작용할 때에 구조적으로 안정하고 수직벽이 외력에 충분히 저항하는 단면을 가져야 한다.

3) 계곡 통과시의 개착터널

터널이 계곡부를 통과할 때에 터널 상부의 토피가 얇으면 굴착면이 붕괴할 우려가 있고 개착터널을 시공할 때에 누수가 우려되면 누수방지대책을 수립한다. 계곡수가 개착터널 상부의 성토재를 세굴시키는 경우가 많으므로 U형 암거 또는 표면 마무리 구조물을 설치한다.

(3) 피암용과 환경생태형 개착터널

1) 피암용 개착터널

피암터널은 낙석이 발생하기 쉬운 비탈면에서 각종 시설물과 보행자 등을 보호하기 위하여 시설물의 상부에 낙석, 토사, 암반 붕괴로부터 방호하는 구조물이다.

그림. 피암터널

피암터널은 급경사의 비탈면, 상향경사를 가진 급경사의 비탈면(30m 이상)에서 노선과 선로 등의 측면에 여유가 없고 낙석이 빈번하게 발생하여 보호조치가 필요한 급경사 비탈면에 설치하며 피암터널이 단독으로 낙석을 막을 수 없는 경우는 낙석대책공법과 병용하여 설치한다.

① 낙석의 규모가 커서 일반적인 낙석방지시설로 방어하지 못하면 피암터널을 설치한다.
② 대규모 비탈면이 불가피하게 발생하는 경우는 지질재해 측면에서 안정성을 검토하여 피암터널의 설치를 검토한다.
③ 낙석의 덩어리가 크고, 비탈면이 급한 장소
④ 도로 인근에 여유 폭이 없고 낙석의 발생 가능성이 있는 급경사 절개면
⑤ 편구배의 급경사지역으로 깎기높이가 과다하고 장기적인 비탈면의 유지가 어려운 지역

피암터널은 낙석의 충격력, 고정하중, 토압, 설하중, 온도변화와 건조수축의 영향, 지진 등의 하중을 반영하고 피암터널에 작용하는 충격력은 낙석이 터널 상부구조의 바로 위에 떨어지는 경우와 측벽에서 5m 이내에 떨어지는 경우로 구분하여 산정한다. 상부구조 위에 낙석이 떨어지는 경우는 낙석의 충격을 분산시키는 모래완충재가 있는 상태로 가정하여 충격력을 산정하고 낙석이 피암터널 측벽에서 5m 이내에 낙하하는 경우의 충격토압은 탄성이론으로 계산된 토압을 적용한다.
피암터널의 안정성을 확보하기 위해서는 다음 사항을 중점적으로 검토한다.

① 피암터널이 설치되는 지반의 안정과 피암터널 자체의 구조적인 안정성을 고려한다.
② 피암터널은 지형과 지반조건에 따라서 기초지반의 지지력, 침하, 횡방향 활동을 검토하고 경사진 지반을 깎아서 피암터널을 설치하는 경우는 전체적인 외적 안정성을 검토한다.
③ 피암터널의 구조적 안정성은 낙석조사에서 낙석의 규모, 낙하높이, 피암터널 상부의 충격 완화구조를 판단하여 예상되는 충격하중을 산정하고 피암터널의 단면을 결정한다.

2) 환경생태용 개착터널

생태터널은 도로, 철도 등의 건설로 단절된 지형을 복원하여 자연생물의 이동과 번식을 유도하기 위해 설치하는 개착터널이며 이용하는 동물의 종류와 이동경로를 파악하여 적정한 형식을 선정한다.

그림. 피암용 개착터널

그림. 생태터널

(4) 개착터널의 시공 유의사항

1) 방수공

갱문 구조물과 본선터널, 개착터널과 본선터널의 접합부는 두 구조간의 거동이 다르므로 분리구조로 하여 이음을 설치하고 구조물의 손상을 방지한다. 접속부에서 2종류의 방수쉬트로 접합하면 누수의 원인이 되므로 방수쉬트의 접합과 누수시에 용수를 처리하는 도수로를 설치한다.

① 단일 종류의 방수쉬트를 적용하며, 2종류의 방수쉬트를 선정하는 경우는 방수쉬트간의 접합이 좋은 재료를 선정하고 겹침이음으로 접착한다.

② 구조물간에 부등침하가 발생하면 방수쉬트가 인장 파손되어 누수가 발생하므로 신장율이 큰 방수쉬트를 사용한다.

③ 접합부는 누수의 우려가 있으므로 구조물의 횡방향으로 도수로를 설치하고 지수판과 수팽창성지수재를 설치하여 누수를 방지한다.

2) 배수처리와 되메우기

① 굴착 저면의 폭이 2.0m 이하이면 1m 두께의 배수층을 전폭에 설치한다.

② 아치형 칼버트(culvert)에 가해지는 수압을 감소시키고 배면 용수를 배수하기 위하여 바닥에 유공관(ϕ 300mm)을 매설하고 유공관이 막히지 않게 시공한다.

③ 유공관 주변은 높이 1m, 폭 1~2m의 집수용 자갈(ϕ 5~50mm)을 포설한다.

④ 되메우기 한층의 두께는 300mm 이내로 하고 상대다짐도에 의한 다짐관리를 한다.

⑤ 아치형 칼버트(culvert)와 갱문 구조물의 주변은 콘크리트를 타설하고 강도가 재령 28일 이상이 지나면 되메우기 작업을 실시한다.

⑥ 콘크리트 라이닝 등의 구조물에 악영향을 주지 않는 다짐장비와 다짐방법을 선정하여 다짐한다.

⑦ 터널 상부에서 2m는 소형장비로 다짐하고 터널 아치부 상단 2m 이상의 부분은 불도저로 고르기와 다짐을 한다.

⑧ 다짐높이의 차이에 의한 편토압에 영향을 주는 되메움흙의 다짐 두께는 0.3m로 하고 콘크리트 라이닝 주위의 되메움은 라이닝 정상까지는 좌·우를 교대로 실시하며 좌·우의 성토높이의 차이가 0.9m 이상이면 편토압을 검토한다.

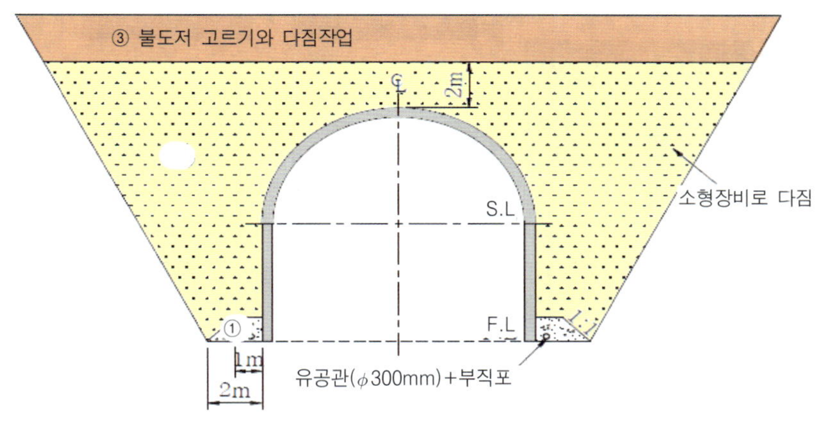

그림. 개착터널의 되메우기 시공방법

(5) Precast 조립식 개착터널

1) 개요

Precast 조립식 개착터널은 상부구조인 PC부재와 하부구조인 현장타설 기초를 동시에 제작과 시공하므로 공사기간의 단축이 필요한 터널 축조에 효과적이다.

Precast 조립식 터널은 반아치형 세그먼트를 조립하므로 2차선, 3차선 등의 대형터널도 부재두께가 얇고 가벼워서 운반과 설치가 용이하다.

그림. Precast 조립식 개착터널

2) 특성

① 공장에서 precast 부재를 증기양생하여 고품질로 생산하므로 내구성이 우수하다.

② Precast 부재가 아치형상이므로 부재의 축방향 압축력에 유리하고 균열의 발생이 적으며 고강도 콘크리트이므로 수밀성이 좋고 수분의 침투와 부식에 대한 방수효과가 우수하다.

3) 시공 유의사항

① 현장타설하는 기초부는 충분한 지지력이 있는 지반에 설치한다.

② 반아치형 세그먼트를 기초 상단부의 keyway에 삽입하고 천장부위는 맞대는 방식으로 조립한다.

③ 노상토와 양질토사로 뒷채움하고 95% 다짐도와 소요 지지력계수를 확보해야 한다.

④ 뒷채움시에 구조물의 변형과 편토압을 방지하기 위하여 구조물 좌, 우측의 토공단차를 0.5m 이내로 포설하고 다짐하며 터널 상부는 1.0m 이상의 최소 토피를 확보하고 차량을 통행시켜야 한다.

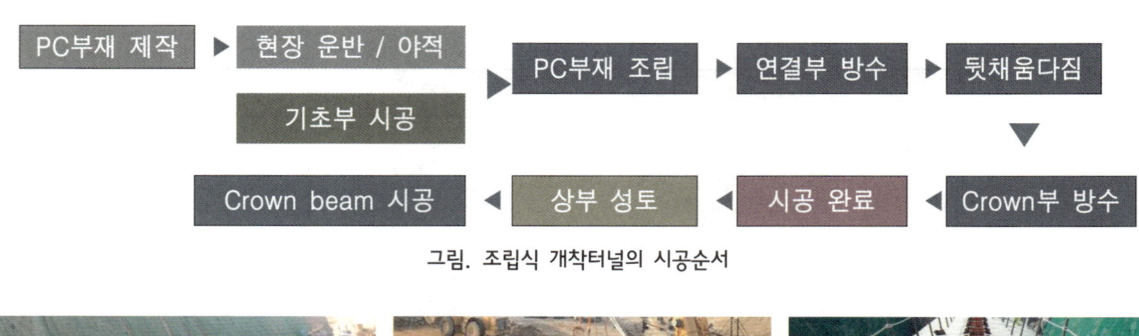

그림. 조립식 개착터널의 시공순서

(a) 기초 콘크리트 타설　(b) Seg arch 부재의 조립　(c) 가설 보조장치의 설치

(d) 키홈과 천단부 콘크리트 타설　(e) 방수공 시공　(f) Seg arch 배면의 뒷채움작업

그림. Seg arch를 이용한 Precast 조립식 터널의 시공 [자료 출처 : 인터컨스텍]

12 침매터널(Immersed tunnel)

(1) 개요

침매터널은 해저면에 미리 트렌치를 굴착하고 육상 dry dock에서 분할하여 제작한 침매함을 설치지점까지 예인, 운반하여 차례로 침설시켜서 침매함을 수압차에 의하여 접합한 후에 되메우기와 보호공으로 침매함의 상부를 매설하여 터널을 완성한다. 침매터널은 육상 제작한 침매함을 침설지점까지 예인하여 운반하고 침설시에 침매함 내의 Ballast tank에 물을 점진적으로 채워서 해저에 굴착한 트렌치에 부력보다 약간 무거운 침매함이 뜨지 않을 정도의 하중으로 내려놓는 공법이다. 침매함을 설치한 후에 원지반에 작용하는 하중이 설치 전보다 적으므로 침매터널은 지반조건에 제약이 적다.

(2) 침매터널의 구조

침매터널의 구조형식은 장방형과 원형단면이 있고 철근콘크리트 장방형 단면은 폭이 넓은 함체에 적용이 용이하고 원형에 비하여 공간의 이용을 극대화할 수 있다. 그러나 장방형단면은 역학적으로 외압에 대한 휨모멘트가 지배적이므로 부재단면이 두꺼워진다.

그림. 장방현 단면의 침매터널

1) 침매함 연결부(Joint)

침매터널은 침매함의 연결부에 문제가 발생하면 해수가 유입하여 침매터널의 운영에 영향을 미치는 가장 중요한 부분이므로 연결부의 거동에 영향을 미치는 사항에 대한 검토와 대책이 중요하다.

2) 침설 조인트(Immersion joint)

침설 조인트는 침설된 선행 함체와 연결되는 부분의 접합을 위하여 고무재질로 제작되어 침매함체의 양단에 설치된다. 침설 중인 함체와 기 침설된 함체의 연결부는 pulling jack시스템으로 두 함체를 1차 접합시키고 두 함체 연결부의 가격벽 사이에 있는 물을 배제시켜서 연결부를 대기압상태로 만들면 연결부와 침설함체 양단의 압력차에 의하여 설치한 침설 조인트가 2차수압으로 접합된다.

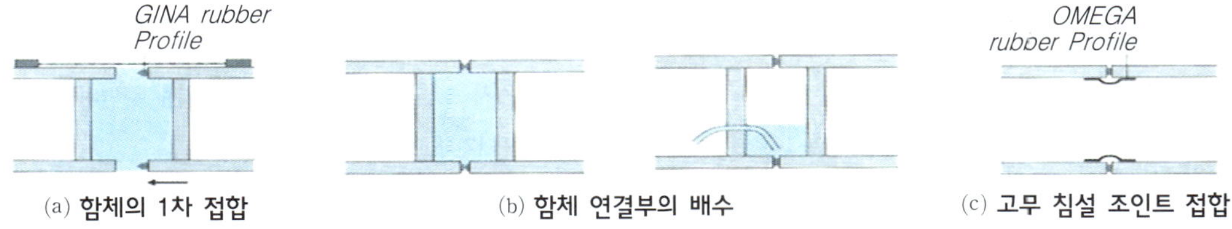

(a) 함체의 1차 접합 (b) 함체 연결부의 배수 (c) 고무 침설 조인트 접합

3) 세그먼트 이음(Segment Joint)

그림. 세그먼트 이음부(Joint)

콘크리트 침매함체는 일정한 길이로 구성된 세그먼트를 연속적으로 이어서 시공하므로 세그먼트 이음(joint)이 필요하다.

세그먼트 연결부의 지수는 고무지수재(rubber waterstop)를 세그먼트 콘크리트 타설시에 설치하고 세그먼트가 철근으로 연결되지 않으므로 어느 정도의 거동이 허용되지만 지수재가 허용하는 거동은 제한적이다.

침매터널의 연결부는 시공오차, 온도변화, 콘크리트의 크리프와 수축, 고무 조인트의 이완, 지반 부등침하 등으로 연결부가 벌어지는 거동(joint opening)에 대한 안정성이 있어야 한다.

(3) 침매터널의 시공순서

제작장에서 제작한 침매함을 임시 계류장으로 운반하여 의장을 마친 후에 현장까지 예인과 운송을 한다. Gravel bed를 포설한 지반 위에 침매함체를 침설하여 접합시킨 후에 함체가 거동하지 않도록 locking fill을 우선 포설하며 침매함체 주변의 뒷채움(backfill)과 rock protection을 실시한 후에 터널 내부의 마감을 실시한다.

(a) 침매함체의 제작

(b) Trench 굴착

(c) 침매함체의 진수

(d) 침매함체의 인양과 이동

(e) 침매함체의 침설 거치

(f) 침매함체 주변의 되메우기

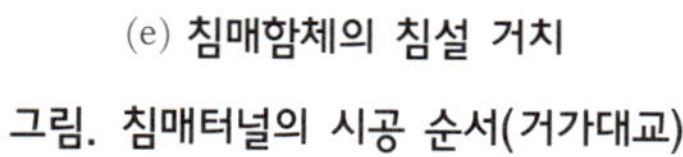

그림. 침매터널의 시공 순서(거가대교)

기계식 터널굴착공법

터널 굴착공법은 인력굴착에서 착암기(jumbo drill 등)를 사용한 발파공법으로 발달하였고 최근에는 안전성, 발파공해, 민원 등의 제약을 적게 받고 터널을 굴착할 수 있는 TBM(Tunnel Boring Machine), 쉴드(shield) 등과 같은 기계식 터널공법의 활용이 증가하고 있다.

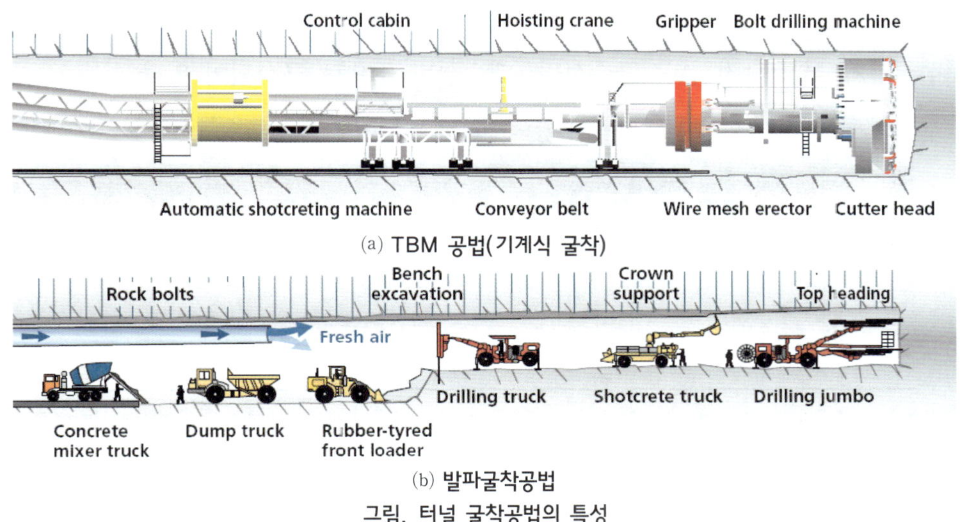

(a) TBM 공법(기계식 굴착)

(b) 발파굴착공법

그림. 터널 굴착공법의 특성

TBM은 터널 전단면을 원형의 대형보링기계로 굴착하고 이어서 숏크리트 등의 지보공을 설치하여 원지반의 손상을 최소화하는 비발파식 기계굴착공법이다.

쉴드는 터널의 외형보다 약간 큰 단면의 강제틀을 지반 중에 밀어 넣고 굴착면의 붕괴를 방지하면서 굴착하고 쉴드 후방에 세그먼트를 설치하여 터널을 형성시키는 공법으로 연약지반, 자갈층 등의 다양한 지반에서 적용한다.

국제터널협회(ITA)는 터널 기계화시공을 「비트와 디스크 등에 의한 기계적으로 굴착을 수행하는 모든 터널 굴착기술」로 정의하고 있으며 기계식 굴착방법의 한 종류인 TBM은 전통적으로 경암반을 대상으로 하는 굴착용장비를 나타내는 용어로 사용하는 반면에 쉴드(shield)는 연약한 지반의 굴착용장비로 사용되고 있다.

그러나 최근에는 혼합지반 등의 다양한 지반조건에서 TBM에 쉴드를 부착하거나 쉴드 전면판에 디스크커터(disc cutter)등의 경암반 굴착기술을 적용하므로 TBM과 쉴드의 본래 의미가 상실되고 있다. 따라서 광의의 의미로 TBM은 소규모 굴착장비와 발파에 의하지 않고 굴착에서 버력처리까지의 과정이 기계화, 시스템화되어 있는 대규모 굴착기계를 의미하는 쉴드를 포함하므로 쉴드는 쉴드·TBM으로 부르는 것이 합당하다고 할 수 있다.

(1) TBM(Tunnel Boring Machine)공법

TBM은 자동화된 원형의 대형 보링기계로 터널 전단면을 굴착하고 지보공을 설치하여 원지반의 손상을 최소화하는 기계식 굴착공법이다. 원형 단면의 터널을 굴착하므로 역학적으로 안정하며 암반의 손상과 지반 변형이 최소화되고 청결한 터널내 작업환경을 유지할 수 있다.

1) TBM의 구성

TBM은 본체, 후속설비, 부대시설로 구성되고 본체는 커터, 커터헤드, 추진 시스템, 클램핑 시스템이 장착되어 있다. 후속설비는 벨트 컨베이어, 버력 운반설비(muck car)가 있으며 부대시설은 버력 처리장, 정화시설, 환기시설, 수전설비, 급수설비, 배수설비 등으로 구성되어 있다.

그림. TBM의 구성

① TBM 본체

㉮ 커터헤드

커터의 압축력과 회전력에 의해서 암석을 압쇄하여 굴착하고 스크레이퍼(scraper)와 버킷(bucket)으로 버력을 상부 또는 내부 켈리(inner kelly)내에 설치된 벨트 컨베이어에 적재하여 후방으로 배출시키며 내부 켈리의 작동으로 전진한다.

㉯ 커터헤드 재킷

커터헤드와 셔블장치를 둘러싸고 있어서 터널 벽면으로부터 떨어지는 낙반을 방지하며 커터헤드의 뒷면에서 지보재 설치를 용이하게 하고 클램핑(clamping)과 리셋팅시에 본체 전방 지지대의 역할과 굴진 중에 커터헤드를 지지하여 본체의 진동을 감소한다.

㉰ 내부 켈리와 외부 켈리

내부 켈리(inner kelly)는 유압작동으로 커터헤드를 회전, 전진시키는 커터헤드 드라이브가 있고 내부 켈리를 감싸고 있는 외부 켈리(outer kelly)에 굴착 운행시에 본체를 지지하는 클램핑 패드 장치가 있어서 터널 벽면에 압착 지지하여 TBM이 전진하면서 굴착한다.

② 후방설비 대차(Trailer)

후방설비 대차는 견인용 롯드(rod) 또는 체인으로 TBM 본체와 연결되어 끌려 다니고 커터헤드의 구동에 필요한 전동모터에 의해서 작동되는 각종 유압펌프와 굴진시에 발생하는 분진을 처리하는 집진기가 장착되어 있으며 후방대차의 상부에 버력을 반출하는 벨트 컨베이어가 설치되어 있다.

2) TBM 굴착방법

그림. Cutter의 궤적

TBM에 의한 터널 굴착은 드릴헤드(drill head)를 굴착면에 압착, 회전하여 굴착한 후에 숏크리트를 타설하고 지보 보강을 실시한다. TBM은 button cutter의 회전력으로 풍화암(압축강도 30~80MPa)과 연암에 적용하는 절삭식과 디스크커터(disc cutter)의 회전력과 압축력을 이용하여 경암반(압축강도 : 100MPa 이상)에 사용하는 압쇄식이 있다.

압쇄식은 커터헤드에 장착된 커터의 장착위치에 따라서 각각 다른 장착대(mount)와 커터를 사용하고 압축력을 가하면서 회전시키면 디스크커터의 가장자리 부분이 굴착단면에 가하는 수직력으로 암반을 파쇄한다. 디스크커터가 커터헤드의 회전에 의해서 외측으로 암을 압쇄하여 순차적으로 암반에 자유면이 발생하므로 굴진능력이 증가하며 커터의 간격과 투과깊이에 따라서 폭 60~80mm, 두께 10~40mm의 골재상태로 파쇄된다.

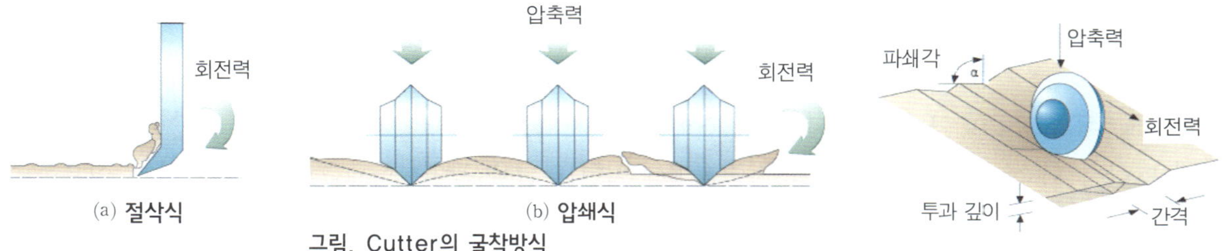

그림. Cutter의 굴착방식

3) TBM 시공

① 작업장 계획

작업장은 TBM과 후속대차의 조립과 각종 가시설의 설치에 필요한 규모를 고려하여 결정한다.

TBM의 조립에 필요한 공간 :

- 조립장 폭 = TBM 본체의 폭 + 크레인 작업 폭
- 조립장 길이 = TBM 본체의 길이 + 후속대차 길이

환기설비, 수전설비, 급수와 배수설비, 레일 조립장, 침전지, 급기설비의 기능과 규모에 적합한 공간을 확보하고 암버력의 작업장 내 처리계획을 수립해야 한다.

그림. TBM 조립장

② 발진터널(Pilot tunnel)

TBM은 clamping pad의 측벽 지지력을 이용하여 커터헤드를 회전시켜서 굴착하므로 초기 굴진을

제6장

위한 TBM의 지지를 위하여 TBM이 터널 내부로 진입하기 위한 벽면 지지용 발진터널이 필요하다. 발진터널은 발파, 파쇄에 의한 굴착방법으로 TBM 직경보다 30cm의 여유공간을 가지게 원형 또는 마제형으로 굴착하여 측벽의 지지력을 확보한다. 발진터널의 길이는 TBM 기종에 따라서 다르지만 벽면지지가 필요한 TBM 본체의 길이(10~15m)와 암반상태를 고려하여 결정한다.

그림. TBM 발진터널

③ 버력처리설비

버력처리설비는 터널의 직경, 길이, 경사, 공사기간, 버력 발생량, 터널내 작업환경을 고려하여 가장 효율적으로 버력이 외부로 반출되도록 한다. 버력의 운반설비는 기관차와 광차를 이용하는 궤도식 방법과 벨트 컨베이어방법 등이 있다.

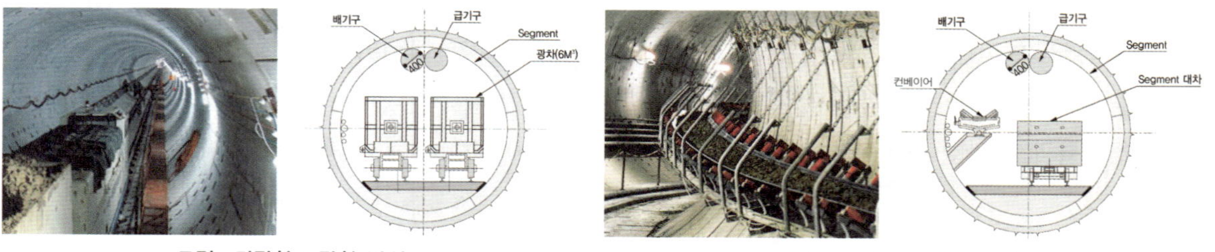

그림. 기관차＋광차 방식

그림. 벨트 컨베이어 방식

TBM 본체와 후속대차에 장착된 벨트 컨베이어에서 터널 후방으로 이송된 버력의 반출은 현장조건에 따라서 다소 차이가 있지만 소구경(ϕ 6m 이하)터널은 광차(muck car)와 기관차를 이용한 처리방법이 효과적이다. 터널이 길어지면(3km 이상) 적재 시에 대기시간이 짧아지게 2~3km마다 이동식 광차 대기시설(rail switching point)을 설치하여 TBM의 굴진능력이 향상되도록 한다.

(a) Locomotive + 광차(muck car)를 사용하는 경우

(b) Belt conveyor를 사용하는 경우

(c) 덤프트럭과 Hopper를 사용하는 경우

그림. 버력처리방법

대구경(ϕ7m 이상)터널은 길이가 1.5km 이하이면 덤프트럭으로 버력을 처리하고, 1.5km 이상은 시

공성, 작업환경, 안전성을 고려하여 소구경터널과 동일하게 광차와 기관차를 이용한 버력처리를 하는 경우도 있다.

④ 콘크리트 라이닝 타설

콘크리트 라이닝은 터널을 굴착하고 터널 중심에서 양방향 또는 2, 3조 병렬의 1방향으로 콘크리트를 타설하여 시공한다.

㉮ 강재 거푸집

라이닝용 강재 거푸집은 needle beam form(L=10~12m) 또는 telescopic full round steel form (L=30~36m)을 사용하며 장대터널에서 telescopic full round form을 사용하면 라이닝 콘크리트의 공기 단축, 공사비 절감, 품질 향상에 유리하다.

(a) Needle beam form

(b) Telescopic full round form

그림. TBM용 강재 거푸집

㉯ 콘크리트 타설은 정치식 콘크리트 펌프(20~30m³/hr)를 주로 사용하고 현장 여건에 따라서 wheel type, rail type의 콘크리트 운반설비를 선정하여 사용한다.

그림. 라이닝 콘크리트 타설설비

㉰ 터널내 콘크리트의 운반

소구경(ϕ7.0m 미만)터널에서 콘크리트 운반은 기관차에 rail type agitator car(2~3대)를 견인하여 운반하고 대구경 터널은 자주식 wheel type agitator car로 운반한다.

⑤ 기타 설비

㉮ 환기설비

환기시설은 작업자에게 쾌적한 작업환경을 제공하기 위하여 충분한 환기용량이 필요하다. TBM굴착은 발파굴착보다 분진과 각종 유해가스의 발생이 현저하게 감소되지만 장대터널은 작업원의 호흡과 디젤기관에서 배출하는 유해가스의 배기와 분진을 고려하여 송·배기용의 축방향 팬(fan)을 사용한다. 비상 급기설비는 장대터널과 지질이 불량한 터널의 굴착시에 낙반사고 등으로 터널이 매몰되는 경우에 대피인원 8~15명을 기준으로 공기압축기의 용량과 급기관의 규모를 결정한다.

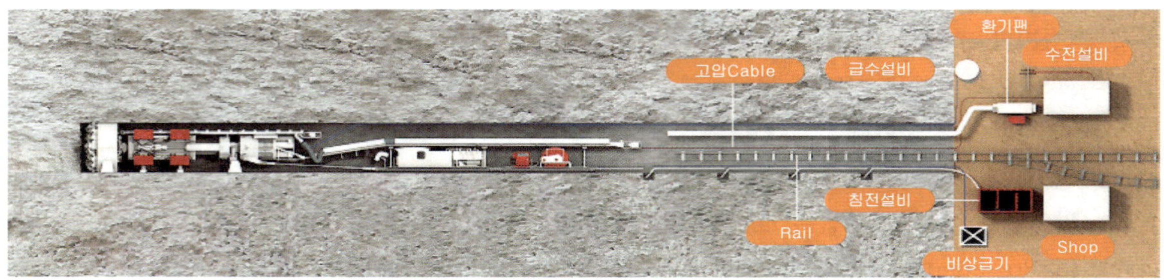

그림. TBM 시공을 위한 부대시설

㉯ 수전설비

TBM 본체와 부대시설에 전력을 공급하는 수전설비는 필요한 전력 소요량을 합산하여 계획한다. 전력설비는 터널 굴진에 따라서 케이블을 100~200m마다 연결하고 후속설비와 가시설용은 터널 길이에 따라서 전력 손실과 전압 강하를 고려하여 800~1,000m마다 변압기를 설치한다.

㉰ 급수와 배수설비

굴착시에 암반과 커터의 마찰열을 억제하는 용수를 공급하는 급수설비는 펌프로 굴착면까지 공급하고 TBM의 퇴수량과 터널 내 용출수를 처리하는 배수설비가 필요하다.

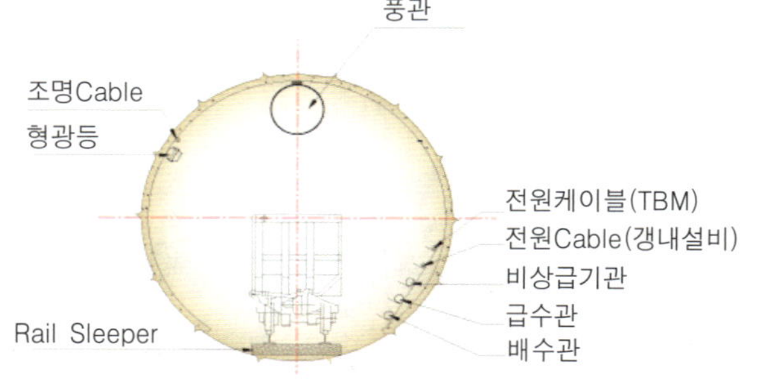

그림. TBM 터널 내 공급설비의 배치

㉱ 침전설비

TBM의 굴진과정에서 발생한 석분이 터널 내의 작업용수와 혼합되어 직접 배수가 곤란하므로 탁수정화시설에서 침전시킨 후에 배출하며 배수용량에 따라서 침전조의 규모와 형태를 결정한다.

그림. 탁수정화시설

(2) 쉴드(Shield)터널

1) Shield 터널의 유래

최초의 Shield공법은 런던의 테임즈강 횡단터널에서 도전과 실패가 계속되던 1818년 Marc Isambard Brunel이 마린텔이라는 곤충이 배의 갑판에 구멍을 뚫고 들어가는 모습을 보고 Shield공법을 고안하여 특허를 획득한 것으로 알려지고 있다.

그림. 테임즈강 횡단터널

테임즈강 횡단을 시도하던 토목기술자들이 M.I.Brunel의 장비를 개량하여 1930년 Cochrane이 압기공법으로 중단된 공사를 재개하여 1843년에 테임즈강을 횡단하는 터널이 건설되었다. 이 당시의 쉴드 공법은 굴착면을 인력으로 굴착하는 터널에서 새로운 터널 시공개념의 도입에 큰 의미가 있었다.

2) Shield TBM의 종류

쉴드는 굴착면(cutter head)과 작업실(working chamber)을 분리하는 전면의 구조형식에 따라서 개방형과 밀폐형으로 분류하고 개방형쉴드는 전면개방형과 부분개방형으로 구분한다. 전면개방형은 굴착방법에 따라서 인력식, 반기계식, 기계식이 있고 부분개방형은 블라인드(blind)식으로 격벽(bulkhead)의 일부에 개구면적(opening area)을 조절할 수 있는 토사 반출구를 설치한 방식이다.

밀폐형 쉴드는 쉴드기에 격벽을 설치하여 굴착한 토사가 굴착면과 격벽사이의 커터 챔버(cutter chamber)에 반입되면 이수 또는 토압에 의하여 굴착면의 지지에 필요한 유효압력을 작용시켜서 굴착면의 안정을 유지하고 이수가압식, 토압식, 압축공기식이 있다.

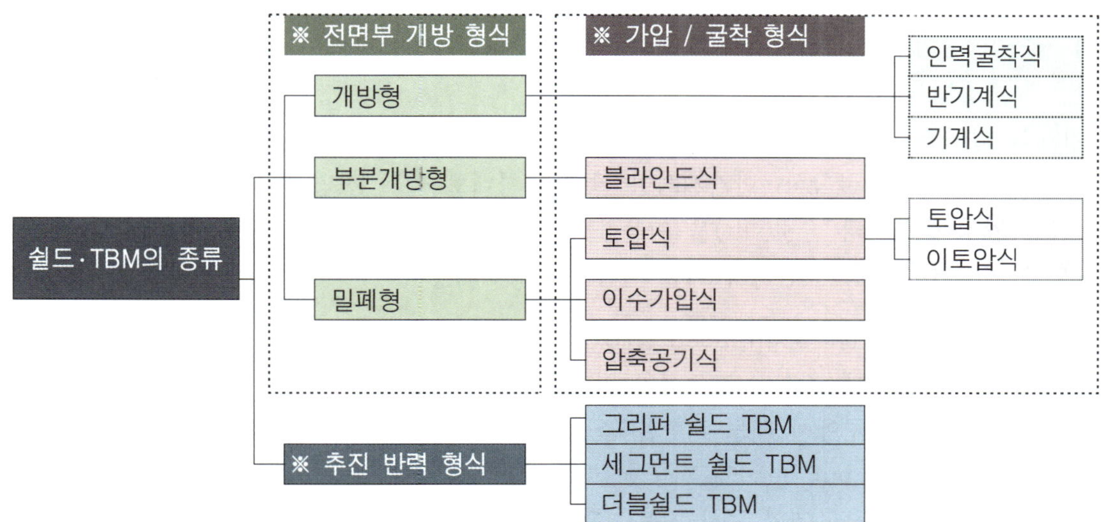

그림. 쉴드 TBM공법의 분류

3) Shield TBM의 종류별 특성

① 개방형 쉴드(Open faced shield)

지하수가 없거나 지하수위를 저하시켜서 굴착면이 자립하는 지반에 적용하므로 터널 굴착면에 지하수의 유입을 억제하는 압력조절장치를 설치하지 않고 인력식, 반기계식, 기계식으로 구분한다.
견고한 지반에서 터널 굴착이 용이하고, 연약한 지반은 굴진율을 높이기 위하여 기계화된 굴착도구가 장치된 개방형 쉴드를 사용한다.

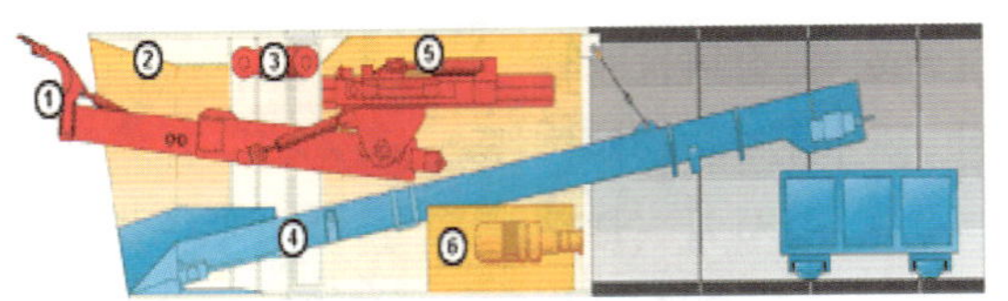

(a) 굴삭기가 장치된 개방형 쉴드

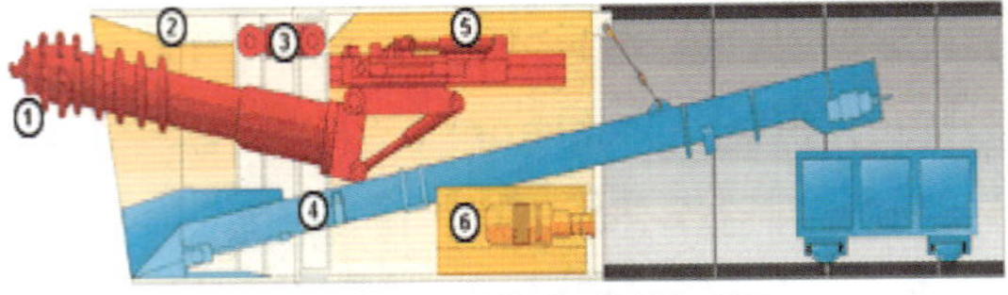

(b) 로드헤더가 장치된 개방형 쉴드

그림. 개방형 쉴드 [자료 출처 : Herrenknecht 사]

㉮ 인력굴착식 쉴드

터널 굴착면이 개방된 상태에서 굴착과 버력처리를 인력으로 하는 방식이고 굴착면이 자립하는 지반에 적용하며 지질 변화에 대한 대응이 용이하다. 작업공간이 넓으므로 호박돌층 등의 장애물이 있는 경우도 효과적으로 굴착할 수 있다.
인력굴착식 쉴드는 전면이 개방되어 있으므로 Deck Jack, Face Jack 등의 토류 잭에 의해서 굴착면의 붕괴를 방지하며 굴삭기, 브레이커 등의 굴착기구를 사용하여 인력으로 굴착한다.

㉯ 반기계식 쉴드

반기계식 쉴드는 굴착과 적재에 유압식 굴삭기와 boom cutter 등의 굴착기, 벨트 컨베이어와 같은 적재와 운반장비를 설치하고 굴진하며 굴착기를 장착하여 작업공간이 협소하므로 다른 설비들의 장착이 어려운 경우가 많다. 지하수위가 낮고 굴착면이 자립되는 지반에 적용하고 연약한 지반은 보조공법을 병행하여 시공한다.

㉰ 기계식 쉴드

기계식 쉴드는 인력굴착식, 반기계식이 발전된 형태로 쉴드 전면에 회전식 커터헤드가 부착되어 굴착면 안정에 면판과 슬릿(slit)을 이용하므로 굴착 능력이 향상되고 지반의 굴착과 배토가 연속적으로 이루어져서 공기 단축과 비용 절감이 가능하다.

② 부분 개방형 쉴드(Partial open faced shield)

밀폐된 굴착면의 일부에 조절이 가능한 토사 유입구를 장착하여 쉴드 전면에서 유입된 토사를 소성유동화하고 토사 유입구에서 배토 저항을 조절하면서 배토하여 굴착면의 안정을 유지한다.
굴착면 후방에 위치한 bulkhead에 개구율을 조정하는 토사 반출구를 설치하고 쉴드 전면을 지반에 관입하여 추진하며 반출구에서 토사를 유동화시켜서 굴착토를 배출한다.
자립성이 부족하고 유동성이 큰 연약한 점성토지반과 실트질지반에 적용할 수 있지만 모래 함유량이 많거나 단단한 토질은 적합하지 않다.

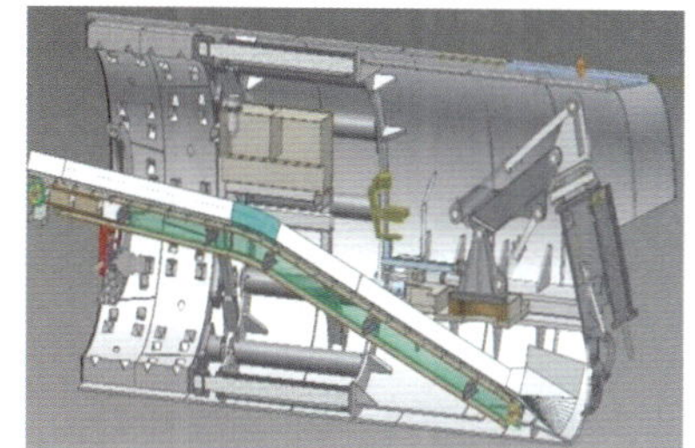

그림. 부분 개방형 쉴드의 굴착

③ 밀폐형 쉴드(Blind shield)

밀폐형 쉴드는 격벽(bulkhead)를 설치하여 굴착면과 후방설비의 공간을 구분한 것으로 굴착 토사를 굴착면과 bulkhead 사이의 챔버(chamber)에 반입하여 이수압과 토압에 의한 유효압력으로 굴착면을 안정시키며 배토방식과 토압의 유지방식에 따라서 토압식과 이수가압식으로 구분한다.

㉮ 토압식 쉴드(Earth pressure shield)

토압식 쉴드는 지반을 굴착할 때에 커터헤드의 회전으로 이완된 토사가 지하수와 함께 터널 굴진방향으로 형성된 지중압력(수압+토압)에 대응하는 토압을 챔버에 채워진 (이)토압으로 대응하여 굴착면의 붕괴를 방지하며 굴진한다. 굴착하여 챔버에 채워진 토사는 토압을 유지하면서 screw conveyor를 통하여 외부로 반출된다.

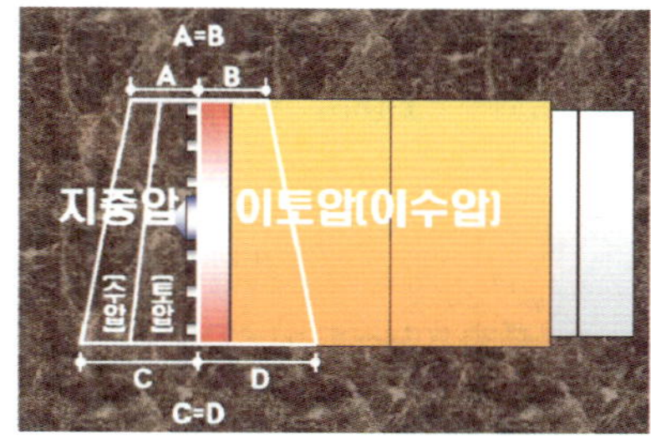

그림. 토압식 쉴드의 굴착면 지지

㉯ 이토압식 쉴드(Earth pressure balanced shield)

이토압식 쉴드는 쉴드 전면부의 격벽(bulkhead)에서 커터헤드로 굴착된 토사와 첨가재가 소성 유동성과 불투수성을 가지도록 교반날개로 혼합하여 배토용 screw conveyor에 채우고 이토압의 압력으로 수압과 토압에 저항하여 굴착면을 안정시킨다.

이토압식 쉴드는 커터헤드 후면의 챔버에 굴착토사를 충만시켜서 굴착면을 지지하며 굴진하므로 스크류 컨베이어의 회전력에 의하여 굴착면에 작용하는 토압을 스크류 컨베이어에 전달하도록 소성 유동화된 굴착토사를 챔버 내에 충분히 채우는 것이 중요하다.

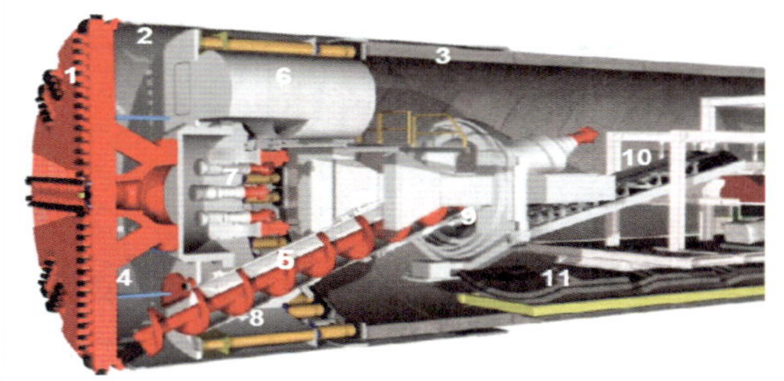

1. Cutting wheel
2. Shield
3. Tail skin
4. Excavation chamber
5. Screw conveyor
6. Air lock
7. Main drive
8. Thrust system
9. Erector
10. Belt conveyor
11. Segment feeder

그림. EPB 쉴드의 구조

굴착면의 지지압력은 굴진속도와 스크류 컨베이어의 회전수에 의하여 제어하며 굴진속도가 감소하고 스크류 컨베이어의 회전수가 증가할수록 지지압력이 감소한다. 챔버에 유입된 굴착토사는 쉴드의 추진력에 의해서 가압되고 굴착면 전체에 토압이 작용하여 굴착면의 안정을 확보하며 굴착토가 소성 유동화되어 스크류 컨베이어에 의한 배토가 가능하다.

㉠ 공법의 특성

ⓐ 광범위한 토질에 적용이 가능하다.

ⓑ 굴착면의 토압을 제어하면서 토사의 유입과 추진을 병행하므로 굴착면의 안정을 유지하여 지반 변형을 최소화할 수 있다.

ⓒ 쉴드 바깥부분과 챔버 내부에서 이토의 방수효과에 의해 뒷채움 주입재가 역류하지 않으므로 뒷채움재의 동시주입이 가능하다.

ⓓ 지상 플랜트의 설치공간이 이수가압식 쉴드보다 상대적으로 크지 않다.

㉡ 지반조건에 따른 굴착면의 지지방식

ⓐ 개방형(Open mode)

굴착면이 안정되어 있는 점성토지반과 암반은 투수성이 낮으므로 개방형으로 굴진하여 계속적으로 버력을 screw conveyor에서 배출한다. 굴진 중에 불안정한 지반이 나타나면 지반의 함몰과 과굴착에 의한 지표면 침하가 발생할 수 있다.

ⓑ 압축공기 지지방식

굴착면의 지층이 변하여 굴착면에서 흙입자 구조가 파괴되면 유효응력이 갑작스럽게 손실되어 지표 침하가 발생한다. 간극수압이 증가하면 유효응력이 감소되어 굴착면에서 유효 인장력(effective tension)이 발생하므로 굴착면의 안정을 유지하기 위해서 압축공기로 간극수압을 조절하고 screw conveyor에서 버력을 배출하며 screw 출구에서 압력의 감소에 유의해야 한다.

ⓒ 밀폐형(Closed mode)

높은 수압이 작용하고 투수성이 큰 연약한 지반과 파쇄된 암반에서 밀폐형으로 굴진하는 경우에 불안정한 굴착면은 챔버에 굴착토사를 채워서 지지하고 굴착토사가 유동성을 가져서 screw conveyor에서 배출되도록 첨가재를 투입한다.

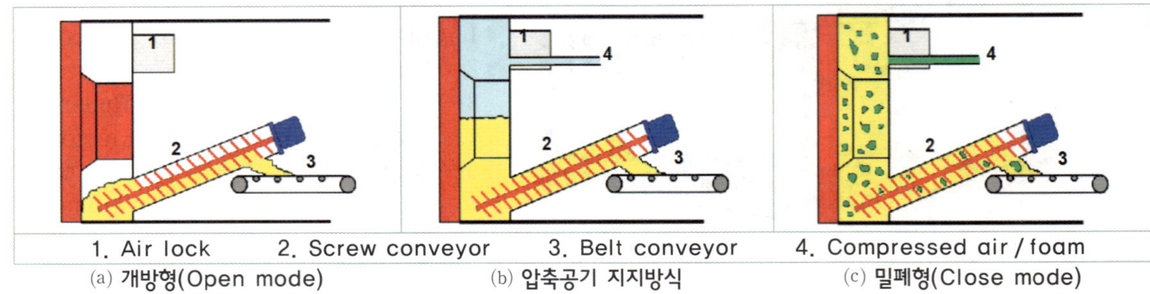

(a) 개방형(Open mode) (b) 압축공기 지지방식 (c) 밀폐형(Close mode)

그림. 지반조건에 따른 EPB 쉴드의 굴착면 지지방식

㉢ Screw conveyor의 위치와 형상

배토를 위한 screw conveyor는 지하수의 유입과 자립층의 범위에 따라서 챔버의 중앙 또는 하부에 설치한다. 챔버의 중앙에 설치하는 screw conveyor는 설치각도가 약 14° 이므로 하부에 설치하는 것보다 배토효율이 우수하고 설치각도의 조정이 가능하여 지하수의 배출이 용이하므로 개방형(open mode) TBM에 많이 사용한다. 챔버 하부에 위치한 screw conveyor는 밀폐형에 많이 사용하며 개방형에서 설치각도가 크면 배토효율이 불량하여 cutter torque가 증가하고 cutter head의 마모가 많아진다.

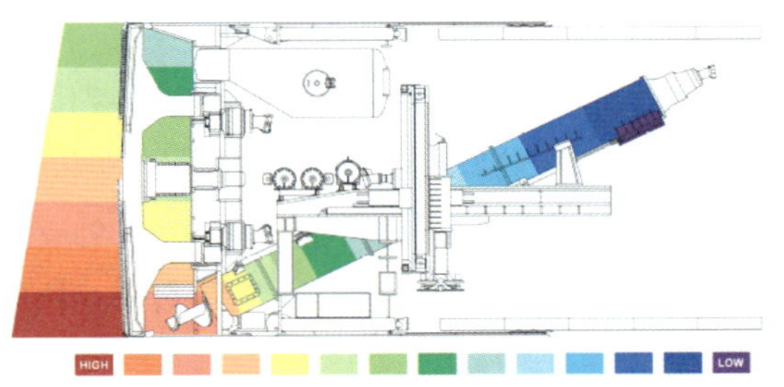

그림. EPB 쉴드의 Screw conveyor에 작용하는 압력 크기

그림. Screw conveyor의 토사 유입구 형상

㉣ 이수가압식 쉴드(Slurry shield)

이수가압식 쉴드는 터널 굴착면을 압축공기로 압력을 가한 이수에 의하여 지지하고 굴착 토사는 이수와 함께 지상 플랜트까지 연결된 배관을 통하여 액상으로 수송하며 지반의 굴착기구, 이수의 순환과 이수에 일정한 압력을 가하는 이수의 송·배수설비, 수송된 이수를 분리하여 소성상태로 조정하는 이수의 조정과 처리설비가 구비되어 있다.

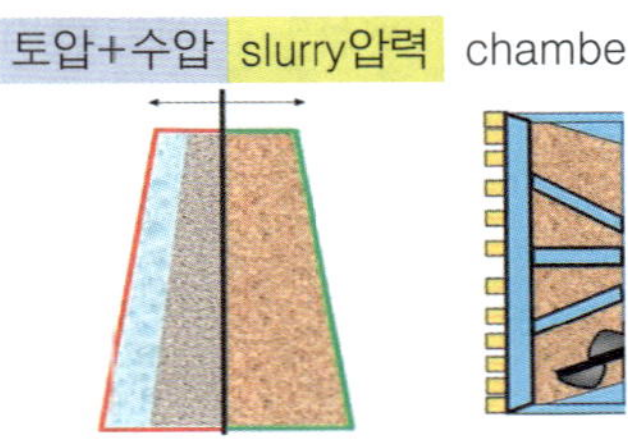

그림. 이수가압식의 굴착면 지지원리

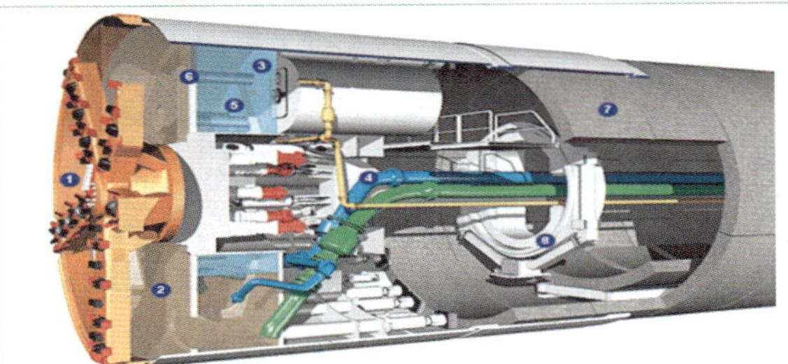

그림. 이수가압식 쉴드의 기본 구조

㉠ 장점

ⓐ 불안정한 지반의 굴착면에 이수막(mud cake)을 형성하여 안정성을 확보하면서 굴진이 가능하고 연약한 점성토, 대수 모래층, 지하수위가 높은 사질토지반의 굴착에 효과적이다.

ⓑ 굵은 자갈층에서는 파쇄장치로 자갈을 파쇄하여 시공이 가능하다.

ⓒ 터널 굴진시의 작업환경이 양호하고 작업자의 안전도가 우수하다.

ⓛ 단점

ⓐ 이수처리 플랜트 설치에 넓은 면적이 필요하고 설치비용이 증가한다.

ⓑ 미세립 흙입자를 응집하는 응집제와 물의 중성화 처리비용이 소요된다.

ⓒ 굴진 시스템

이수가압식 쉴드는 지반을 굴착하는 굴진기와 굴진기의 가동을 위한 설비가 탑재된 후방설비로 구분하며, 후방설비는 굴착토의 운반과 유체시스템을 관리하는 P2 Pump 대차와 Valve 대차, 송·배니관을 연결하는 호스 또는 신축관 대차로 구성된다.

ⓐ 굴진설비

이수가압식 쉴드는 본체 외부에 견고한 강재통(skin plate)이 있고 전면부(cutter head), 중앙부, 후미부로 구성되어 있다. 추진방법은 커터헤드를 회전하면서 굴착하고 챔버 내에서 가압된 이수에 의해 토압을 지지하면서 배토시키고 세그먼트를 설치한 후에 세그먼트를 반력으로 이용하여 지지하면서 쉴드기의 유압잭을 추진하는 작업을 반복하여 터널을 굴착한다.

ⓑ 후방설비

후방설비는 여러 개의 트레일러가 관절형태로 연결되어 굴착을 수행하는 장치로 구성되고 트레일러의 중앙통로에 설치된 레일을 이용하여 세그먼트의 운반과 작업대차의 이동이 가능하며 트레일러의 좌측 보도는 작업자통로로 활용한다.

ⓔ 이수처리시스템

이수처리시스템은 굴착한 토사와 이수를 분리하는 1차 분리설비, 1차 분리설비를 통과한 미세립자를 걸러내는 2차 분리장치, 2차 분리장치에서 흙입자를 제외한 물을 최종적으로 처리하여 배출하기 위해서 탁도와 pH를 조정하는 3차설비로 구성되어 있다.

(a) 1, 2차 이수처리플랜트

(b) 3차 처리플랜트

㉣ 복합형 쉴드(Mixed shield)

Mixed shield는 챔버가 2부분으로 구분되며 전방부는 가압된 슬러리에 의하여 굴착면을 지지하고, 후방부의 air cushion에서 압축공기가 굴착면에 지지압력을 가하는 구조로 되어 있다.

높은 수압(15bar 이상)에서 적용이 가능하고 비점성토, 복합지층, 호박돌층에 적용하며 전석과 호박돌은 쉴드 하부에 장착된 jaw crusher로 반출이 가능한 크기로 파쇄하여 운반한다.

그림. Mixed shield

㉤ 압축공기식 쉴드(Air compressed shield)

압기식 쉴드는 대수층과 연약한 지반에서 터널 굴진시에 굴착면의 격벽구간에 공급한 압축공기가 굴착면에 작용하는 토압과 수압에 대응하여 굴착면의 안정을 확보한다. 압기식 쉴드는 잠함병, 압축공기의 누기(blow out) 현상과 지상으로 토사가 분출하여 지표면이 함몰되는 분발 등이 발생하면 굴착면의 안정성 확보가 어려워서 제한적으로 사용하고 있다.

압축공기식 쉴드는 굴착면에 가해지는 공기압력에 의해서 굴착면의 안정을 유지하므로 절리가 많지 않고 투수성이 낮은 지반에 적합하며 주로 소구경터널에 사용한다.

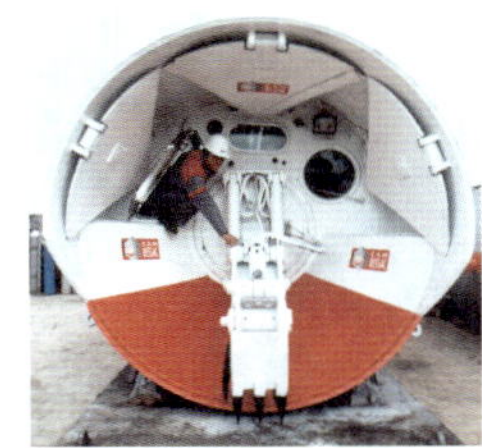
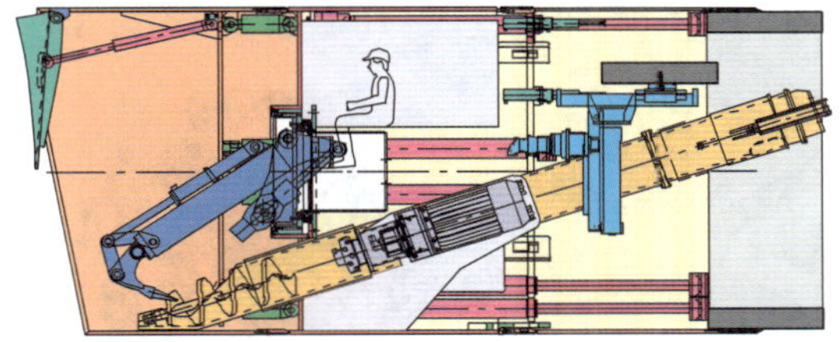

그림. 압축공기식 쉴드(Air compressed shield)

4) Shield TBM의 구성

쉴드 TBM은 본체와 후방설비로 구성되고 굴진면부터 후드부(front shield), 거더부(center shield), 테일부(tail skin)의 3부분으로 구분되며 쉴드 외부는 원통형의 외판(skin plate)과 보강재로 구성되어 있다.

(a) 후드부 (b) 거더부 (c) 테일부

그림. 쉴드 TBM의 구성

① 후드(Hood)부

후드부는 커터헤드(cutter head)와 챔버(chamber)로 구성되며 쉴드기 전면에 배치된 커터헤드가 굴착면의 안정을 유지하고 커터가 회전하면서 지반을 굴착한다. Cutter chamber는 밀폐형 쉴드의 커터헤드와 격벽(bulkhead)사이의 공간이며 굴착한 버력을 일시적으로 저장하고 굴착면의 압력을 제어하는 굴착면 안정에 중요한 부분이다.

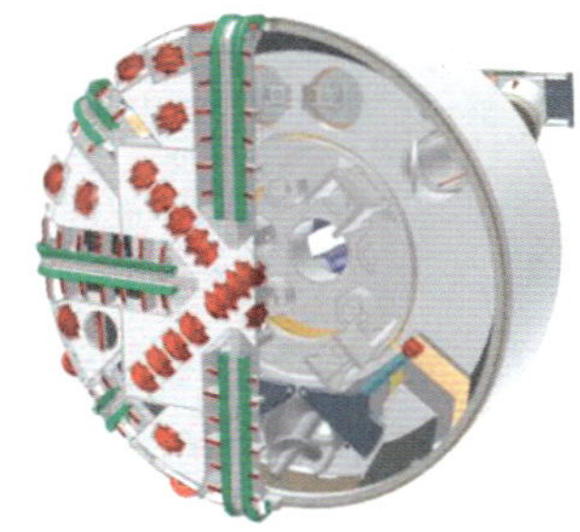

그림. Cutter head와 chamber

㉮ 커터헤드(Cutter head)

지반을 굴착하는 회전식 커터헤드는 전면판의 형상에 따라서 평판형, 오목형, 돔(dome)형이 있고 원형단면이 아닌 특수한 커터헤드를 적용하는 경우도 있으며 커터헤드의 마모도는 커터헤드의 형상과 지반조건에 따라서 달라진다.

㉠ 커터헤드의 형상

경암, 극경암지반은 큰 추력을 가할 수 있고 절삭효과가 우수한 돔(dome)형식의 커터헤드를 사용하고 지반조건이 불리할수록 굴착면의 자립을 위하여 편평한 심발형(deep flat face), 평판형(shallow flat face 또는 flat face)을 사용한다.

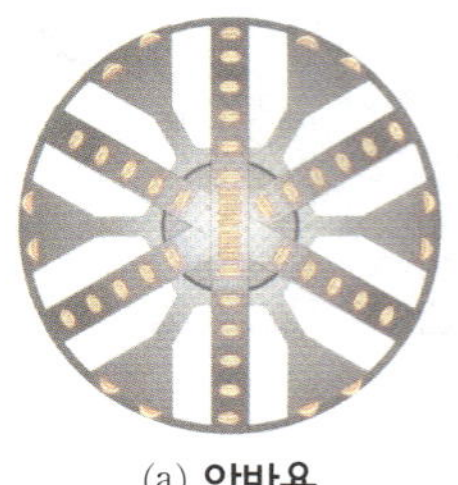
(a) 암반용

(b) 경암용

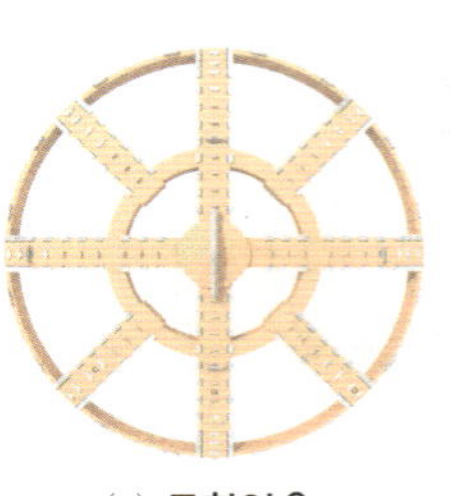
(c) 풍화암용

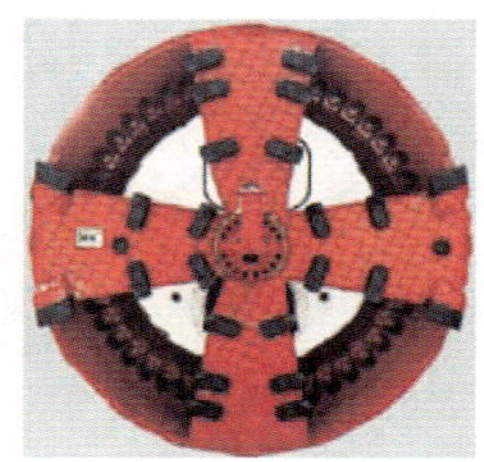
(d) 토사용

그림. 커터헤드의 형상

토사 굴착용 커터헤드는 스포크(spoke)형과 면판(face plate)형이 있으며 스포크형은 커터에 발생하는 부하가 적고 굴착토사의 배토가 용이하여 토압식에 많이 적용한다. 면판형의 단면은 평판형, 심발형, 돔형에 모두 적용하고 굴착면의 안정성 확보에 유리하여 토압식과 이수압식에 모두 적용할 수 있다.

㉡ 커터 슬릿(Cutter slit)

토사용 커터헤드에서 슬릿의 모양과 크기는 스포크의 개수와 굴착하는 자갈과 호박돌의 크기에 따라서 결정한다. 슬릿은 스포크를 따라서 직선이며 다양한 크기와 형상의 자갈에 대응할 수 있어야 하고 슬릿의 크기는 굴착 지반에서 예상되는 자갈의 최대 크기에 따라서 결정된다.

그림. Cutter slit 형상

토사용 커터헤드의 슬릿 개구율은 다음과 같이 산정한다.

$$w_o = \frac{A_s}{A_r}$$

여기서, w_o : 개구율(opening ratio)

A_s : 커터헤드에서 개구부의 총면적

A_r : 커터헤드의 면적

이수가압식 쉴드의 개구율은 10~30%이고 토압식 쉴드의 개구율이 이수가압식보다 더 크다. 점성토지반에서 지반 붕괴가 우려되면 개구율을 조정하고 쉴드 TBM 가동이 중지될 때에 슬릿을 통해서 쉴드기의 내부로 토사가 붕괴하여 유입되는 것을 방지하는 개폐장치가 필요하다.

㉯ 굴착도구(Excavation tool)

쉴드 TBM의 굴착도구는 암반을 절삭하는 디스크커터, 토사용 커터비트와 drag pick가 있고 복합지반은 디스크커터와 커터비트를 동시에 사용한다.

㉠ 디스크커터(Disc cutter, roller cuter)

디스크커터는 암반을 절삭하는 커터 링(cutter ring)과 롤러 베어링(roller bearing)이 중요한 부분이다. 디스크커터는 커터헤드에 장착된 위치에 따라서 center cutter, face cutter, gauge cutter로 분류하고 인접한 디스크커터가 동시에 같은 궤적을 돌지 않게 배치한다.

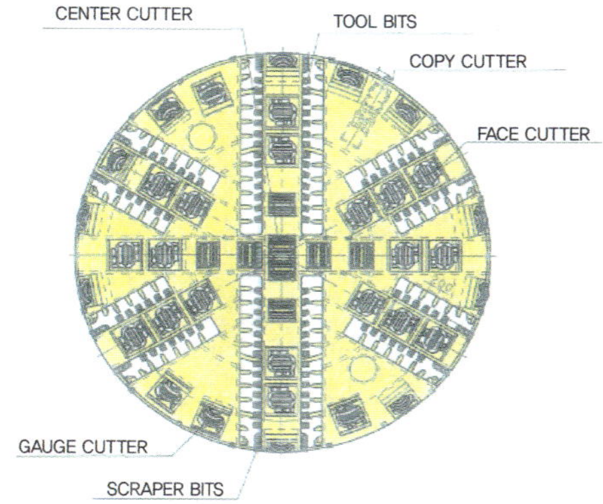

그림. Cutter head의 위치별 명칭

ⓐ Disc cutter(또는 roller cutter)의 종류

디스크커터는 암석의 표면 저항에 의하여 회전운동을 하므로 roller cutter라고도 하며 원반의 형상을 하고 있다. 디스크커터는 날(blade)의 부착상태에 따라서 분리형과 일체형이 있다. 분리형은 일체형보다 저렴하고 지층에 따라서 cutter ring의 재질을 다르게 할 수 있고 일체형은 단단한 지층에서 cutter ring이 취성 파괴의 위험이 높은 경우에 커터 몸체를 일체로 가공하여 제작한다.

ⓑ 디스크커터의 배치와 궤적 간격

쉴드 TBM의 커터헤드는 커터의 배치와 궤적 간격, 개구율 등이 굴진효율에 큰 영향을 미친다. 커터는 single blade cutter를 기준으로 배치하고 장비의 크기, 암반의 종류, 개구부의 비율 등을 고려하여 double, triple, twin cutter를 배치한다.

커터헤드의 회전으로 디스크커터가 회전하면 굴착면에 동심원 형태의 커터 궤적과 간격이 나타나며 궤적의 간격은 암석 파쇄에 매우 중요하다. 커터는 Jack의 추진력과 cutter blade의 회전 torque에 의해서 암석 표면에 생성된 균열이 다른 파쇄궤적에서 생성된 균열과 이어져서 암석 표면을 파쇄하고 커터의 궤적 간격은 70~80mm정도이다.

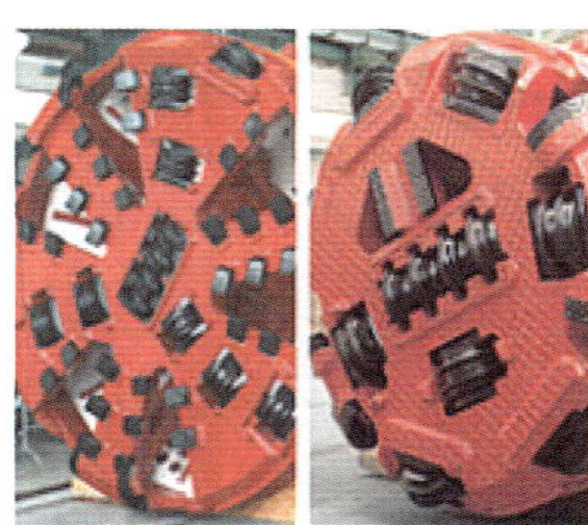
그림. 전면판의 디스크 커터 배치

그림. Cutter의 궤적

㉡ 커터 비트(Cutter bit)

커터 비트의 scoop angle과 clearance angle은 지반조건에 따라서 선정하며 점성토지반은 scoop과

clearance의 각도가 큰 커터 비트를 사용하고, 자갈층은 scoop과 clearance의 각도가 작은 커터 비트를 사용한다.

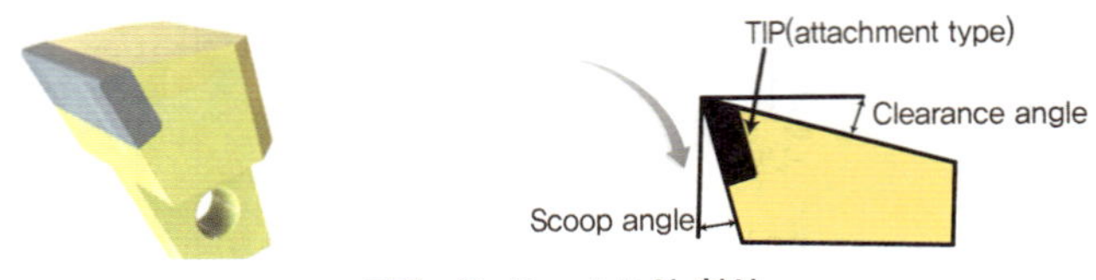

그림. Cutter bit의 형상

② 거더부

거더부는 스킨 플레이트에 작용하는 토압을 지지하고 후드부와 테일부를 연결시키며 본체는 테일부에 설치된 세그먼트의 반력을 이용하여 thrust cylinder의 추진력으로 쉴드기를 추진한다. 쉴드의 거더부는 외곽 강판(skin plate)을 환상이나 기둥으로 보강하며 쉴드 추진잭, 커더헤드의 구동장치, 중절장치, 배토장치 등의 굴진장비가 설치되어 있다.

그림. Shield girder부

③ Cutter head의 구동방식(Main drive)

쉴드 TBM의 main drive는 커터헤드가 회전하여 지반 굴착에 필요한 회전속도, 토크, 추력을 가지며 전기모터 또는 유압모터 방식으로 구동된다.

㉮ 전기모터 구동방식

전기모터는 소음이 적고 모터의 열 발생량이 적어서 터널 내 작업환경이 양호하지만 용량이 크면 모터 크기가 증가하여 작업공간이 협소해진다.

㉯ 유압모터 구동방식

모터 크기가 작아서 작업공간이 상대적으로 넓고 회전속도의 조절이 가능하여 지반조건에 따른 적용성이 우수하다. 모터 구동 시에 소음과 높은 열이 발생하여 작업환경이 불량하고 유압용 oil의 사용량이 많아서 누유과 화재의 위험성이 높으므로 취급에 주의해야 한다.

④ 테일부

테일부는 쉴드기 뒷부분에 위치하며 스킨 플레이트만으로 구성되고 세그먼트의 조립과 조립한 세그먼트를 굴진 반력대로 사용하는 공간이며 세그먼트의 조립장치(erector)와 쉴드기 외부에서 토사, 지하수, 뒷채움재 등의 유입을 방지하는 tail seal이 설치되어 있다.

㉮ 강재 원통(Skin plate)

쉴드 본체는 굴착, 추진, 복공을 수행하는 각종 장치를 보호하기 위하여 외곽에 작용하는 토압에 견디도록 스킨 플레이트로 둘러싸고 링 거더 등으로 보강되어 있다. 쉴드기의 강재 원통의 두께는 쉴드의 직경, 지반조건, 토피 두께, 뒷채움 주입방식 등을 고려하여 결정한다.

㉯ 테일 씰(Tail seal)

Tail seal은 스킨 플레이트의 내측과 세그먼트 외측의 사이에 뒷채움재, 지하수, 굴착면의 이수, 이토가 쉴드 내부로 유입되지 않게 설치하며, tail seal은 와이어 브러쉬와 으레탄 등의 고무와 이들을 조합한 형식을 사용한다. Tail brush는 쉴드 후통부의 세그먼트가 조립되는 부분에 부착되며 이물질의 터널 내 유입을 방지한다.

그림. Tail brush

㉰ 중절장치(Articulator)

급곡선 터널에서 2단, 3단의 중절장치를 사용하면 곡선부의 굴착 여굴량을 적게 하며 중절에 의하여 구부리기 쉽고 쉴드 잭(jack) 부하의 저감과 추진 시에 세그먼트 편압의 저감효과가 있다.

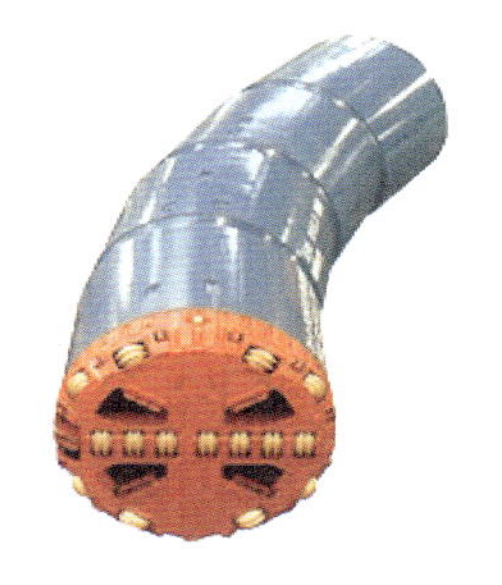

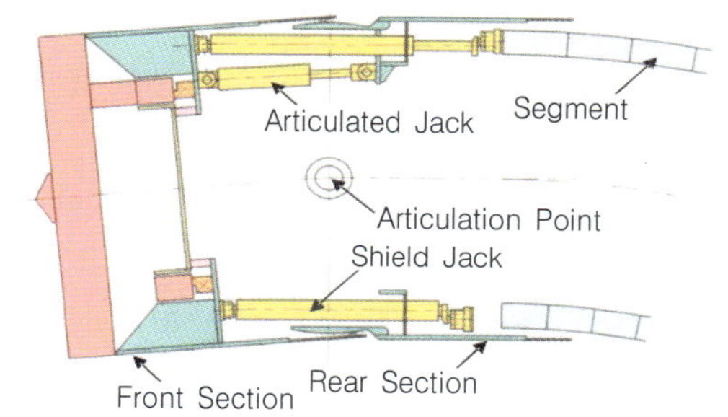

그림. 중절장치

㉱ 첨가재 주입장치

토압식 쉴드로 사질토, 사력 등을 굴착하는 경우에 흙의 마찰저항이 크고 유동성이 불량하여 굴착면의 안정과 굴착토사의 배출이 어려우므로 벤토나이트, 발포제(foam) 등의 첨가재를 챔버에 주입한다.

첨가재 주입장치는 후방설비에 설치된 첨가재 주입펌프와 커터헤드, 챔버 등에 있는 첨가재 주입구로 구성되고 첨가재는 센터샤프트에서 굴착면 전면에 주입하는 방법과 챔버 내에 직접 주입하는 방법을 함께 사용한다.

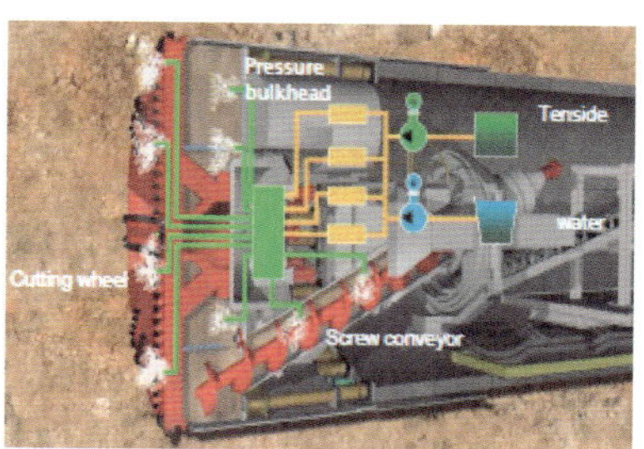

그림. 첨가재 주입장치

㉲ 부가장치

㉠ 뒷채움 주입설비

세그먼트의 뒷채움은 쉴드기 후방에서 주입하는 동시주입과 설치한 세그먼트에서 주입하는 즉시주입방식이 있다. 동시주입은 주입관을 스킨 플레이트의 바깥쪽에 배관하고 뒷부분에서 테일보이드(tail void)에 뒷채움재를 즈입하며 지상플랜트에서 자동주입하는 형식을 많이 사용한다.

그림. 세그먼트의 뒷채움 주입설비

㉡ 측량과 각종 측정장치

쉴드의 굴진시에 자세와 위치를 파악하는 측량장치는 피칭, 롤링, 수평과 연직 위치의 계획선형과의 차이를 측정한다.

사력, 자갈층(boulder)은 자갈 처리장치, 여굴량, 굴착면의 안정성을 확인하는 지반탐사 등의 각종 장치가 부착되어 있고 굴착토량을 레이저 스캔, belt scale로 측정하여 과다 굴착에 의한 지반침하를 방지하는 굴착토의 용적 측정장치, 토압계, 수압계, 지반붕락 감지장치, 비트마모 감지장치 등의 계측장치가 부착되어 있다.

그림. 토압 측정장치

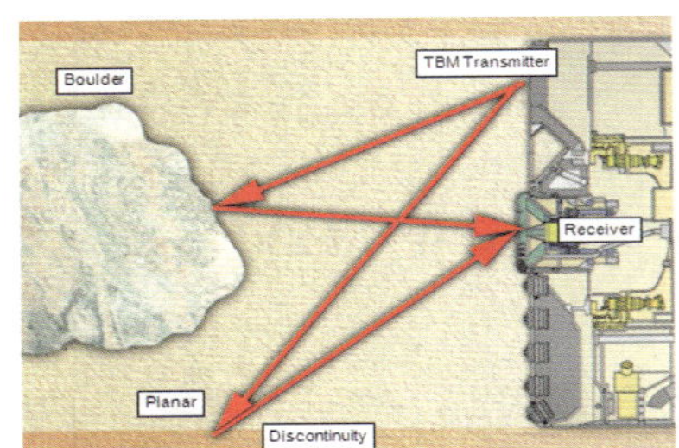

그림. 장애물 감지장치

그림. 붕락 방지장치

5) 이토압식(EPB) 쉴드 터널의 시공

① 작업구와 공사기지

작업구는 쉴드의 굴진을 시작하는 발진작업구, 쉴드장비를 회수하기 위한 도달작업구, 터널 길이에 따라서 장비 점검과 시공 편의성을 고려한 중간작업구를 설치한다.

㉮ 작업구의 위치

작업구는 지반조건, 민원, 교통, 소음, 대기오염을 고려한 주변환경, 사유지 저촉여부, 영구구조물 계획과 완공 후의 부지활용계획을 반영하여 위치를 선정하고 또한 쉴드기의 반입과 현장조립, 발진과 버력의 반출, 기자재 반입 등의 작업이 안전하고 용이해야 한다.

그림. 쉴드터널 발진 작업기지

(a) 직사각형

(b) 원형

그림. 작업구 형상

㉯ 작업구의 크기와 형상

작업구는 공사용 장비와 자재의 반입, 버력 반출에 필요한 공간과 시공완료 후에 영구시설물의 설치공간을 고려하여 구조적 안정성과 시공이 용이한 형상과 크기를 선정한다. 발진작업구는 쉴드기의 반입과 설치, 반력벽과 가지보공 설치에 필요한 면적과 버력처리공간, 계단과 승강설비, 집수정, 환기덕트, 동력설비와 기타 배관 등의 각종 부대설비의 설치공간을 고려해야 한다.

㉰ 공사기지

공사기지는 터널의 규모와 시공방법을 고려하여 작업구, 터널 외부설비, 굴착토처리장, 재료야적장 등이 발진작업구 부근에 충분히 확보되어야 한다.

② 후방설비와 레일계획

㉮ 후방설비

후방설비는 쉴드기를 구동하기 위한 각종 전력공급과 배관 등이 복잡하게 연결되어 있고 투입자재의 운반과 버력 반출, 장비의 구동제어를 위한 설비가 구비되어 있다. 후방설비는 세그먼트의 하역과 운반설비, 뒷채움 주입설비, 송변전설비, 버력 반출용 벨트컨베이어, TBM을 가동시키는 유압모터와 펌프가 있는 유압설비, 쉴드기의 부속설비로 구성되며 운반대차의 출입이 용이한 문형구조로 구성되어 있다.

㉠ 세그먼트의 하역과 운반설비

세그먼트 대차를 이용하여 야적장에서 작업구로 운반한 세그먼트를 하역시키고 세그먼트 erector까지 운반하는 설비이다.

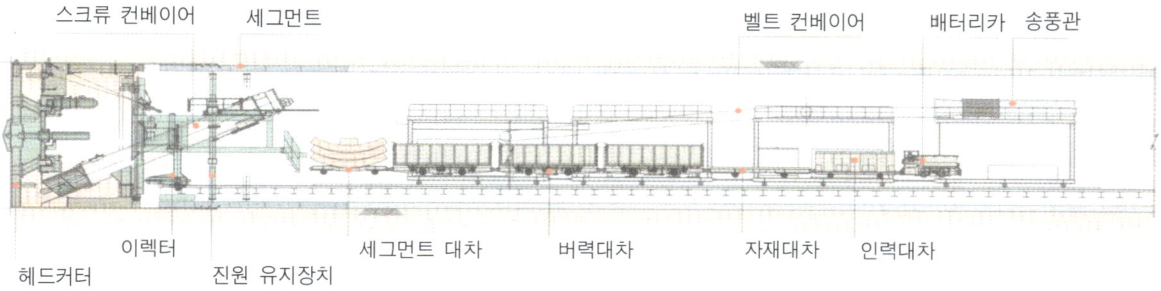

그림. 쉴드내 세그먼트의 운반과정

㉡ 뒷채움 주입설비

쉴드의 굴진에 따라서 세그먼트의 배면에 발생한 공극(tail void)에 모르터 등의 주입재를 주입하는 뒷채움은 쉴드기 tail seal에서 주입하는 동시주입과 설치한 세그먼트의 내부에서 주입하는 후방주입이 있다. 쉴드기에서 주입하는 방법은 주입관을 스킨플레이트 외측에 배관하여 스킨플레이트의 뒷부분에서 뒷채움재를 주입한다.

㉢ 집진설비

쉴드 터널의 굴착, 뒷채움재의 운반, 버력 반출, 작업원의 이동 등으로 발생한 분진을 제거하여 터널내 작업자의 보건위생환경이 향상되도록 집진설비를 설치한다.

㉯ 갱내 버력 운반과 자재 공급

㉠ 버력과 자재 운반용 레일계획

쉴드 TBM공사에서 중요한 버력처리와 세그먼트 등의 자재공급용 차량 운행을 위한 궤도설비는 작업구의 크기, 갱외 버력처리시스템, 버력광차의 용량과 대수를 고려하여 계획을 수립한다.

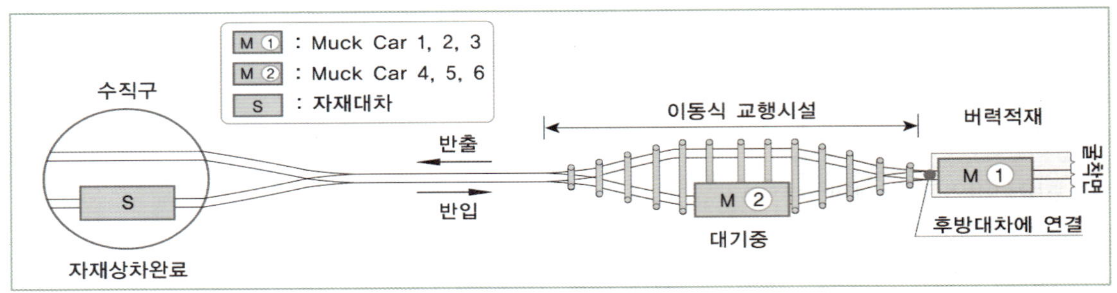

그림. 교행시설을 이용한 버력처리 개념도

㉡ 기관차(Locomotive)와 운반대차의 용량

그림. 터널내 운반설비(기관차, 운반대차)

기관차는 터널의 종단경사와 후방설비를 고려하여 용량을 선정하고 기관차가 버력과 자재의 적재 후에 전진과 후진(하향과 상향 운행)하는 경우가 있으므로 기관차의 중량은 여유가 있어야 한다.

기관차의 견인력은 후방대차 총중량에 의한 피견인력보다 커야 하고 제동력은 후방대차의 총중량에 의한 관성력을 초과해야 한다. 갱내 운반기관차는 디젤기관차, 배터리기관차가 있으며 쉴드터널은 작업환경, 부대설비를 고려하여 배터리기관차를 많이 사용한다.

③ 부대설비

발진작업구는 쉴드기의 반입, 조립, 설치, 발진 준비를 위한 설비를 설치하고 굴진 중에는 버력 반출과 굴진을 위한 기자재를 공급한다. 작업구는 굴진작업을 준비하는 공간이므로 세그먼트와 각종 자재의 투입설비, 환기설비, 급수와 배수설비, 승강기, 집수정 설비도 설치해야 한다.

㉮ 자재 투입설비(Gantry crane)

세그먼트, 레일, 각종 배관 등의 자재를 작업구 하부로 투입하는 설비는 충분한 작업용량을 가지고 전후와 좌우로 이동이 가능한 gantry crane을 선정한다. 발진 준비단계에서는 쉴드기의 운반과 조립을 위하여 중·소규모의 크레인(50~200tonf)을 사용한다.

그림. 작업구 작업용 크레인

㉯ 환기설비

쉴드 TBM의 굴착, 굴착토사의 운반에서 발생한 각종 분진과 기계에서 나오는 매연으로 작업자의 호흡이 곤란하면 작업에 지장이 있으므로 송풍기로 공급되는 공기가 오염된 터널내 공기를 밀어내어서 터널 내의 공기를 정화시킨다.

쉴드 TBM은 쉴드 전면부의 커터헤드에서 집진설비가 가동되어 작업장 내의 분진이 적고 모든 설비가 전기로 구동되어 유해가스가 적어지므로 송기식을 많이 사용한다.

그림. 쉴드 TBM 환기설비

표. 쉴드 터널의 작업중 소요 공기량(Singapore 지하철 기준)

구 분	작업자	내연기관(diesel)	터널 단면적
소요 공기량	5.7m^3/min/인	2.5m^3/min/Hp	13.0m^3/min/m^2

[주] 최대 공기온도 : 28℃ 이하, 공기 중의 산소함량 : 19.5~23.5%

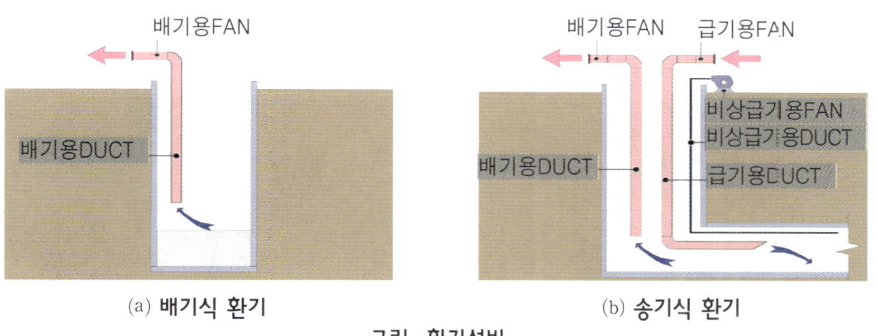

(a) **배기식 환기** (b) **송기식 환기**

그림. 환기설비

㉰ 급수와 배수설비

굴진시에는 작업용수의 급수설비, 용출수, 사용한 작업용수를 배출하는 배수설비가 필요하다. 쉴드 TBM이 하향경사로 굴착할 때는 중계(relay)배수를 위한 배수탱크를 설치하고 배수관로는 2개를 유지하며 배수탱크 1개소에 양수기 2대를 설치하여 양수기의 고장시에도 전체 배수체계가 가동되도록 병렬로 설치한다.

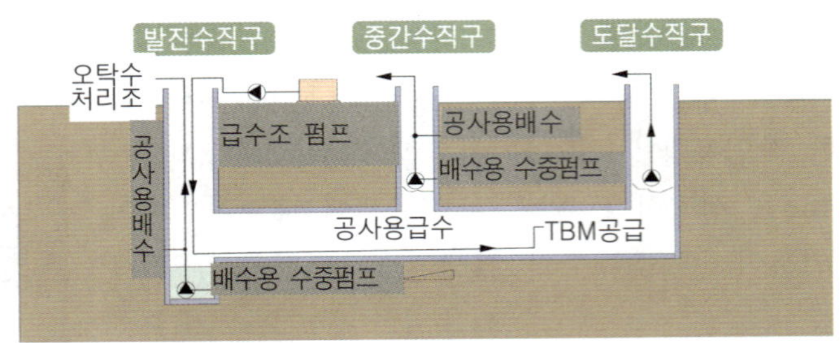

그림. 터널내 급수와 배수설비

㉣ 승강설비와 집수정

㉠ 승강설비

작업구의 승강설비는 직선계단, 나선계단, 엘리베이터 형식이 있으며 작업구의 심도를 고려하여 안전하고 작업자의 피로도가 적은 형식을 선정한다.

ⓐ 직선계단

직선계단은 승강 소요시간과 작업원의 피로도가 커서 작업구 심도 30m 이하에 많이 적용하고 계단 점유용적과 평면적이 크므로 협소한 작업구에서는 낙하물, 작업공간 등을 고려하여 작업원의 안전과 작업공간에 영향이 없는 장소에 설치한다.

ⓑ 나선계단

나선계단은 작업구 심도가 20m 정도에 적용하며 조립과 해체가 간단하고 계단의 점유면적이 적어서 경제적이다.

ⓒ 승강기(Lift)

심도 30m 이상의 작업구에 적합하며 승강기는 공사 규모, 작업구의 구조와 심도를 고려하여 운전이 간단하고 안전도가 높은 형식을 선정한다.

(a) 직선계단

(b) 나선계단

(c) 승강기(Lift)

그림. 작업구 승강설비

㉡ 집수정 설비

작업구와 터널 내에서 발생하는 유입수를 집수하여 외부로 배출하는 집수정의 용량은 유입량, 배수펌프의 규격, 배수 지속시간을 고려하고 집수정 내에서 수중펌프 2대가 교대운전을 하여 배수가 원활해야 한다.

④ 쉴드 TBM 터널의 발진준비

발진준비는 굴진을 시작하는 준비단계로서 발진받침대의 설치, 쉴드기의 조립, 반력대 설치, 앤트런스 패킹의 설치, 후방설비(back-up system)의 설치와 시운전이 있고 발진준비와 함께 뒷채움 주입설비, 기자재 투입설비, 버력처리설비 등을 설치한다.

㉮ 작업구 바닥의 정리와 보강

작업구의 기초는 발진받침대와 쉴드 TBM의 자중을 고려하여 충분한 지지력을 가지도록 바닥을 정리하고 H-beam을 종, 횡방향으로 설치하며 버림 콘크리트는 쉴드기의 추진경사와 동일하게 타설한다. 콘크리트의 타설 전에 유공관을 매설하고 작업구 내에 집수정을 설치한다.

그림. H-beam 보강과 콘크리트 타설

㉯ 쉴드기 발진받침대

발진받침대는 쉴드기의 조립과 해체시에 작업대의 역할과 초기 굴진시에 가이드 역할을 하며 쉴드기 중량, 초기 굴진시에 cutter torque 반력, 세그먼트 중량 등의 하중을 지지해야 한다.

㉠ 받침대는 쉴드기와 세그먼트의 중량을 충분히 지지하도록 레일, 레일수평 받침부, 레일수직 받침부와 하부 받침부로 구성되어 있다.

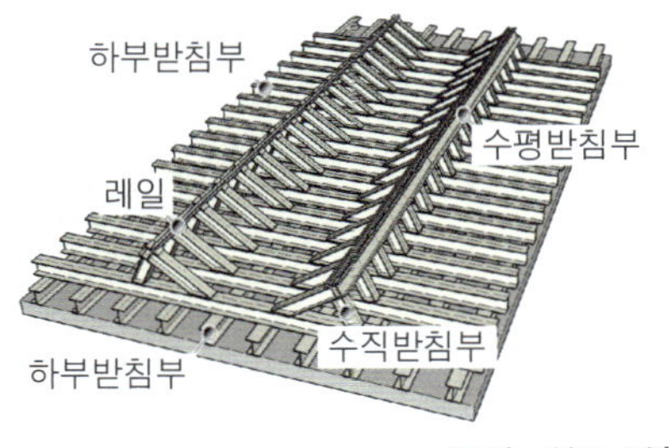

그림. 쉴드 받침대 구조와 설치

㉡ 발진받침대는 쉴드기의 조립 전에 설치하며 초기 굴진 시에 쉴드기가 받침대 위를 통과하여 굴진이 진행된다. 따라서 쉴드기의 설치방향과 위치는 받침대의 위치에 따라서 결정되므로 추진방향의 경사가 정확하고 쉴드 추진 시에 움직이지 않게 고정하며 받침대의 거치높이는 발진 직후에 하향으로 처지는 현상(nose down)이 발생하므로 약간 상향으로 설치한다.

㉰ 쉴드 TBM의 투입과 조립

㉠ 쉴드기의 투입과 조립

대구경 쉴드는 크기와 중량이 크므로 분할하여 현장에 반입되고 크레인으로 작업구 하부에 내려서 받침대 위에서 조립하며 조립과 동시에 이수설비와 뒷채움 주입설비 등의 쉴드 굴진에 필요한 설비의 조립과 각종 배관작업을 실시한다.

그림. 쉴드기 반입설비(Gantry crane)

쉴드의 후방설비는 쉴드의 굴진에 따라서 쉴드기와 함께 이동하는 문형식 이동대차의 형식이므로 궤도 위에서 조립하여 쉴드기와 함께 견인된다.

㉡ 쉴드기의 후방설비

쉴드 TBM의 후방설비는 쉴드 굴진에 필요한 전력, 용수, 압축공기 등의 공급과 버력처리를 위한 벨트컨베이어 등이 연결되고 후방설비에 연결된 모든 배관이 복잡하게 연결되므로 쉴드기와 후방설비를 원활하게 연결하여 유지하는 것이 중요하다.

㉣ 쉴드기의 추진 반력대(Reaction frame)

추진 반력대는 세그먼트의 조립 전에 쉴드의 추진력을 확보하고 가설 세그먼트를 통하여 전달되는 추진력을 지반에 전달하는 구조물이다.

㉠ 반력대는 1차 반력대와 2차 반력대로 구성되고 1차 반력대는 쉴드기의 초기 굴진시에 가설 세그먼트와 2차 반력대에 전달되는 쉴드기의 반력을 충분히 지지하며, 2차 반력대는 1차 반력대와 마찬가지로 쉴드기의 굴진하중을 충분히 지지해야 한다.

㉡ 쉴드의 초기 굴진시에 쉴드 잭(shield jack)의 추력이 가설 세그먼트 ⇨ 반력대 ⇨ 반력벽 또는 토류벽의 배면지반으로 전달되므로 추진반력대는 쉴드잭의 추력을 충분히 지지하고 하중을 균등하게 분배하는 구조를 가져야 한다. 추진반력대는 쉴드기의 발진방향으로 조정이 용이하게 쉴드기의 터널 중심선에 직각으로 설치한다.

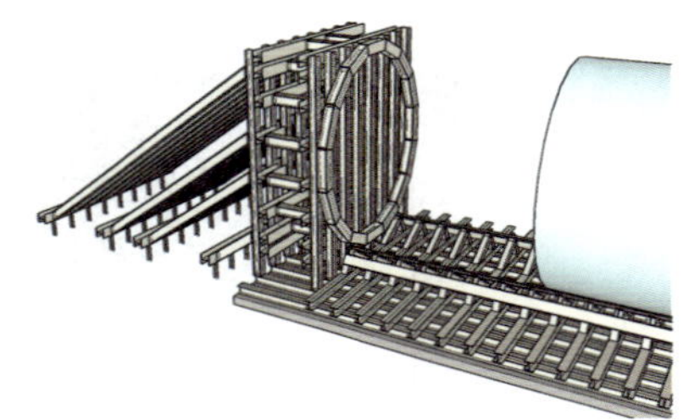

(a) 1차 반력대와 버팀보 설치

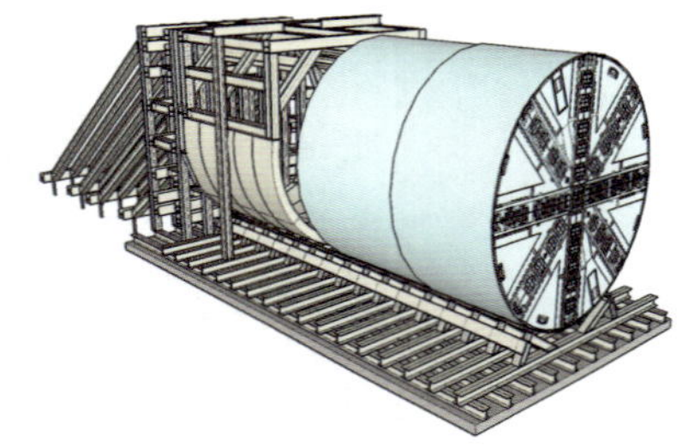

(b) 2차 반력대 설치

그림. 추진반력대의 설치순서

⑤ 쉴드터널의 초기 굴진

㉮ 개요

쉴드기의 발진준비가 완료되고 쉴드기의 추진반력이 세그먼트의 주변 마찰저항보다 큰 상태에서 굴진하여 쉴드기의 후방설비가 터널 속으로 들어가기까지의 굴진을 초기 굴진, 이후를 본 굴진이라고 한다. 초기 굴진은 쉴드기의 가동상태를 점검하고 초기 굴진 시에 획득한 각종 자료를 이용하여 본 굴진계획을 검토하는 예비단계이다. 초기 굴진시에는 작업구에 초기 굴진을 위한 설비가 설치되어 협소한 환경에서 후방설비의 설치, 버력 반출과 자재 운반이 이루어지므로 초기 굴진계획을 작성하여 공정을 관리한다.

㉯ 초기 굴진의 시공

㉠ 초기 굴진거리

초기 굴진거리는 쉴드 발진시에 쉴드 잭(jack)의 추력에 의해 세그먼트의 주변 마찰저항으로 대응할 수 있는 거리와 후방설비를 터널 내에 설치할 수 있는 거리 중에서 긴 것으로 산정한다.

ⓐ 쉴드기 추력에 의한 초기 굴진거리(L_1)

$L_1 = T \div F(m)$

여기서, T : 쉴드기 총 추력(ton)의 60%

F : 세그먼트 1m 당 마찰저항(t/m), F= $\pi \cdot D \cdot f(t/m)$

D : 세그먼트 외경(m)

f : 세그먼트와 주변지반의 마찰저항(t/m)

ⓑ 후방설비에 의한 초기 굴진거리(L_2)

L_2 = 쉴드 후방설비가 터널 내에 설치되는 거리 = 쉴드기 길이 + 후방대차 길이

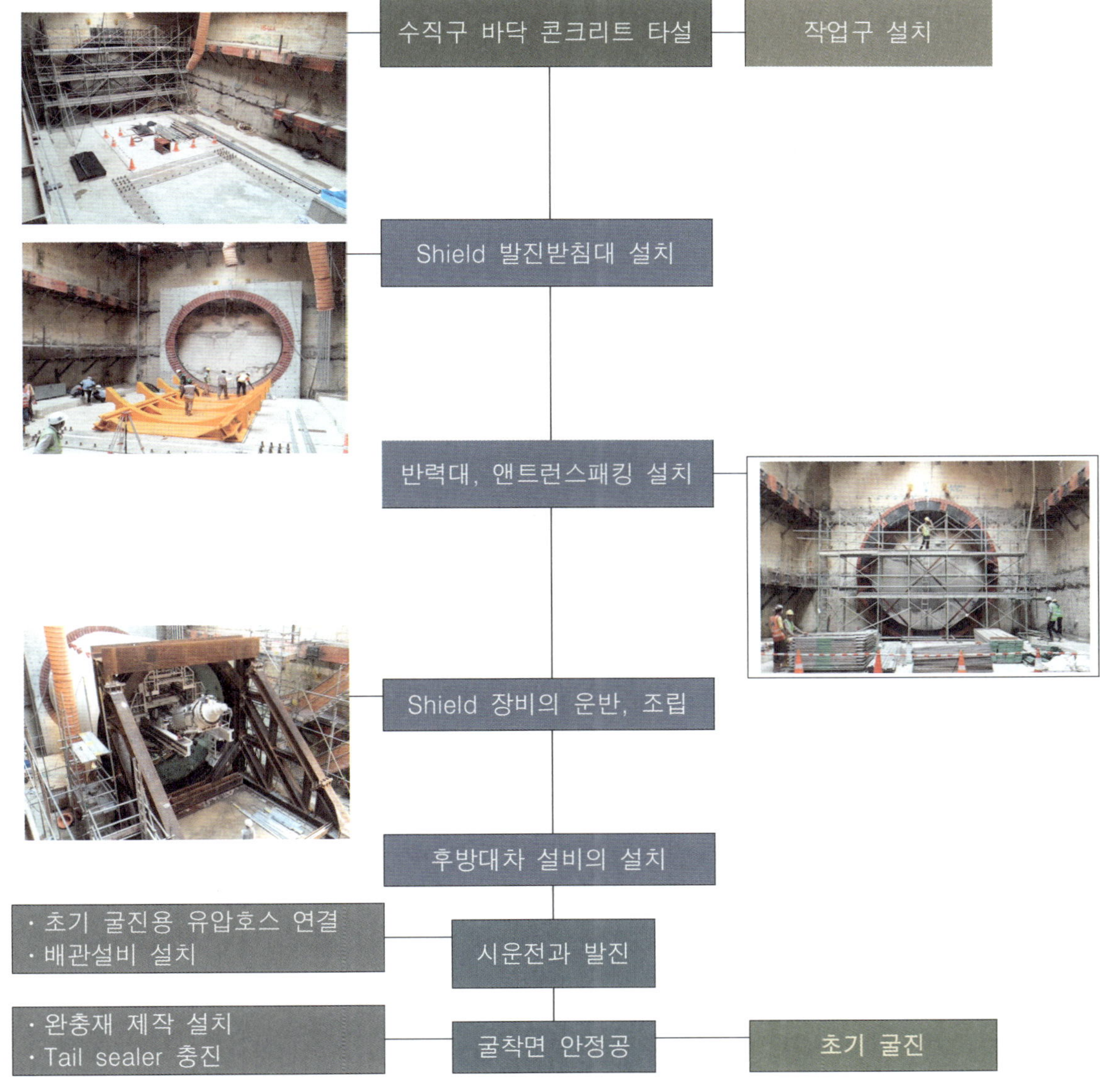

그림. 쉴드 TBM의 초기굴진단계 [자료 출처 : LT삼보]

㉡ 가설 세그먼트(Temporary segment)

발진작업구에 쉴드기 본체와 반력벽의 사이에서 쉴드기의 추력을 전달하기 위하여 설치하는 가설용 세그먼트는 자중에 의한 처짐이 우려되므로 쉴드기 받침대와 세그먼트 사이에 쐐기(받침목)를 설치하고 초기 굴진시에 커터헤드의 회전력에 따른 회전현상과 쉴드 추력에 의한 좌굴이 발생하지 않도록 세그먼트를 wire rope로 고정한다. 가설 세그멘트는 세그먼트간에 단차와 틈이 없고 진원을 유지하도록 조립하며 본 굴진시에 해체하여 철거하므로 방수 seal은 부착하지 않는다.

그림. 가설 세그먼트의 설치

㉢ 초기 굴진(Initial drive)과 작업구 보강

초기 굴진시에 작업구 축조시에 발생한 주변지반의 이완, 갱구와 가설벽체 굴착시의 진동 영향, 쉴드기의 커터페이스가 굴착지반을 압착하지 못하여 발생하는 원지반의 노출, 쉴드기의 느린 굴진속도 등으로 인한 지반 붕괴와 인접지반의 함몰이 발생하므로 작업구 주변지반의 보강이 중요하다.

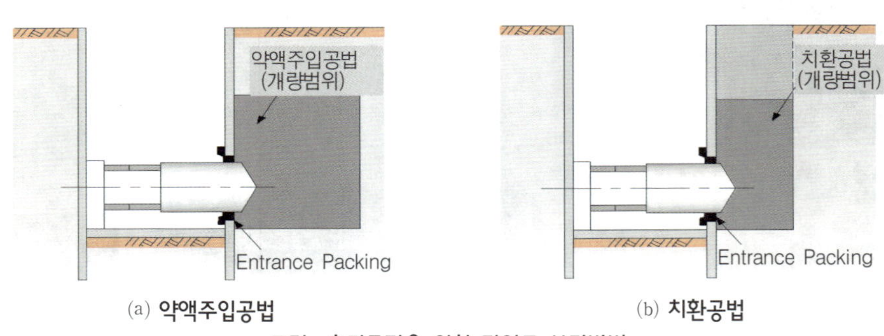

(a) 약액주입공법 (b) 치환공법

그림. 초기굴진을 위한 작업구 보강방법

㉣ 초기 굴진 유의사항

초기 굴진시에 작업구 주변지반의 교란에 의한 굴착면 전면의 붕괴와 용수 발생의 위험이 있으므로 발진부의 지반 보강이 중요하다. 또한 쉴드기 거치의 불량과 가조립 세그먼트의 조립 불량 등으로 인하여 세그먼트의 조립이 곤란하지 않아야 한다.

ⓐ 초기 굴진시에 버력처리는 본 굴진의 설비를 적용하는 것이 바람직하지만 작업구의 설비, 발진설비, 갱내 운반방법 등의 조건을 고려하여 결정한다.

ⓑ 초기 굴진구간은 쉴드기의 추력을 지반에 전달하고 작업구내의 반력대와 가설 세그먼트에 작용하는 추력을 저감하고 쉴드기 주변의 tail void를 제거하는 뒷채움 주입이 중요하다.

⑥ 쉴드 TBM의 본 굴진(Main drive)

본 굴진은 후속설비가 모두 터널 내에 설치되어 최종 도달까지 작업으로 굴착면의 안정, 세그먼트의 조립, 뒷채움 주입, 추진 정확도의 향상과 공기 단축을 위한 종합적인 관리가 필요하다.

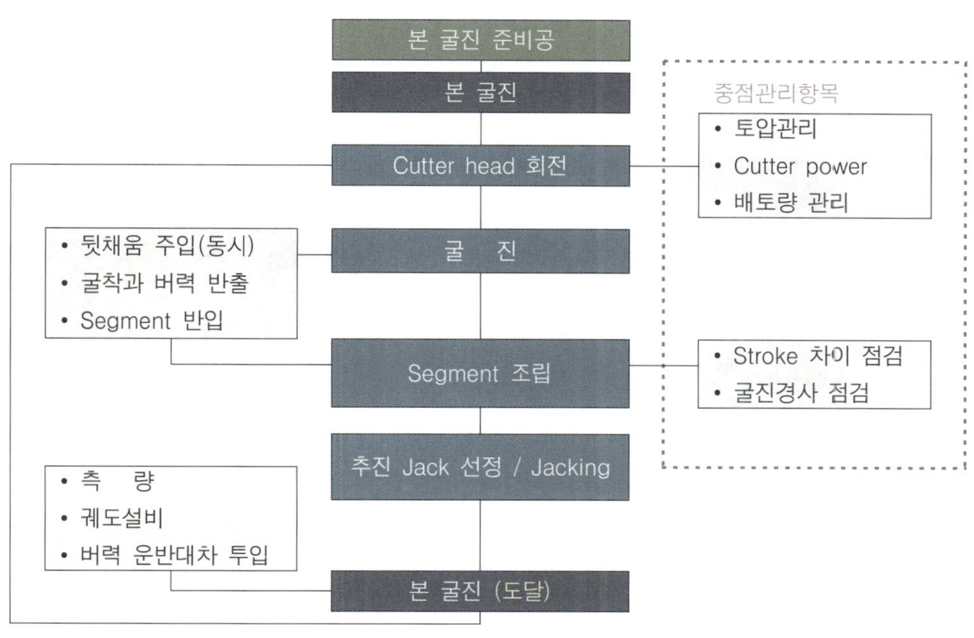

그림. 본 굴진의 작업순서

㉮ 본 굴진 준비

본 굴진을 위한 준비공은 초기 굴진에 사용한 가조립 세그먼트, 반력대, 쉴드받침대를 철거하고 엔트런스 패킹(entrance packing)의 방수와 본 굴진용 작업장의 설치를 준비하며 초기 굴진시에 파악한 문제점들을 수정하여 본 굴진에 차질이 없어야 한다.

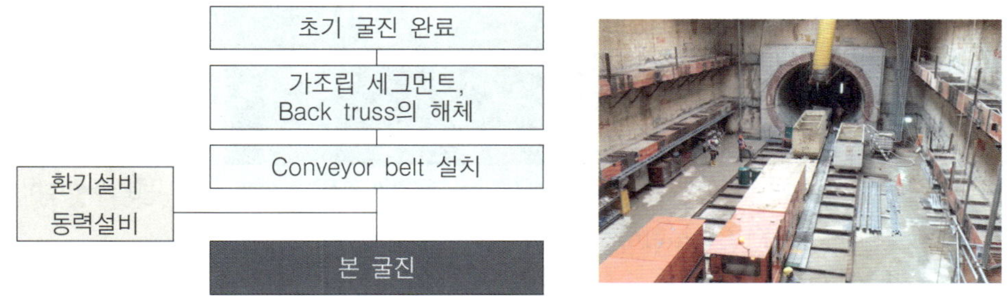

그림. 본 굴진 준비단계

㉠ 작업구 받침대와 횡형대차의 설치

초기 굴진시에 반력대로 사용했던 back truss와 가설 세그먼트, 쉴드 받침대를 해체하고 본 굴진용 레일을 설치하기 위하여 작업구에 레벨 조정용 받침대를 설치한다.

받침대는 횡형대차 이동구역과 대기선로 구역의 2개 구역으로 구분하여 H-beam을 설치하고 수직구에 설치한 레일과 터널내의 레일이 수평으로 연결한다.

그림. 가조립 세그먼트의 해체

수직구에 터널내 진·출입선로 2개, 대기선로 2개의 4개선로를 배치하고, 진·출입선로에서 2조의 세그먼트 운반대차로 세그먼트를 운반한다. 예비 전기기관차, 자재 운반대차를 대기선로에 배치하고 필요시는 횡형대차를 좌·우측으로 이동하여 터널 진출선로로 이동시킨다.

그림. 작업구 레벨 조정용 H-beam 설치

그림. 횡형대차의 설치

㉡ 터널내 복선레일, Switching point와 경사로의 설치

효율적인 굴진을 위하여 설치하는 복선레일은 터널 내부에서 운반대차의 가동 중에 간섭을 피하기 위하여 레일의 레벨을 조정하여 복선으로 시공한다.

레일의 슬리퍼(sleeper)는 H-beam으로 제작하고 복선에서 단선으로 변경되는 switching point 구간과 복선에서 단선구간까지 경사로구간을 설치한다. Switching point는 치수가 정확하고 정확한 설치를 위하여 공장 제작한 4개의 분리형 철판에 볼트를 체결하고 레일을 설치한다.

그림. Rail sleeper 설치

그림. 복선레일의 설치

그림. Switching point 설치

㉯ 본 굴진과 버력처리(EPB shield)

본 굴진 준비가 완료되면 벨트컨베이어의 토출구 하부에 광차를 준비하고 굴착면에 작용하는 압력, 추력(thrust force), cutter의 토크(torque), 추진 잭(thrust jack)의 속도를 점검하고 굴진을 시작한다. 쉴드 TBM의 가동은 cutter wheel에 첨가재를 주입하고 회전시키면서 굴착하며 screw gate로 굴착토사가 배출되면 screw conveyor를 회전시켜서 후방으로 배출한다.

굴진속도는 지반조건, 추력, cutter torque에 따라서 30~70mm/분을 기준으로 하며, 굴진 중에 cutter torque 값이 커지면 굴착토사의 반출이 어려워지므로 첨가재 주입량을 증가시키고 torque 값이 낮으면 굴착토사가 너무 습윤한 상태이므로 주입량을 감소시킨다.

㉠ 터널 굴착면의 안정(Stability of tunnel face)

쉴드 터널을 굴착하면 굴착면에 토압과 수압이 작용하므로 축방향으로 발생하는 변위에 대응하는 압력을 챔버에서 가하여 굴착면의 안정을 유지한다.

압기식쉴드는 압축공기로 대응하는 압력을 가하며 이수가압식 쉴드는 챔버에 벤토나이트 안정액을 채우고 챔버 상부에서 압축공기로 가압하여 굴착면에 작용하는 압력에 대응해서 안정을 유지한다. EPB쉴드는 챔버를 굴착토사로 채우고 커터헤드 등에서 첨가재를 주입하여 굴착토사가 소성 유동성이 있는 균질한 soil paste를 형성하여 굴착면의 안정을 유지한다.

그림. 굴착면 압력의 지지

㉡ EPB 쉴드에 적용하는 첨가재

EPB 쉴드는 굴착 토사를 이용하여 굴착면에 작용하는 수압과 토압을 지지하며 굴착 토사(support medium)가 굴착면 안정을 확보하기 위해서는 투수성이 낮고 적당한 컨시스턴시를 가져야 한다.

EPB 쉴드는 견고하거나 컨시스턴시가 큰 점성토지반은 물, 폴리머(polymer), 벤토나이트 안정액을 사용하여 굴착토사가 굴착면 지지에 필요한 성질을 갖게 하고 점성이 큰 점성토와 조립토는 foam을 첨가재로 주입하여 굴착면에 작용하는 압력을 지지한다.

㉰ 버력처리(Spoil removal)와 배토량의 조절

Screw conveyor에서 벨트컨베이어로 배출된 굴착 토사는 광차(muck car)로 운송하여 터널 외부로 사토로 처리한다.

쉴드 굴진시에 과굴착과 지표면에서 과도한 침하를 방지하기 위하여 screw conveyor에서 배토되는 광차의 반출수량과 벨트컨베이어에 설치한 belt scale에서 굴착토사의 반출량과 광차의 반출량을 측정하여 배출토량의 조절을 하도록 굴착토사의 용적을 측정한다.

그림. 버력처리(벨트컨베이어)

버력 운반용 벨트컨베이어에 버력 부피를 측정하는 laser scanner를 설치하고 중량은 conveyor belt scale을 설치하여 측정한다. 버력의 실배출량이 이론적인 반출 용적의 115%를 초과하지 않으면 굴착을 계속하고 광차 3대의 연속적인 굴착용적이 이론적인 배출용적의 115%를 초과하면 굴착면의 압력(face pressure), 버력상태, cutter torque, 추력, 굴진속도를 점검해야 한다.

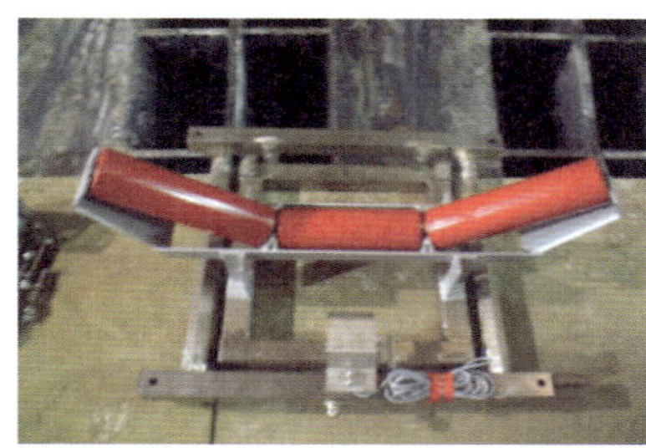

(a) Belt scale

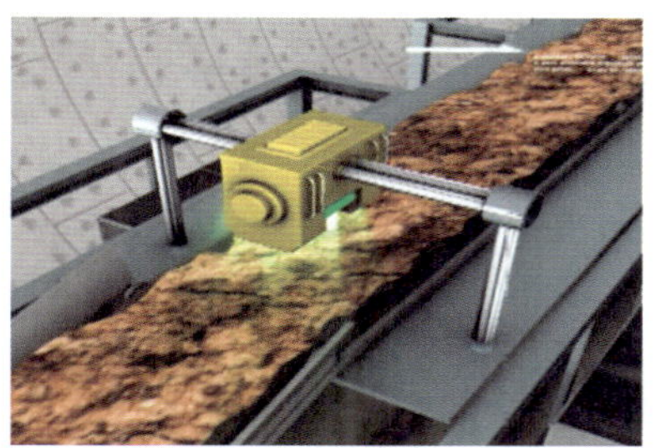

(b) 레이저 측정장치

그림. 배출 토사의 용적 측정장치

㉣ 갱외 버력처리설비

작업구에 설치하는 갱외 버력처리설비는 터널 굴진과 버력처리시스템의 처리능력을 검토하여 최대 굴진길이를 기준으로 처리용량이 부족하지 않아야 한다.

㉠ 덤핑장 + 버킷 크레인 방식

작업구에서 별도의 횡갱에 위치한 덤핑장의 버력을 백호로 버킷에 적재하여 크레인, gantry crane으로 지상에 반출하며 넓은 버력 적치장이 필요하고 작업구 규모가 커야 한다.

㉡ 광차(Muck car)를 직접 인양하는 방법

버력을 실은 광차를 작업구에서 gantry crane으로 직접 인양하여 지상의 호퍼(hopper)에 보관한 후에 반출한다.

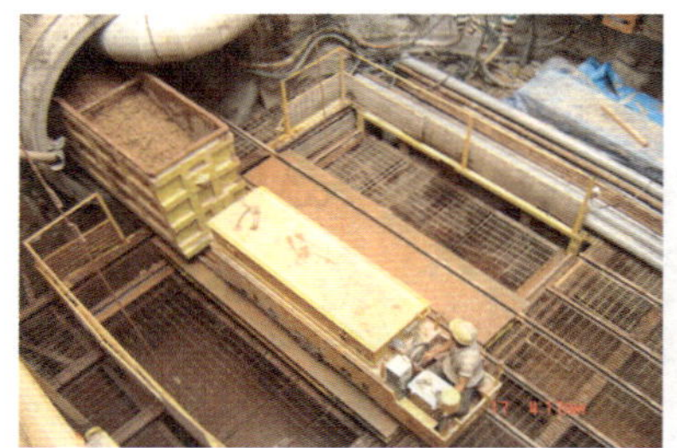

(a) Muck car 반출 ⇨ 작업구

(b) Muck car를 수직구 상부로 인양

(c) 버력의 수직구 외부 적치

그림. Muck car를 직접 인양하는 방법

㉤ 세그먼트의 설치

세그먼트는 터널의 안정성, 방수, 각종 설비와 교통 등의 하중을 지지하여 굴착 중이나 완성 후에 변형이 발생하지 않아야 한다. 쉴드 터널에서 세그먼트는 토압과 수압을 지지하고 쉴드기 추진을 위한 반력대의 역할을 한다.

세그먼트는 강성이 크고 지반하중에 의한 변형량이 매우 작아서 지반침하에 미치는 영향이 적지만 대심도의 불량한 지반은 주의가 필요하다.

그림. 세그먼트 Erector

㉠ 세그먼트의 종류

세그먼트는 재질, 형상, 이음방식에 따라서 구분하며 재질은 콘크리트, 강재, 합성(콘크리트+강재)세그먼트로 분류하고 형상은 상자형과 평판형이 있다. 쉴드공법의 초기에는 강재세그먼트가 많이 사용되었으나 최근에는 철근 콘크리트세그먼트를 일반적으로 사용한다.

표. 세그먼트의 종류

재 료	· 강재세그먼트	· 덕타일세그먼트	· RC세그먼트	· 합성세그먼트
형 상	· 상자형	· 평판형	· 골게이트형	

(a) RC세그먼트

(b) 덕타일(Ductile)세그먼트

(c) 강재세그먼트

그림. 세그먼트의 종류

철근 콘크리트세그먼트는 부식의 염려가 적고 제작비가 저렴하여 강재보다 경제성이 우수하고 강재세그먼트는 횡갱 연결부 등에서 향후 추가공사에서 설치한 세그먼트를 제거하는 경우에 제한적으로 사용한다.

쉴드기의 굴착과 함께 세그먼트를 반력대로 이용하여 쉴드기가 전방으로 추진되고 세그먼트의 내부공간에 터널 내의 각종 공급설비와 버력 반출설비가 설치되므로 세그먼트는 터널의 용도, 세그먼트 강도, 내구성, 시공성을 고려하여 선정한다.

㉡ 세그먼트의 제작

세그멘트는 공장에서 가공된 철근을 설치하고 콘크리트를 타설한 후에 세그먼트의 표면 마감, 증기양생, 탈형, 수중양생을 하여 제작하고 현장에 운반한 세그먼트는 수팽창지수재를 부착하고 터널 내로 운반하여 조립한다.

(a) 콘크리트 타설

(b) 콘크리트 양생

(c) 세그먼트 운반과 야적

그림. 콘크리트 세그먼트 제작

㉢ 세그먼트의 배열

ⓐ 일반형 세그먼트(Standard segment)와 테이퍼형 세그먼트(Tapered segment)

일반형 세그먼트는 평면상에서 좌,우,상,하의 길이가 모두 같아서 여러 개를 연결하여도 굴진 노선의 방위각에 영향을 주지 않는다. Taper형 세그먼트는 각 위치에서 길이가 다르므로 평면상에서 설치각도만큼 방위각에 변화를 주어서 곡선을 시공한다.

일반형과 테이퍼형을 적절하게 조립하여 곡선반경을 조절하고 최대 곡률반경은 일반형과 테이퍼형 세그먼트의 조합으로 곡선의 시공이 가능하다.

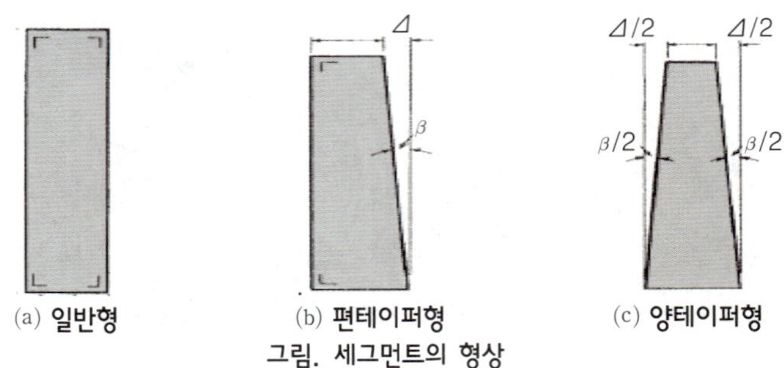

그림. 세그먼트의 형상

ⓑ 세그먼트의 배치

- 세그먼트는 각 링을 지그재그로 배치하면 터널 굴진방향으로 작용한 유압실린더의 추력이 K형 세그먼트에 집중되지 않아서 세그먼트의 손상이 방지된다.
- 세그먼트 이음부에 외부하중이 집중되지 않게 분산하여 링간 결합력을 향상시키고 세그먼트 이음부가 누수에 취약한 십(+)자 형태가 발생하지 않도록 한다.

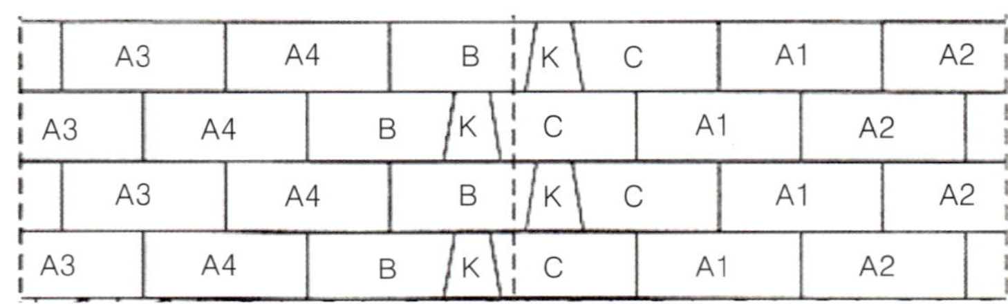

그림. 세그먼트의 지그재그 배치

㉣ 세그먼트 투입

세그먼트는 터널 굴진에 지장을 초래하지 않도록 항상 3일 정도의 굴진 예상량을 야적장에 준비해야 한다. 현장에 도착한 세그먼트는 현장야적장에서 수팽창지수재를 부착하고 1일이 경과한 후에 터널 내부로 세그먼트를 투입한다.

㉤ 세그먼트의 조립

ⓐ 세그먼트의 분할

- 한 링의 세그먼트는 분할 수가 적을수록 조립시간이 단축되고 이음부의 길이가 감소하여 방수에 유리하다.
- 세그먼트의 크기는 쉴드 TBM 내부의 작업공간과 이렉터의 용량 에 의하여 결정한다.
- 세그먼트 링의 분할 수는 세그먼트 제작, 조립속도, 운반, 취급의 편의성에 관련되므로 적절하게 분할이 이루어져야 시공에 유리하다.
- 직경 7~8m의 쉴드터널은 일반적으로 6개의 세그먼트와 1개의 K형 세그먼트로 구성되어 있다.

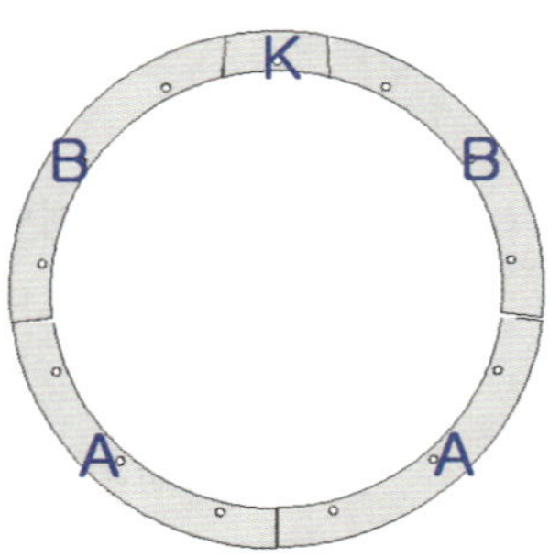

그림. 세그먼트의 분할 형태

ⓑ 세그먼트의 폭

세그먼트 폭은 운반과 조립에 편리하고 터널 굴진의 효율성을 위하여 길게 계획하고 곡선구간은 세그먼트의 폭이 작은 것이 유리하다.

ⓒ 세그먼트의 조립과 투입

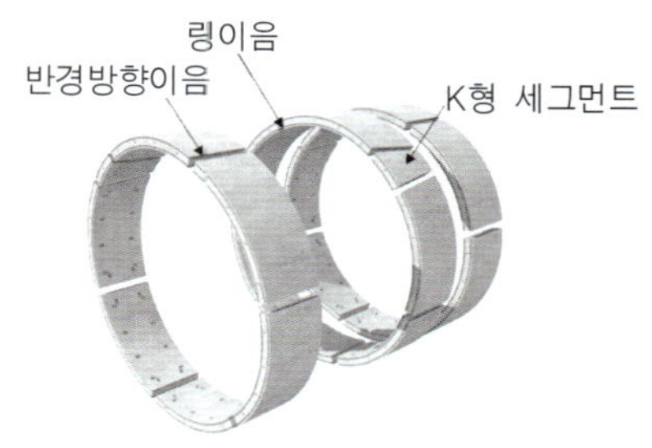

그림. 세그먼트의 세부 명칭

세그먼트의 조립은 K형 세그먼트의 조립방식에 따라서 상향삽입식과 축방향삽입식이 있다. 반경방향의 상향삽입식은 shield Jack의 길이를 세그먼트 폭으로 제작하므로 장비 길이가 축소되고 제작비용이 감소한다.

상향삽입식은 조립된 세그먼트 단면이 사다리꼴 모양으로 횡이음부가 내측으로 열린 형상이므로 갑작스럽게 하중이 작용하거나 뒷채움 주입압의 상승으로 세그먼트가 내측으로 밀려서 체결볼트의 전단파괴가 발생하면 K형 세그먼트가 터널 내로 붕락할 수 있다.

축방향삽입식은 세그먼트 주변의 과다한 토압과 외력에 의한 세그먼트의 변형을 방지하는 형식으로 K형 세그먼트가 쉴드기 전방에서 종방향으로 삽입되어 조립이 복잡하지만 설치 후에 세그먼트의 외측에 작용하는 하중에 저항성이 우수하다.

표. 세그먼트 투입방법의 비교

축방향삽입식	상향삽입식
· 세그먼트 폭의 1/3에서 수평으로 삽입 · 세그먼트 주변의 토압, 수압, 뒷채움재 주입압 등의 영향에 유리 · 세그먼트 폭의 1/3 위치에서 조립하므로 넓은 조립공간이 필요	· 터널 내측에서 외측으로 세그먼트를 반경방향으로 밀어서 조립하므로 협소한 공간에서 작업이 가능 · 세그먼트 연결면이 터널 중심과 경사져서 수압, 토압, 축력에 의한 전단파괴에 불리

ⓓ 조립 여유량(Clearance)

Clearance는 세그먼트 조립시에 쉴드 후통부의 내면과 세그먼트가 밀착되지 않게 하부에 bar를 설치하여 형성되는 공간이다. 세그먼트와 쉴드기가 밀착되어 굴진시에 세그먼트 구속력에 의하여 쉴드기 제어에 지장이 없고 세그먼트의 조립시에 여유공간을 확보하며 조립오차, 세그먼트의 휨, 쉴드 테일부의 휨을 고려하여 실드 외경에 따라서 여유량을 선정한다.

쉴드 외경	D < 4m	4m ≦ D<6m	6m ≦ D < 8m	8m ≦ D < 11m
여유량(C)	20mm	20mm	30mm	40mm

㉥ 세그먼트의 연결

쉴드 터널의 복공은 세그먼트가 일체화된 ring을 형성하여 완성되며 세그먼트의 이음은 횡방향 이음, 각각의 세그먼트 이음과 종방향의 ring이음이 있다. 세그먼트간의 연결은 볼트박스방식, 경사볼트방식, 곡선볼트방식 등이 있고 이음부의 누수를 방지하도록 합성고무재, 복합고무재 등의 씰(seal)재를 연결부에 사용한다.

㉠ 볼트박스(Steel pocket) 방식

볼트박스방식은 가장 널리 사용되는 체결방식으로 세그먼트의 변형량이 적어서 구조적으로 안정성이 있다. 그러나 볼트박스는 매입부분이 가장 취약하고 시공 중에 쉴드 jack의 압력에 의한 볼트박스 주변에 균열이 발생하면 누수와 철물이 부식할 수 있다.

㉡ 경사볼트(Inclined bolt) 방식

볼트박스방식보다 조립이 빠르고 철물이 적게 노출되어 부식의 우려가 적다. 금속 재질의 매립전은 작은 오차에도 볼트의 체결이 곤란하여 정밀한 시공이 필요하다. 경사진 단면이므로 지수재를 1열 이상 설치가 곤란하여 1차지수가 실패하면 볼트를 통한 누수의 위험이 있다.

㉢ 곡볼트(Ring bolt) 방식

체결력이 양호하고 Jack 추진력에 대한 반력이 우수하며 볼트 체결을 위한 철물을 최소로 사용하므로 단면 손실이 적어서 볼트박스보다 미관이 양호하다. 세그먼트 두께가 얇으면 지수재의 2열 설치가 불가능하여 지수재의 1차지수가 실패하면 누수의 위험이 있다.

㉣ 핀(Pin) 방식

세그먼트 연결부의 조립이 다른 방식보다 용이하며 볼트 연결을 하는 공간이 없어서 내면이 미려하고 조립시간이 단축되지만 조립된 상태에서는 해체가 어렵고 연결부의 체결력이 떨어져서 진원 형성이 어렵고 누수에 취약하다.

그림. 볼트박스 방식

그림. 경사볼트 방식

그림. 곡볼트 방식

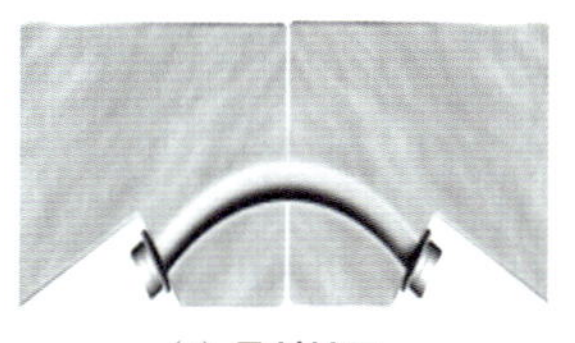
(a) 곡선볼트

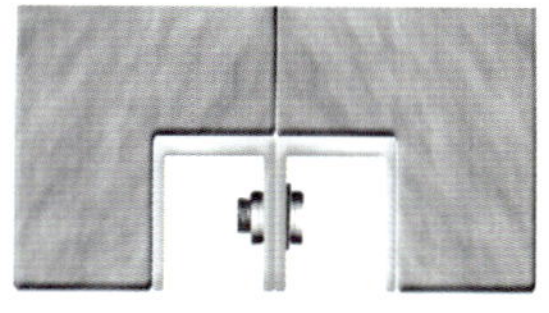
(b) 볼트박스

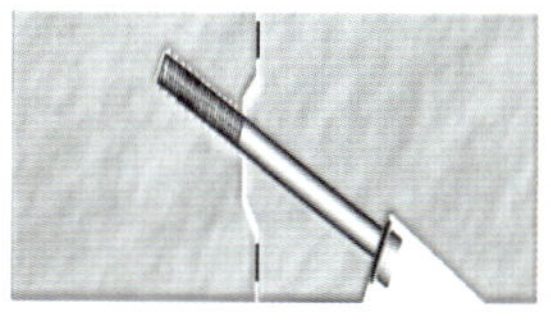
(c) 경사볼트

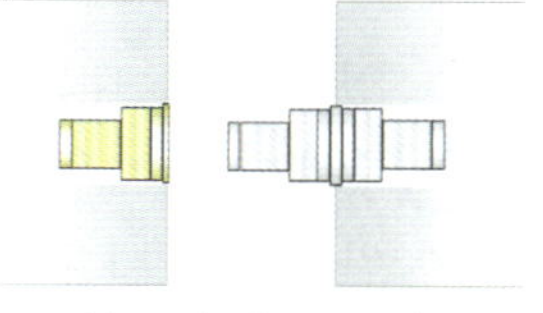
(d) 조립봉(pin방식)

그림. 세그먼트의 연결방법

㉶ 세그먼트의 시공오차

㉠ 세그먼트 링의 중심선 : 50mm 이하

㉡ 세그먼트 링의 내경 : 25mm 이하

㉢ 세그먼트 링의 내부 형상(중심선과 내경) : 62.5mm 이하

㉣ 세그먼트의 수평과 연직방향의 직경 : 20mm 이하

㉤ 세그먼트의 모서리 연결부 엇갈림 치수 : 6mm 이내

㉥ 세그먼트의 둘레 : 수평 직경 ± 40mm 이하

㉦ 세그먼트 간의 단차 : 5mm 이하

(a) 세그먼트 인양과 작업구 이동

(b) 세그먼트 대차에 적재

(c) 터널내 세그먼트 대차 운반

(d) 세그먼트 대차의 180° 회전

(e) 리프트로 인양하여 호이스트로 운반

(f) 세그먼트 조립(Erector)

그림. 세그먼트의 터널내 투입 ⇨ 운반 ⇨ 조립

㉷ 세그먼트의 뒷채움주입(Backfill grouting)

쉴드 내부에서 세그먼트가 조립되면 세그먼트와 굴착한 지반의 사이에 발생하는 공극(tail void)이 지반 침하의 주된 원인이므로 뒷채움주입이 중요하다. 뒷채움주입은 지반침하의 억제와 세그먼트와 지반을 일체화시키고 곡선 시공시에 세그먼트의 원주 외측으로 이동과 변형을 방지하므로 세그먼트의 이음과 볼트구멍에서 방수기능을 가지게 한다.

뒷채움주입으로 공극이 충진되어 지수성이 향상되면 주변 지반의 탈수와 지반변형을 억제할 수 있고 터널 내의 누수가 억제되어 방청과 방식의 효과가 있다.

뒷채움은 토압을 세그먼트에 균등하게 발생시켜서 역학적으로 안정해지고 쉴드기의 추진을 위한 반력대로 사용되는 세그먼트가 안정된 형상이 되어 큰 반력을 기대할 수 있다.

㉠ 뒷채움 주입재료의 구비조건

ⓐ 블리딩(bleeding) 등의 재료분리가 발생하지 않을 것

ⓑ 주입 후의 경화현상에 의한 체적 감소율이 적을 것

ⓒ 원지반에 상당하는 균일한 조기강도가 얻어질 것

ⓓ 유동성과 수밀성이 양호할 것

ⓔ 한정된 범위에서 충진성이 우수할 것

일반적으로 지반이 안정한 상태에서는 뒷채움재를 굴진과 동시에 주입할 필요가 없으므로 1액형 주입재를 사용하고 지반이 불안정한 실트층과 붕괴성 사질토지반은 굴진과 동시에 테일 보이드에 동시주입이 가능한 재료를 사용하며 이수식 쉴드는 이수의 영향을 받지 않게 2액형 순결형을 사용하는 경우가 많다.

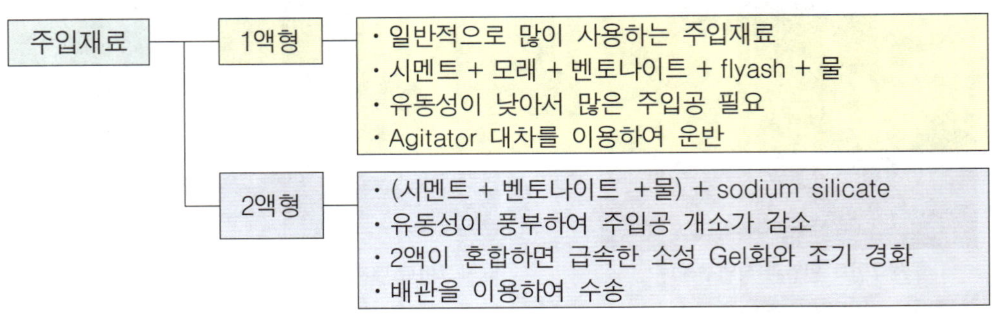

그림. 주입재료의 특성

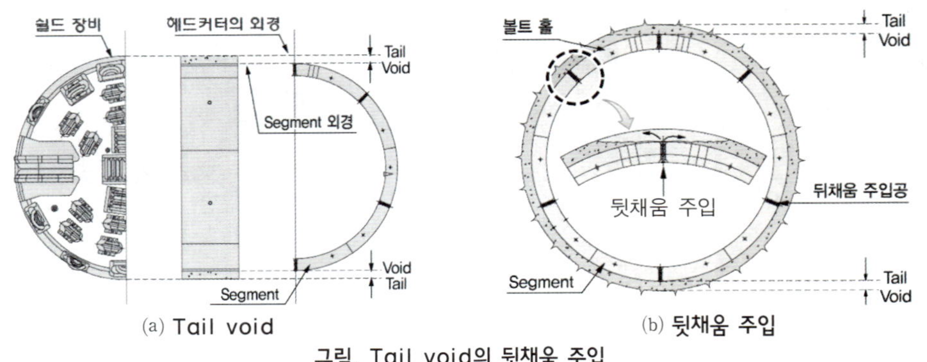

(a) Tail void (b) 뒷채움 주입

그림. Tail void의 뒷채움 주입

㉡ 뒷채움 주입시기와 방법

세그먼트의 뒷채움은 쉴드의 추진과 동시 또는 추진 후에 tail void를 완전히 충진해야 한다. 주입방법은 지반조건에 따라서 결정되므로 굴착면의 붕괴가 우려되는 사질토, 사력층, 연약한 점

성토는 tail void의 발생과 동시에 뒷채움 주입을 하고 지반이 견고하여 tail void가 일정한 기간 유지되는 경우는 후방주입을 실시한다.

표. 뒷채움재의 주입 위치와 주입 시기

구 분	주입 위치와 주입 시기
후방주입	수 Ring 후방의 세그먼트에서 주입
즉시주입	1-ring의 굴착이 종료된 후에 1-ring 분량을 주입
반 동시주입	굴진 중에 grout hole이 tail seal에서 이탈하면 동시에 주입
동시주입	쉴드 굴진과 동시에 주입(쉴드기 내에서 주입)

ⓐ 동시주입(Simultaneous injection)

쉴드기 추진에 따라서 세그먼트 주입공, 테일부 외측의 주입관에서 주입하며 세그먼트의 설치와 동시에 충진하여 효과가 우수하다. 또한 주입 시에 재료의 고결시간이 너무 빠르거나 가소성을 유지하는 시간이 짧으면 주입관 내의 저항이 증가하여 주입 압력이 상승하거나 주입관이 막힐 수 있다.

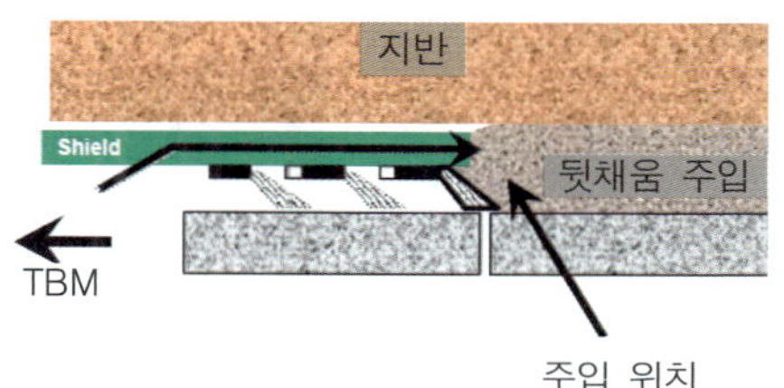

그림. Shield tail seal에서 동시주입

ⓑ 즉시주입(Immediate injecticn)

쉴드 TBM이 1회 굴진을 하고서 굴착면과 세그먼트 사이의 tail void에 주입하는 방법이며 동시주입보다 주입시기가 늦어진다.

ⓒ 후방주입

뒷채움주입을 1액형재료로 실시하면 쉴드의 tail과 굴착면 방향로 주입재가 역류되어 커터헤드의 막힘현상(locking)이 발생할 수 있으므로 굴진 시에 여러 ring의 후방에서 주입하는 후방주입을 많이 사용한다. 그러나 후방주입은 뒷채움 주입시기가 늦어져서 tail void의 붕락으로 뒷채움 주입이 불충분하면 지반 침하가 증가하는 경우가 있다.

표. 주입방법

세그먼트 주입방법			Tail skin 주입 (동시주입)
후방주입	즉시주입	반동시주입	
Shield Tail Segment 주입	Shield Tail Segment 주입	Shield Tail Segment 주입	Shield Tail 주입 Segment
· 후방에서 주입 · 시공이 간편 · 암반층에 적용	· 1링 굴진 후 주입 · 굴착 사이클에 포함	· 주입공이 tail skin에서 이탈하면 주입 · 주입재의 역류 우려	· tail void의 발생과 동시에 주입 · 굴진하면서 주입 · 비점성토에 우수

㉢ 주입량과 주입압

ⓐ 주입량

뒷채움은 tail void가 완전히 채워지게 충분한 양을 적절한 압력으로 주입해야 한다. 이론 공극량보다 주입량이 증가하면 여굴과 누설을 확인하고 예정 주입량이 주입되지 않는 경우는 주입재료의 배합, 주입 시기, 주입 지점, 주입장비를 점검해야 한다.

ⓑ 주입압력

뒷채움 주입의 압력은 세그먼트 주입구에서 굴착면에 작용하는 압력에 0.5~1.0kg/cm^{2}를 추가하여 최대압력은 5.0kgf/cm^{2}로 하고 세그먼트의 강도, 토압, 수압, 이수압을 고려하여 완전한 충전이 가능한 압력을 설정한다. 주입압이 상승하면 세그먼트의 파손과 파괴가 우려되므로 설정된 압력을 유지하는 바이패스(by-pass)를 설치하여 압력을 조절한다.

그림. 뒷채움 주입작업과 주입설비

㉣ 정량주입과 정압주입

뒷채움 주입은 압력에 관계없이 설계량을 주입하는 정량주입과 주입량에 관계없이 설정한 압력에 도달하면 주입을 완료하는 정압주입이 있다. 세그먼트의 뒷채움 주입에서 설계량 이상을 주입해도 압력의 변화가 없으면 여굴, 누설이 예측되므로 지속적으로 주입하고 설계량이 주입되지 않아도 주입압력이 상승하여 세그먼트의 피해가 예상되면 더 이상의 주입은 어려워진다.

㉤ 2차 주입

뒷채움의 주입 후에 미충진된 부위의 완전한 충진과 주입재료의 체적이 감소된 부분에 대한 보충과 지수효과를 높이기 위하여 세그먼트의 추진 후에 후방 주입공에서 2차 주입을 실시한다.

㉶ 세그먼트의 방수

㉠ 세그먼트 누수의 원인

쉴드 터널의 누수는 세그먼트의 시공오차, 세그먼트의 과다 변형, 연결부 방수재의 탈락, 내구성 저하, 작업과정에서 발생되는 세그먼트의 파손에 의하여 발생하며 주로 세그먼트 조립시의 시공오차와 과다 변형이 원인이다. 세그먼트의 누수는 콘크리트의 균열로 형성된 유로를 통하여 나오거나 굴진 중에 jack 추력에 의해서 세그먼트의 이음철물 부근에 균열이 유발되어 발생한다.

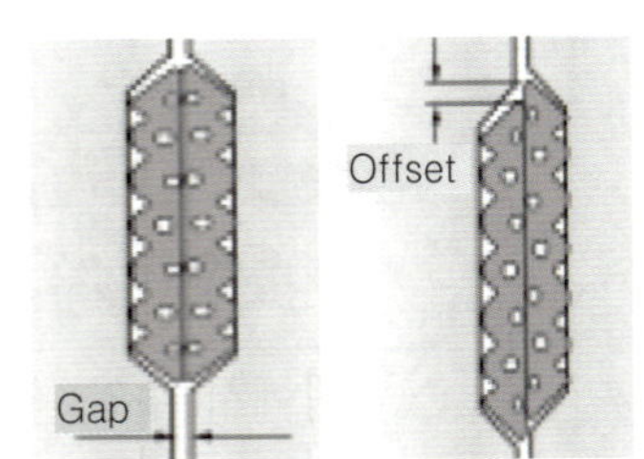

그림. Gap과 Offset

쉴드 터널을 시공하고 시간이 경과하면 높은 수압이 장기간 작용하여 발생하는 누수와 세그먼트의 연결부와 균열부에서 누수가 발생하므로 세그먼트 접합부의 방수가 중요하다.

세그먼트 방수 성능의 저하는 조립시에 시공오차와 과다 변형으로 연결부 방수재의 접촉면적이 감소하는 세그먼트 연결부의 벌어짐(gap)과 엇갈림(offset)에 의하여 발생하고 방수재의 성능은 offset보다 gap의 영향을 받는다. 수팽창지수재의 gap은 2mm 이하를 유지하고 offset에서 수팽창 지수재간의 접촉면적이 60% 이하가 되지 않도록 한다.

㉡ 쉴드 터널의 방수

쉴드 터널은 여러 개로 분할된 세그먼트를 볼트 등으로 연결하여 하나의 ring을 완성하므로 세그먼트의 연결 부위가 많으면 방수에 불리하다. 세그먼트의 방수는 가스켓방수와 수팽창지수재 방수가 있으며 수팽창 지수재는 시공성이 좋으나 장기적인 방수에 불리하고 가스켓은 다소 시공성이 떨어지지만 장기적인 내구성이 우수하다.

ⓐ 수팽창성 고무지수재

수팽창성 고무지수재는 세그먼트의 이음면에 부착되어 물과 반응하면 체적이 팽창하여 지하수의 침투를 차단한다. 지수재는 물과 접촉하여 체적이 팽창하지만 팽창반응이 서서히 진행하므로 완공이 되고서도 누수현상이 발생할 수 있다. 지수재는 취급이 용이하고 효과가 우수하지만 지하수상태에 따라서 체적의 팽창과 감소가 반복되어 재료의 물리적 변화에 따른 열화현상이 나타날 수도 있다.

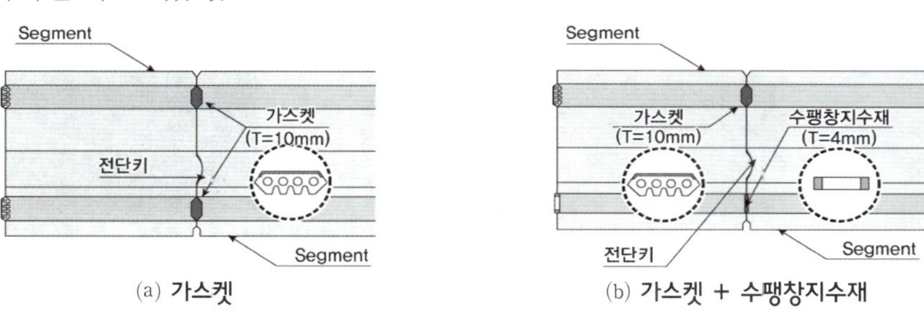

(a) 가스켓 (b) 가스켓 + 수팽창지수재

그림. 수팽창지수재와 가스켓의 설치

ⓑ 가스켓(Gasket)

EDPM(ethylene propylene dine monomer)재질의 가스켓은 내구성이 좋은 고무에 파형의 요철과 내부 공극의 배열에 의하여 복합적인 반발 탄성력과 압축력을 가지고 세그먼트 이음부에서 누수를 차단하므로 반영구적인 지수가 가능하다. 가스켓의 체결력이 떨어지게 세그먼트가 조립되어 완전한 압축이 이루어지지 않으면 차수가 어려워진다.

그림. segment gasket

ⓒ 세그먼트 라이닝의 방수

세그먼트의 방수는 지하수의 침투에 대한 뒷채움주입, 세그먼트 이음부의 방수, 코킹방수, 세그먼트 연결용 볼트공의 방수, 뒷채움 주입공의 방수를 적용한다.

제6장

㉶ 선형관리(측량)

쉴드 TBM 터널의 시공에서 계획 선형에 따라서 굴착하도록 세그먼트를 설치한 상태를 확인하는 측량이 중요하며 허용 시공오차를 벗어나지 않게 관리해야 한다. 자동식 tunnel guidance system이 터널 굴착 중에 계속적으로 쉴드의 위치와 방향을 추적한 자료는 운전실의 모니터에 실시간으로 나타나므로 운전원이 설계 선형에 따라서 쉴드를 굴진하고 추진한다.

㉠ 시공 중 측량(Construction stage, 터널 내 측량)

시공 중에는 터널 방향과 중심선에 따른 정밀한 세그먼트의 조립과 설치를 위하여 터널 내 측량을 실시한다.

ⓐ 지표면의 기준점을 발진수직구의 터널 기준점으로 이동하여 설치한다.

ⓑ 터널 내 측량을 위한 기준점은 작업구 내부의 쉴드 추진에 영향이 없는 시점부에 견고하게 설치하고 관측점은 100m 단위로 설치한다. 터널내 측점은 굴진의 진행에 따라서 터널 외부와 내부의 인조점을 이용하여 확인한다.

ⓒ 터널 내 측량은 터널의 굴진에 따라서 TBM후방에서 double zigzag traverse에 의하여 터널측점을 이동하고 임시측점은 후방설비의 세그먼트 하단부에 설치한다.

그림. 쉴드 터널 내 zigzag 측량

ⓓ TBM의 절대공간좌표는 TBM bulkhead에 고정한 프리즘 target에 레이저를 투시하며 터널 guidance system과 2방향 경사계가 동시에 3방향에서 회전량과 굴진방향을 측정하여 결정한다.

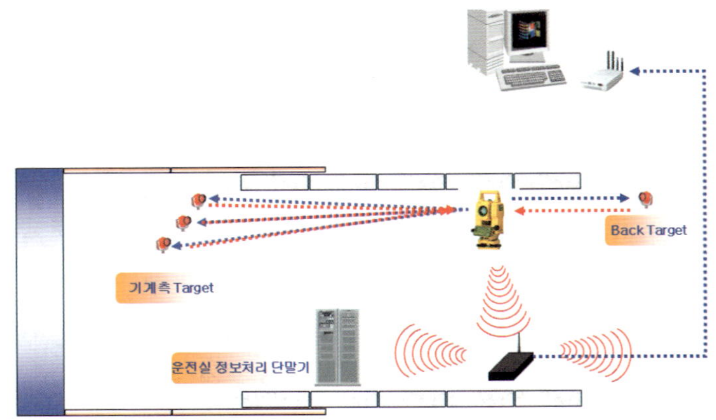

그림. 쉴드터널의 자동 측량장치

㉡ 완성 후 확인측량

ⓐ 8점의 wriggle survey를 세그먼트 단면에서 실시하여 시공오차의 확인과 세그먼트 직경의 치수오차를 확인한다.

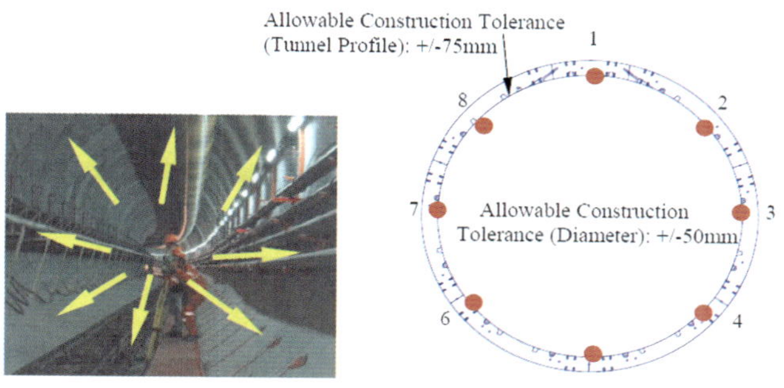

그림. Standard 8-point wriggle survey

ⓑ Back-up설비의 후방에서 세그먼트 링의 측량

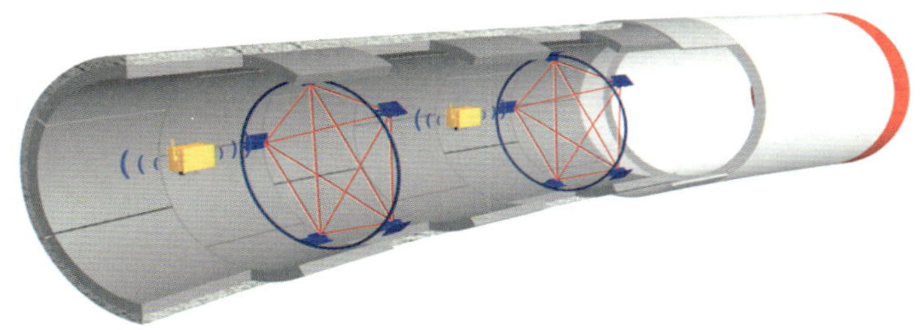

그림. 세그먼트의 내공변위 측정시스템

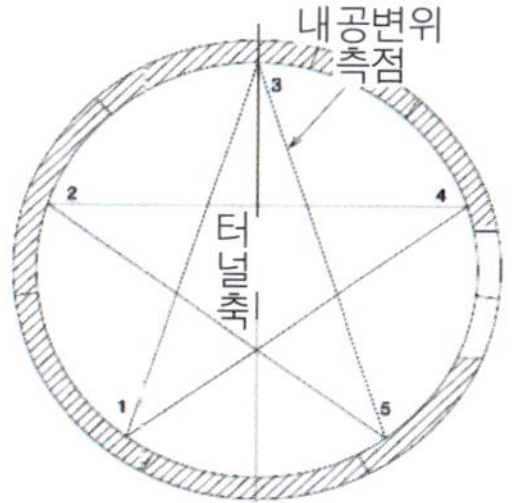

그림. 내공변위의 측점 배치

ⓒ 터널의 변형(Displacement of tunnel)

쉴드 터널이 tail skin에서 세그먼트 링이 이탈될 때에 좌우의 수평이동보다 상하로 발생한 연직이동은 세그먼트의 뒷채움 주입이 적합하지 않으면 터널의 융기현상을 일으킬 수 있고 연약한 지반에서 터널의 과굴착은 세그먼트 자중에 의한 침하를 유발한다.

㉸ 쉴드 굴진시의 지표침하와 계측

㉠ 쉴드 터널의 굴착으로 인한 지표침하의 특징

ⓐ 단기 또는 즉시 침하

터널 굴착으로 지반응력이 해방되어 발생하는 침하는 굴착면의 안정성, 굴진속도, 세그먼트 설치, tail void의 뒷채움 시기의 영향을 받으며 침하는 쉴드기가 굴착면에 도달하기 전부터 발생하고 뒷채움재가 경화하여 세그먼트가 저항능력을 가지면 완료된다.

ⓑ 장기 침하

터널 굴착으로 지하수위가 저하되면 지반 내의 간극수압이 감소하여 지반의 압밀과 체적 감소에 의한 침하이며 시공 중의 침하보다 크고 장기간에 걸쳐서 발생한다.

㉡ 쉴드 굴진시의 지표 침하

쉴드 터널은 필요한 단면의 체적보다 큰 체적의 지반을 굴착하므로 이러한 추가적으로 발생하는 굴착단면의 체적을 체적 손실(volume loss)이라고 하고, 굴진방향의 단위 길이당 굴착 단면적의 비로 나타낼 수 있다[체적 손실(V_L)= Volume loss / 굴착 단면적 × 100].

과굴착과 tail void에 의한 반경방향의 변형을 '반경 손실(radial loss)'이라고 하며, 전체 체적의 손실은 반경 손실과 굴착면 손실의 합으로 표현한다.

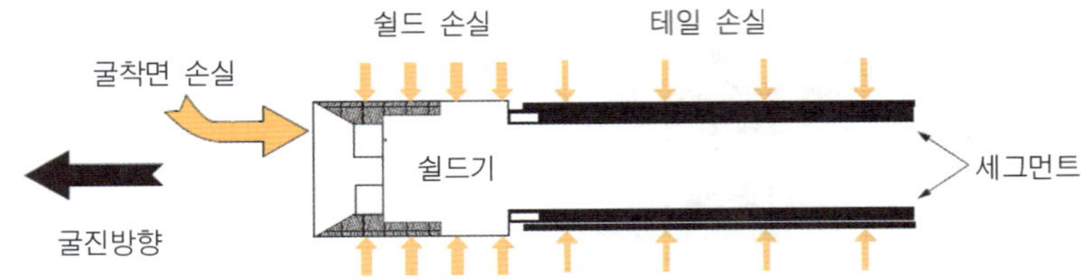

그림. Shield TBM 굴착시 지반손실(Ground loss)

체적 손실은 반경 손실과 굴착면 손실을 최소화하여 감소시키고 반경 손실은 뒷채움 주입압력과 주입량을 적절히 조절하며, 굴착면 손실은 적합한 굴착면의 압력을 유지하여 최소화한다.

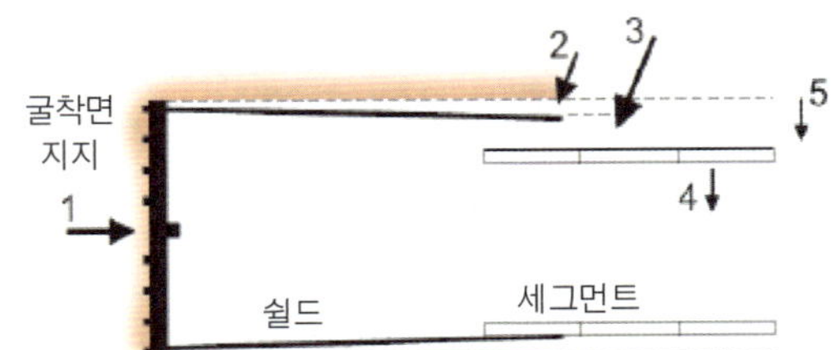

1. 굴착면에서 응력개방에 의한 원지반의 이완 현상
2. 쉴드의 과굴착에 의한 지반침하
3. Tail void의 불충분한 뒷채움주입
4. 세그먼트 복공의 변형과 침하
5. 지하수위 저하에 의한 압밀침하

그림. 쉴드터널 굴착시 지반 변형

㉢ 계측계획

쉴드 TBM은 굴착면 압력의 제어에 따라서 하향침하, 상향의 지표면 변위, 외판(skin plate)의 후방에서 tail void의 영향 등으로 지반변위가 발생하므로 터널의 내·외부에서 효율적인 계측이 필요하다. 쉴드 TBM은 내공변위의 측정과 함께 굴착면의 압력관리와 선형관리를 위한 시공 중의 검측도 중요한 계측사항이다.

표. 쉴드 TBM의 중요 계측사항

구 분	계측(측정)사항
터널내 계측 (쉴드내 측량)	· 굴착면과 쉴드 주변의 압력 · 뒷채움 주입압력과 주입량 · 굴착토사의 배출량(conveyor belt scale)
터널외 계측 (주변 구조물 영향)	· 지중침하계 · 지표면침하계 · 지중경사계(횡방향 변위 : rod extensometer) · 지하수위 측정 · 인접 구조물의 침하와 비틀림

ⓐ 터널내 계측(쉴드 장비와 연계한 계측)

쉴드 터널에 적용하는 터널내 계측항목은 내공변위(convergence), 세그먼트 라이닝의 응력계측, 굴착 중에 굴착면의 압력을 제어하는 굴진제어시스템, 굴진 중에 사행으로 인한 선형오차를 제어하는 방향제어시스템이 있다.

ⓑ 터널외 계측

쉴드 터널의 터널외 계측은 주변구조물에 대한 계측으로 NATM 터널과 유사하고 터널내 계측과 밀접한 관계가 있다. 터널외 계측은 쉴드 터널의 굴진시에 지반의 거동 특성을 반영하여 계획을 수립하며 계측 항목은 터널 상부구간에 대한 지표침하계, 지중경사계, 지하수위계, 건물경사계, 균열계 등이 있다.

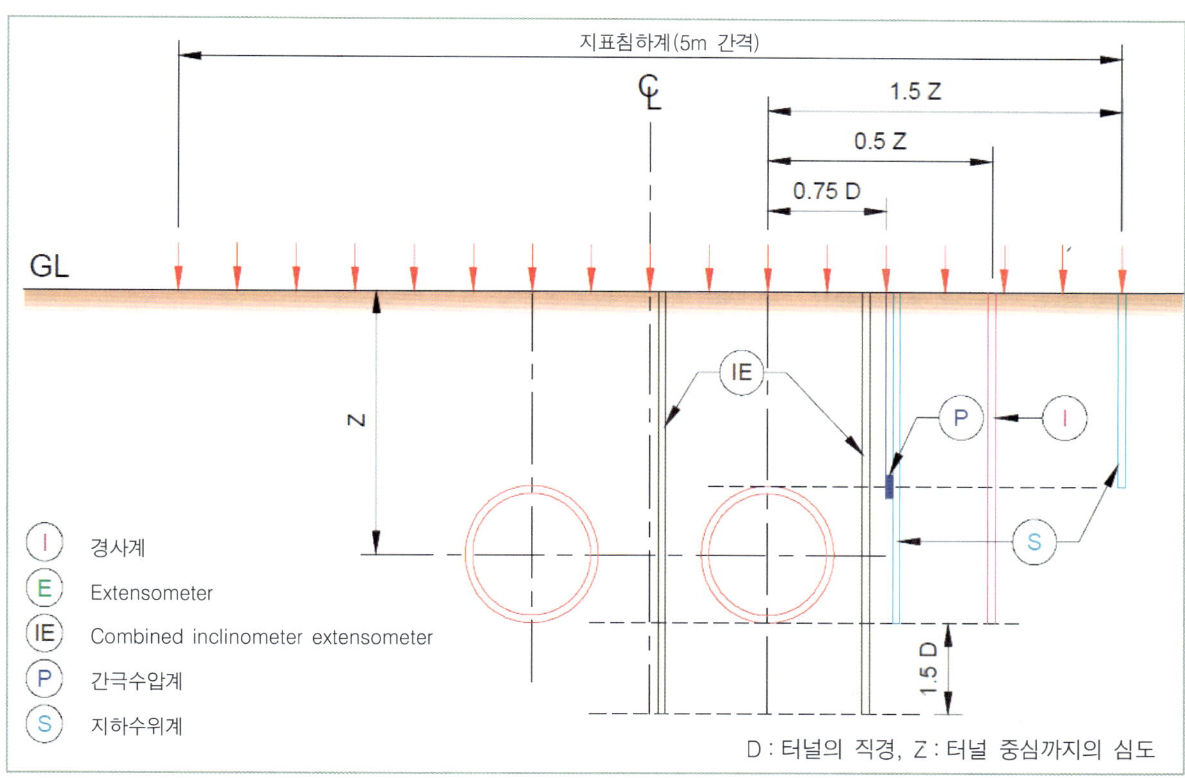

그림. 쉴드 터널의 계측기 배치(사례)

(3) 기타 쉴드공법

1) Microtunnelling(Pipe jacking method)

① 개요

Pipe jacking 방식은 쉴드 선단부에 장착된 굴착용 커터헤드를 회전시켜서 지반을 굴착하고 유압잭으로 굴진기와 추진관을 압입하여 지중에 터널을 형성시키는 공법으로 주로 소구경터널(ϕ4m 이하)에 적용한다. 굴착면의 안정을 위하여 이수가압식 또는 토압식 쉴드를 사용하고 장거리 굴진에서는 중압잭을 설치한다.

② 장비 구성

㉮ 소형 쉴드기(semi-shield machine)

㉯ 유압잭

㉰ 추진관

㉱ 부대설비

㉠ 반력 벽체

㉡ 조작설비(굴진방향, 추진력의 조절)

㉢ 이수액의 생산과 공급설비, 이수액의 처리설비

㉣ 토압 경감을 위한 윤활재의 공급장치

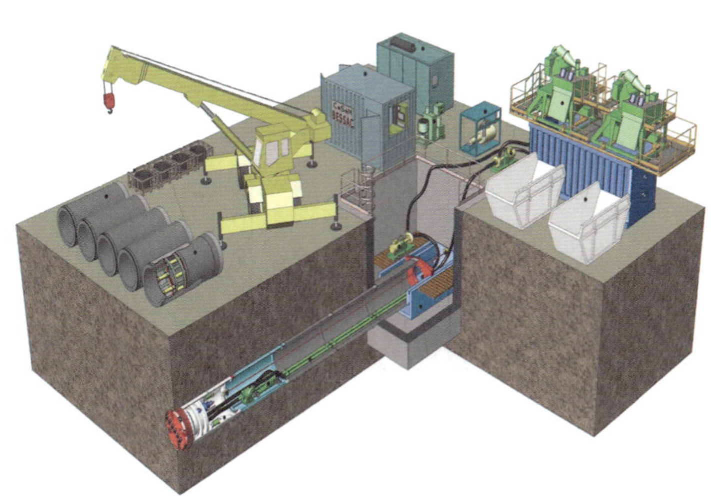

그림. Pipe jacking system의 Slurry shield 장비와 부대설비

③ 시공순서

㉮ 발진 수직구와 추진설비의 설치

㉯ 굴진기(소형 쉴드 등)와 원압장치의 설치

㉰ 각종 플랜트의 설치

㉣ 본 굴진(추진관의 설치와 추진, 윤활재 주입, 중압관 설치)
㉤ 굴진기의 인양과 반출
㉥ 뒷채움주입

(a) 발진과 도달수직구의 설치

(b) 플랜트, 굴진기, 원압장치의 설치

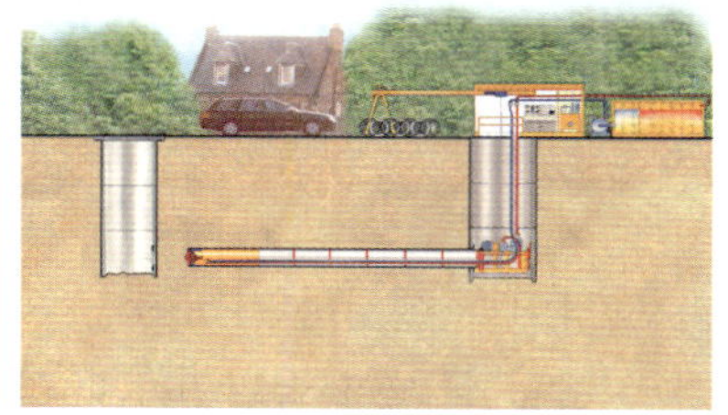
(c) 본 굴진(추진관 추진)과 도달

그림. Micro tunnelling(Pipe jacking)공법의 굴진순서

④ 시공 유의사항

㉮ 각종 부속 플랜트를 설치하는 충분한 작업공간이 필요하다.
㉯ 설치 심도가 얕은 경우는 장애물과 호박돌층의 지반조사가 필요하고 도심지에서는 굴착면의 안정과 지반침하를 방지하는 대책을 수립해야 한다.
㉰ 굴진기는 발진시에 터널 중심과 일치하도록 반력벽과 직각으로 설치한다.
㉱ 유압잭은 추진용량에 여유(20~40%)가 있어야 한다.
㉲ 추진관과 지반사이의 마찰을 감소하는 윤활재는 지층에 따라서 조절하여 사용한다.

2) 메서 쉴드(Messer shield)공법

메서 쉴드공법은 터널의 토피고가 얕은 토사와 풍화토층에 적용하며 갱구부에서 굴착단면의 규격으로 강지보를 설치하고 상부와 측면에 메서 플레이트(messer plate)를 병렬로 배열하여 발진기지를 설치한다. 메서 플레이트의 선행 추진으로 터널 상부의 지반 이완과 굴착면의 붕괴를 방지하면서 강지보재를 연속적으로 설치하여 터널을 구축하며 주로 소단면터널에 적용한다.

① 특성

㉮ 터널 굴착면을 메서 플레이트와 강구조로 지지하여 안정시키고 굴진 후에 토류판과 굴착면의 사이에 공극이 없게 하여 굴착면의 침하를 최소화하면서 터널을 굴착한다.
㉯ 광범위한 지반에 임의 단면으로 굴착이 가능하며 시공이 비교적 용이하다.

② 시공순서

㉮ 발진기지(수직구) 설치 ⇨ 바닥부 콘크리트 타설 ⇨ 내부 지보의 설치 ⇨ 메서 plate 배열 ⇨ 외곽 지보재의 설치
㉯ 지표면에서 터널 주변에 굴착면의 안정, 용수처리, 침하를 최소화하는 보강 그라우팅을 실시한다.

㉰ 가설지보재를 60~80cm의 간격으로 설치하면서 메서를 추진하고 plate tail부에 토류판을 삽입하여 토사하중과 토압을 강재에 균등하게 전달시킨다.

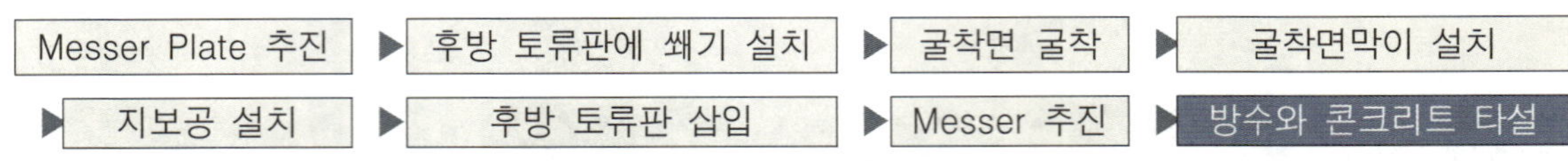

그림. Messer shield 굴착 순서

㉱ 강지보를 조립한 후에 볼트, 타이롯드(tie rod)를 체결하고 굴착이 완료되면 버팀목으로 굴착면 막이를 설치하여 굴착면을 보호한다.

㉲ 터널 굴착이 끝나면 1차 라이닝 콘크리트를 타설하여 지보공 사이의 틈새를 충전시킨다.

(a) 발진기지 설치

(b) 터널 굴착

(c) 방수와 내부 콘크리트 타설.

그림. 메서쉴드의 시공

3) 강관 추진공법

① 개요

강관 추진공법은 철도, 도로, 하천, 제방 등의 하부에 관로를 설치하는 공법이며 개착식 굴착공법의 적용이 지하매설물과 교통 혼잡으로 인하여 곤란한 경우에 강관을 후방 반력벽에 지지하여 유압잭 또는 타격에 의해서 추진시키고 관 내부의 토사는 인력으로 굴착하면서 강관을 용접으로 연결하여 추진한다. 일반적으로 관로길이가 짧을수록 유리하지만 강관의 직경, 토질조건, 지하수위에 따라서 적용성이 다르고, 토사지반은 약 200m까지 시공이 가능하다.

② 추진공법의 특성

㉮ 장점

㉠ 교통량이 많은 도로, 하천 등에 적합하다.

㉡ 토피가 두꺼우면 개착공사에 비하여 시공성이 우수하고 경제적이다.

㉢ 교통 소통에 영향을 주지 않고 공사 중에 소음, 진동이 적게 발생한다.

㉯ 단점

㉠ 일반 개착공법보다 공사비가 고가이다.

㉡ 곡선부의 시공은 시공 정밀도가 떨어지고 지층의 변화가 심하면 시공성이 저하한다.

③ 유압식 추진공법

반력벽에 지지하여 강관을 유압잭으로 추진시키고 관 내부의 토사는 인력으로 굴착하면서 강관을 용접으로 연결하여 추진하는 공법이며 시공 중의 토질 변화에 대한 대응능력이 우수하다.

㉮ 장점

㉠ 소음, 진동이 적고 육안으로 추진 상황의 확인이 가능하다.

㉡ 장거리(100m~300m) 추진이 가능하다.

㉢ 추진과 굴착이 동시에 이루어지므로 오차 범위가 적다.

그림. 유압식 강관 추진공법

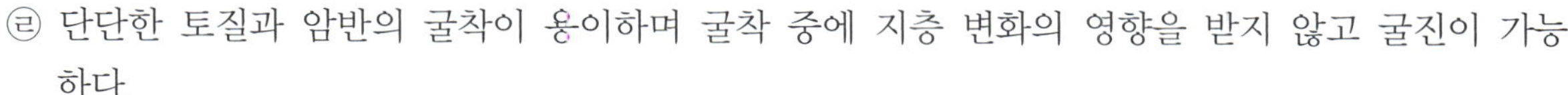

㉣ 단단한 토질과 암반의 굴착이 용이하며 굴착 중에 지층 변화의 영향을 받지 않고 굴진이 가능하다.

㉯ 단점

㉠ 소구경의 시공이 곤란하다.

㉡ 반력벽 설치가 필요하고 타격식보다 공기가 길어진다.

㉰ 시공순서

㉠ 전진과 도달기지에 가시설과 반력벽을 설치하고 바닥 콘크리트 타설

㉡ 추진관의 수평과 중심선을 확인하고 추진 레일, 유압장치, jack, winch 등을 설치

㉢ 선단 슈를 보강한 선도관의 추진과 추진관 내부의 토사를 반출(반복작업)

㉣ 후속관을 연결하여 반복 굴착으로 강관 추진을 완료

㉤ 추진기와 가시설을 철거하고 되메우기

(a) 발진기지 가시설 설치

(b) 바닥 콘크리트 타설 + 추진 레일 설치

(c) 추진기 조립과 설치

(d) 강관 추진작업

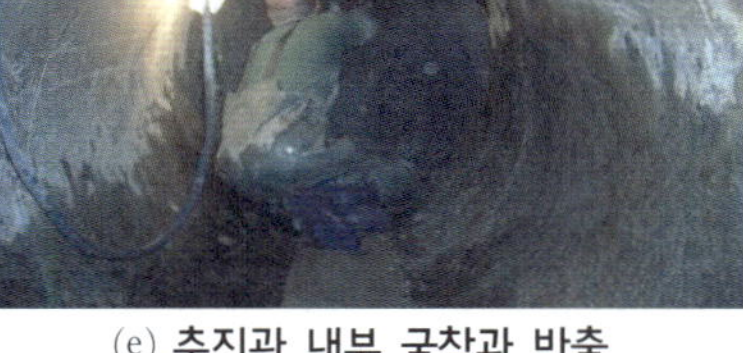

(e) 추진관 내부 굴착과 반출

(f) 강관 추진 완료

그림. 유압식 강관 압입 시공순서

그림. 유압식 강관 추진공법

④ 타격식 강관 추진공법

타격식 강관 추진공법은 압축공기를 이용하여 추진관을 타격하면서 추진하고 추진관 내부의 토사는 압축공기로 제거하여 관로를 형성하며 시공속도가 빠르고 시공성이 양호하다.

그림. 타격식 강관 추진장비

㉮ 장점

㉠ 시공속도가 빠르고 굴착면 붕괴의 위험이 적음
㉡ 소구경 관로(ϕ300~700mm)의 시공이 가능
㉢ 반력벽이 불필요
㉣ 공기가 짧고 공사비가 저렴

㉯ 단점

㉠ 소음, 진동으로 인한 민원이 우려
㉡ 시공 오차가 크고 장거리 추진이 곤란
㉢ 암반층의 추진이 곤란하고, 토사층은 추진이 가능
㉣ 대구경(ϕ800mm 이상) 강관은 추진이 곤란
㉤ 주변 지장물과 소형 구조물에 진동 영향

그림. 추진관 내부의 토사 제거

㉰ 시공순서

㉠ 발진과 도달기지에 가시설을 설치
㉡ 추진관의 추진레일을 설치
㉢ 선도관을 보강하고 추진기를 강관에 장착하고 타격하여 추진
㉣ 선도관에 후속관을 접합하면서 반복적으로 추진
㉤ 장비와 부속자재를 철거하고 압축공기로 추진관 내부의 토사를 제거
㉥ 추진관의 내부에 본관을 부설하고 관사이의 공극에 모르터 그라우팅을 실시
㉦ 강관의 설치가 완료되면 가시설을 철거하고 발진과 도달기지를 되메우기

제7장
콘크리트공

콘크리트공 7

1 개 설

콘크리트는 시멘트, 물, 모래, 자갈 등으로 만들어지는 복합재료로서 비균등질이고 비탄성적인 성질을 가지며 하중이 지속적으로 작용하면 변형이 증가하고 건조 등에 의하여 수축된다. 콘크리트는 압축강도에 비하여 인장강도가 매우 적어서 인장응력에 의한 균열이 발생하기 쉽다. 시멘트 콘크리트의 약칭인 콘크리트는 시멘트와 시멘트풀에 의하여 모래와 자갈 등의 골재를 접착하거나 결합해서 만든다. 콘크리트는 인간이 발명한 구조재료 중에서 가장 경제적이며 내구성이 우수한 재료로서 자연에서 얻어지는 석회석, 점토 등의 광물자원의 원료를 배합한 후에 약 1,450℃의 열을 가하여 소성하기 때문에 원료 채취와 에너지원의 사용 등에서 생산량이 증가할수록 지구환경에 악영향을 미치는 역기능이 있다. 그러나 콘크리트를 활용한 인간의 주거환경의 개발 등의 순기능이 더 크고 다른 건설재료보다 경제성이 우수하여 앞으로도 지속적으로 많은 사용이 예상되는 중요한 건설재료이다.

2 콘크리트의 재료

콘크리트는 무기질 또는 유기질의 결합재인 시멘트풀에 의하여 골재를 결합하고 성형하는 혼합물과 경화체이며 골재의 종류, 혼합, 운반, 타설 등의 시공방법에 따라서 구분한다.

콘크리트 재료의 구성은 용적으로 약 70%가 골재이고, 나머지 30%가 시멘트 등의 결합재이다. 결합재는 골재사이의 공극을 채워서 굳지 않은 콘크리트가 유동성을 갖게 하고 수화된 후에는 골재와 결합하여 경화체로서 강도를 가지게 한다.

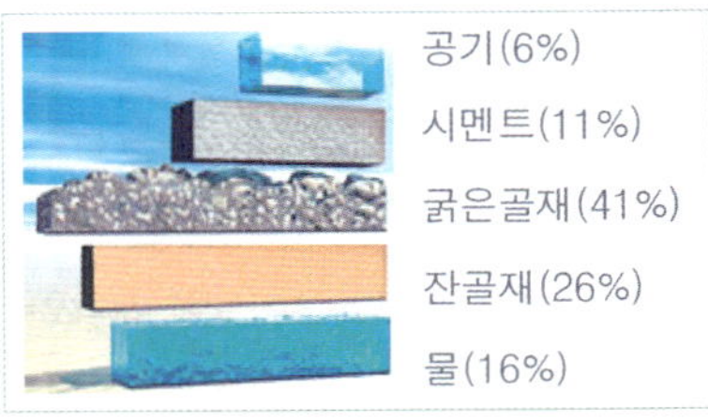

그림. 콘크리트의 구성재료

(1) 시멘트

시멘트는 일반적으로 포틀랜드시멘트(portland cement)를 의미하고 넓은 의미의 시멘트는 고형물 또는 그 표면과 결합하여 굳는 가소성의 물질인 무기질 접착재를 의미한다. 시멘트는 물 또는 수용액과 혼합할 때에 반응하여 경화하는 무기질재료이며 소석회, 마그네시아 시멘트, 석고 등의 기경성시멘트와 포틀랜드시멘트, 혼합시멘트, 알루미나시멘트, 초속경시멘트 등의 수경성시멘트로 분류한다.

수경성시멘트는 2,000년 전부터 로마시대의 건축물에 사용되었고 물과 접촉하면 느린 속도로 경화하는 석회와 화산재를 원료로 사용하였다. 영국의 J.Aspdin이 1824년에 석회석을 구워서 만든 생석회에 물을 가하여 미분말의 소석회로 만들고 점토를 혼합하여 800℃까지 소성한 클링커를 미분쇄하여 제조하는 포틀랜드시멘트를 발명한 후에 오늘날의 시멘트로 발전되어 왔다.

콘크리트의 구성재료 중에서 가장 중요한 시멘트는 물과 시멘트의 수화(hydration)에 의하여 굳는 성질을 이용하며 포틀랜드시멘트(KS L 5201)는 「주성분인 석회, 실리카, 알루미나, 산화철을 함유하는 원료를 적당한 비율로 충분히 혼합하여 그 일부가 용융하여 소결된 클링커에 적당량의 석고를 투입하여 분말로 한 것」이라고 규정하고 있다.

시멘트에 물만 넣어 반죽한 것을 시멘트풀(cement paste), 시멘트와 잔골재를 물로 반죽한 것을 모르타르(mortar)라고 한다.

1) 시멘트의 구성 화합물

시멘트는 석회석, 점토 등의 원료를 혼합하여 분쇄한 원료혼합물을 고로(kiln)에서 소성하여 생성된 클링커에 약간의 석고를 첨가하고 미분쇄하여 만들어진다. 시멘트를 구성하는 화학성분은 산화칼슘(CaO), 실리카(SiO_2), 산화알루미늄(Al_2O_3), 산화제2철(Fe_2O_3) 등이 있고 시멘트의 소성과정에서 서로 반응하여 시멘트 화합물(시멘트 광물)로 된 클링커가 된다.

표. 클링커를 구성하는 주요 화합물

종 류	특 성	
Alite	$3CaO \cdot SiO_2$ (C_3S)	미량의 Al, Fe, Mg, 알칼리 등을 함유
Belite	$2CaO \cdot SiO_2$ (C_2S)	
Aluminate	$3CaO \cdot Al_2O_3 (C_3A)$	소량의 Si, Mg, 알칼리 등을 함유
Ferrite	$4CaO \cdot Al_2O_3 \cdot Fe_2O_3 (C_4AF)$	

[주] CaO : C, SiO_2 : S, Al_2O_3 : A, Fe_2O_3 : F로 표현

클링커를 구성하는 화합물은 규산칼슘이 가장 많고 알라이트(alite)와 벨라이트(belite)가 있으며 보통 포틀랜드시멘트는 alite가 45~60%, belite가 15~30%로 약 70~80%를 차지한다. 이외에도 이들 결정의 공극을 채우고 있는 물질은 aluminate와 ferrite가 있다. 이러한 화합물은 각기 성질이 달라서 빨리 굳는 성질을 가진 것과 굳을 때에 수화열을 많이 발생하는 것이 있고 화합물의 양에 따라서 시멘트의 굳는 성질도 달라진다.

표. 중요 화합물의 특성

특 성		화 합 물			
		Alite(C_3S)	Belite(C_2S)	Aluminate(C_3A)	Ferrite(C_4AF)
강도	단기	크다	작다	크다	작다
	장기	크다	크다	작다	작다
수화열		많다	적다	아주 많다	중간
화학저항성		중간	크다	적다	중간
건조수축		중간	적다	크다	적다

2) 시멘트의 종류

① 포틀랜드시멘트

포틀랜드시멘트의 주성분은 산화칼슘(CaO), 실리카(S_iO_2), 산화알루미늄(Al_2O_3), 산화제이철(Fe_2O_3)이며 이들 성분이 함유되어 있는 원료 혼합물을 약 1,450℃까지 가열하여 만든 클링커에 석고를 첨가해서 분쇄한 것이다. 전형적인 포틀랜드시멘트의 화학성분은 C_aO(60~67%), S_iO_2(17~25%), Al_2O_3(3~8%), Fe_2O_3(0.5~6.0%), MgO(0.1~4.0%), $NaO+K_2O$(0.2~1.3%), SO_3(1~5%)이다.

표. 시멘트의 성분

주요 조성광물	부성분
· 규산3칼슘($3CaO \cdot S_iO_2$) : C_3S · 규산2칼슘($2CaO \cdot S_iO_2$) : C_2S · 알루민산 3칼슘($3C_aO \cdot Al_2O_3$) : C_3A · 테트라칼슘 알루미노 페라이트 ($4CaO \cdot Al_2O_3 \cdot Fe_2O_3$) : C_4AF	· 석고($C_aSO_4 \cdot 2H_2O$) · 유리석회(C_aO) · 마그네시아(MgO) · 알칼리 금속산화물(K_2O, Na_2O) · 산화티탄(TiO_2) · 5산화인(P_2O_5)

㉮ 보통 포틀랜드시멘트

가장 일반적으로 사용하는 시멘트이며 조강 포틀랜드시멘트와 중용열 포틀탠드시멘트의 거의 중간적인 성질을 가진다.

㉯ 중용열 포틀랜드시멘트

㉠ 수화열이 적어지게 시멘트의 성분 중에서 $C_3S(3CaO \cdot S_iO_2)$, $C_3A(3C_aO \cdot Al_2O_3)$의 양을 제한하고 $C_2S(2CaO \cdot S_iO_2)$를 많게 한 시멘트이다. C_3A를 8% 이하로 낮추어서 조기강도는 낮지만 장기강도가 보통 포틀랜드시멘트에 비하여 같거나 약간 크다.

㉡ 포틀랜드시멘트 중에서 수화열이 적고 투수저항성이 크기 때문에 매스 콘크리트에 사용되며 수화열과 건조수축이 적고 화학적 저항성이 우수하여 도로 포장에 많이 사용한다.

㉰ 조강 포틀랜드시멘트

㉠ 높은 강도가 조기에 발현되도록 C_3S가 많고 C_2S가 적으며 분말도(4,000~4,500cm^2/g)가 커서 초기강도가 큰 시멘트이다. 조강시멘트의 1일 강도가 보통 포틀랜드시멘트의 3일 강도와 거의 같고 장기강도는 보통 포틀랜드시멘트와 비슷하다.

㉡ 수화속도가 빠르고 수화열이 많이 발생하여 저온에서도 강도 발현이 크므로 동절기공사에 유리하며 양생기간이 단축되어 거푸집의 조기회전이 가능하다. 그러나 대단면 콘크리트 구조물에는 수화열이 커서 부적당하다.

㉱ 저열 포틀랜드시멘트

수화열이 적어서 댐 콘크리트, 매스 콘크리트, 서중 콘크리트에 사용하며 장기강도가 크고 내구성과 유동성이 우수하다. 초기강도가 낮은 단점이 있으며 벨라이트시멘트라고도 부른다.

㉲ 내황산염 포틀랜드시멘트

C_3A를 5% 이하로 줄이고 내황산염 저항성이 큰 C_4AF를 약간 늘려 준 시멘트이며 해수와 오수에 대한 저항성이 우수하여 해양, 항만공사에 사용한다.

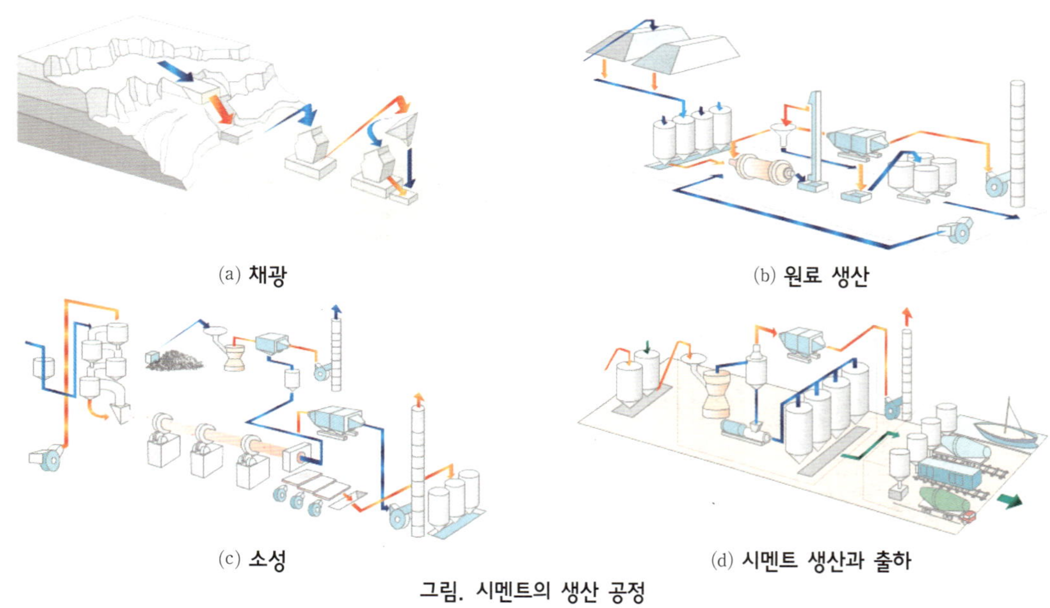

(a) **채광** (b) **원료 생산**

(c) **소성** (d) **시멘트 생산과 출하**

그림. 시멘트의 생산 공정

표. 포틀랜드시멘트의 종류별 특성과 용도

종 류	특 성	용 도
1종 (보통)	· 콘크리트 공사용으로 가장 많이 사용 · 국내에서 생산되는 대부분의 시멘트	
2종 (중용열)	· C_3S와 C_3A를 감소 · 장기강도를 발현하는 C_2S를 최대화 · 수화과정에서 초기 수화열이 낮고 투수 저항성이 증대	· 매스 콘크리트 구조물 · 도로 보수용 콘크리트
3종 (조강)	· 수화는 신속하고 단기강도가 큼 · 재령 1일강도가 보통 시멘트의 재령 3일 강도와 거의 동일 · 시멘트 1g당 발열량이 재령 1~3일에서 보통 시멘트의 1.3배 정도	· 도로와 수중공사 등 긴급공사 · 콘크리트공사의 공기 단축을 위하여 사용
4종 (저열)	· 중용열시멘트보다 C_2S 함량을 높이고, 수화열이 높은 C_3A와 C_3S 함량을 감소하여 수화열이 낮음 · C_2S 함량이 C_3S 함량보다 많음	· 2종과 유사한 용도 · 대규모 매스 콘크리트 공사
5종 (내황산염)	· 중용열시멘트보다 C_3S 함량을 줄이고 내황산염 저항성이 큰 C_3AF를 중용열시멘트 보다 증가 · 보통 시멘트보다 강도가 약간 낮음	· 황산염을 많이 함유한 토양, 지하수와 접촉하는 콘크리트공사 · 수로터널의 라이닝, 암거 등

② 혼합시멘트(Blended Cement)

포틀랜드시멘트의 클링커(clinker)에 고로슬래그, 플라이애쉬, 실리카질 등의 혼합재를 혼합하여 미분쇄하여 만든 시멘트이며 고로슬래그시멘트, 포졸란시멘트, 플라이애쉬시멘트 등이 있다.

㉮ 고로슬래그시멘트(Portland blast-furnace slag cement)

고로슬래그시멘트는 시멘트 클링커에 급랭한 고로슬래그를 혼합하고 석고를 가해서 미분쇄한 시멘트이며, 단독으로 경화하지 않고 포틀랜드시멘트의 수화에 의하여 생성된 수산화칼슘 또는 석고에 의한 잠재수경성이 자극되어 경화현상을 나타낸다.

고로슬래그시멘트는 초기강도의 발현과 슬래그의 혼입량에 따라서 A종(5~30%), B종(30~60%), C종(60~70%)으로 구분한다. 고로시멘트는 초기강도가 약간 낮지만 장기강도가 보통 포틀랜드시멘트보다 크다. 화학적 저항성이 높아서 해수, 공장폐수, 하수에 접하는 콘크리트에 사용하고 수화열이 적으므로 매스 콘크리트에 적합하며 내열성과 수밀성이 양호하다. 그러나 건조수축이 많이 발생하여 충분한 양생이 필요하므로 시공에 유의해야 한다.

㉯ 포졸란시멘트(Pozzolan cement)

포틀랜드시멘트의 클링커에 규산질 혼합재인 화산재, 규산질 백토, 소점토 등의 포졸란을 혼합하고 석고를 가하여 분쇄한 포졸란시멘트는 규산질의 혼입량에 따라서 A종(5~10%), B종(10~20%), C종(20~30%)으로 구분한다.

규산질은 포졸란반응에 의하여 시멘트의 성질을 개선하고 수밀성과 장기강도가 증가한다. 내구성과 해수 등에 대한 화학적 저항성이 우수하지만 초기강도는 낮고 중성화에 대한 대책이 필요하다.

㉰ 플라이애쉬시멘트(Portland fly-ash cement)

플라이애쉬는 화력발전소에서 유연탄을 연소할 때에 발생한 탄분을 포집한 구형의 유리상입자로 주성분은 SiO_2, Al_2O_3이다. 플라이애쉬는 자체적으로 경화하지 않지만 플라이애쉬의 가용성분은 시멘트의 수화에서 생성하는 $Ca(OH)_2$와 반응하여 불용성 칼슘 실리게이트 겔과 칼슘 알루미네이트 겔을 생성하여 조직을 치밀하게 한다. 포틀랜드시멘트에 플라이애쉬를 혼합한 플라이애쉬시멘트는 플라이애쉬의 혼입량에 따라서 A종(5~10%), B종(10~20%), C종(20~30%)으로 구분한다. 플라이애쉬시멘트는 화학적 저항성이 크고 초기강도는 작지만 장기강도가 크며 수밀성이 좋고 수화열과 건조수축이 적게 발생한다.

그림. Fly-ash

③ 특수시멘트

포틀랜드시멘트와 혼합시멘트가 갖지 못한 새로운 성능을 부여한 수경성시멘트인 특수시멘트는 초조강시멘트, 초속경시멘트, 알루미나시멘트, 팽창시멘트 등이 있다.

표. 특수시멘트의 기능과 특성

기 능	특 성
· 에너지, 환경 대책성 · 초조강성, 초속경성, 급결성 · 저수축성, 팽창성 · 고유동성, 주입성 · 저발열성 · 고강도성, 고내구성 · 특수 환경에서의 이용성	· 일반 시멘트에 비하여 수요가 한정 · 고부가가치 제품 · 제조와 시공에 기술력을 요함 · 다품종 소량 생산에 적합 · 환경문제, 에너지문제 등에 적합

㉮ 알루미나시멘트

알루미나가 다량 함유된 알루미나시멘트의 주성분은 $C_{12}A_7$, CA, CA_2이고, 이 중에서 CA의 성질이 가장 우수하기 때문에 CA가 주성분이 되도록 제조한다. Al_2O_3의 원료는 보크사이트(bauxite)를 적당한 비율로 배합하여 1,400℃ 이상에서 소성하는 방법과 전기로에서 용융시키는 방법으로 제조한 후에 4,000~5,000cm2/g의 분말도로 분쇄하여 제조한다. 알루미나시멘트는 내화성과 화학적 안정성이 우수하며 알루미나가 많은 것은 내화 콘크리트 등에 이용하고 알루미나가 적은 것은 화학저항성이 커서 화학공장의 바닥과 반응조의 내부에 사용한다. 알루미나시멘트는 포틀랜드시멘트보다 강도 발현이 매우 빠르고 6~12시간에 포틀랜드시멘트의 28일강도와 동일한 강도에 도달한다.

㉯ 팽창시멘트

콘크리트를 제조할 때에 배합수는 모세관 공극과 겔 공극에 남아서 건조수축이 발생할 때에 선수축률이 모르타르는 0.07~0.1%, 콘크리트는 0.04~0.06%를 넘으면 균열이 발생한다.

시멘트에 적당량의 팽창재를 혼합하여 건조수축을 보상하는 시멘트를 팽창시멘트라고 하며, 팽창재는 $CaO-Al_2O_3-SO_3$의 조성으로 석고, 보크사이크, 석회석을 1,100~1,300℃로 소성하여 얻어진 클링커를 분쇄하여 만든다. 클링커의 주화합물은 C_4A_3S, $CaSO_4$, CaO의 3상으로 수화하면 체적이 큰 에트린자이트를 생성하는 K형, S형, M형과 생석회의 체적팽창을 이용하는 O형의 팽창시멘트가 있고 팽창시멘트를 이용한 콘크리트는 콘크리트의 균열을 방지하는 수축 보상 콘크리트와 화학적인 프리스트레스를 얻는 팽창콘크리트로 구분한다.

㉰ 초조강포틀랜드시멘트

조강시멘트보다 알라이트(alite)를 많게 하고 벨라이트(belite)를 적게 하여 5,000~6,000cm^2/g의 분말도로 미분쇄한 시멘트이며, 초조강시멘트의 1일 강도가 조강시멘트의 3일 강도와 거의 동일하여 긴급공사와 시멘트 2차제품의 제조에 사용한다.

㉱ 초속경시멘트

초조강시멘트보다 더욱 빠른 강도가 얻어지므로 초속경시멘트라고 하며 제조에 사용하는 알루미나의 원료는 보크사이트, CAF_2의 원료는 형석을 사용하며 제조방법은 포틀랜드시멘트와 동일하다. 클링커의 조성은 C_3S(50%), $C_{11}A_7 \cdot CAF_2$(20%), CAF_2(5%)에 무수석고, 반수석고 등의 첨가물을 첨가하고 6,000cm^2/g로 분쇄하여 시멘트를 제조한다. $C_{11}A_7 \cdot CAF_2$는 물과 혼합하면 즉시 용해하여 에트린자이트를 생성하고 몇 분 후에 경화가 시작되어 급결하며 2~3시간에 압축강도는 10MPa에 달한다. 또한 초속경시멘트는 알루미나 클링커를 활용하여 제조된 초속경시멘트와 아윈계 클링커를 활용하여 제조된 초속경시멘트가 있으며 초속경성을 활용한 시멘트는 긴급공사, 시멘트 2차제품, 숏크리트 등에 사용된다.

㉲ 최근의 특수시멘트

㉠ MDF시멘트

MDF시멘트는 시멘트에 수용성 폴리머를 혼합하여 시멘트경화체의 공극을 채우고 압출과 사출에 의한 방법으로 성형하여 건조상태로 양생하며 polyvinyl alcohol(PVA), polyacrylamide(PAA), hydroxypropyl methyl-cellulose(HPMC) 등의 수용성폴리머를 사용한다.

수용성폴리머는 MDF시멘트의 내수성을 저하시켜서 수분을 흡수하여 팽윤작용과 강도가 저하되므로 수분에 대한 저항성을 높이는 방법을 검토해야 한다.

㉡ DSP시멘트

DSP시멘트는 시멘트와 초미립자, 고성능감수제를 조합하여 낮은 물-결합재비에서 수화되어 경화시킨 것으로 경화체의 공극률이 감소하여 고강도를 가지고 초미립자는 비정질 실리카가 주성분인 실리카 퓸(silica fume)을 사용한다. DSP경화체는 미수화물입자가 치밀하게 충전되고 그 사이의 공극에 실리카 퓸의 포졸란반응에 의하여 생성된 수화물이 채워지게 된다.

㉢ 벨라이트시멘트

벨라이트시멘트는 포틀랜드시멘트 클링커의 조성을 크게 변화시키지 않고 클링커 제조시에 에너지소비를 감소하기 위하여 사용한다. 벨라이트시멘트는 클링커제조에 필요한 에너지를 감소시키고 NO_x와 CO_2 가스의 방출을 감소시킨다. 또한 벨라이트시멘트는 보통 포틀랜드시멘트보다 시멘트 생산에 적은 양의 석회석을 사용할 수 있다.

벨라이트시멘트는 수화열이 적어서 대규모 댐, 고층건물 등의 대형 구조물 축조에 적합하고 장기강도가 높고 내구성과 유동성이 좋아서 고기능성 콘크리트에 사용하며 고분말도형(고강도형)과 저분말도형(저발열형)으로 구분하여 생산한다.

3) 시멘트의 특성

① 수화반응(Hydration)

시멘트가 물을 만나면 수화반응을 하고 수화는 시멘트입자의 표면에서 입자 내부로 진행되면서 시멘트입자 주위에 수화물이 생성되며 이 수화물이 서로 결합하면서 시멘트 입자사이를 수화물로 채우고 굳기 시작한다.

시멘트에 물을 가하여 일어나는 화학반응을 수화반응 또는 수화(hydration), 수화반응에서 발생하는 수화열은 시멘트의 응결과 경화과정에서 발생하고 수화열은 콘크리트의 내부온도를 상승시켜서 내·외부의 온도차에 의한 균열이 발생한다.

$C_aO + H_2O \rightarrow C_a(OH)_2 + 125\text{cal/g}$

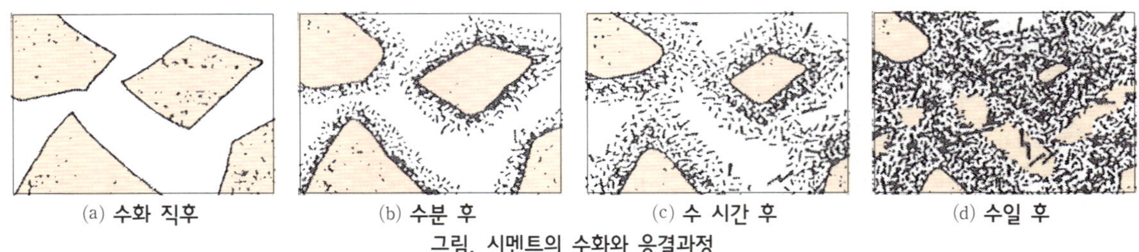

(a) 수화 직후 (b) 수분 후 (c) 수 시간 후 (d) 수일 후

그림. 시멘트의 수화와 응결과정

㉮ 수화 발열속도

수화 발열속도는 수화 개시후의 급속한 발열과 2~5시간 후의 응결에 해당하는 완만한 발열이 있으며, 시멘트는 응결과 경화과정에서 발열하고 발열량은 시멘트의 조성, 분말도, 물-결합재비에 따라서 다르다.

㉯ 수화 반응속도

시멘트의 수화 반응속도는 시멘트화합물에 따라서 다르고 C_3A와 C_3S는 수화가 빠르게 진행된다. C_3S는 물과 바로 수화반응을 시작하여 수화물을 생성하며 C_2S는 수화반응이 비교적 늦고 장기간에 걸쳐서 수화한다. C_3A는 수화가 매우 빨라서 물과 급격히 반응하여 굳어버리므로 석고($CaSO_4 \cdot 2H_2O$)에 의하여 수화반응을 적당하게 조절한다. C_3A가 석고와 반응하여 에트린자이트(ettringite, $3CaO \cdot Al_2O_3 \cdot 3CaSO_4 \cdot 32H_2O$)를 생성하고 석고의 반응이 종료되면 생성된 에트린자이트가 아직 반응하지 않은 C_3A와 반응하여 $3CaO \cdot Al_2O_3 \cdot CaSO_4 \cdot 12H_2O$(monosulfate hydrate)로 바뀌게 된다. C_4AF는 Fe_2O_3보다 Al_2O_3의 반응이 빨라서 Al_2O_3가 먼저 수화물을 만들고 이어서 Fe_2O_3가 수화물을 만들어 양자가 결합한 형태의 고용체의 수화물이 되고 페라이트(ferrite)상의 수화는 빠르게 일어나지 않는다.

② 시멘트의 응결(Setting)과 경화(Hardening)

시멘트는 물과 접촉해도 바로 굳지 않고 어느 기간 동안 유동성을 유지한 후에 발열반응과 함께 수화되어 유동성을 잃게 된다. 이것은 시멘트입자를 구성하는 클링커광물이 물과 반응하여 새로운 조직이 발달하기 때문이며 이러한 반응시기를 응결이라고 하고 응결 이후에 서서히 굳으면서 강도가 발현하는 단계를 경화라고 한다. 이러한 수화과정은 상당한 시간이 소요되고 수화과정에서 생성된 시멘트수화물의 겔은 미세한 집합체로서 시간이 경과하면 공극을 채우면서 밀도가 높은 경화체가 되어 강도가 증가한다.

③ 이상응결

응결이 1~10시간을 벗어나면 이상응결이라고 한다. 시멘트에 석고가 첨가되지 않으면 C_3A가 급격하게 수화되어 급결이 일어나고, 시멘트를 장기간 저장하면 풍화되어 알칼리가 CO_2에 의해 탄산화되면 $Ca(OH)_2$와 $NaCO_3$가 반응하여 $CaCO_3$를 생성하며 액상 중의 Ca^{2+}농도가 저하되고 초기수화가 촉진되어 위응결이 발생할 수 있다. 골재와 배합수에 포함된 성분 중에서 바닷물, 염분 은 응결을 빠르게 하고 당류와 부식토 등에 포함된 유기물은 응결을 느리게 한다. 기상조건은 고온, 저습, 직사일광, 바람 등이 응결을 빠르게 하고 특히 온도의 영향을 받는다. 콘크리트 타설 후에 표면마무리는 응결정도에 따른 최적시간에 시작해야 하므로 정상 응결시간이 중요하다.

④ 강도의 발현

시멘트의 강도는 시멘트겔간의 결합에 의해서 발현되고 강도의 발현은 시멘트겔과 공극의 양적관계로 시멘트의 조성, 입도, 물-결합재비, 수화온도의 영향을 받는다.

㉮ 시멘트 조성

C_3A, C_3AF의 초기 수화속도는 빠르지만 강도에 크게 기여하지 못하고, C_3S, C_2S는 수화율에 따라서 강도 발현에 큰 영향을 주며 초기재령 강도는 C_3S, 장기재령 강도는 C_2S의 지배를 받는다.

제7장

㉯ 분말도

시멘트의 분말도가 크면 단기간에 많은 양이 수화되어 초기 재령강도가 증가한다. 그러나 시멘트를 너무 미세하게 분쇄하면 알루미네이트상이 빠르게 수화하여 석고의 소비도 빨라져서 C_3S의 수화가 저하되므로 분말도가 증가하면 석고 첨가량도 증가해야 한다.

㉰ 물-결합재비

시멘트의 강도는 양생조건이 일정하면 물-결합재비에 반비례하며, 물-결합재비가 크면 결합수가 많아져서 치밀한 구조체를 얻기 어렵고 강도가 저하한다.

⑤ 안정성(Soundness)

안정성은 시멘트의 경화 중에 체적이 팽창하여 균열과 휨 등이 생기는 정도를 나타내며 오토클레이브(autoclave) 팽창도시험으로 판단한다.

⑥ 풍화(Aeration)

공기 중에 노출된 시멘트가 습기와 탄산가스를 흡수하여 가벼운 수화반응과 탄산화되어 고화하는 현상을 풍화라고 한다. 풍화와 중성화로 인하여 강열감량이 증가하므로 강열감량은 시멘트의 풍화와 중성화를 판단하는 기준으로 활용한다.

㉮ 시멘트 풍화의 원인과 과정

공기 중에 노출된 시멘트가 습기와 탄산가스를 흡수하면 가벼운 수화반응과 탄산화가 되어 고화하는 풍화가 발생한다.

$C_aO + CO_2 \rightarrow C_aCO_3$

㉯ 풍화한 시멘트의 성질

㉠ 비중이 저하한다.

㉡ 초기강도와 압축강도가 현저하게 저하한다.

㉢ 강열감량이 증가하여 응결이 지연되고 이상응결이 발생한다.

㉣ 블리딩이 증가하고 건조수축과 균열이 크게 발생한다.

㉰ 시멘트 풍화의 판단

㉠ 강열감량(Ignition loss)

ⓐ 강열감량은 950±50℃의 강한 열을 시멘트에 60분 동안 가했을 때에 시멘트 중량의 감소량이며, 수경성광물인 시멘트는 수분과 공기 중에 노출되면 서서히 강열감량이 증가한다.

ⓑ 보통 포틀랜드시멘트의 강열감량 : 3%

㉡ 강열감량의 특성

ⓐ 강열감량이 높으면 시멘트의 안정성이 저하하고 비중이 감소한다.

ⓑ 고온 다습한 환경이나 중성화가 발생하면 강열감량이 증가한다.

ⓒ SO_3가 너무 많으면 강열감량이 증가하고 시멘트의 팽창이 발생한다.

㉱ 시멘트의 저장

㉠ 시멘트가 저장 중에 풍화하면 응결이 늦어지고 강도가 저하한다.

㉡ 시멘트는 기밀성이 높고 방습이 되는 사일로(silo) 또는 창고에 저장해야 한다.

㉢ 포대 시멘트는 지면에서 0.3m 거리를 두고서 저장한다.

㉣ 시멘트를 쌓아 올리는 높이는 13포대 이하로 한다. (저장기간이 길면 7포대 이하)

⑦ 비중과 분말도

㉮ 포틀랜드시멘트의 비중은 3.05 이상이며, 혼합물이 섞여 있거나 풍화되면 비중이 낮아진다.

종 류	보통 포틀랜드시멘트	조강 포틀랜드시멘트	중용열 포틀랜드시멘트
비 중	3.15	3.13	3.20

㉯ 분말도는 시멘트 1g이 가지는 비표면적(cm^2/g)이며 적정 분말도는 3,000~3,600cm^2/g이다. 시멘트입자의 분말도가 크면 시멘트 표면적이 물과의 접촉면이 커지므로 수화가 빠르게 촉진되어 초기강도가 증진되고, 블리딩이 적어진다.

(2) 골재(Aggregate)

콘크리트에서 골재가 차지하는 절대용적은 66~78%이고, 콘크리트의 성질에 큰 영향을 미치므로 양질의 골재를 선택하는 것이 중요하다.

1) 골재의 정의(콘크리트 표준시방서)

① 잔골재

㉮ 10mm체를 통과하고 5mm체를 거의 다 통과하며, 0.08mm체에 거의 다 남는 골재(자연상태 또는 가공 후의 모든 골재에 적용)

㉯ 5mm체를 통과하고, 0.08mm체에 다 남는 골재(시방배합을 정할 때에 적용)

② 굵은골재

㉮ 5mm체에 거의 다 남는 골재(자연상태 또는 가공 후의 모든 골재에 적용)

㉯ 5mm체에 다 남는 골재(시방배합을 정할 때에 적용)

2) 골재의 종류

골재는 천연골재와 인공골재가 있으며 천연골재는 강모래, 강자갈, 바다모래, 바다자갈, 산모래, 산자갈 등이 있고 인공골재는 부순골재, 부순자갈, 고로 슬래그골재, 인공 경량골재, 중량골재 등이 있다.

제7장

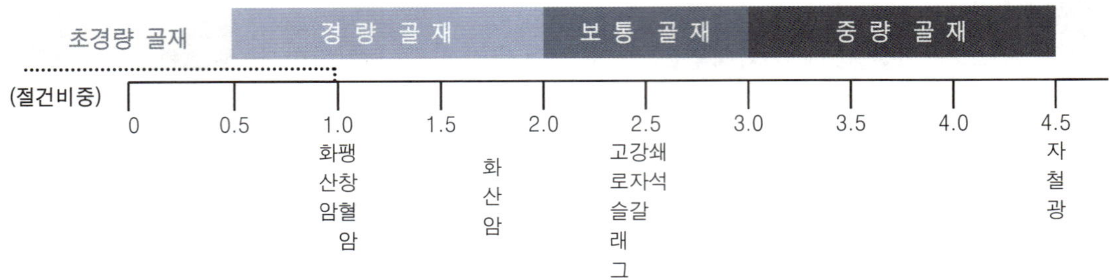

그림. 비중에 따른 골재의 분류

① 골재의 구비조건

㉮ 강한 석질이어야 하며 취급 중이나 믹서에서 혼합할 때에 부서지는 자갈은 사용이 곤란하다.

㉯ 골재가 풍우, 한서, 동결융해, 화학적작용에 대한 내구성이 없으면 콘크리트의 내구성이 저하하므로 다공질이고 흡수량이 큰 골재는 적합하지 않다.

㉰ 골재 표면에 유해한 물질이 섞여 있거나 부착되지 않고 깨끗해야 한다.

㉱ 입자의 형상은 구상 또는 입방체에 가까워야 하고 모가 나고 편평한 것일수록 콘크리트의 워커빌리티가 나빠진다.

㉲ 골재는 대소립이 적당한 비율로 혼합되어야 한다.

② 잔골재(Fine aggregate)

잔골재는 깨끗하고 강하고 내구적이고 알맞은 입도를 가져야 하며 먼지, 흙, 유기불순물, 염화물 등의 유해량을 허용한도 이상으로 함유하지 않아야 한다.

㉮ 입도

표준입도를 만족하고 조립률이 2.3~3.1의 범위에 있어야 하며 조립률의 범위를 벗어난 잔골재는 2종 이상의 잔골재를 혼합하여 입도를 조정한다.

표. 잔골재의 입도와 표준입도

체의 호칭	체를 통과한 질량 백분율(%)	
	천연 잔골재	부순 모래
10mm	100	100
No. 4	95~100	90~100
No. 8	80~100	80~100
No. 16	50~85	50~90
No. 30	25~60	25~65
No. 50	10~30	10~35
No.100	2~10	2~15

㉯ 잔골재의 유해물 함유량의 한도(질량 백분율)

종 류	최대치(%)
점토 덩어리	1.0
0.08mm체 통과량 · 콘크리트의 표면이 마모작용을 받는 경우 · 기타	 3.0 5.0
석탄, 갈탄 등으로 밀도 0.002g/mm^{3}의 액체에 뜨는 것 · 콘크리트의 외관이 중요한 경우 · 기타	 0.5 1.0
염화물($NaCl$ 환산량)	0.04

㉰ 내구성

골재의 내구성은 안정성시험과 콘크리트의 동결 융해시험에 의하여 판단하고 동결 융해시험은 골재의 흡수량, 모르타르와 굵은골재의 팽창계수 차이의 영향과 물-결합재비, 공기량, 기포의 조직, 콘크리트 건습의 영향을 파악할 수 있다.

③ 굵은골재(Coarse aggregate)

㉮ 굵은골재의 구비조건

㉠ 굵은골재는 깨끗하고 강하고 알맞은 입도를 가져야 하며 얇거나 가느다란 석편, 유기불순물, 염화물 등의 유해량이 함유되지 않아야 한다.

㉡ 콘크리트는 굵은골재의 암석 종류에 따라서 내화성이 영향을 받으며 화강암과 석영질사암은 내화성에 취약하다.

㉯ 입도(Gradation)

㉠ 굵은골재는 입도분포가 양호해야 하고 입경이 균등하면 공극률이 커져서 모르타르가 많이 필요하다.

㉡ 골재의 입도를 나타내는 조립률(fineness modulus, F.M.)은 80mm, 40mm, 20mm, 10mm, 5mm, 2.5mm, 1.2mm, 0.6mm, 0.3mm, 0.15mm의 10개의 체를 1조로 하여 체가름시험을 하였을 때에 각 체에 남는 누계량의 전체 시료에 대한 질량백분율의 합을 100으로 나눈 값이다.

㉢ 굵은골재의 유해물 함유량의 한도(질량백분율)

종류	최대치(%)
점토 덩어리	0.25
연한 석편	5.0
0.08mm체 통과량	1.0
석탄, 갈탄 등으로 밀도 0.002g/mm^{3}의 액체에 뜨는 것 · 콘크리트의 외관이 중요한 경우 · 기타	 0.5 1.0

④ 콘크리트용 순환골재

콘크리트용 골재로 사용하는 폐콘크리트의 파쇄·처리에 의하여 생산되는 순환골재는 건설폐기물의 재활용 촉진에 관한 법률의 품질기준에 적합한 골재를 사용한다.

㉮ 콘크리트용 순환골재의 품질 기준

㉠ 콘크리트용 순환골재의 생산에 투입되는 폐콘크리트는 환경에 유해한 화학물질, 악취를 발생시키는 물질, 콘크리트 품질에 나쁜 영향을 미치는 물질을 포함하지 않아야 한다.

㉡ 순환골재 속에 포함된 비닐, 플라스틱, 목재, 종이 등의 유기이물질의 함유량은 총 골재 용적의 1.0% 이하이어야 한다.

㉢ 순환골재에 혼입된 아스팔트 콘크리트, 유리, 슬레이트, 자기류, 적벽돌 등의 무기이물질 함유량이 총 골재 질량의 1.0% 이하이어야 한다.

㉯ 콘크리트용 순환골재의 적용

㉠ 순환골재는 천연골재와 혼합하여 사용하는 것을 원칙으로 한다.

㉡ 순환골재를 계량할 때에 1회 계량 분량의 계량오차는 ±4% 이내로 한다.

㉢ 순환골재 사용 시에 목표 슬럼프는 ±20mm 이내로 관리해야 한다.

㉣ 순환골재의 사용에 용도 제한은 없지만 일반 콘크리트와 레디믹스트콘크리트를 제외한 특수콘크리트에는 사용하지 않는다. 다만 서중과 한중콘크리트에는 순환골재를 사용할 수 있다.

표. 콘크리트용 순환골재의 사용 비율

설계기준강도(MPa)	사용 골재	
	굵은골재	잔골재
27 이하	굵은골재 용적의 60% 이하	잔골재 용적의 60% 이하
	혼합 사용시에는 총 골재용적의 30% 이하	

㉤ 순환 굵은골재의 최대치수는 20mm 또는 25mm 이하로 하고 가능한 한 20mm 이하를 사용한다.

㉥ 순환골재를 사용하여 제조한 콘크리트의 공기량은 경량콘크리트의 공기량 기준인 5.0±1.5%를 충족해야 한다.

(3) 혼화재료(Admixture)

혼화재료는 콘크리트, 모르타르에 필요에 따라서 첨가하는 물, 시멘트, 골재, 섬유보강재 이외의 재료이며 작업성과 경제성의 향상을 위하여 사용하고 사용량에 따라서 혼화재와 혼화제로 구분한다.

구분	사용량
혼화재	시멘트 질량의 5% 이상, 배합설계시에 그 양을 고려
혼화제	시멘트 질량의 5% 이하, 배합설계시에 그 양을 무시

1) 혼화재료의 종류와 기능

구 분	기 능	종 류
혼화제	· 워커빌리티와 동결융해에 대한 내구성 개선 · 유동성을 향상 · 감수에 의한 강도 증대 · 응결, 경화시간을 조절 · 방수효과 · 염화물에 의한 철근 부식을 억제 · 유동성의 개선, 팽창성을 주어서 충전성과 강도를 개선 · 응집작용으로 재료분리를 억제	AE제, AE감수제 유동화제 고강도용 감수제(고성능 감수제) 촉진제, 지연제, 급결제 방수제 철근의 방청제 프리플레이스트 콘크리트용 혼화제 공극 충전 모르타르용 혼화제 수중 콘크리트용 혼화제
혼화재	· 포졸란 작용 · 주로 잠재 수경성이 있는 것 · 경화과정에서 팽창을 유발 · 착색	플라이애쉬, 규조토, 화산회, 규산백토 고로슬래그 미분말 팽창제 착색제

2) 혼화제

① AE제(Air entraining agent)

AE제는 콘크리트에 독립된 미세한 기포를 발생시켜서 작업성(workability)의 개선과 동결융해에 대한 저항성을 가지며 인위적으로 콘크리트 중에 미세공기를 연행시킨다. 연행공기량의 변동이 적도록 잔골재의 입도를 일정하게 하고 비빔시간과 온도가 공기량에 영향을 미치므로 주의가 필요하다. 공기량이 지나치게 많으면 작업성은 양호하지만 강도가 저하한다.

② 감수제

감수제는 콘크리트 중의 시멘트입자를 분산시켜서 단위수량이 감소하고 콘크리트 중에 미세기포가 연행되어 작업성을 향상시킨다.

③ 고성능감수제

고성능감수제는 일반 감수제의 기능을 더욱 향상하여 시멘트를 효과적으로 분산시켜서 응결 지연, 지나친 공기연행, 강도 저하 등의 나쁜 영향이 없고 단위수량을 20~30% 정도 감소시킬 수 있다. 고성능감수제는 고강도 콘크리트용 감수제와 유동화제로 분류하며 고성능감수제의 감수작용으로 물-결합재비가 감소해도 보통 콘크리트의 작업 성능을 가지고, 유동화제는 동일한 물-결합재비에서 작업성이 우수한 콘크리트를 제조하기 위하여 사용한다.

④ 유동화제

유동화제는 단위수량을 증가시키지 않고 유동성이 증가하여 타설과 다짐이 용이하고 인건비가 절감되는 장점이 있다. 유동화제는 고밀도의 철근 배근, 단면이 작은 부재, 복잡한 단면과 고강도 콘크리트가 요구되는 경우에 사용한다.

유동화제를 과다하게 사용하여 재료분리가 발생하지 않게 유동화 후의 슬럼프는 180mm 이하로 하고 베이스 콘크리트의 슬럼프 증가량은 100mm 이하로 한다.

⑤ 특수 수중콘크리트용 혼화제(분리저감제)

특수 수중콘크리트는 콘크리트에 수밀성 고분자를 첨가하여 수중에서 자유낙하에 의한 물의 세척작용을 받아도 수중에서 분리 저감과 블리딩을 억제하고 유동성(self-levelling)이 우수하다.

⑥ 지연제

유기혼화제가 시멘트입자의 표면에 흡착하여 불용성의 침전, 착제, 킬레이트 화합물, 착염 등을 형성하여 시멘트와 물 사이의 반응을 차단하고 시멘트 수화물의 생성을 억제하는 성질을 이용하여 조기 경화현상을 보이는 서중 콘크리트와 운반거리가 먼 콘크리트에 첨가하는 혼화제를 지연제라고 한다. 지연제는 운반시간 지연에 의한 반죽질기(consistency)의 저하를 억제하여 시공성과 작업성이 우수하고 콜드조인트의 발생도 방지할 수 있다.

3) 혼화재

① 고로슬래그

용광로 방식의 제철작업에서 선철과 동시에 알루미노 규산염으로 구성되는 슬래그가 생산된다.

용융상태의 고온 슬래그를 물, 공기 등으로 급냉하여 입상화한 것을 고로슬래그라고 하며 냉각처리 방법에 따라서 서냉슬래그, 반급냉슬래그, 급냉슬래그로 분류한다. 고로슬래그를 사용하면 수화열이 낮아지고 콘크리트가 치밀한 조직을 형성하여 투수성이 감소되며 염류의 침투작용을 억제한다.

② 플라이애쉬(Flyash)

플라이애쉬는 화력발전소 등의 연소 보일러에서 부산되는 석탄재로서 연소 폐가스 중에 포함되어 집진기에서 회수된 입상잔사이며 포졸란계를 대표하는 혼화재이다. 플라이애쉬는 유동성과 장기강도가 개선되고 수화열이 감소하며 알칼리 골재반응과 황산염에 대한 저항성이 증가한다.

☞ 플라이애시의 포조란 반응(2차 반응)

$\underline{CaO + H_2O} \rightarrow Ca(OH)_2 + 125cal/g$

(1차 반응) + flyash → 2차 반응

③ 실리카 퓸(Silica fume)

실리카 퓸은 실리콘, 훼로실리콘 등의 규소합금을 전기아크식 고로에서 제조할 때에 배출가스에 부유하여 발생하는 미세한 분말이다. 콘크리트에 실리카 퓸을 혼합하면 콘크리트의 유동화적 특성이 변화하여 블리딩과 재료분리가 감소된다.

실리카 퓸은 시멘트입자 사이의 빈 공극을 채워서 블리딩수가 통과하는 모세관을 감소시키고 결합재와 골재 사이의 접촉면을 증가시켜서 콘크리트의 점착력이 증가하여 재료분리가 감소된다.

실리카 퓸이 시멘트 중량의 5~15%가 치환되면 콘크리트가 치밀하여 고강도화되고 재료분리의 저항성, 수밀성, 내화학 약품성이 향상되며 알칼리 골재반응의 억제와 강도의 증진을 기대할 수 있다.

④ 포졸란(Pozzolan)

포졸란은 자체 수경성이 없지만 콘크리트 중의 물에 용해되어 있는 수산화칼슘과 상온에서 화합하여 물에 녹지 않는 화합물을 생성하는 실리카질이 함유된 미분말상태의 재료이다.

포졸란을 사용하면 워커빌리티가 개선되고 블리딩이 감소하며 초기강도는 작으나 장기강도가 증진된다.

수밀성과 화학 저항성이 향상되고 발열량이 적어지므로 대단면 콘크리트 구조물에 적합하다.

(4) 배합수

1) 배합수는 콘크리트의 응결과 경화, 강도의 발현, 체적변화, 워커빌리티 등의 품질에 나쁜 영향을 주지 않고 강재를 녹슬게 하는 물질이 유해 함유량의 한도 이상을 함유하지 않아야 하며, 특히 철근 콘크리트는 강재를 부식시키는 해수의 사용을 금지해야 한다.
2) 배합수는 특별한 맛, 냄새, 빛깔, 탁도 등이 없는 음료수 정도로 깨끗한 물이어야 한다.
3) 공장폐수 등으로 오염된 하천수와 유기불순물이 함유된 저류수는 콘크리트의 응결, 강도의 발현, 체적변화, 워커빌리티 등에 나쁜 영향을 미치게 된다.
4) 염소이온의 함유량은 3,000ppm 이하이어야 하고 pH값이 낮은 산성의 물은 철근을 부식시키며 장기강도의 증가가 적고 내구성이 저하한다.

3 콘크리트의 특성

좋은 콘크리트는 요구되는 강도(strength), 내구성(durability)과 경제성을 지닌 것이며, 그 중에서도 콘크리트 강도가 콘크리트의 품질을 대표하는 성질이라고 할 수 있다. 그러므로 콘크리트의 품질은 시멘트풀과 골재 등의 구성재료의 성질에 따라서 좌우되는 것만이 아니고 이들의 복합 성상에 의해서도 영향을 받게 된다. 이러한 콘크리트의 강도에 영향을 미치는 요소들은 구성재료의 성질과 배합비율, 물-결합재, 배합, 치기, 다짐, 양생방법, 주변환경, 재령, 시험방법 등이 있다.

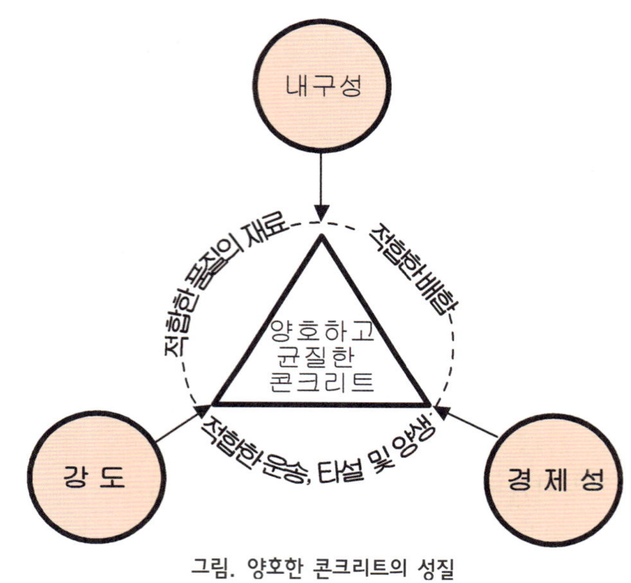

그림. 양호한 콘크리트의 성질

(1) 굳지 않은 콘크리트(Fresh concrete)

1) 개요

굳지 않은 콘크리트는 굳은 콘크리트에 대응하여 사용되는 용어로서 비빔 직후부터 거푸집 내에 부어 넣어서 소정의 강도를 발휘할 때까지의 콘크리트를 의미한다. 콘크리트작업은 재료의 성질에 의한 영향을 받을 뿐만 아니라 재료의 성질에 영향을 주기도 한다.

그림. 굳지 않은 콘크리트의 상태 변화

워커빌리티가 나쁜 배합은 비빔이 곤란하고 또한 과도하게 비비면 워커빌리티가 더욱 저하하는 경우가 있다. 콘크리트의 장기적인 성능에 영향을 미치는 굳지 않은 콘크리트의 거동 특성은 워커빌리티, 컨시스턴시, 슬럼프의 저하속도, 재료분리와 블리딩, 소성 수축, 응결시간으로 평가한다.
따라서 굳지 않은 콘크리트가 구비해야 할 조건은 다음과 같다.
① 소요의 워커빌리티와 공기량, 필요에 따라서 소정의 온도, 단위용적질량을 확보할 것
② 운반, 타설, 다짐, 표면 마무리의 시공단계에서 작업이 용이하게 이루어질 것
③ 시공 전·후에 재료분리와 품질의 변화가 적을 것
④ 작업이 종료될 때까지 소정의 워커빌리티를 유지하고 정상속도로 응결, 경화할 것
⑤ 거푸집에 타설된 후에 침하균열과 초기균열이 발생하지 않을 것
굳지 않은 콘크리트는 대상 구조물의 시공에 적합한 워커빌리티를 가져야 하므로 굳지 않은 콘크리트의 품질은 워커빌리티의 적절한 평가가 필요하다.

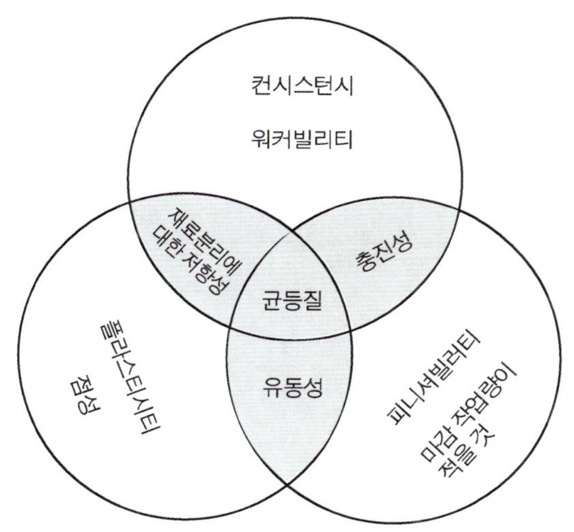

그림. 아직 굳지 않은 콘크리트의 성질

굳지 않은 콘크리트의 성질을 나타내는 용어는 다음과 같이 정의한다.

① 워커빌리티(Workability) : 반죽질기에 따라서 작업의 난이정도와 재료의 분리에 저항하는 정도를 나타내는 굳지 않은 모르타르 또는 콘크리트의 성질

② 반죽질기(Consistency) : 주로 단위수량의 많고 적음에 따라서 반죽이 되거나 진 정도를 나타내는 시멘트풀, 모르타르, 콘크리트의 성질

③ 성형성(Plasticity) : 거푸집에 쉽게 다져 넣을 수 있고 거푸집을 제거하면 천천히 형상이 변하지만 허물어지거나 재료가 분리되지 않는 굳지 않은 콘크리트의 성질

④ 마감성(Finishability) : 굵은골재의 최대치수, 잔골재율, 잔골재의 입도, 반죽질기 등에 따라서 마무리하기 쉬운 정도를 나타내는 굳지 않은 콘크리트의 성질

2) 워커빌리티(Workability)와 컨시스턴시(Consistency)

① 워커빌리티

균일하고 밀실한 콘크리트를 치기 위해서는 콘크리트의 운반부터 타설 후까지 재료분리가 발생하지 않고 적당한 컨시스턴시를 가져야 한다. 굳지 않은 콘크리트의 워커빌리티를 평가하는 기준은 대상 구조물의 종류, 단면 형상, 치수, 배근상태, 시공방법에 따라서 다르다. 배근이 적은 큰 단면 부재에 타설하는 경우와 밀실하게 배근된 작은 단면부재에 타설하는 경우는 동일한 콘크리트라도 워커빌리티의 양호, 불량의 정도가 다르다.

② 반죽질기

반죽질기는 단위수량의 대소에 따른 콘크리트의 연도를 나타내는 것으로 콘크리트의 전단저항과 유동속도와 관련이 있다. 콘크리트의 반죽질기는 워커빌리티를 나타내는 지표로서 슬럼프값으로 표시하며 구조물의 종류에 따라서 표준값이 정해져 있다.

콘크리트의 반죽질기는 대상부재의 종류, 형상, 치수, 배근, 시공방법에 따라서 선정하지만 일반적으로 작업이 가능한 범위에서 가능한 한 작게 한다.

표. 소요 슬럼프의 표준 범위

종 류		슬럼프 값(mm)
철근콘크리트	일반적인 경우	80～150
	단면이 큰 경우	60～120
무근콘크리트	일반적인 경우	50～150
	단면이 큰 경우	50～100

③ 워커빌리티와 반죽질기에 영향을 주는 인자

콘크리트의 워커빌리티는 단위수량, 단위 결합재량, 골재의 입도분포와 물리적 성질, 공기량, 혼화재료 등에 의하여 콘크리트의 반죽질기와 점성에 영향을 준다.

㉮ 단위수량

단위수량이 많을수록 콘크리트의 반죽질기가 질게 되어 유동성이 커지고 단위수량이 약 1.2% 증가하면 슬럼프가 10mm 증가한다. 단위수량이 증가하여 유동성이 아주 커지면 재료분리와 블리딩이 발생하기 쉽고 마감성이 나빠진다. 그러나 유동성이 너무 낮아지면 타설과 다짐이 어렵고 타설과 동시에 굵은골재의 재료분리가 우려된다.

㉯ 단위 결합재량

단위 결합재량이 많아질수록 콘크리트의 성형성이 증가하므로 부배합 콘크리트가 빈배합 콘크리트보다 워커빌리티가 양호하다. 콘크리트의 단위수량을 일정하게 하고 단위 결합재량을 크게 하면 거친 배합이 되어 마무리가 나빠질 수 있다. 단위 결합재량이 많거나 분말도가 높은 시멘트를 사용하면 점성은 우수하지만 유동성이 저하하는 경향이 있다.

㉰ 시멘트의 성질

시멘트의 종류, 분말도, 풍화의 정도 등이 콘크리트의 워커빌리티에 영향을 주며 분말도가 높은 시멘트는 시멘트풀의 점성이 높아져서 반죽질기가 적어진다. 동일한 컨시스턴시의 콘크리트를 만드는 데에 필요한 단위수량은 시멘트의 분말도에 의하여 초조강 > 조강 > 보통 시멘트이다.

풍화된 시멘트와 이상응결을 나타내는 시멘트를 사용하면 콘크리트의 워커빌리티가 현저하게 나빠진다.

㉱ 골재의 입도와 입형

골재 중의 0.3mm 이하의 세립분은 콘크리트의 점성을 크게 하고 성형성을 좋게 하지만 세립분이 많아지면 반죽질기가 적어지므로 골재는 조립에서 세립까지 적당한 비율로 혼합해야 한다.

굵은골재의 최대치수는 콘크리트 타설장소의 단면치수와 배근상태에 따라서 결정한다. 둥글둥글한 강자갈의 워커빌리티가 가장 좋고 편평하고 세장한 입형의 골재는 분리되기 쉽고 모지거나 굴곡이 큰 골재는 유동성이 나빠져서 워커빌리티가 불량해진다.

㉲ 공기량

AE제, 감수제에 의해서 콘크리트 중에 연행된 미세한 기포(entrained air)는 볼베어링(ball bearing) 작용에 의하여 콘크리트의 워커빌리티를 개선시킨다. 공기량이 1% 증가하면 슬럼프가 20mm 정도 크게 되고 슬럼프를 일정하게 하면 단위수량을 약 3% 저감할 수 있다. 공기량에 따른 워커빌리티 개선효과는 빈배합의 경우에 현저하게 나타난다.

연행공기(entrained air)는 일정한 단위수량에서 콘크리트의 반죽질기를 향상시키고 재료분리와 블리딩이 감소하여 점성이 증가한다. 거친 워커빌리티를 갖는 콘크리트에 공기량을 연행시키면 유동성과 점성이 현저하게 개선된다.

㉳ 혼화재료

AE제, 감수제는 워커빌리티를 개선하기 위하여 적정량을 혼입하면 좋은 결과를 가져온다. 감수제는 공기량에 의한 효과와 반죽질기를 증대시키는 효과가 크고, 고성능감수제는 8~15% 정도의 단위수량을 감소시킬 수 있다.

플라이애쉬는 콘크리트 내에서 볼베어링작용으로 일정한 단위수량에서 유동성을 증가시켜서 워커빌리티를 개선할 수 있다.

㉴ 비빔시간

비빔이 불충분하고 불균질한 상태의 콘크리트는 워커빌리티가 나쁘고 비빔시간이 과도하게 길어지면 시멘트의 수화가 촉진되어 워커빌리티가 나빠질 수 있다.

㉵ 온도

일반적으로 콘크리트의 비빔온도가 높을수록 반죽질기가 저하하는 경향이 있다.

④ 워커빌리티(반죽질기)의 측정방법

㉮ 슬럼프시험(Slump test)

슬럼프시험은 굳지 않은 콘크리트 품질의 변화를 평가하는 매우 유용한 시험이다. 슬럼프시험의 순서는 슬럼프 콘을 수밀한 평판 위에 놓고 슬럼프 콘(slump cone)체적의 1/3씩 3층으로 콘크리트를 나누어 채우고 다진다. 이 때에 각 층은 다짐봉으로 그 층의 깊이만큼 25회 다짐을 실시하고 상면은 흙손으로 평탄하게 고른다. 다짐이 완료된 후에 슬럼프 콘을 수직으로 들어 올리면 콘크리트가 자중에 의해서 침하한 정도를 슬럼프라고 하며 5mm 단위로 읽는다.

슬럼프시험에서 반죽질기의 변화와 탭핑(tapping)에 의하여 콘크리트의 워커빌리티를 판단하고 탭핑은 슬럼프의 측정 후에 다짐봉으로 콘크리트 측면을 두드려서 무너진 모양이나 변형을 관찰하는 것이다.

그림. 슬럼프 측정기(Slump cone)

(a) Collapse

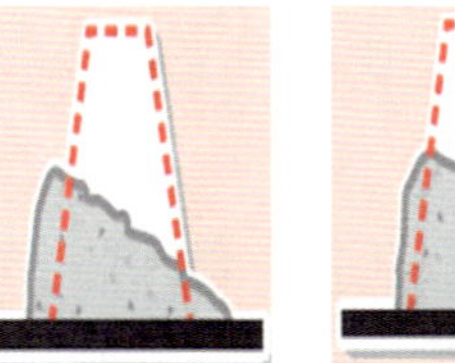

(b) Shear (c) True slump

그림. 콘크리트 슬럼프의 형상

㉯ 플로시험(Flow test)

실험실에서 수행하는 Slump-flow test는 콘크리트의 유동성과 유동속도를 평가하며 콘크리트를 채운 슬럼프 콘을 들어 올려서 콘크리트가 수평으로 퍼지는 거리를 측정한다. 콘크리트가 직경 500mm까지 퍼지는데에 소요되는 시간을 T_{50}이라 하고, Visual Stability Index(VSI)는 콘크리트를 정성적인 등급으로 구분하여 안정성을 0~3으로 나타낸다. Slump flow는 자중에 의한 콘크리트의 유동능력이며 T_{50}을 측정하여 콘크리트의 점도를 나타내고, 점도가 높으면(높은 T_{50}) 콘크리트의 유동에 대한 저항이 증가하며 높은 점도의 콘크리트는 끈적거리고 점착력을 가진다.

그림. 플로시험

그림. 최대 퍼짐 직경을 측정

그림. Slump Flow test

㉰ 리몰딩시험(Remolding test)

리몰딩시험은 실험실에서 적합한 시험으로 콘크리트 형상의 변화에 필요한 일량을 측정하여 워커빌리티를 평가하는 시험방법이다.

㉣ VB(Vee Bee)시험

VB시험은 리몰딩시험에서 발전되어 진동으로 다짐을 실시하며 필요한 에너지의 입력이 콘크리트의 워커빌리티를 나타내므로 변형의 완료에 걸리는 시간(VB초)으로 표현한다. 단위수량이 매우 적은 배합의 콘크리트에 적용하며 시험 중의 콘크리트 거동이 실제 타설시와 유사하게 나타난다.

3) 공기량

AE제, AE감수제를 이용하여 콘크리트 중에 균등하게 분포시킨 미소한 독립기포를 연행공기(entrained air), AE제 등을 사용하지 않는 경우의 콘크리트 중에 연행되는 기포를 갇힌공기(entrapped air)라고 한다. 연행공기는 AE제 등의 계면활성작용에 의하여 콘크리트 중에 발생하는 안정된 미세기포로 지름은 100나노미터 이하이고, 갇힌공기는 주로 잔골재와 함께 콘크리트 중에 들어온 공기가 잔골재 사이에 갇혀서 발생하는 비교적 큰 기포로서 AE제를 사용하지 않은 콘크리트의 갇힌 공기량은 0.5~2.0%가 된다.

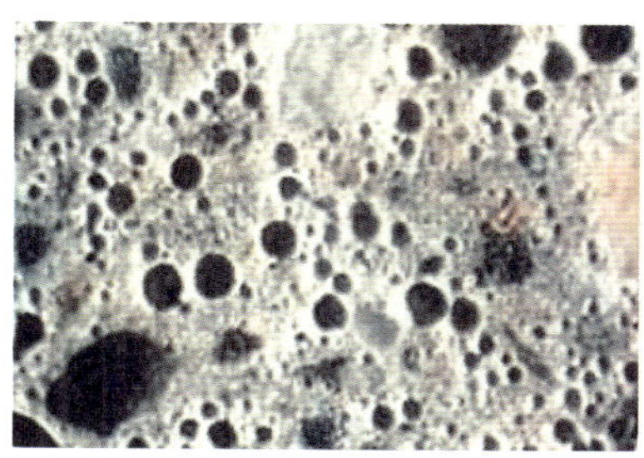

그림. 콘크리트 연행공기

콘크리트에 적당한 양의 연행공기를 분포시키면 워커빌리티가 개선되고 내구성이 증대한다. 공기량이 1% 증가하면 잔골재율은 0.5~1.0%만큼 감소하고 단위수량도 2~3% 감소한다. 공기량은 골재 최대치수에 따라서 3~6%이며 굵은골재의 최대치수가 작을수록 단위 모르타르량이 많아서 공기량이 증가한다. AE제를 사용한 콘크리트를 계속 비비면 공기량은 초기 1~2분 사이에 급속히 증가하여 3~5분 사이에 최대로 되고 그 후에 서서히 감소한다.

① 진동다짐에 의한 공기량의 감소는 콘크리트의 슬럼프가 크고 부재 단면이 작을수록 콘크리트량이 적으면 빠르다.

② 버킷, 콘크리트 펌프에 의한 콘크리트 운반 중의 공기량 감소는 그다지 많지 않다.

③ 취급 중에 손실되는 공기량은 기포경이 큰 것이고 기포경이 작은 것은 크게 감소하지 않는다.

4) 재료의 분리

균질한 콘크리트는 시멘트, 물, 잔골재, 굵은골재의 구성비율이 동일해야 하며 균질성이 소실되는 현상을 재료분리라고 한다. 재료분리가 발생하면 시공성이 불리하고 경화한 콘크리트의 강도, 구조물의 미관과 내구성을 저하시킨다.

① 굵은골재의 분리

굵은골재의 분리는 모르타르에서 굵은골재가 분리되어 불균일하게 존재하는 상태이며 굵은골재와 모르타르의 비중 차이, 굵은골재와 모르타르의 유동특성 차이, 굵은골재 치수와 모르타르 중의 잔골재 치수의 차이가 분리의 원인이다.

㉮ 비중 차에 기인한 분리

모르타르와 굵은골재의 비중 차에 의하여 굵은골재가 침강 또는 부상(경량골재)하여 발생하는 분리는 비중 차가 클수록, 슬럼프가 큰 콘크리트는 모르타르의 점성이 작을수록 현저하고 운반 중의 진동과 다짐에 사용하는 진동기(vibrater)에 의하여 분리가 촉진된다.

㉯ 굵은골재와 모르타르의 유동 특성 차이에 기인한 분리

펌프 압송시에 압송관 내에서 발생하는 굵은골재와 모르타르의 유동성 차이에 의한 분리는 콘크리트에 압송방향의 압력경사가 가해진 경우에 유동성이 양호한 모르타르가 앞서 나가고 굵은골재가 뒤에 처지게 되어 발생하며 관의 폐색으로 이어진다. 슈트를 사용하여 콘크리트를 흘러내리거나 거푸집 내에 낙하시킬 때에 굵은골재가 선행되어 발생하는 분리는 벌집(honeycomb)현상의 원인이 된다.

㉰ 굵은골재의 치수와 모르타르 중의 잔골재 치수의 차이에 의한 분리

굵은골재의 치수가 철근의 배근간격과 피복두께에 비하여 큰 경우는 철근 위치에서 모르타르가 걸러져서 굵은골재가 남게 되어 철근 위치를 따라서 콜드조인트가 발생한다.

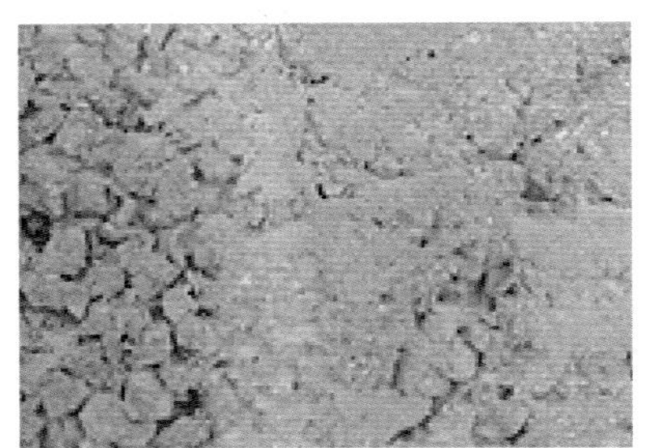

그림. Honeycomb의 형상

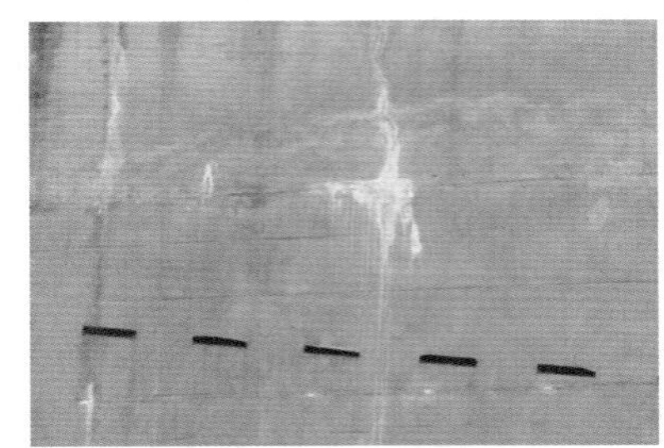

그림. Cold joint와 백화현상

㉱ 굵은골재의 분리에 영향을 주는 요인

㉠ 단위수량과 물-결합재비

물-결합재비가 크고 모르타르의 점성이 적은 경우에 분리가 현저하고 운반시의 진동과 진동다짐에 의해서도 분리가 촉진된다. 또한 단위수량이 적은 된비빔 콘크리트는 모르타르의 점착성이 부족하여 분리가 크게 나타난다.

㉡ 골재의 종류, 입형, 입도

굵은골재의 분리가 비중 차이에 기인하므로 묽은 비빔콘크리트는 굵은골재가 콘크리트 상부에 부상하는 경우가 있다. 굵은골재는 둥근 것이 좋고 편평하고 세장한 골재는 분리되기 쉬우며 잔골재의 세립분이 증가하면 콘크리트의 점성이 증가하여 분리가 감소한다.

㉢ 혼화재료

AE제와 양질의 포졸란은 콘크리트의 응집성을 증가시켜서 분리를 적게 하고 유동성이 증대하여 단위수량을 감소시킬 수 있다.

㉣ 시공

굵은골재의 분리는 시공조건에 따라서 변화한다. 펌프, 슈트를 이용하여 타설하는 경우는 굵은

골재의 분리가 발생하지 않게 용기(버킷 등)에 받아서 타설하거나 분리가 발생하면 균질하게 될 때까지 재비빔하여 타설한다.

② 시멘트풀과 물의 분리

시멘트풀의 분리는 거푸집의 이음, 틈새, 구멍 등을 통해서 시멘트풀이 거푸집 외부로 누출하여 콘크리트 표면에 골재만 남는 벌집현상이 발생하여 콘크리트 표면의 미관이 나빠진다.

콘크리트를 타설하면 비교적 가벼운 물과 미세한 물질은 상승하고 무거운 골재와 시멘트는 침하하며 이러한 물이 상승하는 현상을 블리딩(bleeding)이라고 한다.

그림. 콘크리트 표면의 레이턴스(Laitance)

블리딩에 의하여 부상한 미립자가 콘크리트 표면에 얇은 피막으로 침적된 레이턴스(laitance)는 강도와 접착력이 없으므로 반드시 제거해야 한다.

③ 재료분리의 방지

콘크리트의 재료분리와 블리딩은 부적절한 반죽질기, 굵은골재의 입도 불량, 치수가 큰 굵은골재가 많은 경우, 단위 결합재량과 모래의 양이 적거나 입도분포가 불량한 모래를 사용하여 세립자의 양이 적은 경우, 타설과 다짐이 부적절한 경우 등에서 발생한다.

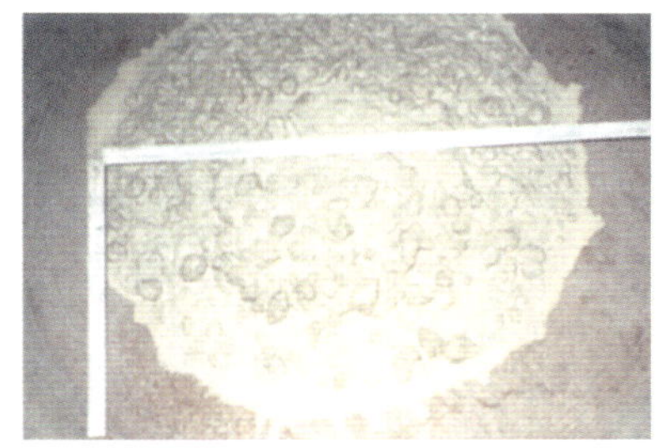

그림. 재료 분리의 형상

콘크리트의 재료분리를 방지하기 위해서는 다음 사항에 유의해야 한다.

㉮ 분리가 어려운 배합으로 한다. AE제 등의 혼화제를 사용하여 단위수량이 적은 된비빔의 콘크리트로 하며 시멘트량이 너무 적지 않게 한다.

㉯ 입도분포가 양호한 골재를 사용하고 특히 잔골재는 미립분이 너무 적지 않아야 하고 굵은골재의 최대치수는 철근의 피복두께와 배근간격을 고려하여 너무 크지 않은 것을 선정한다.

㉰ 거푸집은 시멘트풀의 누출을 방지하고 다짐작업에 견디도록 수밀성이 좋고 견고해야 한다.

㉱ 분리현상이 확인되면 균일하게 될 때까지 다시 비벼서 타설한다.

㉲ 타설은 콘크리트를 부어 넣을 최종 위치에 정치하도록 타설한다. 펌프, 슈트를 사용하여 타설할 때는 용기에 받아서 정지시킨 후에 타설한다.

㉳ 운반과 타설방법에 유의해도 거푸집 내에서 낙하와 유동할 때에 어느 정도의 분리가 발생한다.

5) 다짐과 진동

다짐과 진동은 콘크리트 내부의 공기를 제거하기 위하여 거푸집 외부와 매설물의 주변에서 콘크리트를 다져넣는 작업이며 진동은 굵은골재 간의 내부마찰을 감소시키고 타설된 콘크리트의 유동이 용이하여 다짐이 촉진된다. 진동기를 사용하면 콘크리트 중의 크고 불균일한 기포가 주로 배출되고 공극이 감소하여 단위용적중량, 강도, 내구성, 수밀성이 향상된다.

철근이 복잡하게 배근된 부재에서 진동을 가하면 물과 공기를 쉽게 제거하여 철근과 콘크리트의 부착이 좋아진다. 다짐은 진동시간에 따라서 효과가 커지고 유효범위도 증대하지만 과다한 진동은 콘크리트의 재료분리를 일으키고 AE콘크리트는 공기량이 감소한다.

6) 응결시간

시멘트가 물과 접촉하면 수화반응이 개시되고 시간이 경화하면서 점차 굳어진다. 시멘트가 유동성을 잃고 형상을 유지할 정도로 굳을 때까지의 과정이 응결이고, 그 이후의 강도가 발현하는 과정을 경화라고 한다.

① 콘크리트의 응결

콘크리트의 응결은 시멘트의 품질, 콘크리트의 배합, 골재와 비빔수에 포함된 성분, 기상조건, 시공조건의 영향을 받으며 조강성 시멘트는 응결이 빠르고 동일한 시멘트도 물-결합재비와 슬럼프가 작을수록 응결이 빨라진다.

골재와 배합수에 포함된 성분 중에서 응결을 빠르게 하는 것은 바닷모래, 해수 중에 포함된 염분 등이 있고 늦게 하는 것은 당류와 부식토 등에 포함된 유기물이 있다. 기상조건은 고온, 저습, 직사일광, 바람 등이 응결을 빠르게 하고 특히 온도는 응결에 현저한 영향을 준다.

② 콜드조인트(Cold joint)의 방지

응결을 시작한 콘크리트에 새로운 콘크리트를 이어서 타설하면 콘크리트의 일체화가 저해되고, 앞서 타설한 콘크리트의 응결이 어느 정도 진행된 경우는 콜드조인트가 발생한다.

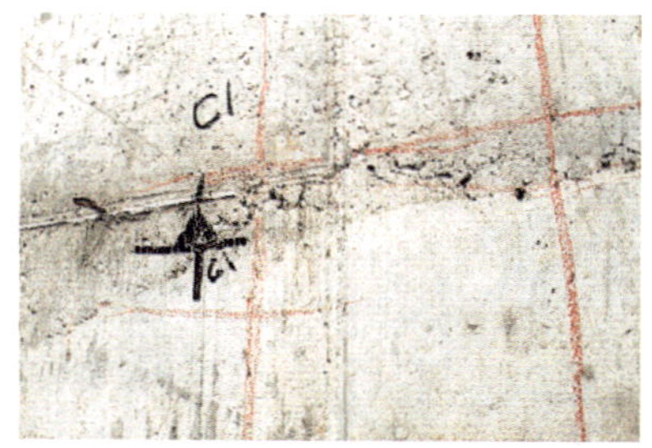

그림. Cold joint

콜드조인트는 구조물의 내력상 약점이 되고 경화와 건조가 진행되면 틈이 벌어져서 우수의 침입, 마무리재의 균열, 철근 부식에 의한 내구성의 저하로 이어진다.

콜드조인트를 방지하기 위한 이어치기 허용시간의 한도는 하절기는 약 2시간, 동절기는 약 4시간 정도이다. 콜드조인트를 방지하고 타설과 다짐을 응결시간 내에 종료하기 위해서는 콘크리트의 운반, 배차계획, 타설구획의 순서에 대한 시공계획이 중요하다.

③ 온도 상승

콘크리트의 응결과 경화시에 시멘트의 수화열이 축적되면 콘크리트의 내부온도가 상승하고 최고 상승온도는 시멘트의 종류, 단위 결합재량, 콘크리트의 타설, 양생온도, 콘크리트의 타설속도, 콘크리트 단면의 크기, 냉각 효과 등에 의하여 변화한다.

시멘트의 수화열에 의한 온도균열을 방지하기 위해서는 수화열의 발생이 적은 중용열 포틀랜드 시멘트의 사용, 플라이애쉬 등의 혼화재 사용, 굵은골재의 최대치수를 가능한 한 크게 하여 단위 결합재량을 감소시켜야 한다.

7) 블리딩과 초기 체적변화

거푸집에 타설된 콘크리트에서 시멘트, 골재가 침강하고 물이 상승하여 상면에 모이는 현상을 블리딩이라고 하며 콘크리트가 침강과 블리딩에 의하여 체적이 감소하고 블리딩수의 증발이 완료되어 수축이 발생하는 현상을 초기 체적변화라고 한다. 굳지 않은 콘크리트의 체적감소는 경화 전 수축, 응결 전 수축, 소성수축이라고 하며 굳지 않은 상태에서 수축이 발생한다.

콘크리트가 소성수축을 일으키는 원인은 블리딩, 침하, 거푸집과 골재에 의한 물의 흡수, 증발에 의한 급속한 수분의 감소, 거푸집의 팽창과 침하 등이 있다. 또한 콘크리트의 높은 온도, 낮은 습도, 풍속 등은 콘크리트 표면에 있는 수분의 증발속도를 증가시켜서 소성 수축균열이 발생하게 한다.

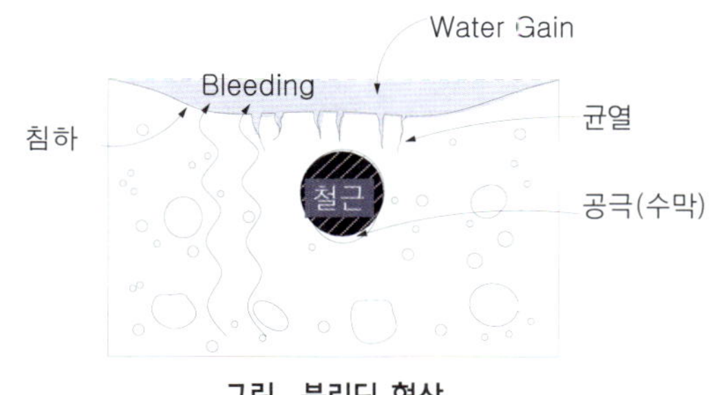

그림. 블리딩 현상

그림. 콘크리트 표면의 Bleeding

① 블리딩(Bleeding)

블리딩에 의하여 상승한 물은 골재와 수평철근의 아래에 공극을 만들어서 골재와 시멘트풀, 굵은골재와 모르타르, 철근과 콘크리트의 부착을 나쁘게 하고 콘크리트의 강도와 구조물의 내력을 저하시키는 원인이 된다.

블리딩에 의하여 시멘트의 성분 중에서 비중이 가벼운 석고와 골재 중의 이토분 등이 상면으로 모여 생기는 레이턴스는 경화 후에 강도가 없는 층을 형성한다. 따라서 이어치기에서 강도가 요구되는 개소, 기밀성, 수밀성이 요구되는 경우는 레이턴스를 제거하고 다음 콘크리트를 타설한다.

블리딩의 감소는 단위수량을 가능한 한 적게 하고 된비빔의 콘크리트를 타설하며 입도분포가 양호한 잔골재를 사용하고 AE제, 감수제 등의 혼화제를 사용하는 것이 효과적이다.

블리딩의 양과 침하는 다음 인자에 의한 영향을 받는다.

㉮ 물-결합재비와 반죽질기가 클수록 블리딩과 침하가 증가하고 골재의 최대치수가 클수록 적어진다.

㉯ 타설높이가 높을수록 침하의 절대량은 커지지만 침하량의 비율은 작아진다. 그러나 타설높이가 일정한 높이 이상이 되면 침하량이 크게 변화하지 않는다.

㉰ AE제, 감수제를 사용하면 블리딩과 침하량의 저감에 효과적이다.

② 초기 체적변화

콘크리트 타설 후에는 시멘트와 골재의 침강과 동시에 블리딩이 발생하고, 블리딩은 각 입자가 상호접촉하거나 시멘트풀이 어느 정도 응결하여 침강을 방해할 수 있을 때까지 계속되며 이 시점이 콘크리트의 초결에 해당하고 20℃에서 타설 후 2.5시간 정도이다.

콘크리트의 블리딩과 침하에 이어서 타설 후 2.5시간에서 8~9시간까지의 사이에 일어나는 급격한 수축이 초기수축이며, 노출면에서 물의 증발과 잔골재 등에 있는 이토분에 의하여 발생한다.

8) 콘크리트의 초기균열

콘크리트를 거푸집에 타설한 후부터 응결이 종료될 때까지 발생하는 균열을 초기균열이라고 하며 1일 이내의 균열이라고도 한다. 초기균열은 발생 원인에 따라서 침하균열, 초기 건조균열, 거푸집의 변형에 의한 균열, 진동, 재하에 의한 균열 등이 있다.

① 침하균열

묽은 비빔 콘크리트는 블리딩이 크고 이에 상당하는 콘크리트의 침하가 발생하며 철근과 기타 매설물에 의하여 침하가 국부적으로 방해를 받으면 인장력과 전단력이 발생한다. 또한 이에 저항이 가능한 인장변형 저항성(인장강도)이 콘크리트에 없으면 방해물의 상면에 균열이 발생하는 것을 침하균열이라고 하며, 철근 상면과 바닥판 상단에 콘크리트 타설 후 1~3시간에 나타난다. 부재두께가 다르거나 콘크리트의 타설높이에 차이가 있으면 타설높이가 높을수록 침하량이 크고 그 차이에 따라서 경계면에 침하균열이 발생한다.

그림. 침하균열

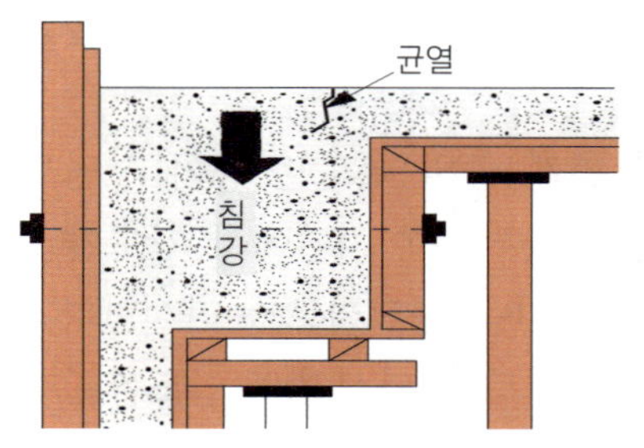

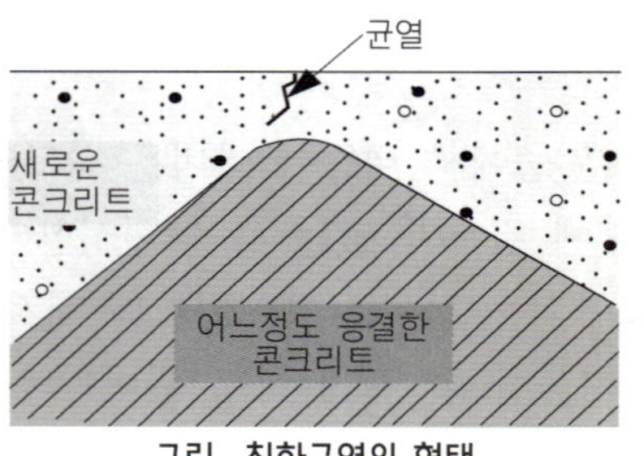

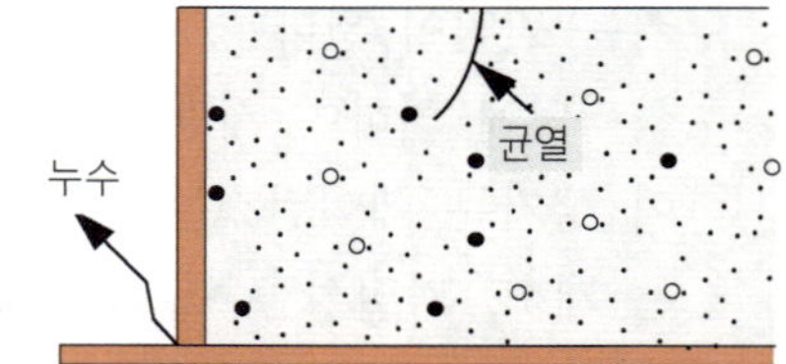

그림. 침하균열의 형태

침하균열을 예방하기 위한 대책은 다음과 같다.

㉮ 단위수량을 가능한 한 적게 하고 슬럼프가 작은 콘크리트를 잘 다짐하여 시공한다.

㉯ 타설속도를 늦게 하고 1회 타설높이를 작게 한다.

㉰ 균열을 조기에 발견하고 각재 등으로 두드리거나 흙손으로 눌러서 균열을 폐색시키며 하절기는 콘크리트 타설 후 60~90분 이내, 기타 계절은 90~180분 정도까지 적절한 시기에 실시한다.

② 초기 건조균열(소성 수축균열, plastic shrinkage)

타설 후부터 수분이 증발하여 콘크리트의 응결 종결시까지 발생하는 초기 건조균열은 콘크리트 노출면의 수분 증발속도가 블리딩속도보다 빠른 경우, 바닥판 거푸집의 누수가 심하여 블리딩이 전혀 없고 초기에 콘크리트 표면에 수분이 부족한 경우, 시멘트의 응결과 경화가 급격하게 일어나서 콘크리트 내부에 물이 흡수된 경우, 바람이 불고 또한 기온이 높아서 건조가 심한 경우에 발생하기 쉽다.

그림. Plastic shrinkage

수분의 증발을 방지하는 것이 건조균열의 방지에 중요하므로 쉬트로 타설구획의 주위를 감싸거나 타설 후에 콘크리트 표면을 피복하고 여름철은 직사일광과 바람에 노출되지 않게 하며 살수양생을 실시한다.

③ 거푸집 변형에 의한 균열

타설 후에 콘크리트가 점차 유동성을 잃고 굳어져 가는 시점에서 거푸집의 부실한 조립, 동바리의 지지 불충분에 따른 부등침하, 콘크리트 측압에 따른 거푸집의 변형에 의하여 큰 변형을 받으면 콘크리트의 소성변형 능력보다 외력에 의한 변형이 커서 균열이 발생한다.

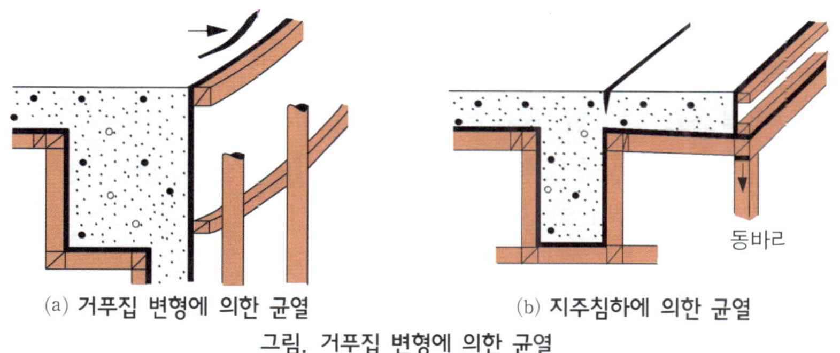

(a) 거푸집 변형에 의한 균열 (b) 지주침하에 의한 균열

그림. 거푸집 변형에 의한 균열

④ 진동과 경미한 재하에 따른 균열

타설을 완료할 즈음에 콘크리트 구조물 근처에서 말뚝을 박거나 기계류 등의 진동에 의하여 균열이 발생하는 경우도 있다. 또한 콘크리트의 초기재령에서 상부에 가설재료를 쌓으면 지보공의 변형과 침하에 의하여 균열이 발생한다. 초기응결과 경화단계에서 연속적인 진동의 영향은 거푸집의 강성과 관계가 있고 거푸집이 강하면 균열이 크게 발생하지 않는다.

(2) 굳은 콘크리트(Hardened concrete)의 성질

좋은 콘크리트는 강도, 내구성, 경제성이 있어야 하며 콘크리트의 품질을 대표하는 콘크리트의 강도는 구성재료의 성질과 배합비율, 물-결합재비, 배합, 치기, 다짐, 양생방법, 주변환경, 재령, 시험방법의 영향을 받는다. 굳은 콘크리트의 성질은 강도 이외에도 변형, 체적변화, 균열, 수밀성, 내화성, 내구성, 질량 등에 의하여 좌우된다.

1) 콘크리트 강도

콘크리트의 강도는 압축, 인장, 휨, 전단 등의 강도, 철근과의 부착강도, 다축과 조합응력을 받는 경우의 강도, 지속하중과 반복하중에서의 시간 의존성 강도(예, 피로강도) 등을 모두 포함하고 있다.

콘크리트의 재령 28일 압축강도를 기준으로 하는 이유는 압축강도가 다른 종류의 강도에 비하여 상당히 커서 콘크리트 부재의 설계에 유용하게 사용되고 압축강도를 이용하여 다른 종류의 강도 크기, 탄성계수, 수밀성, 내구성 등의 콘크리트 성질을 추정할 수 있으며 강도 시험방법이 간단하고 용이하기 때문이다.

그림. 콘크리트 압축강도시험

콘크리트는 복잡한 반응을 일으키는 시멘트와 첨가제의 수화반응에 의하여 강도가 발현된다. 수화반응단계에서는 시멘트입자가 물로 채워진 공간구조에 갇히게 되어 초기수량이 많으면 시멘트입자 사이의 간격이 넓어지게 된다. 물-결합재비가 커서 시멘트입자 사이의 초기 공간이 커질수록 단위 체적당의 공극량이 증가하여 콘크리트의 강도는 낮아지고 투수성이 증가하며 내구성이 떨어진다.

2) 콘크리트의 강도이론

① 강도-공극의 관계

Abrams(1919)는 청결하고 단단한 골재로 배합하여 유동성과 워커빌리티가 좋은 콘크리트로 시공하는 경우에 콘크리트의 강도, 수밀성, 기타 성질은 시멘트풀의 물-결합재비에 의하여 지배되고 콘크리트의 강도는 물-결합재비에 반비례한다고 제시하였다.

$$f_{cu} = \frac{K_1}{K_2^x}$$

여기서, f_{cu} : 콘크리트 압축강도

$x = W/C$: 물-결합재비

K_1, K_2 : 시멘트 품질에 관한 실험상수

한편 Talbot(1921)는 콘크리트 강도가 시멘트의 공극비에 의하여 결정된다고 하였다.

$$f_{cu} = A + B\frac{C}{V}$$

여기서, f_{cu} : 콘크리트의 압축강도

C : 시멘트의 절대부피

V : 단위수량의 부피와 콘크리트 $1m^3$ 내의 공기량 부피의 합

A, B : 상수

② 강도와 시멘트-물비의 관계

Lyse(1932)는 콘크리트의 압축강도와 시멘트-물비의 사이에 직선관계가 성립한다고 제안하여 콘크리트 배합의 결정에 사용되고 있다.

$$f_{cu} = \mathrm{A} + \mathrm{B}\frac{C}{W}$$

여기서, f_{cu} : 콘크리트의 압축강도

$\frac{C}{W}$: 시멘트-물비

A, B : 상수

3) 콘크리트의 압축강도에 영향을 미치는 요인

① 구성재료

㉮ 시멘트

시멘트의 강도는 콘크리트 강도와 매우 밀접한 관계가 있고 시멘트 강도를 K라고 하면 콘크리트의 강도는 다음과 같이 표현될 수 있다.

$$f_{ck} = \mathrm{K(AX+B)}$$

여기서, f_{ck}: 콘크리트의 강도

X : 시멘트-물 비

K : 시멘트 강도

A, B : 상수

㉯ 굵은골재

㉠ 골재의 종류

골재의 형상과 표면조직은 콘크리트의 인장강도와 압축을 받는 콘크리트의 균열 압축응력에 크게 영향을 미치지만 압축강도 자체에는 그 영향이 적다. 굵은골재의 종류가 콘크리트 강도에 미치는 영향은 배합시의 물-결합재비에 의해 좌우되고, 물-결합재비가 0.4 이하에서는 물-결합재비의 증가에 따라서 시멘트풀이 강도에 미치는 영향이 커지므로 골재의 영향은 감소한다.

㉡ 굵은골재의 최대치수

소정의 워커빌리티를 얻기 위하여 큰 치수의 굵은골재를 사용하면 단위중량당 시멘트풀과 접촉하는 골재 표면적이 감소하여 소요 수량이 적어지고 물-결합재비가 감소하면 강도가 증가한다.

㉰ 배합수

배합수의 양은 콘크리트 강도에 큰 영향이 있고 배합수의 품질은 시멘트의 응결, 콘크리트 강도, 콘크리트 표면의 얼룩, 철근의 부식에 영향을 미칠 수 있다. 일반적으로 음료수로 사용할 수 있는 정도의 배합수를 콘크리트에 사용한다.

배합수는 좋은 물이나 증류수로 만든 모르타르와 사용하려는 물로 만든 모르타르의 강도와 시멘트의 응결시간을 비교하여 차이가 10% 이내이면 강도에 대한 우려없이 사용해도 좋다.

염화물을 다량 포함한 물은 콘크리트 표면에서 습기를 계속적으로 흡수하여 표면에 백화현상(efflorescence)이 발생하므로 외관이 중요한 콘크리트 구조물은 사용을 억제하고 해수는 콘크리트가 치밀하지 못하거나 피복두께가 얇으면 철근의 부식이 심하게 나타나서 내구성이 저하된다.

㉠ 콘크리트 배합에 사용하는 배합수의 양은 콘크리트 강도에 영향을 미친다. 골재가 습윤상태에 있으면 배합수가 감소되어야 하고 또한 골재가 속까지 건조되어 있으면 배합수의 일부가 골재에 흡수되므로 콘크리트 혼합에 사용하는 물의 양이 감소한다.

골재에 함유된 물은 습윤상태의 골재 함수량을 W_1, 표면 건조상태의 골재 함수량을 W_2라고 하면 표면수량은 $W_s = W_1 - W_2$가 되고, 표면 건조 포화상태와 절대 건조상태의 함수량 차이를 흡수량이라고 한다.

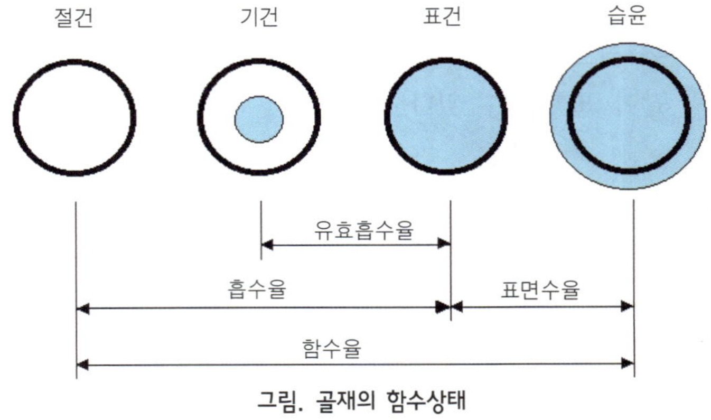

그림. 골재의 함수상태

㉡ 콘크리트 강도에 영향을 주는 유해한 성분의 기준

ⓐ 용해된 부유 물질 < 2,000ppm

ⓑ pH : 6.0~8.0

ⓒ 염화물 < 500ppm

ⓓ SO_3 < 1,000ppm

② 콘크리트의 배합

㉮ 물-결합재비

주어진 재령과 온도조건에서 콘크리트의 강도는 물-결합재비와 다짐의 영향을 받는다. 다짐이 충분하면 물-결합재비가 낮을수록 콘크리트의 강도가 증가하고 다짐이 부족하면 물-결합재비가 낮아도 강도가 감소한다. 물-결합재비는 수화단계에서 경화된 시멘트풀이 공극률에 영향을 주므로 물-결합재비와 다지기 정도는 콘크리트 내의 공극 부피에 영향을 미치게 한다.

㉯ 부배합과 빈배합이 강도에 미치는 영향

골재-결합재비는 약 35Mpa 이상의 중간 정도와 고강도 콘크리트의 강도에 영향을 미치며, 골재-결합재비가 큰 빈배합 콘크리트는 물-결합재비가 감소하고 콘크리트 $1m^3$ 당의 단위수량이 부배합보다 더 적어져서 빈배합 콘크리트 내의 공극이 상대적으로 적어지므로 강도가 증가한다.

③ 시공방법

㉮ 비비기시간

비비기시간이 길수록 시멘트와 물의 접촉이 좋아져서 강도가 증가한다. 표준 비비기시간은 가경식믹서는 1분 30초 이상, 강제식믹서는 1분 이상으로 하며 비비기시간은 빈배합, 된반죽, 골재치수가 작을수록 길게 한다.

㉯ 가수

물을 가하지 않고 콘크리트를 되비비기하면 일반적으로 강도는 증가하지만 워커빌리티가 나빠져서 다짐이 완전하지 못하면 오히려 강도가 저하되는 경우도 있다. 또한 콘크리트를 치기 전에 워커빌리티를 좋게 하기 위하여 가수하면 가수량의 증가에 따라서 강도가 감소한다.

④ 양생

양생은 시멘트의 수화작용을 촉진하기 위한 온도 조절과 콘크리트 내외로부터 습기 이동을 조절하는 과정이며 양생의 목적은 굳기 전의 시멘트풀 내에서 물이 채우고 있던 공간을 가능한 한 시멘트 수화물로 채울 때까지 콘크리트를 포화상태로 유지하거나 거의 포화상태로 유지시키는 것이다.

㉮ 양생기간

보통 포틀랜드시멘트를 사용한 콘크리트의 양생은 최소한 7일 이상을 실시하고 지연제를 사용한 경우는 양생기간이 더 길어야 한다. 고강도 콘크리트는 국부적인 수화작용 때문에 모세관이 불규칙하고 불연속적으로 생성되어 다시 양생해도 콘크리트 내부로 물이 들어가지 않고 더 이상 수화작용이 일어나지 않으므로 초기재령의 양생에 주의해야 한다.

㉯ 온도가 콘크리트 강도에 미치는 영향

양생온도가 어느 정도 증가하면 수화반응이 촉진되어 장기강도에 나쁜 영향을 주지 않고 조기강도를 얻을 수 있다. 그러나 콘크리트를 타설하고 응결하는 동안에 높은 온도를 유지하면 조기강도는 증가하지만 오히려 7일 이후의 강도에 나쁜 영향을 주게 된다.

또한 높은 온도에서 초기 수화작용을 촉진시키면 지속적인 수화작용을 저해하고 수화생성물의 분포가 불균질하여 강도에 나쁜 영향을 미치게 된다.

4) 콘크리트의 압축강도시험에 영향을 미치는 요인

콘크리트의 강도는 시험방법과 환경 등의 영향을 받으며 강도 측정시에 측정값이 저하하는 주된 요인은 타설 시에 부적절한 온도(저온 또는 고온), 수분의 부족, 불충분한 다짐, 부적당한 다짐방법, 변형을 일으키기 쉬운 몰드의 사용, 부적절한 캡핑에 의한 공시체 단부의 경사, 공시체 운반 시에 발생하는 파손과 보정을 하지 않은 시험기기 등이 있다.

① 시료 채취

시료는 해당 배치의 콘크리트 강도를 대표해야 하며 한 배치의 중간부분에서 최소한 두 번 이상 시료를 채취하도록 규정하고 있다.

② 공시체의 양생조건

㉮ 표준 양생온도(20±2℃) 이상에서는 초기강도가 증가하고 장기강도가 감소할 수 있다.

㉯ 초기양생 중에 습도가 부적합하면 강도의 손실이 발생할 수 있으므로 공시체를 습윤 양생포 등으로 덮어서 적당한 습도를 유지시켜야 한다.

③ 시험조건

㉮ 습도조건과 온도

원주형 공시체를 캡핑(capping)하고 완전히 건조시키면 포화된 공시체보다 높은 강도를 나타낸다. 수조에서 양생한 공시체들은 시험 시까지 젖은 양생포로 덮어놓고 유황으로 캡핑한 공시체를 항온항습실에 보관한다.

㉯ 편심 재하

편심 재하는 강도가 감소하므로 재하판은 시험기기의 상부와 공시체의 단부가 평행을 유지하게 한다. 재하판이 공시체에 닿을 때에 횡방향 힘이 발생하여 공시체가 이동하거나 공시체에 휨모멘트를 일으킬 수 있다.

㉰ 재하판과 재하판의 거동

강재 재하판의 강성도는 공시체 내의 응력 분포에 영향을 미치며 원형 재하판의 반지름이 작으면 재하시에 불충분한 구속력을 가하고, 반지름이 크면 공시체를 정확하게 배치하기 어렵다.

㉱ 공시체 단부의 조건

공시체의 마무리상태가 강도에 영향을 미치므로 타설 시에 콘크리트 공시체의 윗면을 매끄럽게 처리하고 캡핑 두께는 약 3mm로 하며 가장 두꺼운 곳도 8mm를 넘지 않아야 한다.

4 콘크리트의 배합

콘크리트를 만들기 위한 재료(시멘트, 골재, 혼화재료, 물)의 비율 또는 사용량을 결정하는 배합설계는 콘크리트가 소요의 강도, 내구성, 수밀성, 워커빌리티를 갖는 범위 내에서 단위수량이 최소가 되도록 각 재료의 비율을 경제적으로 결정해야 한다.

(1) 배합설계의 원칙

1) 소요 강도가 확보되어 외력에 저항하고 내구성, 내투수성, 내마모성이 있어야 한다.
2) 충분한 내구성이 확보되어 환경조건, 동결융해작용, 건습작용, 온도의 상승과 하강, 제설염에 대한 내구성이 있어야 한다.
3) 가능한 한 단위수량이 적도록 배합을 결정한다.
4) 굵은골재의 최대치수가 크면 단위수량과 단위 결합재량이 감소하여 콘크리트의 품질이 개선된다.
5) 콘크리트의 배합설계에서는 강도, 내구성 등의 콘크리트의 특성 이외에도 경제성이 고려되어야 한다.

(2) 배합의 종류

1) 시방배합

① 설계도서, 시방서 또는 책임기술자가 정한 것으로 시험실에서 하는 배합이며 이론배합이라고도 한다.

② 시방배합은 골재가 표면 건조 포화상태에 있으며 잔골재는 5mm체를 통과한 것이고, 굵은골재는 5mm체에 잔류하는 것으로 정한 기본적인 배합이다.

2) 현장배합

① 시방배합을 현장조건에 맞도록 수정한 배합으로 현장의 재료상태와 계량방법을 고려한 배합이다.

② 현장골재가 표면 건조 포화상태를 유지할 수 없고 현장에서 굵은골재와 잔골재가 서로 섞일 수 있는 여건을 반영하여 수정한 배합이다.

3) 시방배합과 현장배합의 차이점

구 분	시방배합	현장배합(수정배합)
정의	시방서 또는 책임기술자에 의해 표시된 배합	· 현장의 재료상태와 계량방법에 따라서 정하는 배합 · 현장에서 골재의 표면수 변동, 입도변동을 수정한 배합 · 배치플랜트에서 계량을 위한 배합
골재 입도	· 굵은골재(G) : 5mm 이상 · 잔골재(S) : 5mm 이하	· 골재 무더기에 5mm 이상과 이하가 혼입 · 잔골재(S) 5mm 이상을 포함 · 굵은골재(G) 5mm 이하를 포함
골재 상태	표면 건조 포화상태	· 습윤 또는 건조상태
계량방법	질량 계량	· 질량 또는 용적계량
단위량	· $1m^3$ 당	· 배치(batch) 당 또는 $1m^3$ 당
혼화제	· 원액 사용	· 원액 사용

(3) 시방배합

1) 배합설계의 순서

① 배합설계의 대상이 되는 구조물의 특성과 시공조건을 고려한 재료(시멘트와 골재의 종류)를 선정한다.

② 사용장비의 성능과 시공 정도에 따른 콘크리트 품질의 변동계수를 설정하고 시공 구조물의 중요도를 고려하여 할증계수를 정하며 할증계수를 설계기준강도에 적용하여 배합강도를 결정한다.

③ 다짐방법, 부재 단면, 배근상태를 고려하여 슬럼프값을 결정한다.

④ 작업성과 내구성을 고려하여 공기량을 결정한다.

⑤ 부재의 형상과 치수, 배근상태, 골재 특성 등을 고려하여 굵은골재의 최대치수를 결정한다.

⑥ 배합강도로서 물-결합재비를 정하고 내구성, 수밀성을 확보하는 범위를 확인한다.

⑦ 슬럼프, 굵은골재의 최대치수에 따라서 단위수량과 잔골재율(S/a)을 결정한다.

⑧ 각 재료의 $1m^3$ 당 소요 질량을 산출하여 배합을 정한다.

이상의 과정으로 결정된 배합으로 시험배치(batch)를 만들어서 슬럼프값을 측정하고 단위수량을 보정하여 주어진 슬럼프값을 만족하면 물-결합재비를 달리 한 공시체 3조를 만든다. 28일 양생 후에 강도를 측정하고 배합강도를 얻을 수 있는 범위에서 최소의 물-결합재비를 정한다. 이에 따라서 $1m^3$ 당 각 재료를 산출하여 시방배합으로 한다.

2) 배합강도의 결정

① 설계기준강도와 배합강도

설계기준강도(f_{ck})	콘크리트 부재의 설계에 기준이 되는 압축강도
배합강도(f_{cr})	콘크리트 배합을 결정할 때에 목표로 하는 압축강도

② 배합강도

㉮ 설계기준강도에서 배합강도를 결정할 때의 고려사항

㉠ 현장 콘크리트 압축강도의 시험값이 설계기준강도에 미달하는 확률이 1% 이하

㉡ 또는 각각의 압축강도 값이 설계기준강도보다 3.5MPa 미달하는 확률이 1% 이하

㉯ 배합강도

㉠ 구조물에 사용된 콘크리트 압축강도가 설계기준강도보다 작지 않도록 현장 콘크리트의 품질변동을 고려하여 콘크리트의 배합강도(f_{cr})를 설계기준강도(f_{ck})보다 충분히 크게 정한다.

㉡ 콘크리트 배합강도는 설계기준압축강도 35MPa 이하의 경우는 식(7.1)과 식(7.2), 35MPa를 초과하는 경우는 식(7.3)과 식(7.4)의 두 식에 의한 값 중에서 큰 값으로 정해야 한다.

ⓐ $f_{ck} \leq$ 35MPa인 경우

$$f_{cr} = f_{ck} + 1.34s(\text{MPa}) \qquad (7.1)$$

$$f_{cr} = (f_{ck} - 3.5) + 2.33s(\text{MPa}) \qquad (7.2)$$

ⓑ $f_{ck} >$ 35MPa인 경우

$$f_{cr} = f_{ck} + 1.34s(\text{MPa}) \qquad (7.3)$$

$$f_{cr} = 0.9f_{ck} + 2.33s(\text{MPa}) \qquad (7.4)$$

여기서, s : 압축강도의 표준편차(MPa)

㉢ 콘크리트 압축강도의 표준편차는 실제 사용한 콘크리트의 30회 이상의 시험실적으로부터 결정한다. 그러나 압축강도의 시험횟수가 30회 미만이고 15회 이상인 경우는 30회 이상으로 계산한 표준편차에 보정계수를 곱한 값을 표준편차로 사용할 수 있다.

표. 시험횟수가 29회 이하일 때 표준편차의 보정계수

시험횟수	표준편차의 보정계수
15	1.16
20	1.08
25	1.03
30 이상	1.00

주) 표에 명시되지 않은 시험횟수에 대해서는 직선 보간한다.

㉣ 콘크리트 압축강도의 표준편차를 알지 못할 때 또는 압축강도의 시험횟수가 14회 이하인 경우에 콘크리트의 배합강도는 다음 표에 의하여 정한다.

표. 압축강도의 시험횟수가 15회 이하이거나 기록이 없는 경우의 배합강도

설계기준강도 f_{ck}(MPa)	배합강도 f_{cr}(MPa)
21 미만	f_{ck} + 7
21~35	f_{ck} + 8.5
35 초과	f_{ck} + 10

3) 물-결합재비의 결정

물-결합재비는 소요의 강도, 내구성, 수밀성, 균열 저항성 등을 고려하여 결정한다.

① 콘크리트의 압축강도를 기준으로 물-결합재비를 정하는 경우

㉮ 압축강도와 물-결합재비의 관계는 시험에 의하여 구하는 것을 원칙으로 한다.

㉯ 배합에 사용할 물-결합재비는 기준 재령의 결합재-물비와 압축강도의 관계식에서 배합강도에 해당하는 결합재-물비 값의 역수로 한다.

② 콘크리트의 내동해성을 기준으로 하여 물-결합재비를 정하는 경우

다음 표의 값을 초과하지 않도록 한다.

표. 특수 노출상태에 대한 요구사항

노출 상태	보통골재콘크리트 최대 물-결합재비	보통골재 콘크리트와 경량골재 콘크리트의 최소 설계기준압축강도, $f_{ck(MPa)}$
물에 노출되었을때에 낮은 투수성이 요구되는 콘크리트	0.5	27
습한 상태에서 동결융해 또는 제빙화학제에 노출된 콘크리트	0.45	30
제빙화학제, 염, 소금물, 바닷물에 노출되거나 이런 종류들이 살포된 콘크리트의 철근 부식방지	0.40	35

③ 콘크리트의 황산염에 대한 내구성을 기준으로 하여 물-결합재비를 정하는 경우

다음 표의 값을 초과하지 않도록 한다.

표. 황산염을 포함한 용액에 노출된 콘크리트에 대한 요구사항

황산염 노출정도	토양내의 수용성 황산염(SO_4) 질량비(%)	물속의 황산염(SO_4) (ppm)	(혼합)시멘트의 종류	최대 물-결합재비	최소 설계기준 압축강도 $f_{ck(MPa)}$
				보통골재 콘크리트[1]	보통골재 또는 경량골재 콘크리트
무시	0.0~0.1	0~150	–	–	–
보통[2]	0.1~0.2	150~ 1,500	보통포틀랜드시멘트(1종)+포졸란[3] 플라이애쉬시멘트 중용열포틀랜드시멘트(2종) 고로 슬래그 시멘트	0.5	27
심함	0.2~2.0	1,500~ 10,000	내황산염포틀랜드시멘트(5종)	0.45	30
매우 심함	2.0 초과	10,000 초과	내황산염포틀랜드시멘트(5종) +포졸란[4]	0.45	30

주 1) 동결융해 또는 매입물질의 침식에 대한 보호, 낮은 침투성을 위해서는 보다 낮은 물-결합재비나 높은 강도가 요구
2) 바닷물
3) 1종 시멘트가 포함된 콘크리트에 사용될 때 황산염 저항을 개선시킨 실적이 있거나 실험에 의해 증명된 포졸란
4) 5종 시멘트가 포함된 콘크리트에 사용될 대 황산염 저항을 개선시킨 실적이 있거나 또는 실험에 의해 증명된 포졸란

④ 제빙화학제가 사용되는 콘크리트의 물-결합재비 : 45% 이하로 한다.

⑤ 콘크리트의 수밀성을 기준으로 물-결합재비를 정하는 경우 : 50% 이하로 한다.

⑥ 해양콘크리트 구조물에서 내구성으로부터 물-결합재비를 정하는 경우
물-결합재비의 최대 값은 다음 표를 표준으로 한다.

표. 내구성으로 정하여진 공기연행콘크리트의 최대 물-결합재비(%)

환경구분 \ 시공조건	일반 현장 시공의 경우	공장제품 또는 재료의 선정과 시공에서 공장제품과 동등 이상의 품질이 보증될 때
(a) 해중	50	50
(b) 해상 대기중 [1]	45	50
(c) 물보라 지역, 간만대 지역 [2]	40	45

주 1) 해상 대기중이란 물보라의 위쪽에서 항상 해풍을 받으며 파도의 물보라를 가끔 받는 열악한 환경을 말함.
2) 물보라 지역과 간만대 지역은 조석의 간만, 파랑의 물보라에 의한 건습의 반복작용을 받는 내구성 면에서 가장 열악한 환경이기 때문에 콘크리트 속의 강재 부식, 동해, 화학적 침식 등의 손상을 받을 가능성이 큼
3) 실적, 연구성과 등에 의하여 확증이 있을 때는 물-결합재비를 위 값에 5 % 정도 더한 값으로 할 수 있음.

⑦ 콘크리트의 탄산화 저항성을 고려해야 하는 경우
물-결합재비는 55% 이하로 해야 한다.

4) 최대 골재 크기의 결정

① 굵은골재의 최대치수
㉮ 시방배합 : 5mm체에 100% 남는 골재
㉯ 현장배합 : 중량으로 90% 이상 통과하는 체 중에서 가장 작은 체의 크기

② 굵은골재의 공칭 최대치수는 다음 값을 초과하지 않아야 한다.
㉮ 거푸집 양 측면 사이의 최소 거리의 1/5
㉯ 슬래브 두께의 1/3
㉰ 개별 철근, 다발철근, 긴장재 또는 덕트 사이 최소 순간격의 3/4

③ 구조물의 종류에 따른 굵은골재의 최대치수는 다음 표의 값을 표준으로 한다.

표. 굵은골재의 최대치수의 기준

구조물 종류	굵은골재 최대치수(mm)
일반적인 경우	20 또는 25
단면이 큰 경우	40
무근 콘크리트	40 부재 최소 치수의 1/4 이하

5) 슬럼프와 슬럼프 플로(flow)

① 콘크리트의 슬럼프는 운반, 타설, 다짐 등의 작업에 알맞은 범위 내에서 될 수 있는 한 작은 값으로 정해야 한다.
② 콘크리트를 타설할 때의 슬럼프 값은 다음 표를 표준으로 한다.

표. 슬럼프의 표준값(mm)

종 류		슬럼프 값(mm)
철근콘크리트	일반적인 경우	80～150
	단면이 큰 경우	60～120
무근콘크리트	일반적인 경우	50～150
	단면이 큰 경우	50～100

6) 공기량

① 적당량의 AE공기를 갖고 있는 콘크리트는 기상작용에 대한 내구성이 우수하다.

② AE공기는 콘크리트의 워커빌리티를 크게 개선하고 AE공기에 의하여 소요의 워커빌리티를 얻는데에 필요한 단위수량을 크게 감소시킬 수 있다.

③ 콘크리트의 강도는 공기량이 증가하면 작아지고 콘크리트의 품질 변동은 공기량이 증가할수록 현저한 경향을 나타내고 있다.

④ 기상작용이 심하지 않는 곳에서는 소요의 워커빌리티를 갖는 범위 내에서 될 수 있으면 적은 공기량으로 하는 것이 좋다.

다음 표는 수분이나 제빙화학제에 노출된 정도를 심한 노출과 보통 노출로 구분하여 운반 후의 콘크리트 공기량의 표준값을 나타낸 것이다.

표. 공기연행 콘크리트 공기량의 표준값

굵은골재의 최대치수(mm)	공기량(%)	
	심한 노출 1)	보통 노출 2)
10	7.5	6.0
15	7.0	5.5
20	6.0	5.0
25	6.0	4.5
40	5.5	4.5

주 1) 동절기에 수분과 지속적인 접촉이 이루어져 결빙이 되거나, 제빙화학제를 사용하는 경우
2) 간혹 수분과 접촉하여 결빙이 되면서 제빙화학제를 사용하지 않는 경우

⑤ 공기연행 콘크리트의 공기량은 같은 단위 공기연행제량을 사용하여도 여러 조건에 따라서 상당히 변화하므로 반드시 공기량시험을 실시해야 한다.

⑥ 해양 콘크리트 구조물에 적용하는 공기연행 콘크리트의 공기량은 다음 표를 표준으로 하며 해양 콘크리트는 해수 중의 염화물 작용을 받아서 내동해성이 감소하므로 물보라가 생기는 지역 또는 해상 대기 중에서도 눈이 녹은 물의 영향을 가끔 받는 부재는 굳지 않은 콘크리트의 공기량을 다음 표의 값을 표준으로 한다.

표. 콘크리트 공기량의 표준값(%)

환경 조건		굵은골재의 최대치수 (mm)		
		20	25	40
동결 융해작용을 받을 우려가 있는 경우	(a) 물보라, 간만대 지역	6	6	5.5
	(b) 해상 대기 중	5	4.5	4.5
동결 융해작용을 받을 우려가 없는 경우		4	4	4

7) 잔골재율

① 잔골재율은 소요의 워커빌리티를 얻을 수 있는 범위에서 단위수량이 최소가 되도록 시험에 의해서 정한다.

② 잔골재율은 사용하는 잔골재의 입도, 콘크리트의 공기량, 단위 결합재량, 혼화재료의 종류 등에 따라서 다르므로 시험에 의해서 정해야 한다.

③ 공사 중에 잔골재의 입도가 변하여 조립률이 ±0.20 이상의 차이가 있으면 워커빌리티가 변화하므로 배합을 수정하고 잔골재율의 적합성을 시험에 의해서 확인한다.

④ 콘크리트를 펌프로 타설하는 경우는 펌프의 성능, 배관, 압송거리 등에 적절한 잔골재율을 결정해야 한다.

⑤ 유동화 콘크리트는 유동화 후의 콘크리트 워커빌리티를 고려하여 잔골재율을 결정해야 한다.

⑥ 고성능 공기연행감수제를 사용한 콘크리트는 물-결합재비와 슬럼프가 같으면 일반 공기연행감수제를 사용한 콘크리트보다 잔골재율을 1~2% 정도 크게 하는 것이 좋다.

⑦ 사용재료 또는 콘크리트의 품질이 기준조건과 상이하면 잔골재율과 단위수량을 보정해야 한다.

8) 단위수량

① 단위수량은 작업이 가능한 범위에서 적어지도록 시험에서 정한다.

② 단위수량은 굵은골재의 최대치수, 골재의 입도와 입형, 혼화재료의 종류, 콘크리트의 공기량 등에 따라서 다르므로 시공에 사용되는 재료로 시험을 실시하여 결정한다.

9) 잔골재율과 단위수량의 보정

공사 중에 잔골재의 입도가 변하여서 조립률이 0.20 이상의 차이가 있는 경우는 소요의 워커빌리티를 가지는 콘크리트를 얻을 수 있도록 잔골재율과 단위수량을 변경하고, 콘크리트 펌프 시공의 경우는 콘크리트 펌프의 성능, 배관, 압송거리에 따라서 잔골재율의 값을 결정한다.

표. 잔골재율과 단위수량의 보정

구 분	S/a 보정(%)	W 보정(kg)
모래 조립률이 0.1 만큼 클(작을) 때마다	0.5 만큼 크게(작게)	보정하지 않는다.
슬럼프 값이 1 cm 만큼 클(작을) 때마다	보정하지 않는다.	1.2% 만큼 크게(작게) 한다.
공기량이 1% 만큼 클(작을) 때마다	0.5~1.0 만큼 작게(크게)	3% 만큼 작게(크게)
물-결합재비 0.05 클(작을) 때마다	1.0 만큼 크게(작게)	보정하지 않는다.
S/a가 1% 만큼 클(작을) 때마다	보정하지 않는다.	1.5kg 만큼 크게(작게) 한다.
자갈을 사용	3~5 만큼 작게 한다.	9~15kg 만큼 작게 한다.
부순모래를 사용	2~3 만큼 크게 한다.	6~9kg 만큼 크게 한다.

10) 단위 결합재량

① 단위 결합재량은 원칙적으로 단위수량과 물-결합재비에서 정한다.

② 단위 결합재량은 소요의 강도, 내구성, 수밀성, 균열 저항성, 강재를 보호하는 성능을 갖는 콘크리트가 얻어지도록 시험에 의하여 정한다.

③ 해양환경에 접하는 경우에 단위 결합재량은 구조물의 규모, 중요성, 환경조건 등을 고려하여 소요의 내구성이 얻어지도록 정하며 다음 표를 이용하는 것이 바람직하다.

표. 내구성으로 정해지는 최소 단위 결합재량(kg/m³)

환경구분 \ 굵은골재의 최대치수(mm)	20	25	40
(a) 물보라 지역, 간만대, 해상 대기중	50		50
(b) 해중	45		50

주 1) 물보라 지역은 조수의 간만, 파도 거품에 의한 건습의 되풀이를 받는 매우 가혹한 환경이어서 콘크리트 속의 강재 부식, 동해, 화학적 침식 등의 손상을 일으킬 가능성이 크다. 파랑의 영향을 받는 콘크리트 타설과 같이 시공조건이 나쁠 때는 일반 현장시공의 경우 W/B를 5% 정도 작게 하는 것이 좋다.
2) 해상 대기중은 물보라의 뒤쪽에서 상시 조풍을 받으며 파도 거품을 이따금 받는 환경이고 물보라 다음가는 혹독한 환경이다. 육상에서도 조풍의 영향을 심하게 받는 구조물은 이 환경에 준하여 W/B를 적용시킨다.
3) 해중은 상시 해중에 있고 해수의 화학작용, 마모작용을 받는데 콘크리트 속의 강재 부식작용은 물보라, 해상 대기중에 비하여 완만하다.

11) 혼화재료량

① AE제, AE감수제, 고성능 AE감수제 등의 단위량은 소요의 슬럼프와 공기량을 얻을 수 있도록 시험에 의해 정해야 한다.

② 제빙화학제에 노출된 콘크리트에 플라이애쉬, 고로 슬래그 미분말 또는 실리카 퓸을 시멘트 재료의 일부로 치환하여 사용하는 경우에 혼화재의 사용량은 다음 표의 값을 초과하지 않도록 한다.

표. 제빙화학제에 노출된 콘크리트 최대 혼화재의 비율

혼화재 종류	시멘트와 혼화재 전체에 대한 혼화재의 질량백분율 (%)
KS F 5405에 따르는 플라이애쉬 또는 기타 포졸란	25
KS F 2563에 따르는 고로슬래그 미분말	50
실리카 퓸	10
플라이애쉬 또는 기타 포졸란, 고로슬래그 미분말, 실리카퓸의 합	50[1]
플라이애쉬 또는 기타 포졸란과 실리카퓸의 합	35[1]

주 1) 플라이애쉬 또는 기타 포졸란의 합은 25% 이하, 실리카퓸은 10% 이하이어야 한다.

12) 굵은골재량과 잔골재량의 결정

잔골재율은 콘크리트가 적정한 워커빌리티를 얻는 데에 매우 중요한 요소이고, 일반적으로 적절한 잔골재율은 35~45% 정도이며, 골재의 품질(입도와 입형), 굵은골재의 최대치수, 물-결합재비, 단위수량(슬럼프) 등의 영향을 받는다.

단위수량, 단위 결합재량이 결정되고, 콘크리트의 소요 성능에서 공기량이 결정되면 나머지가 골재량이 된다. 콘크리트의 배합에서 시멘트, 잔골재, 굵은골재의 비중을 각각 ρ_C, ρ_S, ρ_G라고 하면, 콘크리트 $1m^3$ 당의 단위잔골재량과 단위굵은골재량은 다음의 계산에 의하여 구할 수 있다.

① 단위골재량의 절대용적 ;

$$V_A(m^3) = 1-(V_W + V_C + V_a)$$

$$= 1-(\frac{W}{1,000} + \frac{C}{\rho_C \times 1,000} + \frac{Air(\%)}{100})$$

② 단위잔골재량의 절대용적 ; $V_S(m^3) = V_A \times S/a$

③ 단위잔골재량 ; $S(kg) = V_S \times \rho_S \times 1,000$

④ 단위굵은골재량의 절대용적 ; $V_G(m^3) = V_A - V_S$

⑤ 단위굵은골재량 ; $G(kg) = V_G \times \rho_G \times 1,000$

13) 배합의 표시방법

① 배합의 표시 방법은 일반적으로 다음 표에 따른다.

표. 배합의 표시 방법

굵은골재 최대치수 (mm)	슬럼프 범위 (mm)	공기량 범위 (%)	물-결합재비(W/B) (%)	잔골재율 (S/a) (%)	단위량 (kg/m³)					
					물 (W)	시멘트 (C)	잔골재 (S)	굵은골재 (G)	혼화재료	
									혼화재	혼화제

주 1) 포졸란반응성, 잠재수경성을 갖는 혼화재를 사용하지 않는 경우는 물-결합재비가 된다.
2) 같은 종류의 재료를 여러 가지 사용할 경우는 각각의 난을 나누어 표시한다. 이때 사용량에 대하여는 mℓ/m³ 또는 g/m³로 표시하며, 희석시키거나 녹이거나 하지 않은 것으로 나타낸다.

② 시방배합에서 잔골재는 5mm체를 전부 통과하는 것을 말하고, 굵은골재는 5mm체에 전부 남는 것을 말하며, 잔골재와 굵은골재는 각각 표면건조포화상태로서 나타낸다.

③ 시방배합을 현장 배합으로 고칠 경우는 골재의 함수상태, 잔골재 중에서 5mm체에 남는 굵은골재량, 굵은골재 중에서 5mm체를 통과하는 잔골재량, 혼화제를 희석시킨 희석수량을 고려해야 한다.

(4) 현장배합

현장배합은 시방배합의 콘크리트가 얻어지도록 현재 사용하는 원재료의 품질 특성 중에서 잔골재의 5mm체 잔류율, 굵은골재의 5mm체 통과율, 골재의 표면수율, 혼화제 희석비, 회수수의 고형분율을 고려하여 배합설계를 하는 것이다. 시방배합을 현장배합으로 고칠 경우는 잔골재의 표면수로 인한 부풀음(bulking), 현장에서의 골재계량방법과 KS F 2505에서 규정한 방법과 차이로 인한 용적의 차를 고려해야 한다.

시방배합은 골재가 표면 건조 포화상태에서 5mm체를 통과하는 것과 5mm체에 남는 것을 구별하였으나 현장 골재는 이러한 상태가 아니므로 시방배합을 현장배합으로 고쳐야 한다.

시방배합을 현장배합으로 고칠 경우는 골재의 함수상태와 잔골재 중에서 5mm체에 남는 양과 5mm체를 통과하는 굵은골재의 양과 혼화제의 물에 희석한 양을 고려해야 한다.

① 골재 입도의 보정

$$X = \frac{100S - b(S+G)}{100-(a+b)}$$

$$Y = \frac{100G - a(S+G)}{100-(a+b)}$$

② 골재 표면수의 보정

$$X' = \frac{X(100+c)}{100}$$

$$Y' = \frac{Y(100+d)}{100}$$

③ 단위수량의 보정

$$Z = \frac{100W-(cX+dY)}{100} + \frac{B \times e}{100} - (f-g)$$

여기서, S : 시방배합의 잔골재량(kg)
G : 시방배합의 굵은골재량(kg)
B : 표면수를 고려한 잔골재량(kg)
X : 입도보정에 의한 잔골재량(kg)
Y : 입도보정에 의한 굵은골재량(kg)
X' : 표면수를 고려한 잔골재량(kg)
Y' : 표면수를 고려한 굵은골재량(kg)
W : 시방배합에 의한 단위수량(kg)
Z : 단위수량 보정에 의한 단위수량(kg)
a : 잔골재 중의 5mm체의 잔류율(%)
b : 굵은골재 중의 5mm체의 통과율(%)
c : 잔골재의 표면수율(%)
d : 굵은골재의 표면수율(%)
e : 회수수의 고형분율(%)
f : 혼화제 희석량(kg)
g : 혼화제량(kg)

5 콘크리트의 생산, 운반, 타설

콘크리트 공사는 구조물의 강도, 내구성, 수밀성 등의 품질을 만족하면서 균질한 콘크리트를 확실하고 경제적으로 만들어야 하며 콘크리트의 사용재료와 배합이 결정되면 다음 순서에 따라서 시공한다.

재료 계량 ⇨ 비비기 ⇨ 운반 ⇨ 타설 ⇨ 다짐 ⇨ 표면 마무리 ⇨ 양생

콘크리트는 비중과 크기가 다른 여러 입자와 물의 혼합물이므로 균질한 콘크리트가 되도록 혼합하고 운반과 타설 중에 재료분리가 일어나지 않아야 하며 치밀한 콘크리트를 얻기 위해서는 충분한 다짐이 필요하다.

(1) 계량과 비비기

1) 계량

① 계량은 현장 배합에 의하여 실시한다.

② 골재의 표면수율 시험방법은 KS F 2550, KS F 2509을 따르고, 골재가 건조되어 있을 때에 유효 흡수율의 값은 골재를 적절한 시간 동안 흡수시켜서 구한다.

③ 유효흡수율 시험에서 골재에 흡수시키는 시간은 일반적으로 15~30분간의 흡수율을 유효흡수율로 하며 또한 혼화제를 녹이는 데에 사용하는 물과 혼화제를 묽게 하는 데 사용하는 물은 단위수량의 일부로 고려한다.

④ 1배치량은 콘크리트의 종류, 비비기 설비의 성능, 운반방법, 공사의 종류, 콘크리트의 타설량을 고려하여 정해야 한다.

⑤ 각 재료는 1배치씩 질량으로 계량한다. 다만, 물과 혼화제 용액은 용적으로 계량해도 좋다.

⑥ 계량오차는 1회 계량분에 대하여 다음 표의 값 이하이어야 한다.

표. 계량오차

재료의 종류	측정단위	허용오차(%)
시멘트	질량	± 1
골재	질량 또는 부피	± 3
물	질량	± 1
혼화재	질량	± 2
혼화제	질량 또는 부피	± 3

⑦ 연속믹서를 사용할 경우에 각 재료는 용적으로 계량해도 좋다. 이때의 계량오차는 믹서의 용량에 따라서 정해지는 소정의 시간당 계량분을 질량으로 환산하고 허용오차값 이하이어야 한다.

2) 비비기

콘크리트의 재료는 반죽된 콘크리트가 균질하게 될 때까지 충분히 비벼야 한다.

① 믹서(mixer)의 종류

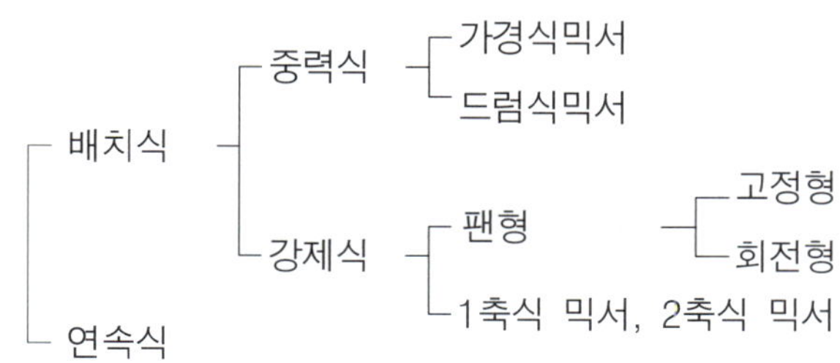

그림. 팬형 강제 혼합식 Mixer

② 믹서의 특성

㉮ 드럼식믹서는 회전하는 혼합조가 고정되어 있고, 가경식믹서는 재료의 투입과 혼합과정에서 혼합조를 기울일 수 있는 형식이다.

㉯ 강제 혼합식믹서는 혼합조 속의 날개가 회전하여 콘크리트를 비비는 방식이며 혼합성능이 좋고 대용량(0.25~4.0m^3)의 혼합이 가능하여 배치플랜트에서 주로 사용한다.

㉰ 연속식믹서는 재료를 연속적으로 공급하면서 콘크리트를 혼합하여 배출하며 정해진 배합의 재료를 연속적으로 공급해야 한다.

③ 혼합작업

㉮ 재료 투입순서

믹서에 재료를 투입하는 순서는 믹서의 형식, 골재의 종류와 입도, 배합, 혼화재료의 종류에 따라서 다르며 일반적으로 물은 다른 재료보다 조금 일찍 넣고 다른 재료를 동시에 넣은 후에 물을 투입한다.

㉯ 비비기 시간

㉠ 믹서의 종류와 콘크리트의 성질에 따라서 균질한 콘크리트를 얻기 위한 비비기 시간은 시험에 의해 정하는 것을 원칙으로 한다. 가경식믹서는 1분 30초 이상, 강제 혼합식믹서는 1분 이상을 비비고 미리 정한 비비기 시간의 3배 이상은 계속 비빔을 하지 않아야 한다.

㉡ 혼합시간이 짧으면 비비기가 불충분하여 압축강도가 저하하고 혼합시간이 길면 압축강도는 증가하지만 너무 길면 교반에 의하서 굵은골재가 파쇄되어 강도가 저하된다.

㉢ 연속믹서를 사용할 경우에 각 재료는 용적으로 계량해도 좋다. 이때의 계량오차는 믹서의 용량에 따라서 정해지는 소정의 시간당 계량분을 질량으로 환산하고 허용오차값 이하로 하며 이 경우에 소정의 시간당 계량분은 믹서의 종류, 비비기 시간 등을 고려하여 정한다.

㉣ 공기량은 적당한 비비기 시간에서 최대가 되고 장시간 교반하면 감소한다.

㉤ 비비기를 시작하기 전에 미리 믹서 내부에 모르타르를 부착해야 한다.

ⓑ 믹서 안의 콘크리트를 전부 꺼내고서 믹서 안에 다음 재료를 넣어야 한다.

ⓢ 믹서는 사용 전후에 잘 청소해야 한다.

(a) 정치식

(b) 이동식

그림. 배치플랜트(Batcher plant)의 종류

(2) 운반

1) 운반방법

① 콘크리트는 재료분리, 슬럼프와 공기량의 감소가 적게 일어나는 방법으로 신속하게 운반하여 즉시 타설하고 충분히 다져야 한다.

② 장거리 운반과 슬럼프가 큰 콘크리트의 운반은 트럭 믹서(truck mixer) 또는 트럭 애지테이터(truck agitator)를 사용한다.

③ 콘크리트의 현장내 운반은 운반차, 버킷(bucket), 콘크리트 펌프, 콘크리트 플레이서(concrete placer), 벨트 컨베이어, 손수레, 슈트(chute) 등을 단독 또는 병행하여 사용한다.

④ 배치플랜트를 떠난 트럭 애지테이터에는 절대로 물을 추가하면 안 된다.

⑤ 콘크리트의 비비기부터 타설이 끝날 때까지의 시간은 외기온도가 25℃ 이상일 때는 1.5시간, 25℃ 미만일 때는 2시간을 넘지 않도록 한다. 다만 지연제 등을 사용하여 응결을 지연시키는 경우는 콘크리트의 품질 변동이 없는 범위에서 시간 제한을 변경할 수 있다.

표. 콘크리트 운반 ~ 타설시간의 한도

KS F 4009	콘크리트 표준시방서	
90분	기온 25℃ 초과	90분
	기온 25℃ 이하	120분

2) 운반차

콘크리트의 운반은 트럭 믹서, 트럭 애지테이터를 사용하고 슬럼프가 2.5cm 이하의 댐 공사와 포장용 콘크리트는 덤프트럭을 사용할 수 있다.

① 트럭 애지테이터(Truck agitator)

콘크리트가 분리되지 않도록 애지테이터 드럼을 교반하면서 주행한다. 트럭 애지테이터는 슬럼프가 5cm 이하에서는 배출이 곤란하고 애지테이터 드럼에 콘크리트가 부착되는 문제점이 있다.

② 트럭 믹서(Truck mixer)

트럭 믹서는 운반 중에 콘크리트를 강제로 교반하는 믹서에 의하여 콘크리트의 품질이 균질해지고 콘크리트의 배출이 용이하지만 교반에 필요한 동력과 운행비용이 소요된다.

③ 덤프트럭

덤프트럭은 포장용 콘크리트와 댐공사의 저슬럼프 콘크리트의 운반에 사용하며 운반시의 재료분리에 주의해야 한다. 덤프트럭으로 운반하는 경우는 콘크리트 표면을 덮어서 직사일광과 바람으로부터 보호해야 한다. 덤프트럭의 적재함은 평탄하고 방수성이 있으며 건조를 방지하고 바람과 비를 막기 위한 보호덮개가 필요하다.

(a) 트럭 애지테이터

(b) 트럭 믹서

(c) 덤프트럭

그림. 콘크리트 운반 장비

④ 현장내 운반

㉮ 콘크리트의 운반방법

운반기계	운반방법	운반거리(m)	운반량(m^3)	적용범위	비 고
버킷	수평 수직	10~50	0.5~1.0	일반적	재료분리가 적음
손수레	수평	10~60	0.05~0.2	소규모공사 특수공사	통행로가 필요
콘크리트펌프	수평 수직	80~600 20~140	20~90/hr	높은 장소	적합한 기종과 타설속도에 주의가 필요
벨트 컨베이어	거의 수평	50~100	10~50/hr	된 반죽	재료분리의 발생 우려
슈트	수직 경사	5~30	10~50/hr	지하구조물	묽은 반죽에 유리하고, 재료분리가 발생

㉯ 버킷(Bucket)

㉠ 콘크리트를 버킷에 받아서 크레인 등으로 타설장소까지 운반하며 버킷은 콘크리트에 진동을 적게 주고 상하, 수평방향의 운반이 용이하다.

㉡ 버킷은 배출구의 개폐가 쉽고 닫았을 때에 콘크리트, 모르타르가 새지 않아야 하며 배출구가 한쪽으로 치우쳐 있으면 배출시에 재료분리가 일어나므로 중앙부 아래에 배출구를 설치한다.

그림. 버킷의 형태

㉰ Concrete placer

㉠ 콘크리트를 압축공기로 수송관을 이용하여 공급하므로 터널 등의 좁은 장소에서 편리하고 구조가 간단하다. 수송관은 굴곡이 적어야 하고 기울기는 수평 또는 상향으로 배치하며 압축공기를 이용하므로 배치와 압송이 용이하다.

㉡ 압송능력은 약 25~35m^3/hr이며 수송거리는 수평으로 환산하여 150~200m가 안정한 압송 한계이다.

㉱ 슈트(Chute)

㉠ 콘크리트를 높은 위치에서 낮은 위치로 운반할 때는 유연한 연직슈트를 사용하거나 경사슈트를 사용한다.

㉡ 경사슈트가 콘크리트를 원활하게 운반하지 못하면 경사를 조정하거나 콘크리트 배합을 수정하고 경사슈트의 출구에 조절판과 깔때기를 설치하여 재료분리를 방지한다.

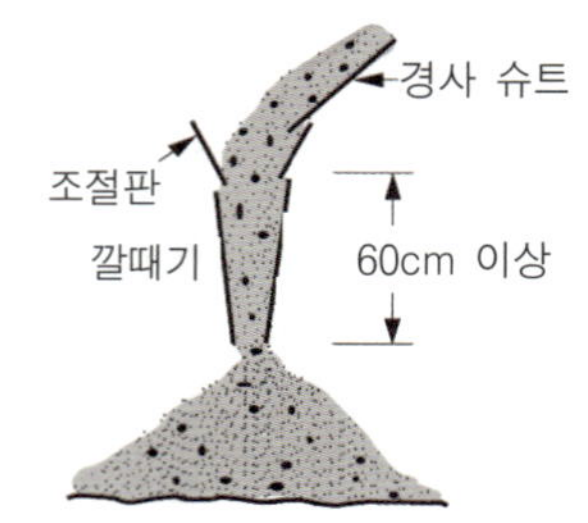

그림. 경사 슈트(Chute)

㉢ 연직슈트는 유연하고 내구성이 있어야 하며 슈트의 이음부는 콘크리트 타설 중에 분리되거나 관이 막히지 않고 호스의 자중과 콘크리트가 내부에 있을 때의 무게에 견디는 강도가 있어야 한다.

㉣ 유연슈트(flexible chute)는 상부 호퍼와 연결된 유연호스로 구성되어 호스 내에 공기를 혼합시키지 않고 콘크리트를 일정한 덩어리로 불연속적으로 보낸다. 마찰저항이 있어서 자유낙하가 되지 않으므로 재료분리가 적고 하부에서 충격과 소음이 완화되어 작업환경이 양호하다.

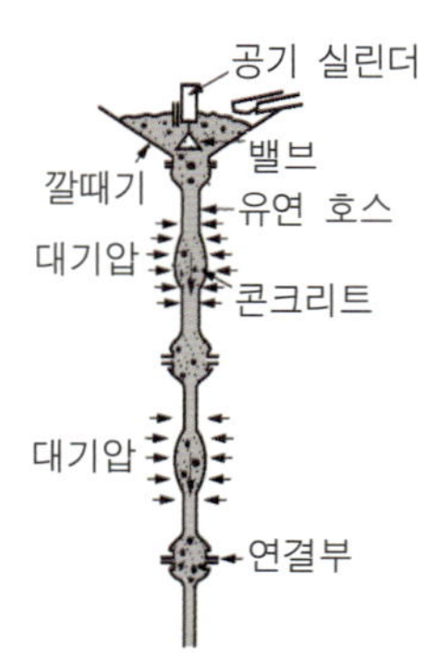

그림. 연직 유연슈트

㉮ 벨트 컨베이어(Belt conveyor)

㉠ 된 반죽의 콘크리트를 수평방향으로 연속적으로 운반하는 경우에 편리하고 운반거리가 길어지면 콘크리트가 건조되므로 덮개가 필요하다.

㉡ 이동식 컨베이어는 기울기가 20~25° 에서 슬럼프가 50~80mm인 경우에 효과적으로 운반이 이루어진다.

㉯ 콘크리트 펌프(Concrete pump)

㉠ 종류

ⓐ 설치방법에 의한 분류 : 정치식과 탑재식

정치식은 동일한 현장에서 장기간 사용하는 경우에 적합하고 콘크리트의 장거리 압송과 높은 곳으로 압송할 때에 중계용으로 사용된다. 탑재식(콘크리트 펌프차)은 기동성과 현장 이동이 용이하며 붐이 장착된 펌프차는 지상배관이 필요하지 않으므로 수송관의 진동에 의한 거푸집과 철근의 교란이 방지되고 타설장소의 변경 등의 시공성이 우수하다.

(a) **정치식 펌프**

(b) **탑재식 펌프**

그림. 콘크리트 펌프의 종류

ⓑ 압송방법

- 압송방식
  - 피스톤식
    - 기계식
    - 유압식 : 대용량, 고출력 압력
  - 압착식

㉡ 콘크리트 펌프의 사용

ⓐ 콘크리트 펌프의 기종은 배합조건, 타설장소까지의 운반경로, 1회 타설량을 고려하여 선정한다.

ⓑ 콘크리트 펌프의 종류, 압송관의 지름과 배관은 시험 압송에서 결정한다.

표. 굵은골재 최대 치수에 대한 압송관의 최소 호칭치수

굵은골재의 최대치수(mm)	압송관의 최소 호칭치수(mm)
20	100 이상
25	100 이상
40	125 이상

ⓒ 보통 콘크리트의 슬럼프값은 80~180mm이고, 슬럼프가 120mm 이상이면 유동화 콘크리트를 사용한다.

ⓓ 수송관은 굴곡이 적고 기울기가 수평 또는 상향으로 최단거리가 되도록 배치하며 압송능력은 수평으로 80~600m, 수직으로 20~140m, 압송량은 20~90m^3/hr의 범위를 가진다.

ⓔ 압송관의 경사배관을 피하고 내리막배관은 압송이 곤란하므로 곡관부에 공기빼기용 코크를 설치한다.

표. 콘크리트 압송관의 환산 수평거리

항 목	단 위	호칭치수(mm)	환산 수평거리	
상향 수직관	1m당	100 125 150	3m 4m 5m	
테이퍼관(1m)	1개당	175~150mm 150~125mm 125~100mm	3m	
곡관	1개당	90° r=0.5m r=1.0m	6m	
가요성 호스	1개 / 길이 5~8m		20m	

ⓕ 콘크리트 펌프는 단위 시멘트량과 슬럼프가 작으면 관내저항이 증가하고 펌프의 흡입성능이 저하하여 압송성이 저하된다.

ⓖ 잔골재와 굵은골재의 입도분포가 불량하거나 잔골재가 부족하면 관이 막히는 경우가 있으므로 펌프 압송 시에 잔골재율은 약 2~5%가 크게 한다.

항 목	잔골재율
고압 pumping 시	52%
저압 pumping 시	57%

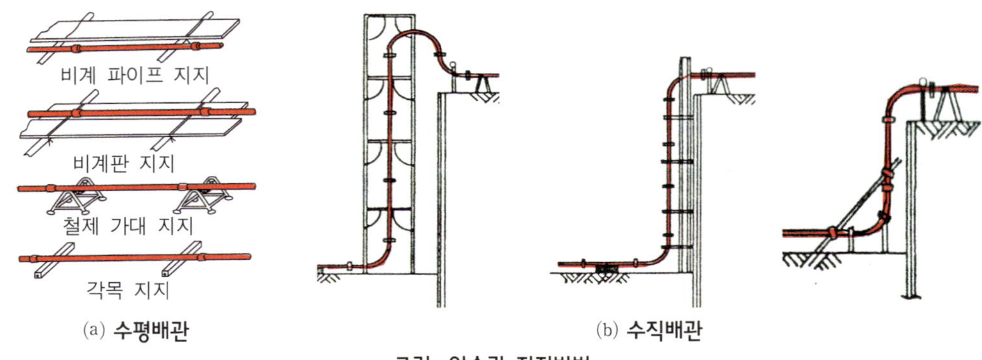

(a) 수평배관 (b) 수직배관

그림. 압송관 지지방법

㉢ 펌프 압송시의 주의사항

ⓐ 압송 전

- 압송관은 거푸집, 배관, 부어 넣은 콘크리트에 진동의 영향을 주지 않게 지지대 또는 고정철물을 이용하여 설치한다.
- 펌프로 콘크리트를 투입하면 거푸집에 측압이 증가하므로 거푸집을 견고하게 조립한다.
- 펌프에 콘크리트의 공급이 중단되면 능률이 저하하고 압송이 어려워진다.
- 트럭 애지테이터의 대기시간이 길면 슬럼프가 감소하여 압송이 어려워지므로 배차계획을 조절해야 한다.

그림. 콘크리트 펌프에 의한 콘크리트 타설

ⓑ 압송시

- 콘크리트의 압송 전에 시멘트풀 또는 부배합의 모르타르를 압송하여 압송관의 내면에 시멘트풀이나 모르타르의 얇은 층이 형성되면 압송성이 좋아진다.
- 여름철에는 압송관을 마대 등으로 덮고서 살수하는 것이 좋다.
- 펌프 콘크리트의 유동성이 좋아서 멀리 유하되면 콜드조인트(cold joint)가 발생될 우려가 있으므로 충분한 다짐이 필요하다.

ⓒ 압송의 중단

- 콘크리트의 압송은 타설을 시작하여 완료할 때까지 연속적으로 실시한다.
- 콘크리트 공급이 10분 이상 중단되면 콘크리트 펌프와 압송관이 막히지 않게 불연속 운전을 하고 장시간 중단으로 관이 막힐 가능성이 있으면 배관 내의 콘크리트를 배출시킨다.

ⓓ 콘크리트의 펌프 압송이 곤란해지는 여러 가지 조건

- 수평 환산거리가 30m를 넘는 경우
- 수직 압송높이가 경량 콘크리트에서 60m, 보통 콘크리트에서 70m를 넘는 경우
- 경량 콘크리트의 압송 전 슬럼프가 20cm 이하인 경우
- 보통 콘크리트의 슬럼프가 10cm 이하인 경우
- 경량 콘크리트의 단위시멘트량이 300kg/m^3 미만인 경우
- 하향 배관과 하향경사에서 압송속도가 자연 낙하속도보다 작은 경우

(3) 콘크리트의 타설

1) 타설 준비

① 콘크리트의 타설 전에 운반장치, 타설설비, 거푸집 내부를 청소하여 콘크리트 속에 이물질의 혼입을 방지한다.

② 타설한 콘크리트의 물을 흡수할 우려가 있는 곳은 습윤상태를 유지하고 물이 고이지 않게 주의한다. 콘크리트를 직접 지면에 타설하는 경우는 미리 깔기 콘크리트를 타설하는 것이 좋다.

③ 터파기한 기초 내부의 물은 타설 전에 제거하고 흘러 들어온 물에 이미 타설한 콘크리트가 씻기지 않도록 한다.

2) 타설작업

① 콘크리트의 타설은 원칙적으로 시공계획서를 준수해야 한다.

② 먼저 타설한 콘크리트에 영향을 주지 않도록 운반거리가 먼 장소부터 거푸집이 변형되지 않게 균형을 맞추어서 타설한다.

③ 철근과 매설물의 배치와 거푸집이 변형과 손상되지 않게 콘크리트를 타설한다.

④ 타설구획 내에서 수평으로 콘크리트를 타설하고 균일한 진동다짐을 하며 1층의 높이는 40~50cm 이하로 한다.

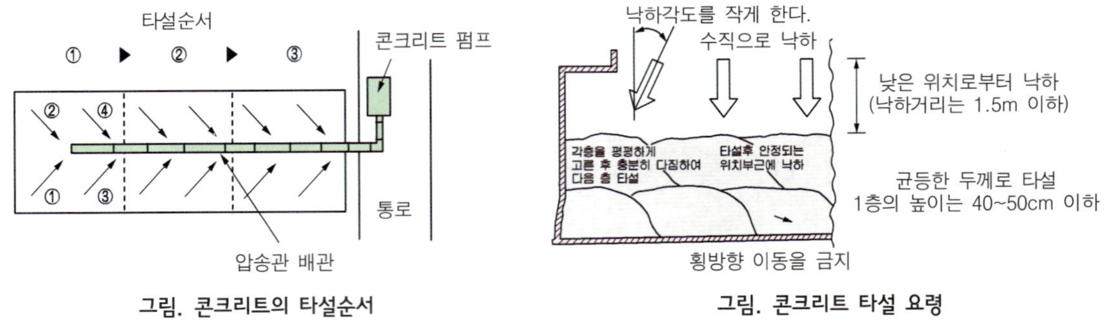

그림. 콘크리트의 타설순서

그림. 콘크리트 타설 요령

⑤ 콘크리트를 2층 이상으로 나누어 타설할 때는 하층 콘크리트가 굳기 시작하기 전에 상층 콘크리트를 타설하여 상층과 하층이 일체가 되게 한다. 또한 콜드조인트가 발생하지 않게 시공구획의 면적, 콘크리트의 공급능력, 허용 이어치기 시간간격을 정해야 한다.

표. 허용 이어치기 시간간격의 표준

외기온	허용 이어치기 시간간격
25℃ 초과	2.0 시간
25℃ 이하	2.5 시간

[주] 허용 이어치기 시간간격은 콘크리트를 비비기 시작에서부터 하층 콘크리트 타설을 완료한 후의 정치시간을 포함하여 상층콘크리트가 타설되기까지의 시간

⑥ 타설속도는 단면 크기, 콘크리트 배합, 다짐방법에 따라서 다르지만 일반적으로 30분에 1~1.5m 정도가 적당하다.

⑦ 콘크리트의 타설 중에 표면에 떠올라 고인 블리딩수를 제거하고서 콘크리트를 타설하고 고인 물은 콘크리트 표면에 홈을 만들어 흐르게 해서는 안 된다.

⑧ 타설한 콘크리트를 거푸집 내부에서 횡방향으로 이동시켜서는 안 된다.

그림. 콘크리트 펌프에 의한 타설

⑨ 기둥과 같이 높은 곳에 콘크리트를 연속적으로 타설하는 경우는 타설과 다질 때에 재료분리가 적도록 반죽질기와 타설속도를 조정해야 한다.

⑩ 거푸집이 높은 경우는 재료분리를 막고 상부의 철근 또는 거푸집에 콘크리트가 부착하여 경화하는 것을 방지하기 위하여 거푸집에 투입구를 설치하거나 연직슈트 또는 펌프배관의 배출구를 타설면과 가까운 곳까지 내려서 콘크리트를 타설하며 슈트, 펌프 배관, 버킷, 호퍼 등의 배출구와 타설면까지의 높이는 1.5m 이하로 한다.

⑪ 한 구획내의 콘크리트는 타설이 완료될 때까지 연속하여 타설한다.

⑫ 타설 도중에 심한 재료분리가 발생하면 재료분리를 방지하는 대책을 강구해야 한다.

(4) 다짐

콘크리트를 다짐하면 유동성 증가, 콘크리트 표면의 벌집(honeycomb) 방지, 콘크리트 내부의 공극방지, 강도 증가, 수밀성과 내구성이 증대하고 재진동하면 부착강도의 증대와 침하균열이 방지된다. 다짐은 콘크리트의 공극을 적게 하고 철근, 매설물 등과 밀착시키며 콘크리트를 균질하고 치밀하게 채워서 구조물의 성능이 충분히 만족하도록 실시한다. 진동기의 형식, 크기와 대수는 1회에 다짐하는 콘크리트의 전 용적을 충분히 다지는데 적합하도록 부재단면의 두께와 면적, 1시간당 최대 타설량, 굵은골재 최대치수, 배합, 잔골재율, 콘크리트의 슬럼프를 고려하여 선정한다.

1) 다짐방법

① 다짐방법은 다짐봉, 진동다짐, 진공매트에 의한 특수한 방법 등을 사용한다.

② 다짐은 봉형 내부진동기를 일반적으로 사용하며 슬럼프가 작은 된 반죽의 콘크리트에 다짐을 하면 충전성이 좋고 콜드조인트를 방지하는 효과가 우수하다.

③ 봉형진동기를 사용할 수 없는 부위, 구조체의 모양, 콘크리트의 종류에 따라서는 거푸집진동기, 다짐봉과 나무망치를 병행하여 사용한다.

(a) 봉형 내부진동기

(b) 거푸집진동기

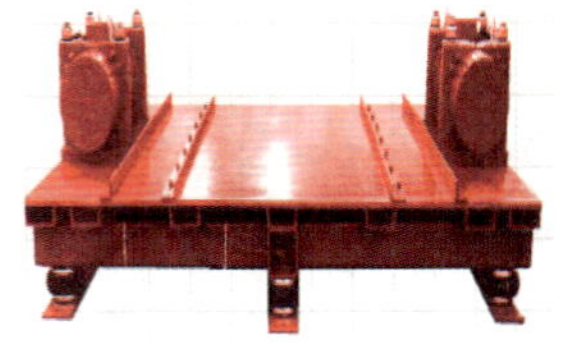

(c) 진동대

그림. 진동기의 종류

2) 진동다짐

① 진동다짐의 종류

㉮ 내부 진동 : 봉형 내부진동기

㉯ 외부 진동 : 거푸집진동기(얇은 벽)

㉰ 진동대

㉱ 평면진동기 : 표면진동기(콘크리트 포장 등)

그림. 콘크리트의 타설과 다짐

② 봉형 내부진동기의 사용시 유의사항

㉮ 진동기는 하층의 콘크리트에 0.1m 정도를 찔러 넣어야 한다.

㉯ 내부진동기의 연직 삽입간격은 0.5m 이하로 하며 그 간격은 진동이 유효하다고 인정되는 범위의 지름 이하로서 일정한 간격으로 한다.

㉰ 장시간의 진동다짐에 의하여 재료분리가 발생하지 않아야 한다.

㉱ 재진동은 콘크리트에 나쁜 영향이 없도록 초기응결이 일어나기 전에 실시한다.

㉲ 콘크리트를 횡방향으로 이동시킬 목적으로 내부진동기를 사용하지 않도록 한다.

㉳ 1개소당 진동시간은 다짐할 때에 시멘트풀이 표면 상부로 약간 부상하기까지 실시한다.

㉴ 내부진동기는 콘크리트에서 천천히 빼내어 구멍이 남지 않도록 한다.

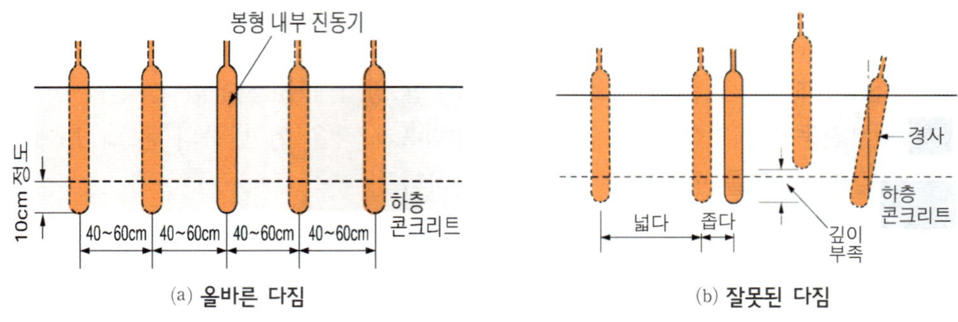

(a) 올바른 다짐 (b) 잘못된 다짐

그림. 봉형 내부진동기의 다지기작업

㉵ 봉형진동기는 충분한 진폭을 가지도록 분당 진동수가 7,000~8,000회 이상, 거푸집진동기는 3,000회 이상이어야 한다.

표. 진동의 영향 범위

단위(cm)

진동수				보통 콘크리트			인공 경량 콘크리트		
분류	봉 직경(mm)	진동수(rpm)	진폭(mm)	슬럼프(cm)			슬럼프(cm)		
소형	33	8,000	2~3	15	12	10	15	10	15
대형	60	8,000	1.8~2.0	25	20	17	30	25	20
	60	12,000	0.2~1.5	50	35	22	60 이상	60	40

3) **봉 다짐** : 긴 다짐봉으로 거푸집 내의 콘크리트 상승에 따라서 고르게 다진다.

(5) 표면 마무리

1) 일반사항

① 다짐이 끝나면 콘크리트 윗면에 스며 올라온 물을 처리하고서 표면을 마무리한다. 표면에 올라온 물을 제거하지 않으면 레이턴스가 생기고 표면에 실균열(hair crack)이 나타난다. 마무리는 나무흙손, 마무리기계를 사용하며 과도한 마무리가 되지 않게 한다.

② 지나친 마무리는 표면에 시멘트풀이 몰려서 수축균열이 발생하고 레이턴스가 생겨서 마모 저항성이 감소한다.

③ 거푸집과 접하는 면의 콘크리트는 평활한 표면이 얻어지도록 타설하고 다져야 한다.

④ 표면 결함은 외관이 불량하고 수밀성이 저하되어 내구성에 나쁜 영향을 미치므로 결함부분을 제거하고 콘크리트 또는 모르타르로 매끈하게 마무리한다.

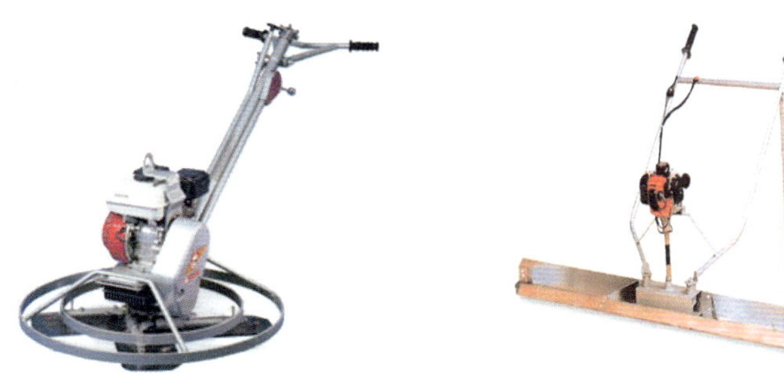

(a) 콘크리트 피니셔(Finisher)　　(b) 스크리드(Screed)

그림. 표면 마무리기계

2) 거푸집판에 접하지 않은 면의 마무리

그림. 콘크리트 표면의 마무리

① 마무리를 하고서 콘크리트가 굳기 시작하기 전에 발생하는 균열은 다짐과 재마무리하여 제거하고 필요에 따라서 재진동을 실시한다.
② 매끄럽고 치밀한 표면이 필요한 경우는 작업이 가능한 범위에서 늦은 시기에 쇠흙손으로 강하게 힘을 주어 콘크리트 윗면을 마무리한다.

3) 마모를 받는 면의 마무리

① 마모를 받는 콘크리트면은 마모 저항성이 커지게 마모 저항이 큰 골재를 사용하고 물-결합재비를 작게 한다. 또한 밀실하고 균등한 콘크리트가 되도록 충분한 양생을 한다.
② 마모 저항성이 커지도록 수지 콘크리트, 폴리머 콘크리트, 섬유보강 콘크리트, 폴리머함침 콘크리트 등의 특수 콘크리트를 사용하는 경우는 시공에 특별한 주의가 필요하다.

(6) 거푸집과 동바리

거푸집과 동바리는 콘크리트의 타설부터 콘크리트가 하중을 지지하는 강도에 도달할 때까지 사용하는 가설구조물이므로 충분한 강도와 강성을 가지고 구조물의 위치, 형상, 치수가 정확하게 설치한다.

1) 거푸집(Form)

거푸집은 콘크리트를 부어 넣어서 콘크리트 구조체를 형성하는 거푸집널과 거푸집의 위치를 정확하게 유지시키는 동바리, 즉 지지틀의 총칭으로 구조물을 일정한 형상과 치수로 유지하고 경화에 필요한 수분이 누출되지 않게 하며 외기의 영향을 방지하여 콘크리트가 양생되게 사용하는 가설물이다.

그림. 거푸집의 설치

거푸집과 동바리는 콘크리트 타설 중의 하중, 콘크리트의 측압, 부어 넣을 때의 진동과 충격에 충분히 저항하고 시공 허용오차를 벗어나는 변형과 오차가 발생하지 않게 제작, 조립해야 한다. 또한 거푸집은 제작과 조립이 용이하고 해체순서에 따라서 손쉽게 떼어낼 수 있으며 파손되지 않고 반복하여 사용할 수 있어야 한다. 설비와 전기 등의 연관 공종과 관련되는 각종 개구부와 매설물은 콘크리트 타설 중에 움직이지 않게 소요 위치에 견고하게 설치한다.

① 거푸집은 작용하중에 대한 충분한 강도를 보유하고 형상과 위치가 정확하며 쉽게 조립하고 안전하게 해체할 수 있어야 한다.
② 거푸집널과 패널의 이음은 부재축에 직각이나 평행으로 하고 모르타르가 새어나오지 않게 한다.
③ 거푸집은 작용하중에 의해서 형상과 위치가 변형되지 않게 조이는 강봉, 볼트, 거푸집 긴결재(form tie)를 사용한다. 조임재는 거푸집을 제거하고서 콘크리트 표면에 남겨 놓아서는 안 된다.
④ 거푸집널의 내면에 콘크리트의 부착을 방지하고 거푸집의 제거가 용이하게 박리제를 바른다.
⑤ 콘크리트면이 거칠게 마무리된 경우는 구멍과 결함 부위에 땜질을 하고 6mm 이상의 돌기물은 제거해야 한다.

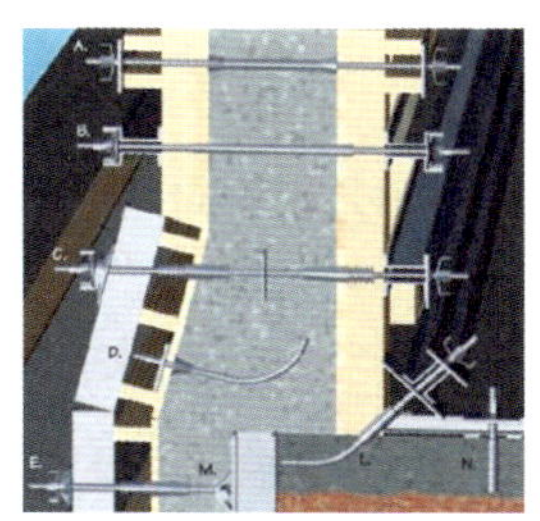
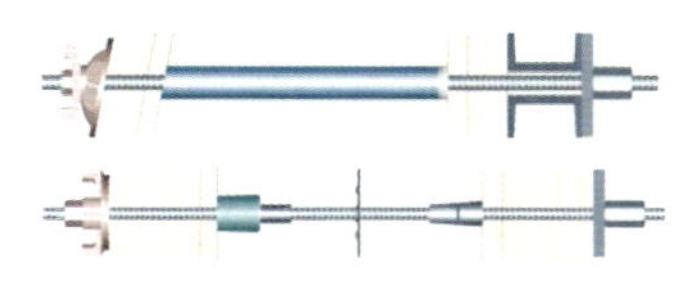
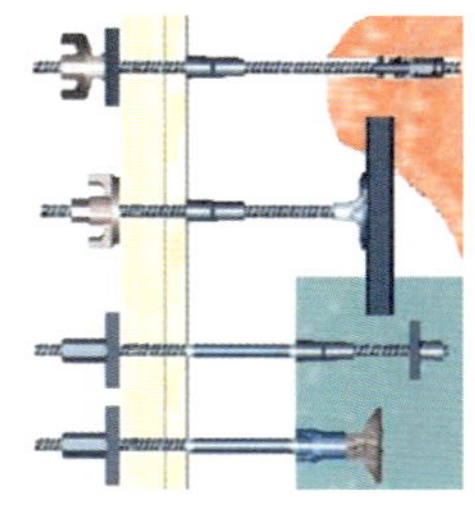

그림. 거푸집과 긴결재(Form tie)의 형태

2) 동바리(Scaffold)

동바리에 사용하는 강관 동바리는 강관지주, 틀짜기 지주 이외에 조합강주, 매달기 동바리 등이 있다. 타설한 콘크리트의 자중에 의하여 거푸집에 압축변형이 발생하고 동바리의 이음과 접속부의 간격이 수축되어 발생하는 동바리 변형에 유의해야 한다.

① 동바리 기초는 과도한 침하와 부등침하가 발생하지 않게 충분한 지지력을 가져야 하고 좌굴에 안정해야 한다.
② 강관 동바리의 접속부와 교차부는 볼트, 클램프 등의 철물로 정확하게 연결한다.
③ 동바리의 조립은 충분한 강도와 안전성을 가지도록 경사와 높이에 주의하여 접속부와 교차부의 조임을 철저하게 하고 이음은 축선에 일치시킨다.
④ 동바리는 필요에 따라서 콘크리트 자중에 의한 침하량에 해당하는 솟음(camber)을 두어야 한다.
⑤ 곡면 거푸집은 버팀대를 부착하여 거푸집의 변형을 방지해야 한다.
⑥ 동바리는 기초침하, 동바리의 압축 변형과 처짐, 동바리의 이음과 접속부 틈의 신축에 의한 침하가 발생하므로 콘크리트의 타설 중에 동바리가 변형이 발생하지 않아야 한다.
⑦ 강관 동바리는 2개 이하로 연결하여 사용하며 높이가 3.6m 이상인 경우는 높이 2.0m 이내마다 수평연결재를 2개 방향으로 설치하고 수평연결재의 변위가 일어나지 않게 이음부분을 연결한다.

⑧ 동바리 하부의 받침판과 받침목은 2단 이상을 삽입하지 않고 작업원의 보행에 지장이 없어야 하며 이탈되지 않게 고정시켜야 한다.

그림. 동바리의 설치

3) 거푸집과 동바리의 해체

거푸집과 동바리는 콘크리트의 자중과 시공 중에 가해지는 여러 하중에 충분히 지지하는 강도를 가질 때까지 해체해서는 안 된다.

① 거푸집과 동바리의 해체시기와 순서는 시멘트의 성질, 콘크리트의 배합, 구조물의 종류와 중요도, 부재의 종류와 크기, 부재가 받는 하중, 콘크리트 내부의 온도와 표면온도의 차이를 고려하여 결정해야 한다.

② 기초, 보의 측면, 기둥, 벽의 거푸집널은 24시간 이상을 양생한 후에 콘크리트의 압축강도가 10MPa 이상이면 해체할 수 있다. 거푸집널의 존치기간 중에 평균 기온이 10℃ 이상에서 소요 콘크리트의 재령이 경과하면 압축강도시험을 실시하지 않고도 해체할 수 있다.

표. 콘크리트의 압축강도시험을 할 때에 거푸집널의 해체시기

부 재		콘크리트 압축강도(f_{cu})
확대기초, 보옆, 기둥, 벽 등의 측벽		5MPa 이상
슬래브와 보의 밑면, 아치 내면	단층구조	설계기준 압축강도의 2/3 이상, 또한 최소 14MPa 이상
	다층구조	설계기준 압축강도 이상 (기둥식 동바리를 사용하는 경우는 구조계산을 하여 기간을 단축할 수 있음. 단, 최소 강도는 14MPa 이상)

③ 슬래브와 보의 밑면, 아치 내면의 거푸집은 콘크리트의 압축강도가 14MPa 이상에 도달한 것을 확인하고 해체한다.

④ 보, 슬래브, 아치 하부의 거푸집널은 동바리를 해체하고서 떼어 낸다.

⑤ 동바리를 해체하고서 해당 부재에 가해지는 하중이 설계하중을 초과하면 구조계산을 하여 확인하고서 해체한다.

⑥ 거푸집과 동바리를 해체하고 구조물에 하중을 재하하는 경우는 콘크리트의 강도, 구조물의 종류, 작용하중의 종류와 크기를 고려하여 유해한 균열과 손상이 발생하지 않게 한다.
⑦ 동바리를 해체한 후에 유해한 하중이 재하되는 경우는 동바리를 적절하게 재설치한다.
⑧ 해체작업 중에는 사람의 통행을 금지하며 구조물에 유해한 영향(진동, 충격)을 주지 않고, 해체 후에는 중량물의 재하를 금지하고 해체한 거푸집은 부위별로 정리하여 보관한다.

표. 콘크리트의 압축강도를 시험하지 않을 경우(기초, 보 옆, 기둥, 벽의 측벽)

시멘트 종류 / 평균 기온	조강포틀랜드시멘트	보통포틀랜드시멘트 고로슬래그시멘트(특급) 포틀랜드포졸란시멘트(A종) 플라이애쉬시멘트(A종)	고로슬래그시멘트(1급) 포틀랜드포졸란시멘트(B종) 플라이애쉬시멘트(B종)
20℃ 이상	2일	3일	4일
10~20℃	3일	4일	6일

(7) 철근작업

철근은 강도가 크고 항복점이 높으며 연성이 커서 가공이 용이하고, 콘크리트와 부착성이 좋고 녹이 잘 슬지 않으며 용접에 의한 강도 저하가 적어야 한다. 철근콘크리트 구조물에서 충분한 응력을 전달하기 위해서는 철근의 보관, 가공, 조립, 간격, 덮개, 정착과 이음에 유의한다.

1) 철근 종류

① 철근의 표면에 리브(rib)와 마디 등의 돌기가 있는 봉강을 이형철근(deformed bar), 마디와 리브의 돌기가 없는 매끈한 표면의 봉강은 원형철근(round bar)이라고 한다.
② 이형철근에서 공칭지름, 공칭 단면적, 공칭 둘레는 동일한 길이와 질량의 원형철근의 지름, 단면적, 둘레로 환산한 값이다.

그림. 원형철근

그림. 이형철근(마디와 리브)

2) 철근의 보관

철근은 녹이 발생하거나 더러워지지 않게 직접 땅 위에 두지 않고 창고에 저장하거나 받침목 위에 두며 적당한 덮개를 하여 비, 이슬, 바닷바람에 직접 접촉하지 않도록 재질별, 지름 등에 따라서 분류하여 저장한다.

철근 표면에 녹비늘이 생길 정도로 녹슬었거나 기름, 흙, 먼지 등이 묻은 철근은 콘크리트와 부착을 위하여 닦아서 사용한다.

3) 철근 가공

① 철근은 도면에 표시된 모양과 치수가 일치하도록 재질을 해치지 않게 상온에서 가공한다.

② 철근은 상온에서 가공하고 철근의 재질을 해치지 않도록 절단한다.

③ 가공형상이 설계도면에 표시되어 있지 않으면 철근의 구부림은 최소 반지름 이상으로 하고, 철근의 끝부분에는 갈고리를 붙인다.

㉮ 표준갈고리

㉠ 주철근

ⓐ 180° 표준갈고리 : 반원 끝에서 4 d_b 이상 또는 60mm 이상을 더 연장

ⓑ 90° 표준갈고리 : 90° 원의 끝에서 12 d_b 이상을 더 연장

㉡ 스터럽과 띠철근의 갈고리

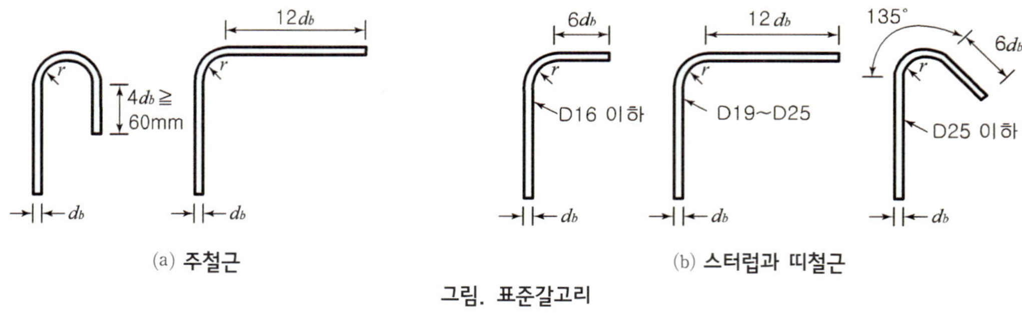

(a) **주철근** (b) **스터럽과 띠철근**

그림. 표준갈고리

ⓐ 90° 표준갈고리

- D16 이하 : 90° 원의 끝에서 6 d_b 이상을 더 연장
- D19~D25 : 90° 원의 끝에서 12 d_b 이상을 더 연장

ⓑ 135° 표준갈고리 : D25 이하의 철근은 135°, 구부린 끝에서 6 d_b 이상을 더 연장

㉯ 철근 가공조립도에 철근의 구부리는 내면 반지름이 표시되지 않은 경우는 반원형 갈고리와 90° 갈고리의 최소 내면 반지름이 규정된 최소 반지름 이상이 되도록 구부려야 한다.

표. 반원형 갈고리와 90° 갈고리의 최소 내면 반지름

철근 지름	최소 내면 반지름
D10~D25	$3d_b$
D29~D35	$4d_b$
D38 이상	$5d_b$

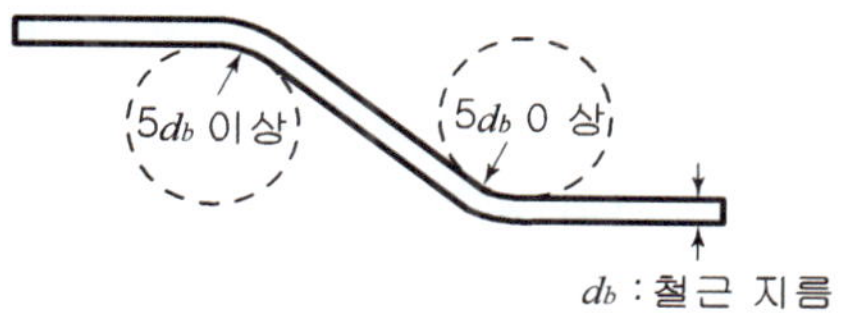

그림. 절곡 철근의 구부림 반지름

④ 가공하여 곧게 펼 수 없는 철근을 사용해서는 안 되고, 한번 구부린 철근은 재가공하여 사용하지 않아야 한다. 일시적으로 철근을 구부리는 경우는 큰 반경으로 구부리고 용접부는 철근 직경의 10배 이상이 떨어진 곳에서 구부린다.

표. 가공치수의 허용 오차

철근 종류		부호	허용오차(mm)
스터럽, 띠철근, 나선철근		a, b	±5
그 밖의 철근	D25 이하 이형철근	a, b	±15
	D29 이상, D32 이하의 이형철근	a, b	±20
가공 후의 전 길이		L	±20

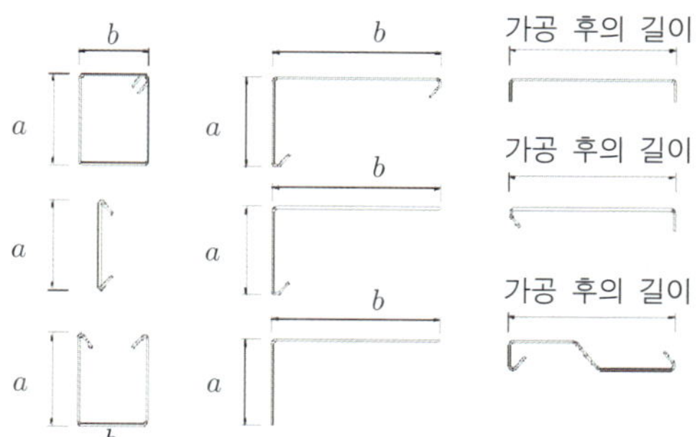

4) 철근의 조립, 이음, 결속

① 철근 조립

㉮ 철근 표면에 부착을 저해하는 흙, 기름, 이물질이 없어야 한다. 경미한 황갈색의 녹이 발생한 철근은 일반적으로 콘크리트와의 부착을 해치지 않으므로 사용할 수 있다.

㉯ 철근은 바른 위치에 배치하고 콘크리트를 타설할 때에 움직이지 않도록 견고하게 조립한다.

㉰ 철근의 최소 피복두께를 확보하기 위하여 철근 고임대(bar support)와 간격재(spacer) 위에 철근을 지지하고 이미 설치된 철근에 단단하게 결속한다.

그림. 철근 조립작업

㉱ 거푸집에 접하는 고임재와 간격재를 콘크리트제품으로 사용하는 경우는 본체 콘크리트와 동등 이상의 품질을 가진 것을 사용한다. 고임재와 간격재는 모르타르제품, 콘크리트제품, 강제품, 플라스틱제품, 세라믹제품 등이 있고 사용 장소와 환경에 따라서 선정한다.

㉲ 보, 기둥, 지중보, 벽과 지하 외벽의 간격재는 측면에 한하여 플라스틱제품을 사용할 수 있다.

㉥ 노출 콘크리트면의 거푸집과 접하는 고임대와 간격재는 부식되지 않는 제품을 사용한다.

㉦ 금속 고임대와 간격재는 거푸집 표면에 박히지 않고 거푸집 내에서 지지되어야 한다.

㉧ 철근은 정확하게 간격을 유지하게 조립하고 띠철근과 정철근은 주철근에 결속한다.

㉨ 조립이 끝나면 철근 가공조립도에 의하여 철근의 직경과 개수, 절곡 위치, 이음위치, 이음길이, 철근 상호간의 위치와 간격, 거푸집 내에서 지지와 조립상태를 검사한다.

② 철근 간격

철근 사이와 철근과 거푸집의 사이에 콘크리트가 잘 채워지게 철근 간격을 제한한다.

㉮ 보(Beam)

㉠ 보의 정철근과 부철근의 수평 순간격은 25mm 이상, 굵은골재 최대치수의 4/3배 이상, 철근의 공칭지름 이상으로 한다.

㉡ 정철근과 부철근을 2단 이상으로 배치하는 경우에 수평 순간격은 25mm 이상으로 하고 상·하 철근을 동일 연직면 내에 배치한다.

㉯ 나선철근과 띠철근 기둥의 축방향철근의 순간격은 40mm 이상, 철근 공칭지름의 1.5배 이상, 굵은골재 최대치수의 1.5배 이상으로 한다.

㉰ 벽체와 슬래브

콘크리트의 장선구조를 제외한 벽체와 슬래브의 정철근과 부철근의 중심간격은 최대 휨모멘트가 발생하는 단면에서 슬래브 두께의 2배 이하 또는 300mm 이하로 하고 기타 단면은 슬래브 두께의 3배 이하 또는 400mm 이하로 한다.

㉱ 다발철근

㉠ 다발철근은 이형철근을 사용하고, 개수는 4개 이하로 하며 스터럽이나 띠철근으로 둘러싸야 한다.

㉡ 다발철근의 철근 단이 지점에서 끝나지 않으면 철근 지름의 $40d_b$ 이상이 서로 엇갈리게 배치한다.

㉢ 다발철근 사이의 철근간격과 최소 철근덮개를 철근지름으로 나타내는 경우에 다발철근의 지름은 등가단면적으로 환산한 한 개의 철근지름으로 고려한다.

㉣ 보에서 D35를 초과하는 철근은 다발로 사용하지 않는다.

㉤ 다발철근의 배치형태는 삼각형, 정삼각형, L형으로 한다.

③ 철근의 이음과 결속

㉮ 철근은 제자리에 놓고서 간격을 맞추고 단단하게 결속하거나 철선을 감는다.

㉯ 철근의 겹침이음은 소정의 길이로 겹쳐서 지름 0.9mm(#20번선) 이상의 풀림철선으로 여러 곳을 긴결한다.

㉰ 인장철근의 이음은 가급적 피하고 인장철근의 이음은 한 단면에 이음이 모이지 않게 서로 어긋나게 배치한다.

㉱ 장래 이음을 위한 노출 철근은 손상과 부식이 발생하지 않게 보호한다.

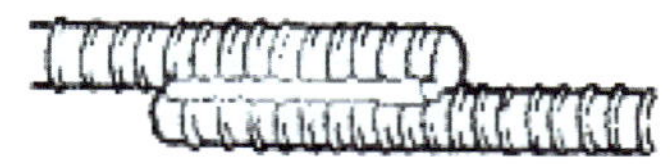

(a) 겹침 이음

(b) 압접이음

(c) Coupler이음

그림. 철근의 이음방법

④ 철근의 용접

㉮ 철근 용접은 전기아크 방법으로 완전 침투된 맞대기용접을 사용한다.

㉯ 맞대기용접은 철근의 규정된 항복강도 또는 다른 치수의 철근을 용접한 경우에 지름이 작은 철근의 항복강도의 125%가 되어야 한다.

㉰ 용접 전에 철근에 묻은 기름, 먼지, 기타 이물질을 청소하고 화염으로 건조시켜야 한다.

⑤ 콘크리트의 최소 피복두께

기후와 기타 외부 요인으로부터 철근의 산화방지, 내화구조, 부착응력을 확보하기 위한 콘크리트의 피복두께는 콘크리트 표면에서 철근의 가장 바깥면까지의 최단거리이다.

최소 피복두께는 횡철근이 주철근을 감싸는 경우는 콘크리트 표면에서 스터럽, 띠철근, 나선철근의 바깥면까지의 최단거리로 한다.

기타의 경우는 가장 외단에 배치된 철근 표면까지의 최단거리이며 포스트텐셔닝 PS강재는 닥트 또는 철제 접속구 표면까지의 최단거리로 한다.

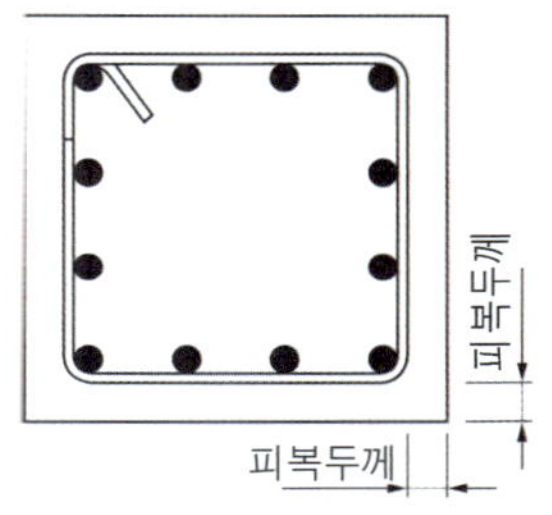

그림. 최소 피복두께

㉮ 프리스트레스하지 않는 부재의 현장치기 콘크리트

구 분			두께(mm)
수중에서 치는 콘크리트			100
흙에 접하여 콘크리트를 친 후 영구히 흙에 묻혀있는 콘크리트			75
흙에 접하거나 옥외의 공기에 직접 노출되는 콘크리트	D19 이상의 철근		50
	D19 이하의 철근, 지름 16mm이하의 철선		40
옥외의 공기나 흙에 직접 접하지 않는 콘크리트	슬래브, 벽체, 장선	D35 초과하는 철근	40
		D35 이하인 철근	20
	보, 기둥		40
	쉘, 절판부재		20

㉯ 프리스트레스하는 부재의 현장치기 콘크리트

<table>
<tr><th colspan="3">구 분</th><th>두께(mm)</th></tr>
<tr><td colspan="3">흙에 접하여 콘크리트를 친 후 영구히 흙에 묻혀있는 콘크리트</td><td>75</td></tr>
<tr><td rowspan="2">흙에 접하거나 옥외의 공기에 직접 노출되는 콘크리트</td><td colspan="2">슬래브, 벽체, 장선구조</td><td>30</td></tr>
<tr><td colspan="2">기타 부재</td><td>40</td></tr>
<tr><td rowspan="5">옥외의 공기나 흙에 직접 접하지 않는 콘크리트</td><td colspan="2">슬래브, 벽체, 장선</td><td>20</td></tr>
<tr><td rowspan="2">보, 기둥</td><td>주철근</td><td>40</td></tr>
<tr><td>띠철근, 스터럽, 나선철근</td><td>30</td></tr>
<tr><td rowspan="2">쉘, 절판부재</td><td>D19 이상의 철근</td><td>d_b</td></tr>
<tr><td>D16 이하의 철근,
지름 16mm 이하의 철선</td><td>10</td></tr>
</table>

⑥ 시공 허용오차

㉮ 거푸집 면까지의 순간격 : ±6mm

㉯ 철근간의 최소 간격 : ±6mm

㉰ 슬래브와 빔의 상단철근

㉠ 깊이 200mm 미만의 부재 : ±6mm

㉡ 깊이 200~600mm의 부재 : ±13mm

㉢ 깊이 600mm 이상의 부재 : ±25mm

㉱ 부재의 횡방향 : 50mm 이내의 균등한 간격

㉲ 부재의 종방향 : ±50mm

(8) 양생(Curing)

1) 개요

양생은 타설이 완료된 콘크리트가 수화작용에 의해 충분한 강도를 발현하여 균열이 발생하지 않도록 타설 후에 일정 기간 동안 콘크리트를 적당한 온도에서 습윤상태로 유지하여 유해한 영향을 받지 않게 하는 작업이다. 양생은 굳지 않은 콘크리트에서 물로 채워져 있던 공간이 시멘트의 수화생성물로 채워질 때까지 콘크리트를 습윤상태로 유지해야 한다.

습윤양생과 함께 직사일광, 바람, 비 등으로부터 콘크리트를 보호하여 급격한 건조와 온도변화가 발생하지 않게 하고 과대한 하중, 유해한 진동과 충격이 작용하지 않게 하는 조치도 양생의 일부이다.

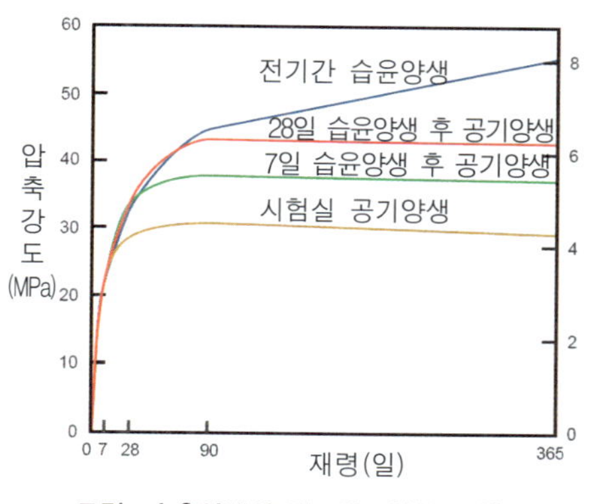

그림. 습윤양삼이 강도에 미치는 영향

2) 양생조건과 강도

① 양생온도

㉮ 양생온도가 높으면 수화반응이 촉진되어 조기강도의 확보에 유리하다.

㉯ 콘크리트의 타설시와 응결기간에 온도가 높으면 초기강도가 증가하지만 장기강도는 불리한 영향을 미친다.

② 습윤양생

㉮ 수화반응의 과정에서 발생한 공극에 외부로부터 물이 공급되지 않으면 물이 없는 모세관 공극에 접하는 시멘트입자가 미반응하여 수화가 저하된다.

㉯ 수밀 콘크리트와 내구성이 필요한 콘크리트는 초기양생이 끝난 후에도 습윤양생을 실시한다.

③ 급격한 건조와 온도 변화

㉮ 습윤양생 전에 발생한 소성균열은 콘크리트 표면에 상승하는 블리딩수가 빨리 증발하여 굳지 않은 콘크리트 표면의 반건조상태에서 발생하고, 초기양생 후에 급격하게 건조되면 콘크리트 표면에 수축균열이 발생한다.

㉯ 양생 중에 온도(갑작스런 냉각)가 급격하게 변하면 표면 균열이 발생하고 콘크리트 온도보다 낮은 기온에 노출되면 표면에 인장응력이 발생한다.

㉰ 양생 중의 진동, 충격, 과대하중

양생 중인 콘크리트에 진동과 충격이 가해지면 유해한 영향을 주고 양생 중에 하중을 가하면 크리프(creep)균열이 우려되므로 동바리와 거푸집의 해체에 유의해야 한다.

3) 양생방법

① 습윤양생 : 담수양생, 살수양생, sheet 덮개

② 피막양생(sealed curing) : 방수지, plastic sheet, 막양생제

③ 고온촉진 양생 : 증기양생(상압, 고압)

④ 온도제어 양생

㉮ 온도가 낮은 경우 : 보온, 급열양생

㉯ 온도가 높은 경우 : precooling, pipe cooling(매스콘크리트)

⑤ 양생방법과 효과는 일축압축강도, 비파괴시험(초음파 등), 초기 균열상태, 마무리면의 상태를 관찰하여 판정한다.

4) 습윤양생

① 양생방법

㉮ 외부에서 수분을 공급하는 방법

㉠ 담수양생

담수양생은 콘크리트 노출면에 물을 공급하는 습윤양생이며 수온과 콘크리트의 온도 차이가 너무 크지 않아야 한다.

㉡ 살수양생

보수성이 좋은 매트(mat)로 노출면을 보호하고 스프링클러 등으로 살수하는 방법이며 살수양생은 콘크리트 표면이 어느 정도 응결된 후에 시작한다.

㉯ 노출면을 피복하여 수분 증발을 방지

㉠ 피막양생은 방수지, plastic sheet, 막양생제를 많이 사용한다.

㉡ 방수지, plastic sheet

콘크리트 표면이 손상되지 않을 정도로 응결되면 수분을 가하고 피복하며 플라스틱 쉬트는 방수지보다 유연성이 있고 복잡한 형상에도 사용이 가능하다. 플라스틱 쉬트는 흡수성재료와 잘 부착하여 증발하는 수분을 재분배하는 기능을 가진다.

그림. 플라스틱 쉬트

그림. 막양생제의 도포

㉢ 막양생제(Curing membrane)

ⓐ 액상의 막양생제를 콘크리트면에 살포하여 형성된 피막은 배합수의 증발을 막고 시멘트 수화

에 필요한 습도를 유지시킨다.

ⓑ 막양생제는 백색안료를 섞어서 직사일광을 반사시키고 피막 양생한 면에 이어치거나 페인트를 칠하는 경우는 피막을 벗겨내고 시공해야 한다.

ⓒ 막양생제는 적절한 시기에 균등하게 살포해야 한다.

ⓓ 도포는 양생에 큰 영향을 주므로 표면에 뜬 물이 없어지기 전에 실시하고 피막도포가 곤란하면 불투수성 쉬트(sheet)로 노출면을 덮어서 수분 증발을 억제한다.

② 습윤양생 기간

일평균기온	보통 시멘트	고로슬래그, 플라이애쉬시멘트	조강 시멘트
15℃ 이상	5일	7일	3일
10℃ 이상	7일	9일	4일
5℃ 이상	9일	12일	5일

5) 온도제어 양생

콘크리트는 경화가 충분히 진행될 때까지 경화에 필요한 온도조건을 유지하여 저온, 고온, 급격한 온도 변화에 의한 유해한 영향을 받지 않도록 필요에 따라서 온도제어 양생을 실시한다. 온도제어 양생은 온도제어방법, 양생기간과 방법은 콘크리트의 종류, 구조물의 형상과 치수, 시공방법과 환경조건을 고려하여 적절한 방법을 정한다.

증기양생, 급열양생, 그 밖의 촉진양생을 실시하는 경우는 콘크리트에 악영향을 주지 않도록 양생을 시작하는 시기, 온도 상승속도, 냉각속도, 양생온도, 양생시간을 정해야 한다.

① 상압 증기양생(Low pressure steam curing)

콘크리트를 타설한 제품을 증기양생하면 짧은 시간 내에 높은 강도를 조기에 확보할 수 있다.

증기를 콘크리트 주변에 보내서 습윤상태로 가열하여 경화를 촉진시키는 방법이며 대기압상태에서 시행하므로 상압 증기양생이라고 하고 콘크리트 제품의 제조와 한중 콘크리트의 시공에 이용한다.

㉮ 특성

㉠ 양생온도가 높으면 강도가 빠르게 증가하고 물-결합재비가 낮은 콘크리트가 빈배합의 콘크리트보다 증기양생 효과가 우수하다.

㉡ 보통 포틀랜드시멘트는 증기양생이 유리하지만 알루미나시멘트는 강도에 불리한 영향을 미친다.

㉢ 경화 초기단계의 온도는 후기 재령의 강도에 영향을 준다.

ⓐ 온도가 급상승하면 물-결합재비가 높을수록 강도에 불리한 영향을 미친다.

ⓑ 장기재령에서는 응결시의 온도가 강도에 영향을 주므로 급속한 증기양생을 금지한다.

제7장

㉯ 증기양생 Cycle

㉠ 사전 양생시간(3~5시간)이 필요하고, 22~33℃/hr로 최고온도가 60~80℃까지 가열한다.

㉡ 마지막 냉각기간까지의 양생 사이클(전 양생은 제외)은 18시간 이내이며 증기양생으로 60~70%의 소요강도가 얻어지면 수중, 습윤, 공기 중에서 후 양생을 실시한다.

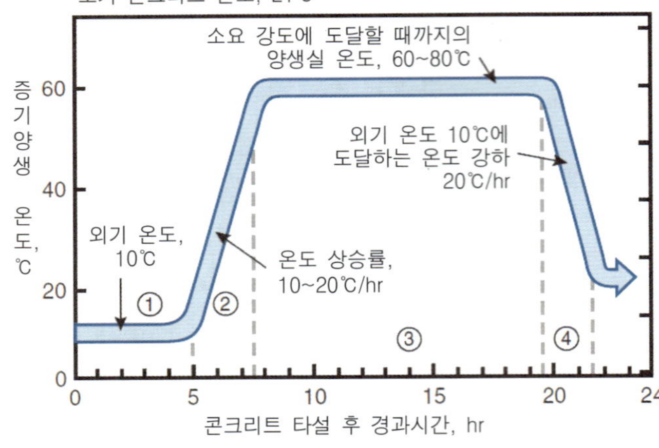

① 전양생(Initial delay prior to steaming) : 3~5시간

② 온도 상승(Temperature increase period) : 2.5시간, 10~20℃/hr

③ 등온 양생(Constant temperature period): 6~12시간, 60℃

④ 온도 강하(Temperature decrease) : 2시간

그림. 증기 양생의 양생 사이클(Cycle)

② 고압 증기양생(High pressure steam curing)

대기압을 초과하는 압력이 필요하고 양생실은 수증기를 공급할 수 있는 압력용기(autoclave) 형식으로 하며 과열증기가 콘크리트와 접촉해서는 안 되므로 여분의 물이 필요하다.

고압 증기양생은 높은 조기강도와 내구성을 가지고 건조수축과 수분이동의 감소를 위하여 실시한다.

그림. 고압 증기양생

㉮ 특성

㉠ 콘크리트의 수축률과 크리프(creep)가 감소된다.

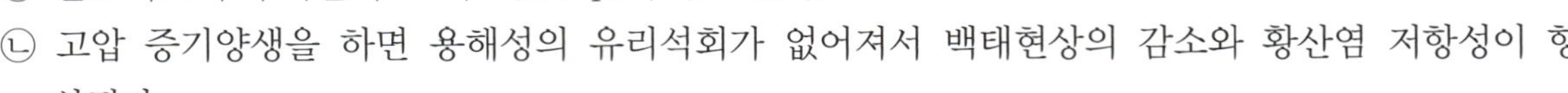

㉡ 고압 증기양생을 하면 용해성의 유리석회가 없어져서 백태현상의 감소와 황산염 저항성이 향상된다.

㉢ 알루미나시멘트와 고황산염시멘트는 고온에 의한 불리한 영향이 발생하고 가열속도가 너무 빠르면 응결과 경화과정에서 피해가 발생할 수 있다.

㉯ 증기양생 Cycle

㉠ 최고온도가 182℃ (10.2kgf/cm²)가 될 때까지 3시간 이상 동안에 천천히 온도를 상승시키고 최고온도를 5~8시간 유지시킨 다음에 약 20~30분 내에 압력을 해제한다.

㉡ 급속한 감압은 콘크리트의 건조를 촉진시킨다.

(9) 콘크리트의 이음

콘크리트 구조물은 일체 구조가 되도록 연속적으로 타설하는 것이 바람직하지만 1일 타설량, 거푸집 수량, 철근 조립, 거푸집에 가해지는 측압, 수화열과 건조수축에 의한 균열 등을 고려하여 구획을 분할하여 시공한다. 굳은 콘크리트가 온도와 습도의 영향으로 신축할 때에 부재길이의 변화가 구속되면 내부에 큰 응력이 발생하므로 부재의 신축이 자유롭도록 신축이음(expansion jcint)을 설치하여 기초의 부등침하와 진동 등에 의한 균열을 방지해야 한다.

1) 이음의 종류

① 시공이음 : 수평 시공이음, 연직 시공이음
② 신축이음
③ 균열유발 줄눈

2) 시공이음

시공이음은 전단력이 작은 위치에 부재의 압축력이 작용하는 방향과 직각으로 설치하며 시공 이음면의 전단저항력을 증대시킨다. 전단력이 큰 위치에 시공이음을 설치하는 경우는 전단력에 대한 요철이나 홈을 형성하고 철근으로 보강(정착길이 : 20D 이상, 원형철근은 갈고리를 부착)하며 수화열과 외기온도에 의한 온도응력과 건조 수축균열의 발생을 고려하여 위치와 구조를 결정한다.

① 수평 시공이음

㉮ 수평 시공이음이 거푸집에 접하는 선은 수평한 직선으로 설치하고 시공이음의 위치는 거푸집널의 이음과 일치시키며 시공이음의 높이를 거푸집에 표시한다.

㉯ 신·구 콘크리트의 이음부는 구 콘크리트 상부의 레이턴스, 품질이 나쁜 콘크리트, 부착되지 않은 골재 등을 제거하고 콘크리트를 타설한다.

㉠ 구 콘크리트 이음면의 처리방법

ⓐ 콘크리트가 굳기 전에 고압공기와 물로 콘크리트 표면의 엷은 층을 제거하여 굵은골재를 노출시키고 콘크리트 표면에 지연제 등을 사용하여 시공이음을 처리한다.

ⓑ 경화 후에 와이어 브러시로 콘크리트 표면을 긁거나 표면에 습사를 뿜고서 물로 세척하며 구 콘크리트 상면의 물은 새 콘크리트를 치기 전에 제거한다.

㉡ 신·구 콘크리트 이음면의 부착

ⓐ 새 콘크리트가 된 반죽이거나 굵은골재의 최대치수가 큰 경우는 모르타르를 포설하고 타설한다. 모르타르의 물-결합재비는 콘크리트의 물-결합재비보다 작게 하고 15cm의 슬럼프로 15mm 두께로 포설한다.

ⓑ 거푸집이 좁고 시공이음이 거푸집 아래에 위치하여 모르타르의 포설이 곤란하면 굵은골재의 최대치수가 작고 모르타르가 많은 콘크리트를 처음에 타설한다.

ⓒ 시공이음 근처의 거푸집 긴결재는 콘크리트를 타설하기 전에 다시 조여서 모르타르가 흐르거나 시공이음이 어긋나지 않게 한다.

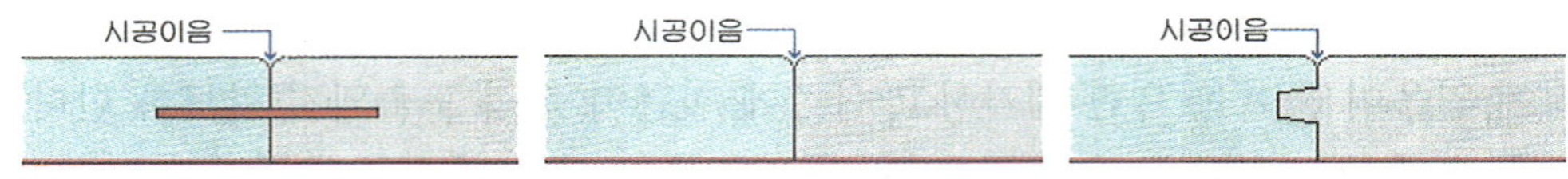

그림. 수평 시공이음의 형태

② 연직 시공이음

㉮ 돌출된 철근이 시공 이음면의 거푸집을 지지하므로 이음부에 진동다짐을 실시하고, 시공이음면의 거푸집에 철망(5mm)을 철근으로 격자형 지지를 하여 콘크리트 속에 매입한다.

㉯ 신·구 콘크리트의 이음은 구 콘크리트의 시공이음면을 거칠게 하고서 충분히 물을 흡수시킨 후에 시멘트풀, 모르타르 등을 포설하고 새 콘크리트를 타설한다.

㉰ 바닥틀과 일체로 된 기둥, 벽의 시공이음

㉠ 바닥틀과 일체로 된 기둥과 벽의 시공이음은 바닥틀의 경계부에 설치하고 헌치는 슬래브와 일체로 작용하므로 바닥틀과 연속하여 콘크리트를 타설한다.

㉡ 헌치부 거푸집은 부력의 영향이 없도록 철근이나 바닥에 고정하고 헌치부의 콘크리트를 충분하게 다짐한다.

③ 바닥틀의 시공이음

㉮ 바닥틀의 시공이음은 슬래브 또는 보의 지간 중앙부분에 설치한다.

㉯ 보가 지간 중에서 작은 보와 교차하는 경우는 작은 보의 폭의 약 2배 정도 떨어진 곳에 시공이음을 설치하고, 45°로 경사진 인장철근이 시공이음을 통과하게 배치하여 전단력을 보강한다.

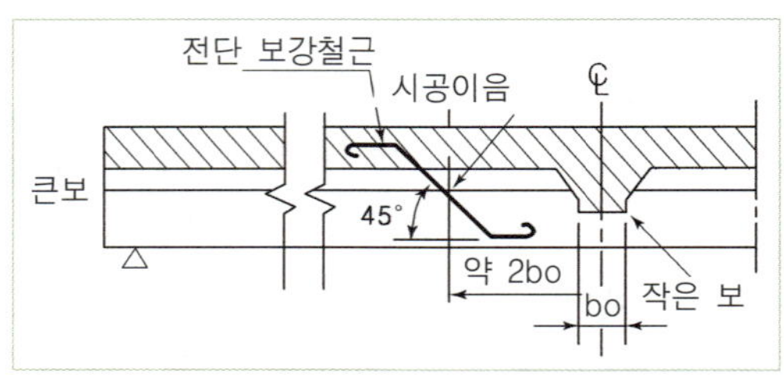

그림. 철근에 의한 시공이음의 보강

3) 신축이음

콘크리트의 온도가 저하하거나 콘크리트가 건조해도 수축이 발생하므로 신축이음은 온도변화, 건조수축의 영향, 기초의 부등침하를 고려하여 위치와 구조를 결정한다.

구조물의 수평단면이 급변하거나 벽이 서로 만나는 곳에 설치하며 얇은 벽은 6~9m, 두꺼운 벽은 15~18m의 간격으로 신축이음을 두고, 이음 줄눈은 1~3cm의 폭으로 설치한다.

① 설치 기준

신축이음은 서로 접하는 구조물의 양쪽 부분을 완전히 절연시키고 신축이음에 턱이 없게 홈을 만들거나 슬립바(slip bar)를 사용한다. 신축이음 줄눈에 이물질이 혼입되지 않게 채움재(joint filler)를 사용하고 수밀 구조물은 신축성지수판을 사용한다.

② 신축이음의 형식

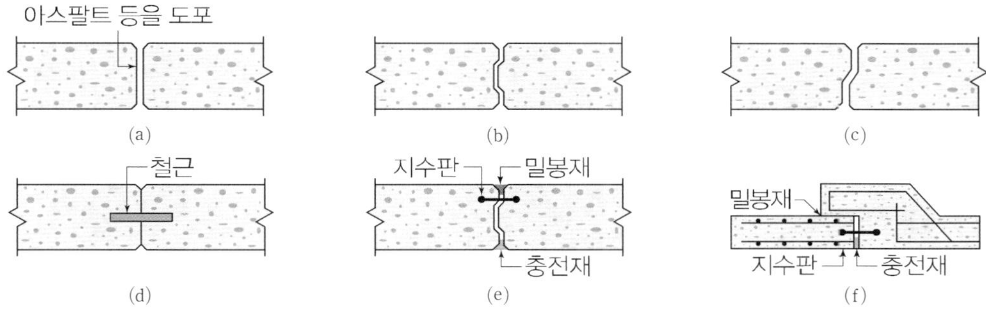

• (a)～(d) : 벽 등의 신축이음 • (e)～(f) : 벽 또는 판의 수밀 신축이음

그림. 각종 신축이음의 형식

4) 균열 유발줄눈

수화열과 외기온도 등에 의한 온도변화, 건조수축, 외력에 의하여 변형이 구속되면 균열이 발생하므로 정해진 장소에 균열이 집중되도록 단면 결손부를 설치하여 강제적으로 균열이 생기게 하는 균열 유발줄눈이 필요하다.

① 설치기준

㉮ 단면 결손 깊이 : 0.1d 이하(d : 구조물 두께)

㉯ 수밀 구조물에 균열 유발줄눈을 설치하는 경우는 미리 지수판을 설치한다.

㉰ 균열 유발줄눈의 간격은 부재높이의 1~2배로 하고 단면 결손율이 20%가 약간 넘게 한다.

㉱ 이음부의 철근이 부식되지 않게 철근을 에폭시로 도포한다.

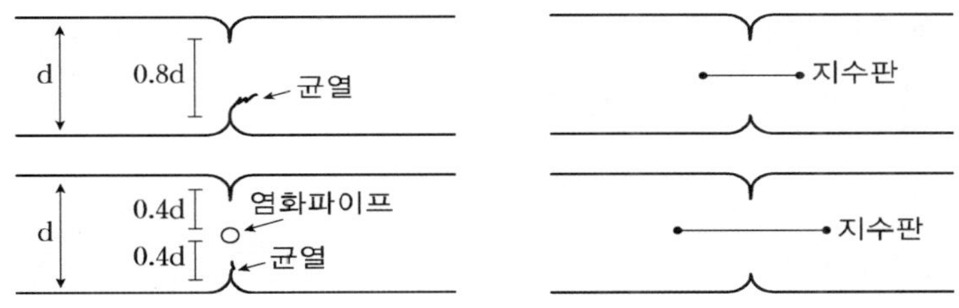

그림. 균열 유발줄눈

② 시공 유의사항

㉮ 콘크리트가 경화되면 균열 유발줄눈을 조속하게 설치하고 설치간격은 타설조건을 고려하여 결정한다.

㉯ 균열 유발줄눈의 내구성이 문제가 되는 경우는 보수를 실시한다.

레미콘(Ready Mixed Concrete)

레미콘은 제조회사의 능력과 운반여건을 고려하여 선정하고 제조회사와 콘크리트의 운반 시에 품질에 영향이 없도록 운반장비, 운반방법, 운반경로, 운반시간과 운반속도 등에 관한 협의를 해야 한다.

(1) 레미콘 공장의 선정 고려사항

1) KS표시 허가공장
2) 현장까지의 운반경로와 시간, 배출시간, 제조설비의 능력, 운반차의 수, 품질관리상태, 수급능력 등을 고려한다.

(2) 품질 지정

1) 재료

① 시멘트 : 구조물의 종류, 시공방법에 따라서 결정
② 골재 : 자갈, 모래, 바순 돌, 고로 슬래그 골재, 경량골재
③ 굵은골재 최대치수
④ 혼화재료의 종류

2) 배합

① 공기량(배출 시에 4.5% 유지)
② 물-결합재비의 상한치
③ 단위수량의 상한치와 슬럼프 값
④ 단위 시멘트량의 상한치와 하한치
⑤ 염화물(NaCl) 함유량 한도
⑥ 경량 콘크리트의 단위질량
⑦ 콘크리트의 최고 또는 최저온도(한중, 서중, 매스 콘크리트)
⑧ 유동화 콘크리트는 슬럼프 증가치
⑨ 알칼리 골재반응의 억제방법

3) 강도 : 호칭강도를 보증할 재령

4) 받아들이기 유의사항

① 납품일시, 콘크리트 종류, 수량, 배출장소, 납품속도 등을 협의
② 콘크리트 치기 중에 공급이 중단되지 않도록 연락을 유지
③ 배출장소는 운반차가 용이하게 출입하고 배출이 쉬운 장소
④ 받아들이기 검사 : 강도, 슬럼프, 공기량

(3) 품질관리

1) 슬럼프 허용오차

슬럼프(mm)	슬럼프 허용오차(mm)
25	±10
50~65	±15
80~180	±25
190 이상	±30

2) 공기량 허용범위

① 보통 콘크리트 : 4.5 ± 1.5%
② 경량 콘크리트 : 5.0 ± 1.5%
③ 지정값이 5% 이하 : ± 1%
④ 지정값이 5% 이상 : ± 1.5%

3) 염화물량 (배출장소)

① 허용치 : 0.3kg/m^3 이하
② 구입자의 승인이 있으면 0.6kg/m^3 이하

4) 강도

① 재령을 지정하지 않으면 28일 양생강도를 기준
② 지정이 있으면 구입자가 지정한 재령
③ 강도기준
　㉮ 1회 압축강도 시험결과 : 구입자가 지정한 호칭강도의 85% 이상
　㉯ 3회 압축강도 시험결과 평균치 : 구입자가 지정한 호칭강도 이상
　㉰ 미리 제조회사와 구입자가 검사 Lot의 크기를 정하고 특수품은 구입자가 정한 재령으로 결정

(4) 레미콘의 운반과 타설

1) 구조물에 요구되는 기능, 강도, 내구성, 시공성을 고려하여 구체적으로 운반, 치기와 양생에 관한 계획을 수립한다.

2) 콘크리트 작업시기

전체 공정을 검토하고 콘크리트 수량, 구조물의 종류, 콘크리트 입수방법과 1회 입수 가능량, 시공 난이도, 계절, 기후를 고려하여 작업시기를 결정한다.

3) 운반, 치기, 설비 배치, 인원 배치계획

콘크리트 배합, 사용재료, 콘크리트의 성질에 따라서 기계종류, 형식, 대수와 인원을 배치한다.

4) 운반 방법과 경로

① 콘크리트의 재료분리, 슬럼프, 워커빌리티 등의 변화가 적으며 신속하고 경제적인 운반방법을 선정한다.

② 배출이 용이하고 운반차의 출입이 원활한 곳이어야 한다.

5) 치기구획, 시공이음의 위치와 처치 방법

① 치기구획은 콘크리트 공급능력, 구조물 형상, 치기능력, 거푸집, 시공이음을 고려하여 결정한다.

② 설계도에 표시되지 않은 시공이음은 구조물의 내구력, 배근 등을 고려하여 결정한다.

6) 콘크리트 치기순서

① 구조물의 형상, 콘크리트 공급상태, 거푸집, 동바리의 변형을 고려하여 치기순서를 결정한다.

② 콘크리트 타설 중에 거푸집, 동바리의 변형과 붕괴가 없게 타설순서를 결정하고 1회 타설높이는 약 20~30cm로 한다.

7) 거푸집과 동바리의 상태 확인

① 거푸집의 청소상태와 거푸집의 변형과 벌어짐(form tie bolt의 간격, 길이, 조임)을 확인한다.

② 동바리의 변형과 기초상태를 확인하여 부등침하를 방지하고 동바리의 변형을 방지하기 위한 솟음(camber)을 설치한다.

③ 서중 콘크리트의 타설시에는 거푸집에 살수를 하고 철근이 직사일광을 받지 않게 보호하며 한중시에는 보온상태를 확인하고 빙설을 제거한다.

7 특수 콘크리트

(1) 서중 콘크리트

서중 콘크리트는 일 평균기온이 25℃ 또는 최고온도가 30℃를 초과하는 조건에서 시공하는 콘크리트이며 기온이 높아지면 단위수량이 증가하여 콘크리트의 열화와 강도, 내구성, 수밀성 등의 성능이 저하하는 현상이 발생한다. 타설온도가 30℃를 넘으면 타설 전·후에 콘크리트 온도가 낮아지도록 재료의 취급과 저장, 콘크리트의 운반, 타설, 다짐, 마무리, 양생에 특별한 조치가 필요하다.

1) 특성

① 서중 콘크리트는 운반 도중에 슬럼프가 저하하고 연행공기량이 감소하며 응결시간이 단축된다.
② 블리딩의 저감과 표면 수분의 급격한 증발에 의하여 균열과 온도균열이 발생한다.
③ 소요 단위수량이 증가하여 재령 28일과 장기재령의 강도가 감소한다.
④ 타설온도가 높으면 워커빌리티가 저하하여 시공성이 나쁘고 콜드조인트가 발생할 수 있다.

2) 시공 유의사항

① 조강 시멘트와 이상응결을 나타내는 시멘트를 사용하지 않고 중용열 포틀랜드시멘트를 사용한다.
② 골재가 콘크리트의 온도에 미치는 영향이 가장 크므로 골재 저장소에 직사일광을 차단하는 지붕과 덮개를 설치하고 찬물을 살수하여 기화열에 의한 골재 온도를 하강시킨다.
③ 배합수는 비열이 커서 온도 하강이 용이하므로 물탱크와 압송관에 직사일광의 차단시설과 냉각장치를 설치한다.
④ 콘크리트 타설 전에 콘크리트의 물을 흡수할 우려가 있는 지반과 거푸집 등은 습윤상태를 유지해야 한다.
⑤ 콘크리트 펌프로 타설하는 경우는 압송관을 젖은 마대로 덮고 덤프트럭으로 운반할 때는 콘크리트 표면을 덮어서 직사일광과 바람으로부터 보호해야 한다.
⑥ 콘크리트의 타설온도는 35℃ 이하로 관리한다.
⑦ 트럭 애지테이터 드럼은 직사일광의 반사색으로 칠하거나 단열재를 설치하고 배차계획을 조절하여 콘크리트의 혼합부터 타설 완료까지 1.0시간 이내에 타설되어야 한다.
⑧ 콜드조인트가 발생하지 않도록 타설계획, 순서, 배차계획을 수립하고 지연제의 사용과 신속한 타설을 하며 1회 타설량을 제한한다.
⑨ 타설 후에 24시간 동안은 콘크리트 노출면이 건조하지 않게 살수 또는 양생포로 덮어서 습윤상태를 유지한다.
⑩ 콘크리트를 치고서 경화가 진행되지 않은 상태에서 갑작스러운 건조에 의한 균열이 발생하면 재진동이나 탬핑(tamping)을 실시하여 제거한다.

(2) 한중 콘크리트

한중 콘크리트는 일 평균기온이 4℃ 이하에서 시공하는 콘크리트이며, 콘크리트는 동결이 약 -0.5℃ ~ -2℃ 사이에서 발생하므로 온도 하강으로 인한 동해가 없도록 대책을 수립한다. 단위수량은 초기동해가 적도록 소요 워커빌리티를 유지하는 범위에서 적게 하고 AE콘크리트를 사용한다.

1) 특성

① 4℃ 이하에서는 콘크리트의 경화와 강도의 증진이 지연되고 콘크리트가 초기에 동결되면 강도, 내구성, 수밀성 등에 악영향을 준다.

② 타설시에 거푸집의 측압이 증가하므로 타설속도와 높이에 유의하고 강성이 큰 거푸집을 사용한다.

③ 콘크리트가 초기에 동결되면 시멘트의 비정상적인 화학반응으로 인하여 양생 후에 강도, 수밀성, 내구성이 저하한다.

④ 경화 시에 콘크리트 내부의 수분이 동결되어 발생한 들뜬 부위는 제거하고 재시공한다.

2) 시공 유의사항

① AE제 등으로 단위수량을 감소시키고 동결융해를 방지하며 조기강도의 증진과 거푸집의 조기 해체를 위하여 경화촉진제를 사용한다.

② 동결 또는 빙설이 혼입된 골재의 사용을 금지하고 골재는 균등한 온도로 과도하게 건조하지 않도록 가열하며 물과 골재의 온도는 40℃ 이하를 유지한다.

③ 재료의 가열은 일 평균기온에 따라서 실시하고 믹서에 가열한 재료를 투입하는 순서는 뜨거운 물과 시멘트가 접촉하면 시멘트가 급결하므로 뜨거운 물, 굵은골재, 잔골재, 시멘트의 순으로 한다.

일평균 기온	4~0℃	0~-3℃	-3℃ 이하
대책	타설한 콘크리트 보호	물, 물과 골재를 가열	물, 골재를 가열(급열양생)

④ 재료를 가열할 때에 개략적인 콘크리트의 온도는 다음과 같이 산정한다.

$$T = \frac{C_s(T_a W_a + T_c W_c) + T_w W_w}{C_s(W_a + W_c) + W_w}$$

여기서, T : 비빈 후의 콘크리트의 온도

C_s : 시멘트와 골재의 비열(0.2)

W_a, T_a : 골재의 질량(kg)과 온도(℃)

W_c, T_c : 시멘트의 질량(kg)과 온도(℃)

W_w, T_w : 배합수의 질량(kg)과 온도(℃)

⑤ 콘크리트의 열 손실이 적도록 운반거리를 짧게 하고 운반 중에 온도가 하강하면 보온대책을 수립하며, 타설 시의 콘크리트 온도는 5~20℃를 유지한다. 콘크리트의 혼합시와 타설이 완료될 때의 콘크리트 온도는 혼합시의 온도와 기온의 차이를 15%로 고려하여 산정한다.

$T_2 = T_1 - 0.15(T_1 - T_0)t$

여기서, T_1, T_2 : 혼합시와 타설이 종료될 때의 콘크리트 온도(℃)

T_0 : 기온(℃)

t : 혼합부터 타설이 종료될 때까지의 시간(h)

⑥ 타설 전에 거푸집과 철근에 부착된 빙설을 제거하고 타설 중에 동결되지 않게 콘크리트 표면을 보호하며 콘크리트 펌프의 압송관은 예열하거나 보온설비를 설치한다.

⑦ 콘크리트 타설 후에 동결되지 않도록 양생온도는 약 5℃로 유지하며 양생온도가 너무 높으면 냉각 시에 균열이 발생하고 너무 낮으면 강도 발현이 지연된다.

⑧ 양생방법

㉮ 보온양생

단열성이 높은 재료로 콘크리트 표면을 덮어서 시멘트의 수화열을 이용하는 보온방법이다.

(a) **보온 양생**

(b) **방풍설비**

(c) **급열양생(열풍기)**

그림. 한중 콘크리트의 양생설비

㉯ 급열양생

단면이 얇거나 보온만으로 동결온도 이상을 유지할 수 없으면 급열을 실시하며, 양생온도가 너무 높거나 낮지 않게 관리하고 양생 후에는 급격한 냉각을 방지한다.

양생이 종료되고 2일간은 콘크리트 온도를 0℃ 이상으로 유지해야 한다.

급열방법
- 공간 급열방법(효율 : 불량)
- 표면 급열방법(효율 : 0.5~0.9)
- 내부 급열방법(효율 : 1.0)

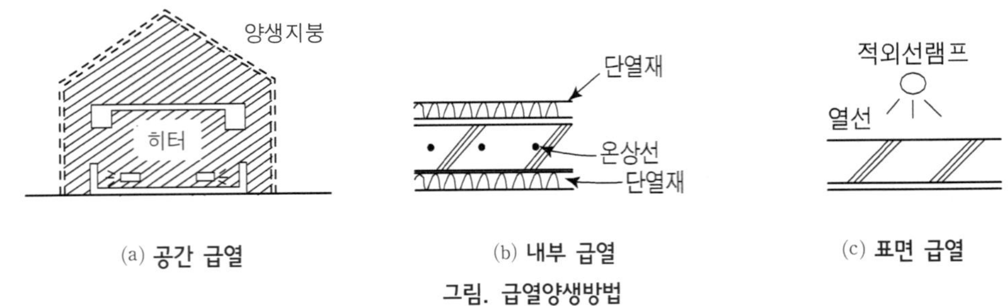

(a) 공간 급열 (b) 내부 급열 (c) 표면 급열

그림. 급열양생방법

㉰ 전기양생

전기양생은 콘크리트에 저주파교류를 보내서 전기저항에 의한 발열을 이용하는 양생이며, 거푸집에 전극판을 설치하고 전기를 보내면 시멘트와 골재는 전기저항이 커서 부도체이지만 저항치가 낮은 물은 도체가 되어 콘크리트가 가열된다. 전기양생은 콘크리트의 내부에서 가열되므로 온도가 빠르게 상승하고 양생기간이 단축된다.

㉱ 증기양생

증기양생은 콘크리트의 경화를 촉진하기 위하여 상압증기를 이용하는 양생이다. 증기양생은 통기 전에 2~3시간의 전 양생을 하여 완만하게 온도를 상승시키고 최고온도를 60~80℃로 유지시킨 후에 서서히 온도를 내려서 상온에 이르면 양생을 종료한다.

급격한 온도 상승이나 냉각이 되면 균열이 발생하고 장기강도에 악영향을 미치므로 특별한 주의가 필요하다.

⑨ 시공 중의 예상하중에 대한 강도가 얻어질 때까지 양생을 하고 양생의 종료는 현장 공시체의 강도 시험이나 콘크리트 온도에 따른 강도를 추정하여 결정한다.

⑩ 보온성이 좋은 거푸집을 사용하고 소요 압축강도에 도달하면 하중을 덜 받는 부분부터 거푸집을 해체한다.

구 분	확대기초 측면부	기둥, 벽, 보의 측면부	슬래브, 보의 하부
압축강도(MPa)	3.5	5	15

(3) 매스콘크리트(Mass concrete)

큰 단면의 부재에 타설한 콘크리트는 경화 중에 수화열이 축적되어 콘크리트의 내부온도가 상승하며, 콘크리트 표면과 내부의 온도차 또는 부재 전체의 온도가 강하할 때에 수축변형의 구속에 의하여 발생한 응력이 콘크리트의 인장강도를 초과하면 균열이 발생한다.

1) 특성

① 수화열로 인한 온도균열, 온도응력을 검토하는 매스콘크리트 구조물

㉮ 타설면적이 넓은 평판구조, 기둥 형상의 부재 : 800mm 이상

㉯ 하단이 구속된 벽체형식의 구조물 두께 : 500mm 이상

㉰ PSC 구조물과 같은 부배합 콘크리트는 더 얇은 부재에서도 매스콘크리트 시공방법을 적용

② 수화열과 균열 발생 메커니즘

콘크리트의 온도균열은 내부구속과 외부구속에 의한 원인으로 발생한다.

㉮ 내부 구속에 의한 균열 발생

콘크리트 구조물 중심부의 팽창으로 표면에서 발생한 인장응력이 콘크리트의 인장강도를 초과하거나 인장변형의 능력을 초과하면 표면균열이 발생한다. 표면부는 인장응력이 내부는 압축응력이 발생하여 내부 구속의 영향을 받는다.

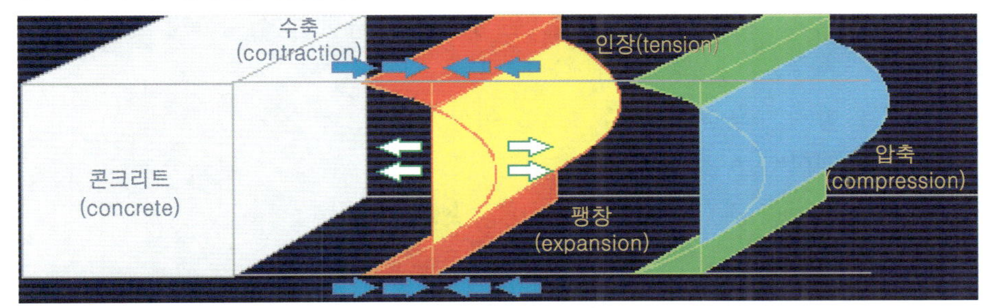

그림. 내부 구속에 의한 균열 발생

㉯ 외부 구속에 의한 균열 발생

수화열의 상승이 최대점이 지나서 콘크리트 구조물의 온도가 하강하는 과정에서 콘크리트의 체적이 수축하여 균열이 발생한다.

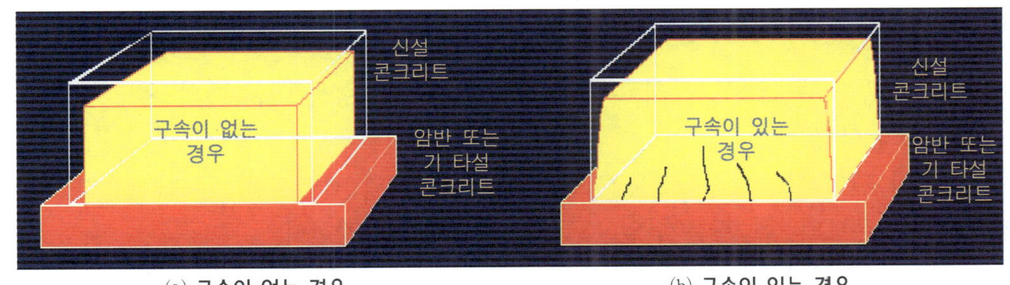

(a) 구속이 없는 경우 (b) 구속이 있는 경우

그림. 외부 구속에 의한 균열발생

㉠ 구속이 전혀 없으면 전체 구조물에서 수축이 일정하여 균열이 발생하지 않는다.

㉡ 두 구조물이 일체가 되면 구조체의 수축을 암반이 구속하여 균열이 발생할 수 있고, 외부 구속에 의한 균열은 구조물을 관통하는 균열이므로 누수와 구조적인 문제가 발생한다.

㉢ 외부구속에 의한 균열은 콘크리트를 타설하고 10~20일 사이에 발생하며 초기 재령에서 내부 구속에 의한 균열과는 발생 시기에 차이가 있다.

③ 온도균열의 평가

㉮ 온도균열지수에 의한 평가

매스콘크리트의 온도균열을 평가하는 온도균열지수는 임의 재령에서 콘크리트의 인장강도와 수화열에 의한 온도응력의 비에 의하여 산정한다.

$$I_{cr}(t) = \frac{f_{sp}(t)}{f_t(t)}$$

여기서, $I_{cr}(t)$: 온도균열지수

$f_t(t)$: 재령 t일에서 수화열에 의하여 생긴 부재 내부의 온도응력 최대값(MPa)

$f_{sp}(t)$: 재령 t일에서의 콘크리트의 인장강도, 양생온도에서 구한 값(MPa)

온도균열지수는 구조물의 중요도, 기능, 환경조건에 따라서 선정하며 철근이 배치된 일반적인 구조물의 온도균열지수는 다음과 같다.

㉠ 균열 발생을 방지해야 하는 경우 : 1.5 이상

㉡ 균열 발생을 제한하는 경우 : 1.2~1.5

㉢ 유해한 균열 발생을 제한하는 경우 : 0.7~1.2

㉯ 온도해석에 의한 온도균열지수의 산정

㉠ 내부 구속응력이 큰 경우 :

$$I_{cr} = \frac{15}{\Delta T_i}$$

여기서, ΔT_i : 내부온도가 최대일 때의 내부와 표면온도와의 온도차(℃)

㉡ 외부 구속응력이 큰 경우 :

$$I_{cr} = \frac{10}{(R \Delta T_0)}$$

여기서, ΔT_0 : 부재의 평균 최고온도와 외기온도가 균형을 이룰 때의 온도차(℃)

㉰ 콘크리트의 단열온도

콘크리트의 단열온도 상승곡선은 시멘트의 종류, 단위 결합재량, 콘크리트 타설온도를 고려하여 정하며 단열온도의 상승량은 단열온도 상승시험에서 산정한다.

콘크리트 단열온도의 상승은 콘크리트 타설이 끝난 후에 콘크리트 내부의 온도변화를 해석하기 위한 기본 자료이다.

$$Q(t) = Q_\infty (1 - e^{-rt})$$

여기서, Q_∞ : 최종 단열온도 상승량(℃), 시험에 의해 정해지는 계수

r : 온도상승속도, 시험에 의해 정해지는 계수

t : 재령(일)

$Q(t)$: 재령 t일에서 단열온도 상승량(℃)

2) 냉각방법

① 프리쿨링(Precooling)

㉮ 프리쿨링은 콘크리트의 타설 전에 콘크리트 재료를 냉각하는 방법이다.

㉯ 골재는 균등하게 살수하거나 침전법에 의하여 냉각시키고 그늘에서 보관한다.

㉰ 얼음을 물에 넣을 때는 물의 10~40%의 얼음을 넣고 비비기가 끝나기 전에 융해시켜야 한다.

㉱ 시멘트가 급랭하지 않도록 주의한다.

㉲ 재료 냉각시 콘크리트의 온도변화

㉠ 골재 온도 ±2℃ ⇨ 콘크리트 온도 ±1℃

㉡ 물 온도 ±4℃ ⇨ 콘크리트 온도 ±1℃

㉢ 시멘트 온도 ±8℃ ⇨ 콘크리트 온도 ±1℃

그림. 얼음+냉각수의 사용한 Precooling

② Post cooling(pipe cooling)

㉮ 파이프쿨링은 초기 재령에서 콘크리트 내부의 최고온도를 낮추고 부재 전체의 평균온도를 조속하게 외기온도까지 강하시키기 위하여 실시한다.

㉯ 파이프쿨링은 콘크리트 내부에 설치한 파이프에 냉각수를 통수하여 콘크리트 내부의 최고온도를 20~30℃까지 냉각시키는 방법이다.

㉰ 파이프 주변의 콘크리트 온도와 통수온도의 차이를 20℃ 이하로 유지하며 파이프쿨링은 온도 제어가 용이하지만 시공이 복잡하고 파이프와 이음부의 그라우팅에 소요되는 비용이 증가한다.

㉱ 콘크리트 타설 직후부터 설계 규정온도가 될 때까지의 통수량은 15ℓ/분, 파이프의 간격은 50~70cm, 배관길이는 180~360m로 한다.

㉲ 순환수의 온도는 0~25℃, 순환율은 15~17ℓ/분, 냉각속도는 0.5℃/day로 실시한다.

그림. Cooling 배관

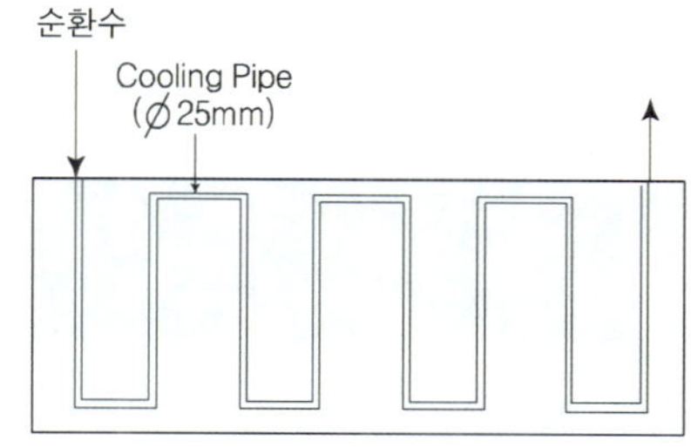

그림. Pipe cooling의 배관

3) 매스콘크리트의 온도균열 제어대책

① 매스콘크리트는 구조물에 필요한 기능과 품질을 손상시키지 않도록 온도균열을 제어하기 위하여 콘크리트의 품질과 시공방법의 선정, 온도철근의 배치 등의 대책을 수립한다.

② 매스콘크리트의 시공시에는 시멘트, 혼화재료, 골재 등의 재료와 배합의 적절한 선정, 블록 분할과 이음위치, 콘크리트 타설의 시간간격, 거푸집의 종류와 구조, 콘크리트의 냉각과 양생방법을 검토해야 한다.

③ 신축이음과 수축이음은 구조물의 기능을 고려하여 위치와 구조를 정하고 배근, 지수판, 충전재를 설치하여 균열의 발생을 제어하며 외부 구속을 많이 받는 벽체 구조물은 수축이음을 설치하여 균열이 발생하는 위치를 제어하는 것이 효과적이다.

④ 온도균열의 방지와 제어는 콘크리트 재료의 선행 냉각(precooling), 관로식 냉각(pipe cooling)에 의한 온도 저하와 제어, 팽창콘크리트를 사용하여 균열의 방지와 온도철근의 배치를 효과와 경제성에서 판단하여 결정한다.

⑤ 수축이음

㉮ 벽체 구조물의 온도균열을 제어하기 위해서는 구조물의 길이방향에 일정한 간격으로 단면이 감소하는 부분을 설치하여 균열이 집중되는 수축이음을 설치하고 수축이음의 단면 감소율은 35% 이상으로 한다.

㉯ 수축이음은 구조물의 내력에 영향을 미치지 않는 곳에 설치하고 설치간격은 구조물의 치수, 철근량, 타설온도, 타설방법을 고려하여 정한다.

⑥ 블록의 분할과 이음

㉮ 매스콘크리트의 타설구획의 크기, 이음의 위치와 구조는 온도균열을 제어하기 위한 방열조건, 구속조건, 배치플랜트의 생산 능력, 콘크리트 1회 타설량 등을 판단하여 결정한다.

㉯ 수평 시공이음은 먼저 타설된 콘크리트 표면의 레이턴스를 제거한 후에 시공하고, 연직이음은 구조물의 기능을 손상하지 않게 시공한다.

그림. Cooling pipe 설치

표. 매스콘크리트의 온도균열 저감대책

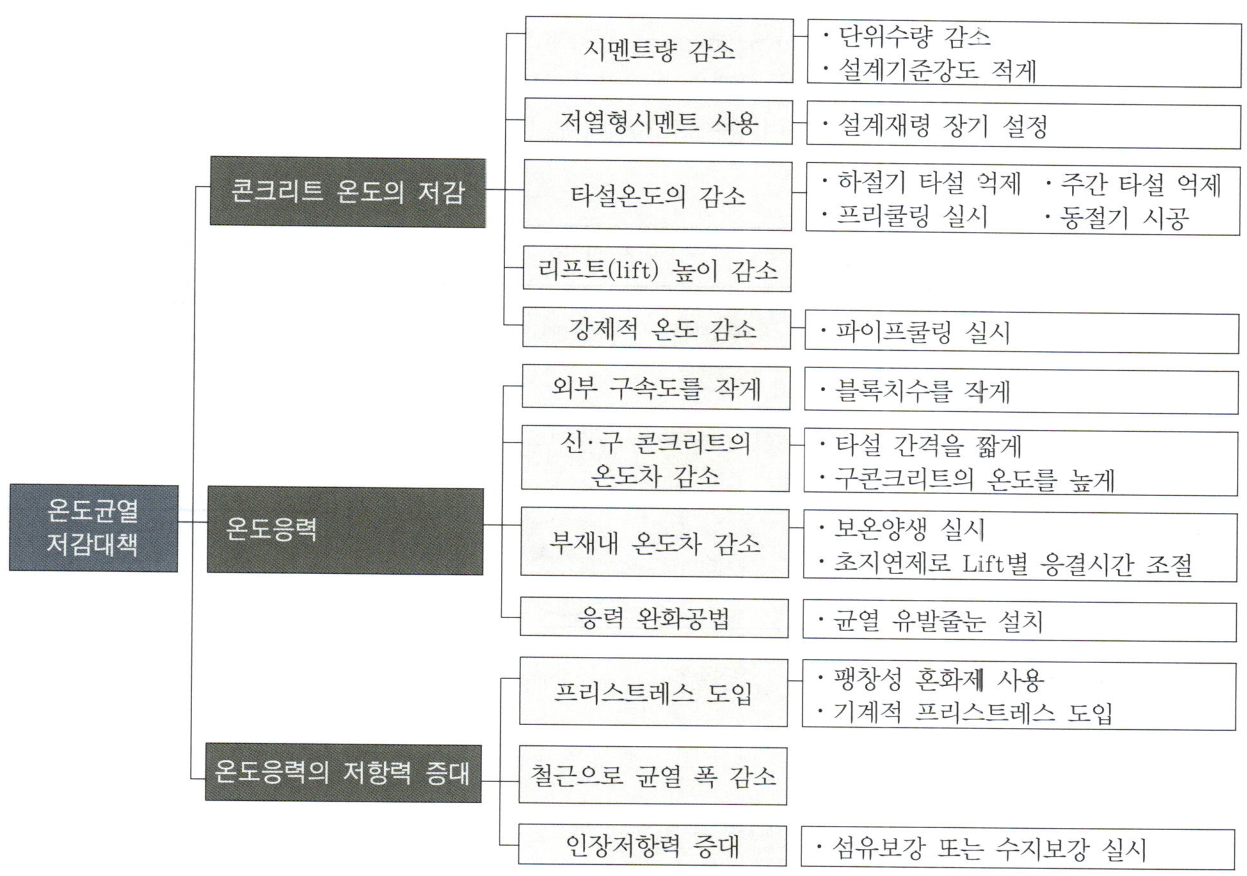

(4) 유동화 콘크리트

유동화 콘크리트는 부배합 콘크리트(base concrete)에 유동화제(고성능 감수제)를 넣어서 유동성을 크게 한 콘크리트이며, 슬럼프는 180~210mm로 하고 된 반죽의 베이스 콘크리트에도 적용이 가능하므로 단위수량과 단위시멘트량을 감소하면 온도균열의 방지에 효과적이다.

1) 특성

① 유동화제는 묽은 반죽 콘크리트의 품질을 개선하고 된 반죽 콘크리트의 시공성을 향상시키며 매스콘크리트의 수화발열량을 감소시킬 수 있다.

② 유동화제는 시멘트의 분산성을 향상시켜서 펌프 압송성이 개선되고 타설과 다짐이 용이하며 단위수량과 단위시멘트량의 절감, 온도균열의 방지, 건조수축의 억제에 효과적이다.

③ 유동화제의 투입 공정이 추가되므로 콘크리트의 생산관리(계량, 투입)가 중요하다.

2) 유동화 콘크리트의 제조방식

① 현장 운반된 콘크리트에 현장에서 유동화제를 첨가하고 교반하는 방식
② 생산공장(batcher plant)에서 유동화제를 첨가하고 교반하여 운반하는 방법
③ 생산공장에서 유동화제를 첨가하여 운반하고 현장에서 애지테이터를 고속으로 회전하는 방법

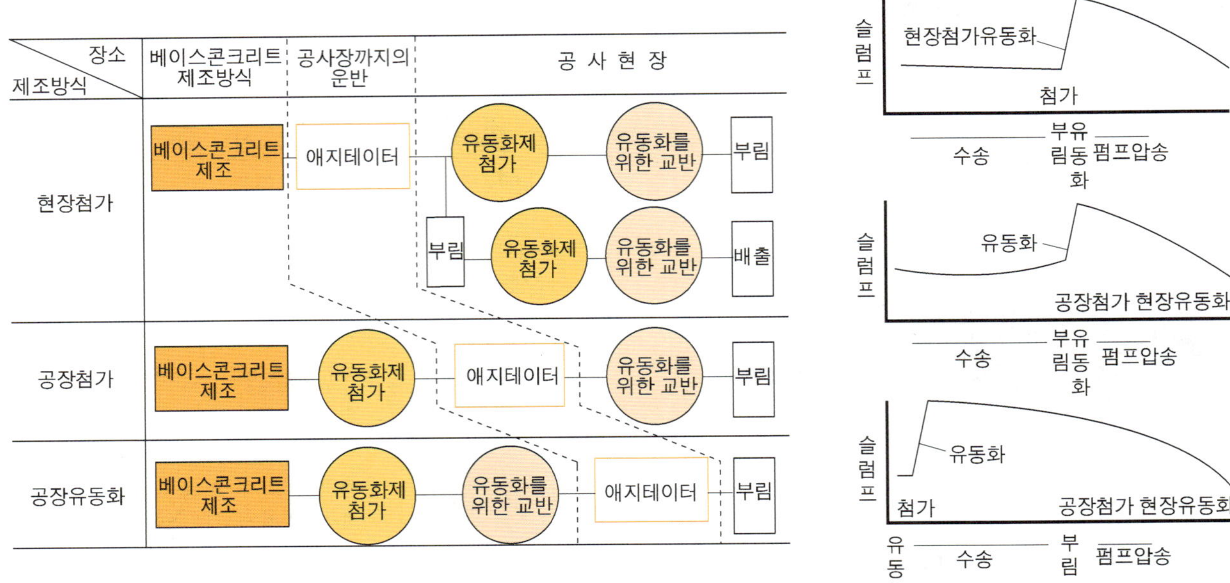

그림. 유동화 콘크리트의 제조방식(첨가, 교반방법에 의한 구분)

3) 시공 유의사항

① 베이스 콘크리트는 비빈 직후에 60~90분까지 유동성을 유지하지만 유동화제의 첨가시간이 늦어지면 유동화제의 효율이 떨어지고 유동화 후에 슬럼프가 저하한다.
② 유동화제는 콘크리트 압송성 등의 시공성을 개선하지만 펌프의 종류와 압송계획이 부적절하면 타설과 다짐의 효율이 떨어져서 콜드조인트가 발생할 수 있다.
③ 시간이 지나면 슬럼프가 저하하므로 유동화시킨 직후에 바로 타설하며 한 구획 내에서 콘크리트 표면이 수평이 되게 타설하고 진동다짐을 균일하게 실시한다.
④ 유동화 콘크리트는 보통 콘크리트보다 블리딩이 약간 적게 발생하고 마무리시간이 빠른 경향이 있으므로 콘크리트의 침강에 의한 균열을 방지하는 재마무리가 필요하다.
⑤ 유동화 콘크리트는 표면수가 빠지는 속도가 빠르므로 타설 후에 표면건조를 방지하고 콘크리트가 경화되면 쉬트, 매트를 콘크리트 표면에 덮어야 한다.

(5) 고유동 콘크리트(High fluidity concrete)

고유동 콘크리트는 굳지 않은 상태에서 재료분리 저항성을 손상하지 않고 높은 유동성을 가져서 다짐이 없어도 콘크리트 자중만으로 철근 등을 통과하여 거푸집에 치밀하게 채우는 콘크리트이다.

1) 고유동 콘크리트의 적용성

① 보통 콘크리트는 충전이 곤란한 구조체
② 균질하고 정밀도가 높은 구조체를 요구하는 경우
③ 타설작업의 합리화로 시간 단축이 요구되는 경우
④ 다짐작업에 따르는 소음, 진동의 발생을 피해야 하는 경우

2) 고유동 콘크리트의 자기 충전성 등급

고유동 콘크리트의 자기 충전성 등급은 거푸집에 타설하기 직전의 대상 구조물의 형상, 치수, 배근상태에 따라서 설정한다.

① 1등급
최소 철근 순간격이 35~60mm의 복잡한 단면 형상, 단면치수가 작은 부재 또는 부위에서 자기 충전성을 가지는 성능

② 2등급
최소 철근 순간격이 60~200mm의 철근 콘크리트 구조물과 부재에서 자기 충전성을 가지는 성능

③ 3등급
최소 철근 순간격이 200mm 이상으로 단면치수가 크고 철근량이 적은 부재와 부위, 무근콘크리트 구조물에서 자기 충전성을 가지는 성능

일반적인 철근 콘크리트 구조물 또는 부재의 자기 충전성 등급은 2등급을 표준으로 한다.

3) 고유동 콘크리트의 품질

① 굳지 않은 고유동 콘크리트는 슬럼프 플로가 600mm 이상의 유동성을 가져야 한다.
② 굳지 않은 고유동 콘크리트의 재료분리 저항성은 다음 사항을 만족해야 한다.
㉮ 슬럼프 플로시험(flow test)에서 콘크리트 중앙부에 굵은골재가 모여 있지 않고 주변부에 페이스트가 분리되지 않아야 한다.
㉯ 슬럼프 플로가 500mm에 도달하는 시간이 3~20초의 범위에 있어야 한다.

4) 고유동 콘크리트의 시공 유의사항

① 거푸집

㉮ 거푸집에 작용하는 고유동 콘크리트의 측압은 액압이 작용하는 것으로 고려한다.

㉯ 거푸집은 시멘트풀 또는 모르타르가 이음면에서 누출되지 않도록 조립한다.

㉰ 폐쇄공간에 고유동 콘크리트를 타설하는 경우는 거푸집 상면에 공기빼기 구멍을 설치한다.

② 운반

㉮ 고유동 콘크리트는 재료의 분리와 슬럼프 플로의 손실이 적도록 신속하게 운반한다.

㉯ 콘크리트 펌프의 기종, 대수, 수송관 지름, 배관거리 등은 시험결과와 실적을 고려하여 결정한다.

㉰ 콘크리트 혼합으로부터 타설종료까지의 시간한도는 유동성과 자기 충전성을 고려하여 정한다.

③ 타설

㉮ 고유동 콘크리트의 타설속도는 배합, 구조조건, 시공조건을 고려하여 허용할 수 있는 낙하높이와 유동거리를 설정한다.

㉯ 펌프의 압송에서 ϕ100mm 또는 ϕ125mm관을 사용하면 압송거리는 300m 이하, 타설시에 콘크리트의 최대 자유낙하높이는 5m 이하, 최대 수평 유동거리는 8~15m 이하로 한다.

④ 양생

㉮ 고유동 콘크리트는 초기강도의 발현이 중요하므로 콘크리트를 타설하고 경화에 필요한 온도와 습도를 유지하며 진동과 충격 등의 유해한 작용을 받지 않아야 한다.

㉯ 고유동 콘크리트는 표면 마무리를 할 때까지 습윤양생과 방풍시설로 표면 건조를 방지하여 마무리 시기를 놓치지 않게 하고 부득이한 경우는 현장 봉함양생을 실시할 수 있다.

(6) 수중 콘크리트

수중 콘크리트는 품질, 시공 이음, 철근과 부착강도가 저하될 우려가 있으므로 배합강도를 크게 하거나 허용응력도를 낮게 하고 타설 후에는 품질의 확인이 어려우므로 시공 중의 품질관리가 중요하다. 수중 콘크리트의 배합은 점성이 풍부하고 재료분리가 적은 유동성이 큰 부배합으로 하고 잔골재율을 크게 한다.

1) 특성

① 타설된 콘크리트가 물에 씻기므로 부배합 콘크리트를 사용하고 진동다짐이 불가능하므로 콘크리트의 자중에 의한 유동성이 필요하다.

② 트레미관이나 콘크리트 펌프 압송관의 토출구에서 타설 부위까지 거리가 멀어지면 콘크리트의 품질과 철근의 부착강도가 저하한다.

③ 수중 콘크리트는 수중 불분리성 콘크리트를 제외하고는 수중에 낙하시키지 않는다.

표. 수중 콘크리트의 배합 표준

항 목		일반 수중 콘크리트	현장타설말뚝, 지하연속벽에 사용하는 수중 콘크리트
굵은골재 최대치수		40mm 이하 부재 최소치수의 1/5 철근 최소 순간격의 1/2	철근 간격의 1/3 이하 또는 25mm 이하
슬럼프	트레미, 콘크리트 펌프	130~180mm	180~210mm 1)
	밑열린 상자, 밑열린 포대	100~150mm	
단위시멘트량(kg/m^3)		370 이상	350 이상 2)
물-결합재비(%)		50 이하	55 이하 2)
잔골재율(%)		40~45	

[주] 1) 철근 간격이 좁으면 최대치 : 240mm　　2) 설계 기준강도 : 24~30MPa

2) 배합강도

① 수중 콘크리트의 배합은 소정의 강도, 수중분리 저항성, 유동성, 내구성을 만족하도록 시험에 의하여 정한다.

② 일반 수중 콘크리트는 수중에서 시공할 때의 강도가 표준공시체 강도의 0.6~0.8배가 되도록 배합강도를 설정한다.

③ 수중 불분리성 콘크리트는 수중 제작 공시체의 재령 28일의 압축강도를 배합강도로 설정한다.

④ 현장타설 콘크리트말뚝과 지하연속벽 콘크리트는 수중에서 시공할 때의 강도가 대기 중에서 시공하는 강도의 0.8배, 안정액 중에서 시공할 때의 강도는 대기 중에서 시공하는 강도의 0.7배로 하여 배합강도를 설정한다.

3) 물-결합재비와 단위시멘트량

① 수중 분리 저항성은 점성의 영향을 받으므로 물-결합재비와 단위시멘트량으로 설정한다.

표. 수중 콘크리트의 물-결합재비와 단위시멘트량

종 류	일반 수중 콘크리트	현장타설말뚝 지하연속벽에 사용하는 수중 콘크리트
물-결합재비	50% 이하	55% 이하
단위시멘트량	370kg/m^3 이상	350kg/m^3 이상

② 수중 불분리성 콘크리트의 내염해성과 각종 염류에 의한 침식작용은 일반적인 콘크리트와 거의 동일하므로 콘크리트의 화학작용과 철근의 부식작용 등을 고려하여 물-결합재비를 정하는 경우에 최대값은 다음 표의 값을 표준으로 한다.

표. 내구성으로부터 정해진 수중 불분리성 콘크리트의 최대 물-결합재비(%)

환경 \ 콘크리트 종류	무근 콘크리트	철근 콘크리트
담수 중	65	55
해수 중	65	50

4) 유동성

① 일반 수중 콘크리트, 현장타설말뚝, 지하연속벽에 사용하는 수중 콘크리트의 유동성은 다음 표에 나타낸 슬럼프값으로 설정한다.

표. 일반 수중 콘크리트의 슬럼프 표준값(mm)

시공 방법	일반 수중 콘크리트	현장타설말뚝, 지하연속벽에 사용하는 수중 콘크리트
트레미관	130~180	180~210
콘크리트 펌프	130~180	-
밑열림 상자, 밑열림 포대	100~150	-

② 현장타설말뚝과 지하연속벽에 사용하는 수중 콘크리트의 설계기준 압축강도가 50MPa을 초과하는 경우는 높은 유동성이 요구되므로 슬럼프 플로의 범위는 500~700mm로 한다.

③ 수중 불분리성 콘크리트의 유동성은 시공조건에 따라서 슬럼프 플로(flow)로 설정한다.

④ 수중 불분리성 콘크리트의 공기량이 과다하면 압축강도가 저하하고 콘크리트의 공기포가 떠오르게 되어 수질 오탁과 품질 변동의 원인이 되므로 공기량은 4% 이하로 한다.

표. 수중 불분리성 콘크리트의 슬럼프 플로(flow) 값

시공 조건	슬럼프 플로의 범위(mm)
급경사면의 장석(1:1.5~1:2)의 고결, 사면의 얇은 슬래브(1:8정도까지)의 시공 등에서 유동성을 적게 하는 경우	350~400
단순한 형상의 부분에 타설하는 경우	400~500
일반적인 경우, 표준적인 철근 콘크리트 구조물에 타설하는 경우	450~550
복잡한 형상의 부분에 타설하는 경우, 특별히 양호한 유동성이 요구되는 경우	550~600

5) 비비기

① 수중 불분리성 콘크리트는 배치플런트에서 물을 투입하기 전에 건식으로 20~30초를 비비고서 전 재료를 투입하여 비비기를 한다.

② 수중 불분리성 콘크리트를 레디믹스트 콘크리트공장에서 생산하는 경우는 일반적인 지정사항 이외에 슬럼프 플로, 수중 제작 공시체의 압축강도, 수중·공기 중의 강도비, 수중 불분리성 혼화제의 종류와 사용량 등을 생산자와 협의하여 결정한다.

③ 가경식믹서는 혼합시에 콘크리트가 드럼 내부에 부착되어 충분히 비벼지지 않는 경우가 있으므로 강제식믹서를 사용한다.

④ 수중 불분리성 콘크리트는 일반 콘크리트에 비하여 믹서(mixer)에 걸리는 부하가 크기 때문에 소요 품질의 콘크리트를 얻기 위한 1회 비비기량은 믹서 공칭용량의 80% 이하로 한다.

⑤ 비비기 시간은 시험에 의해 콘크리트 소요의 품질을 확인하고 정하며 강제식믹서의 비비기 시간은 90~180초를 표준으로 한다.

6) 시공 유의사항

① 일반적인 수중 콘크리트

㉮ 수중 콘크리트는 시멘트의 유실과 레이턴스가 발생하지 않도록 정수 중에서 타설한다(유속 허용한도 : 50mm/초 이하).

㉯ 수중 콘크리트는 레이턴스가 발생하기 쉬우므로 소정의 높이 또는 수면 위까지 연속하여 타설하고 시공이음을 두지 않는다.

㉰ 한 구획의 콘크리트를 타설한 후에 레이턴스를 모두 제거하고 다음 콘크리트를 타설한다.

㉱ 콘크리트를 수중에 낙하시키면 재료분리가 발생하고 시멘트가 유실되므로 콘크리트는 수중에 낙하시키지 않도록 한다.

㉲ 콘크리트의 타설면을 수평하게 유지하면서 소정의 높이에 도달할 때까지 연속하여 타설한다.

㉳ 물과 접촉하는 부분은 콘크리트의 재료분리를 적게 하도록 타설 도중에 물을 휘젓거나 펌프의 선단부분을 이동시키지 않고 콘크리트가 경화될 때까지 물의 유동을 방지한다.

㉱ 수중 콘크리트를 타설할 때에 시멘트가 물에 씻겨서 흘러나오지 않도록 트레미관, 콘크리트 펌프로 타설하고 소규모공사와 부득이한 경우는 밑열림상자, 밑열림포대를 사용할 수 있다.

㉠ 트레미관에 의한 타설

ⓐ 트레미관은 수밀성과 콘크리트가 자유롭게 낙하하는 직경이 필요하고 트레미관의 내경은 굵은골재 최대치수의 8배 이상으로 한다.

ⓑ 최초 타설하는 콘크리트는 마개 등을 이용하여 트레미관 내에 콘크리트로 채우고서 타설하고 타설 중에 트레미관은 콘크리트 속에 2~3m를 매입하며 트레미관 1개로 타설할 수 있는 최대면적은 30m^{2}이다.

표. 트레미관 안지름의 표준

수심(m)	트레미관 안지름(mm)
3 이하	250
3 ~ 5	300
5 이상	300~500

㉡ 콘크리트 펌프에 의한 타설

ⓐ 콘크리트 압송관의 안지름은 굵은골재 최대치수의 3~4배에 해당하는 100~150mm로 하며, 압송관 1개의 타설면적은 $5m^2$로 한다.

ⓑ 배관의 이동시는 선단부에 역류밸브를 장착하고 압송압력이 크면 선단부에 요동을 방지하는 고정장치를 설치한다.

ⓒ 압송압력이 크면 압송관 선단부의 요동에 의해서 콘크리트가 흐트러지지 않게 선단부를 무겁게 하거나 고정시켜야 한다.

㉢ 밑열림상자와 밑열림포대에 의한 타설

ⓐ 콘크리트 타설은 밑열림상자, 밑열림포대를 수중에 내려서 콘크리트를 배출한 후에 콘크리트면에서 상당한 거리가 떨어질 때까지 천천히 끌어 올린다.

ⓑ 밑열림상자, 밑열림포대를 사용하여 수중 콘크리트를 타설하면 콘크리트가 거푸집 구석까지 채워지지 않는 경우가 있으므로 수심을 측정하여 깊은 곳에서부터 타설한다.

② 현장타설말뚝, 지하연속벽에 사용하는 수중 콘크리트

㉮ 철근망

㉠ 철근망은 보관, 운반, 설치 시에 변형이 생기지 않게 제작하고 굴착공벽과 철근간격이 좁으므로 철근의 피복두께는 100mm 이상을 확보해야 한다.

㉡ 철근 피복두께의 확보와 철근망을 넣을 때에 이탈되거나 공벽을 깎지 않도록 간격재를 설치한다.

㉯ 콘크리트의 타설

㉠ 콘크리트의 타설 직전에 굴착공 바닥의 슬라임을 제거하고 콘크리트의 타설은 트레미관으로 연속하여 타설한다.

㉡ 트레미관이 콘크리트 속에 2~3m 이상이 묻힌 상태에서 콘크리트를 타설한다.

㉢ 콘크리트의 유동거리를 고려하여 트레미관은 가로방향 3m 이내의 간격으로 배치하고 타설 중에 안정액과 슬라임의 혼입, 블리딩에 의한 레이턴스 등으로 품질이 저하하므로 설계면보다 1.0m 이상의 여유높이로 타설하고 경화된 후에 레이턴스가 발생한 부위를 제거한다.

③ 수중 불분리성 콘크리트

㉮ 콘크리트의 타설은 유속 50mm/초 이하의 정수에서 수중 낙하높이가 500mm 이하이어야 한다.

㉯ 콘크리트는 타설에서 경화할 때까지 유수, 파도에 씻겨서 표면이 세굴되지 않게 보호해야 한다.

(7) 프리플레이스트 콘크리트(Preplaced aggregate concrete)

프리플레이스트 콘크리트는 거푸집 내에 굵은골재(직경 15mm 이상)를 채우고 골재의 공극에 특수 모르타르를 0.3~0.5MPa의 압력으로 주입하는 콘크리트이며 수중공사, 기초의 보수와 보강, 매설물이 있는 곳에 적용한다.

1) 특성

① 골재를 충진하고 모르타르를 압력으로 주입하므로 거푸집에 가해지는 측압이 증가된다.
② 수밀성이 높고 건조수축은 적지만 굳은 콘크리트의 품질 확인이 곤란하다.
③ 공정이 간단하여 공기단축이 가능하고 대규모 설비가 필요하다.

2) Preplaced concrete의 종류

구분	대규모 Preplaced concrete	고강도 Preplaced concrete
적용성	· 시공속도는 40~80m^3/hr 이상 또는 한 구획 시공면적 50~250m^2 이상	· 재령 91일 강도가 40MPa 이상
재 료	· 굵은골재 최대치수가 40mm 이상	· 혼화제는 고성능 감수제 사용
배 합	· 단위 결합재량을 크게	· 주입 모르타르의 물-결합재비 : 40% 이하
시 공	· 주입관의 간격 : 5m · 주입관은 적은 수로 배치	· 주입시에 고성능 믹서를 사용

3) 주입 모르타르의 품질

① 유동성

㉮ 주입 모르타르는 압송과 주입이 용이하고 굵은골재의 공극을 완벽하게 채울 수 있는 유동성을 주입작업이 끝날 때까지 유지해야 한다.
㉯ 주입 모르타르의 유동성은 KS F 2432에서 구한 유하시간이 16~20초, 고강도 프리플레이스트 콘크리트의 유하시간은 25~50초로 한다.
㉰ 모르타르는 굵은골재의 공극에 주입될 때에 재료분리가 적고 경화되는 사이에 블리딩이 적으며 소요의 팽창을 해야 한다.

② 재료분리 저항성

㉮ 재료분리 저항성은 KS F 2433에서 구한 블리딩률에 의하여 설정한다.
㉯ 블리딩률은 시험을 시작하고 3시간 후에 3% 이하, 고강도 프리플레이스트 콘크리트는 1% 이하로 한다.

③ 팽창성

㉮ 팽창률은 시험을 시작하고 3시간 후에 5~10%, 고강도 프리플레이스트 콘크리트는 2~5%이어야 한다.

㉯ 블리딩에 의하여 침하와 수축하는 모르타르를 팽창시켜서 굵은골재와 모르타르의 사이에 틈이 생기는 것을 방지하고 부착강도가 증가하도록 주입 모르타르는 팽창성이 있어야 한다.

④ 배합

㉮ 주입 모르타르는 공사 규모에 적합한 유동성과 유동성의 유지시간을 가져야 한다.

㉯ 대규모 프리플레이스트 콘크리트에 사용하는 주입 모르타르는 시공 중에 재료분리가 적도록 부배합으로 한다.

㉰ 팽창률은 블리딩의 2배 이상이 바람직하지만 팽창률이 지나치게 크면 모르타르 내의 공극이 커지므로 유의해야 한다.

4) 시공 유의사항

① 거푸집

㉮ 프리플레이스트 콘크리트의 거푸집은 모르타르가 새지 않고 측압과 외력에 충분히 견디며 유해한 변형과 파손이 발생하지 않도록 강도와 강성을 가져야 한다.

㉯ 거푸집에서 주입 모르타르의 누출 방지

㉠ 주입 모르타르가 기초와 거푸집의 사이 또는 거푸집 이음부 등에서 새어나오지 않아야 한다.

㉡ 기초와 거푸집 사이에서 모르타르의 누출을 방지하기 위하여 포대 채움 잔골재, 콘크리트, 점토, 시멘트 등으로 밀폐하거나 특수한 스펀지를 거푸집 하단에 설치한다.

② 비비기

㉮ 모르타르 믹서의 비비기시간은 2~5분으로 하고 한 배치는 0.2~1.5m^3의 용량으로 한다.

㉯ 고강도 주입 모르타르는 단위질량과 소성점성이 크므로 고성능 믹서를 사용한다.

㉰ 애지테이터의 용량은 주입 모르타르를 천천히 교반하도록 믹서용량의 3~5배 정도이어야 한다.

③ 굵은골재의 채움

㉮ 굵은골재를 거푸집에 채울 때에 굵은골재가 낙하하는 충격에 의하여 주입관, 검사관 등의 매설물이 파손과 이동하지 않게 보호해야 한다.

㉰ 해중공사에서는 굵은골재를 채우고 조속하게 모르타르를 주입한다.

㉱ 굵은골재를 채우는 방법은 거푸집이 수면 아래에 있으면 밑열림 버킷선 등을 사용하고 거푸집 상단이 수면 위에 있으면 거푸집 내에 설치한 임시호퍼와 투입용 벨트 컨베이어를 이용하여 거푸집 전체에 균등하게 채워지게 투입한다.

㉲ 굵은골재의 투입시에 충격으로 골재가 파쇄되면 굵은골재의 공극에 돌 부스러기가 혼입되어 주입 모르타르의 충전성이 불량하므로 토출구의 낙하높이를 낮게 하여 파쇄를 방지한다.

④ 주입과 압송작업 준비

㉮ 주입관은 확실하고 원활하게 주입되도록 안지름은 수송관과 같거나 그 이하로 한다.

㉯ 연직주입관의 수평간격은 2m, 수평주입관의 수평간격은 2m, 연직간격은 1.5m로 배치하며 수평주입관은 역류를 방지하는 장치가 부착되어야 한다.

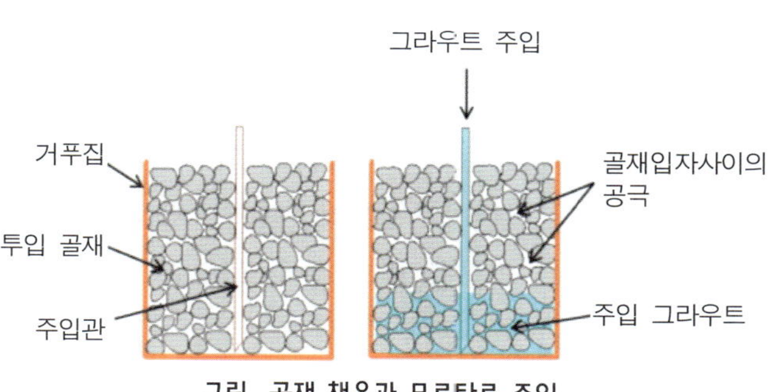

그림. 골재 채움과 모르타르 주입

㉰ 대규모 프리플레이스트 콘크리트에 사용하는 주입관의 간격은 굵은골재의 치수, 주입 모르타르의 배합, 유동성, 주입속도에 따라서 결정하며 약 5m로 한다.

⑤ 압송

㉮ 모르타르 펌프는 충분한 압송능력을 보유하고 주입 모르타르에 공기가 혼입되지 않게 연속적으로 주입한다.

㉯ 보통 주입 모르타르는 피스톤식펌프로 주입하고 고강도용 주입 모르타트는 소성점성이 커서 펌프의 압송압력이 보통 주입 모르타르의 2~3배가 되므로 스퀴즈식펌프를 사용한다.

㉰ 모르타르 펌프의 압송능력은 수송관의 압송 저항에 의하여 결정되고 압송 저항은 수송관의 지름, 관내 유속, 모르타르의 유동성과 점성, 이음의 형상, 수송관의 재질에 따라서 변화하므로 압력 손실이 적도록 다음 사항에 주의해야 한다.

㉠ 수송관의 연장을 짧게 한다.

㉡ 수송관이 100m를 넘으면 중계용 애지테이터(agitator)와 펌프를 사용한다.

㉢ 수송관의 급격한 곡률과 단면의 급변화가 없도록 한다.

㉣ 수송관 내의 유속이 너무 작으면 모르타르의 재료분리에 의한 침강이 발생하고 관내 유속이 크면 압력손실이 커지므로 모르타르의 평균유속은 0.5~2m/s가 되도록 한다.

⑥ 주입

㉮ 모르타르의 주입이 중단되어 시공이음이 발생하지 않도록 한다.

㉯ 주입은 최하부에서 상부로 진행하며 모르타르면의 상승속도는 0.3~2.0m/hr로 한다.

㉰ 연직주입관을 인발하면서 모르타르를 주입하고 주입관의 선단은 모르타르 속에 0.5~2.0m가 묻혀 있도록 한다.

㉱ 모르타르는 연속적으로 주입하고 고르타르면의 상승속도가 0.3m/hr 이하가 되지 않도록 한다.

(8) 해양 콘크리트

해양 콘크리트는 항만, 해안, 해양에서 시공하여 해수작용을 받는 구조물과 육상, 해면에서 시공되어 파랑, 해상 물보라, 조풍의 영향을 받는 콘크리트 구조물이다.

해양 콘크리트는 부위에 따라 해수의 화학적 침식, 파랑에 의한 마모, 강재 부식에 의한 팽창 파괴, 비말대에서의 건습반복작용, 한냉지에서 염분에 의한 동결융해와 염해의 복합 열화작용을 받는다.

해양 구조물은 염해를 받기 쉬우므로 콘크리트의 열화와 강재가 부식하여 기능이 손상되지 않게 하며 강재의 방식은 콘크리트의 피복두께를 크게 하는 것, 균열 폭을 작게 하는 것, 적절한 재료와 시공방법을 사용하는 것 등이 있다.

1) 해수의 화학작용

해수는 $Ca(OH)_2$의 용출에 의한 조직의 이완, $MgSO_4$의 침투에 의한 에트린자이트 생성, $MgCl_2$, $MgCl$의 침투에 의한 $CaCl_2$ 생성에 따른 경화체의 다공화와 염소이온에 의한 강재의 방청, Na^+와 K^+이온에 의한 알칼리 골재반응을 촉진한다.

① 해양 콘크리트 구조물에 사용하는 콘크리트의 설계기준강도는 30MPa 이상으로 한다.

② 해양 콘크리트 구조물은 염해를 받기 쉬운 환경이므로 콘크리트의 열화와 강재의 부식에 의하여 기능이 손상되지 않아야 한다.

2) 재료와 배합

① 시멘트의 C_3A 함유량이 억제되어 내해수성과 장기강도가 크고 수화열이 적은 중용열시멘트, 고로슬래그 미분말이나 플라이애쉬를 다량 함유한 혼합시멘트를 사용한다.

② AE제, AE감수제, 고성능감수제를 사용하여 워커빌리티와 동해저항성이 향상되는 AE콘크리트를 사용한다.

③ 육상 구조물도 해풍의 작용을 심하게 받으면 해상 대기중에 상당하는 물-결합재비를 적용한다.

④ 해수 또는 조수간만의 영향을 받으며 콘크리트를 타설하는 시공조건이 불량한 조건에서 최대 물-결합재비의 값은 내구성을 고려한 최대 물-결합재비보다 5% 정도 작게 해야 한다.

표. 해양 콘크리트의 공기량(%)

환경 조건		굵은골재의 최대치수(mm)		
		20	25	40
동결융해작용을 받을 염려가 있는 경우	(a) 물보라지역, 간만대지역	6	6	5.5
	(b) 해상 대기중	5	4.5	4.5
동결융해작용을 받을 염려가 없는 경우		4	4	4

⑤ 물-결합재비

내구성에 의하여 정해지는 물-결합재비의 최대값은 다음 표의 값을 표준으로 한다.

표. 내구성으로 정하여진 공기연행콘크리트의 최대 물-결합재비(%)

시공 조건 / 환경구분	일반 현장 시공의 경우	공장제품 또는 재료의 선정과 시공에서 공장제품과 동등 이상의 품질이 보증될 때
(a) 해중	50	50
(b) 해상 대기 중[1)]	45	50
(c) 물보라지역, 간만대지역[2)]	40	45

주 1) 해상 대기중은 물보라의 위쪽에서 항상 해풍을 받으며 파도의 물보라를 가끔 받는 열악한 환경.
2) 물보라지역, 간만대지역은 조석의 간만, 파랑의 물보라에 의한 건습의 반복작용을 받는 내구성이 가장 열악한 환경이므로 콘크리트 속의 강재 부식, 동해, 화학적 침식 등의 손상을 받을 가능성이 큼.
3) 실적, 연구성과 등에 의하여 확증이 있을 때는 물-결합재비를 위의 값에 5% 정도를 더한 값으로 할 수 있음.

⑥ 단위 결합재량

㉮ 단위 결합재량이 크면 해수 중의 각종 염류의 화학적 침식과 콘크리트 속의 강재의 부식에 대한 저항성이 증가하므로 단위 결합재량은 구조물의 규모, 중요성, 환경조건 등을 고려하여 소요의 내구성이 얻어지도록 정한다.

㉯ 해양 환경에 있는 철근 콘크리트와 프리스트레스트 콘크리트 구조물에서 내구성으로 정해지는 단위 결합재량은 다음 표의 값 이상으로 한다. 그러나 단위 결합재량이 너무 많으면 얇은 단면과 두꺼운 단면에서 건조수축과 수화열에 의한 온도응력으로 인하여 균열이 발생할 가능성이 커지므로 주의해야 한다.

표. 내구성으로 정해지는 최소 단위 결합재량(kg/m^3)

굵은골재의 최대치수(mm) / 환경구분	20	25	40
물보라지역, 간만대와 해상 대기중	340	330	300
해 중	310	300	280

3) 염해 방지대책

① 콘크리트 표면의 보호와 염해방지

㉮ 모래입자를 포함하는 유수, 모래와 자갈을 포함한 파랑작용, 선박의 충격을 받는 콘크리트 구조물은 고무완충재, 목재, 양질의 석재, 고분자재료 등으로 표면을 보호하거나 철근의 피복두께와 단면을 증가시켜야 한다.

㉯ 물보라에 의해 비말해수가 직접 닿는 부분과 비말해수 영향권보다 높은 곳에 위치해도 해풍의 영향으로 비래염분이 콘크리트 표면에 흡착될 우려가 있으면 장기적인 내구성을 고려하여 콘크리트 표면의 보호와 철근의 부식방지를 위한 염해방지대책을 수립해야 한다.

② 철근 덮개의 증가

침식 또는 화학작용을 받는 콘크리트의 철근 덮개는 20~40mm 이상으로 하고 심한 침식, 염해, 화학작용을 받으면 덮개의 두께를 증가시킨다.

㉮ 벽체 : 60mm 이상

㉯ 기타 부재 : 80mm 이상

㉰ 프리캐스트 부재

ㄱ 벽체, 슬래브 : 50mm 이상

ㄴ 기타 부재 : 60mm 이상

㉱ 흙에 접하거나 수중에 있는 콘크리트 : 80mm

㉲ 모서리 부분 등의 해수작용을 심하게 받는 부분 : 100mm 이상

4) 시공 유의사항

① 콘크리트 타설량이 많고 육지에서 먼 경우는 연속믹서를 탑재한 플랜트선이나 해상 작업대를 활용한다.

② 해양 콘크리트는 치기, 다지기, 양생에 주의하고 시공이 불량하면 구조물의 열화가 쉽게 진행된다.

③ 거푸집 이음부에서 시멘트풀이 흘러나와 수밀성이 손상되지 않도록 거푸집을 조립한다.

④ 해양 콘크리트는 시공이음부가 피해를 받기 쉬우므로 최저와 최고 조위에서 0.6m의 범위는 연속하여 콘크리트를 타설한다.

⑤ 보통 포틀랜드시멘트를 사용한 콘크리트는 시멘트 유출의 방지, 강도와 수밀성이 유지되도록 재령 5일까지 해수에 씻기지 않게 보호해야 한다.

⑥ 해양 구조물에 시공이음을 두면 성능이 저하하므로 가급적 피하고 특히 만조위에서 위로 0.6m, 간조위에서 아래로 0.6m 사이의 감조부분은 시공이음을 설치하지 않는다.

⑦ 해양 구조물은 시공이 불량한 곳부터 열화가 쉽게 진행되므로 균질한 콘크리트가 되도록 타설, 다지기, 양생에 주의하여 시공한다.

그림. 해양 콘크리트 타설작업

(9) 팽창 콘크리트(Expansive concrete)

팽창 콘크리트는 팽창재 또는 팽창시멘트를 사용하여 팽창성을 부여한 콘크리트이며 팽창재(expansive additive)는 시멘트, 물과 함께 혼합하면 수화반응에 의하여 에트린자이트 또는 수산화칼슘 등을 생성하고 모르타르, 콘크리트를 팽창시키는 작용을 하는 혼화재료이다.

팽창 콘크리트는 수축 보상용 콘크리트, 화학적 프리스트레스용 콘크리트, 충전용 모르타르와 콘크리트가 있으며 수축 보상용 콘크리트는 콘크리트의 수축으로 인한 체적 감소를 억제하고 화학적 프리스트레스용 콘크리트는 수축 보상용 콘크리트보다 팽창력이 커야 한다.

1) 팽창률

① 콘크리트의 팽창률은 재령 7일의 시험값을 기준으로 한다.

② 수축보상용 콘크리트의 팽창률은 150×10^{-6} 이상, 250×10^{-6} 이하로 한다.

③ 화학적 프리스트레스용 콘크리트의 팽창률은 200×10^{-6} 이상, 700×10^{-6} 이하로 한다.

④ 공장제품에 사용하는 화학적 프리스트레스용 콘크리트의 팽창률은 200×10^{-6} 이상, $1,000 \times 10^{-6}$ 이하로 한다.

2) 재료의 취급과 저장

① 팽창재는 풍화되지 않게 습기의 침투를 막을 수 있는 사이로 또는 창고에 다른 재료와 혼입되지 않도록 구분하여 저장한다.

② 포대 팽창재는 지상 0.3m 이상의 마루 위에 12포대 이하로 쌓아서 저장한다.

③ 3개월 이상 저장한 팽창재는 사용 전에 시험을 실시하여 품질을 확인하고 사용한다.

3) 배합

① 팽창 콘크리트는 소요 강도, 내구성, 수밀성, 강재를 보호하는 성능과 워커빌리티를 만족하고 건조수축 보상에 의한 균열 감소, 화학적 프리스트레스 도입에 의한 인장, 휨내력의 증대, 충전용 모르타르와 콘크리트에 필요한 팽창성을 가져야 한다.

② 콘크리트의 단위수량과 슬럼프는 작업에 적합한 워커빌리티의 범위 내에서 작은 값으로 한다.

③ 팽창 콘크리트의 배합은 시험비비기를 하여 슬럼프, 단위질량, 압축강도의 시험과 팽창률시험에서 결정한다.

④ 화학적 프리스트레스용 콘크리트의 단위 시멘트량은 단위 팽창재량을 제외한 값으로 보통 콘크리트는 $260 kg/m^3$ 이상, 경량골재 콘크리트는 $300 kg/m^3$ 이상으로 한다.

4) 시공 유의사항

① 팽창 콘크리트의 제조, 운반, 타설

㉮ 팽창재는 다른 재료와 별도로 질량으로 계량하고 오차는 1회 계량분량의 1% 이내로 한다.

㉯ 믹서에 투입할 때에 팽창재가 호퍼 등에 부착하지 않도록 한다.

㉰ 팽창재를 사용한 콘크리트의 비비기 시간은 강제식믹서는 1분 이상, 가경식믹서는 1분 30초 이상으로 한다.

㉱ 콘크리트를 비비고 나서 타설이 끝날 때까지 소요시간은 기온과 습도 등의 기상조건과 시공 등급에 따라서 1~2시간 이내로 한다.

㉲ 한중 콘크리트는 타설할 때의 콘크리트 온도를 10℃ 이상, 20℃ 미만으로 한다.

㉳ 서중 콘크리트는 비비기 직후의 콘크리트 온도를 30℃ 이하, 타설할 때는 35℃ 이하로 한다.

㉴ 새로운 콘크리트의 타설 전에 기존 콘크리트의 이음면은 재료분리가 발생한 콘크리트와 접착이 불량한 골재를 제거하고 살수하여 충분히 흡수시켜야 한다.

㉵ 내·외부 온도차에 의한 온도균열이 우려되므로 팽창 콘크리트는 급격한 살수를 피하도록 한다.

② 콘크리트의 양생과 거푸집 해체

㉮ 타설한 콘크리트는 살수 등으로 습윤상태를 유지하고, 콘크리트의 온도는 2℃ 이상을 5일 이상 유지해야 한다.

㉯ 노출면은 콘크리트가 양생작업으로 손상을 입지 않을 정도로 경화한 후에 5일 동안은 다음의 방법으로 양생을 실시하여 습윤상태를 유지하도록 한다.

㉠ 적당한 시간 간격으로 직접 노출면에 살수한다.

㉡ 양생기간 중에 양생매트가 충분히 젖어 있도록 적절히 살수한다.

㉢ 쉬트로 빈틈없이 덮는다.

㉣ 막양생제를 도포한다.

㉰ 거푸집을 제거한 콘크리트의 노출면(슬래브 상부와 외벽 면)은 직사일광, 급격한 건조와 추위를 막기 위하여 양생매트, 쉬트, 살수에 의한 양생을 실시한다.

㉱ 콘크리트 거푸집널의 존치기간은 콘크리트 강도, 팽창률의 확보, 수화반응에 필요한 수분의 건조를 방지하기 위하여 평균기온 20℃ 미만은 5일 이상, 20℃ 이상은 3일 이상으로 한다.

(10) 방사선 차폐용 콘크리트(Rediation shielding concrete)

방사선 차폐용 콘크리트는 주로 생물체의 방호를 위하여 X선, γ선, 중성자선을 차폐할 목적으로 사용되는 콘크리트이며 밀도, 압축강도, 설계 허용온도, 결합수량, 붕소량 등을 충족해야 한다.

또한 방사선 차폐를 목적으로 원자력 발전구조물에 사용하는 높은 품질의 밀도를 보유한 차폐용 콘크리트는 건조수축과 온도응력에 의한 균열이 발생하지 않아야 한다.

그림. 방사선 차폐 콘크리트

1) 특성

① 방사선의 차폐 성능은 차폐물체의 단위 면적당 질량에 비례한다.

② 방사선조사에서 시멘트의 화학성분이 변화하면 압축강도가 약 1/3이 저하하며, 탄성계수는 방사선 조사 후에 약 1/2이 저하되고 인장강도도 저하한다.

③ 방사선조사는 온도 상승에 의한 크리프의 증가를 제외하고는 방사선에 의한 영향이 없다.

2) 배합

① 차폐용 콘크리트는 부재단면이 매우 크므로 중용열 포틀랜드시멘트, 플라이애쉬시멘트와 같은 수화열의 발생이 적은 시멘트를 사용한다.

② 콘크리트의 슬럼프는 작업에 적합한 범위에서 가능한 한 적게 하며 150mm 이하로 한다.

③ 물-결합재비는 50% 이하로 하고 워커빌리티의 개선을 위하여 혼화제를 사용할 수 있다.

3) 시공 유의사항

① 차폐 콘크리트용 골재는 비중이 크고 유해물질, 염분, 유기물을 함유하지 않고 마모율은 50% 이내의 약간 세립자가 많은 입도와 비중이 큰 골재를 사용한다.

② 차폐 콘크리트는 온도균열이 발생하지 않고 밀실한 콘크리트가 되도록 충분한 다짐을 한다.

③ 콘크리트 타설 후에 부재의 온도 변화가 적고 외부구속이 크지 않도록 부재의 온도 상승과 강하속도가 적어야 한다.

④ 거푸집을 제거하고 급속히 냉각하면 표면에 인장응력이 증가하여 균열이 발생하므로 양생 후에 완만한 장기냉각을 하고 외기온도와 콘크리트의 온도가 비슷해지면 양생을 중지한다.

⑤ 표면온도와 외기온도의 차가 10℃ 이내가 될 때까지 보온을 계속하고 표면건조에 의한 건조수축 균열이 방지되도록 습윤양생을 실시한다.

⑥ 이어치기는 차폐에 결함이 되므로 가능한 한 하지 않는다.

(11) 섬유보강 콘크리트(Fiber reinforced concrete)

섬유보강 콘크리트는 모르타르 또는 콘크리트 중에 금속, 합성수지 등의 단섬유를 분산시켜서 인장강도, 내충격성, 인성 등을 크게 개선한 복합재료이며 단섬유는 직경이 0.3~0.9mm, 길이 25~60mm의 제품을 이용하고 콘크리트에서 보강용 섬유의 분산은 믹서로 혼합하는 방법을 사용한다.

섬유보강 콘크리트는 보강용 섬유를 혼입하여 인성, 균열 억제, 내충격성, 내마모성을 증가시킨 콘크리트이며 섬유보강 콘크리트 $1m^3$ 중에 포함되는 섬유의 용적 백분율을 섬유혼입률(fiber volume fraction)이라고 한다. 대표적인 섬유보강 콘크리트는 강섬유 보강 콘크리트(steel fiber reinforced concrete), 유리섬유 보강 콘크리트(glass fiber reinforced concrete), 기타 섬유보강 콘크리트가 있다.

1) 보강용 섬유의 종류

① 무기계섬유

㉮ 강섬유(Steel fiber)

㉠ 길이 25~60mm, 지름 0.3~0.9mm이며 형상비(ℓ/D : 지름에 대한 길이의 비율)는 30~100을 사용

㉡ 강섬유의 혼입률 범위는 용적 백분율로 0.5~2.0%

㉢ 강섬유 길이가 40mm를 초과하면 fiber ball현상이 발생하지 않게 배합과 비비기에 유의

㉯ 유리섬유(Glass fiber)

㉰ 탄소섬유(Carbon fiber)

② 유기계섬유

㉮ 비닐론 : 아라미드섬유, 폴리프로필렌섬유, 폴리비닐 · 알코올계

㉯ 나일론 : 폴리아미드

㉰ 테트론 : 폴리에스테르섬유

㉱ 레이온 : 셀룰로오스계

2) 섬유 보강 콘크리트의 특징

① 균열의 발생 후에 균열 개구(opening)에 대한 저항성이 크다.

② 피로강도가 개선되어 포장두께와 터널 라이닝의 두께를 감소할 수 있다.

③ 내동해성이 개선된다.

④ 철근 콘크리트와 병용하면 부재의 전단내력이 증가한다.

⑤ 압축인성과 휨인성이 우수하여 충격력과 폭발하중에 대한 저항성이 우수하다.

⑥ 섬유의 형상, 치수, 혼입률, 분산은 콘크리트의 품질에 의한 영향을 받는다.

3) 보강용 섬유의 구비조건

① 섬유와 시멘트 결합재 사이의 부착성이 좋을 것
② 섬유의 인장강도가 충분히 클 것
③ 섬유의 탄성계수는 시멘트 결합재 탄성계수의 1/5 이상일 것
④ 형상비(ℓ/D)가 50 이상일 것
⑤ 내구성, 내열성, 내후성이 우수할 것
⑥ 시공성에 문제가 없을 것

4) 강섬유 보강 콘크리트(Steel Fiber Reinforced Concrete, SFRC)

① 특성

강섬유 보강 콘크리트는 콘크리트 중에 강섬유가 분산되어 일반 콘크리트에 비하여 골재치수가 적고 단위 결합재량과 단위수량이 많으며 세골재율은 크다.

강섬유의 길이 또는 혼입율이 크면 비빌 때에 강섬유가 뭉쳐서 화이버 볼(fiber ball)이나 강섬유가 균일하게 분포되지 않고 콘크리트 중에 강섬유의 분산이 불량하면 굳지 않은 콘크리트의 유동성이 저하하고 양호한 워커빌리티를 얻을 수 없다.

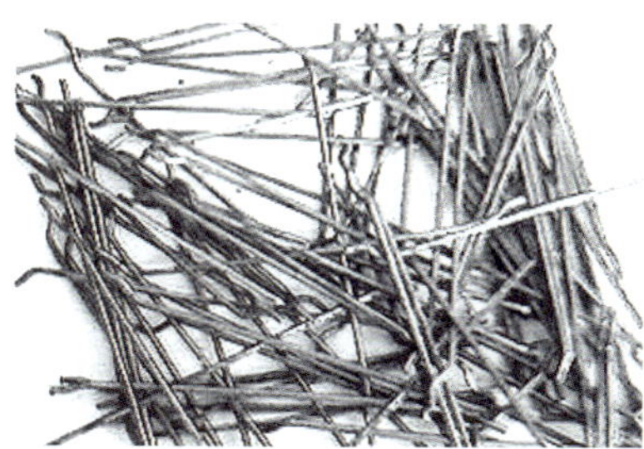

그림. Steel fiber의 형상

경화한 강섬유 보강 콘크리트는 강섬유의 길이와 혼입율이 크면 성능이 우수하므로 길이 20~30mm, 지름 0.5mm의 강섬유를 용적으로 0.5~2.0%의 비율로 혼입한다. 골재와 강섬유를 잘 섞은 후에 시멘트와 물을 가하여 비비는 방법이 있으나 일반적으로 강섬유를 마지막에 혼입한다.

② Steel fiber의 장점

㉮ 인장강도, 휨 강도, 전단강도, 부착강도가 크다.
㉯ 압축, 휨, 인장, 전단강도에서 변형 성능이 크다.
㉰ 인성이 우수하고 내충격성이 크다.
㉱ 피로강도와 내마모성이 크다.
㉲ 균열 저항성이 크다.
㉳ AE콘크리트에서 동결융해 저항성이 향상된다.

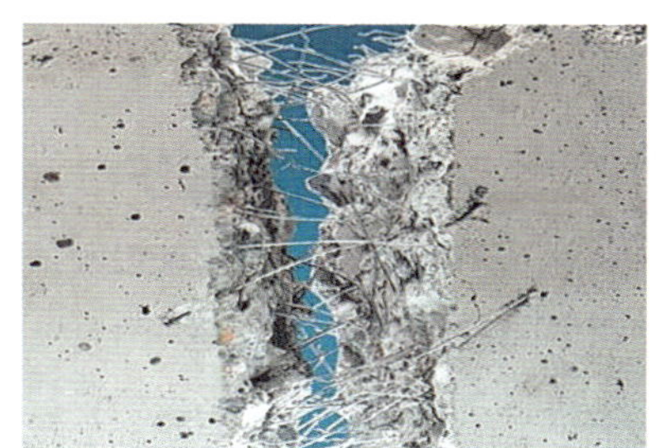

그림. 강섬유 보강 콘크리트

③ 배합

㉮ 섬유보강 콘크리트의 배합은 소요의 품질을 만족하는 범위 내에서 단위수량은 가능한 한 적도록 정한다.
㉯ 섬유의 형상, 치수, 혼입률은 섬유보강 콘크리트의 소요 압축강도, 휨강도와 인성을 고려하여 정한다.
㉰ 배합의 표시에 섬유의 형상, 치수, 섬유 혼입률을 명시한다.

④ 비비기

㉮ 섬유보강 콘크리트는 소요의 품질이 얻어지도록 충분히 비벼야 한다.

㉯ 믹서는 강제식 믹서를 사용한다.

㉰ 섬유를 믹서에 투입할 때에 섬유를 콘크리트 속에 균일하게 분산시켜야 한다.

㉱ 비비기 시간은 시험에 의하여 정한다.

5) 유리섬유 보강 콘크리트(Glass Fiber Reinforced Concrete, GFRC)

① 특성

GFRC는 내알칼리 유리섬유로 시멘트 모르타르 또는 시멘트 페이스트를 보강한 콘크리트이다. 보통 포틀랜드시멘트, 조강 포틀랜드시멘트, 백시멘트 등을 이용하고 모르타르는 2mm 이하의 모래를 시멘트 : 모래가 1 : 1~2 : 1의 비율로 사용한다. 길이 10~40mm의 내알칼리 유리섬유를 사용하며 혼입율은 약 5%이다.

그림. Glass Fiber

② 장점

㉮ 불연성

㉯ 다양한 형상을 조성

㉰ 경량성

㉱ 내부식성

콘크리트의 물-결합재비가 적고 내알칼리 유리섬유의 혼입율이 클수록 성능이 우수하다. 콘크리트의 이음과 벌집(honeycomb)이 발생한 결함을 보수하고 콘크리트 표면을 보호하여 중성화진행을 느리게 할 수 있다. 피복두께가 얇아지고 다양한 형상을 구성할 수 있으며 공기가 단축된다.

(12) 폴리머 콘크리트(Polymer Concrete, PC)

시멘트를 결합재로 사용하지 않고 열경화성 또는 열가소성 수지와 같은 액상수지를 사용하여 골재를 결합시킨 것을 폴리머콘크리트라고 한다.

1) 사용 재료

① 결합재

폴리머콘크리트의 결합재로 사용되는 불포화 폴리에스테르 수지, 에폭시 수지 등의 액상수지에 개시제와 촉진제 등을 배합하여 사용한다.

② 충전재

충전재는 결합재의 중량과 강도, 내구성 등의 개선을 위하여 사용하는 불활성물질이며 입경이 1~30μm의 중질 탄산칼슘, 실리카 미분말, 플라이애쉬를 사용한다.

폴리머콘크리트에 사용하는 충전재의 요구조건은 다음과 같다.

㉮ 함수율을 0.5% 이하로 건조시켜서 사용할 것

㉯ 폴리머 결합재의 경화반응에 영향을 미치는 불순물이 포함되지 않을 것

㉰ 폴리머 결합재를 흡수하는 양이 적을 것

㉱ 폴리머 결합재에 대한 증량과 보강효과를 가질 것

③ 골재

폴리머콘크리트의 골재는 보통 시멘트콘크리트에 사용하는 강자갈, 쇄석, 강모래, 규사 등의 굵은골재와 잔골재를 건조시켜서 사용하고 필요에 따라서 인공경량골재를 사용할 수 있다.

높은 강도를 얻기 위해서 사용하는 골재의 요구 조건은 다음과 같다.

㉮ 함수율을 0.5% 이하로 하여 사용할 것

㉯ 폴리머 결합재의 경화반응에 영향을 미치는 불순물을 포함하지 않을 것

㉰ 폴리머 결합재의 첨가량을 감소시키기 위하여 골재는 실적률이 큰(공극률이 작은) 입형과 입도분포를 가질 것

㉱ 골재 자체의 강도가 높을 것

㉲ 폴리머 결합재의 흡수량이 적을 것

④ 기타 재료

폴리머 결합재의 수지 자체는 경화반응이 일어나지 않으므로 배합 시에 촉매제와 경화촉진제 등을 사용하여 폴리머콘크리트의 가사시간과 경화시간을 조절한다. 착색하는 경우는 내후성이 우수하고 폴리머 결합재의 경화에 유해한 영향을 미치지 않는 안료를 사용한다. 폴리머콘크리트의 강도와 내구성의 증진을 위하여 사용하는 보강재는 다음과 같다.

㉮ 혼화형 섬유(강섬유, 유리섬유, 폴리아미드, 탄소섬유 등)

㉯ PC 강봉

㉰ 철근(이형철근과 원형철근)

㉱ FRP(유리섬유 강화 플라스틱) 로드(rod)

2) 폴리머 콘크리트의 특성

① 경화 전 성질

㉮ 워커빌리티

폴리머콘크리트의 워커빌리티는 결합재의 주성분인 액상 폴리머의 점도와 결합재의 양에 따른 영향을 받는다. 불포화 폴리에스테르 수지와 같은 열경화성 수지를 결합재로 사용하면 점도가 높아

서 시멘트콘크리트보다 워커빌리티가 현저하게 저하한다.

㉯ 가사시간과 경화시간

폴리머콘크리트의 성질이 시멘트콘크리트와 크게 다른 점은 가사시간과 경화시간이다. 폴리머콘크리트는 액상 폴리머에 가해지는 경화제, 경화촉진제의 종류와 첨가량에 따라서 가사시간과 경화시간을 광범위하게 조절할 수 있다.

시멘트콘크리트에 비하여 속경성이므로 타설 후 1~3시간 이내에 탈형이 가능하고 공장제품의 제조에서 거푸집의 사용횟수가 증가하며 현장타설시에는 빠른 시공이 가능하여 한랭지와 동절기공사에 유리하다.

㉰ 경화 수축

시멘트콘크리트는 경화시에 건조에 의해 수축하지만 폴리머콘크리트는 경화반응에 의한 수축이 발생하고 경화수축이 문제가 되는 경우는 결합재에 수축저감제를 혼입하여 사용한다.

폴리에스터 수지를 사용한 폴리머콘크리트는 재령 24시간에서 경화수축이 거의 종료되고 경화수축은 3,000~6,000$\times 10^{-6}$로 매우 큰 편이다.

② 경화 후 성질

㉮ 강도

폴리머콘크리트가 고강도이므로 부재 단면이 축소되어 경량화가 가능하다. 폴리머 결합재는 골재와 부착성이 우수하고 강도가 높으므로 폴리머콘크리트의 강도는 골재의 강도에 의존한다.

폴리머콘크리트는 내열성이 약한 폴리머 결합재로 이루어져서 강도의 온도 의존성이 높고 50℃ 이상에서는 온도 영향이 현저하게 증가한다.

㉯ 탄성계수와 크리프

폴리머콘크리트의 탄성계수는 시멘트 콘크리트보다 작고, 온도 의존성이 매우 높다.

㉰ 방수성과 내동결융해성

폴리머콘크리트는 완전한 수밀성과 기밀성의 구조를 가지므로 흡수와 투수에 대한 저항성과 수증기, 공기 등의 기체 투과에 대한 저항성과 내동결융해성도 우수하다.

㉱ 내약품성

폴리머콘크리트는 시멘트콘크리트에 비하여 우수한 내약품성을 갖는다.

㉲ 기타 성질

일반적으로 폴리머콘크리트는 내마모성, 내충격성, 전기 절연성이 우수하지만 가연성의 폴리머 결합재를 함유하여 난연성과 내화성이 취약하므로 폴리머 결합재의 양을 최소화하고 난연제 등의 사용이 필요하다.

8 콘크리트의 균열과 보수

콘크리트 구조물에 균열이 발생하면 구조적 결함, 내구성 저하, 외관 손상, 철근 부식, 방수성능의 저하 등으로 치명적인 손실을 초래할 수 있기 때문에 콘크리트의 재료 선정, 배합설계, 시공과 구조물 평가에 주의해야 한다. 콘크리트의 균열은 설계하중, 외적환경의 원인, 재료 특성, 배합조건, 시공적인 요인에 의하여 발생하며 구조적 균열(structural crack)과 비구조적 균열(nonstructural crack)로 분류한다.

구조적 균열은 구조물과 구조부재가 사용하중에 대해 구조적으로 지지하지 못할 때에 발생하는 균열이며 설계 오류, 설계하중을 초과한 외부하중의 작용, 시공 불량, 물리적인 손상, 폭발, 충격, 철근 부식으로 인한 성능 저하에 의하여 발생한다.

(1) 균열 발생의 메카니즘

콘크리트 구조물에 작용하중이 증가하면 모르타르와 골재의 부착계면에 미세균열이 발생하여 서서히 진전되고 하중의 작용 전에도 건조수축에 의한 체적변화로 인하여 모르타르와 골재사이의 부착균열이 발생할 수 있다. 콘크리트는 복합재료로 구성된 비선형성질로 인하여 부착균열이 발생하고 특히 시멘트-페이스트가 콘크리트의 균열과 응력-변형곡선을 결정하는 주요 요인이다.

균열 발생의 메카니즘은 구조물에 작용하는 주응력이 콘크리트의 인장강도를 초과하는 순간에 균열이 발생하며 균열은 콘크리트 부재의 인장변형도에 의하여 발생한다. 따라서 인장응력이 콘크리트의 인장강도를 초과하지 않도록 재료의 선정, 배합설계, 현장 시공과 품질관리를 하는 것이 중요하다.

(2) 균열 발생의 원인과 대책

콘크리트에 균열이 발생하면 정확한 원인의 규명과 재발방지를 위한 대책이 필요하고 이러한 문제를 해결하기 위해서는 콘크리트 재료에 대한 충분한 이해가 필요하다.

콘크리트의 재료적 특성을 이해하기 위해서는 시멘트의 종류와 사용량, 배합조건에 대한 최적성, 한중과 서중의 환경조건에 대한 시공 측면의 접근이 필요하다.

그림. 콘크리트에 발생한 균열

콘크리트의 균열은 재료와 배합설계의 원인, 콘크리트의 타설, 다짐, 양생이 불량하여 발생하는 경우가 많기 때문에 면밀한 시공계획, 충분한 다짐, 철저한 양생계획을 수립하여 균열을 방지해야 한다.

(3) 굳은 콘크리트의 균열

1) 건조 수축균열(Drying shrinkage crack)

① 발생 원인

콘크리트에서 수화반응에 필요한 수량은 시멘트량의 40% 이하이지만 일반적으로 콘크리트의 물-결합재비가 45~60% 정도이므로 워커빌리티에 기여한 잉여수가 건조하면서 콘크리트가 수축한다. 시멘트에 물을 첨가하면 수화반응에 의하여 겔상태(calcium silicate gel)의 비표면적이 매우 큰 콜로이드의 미세입자인 수산화칼슘의 결정질이 생성된다.

경화된 시멘트-페이스트의 내부 공극에 물이 존재하고 수축은 이러한 겔에 함유된 수분이 손실되면서 발생한다. 콘크리트가 건조한 상태로 노출되면 먼저 시멘트-페이스트의 공극수가 증발하고 다음으로 겔 결정구조 사이의 수분이 감소하며 특히 겔에 포함된 수분이 손실되면 수축량이 매우 증가한다.

콘크리트의 건조수축에 의한 체적변화는 콘크리트가 다른 구조체에 의한 구속으로 인장응력이 발생하여 균열을 일으킨다. 건조 수축균열은 두꺼운 부재와 얇은 부재의 건조속도 차이로 발생하는 인장력과 구조물의 수축으로 발생하는 인장력에 의하여 발생하고 골재 종류, 상대습도, 부재의 크기와 형상, 혼화제와 시멘트 종류의 영향을 받으므로 재료의 선정과 배합에 유의해야 한다.

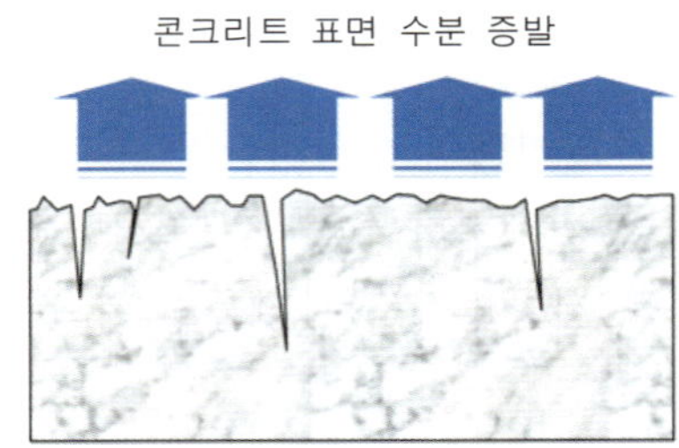

그림. 건조 수축균열의 발생과 사례

② 대책

콘크리트의 건조수축에 대한 대책은 적합한 재료의 선정과 배합설계, 보강근의 배근, 시공이음의 설치, 건조수축을 보상할 수 있는 재료를 사용한다.

㉮ 시멘트

시멘트는 일반적으로 C_3A, SO_3의 비가 낮을수록, Na_2O 또는 K_2O 함유량이 낮을수록, C_4AF의 함유량이 높을수록 건조수축량이 적어진다. 또한 시멘트의 분말도가 높을수록 콘크리트의 건조 수축량이 증가한다.

㉯ 골재와 배합수량

골재의 크기와 강도가 크고 흡수율이 낮을수록 건조수축의 억제에 효과적이다. 배합설계에서 시공성, 강도, 내구성을 해치지 않는 범위에서 건조수축에 영향을 미치는 배합수량과 시멘트-페이스트량을 줄이는 것이 중요하다. 동일한 슬럼프에서는 콘크리트 온도가 높을수록 배합수량이 증대하므로 콘크리트의 온도를 낮추는 방안이 필요하다.

㉰ 시공 대책

철근 배근으로 균열량을 줄이고 큰 균열보다 미세한 균열을 골고루 분포시켜서 구조물의 안전성과 사용성을 확보할 수 있다. 단면이 얇은 부재의 건조수축은 철근 배근의 효과가 크므로 바닥, 슬래브, 벽체는 최소 철근량과 배근간격을 준수해야 한다. 또한 구조물이 길거나 방향이 변하는 경우는 이음을 설치하여 균열을 방지하고 슬래브, 벽체와 같이 비교적 면이 넓은 콘크리트는 균열이 발생하기 전에 적절한 이음을 설치한다.

2) 알칼리-골재반응에 의한 균열

① 발생 원인

알칼리-골재반응은 콘크리트의 수산화알칼리를 주성분으로 하는 세공용액(Na^+, K^+, OH^-)과 반응성 골재(SiO_2)가 수분과 공존하는 환경조건에서 장기적으로 서서히 새로운 물질을 생성하는 반응이며 반응생성물은 수분을 흡수, 팽창하여 콘크리트에 균열을 발생시키고 심한 경우는 콘크리트를 붕괴시키기도 한다.

그림. 알카리-골재반응에 의한 균열

알칼리-골재반응은 알칼리-실리카반응(ASR), 알칼리-탄산염반응, 알칼리-실리케이트 반응이 있으며 일반적으로 알칼리-실리카 반응의 피해가 대부분이다.

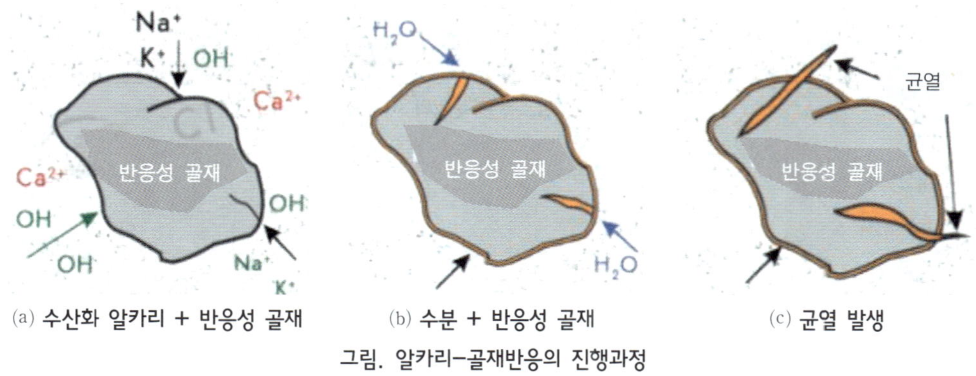

(a) 수산화 알카리 + 반응성 골재　(b) 수분 + 반응성 골재　(c) 균열 발생

그림. 알카리-골재반응의 진행과정

알칼리-골재반응은 반응성골재의 존재, 세공 중에 충분한 수산화알칼리의 존재, 다습하거나 습윤상태의 조건을 모두 만족해야 발생한다. 반응성골재는 화산유리, 변형 석영 등이 있고 알칼리 공급원은 시멘트에 함유된 Na_2O, K_2O 성분, 바닷모래에 부착된 염분($NaCl$), 콘크리트가 경화한 후에 외부에서 침투하는 염분과 혼화제 성분 등이 있다.

② 대책

㉮ 반응성 골재의 사용을 금지

㉯ 시멘트의 알칼리량 저감 : Na_2O 당량 ≤ 0.6% 또는 저알칼리형 시멘트 사용

㉰ 콘크리트 $1m^3$ 당 총 알칼리량 저감 : $0.3kg/m^3$ 이하

㉱ 고로슬래그 미분말, 플라이애쉬, 실리카 퓸을 사용하여 $Ca(OH)_2$의 소비에 따른 OH^-농도를 감소시키거나 알칼리이온(Na^+, K^+)의 감소와 조직을 치밀하게 하여 이온, 수분의 이동이 감소

㉲ 방수성 마감 : 해수, 바닷바람, 수분 침투를 방지

3) 동결 융해에 의한 균열

① 발생 원인

콘크리트는 다공질이므로 습기, 수분을 흡수하며 결빙점 이하의 온도에서는 흡수한 수분이 동결하면서 수분의 동결 팽창(9%)에 따른 정수압으로 콘크리트에 미세한 균열이 발생한다.

동결의 진행은 먼저 표면의 공극수가 동결되면 체적이 약 9.1% 증대하기 때문에 팽창력이 발생하여 동결부의 주위에 응력상태를 형성하는 작용이 내부로 진전되면서 철근 부식과 중성화 촉진과 같은 복합적으로 내구성이 저하하는 요인이 된다.

그림. 동결 융해의 피해 사례

② 동결 융해의 영향인자

㉮ 물-결합재비

시멘트 페이스트는 Gel 미세공극, 모세관 공극, 공기포로 구성되고 모세관 공극은 500Å으로 물-결합재비가 클수록 증대하며 동결 융해에 악영향을 미친다.

㉯ 공기량

공기포는 모세공극의 물이 동결될 때에 발생 압력을 완화하는 역할을 하므로 기포간격이 적을수록 압력을 완화하는 효과가 증대하고 기포간극계수가 200μ 이하에서 저항성이 증가한다.

㉰ 잔골재율(S/a)

블리딩에 의하여 굵은골재 입자의 하부에 형성되는 수막이 동결 융해에 나쁜 영향을 주므로 잔골재율이 클수록 동결 융해의 저항성이 증가한다.

③ 동해의 형태

㉮ Spalling

콘크리트 표면에서 시멘트풀 내부의 공극수가 동결할 때에 간극수압이 상승하여 조직을 파괴하면 표면이 조그만 덩어리나 입자가 되어 조직이 붕괴하거나 탈락하는 현상

㉯ Pop out

㉠ 골재의 흡수율이 크면 콘크리트 표층부의 함수율이 높은 골재가 동결하여 팽창하는 팽창압에 의해서 골재 주위의 바깥 부분 모르타르가 탈락되어 표면이 파지는 현상

㉡ Pop out은 골재의 품질이 나쁜 경우에 발생

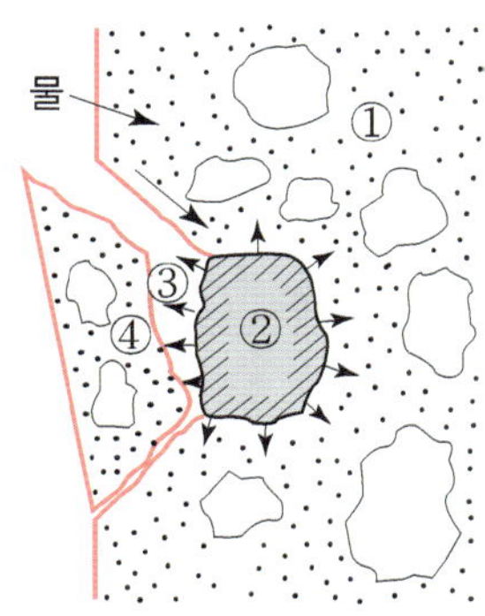

[손상과정]

① 콘크리트가 수분을 흡수

② 흡수율이 큰 골재가 수분을 흡수하여 포수상태

③ 수분의 동결시에 체적 팽창에 의한 압력이 발생

④ 표면부가 탈락하여 분화구 형태의 손상

그림. 콘크리트의 Pop out 현상

㉰ Scaling

콘크리트 표면부의 모르타르가 동결 융해작용으로 벗겨져서 표면이 거칠어지는 현상

㉱ Cracking

동해에 의해 표면에 map cracking이 발생하거나 부재의 장변방향 중심선에 평행하게 균열이 발생하는 현상

④ 동결 융해에 의한 균열은 종방향과 국부적인 콘크리트 파손으로 나타나고 방지대책은 다음과 같다.

㉮ AE제, AE감수제 사용 : 적정한 공기량(3~6%)을 확보하여 응력의 흡수 능력이 증대

㉯ 물-결합재비 저감 : 콘크리트를 밀실한 조직으로 구성

㉰ 단위수량 저감 : 동결이 가능한 수분함량을 최소화

㉱ 균일한 시공과 양생 철저

㉲ 구조적인 대책 수립 : 균열 발생을 억제하기 위하여 표면수의 신속한 배수와 철근의 피복두께 확보, 철저한 양생과 다짐

㉳ Polymer 등으로 표면 덧씌움

4) 염해에 의한 균열

① 발생 원인

염해는 콘크리트 내에 염화물과 염분의 침해로 콘크리트의 침식과 철근이 부식하여 손상을 일으키는 현상이다. 철근 콘크리트는 철근을 보호하는 콘크리트의 강알칼리(pH 12.5~13) 성분이 중성화되면서 화학작용을 일으킨다.

외부의 산성물질이 철근과 반응하면 체적 팽창(약 2.6배)으로 발생한 균열을 통해서 수분과 탄산가스(CO_2)가 침투하여 부식이 가속화된다. 또한 수분을 포함한 콘크리트는 전도체에 가까우므로 누전 등으로 전류가 흐르면 전기적 화학작용으로 부식이 발생한다.

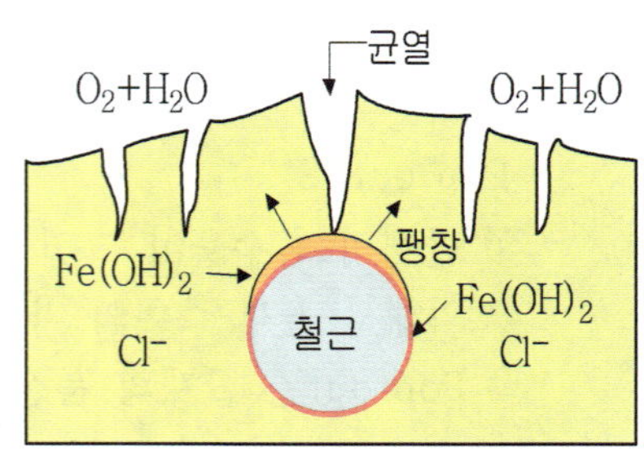

그림. 콘크리트의 염해현상

② 대책

철근 부식에 의한 균열은 철근방향과 평행하게 일어나고 모서리에서 콘크리트가 파손되는 형태를 나타내고 있다.

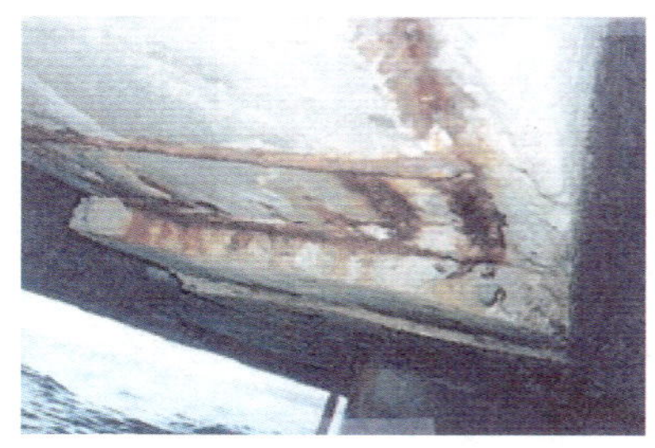

그림. 철근 부식에 의한 균열의 발생

㉮ 염분의 제거

바닷모래를 사용하는 경우에 염화물함량은 0.04% 이하, 콘크리트 내의 Cl^- 이온은 0.3kg/m³ 이하, 배합수의 염소이온을 150ppm 이하로 관리한다.

㉯ 철근의 표면처리 : 부식에 강한 금속 또는 합성수지의 도포(아연도금)

㉰ 콘크리트의 밀실화

㉠ 국부전지의 음극반응[$\frac{1}{2}O_2 + H_2O \rightarrow 2(OH)^-$]을 억제

㉡ 물-결합재비의 감소

㉢ AE제, AE감수제, 고성능 AE감수제의 사용

㉱ 철근의 피복두께 증대 : 외부로부터 산소, 물, 탄산가스의 유입을 차단하여 중성화 영향을 감소

㉲ 방청제 사용 : 금속의 부식속도를 저감

㉳ 콘크리트 표면처리 : 산소, 탄산가스, 수분, 염분 등의 표면 침입을 방지

5) 중성화에 의한 철근과 콘크리트의 부식

① 발생 원인

콘크리트에서 시멘트(CaO)와 물(H_2O)이 혼합하여 이루어지는 수화반응으로 생성된 철근콘크리트의 수산화칼슘은 pH가 12~13의 강알칼리성이고, 공기 중에 존재하는 산성의 이산화탄소(CO_2)와 접촉하여 pH7에 가까운 탄산칼슘($CaCO_3$)과 물(H_2O)로 변화하는 콘크리트의 중성화(노후화)현상이 발생한다. 즉 철근 콘크리트 구조물은 빗물이 철근에 유입하여 부식되고, 콘크리트가 탄산가스(CO_2)에 노출되면 부식이 촉진된다.

$CO_2 + H_2O = H_2CO_3$

$H_2CO_3 + Ca(OH)_2 = CaCO_3 + 2H_2O$

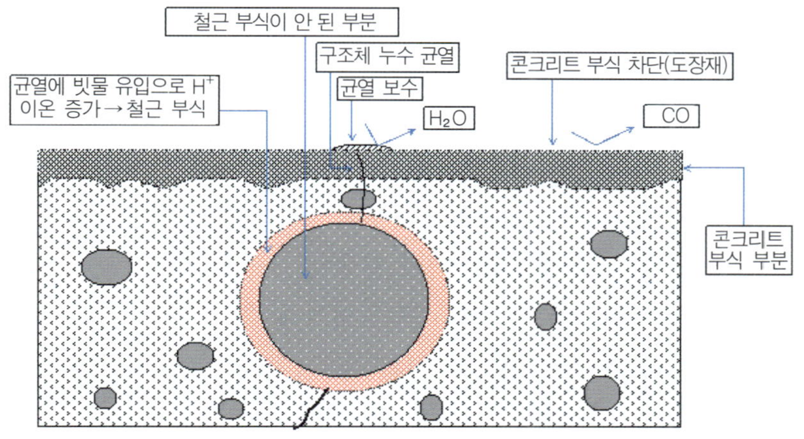

그림. 철근과 콘크리트의 부식상태

② 대책

㉮ 비중이 큰 골재를 사용

㉯ 물-결합재비와 공기량을 낮게 하여 공극을 감소

㉰ 충분한 다짐으로 밀도를 증가, 초기양생으로 조기강도를 확보

㉱ 콘크리트 피복두께의 증가

㉲ 표면 마감처리(CO_2의 침입을 막아서 중성화를 지연)

그림. 중성화에 의한 철근 콘크리트 부식

(4) 시공 불량과 설계 오류에 의한 균열

1) 시공 불량에 의한 균열

콘크리트를 타설할 때에 발생하는 불량 요인은 운반 도중에 콘크리트의 슬럼프 저하가 발생하면 현장에서 물을 타거나 레미콘의 청소와 콘크리트 펌프의 압송성 등의 이유로 물을 타는 경우가 있다. 이러한 가수로 인하여 강도 저하, 재료분리, 건조수축 등이 우려되므로 엄격한 품질관리가 필요하다. 또

한 서중 콘크리트의 경우에 신속한 양생을 하지 않거나 한중 콘크리트에서 불충분한 보온양생으로 인하여 균열이 발생하는 경우가 있다.

콘크리트를 타설하고 응결이 시작된 후에 거푸집의 변형이 발생하여 구조체에 균열이 발생하는 경우도 있고 응결이 진행되는 과정에서 진동과 충격을 가하여 균열로 진전되는 경우도 많다. 이 외에도 불충분한 다짐, 동바리 설치의 불량, 응력이 집중되는 곳에 이음부를 설치하는 등의 원인으로 균열이 발생한다.

① 장시간의 혼합, 운반 : 전면에 거미줄 모양 또는 짧고 불규칙한 균열이 발생
② 타설시의 수량 증가 : 콘크리트 침하, 블리딩, 건조수축에 기인한 균열의 발생
③ 철근 피복두께의 감소 : 배근, 배관의 표면을 따라서 균열이 발생
④ 급격한 타설 : 콘크리트의 침하, 블리딩, 거푸집의 처짐에 기인한 균열의 발생
⑤ 불균일한 타설, 다짐 : 각종 균열 발생
⑥ 거푸집의 처짐 : 거푸집이 움직인 방향에 평행하게 부분적으로 균열이 발생
⑦ 연속 타설면의 처리 불량 : 연속 타설부위와 콜드 조인트 부분 등에 균열이 발생
⑧ 경화 전의 진동, 충격 : 외력이 작용할 때와 같음
⑨ 초기양생의 불량(급격한 건조) : 타설 직후에 표면에 짧고 불규칙적인 균열이 발생
⑩ 초기양생의 불량(초기 동결) : 표면에 실균열이 발생
⑪ 지보공의 침하 : 바닥, 기둥의 상부와 중앙부의 아래에 균열이 발생

(a) 줄눈 불량 (b) 콘크리트 표면의 오염 (c) Cold joint

(d) 재료 분리 (e) 모서리 탈락 (f) 피복두께의 부족

그림. 콘크리트 표면의 결함 형상

2) 설계 오류에 의한 균열

콘크리트를 타설할 부재의 특성과 전체 구조체의 구조거동을 충분히 이해하지 못하여 응력이 집중되거나 구조체의 일체성이 결여되어 균열이 발생하는 경우가 있고 기초의 부등침하, 단면철근의 부족, 과하중 등에 의해서 구조체에 균열이 발생하는 경우가 많다. 이러한 균열은 장기간에 걸쳐서 발생하는 경우가 많으므로 지반조건과 구조 설계조건에 대한 면밀한 검토가 필요하다.

3) 사용하중에 의한 균열

① 발생 원인

콘크리트를 타설할 때에 부재가 받는 하중이 설계하중보다 큰 경우에 발생하는 균열은 콘크리트의 타설 초기에 유발하중으로 인하여 부재에 균열이 발생하거나 프리캐스트 부재의 운반과 설치과정에서 부주의로 인하여 영구적인 균열로 남는 경우도 있다. 증기양생으로 제작하는 콘크리트에서 발생하는 열충격에 의한 균열, 두꺼운 프리캐스트 부재의 급격한 냉각에 의한 표면 균열, 한중 콘크리트 공사에서 과다한 난방기구 사용에 의한 열응력 균열 등이 시공에 따른 균열이다.

② 대책

현장에서 콘크리트를 타설하고 양생하는 과정에 유발하중이 가해지지 않도록 시공계획과 공사관리에서 철저한 보양과 규정을 준수해야 한다. 특히 프리캐스트 부재를 공장에서 운반하여 현장에 적치, 양중, 설치하는 과정에서 면밀한 시공계획을 수립하여 설치한다.

(5) 균열 폭의 허용기준과 보수

1) 균열 폭의 허용기준

콘크리트 구조물에 균열이 발생한 경우는 구조적인 안전성을 고려하여 균열이 허용기준을 만족하는지를 먼저 검토하고 보수, 보강을 실시하며 허용균열 폭에 대한 규정(콘크리트 표준시방서)은 다음과 같다.

강재 종류	강재의 부식에 대한 환경조건			
	건조한 환경	일반 환경	부식성 환경	극심한 부식성 환경
철근	0.006C	0.005C	0.004C	0.0035C

여기서, C : 철근의 피복두께(mm)

2) 균열의 보수방법

균열의 보수는 방수성과 내구성을 회복하기 위한 목적 외에도 구조물의 안전성, 미관성을 고려하여 실시한다. 보수의 범위와 규모는 보수 목적을 만족하는 범위 내에서 경제성을 고려하여 결정하고 구조적인 결함이 있으면 보강과 함께 보수를 실시한다. 콘크리트 구조물의 단면이 손실된 경우, 성능이 저하된 경우, 철근이 부식된 경우는 손실 부위를 제거하고 단면을 복구하는 공법을 적용한다.

표. 균열 정도에 따른 보수공법의 종류

균열 폭	보수공법	
0.4mm 미만	누수가 없고, 미세균열이 콘크리트 표면에 산재한 경우	표면처리방법
	누수가 있는 곳	습식 주입공법
0.4mm 이상	구조 보수 균열	건식 주입공법

① 표면처리공법

미세한 균열(0.2mm)위에 막을 형성하여 방수성과 내구성을 가지도록 균열부분만을 피복하는 방법과 전체면을 피복하는 방법이 있다. 피복공법은 균열 내부의 처리가 용이하지 않고 균열이 확산되는 경우는 균열의 진전을 추적하기 어렵다.

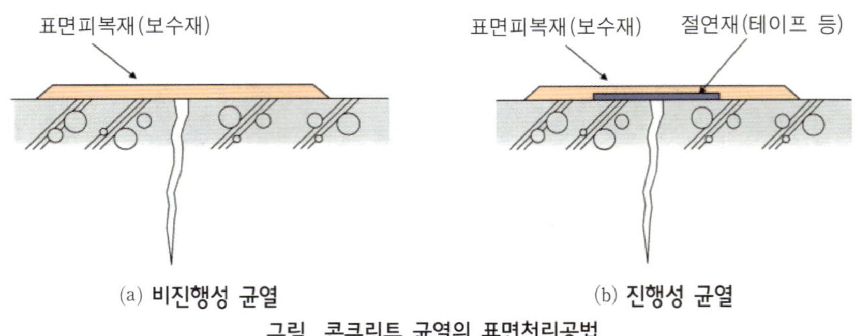

(a) 비진행성 균열 (b) 진행성 균열

그림. 콘크리트 균열의 표면처리공법

② 주입공법

균열에 수지계, 시멘트계 재료를 저압, 저속으로 주입하여 방수성과 내구성을 향상시키는 주입공법은 주입량의 확인이 용이하고 균열 내부에 주입이 가능하다.

0.3mm 이상의 큰 폭의 균열은 균열을 따라서 콘크리트를 잘라내고 보수재를 충전하는 방법을 사용한다. 철근이 부식하지 않은 경우는 균열을 따라서 약 10mm 폭으로 콘크리트를 U형 또는 V형으로 절단하고 실링재, 가소성 에폭시수지, 폴리머시멘트 모르타르 등으로 충전하여 보수한다.

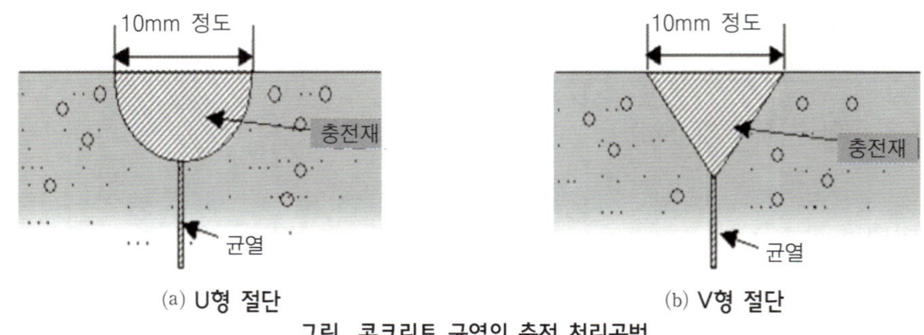

(a) U형 절단 (b) V형 절단

그림. 콘크리트 균열의 충전 처리공법

제8장
교 량 공

교량공 8

1 개 설

그림. 창덕궁 금천교

교량의 역할은 교량이 받쳐주는 통로와 시설의 기능을 안전하게 유지하도록 충분한 강도와 내구성을 가져야 하고, 공공성이 있으므로 사용재료와 구조형식 등을 검토하여 안전성, 사용성, 경제성이 확보되어야 하며 주변 환경에 어울리도록 아름다워야 한다.

교량의 기원은 오랜 옛날에 바위나 큰 나무 등을 이용하여 폭이 좁은 하천과 계곡을 통행하였고 인류 문명의 발전과 함께 도구를 이용하면서 석재와 목재를 가공하여 도로와 함께 교량을 설치하면서 발전하기 시작하였다.

현재에 남아 있는 고대의 교량 중에서 유명한 것은 로마시대에 만들어진 석조 아치교가 있으며 중세기에 이르러서 규모가 크고 발전된 많은 석조 아치교가 만들어졌다.

그림. Rialto교(Venice, Italy)

19세기에 들어서면서 강재와 콘크리트의 보급으로 목재 교량이 강박스거더교로 변하고, 강재와 콘크리트를 사용하는 현대의 교량으로 발전되었다. 등나무 덩굴에서 출발한 현수교는 장력에 강한 철재를 사용하면서 장대경간에 가장 유리한 형식의 교량으로 활용되고 있다.

그림. 인천대교

최근에는 거더교, 아치교, 현수교의 기본적인 형식 외에도 이들을 조합한 복합형식이 널리 활용되고 있으며 재료의 특성, 역학적 특성, 가설의 난이도 등을 고려한 새로운 형식의 복합구조가 계속적으로 발전될 것으로 여겨진다.

교량공학의 진보는 단지 장대교량의 실현뿐만 아니라 다양하고 우아한 경관을 가진 교량을 제공하고 있다.

2 교량의 구성

교량은 일반적으로 상부구조와 하부구조로 구성되고 하부구조는 상부구조의 하중을 지지하면서 지반에 전달하는 역할을 한다. 그러나 모든 교량이 상부구조와 하부구조로 명확히 구분되는 것은 아니고 라멘교와 같이 상부와 하부구조가 일체로 되어 있는 경우도 있다.

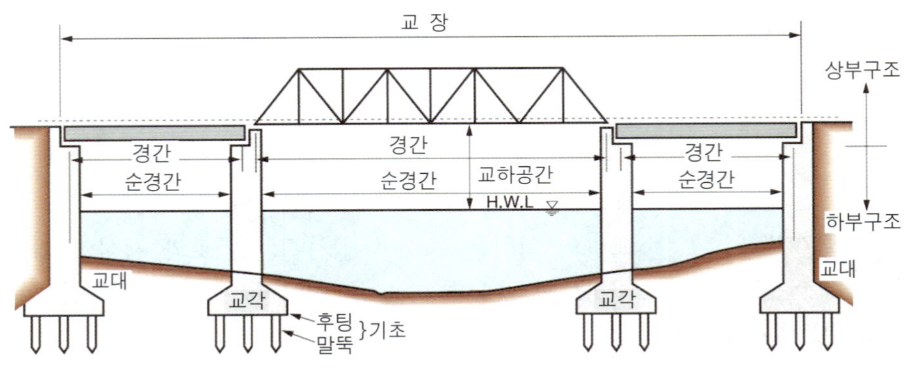

그림. 교량의 구조

교량의 주요치수를 표시하는 용어는 교장, 경간, 순경간, 교하공간 등이 있다. 교장은 교량의 양단에 있는 교대의 흉벽 전면사이의 거리이고, 경간은 받침부 중심간의 거리, 순경간은 교대와 교각의 전면 사이의 수평거리이며, 교하공간은 교량 상부구조의 하부에 확보될 수 있는 공간의 높이를 의미한다.

(1) 상부구조

상부구조는 교대와 교각 위에 위치하며 일반적으로 거더(girder), 슬래브 등으로 구성되어 있다. 교량의 형식은 교량에서 가장 하중을 많이 받는 주부재의 형태에 따라서 결정되며 주부재가 거더(girder)이면 거더교, 아치인 경우는 아치교, 트러스인 경우는 트러스교, 케이블로 지지되는 경우는 케이블교(사장교, 현수교)라고 한다. 슬래브는 상부에 차량 등이 통과하도록 설치한 바닥판이며 슬래브의 상부에 차량이 다니도록 포장을 하고 난간과 중앙분리대 등을 설치한다. 상부구조는 주거더와 바닥판, 바닥틀(세로보와 가로보, 수평과 수직 브레이싱) 등으로 구성되고 교량받침, 신축이음장치, 난간, 방호울타리, 배수장치, 조명설비, 점검설비 등의 부속설비도 포함된다.

(2) 하부구조

교량의 하부구조는 상부구조로부터 전달되는 하중을 지반에 전달시키는 구조물이며 교대와 교각으로 구분한다. 교대는 교량의 시·종점부의 받침이고, 교각은 시·종점부 이외의 중간 받침으로 철근 콘크리트 구조가 주로 사용되며 경우에 따라서 콘크리트와 철골 등의 합성구조를 사용한다.
교대와 교각은 구체, 기초, 교량받침으로 구분하며 교대는 교량 양단 배후의 토공부와 접속하는 역할과 상부구조에서 전달되는 하중과 교대 본체의 하중, 토공부의 토압과 지표의 재하하중 등을 기초에 전달하는 역할을 한다.

1) 교대

교대는 상부구조를 지지하고 교량과 토공부를 연결하는 구조물이다. 교대에서 날개벽은 교대의 뒷채움흙이 흘러내리는 것을 방지하고 접속 슬래브는 뒷채움부의 침하로 발생하는 토공부와 교량부의 단차를 방지하기 위하여 설치한다.
교대에서 교량받침부는 상부구조의 하중을 지지하는 교량받침장치를 지지하는 응력 집중부이다. 흉벽은 상부에서 작용하는 토압과 상재하중을 지지하고, 구체는 상부구조의 하중을 지지하고 배면토압에 저항하며 구조적으로 옹벽의 역할을 한다.
기초(footing)부에서 교대에 작용하는 모든 하중을 기초구조와 기초 지반에 전달한다.
교대의 형식은 역T형, 중력식, 부벽식 등이 있다. 성토부에 설치되는 중력식 교대는 성토부의 침하와 활동에 저항하도록 앞굽을 설치하며 교량과 성토부의 접속부 침하에 대비하여 접속 슬래브(approach slab)를 설치한다. 또한 교대의 흉벽부에 신축이음장치를 설치하여 온도차에 의한 교량의 신축거동을 흡수하게 한다.

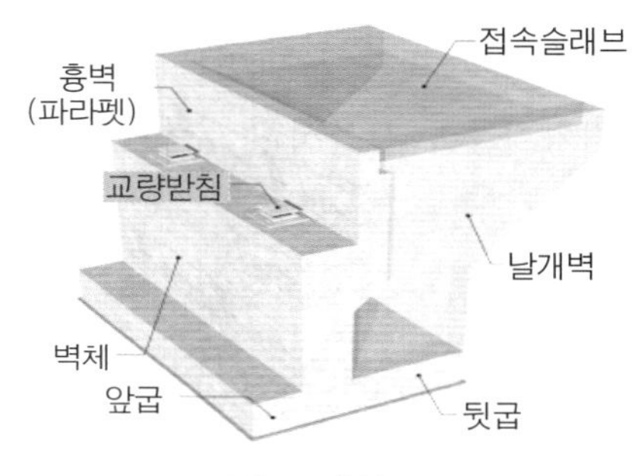

그림. 교대의 구조

제8장

그림. 교대의 종류

2) 교각

교각은 상부구조가 2경간 이상인 경우에 설치하고 상부구조의 하중과 교각의 자중을 안전하게 기초지반에 전달하는 구조물이며 형식은 미관을 고려하고 입지조건, 도로, 하천 등의 부대조건을 고려하여 선정한다.

(a) T형 교각 (b) 문형 교각 (c) 횃불형 교각 (d) 벽식교각 (e) V형 교각

그림. 교각의 종류

교각은 상부구조의 지점으로서 교량받침이 설치되는 코핑부, 구체와 기둥, 기초의 3부분으로 구성된다. 교각은 수직과 수평방향의 하중을 지지하고 심각한 침하가 발생하지 않아야 하며 내진성능을 보유해야 한다. 일반적으로 하천 내의 교각들은 원형, 타원형으로 통수단면에 유리하게 단면을 구성하고 사교의 경우는 가능한 한 1개의 원형기둥을 사용하여 유수 흐름에 유리하도록 계획한다.

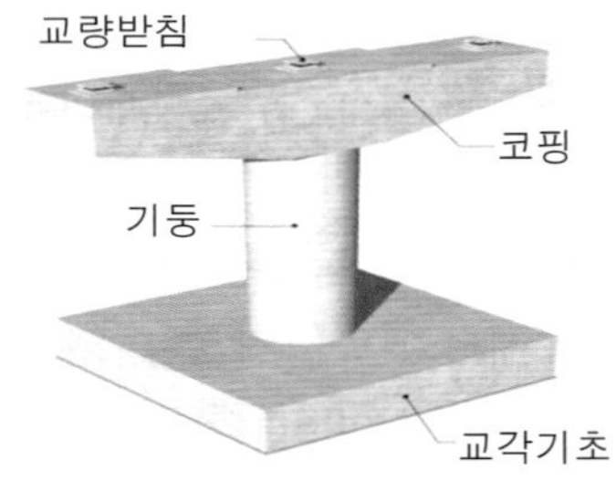

그림. 교각의 구성

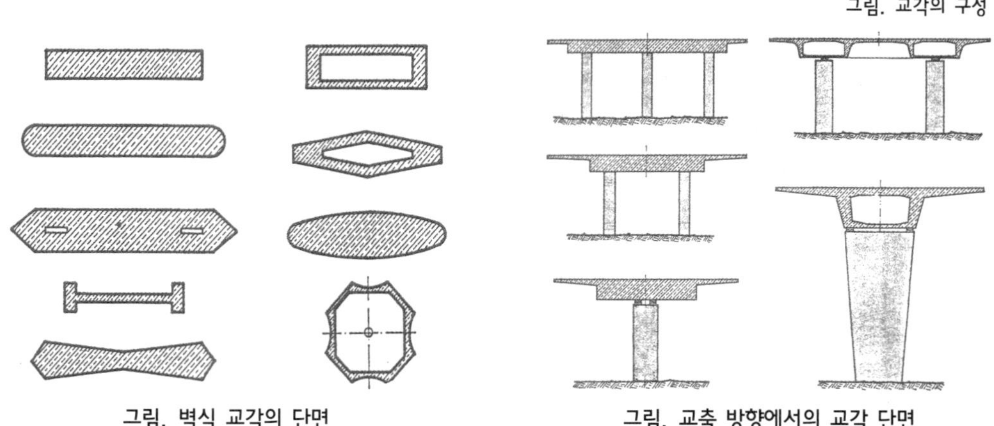

그림. 벽식 교각의 단면 그림. 교축 방향에서의 교각 단면

3) 교량 기초

교량 기초의 하부에 암반과 같은 견고한 지지층이 있으면 얕은기초를 설치하고, 견고한 지층이 깊게 존재하면 말뚝, 우물통 등으로 하중을 분산하여 전달하는 깊은기초를 적용한다.

표. 기초의 형식

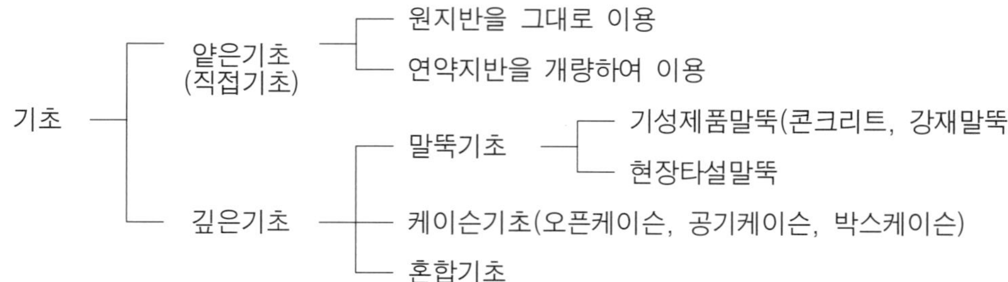

① 얕은기초

얕은기초는 상부구조의 하중을 직접 지반에 전달시키는 형식이며 지지지반이 양호하면 기초를 지반에 직접 설치하므로 직접기초라고도 한다. 말뚝기초와 케이슨 기초는 기초 본체를 소정의 지지층까지 설치하여 하중을 전달하고 직접기초는 구조물의 일부인 기초(footing)를 통하여 하중을 지반에 전달한다.

② 말뚝기초

말뚝기초는 지지층 부근의 지반이 연약하여 상부하중을 충분히 지지할 수 없는 경우에 사용하는 기초형식이며 말뚝의 머리부분을 확대기초와 연결하여 일체시키는 기초로서 양호한 지지층에 말뚝을 설치하여 하중을 전달하는 깊은기초이다.

③ 케이슨(Cassion) 기초

케이슨기초는 말뚝기초와 같은 깊은기초이며 지지력과 수평저항력이 큰 기초의 형식으로 육상 또는 수상에서 건조된 케이슨을 가설 위치에 거치하고 케이슨 내부의 토사를 굴착하면서 케이슨 자중과 적재하중에 의하여 소정의 지지층 깊이까지 침하시켜서 설치한다.

(3) 부대설비

1) 교량받침장치

교량받침은 교량의 상부구조와 하부구조의 접점에 위치하여 상부구조에서 전달되는 하중을 하부구조에 전달하는 동시에 지진, 바람, 온도 변화 등에 의한 하중과 변위를 흡수하는 장치이다.

교량받침은 상부구조의 하중을 하부구조에 전달하는 장치로서 온도 변화, 탄성변형에 의한 상부구조의 신축과 처짐 등의 변위와 변형에 충실히 작동하고 지진력, 풍하중과 같은 수평하중도 하부구조에 안전하게 전달해야 한다.

그림. 교좌 장치

교량받침(bearing)은 구조물을 안전하게 유지하기 위하여 상시 점검체계를 유지하고 필요시에 보수, 보강과 교체를 시행한다.

교량받침은 상부구조의 형식, 경간길이, 지점 반력, 내구성 등을 고려하여 형식과 배치를 결정하고 특히 곡선교, 사교, 특수교 등은 지점의 반력, 신축, 회전작용을 충분히 검토해야 한다.

2) 신축이음장치(Expansion joint)

교량의 신축이음장치는 대기의 온도변화에 의한 상부구조의 수축과 팽창, 콘크리트의 크리프, 건조수축, 활하중에 의한 이동과 회전 등의 변위와 변형을 원활하게 흡수하여 2차응력을 줄이고 교면의 평탄성을 유지시키는 역할을 한다.

대표적인 신축이음장치는 강판에 합성고무를 고온, 용착하고 너트를 절곡된 철판의 측면에 2열로 용접하여 나사 가공된 철봉을 조립하여서 정착장치의 역할을 하는 핑거(finger)식과 강재 레일(rail)에 철판과 후프철근을 용접하고 교량 상부에 정착하여 차량하중을 지지하며 강재 레일사이에 고무 씰(rubber seal)을 끼워서 방수역할을 하는 레일식이 있다.

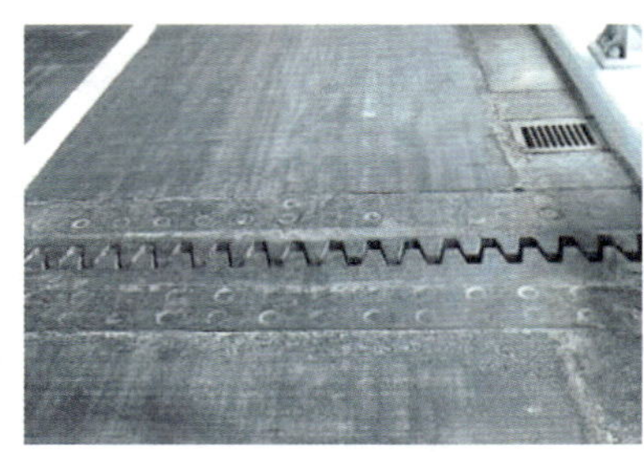

(a) Finger type

(b) Rail type

그림. 신축이음장치

3) 난간

보행자의 안전을 위해서 교량에 설치하는 난간은 추락을 방지하기 위하여 노면으로부터 110cm 이상의 높이로 설치한다.

난간은 일반적으로 수평 레일형과 수직 레일형이 있으며, 수직 레일형은 수직부재간의 간격과 최하단 수평부재와 연석간의 간격을 15cm 이하로 한다.

그림. 교량의 난간

4) 방호울타리

방호울타리는 교량 위에서 차량이 차도로부터 교량의 바깥, 보도 등으로 벗어나는 것을 방지하고 승차자의 상해와 차량의 파손을 최소로 줄이며 차량을 정상 진행방향으로 복원시키는 역할을 한다. 운전자의 시선을 유도하고 보행자의 안전을 확보하며 충돌 후에 충돌차량과 방호책에 의한 교통장애가 없도록 한다.

그림. 교량 방호울타리 [자료 출처 : 한독 E&C]

5) 배수시설

교량의 배수시설은 교면의 침수로 인한 교통사고를 방지하기 위하여 설치한다. 교량을 설치하는 지점의 강우 강도, 교량의 폭원, 종·횡단경사 등의 조건을 고려하여 집수구의 설치 간격과 배수관의 직경을 결정한다.

그림. 교량 배수시설 [자료 출처 : 그린로드(주)]

6) 점검시설

교량의 점검은 구조물의 기능상태, 노후도, 결함 등의 확인과 유지보수를 하고 교량관리의 효율성을 높이기 위하여 중요하다. 주기적인 점검과 유지관리를 위하여 교량의 가설위치, 교차조건, 구조형식, 교폭, 하부 지지조건을 고려하며 주요 구조부에서 교통 소통에 영향을 주지 않고 상시 점검이 가능하도록 출입시설과 점검시설을 설치한다.

그림. 고정식 점검시설 [자료 출처 : 그린로드(주)]

그림. 이동식 점검시설

3 교량의 종류

교량은 주로 상부구조의 형식에 따라서 구분하며 교면의 위치, 지지형태, 사용 목적, 평면 형상, 설계 하중과 사용재료, 내용년수에 따라서 분류할 수도 있다.

(1) 교면의 위치에 따른 분류

상로교(deck bridge)는 교면이 교량의 상부 또는 트러스 위쪽에 있고, 중로교(half-through bridge)는 교면이 교량 상·하의 중간에 있으며, 하로교(through bridge)는 교면이 교량의 아래에 있는 형식의 교량이다. 또한 2층교(2-storied bridge)는 교면이 2층으로 구성되어서 상부는 도로, 하부는 철도로 사용하는 경우가 많다.

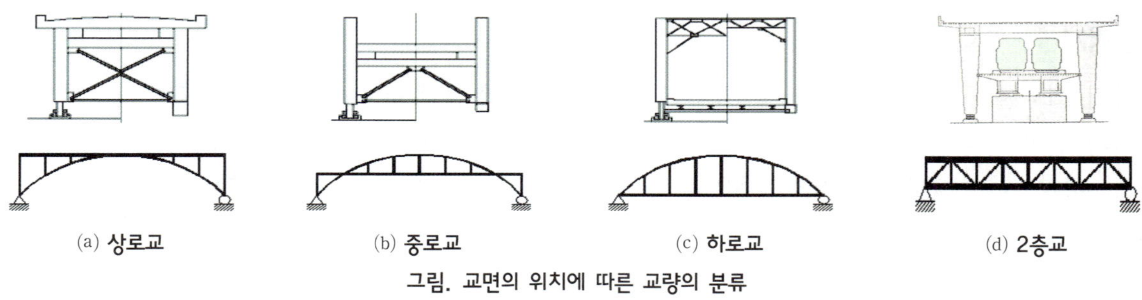

그림. 교면의 위치에 따른 교량의 분류

(2) 지지형태에 따른 분류

1) 단순교

교대 또는 교각 사이의 경간(span)의 주거더가 분리된 정정구조의 교량으로서 구조해석이 쉽고 시공이 간편하다. 그러나 처짐이 커서 긴 경간은 적용이 곤란하고 차량 주행성이 떨어지므로 주로 중·소규모 교량과 철도교에 적용한다.

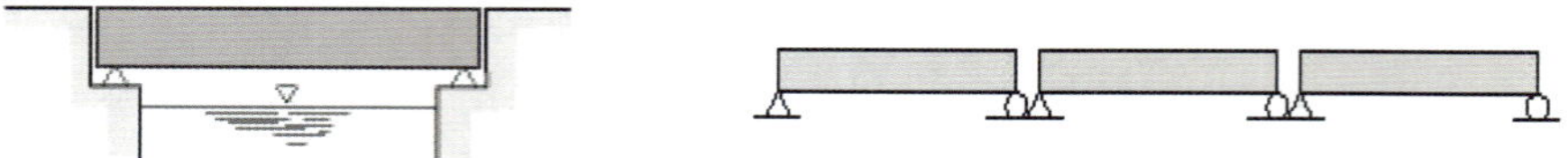

2) 연속교

단순교와는 다르게 교량의 거더가 연속된 연속교는 부정정구조물로서 단순교에 비하여 처짐이 작고 거더 높이를 낮게 할 수 있어서 긴 경간에 적용할 수 있다. 단순교에 비하여 구조해석이 복잡하고 연속된 경간 수에 따라서 3경간, 4경간, 5경간 연속교라고 한다.

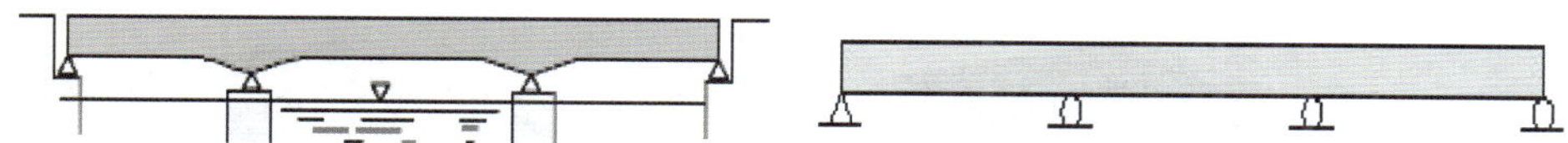

3) 게르버(Gerber)교

게르버교는 연속 거더교에 내부 힌지를 넣어서 부정정구조물을 정정구조물로 만든 교량이며 내부 힌지를 적절하게 연결시키면 처짐의 문제가 없다. 게르버형식은 구조해석이 쉬우나 구조적인 여용성(redundancy)이 적고 내부 힌지 사이의 거더(suspended span)가 과다하게 처지므로 최근에는 많이 사용하지 않는 교량형식이다.

(3) 거더와 바닥판 연결 형태에 따른 분류

1) 합성구조

거더와 상부 바닥판 슬래브를 전단연결재를 이용하여 일체화한 구조로서 바닥판 슬래브와 거더가 같이 작용하므로 비합성구조보다 거더의 단면이 감소한다.

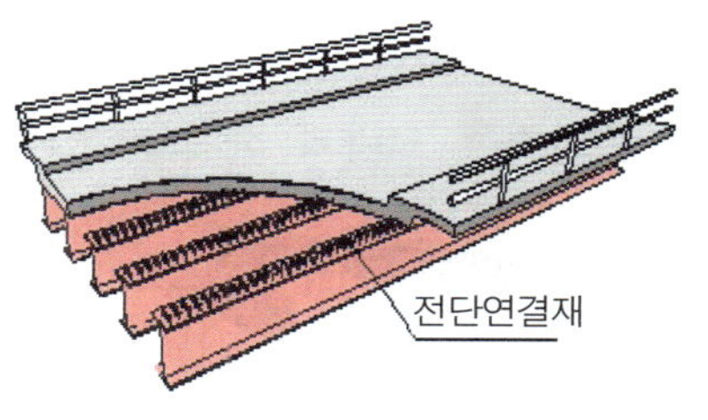

그림. 합성구조

2) 비합성 구조

거더와 바닥판 슬래브가 구조적으로 분리된 형태로 거더가 모든 하중을 받으므로 합성구조보다 거더의 단면이 증가한다.

(4) 구조형식에 따른 분류

1) 슬래브교(Slab bridge)

슬래브교는 상부구조가 슬래브로 구성되어 짧은 경간(10~15m)에 널리 사용하고 상부구조의 높이가 낮아서 교하공간의 제약이 있는 곳에 유리하다. 적용 경간이 단순교는 5~15m, 연속교는 10~30m이며, 슬래브 두께는 경간장의 1/16~1/20이 적당하다.

슬래브의 구조에 따라서 RC 슬래브교, 중공 슬래브교, PSC 슬래브교 등이 있고 RC 슬래브교는 장경간에서 자중(고정하중)이 증가하여 비경제적이므로 자중이 경감되도록 슬래브에 빈 공간을 만들어 자중을 감소시킨 중공 슬래브교를 사용하기도 한다.

그림. 슬래브교의 종류

2) 라멘교

라멘교는 상부구조와 하부구조를 강절로 연결하여 전체 구조의 강성이 큰 구조형식이며 하중이 어느 한 부재에 작용하여도 다른 부재에 변형과 응력이 전달된다. 라멘교는 교량의 높이가 낮은 단경간 교량에서 경제적이고 슬래브의 두께가 얇지만 교대와 교각의 규모가 상대적으로 커진다. 라멘교는 50m 경간까지 신축이음과 교량받침이 없어도 가설이 가능하고 유지관리가 유리하며 주거더의 두께가 상대적으로 작아서 미관이 수려하다. 라멘교의 거동은 아치교와 유사하며 지점의 구조에 따라서 문형 라멘교, 연속 라멘교, π형 라멘교, V형 라멘교 등이 있다. 라멘교는 교하공간의 확보가 필요한 도로를 횡단하는 교량과 하천을 통과하는 구간에 적용하며 V형 라멘교는 장경간 교량에 적용한다.

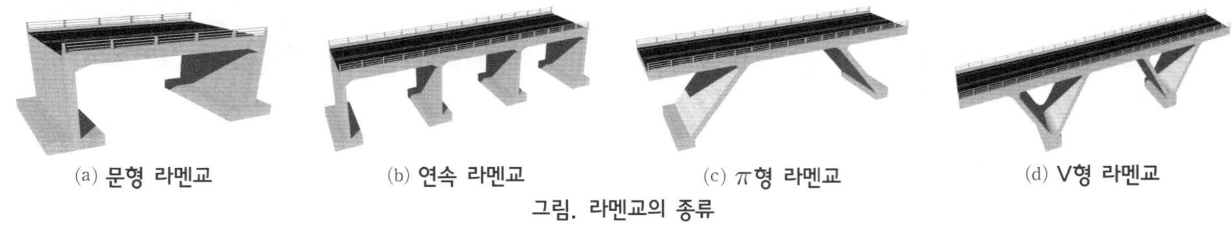

그림. 라멘교의 종류

3) 거더(Girder)교

교량의 종방향(차량 진행방향)으로 거더를 가설한 교량이며 거더의 재료와 모양에 따라서 T형교, 플레이트 거더교, 강박스 거더교, 강바닥판 거더교, PSC 거더교, RC 거더교, PSC Box거더교, 프리플렉스빔교 등이 있다.

① T형교

T형교는 짧은 경간(약 30m)의 교량에 주로 적용하며 T형교의 콘크리트 바닥판이 교량방향은 주거더 플랜지, 교량과 직각방향은 슬래브로 작용한다. 자중이 슬래브교보다 적어서 슬래브교보다 경간장이 긴 경우에 적용한다. T형 거더가 2개인 double T형교는 프리스트레스를 가하여서 긴 경간(50m)에 적용하고 거더 사이가 넓으므로 횡방향 텐던(tendon)을 사용한다.

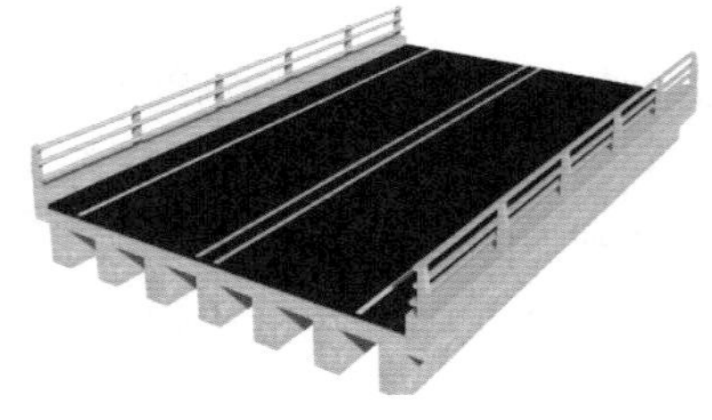
그림. T형교

② 강판형교(Steel plate girder)

강판형교는 I형 거더의 상부에 슬래브를 얹은 형태의 교량이다. 강판형교는 경간장이 50m 정도에서 경제적이나 브레이싱 등의 부재가 많아서 강재량이 많이 소요되고 I형 거더의 횡방향 강성이 상대적으로 작으므로 곡선교는 불리하다. 소수 주형교는 강박스 거더교보다 거더가 크고 고강도 강재를 사용하여 브레이싱과 거더 수를 줄인 형식이며 거더 간격이 넓어서 횡방향 텐던을 추가하는 경우가 많다.

그림. 강판형교

③ 강박스 거더교(Steel box girder)

강제 박스형태의 강박스 거더교는 경간장이 50~60m에서 사용된다. 강박스 거더교는 강교에서 많이 사용하는 형식이고 곡선부와 확폭부에서 적용성이 우수하여 곡선교에 많이 적용한다. 거더를 직사각형이 아닌 사다리꼴로 제작한 것을 제형 강박스 거더교라고 한다. 강박스 거더교는 공장 제작된 강제박스를 현장에서 볼트와 용접이음으로 가설하므로 공기가 빠르고 가설이 편리하다.

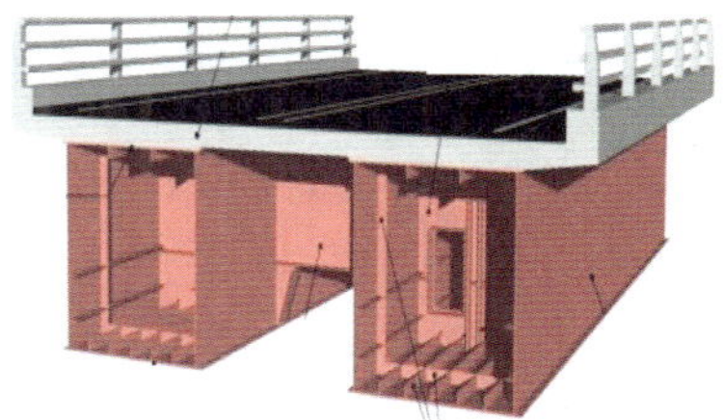

그림. 강박스 거더교

④ 강바닥판 거더교

강바닥판 거더교는 강판으로 상부 바닥판을 제작하므로 자중이 감소하여 강박스 거더교보다 경간장이 길어진다. 경간이 70~80m 이상에서 경제적이지만 강재가 많이 소요되어 다소 고가이며 바닥판의 U-리브 등을 현장 용접하므로 시공이 복잡하다. 강바닥판 거더는 자중이 가벼워서 사장교, 현수교, 아치교 등의 보강 거더로 많이 사용하며 강합성교에 비하여 진동이 심한 단점이 있다.

(a) 진도대교 강바닥판

(b) 부산 남항대교

그림. 강바닥판 거더교의 단면

⑤ PSC 거더교

I형의 프리스트레스트 콘크리트 거더 위에 슬래브를 얹은 형태의 교량으로 30~40m의 짧은 경간에 많이 적용한다. PSC 거더교는 경간 30m에서 거더 높이가 약 2m로 다소 높으므로 교량 하부에 충분한 교하공간을 확보하기 위하여 거더 높이가 낮은 Preflex교, IPC 거더교 등을 사용한다.

Preflex교는 강거더에 선행하중(preflexion)을 가한 후에 콘크리트를 타설하고 프리스트레스를 도입하며 거더 높이가 낮아서 교하공간의 제약이 있는 경우에 많이 설치한다.

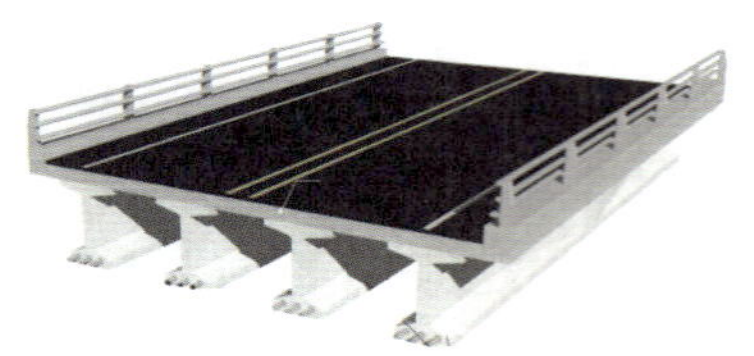

그림. PSC 거더교

그림. 프리플렉스 교량

4) 트러스교(Truss bridge)

여러 개의 직선부재를 한 평면 내에서 연속된 삼각형의 구조로 조립한 트러스를 거더 대신에 사용한 교량이며 트러스의 형상에 따라서 Warren truss, K-truss, Pratt truss, Parker truss 등이 있다.

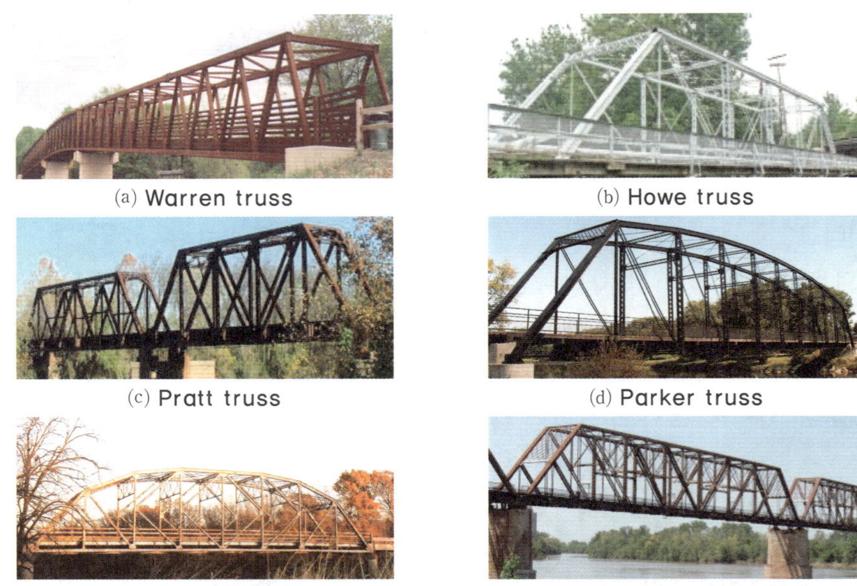

(a) Warren truss (b) Howe truss
(c) Pratt truss (d) Parker truss
(e) K-truss (f) Baltimore truss

그림. 트러스교의 형식

① Warren truss : 상로의 단경간 교량에서 경간 60m까지 적용

② Howe truss : 사재가 만재하중에 의한 압축력을 받도록 배치한 트러스

③ Pratt truss : 사재가 만재하중에 의한 인장력을 받는 트러스이며 상대적으로 부재 길이가 짧은 수직재가 압축력을 받는 장점이 있고 경간 45~60m에 적용

④ Parker truss : 상현재가 아치형의 곡선이고 경간 55~110m에 적용

⑤ K-truss : 외관이 좋지 않아서 주트러스에 사용하지 않지만 2차응력이 작은 장점이 있으며 경간 90m 이상에 적용

⑥ Baltimore truss : 분격(subdivided) 트러스이며 90m 이상의 경간에 적용

5) 아치교(Arch bridge)

아치교는 곡형 또는 곡선 트러스를 상향으로 하여 양단을 수평방향으로 이동할 수 없도록 지지한 아치를 주 구조로 하며 아치의 힌지 개수에 따라서 2-hinged arch, 3-hinged arch, fixed-arch로 분류하고, 구조형식에 따라서는 로제아치, 닐슨아치, 랭거아치, 타이드 아치교 등이 있다. 또한 아치 리브의 단면 형식에 따라서 solid rib arch, braced rib arch, pipe arch 등이 있다.

그림. 아치교(Arch bridge)교

① 2-힌지 아치교

일반 아치교에 가장 많이 사용하는 형식으로 미관과 경제성이 우수하고 지반상태가 양호한 곳에 적용하며 아치 리브(rib)를 트러스형식의 braced rib을 적용하면 경간 300m 이상의 교량에도 적용이 가능하다.

② 3-힌지 아치교(3-Hinged Arch Bridge)

3-힌지 아치는 2-힌지 아치의 크라운에 힌지를 추가한 정정구조이며 교량의 중앙에 설치한 힌지의 처짐이 커지고 내구성이 저하하여 최근에는 거의 사용되지 않는다.

③ 고정 아치교(Fixed Arch Bridge)

아치교에서 가장 경제적인 형식이지만 지점에서 수평반력 외에도 고정모멘트가 크므로 지지력이 양호한 지반에 적용한다. 고정 아치교는 다른 형식보다 강성이 커서 처짐량이 적지만 장경간 아치교에서는 부가응력이 증가하여 지점을 힌지로 처리하는 것이 곤란한 콘크리트교에 주로 사용된다.

④ 타이드 아치교(Tied Arch Bridge)

타이드 아치교는 아치 리브(rib)의 수평반력을 tie로 부담시켜서 아치 지점부에 연직반력만이 전달되어 수평력이 크지 않으므로 지반상태가 불량한 곳에 적용이 가능한 형식이다.

(a) 2-힌지 아치교

(b) 3-힌지 아치교

(c) 고정 아치교

(d) 타이드 아치교

그림. 아치교의 형식

6) 사장교(Cable stayed bridge)

그림. 사장교

사장교는 중간 교각의 주탑에서 경사지게 내린 케이블로 주거더를 매단 구조물이다. 긴 경간의 거더교량은 고정하중이 급격히 증가하여 적용한계에 도달하므로 케이블에 거더를 매달아 순경간의 장대화에 따른 사하중의 영향을 경감하기 위하여 사용한다.
사장교는 작용하는 하중의 일부를 케이블의 인장력으로 지지하고 거더는 케이블 정착점에서 탄성 지지된 구조물로 거동한다.
사장교는 보강 거더를 주탑에 연결한 사장 케이블(stay-cable)로 지지하는 형식의 교량이며 사장 케이블의 인장강도와 주탑과 보강 거더를 효과적으로 결합하여 구조적인 효율을 향상시킨다. 케이블의 강성과 장력을 조절하여 보강 거더에 발생하는 휨모멘트를 감소시키며 외관이 수려하고 차량 주행 시에 개방감이 있다.
사장교는 재료에 따라서 강사장교, 콘크리트 사장교, 복합 사장교로 분류하며 주탑의 형상은 H형, A형, I형, 다이아몬드형이 있고, 또한 케이블의 종방향 배치에 따라서 방사형(radiating type), 하프형(harp type), 팬형(fan type), 스타형(star type)으로 분류하고 횡방향의 배치에 따라서 1면, 2면 사장교로 분류한다.

7) 현수교(Suspension bridge)

현수교는 주탑과 앵커리지에서 주케이블(main cable)을 지지하고 케이블에 현수재(suspender 또는 hanger)를 매달아서 보강 거더(stiffening girder)를 지지하는 교량형식이다. 현수교의 보강 거더는 트러스와 박스형태가 주로 사용되고 주케이블의 고정방식에 따라서 타정식과 자정식으로 분류된다.

① 타정식(Earth-anchored) 현수교

교량의 시·종점부에 설치한 앵커리지에 주케이블을 고정하는 방식이며 주케이블이 보강 거더에 직접적인 영향이 없으므로 보강 거더에 축력 등이 작용하지 않고 구조해석이 간단하다. 그러나 대규모 앵커리지가 필요하므로 미관이 좋지 않고 지반조건이 불량하면 공사비가 증가한다.

그림. 타정식 현수교(광안대교)

② 자정식(Self-anchored) 현수교

주케이블을 앵커리지로 고정하지 않고 보강 거더에 직접 고정하며 주케이블의 장력이 보강 거더에 직접 전달되어 보강 거더의 거동이 복잡하여 설계가 어렵지만 대규모 앵커리지가 필요하지 않다.

그림. 자정식 현수교(영종대교)

8) Extradosed 교량

거더교와 사장교의 장점을 결합하여 복합적 특성을 가지는 Extradosed교는 사재에 의해 보강되어 사장교와 유사하지만 주거더(main girder)의 강성으로 단면력에 저항하고 사재에 의한 큰 편심모멘트를 도입하여 거동을 개선한 구조형식이므로 Extradosed교의 주거더는 사장교보다 일반적인 거더교에 가까운 특징을 가진다.

부모멘트 구간에서 PS강재로 인하여 단면에 도입되는 축력과 모멘트를 증가시키기 위하여 PS강재의 편심을 인위적으로 증가시킨 형태이며, 단면 내에 위치한 PS강재를 낮은 주탑 정부에 외부 텐던의 형태로서 부재의 유효높이 이상으로 배치한 교량이다.

Extradosed교는 사장교와 같이 외부케이블을 사용하지만 주탑이 낮아서 사재의 활하중에 의한 응력 변동이 작으므로 사재의 허용응력을 일반 PS강재와 같이 적용하여 사재의 효율성이 증가되어서 거더교와 사장교의 구조적인 장점을 도입한 형식의 교량이다.

그림. Extradosed 교량

4 교량의 하부구조

교량의 하부구조는 시공 준비단계에서 지반조건의 조사, 시공 중의 계측과 안전성의 조사, 재하능력을 검토한 후에 시공방법, 공사용 기계장비, 임시설비, 환경보전대책, 안전대책 등을 포함한 시공계획을 수립해야 한다. 교량의 하부구조는 시공이 완료되면 수정 시공이 어려우므로 품질관리와 재하능력을 확인해야 하고 시공 중의 품질관리가 매우 중요하다.

(1) 교대(Abutment)

교대는 상부구조에서 전달되는 하중과 토압을 지지하는 옹벽 구조물이다. 구조는 거더를 지지하는 받침이 위치하는 교량받침부, 통과차량의 윤하중과 상재하중으로부터 오는 압력을 지지하는 흉벽(parapet), 상부에서 전달되는 하중과 배면토압을 지지하는 벽체, 하중을 지반으로 전달하는 기초로 구성되어 있다. 교대는 상부구조의 가설에 직접적인 영향을 미치므로 정확한 시공이 필요하고 미관을 고려하여 평탄한 마무리면을 가져야 한다. 또한 교량받침부는 큰 지압응력을 받으므로 양질의 콘크리트로 정밀한 시공이 이루어져야 한다.

(2) 교각(Pier)의 가설

교각은 교량이 길어질 때에 상부구조를 지지하기 위하여 설치하는 받침 기둥이다. 하천 내에 설치하는 경우에 교각의 수가 많아지면 유수 단면적이 좁아서 유속이 증가하고 세굴작용이 심하여 홍수시에 위험할 수 있으므로 교각의 단면은 유수저항이 적게 원형과 타원형을 적용한다.

(a) 기초(Footing) 콘크리트 타설

(b) 교각 콘크리트 타설

(c) 코핑(Coping)부 콘크리트 타설

그림. 교각의 시공 전경

교각이 높을수록 거푸집, 동바리, 비계 등의 가설물 조립과 해체의 빈도가 많아져서 작업능률이 저하하여 원가가 상승하고 공기가 증가하며 안전관리가 어려워진다. 높은 교각은 공기의 단축과 안전한 시공이 이루어지도록 거푸집과 비계를 일체로 상승시켜서 구조물을 완성하는 sliding form과 이동식 climbing form을 많이 사용한다.

1) Climbing form 공법

일정한 구조물의 단면에서 1-Lot의 콘크리트 타설이 완료되면 유압잭, 크레인, 체인블록(chain block)에 의해서 거푸집을 수직방향으로 이동하여 반복적으로 사용하는 climbing form공법은 수직 이동식 거푸집이므로 휨과 뒤틀림에 충분히 견디도록 제작하고 거푸집과 하부구조, 보강체, 작업대 등이 일체로 조립되어 함께 이동한다.

Climbing form은 교각이 높을수록 경제적이며 높이가 30m 이상에서 효율적이고 작업공정은 거푸집 설치, 철근 조립, 콘크리트 타설의 순서로 진행된다.

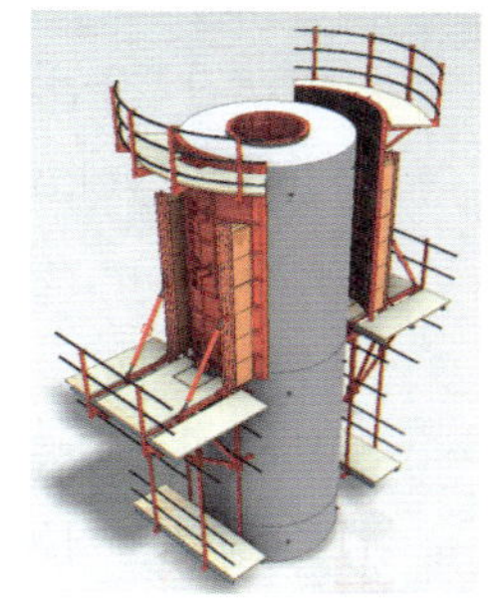

그림. Climbing form

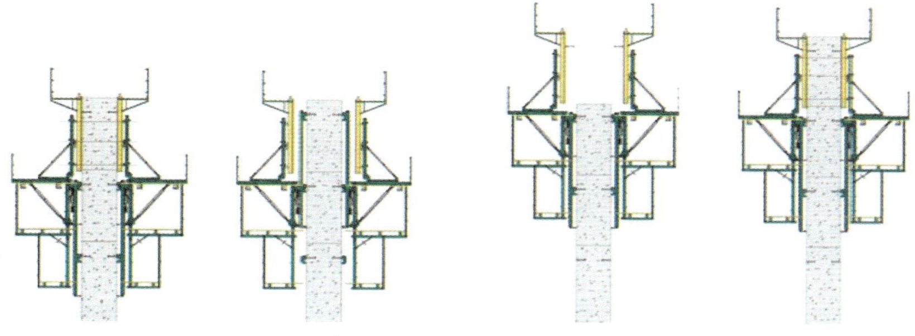

그림. Climbing form의 구조

수직방향으로 거푸집작업을 진행하며 1-단계의 콘크리트 타설높이가 일정하고 반복작업이므로 신속하고 효율적이다. 거푸집은 콘크리트 타설시에 가해지는 측압(30kpa 정도)에 견디는 강성이 필요하고 측압을 고려한 거푸집 높이는 2.5~3.0m를 적용한다.

거푸집에 편심압력이 작용하지 않게 콘크리트를 균등하게 타설하고 소요 강도에 도달하면 체인블록, wire rope를 사용하여 거푸집을 이동한다.

2) Sliding form 공법

Sliding form은 거푸집이 상부로 상승할 때에 거푸집 내부에 지속적으로 콘크리트 타설작업이 이루어지므로 철근 조립, 거푸집작업, 구조물의 표면 마무리작업이 동시에 이루어진다.

콘크리트가 점진적으로 양생되면 콘크리트 구조물은 바닥에서 상부까지 이음매가 없는 구조물로 제작된다. 가설자재와 시공설비가 간단하며 콘크리트의 마감면이 균일하고 시공이음이 없어서 수밀성이 우수하다. Sliding form은 중단없이 지속적으로 콘크리트를 타설해야 하고 작업 숙련도와 정밀한 시공이 필요하며 높이가 낮으면 경제성이 없다.

① 구조

㉮ 거푸집

거푸집의 높이는 콘크리트의 경화속도에 따라서 결정되며 약 1.0~1.5m의 높이로 목재 또는 강재 거푸집을 사용한다. 거푸집은 콘크리트 타설시의 측압을 견딜 수 있고 콘크리트와의 마찰에 마모되지 않으며 내구성이 있어야 한다.

㉯ Yoke

거푸집 작업대의 하중을 잭과 롯드에 전달하는 yoke의 간격은 yoke에 전달되는 외력과 wale의 규격에 따라서 1.5~2.5m 정도의 간격으로 배열한다.

㉰ Jack, rod

Jack과 rod는 콘크리트에 묻혀서 york와 함께 거푸집 설비를 상승시키는 기능을 가지며 용량은 4~7ton, 롯드의 직경은 25~40mm이고 외관을 사용하여 과하중으로 인한 롯드의 좌굴을 방지하고 상승이 완료되면 인양하여 회수한다.

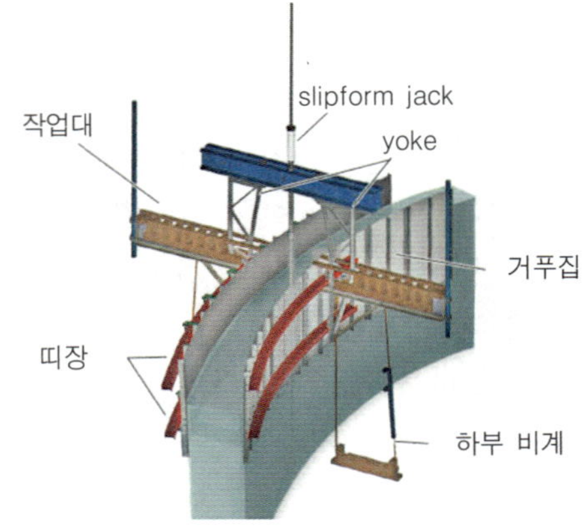

그림. Sliding Form의 구조

㉱ 작업대(Working deck)

콘크리트가 타설되는 높이에 설치하는 작업대는 main deck와 hanging deck로 구성되고 주 작업이 이루어지는 main deck는 트러스 또는 H빔을 조립한 내부와 외부 deck로 구분하며, hanging deck는 상승 후에 노출되는 콘크리트의 면처리와 콘크리트의 보양작업을 하기 위하여 외부에 차광용 양생막을 설치한다.

그림. Sliding form에 의한 교각 가설

② 시공 유의사항

㉮ 각종 매설 철물과 개구부(block out)를 짧은 시간에 설치하도록 작업계획을 수립한다.

㉯ 거푸집의 상승에 따라서 자재의 운반, 설치, 조립, 콘크리트의 타설이 원활하도록 시공계획을 수립하고 허공에 매달린 상태로 작업하므로 충분한 안전대책이 필요하다.

㉰ 슬럼프값에 따라서 작업속도와 탈형시기가 달라지므로 골재의 표면수 관리에 유의하고 2교대 이상의 작업원을 확보하여 콜드조인트가 발생하지 않게 하며 적절한 시기에 막양생을 실시한다.

㉱ 거푸집의 상승속도는 20cm/hr를 기준으로 하여 콘크리트 경화시간에 따라서 결정하며 거푸집에서 콘크리트가 노출되는 시간은 4~6시간, 1일 시공속도는 3.6~5.0m/일(최대 12m/일)로 한다.

5 교량의 상부구조

(1) 콘크리트교의 가설공법

그림. 거가대교 전경

콘크리트교에서 철근은 인장에 우수한 재료이고 콘크리트는 인장에 매우 약하지만 압축에 경제적인 재료이므로 철근과 콘크리트의 보완적인 장점을 이용하여 전체적으로 강성이 큰 구조물을 만들 수 있다. 콘크리트교는 강교에 비하여 내구성, 내화성, 진동과 소음, 유지관리 등에서 유리하지만 중량이 비교적 크고 콘크리트는 균열과 부분적인 파손이 발생할 수 있는 단점이 있다.

콘크리트 교량의 가설은 현장타설 콘크리트에 의한 방법과 프리캐스트(precast) 부재의 조립에 의한 방법이 있다.

현장타설에 의한 방법은 거푸집과 동바리를 설치하고 현장에서 콘크리트를 타설하여 교량 구조물을 축조하고, 프리캐스트 공법은 제작장에서 프리캐스트 부재를 제작하고 설치 현장에서 가설장비에 의하여 가설하는 방법이다.

1) 동바리공법(FSM, Full Staging Method)

동바리공법은 지반의 지지력이 양호하고 높이가 낮은 교량에 일반적으로 사용하며 콘크리트를 타설하는 경간 전체에 동바리를 설치하여 타설된 콘크리트가 소정의 강도에 도달할 때까지 콘크리트의 자중, 거푸집, 작업대 등의 중량을 동바리가 지지하는 방식이다.

그림. 고정식 동바리에 의한 콘크리트 타설

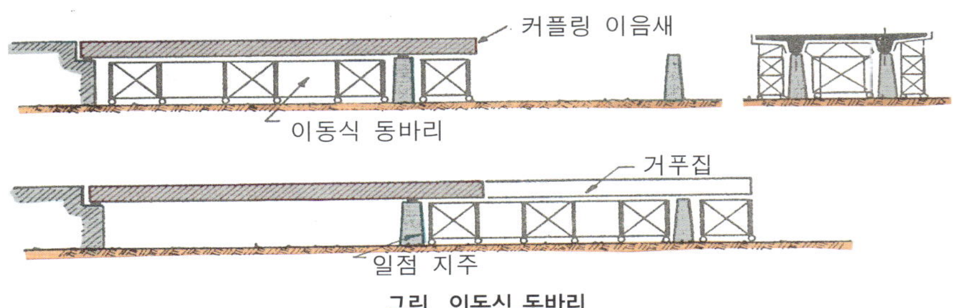

그림. 이동식 동바리

① 지형조건에 따른 가설방식

지형조건	가설 방식		조립재
지반이 평탄하고 높이가 10m 이내인 경우	전체 지지식		관 지주, 틀조립 지주
지반이 불량하거나 장애물이 있는 경우	지주 지지식		관 지주, 틀조립 지주
지반조건이 불량한 하천	거더 지지식	경간 길이 10m까지	H형강 트러스 구조
		경간 길이 10m 이상	대형 트러스 구조

② 슬래브 지지방법

동바리에 의한 가설은 사용부재의 조합에 따라서 전체 지지식, 지주 지지식, 거더 지지식으로 분류한다. 가설방식은 지형, 가설 높이, 기초지반, 교량하부의 교통상태, 부재의 형태와 수량을 판단하고 공사 규모, 공기, 가설비용(콘크리트 타설장비, 타설방법, 부재운반 비용)을 고려하여 결정한다.

㉮ 전체 지지식

철제, 목재 동바리에 의하여 상부하중을 전체 동바리면적에 분포시켜서 지지하는 방식으로 지반이 평탄하고 높이가 10m 이내인 경우에 적용한다. 동바리의 강성이 크고 부재가 단순하여 높이 조절이 용이하고 시공속도가 빠르다. 상부하중이 전체 구간에 분포되어 작용하므로 지반의 지지력이 양호하고 콘크리트의 타설시에 집중하중이 작용하지 않아야 한다.

㉯ 지주 지지식

상부하중을 거더에서 지주에 전달하는 방식으로 지반이 불량하고 교각 상부까지 높이가 10m이상인 경우에 적용하며, 지반이 불량하면 말뚝기초를 설치하여 하중을 지지한다.

㉰ 거더 지지식

지반상태가 불량하여 경간사이에 지주의 설치가 곤란하거나 입체 교차지점 등에서 교량의 하부공간을 이용하는 경우에 사용하고, 지반에서 상부구조까지 높은 경우에 유리하다.

(a) **전체 지지식**

(b) **지주 지지식**

(c) **거더 지지식**

동바리에 의한 지지방식은 동바리 기초의 침하, 동바리 조립재의 처짐, 거푸집의 변위, 콘크리트 타설 중의 편심하중 등에 유의해야 한다.

2) 캔틸레버공법(FCM, Free Cantilever Method)

FCM공법은 교량의 하부에 상부하중을 지지하는 동바리를 설치하지 않고, 이동식작업차(form traveller) 또는 이동 작업거더(moving gantry)를 이용하여 교각의 좌우로 평형을 유지하면서 분할된 거더(길이 2~5m)를 순차적으로 시공하는 방법이다.
지면에 동바리의 설치가 어려운 깊은 계곡과 해상에서 장경간 교량을 가설하는 경우에 적합한 공법이며 PSC 박스 거더교, 사장교, 아치교 등의 가설에 적용성이 높고 가설방법에 따라서 현장타설공법과 프리캐스트 세그먼트공법으로 분류한다.

표. FCM공법의 분류와 가설방법

현장타설공법	· 이동식 작업차에 의한 가설법	
	· 이동 작업거더에 의한 가설법	
프리캐스트공법 (PSM 공법)	· 트럭 크레인에 의한 가설법	· 문형 가설기에 의한 가설법
	· 케이블 크레인에 의한 가설법	· 이동 인양기에 의한 가설법
	· 이동 작업거더에 의한 가설법	· 가설 탑에 의한 가설법

① FCM공법의 종류

㉮ 현장타설 FCM공법

㉠ 이동식 작업차로 시공하므로 동바리가 필요하지 않으며 깊은 계곡, 해상, 교통량이 많은 장소에서 대형 가설장비를 사용하지 않고 장대교량의 시공이 가능하다.

㉡ 세그먼트(3~5m)로 나누어 시공하며 상부구조의 변단면 시공이 가능하고 거푸집 설치, 콘크리트 타설, 긴장작업 등이 반복되므로 작업이 능률적으로 진행된다.

㉢ 이동식 작업차에서 콘크리트 타설작업이 진행되므로 일기조건에 관계없이 시공할 수 있다.

㉣ 시공단계마다 오차 수정이 가능하여 시공 정밀도가 우수하다.

㉯ Precast Segment FCM(PSM)공법

㉠ 제작장에서 분할하여 제작한 세그먼트를 가설장소에서 조립하므로 복잡한 형상의 구조물을 편리하게 시공할 수 있다.

㉡ 하부공사와 병행하여 세그먼트를 제작하므로 현장타설 FCM공법보다 공기가 단축되고 품질관리가 용이하다.

㉢ 상부구조의 가설시에 콘크리트에서 발생하는 크리프와 건조수축의 변형이 적어서 프리스트레스 감소량이 작아지므로 구조적으로 유리하다.

㉣ 세그먼트의 운반과 가설에 대형장비가 필요하고 세그먼트의 제작과 야적에 넓은 장소가 필요하다.

㉤ 선형관리가 현장타설 FCM공법보다 복잡하고 오차 수정이 곤란하다.

② 현장 타설 FCM 가설공법

㉮ 가설방법

㉠ 이동식 작업차에 의한 가설

이동식 작업차를 이용하여 1-세그먼트 단위로 현장에서 콘크리트를 타설한다.

㉡ 이동 작업거더에 의한 가설

교각 사이에 거더를 설치하고 거더에 설치된 이동식 거푸집을 이용하여 현장타설을 하며 긴 경간은 적용이 곤란하다.

그림. 이동식 작업차(Form traveller)에 의한 가설공법

㉯ 시공순서

주두부에서 좌·우로 대칭을 유지하면서 이동식 거푸집을 세그먼트 단위로 순차적으로 이동하여 콘크리트를 타설한 후에 프리스트레싱을 하여 고정시킨다.

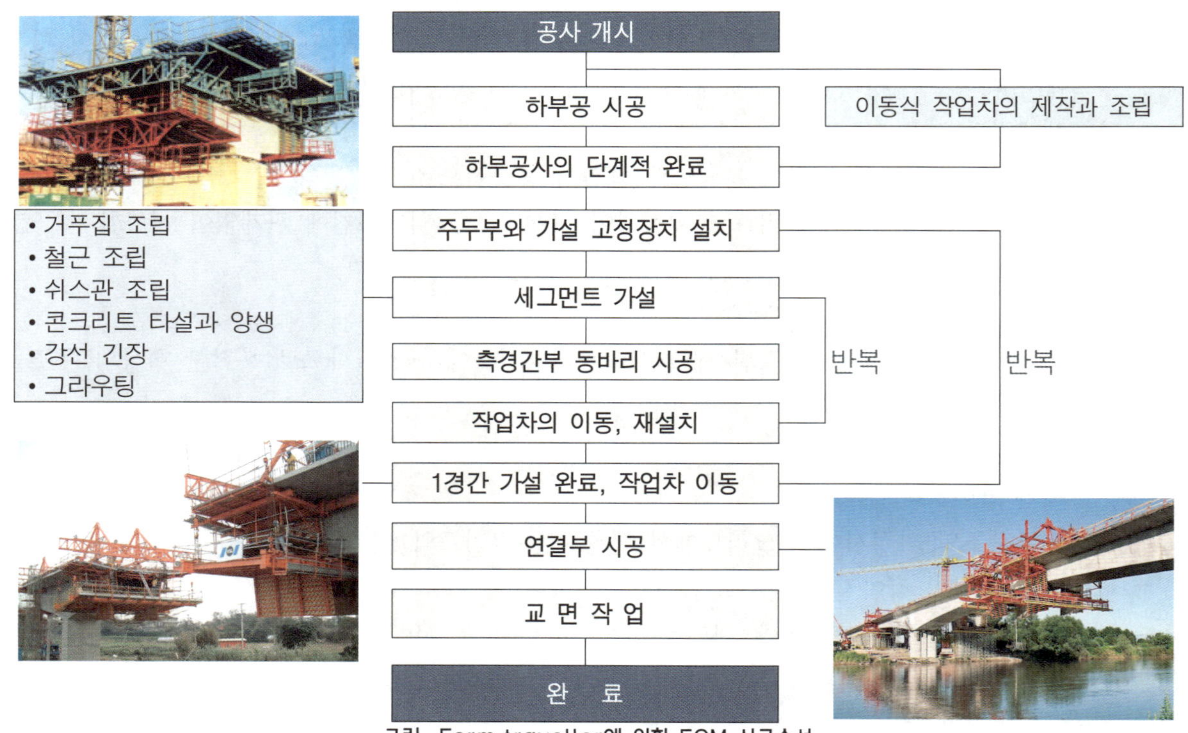

그림. Form traveller에 의한 FCM 시공순서

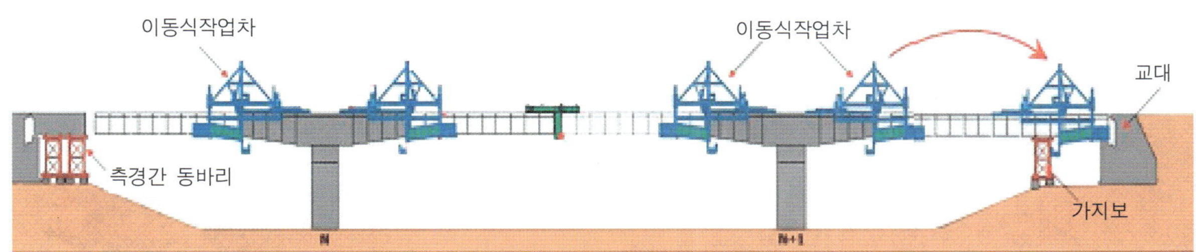

그림. 이동식 작업차(Form traveller)에 의한 가설

③ 시공 유의사항

㉮ 주두부

㉠ 주두부는 규모가 크고 콘크리트 타설량이 많으므로 동바리에 편압이 작용하지 않게 콘크리트를 타설하고 콘크리트의 수화열에 의한 온도 균열을 방지해야 한다.

그림. 주두부

㉡ 단면이 급격하게 변화하므로 단면이 감소하는 부분(복부, 하부 플랜지, 바닥판 등)에 대한 수화열 해석과 감열 대책, 헌치의 설치 등이 필요하다.

㉢ 동바리 조립시에 시공 중의 처짐을 예측하여 역캠버를 설치하고 변위를 확인하면서 시공을 한다.

(a) 동바리, 받침보 설치

(b) 측면 거푸집 설치

(c) 내부 거푸집 설치

(d) 슬래브 철근, 쉬스 설치

(e) 슬래브 콘크리트 타설

(f) 주두부 설치

그림. 주두부의 시공 [자료 출처 : VSL Korea]

㉯ 세그먼트의 시공

㉠ 시공순서

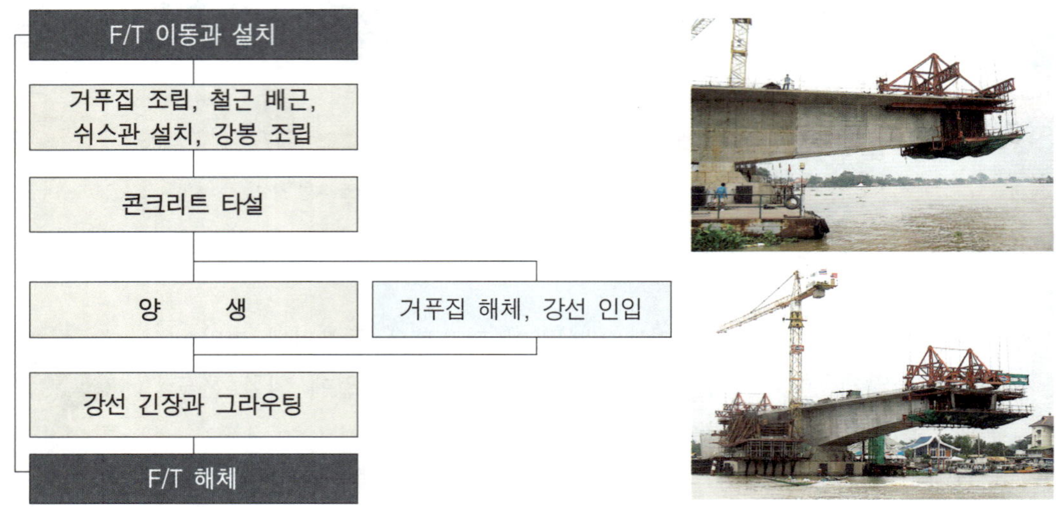

㉡ 이동식 작업차(Form traveller)의 이동 설치시 주의사항

ⓐ 이동식 작업차의 정착 위치, 레일의 배치와 정착부를 확인한다.

ⓑ 거푸집의 탈형상태를 확인한다.

ⓒ 이동식 작업차를 레일에서 내리거나 올릴 때에 거푸집이 변형되지 않게 좌·우의 잭을 균등하게 조작하고 작업차가 변형되지 않도록 좌·우의 틀(frame)을 균등하게 이동시킨다.

ⓓ 이동식 작업차는 풍속이 14m/sec 이상에서는 이동을 금지한다.

㉢ 철근과 쉬스(sheath)의 설치

ⓐ 하부 플랜지와 복부 철근을 동시에 조립하고 하부에 연결 텐던을 설치하기 위한 정착돌기(buttress)가 있는 세그먼트는 정착장치와 쉬스를 동시에 설치한다.

ⓑ 복부의 전단용 텐던은 복부 철근에 고정시킨다.

ⓒ 세그먼트에 개구부를 설치하여 자재 이동과 콘크리트 타설 시에 활용한다.

㉣ 세그먼트의 콘크리트 타설

ⓐ 표준 세그먼트의 길이는 3~5m을 사용한다.

ⓑ 콘크리트는 바닥판에 설치된 개구부를 통하여 하부 플랜지 콘크리트① ⇨ 복부와 하부 플랜지의 연결부분② ⇨ 복부 ⇨ cantilever부 ⇨ 바닥판과 복부의 연결부분③의 순서로 타설한다.

ⓒ 콘크리트 타설은 시공이음(cold joint)이 발생하지 않게 연속적으로 타설한다.

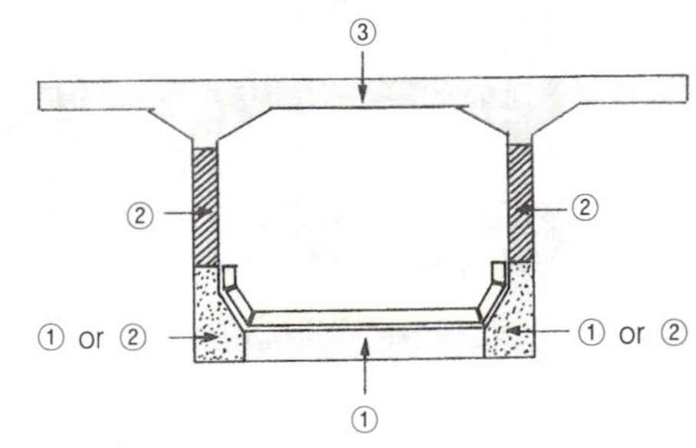

그림. 세그먼트의 콘크리트 타설순서

ⓓ 높은 위치에서 콘크리트를 투입하는 경우는 재료분리에 주의해야 한다.

ⓔ 정착부 뒷부분의 콘크리트 다짐은 쉬스 등이 손상되지 않게 주의한다.

ⓕ 바닥판 콘크리트는 교면의 평탄성과 포장의 내구성에 중요하므로 마무리에 유의해야 한다.

그림. 세그먼트의 콘크리트 타설

㉤ 양생

ⓐ FCM공법은 콘크리트의 양생상태가 작업공정과 처짐에 큰 영향을 미치므로 습윤양생 또는 피막양생을 실시한다.

ⓑ 동절기는 이동식 작업차에 양생 보호막과 보온설비를 설치한다.

㉥ 긴장

ⓐ 덕트(duct) 구멍의 정확도를 점검하고 덕트 내의 불순물(콘크리트 조각 등)을 제거한다.

ⓑ 콘크리트 강도가 설계기준강도의 70%에서 PC강선을 긴장한다.

㉦ 연결부 시공

ⓐ 연결부(key세그먼트)는 이동식 작업차를 이용하여 현장 타설 콘크리트로 연결한다.

ⓑ 연결부 시공

- 측경간 연결부 : 측경간의 동바리가 설치된 타설구간과 FCM 시공구간이 만나는 연결부
- 중앙 연결부 : FCM 시공구간이 서로 만나는 연결부

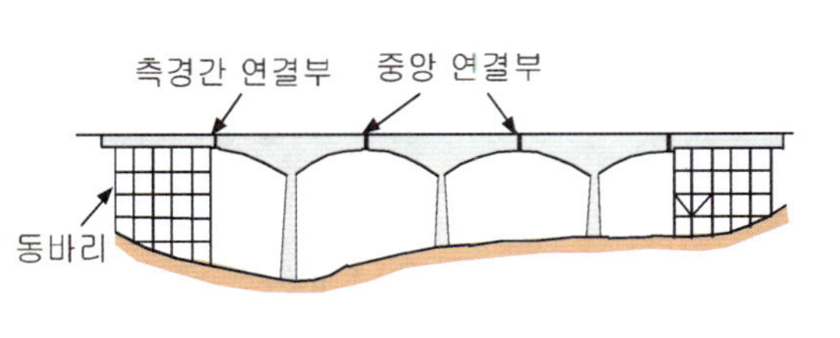

그림. 거더 연결부의 시공

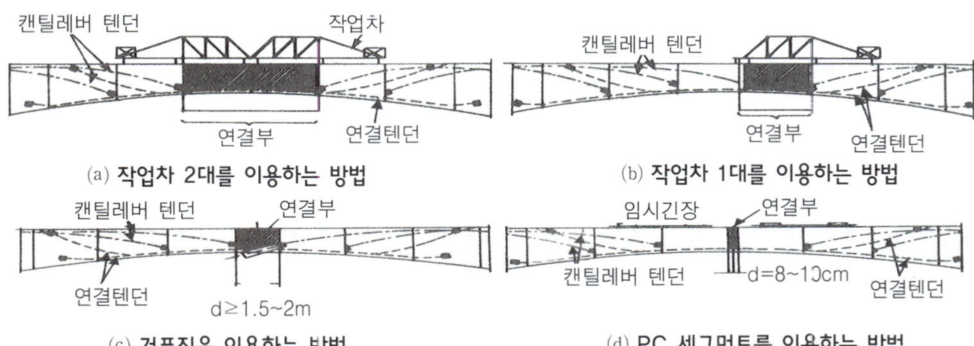

그림. FCM 중앙 연결부(Key segment)의 시공방법

제8장

3) 이동식 비계공법(MSS, Movable Scaffolding System)

이동식 비계공법은 거푸집이 부착된 이동식비계를 이용하여 상부구조를 1경간씩 시공하며, 이동식비계의 지지거더는 시공경간에 걸쳐서 동바리와 콘크리트의 무게를 지지하고 교각에 부착된 받침대는 비계, 동바리, 콘크리트의 하중을 지지하는 구조로 구성되어 있다. 동바리공법(full staging method)과 유사한 기계화된 가설공법으로 구조계산이 간단하고 거더의 강선 배치가 복잡하지 않다.

① MSS공법의 종류

시공방법은 브래킷(bracket)에 의해서 지지되는 이동식비계 위에 거푸집을 설치하고 콘크리트를 경간단위로 타설하는 방식으로 이동식 비계가 상부 구조물의 하부에 위치하여 이동하는 하부이동식과 주거더가 상부에 위치하여 이동하는 상부이동식이 있다. 상부이동식은 거푸집을 이동식비계에 매다는 구조이고, 하부이동식은 이동식 비계가 거푸집을 받쳐주는 형식이며 기본 원리는 동일하다.

㉮ 상부이동식(Overhead type)

교각과 교면 위에 설치된 이동 지지대에 가설용 거더를 설치하고 거더에 직각방향으로 설치한 현수재(hanger)에 매달린 거푸집을 이용하여 경간 단위로 콘크리트를 타설하여 가설하는 방법이다.

그림. 상부이동식 MSS공법

그림. 하부이동식 MSS공법

㉯ 하부이동식(Below type)

2개의 지보공 거더와 1개의 이동용 거더를 사용하여 교량을 1경간씩 시공하고 2개의 지보공 거더가 지지 브래킷에 의해서 교각 사이에 걸쳐지며 이동식 거푸집에 콘크리트를 타설하고 다음 경간으로 거더를 이동하는 작업을 반복하여 상부구조가 완성된다.

② 특성

㉮ 장점

㉠ 공사용 도로의 확보가 곤란한 하천, 계곡, 도로 등에서 하부조건에 관계없이 교량을 시공할 수 있으며 기계화된 비계와 거푸집을 사용하므로 신속하고 안전한 시공이 가능하다.

㉡ 기계화된 반복작업이므로 작업인원의 감소와 시공관리가 확실하고 가설용 지붕을 설치하면 우천작업이 가능하다.

㉢ 거푸집과 비계의 재사용이 가능하고 교각의 개수가 많고 높을수록 경제적인 공법이다.

㉯ 단점

㉠ 이동식비계의 제작비가 많이 소요되어 경간의 개수가 적거나 짧은 교량은 비경제적이고 변단면의 적용이 곤란하다.

㉡ 제작비가 고가이므로 재사용을 고려하여 교량의 경간장과 횡단면 등의 변화에 적용하도록 장비를 제작해야 한다.

③ 시공순서

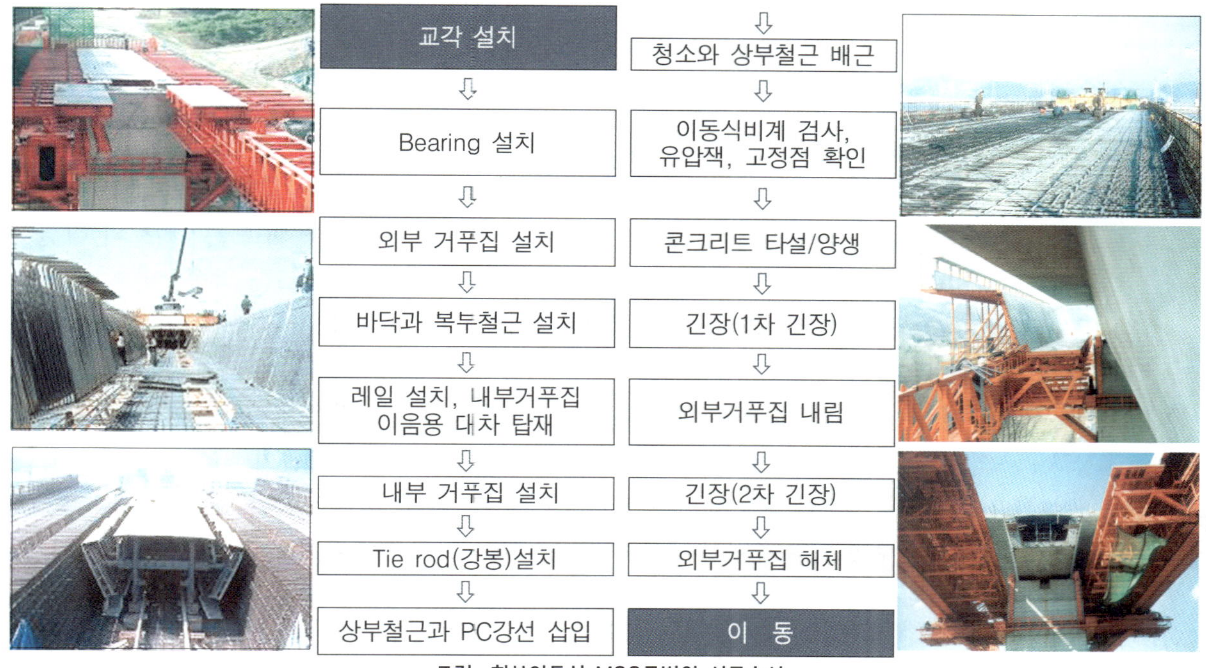

그림. 하부이동식 MSS공법의 시공순서

④ 시공 유의사항

㉮ 이동식비계의 조립방법

㉠ 지상에서 조립하여 가설하는 방법

㉡ 동바리를 이용하여 조립, 가설하는 방법

㉢ 지상에서 조립하여 이동, 설치하는 방법

㉯ 철근 조립과 거푸집

㉠ 철근과 거푸집의 조립과 탈형을 능률적으로 실시하여 공기를 단축한다.

㉡ 철근과 내부 거푸집을 블록화하여 기시공된 상부구조 또는 교하공간에서 조립한 후에 이동식비계의 외부 거푸집 내부에 크레인으로 설치한다.

㉰ 콘크리트 타설

㉠ 비계보가 과도한 탄성처짐으로 인하여 악영향을 받거나 콜드조인트가 발생하지 않게 콘크리트를 타설한다.

그림. 상부구조의 콘크리트 타설

㉡ 비계보의 탄성처짐이 큰 부분부터 콘크리트를 타설하고 콘크리트가 경화되기 전에 발생하는 탄성처짐과 시공성을 고려하여 앞 부분(선단부)부터 순차적으로 타설한다.

㉢ 콘크리트 타설시 유의사항

ⓐ 시공 이음부와 교량 받침 상부의 콘크리트 표면은 타설 전에 습윤상태를 유지해야 한다.

ⓑ 비계보에 비틀림이 발생하지 않게 상부 단면이 균형을 이루도록 콘크리트를 타설한다.

ⓒ 연속교는 신·구 콘크리트의 접속부가 변곡점이므로 비계보의 변형(처짐)에 의한 오차가 발생하지 않도록 유의한다.

㉣ 격벽(Diaphragm) 시공

㉠ 교각과 교대의 지점 위 또는 경간 중앙의 격벽은 연결 철근을 매입하고 콘크리트의 타설이 완료되면 내부 거푸집을 이동시킨 후에 격벽 철근을 조립하고 콘크리트를 타설한다.

㉡ 양생된 구 콘크리트와 새로 타설하는 격벽 콘크리트가 일체가 되도록 콘크리트를 타설한다.

㉤ 프리스트레싱공

㉠ 이동식 비계공법은 1경간씩 분할하여 시공하므로 PC강연선의 접속이 용이해야 한다.

㉡ 상부구조의 단면 형상과 경간 길이에 따라서는 이동식비계를 이동하기 전에 모든 PC강연선을 긴장하면 과다 프리스트레싱의 위험이 있다.

ⓐ 콘크리트 상부구조의 자중과 이동식비계가 이동 중의 후방반력에 저항하도록 PC강연선을 긴장하며 이동식비계가 1경간을 전진하고서 후방반력이 상부구조의 내민 부분에 작용한 후에 긴장한다.

ⓑ 이동식비계를 교각에 설치한 브래킷에 의해서 지지하는 경우는 상부구조의 자중만큼을 긴장하고 비계보를 하강하여 거푸집을 탈형시킨 상태에서 남은 양을 긴장한다.

㉰ 상부구조의 종방향 PC강연선을 긴장하면 교량이 상향력을 받고 전체 프리스트레스량을 도입(긴장)하면 교량 상부에 균열이 발생하므로 상부구조의 자중만큼의 프리스트레스를 도입한 시점에서 거푸집을 탈형한다.

㉥ 처짐(Camber) 관리

㉠ 연속교를 분할하여 시공하는 경우에 처짐관리는 시공단계마다 처짐도와 캠버도를 작성하여 외부 거푸집을 유압잭으로 조정한다.

㉡ 시공시의 처짐

ⓐ 이동식비계와 상부구조의 자중에 의한 비계보의 처짐

ⓑ 후방 지지하는 현수재의 지점반력에 의한 비계보와 상부구조의 처짐

ⓒ 프리스트레스와 크리프(creep)에 의한 교량 상부구조의 처짐

4) PSM(Precast Segment Method)공법

그림. PSM공법

PSM공법은 제작장에서 제작한 precast 세그먼트를 가설장소로 운반하여 설치한 후에 post tension에 의해서 세그먼트를 연결하여 상부구조를 완성시킨다. PSM공법은 현장타설 FCM공법과 구조적으로 동일하지만 세그먼트 제작장과 야적장 건설비용이 추가로 소요되고 현장타설 FCM공법보다 공기 단축이 가능하다.

① 특징

㉮ 분할하여 제작한 세그먼트를 제작장에서 가설지점으로 운반하여 교각 위에 매달아서 설치하고 부재의 축방향으로 프리스트레스를 가하여 일체로 만드는 가설방법이다.

㉯ 가설기계는 이동식 작업차, 가설거더, 인양기, 각종 크레인을 이용하고 세그먼트를 취급하기 쉬운 크기와 중량으로 제작하므로 대형 구조물과 복잡한 형상의 구조물에 적용할 수 있다.

㉰ 제작장에서 세그먼트를 제작하므로 품질관리가 양호하고 세그먼트의 제작을 하부공사와 병행하여 공기단축이 가능하지만 세그먼트의 운반과 가설에 대형설비와 넓은 작업장이 필요하다.

② 가설공법에 따른 분류

구분	캔틸레버 가설법 (Balanced cantilever method)	경간단위 가설법 (Span by span method)
개요	크레인 또는 가동 인양기에 의해서 교각을 중심으로 양측에서 순차적으로 세그먼트를 연결하여 cantilever를 조성하고 경간 중앙부를 연결	가동식 가설 트러스를 교각 사이에 설치하고 세그먼트를 그 위에 정렬한 후에 긴장을 하여 인접 경간과 연결
장점	· 교하공간이 필요없고 각 교각에서 동시에 가설하므로 공기 단축이 가능 · 가설장비가 다수 필요	· 단경간의 장대교량에서 가설 트러스를 반복하여 사용 · 경제적이고 가설 속도가 빠름
단점	· 시공 중의 free cantilever 모멘트에 의한 단면 증가와 처짐관리가 곤란 · 정확한 세그먼트의 제작과 시공이 필요	· 가설 트러스의 교하공간이 필요 · 곡선반경(R≥300m)의 제약 · 장경간 가설은 비경제적

③ 시공순서

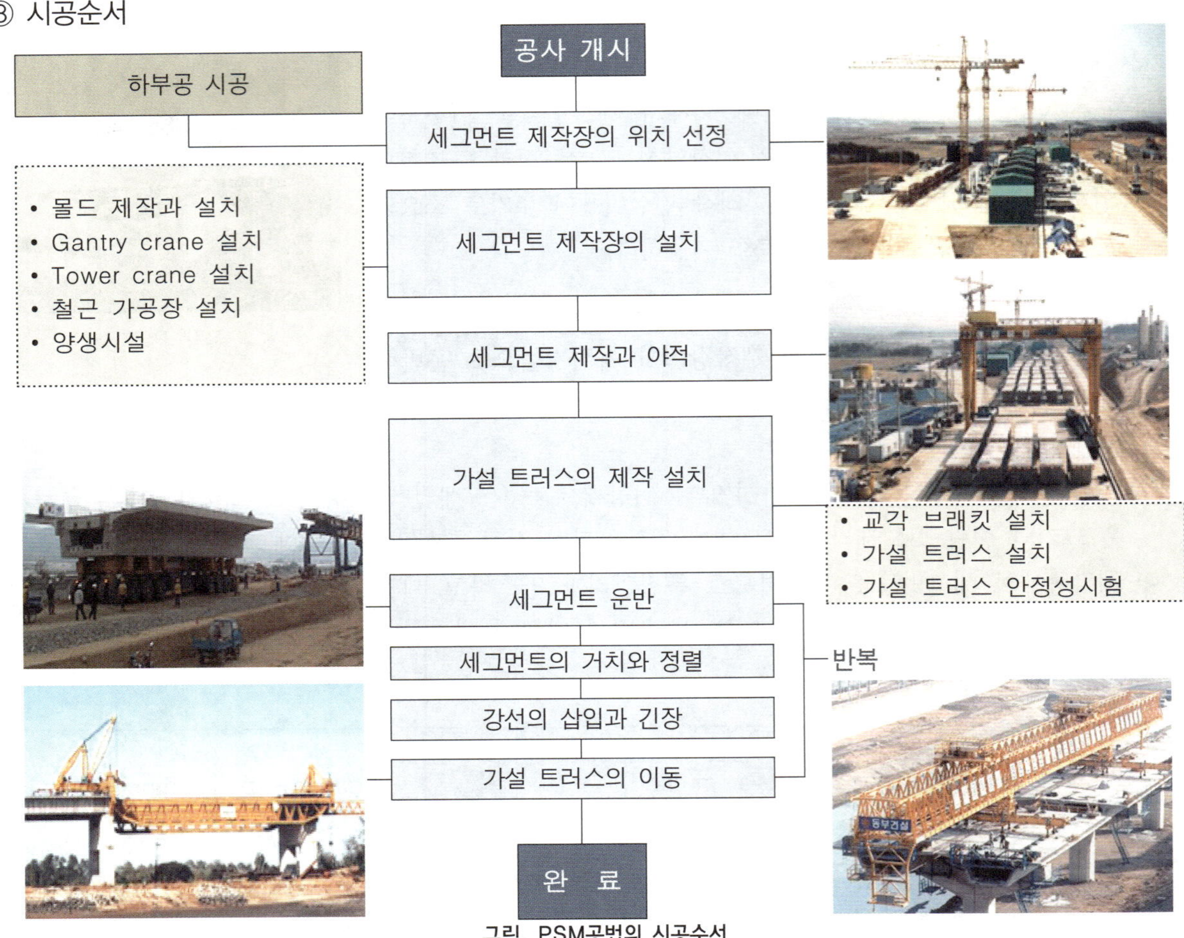

그림. PSM공법의 시공순서

④ 시공 유의사항

㉮ 세그먼트 제작장

㉠ 제작장과 야적장은 교량에 인접하여 자재 반입과 세그먼트의 반출이 용이한 장소에 설치하며 기초지반의 침하에 의한 세그먼트의 변형이 발생하지 않게 기초공사를 실시한다.

㉡ 제작장 설비

자재 야적장, 철근 가공과 조립장, 세그먼트 제작장, 세그먼트 야적장, 콘크리트 생산설비(batcher plant), 기계설비(양생설비, 급수설비, 전기설비 등), 창고, 사무실 등이 필요하다.

㉢ 제작장 규모

야적장은 최대 시공속도를 고려하여 28일간 소요되는 세그먼트의 야적공간이 필요하고 제작장과 야적장의 면적은 시공하는 교량면적의 약 1.5배가 소요된다.

㉣ 주요 부대시설

ⓐ 거푸집

• 소요 거푸집의 수량은 28일간 시공하는 세그먼트를 야적한 상태에서 생산된 세그먼트가 가설에 필요한 세그먼트 수량과 같게 산정한다.

• 거푸집은 측대, 내부 거푸집, 외부 거푸집, 운반대, 선형관리를 위한 조정대로 구성되어 있다.

ⓑ 철근 조립대

철근 조립대에서 철근과 쉬스를 조립하고 크레인으로 운반하여 거푸집에 거치하며 운반 중에 조립한 철근망이 변형과 손상이 발생하지 않도록 한다.

㉯ 세그먼트의 제작 : 세그먼트의 접합면을 거푸집으로 이용하는 match casting방법을 사용한다.

㉠ Long line 방법

ⓐ 일정한 길이의 제작대에서 세그먼트를 제작하므로 세그먼트의 형상관리가 용이하고 거푸집의 탈형 후에 세그먼트를 바로 이동시키지 않아도 된다.

ⓑ 구조물의 선형에 의하여 기초 선형이 바뀌므로 선형이 복잡하면 적용이 곤란하고 거푸집의 이동에 따른 콘크리트 타설, 양생, 관련시설의 이동이 불편하다.

㉡ Short line 방법

ⓐ 세그먼트 거푸집을 고정시키고 제작하며 long line 방법보다 작업공간이 적게 소요된다.

ⓑ 세그먼트의 품질관리가 용이하지만 기하학적 형상관리는 long line방법보다 어렵다.

㉰ 세그먼트의 취급과 운반

㉠ 세그먼트의 운반시에 인양 고리는 세그먼트 자중과 충격하중에 대한 안전율이 확보되어야 하고, 세그먼트 야적장이 평탄하여 비틀림에 의한 문제가 없도록 유의한다.

㉡ 불규칙한 노면에서 세그먼트를 이동할 때에 동적응력이 유발되어 세그먼트의 전단키와 가이드키가 손상되지 않도록 한다.

㉱ 주두부와 기준 세그먼트의 시공

㉠ 기준 세그먼트

ⓐ 교각 위에 처음으로 설치되는 기준 세그먼트의 측량 정밀도에 특히 유의한다.

ⓑ 기준 세그먼트의 설치 방법

• 기준 세그먼트를 설치하고 현장타설 주두부를 시공하는 방법

• 현장타설 주두부를 설치하고 양쪽에 기준 세그먼트를 설치하는 방법

• 기준 세그먼트를 크게 하여 주두부를 설치하는 방법

㉡ 세그먼트의 가설순서

ⓐ 야적장에서 운반된 세그먼트를 설치 위치에 이동시킨다.

ⓑ 세그먼트의 가접합과 접착제의 도포를 실시한다.

ⓒ 세그먼트의 임시 고정과 가긴장

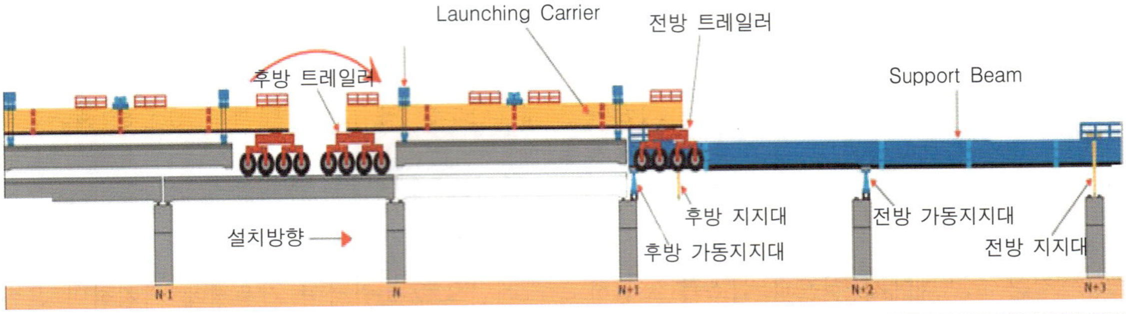

Launching Carrier
전방 트레일러
후방 트레일러
Support Beam
후방 지지대
전방 가동지지대
설치방향
후방 가동지지대
전방 지지대
N-1 N N+1 N+2 N+3

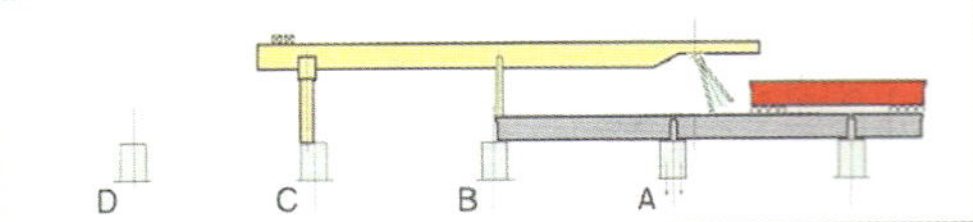 D C B A	① 후방 지지대가 열리고 박스거더가 가설장비 내부로 진입
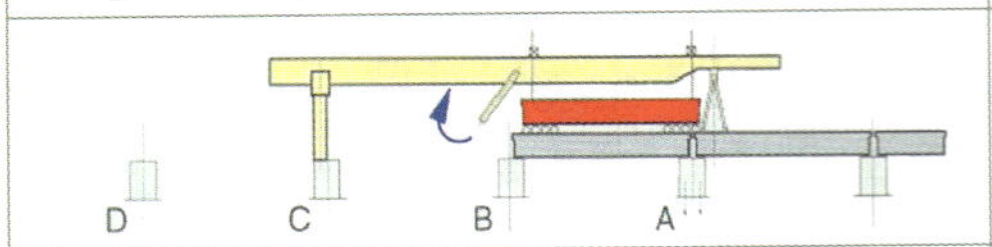 D C B A	② 후방 지지대가 정상 위치로 복귀하고 중간 지지대가 회전을 시작
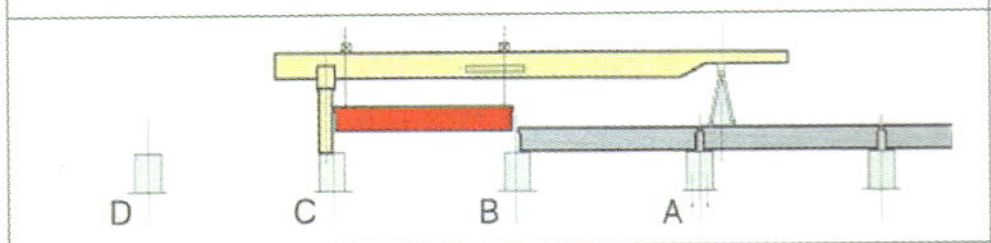 D C B A	③ 박스거더를 전진시켜서 가설 위치에 거치
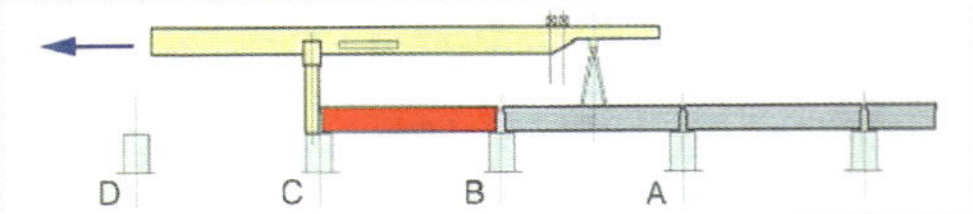 D C B A	④ Launching gantry가 후방 지지대의 구동력으로 이동
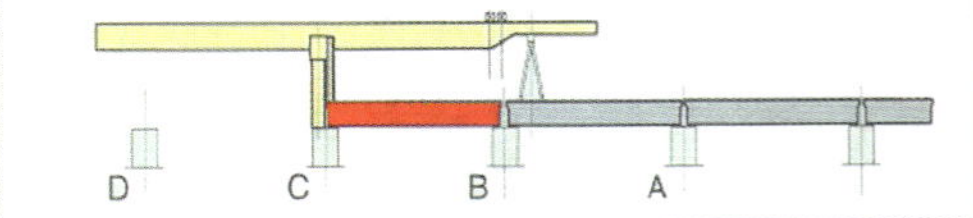 D C B A	⑤ Launching gantry의 이동 완료, 중간 지지대가 다음 경간의 교각에 위치
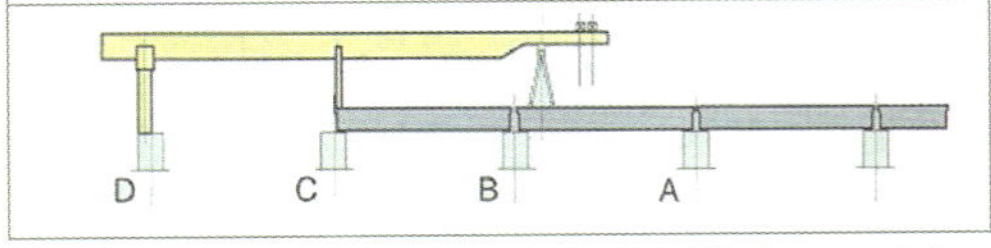 D C B A	⑥ 전방 지지대가 다음 경간의 교각에 위치하면 가설장비의 이동 완료

그림. Launching gantry에 의한 세그먼트의 가설순서

㉮ 가설방법

㉠ 크레인에 의한 가설

그림. 크레인에 의한 가설

ⓐ 가설지점으로 운반된 세그먼트를 크레인으로 인양하여 설치

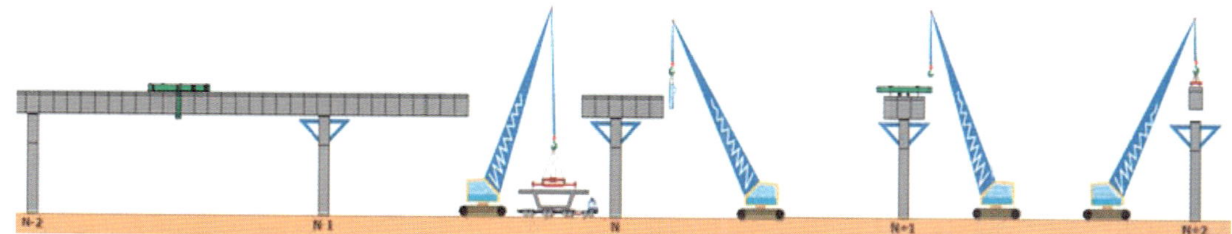

ⓑ 동바리 상부에 크레인으로 세그먼트를 인양하여 설치

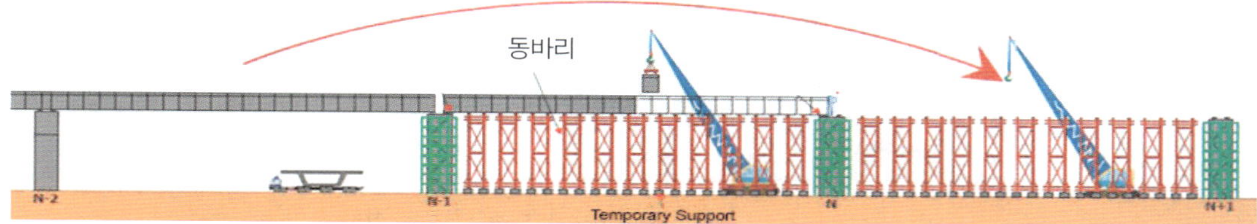

㉡ 이동 인양기에 의한 가설

운반된 세그먼트를 상부구조에 설치된 이동 인양기로 들어 올려서 세그먼트를 가설하는 방법으로 인양기 본체와 차륜, 이동장치와 세그먼트를 들어 올리는 윈치로 구성되며, 세그먼트의 가설 시에 전방은 지지 잭(jack)으로 후방은 주거더에 고정된 강봉으로 지지한다.

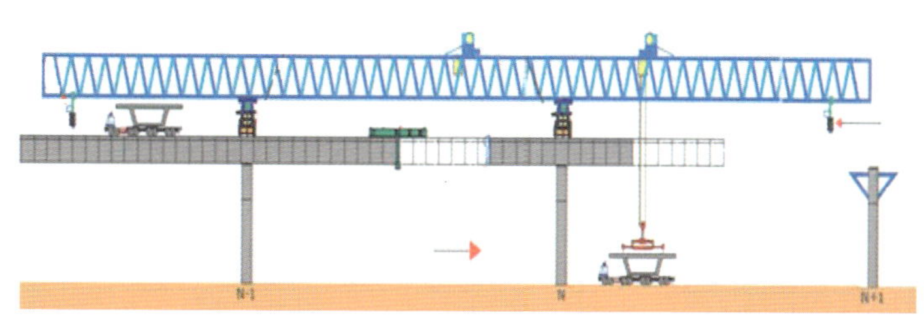

그림. 이동식 인양기에 의한 가설

㉢ 이동 작업거더에 의한 가설

상부구조 또는 교각에 설치한 작업거더에 세그먼트를 매달아서 운반·가설하는 방법으로 하천, 교하교통의 제약으로 세그먼트를 교각 하부에 운반할 수 없거나 경간수가 많은 경우에 채택하며 세그먼트를 이동 작업거더의 크레인에 매달아서 운반한다.

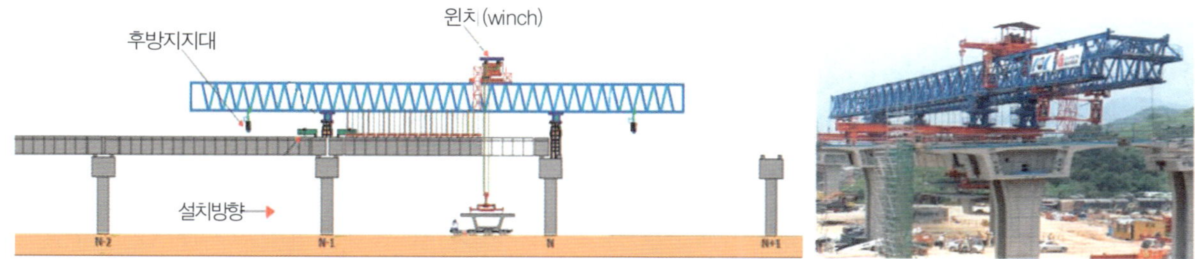

㉡ 세그먼트의 설치 주의사항

㉠ 접착제의 접착 불량

ⓐ 에폭시 수지와 경화제의 혼합이 잘못되면 접착이 불량해진다.

ⓑ 에폭시의 접착 성능과 접합면의 상태에 따라서 접합부의 전단강도가 변화한다.

㉡ 설계하중 이외의 과적하중이 가설 중에 가해지지 않도록 한다.

그림. Precast 세그먼트의 설치

㉢ 선형 불량

캠버곡선(theoretical casting curve), 세그먼트 분할 값과 인접 세그먼트와의 상대 좌표를 세그먼트의 제작과 가설시의 측정자료와 비교하면서 시공하면 현장계측의 정밀도가 증대한다.

㉣ 쉬스와 정착부 공동 내의 수분 동결

쉬스와 정착부의 공동은 수분이 동결하기 전에 충진 그라우팅을 실시하고 쉬스에 그라우팅이 되지 않은 상태로 장시간 방치하면 부식이 발생할 수 있다.

㉦ 처짐관리

㉠ 오차의 원인

ⓐ 세그먼트 제작의 오차(제작대, 기초 침하, 바닥판의 마무리 오차 등)

ⓑ 세그먼트 제작대의 침하에 의한 이음부 상면의 틈

ⓒ 교각 세그먼트의 설치 오차

ⓓ 처짐량의 가정치와 실측치의 차이(콘크리트 자중, 탄성계수, 크리프계수)

㉡ 세그먼트 가설시의 허용오차

ⓐ 가설 위치에서 인접 세그먼트의 외부면 사이와의 편차는 6mm 이내

ⓑ 연직방향 세그먼트 사이의 연직각 변화는 설계치와 실측치가 0.3% 이내

5) 연속 압출공법(ILM, Incremental Launching Method)

ILM공법은 동일한 형상의 거더를 교대 후방의 제작장에서 일정한 길이의 단위부재로 제작하여 교량의 경간을 통과할 수 있는 평형 압축력을 post tension방법에 의해서 미리 제작된 상부구조물에 프리스트레스를 도입시킨 후에 연속적으로 접합하고 교축방향으로 압출장비를 이용하여 밀어 내면서 교량을 가설하는 공법이다.

부재의 압출은 제작장과 인접한 1개소(교대)에서 압출하는 집중 압출방식과 각 교각에 압출장치를 분산하여 압출시키는 분산 압출 방식이 있다. 장경간 교량은 주거더의 캔틸레버 작용에 의해 휨 응력이 크게 발생하는 것을 경감시키도록 선단에 선행 압출 노즈(launching nose)를 설치하고 경간이 길면 세그먼트가 처지지 않도록 중간에 가교각을 설치하고서 압출한다.

그림. 연속 압출공법(ILM)

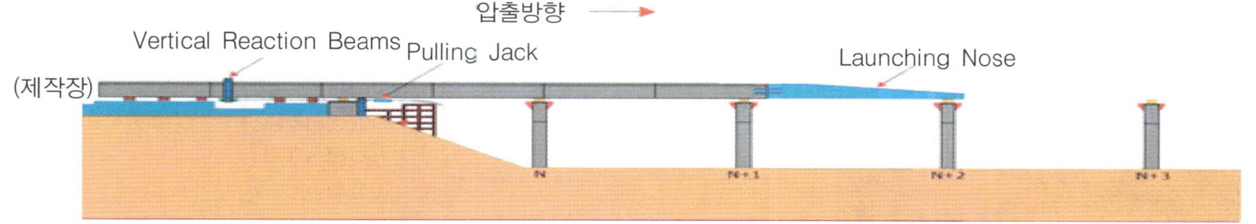

그림. ILM(Incremental Launching Method) 시공순서

① 특징

㉮ 제작장에서 세그먼트를 제작하므로 시공관리가 용이하고 작업장에 보온장비가 설치되므로 외부 기후조건의 영향을 받지 않고 공사를 진행할 수 있다.

㉯ 거푸집이 기계화되어 해체가 신속하며 정밀한 단면의 거더를 제작할 수 있다.

㉰ 콘크리트 타설과 프리스트레싱 작업 등의 모든 공정이 일정한 장소에서 이루어지므로 자재 운송이 편리하여 작업이 능률적으로 진행된다.

㉱ 교대 후방 또는 제1교각의 후방에 세그먼트 제작장을 설치하므로 제작장 설치에 제약이 있다.

㉲ 경간장이 길어지면 단면의 높이와 자중이 증가하고 압출 노즈도 길어져서 적용 경간은 60m 정도이며 교장이 짧으면 제작장 설비 등의 초기 투자비용이 커져서 비경제적이다.

② 장점

㉮ 반복작업의 수행과 전천후 제작이 공장생산과 같은 효과가 있으며 반복되는 거푸집의 가설과 해체에 소요되는 시간을 절약할 수 있다.

㉯ 연속교로 시공되므로 신축이음장치의 설치개소가 감소하여 주행성이 개선된다.

㉰ 자재 운반거리가 단축되고 품질관리가 우수하며 안전성과 현장의 청결성 유지에 유리하다.

③ 단점

㉮ 직선 구간과 단일 원곡선(R ≥ 450m 이상)의 교량에만 적용할 수 있고 교대 배면에 넓은 세그먼트 제작장이 필요하다.

㉯ 상부 구조물의 단면 높이가 일정하여 장경간 교량에서 변단면을 적용할 수 없으므로 재료 절감이 곤란하다.

㉰ 압출시에 발생하는 모멘트를 지지하는 별도의 프리스트레싱이 필요하다.

④ 시공순서

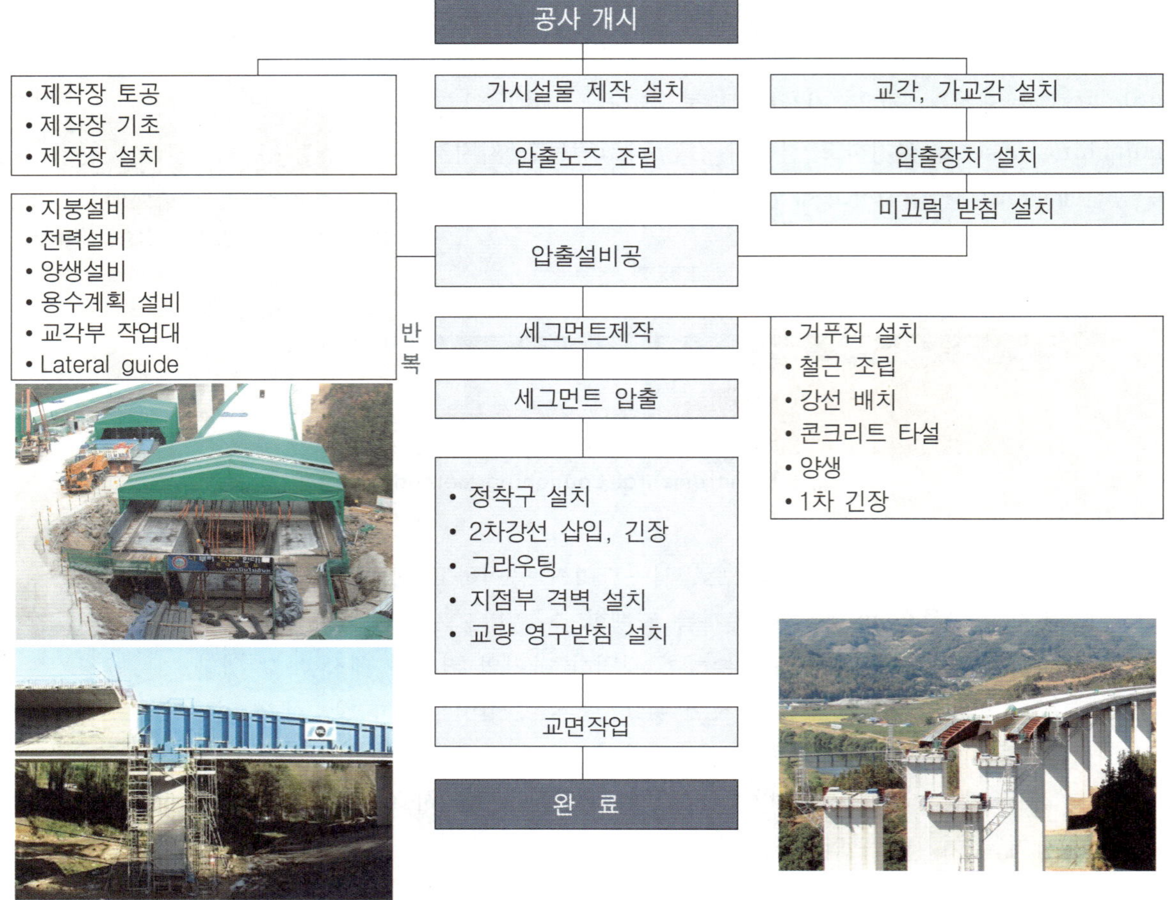

그림. ILM 공법 시공순서 [자료출처 : VSL Korea]

⑤ 시공 유의사항

㉮ 조립 제작장

㉠ 제작장의 지반 지지력이 충분하여 침하가 발생하지 않아야 한다.

㉡ 압출용 교대와 가설 교각의 사이를 연결용 beam으로 보강하고 가설 교각의 압출용 임시 받침 장치는 철재 단면으로 보강을 실시한다.

㉯ 상부 구조물(PSC box girder)의 제작

㉠ 박스거더의 총연장과 시공 길이는 긴장에 의한 수축량을 고려하여 제작한다.

㉡ 박스거더의 양 연단에 설치하는 교량받침의 여유 폭을 고려해야 한다.

㉢ 신축이음장치가 설치되는 박스거더 상부의 개구부(block-out)는 이음 설치용 철근을 제작시에 노출시키고 신축이음장치는 유간 간격을 고려하여 설치한다.

㉣ 콘크리트의 타설과 자재 반입을 위한 개구부를 박스거더에 설치해야 한다.

㉰ 거푸집과 launching nose의 설치

㉠ Launching용 거푸집(mould)

ⓐ 거푸집 바닥에서 sliding plate를 지지하는 rail plate가 수평을 유지하게 설치하고, 거푸집 바닥의 sliding plate를 견고하게 지지한다.

ⓑ 거푸집을 들어 올리는 유압잭이 충분하게 하중을 지지하고 침하가 발생하지 않게 설치한다.

ⓒ 신·구 세그먼트의 접속부가 일체가 되도록 거푸집을 설치한다.

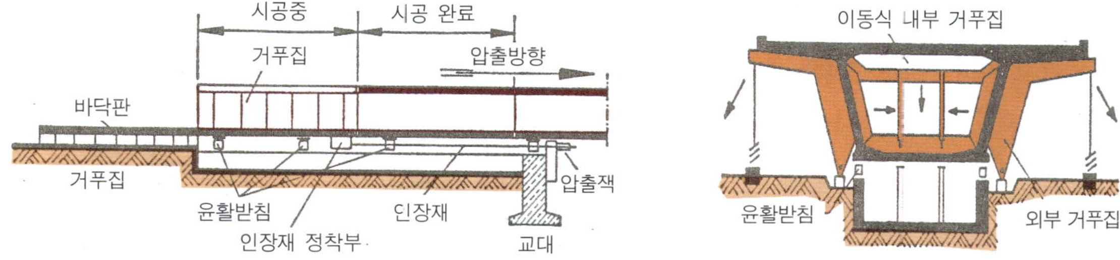

그림. ILM공법에 적용하는 거푸집 형태

㉡ Launching nose

ⓐ 하부 플랜지가 수평을 정확하게 유지하고 lateral guide와 launching nose의 pad 접촉면에 굴곡이 발생하지 않도록 한다.

ⓑ Launching nose와 상부 구조물을 연결하는 텐던의 고정 정착부는 철근으로 보강하여 균열을 방지해야 한다.

그림. Launching nose의 설치와 압출작업 [자료출처 : VSL Korea]

㉱ 압출용 교대

㉠ 압출 잭의 설치공간을 확보하고 압출 잭의 지지점을 견고하게 고정시킨다.

㉡ 압출 잭을 정확하게 설치하고 초기와 최종 압출단계에 필요한 보조 압출장치를 설치한다.

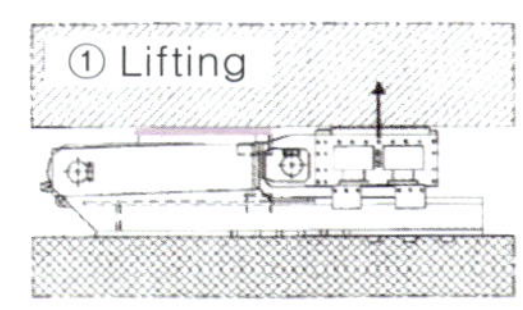

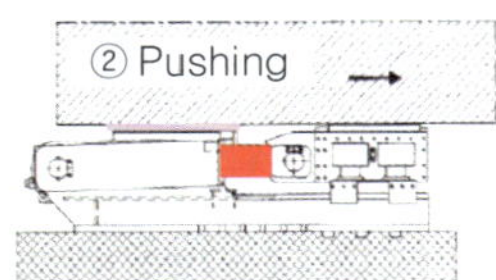

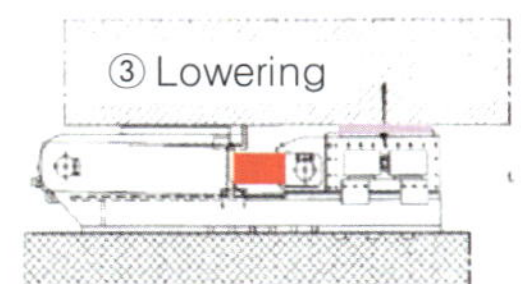

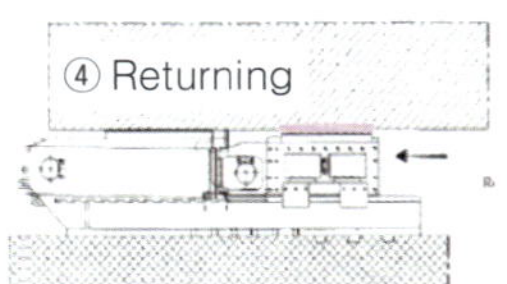

그림. 압출 작업시 추진 잭의 거동

㉮ 가설 구조물과 압출 보조시설

㉠ 증기양생 설비가 충분한 용량을 가져야 하며 최대 양생온도는 60~70℃, 시간당 상승 온도는 20℃ 이내로 한다. 증기양생이 끝나면 양생포로 덮어서 직사일광을 피하도록 한다.

㉡ 상부 구조물의 복부(web) 중심선에 flat jack을 설치하여 세그먼트를 상승시킨다.

(a) 제작장 Nose 설치 (b) Braking saddle (c) 임시 받침

(d) 추진 잭(Jack) (e) Nose jack (f) Jack / Pulling 지지대

그림. ILM공법의 압출 시스템

㉯ 교량받침장치

㉠ 교량받침장치는 압출 후에도 계속하여 사용하므로 위치와 수평이 정확하게 설치한다.

㉡ 압출시에 교량받침장치가 상부 구조물과 교각 coping의 사이 공간을 견고하게 지지해야 한다.

㉢ 교량받침장치의 이동량, 규격, 가동방향이 정확하게 설치한다.

6) PSC 빔(Beam)

일반적인 PSC 거더교는 콘크리트 beam을 제작하고 강선(strand)을 삽입하여 긴장한 후에 완성된 beam을 가설하고 슬래브 콘크리트를 타설하는 순서로 시공한다.

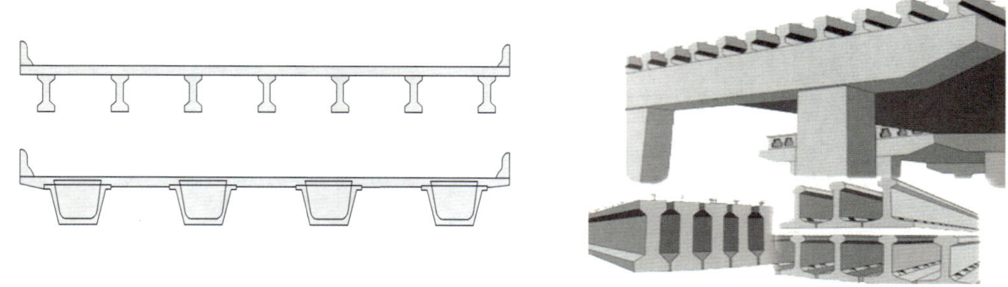

그림. PSC beam의 단면

① 제작

㉮ PSC beam의 제작장은 beam의 제작과 반출이 용이한 위치에 설치하고 beam의 제작 중에 지반의 부등침하가 발생하지 않게 충분한 지지력을 가져야 한다.

㉯ PC강선의 긴장시에 침하가 발생하지 않도록 지반과 거푸집의 지지대를 견고하게 고정하여 보의 자중과 거푸집의 중량에 의한 변형이 없어야 한다.

㉰ PSC beam 제작 순서

㉠ 철근 조립

철근의 조립 전에 제작대를 청소하고 철근의 이음부가 한곳에 집중하지 않게 배치하며 콘크리트 타설시에 움직이지 않도록 견고하게 조립한다.

㉡ Sheath관과 강선 배치

PC강선을 배치할 때에 쉬스관과 정착장치에 손상이 없고 긴장에 지장이 없도록 콘크리트 블록, 강재 등으로 견고하게 지지하며 콘크리트를 타설할 때에 거푸집과의 상대위치가 변하지 않아야 한다.

㉢ 정착장치와 접속장치의 조립과 배치

정착장치의 지압면은 PC강선과 직각으로 설치하고 정착장치와 접속장치의 배치가 끝나면 파손된 것을 교체하거나 보수한다.

㉣ 거푸집 검사와 설치

거푸집은 공사 중에 작용하는 연직과 수평방향의 하중, 콘크리트의 측압을 고려하여 변형과 침하가 일어나지 않도록 견고하게 설치한다.

(a) **철근, 쉬스관 조립**

(b) **거푸집 조립과 콘크리트 타설**

(c) **양생**

그림. PSC Beam의 제작

㉤ PSC beam의 양생

콘크리트 타설 후에 충분한 양생을 하고 경화되지 않은 콘크리트가 진동, 충격, 하중에 의해서 손상되지 않도록 보호한다. PSC beam의 증기양생은 콘크리트를 타설하고 초기경화가 시작되고서 3시간이 경과된 후에 시작하며, 지연제를 사용한 경우는 4~6시간이 경과하고서 증기를 가하기 시작한다. 증기양생이 종료되어 기온을 하강시킬 때는 시간당 20℃ 이하로 서서히 온도를 낮추며 대기 온도보다 10℃가 높아질 때까지 계속적으로 관리한다.

㉣ 긴장작업

㉠ 실제 긴장력과 늘음량이 상이한 결과가 나오는 경우는 늘음량을 기준으로 하고 설계 늘음량의 10% 이내에서 조정한다.

㉡ PC 강연선의 긴장은 PSC beam의 양단에서 긴장력이 동시에 작용하도록 1개의 유압기를 사용한다.

㉢ PC 강연선의 정착구에 잭을 설치하고 매 100kg/cm^{2}의 압력마다 잭의 ram길이를 측정한다.

㉤ 운반과 보관 유의사항

제작된 PSC beam은 견고한 받침대 위에 보관하여 부등침하가 일어나지 않고 바람 등에 의하여 전도되지 않도록 지지대로 PSC beam을 고정시켜야 한다. 설치한 PSC beam은 직사일광을 피하고 방풍이 잘 되며 PSC beam을 서로 연결하는 cross-beam의 연결 철근이 녹슬지 않도록 보호한다.

(a) PSC beam 운반

(b) PSC beam 거치

(c) Cross beam 설치

그림. PSC beam 운반, 거치와 cross beam의 설치

② 가설

㉮ PSC beam의 하부에 안전망을 설치하여 낙하물에 의한 안전사고를 예방한다.

㉯ Beam을 거치하고서 와이어로프, 삼각 프레임, 강재틀로 고정하여 전도를 방지하고, 즉시 cross beam의 철근을 연결한다.

㉰ Beam을 가설하고 교량 받침(bearing)의 고정용 볼트를 반드시 체결한다.

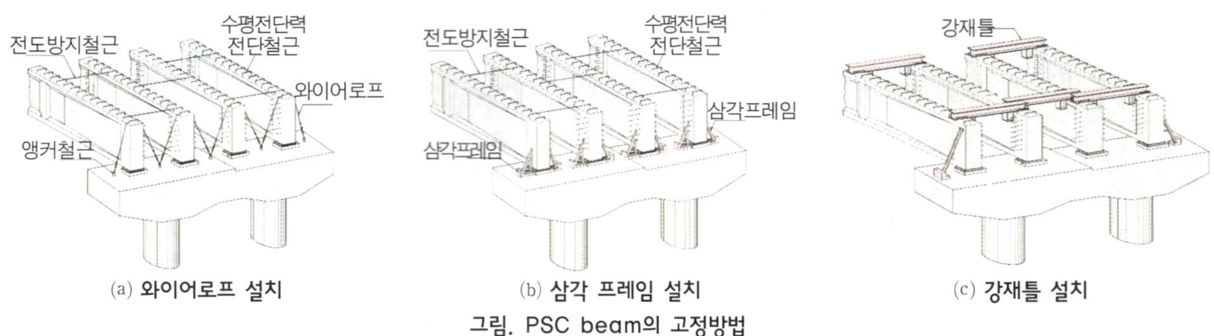

(a) 와이어로프 설치 (b) 삼각 프레임 설치 (c) 강재틀 설치

그림. PSC beam의 고정방법

③ PSC beam 검사

㉮ 받침부와 가로보에서 콘크리트의 부스러짐과 균열은 주거더에 부등침하가 발생하는 원인이 될 수 있다.

㉯ PSC beam은 전단 보강철근이 적게 배치되므로 전단 균열의 발생에 유의해야 한다.

㉰ PC 강선의 정착부는 균열이 발생할 가능성이 높다.

㉱ Beam의 하향 처짐은 부족한 프리스트레스가 원인이며 하향 처짐의 조사시에 빔 하부의 전체적인 정렬상태도 조사한다.

7) 여러 가지 PSC beam과 Girder 공법

① IPC(Incremental Prestressed Concrete) girder

㉮ 개요

㉠ PSC beam은 긴장력을 1회에 도입하여 모든 설계하중을 받으므로 초기에 모든 설계하중과 긴장력을 받는 큰 단면과 높이가 필요하고 거더 자중이 증가하므로 장경간에 불리하다.

㉡ IPC 거더는 시공단계의 하중 증가와 슬래브와의 합성을 고려하여 단계적으로 긴장력을 도입하므로 거더 자중이 작아서 장경간 시공이 가능하고, 거더 제작시에 쉬스관 내에 배치한 여분 강선을 이용하여 추가 긴장력을 도입할 수 있다.

그림. IPC girder의 설치

㉯ 구조적 특성

㉠ 거더와 거더간의 철근 강결과 2차강선의 연결 긴장으로 연속 지점부에 대한 구조적 안정성 확보

㉡ 단계적으로 긴장력을 도입하여 효율적인 단면 설계

㉰ 적용성

㉠ 거더 높이가 낮아서 교하공간의 확보에 유리하고 성토고가 낮아진다.

㉡ 장경간(40~50m)의 단순교, 연속교에 적용성이 우수하다.

㉱ 제작순서

㉠ 철근과 쉬스관의 조립

㉡ 거푸집 조립, 콘크리트 타설, 양생

㉢ 1차 강선의 긴장과 그라우팅 실시

㉣ 거더의 운반과 거치

㉤ 슬래브 콘크리트의 타설, 양생, 2차 강선의 긴장

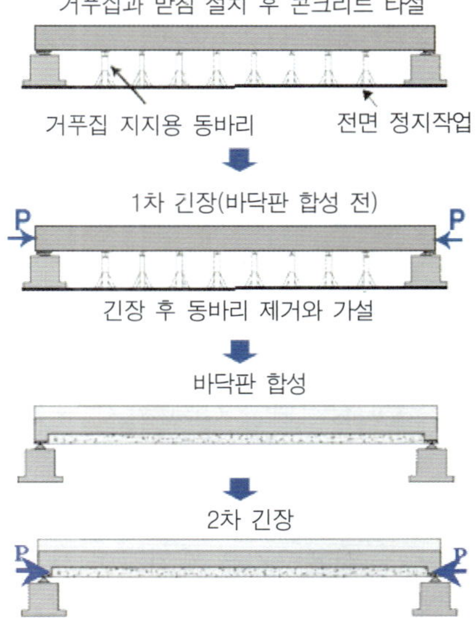

그림. IPC girder의 제작[자료출처:인터컨스텍]

② Preflex beam

㉮ 개요

Preflex beam은 camber가 주어진 상태의 강거더(I-girder)에 휨 변형을 발생시키는 하중(preflexion)을 가해서 휨 강성으로 인장측 플랜지(flange) 콘크리트에 선행 압축 prestress를 도입한 공법으로 강거더와 콘크리트의 장점을 활용한 합성거더이다.

㉯ 특징

㉠ 제작시에 Preflexion하중에 의해서 강거더에 최대의 압축, 인장, 휨 응력이 발생하고 하중을 제거하면 하부 플랜지 콘크리트에 압축 휨응력이 가해지므로 안정성이 우수하다.

㉡ 강거더와 하부 플랜지 콘크리트가 고강도 재료로 구성되고 거더와 슬래브의 콘크리트를 일체로 타설하므로 교량의 강성이 커지고 내구성과 내부식성이 양호하다.

㉢ 형고비(거더 높이와 경간의 비율 : 1/30~1/40)가 PSC beam보다 유리하다.

㉣ 동바리가 없이 상부구조를 가설하므로 공사비 절감과 교하공간의 이용이 가능하고 공장 제작한 Preflex beam을 사용하므로 안정성이 우수하다.

표. Preflex Beam 교량의 특성

재하 상태	단면 상태	비 고
		① 설계 camber량에 의해 I-Girder의 용접 제작
P Preflexion P		② 설계 모멘트를 포함한 Preflexion 하중의 재하
P P		③ ②의 상태에서 하부 플랜지 콘크리트 타설
P Release P		④ 하중을 제거하여 하부 플랜지 콘크리트에 압축력을 도입 – Preflex beam 완성
		⑤ Preflex beam 가설과 슬래브 콘크리트 타설
		⑥ Preflex beam과 slab가 합성되고 마감하중 작용
		⑦ 적재하중이 재하된 상태

㉰ 제작 순서

㉠ 강거더를 camber가 주어진 상태로 제작

㉡ Preflexion 상태에서 설계 하중을 가함

㉢ 하중을 가한 상태에서 하부 flange 둘레에 콘크리트 타설

㉣ 설계하중을 제거하면 하부 flange에 pre-compression이 도입

㉤ Preflex beam은 강거더의 휨 변형에 의한 프리스트레스 도입이 특징이므로 각 시공단계마다 거더의 형상과 변형을 측정하여 프리스트레스의 도입을 확인

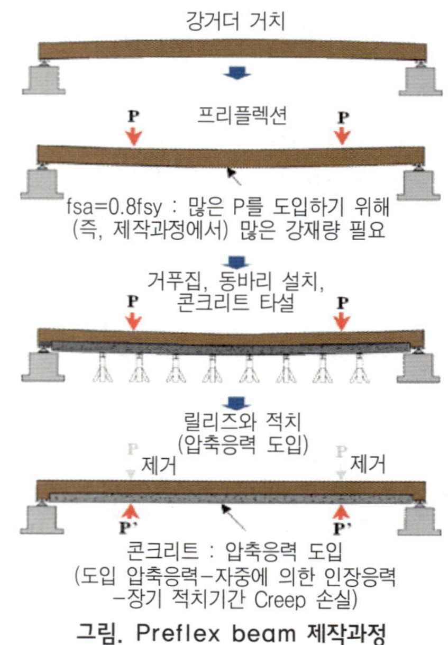

그림. Preflex beam 제작과정

㉱ 타형식과의 비교

㉠ 거더 높이

ⓐ 형고비(span depth ratio, L/H) : 40까지 가능

ⓑ 최저 거더 높이 : 50cm

㉡ 적용 경간은 15~50m이고 경간에 따른 거더 높이가 유리

㉢ 응력범위가 작은 preflex beam은 피로에 안전

㉣ 처짐과 유지관리

ⓐ Preflex beam은 동일한 거더 높이의 강거더보다 처짐과 진동이 적다.

ⓑ Preflex beam은 강거더를 콘크리트로 피복하므로 유지 관리비가 적게 소요된다.

표. 프리캐스트 빔 교량의 특성

	R.P.F 빔	프리플랙스 빔	PSC 빔
구 성	철근콘크리트 + I형 거더 + PC강선	철근콘크리트 + I형 거더	철근콘크리트 + PC 강선
PS도입방식	· Preflexion · PC강선 Prestressing	· Preflexion	· 강연선 Prestressing · Full Prestressing
콘크리트 허용인장 응력과 균열	· 하부 플랜지의 인장응력을 PC강선으로 제어하여 압축 상태 유지 · 장기거동에 유리	· 2.0 $\sqrt{f_{ck}}$ (40kgf/cm^2)까지 인장응력과 균열 허용	· 시방서에서 1.5 $\sqrt{f_{ck}}$ 까지 인장응력을 허용 · 허용인장응력을 0.75 $\sqrt{f_{ck}}$ 로 하향 적용
허용처짐	· 충격 포함한 활하중상태에서 콘크리트교 기준 L/800 제한 (경간장 L=40m에서 5cm)	· 충격 포함한 활하중상태에서 콘크리트교 기준 L/800 제한 (경간장 L=40m에서 5cm)	· 충격 포함한 활하중상태에서 콘크리트교 기준 L/800로 제한 (경간장 L=40m에서 5cm)
적용 경간	· 중경간(30m~50m)	· 중경간(30m~50m)	· 단경간(25m~30m)
거더 높이	· 낮은 거더 높이 (H=1.0m~2.0m)	· 낮은 거더 높이 (H=1.0m~2.0m)	· 높은 거더 높이 (H=1.5m~2.5m)
유지관리	· 균열 발생을 허용하지 않음 · 유지관리 양호	· 균열 발생 빈도가 높음 · 유지관리 불량	· 균열 발생이 없어서 유지관리 양호
빔 가설 안전성	· 빔의 무게 중심이 낮아서 가설시에 안전		· 빔의 무게 중심이 높아서 가설시에 전도 방지공 필요

(2) 강교의 가설공법

강교는 콘크리트 교량과는 다르게 박판을 보강한 구조체를 형성하여 외력에 저항하므로 구조 계획, 구조 형식, 부재 배치, 보강방법에 따라서 구조의 응답거동이 상이한 구조이다.

강교의 가설은 부재의 조립과 현장 이음작업으로 구분하고 가설방법이 달라지면 완성 후의 응력상태가 변하므로 안정성있는 가설공법의 선정이 중요하다.

1) 벤트공법(Staging 가설공법)

교량 부재를 크레인(트럭 크레인, crawler crane)으로 인양하여 지상에서 조립한 지지대(bent)에 일시적으로 지지하고 연결하는 공법이며 가장 일반적인 강교의 가설방법이다.

벤트(bent)는 교량 형식과 가설지점의 지형에 따라서 이음과 격점을 모두 지지하거나 지상에서 조립한 부재를 소수의 벤트로 지지하는 경우가 있고, 높게 설치된 벤트는 조립 시에 바람 등의 영향을 고려하여 버팀줄을 설치해야 한다.

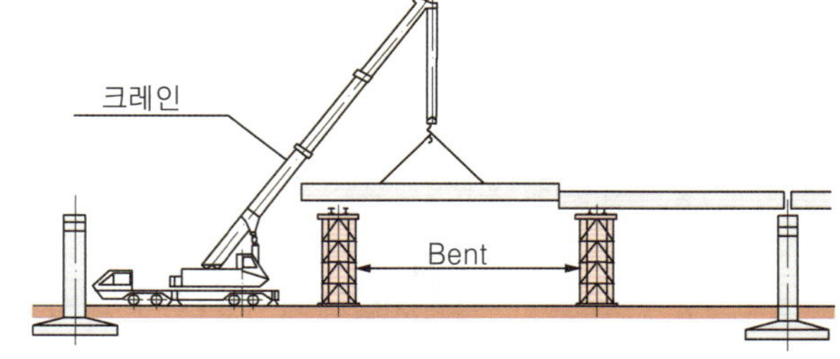

그림. Bent에 의한 가설

① 특징

㉮ 작업이 단순하며 작업관리와 camber의 관리가 용이하다.

㉯ 무응력상태로 거더 가설이 가능하고 곡선거더의 설치가 용이하다.

㉰ 기동성이 우수하고 작업이 신속하여 교하 교통의 차단 시간이 짧아진다.

㉱ 거더의 가설위치가 너무 높으면(20~30m 이상) 벤트 설비가 커져서 작업능률이 저하하고 크레인작업에 필요한 가교 또는 우회도로가 필요하며 수상에서는 벤트의 설치가 어렵다.

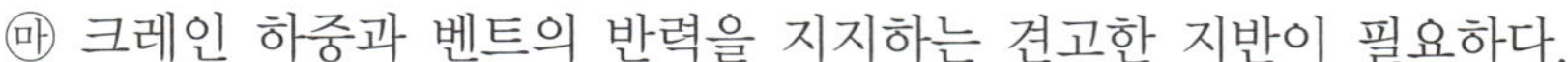

㉲ 크레인 하중과 벤트의 반력을 지지하는 견고한 지반이 필요하다.

그림. Bent에 의한 강교 가설

② 시공 유의사항

㉮ 작용하중이 적고 지반이 견고하면 기초에 침목, H형강을 설치하여 벤트기초를 보강하고 지반의 침하가 우려되면 콘크리트를 타설하거나 말뚝기초의 상부에 벤트를 설치한다.

㉯ 기초의 지지력, 벤트의 내력과 구조적 안정성을 점검하고 캠버량과 벤트 높이를 확인해야 한다.

㉰ 거더의 조립은 잭(jack)으로 높이를 조정하고 벤트 침하량을 예상하여 돋음을 설치한다.

㉱ 강교를 설치하고 벤트의 철거시에는 교량 전체의 가설시의 응력, 국부 좌굴, 벤트의 강도를 검토하여 해체순서를 결정하고 벤트에 큰 하중이 작용하거나 전도되지 않고 거더 복부가 국부적으로 좌굴되지 않게 주의한다.

2) 캔틸레버식(Cantilever) 가설공법

깊은 계곡 등에서 교각이 높고 경간이 많은 경우에 유리하며 지형적으로 벤트의 설치가 곤란하거나 교하공간의 제한이 있는 경우에 상부구조의 내력을 이용하여 교량 본체와 가설용 크레인 등의 자중을 지지하면서 가설하는 공법이다.

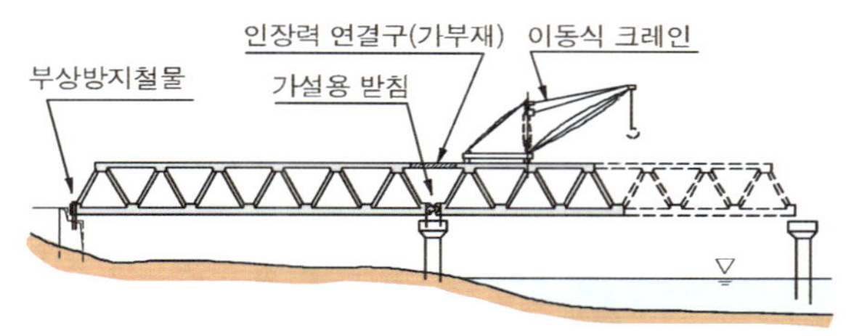

그림. 트러스교의 캔틸레버식 가설

① 특징

가설은 교각의 좌·우에서 하중 균형을 유지하면서 작업을 진행하며 가설물 중량을 관리한다.
상부구조는 설치기(erector), 이동식 크레인(traveller crane), 플로팅 크레인(floating crane), 케이블 크레인(cable crane) 등을 가설지점의 지형에 따라서 설치하여 조립한다.

② 시공 유의사항

㉮ 가설 중에 교각 좌·우의 하중 균형을 유지하고 가설물 중량을 철저하게 관리해야 한다.

㉯ 지점 반력을 검토하여 전도 안전성을 확보하고 부반력이 발생하면 앵커를 설치한다.

㉰ 조립된 부재는 조정이 불가능하므로 1-블록을 가설할 때에 높이와 기준선을 조정하며 조립한다.

㉱ 폐합 후에 가설기계(이동식 크레인, 비계 등)를 제거하는 경우는 설계시에 가정한 하중과의 차이로 발생하는 솟음 오차에 주의한다.

3) 압출 가설공법(송출 가설공법, 인출 가설공법)

교대 후방에서 구체, 거더를 부분 또는 전체 조립을 하고 교축방향이나 교축의 직각방향으로 이동하면서 가설하는 방법이다. 교하공간에 벤트를 설치할 수 없는 경우에 적합한 공법이고 인출작업이 신속하고 특수한 설비가 필요하지 않으며 교축방향으로 인접한 위치에 교체와 거더를 지상에서 조립하는 장소가 필요하다.

① 가설방법

㉮ Launching nose 부착에 의한 방법

거더 선단에 launching nose를 부착하고 유압 잭, 롤러(roller), 대차 등으로 밀어 내어 가설하는 방법이다.

그림. Launching Nose 부착에 의한 압출가설

㉯ 이동식 벤트에 의한 방법

교량 하부의 지면이 평탄하고 교하공간의 사용이 가능한 경우는 대차(trolley) 위에 벤트를 조립하고 가설거더 또는 교체 선단을 벤트에 거치하여 교축방향으로 이동시켜서 가설한다.

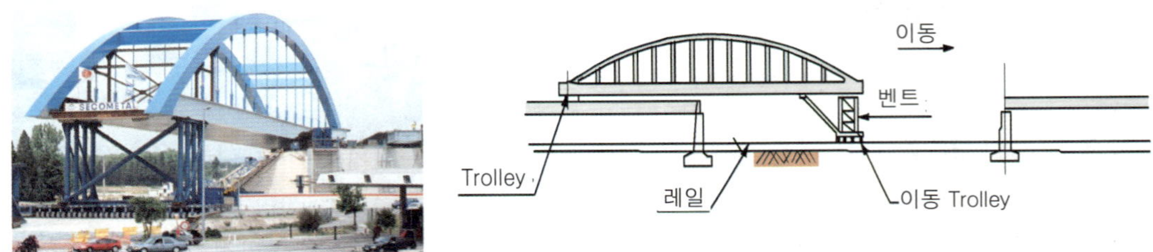

그림. 이동식 벤트에 의한 가설

㉰ 대선에 의한 방법

하천, 호수 등에서 floating crane의 진입이 곤란한 경우에 바지선을 이용하는 방법이며, 육상의 이동식 벤트와 차이점은 레일(rail)이 없는 것이고 진행방향에서 좌우로 어긋날 수 있는 후방부의 대차를 전향 대차형식으로 하고 교각의 중간에 guide rope를 설치한다.

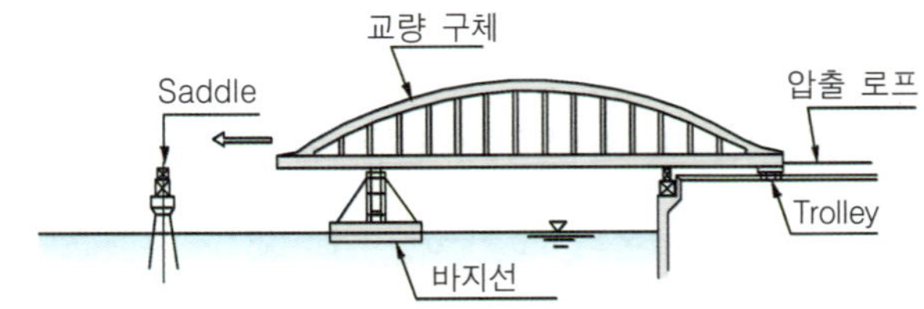

그림. 대선에 의한 가설

② 압출 유의사항

㉮ 압출시에 종단 선형은 상향과 하향경사 또는 포물선 등의 복합적인 선형이 형성되므로 압출 거더의 선형, 제작, 솟음의 관계를 검토해야 한다.

㉯ 압출과 함께 구조계와 경간의 변화로 인하여 완성시와 다른 응력이 작용하는 것을 공장제작 전에 검토하여 플랜지와 복부를 보강한다.

㉰ 경사가 있어도 압출이 가능하지만 사용기계(jack)의 특성에 따른 주의가 필요하다.

㉱ 종단곡선이 있는 경우는 조립장의 가받침 높이와 nose의 종단형상을 검토하고 압출장비를 사용할 때는 미끄럼면이 수평이 되는 장치(stopper)를 설치한다.

㉲ 곡선구간은 복잡한 선형의 유지가 곤란하므로 단곡선 방향으로 압출하고, 인출 중에 거더의 가로방향 이동을 억제하기 위하여 뒷부분의 롤러가 거더의 절점을 통과할 때에 견인력이 급변하지 않게 쐐기판을 미리 부착한다.

4) 케이블식 가설공법

케이블식 가설공법은 깊은 계곡과 해상에서 벤트 설치가 곤란하거나 교하공간의 제한이 있는 경우에 효과적인 공법이며 선박의 왕래가 많은 해협, 하구, 깊은 계곡의 양면에 설치한 높은 탑의 사이에 케이블을 걸치고 부재를 매달아서 대형 아치교와 트러스교를 가설하는 방법이다.

(a) **수직 매달기식**

(b) **경사 매달기식**

그림. 케이블식 가설공법

① 가설공법 종류

㉮ 수직 매달기식

수직 매달기식은 main rope를 철탑에서 양측의 앵커 블록 사이에 걸쳐 놓고 main rope의 hanger rope에 부재를 매달아서 조립한다. 가설용 철탑의 설치가 필요하고 시공 숙련도가 요구되지만 아치교와 트러스교의 가설에 적합하며 플레이트 거더교, 강박스 거더교의 가설에도 사용한다.

㉯ 경사 매달기식

강성이 높은 거더를 압축부재로 하여 경사 매달기 케이블로 교체를 매달아서 가설하며 설비와 구조면에서 수직 매달기공법보다 유리하다.

② 특징

㉮ 하천, 해협, 해안의 수심이 깊고 유속이 빠른 곳에서 교하공간이 높을 때에 적용한다.

㉯ 설비비용이 고가이고 작업준비에 장시간이 필요하며 곡선 거더는 부적합하다.

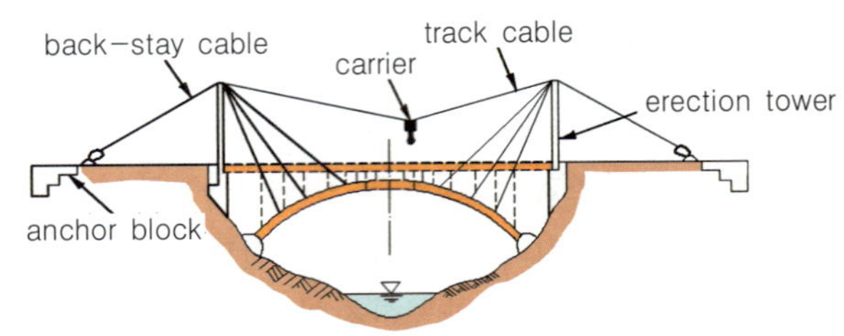

그림. 경사 매달기공법

③ 가설 유의사항

㉮ 가설 구조물

㉠ 앵커 설치

케이블 가설용의 콘크리트 앵커블록(anchor block)은 설치 위치의 지형, 지질, 지하수의 상태를 조사하여 계획한다.

㉡ 가설 주탑의 지지

1개의 가설 주탑(erection tower)을 케이블 가설용과 케이블 크레인으로 겸용하면 철탑에 축력과 휨모멘트가 작용하므로 겸용하지 않고, 지지 케이블과 track cable의 앵커는 철탑의 중간에 설치하지 않는다.

㉯ 수직 매달기공법

㉠ 수직 매달기에서 부재의 연결은 가체결 볼트와 드리프트 핀의 수를 적게 하여 임시 힌지상태로 만들어서 부재간의 자유도를 확보해야 한다.

㉡ 부재의 가설은 가설 주탑을 중앙으로 좌·우가 대칭이 되게 하고, 교대부에서 교축방향의 부재를 일시적으로 고정해야 한다.

㉢ 최초에 가설하는 부재의 경간은 아래 방향으로 기울어지므로 취급에 주의가 필요하다.

㉰ 경사 매달기공법

㉠ 경사 매달기는 교체를 와이어 로프로 경사지게 매달아서 가설하므로 와이어 로프의 늘음과 연결 오차에 의한 교체의 변형과 응력, 경사 케이블에 작용하는 응력의 검토가 필요하다.

㉡ 부재를 폐합할 때에 폐합부의 형상에 일치하도록 경사 케이블의 장력을 조정한다.

㉢ 부재 간격이 협소하면 바람 등의 영향으로 전도 모멘트에 의한 횡방향 반력이 정반력을 초과하여 고정점에서 부반력이 우려되므로 태풍시에 주의가 필요하다.

5) 가설거더 공법

강박스 거더교, 트러스를 가설 거더로 사용하여 시공하는 방법이며 벤트공법보다 교하공간의 이용에 제한이 많은 곳에 적합하다. 경간이 길면 가설비가 많이 소요되고 가설 거더의 처짐이 발생하여 교량의 솟음(camber) 조정이 곤란하다.

① 가설 거더를 사용한 공법

㉮ 가설 거더에 연결하여 교량 거더를 압출하는 방법

㉯ 반입된 교량 부재를 가설 거더를 이용하여 임시로 받쳐 놓는 방법

㉰ Cantilever 공법에서는 가설 거더를 크레인을 대신하여 사용

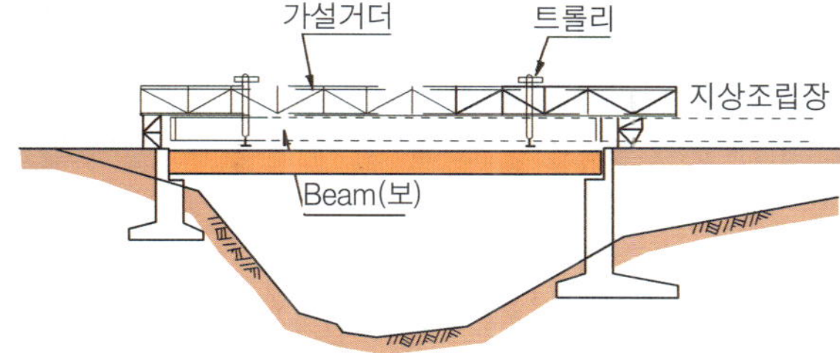

그림. 가설 거더(또는 트러스)공법

② 가설 유의사항

㉮ 가설 거더가 높은 위치에 있으므로 내풍, 내진 등의 횡방향 안전성을 검토하고 대책을 수립한다.

㉯ 부재의 인양시에 하중의 편심에 주의하고 불균등한 하중을 예측하여 지지점간의 변형에 대비한 대책이 필요하다.

㉰ 가설 거더를 대차로 지지하면서 순차적으로 가설하는 경우는 가설 거더의 처짐과 보의 처짐이 다르고 대차와 가설 거더의 불균등한 하중이 작용하므로 주의가 필요하다.

6) 일괄 가설공법(대블록공법)

일괄 가설공법은 교량 전체 또는 거더를 거치하였을 때에 완성시와 동일하거나 유사한 상태로 지지하도록 보조 임시받침을 사용하여 가설하는 방법이다.

① 특성

㉮ 횡방향 이동과 바지선 등의 작업 안전성과 거더 지지대의 내력을 검토하고 지지대와 거더를 대선, 트레일러 등에 고정시켜야 한다.

㉯ 수송로의 폭원, 수심, 유속, 조위, 교통량을 조사하여 수송로의 수송시간을 결정하며 수송 중에 풍랑에 대한 안정성을 검토한다.

㉰ 지지점, 인양시에 끌어올리는 점에 의한 거더의 변형과 내력 등을 충분히 검토해야 한다.

② 가설순서 : 지상 조립 ⇨ 적재 ⇨ 운반 ⇨ 가설

㉮ 지상 조립 : 제작장의 조립장, 현장 근처의 조립장, 바지선에서 조립

㉯ 탑재 : Floating crane, 자주식 크레인, 롤러, 대차를 이용한 탑재방법과 잔교를 이용하는 방법이 있다.

㉰ 운반방법 : Floating crane에 매단 상태로 예항, 대선에 탑재하여 예항, 트레일러를 이용하는 방법이 있다.

㉣ 가설방법 : Floating crane, 바지선, Lift crane에 의한 방법이 있다.

(a) Floating crane 예항

(b) 대선 예항

(c) 트레일러에 의한 운반

그림. 운반방법

③ 가설방법

㉮ Floating crane에 의한 방법

㉠ 지상 조립한 교체를 floating crane으로 가설 위치까지 운반하여 거치하는 방법과 floating crane의 접안이 어려우면 바지선이나 부선(pontoon)에서 교체를 조립하고 가설 위치까지 예인하여 floating crane으로 가설하는 방법이 있다. 가설지점까지 예항한 크레인 바지선을 앵커로 고정하고 교체를 내려서 교량 받침의 위치에 거치한다.

㉡ 거치 유의사항

ⓐ Floating crane의 양정, 능력, 기울기와 작업시의 조위와 작업선의 흘수를 확인한다.

ⓑ Floating crane, 바지선 등의 이동에 필요한 앵커설비를 확인하고 파도와 조류가 있으면 작업을 중지한다.

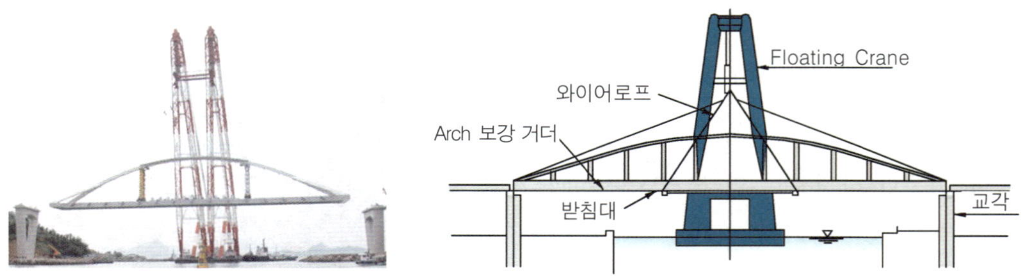

그림. Floating crane에 의한 일괄가설

㉯ 바지선(대선)에 의한 방법

㉠ Deck barge, pontoon에 설치한 벤트 위에서 교체를 조립하거나 지상에서 조립한 교체를 bent 위에 설치하고서 가설현장까지 예인하여 간만 차 또는 잭(jack)을 이용하여 교량 받침 위에 거치한다.

㉡ 거치 유의사항

ⓐ 잭을 사용하여 거치하는 경우는 인양장치를 확인한다.

ⓑ 주입, 배수에 의한 바지선의 고저차를 이용하는 가설은 주입, 배수설비, 능력을 검토하고 거더의 거치시에 바지선의 위치를 조정하는 설비가 필요하다.

(a) 지상조립

(b) 예항

(c) 가설, 거치

그림. 바지선(대선)에 의한 가설

㉰ 크레인에 의한 방법

공장에서 제작한 거더를 현장에 운반하여 크레인으로 가설하며 높은 장소의 작업량을 줄이고 안전성, 시공속도, 경제성이 우수한 공법이다. 지상에서 거더를 크레인으로 인양하여 교량 받침에 거치하는 방법이며 거더가 길거나 중량이 크면 2대의 크레인으로 서로 맞들어서 올리는 방법을 사용한다. 거더의 거치시에는 크레인의 인양능력과 인양시에 주의한다.

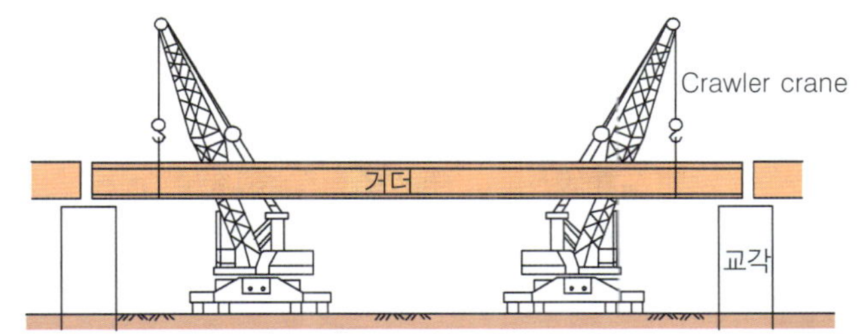

그림. 크레인에 의한 강교 가설

㉱ Lift-up barge선에 의한 방법

바지선의 벤트 위에 승강장치를 설비한 것으로 예항시에 중심이 낮고 가설지점의 근처에서 교체를 인양하여 교량 받침에 거치시킨다. 거치시에 Lift-up 바지선의 능력을 검토하고 승강과 하강량이 현장의 높이와 조위 등에 적합해야 한다.

그림. Lift-up barge선에 의한 강교 가설

7) 강교 가설사례(방화대교)

(a) 중앙경간 가설

(b) 중앙경간 폐합

(c) 측경간 가설

(d) Hanger 및 하현재 설치

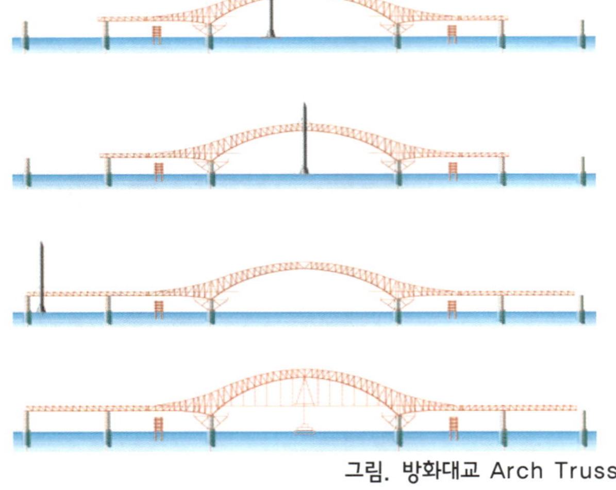

아치 트러스 구간은 지상에서 100~200ton의 블록으로 조립하여 플로팅 크레인으로 가설

그림. 방화대교 Arch Truss 가설공

6 기타 교량

(1) 사장교(Cable stayed bridge)

사장교는 중간의 주탑의 상단에 설치한 케이블로 주거더를 매단 구조물이며 케이블 장력을 조절하여서 각 구조부재의 단면력을 균등하게 분배하여 휨모멘트를 현저하게 감소시키므로 긴 경간의 교량을 경제적으로 설치할 수 있다.
사장교에 작용하는 하중의 일부를 케이블 인장력으로 지지하므로 주거더는 케이블의 정착점에서 탄성지지 구조물로 거동하고 사장교는 탄성받침 위의 연속교로 취급하는 고차 부정정구조물이다.

그림. 인천대교

1) 특징

① 케이블로 거더에 균일하게 응력을 분포시키므로 설계가 경제적이고 경사진 케이블을 이용하므로 캔틸레버식 가설이 용이하며 현수교보다 케이블의 강성이 우수하다.
② 경간장의 적용범위가 넓고 경간 분할의 제약이 비교적 적으며 현수교와 같은 대규모 정착장치가 필요하지 않다.

제8장

2) 구조형식

① **자정식** : 케이블을 3경간 연속의 주거더에 정착하고 주거더에는 압축력만이 작용한다.

② **부정식** : 축력을 전달하지 않는 신축이음을 측경간 또는 중앙 경간에 삽입한 구조이며 부정식 사장교는 앵커리지에 정착되므로 완정식의 1/2정도의 앵커리지가 필요하다. 주탑 근처의 주거더는 압축력이 작용하고 기타 부분은 인장력이 작용하므로 축력을 인장과 압축으로 분리할 수 있다.

③ 완정식
주거더를 3개의 단순 거더로 구성한 구조이며 케이블이 앵커리지에 정착하므로 수평 Thrust를 담당하는 앵커리지가 필요하고 주거더 부분에 인장 축력이 작용한다.

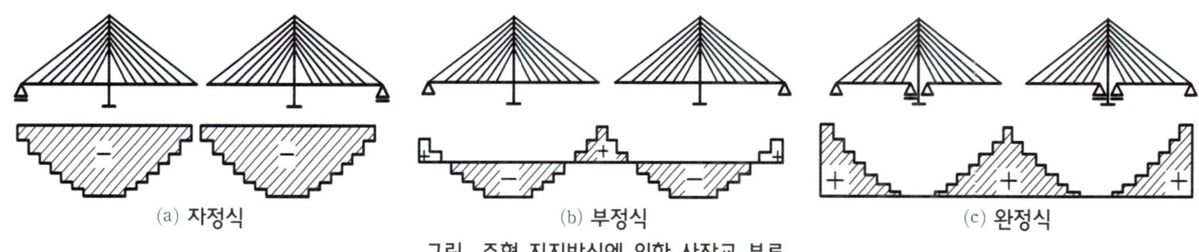

그림. 주형 지지방식에 의한 사장교 분류

3) 구조요소

① 케이블 : 인장 부재

㉮ 케이블의 교축 방향면 수

㉠ 1면 케이블

ⓐ 경관이 양호하며 차량 주행시에 개방감이 있고 교각 폭이 좁다.

ⓑ 중앙부의 케이블을 보호하는 중앙분리대가 필요하다.

ⓒ 교폭에 비하여 경간장이 길어서 횡방향 비틀림 강성의 확보가 필요하다.

㉡ 2면 케이블

주거더의 양측에 케이블이 정착되어 비틈 강성이 커서 보강 거더 형식의 결정이 다소 자유롭고, 외측에 주거더를 설치하므로 교각 폭이 넓어서 장경간의 사장교에 적당하다.

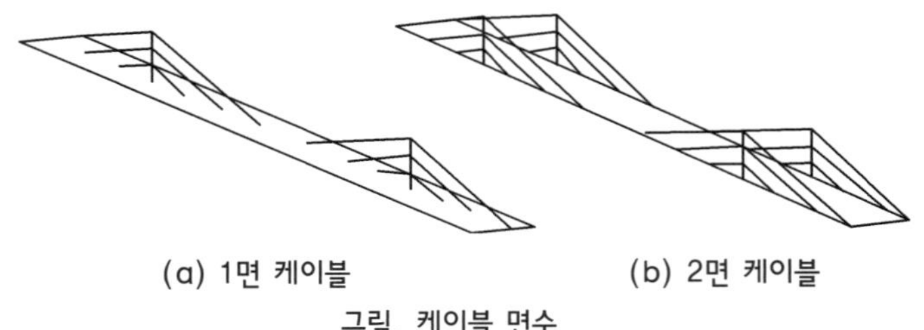

(a) 1면 케이블 (b) 2면 케이블

그림. 케이블 면수

㉯ 케이블의 측면 형상

㉠ 방사형과 팬형 : 변위에 대한 강성이 크고 주탑의 휨모멘트가 적어서 널리 사용한다.

㉡ 하프형 : 외관이 우수하고 주거더의 교축방향 이동에 대한 구속도가 강하다.

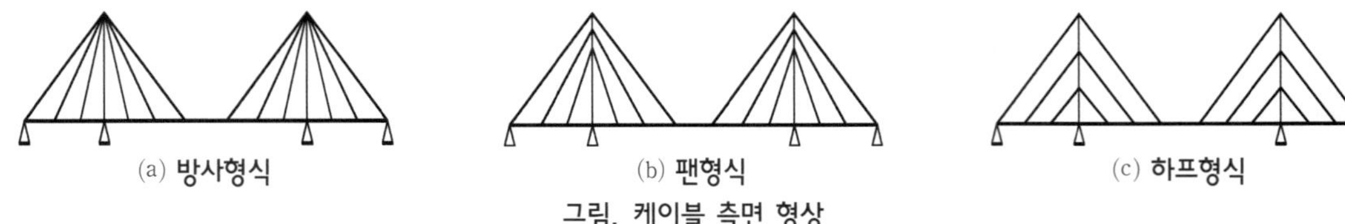

(a) 방사형식 (b) 팬형식 (c) 하프형식

그림. 케이블 측면 형상

㉰ 케이블 단수

(a) 소수단 케이블 형식 (b) 멀티 케이블 형식

그림. 케이블 단수

② 보강 거더의 단면

㉮ 1면 케이블 형식 : 비틈 강성이 큰 박스형의 주거더를 사용

㉯ 2면 케이블 형식 : 박스형, 2-박스형, I형, 다수 I형, 트러스

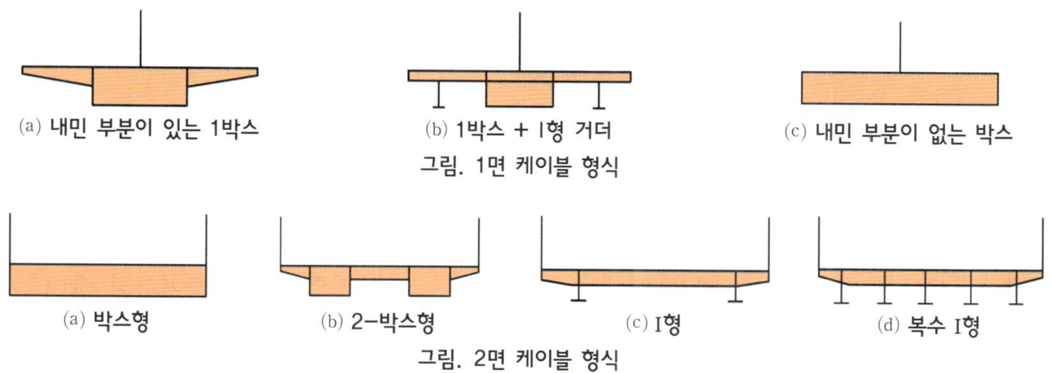

(a) 내민 부분이 있는 1박스 (b) 1박스 + I형 거더 (c) 내민 부분이 없는 박스

그림. 1면 케이블 형식

(a) 박스형 (b) 2-박스형 (c) I형 (d) 복수 I형

그림. 2면 케이블 형식

③ 주탑 : 압축 부재

㉮ 1면 케이블 형상 : 1본주, A형, 역V형, 역Y형

㉯ 2면 케이블 형상 : 2본주, 문형, H형, A형

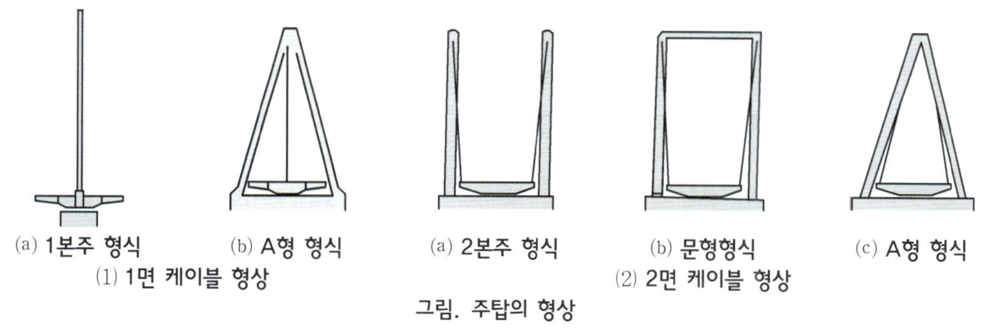

(1) 1면 케이블 형상: (a) 1본주 형식 (b) A형 형식

(2) 2면 케이블 형상: (a) 2본주 형식 (b) 문형형식 (c) A형 형식

그림. 주탑의 형상

4) 가설공법

사장교는 교상의 크레인에 의하여 케이블을 경사지게 매달고 센터 홀 잭을 사용하여 소정의 장력이 얻어질 때까지 케이블 길이를 조정하며, 케이블의 가설에 쓰이는 임시설비(주탑과 케이블)를 본체 구조로 사용할 수 있다.

① 주탑

㉮ 주탑은 구조, 크기와 중량, 사용 크레인, 공사부지, 교통규제, 작업시간대, 기상 등의 조건을 고려하여 가설하고, 주탑 전체를 주거더의 가설에 선행하여 일괄 또는 분할하여 대용량 floating crane으로 단기간에 가설한다.

㉯ 주거더의 선행 가설

㉠ Floating crane의 용량이 부족하면 주탑을 주거더의 위치에서 상·하부로 분할하여 주탑의 하부를 가설한 후에 주거더를 먼저 가설한다.

㉡ 주거더 위에 설치한 자주식 크레인으로 주탑의 상부를 블록으로 가설하고 1본주 형식은 클리퍼 크레인(clipper crane)으로 올리는 공법을 사용한다.

② 보강 거더

㉮ 보강 거더는 시공조건, 거더, 케이블의 형식과 배치, 환경조건, 공정 등에 따라서 설치조건이 크게 변하므로 신중하게 검토한 후에 가설공법을 선정한다.

㉯ 가설공법

㉡ 캔틸레버 공법

측경간의 거더를 미리 가설하고 중앙 경간의 거더를 캔틸레버방식으로 가설하며 측경간의 거더를 선행하여 가설하므로 가설 중에 안정성이 확보되고 작업이 효율적이어서 장대교에 사용하고 측경간은 스테이징 설비와 플로팅크레인을 이용한 대블록 가설방법을 사용한다.

㉡ 스테이징 공법

측경간과 중앙 경간을 스테이징 공법으로 가설하고 스테이징 위의 거더를 잭으로 상승시켜서 케이블을 가설한 후에 거더를 하강시키는 공법이다.

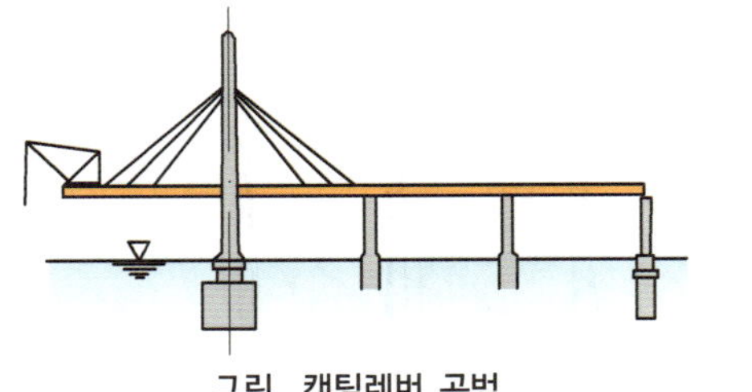

그림. 캔틸레버 공법

그림. 밸런스드(Balanced) 캔틸레버 공법

③ 케이블 가설

㉮ 케이블 전송작업

㉠ 탑 크레인에 의한 방법

주탑 꼭대기에 설치한 크레인으로 케이블을 끌어 올리고서 주탑 내부의 견인장치로 케이블을 정착하는 방법이다.

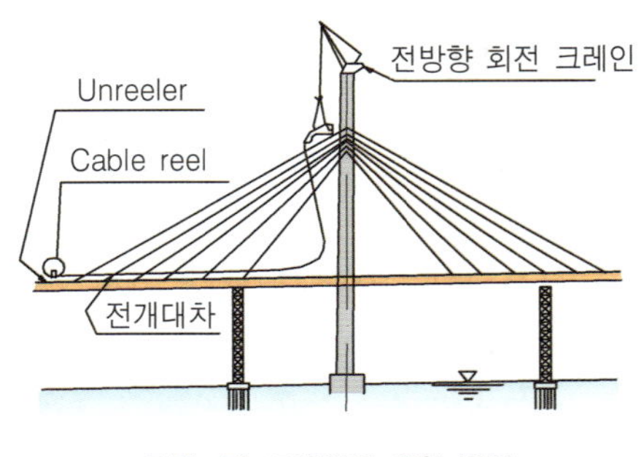

그림. 탑 크레인에 의한 방법

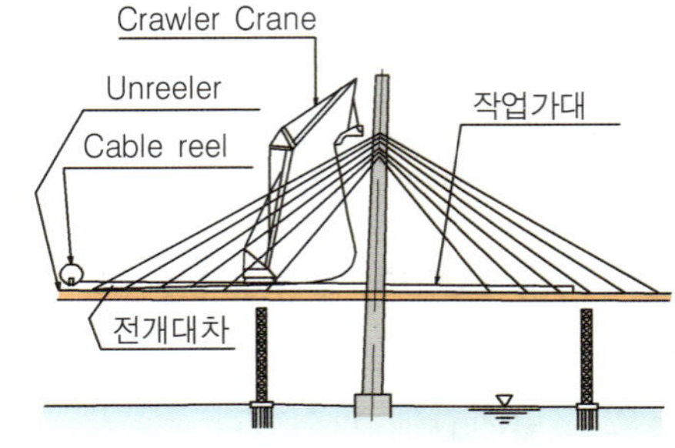

그림. 교상 크레인에 의한 방법

㉡ 교상 크레인에 의한 방법

교상에 설치한 자주식 크레인으로 케이블을 주탑으로 전송시키는 방법이며, 주탑의 꼭대기에서는 크레인 붐의 능력이 저하되므로 주탑 정상부근에 케이블을 구부려 넣는 장치를 설치하여 정착시킨다.

㉢ 캣워크(catwalk)와 교상 윈치(winch)에 의한 방법

주탑 꼭대기에서 거더 단부까지 설치한 캣워크 위에 케이블을 전개하여 교상 윈치로 주탑 측으로 끌어넣는 방법

㉣ 가 케이블과 교상 윈치에 의한 방법

주탑 꼭대기부터 거더 단부까지 가 케이블을 걸고서 케이블 밴드를 여러 개소에 설치하고 끌어올리는 방법이며 교상 윈치로 케이블을 들어 올려서 탑 측에 끌어넣는다.

㉯ 장력 도입작업(잭 설비에 의한 방법)

거더 또는 주탑 내부에 잭을 설치하고 케이블 선단을 윈치로 정착부의 근방까지 끌어 당기고(1차 인장) 센터 홀 잭으로 소정의 장력이 얻어지는 길이까지 케이블을 당긴(2차 인장) 상태에서 심을 삽입시킨 후에 잭을 풀어서 작업을 완료한다.

(a) 주탑 작업대 설치 (b) 주탑의 앵커 정착구 설치 (c) HDPE 파이프 인양

(d) HDPE 파이프 설치 (e) 강연선 삽입 (f) 앵커 정착구에 강연선 삽입

(g) 주탑부 강연선 긴장 (h) 보호용 캡(cap) 설치 (i) 설치 완료된 케이블 정착부

그림. 사장교의 케이블 가설

(2) 현수교(Suspension bridge)

현수교는 경간장이 긴 교량의 가설이 가능하며 다른 교량과의 큰 차이점은 케이블과 보강 거더가 있는 것이다. 케이블은 현수재(hanger)를 포함한 케이블의 자중, 보강 거더와 바닥판 등의 자중을 주탑(tower)과 앵커리지(anchorage)에 전달하는 역할을 한다. 보강 거더는 케이블과 함께 교체에 연직과 수평방향의 강성을 부여하며 보강 거더의 강성으로 작용하중을 분산하고 현수재를 통하여 작용하중을 케이블에 전달한다.

그림. 자정식 현수교(영종대교)

교량 시·종점부의 앵커리지와 주탑 사이에 케이블을 걸치고 현수재에 의하여 보강 거더를 달아 내려서 그 위에 바닥판을 설치한 구조이며 압축력에 의한 부재의 좌굴 우려가 없어서 사장교보다 장경간의 교량에 사용한다.

1) 특성

일반적으로 현수교는 주케이블(main cable), 주케이블의 장력을 정착하는 앵커부, 주케이블을 지지하는 강제 또는 철근 콘크리트구조의 주탑, 보강 거더(stiffened girder), 보강 거더를 주케이블에 매다는 현수재(hanger)로 구성되어 있다. 현수교는 일반적으로 주케이블이 지반 내의 앵커블록에 정착되는 타정식과 연속 보강 거더의 양끝에 정착되는 자정식 현수교가 있으며 경간 400m 이상의 장대교에 많이 적용하고 있다.

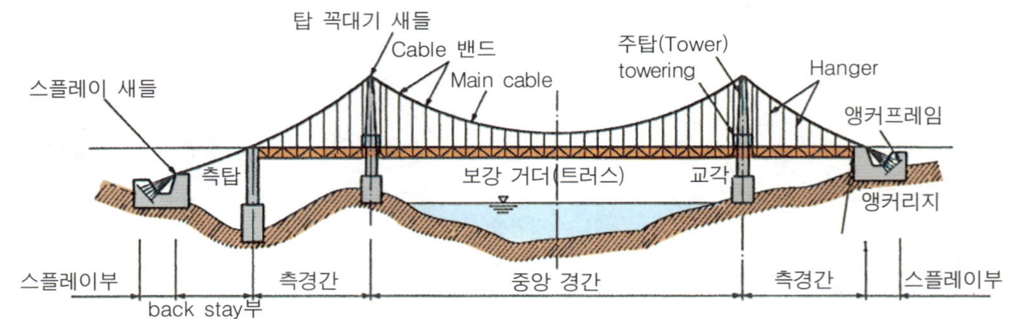

그림. 현수교의 구성

2) 구조 형식

현수교는 케이블장력을 앵커리지로 지지하는 타정식 현수교와 보강 거더 자체로 지지하는 자정식 현수교를 주로 적용한다. 타정식 현수교는 앵커블록과 주탑을 설치한 후에 주케이블과 현수재 로프(hanger rope)를 설치하고 보강 거더를 들어 올려서 매달고 보강 거더를 폐합하는 순서로 진행하며, 자정식 현수교는 주탑과 가교각을 먼저 시공하고 보강 거더를 가설한 뒤에 주케이블을 가설하고서 현수재 로프(hanger rope)를 설치하여 보강 거더와 연결한 후에 가교각을 제거하면 시공이 완료된다.

① 타정식(Earth-anchored type)

주탑을 설치한 후에 주케이블을 가설하고 현수재(hanger)를 설치하여 보강 거더를 매다는 순서로 가설한다. 현수재에 보강 거더를 매달아 들어 올려서 보강 거더의 선형이 일치하면 보강 거더를 일시에 용접하여 고정하중에 의한 보강 거더의 휨모멘트 유발을 방지할 수 있다.

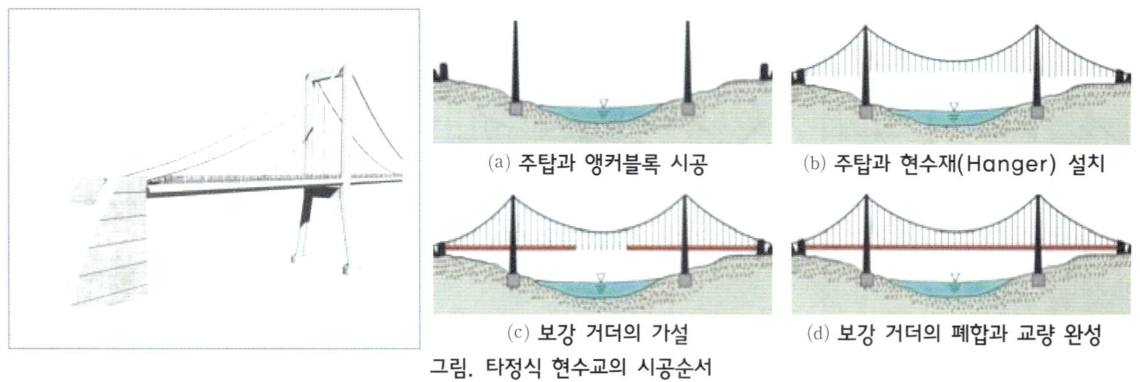

(a) 주탑과 앵커블록 시공 (b) 주탑과 현수재(Hanger) 설치
(c) 보강 거더의 가설 (d) 보강 거더의 폐합과 교량 완성

그림. 타정식 현수교의 시공순서

② 자정식(Self-anchored type)

케이블의 큰 장력을 보강 거더가 지지하는 형식으로 주탑과 가교각을 먼저 설치하고, 보강 거더를 가설한 후에 주케이블을 가설하고서 현수재(hanger)를 설치하고 가교각을 제거한다. 주케이블과 보강 거더를 먼저 가설하고 현수재를 설치하므로 초기 긴장력이 필요하고 보강 거더에 큰 압축력이 작용하므로 큰 변위를 고려한 비선형해석이 필요하다.

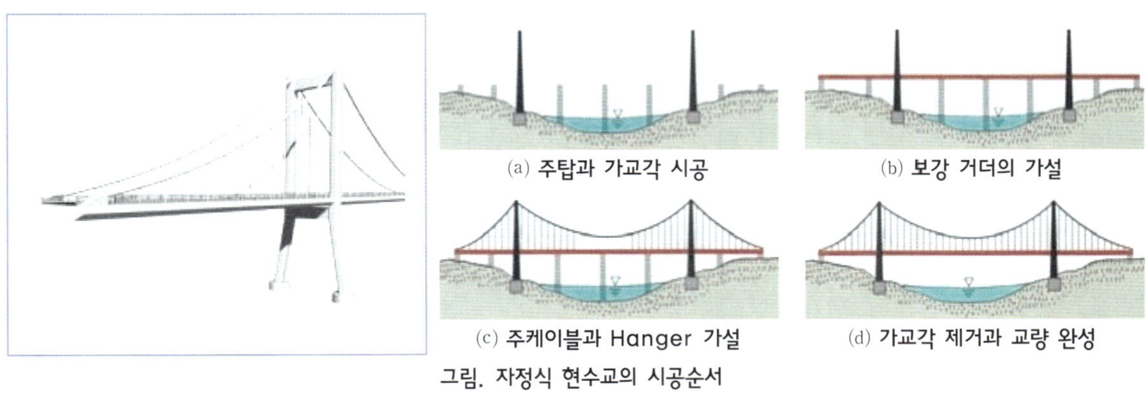

(a) 주탑과 가교각 시공 (b) 보강 거더의 가설
(c) 주케이블과 Hanger 가설 (d) 가교각 제거과 교량 완성

그림. 자정식 현수교의 시공순서

3) 구조요소

① 케이블(Cable)

현수재를 포함한 케이블의 자중과 보강 거더와 이에 의해서 지지되는 바닥판 등의 자중과 완성 후에 작용하는 외력을 보강 거더와 함께 분담해서 지지하여 주탑과 앵커리지에 전달한다.

② 보강 거더(Stiffening girder)

현수교는 다른 형식의 교량에 비하여 일반적으로 강성이 낮기 때문에 변형이 크고 흔들리기 쉬운 구조물이므로 보강 거더는 바닥판 구조를 지탱하는 동시에 변형과 흔들림을 억제하여 주행성을 확보하는 역할을 한다. 보강 거더는 케이블과 함께 교체에 연직과 수평방향의 강성을 부여하며 활하중 등의 작용하중을 보강 거더의 강성으로 분산하고 현수재를 통하여 케이블에 전달한다.

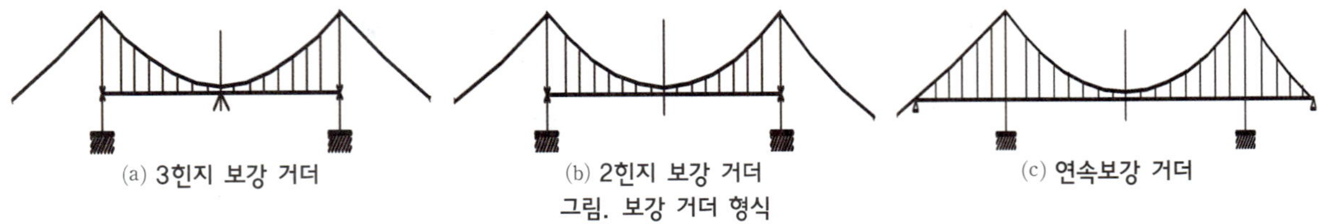

(a) 3힌지 보강 거더 (b) 2힌지 보강 거더 (c) 연속보강 거더

그림. 보강 거더 형식

③ 새들(Saddle)

새들은 주탑과 앵커리지에서 주케이블을 직접 지지하고 주케이블의 하중을 주탑과 앵커리지에 전달하는 구조물이며, 탑정 새들(tower saddle)과 앵커리지 새들(splay saddle) 등이 있다.

(a) Tower saddle (b) Splay saddle

그림. 새들(Saddle)의 형상

④ 앵커리지(Anchorage)

현수교의 앵커리지는 케이블의 수평력과 연직력을 기초에 전달하는 구조물이며 앵커블록의 기초, 앵커블록, 케이블 앵커프레임(frame), 케이블의 정착부 등으로 구성되어 있다.

케이블 앵커의 형식은 중력식과 터널식이 있으며 중력식은 기초와 일체가 되어 케이블 장력에 의한 앵커리지의 미끄럼과 전도에 대한 안정성을 가져야 하고, 터널식은 케이블을 직접 지반에 정착하는 형식이며 앵커리지 부근에 견고한 암반이 있는 경우에 많이 적용한다. 케이블의 앵커 프레임은 케이블의 장력을 앵커블록 내에 분산하여 전달하며 인장재와 지지 프레임으로 구성되어 있다.

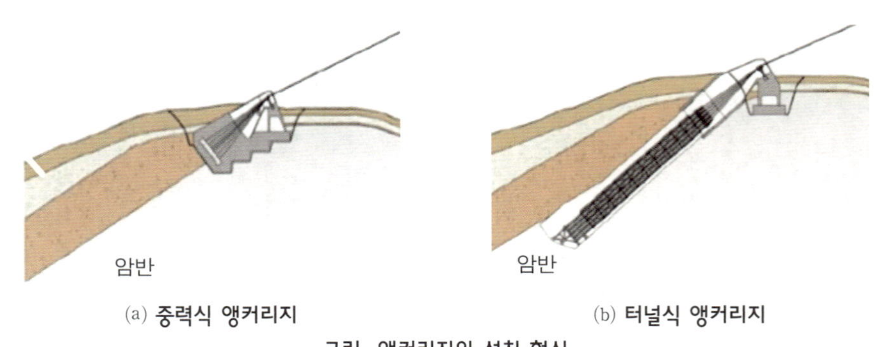

(a) 중력식 앵커리지 (b) 터널식 앵커리지

그림. 앵커리지의 설치 형식

4) 가설공법

현수교는 앵커 블록 2기와 주탑 2기, 주케이블, 보강 거더로 구성된다. 시공순서는 앵커리지와 주탑을 축조하고 주케이블과 현수재 로프(hanger rope)를 가설한 후에 보강 거더를 설치하고서 교면포장과 마감공사를 실시한다. 주탑은 수직으로 세우고 케이블을 균일하게 정해진 형상으로 매달아서 연직하중의 대부분을 하부구조에 전달한다.

① 주탑(Pylon, Tower)

가설방법은 주탑의 규모, 가설지점의 지형, 시공기간과 경제성을 고려하여 결정하고 앵커 프레임의 거치, 표면 마무리, 크레인 조립, 주탑 가설, 탑정 새들(saddle) 거치의 순서로 설치한다.

그림. 주탑의 설치

제8장

② 주케이블(Main cable)의 가설

현수교에서 주케이블은 사하중과 변동하중을 장력으로 부담하고 주탑 또는 앵커리지에 전달하는 역할을 한다. 주케이블의 가설은 가교지점을 파이롯트 로프(pilot rope)로 연결하는 도해작업과 운반설비(hauling system)를 이용한 가설설비(catwalk)를 설치하여 주케이블의 스트랜드를 가설하는 반복작업으로 이루어진다.

또한 주케이블을 가설하고 스퀴징(squeezing, compaction), 케이블 밴드의 가설, 현수재 로프(hanger rope)의 가설 등의 보강 거더를 연결하는 작업과 보강 거더를 가설한 후에 실시하는 래핑(rapping)과 도장작업으로 구성되어 있다.

㉮ 도해작업(Spanning of pilot rope)

도해작업은 주탑과 가교지점에 파이롯트 로프를 달아서 연결하는 작업이며 파이롯트 로프는 ϕ 20~30mm의 작은 직경을 사용한다. 도해작업은 가교지점의 조류, 선박의 항행상황, 기상조건, 교량의 규모를 고려하여 공법을 선정한다.

㉠ 해중 도해공법

파이롯트 로프를 서서히 해중에 떨어뜨려서 예선으로 끌어내는 방법이며 설비와 공법이 간단하지만 해저지형, 조류의 조건, 항행선박의 규제 등의 제약이 많다.

㉡ 해상 도해공법

파이롯트 로프에 부표를 부착하고 예인선으로 끌어서 달아매는 방법이다. 단시간에 안전하고 확실하게 설치할 수 있지만 조류 변화에 따라서 항로를 폐쇄하는 경우도 있다.

㉢ 공중 도해공법

파이롯트 로프를 공중에 달아서 끌어내는 방법이며 플로팅 크레인을 사용하여 파이롯트 로프의 선단을 플로팅 크레인의 붐 선단에 부착하고 back tension을 주어서 로프를 달아 건네는 것이며 항로의 제한높이를 확보하기 위한 로프의 장력관리가 필요하다.

헬리콥터를 이용한 공중도해는 항행 선박에 영향을 주지 않고 짧은 시간에 작업이 가능하며 경량의 고장력 파이롯트 로프를 이용하므로 로프 직경이 더욱 작아진다.

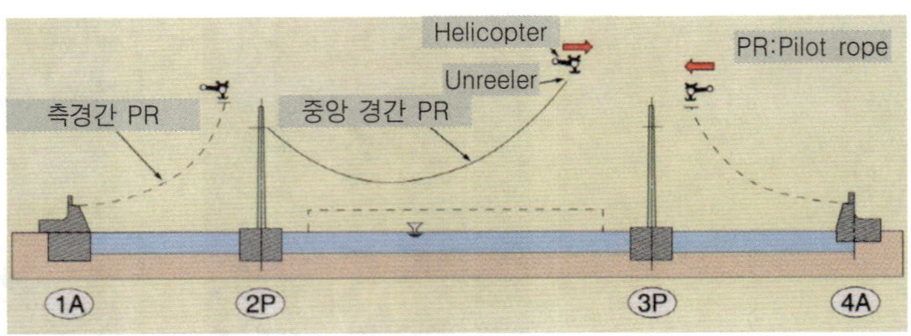

그림. 헬리콥터를 이용한 공중 도해공법

㉯ 주케이블의 가설설비

㉠ 운반설비(Hauling system)

운반설비는 앵커리지 사이의 주탑 상부를 통하여 달아 맨 운반용 로프(hauling rope)를 루프(roop)형상으로 연결하고 구동장치를 통하여 움직이는 방식과 운반용 로프(ϕ30~50mm)를 양 언덕에 배치하고 대형 윈치에 의하여 왕복 동작으로 움직이는 방식이 있다.

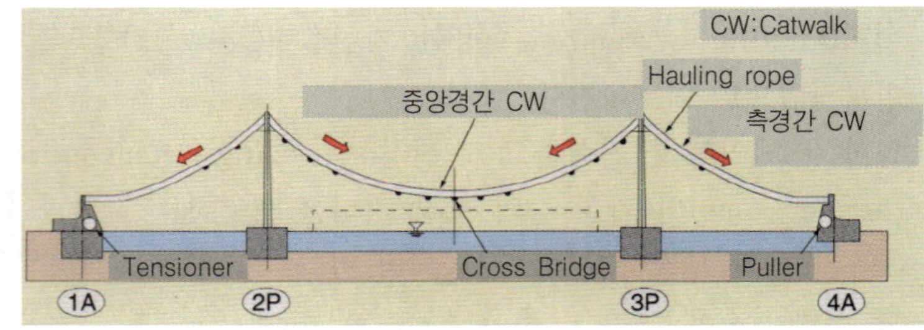

그림. 운반용 로프(hauling rope)의 설치

운반용 로프의 가설순서는 다음과 같다.

ⓐ 도해작업으로 주탑 상부와 양쪽의 앵커리지 사이에 달아 맨 파이롯트 로프의 한쪽 끝에 운반용 로프를 연결한다.

ⓑ 주 케이블 가설을 위하여 주탑에 최초로 설치되는 가설용 파이롯트 로프를 반대편의 대형 윈치로 감아서 운반용 로프를 전 길이에 걸쳐서 인출한다.

ⓒ 운반용 로프에 로프 인출용 운반장치(carrier)를 부착하여 운반설비를 설치한다. 루프식 운반설비는 2본의 운반용 로프를 당겨서 로프에 적절한 장력을 부여하는 긴장장치, 길이의 조정, 구동장치를 배치하고 루프형상으로 연결하여 시스템을 구축한다. 파이롯트 로프로 인출하는 로프의 직경은 로프 강도에 제한이 있으므로 운반용 로프의 직경이 불충분하면 반복적인 인출작업으로 로프 직경을 서서히 크게 하여 운반용 로프를 인출한다.

㉡ 작업발판과 작업통로(Catwalk)

캣워크는 주케이블의 가설시에 작업비계로 사용하고 스퀴징, 케이블밴드(cable band)의 가설, 현수재 로프(hanger rope)의 가설, 래핑(rapping)작업 등에 이용한다.

그림. 캣워크(Catwalk)의 가설작업

캣워크의 가설은 형상관리가 중요하고 캣워크는 로프와 바닥판과 함께 스톰로프(storm rope)를 설치하여 강성을 증가시키는 구조가 있다. 캣워크 형식은 캣워크용 토프와 스톰로프(storm rope)를 연결하는 스톰 행어(storm hanger)의 부착 형상에 따라서 사재형식의 현수재(hanger)와 수직 현수재로 구분한다.

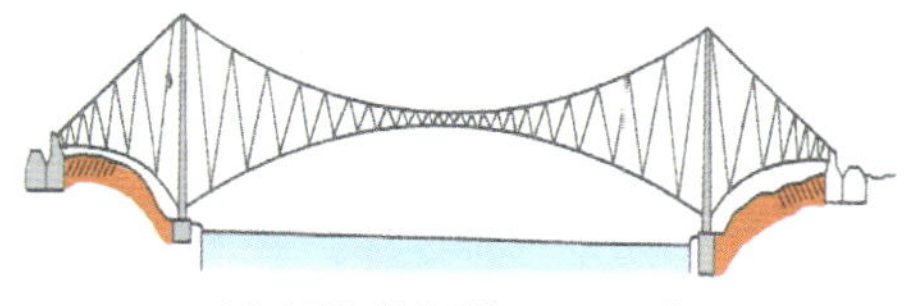

(a) 사재 현수재(Hanger)

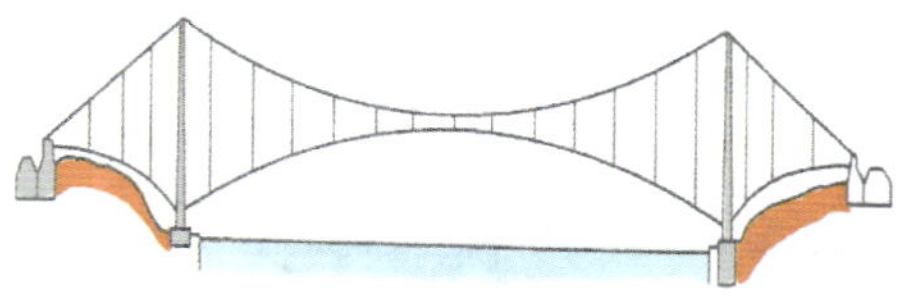

(b) 수직 현수재(Hanger)

그림. 캣워크(Catwalk)의 가설 형식

㉢ 캣워크용 로프의 가설

캣워크용 로프(catwalk rope)의 직경은 ϕ30~60mm를 사용하고 가설방법은 수중 인출법, Free-hang공법, suspender 공법이 있다.

ⓐ 수중 인출법

해중 도해공법과 동일하게 캇워크 로프를 예선으로 인출하며, 항행 선박에 영향이 없는 수역에서 가능하고 로프가 수중에 가라앉기 때문에 가교가 바다에 있으면 적용이 곤란하다.

ⓑ Free-hang 공법

캣워크용 로프의 통로를 교대 위의 풀음장치(unreeler)에 부착하고 로프 선단을 운반설비의 로프 운반장치(carrier)에 부착하여 unreeler로 로프에 back tension을 주면서 로프가 매달린 상태로 인출한다.

ⓒ Suspender 공법

캣워크(catwalk)용 로프의 릴(reel)을 교대 위에 설치하고 로프 끝을 운반설비의 로프 운반 장치에 부착하여 로프에 back tension을 부여하면서 인출하는 것은 free-hang공법과 같지만 장력이 커지지 않게 별도로 주탑 사이에 궤도가 되는 인출 케이블을 달아 건네고 인출 롤러(suspender)를 일정한 간격으로 달아내어서 캣워크용 로프를 인출한다. 인출 롤러를 설치하면 캣워크용 로프의 장력이 감소하여 운반설비와 로프 등의 경량화가 가능하다.

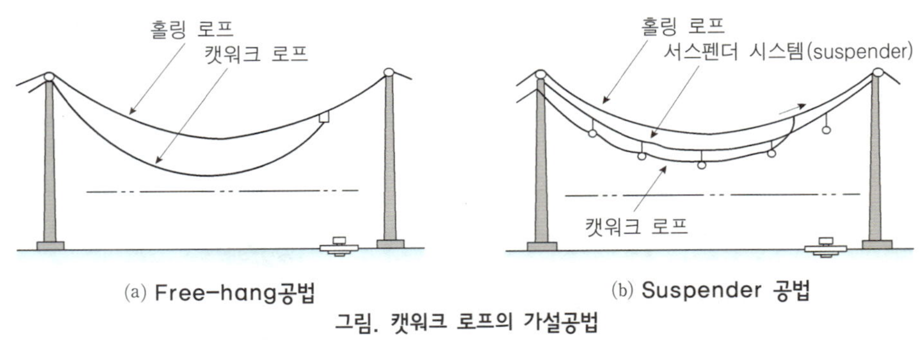

(a) Free-hang공법 (b) Suspender 공법

그림. 캣워크 로프의 가설공법

ⓡ 바닥판의 가설

캣워크의 바닥판은 금속망, 낙하방지용 네트, 횡빔재, 난간 등으로 구성되고 가설방법은 탑정에서 조립하여 캣워크용 로프 위를 미끌어 내리면서 가설하는 공법과 작업대차를 이용하여 조립하는 대차공법이 있다.

㉰ 주케이블의 가설방법

현수교의 주케이블은 와이어를 공장에서 스트랜드 상태로 제작하여 현장에서 스트랜드를 가설하는 PPWS(prefabricated parallel wire strand)공법과 현장에서 와이어를 공중활차(spinning wheel)를 이용하여 스트랜드와 케이블로 가설하는 AS(air spinning)공법이 있다.

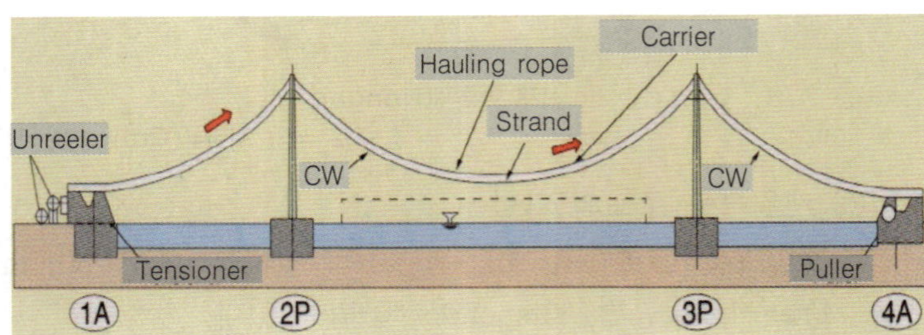

그림. 케이블 스트랜드(Strand)의 설치작업

㉠ AS(Air Spinning)공법

AS공법은 양쪽의 앵커리지에 고정된 스트랜드 슈 사이에 와이어를 반복하여 감고 최후에 와이어의 시단과 종단을 연결하여 루프형상으로 묶어서 1본의 스트랜드를 형성하는 방법이다. 인출된 와이어와 인출 중의 와이어가 매달린 상태로 작업받침대의 상공에 있으므로 바람의 영향을 받기 쉽다. 와이어 릴을 풀림장치(unreeler)에 부착하고 운반설비에 의하여 양쪽을 왕복하는 물레

(spinning wheel)에 와이어를 걸어서 한번의 인출로 dead wire, live wire의 2본을 가설한다.

㉡ PPWS(Prefabricated parallel Wire Strand)공법

PPWS공법은 공장 제작한 스트랜드를 릴에 감아서 현장에서 인출하는 방법이다. PPWS공법은 풀림장치(unreeler)에 연결한 스트랜드를 운반용 로프의 운반장치(carrier)에 부착하여 인출하며 인출속도는 30~40m/분으로 AS공법보다 빠르고 한 번에 다수의 와이어가 인출되고 캣워크의 상부에 스트랜드를 나란히 롤러 위에 착지시키면서 인출하므로 바람의 영향을 받지 않는다.

표. AS공법과 PWS공법의 비교

	AS공법	PPWS공법
작업 전경		
제작, 수송	· Strand의 제작이 불필요 · 수송 단위중량을 선택	· 장대교는 공장 제작하는 1-strand의 중량이 커서 수송이 불리
가설	· 공기가 길고 인력이 많이 소요됨 · 바람에 의해 와이어의 교차비틀림 발생	· 공기가 짧고 인력의 소요가 적음 · 바람에 의한 피해가 적음
스트랜드 정착 단면적	· 1-strand의 소선수가 많고 strand 수가 적어서 정착면적이 작음	· 수송과 가설의 제약으로 1-strand의 소선수가 적고 strand가 많으면 정착면적이 증가

③ 주케이블 가설 후의 작업

보강 거더의 가설을 위한 준비작업은 주케이블의 스퀴징(squeezing), 케이블밴드(cable band)의 가설, 현수재 로프의 가설이 있고 보강 거더를 가설한 후에 주케이블의 래핑(rapping)과 도장작업을 실시한다.

㉮ 스퀴징, 케이블밴드의 가설, 현수재 로프의 가설

스퀴징은 가설한 주케이블의 스트랜드 배열을 정리하여 원형단면으로 만드는 작업이며, 주케이블 단면의 6방향에서 유압잭으로 체결하여 원형단면으로 성형한다.

케이블밴드는 현수재 로프와 보강 거더를 주케이블에 부착하고 케이블밴드는 전용 가설대차로 탑정에서 운반하여 가설한 후에 케이블밴드 볼트를 체결한다.

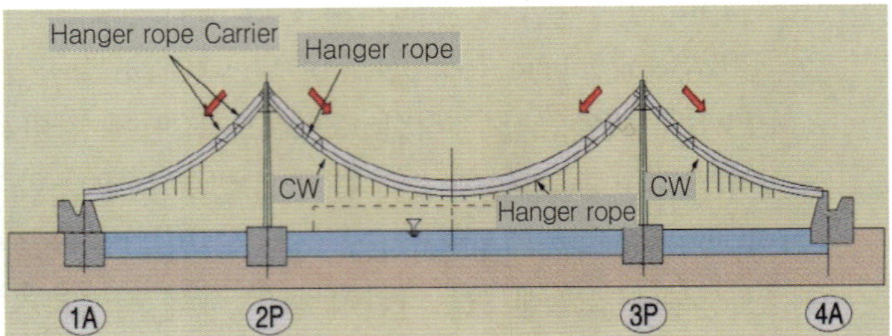

그림. Cable band와 Hanger rope의 설치

케이블밴드 볼트의 체결력은 보강 거더의 하중에 의한 케이블밴드가 활동 저항력을 가지도록 모든 볼트에 균등하고 충분한 체결력을 도입해야 한다. 현수재 로프는 보강 거더의 가설을 위하여 케이블밴드에 현수재를 부착하는 것으로 현수재 길이는 주케이블의 형상에 따라서 결정한다.

그림. Cable sqeezing작업

그림. Cable band와 Hanger rope

그림. 현수재 로프(Hanger rope)의 설치

㉯ 래핑(Rapping)

래핑은 주케이블을 보호하는 방식을 하는 작업이며 래핑 와이어의 직경은 ϕ3~4mm이고, 장력은 150~200kgf/본이다.

그림. Rapping cable

그림. Rapping 작업

④ 보강 거더의 가설

스트랜드의 가설과 케이블밴드를 부착하여 현수재의 매달기가 완료되면 보강 거더를 가설한다.
보강 거더의 편심하중에 의하여 주케이블, 주탑과 기 가설한 보강 거더에 발생하는 변형과 응력이 작도록 보강 거더의 형식, 시공성, 안전성과 내풍 안정성을 고려하여 보강 거더의 가설공법을 선정한다.

㉮ 가설단위

보강 거더의 가설공법을 가설단위의 부재 형상과 치수에 따라서 분류하면 단재 가설공법, 면재 가설공법, 블록 가설공법 등이 있다.

㉠ 단재 가설공법

반입한 부재를 현장 조립하여 보강트러스를 형성하는 공법이며 부재하중을 최소단위로 취급하므로 소규모의 운반설비와 가설 기자재의 사용이 가능하다.

㉡ 면재 가설공법

보강트러스를 구성하는 주구(main truss)와 주횡 트러스(main lateral truss)를 공장 또는 조립장에서 면재로 조립하여 현장에서 가설하는 공법이다.

㉢ 블록 가설공법

보강 거더를 교축 직각방향으로 절단한 가설단위로 대형 대선 등으로 가설지점에 운반하여 가설하는 공법으로 보강 거더는 리프팅 크레인(lifting crane), 플로팅 크레인(floating crane) 등으로 인양하며 현장작업이 적어서 공기측면에서 유리하지만 블록의 인양 시에 항로 제한이 필요하다.

㉯ 보강 거더의 가설순서

보강 거더의 가설순서는 가설 중에 주탑과 보강 거더의 응력, 변형 등의 구조 특성, 인원과 기자재의 배치, 부재의 운반경로, 해상·기상조건을 고려하여 결정한다. 보강 거더의 가설방향이 주탑에서 중앙부 또는 교대를 향하는 방법은 가설 중에 주케이블과 보강 거더의 변형이 커서 가설힌지의 설치 또는 현수재 장력의 조정이 필요하다.

중앙경간의 중앙부와 교대부를 기점으로 양 주탑을 향하는 방법은 중앙경간 중앙부근의 몇 블록을 가설하면 주케이블의 형상이 안정되어 그 후에 가설되는 보강 거더의 연결이 원만하므로 전힌지공법에서 주로 적용한다.

㉰ 보강 거더의 연결방법

보강 거더를 순차적으로 가설하는 경우는 기설치한 거더와의 연결방법(강결 또는 힌지)에 따라서 주케이블의 형상, 현수재 로프, 보강 거더의 응력에 큰 차이가 발생한다.

보강 거더의 연결방법은 가설 도중의 현수재 로프, 보강 거더의 응력, 종단 경사, 내풍 안정성을 고려하여 결정하며 전힌지공법과 축차강결공법이 있다.

㉠ 전힌지공법

보강 거더의 전 블록이 현수재 로프에 부착되기까지 무보강상태로 연결한다. 가설 중의 거동이 단순하고 부재에 특별한 보강이 필요하지 않다. 가설 중에 보강 거더의 비틀림 강성이 거의 없어서 내풍 안정성을 향상시키는 가설 힌지 등이 필요하다.

㉡ 축차강결공법

축차강결공법은 가설부재를 연결한 후에 현수재를 인입하여 정착한다. 보강 거더가 연속되어 강성이 커져서 가설 시에 내풍 안정성이 우수하고 무응력상태에서 연결하므로 가설오차가 적다.

제8장

가설 중에 주케이블이 크게 변형되지만 보강 거더의 강성이 커서 보강 거더와 가설 선단부의 현수재에 일시적인 과잉응력이 발생하고 가설응력이 부재의 허용응력을 초과하면 부재의 보강이 필요하다.

㉣ 보강 거더의 가설공법

보강거더는 가설 위치에 따라서 직하 인양공법과 Swing공법으로 구분하고 가설은 인양 윈치(Lifting device), 해상 기중기선(Floating crane) 등을 사용한다.

표. 보강거더의 가설공법

구 분	직하 인양공법	Swing 공법
개 요		
공 법	· 바지선으로 운반한 보강 거더를 직하 인양하여 가설	· 직하 인양 후에 행어를 이용하여 가설지점으로 이동
장·단점	· 신속하게 설치하여 공기가 빠르고 품질 관리가 용이 · 일시적인 항로 점유가 필요	· Swing가설은 공정이 느리고 설치시에 세심한 주의가 필요 · 바지선 진입이 어려운 구간에 주로 적용
적 용	· 교량 중앙부 일반 구간	· 저수심, 육상부 구간

제 9 장
옹벽공

옹벽공 9

1 개 설

토압에 저항하는 옹벽은 도로, 철도, 하천, 운하, 항만, 호안, 방조제 등을 건설할 때에 용지 제한에 따른 토지 활용과 비탈면의 안정을 위하여 설치한다. 옹벽은 지형조건, 지반의 지지력, 배면지반의 종류, 경사, 시공 여유 폭, 상재하중을 검토하고 경제성, 시공성, 유지관리를 종합적으로 판단하여 현장 여건에 적합한 형식을 선정한다. 옹벽은 상재하중, 옹벽의 자중과 토압을 지지하고 활동, 전도, 침하에 대한 안정성이 있어야 한다.

(1) 옹벽의 종류

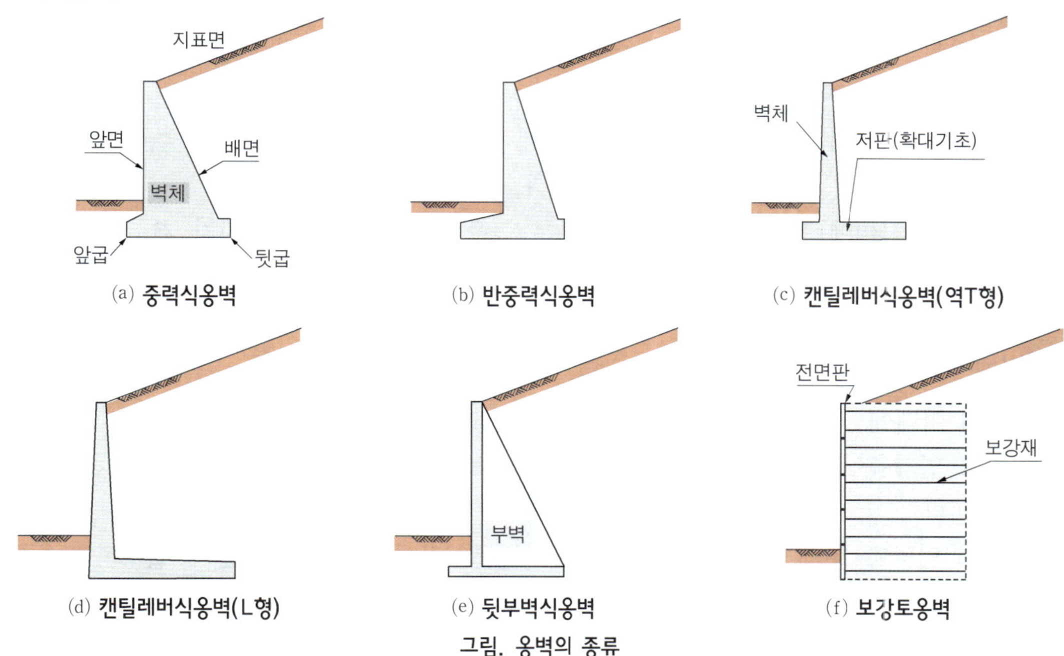

그림. 옹벽의 종류

(2) 옹벽의 형식

옹벽의 형식은 중력식, 반중력식, 캔틸레버식, 부벽식이 있고 이외에도 보강토옹벽, 조립식옹벽 등이 있다.

1) 지반조건에 따른 형식

일반적으로 옹벽기초의 저면에 작용하는 최대압력은 옹벽 높이가 일정하면 중력식 〉 반중력식 〉 L형 〉 역T형 옹벽의 순으로 나타난다. 옹벽이 높지 않고 기초지반의 지지력이 양호하면 중력식 반중력식이 적합하고 비교적 높은 옹벽은 지반조건이 양호해도 경제성을 고려하여 캔틸레버식옹벽을 적용한다.

2) 옹벽 높이에 따른 형식

높이에 따른 옹벽의 형식은 경제성을 우선적으로 고려하고 경제성의 검토는 재료비, 인건비, 배면토의 성질, 지반 상태, 현장의 시공여건을 반영한다.

3) 부지 여건에 따른 형식

① 옹벽 저판의 돌출에 구속되지 않는 경우

옹벽 저판의 앞굽과 뒷굽이 지반 내에 돌출이 가능하고 높이가 비교적 높으면 기초저면에 작용하는 압력이 적은 역T형옹벽이 가장 적합하다.

② 부지 경계선상에 설치되는 옹벽

㉮ 부지 외곽이 경계선이고 부지 내의 조성계획고보다 옹벽이 높으면 터파기선을 고려하여 역T형옹벽 또는 역L형옹벽을 적용한다.

㉯ 대지 등의 경계선에 설치되는 옹벽이 주변 부지보다 높으면 역L형옹벽, 낮은 경우는 L형옹벽을 설치하여 민원 등의 문제점을 예방할 수 있다.

③ 주요 시설물의 사이에 옹벽을 설치하는 경우는 높은 곳의 비탈면 터파기가 최소화되고 가시설물의 안전성이 손상되지 않는 형식으로 계획한다.

4) 기초지반의 따른 옹벽의 기초

① 기초지반의 아래에 연약층이 깊게 분포하면 말뚝기초로 계획한다.

② 기초지반의 연약층이 2~3m로 얇은 경우는 말뚝기초의 적용이 곤란하므로 치환 등에 의한 지반개량이 유리하다.

③ 기초지반의 연약층 두께가 1m인 경우는 기초의 근입깊이를 1m 정도 깊게 설치하거나 치환 등의 방법으로 기초지반을 개량한다.

5) 기타 경우

① 비탈면 상부에 옹벽을 설치하는 경우
비탈면의 안정각을 이루는 경사보다 1.5m 이상 또는 0.4H 이상의 뒤에 옹벽을 설치하고 비탈면에 빗물이 침투하지 않게 옹벽 상부에 배수로를 설치하여 비탈면이 유실되지 않게 한다.

② 비탈면에 2단 옹벽을 설치하는 경우
㉮ 상단 옹벽이 하단 옹벽 배면의 토사 활동면의 밖에 있으면 상단 옹벽의 저판에 작용하는 압력이 하단 옹벽에 영향을 미치지 않으므로 별도의 옹벽으로 고려한다.
㉯ 상단 옹벽이 하단 옹벽 배면의 토사 활동면 이내에 있으면 상단 옹벽의 지반 최대압력을 상재하중으로 고려하여 하단옹벽의 토압에 포함하고 두 옹벽은 0.4H 이상 또는 1.5m 이상이 떨어지게 설치한다.

(3) 옹벽의 안정조건

1) 옹벽에 작용하는 토압

자연상태의 지형을 연직으로 깎아서 각종 시설물을 설치하기 위해서는 횡방향 토압에 저항하는 옹벽, 가설 흙막이 등의 흙막이 구조물을 설치한다. 흙막이 구조물에 작용하는 힘은 흙에 의하여 횡방향으로 작용하며 이것을 토압이라고 한다. 옹벽과 같은 흙막이 구조물의 배면에 흙이 채워져 있으면 구조물이 흙으로 인한 압력 때문에 항상 변위를 수반하므로 뒷채움 내에서 흙의 한 요소는 정지상태에 있지 않고 체적변화가 발생한다.
아래 그림에서 옹벽이 횡방향압력에 의하여 반시계방향으로 회전을 하거나 왼쪽으로 약간 움직이면 뒷채움흙은 횡방향으로 팽창하고 이러한 팽창이 점점 커져서 파괴가 일어날 때의 토압을 주동토압이라고 한다. 그러나 어떤 힘으로 옹벽을 배면 쪽으로 밀면 뒷채움흙이 받는 압축이 점점 커져서 흙이 파괴될 때의 압력을 수동토압이라고 한다.

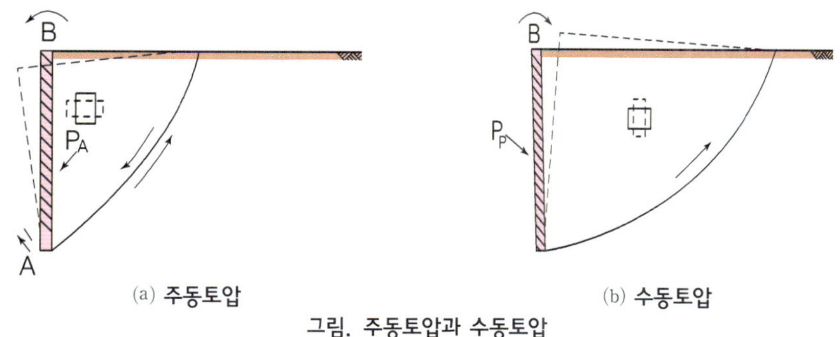

(a) 주동토압 (b) 수동토압

그림. 주동토압과 수동토압

흙이 주동토압에 의해서 파괴에 도달하면 옹벽 배면에 있는 전단영역 내의 흙은 아래로 가라앉지만 수동토압을 받는 경우는 지표면으로 부풀어 오르게 된다.

중력식옹벽은 주동토압을 받도록 설계하므로 수동토압을 받는 경우가 실제로 없지만 옹벽 전면의 지반은 주동토압을 받는 옹벽에 의해서 앞으로 밀리므로 수동상태가 된다.

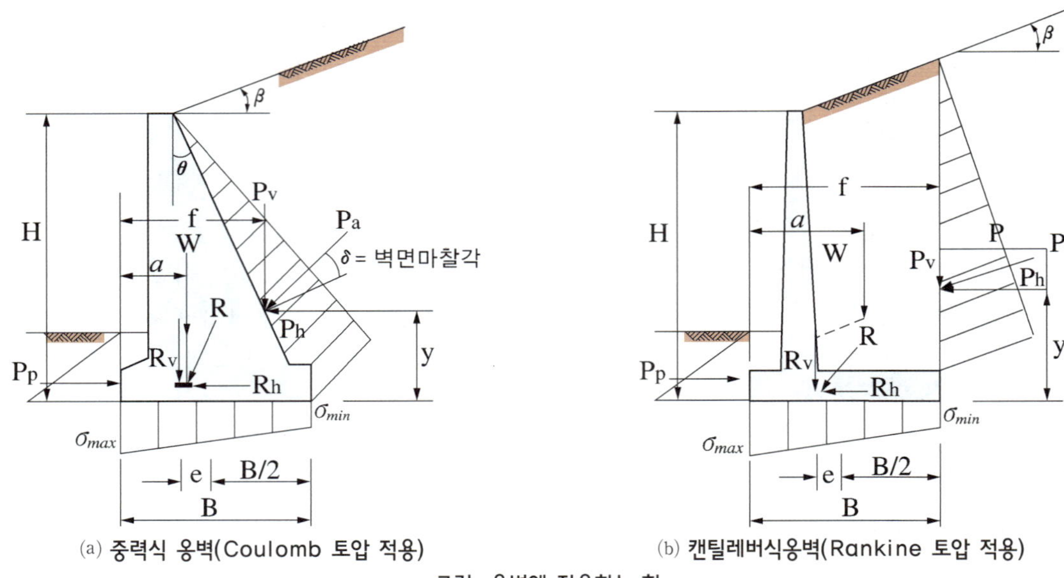

(a) 중력식 옹벽(Coulomb 토압 적용) (b) 캔틸레버식옹벽(Rankine 토압 적용)

그림. 옹벽에 작용하는 힘

여기서, R_v : 모든 연직력의 합
R_h : 모든 수평력의 합력
B : 옹벽 저판의 폭
H : 옹벽 높이
W : 옹벽 무게(캔틸레버 옹벽은 저판 위의 흙까지 포함)
P_a : 주동토압의 합력(P_v, P_h : 주동토압의 연직, 수평분력)
a : 옹벽 앞굽에서 W까지의 모멘트 팔 길이
d : 옹벽 앞굽에서 P_a까지의 모멘트 팔 길이
f : 옹벽 앞굽에서 P_a의 작용점까지의 수평거리
y : 옹벽 앞굽에서 P_a의 작용점까지의 연직거리
e : 편심거리

2) 옹벽의 안정 조건

옹벽은 작용하는 토압에 구조적으로 안정하고 기본적으로 활동, 전도, 지지력 등의 안정조건을 만족해야 하며 옹벽의 붕괴는 옹벽 배면의 뒷채움흙의 포화상태에 따른 영향이 크므로 지하수위의 변화를 고려한 안정성을 검토해야 한다.

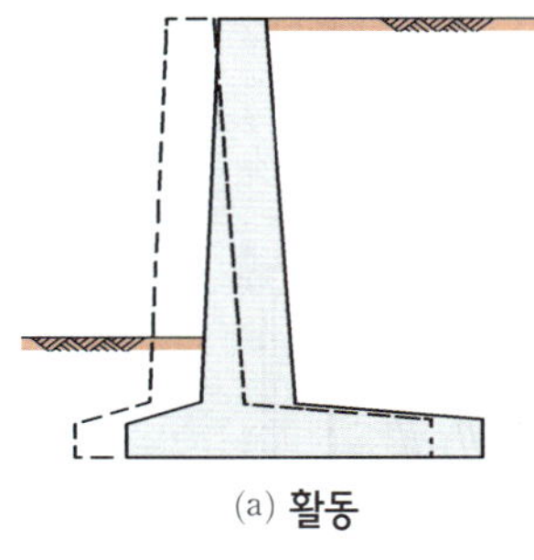

(a) 활동

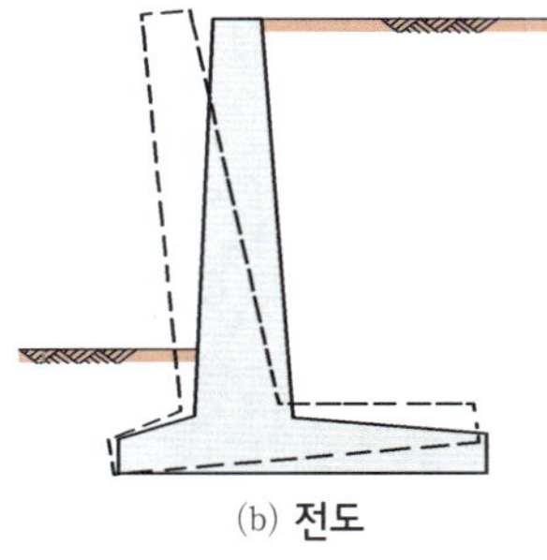

(b) 전도

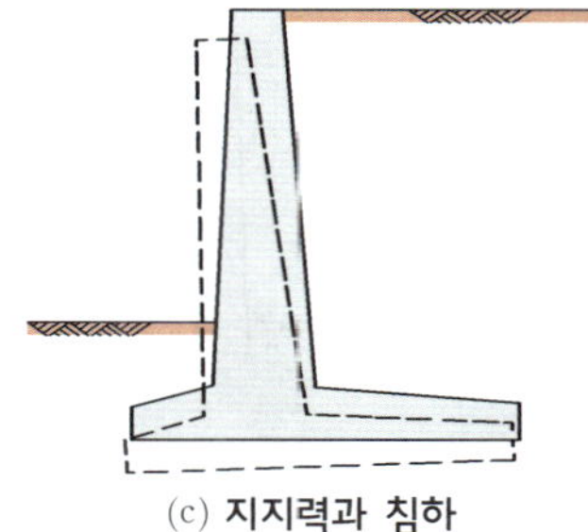

(c) 지지력과 침하

그림. 옹벽의 안정성 검토 조건

① 활동(Sliding)에 대한 안정

옹벽은 배면에 작용하는 토압의 수평성분에 의해서 수평방향으로 활동하려는 특성을 가지므로 옹벽 바닥면에서 횡토압에 대한 저항력이 충분하지 못하면 옹벽이 활동하여 파괴에 도달할 수 있다.
따라서 옹벽의 활동에 대한 안전율은 1.5 이상으로 한다.

$$F_s = \frac{R_v \tan\delta + C_a B}{R_h} \geq 1.5$$

R_v : 모든 연직력의 합

R_h : 모든 수평력의 합

δ : 옹벽 저판과 지지 지반사이의 마찰각

C_a : 옹벽 저판과 지지 지반사이의 부착력

B : 옹벽 저판의 폭

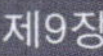

옹벽 저판은 동결심도 아래에 설치하는 것이 원칙이고 동결심도가 얕은 지반은 지표면 아래로 최소한 1m 이상의 깊이에 설치한다.
옹벽의 앞굽 전면에 있는 저판 바닥 위의 토피두께를 유지할 수 있으면 활동에 대한 안정은 수동토압을 고려하여 최소 안전율이 2.0 이상이어야 한다.

$$F_s = \frac{R_v \tan\delta + c_a B + P_p}{R_h} \geq 2.0$$

만약 저판과 지반 사이의 마찰력과 부착력에 의한 저항으로 활동에 대한 안정이 확보되지 않으면 저판 바닥면에 활동방지벽(shear key)이나 말뚝을 설치하여 활동에 대한 저항력을 증대시킨다. 옹벽의 활동을 방지하는 활동방지벽은 일반적으로 저판의 중앙부에 설치하지만 뒷굽에 설치하면 활동 저항에 더욱 효과적이다. 돌출부는 단단한 지반과 연암 이상의 암반기초에서는 지반을 교란하지 않고 주변 지반과 밀착되게 설치한다.

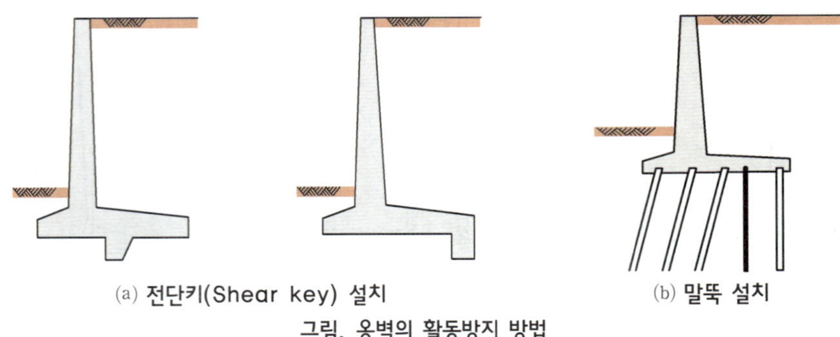

그림. 옹벽의 활동방지 방법

옹벽의 활동을 방지하는 돌출부를 설치하는 경우에 안전율은 다음과 같이 산정한다.

$$F_s = \frac{F}{P_h} \geq 2.0$$

점성토 : $F = (W + P_v)\tan\delta + c_a(B - \overline{a_1 b}) + c(\overline{a_1 b}) + P_p$

사질토 : $F = (W + P_v)\tan\delta + P_p$

여기서, c : 기초지반의 점착력,

c_a : 콘크리트와 기초지반의 부착력

B : 옹벽 저판의 폭, P_p : 수동토압

δ : 기초지반과 콘크리트의 마찰각

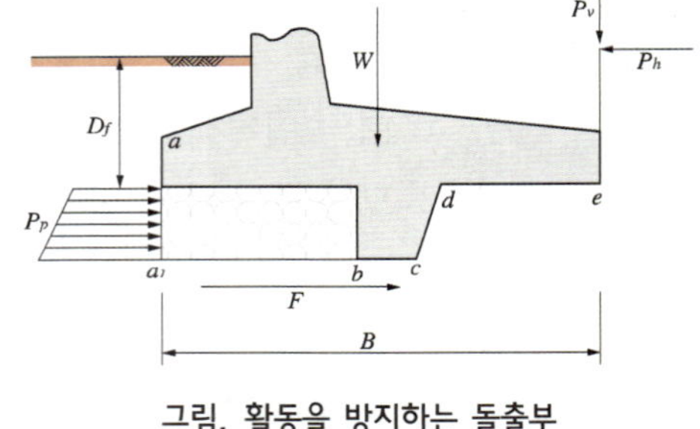

그림. 활동을 방지하는 돌출부

돌출부의 수동토압(P_p)은 다음과 같이 산정한다.

$$P_p = \frac{1}{2}\gamma(\overline{aa_1})^2 K_p + \gamma D_f \overline{aa_1} K_p$$

여기서, K_p : 수동토압계수($K_p = \tan^2(45° + \frac{\phi}{2})$)

D_f : 기초의 근입깊이, $\overline{aa_1}$: 돌출부의 높이

② 전도(Overturning)

옹벽이 횡방향토압으로 인하여 저판의 앞굽을 중심으로 회전하려는 전도에 충분히 저항하지 못하면 불안정해지며 전도에 대한 안전율(F_s)은 2.0 이상이어야 한다.

$$F_s = \frac{M_r}{M_o} \geq 2.0$$

여기서, M_o : 전도 모멘트의 합, M_r : 저항 모멘트의 합

만약 토압의 합력이 옹벽 앞굽의 아래를 통과한다면 안전율이 음(-)이 되어 옹벽은 전도에 대하여 안전하다. 주동토압을 연직성분과 수평성분으로 나누면 전도에 대한 안전율은 다음 식으로 나타낼 수 있다.

$$F_s = \frac{W \cdot a}{P_h \cdot y - P_v \cdot f}$$

여기서, P_h : 토압합력의 수평성분

P_v : 토압합력의 수직성분

f : 옹벽 앞굽에서 주동토압(P_a)의 작용점까지의 수평거리

y : 옹벽 앞굽에서 주동토압(P_a)의 작용점까지의 연직거리

모든 힘들의 합력이 저판길이의 중앙 1/3(지진시는 2/3) 이내에 있으면 전도에 대한 안정성의 검토를 생략할 수 있으며 기초지반을 연암 이상의 암반에 설치하면 그 합력이 중앙 1/2 이내에 있어도 된다.

③ 지지력(Bearing capacity)에 대한 안정

기초지반에 작용하는 최대 압축응력이 기초지반의 허용지지력을 초과하면 지지력에 대한 안정을 유지할 수 없고 지지력에 대한 안정은 다음 식으로 검토한다.

$$\sigma_{max} \leq \sigma_a$$

저판 아래의 압력이 직선분포를 한다고 가정하면 저판에 작용하는 최대와 최소압축응력은 다음 식으로 계산할 수 있다.

$$\sigma_{max} = \frac{R_v}{B}\left(1 + \frac{6\ e}{B}\right)$$

$$\sigma_{min} = \frac{R_v}{B}\left(1 - \frac{6\ e}{B}\right)$$

이때에 편심은 저판의 임의점(옹벽의 앞굽 또는 뒷굽)에 대한 모든 힘들의 1차모멘트를 취하여 합력으로 나누어 구하고, 기초지반의 허용지지력은 극한지지력을 안전율로 나눈 값을 사용한다.

지반의 극한지지력은 얕은기초의 지지력공식에 의하여 산정하고 얕은기초의 형식이 소요 지지력을 확보할 수 없는 경우는 말뚝기초 또는 지반의 치환과 개량을 하여 지지력을 확보한다.

말뚝기초를 사용하는 경우는 얕은기초의 지지력을 고려하지 않고 말뚝의 지지력만을 사용한다.

④ 옹벽을 포함한 전체적인 안정성

옹벽의 전체적인 안정성은 옹벽 구조물뿐만이 아니라 옹벽 기초의 아래와 옹벽 벽체의 배면지반이 포함된 안정성을 의미한다. 특히 옹벽이 비탈면에 축조되는 경우는 전체 안정성이 문제가 될 수 있고 이를 평가하기 위해서는 지반조사와 시험을 바탕으로 한 안정성의 해석이 필요하다.

연약지반에서는 옹벽 전체의 안정성이 문제가 될 수 있는 다음과 같은 현상이 발생할 수 있다.

㉮ 교대, 옹벽 구조물의 하중으로 인한 압밀침하

㉯ 장기간 시간의 경과에 따른 크리프 침하

㉰ 지반의 측방유동으로 인한 구조물의 수평 이동

다음의 그림은 굴착면 전체지반의 여러 가지 파괴형상을 나타내고 있으며 원호활동에 대한 굴착면 전체의 안전율은 1.5 이상이 확보되어야 한다. 그림 (a), (b)는 기초지반과 옹벽 배면의 흙이 균질하고 지표면에서 깊어짐에 따라서 점차적으로 전단강도가 증대하는 경우에 예상되는 활동이다.

그림 (c)는 기초 바닥보다 깊은 위치에 전단강도가 큰 층이 있어서 활동면이 깊어지는 경우이고, 그림 (d)는 연약층이 얇게 형성되어 있는 경우에 발생하는 활동의 형태이다.

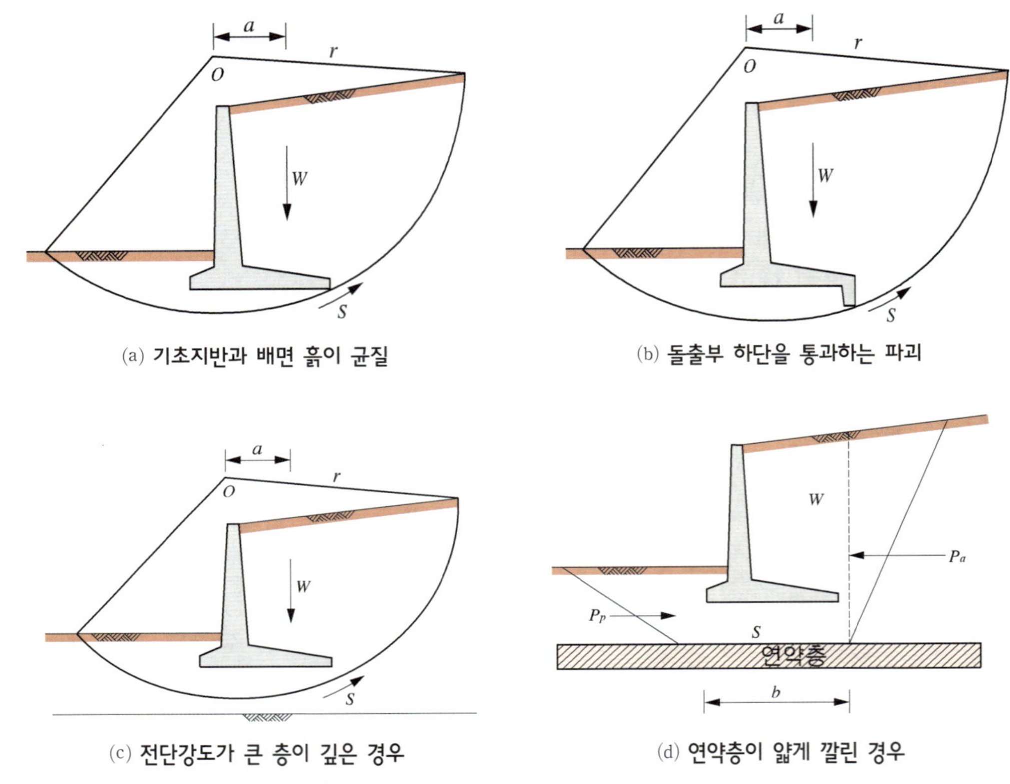

그림. 옹벽의 여러 가지 파괴형태

전체적인 안정성을 검토하여 안전율이 1.5 이하인 경우는 기초 슬래브의 아래에 돌출부 깊이의 증가 또는 기초 슬래브의 설치심도를 더 내리거나 말뚝기초로 보강하여 안정성을 확보한다.

이러한 방법에 의해서도 안정성이 확보되지 않으면 전도모멘트가 감소하고 저항모멘트가 증가되도록 옹벽의 전체계획을 변경해야 한다.

2 콘크리트 옹벽

(1) 개요

콘크리트 옹벽은 자연 비탈면을 깎아서 도로, 구조물 등을 축조할 때에 부지를 최대한 활용하기 위하여 설치하는 횡방향토압에 저항하는 무근 또는 철근 콘크리트 구조물이다.

중력식옹벽은 토압을 벽체 자중만으로 저항하도록 설계하여 기초지반이 양호한 곳에 설치하며 무근 콘크리트 또는 돌, 벽돌을 쌓아서 설치한다.

반중력식옹벽은 옹벽의 콘크리트량을 절약하기 위하여 벽체 배면에 약간의 철근을 배치하여 벽체 단면을 더 작게 한 것으로 중력식옹벽보다 다소 경제적이다.

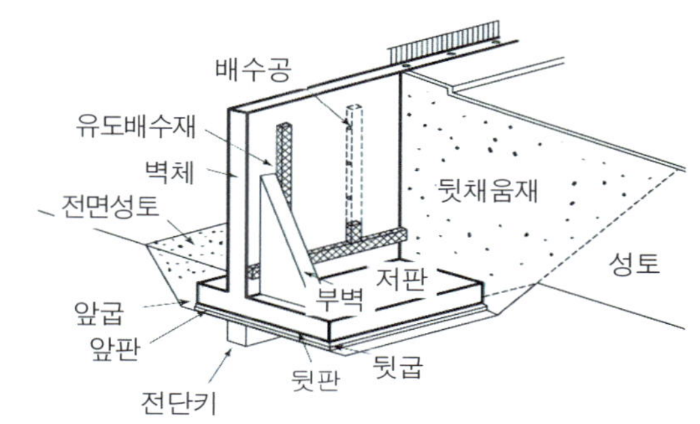

그림. 옹벽의 단면

캔틸레버식옹벽은 옹벽의 자중과 저판 상부 뒷채움흙의 중량에 의해서 토압에 저항하는 철근 콘크리트구조이며 역T형과 L형옹벽이 있고 저판의 앞판 길이가 뒷판에 비하여 상대적으로 작으면 L형옹벽이라고 한다.

캔틸레버식옹벽이 높아지면 벽체 하단에서 휨모멘트가 크게 증가하여 벽체와 저판의 단면이 너무 커지고 철근이 많이 소요되어 비경제적이므로 옹벽의 배면에 부벽을 설치한 부벽식옹벽을 적용하는 경우도 있다.

콘크리트 옹벽의 옹벽 높이에 따른 종류별 적용 범위는 다음과 같다.

표. 옹벽 종류별 높이의 범위 [구조물 기초 설계기준]

옹벽의 종류	옹벽의 높이(m)														
	1	2	3	4	5	6	7	8	9	10	11	12	13	14	15
중력식	■	■	■	■											
반중력식	■	■	■	■	■										
캔틸레버식			■	■	■	■	■	■	■	■					
뒷부벽식								■	■	■	■	■	■	■	
앞부벽식								■	■	■	■	■	■	■	

(2) 콘크리트 옹벽의 종류

1) 중력식(Gravity) 옹벽

① 옹벽의 콘크리트 자중으로 토압에 저항하므로 콘크리트량이 많이 소요된다.

② 벽체에 콘크리트 저항력 이상의 인장력이 발생하지 않게 한다.

③ 옹벽의 높이가 3~4m로 낮고 기초지반이 견고한 경우에 적용하며 무근 콘크리트구조이므로 시공이 간편하다.

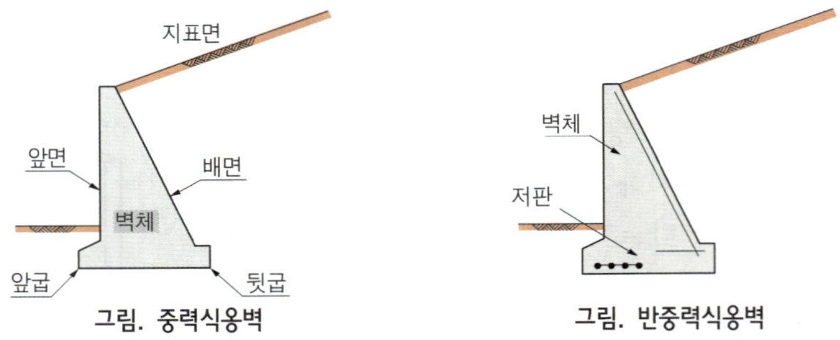

그림. 중력식옹벽　　그림. 반중력식옹벽

2) 반중력식옹벽

① 중력식옹벽의 벽체에 발생하는 인장응력을 철근으로 보강하여 중력식옹벽보다 콘크리트량을 절약한 형식이다.

② 높이 4.0m 이하의 옹벽에 적용한다.

3) 캔틸레버식(Cantilever) 옹벽 : 역T형, L형, 역L형

① 역T형옹벽은 옹벽의 자중과 저판 뒷채움재의 중량으로 토압에 저항하는 철근 콘크리트구조이므로 중력식보다 콘크리트량이 절약되고 경제적인 높이는 3~8m이다.

② 역L형은 옹벽을 설치하는 부지가 부족한 경우에 적용하며 부벽식보다 시공이 간단하다.

③ L형옹벽은 앞굽을 길게 설치할 수 없는 경우에 적용하고, 역T형옹벽은 L형에 비하여 뒷굽판을 작게 할 수 있다.

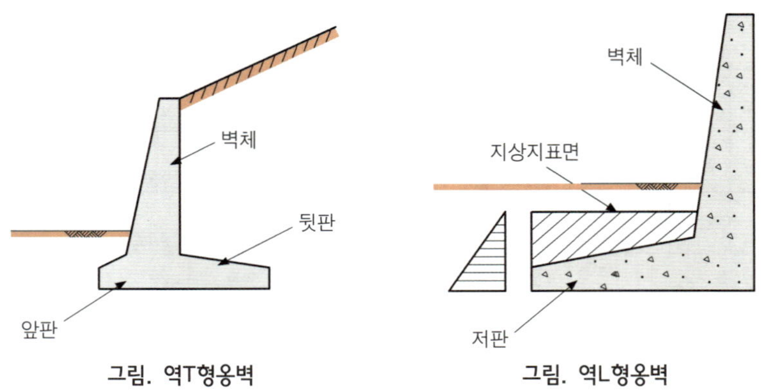

그림. 역T형옹벽　　그림. 역L형옹벽

4) 부벽식(Buttress)옹벽

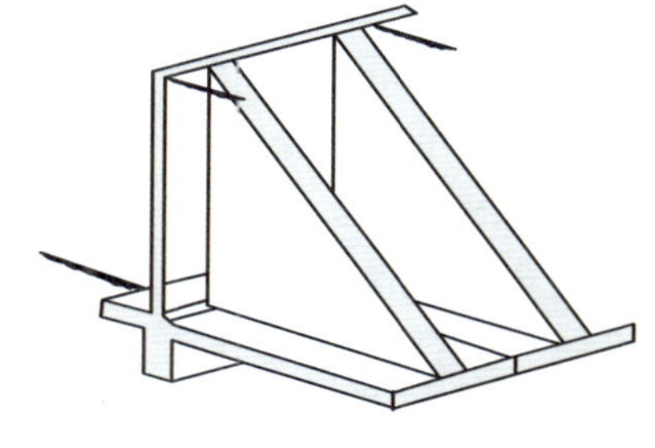
그림. 부벽식옹벽

① 역T형옹벽의 배면에 부벽을 설치하여 벽체의 강성을 증가시킨 구조이고 역T형 또는 옹벽의 단면이 두꺼워지는 경우에 적용하여 콘크리트량을 절약할 수 있으며 높이 8m 이상의 옹벽에 효과적이다.

② 시공이 복잡하며 부벽 주변의 뒷채움 다짐에 유의해야 한다.

(3) 옹벽의 배수시설

옹벽 배면의 흙 속으로 빗물이 직접 침투하거나 근처의 빗물과 지하수가 옹벽으로 흘러 들어오면 뒷채움흙의 함수비가 증가하거나 침수상태가 된다. 뒷채움흙의 단위중량이 증가하면 토압이 커지고 세립분을 함유한 흙은 함수비가 증가하여 전단강도가 저하하며 수압에 의한 하중이 발생하여 옹벽이 불안정해질 수 있다. 따라서 옹벽 배면에 적절한 배수처리를 하여 강우, 침투수에 의한 수압으로 뒷채움부의 지하수위가 상승하지 않게 한다.

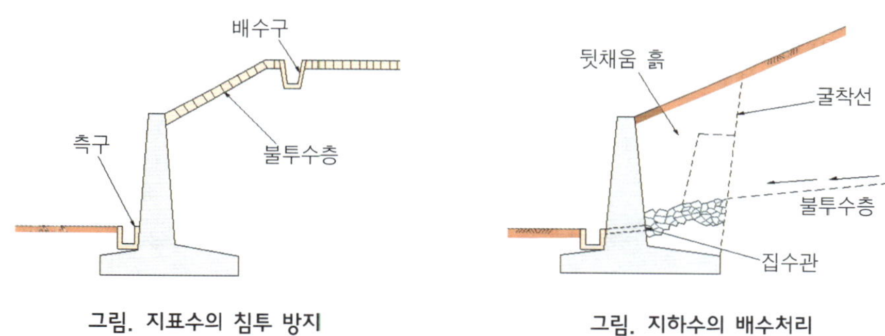

그림. 지표수의 침투 방지

그림. 지하수의 배수처리

1) 배수시설

① 옹벽의 배면에 강우와 침투수에 의하여 발생된 수압은 적절한 배수처리를 하여 뒷채움부의 지하수위가 상승하지 않도록 한다.

② 배수공의 물구멍(ϕ 10cm)은 수평방향으로 4.5m 이하, 연직방향은 1.5m 이하의 간격으로 설치하고 최하단의 배수공은 기초 지표면에서 10cm 위에 설치한다. 옹벽의 배수재는 40×40cm 단면으로 조약돌, 깬 잡석을 부직포로 피복하여 배수공과 수평으로 설치한다.

③ 저판의 상부면은 배수가 용이하게 약 10%의 경사를 가져야 한다.

④ 시간이 오래 경과되면 배수시설이 막혀서 기능을 제대로 발휘하지 못하므로 수시로 배수상태를 점검하여 유지와 보수를 해야 한다.

2) 뒷채움부 배수시설의 종류

① 배수층의 설치

② 옹벽 배면의 상부에 지표수의 유입을 차단하는 불투수층(콘크리트 또는 아스팔트 포장)을 설치

③ 배수시설과 함께 옹벽의 배면에 필터재를 설치하여 배수층을 형성

④ 필터(filter)재의 구비요건

$$\frac{(D_{15})_f}{(D_{85})_s} < 5, \qquad 4 < \frac{(D_{15})_f}{(D_{15})_s} < 20, \qquad \frac{(D_{50})_f}{(D_{50})_s} < 25$$

여기서, D_{15}, D_{50}, D_{85} : 가적통과율의 입경, f : 필터, s : 필터에 인접된 흙

⑤ 배수층의 하단에 배수관을 설치하여 배수를 유도

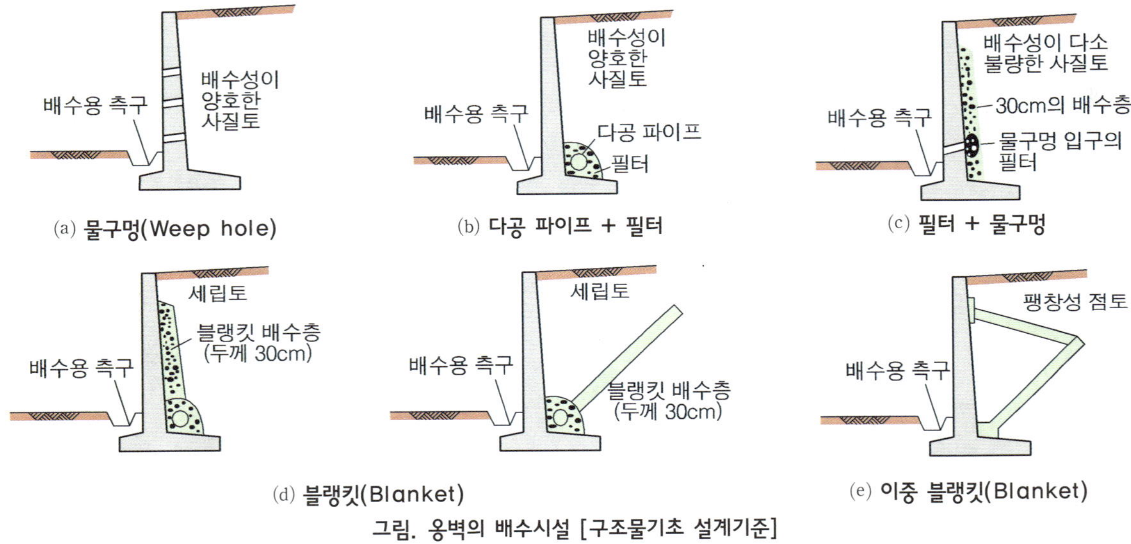

(a) 물구멍(Weep hole) (b) 다공 파이프 + 필터 (c) 필터 + 물구멍

(d) 블랭킷(Blanket) (e) 이중 블랭킷(Blanket)

그림. 옹벽의 배수시설 [구조물기초 설계기준]

3) 뒷채움흙의 종류별 배수대책

① 사질토

㉮ 물구멍(weep hole)은 배수공 면적의 2~4m²에 1개씩 설치하고, 다공파이프를 옹벽의 길이방향으로 매설하여 배수를 유도한다.

㉯ 부벽식옹벽은 부벽사이에 1개 이상의 물구멍을 설치한다.

㉰ 물구멍 주변에 필터용 자갈, 쇄석을 채워서 토사가 물구멍을 폐색하는 것을 방지한다.

② 세립토를 함유한 뒷채움흙

㉮ 옹벽 배면의 배수시설에 필터재를 설치하여 배수층을 형성한다.

㉯ 배수층은 벽체의 안쪽 전면에 30cm 두께의 자갈, 쇄석층을 설치한다.

③ 세립토

㉮ 필터용 자갈, 쇄석배수층을 30cm 두께로 옹벽 뒤의 전면에 설치한다.

㉯ 팽창성점성토는 침투수가 흙을 팽창시키므로 이중 블랭킷(blanket drain)을 설치하여 배수를 유도한다.

(4) 옹벽의 구조

1) 옹벽의 구조 상세

옹벽은 종류와 구조배치에 따라서 구조가 다르지만 일반적으로 보, 슬래브, 기초판으로 구성되어 있다.

① 옹벽의 본체

㉮ 옹벽의 전면은 미관 등을 고려하여 일반적으로 1:0.02 이상의 경사를 설치한다.

㉯ 옹벽 상단에 설치하는 소단의 폭은 설치장소에 따라서 다르지만 약 0.7m를 적용한다.

㉰ 연속된 옹벽에서 옹벽의 상단이나 저면의 높이가 변하는 경우는 설치 위치와 구조 형식을 고려하여 접속시켜야 한다. 일반적으로 설치 위치에 따라서 결정되는 근입깊이를 기준으로 1-블록의 길이를 결정하고 저판은 수평으로 시공하는 것이 좋다.

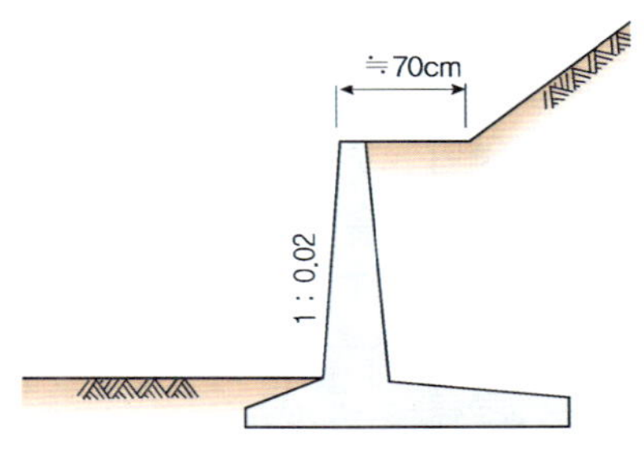

그림. 옹벽 본체의 경사와 소단

㉱ 옹벽 저면에 배수시설과 배수관을 설치하거나 저판 앞면에 U형 측구, 우수받이를 설치하여 유효단면이 감소하는 경우는 옹벽 블록사이의 단면 감소의 합계가 1-블록길이의 6% 이하로 하고 가능한 한 균등하게 분포시켜야 한다. 단면의 감소를 최소한으로 하면 철근간격을 조절하는 등의 조치로 충분하여 보강이 필요하지 않다. 유효단면이 지나치게 감소하면 단면 감소가 있는 부분의 응력을 계산하여 필요시에는 철근으로 보강한다.

제9장

② 배근

㉮ 철근 콘크리트옹벽은 수축과 온도변화에 의한 균열을 방지하기 위하여 벽의 노출면에 가깝게 수평방향으로 벽의 높이 1m당 5cm² 이상의 단면적을 가진 철근을 중심간격 0.3m 이하로 배치한다.

㉯ 뒷부벽식옹벽은 전면벽과 기초 슬래브에 의해서 부벽에 전달되는 응력을 지지하기 위한 철근을 부벽에 배근하며 전면벽과 기초 슬래브는 인장철근의 20% 이상의 배력철근을 배치한다.

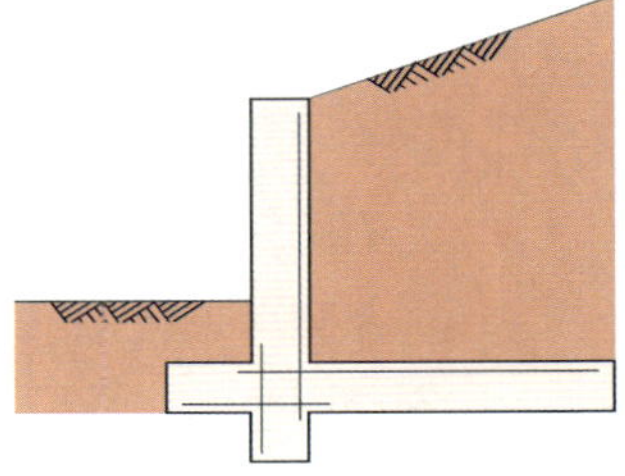

그림. 옹벽의 주철근 배치

㉰ 주철근은 설계하중에 의해 단면적이 결정되는 철근이며, 정철근은 부재에 (+)모멘트가 작용할 때에 인장측에 배근하는 인장철근이고, 부철근은 부재에 (-)모멘트가 작용할 때에 인장측에 배근하는 인장철근이다.

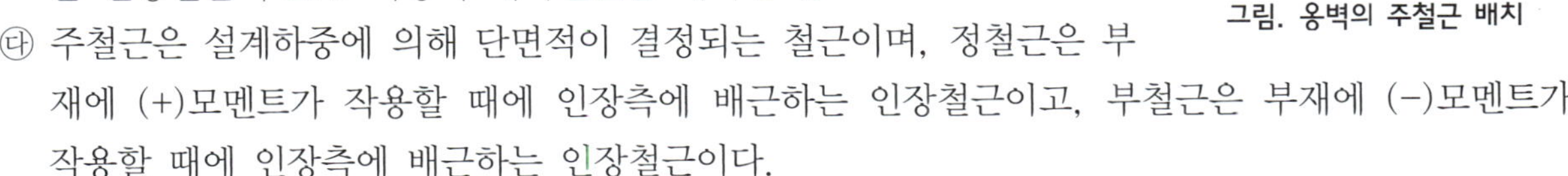

㉣ 배력철근은 주철근의 직각방향으로 배근하여 주철근의 위치를 확보하고 온도 응력을 분포시키는 역할을 하는 철근이다.

㉤ 앞부벽식옹벽의 전면벽은 인장철근의 20% 이상의 배력철근을 배치한다.

㉥ 수평철근의 콘크리트 총 단면적에 대한 최소 철근비는 다음과 같다.

㉠ 설계기준 항복강도가 400MPa 이상의 지름 16mm 이하인 이형철근 : 0.0020

㉡ 기타 이형철근 : 0.0025

㉢ 지름이 16mm 이하인 용접 강선망 : 0.0020

㉣ 수평철근의 간격은 벽체 두께의 3배 이하 또는 450mm 이하

③ 콘크리트 피복두께

옹벽의 콘크리트 피복두께는 벽의 노출면에서는 50mm 이상, 콘크리트와 흙에 접하는 면은 50mm 이상, 지중에 묻히는 기초 슬래브는 80mm 이상으로 한다.

④ 옹벽의 이음

시공이음부는 시공이음, 수축 변형의 영향을 줄이기 위한 수축이음과 전단면에서 일정한 간격으로 신축이음을 설치한다. 그러나 옹벽의 길이가 짧거나 콘크리트의 수화열, 온도변화, 건조수축 등의 부피변화에 대한 별도의 구조해석을 수행한 경우는 종방향철근을 연속으로 배근하여 신축과 수축이음을 두지 않을 수 있으며 또한 응력 집중이 발생하는 모서리는 이음을 설치하지 않는다.

㉮ 시공이음(Construction joint)

시공이음의 연결부에 쐐기를 설치하면 전단저항력이 증가하며, 쐐기를 사용하지 않는 경우는 한 쪽의 콘크리트 표면을 거칠게 하여 콘크리트를 타설하고 거친 콘크리트면은 깨끗하게 정리한다. 중력식옹벽의 시공이음은 가외철근을 사용하고 시공이음은 계산상 요구되지 않더라도 흙막이벽에서 배근된 만큼의 가외철근을 배근한다.

㉯ 수축이음(Contraction joint)

㉠ 벽체의 전면에 V형 홈을 가진 수축이음을 설치하면 콘크리트의 수축 변형에 의한 영향이 감소한다. 일반적으로 수축이음은 폭 6~8mm, 깊이 12~16mm의 홈을 9m 이하의 간격으로 옹벽 기초의 슬래브 상부에서 벽체 상단까지 연속시킨다. 또한 수축이음부에서 철근이 절단되지 않아야 한다.

㉡ 수축줄눈은 중력식과 반중력식옹벽은 5.0m 이하, 역T형과 L형옹벽은 6.0m 이하의 간격으로 건조 수축과 수축 균열을 유도하기 위하여 설치한다.

㉢ 부벽식옹벽은 수평방향의 철근량이 많으므로 수축이음을 설치하지 않는다.

㉰ 신축이음

㉠ 콘크리트의 수화열, 온도 변화, 건조수축에 의한 부피 변화를 고려하여 신축이음을 설치한다. 길이가 긴 옹벽은 온도 변화와 지반의 부등침하가 콘크리트 구조물에 미치는 영향을 고려하여 신축이음은 길이방향으로 유연성재료를 사용하여 설치한다.

㉡ 신축이음의 설치간격은 중력식옹벽은 10m 이하, 캔티레버식과 부벽식옹벽은 15~20m 이하로 설치하며 신축이음에서 철근을 절단하고 충전재를 삽입한다.

㉢ 신축이음부는 양측이 일체성을 유지하도록 강철봉(dowel bar)을 사용하여 벽체를 가로 지르는 방향으로 보강을 실시하고 dowel bar가 콘크리트에 견고하게 부착되면 신축이음의 효과가 상실되므로 강철봉 표면에 윤활유를 도포하여 신축성을 가지게 한다.

㉣ 신축이음은 서로 물리는 맞물림 이음의 형상으로 하지만 높이가 낮고 기초지반이 견고하면 맞댐이음의 구조로 할 수 있으며 시공시에 엇갈림이 발생하지 않게 주의한다.

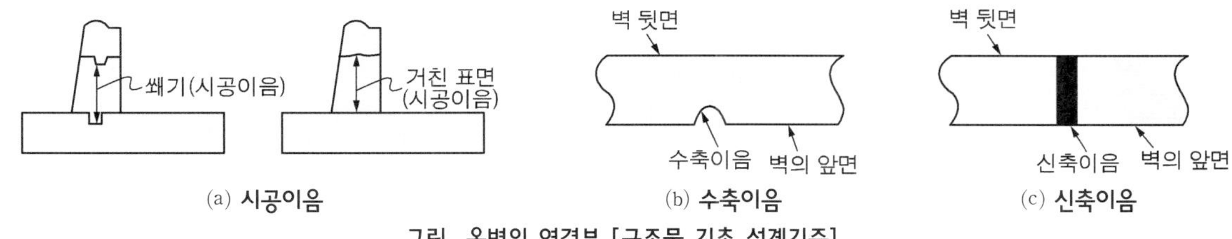

그림. 옹벽의 연결부 [구조물 기초 설계기준]

⑤ 활동방지벽(Shear key)

㉮ 옹벽의 활동에 저항하기 위하여 옹벽 저판에 설치하는 활동방지벽은 저판과 일체로 설치한다.

㉯ 활동방지벽은 돌출부의 깊이와 토질 상태에 따라서 구조물 기초의 굴착선에 적합한 형식으로 설치한다.

㉰ 사질토지반은 활동방지벽이 효과적이지만 점성토지반은 점성토의 비배수전단강도에 따라서 활동저항력이 결정되어 효과가 적을 수 있으므로 충분한 검토를 하여 적용한다.

2) 비탈면 보호벽

① 부분적으로 불안정한 땅깎기 비탈면은 콘크리트 벽체를 설치하여 비탈면을 안정시키는 비탈면 보호벽을 설치한다.

② 땅깎기부의 비탈면 보호벽은 비탈면이 자립하여 비탈면 전체의 안정을 확보할 수 있는 장소에 설치한다. 지지지반과 배면이 암반인 경우는 현장조건을 고려하여 설치하고 지지지반의 강도가 충분하지 않으면 저부의 폭을 넓게 하거나 근입깊이를 크게 한다.

㉮ 비탈면 보호벽의 자중은 옹벽의 무게 중심에 작용시킨다.

㉯ 파괴쐐기의 하중은 파괴면과 나란한 방향으로 파괴쐐기의 높이 1/3에 작용하게 한다.

㉰ 땅깎기 후에 비탈면의 안전율은 1.5 이상으로 한다.

㉱ 비탈면 보호벽의 근입깊이는 기초 전면에 설치하는 배수공을 고려하여 최소 1.0m를 확보해야 한다.

③ 배수공의 심도가 1.0m보다 깊은 경우는 비탈면 보호벽을 깊게 근입시킨다. 다만 지지지반이 경암이거나 지하수위가 깊으면 지하배수공을 설치하지 않고 근입깊이를 0.5m까지 얕게 할 수 있다.

(5) 조립식 콘크리트옹벽

1) 프리캐스트(Precast) 콘크리트 옹벽

조립식 PC옹벽은 시공이 빠르고 공장에서 제작하여 품질관리가 양호한 고강도 콘크리트를 사용하므로 현장에서 콘크리트를 타설하는 옹벽에 비하여 내구성과 시공성이 우수한 장점이 있지만 PC 부재간 이음부의 처리와 경제성에서 불리하여 제한적으로 사용된다.

조립식 PC옹벽은 작업공정이 단순하고 토공사와 함께 병행작업이 가능하여 공기가 단축되므로 도심지에서 많이 사용한다.

그림. Precast 옹벽

2) 소형 앵커형 파일을 적용한 프리캐스트 옹벽

프리캐스트 옹벽의 저판길이를 줄여서 콘크리트의 중량이 현장타설 옹벽보다 감소하고 저판길이가 짧아지면 활동과 전도에 대한 저항력이 저하하므로 옹벽 저판에 고강도 소형 앵커형 파일을 설치하여 인발저항력과 수평저항력을 보완하는 구조를 가지게 한다.

프리캐스트 옹벽의 장점을 이용하여 시공이 용이하고 토공량이 감소하며 토지의 매입비용이 절감된다. 옹벽 배면의 부지가 협소하거나 배면의 비탈면 깎기를 최소로 하고 옹벽 노출면의 품질관리가 필요한 경우에 효과적으로 적용할 수 있다.

(a) 기초 터파기

(b) Precast 옹벽의 조립

(c) 저판에 앵커파일 설치

(d) 배수시설의 연결

(e) 뒷채움 다짐

(f) 옹벽의 설치 완료

그림. 앵커형 파일을 사용한 조립식 옹벽의 시공

3 돌(블록)쌓기 옹벽(Riprap)

(1) 개요

그림. 돌쌓기옹벽

돌쌓기옹벽은 옛날부터 석축 또는 축대라는 용어로 흙막이용, 비탈면의 표면보호용으로 많이 이용되어 왔으나 최근에는 자연석을 구하기가 어려워서 콘크리트 블록을 쌓은 옹벽이 많이 사용되고 있다. 돌쌓기옹벽은 노출된 흙쌓기부 또는 땅깎기 비탈면의 표면을 보호하기 위해서 설치하는 토압을 지지하는 구조물이고 벽체가 횡방향 토압에 대한 지지력이 적으므로 소규모 옹벽에만 적용한다.
돌쌓기옹벽은 구조적으로 일체가 아닌 견칫돌 간의 상호 맞물림에 의하여 안정을 유지하므로 일반 옹벽처럼 토압을 계산하여 단면을 결정하기 보다는 표준도를 많이 사용한다. 돌쌓기옹벽을 높게 쌓는 경우는 중력식옹벽으로 고려하여 옹벽과 동일한 안정해석을 하여서 필요한 뒷채움 콘크리트의 두께와 기초의 크기를 결정한다.

(2) 돌쌓기옹벽의 구조

1) 돌쌓기옹벽의 형태

① 찰쌓기

찰쌓기는 옹벽 전면에 규준틀을 설치하고 돌을 한 층씩 쌓아 올린 후에 배수성이 좋은 잡석으로 뒷채움하고서 각 층의 돌 사이에 모르터를 채우고 다음 돌을 쌓아 올리는 방법으로 콘크리트로 틈을 모두 메우므로 배수시설이 필요하다. 찰쌓기는 뒷채움 콘크리트로 보강하므로 구조적으로 중요한 곳에 적용하고 흙쌓기 비탈면의 높이 7m 정도까지 시공한다.

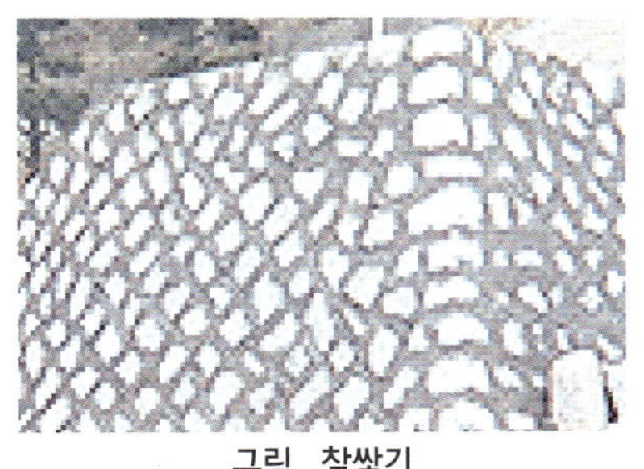

그림. 찰쌓기

그림. 멧쌓기

② 멧쌓기

멧쌓기는 돌 사이에 모르터를 채우지 않고 큰 돌 사이에 작은 돌로 고이거나 큰 돌을 깨어서 접촉이 많아지게 쌓는 방법이다. 멧쌓기는 찰쌓기보다 배수성이 좋지만 지반 변형에 의한 파손에 취약하여 적용 높이에 제한이 있다. 멧쌓기는 작용 토압이 적고 비교적 중요하지 않은 낮은 흙막이 구조로 사용하며 5m 이하의 높이에 사용한다.

2) 돌쌓기옹벽의 비탈면 경사

돌쌓기옹벽의 비탈면 경사는 1:0.3~1:0.6으로 하고, 기존 구조물의 주변에 설치하는 경우는 충분한 이격 거리를 유지하여 굴착에 의한 인접 구조물의 변형과 붕괴가 발생하지 않도록 한다.

표. 돌쌓기옹벽의 표준경사

높이(m)		0~1.5	1.5~3.0	3.0~5.0
비탈면 경사	흙쌓기 땅깎기	1 : 0.3 1 : 0.3	1 : 0.4 1 : 0.3	1 : 0.5 1 : 0.4
견칫돌 길이 (cm)	멧쌓기	35	35~45	–
	찰쌓기	25	35~45	45
뒷채움 두께(cm)	상 부	20~40	20~40	20~40
	상 부	30~60	45~75	60~100

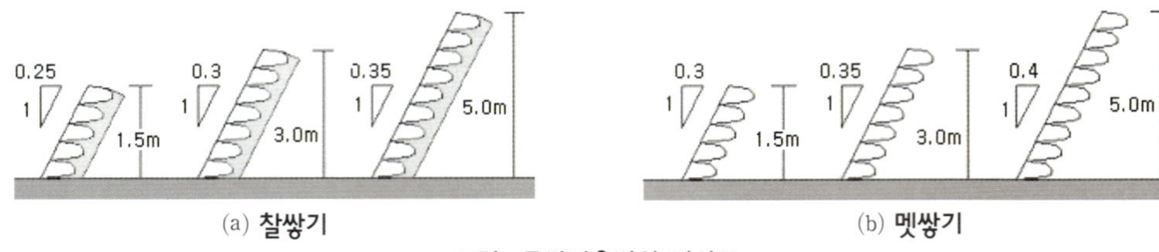

(a) **찰쌓기** (b) **멧쌓기**

그림. 돌쌓기옹벽의 경사도

(3) 돌쌓기옹벽의 배수시설

1) 찰쌓기에 의한 돌쌓기옹벽은 배면의 지하수를 원활하게 배수시키기 위하여 자갈질재료를 뒷채움부에 사용하고 세립분의 유출이 우려되면 비탈면 표면과 뒷채움부의 사이에 필터재를 설치한다.
2) 돌쌓기옹벽의 배수시설은 옹벽 최상부에 약 100mm 두께의 피복재를 설치하여 표면수가 배면에 침투하지 않게 하고 자갈질 재료를 옹벽 배면의 비탈면에 포설하여 비탈면의 지하수를 옹벽 배면의 하부로 유도시켜서 배수한다.
3) 옹벽 배면에는 자갈질 뒷채움재료를 비탈면 전면에 포설하여 비탈면 내부의 지하수를 옹벽 배면의 하부에서 배수구멍으로 배수시킨다.

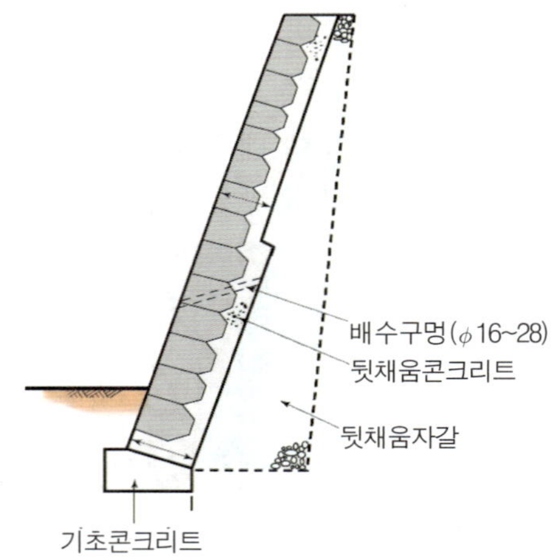

그림. 돌쌓기옹벽의 구조 및 배수시설

4) 비탈면의 배면에 유입되는 지하수와 표면의 유입수를 처리하는 배수시설은 다음과 같다.
   ① 옹벽 하단부에 물구멍을 설치(약 2m 간격으로 1개씩 설치)
   ② 지하수위를 저하시키는 수평배수공을 설치
   ③ 옹벽 상부에 표면수가 유입되지 않도록 콘크리트로 피복하고 배수로를 설치

(4) 돌쌓기옹벽의 시공 유의사항

1) 암반 기초는 기초 콘크리트가 필요하지 않고, 토사지반은 기초 콘크리트 또는 사석다짐을 하고서 돌쌓기옹벽을 설치한다.
2) 옹벽이 높지 않으므로 콘크리트 기초를 많이 설치하며 지반이 불량하면 지반개량을 하고 얕은기초를 설치한다.
3) 비탈면은 다단쌓기를 원칙적으로 피하고 다단쌓기를 하는 경우는 상단 옹벽의 기초를 견고한 지반에 설치하며 하단 옹벽과 상단 옹벽의 사이에 2m 이상의 소단을 설치하고 표면은 콘크리트로 피복한다.

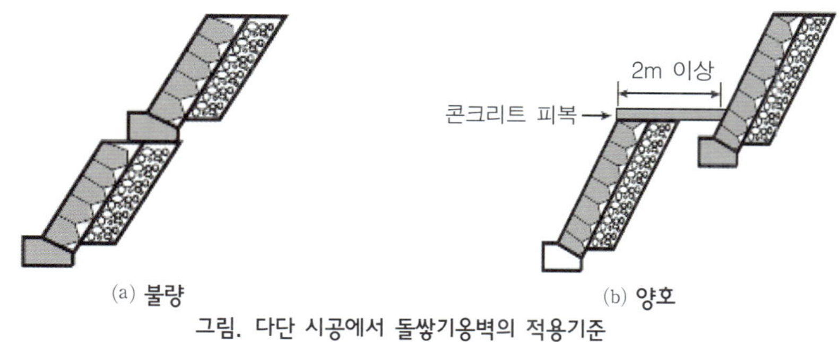

(a) 불량 (b) 양호

그림. 다단 시공에서 돌쌓기옹벽의 적용기준

4) 돌쌓기옹벽은 일정한 높이를 유지하면서 일직선으로 시공한다.
5) 밑돌은 큰 것을 사용하고 규준틀과 일치하게 다듬어서 인접한 돌에 밀착시켜야 한다.
6) 고임돌은 단단하고 채움이 용이한 것을 사용하며 한 곳에 두개를 겹쳐서 사용하지 않는다.
7) 뒷채움돌은 15cm 이하의 단단한 잡석을 사용하고 모래섞인 자갈로 잡석사이의 틈을 메운다.
8) 찰쌓기에서 돌과 콘크리트가 잘 부착되도록 돌을 물에 적셔서 사용하고 콘크리트가 전면 접촉부까지 채워지게 충분한 다짐을 한다.

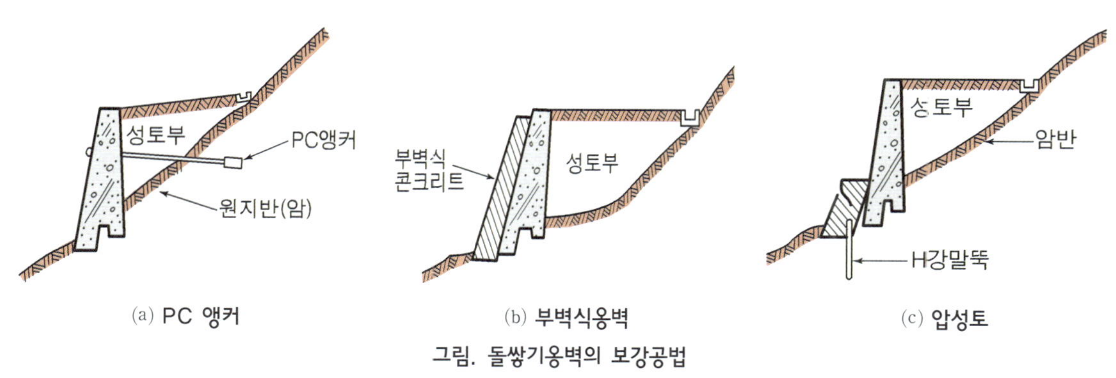

(a) PC 앵커 (b) 부벽식옹벽 (c) 압성토

그림. 돌쌓기옹벽의 보강공법

4 기대기옹벽

(1) 개요

기대기옹벽은 땅깎기 비탈면의 하단부에서 지지력을 상실한 공간이 발생하여 추가적으로 암석의 이탈이 발생할 위험이 있거나 단층 등의 파쇄대가 발달하여 비탈면의 침식으로 불안정성이 예상되는 경우에 비탈면의 안정성을 높이기 위하여 설치하며 합벽식과 계단식이 있다.

기대기옹벽은 땅깎기 비탈면의 일부분에 설치하므로 옹벽 배면의 지하수위가 하중으로 작용하지 않는 것으로 한다. 인장 균열이 있는 파괘쐐기 또는 많은 지하수의 유입이 예상되는 지반은 지하수위의 작용을 고려하여 배수구멍을 설치한다.

(2) 기대기옹벽의 종류

1) 합벽식옹벽

합벽식옹벽은 비탈면의 중간과 상부에 대규모의 절리, 파쇄대가 발달하여 길게 파괴되는 구간 또는 표면의 풍화가 진행되어 공간이 발생하였을 때에 주변 암반부의 추가 파괴와 암석의 이탈을 막기 위하여 콘크리트로 주변 암괴를 지지하는 옹벽이다.

그림. 합벽식옹벽

주로 소규모 파괴에 적용하고 대규모 지질구조에 의한 파괴가 발생한 경우는 활동방지를 위한 보강공법을 적용한다.

합벽식옹벽은 현장타설 콘크리트로 시공하고 콘크리트와 비탈면이 밀착되게 철근 등의 고정핀을 비탈면에 300mm 이상이 근입되게 1.0~1.5m 간격으로 설치하며 벽체가 두꺼우면 설치간격을 좁게 한다. 급경사(1:0.5) 비탈면은 파괴가 예상되지 않아도 최소 철근으로 보강한다. 합벽식옹벽은 최소 200mm 이상의 두께로 하고 철근으로 보강하는 경우는 비탈면 표면과 50mm 이상이 떨어지게 한다.

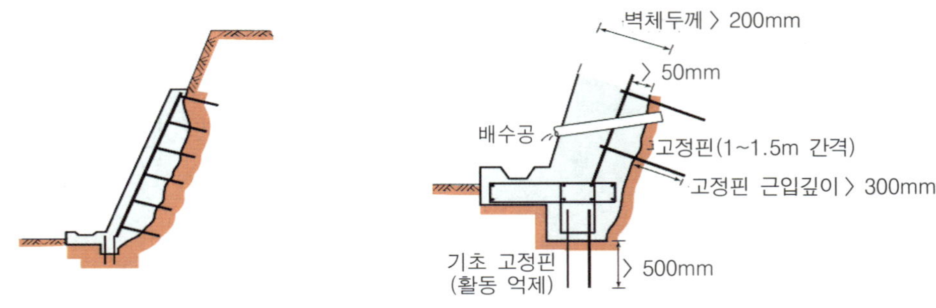

그림. 합벽식옹벽의 최소 설치단면

2) 계단식옹벽

계단식옹벽은 비탈면에서 소규모 파괴가 우려되거나 이미 파괴가 발생한 구간에서 추가 파괴가 예상되는 경우 또는 표면의 풍화로 인하여 암괴의 이탈이 우려되는 경우에 옹벽 자중으로 이탈되는 암괴를 지지하고 추가 파괴를 방지하기 위한 계단형태의 콘크리트 벽체이다.

계단식옹벽은 각 계단을 순차적으로 시공하므로 각 계단 사이에 시공이음이 발생하며 비탈면의 활동은 각 계단사이의 마찰저항력으로 지지한다. 계단사이의 마찰저항력을 증가시키고 비탈면 표면과 계단이 밀착되도록 철근 등의 고정핀을 설치한다.

일반적으로 계단식옹벽은 파괴가 예상되는 구간을 포함하여 넓게 설치되므로 국부적인 파괴가 발생해도 주변 계단에서 저항력을 발휘하여 안정적으로 거동한다. 그러나 대규모 지질구조에 의한 활동이 발생하는 경우는 활동을 방지하는 보강공법을 적용한다.

계단식옹벽의 계단이 겹치는 너비는 총 너비의 1/2 이상으로 하고 계단 전면부의 경사는 60~90° 로 한다. 한 계단의 높이는 시공성을 고려하여 0.5~1.5m, 계단의 최소 두께는 300mm 이상으로 한다. 비탈면과 일체가 되게 설치하는 고정핀은 기초부에서 500mm 이상, 비탈면은 300mm 이상이 근입되게 하고 콘크리트 내부에 150mm 이상을 근입시켜야 한다. 계단식옹벽은 각 단 사이에도 겹치는 부분의 중앙부에 고정핀을 설치한다.

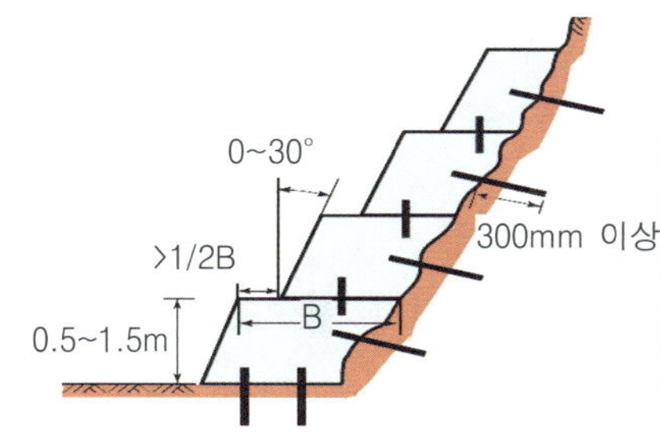

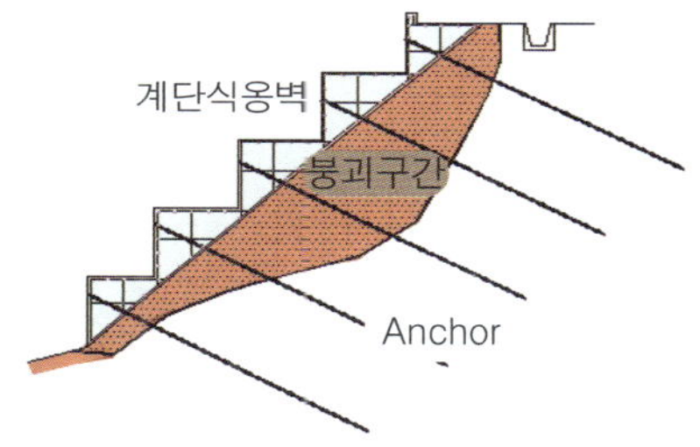

그림. 계단식옹벽의 설치단면

(3) 안정성

그림. 기대기옹벽

기대기옹벽은 안전율이 중력식옹벽보다 상대적으로 낮으므로 안전율을 조정하여 적용한다. 옹벽 자체의 파괴는 전단파괴와 모멘트에 의한 파괴를 고려하여 안전율은 모두 2.0을 적용한다.

1) 활동에 대한 안정성 :

기대기옹벽은 배면의 파괴쐐기에서 가해지는 수평하중을 기초의 수평저항력이 지지해야 한다.

2) 전도에 대한 안정성 :

기대기옹벽은 옹벽의 앞굽에서 모멘트를 취했을 때에 활동모멘트보다 저항모멘트가 더 커야 한다.

3) 지지력에 대한 안정성 :

옹벽 자체의 하중과 파괴쐐기로부터 가해지는 하중에 대하여 안정해야 한다.

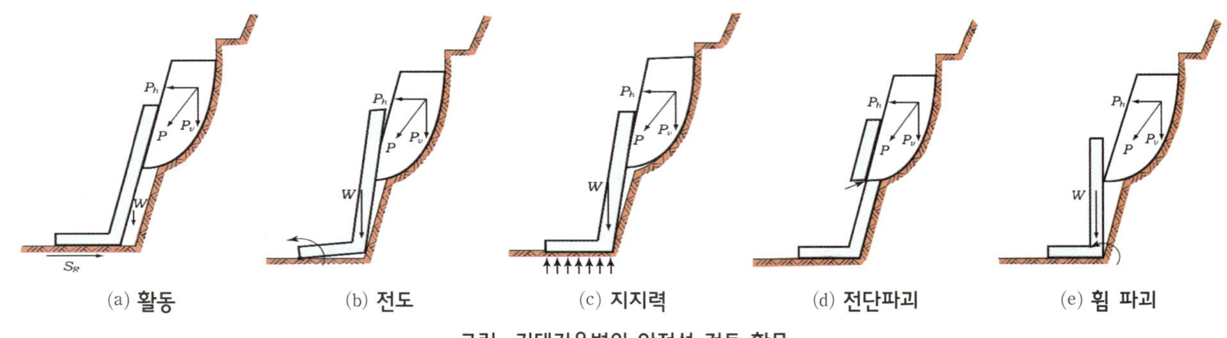

그림. 기대기옹벽의 안정성 검토 항목

(4) 기대기옹벽의 배수시설

1) 기대기옹벽은 비탈면의 일부분에만 설치하므로 옹벽 배면에 하중으로 작용하는 지하수위가 형성되지 않는 것으로 고려한다. 그러나 부분적으로 형성되는 배면의 지하수위 상승을 방지하기 위하여 배수구멍을 설치하고 인장균열이 발생한 파괴쐐기와 많은 지하수의 유입이 예상되는 지반은 인장균열 내의 수압과 지하수위가 기대기옹벽 배면의 비탈면 내에 작용하지 않도록 한다.

2) 배수시설

기대기옹벽은 옹벽 배면으로부터 지하수가 유입되는 지형과 옹벽 전면에 수위가 형성되는 지형은 배수시설을 설치한다.

① 배수구멍(weep hole)

② 수평배수공

③ 옹벽 배면의 토목섬유 배수재

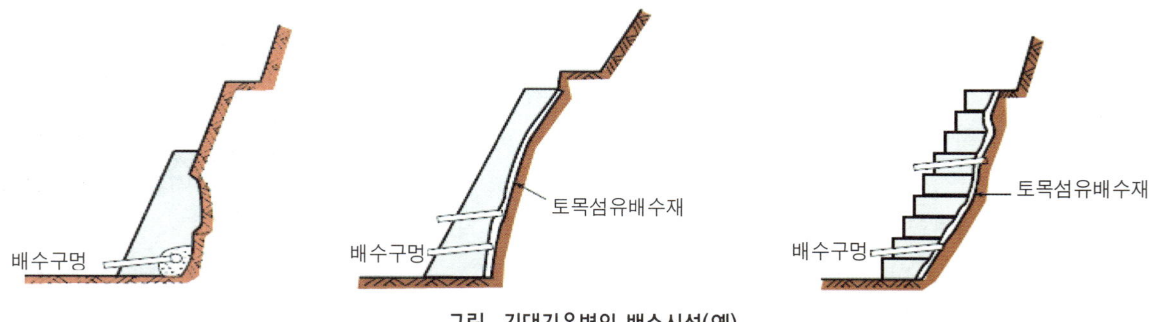

그림. 기대기옹벽의 배수시설(예)

5 보강토옹벽

(1) 개 요

그림. 교대부 보강토옹벽

보강토옹벽은 흙과의 결속력이 큰 보강재를 흙 속에 삽입하여서 흙의 횡방향변위를 구속하여 토체를 안정시키는 지반강화공법이며, 인장에 약한 흙 속에 다른 재료를 넣어 보강하는 개념으로 Henri Vidal (1966)에 의해 이론적으로 정립되어 옹벽, 교대 등의 횡방향 토압을 지지하는 구조물에 적용되고 있다.

(2) 보강토옹벽의 발달

그림. Agar-Quf 신전

보강토공법은 수천년동안 사용되어 왔으며 고대 바빌로니아인들은 2,500~5,000년 전에 Ziggurat 신전의 축조에 적용하였고, 흙의 인장강도와 전단강도를 증가시키기 위하여 보강토공법을 적용한 가장 오래된 구조물은 이라크 바그다드 서쪽에 위치한 Agar-Quf신전의 축조에 사용한 점토벽돌의 횡방향 변형을 억제하기 위하여 수직방향으로 갈대(직경 약 100mm)를 엮은 매트를 0.5~2.0m 간격으로 설치하여 모래와 자갈층을 보강하고 갈대로 엮은 로프를 구조물을 관통시키는 보강재로 사용하였다.

(3) 원 리

흙은 결속력이 약하여 작은 외력에도 쉽게 변형이 발생하므로 흙 속에 연속성이 있고 흙입자와 마찰이 우수하며 강성이 커서 변형이 작게 발생하는 판형, 띠형의 요소(elements)를 수평방향으로 삽입하면 흙입자와 수평 연속요소의 경계면에서 발생하는 마찰력이 흙입자의 수평이동을 구속하는 힘으로 작용하여 결속력을 크게 하고 흙의 전단강도가 증가한다.

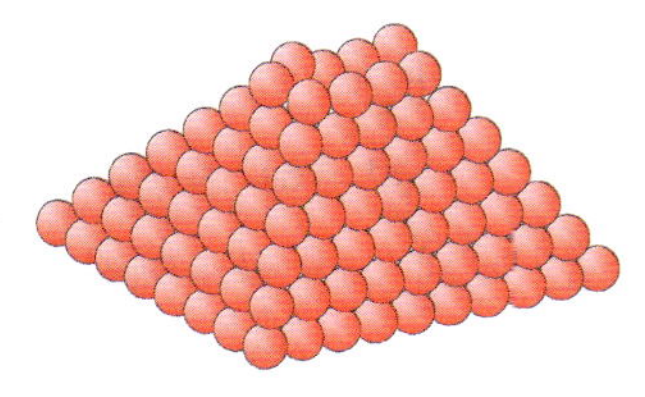

(a) 무보강상태

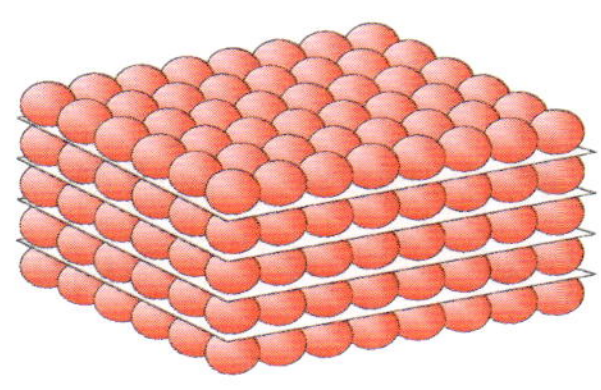

(b) 보강상태

그림. 보강토공법의 개념도

보강된 지반에서 전단강도의 증가는 내부마찰각의 증가와 점착력이 유발되는 현상으로 나타나고 응력수준이 낮은 경우는 흙과 보강재 사이의 결속력이 지배적이므로 응력이 증가할수록 전단강도의 증가가 더 커지는 경향을 나타내지만, 응력수준이 높아지면 흙과 보강재 사이의 결속력이 보강재의 인장강도를 초과하여 보강된 흙의 파괴는 보강재의 인장강도가 지배하므로 응력의 증가와 상관없이 전단강도의 증가는 일정하다.

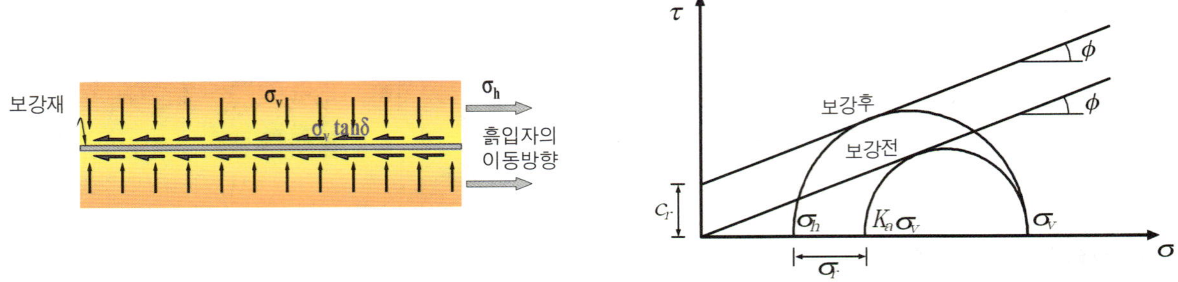

그림. 보강재에 의한 전단강도의 증가

(4) 특성

1) 보강토옹벽은 공장 제작한 전면판과 보강재를 조립하므로 옹벽의 높이가 증가하고 공기 단축과 공사비를 절감하는 효과가 있다. 보강토옹벽의 경제성은 재료비, 인건비, 장비비, 운반비 등의 다양한 요소들이 영향을 미치고 옹벽의 높이에 따라서 경제성이 평가되고 있다.

표. 높이에 따른 보강토옹벽의 경제성

높 이	경 제 성
3m 이하	콘크리트 옹벽이 경제적
3~9m	대지조건과 지반상태에 따라서 다름
9m 이상	보강토옹벽이 경제적

2) 보강토옹벽은 편심하중이 적으므로 기초처리가 불필요하거나 단순하게 치환깊이를 조절하고서 설치가 가능하다. 옹벽 구조물에서 요구되는 지반 지지력보다 불량한 조건에도 시공이 가능하고 보강토옹벽은 유연성이 있어서 부등침하의 영향이 적다.
3) 사용하는 재료(precast concrete panel, 보강재 등)가 공장제품이므로 다양한 형상, 무늬, 색깔을 적용할 수 있고 콘크리트옹벽에 비하여 시공기간이 단축되고 시공이 간편하다.
4) 보강재의 형상과 재료에 따라서 옹벽의 높이가 증가하고 경제성과 공기에서 유리하다.

(5) 보강토옹벽의 구성

보강토옹벽은 인장력이 크고 마찰력이 큰 보강재를 뒷채움흙에 수평으로 삽입하여 흙의 횡방향변위를 억제하므로 결속력이 커지고 흙의 전단강도를 증가시켜서 토체를 안정시키는 공법으로 보강재, 뒷채움용 사질토, 전면판으로 구성되어 있다.

1) 성토재료

① 보강토옹벽은 뒷채움흙과 보강재의 사이에서 마찰저항을 발휘하는 토류구조물이므로 소정의 내부마찰각을 가지는 사질토를 뒷채움재로 사용한다.

② 뒷채움재의 구비조건

㉮ 흙-보강재 사이의 마찰효과가 우수한 내부마찰각이 큰 사질토

㉯ 배수가 양호하고 함수비 변화에 따른 강도의 변화가 적은 흙

㉰ 입도 분포가 양호한 흙

㉱ 보강재의 내구성을 저하시키는 성분이 적은 흙

③ 세립토는 소성지수(PI)가 6 이하, 0.08mm체 통과량이 0~15%인 재료를 사용한다.

2) 보강재(Strip)

① 보강재는 전면판에 연결하여 뒷채움흙 속에 설치하며 흙과의 마찰력으로 토압에 저항하도록 아연도 철판, 화학섬유 등의 긴 띠(strip), geogrid를 사용한다.

② 보강재는 강도, 안정성, 내구성이 있고 흙과의 마찰이나 점착계수가 큰 재료를 사용한다.

(a) 섬유 띠형보강재

(b) 철제 띠형보강재

(c) 일체형 Geogrid

그림. 보강재의 종류

3) 전면판(벽면판, Skin plate)

보강토옹벽은 콘크리트 패널(panel)을 사용하는 패널식 보강토옹벽과 소형 블록을 사용하는 블록식 보강토옹벽이 있으며, 이 외에도 보강토 가시설, 식생 보강토옹벽 등을 다양하게 사용하고 있다.

벽면판은 구조적으로 안정하고 성토재의 침식을 억제하는 미관이 양호한 재료를 사용하며 보강토옹벽의 전면부는 뒷채움흙이 흘러내리는 것을 방지하고 우수가 침투하여 흙의 이완에 의한 국부적인 파괴를 방지하도록 콘크리트, 철재, PVC, geotextile 등으로 보호한다.

① 압축강도

콘크리트 블록의 일축압축강도는 28MPa 이상, 패널식 전면판의 일축압축강도는 30MPa 이상이어야 한다.

② 흡수율

콘크리트 블록의 평균 흡수율은 7% 이내, 최대 10% 이상을 초과하지 않아야 한다.

③ 크기

콘크리트 블록의 높이와 폭의 치수오차는 각각 ±1.6mm와 ±3.2mm를 초과하지 않고, 콘크리트 패널의 치수오차는 ±5mm를 초과하지 않아야 한다.

(a) 패널(Panel)식

(b) 블록(Block)식

(c) Geotextile

그림. 보강토옹벽의 전면판 형식

(6) 보강토옹벽의 안정 검토

보강재로 보강된 토체는 철근 콘크리트와 같은 강성을 가진 구조체가 아닌 연성 구조물이다. 따라서 외적 파괴과정에서 구조물의 부분적인 변형이 발생해도 일체로 결속된 토체(soil mass)로 거동하므로 외적 안정성의 해석은 철근 콘크리트 옹벽구조물과 동일하게 한다.

1) 보강토옹벽의 지지력(Bearing pressure)

① 보강토옹벽의 지지력

보강토옹벽은 기초지반에 상재하중으로 작용하며 하부지반에 발생하는 수직응력(vertical stress)을 보강토옹벽의 지지력이라고 한다. 보강토옹벽의 하부지반에 작용하는 수직응력의 분포는 Meyerhof의 응력분포로 가정하여 계산한다.

$$\sigma_v = \frac{R_v}{L - 2e}$$

여기서, σ_v : 보강토옹벽의 하부지반에 발생하는 수직응력

R_v : 보강토옹벽의 자중을 포함한 수직력의 합

L : 보강재의 길이

e : 편심거리

보강토옹벽의 상부에 성토 비탈면이 없으면 소요 지지력은 보강토체 자중의 1.3배 정도가 된다.

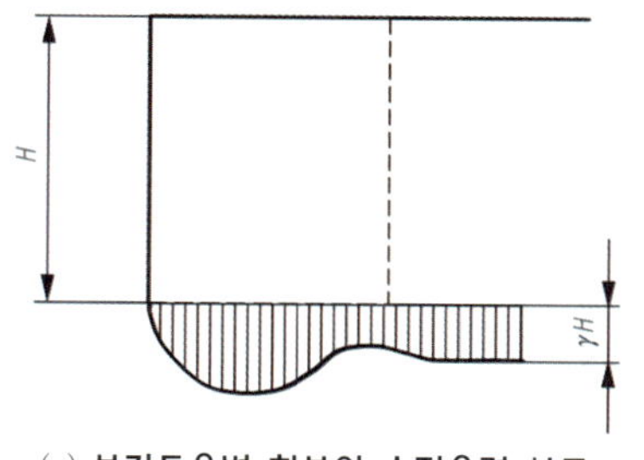

(a) 보강토옹벽 하부의 수직응력 분포

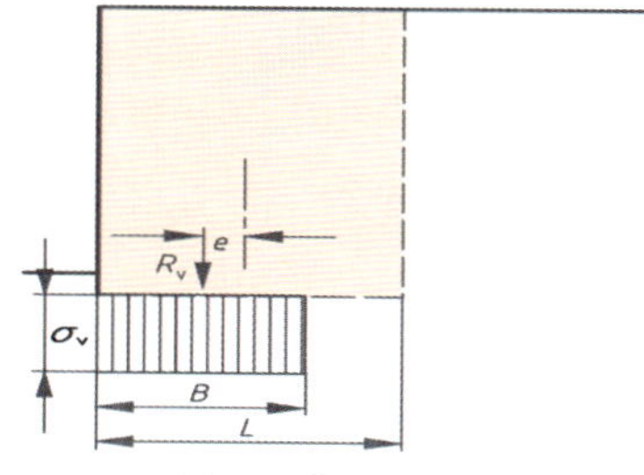

(b) 수직응력의 분포

그림. 보강토옹벽 하부의 수직응력 분포

② 기초지반의 허용지지력(Allowable bearing pressure)

기초지반의 극한지지력은 얕은기초의 지지력공식으로 계산하고 또한 극한지지력은 기초지반의 전단강도와 기초의 폭(B), 근입깊이(D_f) 등의 영향을 받으며, 근입깊이의 영향을 제외한 보강토옹벽의 극한지지력은 다음과 같이 계산한다.

$$q_{ult} = cN_c + \frac{1}{2}\gamma(L-2e)N_\gamma$$

여기서, q_{ult} : 기초지반의 극한지지력 c : 기초지반의 점착력

γ : 기초지반의 단위중량 N_c, N_γ : 지지력계수

또한 기초지반의 허용지지력은 극한지지력에 안전율을 고려하여 계산한다.

$$q_a = \frac{q_{ult}}{F_s}$$

여기서, q_a : 기초지반의 허용지지력

F_s : 지반지지력에 대한 안전율

강성구조물을 지지하는 기초의 안전율(F_s)은 3.0을 적용하고, 보강토옹벽은 철근 콘크리트 옹벽보다 유연성이 있으므로 안전율은 2.5를 적용하여 허용지지력을 산정한다.

2) 보강토옹벽의 침하

견고한 지반에 시공하는 보강토옹벽은 큰 침하가 발생하지 않지만 하부지반이 연약하면 침하가 발생하고, 보강토옹벽은 연성구조물이므로 하부지반에서 발생하는 침하에 대한 유연성이 있다. 그러나 보강토옹벽의 침하가 옹벽 자체의 안정성과 사용성에 문제가 없어도 인접 구조물과 보강토옹벽 위에 설치되는 구조물에는 영향을 미칠 수 있다.

① 기초지반의 침하

보강토옹벽은 기초지반에서 전체 침하에 대한 허용 폭이 상당히 크고, 보강토체의 압축에 의한 침하와 기초지반의 부등침하의 영향을 더 크게 받는다.

② 보강토체의 침하(압축 변형)

전면벽체와 보강토체 사이의 부등침하에 의하여 전면벽체와 보강재의 연결부에 발생한 과도한 변형으로 과도한 응력이 발생할 수 있으므로 주의가 필요하다.

③ 부등침하

보강토옹벽의 균등침하는 전반적인 안정성에 큰 영향은 미치지 않지만 부등침하와 상대적인 침하는 보강토옹벽에 심각한 영향을 미칠 수도 있다. 보강토옹벽은 상대적으로 큰 부등침하에 견딜 수 있고 부등침하의 한계는 전면벽체의 종류와 형상에 따라서 다르다.

표. 부등침하에 따른 영향

부등침하의 한계	내 용
1/1,000	· 일반적으로 문제가 없음
1/200	· 전체높이 패널을 사용하는 경우에 줄눈간격이 좁아지거나 넓어질 수 있음 · 블록식 보강토옹벽의 부등침하의 한계
1/100	· 패널식 보강토옹벽의 부등침하의 한계
1/50	· 반타원형 금속전면판을 사용하는 경우의 부등침하의 한계 · 패널식 보강토옹벽은 줄눈간격에 더 좁아질 수 있음
〉1/50	· 연성벽면에 상당한 변형이 발생

④ 허용 침하량

㉮ 전체침하

균등한 침하가 발생하면 옹벽의 사용성과 안정성은 문제가 없어도 보강토옹벽 위에 설치되는 도로, 기초구조물, 인접 구조물은 영향을 받을 수 있으므로 인접 구조물의 특성에 따라서 침하 허용치를 결정한다.

㉯ 부등침하(종단 방향)

부등침하는 한 측점과 다른 측점 사이의 침하량의 차이이며 두 측점 사이의 거리에 대한 두 측점 사이의 침하량 차이의 비율로 나타낸다. 부등침하는 기초지반 지층의 급격한 변화, 보강토옹벽의 높이와 구조물 기하형상의 변화에 의하여 발생하며 보강토옹벽에 인접하여 강성이 큰 구조물이 있는 경우도 인접구조물의 연결부에서 부등침하가 발생할 수 있다.

㉰ 부등침하(횡단 방향)

연약지반에서는 보강토옹벽의 직각방향(보강재 길이방향)에 부등침하가 발생할 가능성이 있고, 전면벽체보다 보강토체의 침하가 클 것으로 예상되면 침하를 고려하여 보강재의 끝단부를 약간 높게 성토하고 보강재를 설치하면 이러한 영향을 감소시킬 수 있다.

⑤ 침하대책

㉮ Slip Joint의 설치

패널식 보강토옹벽에서 十자형 패널에 일정한 간격으로 slip joint를 설치하면, 1/50 정도의 부등 침하가 발생해도 피해를 감소시킬 수 있다.

㉯ 치환공법(Replacement)

기초지반의 연약한 토층을 제거한 후에 양질 재료로 치환하여 보강하며 치환 깊이는 하부지반의 상태와 보강토옹벽이 지반에 작용하는 하중의 크기에 따라서 결정한다.

㉰ 프리로딩(Preloading)

연약지반에 성토하여 침하를 발생시킨 후에 보강토옹벽을 설치하는 프리로딩공법은 성토, 압밀침하, 굴착, 보강토옹벽의 시공에 시간과 비용이 많이 소요되는 단점이 있다.

㉱ 단계 시공(Staged Construction)

연약한 지반에서 보강토체를 먼저 시공하여 압밀침하가 완료되면 전면벽체를 시공하는 단계 시공 방법을 적용할 수 있다.

㉲ 지반 보강(Reinforcement)

보강토옹벽의 하부에 양질의 재료를 층다짐하고 보강재로 보강된 토층을 1~1.5m 두께로 설치하거나 또는 연약지반에 깊이 1~1.5m의 시멘트 안정처리공법 등을 적용하여 보강한다.

3) 외부 안전율

① 보강토옹벽은 보강띠 끝을 경계로 하는 토체를 지지 구조물로 고려하여 기초의 지지력, 활동, 지반 파괴에 대한 안정을 검토한다.

② 외부 안전율의 확보 조건

㉮ 보강띠(Strip) : 옹벽 높이(h)의 0.7~0.8h 이상

㉯ 기초 깊이

㉠ 수평지반 : 0.1h

㉡ 경사지반 : 0.2h 이상

4) 내부 안전율

① 내부 안전율은 보강띠가 절단되거나 인발되는 경우의 안전율이며 보강띠의 수직력이 부족하면 보강띠와 지반사이의 마찰력이 감소하여 보강띠가 인발된다.

② 수평응력에 의해서 보강띠에 발생하는 인장력은 보강띠의 설치심도에 비례한다.

5) 전체 안정성

보강재의 종류, 간격, 길이의 변화가 있거나 큰 상재하중이 작용하는 경우, 경사진 옹벽과 다단식 옹벽은 보강토옹벽의 복합 활동파괴에 대한 검토가 필요하다.

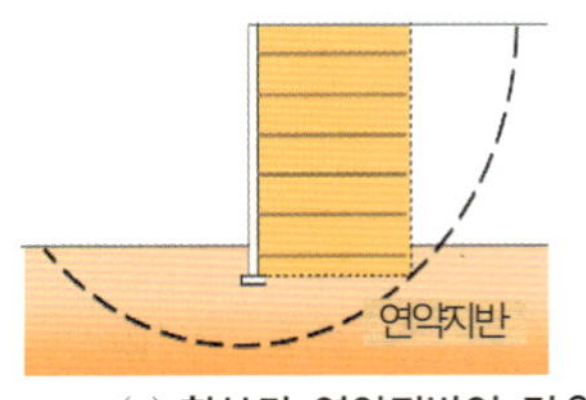

(a) 하부가 연약지반인 경우

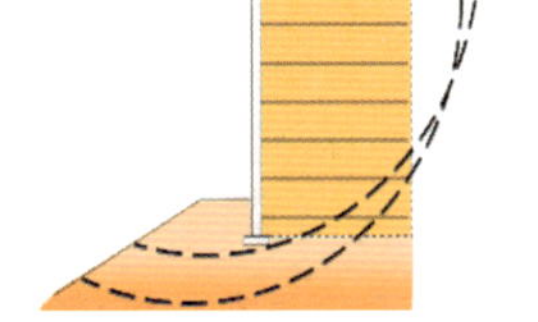
(b) 비탈면 위에 위치하는 경우

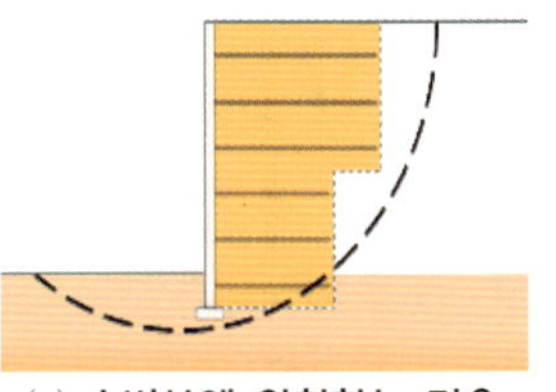
(c) 수변부에 위치하는 경우

그림. 보강토옹벽의 전체 안정성 검토가 필요한 경우

(7) 패널(Panel)식 보강토옹벽

패널식 보강토옹벽의 전면판은 프리캐스트 콘크리트제품을 사용하며 사질토로 뒷채움하면서 수평으로 연결한 보강재를 설치하여 흙의 횡방향변위를 억제하여서 토체의 안정을 확보하는 토류구조물이다.

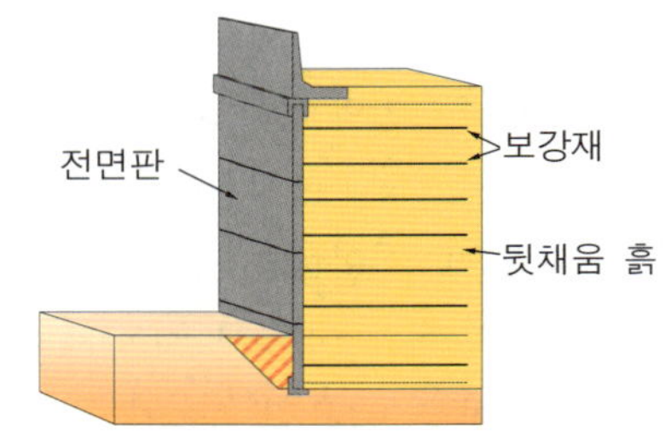

그림. 보강토옹벽의 구성

1) 구성요소

① 전면판(Panel)

연직 구조물로 축조하기 위한 콘크리트 전면판은 성토재의 침식을 억제하고 구조적으로 안정해야 하며 미관이 양호한 프리캐스트 콘크리트제품(강도 : 30MPa 이상)을 많이 사용한다.

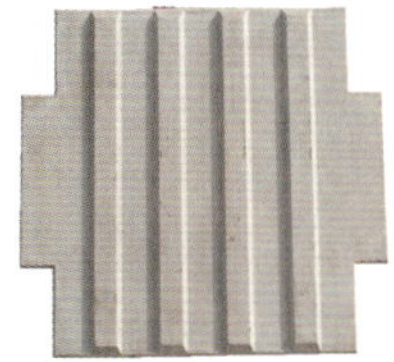

그림. 프리캐스트 콘크리트 전면판

② 뒷채움재

뒷채움재는 흙과 보강재의 사이에 마찰효과가 있도록 내부마찰각이 크고 배수성이 양호하며 함수비 변화에 따른 강도 특성의 변화가 적은 재료를 사용한다.

③ 보강재(Strip)

보강재는 전면판에 연결해서 뒷채움흙 속에 설치하여 흙과의 마찰력으로 토압에 저항하며 강도, 안정성, 내구성, 흙과의 마찰이 큰 아연도 철판, 화학섬유 등을 사용한다.

㉮ 보강재는 충분한 인장강도를 보유하고 장기 인장강도의 발생 시에 변형율은 5% 이내이어야 한다.

㉯ 보강재는 흙과의 마찰저항력이 수평토압에 충분히 저항하고 시공 중의 손상에 대한 저항성이 있어야 한다.

그림. 보강재의 설치

㉰ 보강재는 화학, 물리, 생화학적인 작용에 대한 내구성이 있어야 한다.

2) 패널식 보강토옹벽의 시공 유의사항

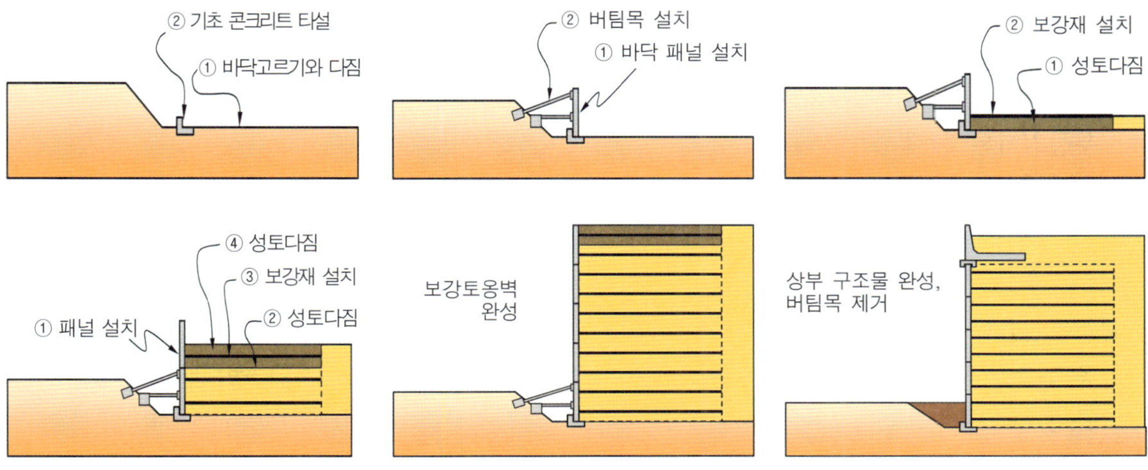

그림. 패널식 보강토옹벽의 시공순서

① 기초처리

기초지반의 폭은 보강재의 길이와 같거나 크게 하여 충분하게 다지고 콘크리트 벽면판의 기초는 깊이 20cm, 폭 40~50cm의 콘크리트 기초를 설치한다. 연약한 기초지반에서 예상침하량이 75mm를 초과하면 보강토옹벽을 설치하고 약 2개월 정도 방치하여 침하를 유도시킨 후에 상부구조물을 시공하면 침하를 감소시킬 수 있으며, 예상 침하량이 300mm 이상인 경우는 하부지반을 치환 또는 개량하거나 프리로딩(preloading)공법으로 미리 침하시킨 후에 보강토옹벽을 시공하는 방법을 적용할 수 있다.

부지가 협소하여 프리로딩공법의 적용이 곤란한 경우는 보강토체를 먼저 시공하여 침하를 시키고서 전면 블록을 설치하고 상부구조물을 시공하는 분리시공을 적용하면 작업공정의 감소, 공사기간의 단축과 공사비를 절감할 수 있다.

제9장

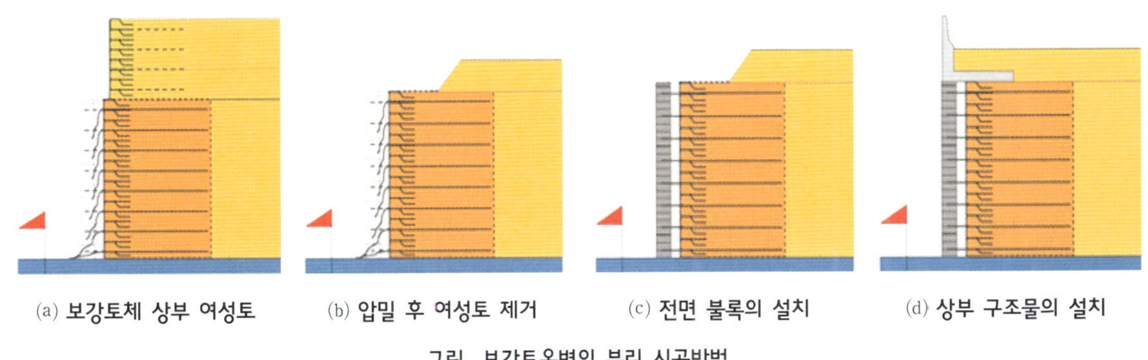

그림. 보강토옹벽의 분리 시공방법

연약한 기초지반은 지반 지지력의 보강이 필요하고 일반적인 보강토옹벽의 침하량과 부등침하에 대한 한계 값은 다음과 같다.

㉮ 잔류 침하량의 한계
  ㉠ 구조물 접속부 : 10~20cm
  ㉡ 그 외의 경우 : 15~30cm

㉯ 부등침하의 한계
  ㉠ 패널식 : 1/100
  ㉡ 블록식 : 1/200
  ㉢ 연성 벽면 : ≥ 1/50

② 규준틀 설치

㉮ 옹벽 전면의 수직(또는 경사)과 수평상태를 확인하기 위하여 규준틀을 설치한다.

㉯ 규준틀의 설치간격은 10m를 표준으로 하고 시점, 종점, 평면 단면이 변하는 지점에 설치한다.

③ 콘크리트 전면판의 설치

㉮ 콘크리트 전면판은 소형 크레인과 스프레더 빔(spreader beam)을 사용하여 연직으로 설치한다.

㉯ 전면판을 다른 판의 위에 설치할 때는 기설치된 전면판 양단에 있는 연결핀(pin)과 구멍(PVC hole)에 맞추어서 설치한다.

㉰ 뒷채움이 진행되면 전면판을 설치하고 버팀목을 거치한다.

㉱ 전면판은 반쪽 판을 기초에 세우고 그 사이에 온판 패널을 삽입하여 설치한다.

㉲ 전면판은 연직으로 설치하고 전면판의 수평거리는 spacer bar로 측정한다.

㉳ 전면판을 고정하는 조임틀(clamp)은 다음 전면판을 세우기 전에 제거한다.

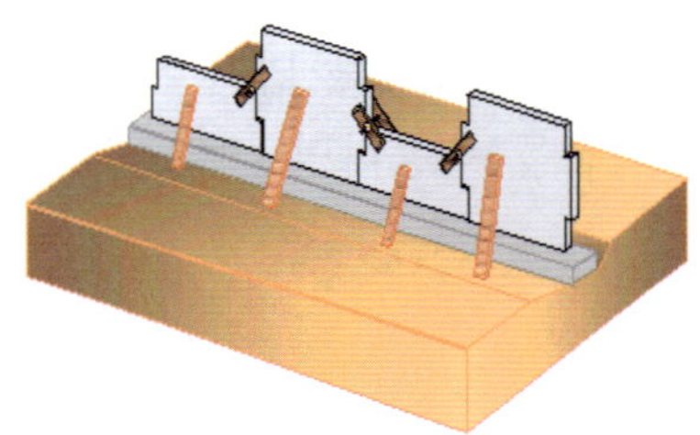

그림. 전면판(Panel)의 설치

그림. 보강토옹벽의 뒷채움작업

④ 뒷채움재의 포설과 다짐

보강토옹벽의 배면에 보강재를 설치하고 뒷채움할 때에 장비가 보강재 위로 주행하면 보강재에 손상이 발생하여 보강토옹벽의 안정성이 저하되므로 보강재에 흙을 덮고서 장비가 진입하도록 한다.

㉮ 보강토옹벽의 품질은 뒷채움재료의 선정과 다짐관리가 가장 큰 영향을 미치므로 약 30cm의 다짐 두께로 전면판이 변형되지 않게 다짐을 한다. 뒷채움재료의 다짐은 일반적으로 진동 롤러(약 10ton)를 사용하고 보강토의 벽면 근처에서는 소형 진동롤러를 사용한다.

㉯ 뒷채움재는 벽체와 평행하게 포설하며 벽체 부근은 인력으로 포설하여 보강재의 손상을 방지하고 벽체에서 2.0m 이내는 소형장비로 다짐하여 전면판이 변형되지 않도록 한다.

㉰ 뒷채움 다짐은 95% 이상의 상대다짐도를 확보하고, 들밀도시험이 어려운 경우에 실시하는 평판재하시험의 침하량 0.125mm에 대한 값은 150MN/m^3 이상이 확보되어야 한다.

(a) 기초 콘크리트 타설 (b) 전면판 조립 (c) 보강재 설치

(d) 수직 이음 설치 (e) 마감블록 설치 (f) 완성된 보강토옹벽

그림. 패널식 보강토옹벽의 시공사례(철도 인접구간)

3) 배수시설

보강토체의 뒷채움재는 배수성이 양호한 양질토사를 사용하고 다량의 배면 유입수에 의해서 뒷채움흙이 포화되어 전단강도의 급격한 저하로 불안정한 상태가 되지 않게 배수시설을 설치한다.

① 지표수 유입의 차단

보강토옹벽에 지표수가 유입되면 전면 블록이 탈락하거나 보강토옹벽에 과도한 변형이 발생할 수 있으므로 강우시에 지표수가 보강토옹벽의 내부로 유입되지 않는 차수대책이 필요하다.

② 지하수 유입의 차단

지하수와 배면의 용출수가 보강토체로 유입되면 보강토옹벽에 과도한 변형이 발생하거나 붕괴할 수 있으므로 배수처리를 하여 물의 유입을 방지한다.

③ 침수대책

하천변, 호수 주변에 보강토옹벽을 설치하는 경우는 수위 상승시에 보강토옹벽의 내부로 유입된 물이 수위 급강하시에 적절하게 배수되지 못하면 유효응력이 감소하여 과도한 변형과 붕괴가 발생할 수 있으므로 적절한 배수대책이 필요하다.

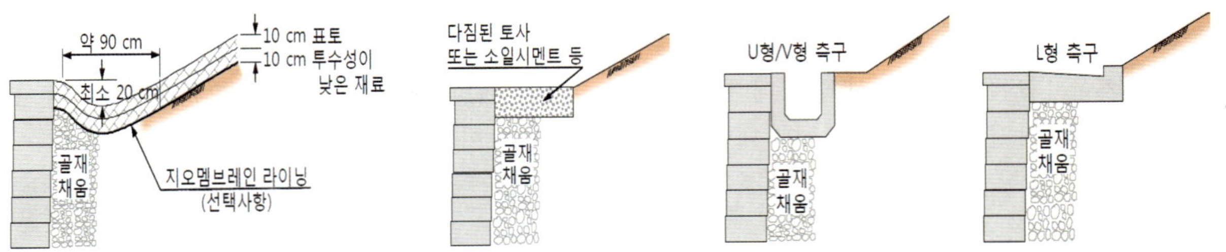

그림. 보강토옹벽 상단부 배수와 차수시설 [자료 출처 : 보강기술(주)]

표. 보강토옹벽에 발생하는 주요 피해 유형의 발생 원인과 대책

피해 유형	원 인	대 책
변형과 균열	· 점토성분이 많은 뒷채움재 사용 · 불충분한 다짐 · 미흡한 시공관리 · 옹벽 내에 지표수 등의 침입	· 연성 구조물인 보강토옹벽은 약간의 변형이 불가피하게 발생 · 곡선부의 과도한 변형은 전면블록에 변형을 유발
침하와 부등침하	· 기초지반의 지지력 부족 · 기초지반의 지표면 처리 부족	· 연약한 기초지반은 치환, 개량, 보강 등으로 소요 지지력을 확보 · 성토지반에 축조되는 경우는 성토체의 충분한 다짐 필요
토사 유실	· 지표수 처리의 미흡	· 철저한 배수관리가 필요
국부적인 파괴	· 블록식 보강토옹벽은 배면의 골재층으로 우수가 유입하여 전면 블록의 탈락 현상이 발생	· 골재층을 통한 우수의 유입을 차단 · 전면 블록을 통한 배수구의 설치
보강토체의 파괴	· 부적절한 설계와 시공 · 지하수, 우수의 유입에 의한 수압의 증가와 유효응력의 감소	· 현장여건을 고려한 설계와 시공 · 철저한 시공관리 · 적절한 배수시설의 설치
전체 비탈면의 활동	· 보강토옹벽 상하부의 여건을 미고려 · 기초지반의 평가가 부족 · 우수와 지하수의 영향	· 연약지반, 비탈면에 설치하거나 상부에 고성토를 하는 경우는 전체 비탈면의 안정성을 검토 · 우수, 지하수의 유입 차단과 배수시설의 설치

(8) 블록(Block)식 보강토옹벽

블록식 보강토옹벽은 콘크리트 블록 간의 전단력과 보강재와의 연결강도에 의해서 옹벽을 형성하는 토류구조물이며 뒷채움재, 보강재, 전면판의 연속적인 시공으로 조립과 시공이 용이하고 시공속도가 빠르다.

블록식 보강토옹벽은 공장 제작 기성제품이므로 시공이 편리하고 깊은기초가 필요하지 않아서 비탈면이 불안정한 산악지역과 연약한 지반에서 공사비 절감이 가능하다.

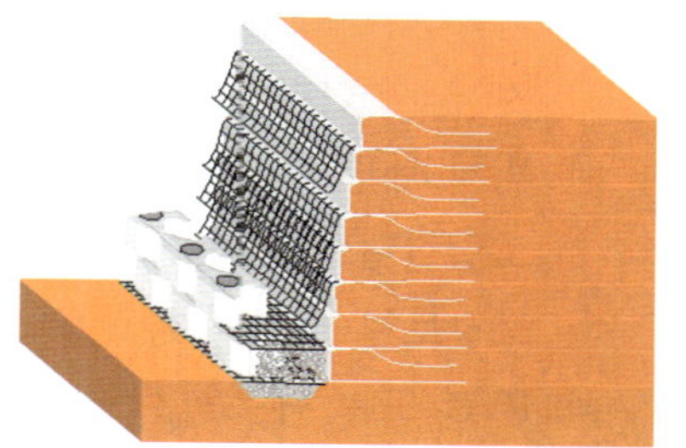

그림. 블록식 보강토옹벽의 단면

1) 특성

① 조립과 시공이 용이하고 시공속도가 빠르다.

② 부지 제약을 받는 성토부의 옹벽에 조용하며 큰 부등침하와 측방향거동을 하는 구조물에 유리하다.

③ 일체로 작용하는 가요성 보강토는 내진에 유리하고 외력에 의한 변위가 발생해도 쉽게 안정을 유지하며 전면판이 블록과 지오그리드의 연결구조이므로 부등침하에 대한 저항성이 크다.

④ 보강토 면벽을 다양한 콘크리트 블록으로 처리할 수 있고 보강토옹벽의 곡선처리가 가능하다.

2) 구성요소

블록식 보강토옹벽은 조립식 콘크리트 블록, 보강재와 뒷채움재로 구성되어 있다.

① 조립식 블록(Segmental block)

건식 제조방식의 고강도 콘크리트블록이며 보강토옹벽의 미관과 전면의 구조적 안정성을 제공한다.

② 보강재

㉮ 지오그리드 보강재는 인장, 크리프, 내충격성, 내구성, 마찰 특성이 우수한 폴리에스테르(PET) 등의 고강도섬유를 격자형으로 교차시켜서 제직, 편직한 후에 PVC 등으로 코팅한 것을 사용한다.

㉯ 지오그리드 보강재는 지형이 평탄한 곳에 쌓아서 변형을 방지하고 접히거나 구겨지지 않게 보관한다.

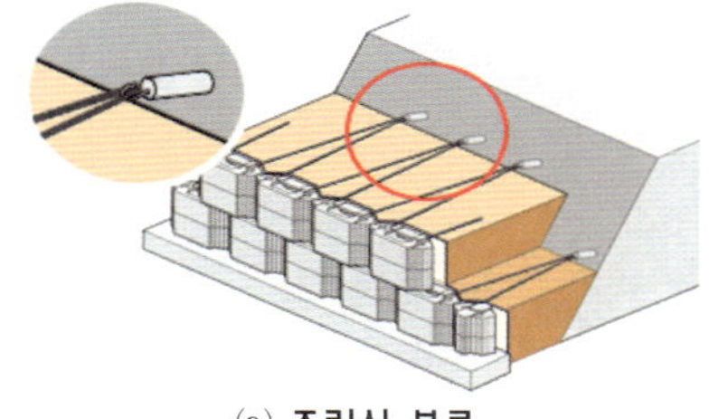

(a) 조립식 블록

(b) 강성 Grid

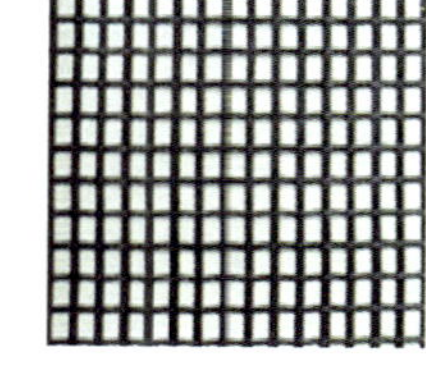

(c) 연성 Grid

그림. 블록식 보강토옹벽의 보강재

③ 뒷채움재

㉮ 블록 벽체와 뒷채움흙의 사이에 배수가 용이한 굵은골재를 포설하여 벽체 배면에 수압이 작용하지 않게 한다.

㉯ 벽체 배면의 뒷채움재를 다짐하여 보강재와 일체가 되게 하고 뒷채움재는 배수가 양호한 양질의 조립질재료를 사용한다.

㉰ 보강토체 배면의 배면토(retained soil)는 뒷채움흙과 동일한 흙 또는 현장 발생토를 이용한다.

㉱ PVC 또는 에폭시로 피복된 지오그리드를 사용하는 경우는 다짐 시에 기계적인 손상이 최소화되도록 입경 19mm 이하의 양질토사로 뒷채움하고 뒷채움재의 소성지수는 6 이하이어야 한다.

(a) 옹벽 하단에 어스앵커를 설치

(b) 상단에 Geogrid를 사용

그림. Anchor wall system [자료 출처 : 지해산업개발]

3) 시공 유의사항

① 시공순서

② 기초 처리

㉮ 기초 터파기를 하고 블록 배면에 뒷채움작업에 필요한 공간을 확보한다.

㉯ 기초 저면에 두께 15cm 이상의 배수성이 양호한 혼합석(40mm)을 포설하고 무근 콘크리트 기초에 블록을 설치한다.

③ 콘크리트 블록의 설치

㉮ 기초와 완전히 밀착하여 블록을 서로 맞닿게 쌓는다.

㉯ 첫 단의 선형과 높이가 도면과 일치하고 블록이 수평을 유지하도록 한다.

㉰ 블록 1개에 2개의 연결핀을 구멍에 삽입하여 블록을 고정한다.

㉱ 블록의 주위와 내부 공간, 블록의 배면에 입경 25mm 이하의 쇄석을 채우고 보강토의 다짐구간은 입도와 배수가 양호한 재료를 사용한다.

㉲ 보강토구간은 다짐기계로 노체에 해당하는 다짐을 실시한다.

④ 보강재의 설치

㉮ 소요 길이로 보강재를 절단하여 연결핀에 걸고 편평하게 당겨서 설치한다.

㉯ 보강재를 설치하는 표면의 움푹 팬 곳을 정리하고 나무뿌리 등을 제거하며 바닥면의 평탄성은 3m 직선자로 측정할 때에 가장 오목한 곳의 깊이가 5cm 이내이어야 한다.

㉰ 보강재는 길이방향의 이음을 피하도록 한다.

㉱ 보강재의 폭 이음은 겹침 폭이 5cm 이상이 되게 한다.

㉲ 보강재의 윗부분에 뒷채움재를 포설하고 다진다.

㉳ 블록 벽체에서 1m 이내는 소형장비로 다져서 블록 벽체의 변형을 방지한다.

㉴ 뒷채움 구간의 현장밀도시험은 설계도서에 제시된 수량마다 실시하고 시험위치는 전면판 뒷면의 1m와 보강재 끝에서 앞면의 1m에서 실시한다.

⑤ 마감블록의 설치

㉮ 최종 블록을 설치한 후에 상단의 이물질을 제거하고 덮개블록을 설치하여 고정시켜야 한다.

㉯ 덮개블록은 옹벽 설치의 마무리과정으로 시멘트 모르터, 콘크리트용 접착제를 사용하여 하단 블록에 완전하게 고정시켜야 한다.

(a) 기초 콘크리트 타설

(b) 콘크리트 블록의 설치

(c) 보강재 설치

(d) 뒷채움재 다짐

(e) 마감블록 설치

(f) 완성된 보강토옹벽(교대부)

그림. 블록식 보강토옹벽의 시공순서

 6 기타 옹벽

(1) 돌망태(Gabion)옹벽

돌망태옹벽은 아연 도금된 철선을 꼬아서 육각형의 벌집구조로 제작하여 망과 망을 연결하여 설치한 후에 자갈 등을 채워서 여러 단으로 쌓아올린 옹벽이다.

옹벽의 자중과 철망사이의 마찰 저항력으로 뒷채움흙의 작용력에 저항하며 자중을 이용한 중력식옹벽과 같은 기능을 하고 땅깎기와 흙쌓기 비탈면의 처리, 호안 구조물, 하천변 정리에 사용한다.

돌망태옹벽은 투수성이 좋아서 배수기능이 양호하며 시공이 신속하고 부등침하에도 효과적인 구조물이다.

그림. 돌망태옹벽

1) 구성요소

① 철선과 철망

고강도의 아연 도금한 철선을 사용하고 철망은 철선을 육각형모양의 매듭으로 꼬아서 연결되어 있으며 철망 규격은 6×8cm, 8×10cm 등이 있다

② 돌망태

철망을 격자형망태로 조립하고 칸막이로 나누어지며 여러 가지 형태로 조립한다. 돌망태철망의 방청처리는 아연 도금, 아연-알루미늄 도금, 아연 도금-염화비닐피복이 있으며 현장 환경에 적합하게 선정한다.

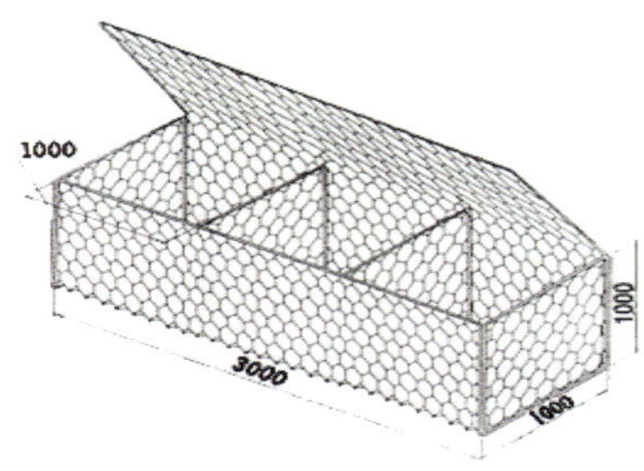

철망
돌채움

그림. 돌망태의 구조

③ 돌망태 채움재

㉮ 돌망태 채움재는 옹벽 자체의 중량을 지지하고 장기적인 내구성을 가진 재료를 사용한다.

㉯ 채움재는 충분한 강도를 가지고 풍화에 대한 내구성이 있으며 동상 등에 취약하지 않아야 한다.

㉰ 채움재는 돌망태철망을 빠져나가지 않게 망눈의 최대치수보다 큰 것을 사용하며 250mm보다 작은 것을 사용한다.

㉱ 경관을 고려한 돌망태옹벽은 노출되는 전면부의 골재를 동일한 크기 또는 미적 형상을 가지도록 손으로 작업하고 뒷면은 일반적인 방식으로 채운다.

2) 안정 검토

돌망태옹벽은 돌망태를 한 층씩 쌓아서 설치하므로 각 층의 사이에서 횡방향 저항능력이 가장 취약하고 옹벽의 배부름과 벽체의 전체적인 변형의 원인이 된다. 횡방향 저항능력은 돌망태 사이의 연결에 의한 저항력과 각 층의 돌망태의 하부위치에서 발생하는 연직응력에 대한 마찰저항을 고려한다.

돌망태옹벽은 중력식옹벽으로 고려하여 외적안정을 검토하고 토압은 가상 배면에 작용하는 주동토압을 적용한다.

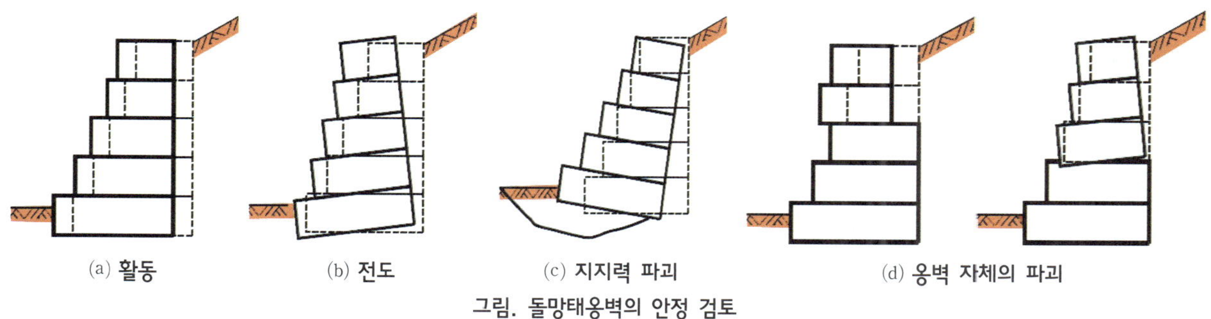

그림. 돌망태옹벽의 안정 검토

3) 돌망태옹벽의 설치 형태

① 수직 전면형

㉮ 전면의 공간이 제한되거나 전면 공간을 최대한 활용하는 경우에 사용한다.

㉯ 시공 중이나 장기적인 벽체의 거동으로 벽체가 앞으로 기울어질 가능성이 있으므로 8° 이상을 경사지게 설치하여 안정성을 증가시켜야 한다.

㉰ 전면 수직형 돌망태옹벽은 앞굽 부분에 큰 지반반력의 발생에 유의한다.

② 정상 전면형

㉮ 벽체 전면에 약 70~80mm 폭의 계단이 형성되게 옹벽을 쌓는 방법이다.

㉯ 시공 중이나 장기적으로 옹벽 변형에 의해서 상부의 옹벽이 움직여도 여유를 확보할 수 있다.

③ 계단 전면형

㉮ 가장 안정적인 벽체의 형태로 벽체 전면에 공간적 제약이 없는 경우에 적용한다.

㉯ 계단 폭은 돌망태 1개 높이의 1/2, 전면의 평균 설치각도는 70° 이하로 한다.

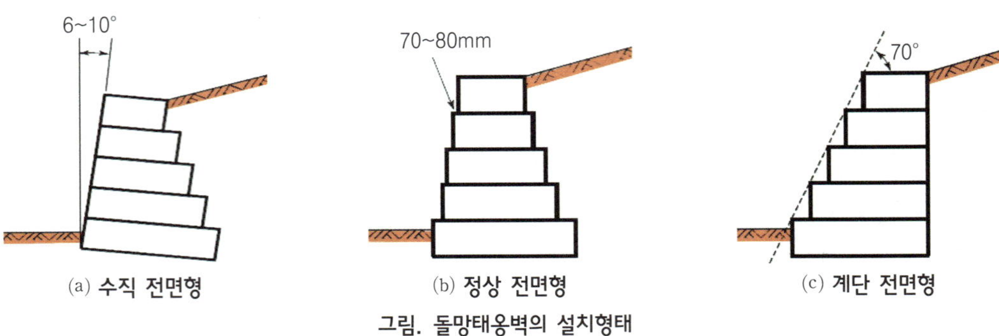

(a) 수직 전면형 (b) 정상 전면형 (c) 계단 전면형

그림. 돌망태옹벽의 설치형태

4) 배수시설

① 돌망태옹벽은 배수구조물이므로 별도의 배수시설이 필요하지 않지만 옹벽 배면에 지하수와 지표수가 유입되는 지형과 옹벽 전면에서 옹벽방향으로 표면수가 유입되는 지형은 맹암거와 지표수 배수시설을 설치한다.

② 돌망태옹벽에 설치하는 배수시설의 종류

㉮ 뒷채움 내부의 배수시설

㉠ 뒷채움 내부의 수평배수층

㉡ 배수용 뒷채움재와 맹암거

㉯ 돌망태 외부의 배수시설 : 옹벽 배면에 지표수의 유입을 방지하는 배수구를 설치

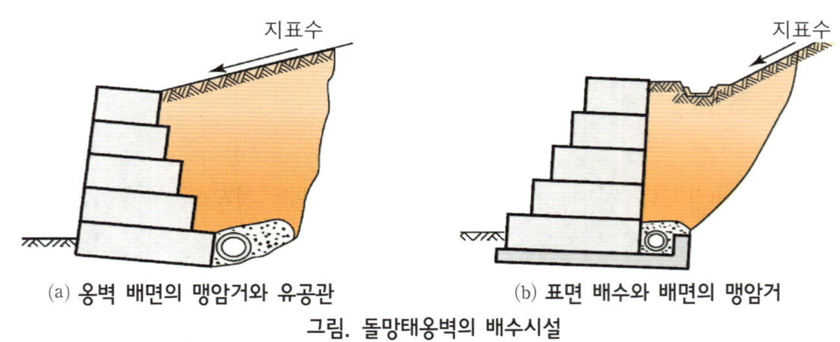

(a) 옹벽 배면의 맹암거와 유공관 (b) 표면 배수와 배면의 맹암거

그림. 돌망태옹벽의 배수시설

5) 시공 유의사항

① 기초지반은 부등침하가 발생하지 않게 기초정리와 다짐을 실시하고 기초지반이 연약하면 모래, 자갈, 버림 콘크리트 등으로 지반을 보강하여 침하, 활동이 발생하지 않도록 한다.

② 철망의 조립과 연결

철망은 규격에 맞도록 정확하게 조립하여 휘거나 뒤틀림이 없게 하고 돌망태상자의 연결부는 서로 일치하게 잘 묶어서 상자가 터지거나 묶음이 끊어지지 않아야 한다.

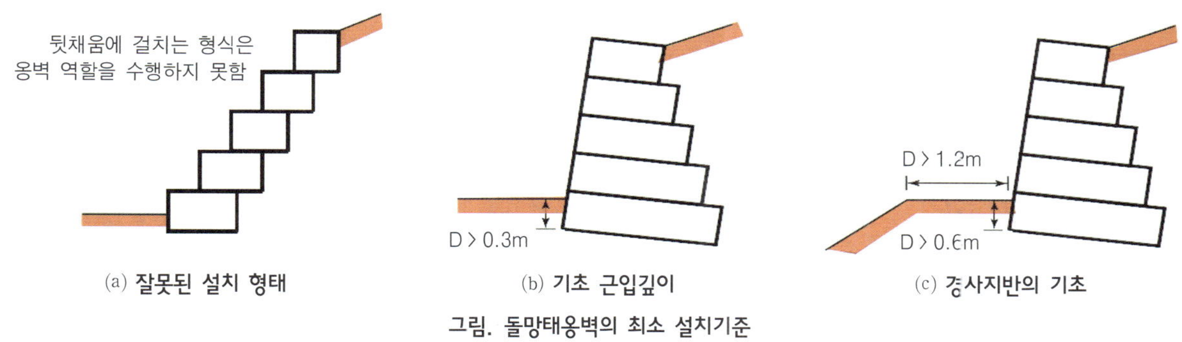

(a) 잘못된 설치 형태 (b) 기초 근입깊이 (c) 경사지반의 기초

그림. 돌망태옹벽의 최소 설치기준

③ 채움돌은 호박돌, 비중이 큰 견고한 돌(하천골재 ϕ 10~30cm)을 사용한다.

④ 돌망태에 돌을 1/3정도 채우고 중간철선으로 조이며 2/3 높이까지 채우고 중간철선을 연결하고서 상단까지 돌을 채운다. 돌망태의 상부에서 2.5~5cm는 크기가 작은 돌을 채으고 뚜껑을 철선으로 결속한다.

⑤ 노출면은 균일하게 돌로 채우고 돌망태의 모서리 부분은 직각을 유지한다.

⑥ 하천, 수로가 인접한 지역은 수위의 상승 시에 토사 유출을 방지하고 안정을 유지하도록 옹벽 배면에 부직포를 설치한다.

(a) 1단 돌망태 조립과 설치 (b) 상부 채움돌 정렬 (c) 1단 돌망태 설치 완료

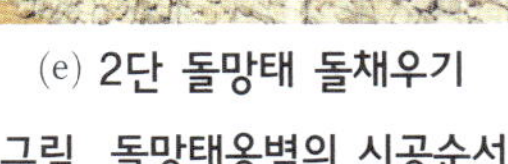

(d) 2단 돌망태 설치 (e) 2단 돌망태 돌채우기 (f) 돌망태옹벽 설치 완료

그림. 돌망태옹벽의 시공순서

(2) Crib Wall(격자형 블록 조립식옹벽)

격자형 블록 조립식옹벽은 미관을 고려한 토류구조물이며 철근 콘크리트, 목재 등의 다양한 기성제품으로 생산되고 있다. 콘크리트 부재를 설치하고 흙을 채우므로 안정에 필요한 옹벽의 자중이 확보되고 식생도 가능하다.

1) 구성요소

격자형 블록 조립식옹벽은 마찰이외의 다른 접착이 없고 독립된 부재들로 축조된다. 옹벽은 버팀보(header)와 전·후 가로보(stretcher)의 부재로 구성되며, 버팀보는 옹벽의 전면에서 후면으로 설치하고 옹벽 벽면과 직각을 이룬다.

그림. Crib Wall의 구성 요소

2) 안정성

조립식옹벽의 안정성은 일반적인 옹벽과 동일하게 검토하고 조립식옹벽의 벽체가 강성구조가 아니므로 시공단계별로 활동에 대한 검토가 필요하다.

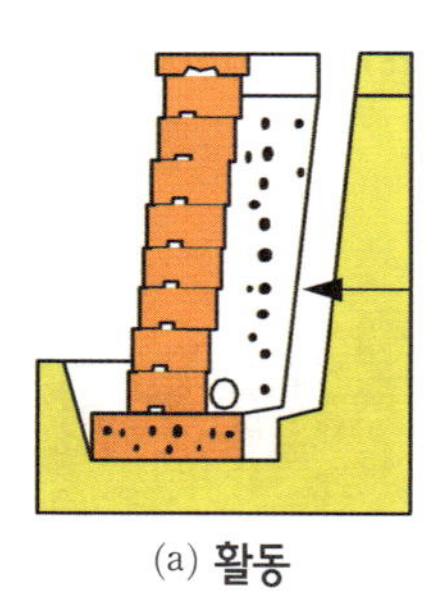

(a) 활동

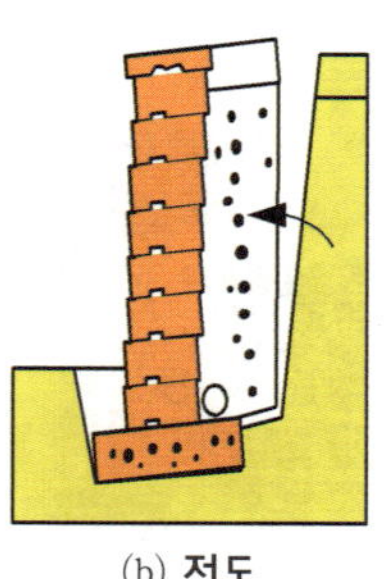

(b) 전도

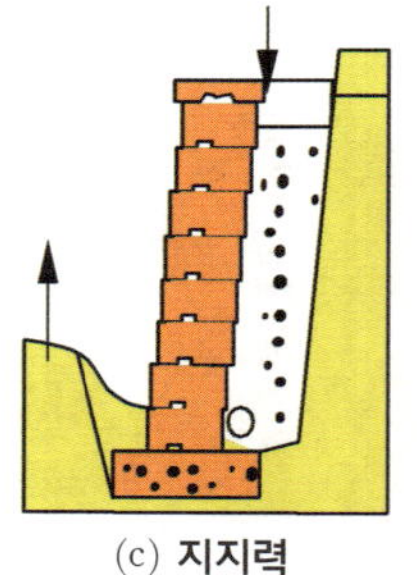

(c) 지지력

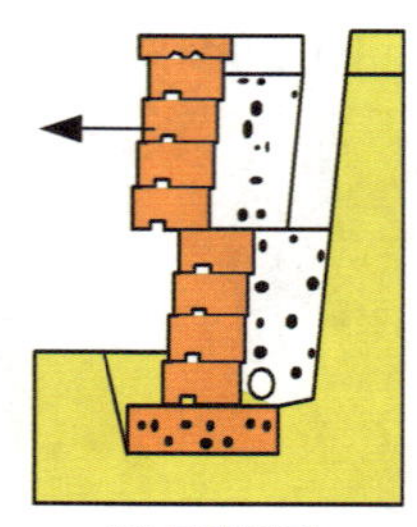

(d) 전단파괴

그림. 격자형 조립식 옹벽의 안정성 검토 조건

3) 시공 유의사항

① 조립식옹벽은 부재를 조립하고 흙으로 부재사이를 메워서 벽체를 만든 후에 뒷채움을 한다.

② 뒷채움을 하고 옹벽이 안정되면 다음 단계의 벽체를 조립한다.

(a) 기초 콘크리트 타설 (b) 가로보 설치 (c) 세로보 설치

(d) 토사 채움 (e) 다짐작업 (f) 시공 완료

그림. 격자형 조립식옹벽의 시공순서

(3) Soil nailing 공법

Soil nailing 공법은 원지반의 강도를 최대한 이용하면서 보강재를 추가로 설치하여 복합 보강지반을 형성하며 지반의 전단강도와 인장강도를 증가시켜서 변위를 억제하고 지반의 이완을 방지하는 공법으로 흙막이, 비탈면 보강에 주로 사용한다.

1) Soil nailing의 구조

① 보강재는 고강도 강봉, FRP재료를 사용한다.

㉮ Driven nail : 배면 지반에 항타장비를 이용하여 네일을 지반에 타입하는 공법(2~4개/m^2)이다.

㉯ Grouted nail : 천공 구멍(ϕ9~30cm)에 고강도 강봉을 삽입하고 압력그라우팅을 하며 nail의 설치간격은 1.2~1.8m이다.

㉰ Jet grouted nail : 중앙부의 강저와 grouted soil로 구성된 합성보강재이며 직경은 30~40cm이고 영구적인 사용이 가능하다.

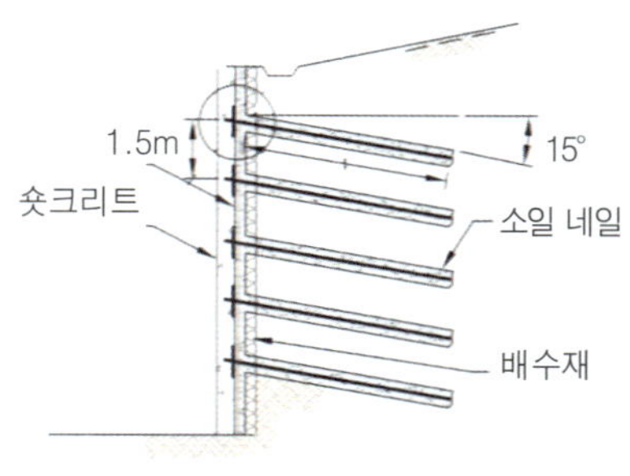

그림. Soil nailing의 구조

② 그라우트(Grout)

㉮ 그라우트는 강도와 내구성을 가지고 네일과 천공한 지반 사이의 틈을 채워야 한다.

㉯ 네일 주입재는 시멘트 그라우트와 기타 시멘트 혼합재를 사용한다.

③ 전면판

전면판은 네일 두부의 부근에서 지표면의 유실을 방지하고 네일 두부에 작용하는 인장력과 토압에 저항하도록 전면판과 네일이 구조적으로 일체가 되어야 한다. 전면판은 침식과 풍화작용에서 지반을 보호하는 구조체이므로 전면판 자체의 휨 파괴와 네일 두부의 주변에 발생하는 국부적인 전단파괴에 저항하도록 숏크리트, precast concrete panel, 강재 전면판을 사용한다.

2) 특성

① 장점

㉮ Nail 설치와 그라우팅 장비가 간단하고 소형이므로 협소하거나 비탈면이 길어서 시공조건이 불량한 장소에 적용하며 시공속도가 빠르다.

㉯ 자갈과 전석으로 구성된 이질층, 풍화토층, 경암반에 작은 직경으로 천공한 구멍에 네일을 삽입하므로 경제적이다.

그림. Soil nailing 벽체

② 단점

㉮ 영구적인 지반 안정대책이 필요하고 배수시설의 설치가 곤란하다.

㉯ 도심지에서 인접 구조물이 있으면 시공이 곤란하다.

3) 배수시설

Soil nailing 공법의 전면판은 수압을 고려하지 않으므로 반드시 배수시설을 고려해야 한다. 배수시설은 계절적인 지하수위의 변동, 지표에서의 침투, 상부 배수시설에서 누수가 발생해도 원활한 배수가 되도록 설치한다.

Nailing 공법에 적용하는 배수시설의 종류는 다음과 같다.

① 배수구멍(weep hole)

② 수평배수공

③ 전면판 배면에 설치하는 수직배수재

④ 전면판 상부에 표면수 유입을 위하여 설치하는 배수로

4) Soil nailing의 시공 유의사항

Soil nailing 공법은 top down방식의 시공이므로 시공속도가 빠르고 시공장비가 간단하여 좁은 장소와 급경사지에서 시공이 가능하다. 시공 중에 지반조건이 변해도 대처가 용이하고 도심지의 근접 시공과 지진하중에 대한 저항성이 우수하다.

① 시공순서

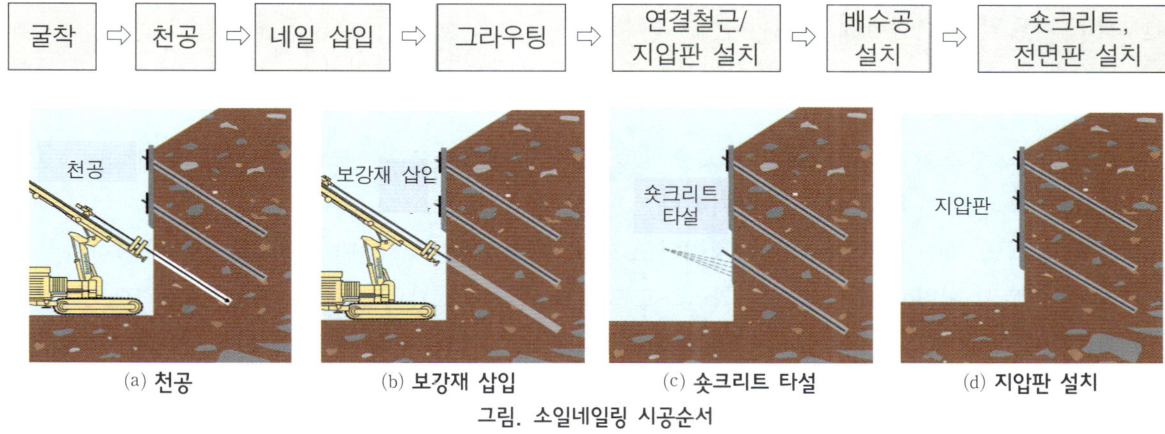

(a) **천공** (b) **보강재 삽입** (c) **숏크리트 타설** (d) **지압판 설치**

그림. 소일네일링 시공순서

② 시공단계마다 소요 깊이까지 굴착(1.5~3.0m)하고 천공, nail 삽입, 그라우팅을 실시한 후에 전면판과 nut를 설치하며 1단계는 지반조건을 고려하여 약 1.5~3.0m의 깊이로 시공한다.

③ 단계별 굴착 시에 숏크리트의 타설 전에 지반 자립에 필요한 최소 지반강도는 사질토는 N 〉 5, 점성토는 N 〉 3 정도가 필요하다. 부식성 토양에 시공하는 경우는 네일의 내구성, 장기간에 걸친 이동, 점성토지반의 크리프(creep) 변위에 주의가 필요하다.

④ Soil nailing은 굴착 중에 지반의 교란과 이완을 가능한 억제하고 원지반의 역학적성질을 유지하는 시공관리가 중요하다.

(4) 식생 녹화 보강토공법

식생 녹화 보강토공법은 쌓기재료와 보강재인 와이어매트, 지오메쉬, 식생매트를 활용하며 벽면에 식생이 가능하여 비탈면의 침식을 방지하고 비탈면의 안정을 확보하는 공법으로 벽면 경사는 1:0.5까지로 한다. 식생 녹화공법이므로 친환경적이고 다양한 선형의 시공이 가능하다.

그림. 식생녹화 보강토옹벽

1) 특성

① 비탈면이 수직에 가까워서 도로, 단지조성에서 토지의 활용성이 높아진다.

② 공장 제작한 보강재를 사용하므로 품질의 신뢰성이 높고 공기 단축이 가능하다.

③ 연직으로 40~45cm 간격마다 보강재를 설치하고 얇은 층으로 다짐하므로 다짐관리가 우수하다.

④ 경사진 벽면에 식생매트에 의한 벽면 녹화가 가능하여 환경 친화적이다.

⑤ 보강재와 흙 사이의 마찰에 의해서 토압에 저항하므로 기초가 유연성이 있고 시공이 간단하다.

2) 시공 유의사항

① 기초 바닥면을 편평하게 정리한다.

② 보강재가 설치된 부위에 물이 침입하지 않게 외부배수공을 설치하고, 보강토 내부에 침입한 물은 즉시 배수되도록 한다.

③ 우기 또는 함수비가 높은 재료를 사용하는 경우는 배수시설을 설치하고 시공 중에 비가 오면 방수시트로 덮어서 빗물의 침입을 방지한다.

④ 기초 쇄석의 마감면은 평탄하게 정리하고 지반 지지력이 부족하면 치환 등으로 개량한다.

⑤ 와이어매트의 벽면 경사와 높이를 확인하고 인접한 와이어매트는 직선부에서 15cm 간격으로 설치한다.

⑥ 와이어매트의 배면에 설치하는 후방 매트(back mat)는 이음부분에 틈새가 생기지 않게 결속선으로 견고하게 연결한다.

⑦ 벽면에서 1.0m 이내에 다짐기계가 주행하면 벽체에 변형이 발생하므로 인력 고르기와 소형 다짐기계를 사용한다.

⑧ 뒷부분에서 벽면 쪽으로 채움과 다짐을 하면 벽면재가 압출되거나 보강재가 움직인다. 다짐장비가 급정지 또는 급선회하면 성토면이 흐트러지고 부설한 보강재가 움직이므로 다짐에 유의한다.

⑨ 불도저 등의 무한궤도기계가 보강재 위를 주행하면 보강재가 말려들거나 용접점이 파손되고 전압기계가 주행하면 보강재가 구부러진다.

(a) 보강토옹벽의 기초 정리　(b) Geo mesh 설치　(c) 식생매트의 설치

(d) 뒷채움재 포설　(e) 뒷채움재 다짐　(f) 보강토의 설치

그림. 식생녹화 보강토옹벽의 시공순서 [자료 출처: 지오시스템코리아]

(5) 보강토 식생 블록공법

보강토 식생 블록공법은 식생블록과 지오그리드가 결합하여 토압에 저항하고 비탈면의 침식을 방지하며 식물뿌리가 서로 엉키는 직물효과로 내구력을 증가시키는 공법이다. 식생블록은 구멍이 있는 플라스틱 용기에 종자가 부착된 자연섬유를 부착하여 식물이 발아되도록 한다.

그림. 보강토 식생 블록공법

1) 특성

① 시공지역의 기후 특성에 적합한 잔디를 선택한다.
② 블록 하부에 형성된 요철을 이용하여 토목섬유를 고정하므로 별도의 부자재가 필요하지 않다.
③ 식물이 성장하면 식물뿌리가 서로 엉키는 직물효과로 내구력이 증가한다.

2) 시공 유의사항

① 기초지반이 연약하면 기초 두께를 크게 하거나 지반을 치환 또는 보강한다.
② 지오그리드는 식생블록 상단에 10cm 정도를 매입하고 그 위에 상단블록을 올려놓아서 고정시킨다.
③ 전면 블록의 1m 이내는 소형장비로 다짐하고 타이어계통의 다짐장비는 저속으로 다짐하며 급제동과 급회전을 금지한다.
④ 뒷채움은 50mm 이상의 쇄석이 포함되지 않은 양질토사를 사용하며 피복두께는 15cm로 하고 지오그리드는 옹벽의 직각방향으로 설치한다.
⑤ 보강토체 내의 지하수위를 낮추고 침투수의 처리와 지하수 유입을 방지하는 지하배수구를 설치한다.

(a) 기초 콘크리트 타설

(b) 식생 블록의 설치

(c) Geogrid 설치

그림. 보강토 식생 블록공법의 시공순서

(6) PEM(Ptrstressed Earth Method)공법

그림. PEM 옹벽

PEM옹벽은 땅깎기부와 흙쌓기부에 적용이 가능하며 원지반의 깎기를 최소화하고 precast panel과 earth bolt를 이용하여 뒷채움과 원지반 강도를 증진시키는 중력체를 만들어서 횡방향토압에 저항하는 공법이다. 일반 옹벽은 뒷채움흙이 하중과 저항체로 동시에 작용하므로 강성이 큰 벽체와 바닥판이 필요하지만 PEM옹벽은 압축토체를 만들기 위하여 얇은 벽체와 earth bolt를 사용한다.

PEM옹벽은 비탈면의 안정성을 충분히 확보하면서 시공속도가 빠르고 미관이 양호하다.

1) Top down방식으로 상부에서 하부로 단계적인 시공을 하여 상부 토사층의 이완과 활동을 최소화하고 비탈면의 안정에 효과적이다.
2) 토사지반은 압력 그라우팅(0.3~0.5N/mm^2)을 실시하여 지반을 보강하고 암반층은 earth bolt로 절리면을 봉합하고 그라우팅을 실시하여 전단강도를 증가시킨다.
3) 계단식으로 시공하므로 각 계단에 자연친화적인 조경이 가능하다.

(a) 비탈면 굴착 + 천공

(b) 기초 콘크리트 타설

(c) PC panel 설치와 Anchor 인장

그림. PEM 옹벽의 시공 [자료 출처 : (주)펨텍]

(7) PAP옹벽(Prestressed anchor and Precast panel retaining wall)

그림. PAP옹벽

PAP옹벽은 프리캐스트 콘크리트 패널(precast concrete panel)과 영구 앵커에 의한 주동 보강공법의 조합으로 비탈면을 보호한다.

프리캐스트 패널을 수직으로 설치하여 비탈면의 붕괴방향에 대한 저항력이 증가하고, 앵커를 수평에 가깝게 설치하므로 앵커의 유효 보강력이 향상된다.

암반 비탈면에서 토공량이 감소하고 옹벽을 거의 수직으로 시공하여 부지 활용이 효율적이다. PAP옹벽의 설치는 기초지반에 기초 콘크리트를 타설한 후에 프리캐스트 패널을 앵커에 의해서 정착한다. 비탈면의 평탄부에 수목을 식재하여 자연지반과 유사한 생태 복원이 가능하다.

제10장 댐 공

댐 공 10

1 개 설

댐은 약 5,000년 전부터 존재하였으며 오늘날에는 여러 가지 형식의 36,000개가 넘는 대규모 댐들이 건설되어 수자원의 분포를 고르게 하고 있다. 댐은 갈수기에 필요한 용수를 적기에 적당한 양의 물을 공급하고 홍수기에 일시적인 홍수 유입에 의한 홍수피해를 방지할 수 있도록 저수, 도수, 조절 등의 기능을 가진 제체와 각종 부속시설로 구성되어 있다.

그림. 소양강 다목적댐

댐은 시간적으로는 수요량이 공급량보다 많은 시기에 공간적으로는 수요량이 공급량보다 많은 지역에 부족한 양의 생활, 공업, 농업, 발전, 주운과 환경용수를 공급하는 물을 저류하여 홍수기에는 하류 하천의 수위를 저하시키고 갈수기에는 하천의 수위를 상승시켜서 하천의 유량을 변화시키는 하천 수리구조물이다.

우리나라는 "댐건설 및 주변지역 지원 등에 관한 법률"에서 「댐은 하천의 흐름을 막아서 저수를 생활과 공업의 용수, 농업의 용수, 발전, 홍수 조절, 기타의 용도(특정용도)로 이용하기 위한 높이 15m 이상의 공작물이며 여수로, 보조 댐, 기타 당해 댐과 일체가 되어 그 효용을 다하게 하는 시설 또는 공작물을 포함한다.」라고 정의하고, 특정 용도가 하나인 댐을 단일 목적댐 또는 전용댐이라고 한다.

또한 「다목적댐은 특정 용도 중에서 2 이상의 용도로 이용하는 것(특정 용도에 전용되는 시설 또는 공작물을 제외)이다.」라고 정의하고 있다.

그림. 우리나라의 댐(출처 : 한국대댐회)

(1) 댐의 효용성

인구의 증가와 산업의 발달로 인한 수자원의 수요가 증가하여 한정된 수자원의 효율적인 활용이 더욱 강조되고 있다. 댐 건설은 수자원의 보전을 위한 댐 개발부지가 점차로 감소하고 토지자원의 효용과의 상충, 경제성 그리고 댐 건설에 따른 수몰지 주민에 대한 이주대책 등의 경제적, 사회적 부담이 증가하여 단일 목적의 수자원개발은 의미가 없으므로 다목적 용도로 계획되고 있다.

1) 생활용수

생활용수는 식수, 취사, 세탁, 목욕, 화장실 등의 가정용수와 학교, 사무실, 병원 등의 공공용수로 이용되며 생활수준의 향상에 따라서 수요가 급증하고 있다.

2) 공업용수

제조업 등의 산업활동에 필수적인 공업용수는 원료용, 제품처리용, 세정용, 냉각용, 온도조절용 등으로 이용되고 있다.

3) 유지용수

하천 유지용수는 수질보전, 하천 관리시설의 보호, 어업, 하구 폐쇄의 방지, 지하수위의 유지, 동식물의 보호, 경관개선 등의 하천수가 정상적인 기능을 유지하기 위하여 필요하다.

4) 농업용수

농업용수는 식량 생산에 꼭 필요한 기본자원으로 농업 기반시설을 정비하고 필요한 물을 적절한 시기에 공급하는 것이 매우 중요하다.

5) 발전용수

수력발전은 전력 수요에 따라서 발전량을 조절하므로 첨두시간대에 전력의 집중생산이 가능하고 발전용수는 재사용이 가능하여 중요성이 매우 크다.

6) 홍수조절 기능

큰 홍수가 발생하면 댐에서 홍수조절 용량을 활용하여 유입홍수량의 일부를 저류하면서 하류의 홍수피해가 최소가 되도록 서서히 방류한다. 특히 다목적댐은 하류의 홍수피해를 경감시키고 생활용수, 공업용수, 관개용수 등의 수자원을 확보할 수 있다.

(2) 댐의 분류

1) 기능에 의한 분류

① 저수댐(Storage dam)

홍수기에 유출되는 과잉수를 갈수기에 이용하도록 저수하여 생활, 공업, 농업, 축산, 발전, 하천 유지용수 등으로 사용하고 2가지 이상의 목적에 사용하는 댐은 다목적댐이라고 한다.

② 취수댐(Intake dam)

수요지로 물을 보내기 위해서 상시유량의 조절과 수로, 운하 등의 송수시설에 수두를 제공하기 위하여 축조한다.

③ 지체댐(Detention dam) : 홍수의 유출을 지체시켜서 갑작스런 홍수피해를 경감시키기 위한 홍수 조절댐으로 유수를 일시 저류하였다가 자연방류 또는 수문조절에 의해 방류하는 댐이다.

㉮ 홍수 조절댐 : 일시적으로 저수하였다가 하류측 수로의 통수능력을 초과하지 않도록 방류하여 홍수를 조절

㉯ 지하댐 : 저수하여 대수층으로 스며들게 하여서 지하수를 충전(recharge)

2) 수리구조에 의한 분류

① 월류(Overflow)댐 : 콘크리트댐, 석괴댐 등

② 비월류(Non overflow)댐 : 흙댐, 사력댐

③ 하부 방류댐(Bottom outlet dam) : 하류에 방류구를 설치하여 저류된 물을 방류

3) 재료와 형식에 따른 분류

① 축조재료

㉮ 필댐(Fill dam) : 흙댐, 석괴댐, 사력댐

㉯ 콘크리트댐(Concrete dam) : 중력식댐, 아치댐, 부벽식댐, 중공식댐, RCC댐

② 설계 형식

㉮ 균일형 : 균일한 재료로 형성된 단면이 80% 이상을 점유

㉯ 코어(Core)형 : 불투수성 단면의 최대 폭이 댐 높이보다 작은 댐

㉰ 존(Zone)형 : 불투수성 단면의 최대 폭이 댐 높이보다 큰 댐

㉱ 표면 차수벽형 : 댐의 상류 경사면에 콘크리트, 아스팔트 등으로 차수벽을 설치

4) 댐의 규모에 의한 분류

① 대댐(Large dam) : 댐 높이가 90m 이상

② 중규모댐 : 댐 높이가 15~90m

③ 소댐(Small dam) : 댐 높이가 15m 이하

(3) 댐 건설이 환경에 미치는 영향

댐은 하천의 흐름을 근본적으로 변경시켜서 댐 건설은 장기적으로 광범위하게 환경적인 변화를 유발하며 댐 건설에서 얻는 각종 편익이 많은 반면에 자연과 인간사회에 여러 가지로 부정적인 영향을 미치게 된다. 댐 건설기간 동안에 영향을 미치는 여러 가지 사항들도 있지만 댐과 저수지가 장기적으로 존속하고 운영되어 발생하는 문제점도 많다. 또한 댐공사를 위하여 설치하는 진입도로, 송전선로, 석산, 토취장 등의 보조적인 토목공사도 자연환경에 상당한 영향을 미치게 된다.

1) 수몰주민의 이주

댐 사업에서 불가피하게 발생하는 수몰주민의 이주는 사회적으로 영향을 미치게 된다. 이주민대책은 이주단지를 조성하고 이주하지 않는 주민이라도 어업, 농업, 기타 생계수단을 상실하게 되는 주민들은 새로운 직업훈련과 소득 보전대책을 수립해야 한다.

2) 서식생물의 자연 서식처의 수몰

저수지의 담수로 인하여 광범위한 서식생물들이 영구적으로 물에 잠기면 특히 하천 가장자리에 서식하는 생태계의 경우에 지역적으로 멸종할 수도 있으므로 별도로 보존지역을 조성하여 관리하는 것이 필요하다.

3) 육상동물의 손실

댐의 담수과정에서 미처 대피하지 못한 육상동물들이 익사하게 된다.

4) 수질의 악화

댐에 의한 저수지 조성은 수류가 정체하여 오염물질의 희석, 산소 공급의 감소, 동식물 폐기물 등의 수몰과 이들의 수중부패로 인하여 수질이 심각하게 악화될 수 있다. 따라서 수질관리대책이 필요하고 수몰되는 수목이 부패하여 수질의 악화가 예상되는 경우는 저수지의 담수 전에 삼림벌채를 시행해야 한다. 또한 홍수 시에 유입되어 저수지 내에 혼합되거나 저류되는 탁수가 홍수 후에 서서히 방류되어 댐 건설 전보다 하류 하천이 홍수 후에 흐려지는 탁수현상이 장기화되면 하천의 경관을 파괴하고 수초와 부착조류 등의 광합성 감소로 인한 생태계 교란이 발생할 수도 있다.

5) 댐 하류의 수문조건 변화

댐 하류의 하천에서 수문조건이 크게 변화하면 주기적으로 자연홍수에 의존하던 하천연변의 생태계를 파괴하여 갈수기에는 하류 하천의 오염이 가속화된다. 유역이 변경되는 댐은 직하류 하천의 건천화로 물고기와 기타 동식물을 고사시킬 수도 있으므로 하류 방류량을 합리적으로 관리하여 악영향을 최소화시켜야 한다.

6) 어류와 기타 수생동물

모든 종류의 어류와 수생동물이 저수지가 조성되어 서식공간이 확대되면 긍정적인 영향을 미치는 것은 아니다. 댐은 어류가 상류로 거슬러 올라가는 것을 막고 하류 하천의 흐름 특성의 변화와 저수지의 수질악화는 저수지와 하류 하천의 어류와 수생동물에 나쁜 영향을 미치게 한다. 하류 하천의 어류와 수생동물을 위한 방류량관리와 어도를 설치해도 어도는 어류가 상류로 이동하는 것을 돕는 시설이므로 성어와 치어가 하류로 이동하기가 어려워서 효과는 제한적이다.

7) 부유 수생식물

저수지가 부영양화하면 부유 수생식물이 번성하여 어류와 다른 수생 동식물의 서식환경을 파괴하며 주운과 수영을 방해하고 저류수의 손실을 증가시키는 경우도 있다. 저수지의 오염관리와 부유 수생식물을 물리적으로는 제거하는 것이 효과적이지만 대규모 저수지에서는 많은 비용이 소모된다.

8) 기상변화

댐을 건설하여 저수지가 조성되면 댐 주변의 대기온도와 저수지 수온의 온도차로 인하여 상대습도가 변화하고 안개일수가 증가하여 일조량이 감소하므로 농작물의 생육에 영향을 미친다.

(4) 댐의 위치 선정시 고려사항

댐은 지형, 지질, 지역사회적인 조건 등을 종합적으로 분석하여 위치를 결정하며 선정한 지역이 개발효과가 크고 환경측면이나 경제적으로도 유리해야 한다. 아울러서 댐 위치의 선정에 따라서 환경에 미치는 영향이 차이가 크므로 환경 영향을 최소화할 수 있는 지점의 선정이 가장 바람직한 환경대책이라고 할 수 있다.

1) 개발 목적의 적합성

개발 목적에 적절하고 개발효과가 미치는 지역과 근접하여 댐이 위치하며 도수 시에 자연유하가 되도록 충분한 표고에 설치한다.

2) 지형과 지질조건

지형적으로 계곡 폭이 좁고 댐의 상류가 넓어서 다량의 저수가 가능한 지역으로 암반상태가 양호하며 하상 퇴적물이 적고 적당한 기초처리로 댐 기초부의 암반 보강이 가능해야 한다.

3) 지역 사회적 조건

수몰지역이 농지, 산지, 도로, 문화재, 천연기념물 등에 미치는 영향이 적어야 하고 수몰지의 발생에 따른 보상과 이주민 대책, 지역개발계획을 수립해야 한다.

4) 시공조건

댐 재료의 채취장소, 재료의 양과 품질, 운송조건 등이 양호하고 공사용 가설비, 진입로, 가물막이, 임시 배수로 등의 설치가 용이해야 한다.

5) 자연 보전

주위 자연환경과 조화가 이루어지게 댐의 형식과 위치를 선정하고 저수의 부영양화와 수몰된 식생의 부식에 따른 오염대책을 수립해야 한다.

① 저수지의 저수면적

댐으로 담수되는 면적은 자연 서식처가 감소되는 크기와 사람과 동물의 이주 범위와 직결되므로 가능한 한 단위 용수공급량에 대한 저수면적의 비가 작은 것이 바람직하다.

그림. 댐과 환경

② 저수지의 길이

본류와 지류의 담수길이가 짧으면 하천 연변의 생태계 보호측면에서 유리하다.

③ 저수지의 지체시간

저수지의 수질이 중요하므로 상시운영의 조건에서는 저류수가 저수지 내에서 체류시간이 짧은 댐의 지점을 선정하는 것이 유리하다.

④ 건천으로 남는 하류 하천의 연장

유역 변경용 댐은 건천으로 방치되는 하류하천의 길이가 짧을수록 유리하므로 댐으로부터 하류의 주요 지류가 합류하는 거리가 짧을수록 좋다.

(5) 댐의 규모와 형식

댐의 규모는 용수와 전력수요에 필요한 규모로 산정하거나 사회적, 경제적측면의 비용과 편익을 검토하여 가장 큰 순익을 주는 규모로 하며 댐의 형식은 지형, 지질, 주변의 자갈, 모래, 토석, 시멘트 등의 재료조건을 종합적으로 분석하여 결정한다.

1) 댐의 형식 선정시 고려사항

① 사용 목적, 규모
② 자연조건(지형, 지질, 기상, 수문)
③ 여수로의 크기와 위치
④ 축조재료의 매장량과 이용 여건

2) 지형

① 콘크리트댐 : 양안이 높고 폭이 좁은 계곡에 적합
② 필댐 : 대형장비의 작업이 가능하고 폭이 넓은 계곡에 적합
③ 아치댐 : 계곡의 평면 형상이 아치(arch) 응력의 전달에 적합한 계곡에 적합

3) 지질과 기초지반의 상태

① 암반기초 : 그라우팅 처리, 풍화암의 제거
② 사력기초 : 지수벽의 설치(흙댐, 사력댐, 낮은 콘크리트댐)
③ 실트, 모래 : 침하, 파이핑, 투수 손실, 기초침식의 대책
④ 점성토기초 : 흙댐(기초처리)

4) 수문과 기상 : 강수, 습도, 기온, 홍수

5) 여수로(Spillway)의 위치와 규모

① 필댐 : 댐 본체와 분리하여 설치
② 콘크리트댐 : 댐 본체와 일체가 되므로 경제적으로 유리

그림. 댐의 Spillway

2 댐의 종류

(1) 필댐(Fill dam)

흙, 암괴 등의 천연재료를 사용하여 축조한 댐을 총칭하여 필댐이라고 한다. 흙을 주재료로 한 것을 흙댐(earth-fill dam), 암괴를 주체로 한 것을 석괴댐(rock-fill dam)이라고 하며 양자의 구분이 분명하지는 않다. 필댐은 천연재료를 쌓아 올려서 만든 부분을 주체로 하는 댐이며 재료는 흙댐과 록필댐이 있고, 구조적으로는 균일형, 존(zone)형, 코어(core)형, 포장형의 4가지로 분류한다. 1960년 ASCE 심포지엄에서는 「제체의 최대 단면에서 50% 이상이 암괴를 사용한 댐은 석괴댐이라고 하고, 50% 이상이 흙인 경우는 흙댐으로 부른다.」라고 정의하고 있다.

(a) Earth fill dam

(b) Rock fill dam

그림. 필댐의 종류

필댐은 암석, 사력(자갈), 흙 등의 댐 부근에서 구할 수 있는 자연재료를 사용하므로 댐의 축조가 매우 경제적이고 콘크리트댐보다 댐 자체의 무게가 가벼워서 콘크리트댐의 축조에 불리한 기초지반에서도 건설이 가능하여 가장 일반적인 형태로 사용하고 있다. 그러나 필댐은 월류에 의한 파괴의 위험이 크므로 여수로 크기의 결정에 유의해야 한다.

1) 필댐의 특징

① 댐의 단위면적에 작용하는 하중과 기초에 전달되는 응력이 작아서 풍화암과 하천 퇴적층의 기초지반도 기초처리를 하면 축조가 가능하다.
② 댐 설치 지점의 주위에서 얻을 수 있는 천연재료를 이용할 수 있다.
③ 댐 축조에 최적의 대형장비를 투입하여 기계화율을 높일 수 있다.
④ 제체재료가 입상의 토석으로 구성되어 시공 중과 시공 후에 제체와 외부 추가하중으로 인한 변형이 장, 단기적으로 발생하고 댐체와 원지반의 경계면을 통하여 파이핑이 발생하는 경우가 있다.
⑤ 홍수가 제체를 월류하지 않도록 여수로, 가배수로 규모, 여유고의 결정에 주의가 필요하다.
⑥ 침하가 불가피한 구조물이므로 여수로와 같은 구조물을 제체 위에 설치하는 것이 어려워서 제체와 분리하여 설치한다.
⑦ 제체 내부에서 축조재료의 강성 차이가 부등침하의 원인이므로 이에 대한 고려가 필요하다.

⑧ 필댐은 구성요소가 복잡하고 시공관리에 따른 변화요소가 많아서 정확한 해석이 어렵다.

2) 필댐의 안정조건

필댐의 안정은 콘크리트 중력댐과 마찬가지로 축조재료의 중량을 이용하고 안정조건은 다음과 같다.

① 제체가 활동하지 않을 것
② 안정적으로 여유고를 확보하여 저수가 댐 마루를 월류하지 않을 것
③ 비탈면이 안정되어 있을 것
④ 기초지반이 압축에 대해서 안전할 것
⑤ 제체와 기초지반이 투수에 안전할 것

3) 필댐의 종류

필댐은 계곡 형태에 따른 제약이 없고 넓은 계곡에서 대형기계의 작업능률이 우수하다. 기초지반에 대한 제약이 다른 형식의 댐보다 적어서 견고한 암반, 실트, 점토 등의 모든 지반에 축조할 수 있다.

① 균일형(Homogeneous type)댐

동일한 재료를 사용하여 차수와 제체의 안정을 확보하는 흙댐이며 축조재료는 차수효과가 있는 불투수성이어야 하고 안전도가 높아지게 댐의 경사를 완만하게 한다.

제체의 최대단면에서 균일한 재료가 80% 이상을 차지하고 지수는 균일한 부분에서 하는 댐이다. 시공 중에 발생하는 간극수압의 감소와 제체 내부의 침윤선을 낮게 하고 제체의 하류경사면에서 침투수에 의한 침식을 방지하기 위하여 제체의 하류측에 배수층을 설치한다.

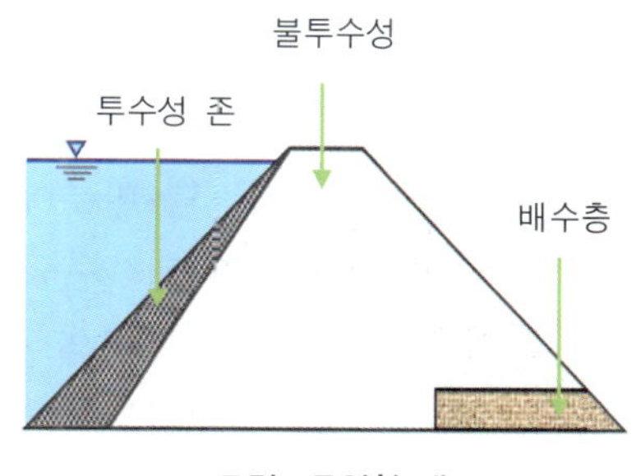

그림. 균일형 댐

균일형댐은 비교적 소규모댐에 유리하며 댐의 안전성을 확보하기 위하여 필터(filter)와 배수층(drain)을 설치하고 배수층의 조건은 다음과 같다.

㉮ 배수층은 균일토의 20~100배의 투수성이 필요하다.
㉯ 배수층의 통수능력은 댐체와 기초로부터의 침투수량의 10~100배 이상의 안전율을 확보한다.
㉰ 배수층은 댐으로부터 투수를 전면적으로 막도록 제체방향에 상당한 폭을 가져야 하며 제체와 비탈면의 접촉면에 따라서 배수구로 물을 유도하는 지선 배수층을 설치하여 하류부 댐체의 포화를 방지한다.

② 존형(Zoned embankment type)댐

제체의 최대단면에서 불투수성부의 최대 폭이 댐 높이와 같거나 큰 댐을 존형댐이라고 한다. 존형댐은 불투수성부의 폭이 넓으므로 재료의 품질은 코어형댐처럼 엄격하게 제한하지 않지만 불투수성부를 중심으로 외측에 투수성재료를 배치하여 댐의 안정성을 확보한다.

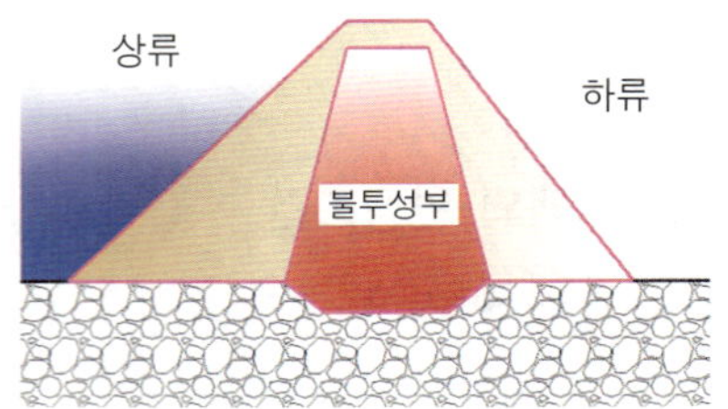

그림. 존형(Zoned embankment type)댐

③ 코어형(core type)댐

균일형댐은 균질한 존에서 지수를 하지만 코어형댐은 투수성재료에 따라서 지수존을 분리하여 설치하고 축조재료의 투수성이 비교적 큰 경우는 지수 존 코어를 별도로 설치한다. 댐 중심선에 전부 코어가 축조된 것을 중심코어형댐, 코어가 중심선에서 떨어져 있는 것을 경사코어형이라고 하며 코어형댐은 최소 단면으로 차수성을 확보해야 하므로 코어재료의 수밀성이 가장 중요하다.

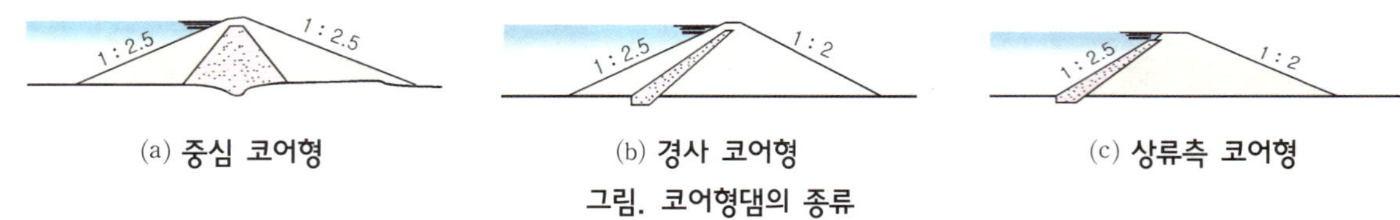

(a) **중심 코어형** (b) **경사 코어형** (c) **상류측 코어형**

그림. 코어형댐의 종류

코어(core)의 설계는 다음의 사항을 고려한다.

㉮ 코어의 상단은 댐 마루에서 약 50cm 내려간 지점까지 연장한다.

㉯ 경사코어는 암석과 흙을 따로 시공하는 장점이 있지만 코어의 부등침하에 약한 결점이 있다.

㉰ 자연재료만으로 코어의 불투수성이 부족하면 인공재료를 혼합하여 불투수성을 강화한다.

㉱ 양질의 불투수성재료를 확보하지 못하는 경우는 차수성, 배수성, 강도, 가요성, 안정성과 내구성을 가지는 아스팔트 콘크리트를 사용한 차수벽형을 적용하는 경우가 있다.

코어형은 시공을 병행하는 코어와 필터의 경계면이 약점이 될 우려가 있고 파손 시에 수리가 곤란하다. 제체를 완성한 후에 상당기간에 걸쳐서 압밀 등에 의한 제체의 변형이 계속되고 수면의 오르내림에 따라서 제체강도가 변하고 구조적인 결함이 우려되므로 유지관리가 중요하다.

④ 표면 차수벽형 석괴댐

댐 제체의 상류면에 콘크리트와 아스팔트 콘크리트 등의 차수재료로 차수벽을 설치하여 댐의 차수기능을 충족시키고 배면에 투수성재료를 배치하여 제체 안정성을 확보하는 댐으로 포장을 제체 표면에 하는 표면 포장형과 제체 내부에 하는 내부 포장형이 있다. 제체 표면에 포장을 하는 표면 차수벽형 석괴댐은 단면이 작은 댐에서는 경제적이나 침하에 대한 위험성이 있다.

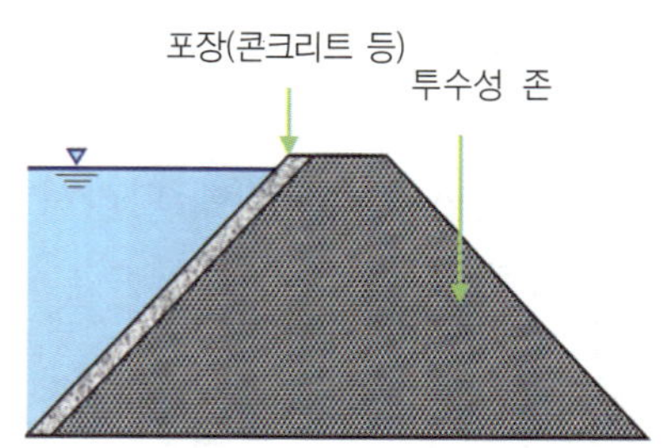

그림. 표면 차수벽형 석괴댐

표. 필댐의 형식 선정시 고려사항

	균일형	zone형	심벽(core)형	표면차수벽형
개요	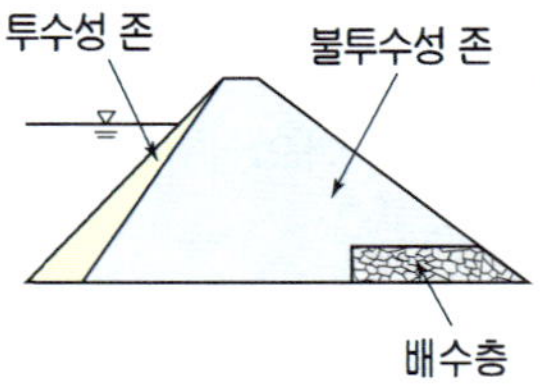 투수성 존 불투수성 존 배수층	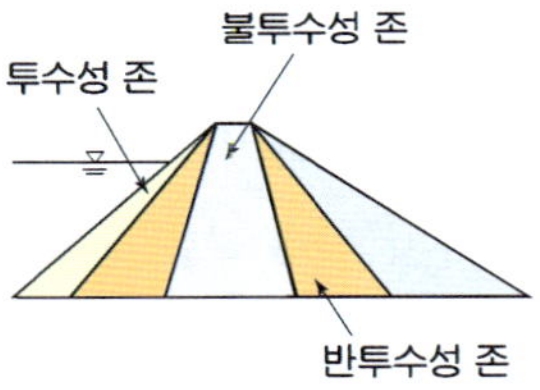 불투수성 존 투수성 존 반투수성 존	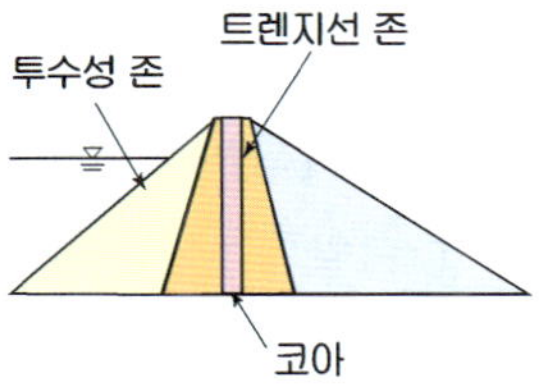 트렌지선 존 투수성 존 코아	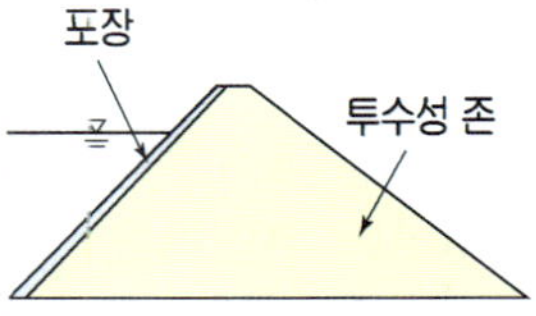 도장 투수성 존
	· 비탈면 보호재를 제외한 제체를 균일한 재료로 축조 · 제체 전단면이 차수기능과 안정을 유지 · 내부 배수시설 설치	· 제체를 차수성재료로 불투수성 존을 형성 · 불투수성 존의 수평 폭이 그 위치의 댐 높이보다 크거나 불투수성 폭이 4m 이상	· 불투수성재료를 심벽에 사용 · 가장 안정성이 우수 · 댐 높이가 높을수록 유리	· 댐 상류 비탈면을 철근 콘크리트 등의 차수재료로 포장 · 소단면에서 경제적 · 침하에 위험, 내구성이 낮음
댐 높이	· 댐의 높이가 낮으면 어느 형식을 채택하여도 구조적으로 문제가 없음			
	· 30m 이하에 유리 · 단면이 단순하고 시공이 간편 · 제체 차수성이 우수	· 30m 이상에 유리 · 전단강도가 크고 간극수압 소산이 빠름		· 높은 댐에서 불안정
성토 재료	· 댐 주변의 재료특성과 채취 가능한 수량에 따라서 형식을 결정			
	· 양호한 배수재료가 없어서 존형 댐의 축조가 비경제적인 경우에 적용 · 균일재료로 축조	· 세립분이 많고, 함수비가 높은 재료 이용	· 불투수성재료가 충분한 경우 · 투수성재료를 다짐하여 침하량이 감소 (0.08mm체 통과량 5% 이하)	· 투수성댐을 축조하고 차수재료로 댐 표면을 포장
기초 지반	· 암반기초는 모든 형식에 적용하고, 자갈층은 지수벽의 설치에 유의			
	· 점성토지반은 특별한 처리가 필요하고 균일형, zone형의 적용이 가능		· 연암, 다공질, 파쇄된 암반은 심벽형, 표면 차수벽형에는 부적합	

제10장

(2) 콘크리트댐

콘크리트로 댐을 축조하는 콘크리트댐은 중력식댐, 아치댐, 부벽식댐, 중공 중력식댐이 있고 댐체의 자중이 커서 견고한 기초지반이 필요하며 콘크리트, 철근 등의 재료가 많이 소요되어 공사비가 증가하지만 시공성과 유지관리가 용이하고 안전도에서 신뢰성이 있다.

일반적으로 댐의 형상계수(=길이/높이)가 6 이상이면 아치댐 이외의 모든 댐의 축조가 가능하며, 3~6이면 콘크리트 중력댐이 적합하고, 3 이하는 아치댐이 적합하다.

콘크리트 중력댐은 기초 암반 등의 지질조건이 양호하고 제체의 축조에 사용하는 골재(자갈, 모래 등)의 확보가 용이한 곳을 선정하며 계곡 등의 지형적인 제약이 적은 형식이다.

1) 콘크리트댐의 형식 선정시 고려사항

	중력식댐	아치댐	중공 중력식댐
계곡 형상			
	· 계곡 형상에 제약이 적음	· 계곡 폭(V형)이 좁고 비탈이 급하면 유리	· 넓은 하폭과 완만한 비탈(U형)에서 콘크리트를 절감
기초 지반	· 암반기초에 설치 · 암반의 절리, 균열은 그라우팅으로 보강 · 모래, 점성토지반은 콘크리트댐의 기초로 부적당 · 아치댐은 견고한 암반에 설치		
댐 부피(콘크리트량)	· 다른 댐보다 부피가 큼(매스콘크리트) · 타설과 시공관리가 용이 · 거푸집 비용을 절감 · 수화열 대책이 필요	· 댐의 부피가 작음 · 공사시설, 골재 확보와 운반, 공기 단축에 유리 · 수화열 발산에 유리 · 시공 복잡 · 거푸집 비용이 증가	· 댐체 중간이 비어서 노출면이 크므로 수화열 발산에 유리 · 제체 콘크리트 타설과 병행하여 지반개량이 가능 · 유지관리가 편리
월류 안정성	· 월류에 안전 · 여수로는 제체의 하류면에 설치	· 제체에 여수로를 설치 · 여수로는 월류의 영향을 고려하여 형식을 선정	· 시공 중의 월류에 불안정
지진	· 안전 · 순간적인 전체 파괴의 가능성이 낮음	· 순간적인 전체 파괴가 발생	· 이음부분이 가장 취약 · 파괴시 누수 검토

2) 콘크리트댐의 종류

① 콘크리트 중력댐(Concrete gravity dam)

콘크리트를 축조재료로 이용하여 댐체 자중으로 안정을 유지하는 형식이며 수압(정수압, 양압, 동수압), 퇴사압, 빙압, 지진 등에 대하여 콘크리트의 자중과 기초의 반력으로 전도, 활동, 초과응력에 대하여 안전해야 한다. 중력댐은 자중이 커서 견고한 기초지반이 필요하고 재료가 많이 소요되어 공사비가 증가하지만 설계, 시공과 유지관리가 용이하며 안전도가 크다.

② 콘크리트 아치댐(Concrete arch dam)

댐에 작용하는 외력을 하부기초와 양안의 암반에 전달하므로 구성재료의 강도를 충분히 활용하여 콘크리트 재료가 절감되고 수려한 미관을 가진다. 아치댐은 계곡의 폭과 댐 높이의 비율이 크지 않고 계곡 양안의 암반에 기초를 설치하여 아치작용으로 외력에 저항할 수 있는 경우에 적용한다.

③ 콘크리트 부벽식댐(Concrete buttress dam)

부벽식댐은 물을 저수하는 댐 벽체를 댐축과 직각방향으로 된 여러 개의 부벽으로 지지하는 형식이다. 댐의 기초가 중력댐과 같은 견고한 암반이 필요하지 않고 콘크리트 소요량이 적지만 댐체의 내구성이 낮고 철근과 거푸집의 작업이 복잡하다.

④ 중공 중력댐(Hollow gravity dam)

중력식댐의 설계원리와 동일하지만 댐체의 내부를 비워서 콘크리트량을 절감하고 댐의 단면은 상·하류면의 기울기가 같은 이등변삼각형의 형상을 가진다. 기초부에 전달되는 하중이 감소되어 제체 하중을 줄일 수 있지만 시공이 어렵고 공사비가 증가하므로 거의 채택하지 않는다. 하폭이 넓은 U형 계곡은 중공 중력댐과 부벽식댐이 유리하지만 댐의 축방향으로 발생하는 지진에 취약하므로 높은 댐에는 적용하지 않는다.

(a) 중력식댐 (b) 부벽식댐 (c) 아치댐 (d) 복수 아치댐

그림. 콘크리트댐의 종류

3 댐 부속설비

(1) 여수로(Spillway)

그림. 콘크리트댐의 여수로(Spillway)

댐은 저류기능을 가지고 여수로는 방류기능을 수행하므로 설계홍수량의 유입시에 댐의 저류용량과 여수로의 방류능력을 최적으로 조합하여 여수로의 규모를 결정한다. 여수로는 저수용량을 초과한 홍수량을 하류 하천으로 방류시켜서 월류를 방지하는 시설로 홍수시에만 사용하며 발전과 취수시설은 취수탑과 방수관에서 이루어진다. 필댐은 댐의 측면에 웨어(weir)를 설치하여 홍수량을 월류시켜서 급경사 배수로를 지나 정수지에 유입시켜 방류하고, 콘크리트 중력댐은 제체의 중앙부에 수문을 설치하여 홍수량을 방류시킨다. 여수로의 용량은 댐 집수유역의 홍수량에 따라서 결정하고 중·대규모 댐은 가능 최대홍수량을 기준으로 결정한다.

1) 여수로의 구성

여수로는 접근수로, 조절부, 급경사 수로, 감세공, 방수로의 5개 부분으로 구성되고 설계홍수량을 안전하게 소통하는 단면을 가져야 한다.

① 접근수로 : 저수지에서 조절부에 이르는 수로

② 조절부 : 여수로의 물넘이 부분, 저수지의 방류량을 제한하거나 차단하여 방류량을 조절

③ 급경사 수로(도수로) : 조절부에서 감세공의 시점에 이르는 급경사 수로

④ 감세공 : 저수지의 방류수가 하류하천에 도달할 때에 수세를 감세하는 구조물

⑤ 방수로 : 감세공에서 하류하천에 이르는 수로

2) 여수로의 종류

① 개수로형

㉮ 월류형(Overflow spillway)

가장 보편적인 형태로 완전 월류하는 수맥의 아래쪽 형상대로 여수로의 단면을 선정하여 통수능력이 최대로 되며 여수로 바닥의 콘크리트 표면에 과다한 정·부압의 발생을 방지할 수 있다.

㉯ 측수로형(Side-channel spillway)

지형조건이 월류형의 설치가 곤란하거나 월류 수심이 제한되어서 긴 여수로가 필요한 경우에 사용된다. 주로 필댐에 설치하며 비효율적이고 경제성이 낮아서 많이 적용하지는 않는다.

㉰ 자유낙하형(Free overflow spillway)

여수로의 기초가 자유낙하에 의한 침식에 저항하는 경우에 채택하며 아치댐에 적합한 형식이다.

㉣ 급경사형(Chute)

(a) 월류형

(b) 측수로형

(c) 자유낙하형

(d) 급경사형

그림. 개수로형 여수로의 종류

② 관수로형

㉮ 사이폰형(Siphon spillway)

방류량이 저수지와 유출구의 수두 차에 의해서 결정되므로 낮은 수두로 방류량을 증가시키고 기계장치가 없이 자동조작이 가능하다. 얼음과 부유물이 통과할 수 없으며 사이폰의 막힘과 결빙의 우려가 있고 간헐적인 중단에 의한 하류수위의 심한 변동이 발생한다. 홍수 규모가 작고 여수로 설치공간에 제한이 있으면 사이폰 여수로를 댐 본체에 설치하며 저수지의 수위가 자동적으로 일정하게 유지된다.

㉯ 나팔형(Morning glory spillway)

접안부의 경사가 급한 경우에 적합한 형식이며 낮은 수두로 최대유량을 월류시킬 수 있다.
나팔관형태의 수직터널로 물이 넘쳐 들어오면 수평관로(터널)를 통하여 댐 하류로 수송하며 유입부가 나팔꽃형태로 되어 있다.

㉰ 터널형

㉱ 암거형

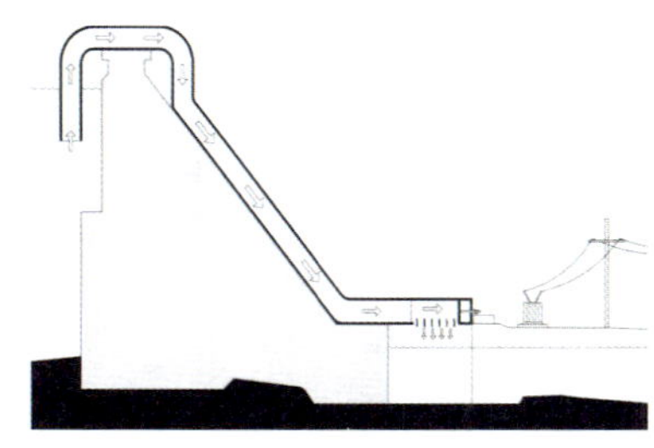

그림. 사이폰형 여수로

그림. 나팔형 여수로

3) 비상 여수로

비상 여수로는 가능 최대홍수량이 유입되는 경우와 같은 비상사태시에 주여수로와는 별도 또는 동시에 작동하여 댐의 월류를 방지하고 댐의 안전을 확보하는 역할을 한다.

① 여수로는 가능한 한 큰 용량을 갖는 것이 필요하지만 월류능력이 증가하면 공사비와 하류수로의 용량에 큰 제약을 받으므로 비상 여수로를 설치하여 안전도를 증대시킨다.

② 정상적인 저수지 조작에는 비상 여수로의 기능이 필요하지 않으므로 조절부의 마루높이는 계획홍수위와 같거나 높게 하고 댐의 여유고를 고려하여 가능 최대홍수량에 따라서 결정한다.

4) 접근수로(Approach channel)

접근수로는 댐 상부의 저수지에서 유입된 물이 원활하게 조절 웨어(weir)로 흘러서 유수의 교란을 최소화하는 기능을 가진다. 접근수로에서 홍수를 안정적인 수리현상으로 웨어로 월류시키도록 여수로의 접근수로에서 계획방류량의 접근유속은 4m/s 이하로 하고, 접근수로의 수심은 월류수심과 유량을 고려하여 결정한다.

5) 급경사 수로

급경사 수로는 여수로에서 월류 마루 이하의 저류수를 짧은 시간에 배제하기 위하여 설치하며 형식은 유량, 지형, 방수처리와 유지관리를 고려하여 선정한다.

① 선형

㉮ 급경사 수로의 부적당한 만곡은 난류에 의한 충격파를 발생시키므로 만곡이 작은 직사각형 단면을 선정한다.

㉯ 급경사 수로는 상류상태의 흐름에서 만곡시키고 수면 폭의 10배 이상의 곡률반경으로 한다.

㉰ 굴착량 절감 등의 경제성을 고려하여 수로 폭을 축소시키는 경우는 횡파, 파의 처오름, 월류 등이 발생하지 않게 점진적으로 단면을 감소시킨다.

그림. 급경사 수로

㉱ 수로바닥의 종단경사는 급변화가 없게 하며 급경사 수로의 경사는 상류부에서 완만하고 하류부에서 급하게 한다.

② 급경사 수로의 측벽

㉮ 급경사 수로는 댐 본체와 여수로의 안전에 영향을 주는 월류가 발생하지 않아야 한다.

㉯ 여수로의 급경사 수로는 여유고가 충분하여 구조물이 안전해야 한다.

③ 급경사 수로의 라이닝과 이음

㉮ 급경사 수로의 바닥과 측벽은 고속류 난류에 의한 침식을 방지하고 장기간 매끈한 표면을 유지하도록 콘크리트 구조물의 두께는 최소 30~40cm로 하며 시공성과 운영 중의 세굴을 고려하여 결정한다.

㉯ 급경사 수로는 콘크리트 라이닝이 하류로 이동하지 않게 횡단방향으로 적당한 간격의 키(key)와 수축 이음매를 설치한다.

㉰ 수축이음의 간격은 10~15m로 하며 유수에 의한 이음부의 파괴를 방지하기 위하여 이음의 하류 모서리는 모따기를 한다.

㉱ 급경사 수로의 이음매는 콘크리트면에 직각으로 설치한다.

6) 감세공(Energy dissipator)

감세지는 여수로의 급경사 수로의 하류 끝부분에서 빠른 유속의 방류수가 가지는 높은 에너지에 의한 댐 본체, 여수로 구조물, 하류 하천과 관련 구조물의 파괴와 침식을 방지하기 위하여 설치한다. 방류수의 큰 에너지가 감세되도록 일정한 수로구간에서 도수를 완료하고, 고속사류를 상류로 변환하여 하류 하천에 유하시키며 도수 후의 수위가 하류수위와 일치되게 한다.

그림. 감세공

① 정수지형(Stilling basin)

하류 수심이 도수 후의 수심과 일치하게 정수지 바닥을 결정하고 도수(hydraulic jump)작용에 의하여 수세를 감소시키며 주변에 운무 발생의 우려가 적다.

② 플립 버킷형(Flip bucket)

여수로의 말단을 버킷(bucket)형태로 하여 방수로에서 가속된 수류를 공중으로 분사시켜 에너지의 일부를 공중에서 소산시키고 잔여 에너지는 댐 본체에서 멀리 떨어진 침강지(plunge pool)와 하류 하천에 충돌, 돌입시켜서 충격과 산란에 의하여 수세를 감소시킨다.

일반적으로 하류수위가 도수 후의 수심과 거의 일치할 때는 수리학적으로 가장 안전한 정수지형을 채택한다. 그러나 하류수위가 도수 후의 수심보다 현저하게 낮으면 지질과 지형 등을 고려하여 플립 버킷형을 채택하고 하류수심이 도수 후의 수심보다 높을 때는 잠수 버킷형을 주로 채택한다.

(a) Stilling basin

(b) Flip bucket

그림. 감세지 종류

7) 배수공과 유목받이

① 배수공

㉮ 여수로의 조절부에 차수 그라우팅(curtain grouting)을 실시한 하류부는 배수구를 설치하여 침투수를 안전한 위치까지 도수하여 방류시킨다.

㉯ 급경사 수로의 비탈면에서 빗물이 측벽마루의 뒷면에 침입하지 않게 배수설비를 설치한다.

㉰ 여수로의 측벽과 바닥 라이닝의 하부에 배수공을 설치하여 압력을 경감시키고 2줄 이상의 간선 배수관을 설치하여 침투수를 배출시킨다.

제10장

② 유목받이

㉮ 유목과 흙모래 등의 유입으로 여수로가 손상되거나 폐쇄될 우려가 있으면 접근수로 또는 상류에 적절한 방지시설을 설치한다.

㉯ 유목받이는 월류웨어(weir)에서 다소 떨어진 곳의 상류에 띄운 통나무, 드럼통을 연결하여 유목 등을 방지한다.

(2) 수문

1) 개요

댐의 방류량을 조절하기 위하여 여수로에 설치하는 수문은 수압, 빙압, 지진, 토압 등의 외력에 충분히 저항하고 개방 시에 수류를 저해하지 않게 충분한 경간과 권양고를 가지며 개폐운전이 간편, 신속, 확실해야 한다. 수문은 홍수위의 조절이 정확하고 홍수의 상승속도에 대응하는 조작이 가능하며 수밀성이 있어야 한다. 또한 하천의 유하 부유물, 유목, 자갈, 모래의 유입에 충분히 안전해야 한다.

그림. 콘크리트댐의 수문

2) 수문의 구조

① 댐의 수문은 개폐가 확실하고 수밀성과 내구성을 가지는 구조로 한다.

② 댐의 수문은 예상하중에 안전한 구조로 한다.

③ 수문이 있는 여수로는 예비수문과 측구 등의 대체설비와는 별도로 예비 여수로를 설치할 수 있다.

3) 수문의 종류

수문은 여러 가지 형식이 있고 대규모 댐은 조작의 확실성, 유지와 수리의 편리성, 수밀성을 고려하여 인양식수문, 전동식수문, 테인터수문, 드럼수문 등을 사용한다.

① Lifting gate(인양식, sliding gate)

② Tainter gate(radial gate)

큰 홍수를 소통시키는 수문 중에서 가장 간단하고 신뢰성이 있으며 경제적이다. 설치 시에 교대에 홈이 필요하지 않고 유량 특성이 양호하다.

③ Rolling gate

수문의 단면이 강재 원통형이고 교각이나 측벽사이에 수평으로 설치하며 조작은 양단의 홈에 레일을 정착시키고 체인 등을 이용하여 회전시켜서 수문을 승강시킨다.

④ Drum gate

수문의 횡단면이 원형의 한 부분이며 만곡부의 중심이 힌지로 연결되어 여수로의 마루선 위로 수문 전체가 올라가게 한다. 드럼게이트는 굴착량이 많고 홍수량의 소통에 문제가 있으며 지표면 아래에 설치하므로 소규모 댐은 채택하지 않는다.

(a) Lifting gate

(b) Tainter gate

(c) Drum gate

그림. 수문의 종류

(3) 취수와 방류설비

1) 취수설비

필댐에서 생활용수, 공업용수, 농업용수, 하천유지용수 등의 취수설비는 가배수로 입구부에 설치하여 저수위에서도 안정적으로 유량을 확보하고, 취수용 수문은 사고시에 폐쇄를 위하여 급강하 폐쇄장치와 폐쇄시의 충격을 저감하는 완충기능이 있어야 한다. 취수설비는 작용하는 수두의 높이에 따라서 심층 취수설비, 표층 취수설비, 선택 취수설비로 구분하며 와류와 공동현상에 의한 피해가 발생하지 않아야 한다.

그림. 취수설비

그림. 방류설비

2) 방류설비

취수한 물의 방류설비는 가배수터널의 하류부에 설치한다. 방류설비는 상수용수, 발전용수, 하천유지용수를 공급하는 상시 방류설비, 비상시와 보수시에 여수로 월류높이 이하의 물을 단기간에 방류하는 비상방류시설이 있다. 방류설비는 유량 조절과 유수를 차단하는 기능을 가지며, 방류유량은 jet flow gate를 설치하여 조절하고 상류에 유량 조절용 밸브를 설치한다.

(4) 배사설비

저수지에 쌓이는 퇴사를 방지하는 방법은 저수지의 준설과 배사설비가 있고 비상방류설비를 배사설비로 이용할 수도 있다.

1) 침사지

① 침사지는 저수지의 직상류에 설치하고 매년 우기 전과 대규모 홍수 후에 준설을 실시한다.
② 침사지의 퇴사량은 필요에 따라서 제거하거나 준설하여 퇴사기능을 유지하도록 한다.

2) 침사용 댐과 배사용 우회도로

① 침사용 댐은 저수지에 유입되는 유송토사를 저감하기 위하여 보조댐을 저수지 유입부에 설치한다.
② 배사용 우회수로는 홍수시에만 가동되므로 우회수로가 퇴적물에 의해서 막히는 것을 방지하기 위하여 충분한 소류력이 유지되어야 한다.

3) 배사시설

① 댐의 배사시설은 배사기능이 원활하도록 저수지의 정면에 설치한다.
② 배사시설은 항상 운영하지 않아서 침전물의 발생하면 막힐 수 있으므로 배사시설을 청소하는 분사기를 설치한다.

(5) 어도(Fish way)

어도는 댐, 보 등의 수리구조물을 하천에 설치하면 하천을 오르내리며 살던 어류의 이동이 어려워지므로 어류의 계속적인 이동이 가능하게 설치하는 수리구조물이다. 하구에 댐을 설치하면 바다를 왕래하며 서식하던 은어, 뱀장어 등의 이동통로가 막혀서 댐의 상류에서 멸종하므로 내륙의 댐에 어도를 설치하여 이 지역에서 국지 회유하던 어류, 저서생물, 양서류 등의 수서생물의 이동통로를 확보해야 한다.

그림. 어도(Fish way)

어도는 수로식, 엘리베이터식, 갑문식, 특수어도가 있고 어도 기능에 영향을 미치는 댐 하류부 하상의 저하를 충분하게 반영해야 한다. 가장 일반적인 계단식통로는 어류가 쉬어가면서 거슬러 올라가는 형식으로 허용 유속은 1m/sec 내외이며 예상되는 상·하류의 수위 변동범위를 만족해야 한다. 댐이 높고 어류의 개체수가 많지 않은 경우는 엘리베이터, 트럭 운반 등의 기계적인 수단을 사용하는 경우도 있다.

4 댐의 시공

댐공사는 대량의 콘크리트, 암석, 토사 등의 재료를 운반하여 댐을 축조하는 작업이므로 진입도로, 공사용 도로, 가설비, 유수전환시설, 댐체 기초의 굴착, 기초처리, 댐 본체를 축조하기 위한 많은 준비가 필요하다. 공사에 직접적으로 필요한 골재 생산설비, 콘크리트 생산설비, 케이블크레인 등의 설비, 공사용 전력설비, 가물막이에 필요한 유수전환처리 등의 가설비는 댐 축조공사의 착수 이전에 완료해야 한다.

(1) 시공계획

시공계획은 현장조건, 기후, 유출상태, 댐터의 크기, 재료의 공급능력, 작업의 난이도, 설계조건과 공사기간을 고려하여 계획대로 공사가 진행되도록 수립하고 공사 중의 하천의 유수전환, 기초처리, 취토, 성토, 터파기재료의 유용, 사토, 여수로, 취수시설을 함께 계획한다.

1) 공정계획

기온, 기상, 휴일 등을 고려한 연중 작업일수를 산정하고 전체 공사수량, 건설기계의 시간당 작업능력, 토량환산계수를 반영하여 각 공종별 작업일수와 선행 공종과 주 공종의 연결관계를 고려한 공정계획을 수립한다.

2) 공사용 가설비

① 진입도로

진입도로는 공사 중에 장비와 자재를 반입하기 위하여 사용하고 댐이 준공되면 관리차량과 기타 차량 등이 이용할 수 있도록 연결도로와 교통량을 고려하여 최소 2차로 이상으로 계획한다.

② 공사용 도로

공사 중에 사용한 도로는 준공 후에 댐의 유지관리를 위한 영구도로로 활용할 수 있으므로 공사 중에는 중차량 통과로 인한 노면의 파손을 고려하여 비포장도로로 사용하고 댐의 축조 후에 포장을 하여 사용하는 경우가 많다.

③ 가설비 부지

댐 공사에 필요한 골재 생산, 콘크리트 생산, 각종 임시건축물의 설치에 필요한 가설비 부지는 공사 중에 홍수 피해가 없는 장소에 선정하며 사무실과 숙소는 작업장으로부터 떨어진 장소에 위치하여 작업장의 소음과 분진 등의 영향을 받지 않게 한다.

④ 가설건물

현장 사무소, 식당, 숙소, 경비실, 자재창고, 정비고, 시험실 등의 가설건물은 전체 공사기간을 고려하여 설치와 해체가 용이하고 현장작업에 영향을 주지 않는 위치에 배치한다.

⑤ 골재 생산설비(Crusher plant)

전체 골재 소요량을 산정하고 시간당 최대 생산량과 작업효율을 고려하여 골재의 생산용량을 결정한다. 골재는 하천에서 채취하거나 석산과 터널에서 발생한 버력을 파쇄하여 사용하며 골재의 보관, 파쇄, 선별 등의 설비가 필요하다.

(a) 공사용 도로

(b) 골재 생산설비

(c) 콘크리트 생산설비

그림. 공사용 각종 설비

⑥ 콘크리트의 생산(Batcher plant)과 운반설비

댐체, 여수로, 가배수 터널 등에 필요한 콘크리트의 소요량과 일평균 타설량을 산정하여 시간당 최대 타설량과 작업효율을 고려한 시간당 생산량에 해당하는 설비와 시멘트 저장설비(cement silo)를 계획하고 댐의 형식에 따라서 적합한 운반설비를 결정한다.

⑦ 급수설비

사무소, 식당, 숙소 등에 필요한 생활용수는 지하수를 활용하고 콘크리트의 양생, 보링과 그라우팅 용수, 골재 선별장, 콘크리트의 생산에 필요한 공사용수는 하천수와 재활용수를 이용한다. 또한 급수에 필요한 펌프와 관로, 물탱크 등의 급수설비를 포함한다.

⑧ 전력설비

각종 작업장과 사무소에서 소요되는 동력과 조명설비의 부하용량을 산정하여 수변전설비를 계획한다.

⑨ 오탁수 처리설비

콘크리트 생산설비, 골재 선별장, 댐과 가배수터널에서 발생하는 공사 중의 오탁수는 수질환경보전법에 준하여 처리해야 한다. 오탁수처리는 발생량과 부지여건을 고려하여 자연 침전방식 또는 응집 침전지방식을 적용한다.

⑩ 소음과 분진 방지시설

장비의 가동과 운행 중에 발생하는 소음, 비산, 먼지 등의 건설공해는 소음 방지벽과 분진 차단벽을 설치하여 작업원의 보건위생에 영향을 주지 않고 민원이 발생하지 않도록 한다.

(2) 유수전환처리

유수전환은 댐의 공사기간 중에 하천의 유수를 분류시켜서 댐 공사가 지장을 받지 않도록 하는 댐의 전체 건설공정에서 매우 중요하며 건설비용이 차지하는 비중도 크다. 유수전환시설의 규모는 소요 경비와 예상 피해규모를 적절하게 반영하도록 댐지점의 홍수 특성, 유수전환 대상 홍수량의 규모, 상류 기존댐의 존재, 수질오염 통제의 필요성 등을 고려하여 결정한다.

1) 가배수시설(유수전환처리)

댐공사 중에 댐 지역의 하천수류를 댐 축조에 지장이 없도록 이동시키는 가배수시설은 하천과 홍수량의 크기에 따라서 규모를 결정하고, 유수전환시설은 지형, 지질, 하상의 형태, 홍수량 규모를 고려하여 경제적이고 안전한 방식을 채택하며 전면 가물막이와 가배수터널의 조합형태를 많이 사용한다.

가배수시설은 댐의 기초공사가 시작되기 전에 완료되거나 기능이 발휘되도록 설치한다.

그림. 가배수시설

① 가배수 처리방법의 선정시 고려사항

㉮ 유입 홍수량

㉯ 댐 지점의 지형적 특성

㉰ 댐의 형식

㉱ 여수로, 방수로, 수압관 등의 부속 구조물과 건설 공정

㉲ 가배수 처리방법은 터널식, 암거식, 배수로식으로 구분

② 가배수시설의 구성

가배수시설은 가물막이와 가배수로로 구성되고 유역의 유출 특성과 댐 위치의 지형, 지질, 댐의 형식과 규모, 취수시설, 방수관, 댐의 공기와 가배수로의 통수기간과 통수능력을 고려하여 결정한다.

유수전환 대상 홍수량은 유수전환시설의 공사비와 시설이 없을 경우의 예상피해액을 홍수 규모별로 비교하여 경제적으로 산정하며 댐 건설기간, 파괴로 인한 예상피해액, 공사 지연에 따른 피해액, 댐 파괴시에 작업자와 하류 주민의 안전에 미치는 영향을 고려해야 한다.

가물막이 방식	가배수로 방식
전면 물막이	터널식
부분 물막이	암거식, 개수로식
단계 물막이	제내 가배수로식, 제체 월류식

표. 유수 전환방식의 종류

	전면 물막이 (가배수터널)	부분 물막이	가배수로방식 (암거, 개거식)
개요	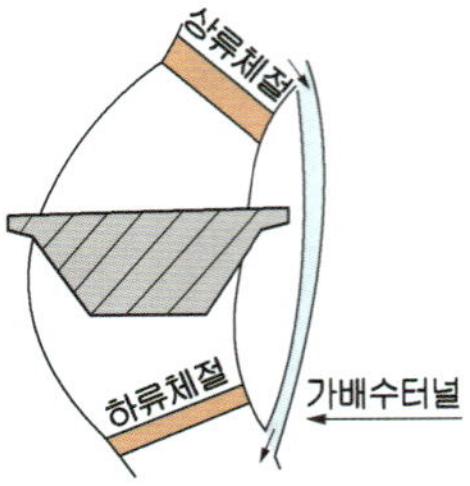	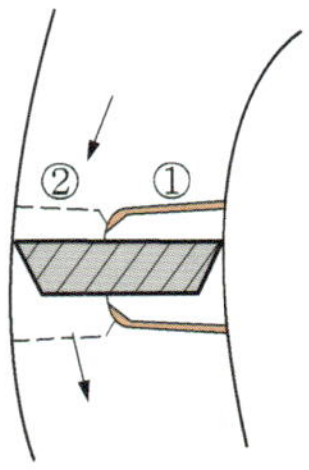	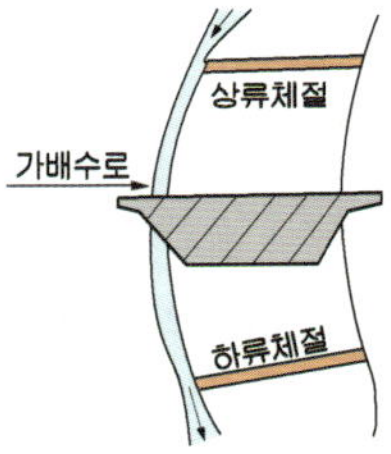

	① 하천유량을 가배수터널로 처리하고 하천의 상·하류에 전면 물막이를 설치 ② 물막이 내부에서 기초 굴착과 제체공사를 수행	① 하천의 1/2에 가물막이를 하여 유수를 다른 쪽으로 유도하고 물막이 내부에서 제체를 축조 ② 제체가 축조되면 유수를 다시 전환시키고 나머지 구간의 제체를 축조	① 기존 하천의 일부분을 암거 등으로 가배수시키고, 기초 굴착과 제체를 축조 ② 하천유량이 매우 적은 경우에 적용
지형	· 하폭이 좁은 계곡 지형 · 하천이 만곡되어 터널 설치에 유리한 지형에 적용	· 하폭이 넓은 곳 · 하천유량이 적은 곳	· 하폭이 넓은 곳 · 하천유량이 적은 곳
장점	· 전면 기초굴착이 가능 · 완공 후에 가배수터널을 취수, 방류시설로 사용 · 콘크리트댐에 주로 적용 · 물막이는 공사용 도로로 사용 · 필댐에서는 댐의 일부로 이용	· 가배수터널의 시공이 곤란한 경우에 유리 · 콘크리트댐, 표면 차수형댐에 적용 · 공기와 공사비에서 유리	· 공기가 짧아서 유리 · 공사비 저렴
단점	· 공기가 길어짐 · 공사비 고가	· 홍수처리대책이 필요 · 전면적에서 기초공사가 불가능	· 가배수시설의 설치와 폐쇄가 필요 · 전면적에서 기초공사가 곤란

2) 가물막이

가물막이는 댐 위치의 지형, 지질, 하상의 형태, 홍수량, 공사규모 등을 고려하여 경제적이고 안전한 형식을 선택한다. 전면 가물막이는 가배수터널과 병행하여 상·하류의 하천을 완전히 차단하여 육상에서 시공하고 부분 가물막이는 단계적으로 가물막이를 설치한다.
상류의 가물막이는 상류의 유수를 차단하고 하류의 가물막이는 유수 전환된 물의 역류를 방지하며 상류 가물막이를 본 댐에 가깝게 설치하면 가배수로의 길이가 짧아지나 댐체의 작업공간이 협소해진다.

① 가물막이의 형식

㉮ 전면 가물막이

하천 유량을 가배수터널로 유도하고 하천의 상·하류를 전면적으로 물막이하여 작업구간을 확보하고 기초 굴착과 제체공사를 실시하며 필댐과 하폭이 좁은 곳에서 이용한다.

㉯ 부분 가물막이

콘크리트댐과 하폭이 넓은 경우에 사용하는 방법으로 하천의 한쪽에 가물막이를 설치하여 다른 쪽으로 하천수가 흘러가게 하고 가물막이 내부에서 기초굴착과 댐의 제체공사를 수행하며, 축조된 제체 내에 설치된 제내 가배수로에서 유수를 전환시킨 후에 나머지 절반을 가물막이하여 제체의 나머지 부분을 완성한다. 콘크리트댐은 블록 높이를 교대로 낮추어서 월류시키고 다른 부분을 가물막이로 유수를 차단한 후에 나머지 부분을 시공하는 방법을 이용한다.

㉰ 단계식 가물막이

하천의 한쪽에 설치한 개수로에서 유수를 처리하고 댐 지점의 상·하류를 막아서 하상부분 제체의 일부를 축조한다. 축조된 제체 내에 설치한 제내 가배수로로 유수를 전환시키고 잔여 제체부를 완성하는 방식이며 하천유량이 크지 않고 하폭이 비교적 넓은 경우에 적합하다.

② 가물막이의 설치시기

가물막이는 홍수기 이전의 갈수가 예상되는 시기에 완료하도록 충분한 축조재료의 준비와 시공장비를 확보하고 단기간에 설치한다.

③ 가물막이의 위치와 높이

㉮ 댐의 축, 구조, 굴착선을 변경해도 유수처리에 지장이 없게 가물막이 위치를 결정하고 굴착, 운반, 제체 축조 등에 필요한 작업공간을 확보한다. 가물막이의 위치는 기초에서 발생한 누수가 제체 터파기에 지장이 없도록 침투수를 고려하여 선정한다.

㉯ 상·하류의 가물막이 높이는 계획유량이 유하할 때의 수위를 고려하여 결정하고 필댐의 상류측 가물막이의 높이는 약 40~60m로 한다.

㉰ 가물막이 높이

유수전환시설의 상류측 가물막이는 가배수로 입구부의 설계수위에 0.5m 이상의 여유고가 필요하고 홍수시에 상·하류 가물막이에서 동시에 월류가 발생하게 높이를 결정하며, 상류 가물막이의 규모를 초과하는 홍수가 발생하면 상류 가물막이의 월류에 의한 댐 본체의 세굴을 감소시키기 위하여 상류 가물막이에 가배수관을 설치한다.

재　료	가물막이의 상류측 높이
· 콘크리트 구조물 · 토석 구조물	가배수로 상류측 설계수위 + (0.5~1.0m) 가배수로 상류측 설계수위 + (1.0~2.0m)

④ 가물막이의 구조와 시공

가물막이 재료는 토사, 콘크리트, 널말뚝 등을 이용하거나 이들을 조합하여 사용하고 시공은 갈수기가 장시간 계속되는 시기에 설치하여 공사 중에 월류에 의한 가물막이가 파괴되지 않도록 한다.

⑤ 가물막이의 종류

댐 구조물을 하천에 축조할 때에 건조된 상태(dry work)에서 작업을 하기 위하여 설치하는 물막이를 가물막이(cofferdam)라고 한다.

㉮ 간이 가물막이공

하천의 수심과 굴착깊이가 얕은 곳에 축조하는 간이 가물막이는 시공이 간단하고 비용이 저렴하며 주변재료를 이용한 시공이 가능하다.

㉯ 흙댐식 가물막이공

흙댐의 기초지반이 양호한 암반인 경우는 불투수성 토사를 사용하거나 물과 접한 부분은 아스팔트 등으로 덮고, 모래 등의 투수성지반은 강널말뚝으로 차수벽을 설치한다.

흙댐식 가물막이는 수심이 낮으면 유리하지만 넓은 부지와 많은 양의 토사가 필요하다. 축조재료는 투수성이 낮고 높은 다짐밀도를 가지도록 입도 분포가 양호하고 전단강도가 커야 한다.

그림. 흙댐식 가물막이공

흙댐식 가물막이의 높이(H)는 설계고 수위, 설계 파고 등을 고려하여 $H \geq h + H_0 + a(m)$에 의하여 결정한다. 여기서, h=수심(m), H_0 : 파고(m), a : 여유고(m)이다.

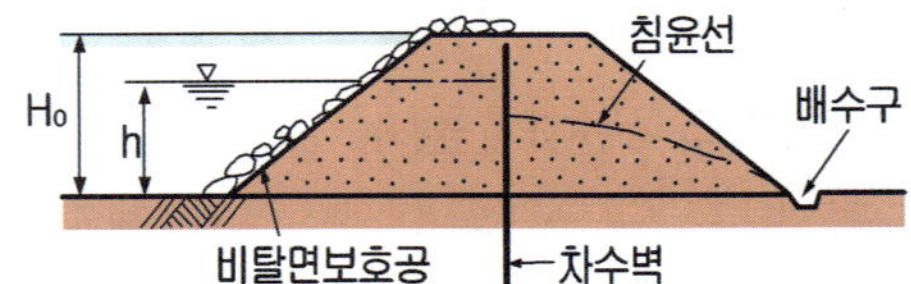

그림. 흙댐식 가물막이공

㉰ 한 겹 널말뚝식 가물막이공

널말뚝의 강성으로 수압 등의 외력에 저항하고 cantilever식 자립형과 버팀보가 동바리 역할을 하는 버팀보식이 있다. Cantilever식은 구조적으로 불안정하므로 주로 버팀보를 사용한 한 겹 널말뚝 가물막이를 사용한다.

널말뚝이 파력과 유수압에 충분하게 저항해도 세굴과 반복하중에 의한 큰 편압이 발생하면 시공이 곤란하므로 널말뚝은 가물막이의 필요성, 말뚝의 근입깊이, 널말뚝 종류, 버팀보, 띠장의 응력에 대한 검토, boiling과 heaving의 가능성을 검토한다.

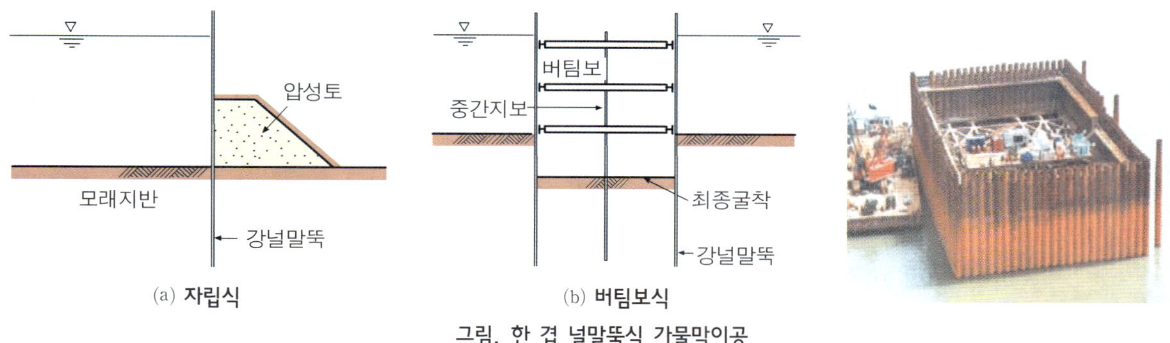

그림. 한 겹 널말뚝식 가물막이공

㉱ 두 겹 널말뚝식 가물막이공

두 겹 널말뚝식 가물막이공은 내벽과 외벽의 널말뚝을 2열 병렬로 타입하며 내·외벽의 널말뚝을 tie rod와 볼트로 연결하고 벽체 사이에 토사를 채워서 외력에 저항하는 구조이다.

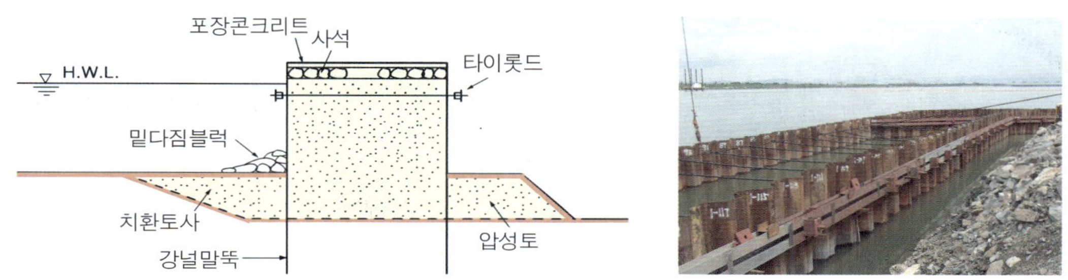

그림. 두 겹 널말뚝식 가물막이공

2열로 타입한 널말뚝의 사이에 속채움흙을 채우므로 침윤선이 길어지고 제체 내로 침투하는 용수량이 적어서 piping, boiling에 대한 안정성이 증가한다. 속채움이 완료되기 전에는 널말뚝의 안정성이 떨어지므로 파력, 조류, 하천의 흐름에 의한 유수압에 유의해야 한다.

속채움은 널말뚝과 tie rod에 편토압이 작용하지 않게 채우고 타이롯드를 체결하며 속채움흙이 유출되지 않게 널말뚝 이음부를 처리한다.

그림. 두 겹 널말뚝식 가물막이의 시공

㉮ 셀식(Cell type) 가물막이

그림. 셀식(Cell type) 가물막이공

셀식 가물막이공은 강널말뚝을 원통형으로 타입하고 내부에 토사를 채워서 만든 셀(cell)을 병렬로 연결하여 arch 연결부와 함께 연속된 벽체를 조성한다.

단기간에 시공이 가능하고 안정성이 우수하며 깊은 수심의 가물막이에 경제적으로 설치할 수 있다. 셀의 형상은 원형, 타원형, 클로버형 등이 있으며 주로 원형을 많이 사용한다.

셀식 가물막이는 원호로 구성되어 속채움흙의 토압이 원주방향의 장력(hoop tension)으로 지지되므로 널말뚝의 이음부에 큰 장력이 작용한다. 시공 중에는 강널말뚝의 타입에 유의하며 잡석과 양질토의 속채움작업 중에 편토압이 작용하지 않고 속채움흙이 유출되지 않아야 한다.

그림. 셀식(Cell type) 가물막이의 시공

3) 가배수로

① 형식과 노선 선정

가배수로는 대상홍수량, 지형, 지질, 댐의 형식, 부속 구조물, 댐의 시공순서를 고려하여 형식과 노선을 선정한다.

㉮ 가배수방법은 원지반을 통과하는 터널, 제체내 또는 제체 아래에 설치하는 수로, 댐에 일시적으로 설치하는 수로가 있고 콘크리트댐은 타설한 콘크리트 블록에 교대로 높이차를 두어서 낮은 곳으로 월류시키는 방법을 사용하는 경우도 있다.

㉯ 가배수로의 노선

㉠ 유로는 지형과 지질에 따라서 결정하고 댐의 완공 후에 저수시설로 활용하도록 계획한다.

㉡ 가배수로의 선형은 직선으로 하는 것이 수리현상과 시공에 유리하다.

㉢ 가배수터널의 수로는 터널지름의 3배 이상을 댐 본체의 최종 굴착예정선과 이격하여 설치한다.

㉣ 가배수로의 종단경사는 개수로 부분을 포함하여 일정한 경사를 유지해야 한다.

㉤ 개수로의 단면은 구형, 사다리형으로 하고 암거와 터널은 원형, 말굽형으로 하며 유입구는 마찰손실이 감소되도록 원형단면을 채택한다.

② 제체내 가배수로

전면 또는 부분 가물막이에서 제체내 가배수로를 설치하고, 전면 가물막이는 가배수터널로 처리할 수 없는 큰 홍수량이 제체를 월류하지 않고 소통하도록 설치하는 경우도 있다.

㉮ 콘크리트댐의 제체내 가배수로는 콘크리트를 타설하는 블록의 중앙부에 일반적으로 설치하지만 홍수 방류시설과 댐 내의 갤러리(gallery)를 고려하여 블록의 경계부에 설치하는 경우도 있다.

㉯ 제체내 가배수로의 단면이 크면 구조적으로 불리하므로 콘크리트댐은 콘크리트의 타설 시에 제한 블록을 두어서 설계 이상의 홍수량은 낮은 블록으로 월류시킨다.

㉰ 가배수로의 단면은 원형, 상부 반원, 하부 사각형으로 2~4m 정도의 단면 폭으로 계획하고 수로 단면은 하류로 갈수록 작게 하여 폐쇄 시에 콘크리트가 빠져 나가지 않도록 저항을 증가시킨다.

③ 개수로식 가배수로

대상 유량이 커서 터널이나 방수관의 설치가 비경제적인 경우는 필댐의 본체 일부분을 가배수로로 이용한다. 개수로식 가배수로는 하폭이 넓은 경우에 적합하고 가배수로의 기초처리를 사용 전에 완료하여 전체 공기에 지장이 없어야 한다.

㉮ 최종 가물막이에 의한 배수는 제체내 배수로를 이용한다.

㉯ 유량이 작고 하폭이 비교적 넓으면 한쪽의 하안을 따라서 개수로를 설치하여 임시 방류를 하는 것이 공사비와 공기에서 유리하다.

그림. 개수로식 가배수로

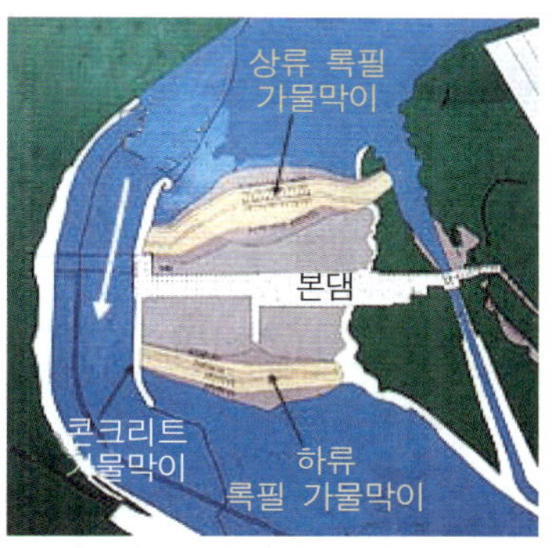

그림. 개수로식 가배수로의 시공순서

④ 터널식 가배수로

댐이 완공된 후에 가배수로용 터널, 암거를 취수시설과 방수로로 이용하는 경우는 구조적인 안전성과 가배수로 주변에서의 침투와 누수의 방지에 유의해야 한다.

㉮ 가배수터널의 결정시 고려사항

㉠ 지형, 지질, 경제성을 고려한 터널단면의 선정

㉡ 공사 완공 후의 가배수터널 활용계획

제10장

㉯ 가배수터널의 형상과 구조

㉠ 가배수터널의 입구는 수리학적으로 유입조건이 양호하고 홍수시에 폐쇄의 우려가 없어야 하며 터널 노선의 지질상태가 양호해야 한다.

그림. 터널식 가배수로

㉡ 가배수터널의 대상 유량이 매우 커서 1개의 가배수터널 단면이 매우 커지면 2개 이상의 복수터널을 설치한다. 복수터널의 유입구에 고저차를 두면 위치가 높은 쪽은 공사용 운반도로로 이용하고 담수를 시작할 때에 수위차가 있으므로 폐쇄작업을 안전하게 수행할 수 있다.

그림. 가배수터널

㉢ 복수터널은 시공 중의 편압을 고려하여 터널의 이격거리는 터널 내경의 5배 이상으로 한다.

㉣ 터널의 라이닝 콘크리트 두께는 경암은 30cm 이상, 보통암은 40cm 이상으로 한다.

㉤ 가배수터널의 선형은 직선으로 하고 수로경사는 1/30~1/200로 하며, 곡선부 곡률반경은 터널 직경의 10배 이상으로 한다.

㉥ 터널 단면은 주로 마제형으로 하고 수압이 크게 작용하면 원형으로 한다.

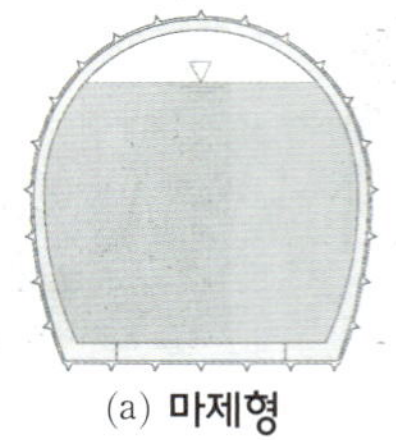

(a) 마제형

(b) 원형

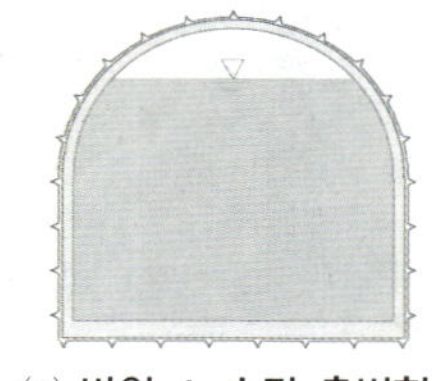

(c) 반원 + 수직 측벽형

그림. 가배수 터널의 단면 형상

㉰ 가배수로 터널의 시공 유의사항

㉠ 터널의 폐쇄는 갈수기에 실시하고 폐쇄기간 중에 하류의 용수공급대책을 고려한다.

㉡ 터널 폐쇄부에 차수그라우팅을 실시하여 암반 주변에서 발생하는 누수를 차단한다.

㉢ 가배수터널의 전체 구간에 저압 뒷채움 그라우팅을 실시하고, 댐축 부근의 지수부는 차수그라우팅을 실시한다.

ⓐ 라이닝 콘크리트의 안정성을 확보하고 침수에 의한 침류수가 발생하지 않게 전체 구간에 저압 그라우팅을 실시한다.

(a) 터널 굴착

(b) 복공 철근 조립과 거푸집 설치

그림. 가배수 터널의 시공

ⓑ 터널의 발파로 인하여 굴착면 주변의 암석이 이완되므로 지수구간은 차수그라우팅과 압밀그라우팅을 실시하여 터널 주변에서 발생되는 누수를 방지한다.

ⓒ 압력터널은 설계수두의 2~3배, 무압터널은 2~5kg/cm^{2}의 주입압력으로 터널 주변에 그라우팅을 실시한다.

㉣ 댐의 시공이 완료되면 가배수터널은 폐쇄(plugging)하거나 취수와 방류시설로 활용한다.

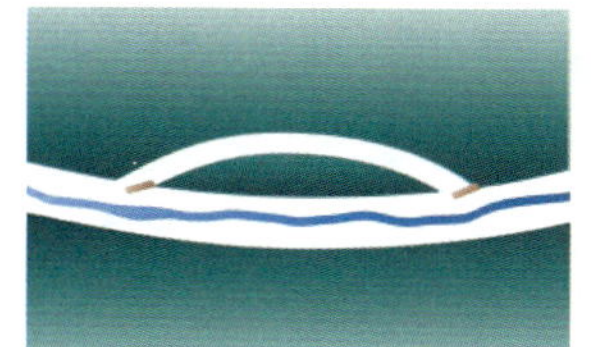
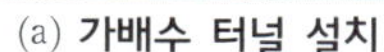
(a) 가배수 터널 설치

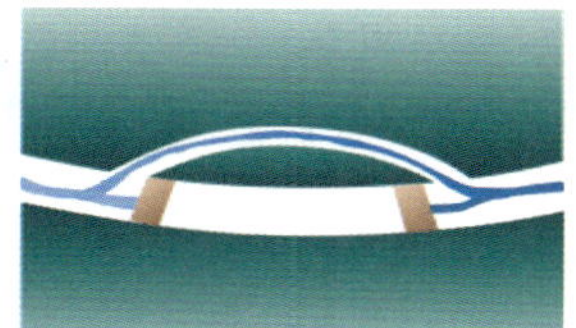
(b) 상·하류 물막이댐 설치

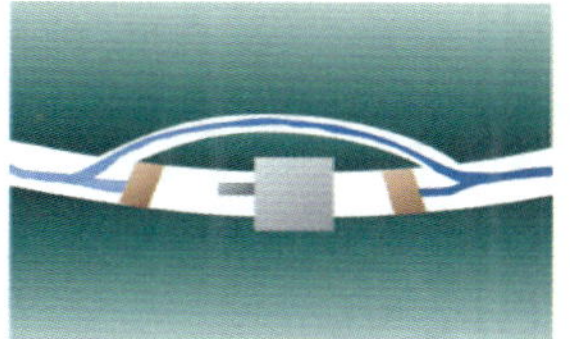
(c) 본 댐의 축조

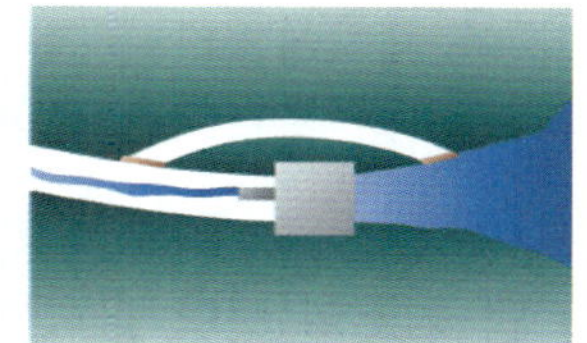
(d) 가배수터널 폐쇄

그림. 터널식 가배수로의 시공순서

(3) 댐의 기초처리

1) 개요

연약지반, 균열, 파쇄대가 많은 암반에 건설하는 댐은 기초처리가 매우 중요하다. 대형 댐은 축조 후에 기초침하량이 증대하여 기초지반의 지질과 지형에 따라서 제체 내부에 균열이 발생할 우려가 있다. 기초지반이 연약하면 과도한 침하와 축조에 따른 간극수압이 증가하여 지지력의 저하가 발생할 수 있고 균열과 파쇄대가 발달한 암반기초는 강우와 저수위의 변동에 따라서 균열을 통한 유선망이 형성되어 제체 내부와 파쇄대 세립토의 유실이 발생할 수 있고 단층 내에 점토 등이 존재하면 제체 내부와 기초부에서 파이핑이 발생하거나 파괴가 유발된다.

2) 댐의 기초에 필요한 조건

① 상재하중에 대한 충분한 지지력을 가질 것

② 침투압에 충분히 저항할 수 있을 것

③ 누수량이 허용범위 내에 있을 것

3) 댐 부지의 기초처리

그림. 댐 기초처리

댐 부지의 기초처리는 바닥 굴착부(core trench)와 바닥굴착 이외의 부분(댐 부지)으로 구분하며, 바닥 굴착부는 주로 기초의 침투수를 저감하고 댐 부지는 부등침하의 방지와 지지력의 확보에 중점을 두어야 한다.

기초지반과 축조재료의 입도 조성이 다른 세립분을 함유한 애추 퇴적물, 굵은 자갈, 암괴 등이 인접하거나 균열이 많은 기초지반과 세립의 축조재료가 인접한 경우는 특히 양안의 접착부에서 강우와 저수위의 변동에 의하여 세립분이 유실되어 부등침하가 발생하는 경우가 있다. 따라서 부등침하가 우려되는 기초지반은 적절한 보강이 필요하다.

① 균열이 많은 기초지반은 모래, 잡석 등을 충전하여 균열부에서 세립분의 유출을 방지한다.

② 굴착면이 풍화에 의하여 유실되지 않도록 표면을 필터로 피복한다.

③ 계단이나 오목한 형상의 기초지반에 성토하는 경우는 부등침하가 발생하지 않게 계단부를 굴착하여 제거하거나 콘크리트, 모르터 등으로 메우고 토사기초는 축조재료를 정지할 때에 계단모양으로 깎아서 성토부와 일치시키게 한다.

4) 댐 기초의 바닥 굴착부(Core trench)

제체의 불투수성 부분의 기초는 다소 깊게 굴착하며 이러한 굴착부분을 바닥 굴착부(core trench)라고 한다. 댐 바닥의 굴착은 기초부에서 침투수를 저감시키고 코어와 기초지반을 밀착시켜서 코어부에서 부등침하가 일어나지 않게 기초지반을 정형한다.

바닥 굴착부는 수밀성이 있는 깊이까지 굴착하고 암반의 균열과 투수층이 깊게 분포하여 굴착이 곤란하면 시멘트, 약액 등에 의한 주입공법을 적용하여 기초지반을 처리한다.

① 굴착

㉮ 댐, 저수지, 부속 구조물의 기초는 작용하중의 지지층까지 굴착하고 굴착 바닥면과 일정한 두께를 남기고서 정밀 굴착 또는 굴착 후에 30cm 이상의 모르터를 타설한다.

㉯ 암반기초의 굴착 시에 과장약에 의한 발파로 기초의 안정성이 손상되지 않아야 하고 이암과 석회암 등의 기초는 동결에 대하여 안전해야 한다.

㉰ 기초암반이 불규칙하게 분포하면 댐과 기초의 응력변화와 댐의 안정에 영향을 미치므로 풍화암, 절리와 균열이 있는 암반기초는 특별한 기초처리가 필요하다.

㉱ 암반기초와 제체는 제체의 전단저항과 양압력을 고려하여 완전하게 접착시켜야 한다.

㉲ 경암반은 굴착 완성면에 가까워지면 발파 시에 암반의 이완을 방지하는 조절발파를 실시한다.

그림. 댐 기초의 굴착작업

㉥ 제체와 암반기초의 접착면에서 요철이 크면 응력 집중과 균열이 발생하므로 기초 바닥면은 횡방향으로 편평해야 한다.

㉠ 하류 방향의 기울기 : 1/5 이하

㉡ 퇴적암 : 댐 상류에서 하류 방향으로 역경사를 설치

그림. 댐의 Core trench 굴착과 지수재 포설

② 바닥 굴착부의 형상

양안의 접착부에서 바닥 굴착부는 완만한 경사로 한다. 그러나 지형조건이 완만한 경사로 할 수 없으면 전체를 오목형으로 하고 볼록형은 부등침하로 인한 균열이 우려되므로 피하도록 한다.

암반의 대규모 균열은 모래를 충전하고 그라우트용 파이프와 공기 배출용 파이프를 설치하여 저압 그라우팅을 실시한다. 한편 바닥 굴착부는 상류측으로 횡단경사를 설치하여 부등 침하가 발생해도 코어 내부에 균열이 발생하지 않고 코어와 암반이 밀착되게 한다.

③ 바닥 굴착부의 마무리면

바닥 굴착부의 암반 표면에 부착된 암석 부스러기와 먼지 등은 댐의 축조 전에 제거하고 오목한 부분은 점성토로 메운다. 풍화하기 쉬운 혈암과 이암 등의 암반기초는 성토 직전에 최종 마무리를 하고 풍화방지용 재료로 피복을 실시한다.

토사 기초지반의 표면이 건조되거나 균열이 발달한 경우는 성토 전에 살수하거나 정리하고서 토사지반의 표면을 축제의 첫째 층으로 고려하여 기초처리를 한다.

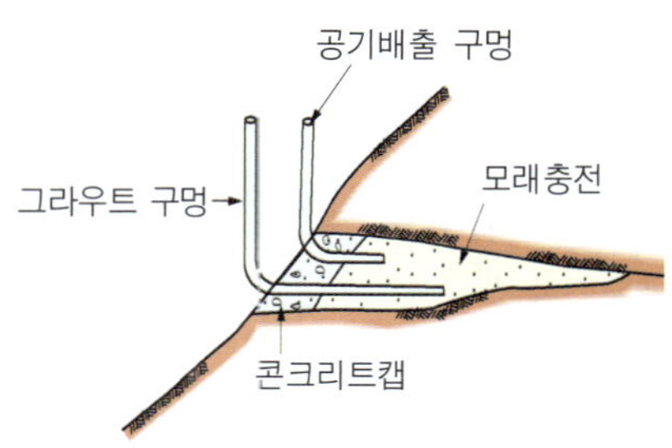

그림. 바닥 굴착부 암반 균열의 처리방법

5) 댐의 기초처리 공법

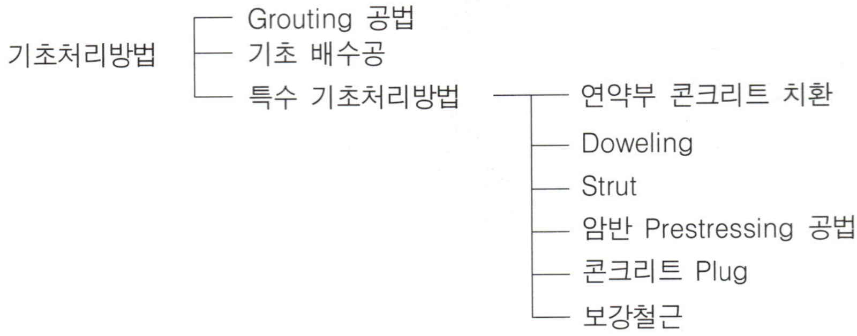

6) Grouting의 시공

그라우팅공법은 기초지반에서 나오는 누수량을 허용범위 이내로 감소시키고 제체의 불투수성 부분에서 하류측에 작용하는 양압력의 경감과 느슨한 암반의 지지력을 보강하기 위하여 실시한다.
댐 기초는 기초지반의 투수성, 변형성, 안정성을 확보하기 위한 그라우팅을 실시하여 댐 하부로 침투를 억제하며 암반의 변형을 방지하고 암반기초의 강도와 수밀성을 확보한다. 댐의 기초처리는 시험시공에서 대상지역의 지질 특성을 파악하고 그라우팅의 효과는 Lugeon test에 의하여 확인한다.

① Grouting 시공계획

내용		단계	결정사항
• 지하수 분포, 지질구조, 풍화, 균열상태의 파악 • 균열 폭, 간격, 경사, 연속성 등의 파악	⇨	① 지질조사	• 주입범위 결정 • 주입재료 선정 • 주입공 배치 • 주입심도 결정 • 주입압력 결정 • 시공방법
• 기초지반의 침수성 조사 • 주입압력, 주입량에서 암반의 역학적 성질을 파악	⇨	② Lugeon test	
• 주입상태를 파악하여 유효반경을 결정 • 주입공의 간격, 방법, 주입압, 배합기준을 결정	⇨	③ 시험 그라우팅	

그림. 댐 기초처리 그라우팅작업

㉮ 시험 그라우팅

㉠ 시험 그라우팅에서 암반의 불균질성, 심도별 암반의 파쇄압력, 암반 내 균열에 따른 그라우트의 주입상태를 파악하여 유효 주입반경을 설정하고 주입공 간격, 주입방법, 주입압력, 재료의 배합기준을 결정한다.

㉡ 시험구간은 30~50m로 하며 계획된 차수 그라우팅(curtain grouting)의 폭과 부지면적을 고려하여 결정하고 시험공은 계획심도까지 천공하여 수압시험을 실시한다.

㉢ 주입재의 확산범위를 확인하기 위해서는 시험구간의 양 끝부터 천공과 주입을 하고 점진적으로 공간격을 좁혀가면서 주입하며 Lugeon 시험으로 주입효과를 판정하여 공 간격과 주입량을 결정한다.

㉯ 수압시험(Lugeon test)

㉠ 적용구간

ⓐ Curtain grouting을 적용하는 지역의 하상부

ⓑ 댐의 좌·우안에서 댐 최대수심의 1/2 깊이

ⓒ 지질구조에 문제가 있으면 댐의 최대 수심

㉡ 시험방법

ⓐ 암반기초의 투수도는 Lugeon값으로 표시하며 double packer 또는 single packer방식으로 수압시험을 실시하여 구한다. 보링공의 일정한 구간(보통 5m)을 packer로 지수하고, 단계적으로 압력을 상승시키면서 주입압이 $10kgf/cm^2$에 도달한 시점에서 보링공 1m에 대한 $1\ell/min$의 물이 암반 중에 압입될 때의 투수도를 1 Lugeon이라고 한다.

$$L_u = \frac{10\,Q}{P\ell} \quad (\ell/min/m/10kgf/cm^2)$$

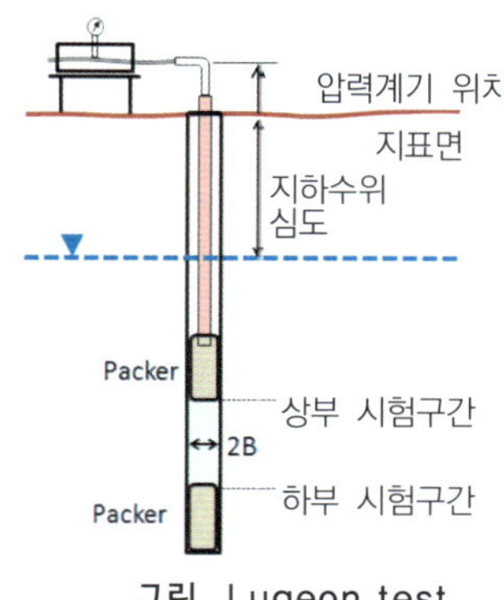

그림. Lugeon test

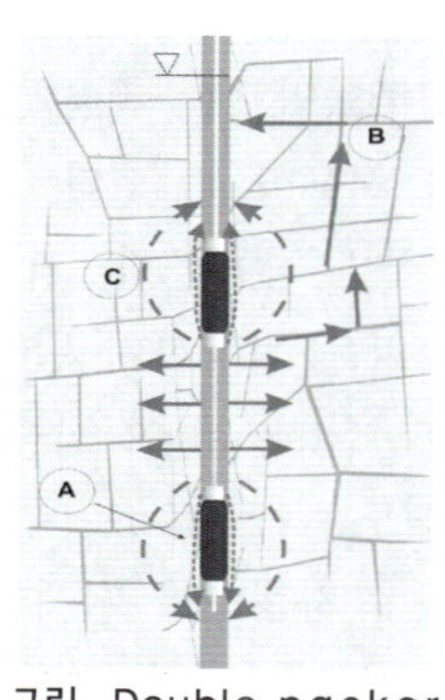

그림. Double packer

ⓑ 1 Lugeon은 $1\ell/min/m/10kgf/cm^2$이며, 주입압력($10kgf/cm^2$)을 유지하기 어려운 파쇄가 심한 암반은 주입압력과 투수량이 직선으로 비례하는 것으로 가정하여 Lugeon값을 환산하고 투수계수와 Lugeon값의 관계는 $1\,Lugeon = 1.3 \times 10^{-5} cm/sec$이다.

㉰ 주입공의 배치

시험그라우팅에서 선정한 주입공의 패턴과 계획된 공 간격으로 지반개량이 목표치에 도달할 때까지 중간내삽법으로 주입하는 것이 가장 바람직하다. 중앙내삽법은 작업속도가 빠르며 이전 단계에서 확인된 투수성과 주입 개량효과를 파악할 수 있고 후속 공의 천공심도와 천공수의 조절이 가능하므로 공사비 절감에 효과적이다.

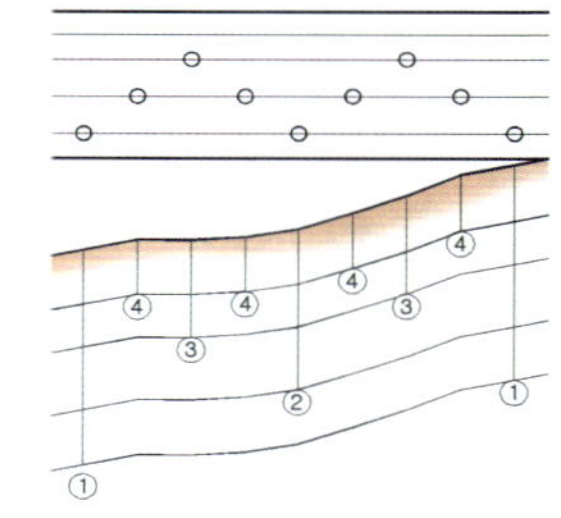

그림. 중앙내삽법

② 그라우팅의 종류

댐 기초의 그라우팅은 기초암반에 천공을 하고 그라우트를 주입하여 기초지반의 개량, 기초의 변형과 침투수량을 제어하기 위하여 시행한다.

기초지반의 그라우팅은 목적에 따라서 압밀 그라우팅, 차수 그라우팅, 블랭킷 그라우팅, 특수 그라우팅이 있고 설계시에 다음 사항을 고려한다.

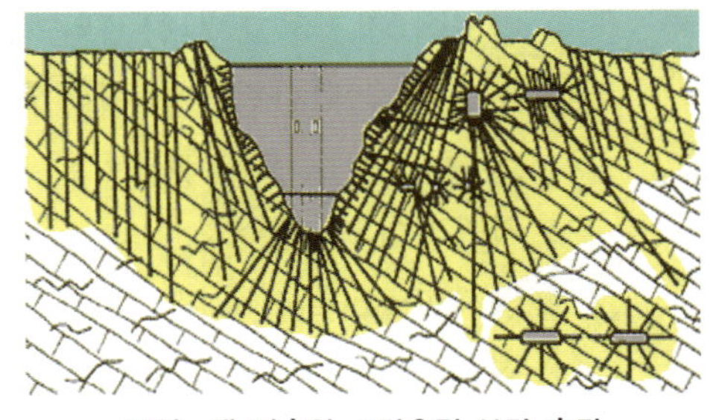

그림. 댐 기초의 그라우팅 보강 효과

㉠ 지형, 암반의 강도와 균열 상태 등의 지질조건

㉡ 댐의 형식과 규모

㉢ 그라우팅의 범위와 공 간격

㉣ 주입압력, 그라우트(grout)의 배합과 적합한 시공설비

㉤ 그라우팅 후의 목표 차수효과

㉥ 주입순서와 시공관리

㉮ 압밀 그라우팅(Consolidation grouting)

압밀 그라우팅은 파쇄와 균열이 발생한 암반의 변형성을 개량하고 암반의 지지력을 증가시키는 암반 강화 주입이며 암반기초의 강도와 수밀성을 개량하기 위하여 실시한다.

압밀 그라우팅은 단층 등의 특별한 지층조건에서는 심도가 깊어지고 낮은 주입압력을 적용하며 일반적으로 심도가 깊으면 높은 압력을 적용할 수 있다.

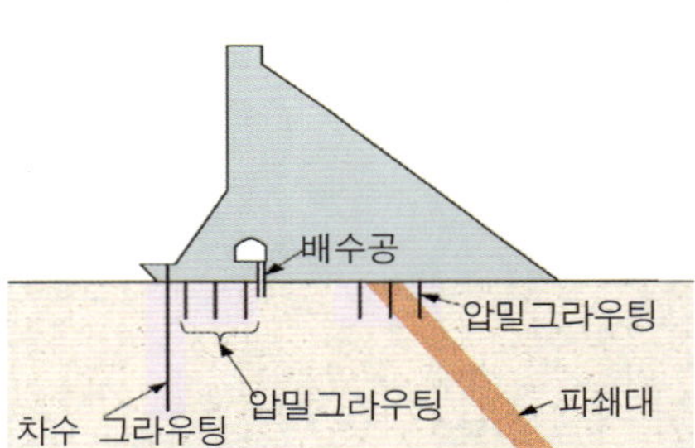

그림. Consolidation grouting

㉠ 댐의 형식, 암반 작용응력, 기초 변형의 영향과 규모에 따라서 시공범위를 선정하며 단층, 균열, 파쇄대 등의 절리가 많은 곳과 심(seam)이 집중된 곳에 적용한다.

㉡ 주입공의 심도는 5~15m, 주입방향은 45~90°, 간격은 1.5~3.0m의 격자형태로 실시한다.

㉢ 주입압력은 주입시험에서 산정하고 주입압력(P)을 심도와의 관계에서 결정하는 경우는 $P=(0.4 \sim 0.7)d$로 한다. (여기서, P : 주입압력, d : 심도)

㉣ 시공 위치

ⓐ 댐체와 접하는 암반의 표면

ⓑ 아치댐 : 암반에 작용하는 응력이 크므로 기초의 전체 면적에 시공

ⓒ 중력댐 : 경사부, 기초암반이 균질하지 않은 곳

ⓓ 필댐 : 단층, 파쇄대가 발달한 구간

㉯ 차수 그라우팅(Curtain grouting)

차수 그라우팅은 제체의 불투수층의 하부 암반에 상당한 깊이까지 지수층을 형성시켜서 기초로 통하는 누수를 방지하기 위하여 실시한다.

댐 기초에서 침투에 의한 양압력의 증가, 과대한 유속에 의한 파이핑현상, 지하수위의 상승으로 기초의 강도가 저하하는 것을 방지하기 위하여 실시하며 암반 내의 간극을 통하여 하류로 유출되는 침투수를 차수 그라우팅으로 억제한다.

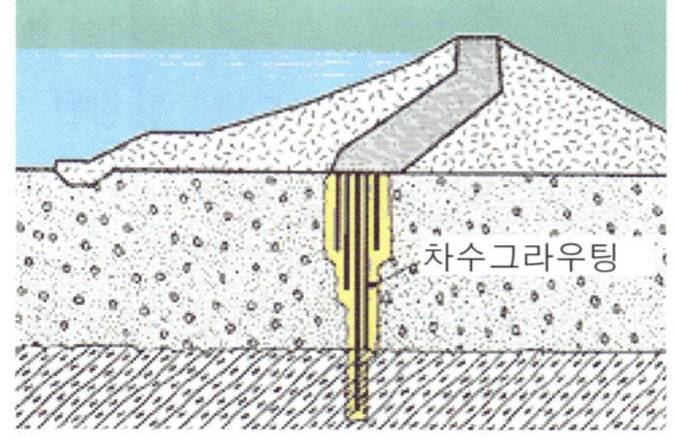

그림. Curtain grouting

㉠ 차수벽의 중앙과 상류측에 차수 그라우팅을 실시하고 기초표면 부근의 차수벽 하부의 전면과 일부에 지수를 위한 blanket grouting과 병행하여 시공하면 효과적이다.

㉡ 주입공의 배치

ⓐ 간격 : 1.5~2.0m(1~2열)

ⓑ 심도(경험식) : $d=\dfrac{H}{3}+C$

여기서, d : 심도(m), H : 댐의 최대 수심(m)

C : 상수(8~23)

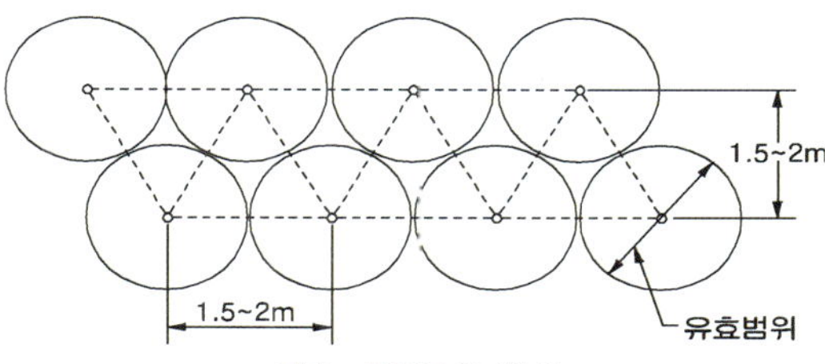

그림. 주입공의 배치

ⓒ 주입공의 심도는 5~15m로 하고 최대 수심의 1/3 정도로 하는 경우도 있다.

㉢ 시공 위치

ⓐ 콘크리트댐, 아치댐 : 댐체의 상류측

ⓑ 필댐 : 차수벽의 중앙 또는 상류측

㉣ 시공순서

ⓐ 주입량에 따라서 순차적으로 주입 간격을 좁혀 가는 split spacing으로 시공한다.

ⓑ 확인공(check hole)에서 주입과 Lugeon시험을 실시하여 주입효과를 확인한다.

㉰ 블랭킷 그라우팅(Blanket grouting)

Curtain grouting을 실시한 상·하류부의 기초지반을 보강하고 지반의 균질성과 불투수성을 확보하기 위하여 블랭킷 그라우팅을 실시한다.

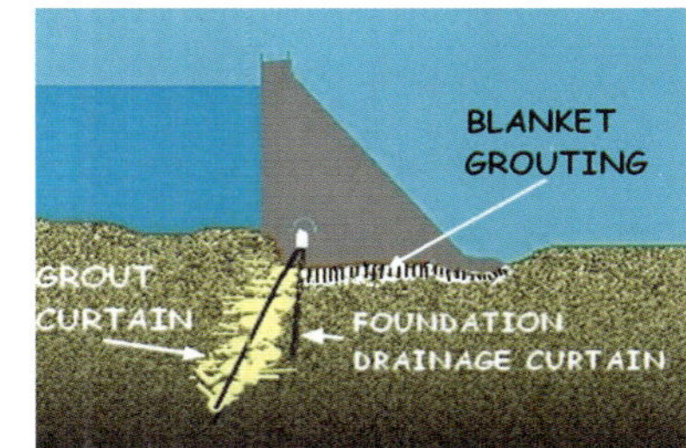

그림. Blanket grouting

㉠ 지지력은 충분하지만 투수성이 커서 차수 그라우팅으로 차수가 불충분한 경우에 블랭킷 그라우팅을 차수 그라우팅에 선행하여 실시하면 차수효과를 향상시킬 수 있다.

㉡ 주입공의 배치

ⓐ 간격 : 1.5~3.0m(1차공의 간격 : 3.0m)

ⓑ 주입심도는 차수 그라우팅 심도의 1/2로 한다.

(그라우팅 심도 : 압밀 그라우팅 〈 블랭킷 그라우팅 〈 차수 그라우팅)

㉢ 시공 위치

ⓐ 콘크리트댐은 댐체의 상류 측에 실시

ⓑ 필댐 : 심하게 파쇄된 암반(불투수성 점토의 폭이 좁으면 블랭킷 그라우팅을 실시)

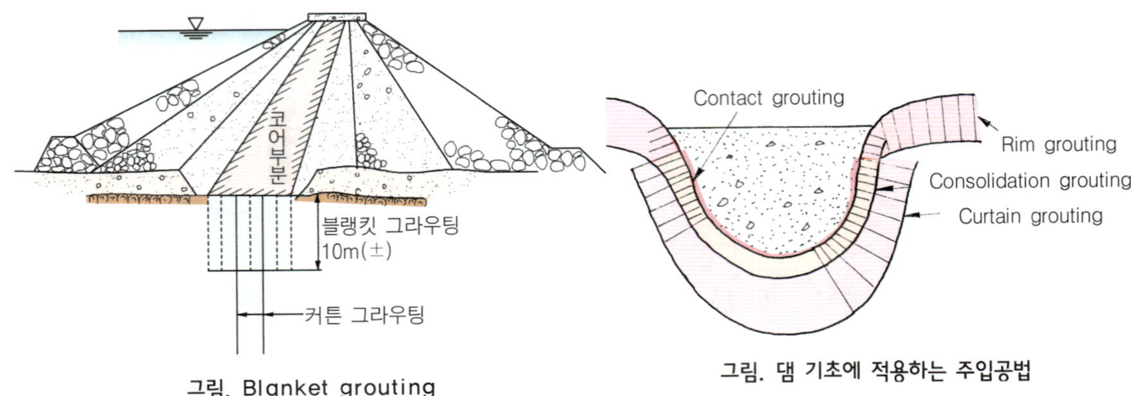

그림. Blanket grouting

그림. 댐 기초에 적용하는 주입공법

㉣ 접촉 그라우팅(Contact grouting)

콘크리트 구조물과 기초지반의 밀착을 위하여 콘크리트의 타설과 양생과정에서 발생한 공극을 채우는 접촉 그라우팅을 실시한다.

㉠ 구조물과 접하는 부분에 누수가 발생하거나 누수의 가능성이 있는 경우에 적용하고 그라우트는 시멘트현탁액을 주로 사용한다.

㉡ 콘크리트 타설 시에 head pipe를 설치하거나 주입공을 천공하고서 주입한다.

㉢ 시공 위치 : 콘크리트댐의 경사부, 취수터널의 천장부에 실시

③ 그라우팅 방법

㉮ 1단식(Single stage) 그라우팅

㉠ 1단식 그라우팅은 계획심도까지 천공하고 시멘트밀크를 1회에 주입하며 얕은 심도의 견고한 기초암반에 적용한다.

㉡ 주로 consolidation grouting에 적용하고 암반에 packer를 설치하고 주입하며 기초부 암반의 파쇄가 심한 경우는 암반 표면에서 주입재의 누출에 유의해야 한다.

㉯ 하향식(Down stage or descending grouting) 그라우팅

㉠ 계획심도까지 천공하고 여러 단계로 나누어서 상부에서 하부로 주입하며 임의 깊이에 설치한 패커(packer)의 하부에 주입을 한다.

㉡ 주입공이 10m 이상의 깊은 경우에 여러 단계로 나누어 주입하면 시멘트의 침하와 블리딩이 감소하여 주입효과가 양호하고 단계별로 주입압력을 조절하면서 적용할 수 있다.

㉢ 하향식 그라우팅은 1단계 심도를 천공하여 주입한 후에 2단계의 천공과 주입을 하며 각 단계(stage)의 길이는 지표에서 가까운 곳은 짧게 하고 깊은 곳은 길게 한다. 1단계의 길이는 약 5m로 하고 절리가 발달된 불량한 암반은 3m 정도로 한다.

㉣ 하향식 그라우팅은 하부로 내려가면서 단계별로 천공과 주입을 실시하는 방법으로 주입재의 표면 누출과 절리가 연결되어 발생하는 누출을 처리할 수 있고 선행 주입된 상부단계의 상재하중을 이용하여 하부단계에서 높은 주입압력을 가할 수 있으므로 불안정한 지층에 적용한다.

㉤ 주입이 하향으로 진행되어 경화된 주입구간을 재천공하므로 주입과 고결에 따른 천공장비의 대기와 이동이 필요하여 상향식보다 공사비와 공사기간이 많이 소요된다.

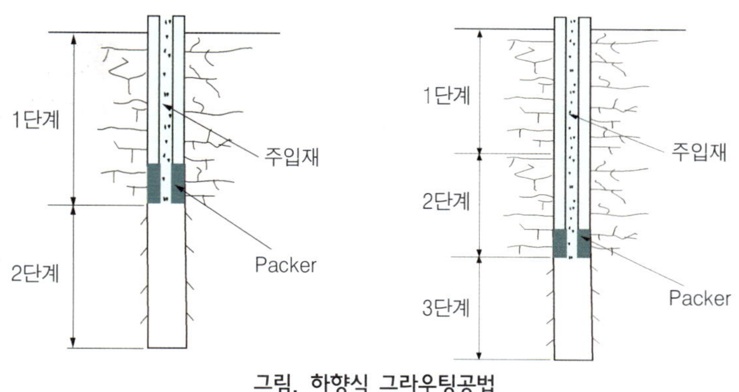

그림. 하향식 그라우팅공법

㉰ 상향식(Upstage or ascending grouting) 그라우팅

㉠ 계획 심도를 여러 단계로 나누어서 하부에서 상향으로 패커를 이동하면서 주입하는 방법으로 단계별 수압시험을 실시하고 주입하므로 주입효과가 우수하며 stop grouting이라고도 한다.

㉡ 상향식 그라우팅은 주입공이 무너지지 않는 경우에 적용하고 천공장비의 대기와 재천공이 없으므로 신속하게 주입작업이 이루어져서 경제적이다. 또한 1회 천공으로 천공수의 순환, 누수상태, 코어 또는 슬라임상태 등의 주입구간에 대한 정보를 파악할 수 있다.

㉢ 깊은 심도에서는 주입압력이 비교적 높아서 지표와 연결된 균열이 있으면 높은 압력의 주입재가 지표에 누출되거나 연약한 표층부를 들어 올리기도 한다.

㉣ 대규모 파쇄대와 공동이 있으면 packer의 설치가 어렵고 하부 심도에서 주입된 주입재가 상부의 미주입구간과 인접공으로 주입되어 주입효과가 떨어지는 경우도 있다.

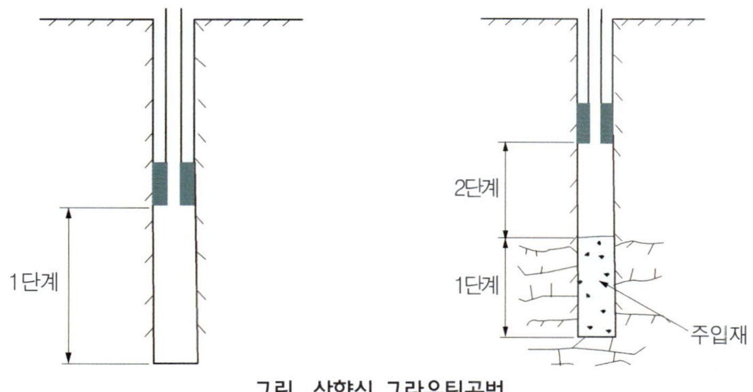

그림. 상향식 그라우팅공법

(4) 댐 부지의 기초 배수공

1) 누수, 빗물의 처리

바닥 굴착부(core trench) 내에서 발생하는 용수를 완전히 차단하고 댐 부지내의 용수는 양압력이 감소하도록 배수층을 설치하여 제체의 투수부로 배수시킨다.

① 바닥 굴착부 내의 용수

㉮ 바닥 굴착부의 굴착시에 침투수가 많아서 굴착면이 불안전하면 웰 포인트공법에 의한 지하수위를 저하시키고 가물막이 기초부에 차수 그라우팅을 실시한다.

㉯ 바닥 굴착부 내의 용수는 바닥 굴착부와 가물막이 사이의 집수정에 유공관을 삽입하여 배수시킨다.

그림. 바닥 굴착부 내의 용수

② 댐 부지 내의 용수

㉮ 댐 부지 내의 용수는 양압력을 감소하기 위한 배수층을 설치하여 제체의 투수부로 배수하고 바닥 굴착부 이외의 용수는 배수층에서 제체의 투수부과 댐 외부로 유도하여 배수시킨다.

㉯ 배수층은 잡석과 자갈을 포설하여 처리하고 용수량이 많으면 유공파이프를 설치하여 배수한다.

2) 기초 배수공

① 암반내 지하수위가 상승하여 간극수압이 증가하면 전단력과 부착력이 감소하므로 배수공을 설치하여 배수시켜야 한다.

② 배수공의 설치간격은 3~15m, 배수공의 직경은 ϕ 55~65mm, 깊이는 약 10~15m로 설치한다.

③ 배수공의 위치

㉮ 배수공은 댐의 기초통로와 배수통로에 설치하고 통로가 없는 경우는 댐 하류면에서 천공하여 설치한다.

㉯ 배수통로의 배수구에서 제체 밖으로 자연유하시켜서 처리하고 하류수위가 높으면 펌프로 배수한다.

㉰ 기초의 배수공에 압력계를 설치하여 양압력을 측정한다.

(5) 특수 기초처리방법

1) 단층처리

① 기초지반에 존재하는 단층, 현저한 심(seam), 파쇄대 등의 연약한 부분은 지지력이 부족하여 부등침하, 누수, 파이핑 등의 위험이 있으므로 보강이 필요하다.

② 소규모 단층은 주입공법을 적용하고 폭 50cm 이상의 점토분이 함유된 단층은 특별한 처리가 필요하다. 특히 제체 기초와 상·하류방향을 횡단하는 단층이 가장 위험하므로 기초처리가 중요하다.
③ 단층부의 연약한 부분을 굴착하여 콘크리트로 채우고 그라우팅을 실시한다.
④ 필댐은 단층의 치환깊이를 단층 폭의 최소 1.5배 또는 단층부 양쪽의 단단한 암반을 굴착한 폭으로 치환해야 한다.
⑤ 단층부에서 점토의 유출이 우려되면 지수벽의 깊이를 산정하여 보강심도를 결정한다.

$d = 2b + \frac{1}{10}h$ 여기서, h : 최대 저수깊이

⑥ 지수벽의 깊이는 단층의 상태, 각도, 방향 등에 따라서 결정한다.

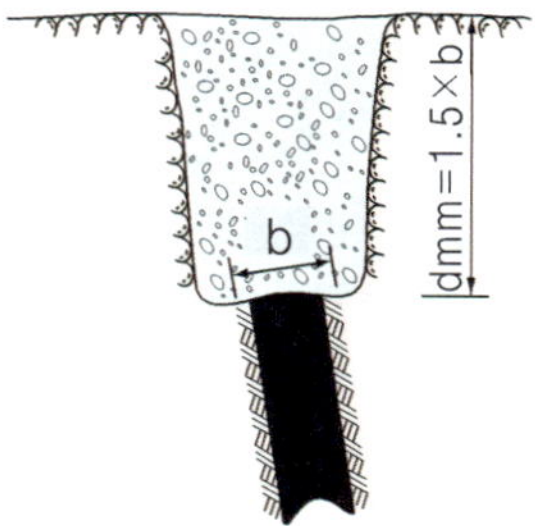

그림. 댐 기초의 단층처리

2) Doweling

단층을 콘크리트로 보강하여 단층의 활동에 대한 저항력을 증대시킨다.

3) 콘크리트에 의한 치환처리

기초암반에 단층, 현저한 시임(seam), 불량한 암반이 존재하면 누수의 원인이 되므로 연약한 부분을 제거하고 콘크리트로 치환하거나 암반상태에 따라서 적당한 공법으로 처리한다. 단층은 콘크리트 치환공법으로 처리하고 치환의 규모와 심도는 약층의 위치, 방향, 규모, 강도, 변형성 등의 댐체와 기초의 안정성을 검토하여 결정한다.

4) 암반 프리스트레싱(Prestressing) 공법

계곡부에서 암반기초의 하중에 의한 변위를 방지하고 기초를 보강하는 방법으로 암반기초의 약한 부분을 프리스트레싱으로 보강하여 활동 저항력을 증대시킨다. 강봉, 강선, wire rope 등을 이용하고 강재의 배치와 프리스트레싱의 규모는 기초의 지질조건, 응력 크기, 변형의 형태를 파악하여 결정한다.

5) 콘크리트 플러그(Plug)

기초지반의 표면정리와 국부적으로 불량한 부분을 제거하고 콘크리트로 치환한다.

6) 철근 보강

제체 측에 철근을 배근하여 기초를 보강한다.

5 필댐(Fill Dam)

필댐은 일반적으로 코어형 석괴댐을 의미하며 토사, 사력, 암석 등의 재료를 일정한 두께로 포설하고 다짐하여 축조하는 댐이다. 필댐에서 댐 마루로 저수지의 물이 월류하면 댐체에 치명적인 손상이 발생하므로 공사 중이나 준공 후에도 월류가 되지 않아야 하며 댐체 비탈면이 활동하지 않고 기초지반이 댐체 하중을 충분히 지지해야 한다.

(1) 시공계획

필댐의 시공계획은 현장조건, 기후, 유출상태, 댐터의 크기, 재료의 공급능력, 작업의 난이도, 설계조건과 공사기간을 고려하여 계획대로 공사가 진행되도록 하천의 유수전환, 기초처리, 취토, 성토, 터파기재료의 유용, 사토, 물넘이, 취수시설의 공사를 함께 계획한다.

그림. 필댐의 성토작업

(2) 시공순서

공사용 운반도로 ⇨ 가설비, 전력공급 ⇨ 가배수로(터널, 개수로) ⇨ 가물막이

⇨ 기초 굴착, 기초처리 ⇨ 제체 축조 ⇨ 여수로, 취수설비 등 ⇨ 가배수로 폐쇄

(3) 가배수로와 가물막이

1) 하천과 계곡에 댐을 축조하려면 댐 지역을 유하하는 유량을 처리하여 댐의 기초처리와 본체의 축조에 지장이 없도록 해야 한다.
2) 필댐은 유수에 대한 저항력이 약하여 가배수로의 설계와 시공이 불완전하면 공기 지연과 시공 중에 제체가 붕괴하는 경우가 있다.
3) 가배수로의 형식은 유역의 유출 특성, 지형, 댐의 형식과 높이, 기타 부속구조물의 특성을 고려하여 선정하고 완성 후에 폐쇄하거나 취수시설로 활용할 수 있게 계획한다.

(4) 필댐 기초의 굴착

1) 필댐의 기초

① 필댐 기초의 구비조건

㉮ 충분히 전단강도를 가질 것
㉯ 변형 침하량이 적을 것
㉰ 침투수량이 적을 것
㉱ 침투파괴를 일으키지 않을 것
㉲ 지진 시에 액상화현상을 일으키지 않을 것

② 암반기초

㉮ 암반기초에 댐을 축조하는 경우는 차수부에 존재하는 풍화암 등의 취약한 부분을 제거하고, 기초암반의 균열부는 그라우팅 등에 의한 기초처리를 한다.

㉯ 암반과 축조재료의 접착성을 치밀하게 하여 접촉면을 통한 누수를 감소시키고 층상 퇴적암은 층면에 따르는 활동을 확인해야 한다.

③ 사력기초

사력층과 같은 투수성지반에 댐을 축조하는 경우는 지반을 통한 침투수가 허용범위에 있게 하고 침투수를 댐 외부로 배수시켜야 한다.

④ 토질기초(연약지반)

점토, 실트, 유기질 등의 연약한 지반에 댐을 축조하는 경우는 활동파괴와 압밀침하에 대한 안전율을 충분하게 고려한다.

⑤ 코어존(Core zone)의 기초

코어존의 기초는 차수가 되는 암반에 설치하여 차수와 침하에 대한 안정성을 확보해야 한다. 기초는 요철과 돌출부가 없게 굴착하고 단층과 이완된 지층은 적절한 기초처리를 실시한다.

⑥ 필터존(Filter zone)의 기초

필터존의 기초는 코어존 기초에 준하여 처리하고 필터존이 넓은 경우는 외측의 절반 정도는 암석존(rock zone)에 해당하는 기준을 적용한다.

⑦ 암석존(Rock zone)의 기초

암석존의 기초는 소요 강도를 가지고 변형이 적어야 하며 형상은 상부구조에 유해한 영향을 주지 않아야 한다.

2) 필댐 기초의 굴착

① 필댐의 기초는 지지력과 파이핑에 충분한 안정성이 있어야 한다.

② 댐의 기초에 용출수가 있으면 성토재료가 전단강도의 저하 또는 파이핑(piping) 경로가 형성되는 것을 차단하기 위하여 차수 그라우팅을 실시하거나 댐 부지 밖으로 용출수를 배출시킨다.

③ 기초굴착은 기초와 제체를 완전히 밀착시켜서 파이핑을 방지하고 누수량을 최대한 억제하기 위한 정밀한 시공이 필요하다.

3) 여수로 기초의 굴착

① 여수로는 설계홍수량 이하의 유량을 제체 하류의 하천으로 유도하도록 수리적조건과 지형, 지질, 구조적조건을 조합하여 설계하므로 굴착 중에 암반상태에 따라서 굴착선이 변경되면 여수로의 일부와 전부를 변경하는 경우가 있으므로 충분한 사전조사가 필요하다.

② 여수로의 굴착 예정선까지 굴착할 때는 발생한 굴착토의 유용을 고려하여 사토량이 가급적 적은 선형으로 계획한다.

4) 터파기

① 댐 기초는 수밀성, 전단강도를 가지고 기초처리를 하는 깊이까지 굴착한다.

② 터파기한 바닥에서 이물질과 이완된 암편을 제거하고, 큰 요철은 평탄하게 하며 강수와 용출수를 배제하여 기초와 제체를 완전히 밀착시켜야 한다.

5) 댐 기초지반의 처리

① 기초 굴착면의 정리

㉮ 댐의 하상기초는 그 자체가 댐의 제1층으로 고려하여 댐체와 기초가 일체가 되도록 접착에 장애가 되는 요인을 제거하고 댐 기초의 지질상태를 확인하여 단층, 절리, 파쇄대 등이 발견되면 적절한 대책을 수립한다.

㉯ 굴착면의 돌출부를 절취하고 오목부는 양질의 점토와 불투수성재료로 충전하며, 규모가 작은 개구부는 시멘트 모르터로 충전하고 규모가 크면 콘크리트로 충전한다.

그림. 댐의 기초처리

㉰ 사면부(양안부) 기초는 굴착 후에 굴착 비탈면의 최대경사각이 70°이하로 성형하고, 경사각의 급격한 변화각도는 20°를 넘지 않게 한다.

㉱ 터파기한 끝마무리면의 과도한 요철은 제거한다.

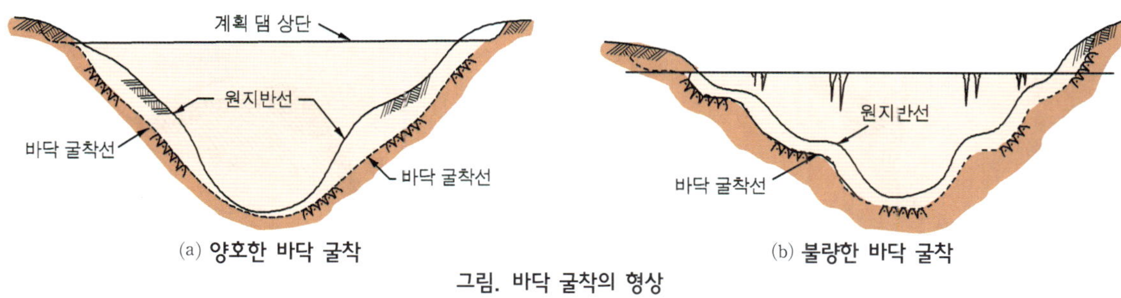

(a) 양호한 바닥 굴착 (b) 불량한 바닥 굴착

그림. 바닥 굴착의 형상

② 굴착방법

㉮ 댐 지점의 지형, 지질, 기상조건과 굴착량에 따라서 효율적이고 안전한 굴착방법을 선정한다.

㉯ 암석 발파 시에 기반암이 이완되지 않게 가급적이면 단발뇌관을 사용한다.

㉰ 암반을 발파 굴착하는 경우에 마므리면에 가까워지면 발파에 의한 기반암의 이완과 균열을 방지하기 위하여 소규모 발파를 실시하고 발파에 의해 탈락한 암석은 인력으로 제거한다.

㉱ 그라우팅으로 보강한 기초부위가 발파로 인하여 손상되지 않게 충분한 이격거리를 유지하여 조절발파를 실시한다.

㉲ 최종 기초면은 노출된 암반을 확인하여 결정하고 견고한 암반에 도달할 때까지 굴착한다.

㉳ 풍화되거나 이완되기 쉬운 암반의 굴착이 완료되면 조속하게 성토하거나 콘크리트를 타설한다.

그림. 댐 기초의 굴착작업

㉴ 암반기초의 굴착면에서 40cm 이상이 돌출된 암을 따내고 패인 부위는 모르터 또는 양질의 점토를 메운다.

㉵ 기초의 굴착선은 지형과 지질에 따라서 결정하며 기울기의 급격한 변화를 피하고 양안의 접합부는 산측으로 역비탈이 되지 않게 한다.

㉶ 암반기초의 표면처리

㉠ 기초지반의 정형

㉡ 균열, 개구, 절리 등의 처리

㉢ 청소와 살수 : 암반의 청소와 건조한 암반은 살수 처리

㉣ 용수처리 : 용수량에 따라서 처리

그림. 양안 접합부의 정형방법

③ 배수처리

㉮ 댐 기초를 굴착하고 기초처리와 축조시에는 임시적인 경우와 장기적인 경우로 구분한 배수공법으로 지하수위를 저하시킨다.

㉯ 바닥 굴착부의 용출수는 완전히 차단하여 항상 건조상태를 유지하거나 습윤상태의 기초면에 불투수성재료를 포설한다. 바닥 굴착부의 양안부에서 누수, 시추, 그라우팅작업의 배수 등에 의하여 바닥 굴착부의 내부로 유입되는 모든 표면수를 차단해야 한다.

④ 단층처리

㉮ 기초암반에 존재하는 단층과 파쇄대는 지지력이 부족하여 부등침하와 누수의 원인이 되고, 세립분이 유출되면서 파이핑(piping)현상이 발생하는 등의 위험이 있다.

㉯ 단층의 위치와 방향에 따라서 연약한 부분은 가능한 심도까지 굴착하고 콘크리트로 치환한다.

⑤ 풍화성 암반의 임시 보호대책

㉮ 대기와 접촉하여 급격하게 풍화되거나 지하수에 의한 팽창이 우려되는 암반은 성토 전에 충분히 보호해야 한다.

㉯ 사질토지반의 비탈면은 강우에 의한 도랑형태의 침식이 우려되므로 지표수가 한 곳에 집중되지 않도록 임시 배수시설을 설치한다.

6) 사토 처리

① 사토의 적재와 운반방법은 굴착공법, 굴착량, 적치장, 사토장의 위치와 넓이를 고려하여 결정한다.

② 하상부에 홍수 또는 발파 시에 장비가 용이하게 대피할 수 있는 노선을 설치한다.

③ 사토장은 부근의 지형, 운반거리, 사토량을 고려하여 선정하며 사토장의 용량은 굴착에 의한 증가량과 감소량을 고려하여 결정한다.

④ 사토가 붕괴되어 유출하면 하류에 피해가 우려되므로 사토장의 기초처리, 지하수 배제, 지표수의 처리시설을 설치하고 동시에 사토장 비탈면의 보호와 탁수처리 등의 적절한 처리대책을 수립한다.

⑤ 댐의 상류에 사토할 때는 홍수 유입시에 지장이 없고 가배수로에 퇴적되지 않게 한다.

(5) 축조재료

댐은 물을 막는 불투수성부와 댐체 안정을 유지하는 투수성부가 있고, 이 두 층의 경계에 이행부(transition zone)를 배치한다. 그러나 각 부분은 서로 상대적인 성질을 가지므로 각각의 축조재료의 안정성, 불투수성과 댐 전체의 기능을 발휘하게 설치하는 것이 중요하다. 특히 기초암반과 접하는 차수존의 토질재료는 최적함수비와 최대입경이 일반 차수재료와 다르므로 특별한 고려가 필요하다.

1) 토질재료

토사는 팽창과 압축성이 작고 수용성물질과 유기물을 포함하지 않으며 다짐이 용이하고 간극수압의 발생이 작은 재료로 다진 상태에서 투수계수와 전단강도를 만족해야 한다.

2) 암석재료(투수성재료)

암석재료는 다진 상태에서 전단강도와 투수성($k > 1 \times 10^{-3}$cm/s)을 만족하고 유해물질을 함유하지 않아야 하며 암석재료의 구비조건은 다음과 같다.

① 견고하고 균열이 작아야 한다.
② 물이나 기상작용에 대한 내구성이 크고 변형이 작아야 한다.
③ 압축강도는 70MPa 이상이며 입도분포가 양호하면 간극비가 작아지고 강도는 증가한다.

3) 연암

① 공기나 물의 변화에 접촉하지 않는 랜덤층(random zone)에 사용하는 방법
② 다른 토취장의 흙과 혼합하여 사용하는 방법
③ 랜덤재료는 재료의 성질이 불확실하고 풍화에 의하여 성질이 변할 수 있으드로 제체의 중요 부분(코어존, 피복단면 등)에는 사용하지 않고 제체 안정성에 큰 영향이 없는 부분에 사용한다.

4) 코어존 착암재료

차수재와 기초와의 적응성이 양호하고 균열(crack)의 방지와 차수성이 확보되어야 한다.

① 큰 자갈을 함유하지 않고 변형에 대한 적절한 대응성이 있어야 한다.
② 점착력이 크고 전단 후에 투수계수의 증대와 체적의 수축이 없어야 한다.
③ 침투수에 대한 저항력이 있어야 한다.

5) 코어재료(차수재료)

① 차수재는 전단강도가 커서 변형이 적고 포설과 다짐이 용이하며 $k = 1 \times 10^{-5}$cm/sec 이하의 압축성이 작은 재료를 사용한다.

② 코어재료는 0.08mm 이하의 입자를 15~20% 함유하는 입도분포가 양호한 점토, 실트, 모래, 자갈의 혼합물을 사용한다.
③ 흙의 통일분류법으로 GC, SC, CL, SM, CH가 적당하고 OL, MH, OH는 부적당하다.
④ 착암부재료는 점착성이 양호하고 균열을 방지하도록 소성지수가 15 이상의 세립질재료를 사용한다.

그림. 차수재의 포설작업

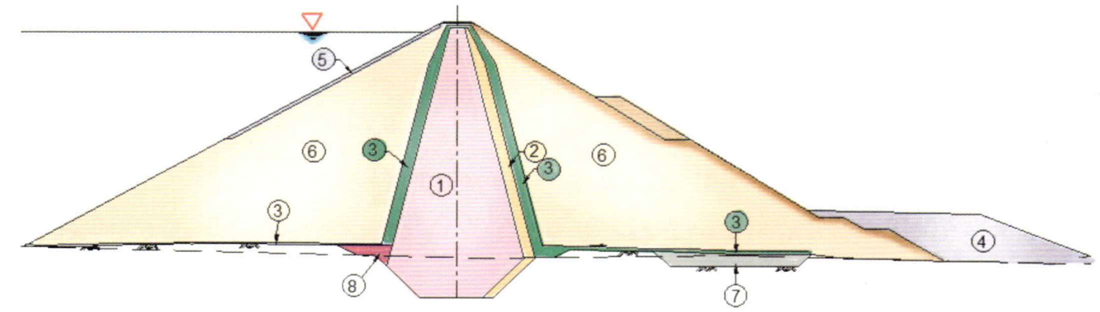

① 코어재 ② 필터재 ③ Transition ④ 하류측 성토재 ⑤ 피복재료 ⑥ 암석재료 ⑦ 조립재 ⑧ 착암재료

그림. Rockfill Dam의 축조 재료

6) 필터재

① 입도가 다른 두 재료가 서로 인접되어 있는 경계부에 일정한 조건을 만족하는 입도의 필터를 설치하여 세립분이 유출되지 않고 침투수가 안전하게 투과되어야 한다.
② 흙 속을 통하는 물이 가는 입자에서 갑자기 굵은 입자로 통과하면 작은 입자가 유실되고 반대로 가는 입자 쪽으로 물이 통과하면 간극수압이 유발되므로 이 사이에 적절한 입경의 배수층을 설치하여 간극수압을 해소하는 것이 필터층이다. 필터재는 전단강도가 크고 다짐이 용이한 재료를 사용하며 필터재는 간극의 크기가 작아서 인접한 흙의 유실을 방지하고, 또한 간극이 충분히 커서 필터로 들어온 물이 빨리 빠져야 하며 다음의 조건을 만족해야 한다.

㉮ $\dfrac{\text{필터재료의 15\% 입경}}{\text{필터로 보호되는 재료의 15\% 입경}} > 5$

㉯ $\dfrac{\text{필터재료의 15\% 입경}}{\text{필터로 보호되는 재료의 85\% 입경}} < 5$

③ 필터재의 입도는 보호되는 재료의 입도곡선과 거의 평행인 것이 좋다.
④ 필터재는 점착성이 없는 것으로 0.08mm 이하의 세립분 함유량은 5% 이하로 한다.
⑤ 필터재는 보호되는 재료보다 10~100배의 투수성을 가지는 것이 좋다.
⑥ 필터의 두께는 이론적으로 얇은 것이 좋지만 시공조건과 지진에 대한 안전성을 고려하여 충분한 두께를 가져야 하고 최소두께는 2.0~4.0m 정도로 한다.

7) 이행부(Transition zone)

① Transition zone은 제체의 차수벽과 암석부에서 강성의 차이로 인한 과도한 응력의 전달을 방지하고 공극의 크기를 제한하여 차수벽재료가 암석재료의 큰 공극에 들어가지 않게 한다.
② 불투수성부와 투수성부의 중간에 설치하고 경우에 따라서는 흙, 모래, 자갈도 포함된다.
③ Transition zone은 투수성재료와 차수재료의 변형에 의한 제체 내부의 응력 완화와 파이핑을 방지하고 수리적 안정을 위하여 반투수성재료를 비교적 폭이 넓게 설치한다.

(6) 제체 쌓기

1) 쌓기재료의 포설 전에 기초표면이 건조하면 물을 뿌려서 습윤상태를 유지하고 고인 물과 포화된 재료는 제거해야 한다.
2) 암반기초, 콘크리트 구조물의 접합부는 점토가 완전히 밀착되도록 최적함수비보다 함수비가 2~3%가 많은 습윤측 다짐을 한다.
3) 암반과 접합부는 램머 등으로 다짐하여 암반과 점토가 밀착되게 하고 탬핑 롤러로 다짐한다.

그림. 제체 쌓기작업

4) 쌓기재료의 펴고르기는 제체 단면에서 투수부와 불투수부가 분리되고 쌓기층이 수평을 유지해야 한다.
5) 코어부의 표면은 다음 층과 잘 접촉되게 표면을 거칠게 하고서 다음 층을 시공한다.

(a) 성토재 운반/포설

(b) 축조작업

(c) 다짐작업

그림. 댐의 제체 축조작업

6) 코어부의 포설 두께는 20cm, 성토부는 30cm 이내로 하며 다짐장비와 토질의 종류에 따라서 다짐두께는 시험성토에서 결정한다.

(7) 댐마루 폭

댐마루 폭은 일반적으로 대댐은 10~15m, 소규모 댐은 6~9m를 적용한 사례가 많으며 제체의 안정성, 시공여건, 준공 후의 사용 목적을 고려하여 결정한다.

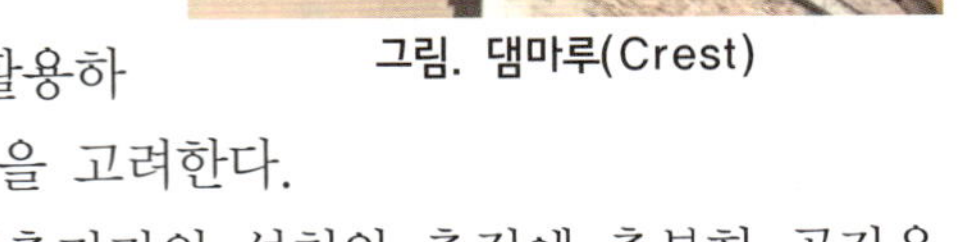
그림. 댐마루(Crest)

1) 제체의 안정성을 확보하기 위하여 저수지의 만수시에 제체 침투에 안전한 코어의 폭원과 이를 보호하는 층을 확보하고 파랑과 투수류에 의한 침식에 대한 안정성을 고려해야 한다.
2) 댐마루를 공사 중의 작업공간과 준공 후의 영구시설물로 활용하는 경우는 차량 통과, 양안 접속도로와의 관계와 안전성 등을 고려한다.
3) 댐마루에는 표점, 침하계, 지진계 등이 매설되기 때문에 계측기기의 설치와 측정에 충분한 공간을 확보해야 한다.
4) 댐마루는 코어, 필터(filter), 투수성 재료 등이 집중되어 있으므로 시공 폭을 고려해야 한다.

(8) 더 쌓기(여성토, Extra embankment)

댐마루는 댐 기초지반과 축제재료의 완성 후의 침하량을 예측하여 여성토를 충분하게 실시한다. 여성토는 종단방향으로 캠버를 설치하며 양안 접합부는 안전성을 고려하여 최소한 10cm 정도를 더 쌓고 횡단방향 비탈면의 여성토는 특별한 경우를 제외하고는 축제상부를 조금 세워서 쌓는다. 코어형댐은 코어 상부의 보호층은 여성토를 하지 않고 코어존에 여성토를 실시한다.

1) 댐 상부(crest)의 여성토 높이는 완공 후에 예상침하량 이상으로 하며 대부분의 침하가 시공 중에 완료되어서 완공 후에는 침하량이 작으므로 댐 높이의 1% 내외로 여성토를 실시하면 충분하다. 참고적으로 높이 100m의 댐에서 댐 마루의 침하는 5년 사이에 10~15cm, 100년에 10~25cm 정도이며 대부분의 침하는 댐을 완성하고 2~3년 이내에 발생한다.
2) 일반적으로 여성토는 댐의 중앙부에서 최대로 하고 축조높이가 낮은 양안부는 거의 침하가 발생하지 않으므로 댐 축방향에서 여성토의 종단경사는 댐 중앙부를 기준으로 선형에 비례하여 적용한다.
3) 댐 설계기준에서 록필댐의 장기 침하량(S)은 $S = 0.001 \cdot H^{\frac{3}{2}}$을 적용한다.
   (여기서, S : 총침하량, H : 댐 높이)

(9) 댐 비탈면의 경사

댐 비탈면의 경사와 소단의 배치는 댐 형식과 높이, 축조재료, 존(zone)의 형상, 기초지반, 지진의 영향과 시공조건을 고려하여 최소의 축조량으로 상·하류 비탈면의 안전성이 확보되도록 결정한다.

1) 균일형 흙댐은 댐이 높을수록 비탈면을 완만하게 하며, 일반적으로 상류 비탈면은 1:3, 하류 비탈면은 1:2.5로 하고 배수 도랑을 설치한다.

2) 투수성부가 큰 댐(균일형 이외)은 댐 높이에 따른 비탈면 경사의 변화가 작지만 불투수부의 위치와 크기에 따라서 비탈면의 경사가 결정되므로 존의 구분에 주의한다.
3) 경사코어형 록필댐의 하류 비탈면의 경사는 축조재료의 안식각과 거의 동일하게 한다.
4) 중심코어형 록필댐의 하류 비탈면의 경사는 1:1.8가 좋고 사면안정해석에서 결정한다.
5) 콘크리트 표면 차수벽형댐의 비탈면 경사는 1:1.4~1:1.5로 하고 암반의 자연안식각에 가깝게 하는 것이 시공과 안전측면에서 유리하다. 아스팔트 표면 차수벽형댐의 상류 비탈면의 경사는 1:1.5~1.7가 가장 적당하다.
6) 동일한 안전율을 유지하면서 축조량을 적게 하려면 비탈면 상부는 급한 경사로 하고 하부는 완만한 경사로 하는 것이 바람직하다.
7) 상류 비탈면에서 비탈면 경사의 변화부는 상시 만수위와 최저수위의 부근에 두고 최저수위 부근의 변화부는 3~6m의 소단을 설치하는 것이 좋다. 시공과 관리측면에서 소단을 설치할 수 있고, 소단 사이의 표고차는 15m 이상으로 한다.
8) 길이가 긴 댐은 전체를 동일한 비탈면의 경사를 적용하지 않고 댐 높이, 기초지반, 축제재료에 따라서 단면을 조정하는 것이 경제적이다.

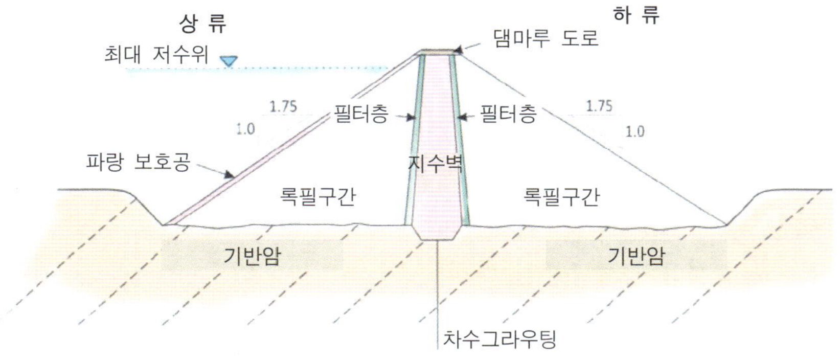

그림. 댐 비탈면 경사(록필댐)

(10) 비탈면 보호공

1) 제체의 상류 비탈면은 파랑에 의하여 댐체가 침식되거나 저수위가 급강하할 때에 댐체재료가 유실되지 않게 보호한다.
2) 수위변화가 빈번한 양수발전소의 상부지 댐과 저수지의 수위가 유지되어 결과적으로 파랑의 영향을 집중적으로 받게 되는 부위의 상류 비탈면은 제체의 흙입자 유출을 방지하기 위한 필터층을 설치한다.
3) 하류측 비탈면은 호우에 의한 침식에 안전하고 빗물이 한 곳에 집중되지 않도록 양안부의 표면에 배수시설을 설치한다.

그림. 댐 비탈면

(11) 필댐의 누수에 의한 파괴 원인과 대책

필댐은 누수가 댐체를 약화시켜서 붕괴를 유발하고 저수기능이 저하되므로 댐의 위치 선정, 기초조사, 설계, 시공, 유지관리의 전 과정에서 누수가 발생하지 않게 철저한 조사와 검토를 하여 관리한다.

1) 필댐의 안정조건

필댐의 역학적 성질은 제체재료의 중량을 이용하며 안정조건은 다음과 같다.

① 제체가 활동하지 않을 것
② 저수가 충분한 여유고를 확보하여 댐 마루를 월류하지 않을 것
③ 비탈면이 안정되어 있을 것
④ 기초지반이 압축에 대해서 안전할 것
⑤ 제체와 기초지반이 투수에 안전할 것

그림. 필댐의 누수에 의한 파괴

2) 누수 원인

① 기초처리의 불량
㉮ 댐체와 기초 경계부에서 밀착성이 불량
㉯ 투수성 기초지반의 처리 불량
㉰ 단층 등의 처리 불량
㉱ 기초암반 내의 용해와 침식작용에 의한 공동의 발생

② 댐체의 시공 불량
㉮ 불량한 축조재료의 사용과 불충분한 다짐
㉯ 침하, 지진, 건조, 휨 등에 의한 댐체의 균열

③ Core zone의 불량한 시공
㉮ Core zone의 축조재료 선정과 다짐의 불량
㉯ Core zone의 균열 : 부등침하, 응력 집중의 발생, 경사가 급한 기초에서 발생

3) 누수 방지대책

① 시공 전 기본조사
㉮ 예비조사 : 지형도, 지질도, 기상, 수문 등
㉯ 현지조사 : 지형, 지질, 인근 주변상황 등
㉰ 본 조사 : 시추조사, 원위치시험, 토질시험 등
㉱ 기초지반의 조사 : 암반, 모래, 점토 등
㉲ 축조재료의 조사 : 시방기준을 만족하는 재료의 확보

② 적합한 기초처리공법의 선정

㉮ 그라우팅에 의한 개량

㉯ 콘크리트에 의한 개량 : 콘크리트 치환공, 응력을 전달하는 구조물공, 차수벽(cut off wall)

㉰ 기타 : 암반 PS공, 다웰링(doweling), 록볼트(rock bolt), 스트럿(strut)공법

③ 투수성 암반기초의 누수대책

㉮ 불투수성 암반까지 굴착하고 차수벽을 넓게 축조하며 댐 상류방향에 blanket grouting을 실시하고 댐 하류방향에 배수공법을 적용한다.

㉯ Slurry trench, curtain grouting, 콘크리트 차수벽, 배수공을 설치한다.

㉰ 압력을 감소시키는 구조물(relief well)을 설치한다.

④ 댐체 시공

㉮ 시방기준에 적합한 재료를 사용하고 철저한 다짐을 실시한다.

㉯ 축조재료의 품질관리

㉠ 입도관리

0.08mm체 통과량이 많은 재료는 강도가 저하하고, 0.08mm체 통과량이 적으면 투수성에서 불리하다.

㉡ 함수비관리

최적함수비보다 함수비가 높으면 강도, 간극수압, 다짐작업에 문제가 있고 함수비가 낮으면 차수성이 불량해진다.

⑤ Core zone의 시공

㉮ 댐의 부등침하를 방지하는 기초공법을 선정하여 시공한다.

㉯ 코어와 인접한 zone(filter zone과 transition zone)의 입도 폭과 시공순서를 준수하고 core zone과 인접한 zone을 동시에 다진다.

㉰ 코어재는 소성이 큰 재료를 최적함수비보다 약간 습윤측의 함수비로 다짐을 한다.

㉱ 코어재는 시험성토에서 다짐관리방법을 결정하고 품질을 관리한다.

4) 필댐의 누수 대책공법

① 필댐에서는 파이핑현상, 세굴, 제체에 구멍이 발생, 제체의 균열, 비탈면 붕괴, 제체단면의 폭이 좁거나 재료와 다짐이 불량하여 누수가 발생한다.

② 대책공법

㉮ 차수벽(Cut-off wall)의 설치 : 강널말뚝 또는 현장타설 콘크리트 차수벽(slurry wall)을 설치

그림. 차수벽(Cut-off wall) 설치작업

㉠ 강널말뚝공법

시공성이 우수하여 많이 사용하지만 이음부에서 누수가 발생하여 이음매가 벌어지면 효과가 감소한다.

㉡ 슬러리 트렌치공법

댐 기초에 트렌치를 굴삭하고 시멘트에 벤토나이트를 첨가한 혼합액(cement-bentonite slurry)을 주입하여 차수벽을 형성한다.

㉢ 시멘트 또는 약액주입공법

기초지반에 시멘트밀크 또는 지수성 약액 등을 주입하는 방법으로 시공은 용이하지만 지수효과와 내구성은 다소 불명확하다.

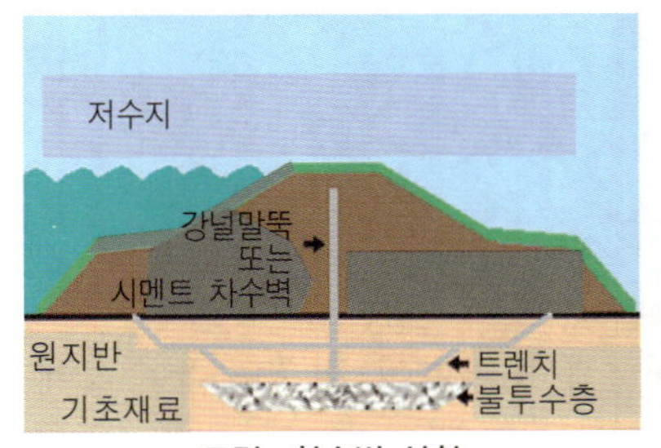

그림. 차수벽 설치

그림. 비탈면 피복

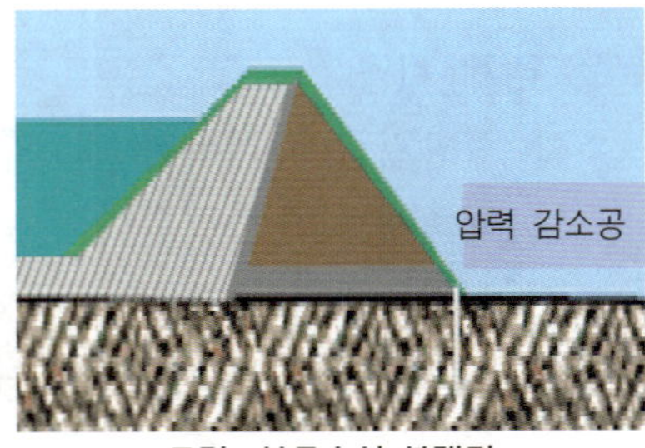

그림. 불투수성 블랭킷

㉯ 제체 폭의 확대 : 침윤선이 제체 내에 위치하도록 제체 폭을 확대

㉰ 압성토공법 : 제체 비탈면의 활동을 방지

㉱ 불투수성 블랭킷의 설치 : 파이핑현상의 방지

㉲ 비탈면에 피복공 설치 : 침식과 재료의 유실을 방지

㉳ 배수구의 설치 : 댐 내부 또는 비탈 끝에 설치

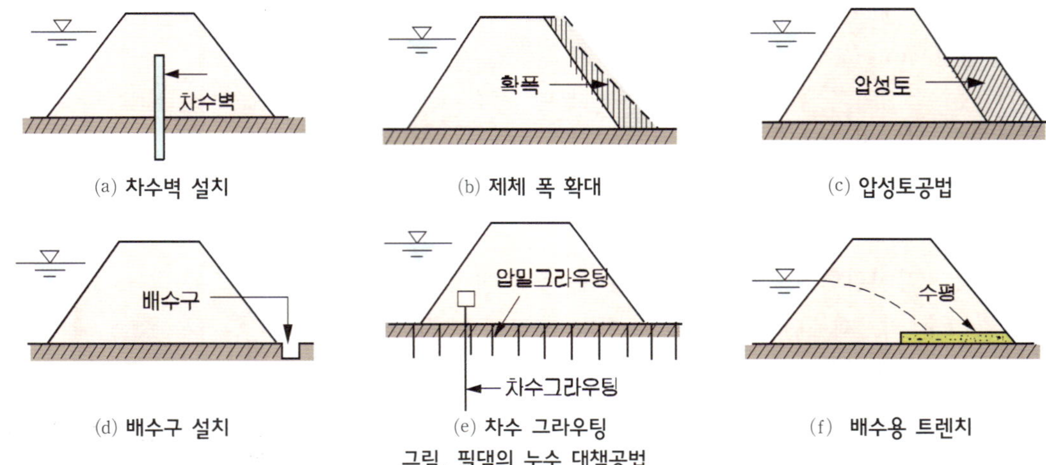

(a) 차수벽 설치 (b) 제체 폭 확대 (c) 압성토공법
(d) 배수구 설치 (e) 차수 그라우팅 (f) 배수용 트렌치

그림. 필댐의 누수 대책공법

6 표면 차수벽형 석괴댐(C.F.R.D, Concrete Face Rock-fill Dam)

(1) 개요

1) 콘크리트 표면 차수벽형 석괴댐은 댐 제체가 석괴의 큰 자중과 투수성으로 댐체를 유지하여 지하수위에 의한 양압력을 제거하며 댐 표면에 콘크리트 차수벽을 설치하여 누수를 억제하므로 경제적이고 지진과 외부충격에 저항력이 큰 댐이다.
2) 표면 차수벽형 석괴댐은 상·하류의 경사를 1:1.4로 적용하여 저폭이 감소하므로 축조재료가 절약되고 차수벽과 제체 사이에 입경이 작은 쇄암층을 설치하여 완충 역할을 한다.

그림. 콘크리트 표면 차수벽형 석괴댐

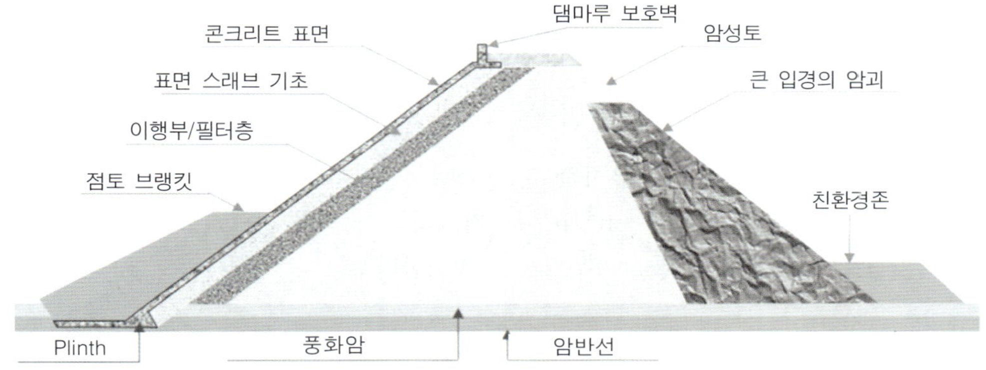

그림. 표면 차수벽형댐의 단면도

(2) 장점

1) 전단강도가 큰 재료를 댐 축조에 사용하고 저수지의 물 하중이 상류면에 누름하중으로 작용하므로 상류 비탈면을 급경사로 조성할 수 있다.
2) 투수성재료를 사용하여 댐체의 간극수압을 고려하지 않고 저수면의 변화에도 댐체의 안정성이 크다.
3) 기초 처리면적이 적고 기초처리와 댐 본체의 시공이 분리되므로 공사기간이 단축되고 차수벽의 폭과 경사를 조정하여 댐 체적의 감소와 공사비를 절감할 수 있다.
4) 시공 중에 성토재료의 함수비관리가 용이하고 기상조건의 제약이 적어서 전천후 시공이 가능하며 제체를 공사용 도로로 사용할 수 있다.

(3) 단점

1) 댐 본체와 기초의 압밀침하, 지진 등의 변형으로 차수벽에 균열이 발생할 가능성이 있으므로 높은 댐은 적용이 곤란하다.
2) 다른 댐의 형식보다 기초의 동수경사가 커서 차수벽 기초의 지수조건이 불리하고 댐체의 누수량이 많으며 공동현상이 발생할 우려가 있다.
3) 파랑에 의한 차수벽의 손상이 우려되고 표면 차수벽은 기상조건에 의한 열화가 발생할 수 있다.
4) 차수벽이 토사재료를 사용하는 것보다 고가이다.

(4) 시공 유의사항

1) 시공순서

유수전환 ⇨ 기초처리 ⇨ plinth 설치 ⇨ 댐 축조 ⇨ 상류면 표면처리 ⇨ 차수벽 콘크리트

2) 유수 전환과 가체절공 : 「필댐과 동일하게 실시」

3) 기초처리

① 기초처리는 점토 심벽형 록필댐과 유사하고 plinth는 견고한 암반에 설치한다.
② 기초가 충분한 안정성을 가지도록 plinth부는 기초처리와 정형 콘크리트(dental concrete)를 타설하고 상부는 점토에 의한 블랭킷 그라우팅으로 처리한다.

4) Plinth(주각부, Footing)

① 차수벽의 선단에 설치하는 plinth는 댐의 상류 바닥면의 차수, 차수벽과 댐 기초를 수밀하게 연결시키고 그라우트의 주입시에 압력의 누출을 방지하는 그라우팅 캡의 역할을 하며 차수벽과 제체에서 전이되는 하중을 지반으로 전달하는 기초 역할을 한다.
② Plinth의 최소 폭은 기초처리시에 그라우팅에 필요한 공간이 확보되도록 약 3m로 한다. 그러나 댐 높이가 25m 이하이면 2m의 폭도 사용할 수 있다.

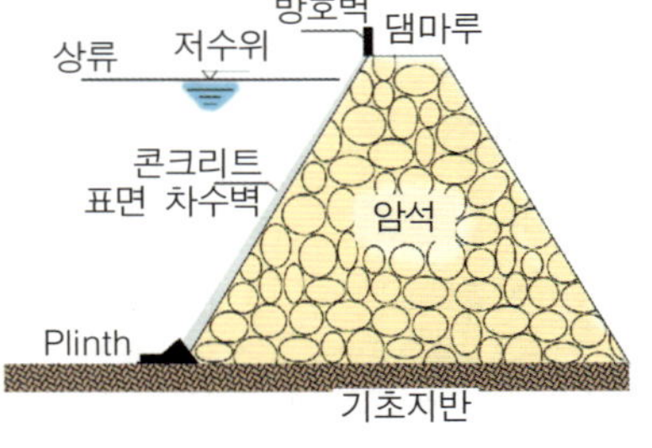

그림. Plinth

③ Plinth의 두께는 기초암반과 구조물의 변위를 고려하여 기초처리시의 주입압력에 저항할 수 있도록 특수한 지반을 제외하고는 0.25~0.4MPa의 압력이 작용하는 것으로 산정한다.

$$P = S_W + A_f > 0.25 \sim 0.40$$

여기서, P : 주입압력(Grouting pressure)에 저항하는 힘

S_W : Plinth 자중 A_f : 앵커바(Anchor bar)의 인장력

④ Plinth는 차수벽 하단부와 동일한 두께의 철근 콘크리트구조로 하여 암반 부착력과 그라우팅의 상향력에 대한 저항력이 커지도록 암반에 앵커로 밀착시켜서 침윤선의 양압력에 저항하게 한다.

5) 댐의 축조

① 댐의 축조 시에 암성토 체적의 약 10~20%를 살수하여 시공 중에 제체의 침하를 유발시켜서 완공 후에 장기 침하량이 감소되도록 한다.

② 성토 중 또는 차수벽의 시공 전에 비탈면 보호를 위하여 두께 5~10cm의 숏크리트 또는 lean concrete를 비탈면에 타설한다.

(a) 댐 기초 굴착후 청소

(b) 댐의 축조와 다짐

(c) 비탈면 다짐

그림. 콘크리트 표면 차수벽형댐의 축조

6) 상류면 표면처리

① Transition zone에서 축조재료의 입경(ϕ150mm)이 크면 재료분리가 발생하고, 지수벽에서 콘크리트의 손실이 증가하므로 transition zone은 시공 계획선과 일치하게 시공한다.

② 댐의 표면은 세립자를 포설하면서 백호에 램머를 부착하여 다지거나 크레인과 진동 롤러를 조합하여 다지고 정리된 비탈면에 숏크리트를 타설하여 이완을 방지한다.

7) 차수벽 콘크리트

① 차수벽 콘크리트는 약 30cm의 두께로 하고, 차수벽의 하부는 수심(H)에 따라서 차수벽의 두께를 조절하며 0.3m + 0.003H를 적용한다.

② 차수벽은 제체의 국부침하와 콘크리트의 온도변화에 의한 균열을 방지하도록 철근을 배근하고 수평 인발력이 예상되는 양단부분은 철근량을 증가(철근비 4%)시켜야 한다.

③ 표면 차수벽 슬래브의 콘크리트 타설을 위하여 댐 마루에 댐의 축방향으로 레일을 설치하고 slip form이 댐 상류의 경사면을 오르내리도록 윈치가 레일 위를 이동하게 한다.

그림. 차수벽 콘크리트

④ 차수벽 콘크리트의 타설 전에 시공이음과 신축이음을 설치하고 철근의 운반과 조립은 별도의 윈치

와 대차를 이용하며 차수벽 콘크리트의 타설과 철근 조립은 인접하지 않은 블록에서 동시에 시행한다.

⑤ 차수벽 콘크리트는 이음부가 없도록 slip form을 사용하여 연속적으로 타설하고 콘크리트의 다짐 시에 slip form이 떠오르지 않도록 타설 부위의 30cm 아래에서 진동다짐을 실시한다.

⑥ Slip form의 아래에 직사일광을 차단하고 이물질의 낙하를 방지하도록 습윤 양생포를 씌우며 한 블록의 콘크리트가 타설되면 습윤양생을 실시한다.

⑦ Slip form의 폭은 약 15m, 피니셔(finisher)의 길이는 1.5m, 콘크리트의 타설속도는 2~5m/hr로 하고 차수벽 표면의 평탄성 허용오차는 2mm로 한다.

⑧ 포장 슬래브의 블록 크기는 9×9m~12×12m가 경제적이며 블록 크기가 작아서 이음이 증가하면 누수량이 많아지고 경제성이 저하한다.

⑨ 수평방향의 이음은 압축력을 받으므로 시공이음을 설치하고 수직방향은 인장과 압축을 받으므로 신축이음을 설치한다.

⑩ 차수벽의 소요 철근량은 차수벽 두께의 0.4~0.5%로 하고 철근간격은 차수벽 두께보다 작게 하며 균열에 효과적으로 대처하기 위하여 차수벽 두께는 200~300mm가 적당하다.

(a) 댐 표면 숏크리트 타설

(b) 슬래브 철근 조립, 콘크리트 타설

(c) 콘크리트 타설후 양생

그림. 콘크리트 표면 차수벽형댐의 표면처리공

8) 댐 정상부(Crest)

① 댐의 정상부는 장기침하를 고려하여 여성토를 실시하고 상류측에 L형 parapet wall을 설치하여 월류의 방지와 성토재료가 절감되도록 한다.

② 댐 마루 상류단에 4~6m의 parapet를 설치하고 댐 마루에서 돌출되는 높이는 1.0~1.5m로 하며 parapet 바닥의 높이는 상시 만수위보다 상부에 위치해야 한다.

그림. 댐의 정상부(Crest)

7 콘크리트 댐(Concrete Dam)

(1) 개요

콘크리트댐의 시공은 복합 공종으로 구성되어 한 공종이 지연되면 다른 공사와 전체공사에 영향을 미치므로 공정관리가 매우 중요하다. 콘크리트댐의 본체는 여러 개의 블록으로 나누어서 콘크리트를 타설하고 1-블록의 크기는 온도 규제, 콘크리트의 생산과 타설능력에 따라서 15×15m, 15×30m의 크기로 하며 블록의 1회에 타설하는 콘크리트 높이(lift)는 온도 제어를 위하여 약 0.75~1.5m로 한다. 콘크리트를 타설하면 수화열에 의하여 콘크리트의 내부온도가 급격히 상승하다가 낮아지고 수화열은 콘크리트 표면에서 다소 발산이 되지만 온도가 높은 콘크리트가 외기와 접하면 온도차이로 인한 수축으로 온도균열이 발생할 우려가 있다.

특히 암반에 접하는 콘크리트는 큰 구속을 받아서 온도균열이 발생할 우려가 있으므로 균열 방지를 위한 온도 조절이 필요하다.

유수전환처리
⇩
가배수로 설치
⇩
댐체 터파기
⇩
Cap 콘크리트, 그라우팅
⇩
댐체 거푸집 설치
⇩
블록별 콘크리트 타설
⇩
댐체 시공 완료
⇩
가배수로 폐쇄
⇩
댐체 계통 점검
⇩
담 수

(그라우팅, 기초배수)

(댐체 거푸집 설치)

(블록별 콘크리트 타설)

(댐체 시공 완료)

그림. 콘크리트댐의 시공 순서

(2) 콘크리트댐의 시공 유의사항

1) 댐 기초의 청소

① 댐의 기초암반은 콘크리트 타설 전에 암 조각, 점토분, 이물질을 깨끗하게 제거한다.
② 암반과 콘크리트의 부착을 위하여 기초바닥에 1.0~2.0cm 두께로 모르터를 포설한다.
③ 기초암반의 용수를 처리하고서 댐체 콘크리트를 타설한다.

2) 콘크리트의 배합

① 재료

㉮ 중용열시멘트, 고로시멘트, 플라이애쉬시멘트 등의 저열형시멘트를 사용한다.
㉯ 저열형시멘트는 콘크리트의 초기강도가 낮지만 장기재령에서 강도가 증진되므로 설계기준강도는 재령 91일의 압축강도를 적용한다.

② 배합설계

콘크리트의 배합은 소요 워커빌리티(workability)와 강도의 범위에서 가능한 한 단위시멘트량을 적게 한다.

㉮ 설계기준강도 : 12~18MPa
㉯ 슬럼프 : 50mm 이하
㉰ 물-결합재비(W/B) : 60% 이내
㉱ 굵은골재의 최대치수 : 8~15cm

3) 콘크리트 생산과 운반

콘크리트의 운반은 작업능률이 좋고 운반 중에 분리가 발생하지 않도록 케이블 크레인(cable crane), 집크레인(jib crane)을 이용하며 케이블을 이용한 콘크리트 운반은 콘크리트 버킷을 사용한다.

① 콘크리트 생산설비(Batcher plant)

배치플랜트의 용량은 믹서 대수와 크기에 따라서 결정하고 콘크리트의 생산능력은 케이블 크레인과의 조합을 고려하여 결정한다.

② 콘크리트의 운반

㉮ Cable way : 양단 고정식, 편측 이동식, 양측 이동식
㉯ 고정식 크레인 : Tower crane, Jib crane
㉰ 이동식 크레인 : Trestle crane

4) 콘크리트의 타설

① 타설 준비

㉮ 콘크리트의 타설 전에 신선한 암반이 노출되도록 뜬 돌과 파쇄된 암을 제거한다.

㉯ 거푸집은 목재, 강재 슬라이딩 거푸집(sliding form)을 사용하고 부재 내외의 온도차와 온도의 강하속도가 저감되도록 보온 거푸집을 사용하는 경우도 있다.

㉰ 콘크리트의 타설온도를 낮게 하고 콘크리트의 최고온도와 외기온도와의 차이를 적게 하기 위하여 콘크리트 재료를 사전에 냉각시키는 precooling 방법을 사용한다.

그림. 댐체 콘크리트 타설

② 타설계획

㉮ 댐 콘크리트의 타설은 블록 또는 층(lift)으로 나누어서 작업효율이 최대가 되도록 타설계획을 수립한다.

㉯ 타설계획에 고려할 사항

㉠ 기상조건

㉡ 거푸집 수량과 타설장비의 계획

㉢ 콘크리트의 공급과 타설능력

㉣ 콘크리트의 온도, 강도 발현시기

㉤ 시공 중에 제체의 구조적 안정과 인접한 블록 간의 온도차를 고려하여 콘크티트의 타설 두께는 댐축방향으로 최대 8-lift, 상·하류방향으로 최대 4-lift 이내로 타설한다.

㉥ 노출된 암반의 풍화방지를 위한 보호

㉦ 인공냉각을 하지 않는 경우에 1층(lift)의 타설높이는 1.5m 이내

㉧ 수축이음(contraction joint)으로 분할된 블록의 1층 높이는 1.5~2.0m가 표준

③ 타설 방법

한 블록의 콘크리트를 타설하고 이에 접하는 블록의 콘크리트를 타설하면 새로 타설되는 콘크리트가 기존 콘크리트의 구속에 의한 온도차이로 응력이 발생한다.

㉮ 블록별 타설

㉠ 제체를 일정하게 분할된 블록으로 순차적으로 타설한다.

㉡ 블록 크기

ⓐ 댐 축선의 세로방향 : 15m

ⓑ 댐 축선의 가로방향 : 35~45m

ⓒ 대규모 중력식댐에 적용

그림. 블록별 콘크리트 타설

㉯ 층(Layer) 타설

댐체를 구역으로 분할하거나 전단면을 동시에 타설하며 아치댐과 중·소규모의 중력식댐에 주로 적용한다.

그림. 댐 콘크리트의 타설

④ 콘크리트의 타설순서

㉮ 인공냉각을 하지 않는 경우는 타설한 층의 수화열을 고려하여 일정한 시간이 경과된 후에 다음 층을 타설한다. 강성이 크고 구속도가 큰 암반에 콘크리트를 타설하는 경우에 타설시간의 간격이 짧으면 타설 두께에 따라서 콘크리트의 온도가 높아져서 온도균열이 발생할 수 있다.

㉠ 1층 타설 두께가 0.75m : 3일 이상이 경과된 후에 타설

㉡ 1층 타설 두께가 1.5m : 5일 이상이 경과된 후에 타설

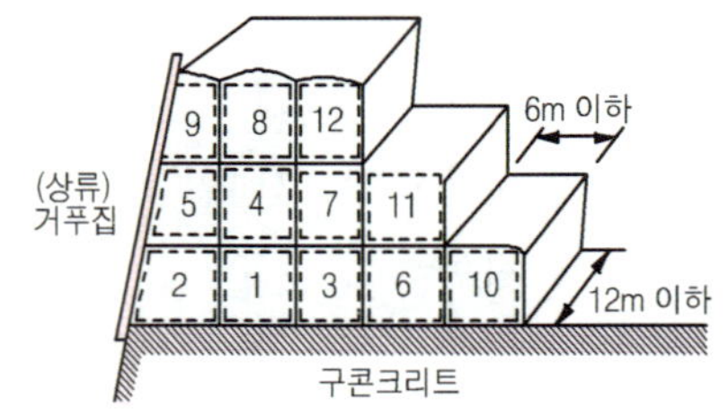

그림. 콘크리트 타설순서

㉯ 콘크리트 타설은 블록 내의 상류와 하류측에서 반대 측으로 진행하며 상·하층간의 타설시간 간격은 초기 응력시간을 고려하여 짧게 한다.

그림. 댐 콘크리트 타설

㉰ 1층의 타설 두께는 진동기의 다짐능력과 작업 효율을 고려하여 40~50cm로 하고 타설이 완료되면 즉시 습윤양생(스프링쿨러 등)을 실시한다.

㉱ 기초 암반면이 불규칙하거나 경사진 경우는 콘크리트의 타설 두께를 계획두께의 1/2로 하여 응력 집중에 의한 균열 발생을 제어한다.

㉲ 레이턴스는 콘크리트가 완전히 굳기 전에 water jet, air jet에 의하여 제거한다.

그림. 콘크리트댐의 콘크리트 타설

⑤ 취약부 콘크리트의 타설

㉮ 배합이 다른 콘크리트의 경계면

중력식 콘크리트댐에서 상·하류면의 배합이 다른 콘크리트는 블록의 경계부에서 콘크리트가 서로 혼입되게 타설한다.

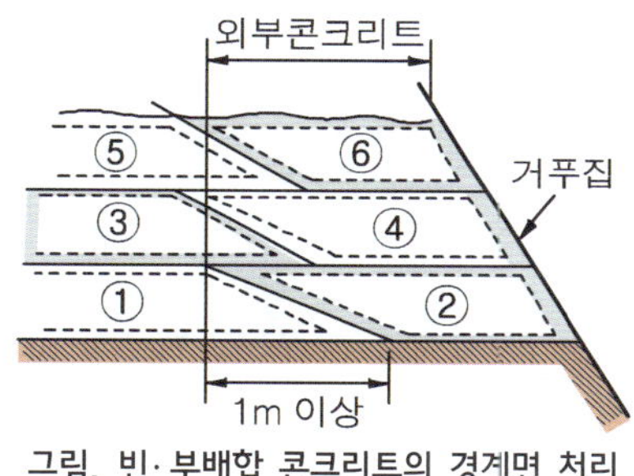

그림. 빈·부배합 콘크리트의 경계면 처리

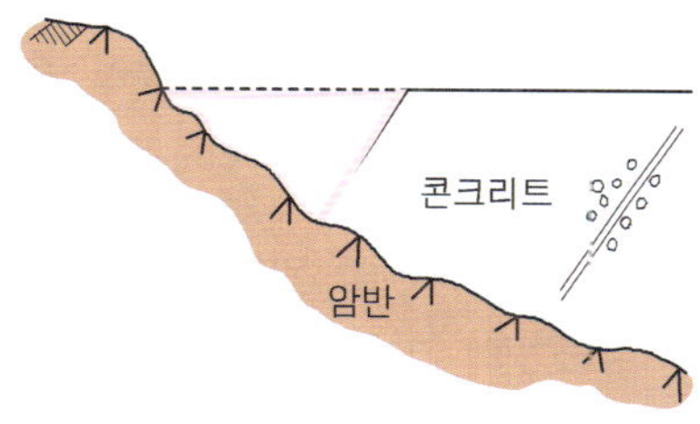

그림. 완만한 경사면의 콘크리트 타설

㉯ 완만한 경사의 암반 굴착부

암반 비탈면과 접하는 부위는 거푸집을 설치하거나 선단을 잘라내어 두께가 얇은 부분이 발생하지 않게 콘크리트를 타설한다.

㉰ 콘크리트 치환

기초암반에 존재하는 단층, 시임(seam), 파쇄대 등의 불량한 지반은 콘크리트로 치환하여 지지력을 증가시키고 치환된 콘크리트와 암반의 틈은 누수 방지를 위하여 접촉 그라우팅을 실시한다.

제10장

5) 양생(온도균열의 제어)

① 양생시의 온도 제어

㉮ 매스콘크리트는 일반적인 콘크리트의 양생조건에 온도균열을 제거하는 대책이 필요하다. 온도 상승과 부재 내외부의 온도차를 가급적 작게 하며 부재 전체에서 급격한 온도강하가 발생하지 않게 한다.

㉯ 온도균열의 제어를 위한 고려사항

㉠ 재료와 배합의 선정

㉡ 콘크리트 타설시에 블록을 분할

㉢ 타설 시간간격

㉣ 콘크리트의 냉각과 표면의 보온

㉤ 양생방법

② Precooling 방법

㉮ Precooling은 재료의 일부 또는 전부를 배치플랜트(batcher plant)의 믹서에 투입하기 전에 냉각하여 콘크리트의 타설 온도를 저하시키는 방법이며, 대규모 냉동설비가 필요하고 배합수를 제외하고는 냉각효과가 불량하여 비경제적이다.

㉯ 콘크리트의 타설 온도가 낮아지므로 암반과 외기에 의한 온도응력이 작아지고 균열 방지에 효과적이며 대규모 블록의 콘크리트댐은 pipe cooling과 병행하면 효과적이다.

그림. Ice plant

㉰ Precooling 방법

㉠ 얼음 투입, chilling plant : 배합수

㉡ 배치플랜트의 조골재 bin에 냉풍을 송기 : 조골재의 냉각

㉢ 특수 screw conveyor에 의한 냉각 : 잔골재, 시멘트

③ Post cooling(pipe cooling) 방법

㉮ Pipe cooling은 매스콘크리트의 타설 시에 콘크리트 내부에 파이프를 매입하고 냉수를 통과시켜서 온도 상승을 억제하는 방법이며 pipe cooling은 2단계로 나누어 실시한다.

㉠ 1차 냉각

ⓐ 콘크리트를 타설하고서 탄성적인 성질이 강하게 발휘되지 못하고 온도응력이 발생하지 않는 기간에 냉각을 하여 콘크리트의 수화열을 제거한다.

ⓑ 1차 냉각의 목표온도는 약 20~25℃로 하고, 냉각 후에는 강도 증가를 위하여 자연방치(약 1개월 이상)를 한다.

㉡ 2차 냉각은 균열의 방지와 이음줄 그라우팅에 필요한 이음줄의 간격(약 0.5mm 정도)을 확보하기 위하여 실시한다.

㉯ 하천수를 냉각수로 사용하는 경우에 하천수의 온도가 필요한 냉각효과를 얻을 수 없으면 냉동설비를 설치한다.

④ 부재 내외의 온도차와 온도의 강하속도가 저감되도록 보온거푸집 등을 사용한다.

⑤ 균열 유발줄눈은 균열 위치를 제어하고 균열제어 철근을 사용하여 온도균열을 제어한다.

㉮ 균열 유발줄눈은 구조물의 치수, 철근량, 타설 온도에 따라서 4~5m 간격으로 설치한다.

㉯ 균열 유발줄눈에서 발생한 균열에 누수와 철근 부식의 방지가 필요하면 사전에 지수판을 설치하고 균열부에 에폭시 수지를 주입하며 줄눈은 탄성 sealing 또는 수지모르터를 시공한다.

6) 콘크리트댐의 이음

① 이음

㉮ 콘크리트댐의 이음은 온도균열을 방지하기 위하여 설치하는 수축이음과 콘크리트 타설설비의 능력에 따라서 필요한 시공이음이 있고 대부분은 시공이음인 동시에 수축이음이다.

㉯ 시공이음은 댐 콘크리트의 타설에 따른 시공계획과 시공조건에 의한 이음으로 1회 콘크리트 타설 높이(lift)의 경계부에 수평으로 설치하는 수평 시공이음과 수직방향의 연직 시공이음이 있다.

㉰ 수축이음은 댐 축방향의 세로이음과 직각방향의 가로이음이 있고 가로이음의 간격은 15m, 세로이음은 30~40m로 하며 댐 높이 70m까지는 일반적으로 세로이음을 설치하지 않는다.

㉱ 중력댐의 가로이음은 일반적으로 톱니형태로 설치하고 세로이음은 수직으로 수직응력과 전단응력이 전달되게 응력선에 직각으로 톱니형으로 설치하고 이음부 그라우팅을 시행한다.

② 수평 시공이음

㉮ 수평 시공이음의 콘크리트 타설 두께(lift)를 가능한 한 두껍게 하면 경제성에서 유리하다.

㉯ 수평이음의 타설 두께는 block식 타설은 1.5~2.0m, layer식 타설은 0.5~1.0m, 하상 암착부는 0.3~0.75m로 하고 콘크리트 타설 능력에 따라서 조정한다.

㉰ 먼저 친 콘크리트의 타설 두께가 0.75~1.0m인 경우는 3일, 타설 두께가 1.5~2.0m인 경우는 5일이 경과하고 새 콘크리트를 타설한다.

㉱ 콘크리트 타설을 장기간 중지한 후에 콘크리트를 이어 칠 때는 표준 타설 두께의 1/2 두께로 여러 층을 두는 것이 좋다.

㉲ 인공냉각에 의한 온도 조절과 온도 조절에 유리한 현장조건 등의 균열 방지대책을 수립한 경우는 균열이 발생하지 않는 범위에서 타설 두께를 크게 한다.

③ 가로이음

㉮ 가로이음의 위치와 간격은 댐 지점의 기온, 높이, 콘크리트의 온도 조절, 품질관리 등의 직접적으로 균열 방지에 관계되는 요소와 콘크리트 생산 플랜트의 능력, 지형, 지질, 수문의 경간 등의 시공과 구조적인 사항을 검토하여 결정한다.

㉯ 가로이음의 간격은 콘크리트 생산능력의 증가, 댐 콘크리트의 품질 개선, 온도 조절에 의하여 간격을 크게 할 수 있고 균열 방지대책을 수립한 경우는 25m까지로 한다.

가로이음
세로이음

그림. 가로이음과 세로이음

㉰ 가로이음의 간격은 다음 조건에 따라서 결정한다.

㉠ 온도균열의 발생을 방지하기 위하여 필요한 길이

㉡ 효율적인 콘크리트 타설에 필요한 길이

㉱ 가로줄눈의 간격은 15m로 하고 댐 좌우안의 고정 block의 크기는 표준 가로이음 간격의 0.5~1.5배로 한다.

④ 세로이음

㉮ 세로이음은 댐 축방향으로 설치하며 횡단면에 연직으로 설치하는 경우, 경사방향으로 설치하는 경우와 연직방향으로 지그재그(zigzag)로 설치하는 경우가 있다. 연직 세로이음은 댐 축방향의 균열방지를 위하여 높은 댐에 설치하는 이음으로 이음 그라우팅을 실시한다.

㉯ 세로이음에 이음 그라우팅을 하지 않는 경우는 경사방향으로 세로이음을 주응력 방향으로 경사지게 설치하여 이음면에 생기는 전단응력을 적게 한다.

㉰ 경사이음과 연직방향으로 지그재그로 설치하는 세로이음은 단면의 중간에서 이음이 그치므로 반드시 균열 방지대책을 수립한다.

㉱ 세로이음의 간격은 30~40m로 하고, 블록 간에 상·하류방향의 길이는 3.0~4.5m 차이가 있게 하며 콘크리트의 품질, 온도 조절 등의 균열방지대책이 수립된 경우는 간격을 크게 한다.

⑤ 개방이음

댐 지점의 계곡 형상, 기초지반의 결함, 콘크리트의 온도 조절을 위하여 필요하면 비틀림이음, 전단이음, 온도조절이음을 설치한다.

⑥ 이음의 구조

㉮ 가로이음의 구조

㉠ 콘크리트댐의 가로이음은 소요 전단력을 블록간에 확실하게 전달하기 위하여 톱니형으로 설치한다.

㉡ 가로이음면의 상·하류 부근, 착암면 부근, 갤러리 부근에서 거푸집을 설치하는 구간은 톱니형을 생략한다.

㉯ 세로이음의 구조

㉠ 콘크리트 중력댐에 설치하는 세로이음은 댐 제체와 일체화되고 안정성을 확보하기 위하여 이음부 그라우팅을 실시한다.

㉡ 세로이음은 연직방향으로 작용하는 전단력을 전달하는 수평 톱니형 이음으로 설치한다.

7) 지수판과 배수공

① 가로이음의 지수판

가로이음은 지수판과 이음 배수공을 설치하고 지수판은 콘크리트의 부착력을 고려하여 수밀성과 내구성이 좋은 재료를 신축작용에 적응하는 형상으로 설치한다.

② 이음 배수공

이음 배수공은 지수판의 하류측에 설치하여 지수판을 통해서 흘러 들어온 누수를 제체내 통로(gallery)의 측구로 유도하는 것으로 지수판에 의한 지수성을 판단하고 가로이음의 내부로 침입한 누수를 배제하기 위하여 설치한다.

③ 지수판과 가로이음 배수공의 배치

㉮ 가로이음의 상류면에 설치하는 지수판은 가로이음으로 유입된 누수를 지수하기 위하여 지수판을 2중으로 설치한다.

㉯ 가로이음의 지수판은 암착부에서 기초암반의 내부까지 연장하여 지수를 하고 댐에서 사용하는 일반적인 지수판의 폭은 400mm를 표준으로 한다.

(3) 제체 부속구조물

1) 개요

제체의 부속구조물은 갤러리, 엘리베이터 샤프트, 공도교 등의 3가지로 분류된다.

① 일상적인 유지관리와 점검을 위하여 반드시 제체가 갖추어야 할 구조물

② 제체 시공의 절차부터 부득이하게 설치하는 공사 도중의 구조물

③ 제체의 외관상 설치해야 하는 것

표. 제체 내·외 구조물

설치위치 \ 기능	유지관리에 필요	시공단계에서 일시적으로 필요
제체내 부속구조물	· 갤러리(gallery) · 조작실(chamber) · 배수설비 · 엘리베이터 샤프트 · 관측시설(온도계 등)	· 제체내 가배수로
제체외 부속구조물	· Footing(갤러리 출입구 등) · 댐마루 도로와 교량(공도교) · 댐마루 조명설비 · 댐마루 게이트 개폐장치실 · 댐마루 배수설비	· Footing(그라우팅 용도)

2) 제체내 통로(gallery)

① 댐 제체의 내부에 통로를 설치하는 목적은 다음과 같다.

㉮ 댐 제체 내부에서 완성 후에 방류설비의 조작

㉯ 제체 방류설비 등의 점검

㉰ 각종 기기에 의한 측정

㉱ 줄눈 등에서의 누수를 제체 내부에서 외부로 배수

㉲ 공사 중 그라우팅작업

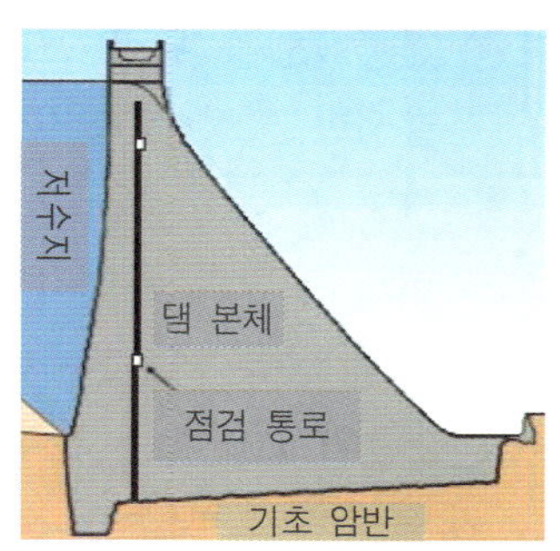

그림. 콘크리트댐의 Gallery

㉥ 게이트 설치작업
㉦ 기초 배수공의 설치
㉧ 전기기기의 배선 등

표. 갈러리의 종류와 목적

명 칭	목 적	
	공사 중	완공 후
기초 갈러리 (Foundation gallery)	· 기초 그라우팅 시공 · 기초배수공 설치 · 시공관리	· 배수공의 설치 · 누수 배수설비의 설치 · 제체 내 구조물의 육안 점검 · 각종 기기의 조작 등
상단 갈러리(Crest gallery)		· 점검, 조작용, 기기설치, 배선
중단 갈러리 (Inspection gallery, gate gallery)		· 조작용, 점검
상, 하류 갈러리(Cross gallery)	· 시공관리	· 배수공 점검(양압력 측정 포함), 조작용, 배수

② 갈러리와 상류면의 거리는 다음 사항을 고려하여 결정하고 상류면에서 3m 이상이 떨어져야 한다.
㉮ 하중에 의한 응력
㉯ 기초배수공의 상류면에서의 거리
㉰ 차수 그라우팅과의 관계
㉱ 콘크리트 타설을 위한 작업공간

③ 갈러리와 기초암반의 거리는 기초암반의 성질과 상태, 시공법을 고려하여 결정하고 기초암반에서 갈러리 바닥면까지의 최소거리는 1.5~2.0m로 한다.

그림. Dam gallery

④ 갈러리 단면의 천장부는 반원형 또는 사다리형으로 하고 단면은 다음 사항을 고려하여 결정한다.
㉮ 보행과 점검의 용이성
㉯ 천공작업을 위한 공간
㉰ 발생한 인장응력의 정도
㉱ 시공성 등

⑤ 갈러리 주변의 콘크리트는 인장응력에 의한 균열의 발생을 방지하기 위하여 철근을 보강한다.

⑥ 갈러리 상류측에 설치하는 배수측구의 단면은 수량이 많은 기초 갈러리는 폭 30cm, 깊이 30cm, 상·중단의 갈러리는 폭 30cm, 깊이 20cm로 하고 누수된 물은 기초 갈러리 중심부의 집수정(pit)에서 제체 밖으로 배수한다.

⑦ 갤러리의 출입구는 풍우, 폭설 등이 들어오지 않는 구조로 하고 출입문은 내구성 재질로 한다.
⑧ 갤러리내의 기타 설비는 비상시에 안전확보를 위하여 안내판, 전화, 긴급 부저 등을 설치하고 높은 습도에 대한 대책을 마련한다.

3) 엘리베이터 샤프트(Elevator shaft)

① 엘리베이터는 제체내 시설물 등의 유지관리를 위하여 높이 50m 이상의 댐에 설치하며 50m 미만의 댐도 필요시에는 설치할 수 있다.
② 엘리베이터는 제체내 갤러리, 방류설비, 조작실, 관측실 등으로 연결이 편리하며 방류설비 등의 주요 구조물에 지장을 주지 않고 기초 갤러리로 접근이 쉬운 블록 중앙부에 설치한다.
③ 엘리베이터의 적재량은 제체 내부로 반입되는 보수용 기구류와 보링 그라우트 기계류 등의 분해 가능한 중량과 크기를 고려하여 결정한다.
④ 엘리베이터 샤프트는 방습이 되게 하고 샤프트 벽면은 이중구조로 한다.

4) 댐마루 구조물

① 댐의 관리상 필요한 기능
② 일반도로(지방도, 군도 이상)로 겸용할 때는 도로의 요구 기능
③ 일반도로로 사용되지 않지만 개방되면 통로로서 요구되는 기능

그림. 댐마루 구조물

5) Footing

① Footing은 댐 본체 이외의 구조물로서 본체와 지반의 접속부에 시공하는 콘크리트 블록이며 설치 목적은 다음과 같다.
㉮ 암반 보호
㉯ 그라우팅의 공간 또는 거푸집 설치 등의 시공
㉰ 유지관리 점검을 위한 갤러리와 배수로의 관리
② Footing은 하중을 분담하는 단면이 아니므로 설치 목적에 따라서 크기를 결정한다.
③ Footing에서 그라우팅을 하는 경우는 footing과 본체 연결부의 균열과 구조적으로 불안전하여, 댐체의 안정성에 영향이 없어야 한다.

 8 R.C.C. (Roller Compacted Concrete)댐

(1) 개요

그림. RCC Dam

롤러 다짐 콘크리트댐(roller compacted concrete dam, RCCD)은 콘크리트댐의 장점과 필댐의 단점을 보완하여 콘크리트댐의 공기 단축과 경제성이 증대하고, 콘크리트댐의 축조가 댐 지점의 지형과 지질 등의 폭 넓은 조건 변화에 용이하게 적용할 수 있다.

RCC댐은 빈배합 콘크리트를 진동 롤러로 다짐하여 댐체를 축조하는 공법이며, 콘크리트댐의 수화열에 의한 문제점을 해결하고 pipe cooling이 필요없는 경제적인 공법으로 침식, 월류, 지진에 대한 저항성이 우수하며 건조수축과 크리프 등의 부피 변화가 적어서 주로 중력식 콘크리트댐에 적용한다.

1) RCC댐은 슬럼프가 '0'인 콘크리트를 진동 롤러로 다짐하는 콘크리트 중력댐이며 일반적인 콘크리트댐과 동일한 수밀성을 가지고 예상하중에 대한 안전성이 있다.
2) RCCD용 콘크리트를 사용하여 콘크리트 중력댐의 내부 콘크리트를 시공하고 외부 콘크리트, 암착부, 댐 내부 구조물의 주변은 일반 콘크리트를 사용한다.
3) RCC댐은 덤프트럭 등으로 운반한 콘크리트를 불도저로 3층 정도의 리프트 높이로 펴고른 후에 가로이음을 설치하고 콘크리트 상면을 진동 롤러로 다짐하는 공법으로 운반, 펴고르기, 다짐에 장비를 사용하여 연속적으로 대량 시공이 가능하다.

(2) 특징

1) RCCD용 콘크리트는 진동 롤러로 다짐하므로 단위수량이 적고 수화열을 저감하기 위하여 단위시멘트량을 적게 한 된비빔 콘크리트이며 최대 골재치수는 ϕ150mm를 사용한다.
2) 콘크리트의 타설은 전면 층(layer)으로 타설하는 종방향 시공을 한다.
3) 1-lift의 높이는 표면의 다짐효과를 고려하여 50~75cm를 표준으로 하고 다짐은 불도저, 덤프트럭, 자주식 진동 롤러를 사용한다.
4) 콘크리트 운반은 배치플랜트(batcher plant)에서 제체까지 덤프트럭, 케이블크레인, 타워크레인 등을 이용하고 제체 내에서는 덤프트럭으로 운반한다.
5) 콘크리트의 펴고르기는 불도저를 이용하여 얇게 포설한다.
6) 가로이음은 콘크리트를 펴고른 후에 진동 줄눈절단기로 절단하여 설치하고 세로이음은 일반적으로 설치하지 않는다.
7) 수평 시공이음면의 처리(green cut)는 모터 스위퍼 등으로 청소하고 다음 리프트의 타설 전에 모르터를 포설한다.

(3) 시공 유의사항

1) 일반사항

RCCD용 콘크리트는 매우 된 비빔이고 시멘트풀이 적으므로 재료분리가 일어나지 않도록 콘크리트의 혼합, 치기, 다짐에 다음 사항을 주의해야 한다.

① 시멘트풀이 일부분에 편중되지 않게 균등하게 비빈다.

② 믹서에서 버킷이나 덤프트럭, 버킷에서 덤프트럭과 다른 운반기계로 옮기는 경우에 토출구와 받침대의 거리를 짧게 하여 가능한 한 한꺼번에 토출하도록 한다.

③ 불도저 등으로 균질하게 얇은 층으로 펴서 고르고 정해진 횟수로 균등하게 다짐을 실시한다.

그림. RCC댐의 시공 순서

2) 콘크리트 비비기

① 콘크리트는 단위시멘트량과 단위수량이 적으므로 균질한 콘크리트를 얻기 위하여 충분한 비비기를 한다.

② 콘크리트의 비비기는 가경식믹서 또는 강제 비빔형믹서를 사용한다.

3) 콘크리트의 운반

RCCD용 콘크리트는 단위시멘트량과 단위수량이 적은 콘크리트이므로 비벼진 콘크리트는 타설 장소로 신속하게 운반하고 운반 중에 옮겨싣기 횟수를 적게 하여 재료분리가 일어나지 않고 품질이 변하지 않게 한다.

그림. RCC댐의 콘크리트 운반설비(벨트 컨베이어)

4) 콘크리트 펴고르기

① 콘크리트는 충분한 다짐을 할 수 있는 두께로 포설하고 운반 중에 분리된 콘크리트는 거듭 비비기를 하여 균질한 상태가 되도록 한다.

② 펴고르기는 펴고른 후에 다짐을 소정 시간 내에 마칠 수 있는 범위로 하고 펴고르기는 댐 축방향으로 한다.

③ 한 층의 타설 두께는 30cm 정도로 전구간을 수평으로 타설하고 인장, 전단강도와 수밀성을 확보하도록 타설층이 밀착되어야 하므로 타설속도는 24시간 이내에 상부층을 타설해야 한다.

그림. 콘크리트의 펴고르기 작업

그림. 콘크리트 타설 후 다짐

5) 콘크리트 다지기

① 콘크리트는 진동 롤러에 의하여 펴고르기 방향과 동일한 댐 축방향으로 다짐을 실시한다.

② 다짐 폭은 2m로 하며, 인접 Lane의 경계부에서 다짐이 부족하지 않게 겹침다짐을 하고 겹침 폭은 20cm가 일반적이다.

③ 콘크리트를 비빈 후부터 다짐 시작까지 시간이 지연되면 충분한 다짐이 곤란하므로 포설 후에 조속한 다짐을 실시한다.

6) 양 생

① 콘크리트는 타설 후에 경화에 필요한 온도와 습도를 확보하도록 습윤양생을 실시한다. RCCD공법은 시공장비의 가동을 고려하여 스프링쿨러에 의한 살수양생을 한다.

② 한중콘크리트는 콘크리트가 동결되지 않게 콘크리트의 표면을 방수매트 등으로 덮고 보온양생을 하여 온도균열이 발생하지 않도록 한다.

7) 거푸집

① RCC댐에서 가로이음용 끝막이 거푸집은 1-리프트(lift)에 설치하는 것으로 거치, 제거, 이동이 용이해야 한다.

② 상류와 하류의 거푸집은 대형거푸집을 사용하며 형상과 위치를 정확하게 유지하고 필요한 강도를 가져야 한다.

③ 끝마무리 거푸집은 여름철은 콘크리트 타설 후에 12시간, 겨울철은 24시간이 경과되면 콘크리트의 경화를 확인하고 해체한다.

그림. RCC댐의 거푸집

8) 콘크리트의 온도 규제

① 시멘트의 수화열을 억제하기 위하여 단위시멘트량은 댐 콘크리트에서 요구하는 강도, 수밀성 등의 조건을 만족하는 범위에서 가급적 적게 사용한다.

② 댐 콘크리트의 타설 중에 온도균열을 방지하기 위하여 콘크리트의 타설온도를 관리하고 25℃ 이상에서는 콘크리트 치기를 금지한다.

③ 콘크리트의 타설온도를 낮추기 위하여 여름철은 가급적 야간에 타설하고 특히 layer가 최대가 되는 하상부의 콘크리트는 기온이 낮아지는 시기에 타설한다.

④ 댐 콘크리트의 타설 시에 최고온도를 규정하여 온도 응력에 의한 온도균열이 발생하지 않게 관리한다.

⑤ 콘크리트 재료(시멘트, 골재, 물)의 예냉(precooling)은 액화질소(LN_2)를 이용하여 실시한다.

9) 이음와 지수

① 가로이음

㉮ 댐의 제체 내에서 불규칙적인 온도균열을 방지하는 가로이음은 진동 줄눈절단기로 절단하여 설치한다.

㉯ 가로이음의 지수는 지수판을 시용하고 지수판의 배치는 콘크리트댐과 동일하며 상류의 고정 가로이음부에 지수판과 배수공을 고정하여 매립한다.

제10장

그림. RCC댐의 이음부 절단 진동커터

그림. RCC댐의 표면

② 수평 시공이음

㉮ 시공이음의 처리

㉠ 시공이음이 구조적으로 취약하지 않게 각 리프트의 표면에 있는 레이턴스와 뜬돌은 적절한 시기에 모터 스위퍼 또는 고압 세정기 등으로 제거한다.

㉡ 타설 후에 콘크리트의 절단 시기는 여름철은 24~36시간, 겨울철은 36~48시간이 경과되고서 실시한다.

㉯ 모르터 펴고르기

㉠ 콘크리트의 부착을 위하여 타설 전에 암반과 콘크리트 수평 시공이음면의 표면은 습윤상태를 유지하고 고인 물을 제거한다.

㉡ 콘크리트의 타설 직전에 모르터 펴고르기를 하고 모르터의 두께는 암반면은 2cm, 시공이음면은 1.5cm를 표준으로 한다.

(4) 일반 콘크리트 댐과 RCC댐의 비교

구 분	일반 콘크리트 댐	RCC댐
· 단위시멘트 량	150kg/m^3 이상	110~130kg/m^3
· 슬럼프 값	30mm	0mm
· 운반방법	Cable crane 또는 jib crane	(Cable crane, Belt conveyor) + 덤프트럭
· 타설방법	블록(block)식 타설	층(layer)식 타설
· 포설장비	버킷(concrete bucket)을 이용	불도저(bulldozer)
· 다짐방법	내부 진동기	진동 롤러, 콤팩터
· 양생	Pipe cooling	습윤양생
· 이음	거푸집 이용	수평이음 절단(vibrating cutter)

9 댐의 계측

(1) 개요

댐의 변형과 안정상태 등을 파악하고 유지관리를 위하여 설계단계부터 계측을 지속적으로 실시한다. 계측 항목은 댐의 형식과 크기 등에 따라서 설계조건을 고려하여 결정하고 특히 높은 댐, 특수한 설계의 댐, 특수한 재료를 사용한 댐은 계측 항목을 추가하여 댐의 안전이 확보되도록 한다.

계측은 설치 후에 오랜 기간 동안 측정하여 수집한 자료를 분석한 결과에 이상이 발견되면 대책을 검토한다. 또한 제체의 시공시와 수명기간 동안 발생할 수 있는 문제점을 원인, 시기, 위치별로 파악하여 계측을 하고 도출된 문제점은 해결방안을 수립해야 한다.

표. 필댐의 주요 계측 항목

목 적	항 목	장 소
· 축제시 시공관리	· 간극수압 · 변형 · 용수량	· 차수 존, 기초 · 기초, 제체 · 기초
· 완성 후 안전관리	· 침윤선 · 변형 · 누수량 · 침투압 · 지진	· 제체 · 기초, 제체 · 기초, 제체, 구조물, 주변 기초 · 기초, 제체

표. 댐 형식별 안정성 검토사항

구 분	검토 항목	검토 방법	평가
필댐	비탈면 안정성	비탈면 안정해석	안전율
	침투 안정성	침투류 해석, 한계유속 검토, 한계동수경사 검토	허용침투수량과 안전율
중력식 콘크리트댐	압축 안정성	기초지반의 내하력 검토	허용범위
	활동 안정성	전단 마찰저항력 검토	안전율
	전도 안정성	모든 작용력의 합력의 작용위치 검토	안전율
	제체에 압축과 인장응력에 대한 안정성	유한요소법, 하중분할법, 탄성이론해석법 등	허용응력
아치댐	제체 안정성	각 부분에 대한 응력 검토	허용응력
	양안부 안정성	양안부에서 제체, 지지구조물과 암반을 포함한 응력해석	허용응력
표면 차수벽댐	비탈면 안정성	원칙적으로 불안정	안전율
	지진시 비탈면 안정성	Newmark법	안전율
	침투 안정성	고려하지 않음	–

(2) 계측 항목

댐 계측은 일반적으로 댐체의 내부상태를 알기 위한 내부 측정, 댐의 변형과 변위를 파악하기 위한 외부 측정으로 구분한다. 계측위치의 선정시에는 가장 위험한 단면을 주 계측단면으로 선정하고, 기초 지반의 형상으로 인한 부등침하에 의하여 인장균열이 예상되는 곳 등의 상시계측이 필요한 부위에 추가적으로 계측단면을 선정해야 한다.

표. 일반적인 댐의 계측 항목

측정 항목	측정 기기	측정 대상
측 량	· 레벨 · 데오돌라이트 · 전자거리 측정기 · 트랜싯	· 댐 표면의 침하 측정 · 삼각측량시 측각 · 삼각측량시 거리 측정 · 댐 표면 상·하류 방향변위 측정
침 하	· 표면 측점 · 층별침하계 · 연속침하계 · 일점침하계	· 댐 정상부와 비탈면의 침하 · 제체 내부의 층별 침하 · 제체 내 동일 표고상의 침하 형상 · 제체 내 1점의 침하 · 댐체의 침하측정
댐 축방향 변형	· 표면 측점 · 경사계 · 내부경사계 · 수평변형 측정기기 · 토사용 매설식 변위계 · 광섬유센서	· 댐 정상부와 비탈면의 댐 축방향 변위 · 제체내 층별 댐 축방향 변위 · 제체 내부 동일 표고상의 댐 축방향 변위 · 제체 내부의 축방향 변위 · 제체 외부의 변위, 거동 측정
상·하류방향 변형	· 표면 측점 · 경사계 · 수평변형 측정기기 · 토사용 매설식 변위계	· 댐 정상부와 비탈면의 상·하류방향 변위 · 제체 내의 층별 상·하류방향 변위 · 제체 내의 상·하류방향 변위 · 제체 내의 상·하류방향 변형
간극수압	· 제체형 간극수압계 · 기초 지반형 간극수압계	· 제체 내부의 간극수압 · 기초지반의 간극수압
토 압	· 매설식토압계 · 경계면토압계	· 제체 내부의 토압 · 구조물과 제체 경계면의 토압
누수량	· 누수량 측정장치	· 누수량
지 진	· 첨두 가속도계 · 시간이력 가속도기록계 · 지진 스위치	· 첨두 가속도 · 시간이력 가속도 · 경보장치

(3) 매설계기의 설치 목적

1) 시공관리적 측면

시공관리를 목적으로 하는 경우에 표면 차수벽형 석괴댐에서 표면 슬래브(face slab)의 온도 측정은 콘크리트 타설 후의 내부온도 규제, 시공이음부의 상태를 알기 위하여 시공이음의 joint 측정을 실시하고 변형, 토압 등을 측정하여 댐의 거동을 파악하는 댐 축조시의 시공관리를 한다.

2) 안정관리적 측면

안정관리를 목적으로 하는 경우는 간극수압, 응력변형, 내부온도, 개도 현황, 누수량 등을 측정하여 댐 시공중과 시공 후의 댐 거동상태를 지속적으로 감시, 분석하는 등의 시설물의 안정관리를 위하여 측정한다.

3) 구조해석적 측면

장래의 댐 설계시에 실제 매설한 계기에서 측정된 결과를 분석, 검토하여 구조해석 방법의 연구, 설계조건의 개선, 설계하중의 검토, 이론의 확인 등의 댐체에 대한 조사를 위하여 측정한다.

(4) 댐 형식별 매설계기의 계측 항목

일반적으로 댐의 높이가 15m 이상의 대형 댐은 3개 이상의 주 계측단면을 설정하여 각종 계기를 매설하며 계측기기는 댐의 재질, 지질조건, 계측 목적 등을 충분히 파악하고 각 계측치의 상관관계를 고려하여 설치한다. 설치 위치는 지반조건과 현장조건에 따라서 최대변위와 최대응력이 작용할 것으로 추정되는 위치에 중점적으로 배치하고 필댐, 콘크리트댐, 표면 차수벽형 석괴댐에서 계측기기의 설치 목적과 방법은 다음과 같다.

표. 댐 형식별 계측 항목

댐 종류	특 성
필댐	· 층리, 절리, 기타 불연속면 등의 특성이 해석에 중요 · 댐의 품질관리는 재료의 특성, 함수비 조절, 다짐방법에 의하여 좌우 · 입도, 밀도, 함수비, 강도, 압축성, 투수성에 대한 관리가 필요 · 변형, 응력, 간극수압, 침투량, 지진에 대한 계측
콘크리트댐	· 적절한 기초처리 · 콘크리트의 타설과 양생과정에서 균열을 예방 · 기초의 강도, 변형, 불연속성, 온도에 관한 관리가 필요 · 온도, 변형, 응력, 침투량, 지진, 간극수압, 양압력에 대한 계측
표면차수벽형 석괴댐	· 상류의 콘크리트 표면 차수벽과 plinth에서 물을 차수 · 누수량 측정이 중요 · 변형, 응력, 간극수압, 침투량, 지진, 차수벽의 변형, 간극수압에 대한 계측

제10장

1) 필댐의 계측 항목

필댐의 매설계기는 목적별로 댐 축조시의 시공관리, 댐 완공 후의 안전관리, 댐 설계를 위한 자료관리의 3가지 항목으로 분류하며 검토한다. 댐 축조시에 측정하는 기초지반과 댐체의 간극수압 분포는 시공속도, 성토고, 축조재료의 함수비를 조절하여 댐 축조시에 성토속도의 조절에 사용한다.
그 외에도 댐 축조시에 댐체와 기초의 변형, 토압 등의 계측은 시공시에 침하 해석과 댐 안정성의 종합적인 검토를 위하여 보조적으로 사용한다. 댐 완공 후에 안전관리를 위한 주요 계측 항목은 댐체와 기초의 침투수량, 댐체의 외부 변형 등이 있다.

표. 필댐의 계측목적, 계측 항목별 검토내용

종 류	검토사항	
댐 축조시의 시공관리	· 간극수압(댐체, 기초의 변형, 토압)	
댐 완공 후의 안전관리	침투수에 대한 안정성 검토	· 침투량 · 간극수압, 침윤선 · 기초의 침투압 · 지하수위
	변형에 대한 안정성 검토	· 댐체 외부변형 · 기초의 변형 · 댐체 내부변형
연구설계용 자료관리수집	· 동적계측(지진파) · 동적 간극수압과 토압 · 토압 · 댐체 내부변형	

표. 필댐의 계측 항목과 계측기의 설치 목적

구 분	측정 항목	계측기 종류	설치 목적
제체	변형	변위관측점	댐마루와 상하류면의 변위 측정
		내부 수직침하계	제체 내부의 수직침하량 측정
		내부 수평침하계	제체 내부의 수평변위 측정
		층별침하계	제체 내부의 수평침하량 측정
		경사계	설치지점의 수평변위 측정
		Multi Antenna GPS	댐체의 침하 측정
		광섬유센서	제체 외부의 변위, 거동의 측정
	응력	토압계	제체 자중과 담수에 의한 응력 측정
		간극수압계	코어 내부의 간극수압 측정
	누수량	누수량 측정기	제체를 통한 누수량 측정
	지진	지진계	제체와 기초지반의 지진가속도 측정
기초암반	간극수압	간극수압계	기초암반의 간극수압 측정
	누수량	누수량 측정기	기초암반을 통한 누수량 측정

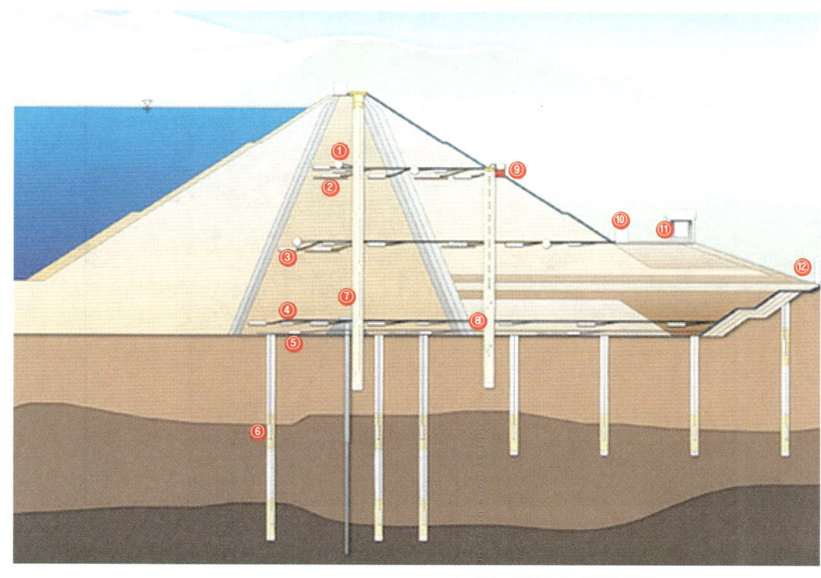

① Soil strain meter
② Settlement sensor
③ Heavy duty piezometer
④ Temperature gauge
⑤ Earth pressure cell
⑥ Piezometer
⑦ In-place inclinometer
⑧ Inclinometer probe
⑨ Portable readout box

그림. 필댐의 계측계획

2) 콘크리트댐의 계측 항목

콘크리트댐의 계측은 계측자료에 의한 시공 상태를 파악하여 안전하고 합리적으로 시공하기 위한 것으로 콘크리트 온도계 등이 있으며, 완공 후의 안전관리를 목적으로 하는 계측기는 담수 후에 댐의 거동을 파악하여 안정성을 확인하는 변형율계, 양압력계, 누수량 측정기 등이 있다.

표. 콘크리트댐의 계측 항목과 계측기의 설치목적

구 분	측정 항목	계측기 종류	설치 목적
제체	온도	온도계	콘크리트의 내부 수화열의 측정
	변형	Joint meter	이음부의 수축상태 측정
		Strain meter	콘크리트의 내부변위 측정
		Plumb line	댐의 휨과 거동 측정
		Multi Antenna GPS	댐체의 침하 측정
		광섬유센서	제체 외부의 변위, 거동의 측정
	응력	Stress meter	콘크리트의 내부응력 측정
		Non-stress meter	콘크리트 수화열에 의한 내부응력 측정
	누수	누수량 측정기	댐체의 누수량 측정
기초암반	응력	토압계	제체 자중과 자중에 의한 응력 측정
	양압력	간극수압계	댐 기초의 간극수압 측정
댐 주변	지진	지진계	댐 주변의 지진가속도 측정

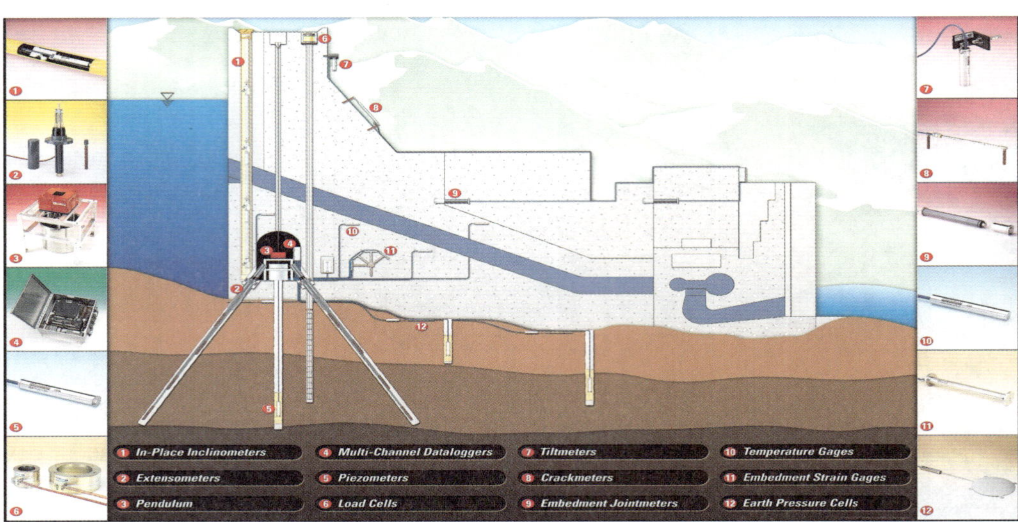

그림. 콘크리트댐의 계측계획

3) 표면 차수벽형 석괴댐의 계측 항목

댐 변위의 발생, 진행 방향성, 지점별 변위의 전체 다른 지점과의 연계성을 파악하기 위하여 항목, 설치 위치, 수량은 많은 것이 바람직하다. 계측 항목은 댐의 형식에 따라서 선정하고 계측 목적별로 계측 항목과 이에 관련된 관리사항 등의 필요성에 의하여 계측 항목을 선정한다.

표. 표면 차수벽형 석괴댐의 계측 항목과 계측기의 설치 목적

구 분	측정 항목	계측기 종류	설치 목적
댐체	변형	변위관측점	댐마루와 상,하류사면의 변위 측정
		내부 수직침하계	제체 내부의 수직침하량 측정
		내부 수평침하계	제체 내부의 수평변위 측정
		층별침하계	제체 내부의 층별침하량 측정
		경사계	설치지점의 수평변위 측정
		Multi Antenna GPS	댐체의 침하 측정
		광섬유센서	제체 외부의 변위, 거동의 측정
	응력	토압계	제체 자중과 자중에 의한 응력 측정
	변진	지진계	제체와 댐 주변의 지진가속도 측정
기초암반	간극수압	간극수압계	기초암반의 간극수압 측정
	누수량	누수량측정기	기초암반을 통한 누수량 측정
콘크리트 차수벽	변형	온도계	Face slab의 온도 측정
		경사계	Face slab 사면의 수평변위 측정
		Joint meter	Face slab 이음부의 변위 측정
		Perimetric joint meter	Face slab의 perimetric joint변위량 측정
		Cluster strain gauge	Face slab의 변위량 측정
		Non-stress-strain gauge	Face slab내의 발생응력에 의한 변형 측정

제11장
항만공

항만공 11

1 개 설

항만은 인류가 바다로 진출하면서 문명의 발달과 함께 발전되어 왔으며 해상교역으로 운반된 화물이 모이는 곳에는 자연스럽게 시장과 도시가 형성되어 바다와 가까운 점을 이용하여 성장한 도시들이 많다. 최근에는 경제성장과 국가 간의 물동량 증가로 인하여 항만을 통한 화물처리의 중요성이 커지고 있으며 우리나라의 경우도 수출입 물동량의 95% 이상이 항만을 통하여 처리되고 있다.

항만은 선박이 안전하게 출입하며 정박할 수 있도록 자연적, 인공적으로 보호되어 승객을 승·하선시키며 화물을 선박에 싣고 내릴 수 있는 시설이 구비된 해안시설이다. 항만은 해상과 육상의 교통이 연결되는 곳으로서 국내교통과 해외 교통망에서 중요한 부분을 차지하며 국가의 관문으로서의 역할을 수행한다. 따라서 항만의 입지는 자연조건과 함께 사회적, 경제적 조건과 국가의 장기적인 지역개발 방향을 고려하여 결정한다.

그림. 항만시설

일반적으로 항구와 항만을 구분하지 않고 사용하지만 항만은 박지, 부두시설, 화물 하역시설 등의 종합적인 부두 기능을 포함하고 있다.

2 항만의 종류

항만은 사용 목적, 위치, 구조양식 등에 따라서 분류하며 우리나라의 항만법에서는 항만을 지정항만과 지방항만으로 구분하고 있다.

(1) 항만법에 의한 분류

1) 지정항만

국민경제와 공공의 이해에 밀접한 관계가 있는 항만으로서 대통령령으로 명칭, 위치, 구역이 지정된 항만이며 무역항과 연안항으로 분류한다.

2) 지방항만

지정항만 이외의 항만으로서 특별시장·광역시장 또는 도지사가 명칭, 위치, 구역을 지정 공고한 항만이다.

(2) 사용목적에 의한 분류

1) 상업항

상업항은 상선이 출입하며 화물을 취급하므로 좋은 정박지와 화물, 여객을 신속하게 처리하는 설비와 배후지역이 구비되어 해상과 육로교통과 원활한 유통이 필요하다(부산항, 인천항).

(a) 부산신항

(b) 인천항

그림. 우리나라의 상업항

2) 공업항

공업지대에 건설되어 공장에서 사용하는 원료와 공장제품을 실은 화물선이 부두에 정박하여 원료와 제품을 직접 싣고 내릴 수 있는 시설을 구비한 항만이다(울산항, 온산항, 포항항 등).

(a) 광양항

(b) 울산항

그림. 우리나라의 공업항

3) 어항

어업의 근거지이며 어선이 출입하여 어획물을 처리하고 수송할 수 있는 시설을 가진 항만이다.

4) 군항

해군의 군함과 기타 선박이 정박하여 보급과 수리를 하는 시설을 가진 항만이며 여러 가지의 군용시설들이 포함되어 있다.

5) 피난항

먼 바다와 연안을 항행하는 선박들이 태풍과 기상 이변이 발생하는 경우에 잠시 입항하여 피난하거나 긴급한 수리가 필요한 경우에 입항하는 항만이다.

(3) 위치에 의한 분류

1) 연안항 : 일반 해안에 위치한 항만으로서 우리나라의 대부분 항만이 해당된다.

2) 하구항

하구의 조용한 수면을 이용하여 건설한 항만이며 연안항과는 다르게 대규모 방파제가 필요하지 않고 내륙 운송이 가능한 장점이 있지만 하천에 흐르는 토사나 파도에 의해 밀려오는 토사 때문에 항로 수심을 유지하기 어려운 단점이 있다(군산항).

3) 하항 : 하천의 중·상류에 있는 항만이며 런던항 등이 대표적인 예이다.

4) 운하항

운하에 만든 항만이며 운하를 인공적으로 건설할 때에 만들어진 항만 또는 기존 항만을 운하와 연결하여 확장한 것이다.

(4) 구조형식에 의한 분류

1) 폐구항(Closed harbour)

조수 간만의 차가 크면 간조 시에 선박이 정박할 수 있는 수심의 유지가 어려우그로 선박이 정박하는 수역과 외해 사이에 갑문(lock)을 설치하여 일정한 수심을 유지시켜서 하역에 지장이 없도록 하는 항만을 폐구항이라고 한다(인천항).

2) 개구항(Open harbour) : 항내와 항외 사이에 수문이 없는 일반항만을 말한다.

3 항만시설

(1) 개요

항만시설은 기본시설, 기능시설, 지원시설, 항만친수시설로 구분하고 광범위하게는 기본시설(수역시설, 외곽시설, 임항교통시설, 계류시설 등)과 기능시설(항행보조시설, 하역시설, 여객이용시설, 유통시설 등)로 구분할 수 있다.

1) 기본시설

① 항로, 정박지, 선유장, 선회장 등의 선박이 항만에 드나들며 작업하거나 대기하기 위하여 조용한 수면이 필요한 수역시설
② 조용한 항내 수면과 수심을 유지하고 보호하기 위하여 외해측에 설치하는 구조물로서 방파제, 방사제, 방조제, 도류제, 갑문, 호안 등의 외곽시설
③ 화물과 사람을 운송하기 위한 도로, 교량, 철도, 궤도, 운하 등의 임항교통시설
④ 선박을 육지에 대고 화물을 싣고 내리거나 사람이 타고 내리는데에 필요한 안벽, 물양장, 잔교, 부잔교, 돌핀, 선착장, 램프(ramp) 등의 계류시설

2) 기능시설

① 선박의 입항과 출항을 위한 항로표지, 신호, 조명, 항무통신에 관련된 시설 등의 항행 보조시설
② 고정식 또는 이동식 하역장비, 화물 이송시설, 배관시설 등의 하역시설
③ 대합실, 여객승강용시설, 소하물 취급소 등의 여객이용시설
④ 창고, 야적장, 컨테이너 장치장과 조작장, 사일로, 저유시설, 가스저장시설, 화물터미널 등의 화물의 유통시설과 판매시설
⑤ 선박을 위한 연료 공급시설과 급수시설, 얼음 생산과 공급시설 등의 선박보급시설
⑥ 항만의 관제, 정보통신, 홍보, 보안에 관련된 시설
⑦ 항만시설용 부지
⑧ 방음벽, 방진망, 수림대 등의 공해방지시설

3) 지원시설

① 보관창고, 집배송장, 복합 화물터미널, 정비고 등의 배후 유통시설
② 선박기자재, 선용품 등을 보관, 판매, 전시하기 위한 시설
③ 화물의 조립, 가공, 포장, 제조 등을 위한 시설
④ 공공서비스의 제공, 시설관리 등을 위한 항만 관련 업무용시설

⑤ 항만시설을 사용하는 사람, 여객 등의 항만을 이용하는 사람과 항만종사자를 위한 휴게소, 숙박시설, 진료소, 위락시설, 연수장, 주차장, 차량 통관장 등의 후생복지시설과 편의제공시설
⑥ 항만 관련산업의 기술개발과 벤처산업 지원 등을 위한 연구시설
⑦ 신·재생에너지의 관련시설, 자원순환시설, 기후변화 대응 방재시설 등의 저탄소 항만의 건설을 위한 시설

그림. 항만 하역시설

그림. 여객 부두

4) 항만친수시설

① 낚시터, 유람선, 낚시어선, 모터보트, 요트, 윈드서핑용 선박 등을 수용하는 해양레저용 시설
② 해양박물관, 어촌민속관, 해양유적지, 공연장, 학습장, 갯벌체험장 등의 해양 문화의 교육시설
③ 해양전망대, 산책로, 해안 녹지, 조경시설 등의 해양공원시설
④ 인공해변, 인공습지 등의 준설토를 재활용하여 조성한 인공시설

5) 항만배후단지

항만배후단지는 항만구역에 지원시설과 항만친수시설을 집단적으로 설치하고 이들 시설의 기능이 발휘되도록 일반 업무시설, 판매시설, 주거시설 등의 대통령령으로 정하는 시설을 설치하여 항만의 부가가치와 항만 관련산업의 활성화와 항만을 이용하는 사람의 편익을 도모하기 위하여 지정, 개발하는 단지이다.

① 1종 항만배후단지
무역항의 항만구역에 지원시설과 항만친수시설을 집단적으로 설치하고 육성하여 항만의 부가가치와 항만 관련산업의 활성화를 도모하기 위한 항만배후단지

② 2종 항만배후단지
항만구역(1종 항만배후단지로 지정한 항만구역을 제외)에 일반업무시설, 판매시설, 주거시설 등의 대통령령으로 정하는 시설을 설치하여 항만과 1종 항만배후단지의 기능을 향상시키고 항만을 이용하는 사람의 편익을 위한 항만배후단지

(2) 수역시설

선박이 항만에 드나들며 작업하거나 대기하기 위한 수역시설은 항내와 항의 입구 부근에서 선박이 다니는 항로, 선박의 대기를 위한 충분한 넓이와 수심을 가지는 정박지, 소형 선박이 계류하도록 방파제 등으로 둘러 싸여 조용한 수면을 유지하는 선류장, 선박이 부두에 접근하거나 떠날 때에 방향을 바꾸는 선회장이 있다. 수역시설은 선박이 안전하고 원활하게 이용하도록 지형, 기상, 바다 날씨 등의 자연조건과 선박 통행을 고려하여 설치한다.

1) 항로

항로는 선박의 항행을 위하여 필요한 수심과 폭이 구비된 수로이며 바람, 조류, 기상과 해상조건이 양호하고 항로표지와 신호설비 등이 구비되어야 한다.

2) 정박지

정박지는 안전한 정박과 하역을 위하여 조용하고 충분한 넓이의 수면과 수심이 확보되고 바람, 조류 등의 기상조건이 좋으며 부표가 정비되어야 한다.

3) 선박 계류장

선박 계류장은 소형 선박이 계류하도록 방파제 등으로 둘러싸인 수면이며 선박의 계류에 필요한 충분한 넓이의 수면과 수심이 확보되어야 한다.

(3) 외곽시설

외곽시설은 조용한 항내 수면과 수심을 유지하고 보호하기 위하여 외해측에 설치하는 구조물이며 외해에서 밀려오는 파랑을 막아 주는 방파제, 파랑과 흐름으로 인한 해안 모래의 이동을 막아주는 방사제, 조수간만의 차이로 인한 항내 수심의 변화를 막아주는 방조제, 물의 흐름을 조정하고 흐름과 함께 이동하는 토사를 깊은 바다 쪽으로 유도하는 도류제, 조수간만의 차이가 심한 항만에서 수심을 조절하기 위해 수로를 가로 질러서 설치하는 갑문, 조류와 파랑으로 해안이 침식되거나 해안의 흙이 붕괴되는 것을 막기 위한 호안 등이 있다.

1) 방파제(Breakwaters)

방파제는 외해에서 들어온 파랑에너지를 소산 또는 반사시켜서 항내 침입을 방지하여 선박의 출입, 정박과 하역이 안전하고 원활하도록 항내 시설물을 파랑과 표사로부터 보호하는 구조물이다.
수심, 기초지반, 파도의 성질과 크기에 따라서 다양한 구조가 있고 경사식방파제, 직립식방파제, 혼성식방파제 등으로 분류한다.

① 방파제의 종류

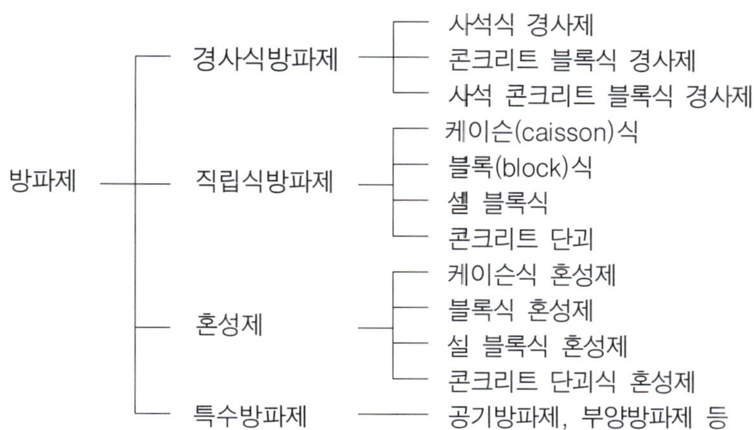

그림. 방파제

② 방파제의 특성

㉮ 경사식방파제(Rubble mound breakwaters)

경사식방파제는 쇄석 또는 콘크리트 블록을 경사지게 바다 속에 쌓아서 자연 비탈면을 가지는 방파제이며 가장 많이 사용하는 방파제형식이고 수심이 얕은 소규모 방파제에 많이 사용한다. 경사면에서 파쇄에 의해 파도에너지를 분산시키고 방파제의 표면은 파력에 견디도록 중량이 큰 쇄석, 콘크리트 블록으로 보강하고 상부는 월파에 견디도록 콘크리트로 피복한다.

㉠ 종류

ⓐ 사석식 경사제 : 사석을 바다에 투하하여 형성

ⓑ 콘크리트 블록식 경사제 : 콘크리트 블록을 사석 대신에 사용하여 축조

ⓒ 사석 콘크리트 블록식 경사제 : 내부는 사석, 표면은 대형 콘크리트 블록을 사용

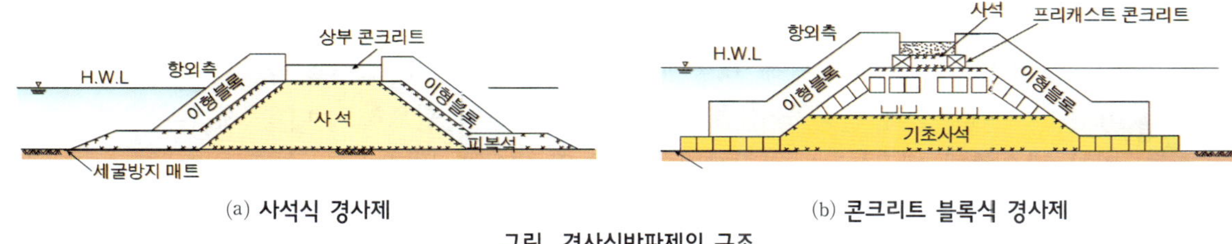

(a) **사석식 경사제** (b) **콘크리트 블록식 경사제**

그림. 경사식방파제의 구조

㉡ 장점

ⓐ 해저 지반의 굴곡에 관계없이 시공이 가능하고 연약한 지반에도 적용할 수 있다.

ⓑ 반사파가 적으므로 부근 해면을 흩뜨리지 않고 해수의 투과성이 좋아서 수질유지에 비교적 유리하다.

ⓒ 시공설비와 시공법이 간단하고 육지로부터 순차적으로 축조하면 악천후에도 시공이 가능하다.

ⓓ 유지보수가 편리하고 파랑으로 파괴된 경우도 복구가 용이하다.

㉢ 단점

ⓐ 수심이 깊거나 파고가 높으면 사석과 대형 블록이 많이 소요되므로 재료 확보가 어려운 경우는 비경제적이고 공사기간도 길어진다.

ⓑ 항구 폭이 넓어지고 제방체를 투과하는 파도에 의해 항내가 흐트러지기 쉽다.

ⓒ 높은 파고에서 피해도수가 많아지므로 유지보수비용이 많이 소요된다.

그림. 사석식 경사제의 축조작업

㉯ 직립식방파제(Vertical Breakwaters)

직립식방파제는 지반이 양호하고 수심이 얕은 곳에 많이 축조하고 앞면의 연직벽체를 해저에 설치하여 파도에너지를 반사시키는 구조이며 케이슨, 콘크리트 블록, 셀 블록, 콘크리트 단괴 등의 구조형식이 있다. 케이슨은 물에 띄울 수 있는 철근 콘크리트 구조물로서 시공이 비교적 정확하고 모래, 자갈 등을 속채움재료로 사용하여 경제적이며, 또한 육상에서 케이슨 등을 제작하므로 공사기간이 단축되고 강한 파력에도 견딜 수 있다. 케이슨과 블록은 속채움과 상부 콘크리트가 충분한 강도를 발휘하기 전에는 파랑에 저항할 수 없으므로 연속된 공정이 완료될 때까지 평온한 상태의 해상조건이 유지되어야 한다.

사석식경사제는 깊은 수심에서 많은 양의 사석이 필요하고 높은 파랑에서 큰 중량의 피복석이 필요하므로 수심이 깊거나 파고가 높으면 육상제작장에서 케이슨과 셀 블록을 제작하여 운반, 거치하는 직립식방파제가 유리하다.

㉠ 특성

ⓐ 다른 형식보다 재료가 적게 소요되고 높은 파고에도 안정성이 높다.

ⓑ 견고하고 평탄한 기초지반이 필요하고 연약지반은 지반을 개량하고서 사석기초의 상부에 직립제를 거치한다.

ⓒ 항내수역이 넓어지고 방파제 내측에 선박을 계류시킬 수 있다.

ⓓ 넓은 블록제작장과 블록을 취급하는 대형 크레인이 필요하고 대형 케이슨은 대규모 진수설비가 필요하며 때로는 먼 거리까지 케이슨을 예인해야 한다.

ⓔ 케이슨 거치에 평온한 상태의 기상조건이 필요하므로 일기에 따른 거치시기의 조정이 필요하다.

㉡ 케이슨식

ⓐ 케이슨을 본체로 사용하므로 제방체가 일체가 되어 파력에 강하고, 육상에서 케이슨을 제작하면 시공이 확실하고 공기를 단축할 수 있으며 속채움재료가 저렴하여 공사비를 절약할 수 있다. 그러나 케이슨의 제작설비와 대형 기중기선 등의 시공설비가 고가이다.

ⓑ 케이슨을 설치하고 속채움과 상부 덮개 콘크리트를 연속적으로 시공하지 않으면 파랑에 의한 활동과 전도의 위험성이 있다.

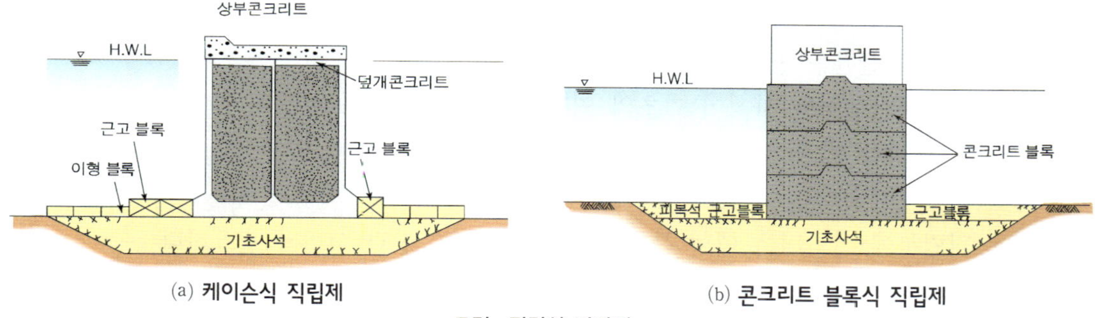

(a) **케이슨식 직립제** (b) **콘크리트 블록식 직립제**

그림. 직립식 방파제

㉢ 콘크리트 블록식

ⓐ 콘크리트 블록을 쌓아 올려서 본체로 사용한 것으로 시공이 용이하고 시공설비가 간단하다.

ⓑ 콘크리트 블록 사이의 결합이 불충분하면 케이슨보다 일체성이 부족하고 블록의 아랫면이 일체가 되지 않으면 기초저면에서 지반의 분포응력이 불규칙해진다.

ⓒ 해상 작업시간이 길어지고 콘크리트 블록의 제작에 넓은 부지가 필요하다.

㉣ 셀 블록식

ⓐ 셀 블록의 내부에 돌, 콘크리트 덩어리를 채워서 본체로 만든 형식이다.

ⓑ 속채움재료가 저렴하여 경제적이지만 벽체의 일체성이 부족하다.

그림. 셀 블록

㉤ 콘크리트 단괴

ⓐ 제방체가 콘크리트로 구성되어 구조가 견고하고 현장에서 시공하므로 시공설비가 간단하다.

ⓑ 견고한 기초암반이 필요하고 수중 콘크리트 시공의 품질관리가 중요하다.

ⓒ 대규모 방파제에 적용이 곤란하고 수심이 얕은 경우와 소규모 방파제에 사용한다.

㉰ 혼성식방파제(Composite Breakwaters)

혼성식방파제는 경사제와 직립제가 혼합된 형식으로 직립부는 강력한 파력에 저항하고 경사제의 사석부가 직립부를 지지하는 기초의 역할을 하는 형식이다. 혼성식방파제는 사석부의 상부에 직립식방파제를 설치한 것으로 파도 높이에 비해서 사석의 상부가 얕으면 경사제에 가깝고 깊으면 직립제에 가까운 형식이다. 주로 수심이 깊은 경우에 많이 사용하고 시공방법, 시공설비, 수심, 파고에 따라서 적절한 형식을 선정한다. 사석부가 비교적 수심이 깊은 곳에 설치되므로 부력을 적게 받고 수면부분의 직립부에 파력이 작용해도 구조적으로 안전하다. 그러나 직립부에 설치하는 대형 블록과 케이슨의 제작에 적합한 장소와 설비가 필요하고 설치 시에 해상조건이 불량하면 공사기간이 길어진다.

㉠ 장점

ⓐ 정수면 부근에서 가장 크게 작용하는 파력을 직립부가 저항하는 구조이며 수심이 깊은 경우에 유리한 형식으로 사석부의 높이를 조절하면 경제적인 단면을 얻을 수 있다.

ⓑ 사석부가 깊은 곳에 위치하여 파력의 영향을 적게 받고 직립부가 사석부를 누르고 있어서 사석의 산란을 방지할 수 있다.

ⓒ 연약지반에서는 사석이 기초의 역할을 하고 암반기초는 정지가 필요하지 않으므로 지반상태의 영향을 받지 않고 축조할 수 있다.

㉡ 단점

ⓐ 직립부에 설치되는 대형 블록과 케이슨의 제작장과 설비가 필요하다.

ⓑ 일기가 불량하면 직립부의 정확한 설치가 곤란하여 공사기간이 길어질 수 있다.

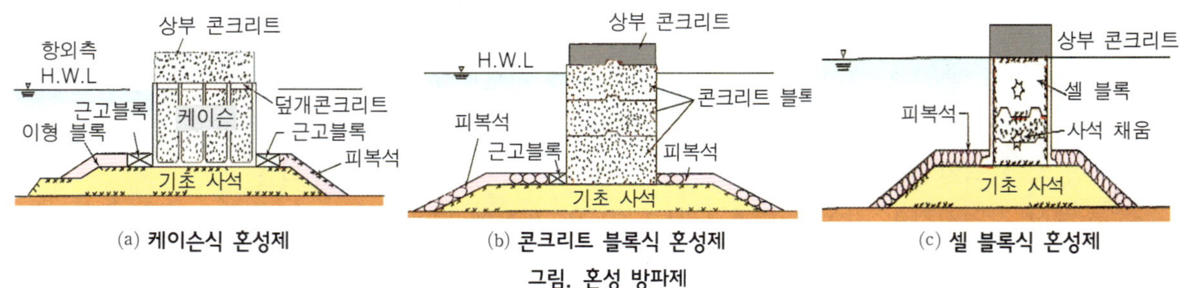

(a) **케이슨식 혼성제** (b) **콘크리트 블록식 혼성제** (c) **셀 블록식 혼성제**

그림. 혼성 방파제

㉢ 케이슨식 혼성제

그림. 케이슨식 혼성제

케이슨식 혼성제는 바닥이 있는 구조이므로 물에 띄울 수 있어서 수심이 깊고 파력이 강한 곳에 설치한다. 육상에서 케이슨을 제작하여 해상 공사기간을 단축할 수 있고 모래, 자갈로 속채움하므로 공사비가 절약되고 시공이 정확하다. 케이슨의 제작설비에 많은 비용이 소요되고 육상에서 제작한 케이슨을 해상에 인양하여 설치하므로 제작장 부근의 수심이 깊어야 한다. 악천후 일수가 많아지면 공사기간이 길어지고 소규모 방파제는 제작비용이 많이 소요되어 비경제적이다.

㉣ 블록식 혼성제

블록식 혼성제는 콘크리트 블록으로 직립부를 쌓은 것이며 소형 블록을 사용하면 시공설비가 간단하고 파괴시에 보수공사가 용이하다. 그러나 케이슨보다 블록 사이의 결합이 불리하고 시공속도가 느리다.

㉤ 셀 블록식 혼성제

셀 블록은 콘크리트 블록이 상하로 구멍이 뚫린 무근 콘크리트 구조이며 블록 속에 사석, 콘크리트를 채워서 중량을 크게 하여 블록 사이의 마찰력을 증가시키므로 일반 블록보다 파력에 강하다. 대형 제작설비와 운반기계가 없어도 제작하여 설치할 수 있고 콘크리트로 속채움을 하면 직립부가 일체가 되어 파력에 강한 구조를 가질 수 있다.

㉥ 콘크리트 단괴식 혼성제

콘크리트 단괴식 혼성제는 해상에서 설치하므로 대형 방파제는 많이 사용하지 않는다.

㉰ 특수방파제

특수방파제는 부양방파제, 공기방파제 등이 있다. 부양식방파제는 케이슨 등을 해면에 연속적으로 뜨게 하여 파력을 소모시키는 방법으로 임시 방파제의 가설에 많이 사용하고, 공기방파제는 수중에 설치한 공기관의 작은 구멍을 통하여 기포를 분출시켜서 파력을 소모시키는 방법으로 선박의 통행에 의하여 생성되는 침입파의 방지에 적합하다.

그림. 부양식 방파제

2) 방사제(Sand protecting dam)

방사제는 항로, 정박지 등의 수역시설이 표류사의 매몰에서 보호되도록 해안선에 직각으로 설치하며 항만 외곽의 방파제는 방사제 기능을 함께 가진다. 또한 방사제는 표사의 이동을 차단하기 위해서 불투과성구조로 사용하지만 흐름에 의하여 세굴과 반사파에 의한 매몰이 우려되면 투과성과 소파 기능의 구조를 사용한다.

그림. 방사제

3) 도류제(Training dike)

도류제는 토사가 퇴적되어 유로가 교란되는 것을 방지하기 위하여 하천이 합류하는 곳과 하구부에 설치하며 하천의 유하토사를 바다로 배출하여 일정한 수심을 확보하기 위하여 설치하는 제방이며 불투과성구조로 한다.

4) 호안(Sea wall)과 제방(Coastal dyke)

호안과 제방은 높은 조수, 해일, 파랑으로 인한 해안 침식과 해면의 이상고조로부터 항만설비와 배후지를 보호하기 위하여 해안선을 따라서 설치한다. 제방은 해수의 범람을 막기 위해서 사용하고, 호안은 파랑에 의한 침식을 막기 위하여 사용한다. 배후의 지반을 피복하는 것을 호안, 지반에 옹벽 등을 쌓아 올린 것을 제방이라고 한다.

그림. 호안

(4) 계류시설

선박이 화물을 싣고 내리거나 사람이 타고 내리는 계류시설은 구조양식에 따라서 안벽, 물양장, 잔교, 돌핀, 선착장 등이 있으며, 계류시설은 항구를 이용하는 화물의 수량, 종류, 화물의 형태, 해륙 수송기관의 실정을 파악하여 장래의 화물량 증가와 선박 대형화 등의 수송체계의 변화를 충분하게 고려하여 규모를 결정한다. 계류시설의 배치는 기상, 해상조건, 지형, 지질 등을 고려하여 선박의 이·접안이 용이하고 육상교통과 배후토지의 이용이 효율적으로 되도록 결정한다.

1) 접안시설의 형상

접안시설은 직립식(vertical configuration), 부분경사식(partly sloped configuration), 경사식(sloped configuration)이 있고 직립식을 가장 일반적으로 사용한다. 부분경사식은 강과 하구 지역에서 수위차가 커서 직립식 부두의 수면이 낮아지면 부두높이가 너무 높아지는 문제점을 보완하기 위한 절충식으로 채택한다. 경사식은 지반의 지지력이 낮은 경우에 적용하는 경제적이고 단순한 구조형식이며 임시 접안시설과 여객부두 등에 채택하고 돌핀과 조합하면 대형 화물선의 접안이 가능하다.

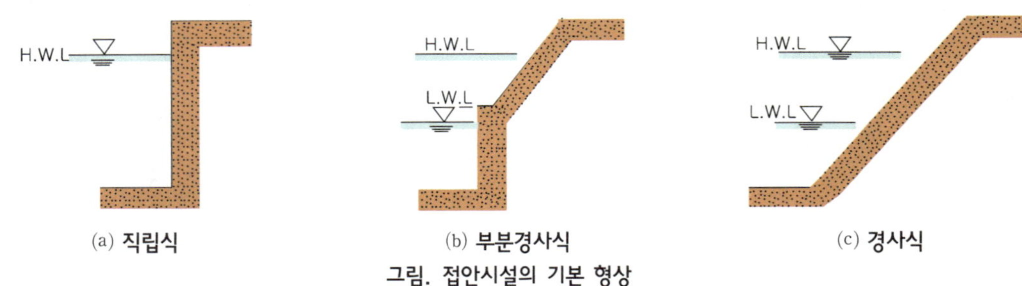

(a) 직립식 (b) 부분경사식 (c) 경사식

그림. 접안시설의 기본 형상

2) 안벽(Berth)과 물양장(Wharf)

그림. 물양장

안벽과 물양장은 역할이 동일하지만 전면 수심이 (-)4.0m 미만인 것을 물양장, 전면 수심이 (-)4.5m 이상으로 대형 선박이 접안하는 시설을 안벽이라고 한다. 안벽과 물양장은 기능과 구조에서 차이가 없고 간만 차에 의한 마루높이에 따라서 벽체높이가 달라지므로 특별히 구분할 필요는 없다.

안벽과 물양장의 형식은 사용재료와 형상에 따라서 구분하며 콘크리트중력식은 형상에 따라서 사각블록식, L형블록식, 셀블록식, 케이슨식이 있고 널말뚝식은 구조형식에 따라서 일반 널말뚝식, 강널말뚝셀식, 자립 널말뚝식이 있다.

① 안벽의 특성

계선안의 일종인 안벽은 배가 닿는 쪽을 벽면으로 하고 배면에 채운 흙의 측압에 견디도록 만든 옹벽구조이며 벽체에 작용하는 토압의 지지형식에 따라서 중력식(gravity type), 널말뚝식(sheet pile type), 선반식(quay wall on pile type)으로 구분한다.

㉮ 중력식안벽(Gravity type)

중력식안벽은 안벽의 자중과 벽체 위의 상재토사에 의하여 안벽 배면의 토압을 지지하므로 구조가 견고하고 선박 충격에 대한 저항력이 크다.

㉠ 케이슨(Caisson)식

케이슨은 방파제와 안벽의 본체이며 육상 제작장, 건선거(dry dock), 부선거(floating dock) 등에서 제작하여 해면에 부상시킨 후에 예인선으로 거치장소까지 예인하여 거치시킨다. 예인된 케이슨을 정확한 위치에 고정시키고 케이슨 내에 물을 넣고서 권양기를 사용하여 거치가 이루어진다.

그림. 케이슨식 접안시설

ⓐ 벽체가 토압과 선박 충격 등의 외력에 견고하고 속채움재료가 저렴하여 공사비가 절약된다.

ⓑ 육상에서 제작한 케이슨을 부선이나 크레인으로 운반하므로 수심의 영향을 많이 받고, 제작장과 진수시설의 설치비용이 소요되어 공사비가 증가하므로 대규모 안벽에 적합하다.

㉡ 콘크리트 블록 안벽

ⓐ 육상에서 제작한 콘크리트 블록을 쌓아 올려서 벽체로 사용하는 안벽으로 소규모 안벽에 적당하며 시공이 단순하고 시공설비가 소규모이다.

ⓑ 블록 간의 결합이 불완전하면 벽체의 일체성이 부족하고 부등침하가 발생하면 안벽 전체가 이완되기 쉽다.

ⓒ 블록의 상·하면과 측면에 요철(凹凸)부를 설치하여 결합이 좋게 하고 바닥판은 철근 콘크리트로 하여 지반반력이 직선적으로 분포한다.

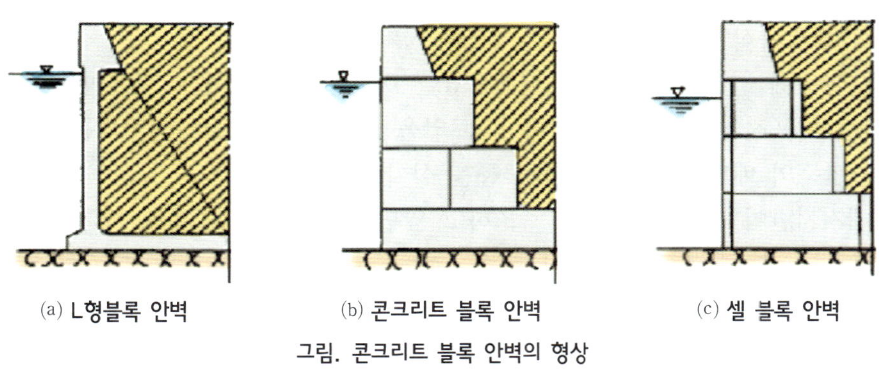
(a) L형블록 안벽 (b) 콘크리트 블록 안벽 (c) 셀 블록 안벽

그림. 콘크리트 블록 안벽의 형상

㉢ L형블록 안벽

ⓐ 철근 콘크리트 프리캐스트 L형블록을 벽체로 사용한 구조로서 수심이 얕은 경우에 경제적이며 시공설비도 간단하다.

ⓑ L형블록의 크기는 인양하는 크레인의 용량에 따라서 결정된다. L형블록을 설치하고 뒷채움이 되지 않은 상태에서는 파랑에 불안정하므로 세심한 주의가 필요하다.

ⓒ 기초가 불안전하면 뒷채움의 자중과 토압에 의해서 L형블록이 이동하여 회전하고 줄눈에 부정합이 발생하므로 뒷채움재료의 유실에 유의해야 한다.

㉣ 셀 블록(Cell block) 안벽

셀 블록의 내부에 콘크리트, 자갈 등으로 속채움하도록 벽체로 만든 구조이며 바닥부분의 마찰저항이 증가하고 시공설비가 간단하다.

㉯ 널말뚝식안벽

널말뚝식안벽은 널말뚝이 안벽의 본체가 되고 벽체높이가 비교적 낮으면 말뚝 근입부의 저항만으로 자립하지만 대부분은 벽체상부에 부착한 버팀공과 말뚝 하부의 저항으로 견디게 되어 있다. 해저에 널말뚝을 박아서 벽면으로 하고 상부는 타이롯드(tie rod)로 벽면 배면의 버팀판과 연결하여 버팀판의 저항력과 널말뚝의 기초 하부에 작용하는 수동토압으로 벽면에 작용하는 토압을 지지하는 구조이며 널말뚝재료는 허용응력과 단면계수가 큰 강널말뚝을 많이 사용한다.

널말뚝식안벽은 널말뚝에 작용하는 토압과 잔류수압에 저항하는 형식에 따라서 일반 널말뚝식, 2중 널말뚝식, 자립 널말뚝식, 경사 버팀 널말뚝식으로 분류한다.

㉠ 특성

ⓐ 널말뚝식안벽은 시공설비가 간단하고 공사비가 저렴하다.

ⓑ 중력식안벽보다 내구성에서 불리하고 선박 충격에 대한 저항성이 낮으며 강널말뚝은 해수에 대한 부식대책이 필요하다.

ⓒ 널말뚝의 구조가 탄력성이 있어서 내진 저항력이 크다.

㉡ 일반 널말뚝식안벽

안벽 앞면에 널말뚝을 박아서 배면토압을 버팀공과 말뚝 관입부 앞면의 수동토압에 의해서 지지하는 대표적인 널말뚝식안벽이다. 토압을 타이롯드 등으로 전달되는 수평력에 의하여 저항하고 널말뚝의 배면에 버팀판, 말뚝 등을 설치한다.

ⓐ 해저지반이 얕아서 안벽을 축조하고 앞면을 준설하는 경우는 배후지의 매립에 소요되는 토사가 소량이므로 경제적이다.

ⓑ 버팀공의 저항을 크게 하여 수평력이 작용하기 위해서는 널말뚝벽과 버팀공의 사이에 일정한 공간이 필요하다.

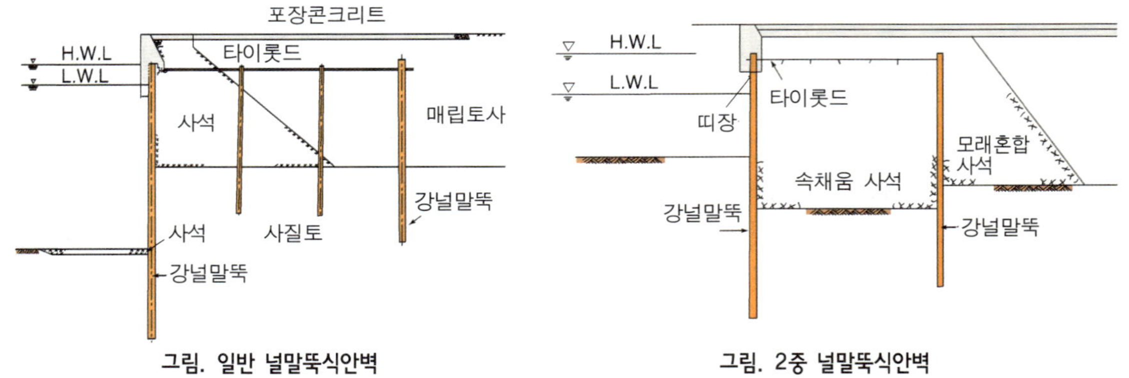

그림. 일반 널말뚝식안벽 그림. 2중 널말뚝식안벽

㉢ 2중 널말뚝식안벽

강널말뚝을 2줄로 박고서 말뚝 두부를 타이롯드 등으로 연결하고 토사로 메운 것으로 수평력은 널말뚝 관입부분의 수동토압과 널말뚝벽 사이의 속채움재의 전단저항력에 의하여 저항한다.

그림. 널말뚝식안벽

그림. 2중 널말뚝식안벽

㉣ 자립 널말뚝식안벽

자립 널말뚝식안벽은 타이롯드, 버팀공이 없는 널말뚝벽이며 벽체가 말뚝과 말뚝 관입부의 가로방향 저항력에 의해서 지지된다. 널말뚝이 외팔보로 뒷채움흙을 지지하므로 널말뚝의 길이가 길어지고 단면도 커지며 널말뚝 상단의 변위량도 크다. 구조가 단순하며 안벽의 배후면적이 좁아도 시공이 가능하다.

ⓐ 일반적인 널말뚝안벽에 비하여 단면과 널말뚝의 길이가 훨씬 증가한다.

ⓑ 상재하중과 지진 등에 의하여 토압이 증가하면 널말뚝의 변형이 커지고 앞면의 준설두께가 두꺼운 경우는 뒷채움흙이 침하하여 배후 구조물에 영향을 미칠 수 있다.

㉤ 경사 버팀말뚝 널말뚝식안벽

널말뚝벽을 타이롯드 등으로 경사말뚝의 상부와 결합시키면 널말뚝과 경사말뚝이 조합말뚝이 되어 널말뚝 상부의 변위를 구속하여 널말뚝벽의 휨모멘트가 감소하는 구조이다.

ⓐ 안벽의 배후가 비교적 좁은 장소에도 시공이 가능하고 자립구조이므로 뒷채움이 없어도 약한 파도에 대하여 안전하다.

ⓑ 경사말뚝(batter pile)과 널말뚝의 타입이 동일한 작업방법이므로 시공이 단순하다.

ⓒ 경사 버팀말뚝은 강한 인발력이 작용하여 관입길이가 길어지므로 말뚝 항타에 주의가 필요하다.

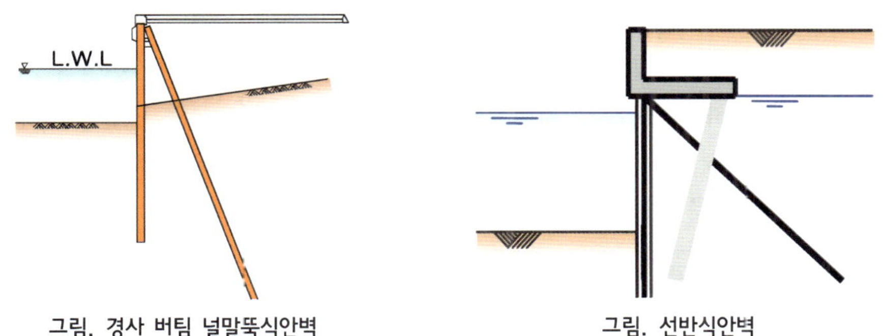

그림. 경사 버팀 널말뚝식안벽

그림. 선반식안벽

㉯ 선반식(quay wall on pile type)안벽

널말뚝벽 상부에 L형옹벽 형태의 선반을 설치하여 널말뚝에 작용하는 토압을 경감시키고 수평력은 널말뚝 관입부의 수동토압과 널말뚝 배후의 선반말뚝의 수평저항력으로 저항한다.

㉠ 선반은 육상작업이 가능한 높이에 설치하고 말뚝은 수평력과 상재하중을 지지하도록 연직과 경사말뚝을 병용하여 설치한다.

㉡ 말뚝두부를 선반 슬래브에 충분히 매입하여 선반과 일체가 되게 하고 인장을 받는 말뚝의 두부에 볼트와 형강을 용접하여 보강한다.

㉢ 일반적인 널말뚝에 비하여 시공이 복잡하다.

3) 계선부표(Mooring buoy)

항만의 외항에 정박한 선박이 바람, 조류, 파도에 의하여 박지에서 밀려나가지 않고 안전하게 계류시키는 계선부표는 직경 3m 내외의 부표(철제통)를 해상에 띄워서 움직이지 않게 해저에 고정시킨 것으로 부표의 윗부분 고리에 선박의 로프를 매어서 계류시킨다.

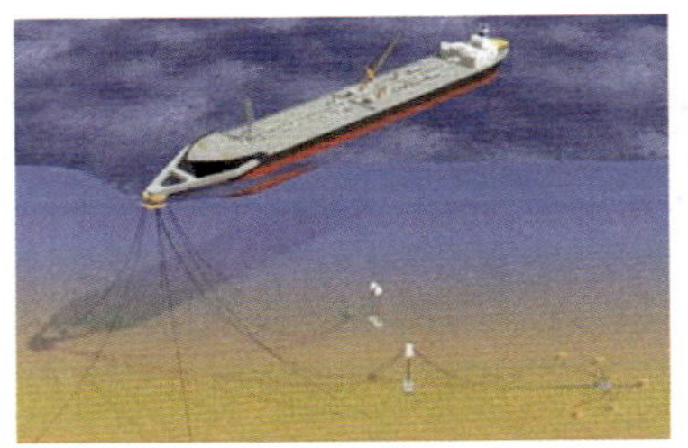

그림. 계선부표

① 안벽식 계류시설에 비하여 큰 파고에서 계류가 가능하고 넓은 박지면적이 필요하다.

② 기계화된 하역이 곤란하여 하역작업의 능률이 떨어진다.

③ 다른 계류시설보다 경제적이고 이설이 용이하다.

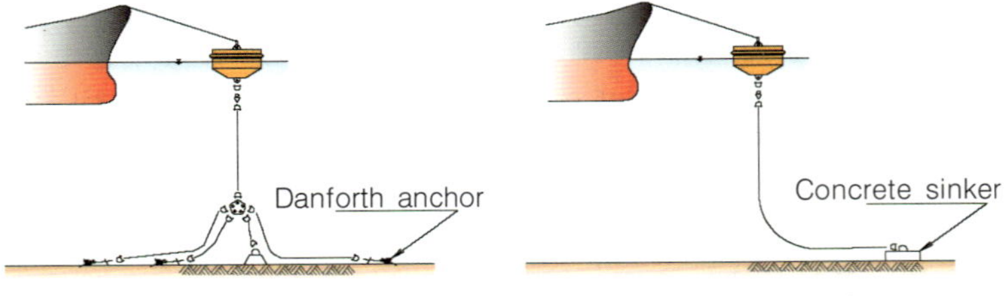

그림. 계선부표의 해저 고정설비

4) 돌핀(Dolphin)

돌핀은 항내 수심이 얕아서 항외측에 별도의 접안시설이 필요한 경우에 수심과 기타 여건이 양호한 곳에 대형선박이 계류하여 하역하도록 설치하는 구조물이며 육지와 도교로 연결한 해상시설물이다.

돌핀은 말뚝식, 강제셀식, 케이슨식이 있고 말뚝식은 준설, 매립이 필요하지 않으므로 시공이 용이하고 공사비가 저렴하다. 돌핀은 접안과 이안에 필요한 접안용 돌핀(breasting dolphin), 하역용의 working platform, 선박을 계류하는 계류용 돌핀(mooring dolphin), 육지와 연결되는 연락교, 돌핀간의 연결용 도교로 구성된다.

① 돌핀에 작용하는 하중의 방향이 일정하지 않으므로 돌핀구조는 방향성에 유의하여 선정한다.

② 말뚝식구조는 비틀림, 케이슨식은 회전에 대한 안정성을 검토해야 한다.

③ 돌핀의 마루높이는 파랑의 영향이 없도록 산정하며 breasting dolphin은 방충재의 설치 위치를 고려하고 mooring dolphin은 선박의 갑판 높이를 고려하여 결정한다.

그림. 말뚝식 Dolphin

5) 잔교(Pier, Jetty)

그림. Finger pier

잔교는 해상에 배를 계선하여 육지와 연락하고 하역하기 위한 해안선과 접한 육지에서 직각 또는 일정한 각도로 돌출한 접안시설이다. 잔교는 선박의 접안과 이안이 용이하도록 바다 위에 말뚝을 설치하고 콘크리트, 강재 등으로 상부시설을 한 교량형태의 접안시설이다. 잔교는 해안선에 평행하게 설치된 보통 잔교와 해안선에서 돌출한 돌출잔교(finger pier)가 있다.

말뚝구조에 따라서 직항식과 사항식이 있고 말뚝재료는 철근 콘크리트 말뚝과 강말뚝이 있으며 잔교형식의 안벽은 연약토층이 두꺼워서 중력식과 기타 형식의 구조물을 설치하는 것이 비경제적인 경우에 많이 사용한다. 잔교는 연약지반에 적합하고 내진력이 크며 수심이 높아도 여유를 두고서 설치할 수 있다. 또한 조류에 의한 방해와 반사파가 적어서 배의 접안이 용이하고 선박의 요동을 줄일 수 있다. 그러나 선박 접안시의 충격에 강하지 않고 상재하중에 제한이 있으며 부력(양압력) 등이 크게 작용하여 공사비가 비교적 많이 소요된다.

6) 부잔교

대형 선박과 부두 사이에 일시적으로 설치하는 부잔교는 간만차가 커서 안벽, 잔교, 물양장을 설치하여도 하역이 어려운 곳과 수심이 깊고 지반이 불량하여 고정식 안벽과 물양장의 설치가 어려운 경우에 설치한다.

부잔교는 조위에 상관없이 선박이 접안하도록 폰툰(pontoon)을 한 개 또는 여러 개를 연결하여 체인(chain) 등으로 고정시킨 형태이며 주체가 되는 폰툰(pontoon), 육지와 연결하는 연락교, 폰툰과 폰툰을 연결하는 도교, 폰툰을 계류시키는 계류색(chain)과 앵커로 구성되어 조위의 승강에 따라서 상하로 이동한다. 폰툰의 연결 개수는 1~3개가 일반적이며 연락교의 육지측은 힌지로 하고 폰툰이 놓이는 곳은 가동롤러로 하여 조수 간만의 차이에 따라서 움직이게 설치한다.

부잔교는 수심이 깊고 지반이 연약한 곳에서 경제적이고 항상 정온한 수면을 유지할 수 있어야 하며 부잔교가 수면에 떠 있으므로 파랑과 흐름이 빠르면 설치가 곤란하다. 부잔교의 배치형식은 선박 계류와 공사비 측면에서 유리한 돌출식과 좁은 수역과 연안 조류가 강한 곳에 적합한 평행식이 있다.

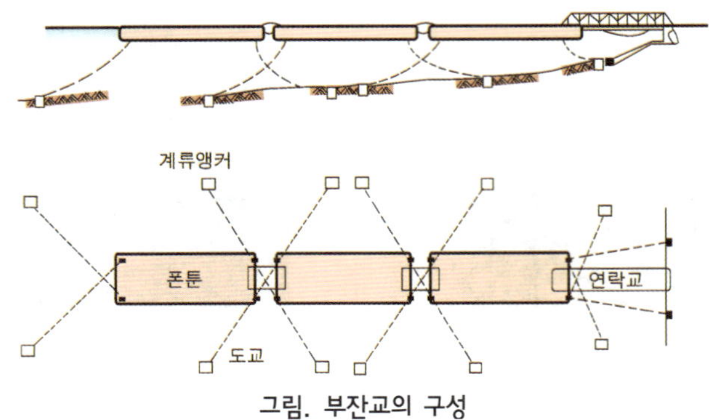

그림. 부잔교의 구성

7) 접안에 필요한 부대시설

선박이 안벽에 접안할 때에 가해지는 충격에너지를 흡수하기 위하여 접안시설에 방충시설을 설치하고 접안된 선박을 안벽에 붙들어 매도록 설치한 말목을 계선시설이라고 한다.

① 방충시설(Fender)

선박이 접안할 때에 뱃머리가 접안시설에 직접 부딪치지 않게 설치하는 방충시설은 접안할 때에 가해지는 충격에너지를 분산시키고 계류 중인 선박이 파랑 등에 노출되어 있을 때에 선박과 접안구조물을 보호하기 위한 시설이다. 방충시설은 상부 콘크리트에 5~20m 간격으로 설치하고 설치간격이 너무 넓으면 선체의 일부가 방충시설이 설치되지 않은 부분에 접촉하므로 주의가 필요하다.

방충시설은 다음 사항을 고려하여 선정한다.

㉮ 안벽구조의 특성과 이용 선박
㉯ 파랑의 영향을 받는 안벽은 계류 중인 선박의 요동과 접안각도 등의 선박의 접안상황
㉰ 선박의 접안시에 발생하는 방충공의 반력이 안벽구조에 미치는 영향
㉱ 제조상의 오차, 동적인 특성, 온도 특성 등에 의한 방충재의 물리적 특성의 변동 폭

(a) Foam filled fender

(b) Air block fender

(c) Cylindrical rubber fender

그림. 방충시설(Fender)의 종류

② 계선주(Mooring accessories)

그림. 계선주(Mooring)

계선안에 계류 중인 선박이 풍랑에 의해 접안시설에서 떠내려가지 않게 로프로 매는 시설은 계선주와 계선환이 있다.

계선주는 선박이 접안과 이안을 할 때에 선박을 접안시설에 붙들어 매는 장치로서 구조가 단순하여 신속하게 계선설비에 피해를 적게 주면서 작동해야 한다.

계선주는 곡주와 직주가 있고 곡주는 이안시에 로프를 거둘 때의 소요시간과 사고방지를 위하여 2개를 설치하고 직주는 선축과 계류라인이 직각이 되도록 배치한다.

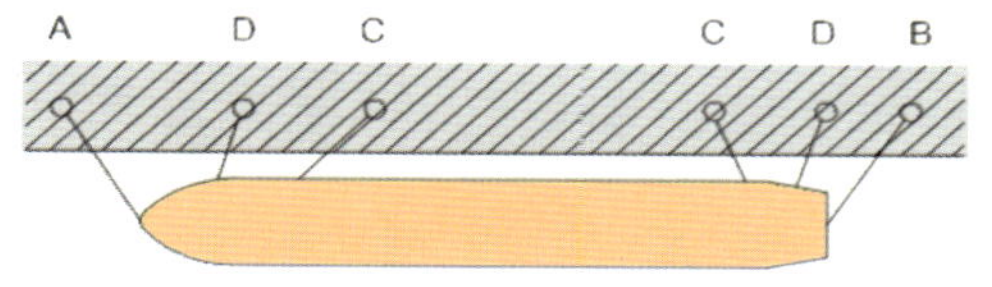

A : 선수라인(Bow line)
B : 선미라인(Stern line)
C : 스프링라인(Spring line)
D : 브레스트라인(Breast line)

그림. 계류라인의 위치도

소형 안벽에서 계류밧줄이 위로 당겨지는 위험이 없는 경우는 직주를 10~20m 간격으로 배치하고 곡주를 설치한다. 선박이 횡방향으로 계류할 때는 계류라인이 필요하며 선수라인과 선미라인은 선박이 전후로 이동하는 것을 방지하고 선박이 안벽 기준선의 직각으로 이동하는 것을 지지하므로 안벽과 30~45°의 각도를 갖는 것이 유리하다.

(a) 직주

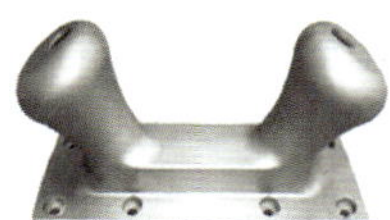

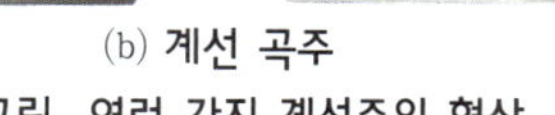

(b) 계선 곡주

(c) 계선환

그림. 여러 가지 계선주의 형상

③ 기타 시설

계선안에서 하역할 때에 하역기계와 차량의 추락방지를 위해서 차막이를 설치하고, 계선안과 방파제는 비상시에 이용할 수 있는 계단과 안전사다리를 설치한다.

(a) 차막이

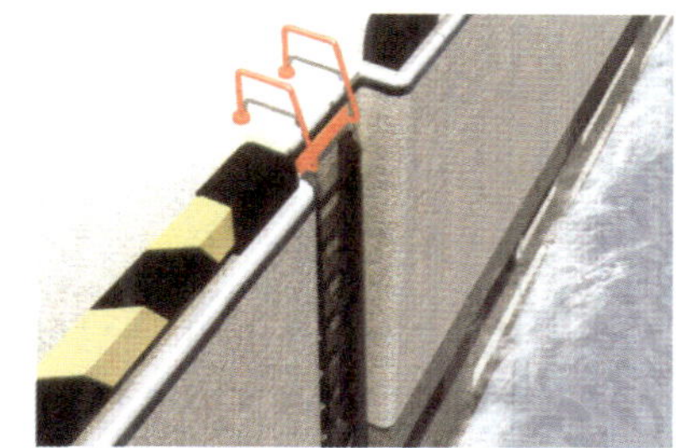

(b) 안전사다리

그림. 기타 시설

4 방파제와 안벽의 시공

(1) 개요

항만과 준설공사는 해상에서 시공하므로 바람, 파랑, 조류, 조위 등의 기상과 해상조건이 공사에 미치는 영향이 크다. 그러므로 시공 전에 철저한 조사를 실시하여 시공 중에 발생할 수 있는 문제를 사전에 예측하고 가장 합리적인 시공방법을 선정하여 모든 위험요소를 제거하는 것이 중요하다.

(2) 기초공

1) 지반개량공

해저에 축조하는 항만구조물은 원지반의 지지력이 충분하면 원지반을 기초로 사용하고 기초지반이 연약하면 기초의 안정, 침하, 지진시의 액상화를 검토하여 지반개량 등의 대책공법을 적용한다.

연약지반처리공법의 선정은 상부하중의 규모와 형태, 지반의 압밀침하와 관련된 전체 침하량과 상대적인 부등침하량, 압밀 진행속도, 지반의 전단강도 부족으로 인한 비탈면의 안정성 외에도 공사용재료의 투입조건, 장비 투입조건, 환경조건, 개량효과에 대한 신뢰도, 시공성과 경제성을 함께 고려한다.

해저 연약지반의 개량은 연약층을 모래 등으로 치환하는 치환공법과 말뚝을 사용한 말뚝기초가 있고 이외에도 연약지반을 개량하는 샌드드레인공법, 모래다짐말뚝공법, 심층혼합처리공법 등을 적용한다.

① 치환공법

연약한 점성토층을 제거하고 모래 등의 양질재료로 치환하여 지반 지지력을 증가시키는 치환공법은 짧은 시간 내에 확실한 개량효과를 기대할 수 있다. 치환공법은 대형 준설선을 이용하여 연약토를 제거하고 모래, 잡석, 자갈 등으로 치환하며 치환재료의 운반과 투입은 토운선을 이용한다.

㉮ 사석 강제치환

㉠ 깊은 심도의 연약층은 적용이 곤란하다.

㉡ 기상의 영향이 적고 시공속도가 빠르다.

㉢ 다량의 석재가 소요되고 침하 계측관리가 필요하다.

㉯ 중공 블록의 매설 치환

㉠ 깊은 심도의 연약층에 적용이 곤란하고 블록 제작장과 적출장이 필요하다.

㉡ 경사진 지지층은 정밀한 시공이 필요하다.

② SCP(Sand compaction pile) 공법

SCP공법은 느슨한 사질토지반과 연약한 점성토지반에 진동, 충격하중을 이용하여 모래를 압입하고 대구경의 모래다짐말뚝을 조성하는 공법이다. 지반에 다져진 모래말뚝과 점성토지반이 복합지반을 형성하여 지지력의 증가와 활동파괴가 방지되며 모래다짐말뚝의 응력 집중효과로 압밀침하를 저감시키고 모래말뚝에 응력이 집중하여 점성토지반에 작용하는 응력이 감소한다.

SCP공법에서 개량된 복합지반의 강도는 모래의 치환율에 따라서 결정되고 낮은 치환율에서 모래말뚝을 이용한 점성토의 압밀강도를 증가시키는 개량공법이다.

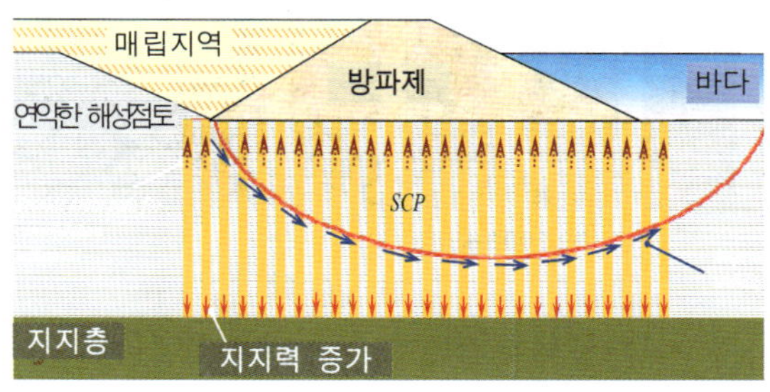

그림. SCP공법의 해상시공

성토 등의 상부구조물이 경량인 경우는 20~40%의 저치환율 SCP공법을 많이 사용하고 항만공사의 안벽과 호안 등의 기초처리는 모래다짐말뚝이 지지력과 전단강도가 증가하도록 70% 정도의 고치환율 SCP공법을 적용한다.

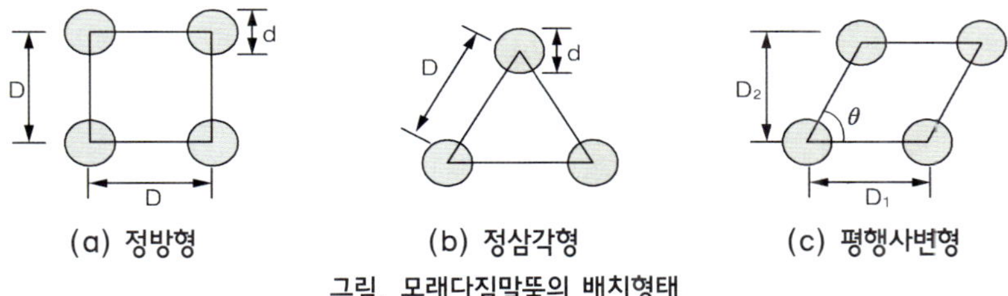

그림. 모래다짐말뚝의 배치형태

치환율(a_s)은 원지반의 면적과 모래말뚝이 차지하는 부분의 면적비를 나타낸다.

$$a_s = \frac{A_s}{A} = \frac{A_s}{A_c + A_s}$$

㉮ 모래말뚝을 정삼각형으로 배치하는 경우의 치환율

$$a_s = \frac{A_s}{A} = \frac{\sqrt{3}}{2} \frac{\pi d^2/4}{D^2}$$

㉯ 모래말뚝을 평행사변형으로 배치하는 경우의 치환율

$$a_s = \frac{A_s}{A} = \frac{\pi d^2/4}{D_1 \cdot D_2 \cdot \sin\theta}$$

여기서, A_s : 모래말뚝의 단면적

A_c : 점성토의 단면적

A : 모래말뚝 1본이 부담하는 면적(분담 면적)

d : 모래말뚝의 직경

D : 모래말뚝의 중심간 간격

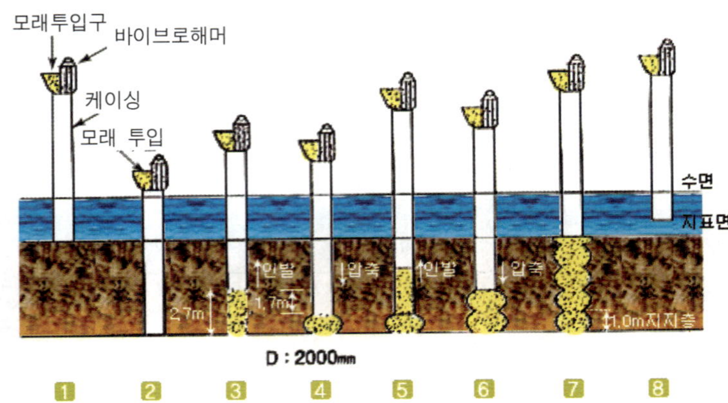

1 위치 고정
2 케이싱 관입, 케이싱 내에 모래 투입
3 케이싱 인발(케이싱 내에 압축공기를 주입하면서 인발)
4 케이싱 압축(진동해머의 작동상태에서 공기밸브를 닫고 압축)
5 압입이 완료되면 3과 같이 인발(시공 중에 모래를 케이싱에 계속하여 보충)
6 4의 방법과 같이 작업
7 지지층에서 지표면까지 3, 4, 5, 6의 방법을 반복 실시
8 다음 시공 위치로 이동

그림. 해상 SCP공법의 시공순서

③ Sand drain공법

연약지반에 연직배수층을 설치하여 점성토층의 배수거리를 짧게 하여 압밀을 촉진시키는 연직배수공법은 두꺼운 점성토지반에서 지반강도의 증가와 압밀을 촉진시켜서 압밀 소요시간을 단축하기 위하여 사용한다.

대표적인 연직배수공법인 샌드드레인공법은 해상 전용선에서 시공하며 토운선으로 운반한 모래를 점성토 연약지반에 약 1m 두께로 포설한 후에 연직배수재 역할을 하는 모래기둥을 타입한다.

그림. 샌드드레인 시공 전용선

모래기둥이 연직방향의 압밀 배수거리를 단축하여 점성토층의 수분을 탈수시켜서 압밀을 촉진시키고 압밀에 따른 지반강도를 증가시키는 강제 압밀 배수공법이다.

④ Stone column공법

Stone column공법은 느슨한 실트질 모래와 점성토지반에 적용하며 vibro probe를 지중에 관입하여 형성된 구멍(hole)에 자갈, 쇄석 등의 입상재료를 투입하면서 진동에너지로 주변지반과 쇄석을 다져서 쇄석기둥(ϕ700~1,000mm)을 만들어 복합지반을 형성한다.

입상재료의 투입방법에 따라서 wet top feed방식과 dry bottom feed방식이 있고 해상에서는 pump system을 이용하며 해상작업이 가능한 offshore stone column공법을 사용한다. Stone column공법의 적용심도가 육상은 3.0~30.0m이고 해상에서는 50m 이상이며, 시공간격은 1.0~3.0m로 한다.

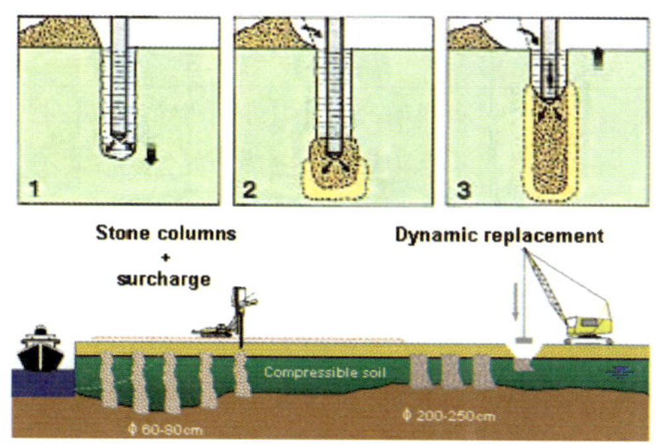

그림. Stone column공법의 작업순서와 해상작업

Offshore stone column공법은 marine double lock gravel pump가 개발되어 해양에서 stone column 시공에 우수한 품질관리가 가능하다. Marine double lock gravel pump는 자갈을 바지선 위에 설치한 blow tank로부터 콤프레서의 압축공기를 해수면 아래에 있는 receiver tank로 보내서 vibro-probe에 공급하고 노즐에서 분사하여 stone column이 형성된다.

⑤ 심층혼합처리공법(Deep Cement Mixing method)

심층혼합처리공법은 석회, 시멘트계를 주재료로 하는 괴상, 분말상, 현탁액상의 화학적 안정제를 원지반의 점성토와 강제적으로 교반, 혼합하고 포조란반응 등의 화학적 고화작용을 이용하여 지중에 견고한 안정처리토를 주상, 괴상 또는 전면적으로 조성한다. 짧은 시간에 소요 강도를 확보할 수 있고 개량 후의 지반강도가 크며 공사로 인한 오염, 소음, 진동이 적은 공법이다.

그림. DCM공법에 의한 방파제 기초 개량

㉮ 심층혼합처리공법의 개량형식

심층혼합처리공법은 구조물의 중요성, 하중조건, 지반조건 등을 고려하여 개량형식을 결정한다. 블록식개량은 상부구조물의 아래에 연속적으로 안정처리토의 덩어리를 형성하는 것으로 원지반의 흙을 이용한 치환과 유사하다.

안정처리토의 강도 특성을 이용하여 개량토체를 경제적으로 활용하는 벽식과 격자식은 개량단면이 복잡하므로 설계단면의 정확한 시공이 중요하다. 말뚝식은 지반 중에 다수의 안정처리 토체를 형성하는 것으로 경량 구조물의 침하방지와 가시설물의 설치에 많이 사용된다.

격자식	벽식	말뚝식
격자 형상으로 시공	벽체 형상으로 시공	바둑판 형상으로 시공
· 개량체적이 비교적 크게 형성 · 구조적 안정성 우수	· 개량 체적이 적어서 경제적 · 수평력이 크면 다소 불리 · 중첩길이가 짧아서 결함이 있으면 구조물 본체에 불리	· 지중 개량체를 중첩하여 조성 · 수평력에 취약한 구조

개량심도에 따라서 심층혼합처리공법을 분류하면 착저형과 부유형이 있다. 착저형은 연약층을 지지층까지 개량하여 상부하중을 지지층에 전달하는 형식이므로 시공 후에 잔류침하가 거의 발생하지 않는다. 그러나 부유형은 개량체 하부에 미개량층이 남아 있는 형식이므로 잔류침하가 발생하지만 착저형보다 경제적이다.

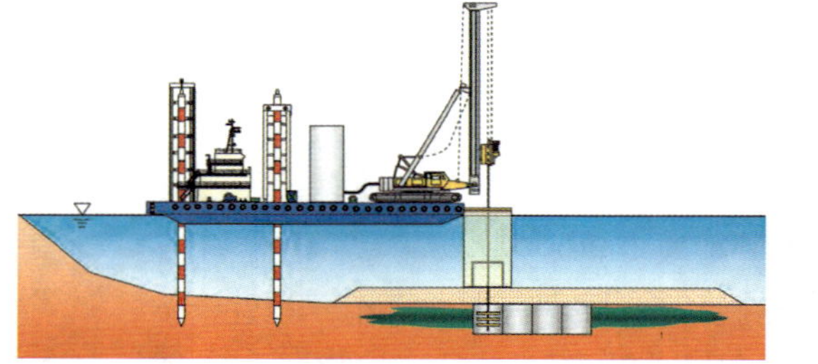

그림. 심층혼합처리공법으로 형성된 기둥의 형상

㉯ 시공방법

해상에서 심층혼합처리공법의 시공전용선은 안정제인 시멘트를 저장하여 슬러리(slurry)화하는 부분과 혼합 교반기로 원지반 점성토를 교반하면서 시멘트슬러리를 주입하며 혼합하는 부분과 제어하는 부분으로 구성되어 있다.

시공전용선을 개량위치에 유도하여 처리기 하부의 교반날개에서 시멘트슬러리를 분출하면서 교반하여 개량깊이까지 관입시킨다. 인발시는 시멘트슬러리의 주입을 중지하고 교반날개를 역회전시키면서 뽑아낸다. 관입과 인발의 반복작업으로 24시간 이내에 인접한 말뚝과 겹치게 하여 접합부 이음을 하고 접합을 위해서 인접한 말뚝의 응결을 지연시키는 첨가제를 사용한다.

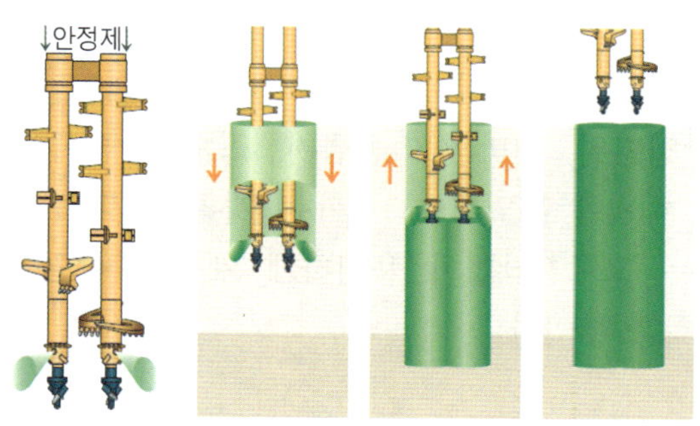

그림. DCM공법의 교반장치와 기둥의 형성과정

그림. 심층혼합처리공법의 시공순서

2) 기초 굴착

해상구조물의 기초처리는 그랩 준설선, 펌프 준설선으로 굴착한 후에 조류와 해류에 의하여 메워지지 않도록 치환하며 기초지반이 연약한 경우는 연약한 표토를 제거하고 해사와 사석으로 치환을 한다.

① 기초의 굴착장비는 토질, 토량, 공사기간, 투기장의 거리에 따라서 결정한다.

② 지반이 연약하면 지반이 침하하여 사석 투입량이 증가하므로 PP매트를 깔아서 지반을 보강한다.

③ 치환용재료의 포설은 침전된 부유물이 혼입되지 않도록 한쪽 끝부터 차례로 투입한다.

그림. 그랩준설선에 의한 기초 굴착

그림. 기초 사석의 포설

3) 기초사석의 포설

항만구조물의 기초는 일반적으로 사석기초를 이용하고 원지반이 연약하여 사석기초만으로 불충분하면 부설모래를 포설하여 보강한다. 기초사석은 상부구조물의 하중을 분산시켜서 지반으로 전달하고 세굴을 방지하기 위한 피복재를 설치한다. 사석을 설치하여 상부구조물의 하중 분산, 지반의 세굴방지, 기초 지반을 일정한 높이로 정리하여 구조물 기초로 활용할 수 있다.

① 사석의 재질

사석은 편평하며 길지 않고 재질은 견고하고 치밀하며 풍화와 동괴의 염려가 없어야 한다. 편평한 사석의 폭은 두께의 2배 이상이고, 세장한 사석의 길이는 폭의 3배 이상이어야 한다.

② 사석의 투입

해상에서는 사석을 투입하기 전에 깃대, 브이(buoy) 등으로 투입지역을 표시하여 사석이 이동하거나 파손되지 않도록 한다. 사석 투입용 작업선은 투입범위, 선박의 이동범위, 조류, 바람 등을 고려하여 앵커로 고정시킨다. 사석은 2단계로 나누어서 해저에 투입하며 1단계는 계획고보다 1.0~1.5m가 낮게 단면이 형성되게 막버림을 하고, 2단계는 고르기작업이 용이하게 계획고 상단에 유형(template)을 설치하고 잠수부의 지시에 따라서 사석을 투입한다.

③ 사석 고르기(Levelling)

사석 고르기는 본체의 직립부에서 균등한 반력과 지지력을 가지며 구조물 본체에 작용하는 수평력에 저항하여 파랑에 산란되지 않도록 한다.

면고르기는 표고를 측정하고 template를 설치한 후에 잠수부가 스크리드(screed)로 표면의 평탄성을 확인하면서 자갈을 보충 투하하여 고르기를 한다.

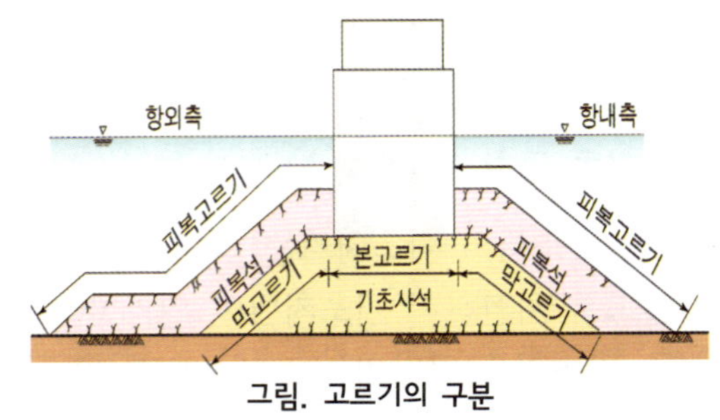

그림. 고르기의 구분

㉮ 고르기의 종류

㉠ 본 고르기

본체 구조물과 직접 접하는 면은 큰 돌을 표면에 작은 돌로 틈을 메워서 맞물리게 한다. 본 고르기는 본체 구조물이 접하는 면이므로 평탄성을 유지하도록 기준면에서 ±5cm로 실시한다.

㉡ 막 고르기

막 고르기는 고르는 면에서 볼록한 부분을 제거하고 오목한 부분은 메워서 면을 고르게 한다. 막 고르기의 정밀도는 기준면에서 안벽 전면의 상단은 ±10cm, 피복석의 하면은 ±30cm, 속채움 블록의 하면은 ±50cm로 면고르기를 한다.

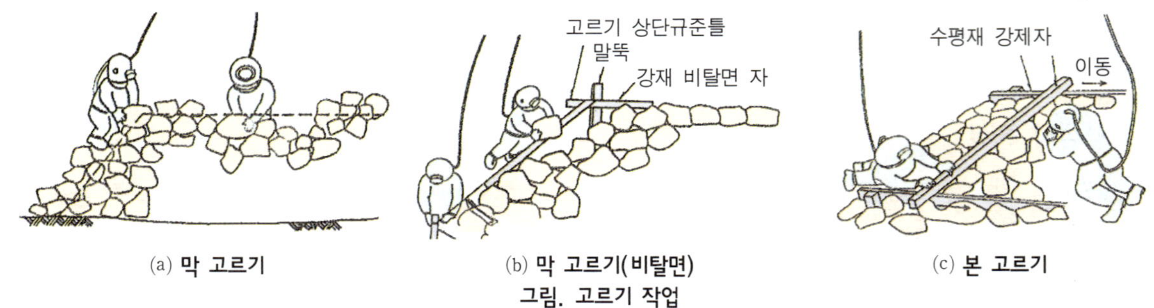

(a) 막 고르기 (b) 막 고르기(비탈면) (c) 본 고르기

그림. 고르기 작업

㉯ 해상 투하시의 사석 고르기

㉠ 사석 운반선을 앵커로 고정시키고 사석을 종방향으로 한쪽부터 투입하여 단면을 형성한다.

㉡ 기초사석의 단면이 크면 단면 전체에 균등하게 사석을 투입하여 단면이 어느 정도 형성되면 약간씩 보충하여 투하하고 비탈면과 사석 상부의 면고르기를 한다.

4) 피복공

사석의 노출 부분이 쇄파와 파도에 의하여 세굴과 비산되지 않도록 표면을 무거운 돌이나 콘크리트 이형블록으로 피복하는 피복공은 피복석, 피복블록, 근고블록, 피복매트 등으로 구성되어 있다.

① 피복석

기초사석의 이동과 유실을 방지하고 파도에 저항하여 제체를 보호하기 위해서 중량이 무거운 피복석(약 1,000kg/개)으로 피복하고 파랑에 대한 피복석의 저항력은 피복석 크기, 비탈면 기울기, 두께, 쌓는 방법에 따라서 달라진다.

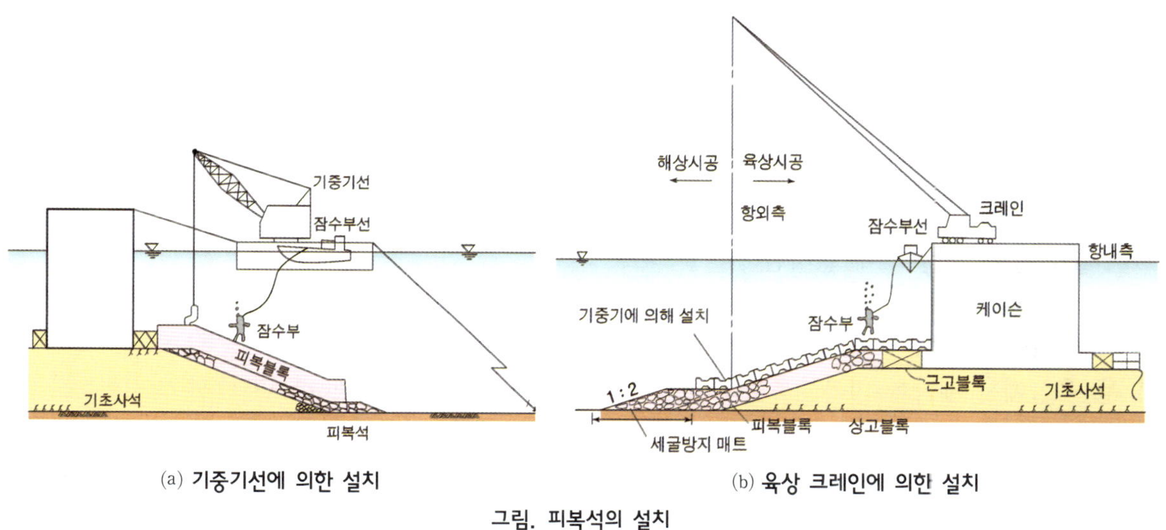

(a) 기중기선에 의한 설치　　(b) 육상 크레인에 의한 설치

그림. 피복석의 설치

㉮ 기초사석의 고르기가 완료되면 그랩(grab) 자항 운반선 또는 토운선으로 피복석을 투입한다.

㉯ 3m 이상의 수심에서는 수중에서 피복석을 설치하고 상부는 육지에서 설치가 가능하다. 수심이 얕은 곳과 수상부는 방파제 위에서 크레인에 orange peel을 장착하여 피복석을 축조한다.

㉰ 피복석이 맞물리지 않아서 파랑에 의하여 탈락이 확대되면 큰 피해가 발생하므로 피복석은 비탈면 바닥부터 올라가면서 쌓고 큰 돌을 바닥부에 설치하여 안정성을 높인다.

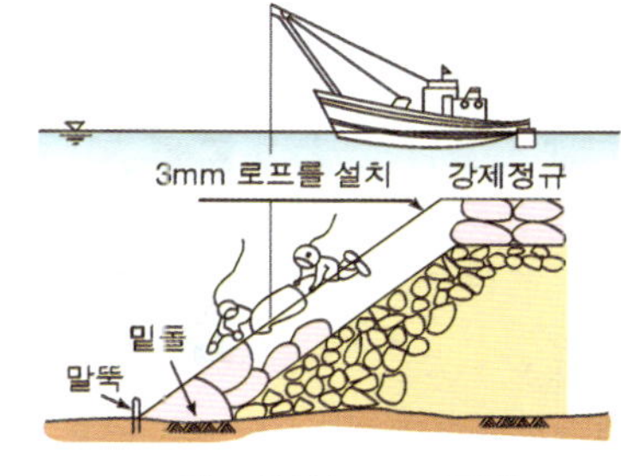

그림. 피복석 고르기작업

㉱ 피복석은 2층 쌓기가 일반적이고 고르기작업과 밀접한 관계가 있으며 잠수부 지시에 의하여 기초부에 직접 투입한다.

㉲ 피복석 고르기는 규준틀을 설치하고 잠수부선에 설치된 윈치를 사용하여 ±30~50cm의 정밀도로 비탈면의 아래에서 비탈머리를 향하여 설치한다.

② 피복블록

피복블록은 기초사석의 분산을 방지하기 위하여 피복석의 피복효과가 부족하거나, 충분한 크기의 피복석을 생산할 수 없거나, 항만 출입구와 같이 급한 경사가 필요한 경우에 Tetrapod, Tribar, Stabit 등의 이형블록을 사용한다. 이형블록은 불규칙한 표면을 가지므로 급한 기울기로 쌓기가 가능하고 블록이 50% 이상의 공극을 형성하여 소파효과가 크므로 큰 파도에 저항할 수 있다.

㉮ 피복블록의 제작

㉠ 거푸집은 박리재를 도포하고 조립하며 콘크리트 타설시에 거푸집이 비틀리거나 모르터가 누출되지 않게 조임을 한다.

㉡ 콘크리트를 타설한 거푸집은 3~5일이 지나고서 해체하며 해체시기는 TTP(tetrapod)를 기준으로 콘크리트 강도가 5MPa 이상(바닥 거푸집은 5MPa 이상, 기타 부분의 거푸집은 3.5MPa 이상)이어야 한다.

㉯ 피복블록의 전치와 가치

㉠ 전치시기는 블록을 들어 올리는 방법과 블록의 종류에 따라서 다르지만 거푸집을 탈형하고 1~2일이 지난 후에 실시한다.

㉡ 블록의 인양에 필요한 콘크리트의 강도는 7~12MPa를 기준으로 한다.

㉰ 피복블록의 운반과 설치

㉠ 육상에서 제작한 피복블록은 기초사석과 피복석의 고르기가 완료되면 즉시 설치한다.

㉡ 피복블록은 기중기선에 의한 해상설치가 일반적이며 방파제 위에서 육상 크레인 등을 사용하여 설치하는 경우도 있다.

(a) 육상부 투하

(b) 해상부 투하

그림. 피복석 설치작업

5) 소파공

소파공은 둑체의 안정성 향상, 전면 수역의 평온, 둑 내의 월파를 감소하기 위하여 설치하며 설치시기는 소파블록 피복재를 직립제의 축조와 동시에 시공하거나 직립식방파제의 축조 후에 설치하고 방파제의 소파공은 주로 이형블록을 사용한다.

① 소파공의 종류

㉮ 구조물 : 소파블록, 유공 케이슨

㉯ 피복석 : 자연 사석, 인공 사석(Tetrapod, Acropod, Hexapod)

② 소파공 피복석의 종류

구 분	자연 사석	인공 사석(TTP, Acropod, Hexapod)
크 기	1m³ 이하	1m³ 이상
공극률	35~40%	50~60%
공사비	재료 확보가 곤란, 저렴	현장 제작, 고가

표. 인공 소파블록의 종류

구 분	TTP(tetrapod)	Sealock	Accropode	Core-Loc	OTP
형상					
적층수	2	2	2	1	1, 1.5, 2
공극률(%)	50	50	52	60	64, 54, 46

③ 시공 유의사항

㉮ 소파블록의 운반과 거치는 콘크리트의 28일 설계기준강도를 확인하고 실시하며 블록의 거치 전에 피복석 고르기면을 확인해야 한다.

㉯ 피복블록과 동일한 방법으로 설치하고 소파공의 상단높이는 직립부의 상단에 맞추어서 시공한다. 소파공이 직립부 상단보다 낮으면 직립부에 충격적인 파력이 작용하고 직립부 상단보다 높으면 상단에 설치한 블록이 불안정해진다.

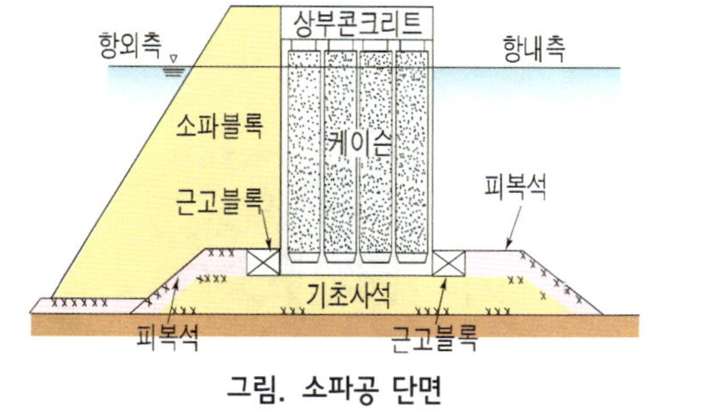

그림. 소파공 단면

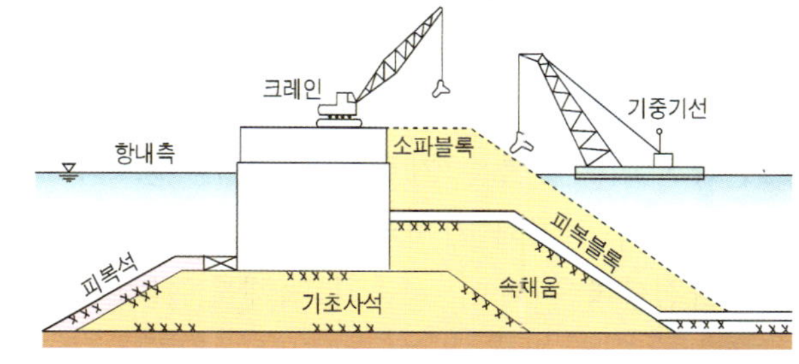

그림. 소파블록의 설치작업

㉰ 소파블록은 굴곡이 생기지 않고 서로 맞물리게 설치하며 파도에 의한 기중기선의 요동으로 달아올린 블록이 방파제 본체와 설치한 블록에 충돌하지 않게 주의한다.

㉱ 블록을 거치할 때에 틈채움돌을 사용하여 공극을 메우거나 물리지 않는 구간에 틈채움을 하지 않아야 하며 기초면과 블록사이에 틈채움과 고임돌을 사용하지 않도록 한다.

㉲ 소파블록을 2단 이상 거치할 때는 1단만을 계속 설치해서는 안 되고, 층과 층 사이가 잘 짜여지게 거치한다.

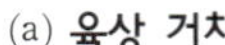

(a) 육상 거치

(b) 해상 거치

(c) 수중 거치

그림. 소파 블록의 거치

6) 밑다짐블록(근고블록)

케이슨방파제와 블록식방파제의 기초부에서 입사파와 반사파의 분산에 의하여 기초사석의 세굴과 흡출이 일어나기 쉬우므로 둑체의 기초부를 다짐하고 보호하기 위해서 밑다짐을 실시한다. 밑다짐블록은 파력과 시공능력을 고려하여 10~50톤의 블록을 사용하며 블록에 10% 정도의 홈을 설치하면 블록 저면의 양압력이 감소되어 블록의 비산을 방지한다.

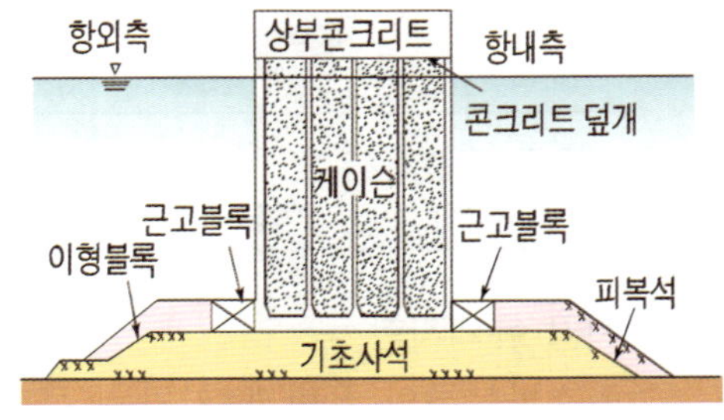

그림. 근고블록

밑다짐블록은 둑체 전후, 비탈선 방향의 둑체 선단부, 시공의 중단시에 사석기초의 절단면 방향과 둑체의 단면이 변화하는 곳에 설치한다.

① 밑다짐공법의 종류

㉮ 콘크리트 블록(10~50톤)을 둑체에 밀착시켜서 부설하거나 메우는 방법

㉯ 이형 밑다짐블록을 설치하는 방법

② 밑다짐블록의 시공

㉮ 밑다짐블록은 블록 거푸집의 조립, 콘크리트 타설, 거푸집 해체, 양생, 전치와 가치의 순서로 제작된다.

㉯ 밑다짐블록은 케이슨 등의 둑체를 설치하고서 신속하게 설치한다.

㉰ 설치시에 사석의 고르기상태, 둑체와 기설치한 블록의 부착물을 확인하여 둑체, 블록과 블록 상호간의 줄눈간격이 최소가 되게 설치한다.

그림. 근고블록

㉱ 설치시에 파랑에 의한 작업선의 동요로 둑체에 충격을 주어서 블록과 둑체가 손상되지 않도록 주의해야 한다.

(3) 케이슨의 제작, 운반과 설치

1) 개요

방파제, 호안, 안벽, 물양장 등의 구조물 본체는 육상이나 도크(dock)에서 제작한 케이슨을 진수하고 현장에 예항하여 설치한다. 케이슨이 설치되면 속채움을 하고 콘크리트 덮개를 설치한 후에 상부 콘크리트를 타설한다.

2) 케이슨의 제작

케이슨은 철근 콘크리트 구조물로 중량이 200~4,000톤이고, 제작함대의 종류와 지지력의 상태, 제작과 진수시의 이동방법, 옆으로 끌기, 인양방법 등의 시공조건에 적합한 구조를 가져야 한다. 케이슨은 사로식, 도크식, 달아 내림 방식 등의 진수방식을 고려하여 제작장에서 제작된다.

① 케이슨의 제작방법

케이슨의 제작은 제작 수량, 제작기간, 제작조건, 용지면적, 토질조건, 설치 현장까지의 거리, 공사비를 검토하여 가장 경제적인 방법을 채택한다.

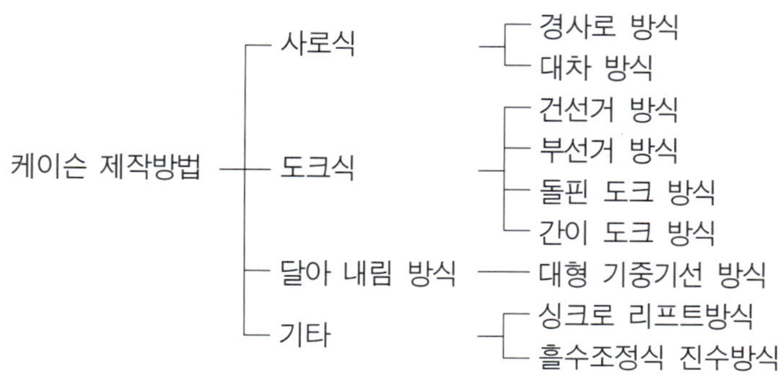

그림. 케이슨 제작장

② 사로식

㉮ 경사로(Slip way) 방식

제작장에서 케이슨을 자중으로 하강시켜서 진수하며 제작 함대부에 경사로가 설치되어 있다. 육상에서 해수면까지 진수거리가 60~80m인 경우는 2줄 또는 4줄의 경사로를 설치하고 케이슨을 경사로 위로 활강시켜서 바다에 진수시킨다. 그러나 많은 케이슨을 제작하기 위해서 경사로를 길게 하면 케이슨의 강하속도가 빨라져서 위험하므로 한 번에 제작하는 케이슨의 수량에 제한이 있다.

㉯ 대차에 의한 방식

케이슨을 윈치에 의해 진수시키는 방법으로 제작 함대부와 진수 경사로가 있으며 제작 함대부는 진수경사로와 직각으로 설치한다.

③ 도크(Dock)식

㉮ 건선거(Dry dock) 방식

도크에서 제작한 케이슨을 도크 내에 주수하여 케이슨을 부상시킨 후에 게이트(gate)를 개방하고 인출하므로 안전성이 우수하고 케이슨 제작장이 주위 지반보다 낮으므로 제작설비의 배치와 자재 반입이 용이하다. 건선거의 규모가 커서 초기투자가 크므로 장기적으로 이용하면 유리하다.

㉠ Dry dock의 바닥이 입구쪽으로 하향경사이므로 제작 전에 모래 등으로 바닥을 평탄하게 정리하고 filter재를 깔고서 케이슨을 제작한다.

㉡ Dry dock에서 제작되는 케이슨은 규모가 크고 높이가 높아서 불안전한 상태가 되기 쉬우므로 진수, 예인, 거치에 필요한 대책을 수립한다.

㉢ 케이슨의 부양을 위한 주수시에 안전 흘수선까지 양수기로 빠르게 주수하고, 흘수선부터는 천천히 주수하여 케이슨이 갑자기 부양하지 않도록 한다.

㉣ 주수가 완료되어 케이슨이 부양하면 dock gate를 열고 1함씩 도크에서 인출한다.

(a) Dry dock에 의한 방법

(b) 임시 건선거에 의한 방법

그림. 건선거에 의한 케이슨 제작

㉯ 부선거(Floating dock) 방식

그림. 부선거(Floating dock)

부선거에 의한 케이슨 제작은 제작장 부근으로 부선거를 예인하여 파랑, 조석, 조류에 의하여 동요되지 않도록 계류시키고, ballast water를 배수하여 선체를 부상시킨 다음에 선체의 갑판이 수면 위로 노출되면 모래를 고르게 부설하고 케이슨을 제작한다.

제작이 완료되면 케이슨의 진수가 가능한 수심까지 부선거를 예인한 후에 ballast water를 주입하여 케이슨이 부상할 수 있는 진수 수심까지 침강시켜서 케이슨을 부선거 갑판에서 이격하여 부상시킨다.

부선거의 진수는 부선거 내부공간에 제약이 있어서 1회에 1~2함의 케이슨 제작이 가능하므로 소규모인 경우는 인근 접안시설을 이용하여 제작하는 장점이 있지만 대규모 제작은 제작과 진수가 연속적으로 이루어져서 공기가 길어지고 부선거 건조비용이 많이 소요된다. 작업 여건상 진수에 필요한 수심까지 예항하므로 제작장에 접안설비가 갖추어진 넓은 작업장이 필요하다.

(a) 바닥 포설작업

(b) 철근, 거푸집 조립

(c) 콘크리트 타설

(d) 양생과 거푸집 해체

(g) 케이슨 인양

(h) 케이슨 거치

그림. 부선거(Floating dock)에 의한 케이슨 제작과 설치작업

④ 달아 내림 방법

해안의 후면부에서 케이슨을 제작하여 대형 기중기선(floating crane)으로 달아 내리는 방식이며 해안선 부근에 제작장이 있으므로 케이슨 자중에 의한 기존 구조물에 미치는 영향을 확인하고 케이슨을 달아 내릴 때는 하중이 연직방향으로 균일하게 작용하도록 강제 현수틀을 사용한다.

㉮ 케이슨의 권양시에 케이슨 중량 외에 케이슨 바닥과 지면과의 접지압으로 인한 권양능력이 상승되므로 최소 접지압을 받을 수 있도록 제작시에 필터(filter)재를 바닥에 설치한다.

㉯ 케이슨의 제작이 완료되면 들고리용 앵커의 근입상태를 확인하고 권양시간의 지연에 의한 부식을 방지하도록 덮개 등으로 덮어서 장시간 방치해도 후속 공정에 문제가 없도록 한다.

㉰ 조금구(hanging guide frame)의 설치 시에 연결부분의 용접과 파손상태와 rope guide의 핀 연결을 확인한다.

(a) 케이슨 제작

(b) 케이슨 야적

(c) 케이슨 달아내림

그림. 케이슨의 달아 내림 방법

⑤ 기타

㉮ 육상제작 이동(Jacking) + 진수에 의한 방법

해안 부근의 제작장에서 케이슨을 제작하여 진수하는 방식으로 제작장과 레일로 연결된 플랫폼(platform)까지 대차로 운반하여 권양장치로 플랫폼과 함께 해면으로 내려지며 진수지역의 수심이 깊은 경우에 유리하다.

케이슨이 선로상의 대차에서 제작되면 윈치를 조작하여 대차 위의 케이슨을 부선거, ship lift platform으로 이동하여 케이슨을 진수시키며 platform이 있는 ship lift 시스템의 진수설비는 플랫폼, 체인 잭(chain jack), 체인으로 구성되고 운반설비는 종횡방향의 레일설비, 대차, 운반기기가 있다.

육상의 레일대차 위에서 제작하여 레일을 따라서 운반된 케이슨이 플랫폼에 실리면 플랫폼은 호이스트 윈치에 의하여 체인이 서서히 풀리면서 수면 아래로 하강하여 일정한 수심까지 내려가면 케이슨이 부력에 의하여 진수가 가능해진다.

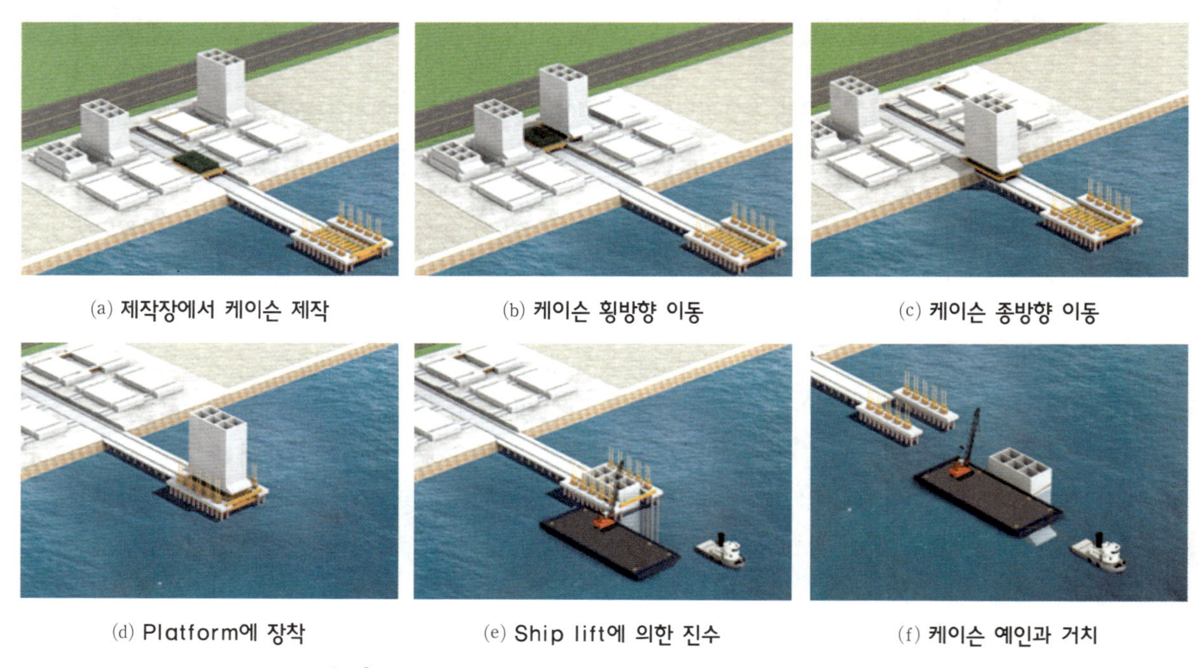

(a) 제작장에서 케이슨 제작 (b) 케이슨 횡방향 이동 (c) 케이슨 종방향 이동

(d) Platform에 장착 (e) Ship lift에 의한 진수 (f) 케이슨 예인과 거치

그림. 육상제작 이동 + Ship lift platform에 의한 케이슨의 진수

㉯ 흘수 조정식 진수방식

부체에 물을 주입, 배수하고서 부력을 이용하여 케이슨을 부선거(floating dock)에 올려서 예항하는 방식이므로 수심이 낮은 장소에서도 대형 케이슨의 진수가 가능하다.

(a) 케이슨 제작　(b) 케이슨 진수　(c) 케이슨 설치

그림. 흘수 조정식 진수방식

㉰ 가물막이 방식에 의한 진수

㉠ 소량의 케이슨을 제작하고 현장과 제작장의 해면에 가물막이를 설치할 수 있는 지형과 지질조건이 적합한 경우에 적용한다.

㉡ 방조제형 가물막이 둑을 쌓고 배수시킨 후에 바닥을 정지하고 제작장을 설치한다.

㉢ 케이슨이 제작되면 최저 간조시간에 가물막이 내부에 주수하여 케이슨이 부력을 받아서 진수되면 가물막이를 제거하고 케이슨을 외부로 예인한다.

㉣ 가물막이는 임시구조이므로 주수와 굴착시에 일시적으로 유속이 작용하면 유수와 침수가 되어 손실의 위험이 있고 케이슨의 전도에 유의해야 한다.

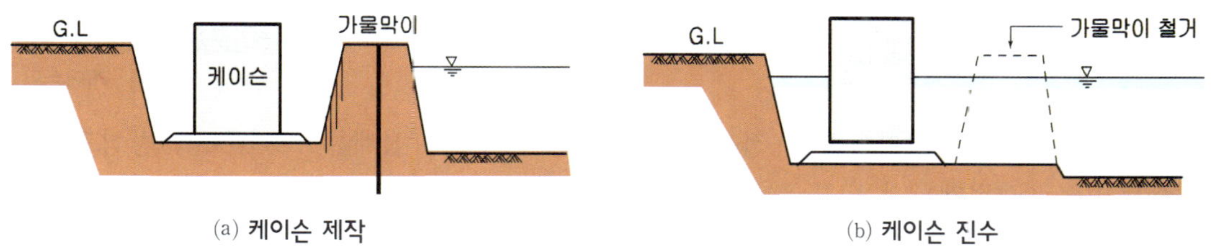

(a) 케이슨 제작　(b) 케이슨 진수

그림. 가물막이 방식에 의한 진수

3) 케이슨의 진수와 가치

① 케이슨의 진수

육상에서 제작한 케이슨을 해상으로 이동하는 진수는 케이슨의 제작설비에 따라서 진수방식이 달라진다.

㉮ 케이슨의 진수시기는 케이슨의 제작과 설치공정에 의하여 결정되며 진수시의 콘크리트 강도는 설계기준강도 이상이고 달아내림 방식 이외에는 진수시에 외력에 견딜 수 있는 강도보다 커야 한다.

㉯ 진수는 해면이 평온한 시기에 실시하고 부선거방식은 제작과 진수의 전체 작업기간 동안에 해면이 평온한 장소와 기기가 필요하다.

㉰ 달아내림 방식에서 케이슨 상부의 콘크리트 재령이 짧으면 들어 올리는 철근과 콘크리트 부착응

력의 검토가 필요하다.

㉱ 진수시에는 예인선(tug boat)과 압선(pusher boat)을 배치하고 진수한 케이슨이 안정되면 신속하게 로프를 풀어서 표류되지 않게 한다.

㉲ 도크방식에서 여러 개의 케이슨을 동시에 진수시킬 때는 케이슨의 부상시에 측벽과 충돌하거나 케이슨 간의 접촉에 의한 파손을 방지하기 위해서 폐타이어, 목재 등의 방호재를 케이슨에 부착한다.

② 케이슨의 가치

케이슨은 제작에서 설치할 때까지 일정한 기간 동안에 안전한 장소에 가치하는 경우가 있으며 가치방법은 육상가치, 침설가치, 계류가치가 있다.

가치는 침설가치를 원칙으로 하며 부득이한 경우는 앵커 등을 설치하여 조위의 영향이 없고 충분한 수심이 확보된 위치에 띄워 놓을 수 있다.

㉮ 육상가치 : 일반적으로 케이슨 제작장에서 이루어진다.

㉯ 침설가치

침설가치는 일반적으로 방파제 등의 상부에 가치하며 가치장소의 수심은 케이슨의 흘수보다 깊어야 하고 침설이 되면 만조시에 케이슨 상단이 수면으로 나오는 깊이가 바람직하며 케이슨의 내수위는 만조시에도 부상하지 않는 높이를 유지한다.

그림. 케이슨의 가치

㉰ 계류가치

계류가치는 해면이 평온하고 전용수역이 있는 경우는 1점계류 브이(buoy)방식으로 하며 일반적으로 2점과 4점계류가 많고, 4점계류는 2방향을 육상에 계류할 때도 있다.

침설과 계류가치의 위치는 물결의 영향이 적은 방파제의 안쪽이나 항행하는 선박에 지장을 주지 않는 장소를 선정하고 야간에 항행하는 선박의 안전을 위하여 가치구역에 등부표나 케이슨 위에 등표를 설치한다.

4) 케이슨의 예항

케이슨의 예항은 진수위치에서 가치장소, 설치 현장까지 케이슨을 이동하거나 가치장소에서 설치 현장까지 이동하는 경우가 있다. 예항은 케이슨의 설치, 속채움, 콘크리트 덮개 등의 작업이 연속적으로 이루어지게 기상과 해상조건을 충분히 검토하고 실시한다.

① 예항방법

케이슨의 예항은 대회전 로프를 케이슨에 설치하여 예인선에 연결하는 것이 일반적인 방법이고 예항거리와 해면상태에 따라서 적합한 방법을 선정한다.

㉮ 케이슨의 예항 전에 최저수심 이상의 최적항로를 미리 선정하고 예항항로에 브이(buoy)를 설치하여 예인한다.

㈏ 예인 로프는 충분한 규격으로 마모상태를 확인하고 파손에 주의하며 결속부분이 벗겨지지 않도록 연결한다.
㈐ 예인 중에 케이슨이 예인방향과 대각선이 되지 않게 하고 정조시에 예인한다.
㈑ 예인속도를 조절하여 케이슨이 유동하지 않게 예인 중에 일정한 속도를 유지한다.

표. 케이슨의 예항방법

예항 방법	예항 거리		해면 조건	비고
	단거리	장거리		
· 대회전 로프를 거는 방법	–	○		장거리 예항
· 예항환을 부착하는 방법	○	–	평온한 경우	
· 기중기선을 사용하는 방법	○	–		
· 압선(Pusher tug)을 사용하는 방법	○	–		항내 예항

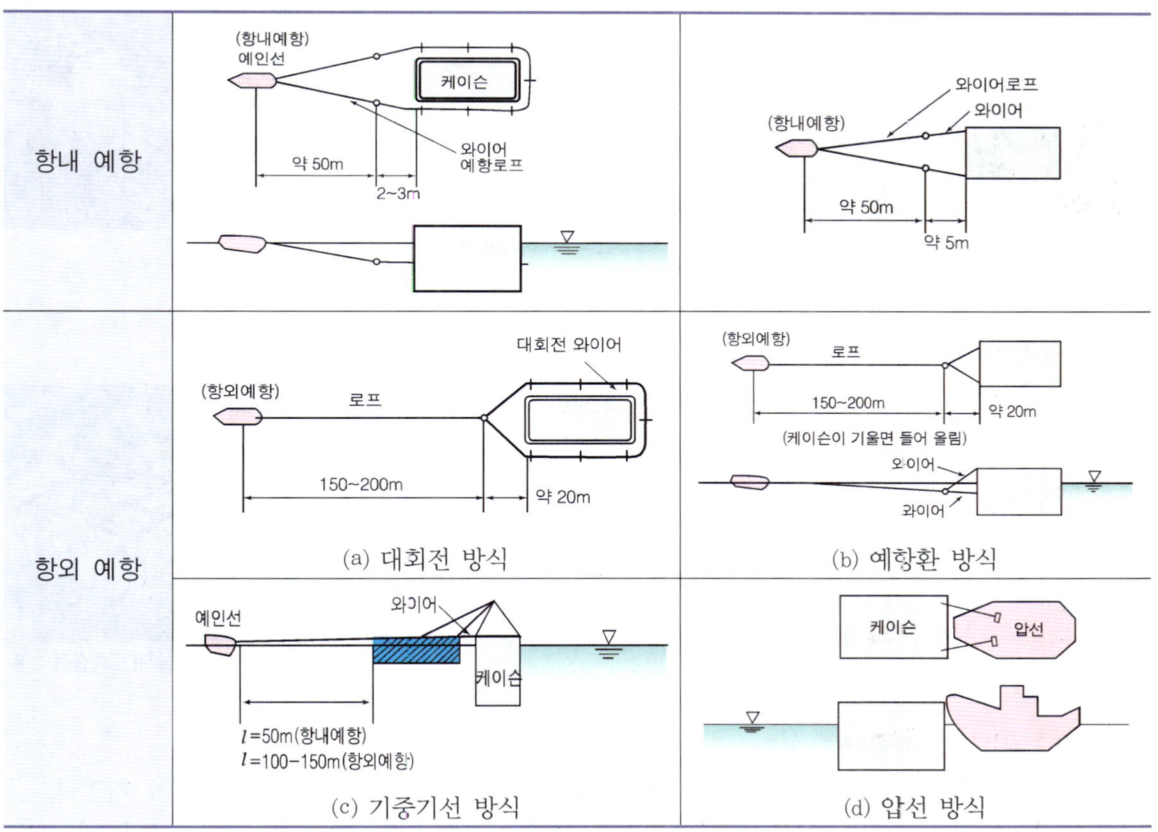

그림. 케이슨의 예항방법

② 예항 작업

㉮ 예인선의 예항속도

대형 케이슨은 2척 이상의 예인선을 사용하여 예항하는 경우도 있으며 표준 예항속도는 2~3노트이다.

㉯ 예인선 와이어로프의 크기와 길이

예항시에 예인선 선단에서 케이슨 후단까지의 거리는 항내에서는 200m 이내, 항외에서 장거리 예항을 하는 경우는 450~500m로 하며, 예인선 로프의 중간 부분이 1m 정도가 처지게 한다.

㉠ 예항로프가 길면 기상급변이 예상되는 장거리예항에서 물결 등에 의한 급격한 장력작용으로 로프의 처짐이 완화되고 케이슨과 예항의 로프가 부착된 높이의 차이가 크면 로프의 경사각이 작아서 유리하다.

㉡ 예항로프가 짧으면 선박의 항행이 빈번한 항내예항과 해협의 폭이 좁고 굴곡이 있는 지역의 예항에 유리하다.

그림. 케이슨의 예항

5) 케이슨의 설치

케이슨의 설치는 기초지반과 케이슨의 흘수와의 관계, 현장의 해상과 기상조건, 작업용 선박의 선정을 검토하고서 실시한다. 또한 케이슨 설치는 케이슨의 예항, 설치, 속채움, 콘크리트 덮개를 설치하는 연속 작업이므로 설치 후에 후속작업을 즉시 시행한다.

케이슨의 설치는 작업선의 종류와 작업기계에 따라서 케이슨을 부상시킨 상태에서 해상으로 예항하여 설치하는 방법과 케이슨을 기중기선으로 달아 내려서 현장에 운반하여 설치하는 방법이 있다.

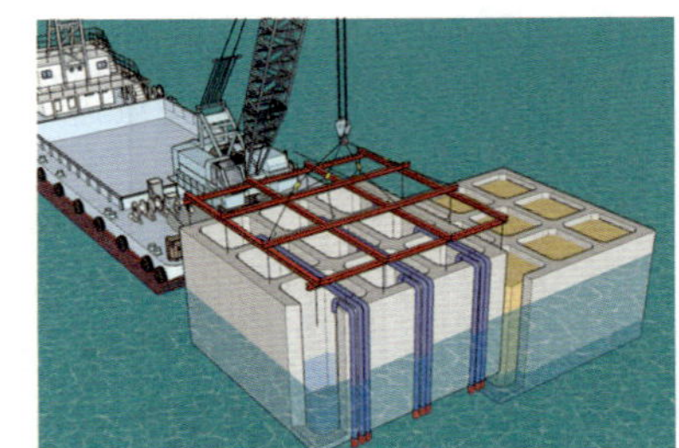

그림. 케이슨 설치(자료출처 : Aomi건설)

① 케이슨을 부상, 예항하여 설치

예항한 케이슨을 정확하게 유도하기 위하여 전망선에 측량탑을 설치하여 위치를 확인한다. 케이슨의 주수는 케이슨을 설치장소까지 예항하여 정확한 위치를 확인하고 짧은 시간 내에 각 격실에 균등하게 주수한다.

그림. 케이슨을 부상, 예항하여 설치

그림. 대형 기중기선에 의한 케이슨 설치

② 대형 기중기선(Floating crane)에 의한 설치

주수한 케이슨은 현수틀을 이용하여 대형 기중기로 20~30cm 달아 올려서 정확한 위치에 내려 놓는다. 케이슨의 설치시에 파도에 의해 케이슨끼리 접촉하여 파손되지 않도록 케이슨 사이에 고무 타이어, 고무 방충재 등의 완충재를 설치한다. Floating crane의 권양시에 벽체의 전단파괴로 인한 안전사고의 방지와 케이슨이 손상되지 않도록 보조 조금구를 사용한다.

6) 케이슨의 주수

① 케이슨의 침설은 밸브, 펌프로 물을 넣는 방법으로 약 1m의 수두차를 유지하면서 주수를 실시한다.

② 케이슨 부설시의 침강속도는 8~10cm/분으로 하며 케이슨이 기초사석 위의 10~20cm에 도달하기 전에 주수를 중지하고 케이슨의 설치위치를 최종적으로 확인하여 신속하게 정위치에 내려서 설치한다.

그림. 케이슨의 주수

③ 케이슨의 내부 수위를 4개소 이상 확인하여 평균적으로 주수 깊이를 결정하고 안전 흘수선 이상으로 충분히 주수한다.

④ 케이슨에 주수가 완료되면 케이슨 외부 4개소의 흘수를 확인하여 완전 진수시에 케이슨이 지면에 닿는지를 확인한다.

⑤ 케이슨과 주수용 작업선의 접안시에 케이슨과 작업선의 높이 차이에 의한 로프의 탈선이 없도록 결속한다.

⑥ 케이슨 격실마다 골고루 주수가 되도록 격실의 수위를 확인하여 편심이 작용하지 않게 한다.

(4) 속채움, 콘크리트 덮개, 상부 콘크리트공

케이슨, 셀블록을 설치하고서 구조물의 안정을 위한 속채움, 콘크리트 덮개, 뒷채움, 뒷매립 등의 후속 공종을 즉시 시행해야 한다.

1) 속채움

속채움은 정해진 위치에 설치한 케이슨과 블록이 파랑 등의 외력에 의해 이동되지 않도록 모래 등을 채워서 중량을 크게 하여 활동과 전도에 저항하게 한다. 대형 케이슨과 셀블록은 속채움재가 많이 소요되므로 적합한 규격과 능력을 가진 운반선이 필요하다.

① 케이슨을 거치하고 10~15일 후에 초기 변위가 완료되면 속채움을 실시한다.

② 조류가 빠르고 태풍의 염려가 있는 지역은 거치를 하고 즉시 속채움재를 조속하게 투입한다.

③ 속채움재의 투입 중에 케이슨이 부등침하와 경사가 발생하지 않도록 균등하게 투입한다.

④ 속채움이 완료되지 않은 상태는 케이슨이 파랑 등의 외력에 매우 위험하므로 셀 외각을 시공하고서 즉시 속채움을 한다.

⑤ 속채움 순서와 재료의 투입방법

속채움은 케이슨의 중심에서 주변으로 실시하고 1/3H씩 나누어서 속채움하며 변위를 측정하면서 추가적으로 속채움한다.

㉮ 모래 : 그랩 준설선 또는 벨트 컨베이어, 펌프 준설선

㉯ 자갈, 사석 : 운반선 + (그랩 준설선, 백호)

표. 케이슨 변위의 관리방법

케이슨의 변위상태	관리방법
법선으로 기울어질 때	⑤, ⑥ 모두 속채움
법선으로 이동	전면 피복석 시공과 뒷채움 시공
육지측으로 기울어질 때	뒷채움 우선 시공
조인트가 벌어질 때	①, ⑤, ③ 속채움
육지측으로 이동 시	뒷채움 우선 시공

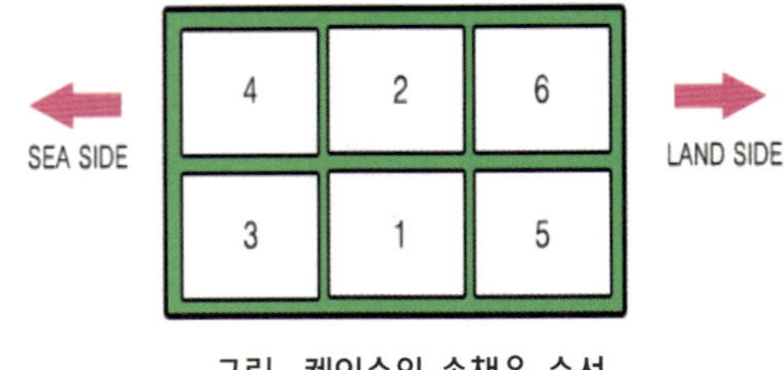

그림. 케이슨의 속채움 순서

그림. 케이슨 속채움재의 투하

⑥ 변위가 계속 발생하여 법선과 이음부에 과다한 변위가 발생하면 케이슨을 부상하여 재거치한다.

⑦ 속채움재료의 상부가 노출되면 항내에서는 0.3~0.5m 두께의 사석으로 피복하고 파랑이 예상되는 지역은 현장타설 콘크리트 또는 프리캐스트 콘크리트 덮개를 설치하여 보호한다.

2) 콘크리트 덮개

상부공사를 실시하기 전에 속채움재가 파랑에 의해서 노출되면 중량이 감소하여 안전성이 저하되므로 속채움재 표면을 콘크리트 덮개로 즉시 피복한다.

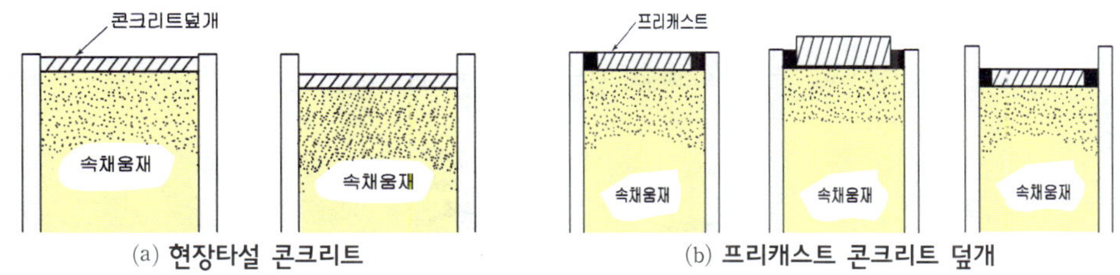

(a) **현장타설 콘크리트** (b) **프리캐스트 콘크리트 덮개**

그림. 콘크리트 덮개의 구조

① 콘크리트 덮개의 두께는 파랑, 속채움재료의 재질, 시공조건, 상부 콘크리트 타설까지의 방치기간을 고려하여 결정하고 덮개와 제방체가 일체가 되게 한다.
② 해상에서 콘크리트를 타설하는 경우는 대선으로 트럭믹서와 펌프차를 운반하여 시공한다.
③ 프리캐스트 콘크리트 덮개는 크레인을 설치한 대선, 기중기선을 이용하여 운반과 설치를 한다.

그림. 콘크리트 덮개

3) 상부 콘크리트공

방파제와 안벽의 상부에 현장에서 콘크리트를 타설하여 구조적으로 본체와 일체가 되는 상부 콘크리트의 형상은 전단면형과 파라펫(parapet)형이 있고 상부 콘크리트의 높이는 대상 선박과 조석의 간만을 고려하여 결정한다. 상부공사는 계선주(bollard), 방충재(fender), 차막이 등의 부속물, 안전시설, 유지관리를 위한 안전사다리, 계단, 계선환 등의 설치가 있다.

그림. 상부콘크리트[자료출처: 웅진개발]

① 방파제의 상부공사

방파제의 상부 콘크리트는 파도높이가 2m 이상에서는 두께 1m 이상, 파도높이가 2m 미만은 50cm 이상의 두께로 설치한다. 또한 상부공의 폭은 거푸집 설치가 용이하도록 케이슨이나 기존 콘크리트의 끝부분에서 10~20cm 정도를 축소하여 설치하는 경우가 많다.

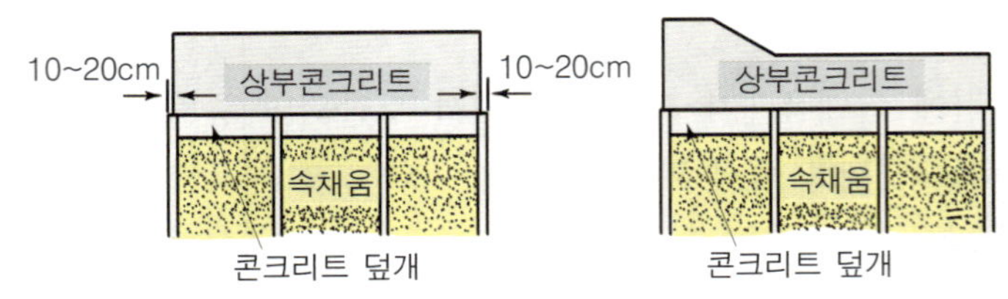

그림. 방파제에 설치한 상부 콘크리트의 형태

그림. 상부 콘크리트의 설치작업 [자료출처: 웅진개발]

② 안벽의 상부공사

안벽의 상부는 완성 후에 상재하중, 토압, 선박 충격력, 견인력 등이 작용하며, 계선주, 방충재 등의 부속시설을 설치한다.
중력식안벽은 상부 콘크리트를 설치하고 매립이 완료되면 상부공을 설치하고, 널말뚝식안벽은 뒷채움, 뒷매립, 앞면의 준설이 완료되어 널말뚝의 변위가 수렴되면 상부 콘크리트를 설치한다.

그림. 안벽 상부공사

(5) 콘크리트 블록의 시공

콘크리트 블록은 소규모 외곽시설과 계류시설에서 경제성과 시공성이 우수하여 많이 사용한다. 콘크리트 블록은 제작설비가 소규모이고 시공성이 우수하지만 블록 상호간의 결합이 불완전하여 연약지반과 같이 부등침하가 우려되는 장소는 부적절하다.

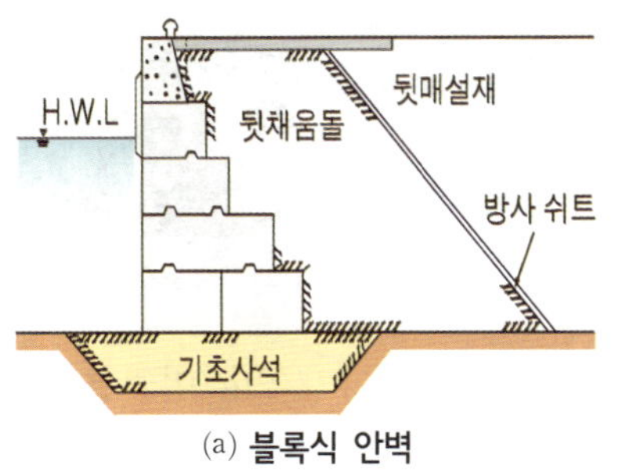

(a) 블록식 안벽

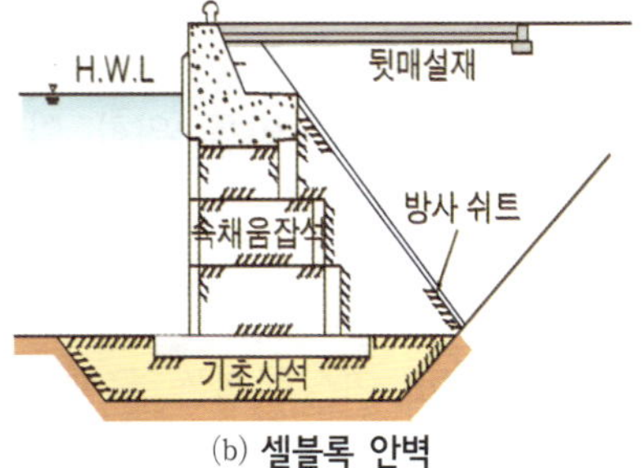

(b) 셀블록 안벽

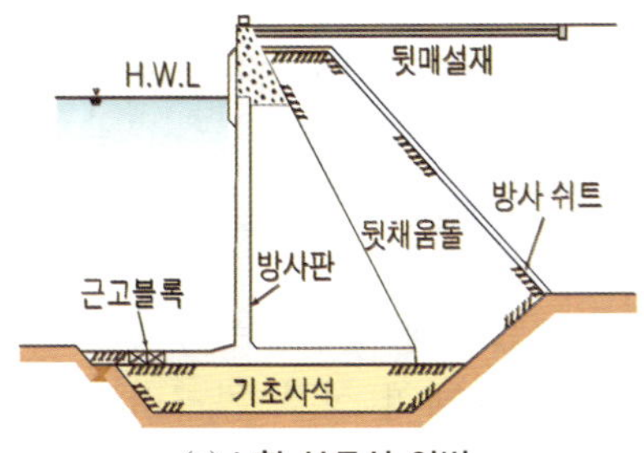

(c) L형 블록식 안벽

그림. 콘크리트 블록의 형식

1) 콘크리트 블록의 종류

① 일반 콘크리트 블록

직육면체의 무근 콘크리트 블록은 50~60톤의 중량으로 여러 가지 형상과 치수로 구성되고 블록간의 맞물림이 필요한 경우는 저항력이 증가하는 구조로 한다.

② 셀블록

셀블록의 4면이 철근 콘크리트 벽체로 된 바닥이 없는 케이슨이며 중량이 10~100톤이므로 기중기선으로 설치하고 속채움을 한다.

③ L형블록

L형블록은 앞벽, 저판, 부벽(buttress)이 철근 콘크리트로 되어 있고 자중과 저판에 작용하는 뒷채움 잡석의 중력에 의하여 배면토압, 잔류수압, 선박의 견인력에 저항하는 구조물이다. L형블록은 많은 갯수를 설치하므로 앞벽의 양단에 줄눈을 설치하고 저판은 설치시에 수정이 용이하도록 뒷면을 다소 좁게 하는 경우도 있다.

④ 직립 소파블록

내부에 공극이 있는 철근 콘크리트 블록으로 소파기능이 있고 형상이 다양하며 블록을 겹쳐서 쌓아 올려서 방파제, 호안, 물양장 등의 벽체로 사용된다.

2) 콘크리트 블록의 제작

① 블록 제작장

콘크리트 블록 제작장은 블록 제작소, 철근·들고리용 철근 가공장, 기계 거치장, 블록 가치장, 사무실 등이 포함된다.

㉮ 제작장은 지반이 견고하고 충분한 면적을 가져서 블록의 야적과 반출이 편리하며 설치장소와 가까워야 한다.

㉯ 제작장은 콘크리트, 거푸집, 기타 기자재 등의 반입과 반출이 편리하고 배수가 양호하며 침수의 우려가 없어야 한다.

② 콘크리트 블록의 제작

제작장에서 블록의 배치는 제작장의 형상과 콘크리트의 타설방법에 따라서 결정하며 일반적으로 정열로 배치한다. 거푸집은 조립과 해체에 지장이 없도록 배치하고 정열라인 사이의 공간은 거푸집용 크레인, 콘크리트 운반차량과 콘크리트 블록을 이동하는 크레인의 주행로로 사용한다.

㉮ 들고리용 와이어로프는 블록의 아래 부분에 깊게 배열하고 수평방향으로 길게 매입되도록 고정시킨다.

그림. 콘크리트 블록 제작장

㉯ 콘크리트의 타설은 거푸집의 구석까지 균질한 콘크리트를 충전하고 콘크리트 치기는 1층 두께를 40~50cm 이하로 하여 수평으로 타설한다.

㉰ 콘크리트 타설 후에는 직사일광을 피하도록 양생포로 덮고서 습윤양생을 하고 콘크리트가 자중과 충격에 견딜 수 있는 강도를 가지면 거푸집을 해체한다. 거푸집은 콘크리트를 치고서 2일 이상이 경과하면 제거하고 블록 측면에 제작번호와 제작일자를 기록하여 품질관리에 활용한다.

③ 블록의 이적과 적재

㉮ 전치

전치는 제작장과 제작장 부근에서 크레인 붐의 1-회전(swing) 범위 내에 블록을 이동하는 작업이며 전치시기에 콘크리트의 소요 강도는 다음과 같다.

㉠ 사각블록 : 10MPa 이상

㉡ L형블록 : 14MPa 이상

㉢ 셀블록 : 14MPa 이상

㉣ 직립 소파블록 : 28일 압축강도 이상(설계강도 이상)

㉮ 적재

㉠ 블록의 적재는 콘크리트 양생이 완료된 후에 종류별로 구분하여 거치순서에 따라서 반출하기 쉽게 쌓아야 한다.

㉡ 적재장은 바닥을 평탄하게 고르고 받침목을 깔아서 적치한 블록에 과다한 응력이 발생하지 않게 하고 운반장비에 블록을 견고하게 체결하여 운반 도중에 요동하지 않도록 한다.

㉢ 적재장소가 해안선에 인접한 경우는 블록 중량에 의한 구조물의 안정성을 검토한다.

3) 콘크리트 블록의 설치

① 콘크리트 블록의 양생이 완료되면 설치장소에 운반하여 설치하고 가치하는 경우는 콘크리트가 경화 중이므로 취급에 주의하여 파손되지 않도록 한다.

② 콘크리트 블록은 본 고르기를 한 사석기초 위에 설치한다. 거치 전에 기초면의 고르기상태를 점검하여 필요한 곳은 보수를 하고 기초면 위에 블록을 거치하는 규준선을 설치한다.

그림. 콘크리트 블록 안벽

③ 들고리(lifting device)를 이용하여 기중기선으로 블록을 들어서 정확한 위치에 설치한다. 기준이 되는 하단 블록을 설치하고 블록의 모서리에서 표고를 맞추고서 다음 층의 블록을 쌓아 올린다.

④ 해상에서 설치하는 경우는 대선에 운반된 블록을 기중기선으로 인양하여 수중부는 잠수부의 지시에 따라서 설치한다.

⑤ 해수 중에 거치했던 블록은 블록 접촉면에 붙은 조패류 등을 완전히 제거한다.

⑥ 거치작업 중에 파랑에 의한 동요 등으로 블록에 충격을 주어서 손상되지 않게 주의하고 거치장비(기중기선, 대선 등)는 블록의 거치에 충분한 용량을 가져야 한다.

(a) 육상 거치

(b) 해상 거치

그림. 콘크리트 블록의 거치

⑦ L형블록은 파랑에 의해 블록이 이동하거나 부등침하로 인하여 줄눈이 어긋나지 않게 기초 고르기부터 주의하고 블록을 거치한 부분에서 매립토사가 유출이 되지 않도록 매트 등으로 보강한다.

⑧ 블록을 쌓는 방법

㉮ 수평쌓기

블록을 수평으로 쌓아 올리면 시공이 용이하지만 해상조건이 불량하면 블록이 움직이기 쉽고 부등침하에 의하여 블록 사이에 틈이 발생할 우려가 있다.

㉯ 경사쌓기

블록을 경사지게 쌓아 올리면 블록 사이의 마찰력과 파력에 대한 마찰력이 커지고 부등침하가 발생해도 블록 사이의 마찰력 감소가 적다.

⑨ 블록을 여러 단으로 거치할 때는 세로줄눈이 동일선상에 겹치지 않게 하고 블록은 서로 엇물리게 쌓아서 전체가 하나의 구조체로 작용해야 한다.

그림. 콘크리트 블록의 쌓기

5 준설공(Dredging)

(1) 개요

준설(dredging)은 수면 아래에 있는 토사와 암석을 굴착하여 다른 장소에 버리는 작업이다. 준설은 굴착장비를 부착한 준설선이 수중의 토사와 암석을 굴착하여 투기장에 버리는 작업이며 준설선은 수중과 육상 굴착을 할 수 있고 굴착방법과 준설선은 준설 물질과 작업조건에 따라서 선정한다.

그림. 준설과 매립작업

(2) 준설의 필요성

1) 새로운 항로와 정박지의 조성, 항로 폭의 확장
2) 수심을 유지하기 위한 유지준설
3) 방파제, 안벽 등의 수중 구조물 기초바닥의 굴착
4) 매립을 위한 토사 채취와 환경보존을 위한 해저 오니의 제거
5) 골재와 광물의 채취

(3) 준설방법

준설은 사전처리(pretreatment), 분리(extraction), 운반(transport), 사토(disposal)의 단계로 구성되고 준설방법은 준설물질을 흡입하는 방법과 운반하여 사토하는 방법에 의하여 구분한다.

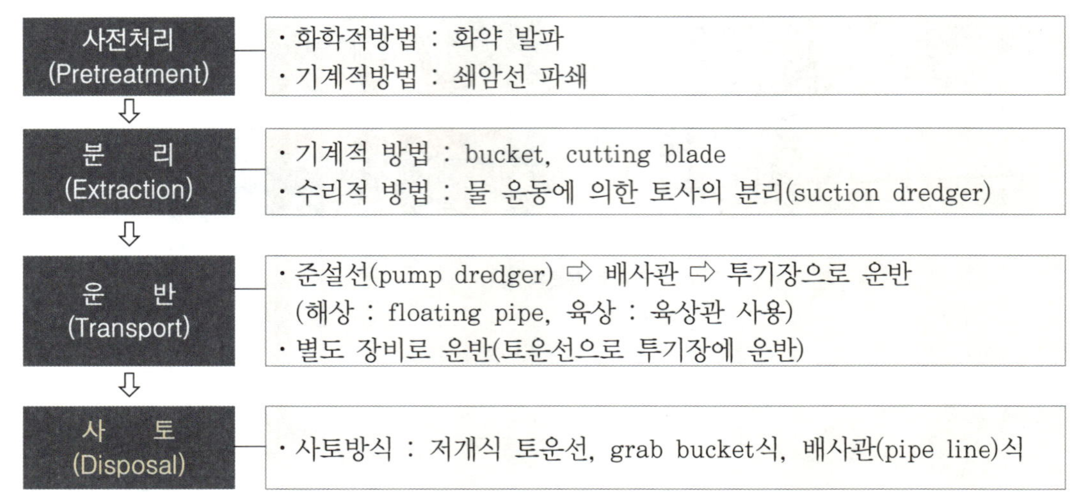

(4) 준설선 선정 고려사항

1) 준설방법의 선정

① 준설지역의 폭과 길이, 수심, 준설토의 두께
② 바람, 강우, 안개, 온도, 파랑, 조류 등의 기상과 해상조건
③ 준설 대상지역의 토질 종류와 지반강도
④ 준설지역에 출입하는 선박, 사토장, 해상 구조물과 떨어진 거리 등의 제한조건
⑤ 준설지역의 환경오염(소음, 진동, 수질 변화, 냄새)

2) 준설조건

① 수심
준설 전·후의 수심을 고려하고 토운선(hopper barge)은 만선시의 수심을 고려한다.

② 준설지역의 길이
㉮ Drag head가 있는 준설선(drag suction hopper dredger, dustpan dredger)은 작업효율을 고려하여 500~1,000m 이상의 준설 길이가 필요하다.
㉯ Dustpan dredger는 길이와 운행로의 곡선형태가 작업에서 중요하다.

③ 준설지역의 폭
㉮ 작업 중에 회전(swing)을 하는 펌프 준설선과 버킷 준설선은 준설지역의 넓이가 작업능률에 매우 중요하다.
㉯ 펌프 준설선은 굴착한 수로의 비탈면에 선체가 접촉되지 않게 하고 버킷 준설선의 양측에 hopper barge의 접안공간이 필요하다.

④ 준설두께
버킷 준설선은 준설두께가 얇으면 능률이 저하하고, 펌프 준설선의 1회 굴착두께가 너무 두꺼우면 굴착 중에 비탈면이 붕괴되므로 두께를 분할하여 굴착한다.

3) 기상과 해상조건

① 기상
㉮ 바람 : 풍속 15m/sec 이상은 작업 곤란
㉯ 강우 : 일강우량이 10mm 이상이면 야외작업이 곤란
㉰ 안개 : 시계 1km 이하에서는 토운선 운반 등의 항행을 중지

② 해상조건
㉮ 파도
㉠ 파도가 있으면 작업선의 능률이 저하되고 파도가 강하면 작업선이 요동하여 작업이 불가능하다.

㉡ 부선(floating type)은 너울(swell)에 민감하고 선체가 동요하면 작업이 곤란하다.

㉢ Dipper, bucket, grab dredger는 파도가 있으면 토운선의 계류가 불가능하고 cutter suction, drag suction dredger는 파랑에 의해 선체가 요동하면 바닥이 닿아서 토사가 흡입되지 않으므로 작업이 불가능하다.

㉣ 펌프 준설선은 파도가 치면 해상 배사관이 고정되지 않아서 작업이 불가능하다.

㊁ 조류

㉠ 2노트 이상의 조류에서는 작업선의 고정(anchoring)이 어려워서 작업이 곤란하다.

㉡ Dipper, Back Hoe, bucket 준설선은 선체가 고정되면 3노트 이상의 조류에서도 작업이 가능하지만 펌프 준설선은 ladder와 배사관이 조류에 의한 횡압을 받으므로 작업이 가능한 최대 유속은 2노트(knot) 정도이다.

㉢ Drag suction dredger는 좁은 지역에서 조속이 강하면 작업이 불가능하지만 유속의 영향은 없다.

㉣ Dipper, Back hoe, bucket 준설선은 선체가 고정되면 3노트 이상의 조류에서도 작업이 가능하지만 그랩 준설선의 버킷이 와이어(wire)에 의하여 조정되므로 조류에 의해 버킷이 밀려나는 현상이 발생한다.

4) 토질

준설 난이도는 지반의 전단강도와 입자크기에 따라서 달라지고 준설 난이도를 나타내는 준설성(dredgeability)은 준설선의 굴착력에 의하여 결정된다. 세립질 점성토와 입경이 큰 전석은 준설이 곤란하고, 전단강도가 큰 점성토는 준설이 어렵지만 비점성토의 전단강도는 크게 영향을 주지 않는다. 지반조건에 따라서 적용하는 준설선은 다음과 같다.

① 암석

경질지반과 강도가 큰 암석(압축강도 20MPa 이하)은 dipper, bucket, Back hoe, cutter, suction dredger로 준설이 가능하다.

② 전석(boulder)

㉮ Dipper dredger : 큰 용량의 back hoe dredger가 적합

㊁ Grab dredger : heavy bucket에 teeth를 부착

㊂ Cutter suction dredger : 암반용 cutter를 사용

㊃ Drag suction dredger : drag head에 ripper를 부착

③ 모래

㉮ 모래의 준설성은 입경, 입도, 다짐상태에 따라서 변하고 내부마찰각과 체적 팽창성이 중요하며 특히 화학작용으로 고결된 입자는 준설성에 큰 영향을 미친다.

㊁ Dipper, backhoe, bucket dredger : 미세한 모래가 버킷에서 유실된다.

㊂ Cutter suction dredger : 모든 모래에 적합하다.

④ 실트

㉮ 실트는 입도분포에 따라서 준설성이 변하고 사토시에 토운선에서 누출된 부유입자가 침전되면 재준설이 필요하다.

㉯ 조립질 실트는 가는 모래와 같고 세립질 실트는 점토와 거동이 유사하며 dipper, bucket, grab dredger로 굴착이 용이하지만 굴착 중에 세립자가 유실된다.

⑤ 점성토

㉮ 점성토가 기계 표면과 배사관 내에 부착되면 파이프의 폐색이 우려된다.

㉯ 점성토의 점착력이 크면 dipper, back hoe, bucket, grab dredger는 능률이 저하한다.

㉰ Drag suction dredger는 연약한 점성토에 적용하고 매우 연약한 점성토(소성지수 〉 50, 전단강도 〈 0.5kgf/cm²)에서는 준설이 불가능하다.

⑥ 유기질 흙 : 버킷 준설선으로 굴착이 용이하고 점성토와 유사한 방법으로 준설을 한다.

5) 제한조건

① 선박 운항

㉮ 항만 내 준설시에 선박이 출입하면 준설선을 대피시켜야 한다.

㉯ 자항식 drag suction dredger는 spud과 와이어가 없어서 선박 통행에 지장이 없으므로 유지준설에 적합하다.

② 구조물 근접 지역

㉮ Dock, jetty 등의 해상구조물과 근접한 지역에서 dipper, grab dredger는 근접 준설이 가능하고 drag suction dredger는 선박이 운행할 수 있는 거리까지 근접하여 준설이 가능하다.

㉯ 버킷 준설선은 head wire가 고정되는 얕은 수심에서 접근 준설이 가능하며, cutter suction dredger는 swing wire가 고정되고 cutter head가 선체 앞에 있으므로 얕은 수심에서 근접 준설이 가능하다.

③ 사토장(투기장)

㉮ 투기장은 준설선의 선정과 효율에 큰 영향을 주므로 투기장이 멀리 있으면 토운선으로 운반하고, 매립에 적합한 준설토는 배사관을 설치하여 준설한다.

㉯ 준설토는 토운선으로 수면 아래에 투기하며 조류에 의한 수질오염에 유의해야 한다.

6) 환경오염

① 준설오염의 종류는 소음, 진동, 냄새, 수질오염 등이 있고, 해수가 혼탁해지면 수산물에 피해가 발생한다.

② 준설지역, 운반로, 투기장에서 발생하는 준설지역의 환경오염은 작업선의 충돌, 해저 매설물의 피해, 수중발파와 쇄암선에 의한 소음과 진동 등이 있다.

(5) 준설선의 종류

1) 쇄암선

① 중추식

무거운 drop hammer(30~70ton)를 자유 낙하시켜서 암반을 파쇄하고 균열이 많은 암반과 풍화가 진전된 연암에 적용(압축강도 : 100MPa 이하)한다. 쇄암이 가능한 수심은 50~60m이고, 수심이 깊어지면 능률이 저하하며 조류가 심한 해역은 선체를 앵커로 고정한다.

그림. 중추식 쇄암선

그림. 충격식 쇄암선

② 충격식

Rock breaker의 연속적인 타격력으로 암석을 파쇄하고 해머에 특수한 비트(bit)를 장착하면 굳은 암반의 파쇄도 가능하다.

2) 그랩 준설선(Grab dredger)

그랩 준설선은 부선에 크레인을 탑재하여 기계적으로 토사를 분리하여 운반하는 방법이다. 크레인 와이어에 그랩버킷(grab bucket)을 달아 수중에 내리면 버킷이 해저에 열린 상태로 놓이면서 버킷 자중으로 지반에 관입되고 개폐용 와이어를 당기면 토사를 굴착하면서 버킷이 닫힌다. 이때에 인양 와이어를 당기면 버킷과 토사가 수상으로 인양된다. 소규모의 항로, 정박지의 준설공사, 계선안벽의 기초공사에 사용되며 grab bucket로 해저 토사를 굴삭하여 선회작동으로 토운선에 적재하여 운반된다.

그림. 그랩 준설선

다른 준설선에 비하여 준설심도의 제한을 받지 않으며 용량이 10m^3 전후의 대형 버킷은 굴삭력이 크고 단단한 지반의 준설에 사용된다.

① 특성

㉮ 크레인 와이어에 장착된 그랩버킷으로 굴착한 토사를 준설선이나 토운선에 인양한다.

㉯ 그랩 준설선 종류

㉠ 자항식 : 준설선에 굴착한 토사를 적재하는 선창이 있는 자항식은 준설된 토사를 적재, 운반하여 투기장에 사토하므로 투기장까지의 운반시간이 소요된다.

㉡ 비자항식 : 별도의 토운선(hopper barge)이 필요하고 여러 척의 토운선을 사용하면 계속적인 준설작업이 가능하다.

㉰ 배사거리가 멀어서 배사관으로 투기장까지 운반할 수 없거나 매립할 필요가 없는 기초굴착과 같은 소규모 준설과 수심이 깊은 경우에 사용한다.

㉱ 버킷 용량은 0.8~25m³이고 토운선, 예인선(tug boat), 앵커바지 등의 부속선단이 필요하다.

② 장점

㉮ 협소한 장소와 소규모 준설공사에 사용할 수 있다.

㉯ 준설장비가 간단하고 준설 심도의 증대가 용이하다.

③ 단점

㉮ 굳은 토질에는 부적합하다.

㉯ 준설능력이 낮고 준설단가가 비교적 고가이다.

④ 준설작업

㉮ 비자항식 그랩 준설선은 부속선단(토운선, 예인선, 앵커 바지선)이 필요하고 토운선과 예인선의 소요대수는 준설선의 시간당 실작업량에 의하여 결정된다.

㉯ 그랩 준설선은 앵커 와이어를 조작하여 전진과 횡방향의 이동이 가능하며, 준설범위는 전진거리가 40~50m, 횡방향은 선폭의 3배 정도로 실시한다.

㉰ 그랩 준설선의 준설 폭은 선폭과 같고 한 폭의 준설이 끝나면 진행방향으로 이동하면서 준설을 계속하며 준설지역을 구획하여서 풍향과 조류 등을 고려하여 작업한다.

㉱ 준설두께가 두꺼우면 1층 두께를 1~3m로 분할하여 굴착하고 상·하층을 넓게 하여 그랩버킷이 수중에서 전도되지 않도록 유의한다.

㉲ 굴착한 토사는 토운선이 평형을 유지하도록 적재한다.

그림. 그랩 준설선의 준설구역 분할(사례)

(a) Grab에 의한 굴착

(b) 토운선(Barge)에 적재

(c) 투기장으로 운반

그림. 그랩 준설선의 작업과정

㉥ 그랩 준설에 사용하는 버킷
  ㉠ Plate형 : 연약한 지반
  ㉡ Tine grab형 : 단단한 지반
  ㉢ Orange peel형 : 큰 돌을 집어내거나 사석 투입용으로 사용

(a) Tine형

(b) Plate형

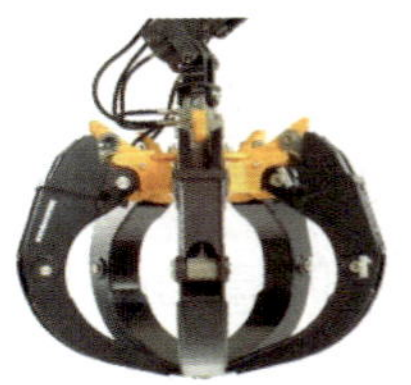
(c) Orange peel형

그림. 그랩 버킷(Grab bucket)의 형태

㉦ 그랩버킷의 지반 관입력은 그랩 자중에 의하여 결정되므로 버킷용적의 토사 중량과 버킷의 중량비는 지반에 따라서 2~5배로 선정한다.

3) 버킷 준설선(Bucket dredger)

버킷 준설선은 기계적으로 지반을 굴착, 분리하므로 작업능력이 크고 광범위한 대규모의 준설에 적합하며 자항식과 비자항식이 있다. 선체 중심부의 래더(ladder)는 상부가 고정되고 하부는 ladder hoist winch에 의해 상하로 움직여서 래더 깊이를 조정하여 필요한 깊이로 준설할 수 있다.

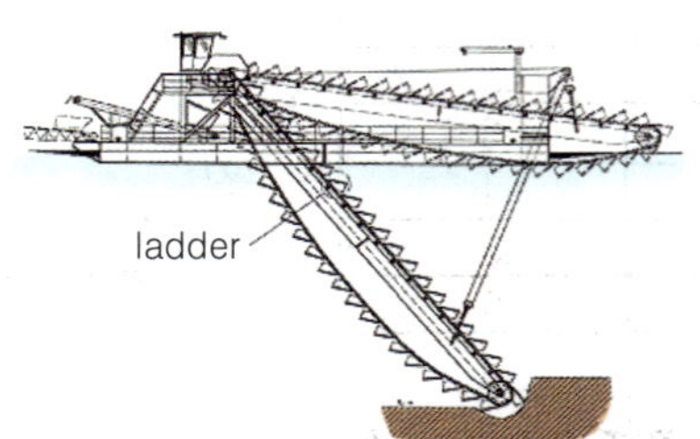

그림. 버킷 준설선(Bucket dredger)

버킷 체인이 연속적으로 토사를 굴착하므로 버킷의 용량과 시간당 통과하는 버킷의 수에 따라서 준설능력이 결정되며 1분당 통과하는 버킷 수는 약 16~25개이다. 버킷 준설선은 너울에 의해 스퍼드(spud)가 손상되지 않게 head wire, tail wire, 4개의 side wire를 설치한 앵커 시스템을 사용하며 작업시에는 좌우 side wire로 회전하고 head wire에 의하여 전진한다.

① 특성

㉮ 장점

㉠ 준설능력이 커서 대규모 준설공사에 적합하고 광범위한 토질의 준설이 가능하다.

㉡ 해저를 평탄하게 끝손질할 수 있으며 준설단가가 비교적 저렴하다.

㉮ 단점

㉠ 암석과 굳은 지반의 준설에는 부적당하다.

㉡ 버킷의 수리비가 많이 소요된다.

② 버킷 준설작업

㉮ Ladder의 상하 tumbler간을 회전하는 버킷 체인을 준설 위치에 내리고 side wire로 회전하면서 굴착하고 계획 심도에 도달하면 head wire와 tail wire에 의하여 전진한다.

㉯ 토질에 따라서 bucket chain의 속도(6~10m/분)를 조정해야 한다.

㉰ 회전 폭이 준설 폭이며 앵커 위치와 준설지역의 평면 형상에 따라서 60~100m로 계획하며 앵커를 이동하지 않고 계속적으로 작업하도록 구획하여 준설한다.

㉱ 1회 회전(swing)에 의한 굴착깊이는 1.5~2.0m이며 회전이 끝나면 전진하고 1회 전진거리는 견고한 지반에서는 0.3~0.5m, 연약지반은 1.8~2.0m를 전진한다.

4) 펌프 준설선(Cutter suction dredger)

커터 석션 준설선은 커터로 굴착하고 배사관을 통하여 준설토를 운반, 투기하는 작업을 펌프가 하므로 펌프 준설선이라고도 한다. Cutter suction dredger는 커터로 토사를 지반에서 분리시키고 cutterless suction dredger는 연약한 지반에서 water jet로 토사를 분리, 흡입하여 배사관으로 배출한다.

그림. Cutter suction dredger

① 펌프 준설선의 준설능력

㉮ 준설능력은 양수량과 물에 함유된 토사함유량을 나타내는 함니율에 의하여 결정되고 토질, 커터의 굴착 두께, 회전 속도, 커터의 회전속도, 운전자의 기능도에 따라서 변화한다.

㉯ 펌프 준설선은 실트와 점토질에서 굴착과 운송조건이 우수하지만 자갈섞인 지반은 준설성이 저하된다.

㉰ 수심

㉠ 연약한 지반은 cutter의 분리능력이 준설효율에 영향을 미치지 않는다.

㉡ 수심이 깊으면 흡입 부압(vacuum pressure)이 낮아져서 능률이 저하한다.

㉱ 현장조건

㉠ 굴착두께가 얇거나 굴착 폭이 좁으면 준설선과 앵커의 잦은 이동으로 능률이 저하한다.

㉡ 파랑이 작업허용 한계치보다 높으면 작업시간이 감소하고 능률이 저하된다.

㉢ 앵커의 이동이 곤란한 지역은 가동시간이 감소된다.

그림. Cutter suction dredger

② 작업계획

㉮ 작업방법

㉠ 펌프 준설선은 선미에 있는 2개의 스퍼드(spud) 중의 1개를 선회의 중심으로 하고, 다른 하나는 보조로 하여 전진한다.

㉡ 스퍼드(spud)의 1회 회전(swing)으로 준설하는 회전 폭은 준설선의 스퍼드에서 래더 선단 흡입구까지의 거리와 래더(ladder)의 경사각과 회전(swing)각도에 따라서 결정된다.

㉢ 회전 폭이 넓으면 회전에 무리가 생기고 너무 좁으면 스퍼드의 조작 횟수가 증가하여 작업량이 저하한다.

㉣ 1회 회전에 의한 굴착두께는 커터 지름의 약 0.5~2배이며, 커터의 굴착능력과 펌프의 흡입과 배출압력을 고려하여 두께와 회전속도를 조정하고 준설심도가 깊으면 회전을 반복하여서 계획심도까지 준설하고 전진한다.

그림. 펌프 준설선의 Cutter

㉯ 작업순서

㉠ 준설은 회전 폭과 굴착 폭으로 구획하여 순차적으로 실시하고 준설순서는 앵커의 이동이 적고 해상 배사관의 길이가 짧아지게 결정한다.

㉡ 준설두께가 두꺼우면 한 구역에서 반복 회전하여 계획심도까지 준설하고, 두께가 얇은 구간은 회전 폭과 전진거리를 조정하여 1회에 계획심도까지 준설한다.

㉰ 전진방법

준설선 선미의 spud과 회전 앵커, 회전 윈치로 회전하면서 전진하고 1회 전진거리는 굴착높이의 약 0.6~0.8배 이내에서 조정한다.

㉱ 배사관의 배치

㉠ 배사관은 선내관 ⇨ 해상관 ⇨ 육상관 ⇨ 매립지에 도달하도록 구성되어 있다.

㉡ 해상관은 폰툰(pontoon)위에 배사관을 설치하고 수심이 얕은 곳은 지지틀 위에 배사관을 설치하며 파도의 위험이 있는 경우는 해저에 침설관을 설치한다.

(a) **해상 배사관**

(b) **육상 배사관**

그림. 배사관의 배치와 준설작업

㉢ 배사관의 길이는 작업범위와 조건을 고려하여 120~600m 이내로 하고 배사관의 배열은 매립지 조건, 매립순서에 따라서 배사관의 길이가 짧아지게 배사망을 형성하며, 사용하는 관로가 밸브로 변경이 가능하도록 구성하여 운전이 중단되지 않아야 한다.

㉣ 배사관로의 구성

ⓐ 매립 완료시까지 이동하지 않는 주선

ⓑ 매립에 따라서 이동하는 지선

ⓒ 주선과 해상관을 연결하는 간선으로 구성되어 있다.

5) 드랙 석션 호퍼 준설선(Drag suction hopper dredger)

드랙 석션 호퍼 준설선은 펌프 준설선과 동일한 원리로 물을 매개로 해서 토사를 드랙헤드로 흡입하는 준설선으로 복잡한 구조를 가진다. 선박 양측에 있는 drag arm은 hoist winch로 상하로 움직여서 준설 깊이를 조정하며, 드랙헤드가 해저와 잘 접촉되게 끌면서 분리된 토사를 펌프로 흡입하여 선체의 호퍼에 투입한다.

호퍼에 토사가 담기면 드랙헤드를 올리고 투기장으로 이동하여 호퍼 바닥을 열어서 사토하고 다시 준설지역으로 회항해서 작업을 계속한다. 드랙 석션 호퍼 준설선은 배사관이 없으므로 왕복 운반시간을 단축하기 위하여 대용량의 추진용 엔진을 사용한다.

① 주요 장치

㉮ 호퍼(Hopper)

호퍼 형태와 물의 유동은 토사입자의 침전, 펌프와 호퍼의 용량과 밀접한 관계가 있다. 대형 호퍼에서 유입량과 유출량이 적으면 유실이 적으나 준설능률이 저하하고, 호퍼에서 넘치는 세립질 토사의 유실량이 많으면 준설효율이 낮아지고 물의 탁도가 높아진다.

그림. 드랙 석션 호퍼 준설선

㉯ 드랙헤드(Drag head)

드랙헤드가 지반에 밀착되어 일정한 압력으로 끌리면서 토사를 분리시켜서 펌프에 흡입하며, 견고한 지반은 헤드에 발톱을 부착하고 압력수 제트장치를 사용하여 토사를 분리한다.

② 특성

㉮ 장점

㉠ 항해 선박을 방해하지 않고 작업이 가능하다.

㉠ 사토거리가 짧으면 경제적이다.

㉯ 단점

㉠ 해저의 평탄한 끝손질이 곤란하고 암반과 굳은 지반의 준설에 부적합하다.

㉡ 사토거리가 멀면 비경제적이다.

6) 디퍼 준설선(Back hoe 또는 Dipper dredger)

디퍼 준설선은 육상의 파워 셔블(power shovel)과 굴착형식이 같으며 지주(spud)로 선체를 고정시키고 back hoe 또는 디퍼로 긁어 올리는 방식으로 디퍼 준설선의 선단은 토운선과 예인선으로 구성되어 있다.

굴삭시에 선체 요동을 방지하도록 선박의 좌우와 중앙부에 spud를 해저면에 고정하고, 자유스럽게 회전하는 jib의 상단에 있는 윈치의 wire rope로 작동하는 dipper로 굴삭하므로 dipper의 크기에 따라서 준설량에 차이가 있다.

그림. 디퍼 준설선의 준설작업

① 장점

㉮ 암석과 굳은 지반의 준설에 적합하고 굴착력이 우수하다.

㉯ 앵커를 내려서 준설선을 회전하지 않으므로 넓은 작업장소가 필요하지 않다.

② 단점

㉮ 기계 고장이 적으나 준설능력이 낮아서 준설단가가 고가이다.

㉯ 숙련된 운전공이 필요하다.

③ 디퍼 준설선의 준설능력 산정

㉮ 시간당 조작횟수(회/hr) × 버킷 용량(m^3) = 공칭능력(m^3/hr)

㉯ 공칭능력(m^3/hr) × (0.4~0.5) = 실 가동능력(m^3/hr)

㉰ 실 가동능력(m^3/hr) × 월간 운전시간(hr/월) = 1개월 당 준설토량(m^3/월)

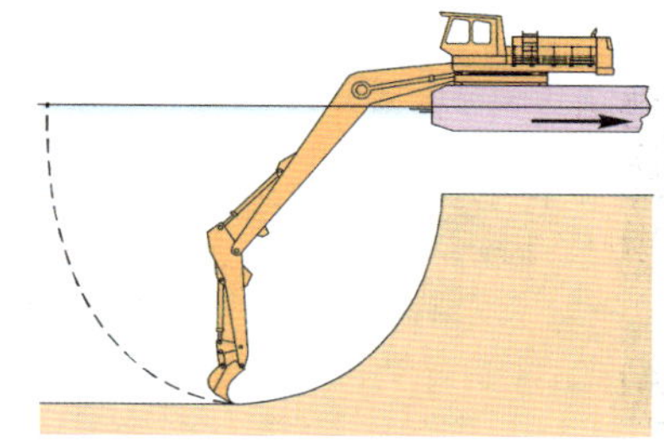

(a) Back hoe type

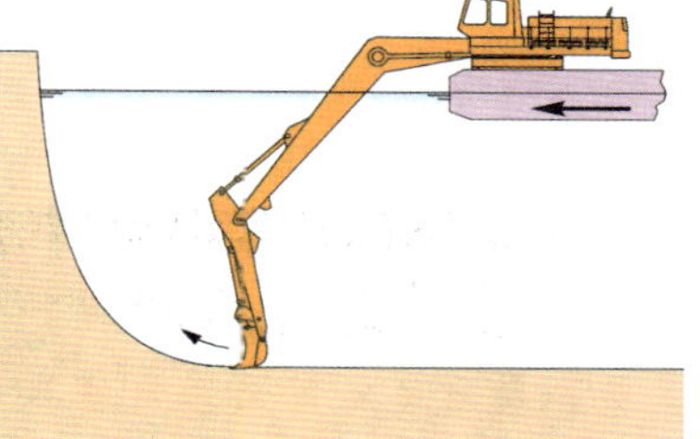

(b) Dipper type

그림. 디퍼 준설선의 굴착 형식

7) 부속선

① 토운선

㉮ 준설한 토사를 운반하는 토운선은 사토방식에 따라서 저개식, 측개식, 전도식으로 분류한다.

㉯ 토운선은 자항식과 비자항식이 있고 비자항식은 예선용과 압선용으로 구분하며 압선용과 자항식 토운선은 대량 운반이 가능하다.

㉰ 토운선은 흘수가 작으므로 해저 굴착토의 운반과 육상에서 각종 사석의 해상 수송에 매우 효율적인 장비이다.

② 예인선(Tug boat)

㉮ 비자항식 작업선의 이동과 토운선의 예항에 사용하고 긴 로프로 토운선을 예인하므로 기동성이 떨어지며 일반적으로 40~100ton급을 많이 이용한다.

㉯ 예인선에 문제가 발생하면 작업 전체가 중지되어 공사원가가 상승하는 큰 요인이므로 2척 이상을 사용하거나 대형 예선을 사용하는 것이 바람직하다.

③ 압선(Pusher tug)

㉮ 주로 토운선과 연결되어 토사의 운반에 사용하며 예인선에 비하여 조작이 용이하다.

㉯ 배를 미는 형식의 압선은 작업이 단순하고 기동성이 우수하다.

④ Anchor barge

㉮ 준설선 등의 anchor 이동에 사용하며 준설선의 용량이 커지면 anchor의 무게도 커지므로 대규모 용량의 anchor barge를 사용한다.

㉯ Anchor barge의 구조는 선수에 설치한 anchor용의 짧은 jib과 winch로 anchor를 들어 올려서 배의 이동에 따라서 작업 위치를 변경한다. 또한 anchor용 jib 외에도 크레인용 jib을 장치하여 준설선 수리용 부품의 하역과 기타 중량물의 조작에 사용한다.

⑤ 기타 : Generator barge, 급유선, 급수선, 대선선 등이 있다.

(a) 비자항 저개식 바지선

(b) 자항식 측개식 바지선

(c) 평바지(Deck barge)

(d) 앵커선(Anchor boat)

(e) 압선(Pusher tug)

(f) 예인선(Tug boat)

그림. 바지선과 기타 해상장비

8) 준설장비의 조합

준설선	부속 선박	비 고
· Grab 준설선 · Bucket 준설선 · Dipper 준설선	· 예인선(1~2대) · 토운선 · 앵커 바지선(1대)	· 예인선과 토운선은 버킷 용량으로 조정 · 앵커 바지선은 준설선의 앵커 중량으로 결정
· Pump suction 준설선	· 예인선(1대) · 앵커 바지선(1대)	· 배사관(해상과 육상)은 사토거리에 따라서 조정

6 매립(Reclamation)

(1) 개요

매립은 임해지역에 부지 확보를 위하여 연안의 해면, 하천, 저습지 등의 공유수면에 제방, 호안 등의 구조물을 축조한 내면을 토사로 매립하여 항만용지, 공업단지, 도로, 택지 등의 용지를 조성한다.

매립토는 항로, 박지 등의 항만시설을 확보하기 위한 준설토를 사용하는 방법과 토취장을 개발하여 매립토로 이용하는 방법이 있다. 매립은 매립지의 용도, 사용 시기, 경제성 등을 검토하고 매립조건, 구조물 계획, 공사방법, 토량 산출, 공정계획을 수립한다. 매립공사는 대부분이 공유수면에서 실시되므로 공유수면매립법에 따라서 공유수면 매립면허와 실시계획 인가 등의 필요한 절차를 받아야 한다.

그림. 부산항 신항 남컨테이너 부두

그림. 북항 재개발

(2) 매립공사의 계획

매립 공사계획의 수립은 매립지의 원지반 토질조건, 매립 계획구역의 측량자료, 매립높이, 인근 구조물 등의 조사와 토취장의 토질, 토량 확보 가능량, 위치, 운반경로와 운반방법에 대한 조사와 함께 매립지의 사용 목적과 사용계획에 적합한 조사와 검토가 필요하다.

1) 매립공사의 순서(매립공사의 계획~완성)

① 공유수면 매립 기본계획 구상과 입지 선정
② 매립계획의 기본계획 반영
③ 공유수면 매립허가의 신청, 승인(토질, 해상, 기상조사)
④ 실시계획의 신청, 승인
⑤ 보상과 모든 수속의 완료
⑥ 착공, 공사 공정계획, 공법의 확정
⑦ 호안공사(물양장 또는 안벽, 물막이공 포함), 매립공사와 기타 부대시설
⑧ 준공검사, 완성된 매립지의 지적 확인측량, 공사비 정산, 매립지 등기 등

2) 매립계획

그림. 공항 배후시설의 매립

매립계획은 매립조건을 조사, 분석하고 매립 목적에 적합한 평면계획에 따라서 구조물의 위치를 확정하여 안전하고 경제적인 구조물을 결정한다. 매립지내의 구조물은 매립지 외곽의 호안, 물양장, 안벽 등의 외력에 대한 안정성과 사용 목적에 따라서 구조물을 결정하고 매립시에는 매립토사의 유출을 방지하고, 매립 후에 매립지의 토압에 견디며 조석, 파도 등의 외력을 지지하는 호안, 방파 호안, 물양장, 안벽과 같은 구조물을 계획한다.

최종 체절을 위한 물막이공사는 매립공사에서 매우 중요한 공종이므로 간만의 차이를 이용하여 최저조에서 실시한다. 매립공사에 필요한 부대 구조물은 매립지역 내의 오·배수처리용시설과 매립토사의 유실율을 최소화하는 집수정 등을 설치한다.

3) 공사방법

매립공사가 준설토의 투기를 위하여 매립하는 경우는 준설토의 준설방법과 투입장비에 따라서 호안과 매립공사의 방법에 차이가 있다.

① 준설선에 의한 준설토 투기

그랩, 버킷, 디퍼 준설선 등의 토운선에 의한 투기는 토운선이 투기 가능한 수심이 필요하고 호안도 일부가 개방되어야 한다. 펌프 준설선에 의한 준설토 투기는 배사관을 연결하여 매립지 내에 투기하므로 유실 방지를 위한 집수정을 설치하여 배사관에서 토사를 함유한 물만을 외부로 배출한다.

② 육상토사의 매립

육상토사로 매립하는 경우는 시공순서, 부대시설, 운반과정 등을 검토하고 매립 후의 이용계획에 따라서 지반개량공법과 침하대책을 검토해야 한다.

(3) 매립호안

매립지의 해면에 접한 호안은 항만법상의 외곽시설에 속하며, 파도의 영향을 받지 않는 일반 매립호안과 파도의 영향을 받는 방파호안이 있고 선박의 계류시설인 물양장과 안벽시설이 호안의 역할을 겸하도록 설치한다.

1) 호안의 계획

호안구조는 자연조건(조석, 조류, 파랑 등), 토질조건, 매립높이와 호안구조물의 마루높이를 결정하고 호안 물막이공사가 안전한 설계와 상세한 시공계획을 수립하여 완성되게 한다.

2) 호안의 세부구조

매립호안의 구조는 시설 위치와 이용 목적에 따라서 매립호안, 방파호안, 접속호안, 가호안, 토제로 구분하며 계류를 겸용하는 물양장과 안벽이 있다.

① 매립호안

매립호안은 매립토의 토압과 전면에서 작용하는 외력(파력 등)에 견디는 호안이며 선박의 접안이 필요하면 물양장, 안벽을 호안으로 겸용한다. 호안 구조는 해상조건과 토질조건에 따라서 선정하며 사석제 호안을 많이 이용하고 물양장과 안벽의 구조는 중력식 콘크리트 블록을 주로 사용한다.

그림. 매립호안

그림. 방파호안

② 방파호안

외해에 접한 간석지 매립을 위하여 설치되는 호안이므로 파도의 영향을 받는 장소는 파도에 견디고 파도의 쳐오름을 방지하기 위하여 파제공(parapet)을 설치한다. 호안의 단면은 파도 높이에 따라서 T.T.P 등의 피복재를 설치한다.

③ 접속호안

선박이 접안하는 안벽을 전면부로 하고 측면부를 호안구조로 할 때에 안벽와 호안의 연결부분을 접속호안이라고 한다. 수심이 깊은 접속호안은 사석 하단부가 비탈면의 경사에 의하여 길어지므로 안벽부의 수심이 유지되지 않으면 직립부와 사면부의 수심을 조정하여 혼성식으로 설치한다.

④ 가호안

호안이 매몰이나 철거되는 등의 중요하지 않고 외력이 작용하지 않는 장소에 설치되는 경우는 간이시설로 호안을 설치하며 가마니쌓기, 토제, 목책, 사석 등으로 가호안을 설치한다.

그림. 호안 축조작업

⑤ 도류제

매립공사 중에 일부를 분할하여 조기에 이용하거나 부분 준공을 하는 경우는 가호안 개념의 도류제를 시공하고 공구를 분할하여 내부를 매립하는 경우가 있다.
도류제는 펌프 준설선과 육상에서 육상장비로 토제를 축조할 수 있고 가마니 등으로 쌓아 올린 도류제와 목책 등으로 도류제를 설치할 수 있다. 도류제는 펌프 준설선에서 송토시에 토사의 월류로 인한 누출과 외력(조위, 조류, 파도 등)의 작용에 의한 전면의 세굴방지를 고려하여 설치한다.

3) 물막이공

호안을 축조할 때에 호안의 마지막 연결구간을 체결하는 물막이공이 중요하다. 호안공사의 마무리 부분은 통수 폭이 좁아져서 유속이 증가하므로 세굴현상과 기시공된 호안 구조물이 유실되는 현상이 발생한다. 물막이공은 통수단면을 계산하여 지반이 견고하고 지반 유실이 적은 곳에서 유속에 견디는 중량의 돌과 돌망태 등으로 유출량이 가장 적은 최저 간조시에 물막이공을 실시한다.

그림. 호안의 물막이공사

호안의 물막이공이 전체공사에 미치는 영향이 크므로 물막이공의 위치, 통수단면, 유속, 유속에 견디는 중량, 물막이 일정계획(최저 간조위의 일시), 자재, 장비, 기상, 해상예보를 검토하고서 물막이공을 실시한다.

4) 기타 부대시설

① 집수정

펌프 준설선에 의해 투기장에 운반된 준설토는 함니율이 10~15%, 물의 함유량이 85~90%이므로 토사는 매립지에 침전시키고 준설수와 유출수는 호안 외부로 배수시킨다. 전체 송토량에서 유출수량을 계산하여 집수정의 크기와 여수토 용량을 결정한다.

집수정은 투기장 내부의 흐름방향을 고려하여 흙입자 입경에 의한 침강거리 이상이 되도록 배사관의 말단부와 먼 거리에 배치하여 침전된 물이 월류(over flow)되도록 집수정의 월류수면 높이를 매립 지반선보다 높게 조정한다.

② 여수토(Waste way)

펌프 준설선의 배사관에서 토출된 토사가 침전한 후에 일정한 경사로 안정되고 준설수(reclaimed water)와 유출수가 매립구역 외부로 유출되는 유출구를 여수토라고 한다.

여수토 부근은 실트, 점토와 같은 세립토가 집중적으로 퇴적하므로 여수토의 위치는 매립지 이용계획을 검토하여 도로용지와 주요 구조물의 예정지는 피하도록 설치한다.

㉮ 여수토 입구에서 준설수의 배출 유속은 준설수의 체류시간이 충분히 확보되어야 한다.

㉯ 월류 후에 여수토관을 통하여 준설수를 배출할 때에 유보율관리를 위하여 유속을 저하시키거나 여수토를 장기간 이용하여 토사가 침전하여 퇴적하면 굴착하여 여수토 기능을 유지하도록 한다.

㉰ 여수토는 준설과 매립이 완료되고서 최소한 6개월 동안을 유지하여 매립지 내의 준설수가 배출되도록 한다.

㉱ 여수토는 제거 후에 준설수가 배제된 양질의 사질 준설토로 매립하여 복구한다.

[주] 유보율 : 펌프 준설선으로 준설하는 경우에 준설토사를 굴착하여 배사관을 통해 매립지에 운반, 공급하는데 토사가 부유되어 계획된 매립지 외부로 일부가 유출되는 것을 유실이라고 하며, 계획된 구역 내에 쌓인 것을 유보량이라고 하고, 전체 준설물량에 대한 유보량의 백분율을 유보율이라고 한다.

(4) 매립공사

1) 해저 토사에 의한 매립

① 준설 투기

항로와 박지 등의 개설에 필요한 준설토의 투기장으로 사용한 후에 부지로 이용하는 경우는 매립용 양질토를 기대할 수 없으므로 부지의 이용에 적합한 지반개량을 실시한다. 준설토의 투기는 토운선에 의한 방법과 펌프 준설선에 의한 배송관을 이용한 투기방법을 적용한다.

㉮ 토운선(운반선)에 의한 투기

그랩, 버킷, 디퍼 준설선의 준설토사를 토운선으로 운반하여 투기하는 경우는 투기장의 수심(때로는 조위를 고려한 수심)에 제한을 받고 호안의 일부도 토운선이 출입할 수 있도록 개방하므로 투기된 준설토가 투기장 외부로 유출되지 않게 호안 주변에 오탁방지막을 설치한다.

토운선은 최소 수심을 고려한 투기계획을 수립하며 토운선의 출입이 어려우면 흘수가 적은 운반선에 준설토를 실어서 백호 또는 그랩 버킷으로 투기장에 투기한다. 토운선에 의한 투기는 수심이 깊은 곳에 준설토를 투기하여 매립을 완성할 수 없으므로 개구부 호안을 막은 후에 펌프 준설선과 육상 운반방법으로 매립을 마무리한다.

그림. 토운선에 의한 준설토 투기

그림. 펌프 준설선에 의한 투기

㉯ 펌프 준설선에 의한 투기

펌프 준설선으로 준설토를 투기하는 경우는 축조가 완성된 호안 내부에 투기하며 호안공사가 완료되지 않은 상태에서는 투기된 준설토와 부유토가 항로와 항내에 유입되지 않고 호안 제체의 외부로 유출되어 인근 해안과 어장에 피해를 주지 않게 오탁방지막을 설치한다.

펌프 준설선으로 준설한 토량은 함니율이 10~15%이므로 배송관에서 배출된 토사가 물과 같이 흐르면서 조류에 의한 유속이 작용하면 함니 중의 중량물이 아래에 쌓이고 부유토는 물과 함께 흘러서 유출된다. 때로는 유속에 의한 배출로 호안 기초와 지반이 세굴되어 항로와 항내에 유입하는 경우도 있으므로 주의가 필요하다.

② 펌프 준설선에 의한 매립

대규모 매립지는 펌프 준설선으로 매립지 인근의 해저 양질토사를 준설하여 매립지에 설치한 배사관으로 투기하여 매립한다. 호안공사가 완공되면 호안 후면에 토제를 펌프선에 의하여 보강하고 누출을 방지하는 토제시설을 설치하며 집수정을 통하여 월류되도록 배사관의 간선과 분기관(Y과 또는

T관)의 간격을 조정하면서 매립한다.

준설구역은 토질이 양호하고 기상과 해상조건이 평온하여 휴지시간이 적어서 작업능률이 우수하고 배사관 등의 관리가 용이한 장소를 선정한다. 준설토사의 투기거리가 먼 경우는 중계펌프(booster pump)를 이용하고 준설토사의 중계는 쌓아 놓은 준설토사를 다시 준설하는 방법, 준설선의 배사관 말단에 준설선의 흡입부를 연결시키는 방법, 고정식 중계펌프를 연결하여 중계하는 방법이 있다.

그림. 펌프 준설선에 의한 매립작업

㉮ 토제 시공

매립용 호안은 뒷채움 사석과 잡석(부순돌), 매트(mat)의 필터층을 부설하여 매립 세사가 유출되지 않도록 한다. 필요에 따라서 토제를 우선 설치하여 호안단면이 안정되면 펌프 준설선으로 토제를 시공하는 경우가 많다. 펌프 준설선에 의한 토제를 시공할 때는 호안의 뒷채움 사석의 후면에 설치한 가대 위에 배사관을 부설하고 배사관에 일정한 간격으로 개폐식문을 부착하여 유속과 송토량을 조정하면서 토제를 형성한다.

㉯ 배사관의 구성과 배치

㉠ 배사관의 종류

배사관은 해상관과 육상관을 설치하며 준설선의 선미관에서 해상관 종점(pontoon의 종점)까지를 해상관이라고 하고, 해상관에서 육지에 부설된 관로를 육상관이라고 한다.

해상관은 부함(pipe floater)위에 올려놓은 해상배사관과 항로와 박지의 선박항로를 확보하거나 버팀틀의 설치가 어려운 장소는 해저에 침설관(submerged pipe)을 포설한다.

㉡ 배사관로의 구성

ⓐ 매립 완료시까지 이동하지 않는 주선

ⓑ 매립의 진행에 따라서 이동하는 지선

ⓒ 주선과 해상관을 연결하는 간선으로 구성

ⓓ 주선 배사관에 연하여 양질의 준설토가 균등하게 분포하도록 설치한 지선 배사관은 호안, 토제에서 최소 30m 이상이 떨어지게 설치한다.

ⓔ 지선 배사관의 간격은 최소 120m 이상이 떨어지게 설치한다.

그림. 배사관로

표. 배사관의 배치간격

구분	간격(m)
호안(가토제 포함)과 배사관로	30
주선과 주선	350
지선과 지선	120
도로부	주선 배치

㉢ 육상관

ⓐ 육상관은 매립지 내의 육지에 설치하고 호안 내의 수면 위에 부설하는 경우는 버팀틀(목재 또는 가마니 쌓기) 위에 설치하는 경우가 많다.

ⓑ 육상관이 간선(주로 해상관)에서 육지에 올라오면 간선관에서 배사관을 Y형, T형의 분기관으로 연결하고 여러 가닥의 지관을 일정한 간격으로 버팀틀 위에 배관하여 준설토사가 균등하게 운반되도록 한다.

ⓒ 육상관은 투기장까지 가장 단거리에 배치한다.

ⓓ 육상관 상부에서 장비 통행이 발생되는 구역은 배사관의 안정성을 고려하여 최소 1m의 피복두께를 가지게 매설한다.

ⓔ 주선 배사관은 교체가 가능하도록 여유분을 보유해야 한다.

그림. 육상 배사관

그림. 해상 부상관(Floating pipe)

㉣ 해상관

ⓐ 침설관과 육상관을 연결하는 해상관은 파랑에 의해 파손되거나 연결곡부에 작용하는 외력에 의하여 절단되지 않게 충분한 내구성과 부유성을 가져야 한다.

ⓑ 악천후시에 해상관을 대피와 철거할 수 있는 대책을 수립한다.

㉤ 침설관

ⓐ 선박이 통과하는 항로에 설치한 침설관은 최단거리로 선박이 항행하는 흘수선 이하의 수심에 부설하고 준설 중에 침설관의 절단과 누수에 의한 사고가 발생하지 않게 주의한다.

ⓑ 침설은 육상에서 연결한 배사관의 양 끝에 뚜껑을 덮고 한쪽에서 서서히 침설시키는 방법을 사용한다.

ⓒ 비상시를 대비하여 침설관은 2열로 부설하여서 교대로 사용한다.

ⓗ 배사관 설치 유의사항

ⓐ 매립구간에 매립토사의 균등한 배송을 위하여 배사관의 배치와 거리를 조정한다.

ⓑ 배사관 길이는 가능한 한 짧게 하고 매립구역 전체에 토사가 배송되도록 배치한다.

ⓒ 매립은 호안구조물의 배후에서 시작하여 순차적으로 여수토 방향으로 진행한다.

ⓓ 호안과 배사관로는 송토 수류에 구조물이 손상되지 않게 30m 이상을 이격하여 설치한다.

ⓔ 배사관은 준설매립토가 잘 섞여서 연약지반이 적게 발생되도록 여러 개의 지선을 가설하고 T형과 Y형 분기관을 설치한다.

ⓕ 초기에 주선 배사관의 설치 높이는 매립지의 원지반고에서 3~4m 높이로 설치한 후에 매립 단계별로 높이게 한다.

2) 육상토사에 의한 매립

육상토사에 의한 매립은 해상투기장의 해상매립 후에 토사를 매립하거나 양질의 여성토로 복토를 하는 경우는 육상토사를 운반하여 매립한다.

그림. 육상토사에 의한 매립

매립지 인근에 양질의 해상토가 없거나 해상 어업권 등의 보상비가 많이 소요되어 해상토사의 매립이 비경제적인 경우에 육상장비의 투입이 유리하고 무대로 굴착토사를 매립토로 사용할 수 있으면 육상토사를 운반하여 매립지를 조성한다.

특히 인근에 양호한 토취장이 있고 산을 깎아서 매립토로 사용이 가능한 매립지는 육상토사의 매립이 경제적이고 효율적이다.

제12장
도로포장공

도로포장공 12

1 개설

도로는 보행자와 차량을 위한 공공통로로서 철도와 함께 육상교통을 분담하는 중요한 시설이며 일상생활과 생산활동에 필수적인 교통시설이다. 도로는 사람과 물자를 이동시키는 교통기능과 가로 형성, 방재, 공급처리시설 등의 설치공간을 제공하는 공간기능을 가지며 도로는 철도, 항만, 공항과 같은 교통시설 중의 하나이지만 사람과 물자의 원활한 교류뿐만이 아니라 환경, 방재를 위한 공공 공간을 형성하고 양호한 주거환경을 조성하여 다른 교통수단과는 다른 역할을 담당하고 있다.

또한 도로는 국토구조의 골격을 이루어서 국토 전체의 경제와 사회기반을 형성하며 사람과 물자의 광역적인 교류를 원활하고 용이하게 하여 각 지역의 역사, 풍토, 지리적특성에 적합한 도시의 구조를 가지게 한다.

(1) 도로의 역사

고대 최초의 도로라고 할 수 있는 Babylon의 벽돌 포장도로는 폭이 넓고 완만한 경사로 만들었으며 역청재료를 줄눈에 사용하였고 이집트의 석괴 포장도로는 피라미트를 축조하기 위하여 만든 것으로 블록 1개의 크기가 1.5~3m, 폭 13m, 연장이 1.6km이며 중국, 인도, 페르시아 등에서도 도로가 있었다는 것을 유적에서 추측할 수 있다.

그 후에 로마제국은 광대한 영토를 통치하고 치안을 확보하기 위하여 축조한 군용도로의 노선은 하루 길인 약 30km마다 설치된 병영지를 직선으로 연결한 체계적인 도로망을 구성하고 있다. 로마제국의 전성시대에는 간선도로의 연장이 약 9만km이고 하급도로까지 합치면 30만km에 달했으며 로마에서부터 방사선으로 뻗은 간선도로가 23개나 되고 그 중에는 현재도 사용하는 노선이 있다.

17세기 후반에 프랑스의 Tresaguet가 쇄석도를 발명하여 Paris 교외에 적용하였고 영국에서 Telford와 Macadam이 고안한 쇄석도공법은 근대적 도로 축조법의 기초를 이루고 있다. 쇄석도로는 마차에 적합하여 먼지가 비교적 적으며 강우 시에 먼지와 작은 돌이 쇄석의 공극을 메워주므로 19세기까지 상당히 많이 보급되었다.
18세기말에 공기 고무타이어가 발명된 후에 가솔린을 이용한 자동차의 급속한 발달로 인하여 속도와 내구성을 요하는 노면이 필요하여 쇄석 위에 역청재료, 시멘트, 석회를 사용한 도로가 생겨나고 이들 도로가 더욱 개량되어 현대의 도로형태로 발전하였다.

(2) 도로의 분류

1) 도로법에 의한 분류(관리상의 분류)

① **고속국도(고속도로)** : 국가기간 도로망의 중추를 이루는 도로로서 대통령령으로 노선이 지정된 도로

② **일반국도** : 중요도시, 지정항만, 중요한 비행장, 국가산업단지, 관광지 등을 연결하며 고속국도와 함께 국가기간 도로망을 이루는 도로로서 대통령령으로 노선이 지정된 도로

③ **특별시도(광역시도)** : 서울특별시 또는 광역시 구역안의 도로로서 서울특별시장 또는 광역시장이 노선을 인정한 도로

㉮ 자동차 전용도로
㉯ 간선 또는 보조간선의 기능 등을 수행하는 도로
㉰ 도시의 주요 지역 간이나 인근도시와 주요 지방간을 연결하는 도로
㉱ 기타 도시기능의 유지를 위하여 특히 중요한 도로

④ **지방도** : 지방의 간선 도로망을 이루는 도로로서 관할 도지사가 노선을 인정한 도로

㉮ 도청소재지로부터 시청 또는 군청소재지에 이르는 도로
㉯ 시청 또는 군청소재지 상호간을 연결하는 도로
㉰ 도내의 비행장, 항만, 역 또는 이와 밀접한 관계가 있는 비행장, 항만, 역을 상호 연결하는 도로
㉱ 도내의 비행장, 항만 또는 역에서 이와 밀접한 관계가 있는 고속국도, 국도, 지방도를 연결하는 도로
㉲ 기타의 도로로서 지방의 개발을 위하여 특히 중요한 도로

⑤ **시도** : 시내의 도로, 관할 시장이 노선을 인정한 도로

⑥ **군도** : 군내의 도로로서 관할 군수가 노선을 인정한 도로

㉮ 군청소재지로부터 읍사무소와 면사무소 소재지에 이르는 도로
㉯ 읍사무소와 면사무소 소재지 상호간을 연결하는 도로
㉰ 기타의 도로로서 군의 개발을 위하여 특히 중요한 도로

⑦ **구도** : 특별시 또는 광역시 구역안의 도로 중 특별시도·광역시도를 제외한 구(자치구에 한함)안의 동간을 연결하는 도로로서 관할 구청장이 그 노선을 인정한 도로

2) 「도로의 구조·시설기준에 관한 규칙」의 제3조에 의한 분류

① 도로는 고속도로와 일반도로로 구분한다.
② 고속도로 중에서 도시지역에 소재하는 고속도로는 도시고속도로로 한다.
③ 지방지역에 소재하는 일반도로의 기능별 구분에 상응하는 도로법 제8조의 규정에 의한 도로의 종류는 다음과 같다.

일반도로	도로의 종류
· 주 간선도로	· 일반국도, 특별시도, 광역시도
· 보조 간선도로	· 일반국도, 특별시도, 광역시도, 지방도, 시도
· 집산도로	· 지방도, 시도, 군도, 구도
· 국지도로	· 군도, 구도

3) 포장재료에 의한 분류

① **토사도**(Earth road) : 자연지반의 흙으로 된 도로 또는 여기에 입도를 조정하여 개량한 도로가 이에 속한다.

② **자갈도**(Gravel road) : 자연지반의 흙 위에 자갈을 표층으로 사용한 도로이며 포장도로는 아니다.

③ **역청 포장도**(Bituminous surface road) : 모래, 부순돌 등의 골재와 아스팔트, 타르를 결합재로 사용한 포장도로이며 간단한 공법에서 고급포장에 이르기까지 종류가 많다.
㉮ 역청포장도(Bituminous surface road)
㉯ 역청콘크리트 포장도(Bituminous concrete pavement road)

④ **시멘트 포장도**(Cement pavement road)

⑤ **블록 포장도**(Block pavement road) : 벽돌, 콘크리트 블록, 아스팔트 블록 등의 일정한 크기로 만든 블록을 표층에 포설한 도로이다.

도로 중에서 가장 대표적인 것은 역청 콘크리트 포장과 콘크리트 포장이 있고, 역청 콘크리트 포장은 아스팔트를 결합재로 사용한 아스팔트 포장으로서 사용된 재료의 특성에 따라서 연성포장(flexible pavement)이라고도 하며 강성포장(rigid pavement)인 콘크리트 포장과는 상반된 개념으로 사용된다.

(3) 도로의 구성

도로의 횡단구성은 계획하는 도로의 기능과 교통상황을 고려하며 도로의 교통용량, 안전성, 경제성, 환경보호에 큰 영향을 미친다. 일반적인 도로의 횡단면은 차도, 중앙분리대, 길어깨, 정차대, 자전거전용도로, 자전거·보행자 겸용도로, 보도, 식수대, 측도로 구성되고 횡단구성의 요소 중에서 정차대, 식수대, 중앙분리대는 지역적 특성과 도로의 성격에 따라서 구성이 달라질 수 있다.

또한 자전거전용도로, 자전거·보행자 겸용도로, 보도는 통행량을 고려하여 설치하고 최소값 이상으로 하여 차도부와 별도로 설치한다.

도로의 직선구간은 1.5~2%의 횡단경사를 설치하여 노면배수를 원활하게 하고 곡선구간은 편경사를 설치한다.

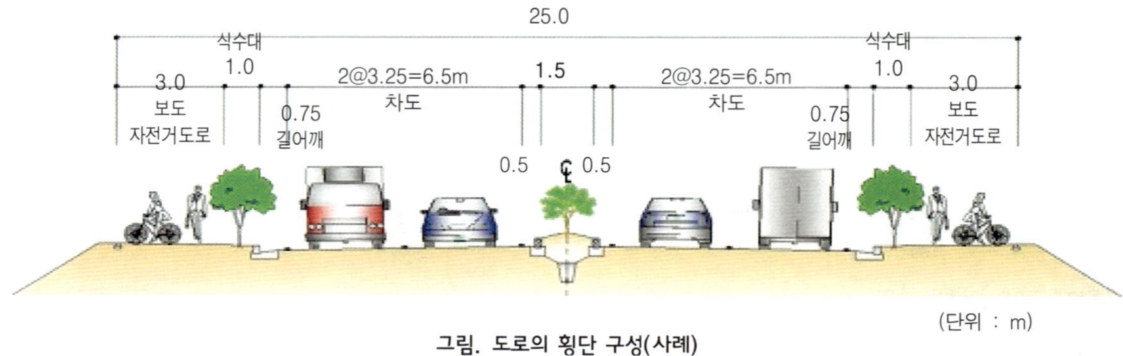

그림. 도로의 횡단 구성(사례)

1) 차도(Carriageway)와 차로

차도는 차량의 통행에 이용되는 부분으로 차로로 구성되며 직진차로, 회전차로, 변속차로, 오르막차로, 양보차로 등이 해당된다. 차로 폭은 노면의 중심선에서 중심선까지의 길이이며 차로 폭은 대향차량과의 대피와 추월에 여유가 필요하므로 설계속도가 높은 도로일수록 넓은 폭이 필요하다.

표. 설계속도에 따른 차로 폭

도로 구분	차로의 최소 폭(m)				
고속도로	지방지역			도시지역	소형차도로
	3.50			3.50	3.25
일반 도로	설계속도 (km/hr)	80 이상	3.50	3.25	3.25
		70 이상	3.25	3.25	3.00
		60 이상	3.25	3.00	3.00
		60 미만	3.00	3.00	3.00

2) 중앙분리대

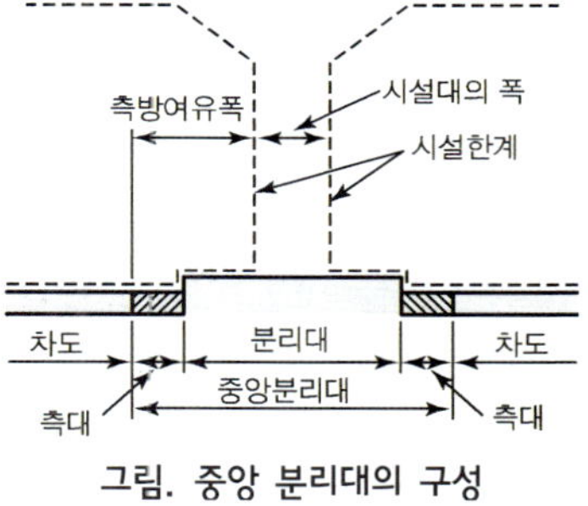

그림. 중앙 분리대의 구성

중앙분리대는 안전하고 원활한 교통 소통이 되도록 차로를 왕복 방향으로 분리시키고 측방 여유를 확보하기 위하여 도로의 중앙부에 설치하며 분리대와 측대로 구성되어 있다.

중앙분리대는 차량의 중앙선 침범에 의한 정면 충돌사고를 방지하고 도로 중심선측의 교통마찰을 감소시켜서 교통용량을 증대시킨다.

또한 평면교차로가 있는 도로에서 폭이 충분하면 좌회전차로로 전용할 수가 있으므로 교통처리가 유리하다.

「도로의 구조·시설 기준에 관한 규칙」에서는 4차로 이상의 고속도로는 반드시 중앙분리대를 설치하고 4차선 이하의 일반도로는 필요한 경우에 설치한다.

3) 길어깨

길어깨는 차도, 보도, 자전차도, 자전거 보행자도에 접속하여 설치되는 띠 모양의 도로부분으로 고장차가 대피할 수 있어서 사고 시에 교통 혼잡을 방지하고 측방 여유폭을 가지므로 교통의 안정성과 쾌적성이 높아진다.

표. 차도 우측에 설치하는 길어깨의 폭(단위 : m)

도로 구분			차도 오른쪽 길어깨의 최소 폭(m)		
			지방지역	도시지역	소형차도로
고속도로			3.00	2.00	2.00
일반도로	설계속도 (km/hr)	80 이상	2.00	1.50	1.00
		60~80	1.50	1.00	0.75
		60 미만	1.00	0.75	0.75

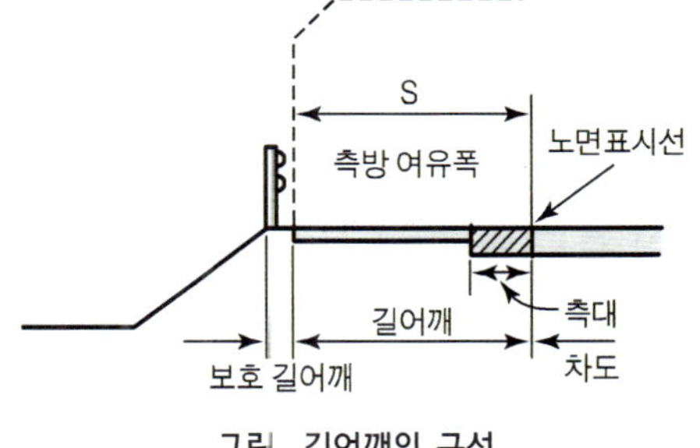

그림. 길어깨의 구성

4) 주정차대

주정차대는 차량의 주차와 정차에 사용하기 위하여 도로에 접속하여 설치하며 도로의 지역, 기능과 토지 이용성을 고려하여 설치한다. 「도로의 구조·시설기준에 관한 규칙」에서는 도시지역 일반도로의 경우에 폭은 2.5m 이상으로 하고, 소형 자동차를 대상으로 할 때는 그 폭을 2.0m 이상까지 하도록 한다.

5) 자전거도로, 자전거 보행자도로

① 자전거 전용도로

자전거만 통행하도록 시설물에 의해서 차도와 보도와 구분하여 설치하며, 자전거 교통량이 500~700대/일 이상일 때에 설치한다.

② 자전거·보행자 겸용도로

자전거 외에 보행자도 통행할 수 있도록 차도에 노면표시로 구분하여 설치하는 도로이다.

6) 보도

보도는 보행자의 통행을 위해서 연석, 울타리, 기타 이와 유사한 공작물로 구획하여 설치하고 보행자와 자동차 교통의 안전, 자동차의 원활한 통행 확보와 교통용량의 증대를 위하여 필요하다. 보도 폭은 보행자가 여유를 가지고 엇갈려 지나갈 수 있는 2.0m를 최소 유효 폭으로 하고 유효폭원을 확보할 수 없는 경우는 1.5m까지 축소할 수 있다.

7) 환경 시설대(Sound proof belt)

환경 시설대는 도로연변의 환경보전을 위해서 도로 바깥쪽에 설치하는 시설물이고 교통량이 많은 도로주변의 주거지역, 정숙을 요하는 시설, 공공시설이 위치한 지역, 환경보존을 위하여 필요한 지역에 환경 시설대와 방음시설을 설치한다. 일정한 조건을 갖춘 도로에서 차도 끝으로부터 10~ 20m의 폭을 확보하며 환경 시설대는 식수대, 노견, 보도, 부도, 경사면의 조합으로 이루어진다.

8) 식수대

식수대는 양호한 도로교통 환경정비와 도로 주변에 대한 생활환경의 보전을 위하여 별도로 설치하는 띠 모양의 부분으로 중앙분리대의 식재, 비탈면 식재와 유사한 기능을 가진다.

9) 측도(Frontage road)

측도는 본선도로의 이동성을 확보하고 주변의 접근성이 요구되는 교통을 측도로 처리하는 경우에 본선차도에 병행하여 설치하는 도로의 부분이다.

그림. 측도

측도는 부체도로라고도 하며 도로 본선과 분리하여 기존 마을들을 연결하거나 농로로 사용하기 위한 도로로서, 이는 각종 진출입로가 무질서하게 본선 도로에 연결되어 본선 도로의 기능 저하와 교통사고의 발생을 방지하기 위하여 설치한다.

고속도로는 진출입이 특정지역에 제한되므로 도로 주변의 토지이용을 증대시키기 위하여 측도를 설치하며 일방통행으로 운영하여 자동차의 고속주행과 함께 효율적인 토지이용이 가능하다. 특히 도시지역을 통과하는 고속도로는 교통의 분산과 합류를 위하여 측도를 설치한다.

2 포장의 종류와 구성

도로는 포장과 노상으로 구성되고 포장은 표층, 기층, 보조기층으로 이루어져 있다.
노상은 포장 하부면에서 두께 약 1m의 범위이며 자연지반과 흙을 치환하거나 성토하여 인공적으로 축조하는 지반으로 구분하고, 노상토가 연약할 때에 설치하는 차단층도 노상에 포함된다.

(1) 도로포장의 종류

도로포장을 구분하면 아스팔트 포장과 같은 가요성포장(flexible pavement)과 콘크리트 포장과 같은 강성포장(rigid pavement)이 있다.

표. 포장의 종류

재료	강성	공법 구분	기능 구분	장소 구분
콘크리트 포장	강성 포장	· 보강 철근 콘크리트 포장(JRCP) · 연속 철근 콘크리트 포장(CRCP) · 줄눈 콘크리트 포장(JCP) · 프리스트레스 콘크리트 포장(PCP)	· 일반포장 · 칼라포장 · 미끄럼방지포장 · 내유성포장 · 배수성포장 · 투수성포장 (보도, 자전차 도로 등)	· 공원포장 · 운동장포장 · 차도포장 · 도로포장 · 공항 활주로 포장 · 주차장포장 · 터널포장 · 교면포장
아스팔트 포장	가요성 포장	· 일반 아스팔트 포장 · 개질 아스팔트 포장 · 재생 아스팔트 포장		

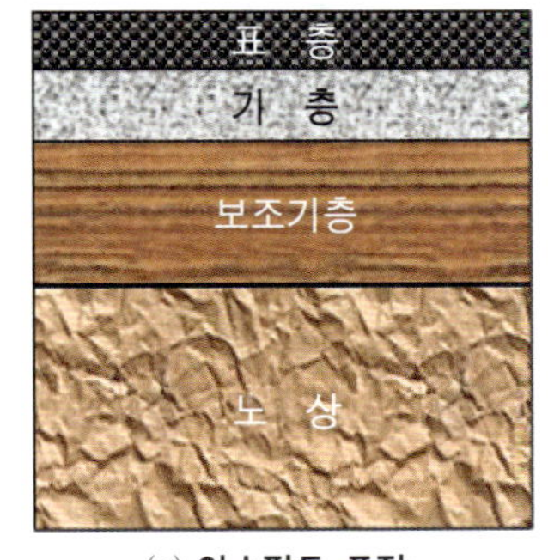

(a) **아스팔트 포장**

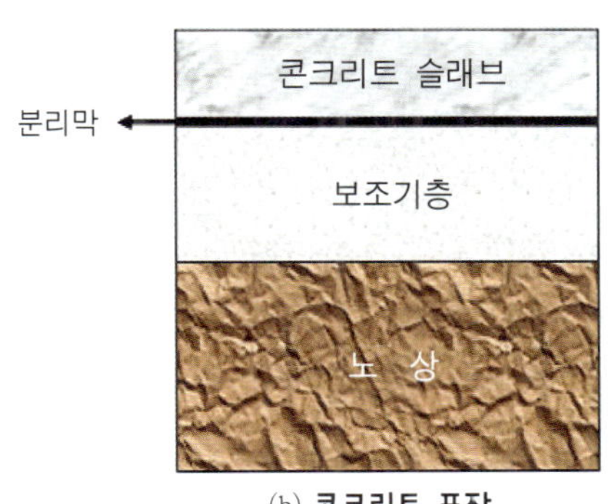

(b) **콘크리트 포장**

그림. 포장의 구성

1) 아스팔트 포장

① 개요

그림. 아스팔트 포장

아스팔트 포장은 골재를 역청재료와 결합하여 만든 표층이 있는 포장이며 일반적으로 표층, 중간층, 기층, 보조기층으로 구성된다. 아스팔트 포장은 하중 재하에 의하여 발생한 응력이 포장을 구성하는 각 층에 분포되어 하층으로 갈수록 점차 넓은 면적에 분산되므로 각층의 구성과 두께는 역학적 균형을 유지하고 교통하중에 충분히 견딜 수 있어야 한다.

① 아스팔트 포장의 특성

㉮ 주행 충격이 적다.
㉯ 양생기간이 거의 필요하지 않고 단계별 건설(stage construction)이 용이하다.
㉰ 도로의 수준을 유지하기 위하여 잦은 보수가 필요하다.
㉱ 노반 공사비가 고가이다.

2) 콘크리트 포장

① 개요

그림. 콘크리트 포장

콘크리트 포장은 콘크리트 슬래브를 표층으로 하는 포장이며 표층과 보조기층으로 구성되어 있다. 표층 위에 가열아스팔트 혼합물인 아스팔트 콘크리트 마모층을 설치할 수도 있고 보조기층은 상부 보조기층과 하부 보조기층으로 나누어 구성할 수도 있다. 콘크리트 포장은 윤하중에 의한 휨 응력을 콘크리트 슬래브의 강성으로 저항할 수 있어야 한다.

② 콘크리트 포장의 특성

㉮ 노반 지지력이 커도 불균질하면 파괴되기 쉽다.
㉯ 콘크리트 포장설비가 간단하고 균질한 품질을 얻을 수 있다.
㉰ 경제적인 품질을 얻기 위한 품질관리가 어렵고 공사비가 비싸다.
㉱ 내구성이 좋아서 도로관리에 유리하지만 파손 시에 보수비가 비싸다.
㉲ 교통이 혼잡한 장소의 재포장은 시간적, 경제적으로 어렵다.

(2) 도로포장의 구조

아스팔트 포장의 표층과 콘크리트 슬래브는 교통하중을 지지하는 부분으로 타이어에 의한 마모에 저항하고 노면에 흐르는 물이 기층과 보조기층에 침투하지 못하게 보호하는 역할을 한다. 보조기층은 노상 위에 설치하여 가요성포장은 표층과 기층에서 전달된 하중을 더욱 분산시켜서 노상에 전달하는 역할을 한다. 강성포장은 콘크리트 슬래브의 하중 분산효과가 커서 하중 분산을 위한 보조기층이 가요성포장처럼 중요하지 않다.

1) 아스팔트 포장

아스팔트 포장은 하중에 의한 전단력에 저항성이 우수하지만 휨에 대한 저항력은 없고 표층은 기층과 보조기층이 일체로 변형되므로 소량의 변형에 대한 복원성이 우수하다. 역청재 포장은 골재와 역청재료가 결합하여 표층을 형성하고 표층, 기층, 보조기층, 동상방지층으로 구성된다.

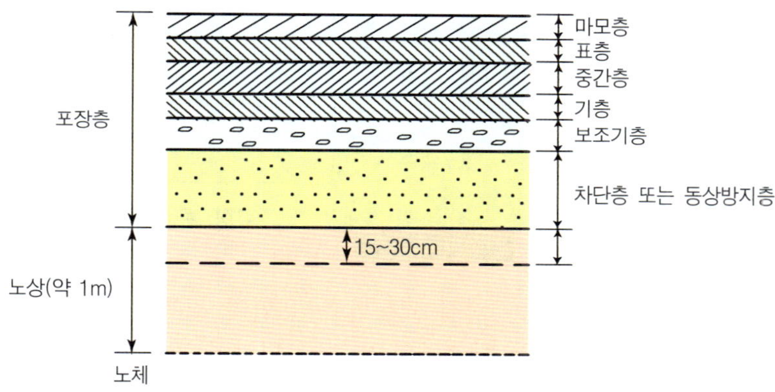

그림. 아스팔트 포장의 구조

① 표층(Wearing course)

포장의 최상층에서 교통하중을 분산시켜서 하부층으로 전달하여 쾌적한 주행성을 확보하기 위한 기능이 필요하며 주행 안전성을 위하여 미끄럽지 않고 쾌적성있는 평탄한 노면이 확보되어야 한다.

② 중간층(Binder course)

기층 위에서 표층의 요철을 정형하며 표층에서 전달하는 하중을 균일하게 기층에 전달한다.

③ 기층(Base course)

표층에서 전달되는 하중을 지지하도록 역학적으로 우수한 고품질재료가 필요하며 입도 조정과 안정처리방법을 적용한다.

④ 보조기층(Subbase)

기층과 함께 표층과 노상의 중간에서 상부에서 전달되는 교통하중을 분산시켜서 노상에 전달한다.

⑤ 동상방지층

한랭지에서 노상토의 동결이 염려되면 동결심도와 포장 두께의 차이만큼 노상면 위에 동상방지층을 설치한다.

2) 콘크리트 포장

콘크리트 포장은 콘크리트 슬래브, 보조기층, 노상으로 구성되며 콘크리트 슬래브와 보조기층을 합한 총 두께가 동결깊이보다 작으면 부족한 만큼 노상층의 상부에 동상방지층을 설치해야 한다.

배수를 위한 횡단경사는 직선구간에서 2.0%를 표준으로 하고 보조기층은 안정처리를 하거나 또는 하지 않을 수도 있다.

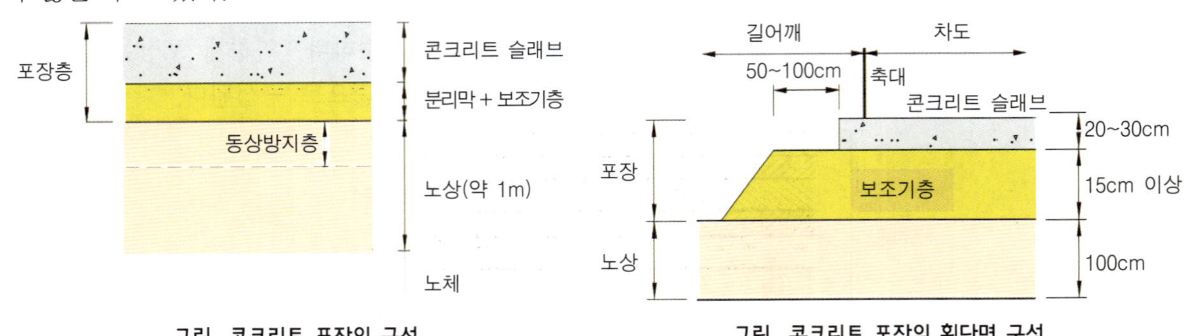

그림. 콘크리트 포장의 구성

그림. 콘크리트 포장의 횡단면 구성

① 콘크리트 슬래브

콘크리트 포장에서 콘크리트 슬래브는 직접 교통에 공용되어 교통하중을 지지하는 가장 중요한 층이다. 콘크리트 슬래브는 온도 변화와 함수량의 변화에 의하여 발생한 균열을 인위적으로 조절하는 줄눈을 적당한 간격으로 설치하고 콘크리트 슬래브에는 다웰바(dowel bar), 타이바(tie bar), 철망, 보강용 철근 등을 사용한다.

② 보조기층

보조기층은 콘크리트 슬래브를 지지하며 균열부의 펌핑현상을 방지하는 층이므로 균등하고 충분한 지지력을 가지도록 내구성이 양호한 재료를 필요한 두께로 다져서 조성한다. 펌핑을 방지하기 위해서는 아스팔트, 시멘트 등으로 처리된 재료를 사용한다. 보조기층 재료는 입도조정 쇄석, 입도조정 슬래그, 수경성 입도 조정 슬래그, 시멘트 안정처리재료, 역청 안정처리재료를 사용한다. 보조기층에 입도조정 쇄석, 입도조정 슬래그 등의 입상재료를 사용하는 경우는 최대입경을 40mm 이하로 하고 수정 CBR은 80 이상, No.40체 통과분의 소성지수가 4 이하이어야 한다.

③ 아스팔트 중간층

아스팔트 포장의 중간층은 보조기층의 내수성과 내구성을 개선하기 위하여 보조기층의 최상부에 설치한다. 밀입도 아스팔트 포장의 중간층 두께는 4cm를 표준으로 사용하며 보조기층을 평탄하게 마무리하여 콘크리트 슬래브의 두께를 균등하게 하고 강우 후에 작업 휴지시간을 단축하므로 시공성이 개선된다.

④ 노상

노상은 포장두께를 결정하는 기초가 되는 흙의 부분으로 포장 아래에서 약 1m의 부분이며 노상의 지지력은 평판재하시험 또는 CBR시험에 의하여 판정하고 노상토의 설계 CBR이 2이하인 경우는 지지력이 증가하게 지반을 개량한다.

표. 포장 구조의 비교

구 분	아스팔트 포장	콘크리트 포장
포장구조	마모층 / 표층 / 중간층 / 기층 / 보조기층 / 차단층 또는 동상방지층 / 포장층 / 15~30cm / 노상 (약 1m)	콘크리트 슬래브 / 보조기층 / 동상방지층 / 노상 (약 1m)
하중전달	교통하중을 표층, 기층, 보조기층, 노상으로 분산시켜서 하중을 절감	교통하중을 콘크리트 슬래브가 지지
표층	· 교통하중의 분산, 하부층으로 전달 · 표면수의 침입을 방지하여 하부층을 보호 · 평탄성 확보	· 슬래브 자체가 빔(beam)으로 작용 · 교통하중 응력을 휨저항으로 지지 · 평탄성 확보
기층	· 입도조정 처리재료, 아스팔트 혼합물로 구성 · 교통하중의 분산, 교통하중의 전단에 저항 · 배수	–
보조기층	· 입상재료, 토사 안정처리재료로 구성 · 교통하중을 지지, 노상으로 전달 · 포장층 내의 배수기능 역할 · 미립질 노상재료의 기층 침투를 방지 · 동결작용에 의한 손상을 최소화	· 빈배합 콘크리트, 시멘트, 아스팔트 안정처리 재료로 구성 · 콘크리트 슬래브에 균일한 지지력을 제공 · 줄눈과 균열부에 침투한 우수처리, 펌핑(pumping)을 방지

(3) 동상

1) 개요

동상은 수분, 노상토, 기온이 모두가 동상이 발생하는 조건을 충족하면 발생하고 설계동결깊이가 포장두께보다 크면 동상방지층을 설치한다. 흙이 낮은 온도에 노출되어 그 일부가 동결하면 이미 동결된 부분의 흙은 아직 동결되지 않은 부분에서 물을 빨아들이고, 동결의 진행과 물의 공급이 일치하면 큰 체적 팽창이 일어나서 동결된 부분의 흙입자 사이의 평균적인 간극은 얼기 전에 비하여 확장한다. 확장된 흙입자 사이의 간극에 흡입된 물이 동결된 얼음으로 남아 있는 현상을 동상이라고 한다.

노상에 동상이 발생하면 동결 시에 히빙(heaving)에 의한 포장의 융기와 융해 시에 포장 지지력이 약화되어 포장의 파손이 발생하므로 설계 동결깊이가 포장두께보다 큰 경우는 그 차이만큼 동상방지층을 설치하여 동상 피해를 방지해야 한다.

동상방지층은 동상 피해를 억제하기 위하여 동결깊이만큼 보조기층 아래에 노상토의 동결깊이까지 노상토를 동상 방지재료로 치환되는 층이며 노상에서 동상에 의한 피해 가능성이 없으면 동상방지층의 설치를 생략할 수 있다.

동상을 받기 쉬운 흙(실트질)이 존재하며, 0℃ 이하의 동결온도가 장기간 계속되고, ice lense가 형성되는 충분한 물이 공급되는 조건을 모두 충족하면 동상이 발생하고 하나의 조건이라도 충족하지 않으면 노상토에 동상이 발생하지 않는다.

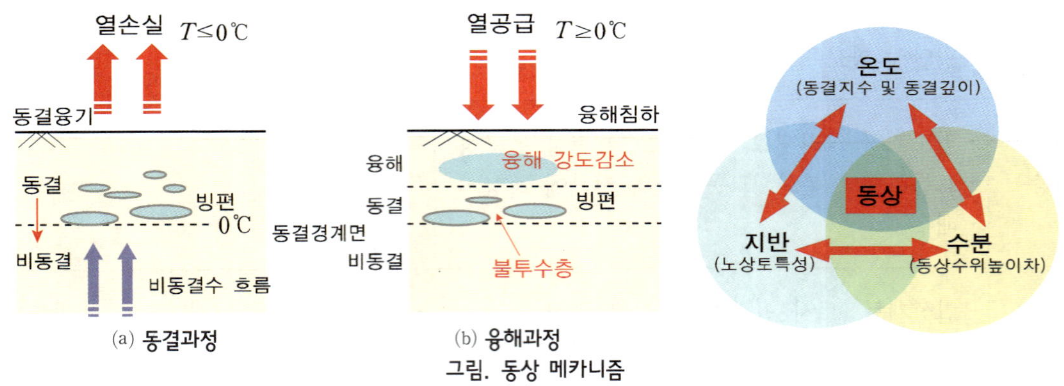

(a) 동결과정 (b) 융해과정

그림. 동상 메카니즘

2) 설계 동결지수

동결지수는 포장 내의 동결깊이를 산정하는 대표적인 척도로서 포장구조와 노상토를 동결시키는 대기온도의 강도와 지속기간의 누가영향으로 표시된다. 동결지수의 단위는 온도·일(℃·일)이며 동결 계절 동안의 누가 온도·일에 대한 시간 곡선상의 최고점과 최저점의 차이로 나타낸다. 설계 동결지수는 대상지역의 인근 측후소에서 관측한 월 평균 대기온도의 크기와 지속기간에 대한 20년간의 기상자료에서 추위가 가장 심하였던 2년간(동결지수의 최대 2년치)의 평균 동결지수로 정한다.

만일 20년간의 기상자료가 없으면 최근 10년간의 최대동결지수를 설계 동결지수로 산정한다. 설계구간에 측후소가 있으면 동결지수와 동결기간을 이용하여 설계 동결지수를 산정하고 설계노선의 위치와 표고에 대한 보정은 다음과 같이 계산한다.

수정 동결지수(℃·일)=동결지수×동결기간×$\frac{표고차(m)}{100}$

표고차 = 설계노선 포장계획면의 최고 표고(m) - 측후소 지반고(m)

3) 설계 동결깊이

도로포장에서 동상방지층의 설치는 완전방지법, 노상 동결관입허용법, 감소 노상강도법 등의 3가지 방법을 사용한다. 완전방지법은 동결의 방지를 위하여 충분한 두께의 비동결층을 설치하는 것으로 노상의 동결을 일부 허용하는 노상 동결관입허용법과 감소 노상강도법에 비하여 비경제적이므로 특수한 경우에만 사용한다. 노상 동결관입허용법은 노상이 수평방향으로 심하게 변하지 않거나 흙이 균질한 경우에 적용하며 동결깊이가 노상으로 어느 정도 관입되어도 동상으로 인한 융기량이 포장파괴를 일으키는 양이 아니면 동결을 어느 정도 허용하는 것이 경제적이라는 개념이다.

설계 동결깊이의 산정은 노상 동결관입허용법으로 결정하고 포장설계에서 최대 동결깊이의 산정은 다음 식으로 구한 최대 동결깊이의 75%로 한다.

$Z = C\sqrt{F}$

여기서, Z : 최대 동결깊이(mm)

F : 설계 동결지수(℃·일)

C : 동결지수에 따른 보정상수

4) 동상방지층

① 동상방지층 재료의 특성

㉮ 동상은 세립분과 골재입도의 영향을 받으며 흙입자의 0.08mm 통과량이 많으면 재료의 전단강도가 저하하고 동결의 영향을 받는 지역은 동상을 일으키기 쉽다. 0.08mm 통과율이 증가할수록 최적함수비가 증가하고 최대건조밀도는 감소하며 투수성은 0.08mm 통과율이 증가할수록 감소한다.

㉯ 입상재료는 투수성이 양호할수록 동상방지의 효과가 증가하며 지중구조물이 있으면 투수성이 부족하여 도로에 침투한 물이 빠져 나가지 못하고 체수되어 동상이 발생되므로 동상방지층은 투수성이 양호해야 한다.

㉰ 소성지수가 큰 재료는 급격하게 동상이 증가하므로 동상방지층의 소성지수는 10 이하이어야 한다.

㉱ 0.08mm 통과율과 조골재의 함유율이 동상과 투수성에 영향을 미치고 조골재의 함유율이 많을수록 투수성이 양호하여 동상의 영향을 적게 받는다.

표. 동상방지층 재료의 품질기준

구 분	기 준
골재최대치수	100 이하
유효입경, D_{10}(mm)	0.1 이상
0.08mm 통과율(%)	8 이하
2mm 통과율(%)	45 이하
소성지수	10 이하
모래당량(%)	20 이상
수정 CBR(%)	10 이상

② 동상방지층을 생략하는 기준

㉮ 원지반에서 흙쌓기 높이가 2m 이상이면 노상에 모관 상승에 의한 수분 공급이 억제되므로 동상방지층을 생략한다.

㉯ 흙쌓기 높이가 2m 이상인 구간이 50m 이상 연속되면 동상방지층을 생략하며, 2m 미만인 구간과 성토고 2m 이상의 구간이 계속적으로 반복되고 각각의 연장이 30m 미만인 경우는 동상방지층을 설치한다.

㉰ 지하수위가 매우 낮아서 동결면으로부터 물이 공급되는 지하수위의 높이차가 1.5m 이상이면 노상에서 모세관 상승에 의한 수분 공급이 억제되므로 동상방지층을 생략한다.

㉱ 성토재료의 0.08mm 통과율이 8% 이하는 비동상성재료로 고려하여 동상방지층을 생략하고 0.08mm 통과율이 8%를 초과하면 동상성재료로 간주하여 동상방지층을 설치한다.

③ 동상방지층의 시공 유의사항

㉮ 조골재의 함유율은 2mm 이하의 통과율이 45% 이하, 골재의 유효입경(D_{10})은 0.1mm 이상이어야 한다. 동상방지층은 다짐 후에 1층 두께가 200mm를 넘지 않게 균등하게 포설한다.

㉯ 동상방지층의 다짐은 KS F 2312의 E다짐방법으로 구한 최대건조밀도의 95% 이상으로 하며 다짐 중의 함수비는 최적함수비의 ±2%를 유지해야 한다.

㉰ 완성된 동상방지층은 계획고와의 차이가 ±30mm 이내, 완성된 층의 시공두께가 설계두께보다 ±10% 이상의 차이가 발생한 구간은 표면을 80mm 이상 긁어 일으켜서 소요두께가 되도록 재료를 보충하거나 제거한 후에 재다짐하여 마무리한다.

㉱ 동상방지층의 마무리면은 보조기층의 포설 전에 우천 등으로 노면 손상이 있거나 동절기가 경과한 경우와 3개월 이상을 방치한 경우는 마무리 다짐과 재점검을 실시한다.

 3 아스팔트 포장

아스팔트 포장은 골재를 역청재료와 결합하여 만든 표층이 있는 포장이며 표층, 중간층, 기층, 보조기층으로 구성된다. 보조기층과 기층 위에 직접 두께 3~4cm의 표층을 둔 것을 간이포장이라고 하며, 두께 2.5cm 이하의 표층만을 시공한 것은 표면처리라고 한다.
아스팔트 포장은 하중 재하에 의하여 발생한 응력이 포장을 구성하는 각 층에 분포되어 하층으로 갈수록 점차 넓은 면적에 분산되므로 각 층의 구성과 두께는 역학적 균형을 유지하고 교통하중을 충분히 지지해야 한다.

(1) 아스팔트 포장의 종류

아스팔트 포장은 간이포장, 약식포장에서 고급 포장에 이르기까지 다양한 종류가 있다.

1) 포장재료의 혼합과 시공방법

① 가열 혼합식포장

플랜트에서 아스팔트, 골재 등을 고온으로 가열한 후에 혼합하여 포설현장에 운반, 포설, 다짐 후에 양생하는 포장방식이다.

② 상온 혼합식포장

플랜트 또는 포설현장에서 컷백아스팔트, 아스팔트유제와 골재를 상온상태로 혼합하여 포설, 다짐 후에 양생하는 포장방식으로 간이포장에 주로 적용한다.

③ 침투식포장

노면에서 골재의 맞물림에 의해 하중을 지지하고, 살포하여 침투시킨 역청재료의 접착성과 점성에 의해 골재의 이동을 방지하여 안정성이 있는 표층을 만드는 것이다.

2) 재료와 포장목적에 따른 포장 종류

① 구스 아스팔트(Guss asphalt) 포장

상온시에 혼합물의 유동성을 이용하여 포설하고 피니셔 등으로 편평하게 고르는 포장으로 불투수성이므로 방수효과가 크고 저온시에 균열이 적어서 교면포장에 많이 사용한다.

② 내마모용 혼합물 포장

적설과 노면이 결빙된 한랭지에서 타이어체인에 의한 노면의 파손에 견디는 혼합물로 포장한다.

③ 고무 아스팔트포장

아스팔트에 천연 또는 합성고무의 결합재를 첨가하여 소성에 대한 저항력, 미끄럼 저항력, 균열에 대한 저항력의 증가가 필요한 포장에 사용한다.

④ 에폭시수지 포장

가요성의 에폭시수지를 결합재로 사용하는 포장으로 일반적으로 부착성이 크고 강도가 우수하며 착색이 가능하다.

표. 가열 아스팔트 혼합물의 종류

명 칭	용 도	특 징
조립도 아스팔트 콘크리트(19)	기층(중간층)에 사용	· 잔골재량이 적고 마무리면은 거칠다. · 내유동성은 우수하나 내구성과 시공성이 떨어지므로 표층으로 사용시에 주의
밀립도 아스팔트 콘크리트(19, 13)	대형차 교통량이 많은 경우의 표층과 마모층의 아래에 사용	· 내유동성과 미끄럼 저항성이 우수 · 최대입경 19mm는 내유동성이 우수
세립도 아스팔트 콘크리트(13)	교통량이 적은 도로와 보도 등의 표층에 사용	· 내구성과 시공성은 우수, 내유동성이 낮음
밀립도 아스팔트 콘크리트(13)	미끄럼방지 포장	· 내구성과 미끄럼 저항성이 우수
밀립도 아스팔트 콘크리트(19F, 13F)	대형차 교통량이 많으면 내마모용 표층에 사용	· 내마모성이 우수
세립도 갭아스팔트 콘크리트(13F)	내마모용 표층에 사용	· 내마모성과 내구성이 우수, 내유동성이 낮음
세립도 아스팔트 콘크리트(13F)	교통량이 적은 도로와 보도의 내마모용 표층에 사용	· 내마모성과 미끄럼 저항성이 우수
밀립도 갭 아스팔트 콘크리트(13F)	미끄럼방지와 내마모성을 겸한 표층에 사용	· 미끄럼 저항성이 매우 우수 · 내구성과 내마모성이 낮음
개립도 아스팔트 콘크리트(13)	미끄럼방지가 중요한 경우에 사용	

[주] ( )안의 숫자는 최대입경, F는 광물성 채움재(석분)을 사용

(2) 아스팔트 포장의 재료

1) 역청재료

역청재료는 아스팔트와 타르가 있고 도로포장에는 아스팔트를 사용한다. 역청은 이황화탄소(CS_2)에 용해되는 탄화수소의 혼합체이며 천연산 또는 원유나 석탄을 증류하거나 건류할 때에 기체, 액체, 반고체와 거의 고체상태 등으로 생산하고 도로용 포장재료는 원유에서 생산되는 석유 아스팔트이다.

① 석유 아스팔트

도로 포장용으로 사용되는 아스팔트는 원유를 정유하여 연료유 성분을 제거하고 잔류물(피치)을 정제한 석유 아스팔트이며 제조방법에 따라서 스트레이트 아스팔트와 블로운 아스팔트(blown asphalt)로 분류한다. 스트레이트 아스팔트는 원유에 함유된 아스팔트의 성질을 거의 변화시키지 않고 증류한 것이며, 블로운 아스팔트는 제조 중에 공기를 넣어 산화시켜서 성질을 변화시킨 것이다. 스트레이트 아스팔트와 블로운 아스팔트는 상온에서 반고체상태이므로 사용할 때에 가열을 한다.

㉮ 아스팔트시멘트(도로 포장용 아스팔트)

아스팔트 재료의 선정은 침입도 등급체계가 주로 사용되었으나 아스팔트 포장의 환경과 교통조건을 충분하게 반영하지 못하므로 공용성 등급(performance grade)을 도입한 KS F 2389의 아스팔트 공용등급이 규격화되었다.

㉠ 침입도 등급에 의한 아스팔트

도로 포장에 사용되는 스트레이트 아스팔트는 침입도, 연화점, 신도 등의 시험에 의하여 품질을 결정한다. 침입도시험은 규정치수의 침에 100g 질량의 금속을 매달아서 25℃로 유지되는 아스팔트 표면에 5초간 관입시켜서 관입깊이를 0.1mm 단위로 나타내는 양을 침입도라고 하며, 침이 7mm 관입할 때의 침입도는 70이다. 침입도가 클수록 연질아스팔트이고 침입도가 작으면 경질아스팔트이다.

포장용으로 무르게 제조한 아스팔트시멘트(AC)의 침입도는 40~300이고, 침입도가 40 이하이면 경질아스팔트, 150 이상의 아스팔트는 연질아스팔트라고 한다. 침입도가 300 이상을 액체아스팔트로 취급하므로 아스팔트시멘트의 침입도는 300까지이다.

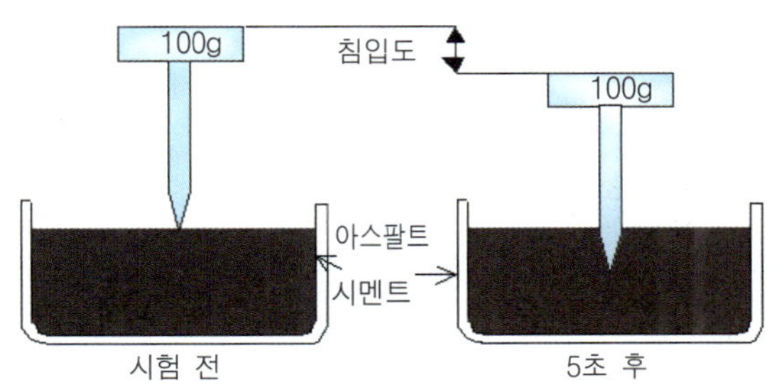

그림. 침입도(Penetration)시험

㉡ 점도 등급에 의한 아스팔트

점도에 따라서 아스팔트를 분류하면, 60℃에서 측정되는 절대점도(absolute viscosity)에 의하여 AC-5, AC-10, AC-20 등으로 구분한다. 여기서, AC 뒤의 수치는 점도를 나타내는 포아즈(poise)의 1/100이므로 AC-10은 점도가 약 1,000이고 수치가 클수록 점도가 높은 경질의 아스팔트를 나타낸다.

표. 60℃에서의 점도 등급

시 험	점도 등급			
	AC-5	AC-10	AC-20	AC-40
점도, 60℃, P	500±100	1,000±200	2,000±400	4,000±800
점도, 135℃, cSt	110 이상	95 이상	210 이상	300 이상
침입도, 25℃, 100g, 5초	120 이상	70 이상	40 이상	20 이상

㉢ 공용성 등급(Performance grade)에 의한 아스팔트

침입도 등급에 의한 아스팔트는 고온 저항의 특성을 적절하게 반영하기 어려워서 영구 변형이 발생할 위험이 높은 구간은 공용성 등급에 따라서 일정한 등급 이상의 아스팔트를 사용한다. 교통량이 많은 교차로는 아스팔트 혼합물에 사용되는 아스팔트를 KS F 2389「아스팔트의 공용성 등급」 규정에 따라서 PG 76-22 이상을 사용하고 신호대기지역, 오르막 구간, 지·정체가 심한 도로, 대중교통이 통행하여 영구 변형의 위험이 높은 지역은 PG 76-22 이상을 적용한다. KS F 2389「아스팔트의 공용성 등급」에서 아스팔트 등급은 PG XX-YY로 표현하며 XX는 최고온도 -YY는 최저온도의 개념이다. 예를 들면, PG 64-22는 예상되는 포장의 최고온도가 64℃이고, 최저온도는 -22℃를 나타낸다. 그러므로 XX는 영구 변형에 대한 저항성을 나타내고 -YY는 균열에 대한 저항성을 나타내는 값이다.

㉯ 컷백 아스팔트(Cutback asphalt)

스트레이트 아스팔트를 휘발성의 연료유와 혼합하여 액상으로 만든 컷백아스팔트는 상온에서 액상이므로 가열하지 않고 사용할 수 있다. 컷백용제는 휘발유를 사용한 급경성의 RC(rapid curing), 등유를 사용한 중경성의 MC(medium curing), 중유를 사용한 완경성의 SC(slow curing)의 3종류가 있다.

㉰ 유화아스팔트

스트레이트 아스팔트를 물과 혼합하여 액상으로 만든 유화아스팔트와 아스팔트유제는 아스팔트 미립자를 유화제와 안정제를 포함한 수중에 분산시켜서 혼합한 것으로 상온에서 액상으로 존재하므로 사용할 때에 가열할 필요가 없다.

유화아스팔트는 도로포장용 역청재로서 재생 상온 아스팔트 혼합물은 일반적으로 스트레이트 아스팔트가 사용되며 노화된 아스팔트의 성능을 회복시키고 골재를 결합하여 주는 역할을 한다.

유화아스팔트는 아스팔트와 물의 분해속도에 따라서 택코트와 프라임코트에 사용하는 RS(rapid

setting)계열의 급속 경화성, 아스팔트 혼합물에 사용되는 MS(medium setting), SS(slow setting)계열의 중속과 저속 경화성으로 구분하며 점도를 향상시킨 HFMS계열의 유화아스팔트도 아스팔트 혼합물로 사용할 수 있다.

㉣ 블로운 아스팔트(Blown asphalt)

석유아스팔트에 공기를 주입하여 가공한 아스팔트이며 품질이 균질하고 수분을 거의 함유하지 않아야 하며 175℃까지 거품이 발생하지 않아야 한다.

② 포장용 타르

도로 포장용 등에 쓰이는 타르의 원료인 조제타르는 석탄을 건류할 때에 생성되는 콜타르와 석유를 열분해하여 가스 제조시에 생성되는 오일타르가 있다.

2) 골재

아스팔트 포장에 사용하는 골재는 굵은골재, 잔골재, 채움재가 있고 8번체(2.5mm)에 남은 것이 굵은골재, 8번체를 통과하고 0.08mm체에 남은 입자를 잔골재로 취급한다.

① 굵은골재

가열 아스팔트 혼합물에 사용하는 굵은골재는 부순 골재(쇄석), 부순 슬래그, 부순 자갈 등이 있다. 굵은골재는 깨끗하고 강하고 내구성이 있으며 점토, 실트, 유기물 등의 유해물질을 함유하지 않아야 한다.

골재는 모암 종류에 따라서 아스팔트의 피복 특성이 다르므로 지역적인 기후조건에 따라서 포장의 박리현상이 우려되는 도로는 골재와 아스팔트 바인더 사이의 부착성이 양호한 골재를 선정한다.

표. 굵은골재의 품질

구 분	시험방법	기 준		
		기층	표층, 중간층	SMA 포장
밀도(절대건조)	KS F 2503	2.5 이상	2.5 이상	2.5 이상
흡수율(%)	KS F 2503	3.0 이하	3.0 이하	3.0 이하
피막박리시험에 의한 피복면적(%)	KS F 2355	95 이상	95 이상	95 이상
편장석률(%)	KS F 2575	30 이하	30 이하	10 이하
안정성(%)	KS F 2507	12 이하	12 이하	12 이하
마모율(%)	KS F 2508	40 이하	35 이하	30 이하
굵은골재 파쇄면 비율(%)	ASTM 5821	85 이상	85 이상	85 이상

[주1] 안정성 시험은 황산나트륨으로 5회 반복 시험한다.

[주2] 편장석 함유량 시험은 KS F 2575 「굵은 골재 중 편장석 함유량 시험방법」에 따른 장비를 사용하며 편장석은 골재의 최대길이에 대하여 1/3 길이의 시험기 간격을 통과하는 골재이다.

제12장

표. 아스팔트 포장용 굵은골재의 입도

골재 번호	체의 호칭크기 (mm)	각 체를 통과하는 질량 백분율(%)										
		65	50	40	25	20	13	10	5	2.5	1.2	0.6
일반 밀입도 아스팔트 혼합물용 굵은 골재 입도												
3	50~25	100	90~100	35~70	0~15	–	0~5	–	–	–	–	–
357	50~5	100	95~100	–	35~70	–	10~30	–	0~5	–	–	–
4	40~20	–	100	90~100	20~55	0~15	–	0~5	–	–	–	–
467	40~5	–	100	95~100	–	35~70	–	10~30	0~5	–	–	–
5	25~13	–	–	100	90~100	20~55	0~10	0~5	–	–	–	–
57	25~5	–	–	100	95~100	–	25~60	–	0~10	0~5	–	–
6	20~10	–	–	–	100	90~100	20~55	0~15	0~5	–	–	–
67	20~5	–	–	–	100	90~100	–	20~55	0~10	0~5	–	–
68	20~2.5	–	–	–	100	90~100	–	30~65	5~25	0~10	0~5	–
7	13~5	–	–	–	–	100	90~100	40~70	0~15	0~5	–	–
78	13~2.5	–	–	–	–	100	90~100	40~75	5~25	0~10	0~5	–
8	10~2.5	–	–	–	–	–	100	85~100	10~30	0~10	0~5	–
SMA 혼합물용 굵은 골재 입도												
	20~13	–	–	–	100	85~100	0~25	0~5	–	–	–	–
	13~10	–	–	–	–	100	85~100	0~25	0~5	–	–	–
	10~5	–	–	–	–	–	100	80~100	0~25	–	–	–
	8~5	–	–	–	–	–	–	100	0~25	0~5	–	–
	5~2.5	–	–	–	–	–	–	100	90~100	0~25	0~5	–
배수성 아스팔트 혼합물용 굵은 골재 입도												
CA-20	13~20	–	–	100	90~100	0~55	0~15	0~5	–	–	–	–
CA-13	10~13	–	–	–	–	100	90~100	0~25	0~10	0~5	–	–
CA-10	2.5~10	–	–	–	–	–	100	85~100	0~30	0~10	–	0~5

② 잔골재

가열 아스팔트 혼합물에 사용하는 잔골재는 암석, 자갈 등을 깨어서 얻어진 부순 모래(스크리닝스), 자연모래 또는 이들의 혼합물로서 깨끗하고 강하며 내구성이 있고 먼지, 점토, 유기물 등의 유해물질을 함유하지 않아야 한다. 잔골재의 입도분포가 배합설계에 문제가 없으면 가능한 한 부순모래(스크리닝스)를 사용하고 자연모래는 사용하지 않는다.

표. 아스팔트 포장용 잔골재의 입도

체 호칭치수 (mm)	각 체를 통과하는 질량 백분율(%)				
	입도 No.1	입도 No.2	입도 No.3	입도 No.4	입도 No.5
10	100	–	–	100	
5	95~100	100	100	80~100	100
2.5	70~100	75~100	95~100	65~100	85~100
1.2	40~80	50~74	85~100	40~80	–
0.6	20~65	25~52	65~90	20~65	25~55
0.3	7~40	8~30	30~60	7~40	15~40
0.15	2~20	0~12	5~25	2~20	7~28
0.08	0~10	0~5	0~5	0~10	0~20

점토, 먼지가 많이 함유되어 있는 잔골재와 자연모래를 가열 아스팔트 혼합물에 사용할 때는 모래당량시험(KS F 2340)을 실시하여 품질기준을 만족해야 한다. 천연모래는 8번체에 남는 골재가 10% 이상을 함유해서는 안 되고 골재의 안정성시험(KS F 2507)을 5회 반복했을 때에 감량이 질량비로 황산나트륨 용액에서 15% 이하이어야 한다.

표. 잔골재의 품질

항 목	시험방법	기 준
밀도(절대건조)	KS F 2504	2.5 이상
흡수율(%)	KS F 2504	3.0 이하
안정성(%)	KS F 2507	15 이하

3) 채움재(Mineral filler)

석분은 굵은골재와 잔골재의 틈을 메워서 공극을 줄이고 아스팔트의 안정성과 밀도를 높이는 역할을 한다. 가열 아스팔트 혼합물에 사용하는 채움재는 석회석분, 포틀랜드 시멘트, 소석회, 플라이애쉬, 회수더스트, 전기로 제강 더스트, 기타 적당한 광물성물질의 분말이어야 하고 먼지, 진흙, 유기물, 덩어리진 미립자 등의 유해물질을 함유하지 않아야 한다. 채움재의 수분함량은 1.0% 이하이어야 하고 석회석분, 시멘트, 소석회 이외의 재료를 채움재로 사용하는 경우는 품질기준을 만족해야 한다.

① 채움재의 입도

석회석분, 시멘트, 소석회 등의 채움재는 다음의 입도기준에 적합하고 수분함량은 1.0% 이하이어야 한다.

표. 포장용 채움재의 입도

체의 호칭 크기(mm)	체 통과 질량 백분율(%)
0.6	100
0.3	95 이상
0.15	90 이상
0.08	70 이상

채움재는 0.08mm 이하의 입도가 중요하며 미립자가 많으면 아스팔트 혼합물의 아스팔트함량이 증가하거나 아스팔트의 강성이 높아질 수 있다. 배수성 아스팔트 혼합물은 회수더스트를 사용하지 않는다.

② 채움재의 품질

㉮ 채움재에 포함되는 회수더스트는 입도기준과 품질기준을 만족해야 한다.

㉯ 아스팔트 포장은 강우에 의한 물의 침투를 장기적으로 받아서 박리현상이 발생할 우려가 있으므로 집중 강우가 발생하는 지역은 채움재 질량의 약 50% 이상을 소석회 또는 시멘트로 대체하여 사용할 수 있다.

㉰ 회수더스트는 0.08mm 이하의 입도를 현장에서 직접적으로 구하는 것이 어려우므로 이를 간접적으로 파악할 수 있는 PRV(Percent of Rigden Voids) 비율을 사용하고 이 값은 회수더스트의 0.08mm 이하 입자의 크기와 관련이 있다.

㉱ 회수더스트 채움재를 사용한 아스팔트 혼합물은 0.08mm 이하의 골재 체적의 특성값인 채움재 체적(BVF : Bulk Volume of Filler)이 60% 이하이어야 한다.

표. 채움재(석분)의 품질기준

항 목	시험방법	기 준
소성지수	KS F 2303	6 이하
흐름시험	KS F 3501	50% 이하
침수팽창	KS F 3501	3% 이하
박리 저항성	KS F 3501	1/4 이하

(3) 아스팔트 콘크리트 혼합물의 배합설계

1) 아스팔트 혼합물의 배합설계 순서

배합설계는 첫 번째로 실험실에서 혼합입도 기준에 따라서 굵은골재, 잔골재, 채움재 등의 혼합비율과 최적 아스팔트함량을 결정하는 콜드빈 배합설계를 수행하고, 두 번째는 플랜트의 콜드빈 유출량시험에서 재료의 유출량을 산정하며, 마지막으로 아스팔트 플랜트에서 적합한 배합비율로 아스팔트 혼합물을 생산하는 현장 배합비율을 결정한다.

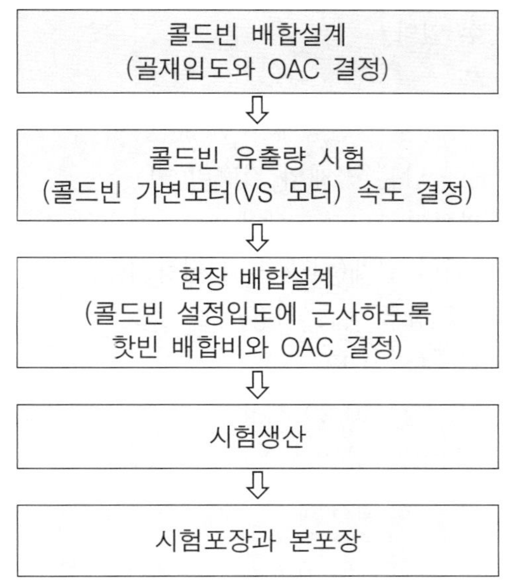

그림. 아스팔트 혼합물의 배합설계 순서

2) 골재 배합률과 합성입도의 결정

아스팔트 혼합물의 종류가 선정되면 표준 입도범위에 적합하게 골재의 배합비율을 결정하고 선정된 혼합물에 적합하도록 2종 이상의 골재와 채움재를 합성하여 골재의 합성입도를 결정한다.

① 아스팔트 혼합물에 사용하는 골재 배합비의 결정은 2종 이상의 골재를 혼합하여 원하는 입도를 입도 기준의 범위에서 선정하는 과정으로 과거에는 도해법(Driscoll 방법 등)을 사용하였으나 현재는 주로 시산법(trial and error method)을 이용하고 있다.

② 목표 합성입도는 아스팔트 혼합물의 종류에 따라서 표층, 중간층, 기층 등의 입도 범위에서 선정한다. 사용되는 골재 종류의 갯수와 각 골재의 혼합비율을 결정하는 방법에 관계없이 입도의 합성을 나타내는 식은 다음과 같다.

$$P(i) = A(i) \times a + B(i) \times b + C(i) \times c + \dots$$

여기서, $P(i)$: i 체에 해당하는 혼합골재의 통과 질량백분율

i : 체의 크기(예 : 13mm, 10mm 등)

$A(i)$, $B(i)$, $C(i)$ … : 사용되는 각 골재의 i체의 통과 질량백분율

A, B, C… : 사용되는 골재 종류(예 : 굵은골재 6호, 7호, 잔골재 No.1 등)

a, b, c… : 합성에 사용된 각 골재의 비율, 전체의 합은 1.0

3) 추정 아스팔트함량의 결정

아스팔트 혼합물에 필요한 추정 아스팔트함량은 아스팔트 혼합물의 종류에 따라서 골재의 합성입도로부터 계산식을 이용하여 구할 수 있다.

$P_b = 0.035a + 0.045b + X_c + F$

여기서, P_b : 전체 아스팔트 혼합물의 질량에 대한 추정 아스팔트의 비율(%)

a : 2.5mm(No.8)체에 남은 골재의 질량비(%)

b : 2.5mm체를 통과하고 0.08mm체에 남은 골재의 질량비(%)

c : 0.08mm체를 통과한 골재(채움재)의 질량비(%)

X_c : c 값이 11~15%일 경우 0.15 사용

c 값이 6~10%일 경우 0.18 사용

c 값이 5% 이하일 경우 0.20 사용

F : 0~2%로서 자료가 없는 경우는 0.7~1% 사용

(비중이 2.6~2.7인 보통 골재에 근거한 값)

4) 시험용 공시체의 제작

이론 최대밀도의 시험용 아스팔트 혼합물을 추정 아스팔트함량의 기준으로 하는 이유는 아스팔트함량이 너무 낮으면 아스팔트의 피막이 골재를 완벽히 도포하지 못할 수가 있고, 아스팔트함량이 너무 높으면 팬 등에 아스팔트가 많이 남을 수 있어서 적절하지 않기 때문이다.

① 추정 아스팔트함량을 기준으로 −1%, ±0.5%, 0%로 변경하여 4배치의 공시체를 3개씩, 추정 아스팔트함량으로 3개의 이론최대밀도 시험용 혼합물을 제작한다.

② 시험용 공시체의 직경은 100mm, 두께는 63.5±0.5mm, 변형강도시험은 62±0.5mm의 두께로 제작한다.

③ 다짐횟수는 적용되는 포장층과 포장구간의 교통량에 따라서 결정하고 변형강도(또는 마샬 안정도)의 시험용 공시체는 다짐 후에 24시간동안 상온에서 양생을 실시한다.

5) 이론 최대밀도의 산출

이론 최대밀도는 아스팔트 혼합물에 사용하는 굵은골재, 잔골재, 채움재 등의 비중을 이용하지 않고 아스팔트 혼합물의 이론 최대 비중시험에서 구한 이론 최대밀도를 3회 시험한 평균값을 적용한다.

① 이론 최대밀도의 시험용 아스팔트 혼합물은 아스팔트 플랜트에서 고온의 아스팔트 혼합물이 덤프트럭으로 운반되어 포설될 때까지 고온의 아스팔트 바인더가 골재 내부로 흡수되는 현상을 반영하여, 아스팔트 혼합물을 비빈 후에 아스팔트 혼합물의 혼합 온도상태(열풍순환 오븐 내에서)에서 1시간 동안 양생하고 상온으로 온도를 저감시킨 후에 이론최대밀도 시험용 시료를 제작한다.

② 실험으로 구한 이론 최대밀도를 이용하여 유효 혼합골재의 비중을 구하고 아스팔트함량의 이론 최대밀도는 다음 식으로 계산한다.

$$D = \frac{100}{\frac{100-A}{G_e} + \frac{A}{G_p}}$$

여기서, D : 이론 최대밀도(g/cm³)　　　　A : 아스팔트함량(%)

G_e : 유효 골재비중　　　　G_p : 아스팔트 비중

6) 최적 아스팔트함량의 결정

아스팔트 혼합물의 최적 아스팔트함량(Optimum Asphalt Content : OAC)은 공극률과 변형강도(또는 마샬 안정도) 등에서 결정하고 표층과 중간층의 공극률은 4%, 기층은 공극률 5%를 기준으로 선정한 아스팔트함량에 해당하는 변형강도(또는 마샬안정도)가 기준값에 적합하면 이를 최적 아스팔트함량으로 결정한다.

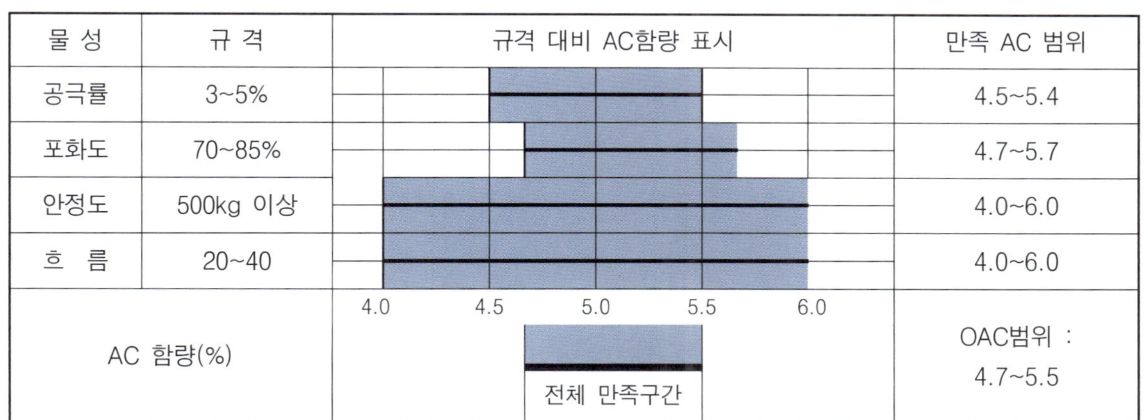

물 성	규 격	규격 대비 AC함량 표시	만족 AC 범위
공극률	3~5%		4.5~5.4
포화도	70~85%		4.7~5.7
안정도	500kg 이상		4.0~6.0
흐 름	20~40		4.0~6.0
AC 함량(%)		4.0 4.5 5.0 5.5 6.0 전체 만족구간	OAC범위 : 4.7~5.5

그림. 아스팔트함량별 물성 변화와 최적 아스팔트함량(OAC)의 결정방법(예)

(4) 아스팔트 포장의 시공

아스팔트 포장은 아스팔트 혼합물의 운반, 포설, 다짐으로 이루어지는 순차적인 공정을 포함하므로 각 공정에 적정한 장비와 시공방법을 적용해야 한다.

1) 포장 준비작업

① 노상면 점검

노상면에 공사용 차량이 장시간 통행한 경우는 나무뿌리와 잡초 등을 제거하고 거칠어진 노상면은 모터 그레이더(motor grader)로 정형하고 재다짐을 실시하며 노상이 너무 건조된 경우는 작업 전에 미리 살수를 한다.

② Proof rolling

노상의 지지력은 평판재하시험, 현장 CBR시험, 벤켈만빔의 변형량 측정, 덤프트럭에 의한 Proof rolling방법으로 확인한다. Proof rolling은 교통개방 후의 통과하중과 동일하거나 이상의 하중을 시공단계에서 노상에 통과시켜서 지지력의 균일성과 불량지점을 발견하거나 추가 전압을 위하여 실시한다. Proof rolling에서 발견된 불량지점은 벤켈만빔에 의한 변형량 측정시험을 실시하고 노상면의 변형량 허용치는 5mm 이하로 한다.

③ 배수처리

표면 배수와 지하 배수가 부족하여 노상과 보조기층의 강도가 저하하면 교통하중에 대한 지지력이 감소하여서 포장파괴의 원인이 되므로 지하수위가 높거나 용수가 많으면 노상토의 배수처리가 중요하다.

④ 노상면 유지관리

공사용 차량이 마무리된 노상면에 균등하게 통행하도록 유도하고 배수시설을 설치하며 장마철은 배수에 유의해야 한다.

⑤ 보조기층

보조기층은 포장을 통해서 전달된 교통하중을 지지하는 지지력과 반복하중에 대한 내구성이 필요하므로 노상부에 침투수의 유입과 동상을 방지하도록 충분한 강도와 지지력을 보유해야 한다.

표. 보조기층의 구비할 성질과 기준

물리적 성질			강도 기준	시공 기준 (1층 완성두께)
최대 입경	입도	P.I.		
50mm 이하 1층 완성두께의 1/2 이하(100mm 허용)	특별한 규정 없음	6 이하	· 수정 CBR값 〉 30 · 일축압축강도 시멘트안정처리 : 10kgf/cm² 석회안정처리 : 7kgf/cm²	· 입상재료 : 20cm 이하 · 안정처리 : 15~20mm

2) Prime coat와 Tack coat

① Prime coat

프라임코트는 보조기층과 입도조정기층의 방수성을 높이고 그 위에 포설하는 아스팔트 혼합물과 부착이 잘 되도록 보조기층, 기층 위에 역청재료를 살포하는 것이다. 프라임코트에 사용하는 역청재료의 사용량과 살포온도는 시험살포에서 적정 사용량을 판단하고 양호한 기상조건에서 24시간 이내에 입상기층에 완전히 흡수될 수 있는 최대값으로 한다.

그림. Prime coating

프라임코트가 기층, 보조기층에 침투하지 않고 두꺼운 피막을 만들면 아스팔트 혼합물과의 사이에 층이 형성되어 블리딩을 일으키거나, 층 사이가 분리하여 윗층에 균열이 발생하는 원인이므로 주의해야 한다.

표. 프라임코트로 사용되는 역청재의 사용량과 살포온도의 표준

역청재	사용량	살포온도
RS(C)−3	$1\sim2\ell/m^2$	가열할 필요가 있는 경우는 감독자가 지시하는 온도

㉮ 프라임코트의 목적

㉠ 보조기층, 기층과 그 위에 포설하는 아스팔트 혼합물과 부착을 좋게 한다.

㉡ 보조기층, 기층을 마무리한 후에 아스팔트 혼합물을 포설할 때까지 작업차에 의한 파손, 강우에 의한 세굴, 표면수의 침투를 방지한다.

㉢ 보조기층, 기층으로부터 수분의 모관 상승을 차단한다.

㉯ 프라임코트 재료의 선정

㉠ 프라임코트에 사용하는 역청재료는 유화아스팔트 RS(C)−3 또는 승인을 받은 재료를 사용하고 유화아스팔트는 제조 후 60일이 경과된 것은 사용하지 않도록 한다.

㉡ 역청재료는 노면이 치밀하면 침투성이 좋은 것을 사용하고, 날씨가 춥거나 동절기에는 휘발성이 큰 것을 사용한다.

㉰ 프라임코트의 시공

㉠ 프라임코트의 시공면에 뜬돌, 먼지, 점토, 기타 이물질이 없어야 한다.

㉡ 표면은 시공 전에 필요하면 살수하여 약간의 습윤상태가 되게 하고 역청재의 침투를 방해하는 이물질은 파워 브룸(power broom) 등으로 제거한다.

㉢ 시공면이 과도하게 건조한 경우는 프라임코트의 시공 전에 소량의 살수를 하고 자유표면수가 없어진 후에 역청재를 살포한다.

㉣ 역청재료의 살포는 역청재료를 균일하게 살포할 수 있는 장비를 사용한다.

그림. Asphalt Distributor

ⓜ 프라임코트는 표면이 깨끗하고 잘 건조된 후에 시공하며, 유화 아스팔트를 역청재료로 사용하는 경우는 기온이 10℃ 이하에서 시공해서는 안 된다.

ⓑ 표면을 정리하고 아스팔트 살포장비(distributor)로 역청재를 살포한다. 살포 전에 현장시험에서 정확한 살포량을 결정하고 표면에 고르게 분사될 수 있도록 노즐상태, 살포높이, 살포압력을 확인하고 포설속도를 결정한다.

ⓢ 우천 시는 살포를 하지 않고 포설 도중에 비가 내리기 시작하면 작업을 중지한다.

ⓞ RS(C)는 살포 후에 24시간 이상을 양생해야 한다.

ⓙ 역청재를 살포하고 24시간 후에 적게 살포된 부분은 추가로 살포하고 역청재가 과다하거나 또는 표면에 완전히 흡수되지 않은 경우는 모래를 살포하여 과다한 역청재가 흡수되게 한다.

ⓒ 역청재의 살포 시에 교량의 난간, 중앙분리대, 연석, 전주 등은 비닐 등으로 덮어서 더럽혀지지 않도록 한다.

ⓚ 프라임코트의 이음부분은 과소 또는 과다 살포가 되지 않게 주의한다.

② 택코트(Tack coat)

택코트는 시공된 아스팔트 포장층, 시멘트 콘크리트 슬래브, 콘크리트 포장 위에 포설하는 아스팔트 혼합물과 부착이 잘 되게 포설한다. 그러나 두 층의 신규 아스팔트층을 연속으로 시공하는 경우는 두 층 사이를 부착하는 충분한 양의 아스팔트가 존재하므로 택코트가 필요하지 않다. 택코트는 적합한 재료를 균일하게 살포하는 것이 중요하고 시험살포에서 디스트리뷰터의 속도와 살포량과의 관계를 파악하여 적정량을 살포한다.

표. 택코트로 사용되는 역청재의 사용량과 살포온도의 표준

역청재	사용량	살포온도
RS(C)-4 (또는 개질 유화아스팔트)	0.3~0.6 ℓ/m^2	가열할 필요가 있는 경우는 감독자가 지시하는 온도

택코트의 포설시에는 다음 사항에 유의해야 한다.

㉮ 택코트의 시공면은 뜬돌, 먼지, 점토, 기타 이물질이 없어야 하고 이물질은 파워 브룸(power broom), 파워 블로어(power blower) 등으로 제거한다.

㉯ 역청재료의 살포는 아스팔트 디스트리뷰터를 주로 사용하고 소규모 공사는 엔진 스프레이어 또는 핸드 스프레이어를 사용할 수도 있다.

㉰ 택코트는 기온이 5℃ 이하와 우천 시에 시공해서는 안 되고 포설 중에 비가 내리기 시작하면 작업을 중지한다.

㉣ 콘크리트 포장면에 택코트를 하는 경우는 콘크리트 노면이 역청재를 흡수하지 않으므로 과잉 살포가 되지 않게 주의한다.

㉤ 역청재의 살포 시에 교량의 난간, 중앙분리대, 연석 등의 포장이 완성된 후에 노출되는 부분이 더렵혀지지 않도록 주의해야 한다.

㉥ 과잉 살포가 되지 않게 주의하고 적정 살포량은 현장시험에서 결정한다. 살포량 시험은 미리 무게를 확인한 $1m^2$ 크기의 면포를 포장면에 부착시키고 디스트리뷰터의 속도를 변화시키면서 4~5개 정도로 살포한 후에 무게를 달아서 적정 살포량을 결정한다.

㉦ 택코트를 과잉 살포하면 표층의 아스팔트 혼합물로 침투하여 영구 변형을 일으키는 원인이 되므로 과잉 살포된 경우는 모래를 포설하여 쓸어내는 방법으로 제거한다.

㉧ 역청재의 살포 후에는 수분, 휘발분이 건조할 때까지 충분히 양생하고 표층의 완료시까지 차량 통행을 금해야 한다.

㉨ 도심지 포장과 야간작업 현장 등에서 택코트의 충분한 양생이 어려운 경우는 택코트가 손상되지 않고 포장층이 일정한 접착력을 발휘할 수 있는 동시 포설 페이버를 사용한다.

그림. 덤프트럭에 의한 택코트의 손실

그림. 택코트 동시 포설 페이버

3) 아스팔트 혼합물의 생산

아스팔트 혼합물의 생산기계는 계량과 혼합방법에 따라서 배치식, 연속식, 드럼식이 있고 배치식은 1배치(batch)마다 각 재료를 질량으로 계량하며, 연속식은 공급장치에 의하여 연속적으로 각 재료를 용적이나 질량으로 계량하여 혼합한다. 플랜트의 혼합능력은 30~35ton/hr 또는 60~70ton/hr의 용량을 사용하며 아스팔트 저장탱크의 가열 보온방식은 직접 가열방식과 간접 가열방식이 있다.

그림. 아스팔트 콘크리트 생산설비

① 침입도가 85~100인 아스팔트의 혼합온도는 145~160℃로 하고, 석분은 상온에 투입되어 가열골재에 의해서 가열되므로 골재는 혼합온도보다 약 20℃ 높게 가열한다.

② 아스팔트의 균일한 피복과 혼합은 충분한 시간이 필요하고 혼합시간이 길면 아스팔트의 피복은 양호하지만 아스팔트의 노화와 생산능력이 저하한다.

4) 혼합물 운반

① 운반차량의 적재함을 청소하고 혼합물이 부착되지 않게 중유, 경유를 얇게 도포하며 운반시간이 길거나 기온이 낮으면 쉬트로 덮어 보온하면서 운반한다.
② 믹서 배출구와 적재함의 낙차가 크고 적재함에 불룩하게 적재되면 골재분리가 발생한다.
③ 아스팔트 혼합물의 골재분리가 적도록 운전석 방향을 기준으로 상부, 하부, 중앙의 순으로 아스팔트 혼합물을 적재한다.

(a) **대형 운반장비** (b) **소형 운반장비**
그림. 아스팔트 혼합물의 적재 방법

5) 아스팔트 혼합물의 포설

아스팔트 혼합물의 포설 전에 포설면에서 먼지, 흙, 뜬돌 등을 제거하고 결합재의 부족으로 안정되지 않은 곳과 요철이 있는 곳은 손질을 한다. 아스팔트 혼합물의 포설은 아스팔트 피니셔를 사용하고 기계로 작업을 할 수 없는 좁은 장소는 인력으로 포설한다.
아스팔트 피니셔는 무한궤도식과 차륜식(wheel type)이 있고, 덤프트럭에서 혼합물을 피니셔 호퍼에 받아서 bar feeder로 후방으로 보내어 포설방향으로 균일하게 넓히고 진동 스크리드(screed)로 다지는 동시에 일정한 두께로 평탄하게 포설하는 작업을 일괄하여 시행하는 기계이다.
피니셔는 트랙터(tractor)와 스크리드(screed)로 구분하고 트랙터는 운반차량에서 혼합물을 받아서 스크리드 쪽으로 이동하여 포설하고 스크리드는 포설된 재료의 부분적인 다짐과 표면을 평활하게 한다.
혼합물의 포설온도는 130℃ 이하가 되지 않게 하고 작업 중에 비가 오면 즉시 작업을 중지한다. 또한 기온이 5℃ 이하이거나 겨울철은 5℃ 이상이어도 강풍이 불면 포설하지 않는 것이 좋다.

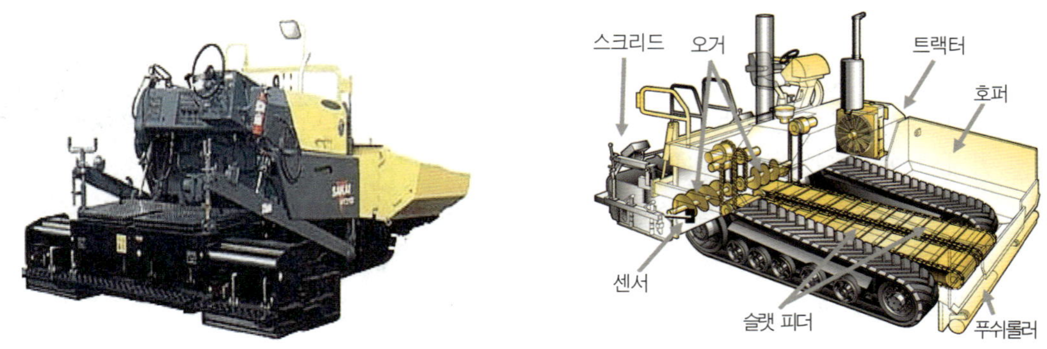

그림. 무한궤도식 아스팔트 피니셔의 구조

① 포설 작업순서

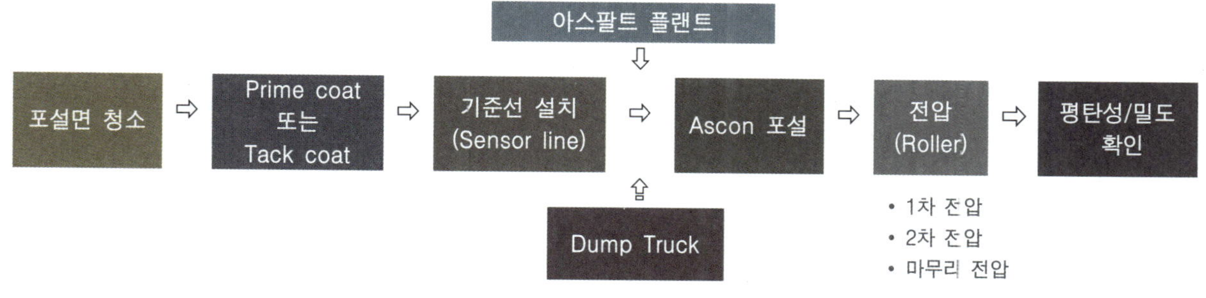

그림. 아스팔트 포장의 시공순서

② 포설작업

㉮ 기준선 설치

아스팔트 피니셔가 정해진 위치로 진행하도록 중심선이나 외곽선에 평행하게 기준선을 설치하며 기준선은 피아노선을 사용한다.

㉯ 포설장비의 정비와 조정

㉠ 피니셔의 포설두께 조정

그림. 아스팔트 피니셔의 포설두께 조정

피니셔의 표준 포설 폭은 3.0m로 하고, 스크리드에 익스텐션(extension)을 부착하여 확폭할 수 있으며 세로이음이 적어지게 1회 포설 폭을 넓게 한다. 피니셔를 포설방향에 설치하고 스크리드를 내려서 포설을 시작하는 포장 두께를 결정한다.

㉡ 스크리드(screed)의 예열

스크리드가 차가우면 아스팔트 혼합물이 부착되어 마무리면에 긁힌 자국이 발생하므로 충분하게 예열을 실시한다.

㉰ 포설 유의사항

㉠ 연속적으로 포설하여 가로이음이 적게 하고 포설속도는 기층이 10m/분, 표층은 6m/분 이하로 실시한다.

㉡ 운반용 덤프트럭의 배차간격을 조절하여 포설이 중단되지 않게 하고 피니셔는 혼합물의 공급능력보다 약간 큰 용량을 사용하여 정지하지 않는 속도를 유지해야 한다.

㉱ 레이키 손질

그림. 아스팔트 혼합물의 포설작업

피니셔로 포설할 때에 가로, 세로이음의 마무리, 구조물과의 접속부, 횡폭부분은 인력으로 포설하고 레이키로 손질하며 포설된 표면에 문제가 없으면 손질을 하지 않는다.

6) 다짐

아스팔트 포장의 장기 공용성에 다짐이 중요하므로 아스팔트 혼합물의 특성과 대기온도 등에 적합한 다짐을 하고 다짐장비의 종류, 다짐횟수와 다짐방법은 시험포장에서 결정한다. 다짐은 1차 다짐, 2차 다짐, 3차 다짐(마무리 다짐)의 순서로 실시하고 이음다짐은 포장의 약점이 되는 가로이음, 세로이음, 구조물과의 접촉부를 밀착시키기 위한 다짐이다.

다짐장비의 최소 중량은 머캐덤 롤러의 경우에 기층용은 12ton 이상, 중간층과 표층용은 8ton 이상, 2축식 탄뎀 롤러의 경우에 기층용은 8ton 이상, 중간층과 표층용은 6ton 이상으로 하고, 타이어 롤러의 경우는 기층용은 12ton 이상, 중간층과 표층용은 10ton 이상의 다짐장비를 사용한다.

다짐온도가 너무 높으면 미세균열과 변위가 발생할 수 있고 다짐온도가 너무 낮으면 다짐효과가 떨어지고 마무리면에 허니콤(honey comb)현상이 발생한다.

① 다짐의 중요성

㉮ 교통하중에 대한 안정성 향상

아스팔트 혼합물이 적정한 공극과 밀도를 확보하여 교통하중에 의한 과도한 추가 다짐현상을 억제하고 아스팔트 혼합물의 강도 특성을 유지해야 한다.

㉯ 포장의 영구변형에 대한 저항성 향상

아스팔트 혼합물의 공극률을 일정한 수준 이하로 적게 하면 차량하중에 의한 추가 다짐과 압밀현상에 대한 저항성이 증가된다.

㉰ 포장층 내에 물과 공기 유입의 억제

아스팔트 혼합물의 공극률을 적게 하면 외부의 물과 공기의 유입을 차단하여 아스팔트의 노화와 골재와의 박리현상을 방지한다.

㉱ 포장의 피로균열에 대한 저항성 향상

아스팔트 혼합물에 일정한 수준의 공극률을 확보하고 골재 간의 맞물림에 의하여 차량의 반복하중에 의한 균열을 방지한다.

㉲ 포장의 저온균열 발생을 억제

아스팔트 혼합물에 일정한 수준의 밀도를 확보하여 겨울철의 온도변화에 의한 수축과 팽창의 반복에 의한 포장면의 균열 발생을 억제한다.

② 다짐관리 순서

㉮ 다짐작업은 사용재료의 물성, 기후환경, 현장특성 등의 영향을 받으며 시험포장에서 다짐장비의 종류와 다짐횟수를 결정한다.

㉯ 다짐작업의 시작 전에 아스팔트 혼합물의 온도를 확인한다.

㉰ 다짐도의 평가시에 기준밀도는 시험실 공시체를 이용한 겉보기밀도 또는 아스팔트 혼합물의 이론 최대밀도시험을 통하여 구할 수 있다.

③ 롤러의 다짐방법

㉮ 롤러는 항상 일정한 다짐속도를 유지해야 한다.

㉯ 롤러는 낮은 쪽에서 높은 쪽으로 폭을 옮기며 중복하여 다져야 한다.

㉰ 종단경사 7% 이상의 다짐작업은 포설된 아스팔트 혼합물이 롤러에 의하여 밀리지 않게 낮은 쪽에서 높은 쪽으로 옮겨가면서 다진다.

㉱ 롤러별 다짐횟수는 왕복 1회를 기준으로 하고 롤러가 가로방향(횡방향)으로 일정한 간격을 겹침하며 이동하는 횟수는 포장 폭과 구동륜의 다짐 폭에 따라서 산정한다.

㉲ 혼합물이 롤러에 부착되는 것을 방지하기 위하여 미량의 세제와 유사한 재료를 혼합한 물로 철륜을 적셔 주어야 한다.

㉠ 아스팔트 페이버의 속도는 아스팔트 혼합물의 생산량에 따라서 정하며 일정한 속도를 유지해야 한다.

㉡ 롤러의 속도는 아스팔트 페이버의 속도와 롤러의 다짐횟수에 의하여 결정하고 아스팔트 페이버와 롤러의 거리가 자주 벌어지면 롤러의 속도가 높아져서 밀도가 저하한다.

㉢ 1차 다짐은 페이버에 최대한 근접하여 다짐을 하고 다짐속도는 최소 4km/hr 이상으로 한다.

㉣ 다짐속도가 증가하면 전압력이 감소하므로 다짐속도를 증가할 때는 다짐 롤러의 밸러스트(ballast)를 증가시켜서 다짐밀도가 확보되도록 한다.

㉤ 철륜 롤러는 4~8km/hr, 타이어 롤러는 4~11km/hr, 진동 롤러는 4~6km/hr의 속도로 다짐한다. 초기다짐에서 롤러는 속도범위의 가장 낮은 속도, 중간다짐은 중간 정도의 속도, 마무리 다짐은 최고속도에 가까운 속도로 작업한다.

표. 다짐장비별 다짐속도(km/hr)

롤러의 종류와 다짐 순서	1차 다짐	2차 다짐	마무리 다짐
머캐덤 롤러, 탄뎀 롤러	4~6	4~7	5~8
타이어 롤러	4~6	4~10	6~11
진동 탄뎀 롤러	4~5	4~6	–

㉥ 진동 롤러는 차체 하중 외에 차륜에 진동을 주어 정적하중과 기진력에 의한 진동으로 다지므로 작업속도가 너무 빠르면 다짐효과가 감소하고 평탄한 마무리면을 기대할 수 없다. 일반적으로 충격간격은 0.03(m/회) 이하로 하며 작업속도(km/hr), 진동수(회/min), 충격간격(m/회)은 다음의 관계가 있다.

$$V(\text{km/hr}) = \frac{\text{N}(\text{회/min}) \times L(\text{m/회}) \times 60(\text{min/hr})}{1{,}000(\text{m/km})}$$

㉦ 일반적으로 다짐 롤러는 구동륜 폭의 15cm 정도를 중복시켜서 다지고 다짐횟수의 분포는 전 포장면에 가능한 한 균일하게 한다.

표. 포장층의 종류에 따른 일반적인 롤러의 다짐횟수

롤러의 종류	롤러의 다짐횟수					
	포장층 ≤ 196.5kg/m²				포장층 > 196.5kg/m²	
	방법 1	방법 2	방법 3	방법 4	방법 1	방법 2
머캐덤 롤러	2		4		4	
타이어 롤러	2	4			4	
탠뎀 롤러	2	2	2		4	
모래당량				6		8

⑥ 다차로구간에서 횡단경사가 있는 경우는 불룩 솟은 크라운 부분을 중심으로 낮은 쪽인 바깥 차로에서 안쪽 차로로 다짐을 하고 곡선구간의 편경사가 있는 경우도 낮은 쪽부터 높은 쪽으로 다짐을 한다.

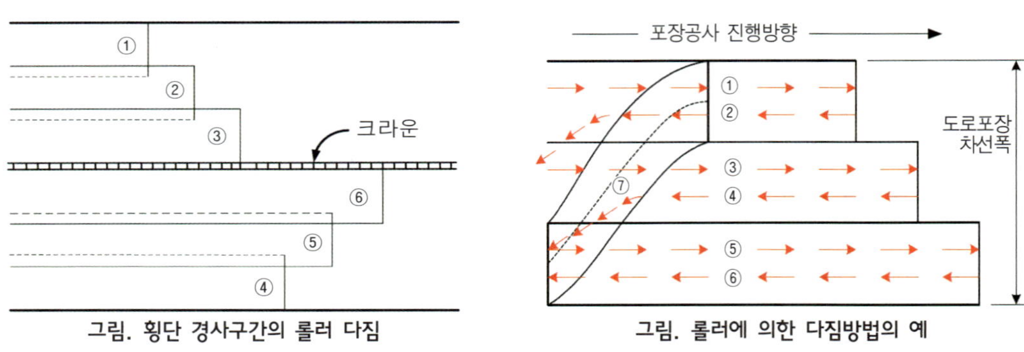

그림. 횡단 경사구간의 롤러 다짐　　그림. 롤러에 의한 다짐방법의 예

④ 다짐작업의 종류 : 1차 다짐 ⇨ 2차 다짐 ⇨ 3차 다짐(마무리 다짐)

다짐 순서	다짐장비	일반 다짐온도	유의사항
1차 다짐 (초기 다짐)	머캐덤 롤러 탠뎀 롤러	140~160℃	· 이음부 다짐 ⇨ 1차 다짐 · 선압 : 40kgf/cm 이상 · 낮은 쪽에서 높은 쪽으로 다짐 · 롤러 차륜에 혼합물의 부착을 방지
⇩			
2차 다짐 (중간 다짐)	타이어 롤러 탠뎀 롤러	120~145℃	· 타이어 롤러는 골재의 맞물림이 좋고, 1차 다짐에서 발생한 미세균열을 메움
⇩			
마무리 다짐	탠뎀 롤러	60~100℃	· 평탄성 향상에 중점을 두고서 다짐 · 2차 다짐의 롤러자국을 제거

(a) Tandem roller

(b) Macadam roller

(c) Tire roller

그림. 아스팔트 혼합물의 다짐장비

㉮ 1차 다짐

1차 다짐은 아스팔트 혼합물이 변위를 일으키거나 미세균열이 발생하지 않는 한도에서 가능한 한 높은 온도에서 실시하며 1차 다짐 시에 초기 다짐의 시작온도는 140~160℃로 한다.

㉠ 1차 다짐온도는 아스팔트 혼합물의 종류, 아스팔트의 침입도(또는 Performance Grade), 롤러의 종류, 기온, 도로의 경사, 곡선반경 등에 따라서 다르다. 세립분이 많은 밀입도 가열 아스팔트 혼합물은 너무 높은 온도에서 다짐이 어렵고, 일반적으로 1차 다짐에서 초기 다짐의 시작온도는 약 140~160℃이며 현장조건과 포장재료에 따라서 달라진다.

㉡ 1차 다짐은 가열 아스팔트 혼합물이 롤러에 의하여 밀려나지 않게 세로방향으로 낮은 쪽에서 높은 쪽으로 옮겨가면서 다지고 1차 다짐 시에는 인력으로 측면을 고르게 눌러서 아스팔트 혼합물이 흐트러진 상태로 남아 있지 않게 한다.

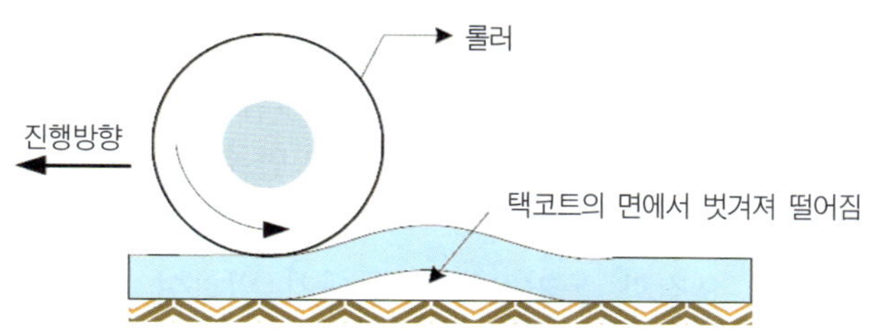

그림. 다짐작업 중에 가열 아스팔트 혼합물이 밀리는 현상

㉢ 롤러는 가능하면 페이버와 가까운 곳에 위치시키고 포장체에 밀림과 균열이 발생하지 않으면 롤러는 가장 작은 수의 다짐횟수로 밀도와 평탄성을 확보할 수 있는 거리만큼 뒤에서 작업할 수도 있다.

㉣ 가열 아스팔트 혼합물을 적당한 온도에서 다짐하기 위해서는 아스팔트 페이버의 후방 15m~75m에서 다지는 것이 좋고 적당한 다짐온도를 유지하는 다짐지역을 선정하여 아스팔트 페이버와의 간격을 조절하면서 다진다.

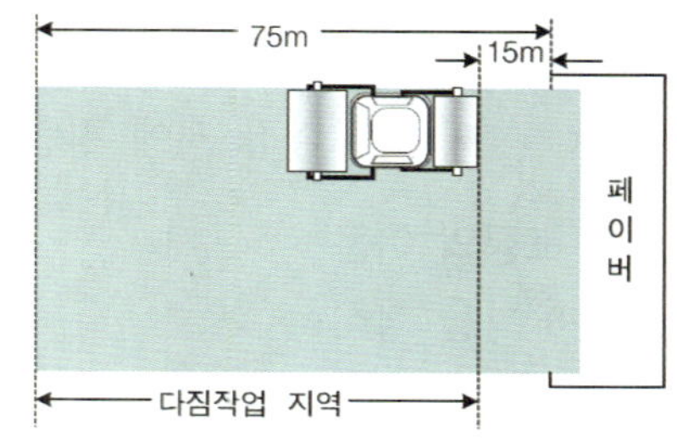

그림. 단위 다짐작업 지역

㉤ 포장면에 다짐방향과 직각으로 발생하는 미세균열은 1차 다짐에서 발생하며, 미세균열은 교통을 개방하면 없어지지만 한랭기 시공에서는 장기간 남는 경우도 있다. 미세균열을 방지하기 위해서는 롤러의 선압을 낮추거나 윤경을 크게 하고 주행속도를 낮추어야 한다.

표. 미세균열(Hair crack)의 원인

발생 원인	내 용	
혼합물	· 아스팔트량이 적음 · 과열 혼합물	· 석분량 과다 · 입도 불량(안정성 부족)
피니셔	· 스크리드의 과열	· 늦은 작업속도
롤 러	· 무거운 롤러의 사용	· 높은 온도
기 타	· 과도한 택코트 · 찬바람, 강한 바람	· 포장두께가 두꺼움 · 보조기층 이하의 지지력 부족

㉯ 2차 다짐

2차 다짐은 1차 다짐이 완료되면 즉시 소정의 다짐도가 얻어지도록 연속해서 다지고 다짐방법은 1차 다짐과 동일하다. 2차 다짐에 타이어 롤러를 사용할 경우는 타이어의 온도를 뜨겁게 유지하여 다짐 초기에 아스팔트 혼합물이 타이어에 달라붙지 않도록 한다.

그림. 타이어 롤러에 의한 2차 다짐

㉠ 타이어 롤러에 의한 가열 아스팔트 혼합물의 다짐은 교통하중과 비슷한 다짐작용에 의하여 골재 상호간의 맞물림을 좋게 하고 1차 다짐시의 미세균열을 제거하여 균일한 밀도를 얻을 수 있다.

㉡ 만약 1차 다짐에서 진동 탄뎀, 정적 탄뎀, 머캐덤 롤러에 의하여 다짐도가 확보되는 경우는 2차 다짐을 생략할 수도 있지만 현장 다짐도를 만족하는 계산근거가 있어야 한다.

㉰ 마무리 다짐

마무리 다짐은 포장면의 요철과 롤러자국을 없애기 위하여 탄뎀 롤러를 진동없이 사용하며 전체적인 포장체의 평탄성이 확보되도록 다짐을 실시한다.

㉠ 방금 마무리 한 포장면에 롤러가 장시간 정지하면 롤러의 질량으로 포장면이 침하를 일으켜서 요철의 원인이 된다.

㉡ 다짐장비에서 엔진오일, 브레이크오일을 흘리거나 급유 등으로 석유류를 포장면에 흘리지 않도록 한다.

㉢ 1, 2차 다짐작업이 연속적으로 이루어지지 않은 구간과 가로와 세로이음부가 설치된 구간은 마무리 다짐 시에 평탄성을 확인해야 한다.

⑤ 포장의 이음

㉮ 이음 형식

㉠ 맞댐방법

기존 포장을 절단기로 절단하거나 거푸집을 설치하여 마무리하는 경우에 발생하는 수직이음은 택코트가 불량하면 이음이 벌어지므로 다짐 부족에 주의한다.

㉡ 겹침방법

기존 포장의 비탈부는 충분한 다짐이 어려워서 새로운 포장이 겹쳐질 때에 얇아지거나 이음부가 직선이 되지 않으므로 시공에 유의한다.

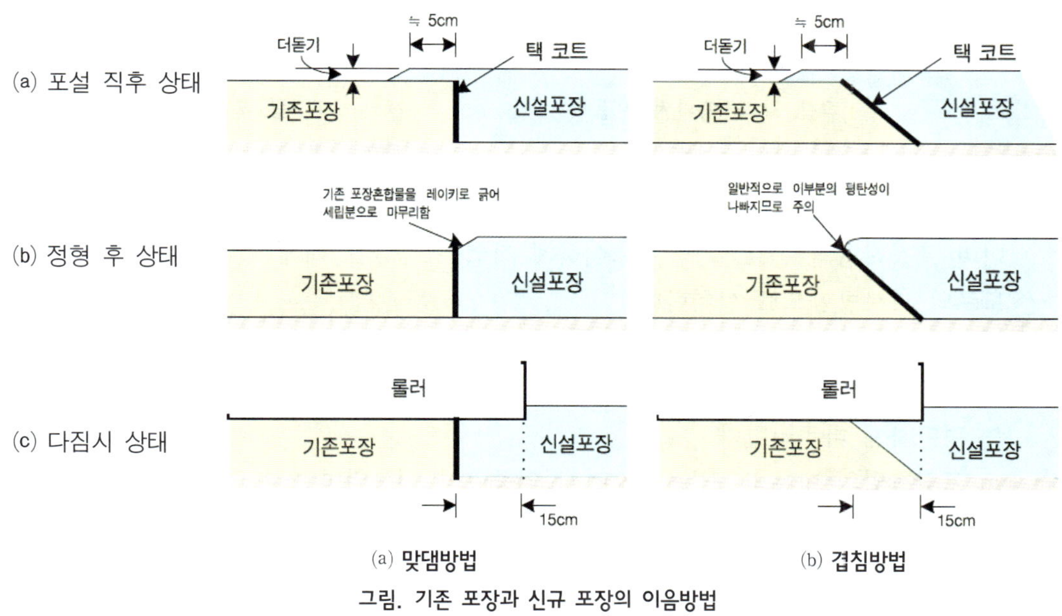

(a) **맞댐방법** (b) **겹침방법**

그림. 기존 포장과 신규 포장의 이음방법

㉯ 이음의 종류

㉠ 세로이음

세로이음은 다차로를 포장할 때에 도로 중심선에 평행하게 설치하는 이음이다. 기존 포장에 이어서 신규 포장을 하는 경우에 주행방향으로 설치하는 세로이음의 다짐이 불충분하면, 공용 초기에 박리(stripping)와 포트홀(pothole) 등이 발생할 수 있는 매우 취약한 부분이므로 가능하면 차선과 일치시켜야 한다.

ⓐ 세로이음은 페이버의 후방에서 즉시 다짐하며 각 포장층의 세로이음 위치가 중복되지 않게 하고 기존 포장과 5cm 정도를 겹치게 포설하여 다짐한다.

ⓑ 겹친 부분에서 굵은골재를 레이크 등으로 조심스럽게 제거하고 새로 포설한 가열 아스팔트 혼합물에 롤러의 구동륜을 15cm 정도 걸쳐서 다진다.

ⓒ 각 포장층의 이음부 위치가 엇갈리게 하여 반사균열의 진전을 최소화한다.

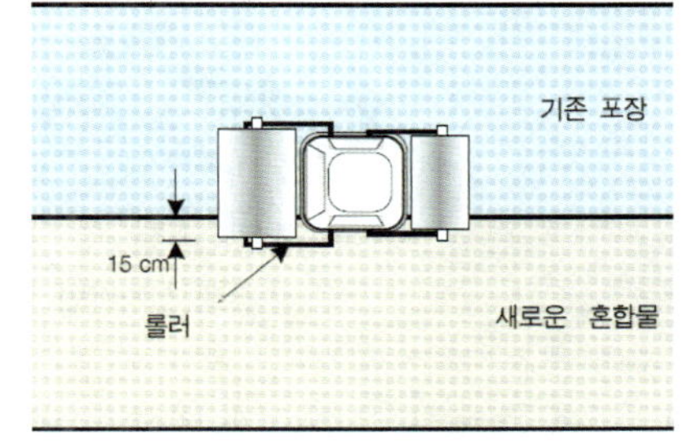

그림. 기존포장과 신규포장의 세로이음

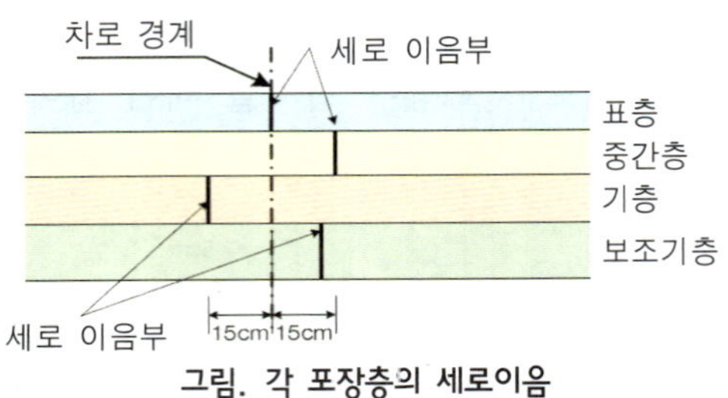

그림. 각 포장층의 세로이음

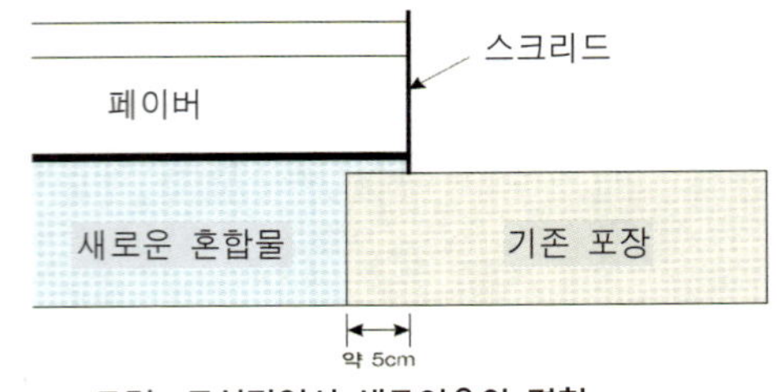

그림. 포설작업시 세로이음의 겹침

ⓛ 가로이음

가로이음은 도로의 진행방향에 수직방향으로 발생하는 이음이며 포장작업의 종료 시와 부득이하게 작업을 중단할 때에 도로의 가로방향으로 설치한다.

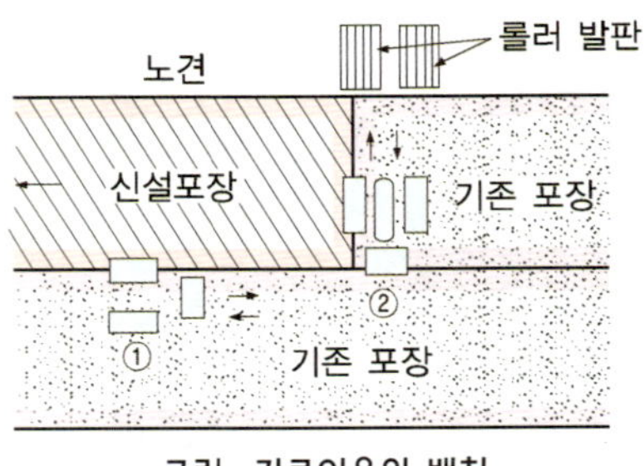

그림. 가로이음의 배치

가로이음의 시공상태가 차량의 주행성(평탄성)에 직접적인 영향을 주므로 가로이음의 발생이 최소가 되게 하고 포장면을 평탄하게 마무리한다.

ⓐ 포장작업의 마무리 또는 장시간 작업중단이 예상되면 기 포설된 가열 아스팔트 혼합물의 끝부분까지 다짐을 완료하고 다음날 시공에서 접속되는 부분은 각목, 종이를 활용하여 매끈하게 끝부분을 처리한다. 각목의 뒷부분과 종이 위에 연결된 포장부분은 신규 포장 시에 제거하며 신·구 포장의 접합면은 택코트를 실시하여 결합력을 가지도록 한다.

ⓑ 가로이음은 가능한 한 발생을 적게 하고 표층은 특히 평탄성에 유의한다.

ⓒ 시공 중단과 종료시의 이음은 가로방향으로 각목 등을 설치하여 마무리한다.

ⓓ 완전히 혼합물이 식은 부분에 접합하여 시공할 때에 소요 두께가 확보된 곳은 전폭에 걸쳐서 수직으로 절단하여 제거하고 신규 아스팔트 혼합물을 접속시킨다.

ⓔ 상층과 하층의 이음부가 겹치지 않도록 이음 위치는 1m 이상이 어긋나게 시공한다.

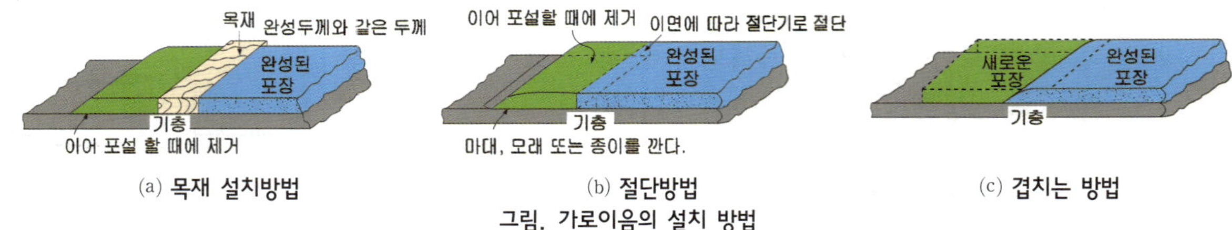

(a) 목재 설치방법 (b) 절단방법 (c) 겹치는 방법

그림. 가로이음의 설치 방법

㉰ 구조물과 접속부분의 처리

연석, 측구, 맨홀 등의 구조물과 접속부분은 가열 아스팔트 혼합물의 온도가 높을 때에 탬퍼 등으로 단차가 발생되지 않게 시공한다. 구조물에 접하는 포장면이 낮으면 물이 고일 염려가 있으므로 접속면의 이물질을 제거한 후에 택코팅을 실시하고 구조물보다 높게 마무리하며 구조물과의 접속부분은 벌어지기 쉬우므로 다짐에 유의한다.

㉱ 이음부의 택코트

세로이음과 구조물의 접속면은 깨끗이 청소한 후에 인력으로 택코트를 실시하고 가열 아스팔트 혼합물이 충분히 밀착되게 한다. 택코트의 살포시에 구조물이 더럽혀지지 않게 접속면 이외의 부분에 물과 석분을 희석하여 바르거나 쉬트 등으로 덮는다.

7) 동절기 포장의 시공 관리

동절기에 대기온도 5℃ 이하에서 가열 아스팔트 혼합물의 온도가 급격하게 떨어지면 아스팔트 혼합물이 서로 부착되지 않아서 충분한 다짐을 기대할 수 없고 시공품질에 악영향을 미치므로 가능하면 시공을 피하는 것이 바람직하다.

불충분한 다짐은 아스팔트 혼합물의 공극이 증가하여 투수성이 커지므로 밀도 저하를 초래하고 공용 중에 아스팔트 포장의 조기노화가 발생하며 균열, 영구변형, 박리 등의 파손이 발생하면 포장의 수명을 단축시킬 우려가 있다.

동절기에 5℃ 이하에서 시공하는 경우는 생산온도관리, 운반관리, 택코트 포설, 가열 아스팔트 혼합물 포설, 다짐관리에 대한 대책을 수립하여 소정의 다짐 밀도를 얻을 수 있도록 한다. 또한 5℃ 이상의 경우라도 바람이 강할 때는 동일한 대책을 실시한다.

① 생산온도관리

현장까지의 운반거리 등을 고려하여 가열 아스팔트 혼합물의 생산온도를 170~180℃의 범위로 높인다. 그러나 생산온도(180℃ 이하)가 과도하게 높으면 아스팔트의 품질 저하를 촉진하므로 필요 이상으로 온도를 높이지 않게 한다.

② 운반관리

아스팔트 혼합물의 운반 중에 보온방법의 개선과 포설 후에 신속하게 다짐할 수 있는 대책이 필요하고 배차간격과 아스팔트 플랜트의 생산능력, 현장의 교통 흐름 등을 고려하여 가열 아스팔트 혼합물이 현장에서 트럭에 적재된 상태로 대기하지 않도록 한다.

아스팔트 포장의 시공 시에 포설면의 온도 불균형을 최소화하고 균질한 다짐밀도를 확보하기 위하여 MTV(Material Transfer Vehicle)를 사용하면 일정한 온도의 아스팔트 혼합물을 페이버에 공급할 수 있다.

MTV장비는 아스팔트 혼합물을 운반장비에 상차하거나 페이버에 하차할 때에 발생하는 골재 분리와 운반과정에서 온도 저하로 발생하는 포장의 품질저하를 방지하기 위하여 사용하고 적외선 카메라(Infrared Camera)를 활용하여 포설과 다짐작업 중인 아스팔트 포장면의 온도 분포를 파악할 수 있다.

그림. MTV를 활용한 시공

③ 택코트 포설

택코트를 살포할 때에는 작업성과 적정 살포량을 고려하여 사용하는 아스팔트 재료의 성질에 따라서 미리 예열하여 두는 것이 바람직하다.

④ 아스팔트 혼합물 포설

㉮ 페이버의 스크리드를 계속하여 가열한다.

㉯ 포설작업이 연속적으로 이루어지게 한다.

⑤ 다짐관리

㉮ 다짐은 가능한 한 최소 범위까지 가열 아스팔트 혼합물을 포설하고 즉시 시작하며 다짐작업 전에 페이버의 포설길이가 10m 이상이 되지 않도록 한다.

㉯ 다짐 롤러에 가열 아스팔트 혼합물의 부착을 방지하기 위하여 석유류를 제외한 페식용유 등의 오일(기름)을 분무기로 얇게 도포하여 사용한다.

㉰ 1차 다짐시에는 미세균열을 적게 하기 위하여 전·후륜 구동에 선압이 적은 탄뎀 롤러를 사용하면 효과적이다.

㉱ 타이어 롤러는 1차 다짐에서 생긴 표면의 미세균열을 제거하는 효과가 있고 작업속도가 빠르므로 동절기의 다짐장비로 적합하다.

㉲ 타이어 롤러는 동절기에 타이어의 온도 조절을 위하여 보온쉬트를 사용하고 타이어의 초기 예열을 위하여 엔진에서 나오는 배기가스를 활용한다.

㉳ 바람이 많이 부는 곳(특히 교면포장)은 천막 등을 이용하여 바람을 막는 방법을 고려한다.

그림. 동절기 타이어 롤러의 보온쉬트

그림. 배기가스를 이용한 타이어의 예열

8) 평탄성 관리

아스팔트 콘크리트 표층의 완성면은 3m의 직선자로 도로 중심선에서 직선 또는 평행으로 측정하였을 때에 가장 움푹한 곳이 3mm 이하이어야 한다. 6m 프로파일미터로 평탄성을 측정할 때는 1구간을 50m 이상으로 하고, 일반도로의 본선 토공부는 PrI=10cm/km 이하, 교량 접속부는 PrI=20cm/km 이하를 적용하며 평탄성의 기준을 벗어나는 부분은 재시공을 한다.

① 측정장비

㉮ 평탄성측정기는 길이가 7.6m이고 양단에 부착된 바퀴에 의해서 지지되며 중앙부의 측정용 바퀴의 회전과 운동에 의하여 프로파일이 기록되고 축척은 주행방향이 1:300, 연직방향은 1:1로 기록된다.

㉯ 측정기의 이동속도는 보속(4km/hr 정도) 이하로 하고 속도가 너무 빠르면 평가하기 어려운 결과가 나타난다.

㉰ 기록계의 축척은 주기적으로 점검하며 수평축척(주행방향)은 일정한 거리를 주행하여 실제 거리와 기록계의 거리를 비교하고 부정확한 경우는 바퀴의 직경을 적정한 것으로 교체한다. 수직축척은 일정한 두께의 판 위에 바퀴를 올려놓고서 기록계의 결과와 비교하여 교정한 후에 고정시킨다.

② 점검 빈도

㉮ 높이 측정

㉠ 주 1회 이상 : 측정 전 점검

㉡ 재조립시, 필요시마다

㉯ 거리 측정

㉠ 1월 1회 이상 : 측정 전 점검

㉡ 필요시마다

③ PrI 측정

㉮ 기록지상의 profile 형상은 5mm 폭으로 벗어난 형적이 상·하로 고르게 분포하게 띠를 그린다. 편구배구간은 프로파일의 형적이 수평위치에서 벗어나므로 프로파일을 소구간으로 나누어 각 구간별로 띠를 조정하여 그린다.

㉯ 측정 위치

㉠ 세로방향 :

각 차로의 우측부에서 내측으로 80~100cm 이격된 위치에서 중심선에 평행하게 측정

㉡ 가로방향 :

지정된 위치에서 중심선에 직각방향으로 측정

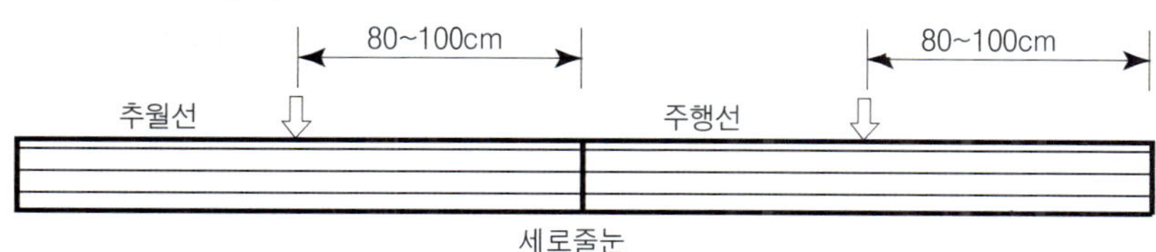

㉰ 5mm 띠를 벗어난 상·하의 모든 형적은 1mm 단위로 더하여 계산하고 띠의 상·하에 나타난 짧은 구간의 프로파일 형적이 높이 1mm, 폭이 2mm 이하이면 계산에서 제외한다.

㉱ 기록지에서 실제거리가 150m 간격으로 5mm 띠를 벗어난 형적의 합산을 구하여 5mm 띠를 벗어난 양의 합산(cm)을 km당으로 계산하여 그 구간의 PrI로 한다. 그러나 마지막 구간의 길이가 150m가 되지 않는 경우에도 km당으로 환산하여 PrI로 기록한다.

$$\text{PrI(cm/km)} = \frac{\text{5mm 띠를 벗어난 형적의 합(cm)}}{\text{측정길이(km)}}$$

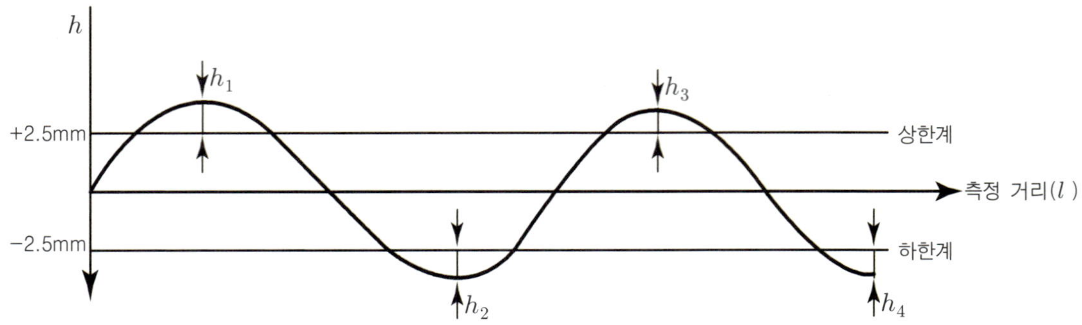

㉮ 같은 구간을 2회 이상 측정하여 프로파일의 길이가 동일하면 PrI값을 평균하여 산정한다.

㉯ 시방 규정치를 만족하지 못하는 구간을 프로파일에 기록하고 교정을 위하여 포장면에 표시한다.

④ 평탄성의 시방 기준(7.6m profile meter 사용)

방향	조건	평탄성 지수(PrI) 기준	
세로방향	본선	콘크리트 포장	16cm/km 이하
		아스팔트 포장	10cm/km 이하
	기타	24cm/km 이하(평면 곡선반경 600m 이하, 종단경사 5% 이상)	
가로방향	−	요철 5mm 이하	

⑤ 평탄성 측정시 유의사항

㉮ 측정속도는 4km/hr(도보속도)를 준수하고 높이의 점검시에 각 재를 통과할 때는 측정기의 바퀴가 튀지 않도록 주의한다.

㉯ 높이의 점검시에 0.5mm 방안지를 기록계의 그래프용지에 붙여서 사용하면 기록계의 거리를 정확하게 측정할 수 있다.

㉰ 현장 높이의 점검시에 요철이 없는 평탄한 지점에서 측정하면 그래프에서 높이가 시·종점으로 인한 높이 기준면의 판독이 용이하여 오차를 줄일 수 있다.

그림. 평탄성 측정

(5) 특수 아스팔트 포장

1) SMA(Stone Mastic Asphalt)포장

아스팔트 혼합물에서 골재의 맞물림을 최대로 하여 소성변형에 저항하고 아스팔트함량을 높여서 균열과 탈리에 대한 저항성을 높인 것이 SMA 혼합물이다. 일반 아스팔트 혼합물은 차량의 바퀴에서 가해지는 수직 압축력과 전달력에 저항하는 힘이 아스팔트 바인더의 접착력과 골재 사이의 표면 접촉에 의한 마찰력과 골재 간의 맞물림에 의하여 발생한다. 그러나 SMA 혼합물은 아스팔트 바인더의 접착력이 골재의 탈리를 방지하고 굵은골재 사이의 맞물림에 의하여 소성변형 저항성이 발생한다. SMA 혼합물에 사용하는 골재는 맞물림이 최대로 발휘하도록 골재의 파쇄면이 많고 입형이 좋은 골재를 사용한다.

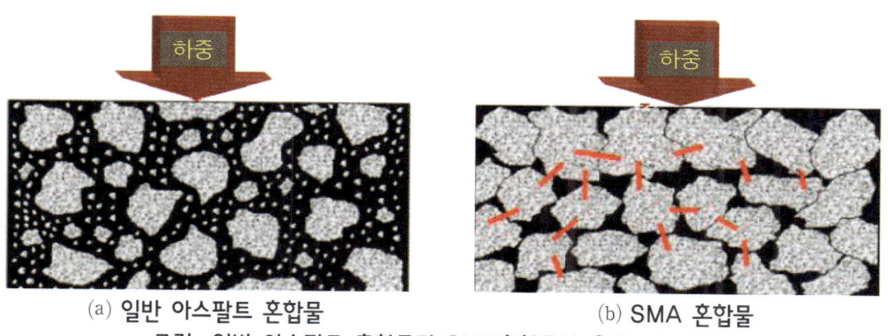

(a) 일반 아스팔트 혼합물 (b) SMA 혼합물

그림. 일반 아스팔트 혼합물과 SMA혼합물의 응력 전달 개념

① SMA 혼합물의 조성

SMA 혼합물은 골재, 아스팔트, 섬유 첨가재(fiber)의 3종류로 구성되고 다량의 굵은골재를 사용하므로 탈리와 균열에 대한 저항성을 향상시키기 위하여 많은 양의 아스팔트(약 6~7 %)를 사용한다. 또한 많은 양의 아스팔트를 사용하여 발생하는 흘러내림과 블리딩의 방지를 위하여 다량의 섬유첨가재(셀룰로오스 화이버)를 사용하는 것이 SMA 혼합물의 특징이다.

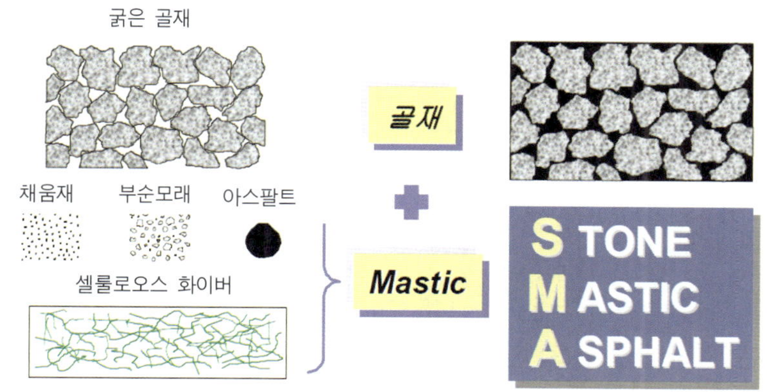

그림. SMA 혼합물의 조성

② SMA 혼합물의 적용 기준

SMA 포장에 주로 사용되는 입도는 13mm, 10mm, 8mm이고 일반 표층부는 주로 13mm와 10mm

의 SMA 혼합물을 적용하며 소음 감소가 필요한 구간은 10mm 이하의 SMA 혼합물을 사용하면 효과적이다. 교량의 교면포장은 주로 10mm와 8mm SMA 혼합물이 사용된다.

표. SMA 혼합물의 적용성

SMA 혼합물의 종류	적용 구간	비 고
20 mm	중간층, 기층	
13 mm	표층, 중간층	
10 mm	표층, 교면포장의 상부와 하부층	시멘트 콘크리트 바닥판 상·하부층과 강바닥판의 상부층
8 mm	표층, 교면포장의 상부와 하부층	시멘트 콘크리트 바닥판의 하부층 과 강바닥판 교면포장의 하부층
5 mm	볼트식 강바닥판 교면포장의 하부층	입형이 좋은 골재를 선별 사용

③ SMA 혼합물의 포설과 다짐 유의사항

㉮ 아스팔트 피니셔는 85% 정도의 선다짐 기능이 있는 것을 사용한다.

㉯ SMA 포장은 굵은골재의 함유량이 많아서 탄뎀 롤러가 가장 중요한 다짐장비이고 머캐덤 롤러와 탄뎀 롤러는 다짐에너지가 큰 롤러를 사용하며 다짐장비의 조합은 다음과 같다.

㉠ 머캐덤 2대 + 탄뎀 1대(진동 가능)

㉡ 머캐덤 1대 + 탄뎀 2대(1대는 진동 가능)

㉢ 머캐덤 2대 + 탄뎀 2대(1대는 진동 가능)

표. 다짐장비의 구성

구 분	장비명	다짐 횟수(왕복)	혼합물 온도
1차 다짐	머캐덤 롤러(12ton)	3회	130~150℃
2차 다짐	탄뎀 롤러(12ton)	3회	110~130℃

㉰ SMA 혼합물의 다짐시에 롤러는 머캐덤 롤러, 탄뎀 롤러의 순서로 투입한다.

㉱ 170℃ 이하의 가능한 한 높은 온도에서 다짐을 하고 탄뎀 롤러는 바퀴자국이 없어질 때까지 다짐을 한다.

㉲ SMA 혼합물의 다짐이 용이한 온도는 145~165℃이다.

㉳ SMA 혼합물은 일반 아스팔트 혼합물에 비하여 아스팔트함량이 1% 이상 많아서 골재 사이의 접착성이 좋고 골재보다 아스팔트의 온도 저하가 빠르므로 신속하게 포설하고 다짐해야 한다.

2) 구스 아스팔트 포장

구스 아스팔트 포장은 유동성, 불투수성, 충격 저항성, 내구성, 휨에 대한 유연성을 바탕으로 강상판의 교통하중에 대한 변형에 저항하므로 골재의 맞물림을 하중 전달의 기본개념으로 하는 일반 아스팔트 혼합물 포장과는 다른 거동을 나타내고 있다.

그림. 구스 아스팔트 포장

구스 아스팔트는 높은 온도(200~260℃)로 가열 혼합한 혼합물의 유동성을 이용하여 흘려 넣는 방식으로 피니셔 또는 인력으로 포설하는 포장이며 롤러 다짐이 필요하지 않다. 구스 아스팔트 포장은 불투수성, 내구성, 내마모성이 있고 미끄럼저항성과 접착성이 우수하여 강상판 교면포장, 콘크리트 교면포장, 한랭지 포장에 적용한다. 구스 아스팔트는 석유아스팔트(AP 20~40)+천연아스팔트(T.L.A)+골재·석분을 이용하여 개조된 아스팔트 플랜트에서 생산하고 일반 아스팔트 혼합물보다 고온이므로 고온으로 가열된 골재를 사용한다.

보온과 교반장치가 부착된 cooker로 가열하면서 운반하고 전용 피니셔 또는 인력으로 포설한다.

그림. Guss asphalt Cooker

내유동성의 증가를 위하여 일반 아스팔트 포장은 골재의 입도와 골재의 입형이 중요하고 구스 아스팔트 포장은 골재, 바인더의 등급과 석분이 혼합된 매스틱(Mastic)의 역학적 특성이 중요하다.

구스 아스팔트 혼합물의 골재 입도는 전체 골재의 약 25%가 0.08mm체를 통과하므로 상당량의 석분(mineral filler)이 경질아스팔트와 TLA(trinidad lake asphalt)의 조합으로 혼합되어 구스 아스팔트 혼합물 내부의 매스틱을 구성하여 구스 아스팔트 혼합물이 내구성을 가지게 한다.

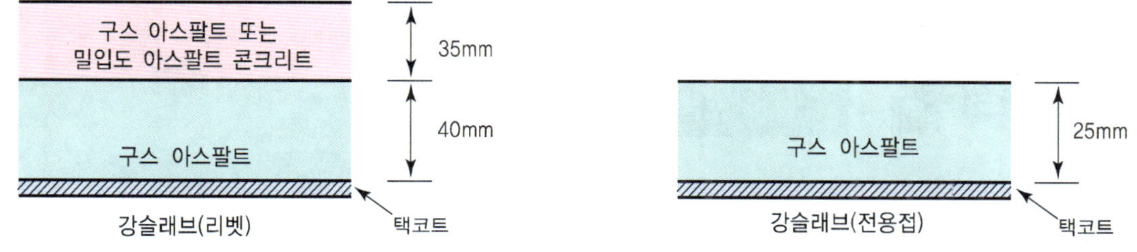

그림. 구스 아스팔트의 구성

강상판 교면포장은 강상판 위에 접착층을 도포하고 구스 아스팔트를 2층으로 75~80mm 두께로 시공하거나 아래층(제1층)은 25~45mm의 구스 아스팔트로 시공하고 표층은 밀입도 아스팔트 콘크리트로 시공한다. 구스 아스팔트 혼합물이 강상판 교량의 거동 특성인 처짐과 충격에 대한 유연성을 갖기 위해서 적당한 유동성과 불투수성이 중요하지만 중차량의 통과량이 늘어나면 골재 간의 맞물림작용이 없는 구스 아스팔트 혼합물은 소성변형에 매우 취약하다.

3) Latex 포장

Latex는 스틸렌(styrene)과 부타디엔(butadiene)이 66:34로 구성된 고분자를 중합한 폴리머와 물의 구성 비율이 50;50인 액상물질이며 소량의 계면활성제와 안정제가 첨가되어 있다.

① LMC(Latex modified concrete)의 구성

LMC는 라텍스를 보통 콘크리트에 혼합하여 콘크리트의 성능을 개선시킨 라텍스 혼합 개질콘크리트이다.

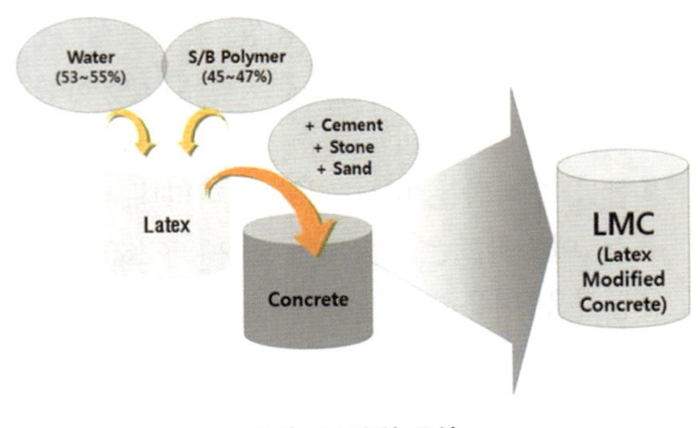

그림. LMC의 구성

② Latex의 특성

㉮ Latex의 계면활성작용으로 콘크리트의 유동성이 증가하면 작업성이 향상되고 점성적인 성질에 의하여 재료분리 저항성이 향상된다.

㉯ 휨과 인장강도가 증가하여 균열의 발생을 억제하고 내구성이 증진되며 수밀성과 방수효과가 우수하다.

㉰ 포장층의 변형이 없어서 공용기간 중에 지속적으로 평탄성이 유지된다.

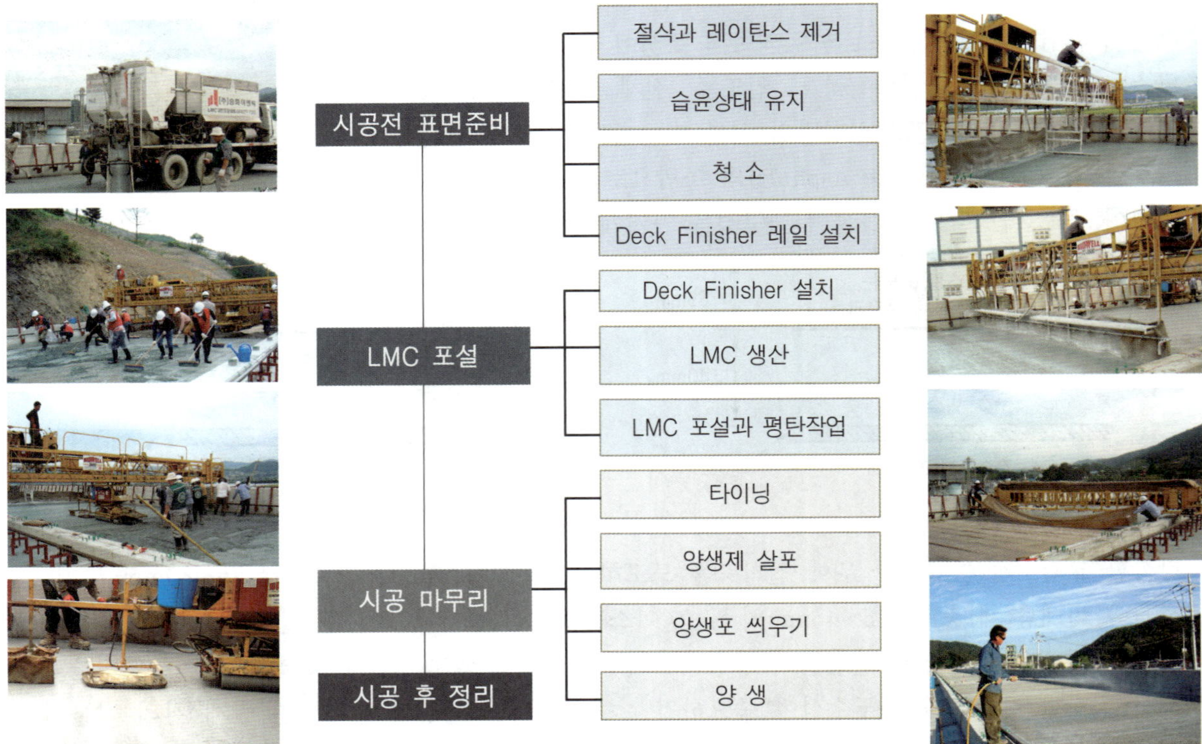

그림. LMC포장의 시공순서

4) 배수성포장

일반적인 밀입도 아스팔트 포장은 표면에서 빗물을 배수하지만 배수성포장은 포장체의 내부를 통하여 외부로 배수하므로 포장 표면에 수막을 형성시키지 않는다. 배수성포장은 불투수성 기층 위에 공극률이 높은(20% 이상) 다공질의 아스팔트 혼합물을 표층에 시공하고 배수성 혼합물에 유입된 물은 불투수층 위로 수평 배수되어 기층 이하로 물이 침투하지 않는 구조로 되어 있다.

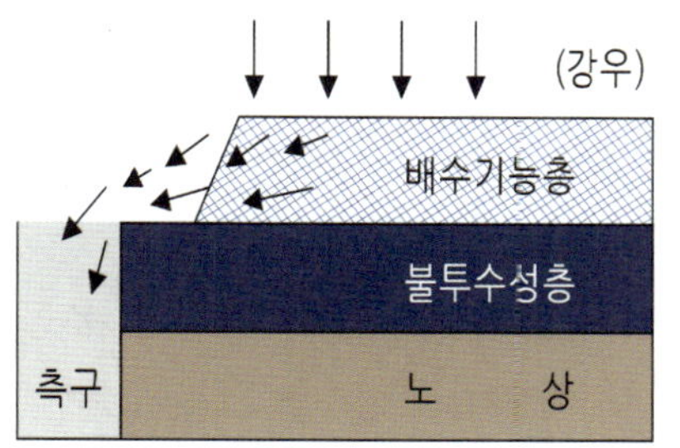

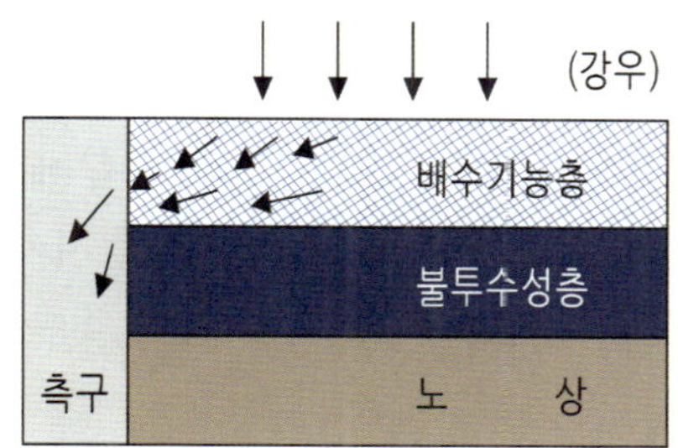

그림. 배수성 아스팔트 포장의 배수 구조

일반 아스팔트 포장은 표층과 기층이 모두 불투수층으로 구성되어 포장층 내부에 빗물이 침투하지 않는 구조이고, 투수성포장은 보행자용 도로를 대상으로 하여 노면의 물을 기층 이하로 침투하지만 배수성포장은 차도에서 기층 이하(보조기층과 노상)의 강도가 저하되지 않게 기층이 불투수층의 역할을 하는 포장으로 중차량의 통행을 허용하는 구조로 구성되어 있다.

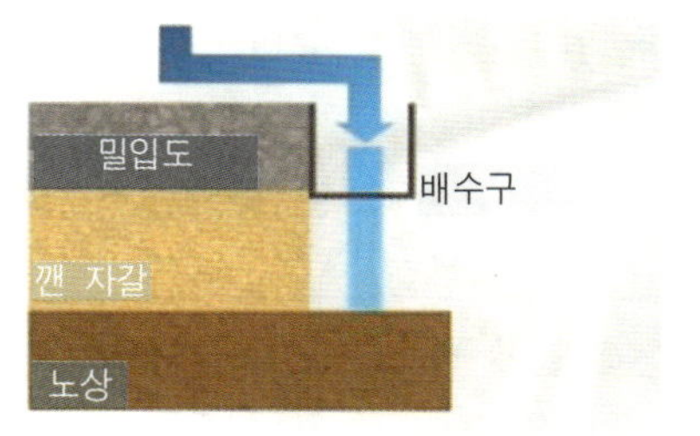

그림. 밀입도 아스팔트 포장

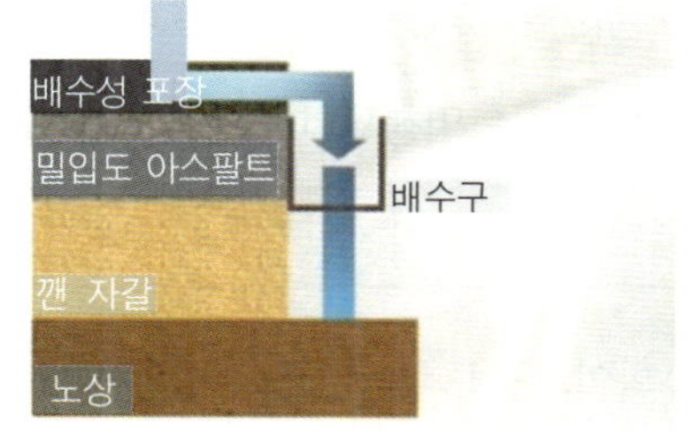

그림. 배수성 아스팔트 포장

① 중간층

㉮ 배수성 아스팔트 포장층에 인접하는 중간층은 밀입도 아스팔트 혼합물을 사용한다.

㉯ 빗물이 중간층의 요철부에 남아 있으면 포장의 내구성이 저하하므로 평탄성을 확인한다.

㉰ 중간층은 3m 직선자를 도로 중심선에 직각 또는 평행으로 측정할 때에 가장 들어간 곳이 5mm 미만이어야 한다. 단 절삭 덧씌우기 포장은 10mm 미만이어야 한다.

② 배수구조

㉮ 측면 배수와 포장내 체류수의 배수를 위하여 유공관(ϕ20mm 이상)을 설치하고 유공관은 고정핀으로 측구 하부에 설치한다.

㉯ 유공관은 하부층의 매설 위치에 폭 3cm 이상으로 측구 등의 측면 구조물의 높이와 동일한 두께의 각목으로 고정하고 하부층을 포설한 후에 제거한다.

㉰ 유공관의 매설 전에 집수정과 하부층은 개질 유화아스팔트로 택코딩을 실시한다.

㉱ 유공관을 집수정의 내부로 연결하여 도수된 빗물이 집수정으로 흐르게 한다.

㉲ 포장의 종단경사가 크면 비탈 하부에서 물이 분출하거나 고이므로 경사구간의 중간부에서 길어깨쪽의 배수구조물로 물을 유출시키는 배수대책을 수립한다.

㉳ 역·편경사에서는 표층 내의 물이 집수정을 통하여 유출되게 시공 이음부에 유공관을 설치한다.

③ 택코트

㉮ 택코트는 균일한 살포가 중요하고 시험살포에서 디스트리뷰터의 속도에 따른 적정 살포량을 파악해야 한다.

㉯ 균열이 발생한 기존 포장에 배수성 아스팔트 포장을 덧씌우기 할 때는 기존 포장면을 유지보수하고서 시공한다.

㉰ 포장 절삭면, 교량 난간, 중앙분리대, 연석 등은 포장 후에 노출면이 더럽혀지지 않게 보호하고 인력으로 고르게 도포한다.

㉱ 택코트는 기온이 5℃ 이하 또는 우천 시에는 시공을 하지 않도록 한다.

표. 택코트로 사용되는 역청재의 사용량과 살포 온도의 표준

역청재	사용량	살포 온도
개질 유화아스팔트	0.3~0.6ℓ/㎡	가열할 필요가 있을 때는 감독자가 지시하는 온도

④ 포설과 다짐

㉮ 배수성 아스팔트 콘크리트는 정해진 포설속도를 일정하게 유지하여 혼합물의 굵은골재와 잔골재가 분리되지 않게 고르게 포설한다.

㉯ 포설작업 중에 시공 이음부의 다짐밀도가 저감되거나 아스팔트 혼합물의 온도가 낮아지지 않게 연속적으로 시공한다.

㉰ 다짐은 롤러가 페이버와 일정한 거리 내에서 움직이고 포설한 배수성 아스팔트 혼합물이 식기 전에 적정한 온도에서 실시한다.

㉱ 배수성 아스팔트 혼합물의 다짐온도는 시공 현장의 기온 등을 판단하여 결정하며, 다짐 종료시에 포장의 온도는 75℃ 이상이어야 한다.

표. 배수성 아스팔트 혼합물의 롤러 초기 진입 시 다짐온도

구 분	다짐온도(℃)		
	일반	하절기(6~8월)	동절기(11월~3월)
1차 다짐	150~170	145~165	155~175
2차 다짐	135~160	125~150	140~165
3차다짐(마무리 다짐)	75~115		

5) 투수성포장

투수성포장은 포장체를 통하여 빗물을 노상에 침투시켜서 흙속으로 보내는 포장이며 보도, 주차장, 인도 포장에 주로 적용한다. 투수성포장은 노상 위에 필터층(모래층), 보조기층(보도에서는 생략), 기층, 표층으로 구성되고 프라임코트와 택코트는 살포하지 않는다. 투수성 아스팔트 혼합물은 약 10^{-2}cm/s의 투수계수를 가지며 공극률이 높아지도록 잔골재가 거의 포함되지 않은 단일 입도의 혼합물이다.

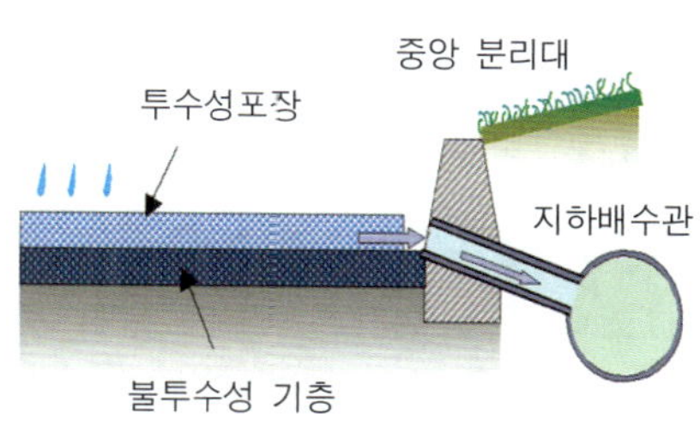

그림. 투수성 포장

6) 간이포장

간이포장은 표층, 기층, 보조기층으로 구성되는 표층 두께가 3~4cm 정도의 간단한 구조의 포장으로 자동차 교통량과 중차량 교통량이 적은 도로에 사용한다. 표층은 침투식공법, 상온 혼합식공법, 가열 혼합식공법 중에서 선정하고 적설지에서 타이어체인에 의한 마모가 우려되는 장소는 표층 위에 1.5~2.0cm의 마모층을 설치한다.

표층 대신에 역청 안정처리기층 위에 실코트(seal coat)와 아머코트(armour coat)를 시공하여 일시 교통을 허용하는 경우도 있으며 아머코트는 2층 이상의 다층식 표면처리를 한다. 간이포장은 항상 유지보수를 하여 포장의 기능을 보전하고 파손에 대한 예방조치로 포장면을 정기적으로 표면처리를 실시한다. 배수상태가 내구성에 영향을 주므로 항상 노체가 양호한 배수상태를 유지해야 한다.

① 침투식공법

침투식공법은 프라이머를 살포하고 골재를 부설한 후에 다지고서 역청재를 살포하여 하부 골재층의 틈 사이에 침투시켜서 골재면이 결합력을 가지면 다시 골재를 부설하여 다진 후에 역청재료를 살포하여 침투시키고 실코트로 마무리한다.

침투식공법은 골재의 맞물림을 역청재의 점착력으로 보충한 형식이며 상부에 부설된 골재는 하부의 골재보다 입경이 작은 것을 사용하여 골재의 맞물림으로 안정된 구조를 형성한다.

② 상온 혼합식공법(Cold-mix method)

상온 혼합식공법은 골재와 역청재료를 혼합하여 상온(60℃ 이하)에서 포설하는 공법이며 역청재료의 종류에 따라서 저장도 가능하다. 상온 혼합식공법은 아스팔트유제, 컷백아스팔트, 타르 등의 역청재료를 사용한다.

표층에 사용하는 골재의 최대입경은 19mm 또는 13mm로 하고 골재의 함수량이 혼합물의 품질을 좌우하므로 함수량 조절이 중요하다. 상온 혼합물의 안정도는 혼합물 속의 수분의 증발, 용제의 휘발과 다짐에 의해서 증진되므로 충분히 다짐이 필요하다.

7) 착색포장

착색포장은 무색결합재에 적색, 녹색 등의 안료와 함께 골재와 혼합하여 다양한 색상을 가지고 기존 도로와 차별성을 두어 주위를 환기시켜서 안정성과 미적효과를 향상하기 위하여 사용한다.

착색은 유색골재를 사용하는 방법과 착색 결합재를 사용하는 방법이 있고 미관, 교통안전, 도로 기능의 향상을 위하여 버스 전용도로, 공원의 산책로, 운동경기장, 자전거도로, 주차장 등에 적용한다.

그러나 착색포장은 버스 등의 중교통량이 빈번한 경우에 시간이 경과하면 표장면의 색상이 벗겨져서 색상의 구분이 안 되는 경우가 발생한다.

그림. 착색포장

4 콘크리트 포장

(1) 콘크리트 포장의 특징

콘크리트 포장은 표층에 작용하는 하중을 기층과 보조기층을 통하여 넓게 분산시켜서 노상층이 지지하는 하중을 줄여주는 아스팔트 포장과는 다르게 콘크리트 슬래브의 휨저항에 의하여 대부분의 하중을 지지하는 포장이다.

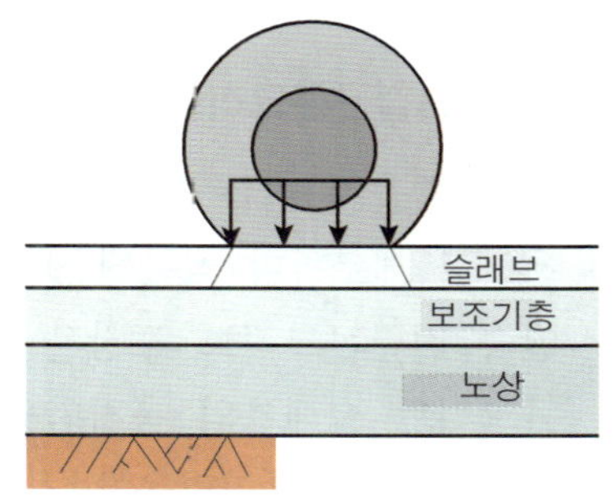

그림. 콘크리트포장의 하중 전달

콘크리트 슬래브의 두께는 하중에 충분히 저항해야 하며 콘크리트 포장에서 필연적으로 발생하는 균열은 줄눈을 설치하여 발생 위치를 인위적으로 조절하고 줄눈부를 다웰바와 타이바로 보강한다.

다웰바는 주로 가로줄눈에 설치하여 줄눈부에서 하중 전달을 원활하게 하고 하중에 의한 처짐량을 감소시켜서 펌핑현상 등을 억제하며 콘크리트 슬래브에 발생하는 응력을 감소시키는 역할을 한다.

(2) 콘크리트 포장의 종류

1) 무근 콘크리트 포장(JCP : Jointed Concrete Pavement)

무근 콘크리트 포장은 철근 보강을 하지 않는 포장형태이며 일정한 간격으로 줄눈을 설치하여 균열의 발생 위치를 조절하고 필요에 따라서 줄눈부에 다웰바를 사용하여 하중이 전달되게 한다.

무근 콘크리트 포장은 철근 보강이 없으므로 줄눈부이외의 부분에서 발생한 균열의 진전을 막을 수가 없기 때문에 줄눈 이외의 부분에서 균열의 발생을 허용하지 않는다.

무근 콘크리트 포장은 콘크리트 슬래브와 보조기층의 사이에 분리막을 설치하여 마찰력을 줄여서 온도 변화와 건조수축에 의한 콘크리트 슬래브의 움직임을 억제하는 구속력을 감소시켜서 콘크리트에 발생하는 응력이 감소하면 균열의 발생도 줄일 수 있다.

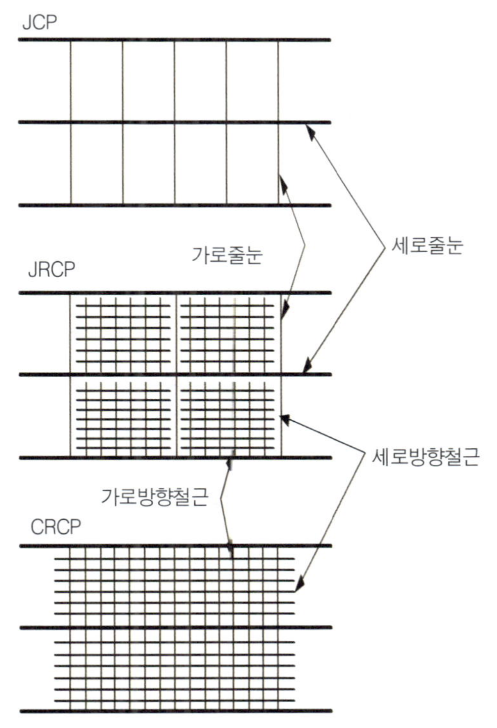

그림. 콘크리트 포장의 종류

2) 철근 콘크리트 포장(JRCP : Jointed Reinforced Concrete Pavement)

무근 콘크리트 포장은 줄눈에 의하여 균열을 감소시키고, 철근 콘크리트 포장은 줄눈의 개소를 감소하는 대신에 줄눈 이외의 부분에서 발생한 균열이 과대하게 벌어지는 것을 방지하기 위하여 일정량의 종방향철근을 사용한다.

3) 연속 철근콘크리트 포장(CRCP : Continously Reinforced Concrete Pavement)

연속 철근콘크리트 포장은 가로줄눈을 제거하여 균열의 발생을 허용하고 세로방향 철근에 의해서 균열 틈이 벌어지는 것을 억제한다. 연속 철근콘크리트 포장은 가능한 한 온도변화와 건조수축에 의한 콘크리트 슬래브의 움직임을 막기 위하여 콘크리트 슬래브와 보조기층 사이에 분리막을 설치하지 않는다. 연속 철근콘크리트 포장은 줄눈이 없어서 승차감이 좋고 포장수명이 길어서 유리하지만 콘크리트의 품질관리 등의 숙련된 기술이 필요하다.

그림. 연속 철근콘크리트 포장

4) 프리스트레스트 콘크리트 포장(Prestressed Concrete Pavement)

PCP포장은 포장판에 미리 프리스트레스트를 도입하여 판의 두께(약 15cm)를 증가시키지 않고 강성이 큰 콘크리트 슬래브를 만드는 포장공법이다. 가용성이 있으므로 노상이 연약한 구간과 터널의 용수 등에 의하여 지지력의 저하가 예상되는 구간이나 공항 포장 등에 사용된다.

그림. Precast panel의 설치

(3) 콘크리트 포장재료

1) 시멘트

콘크리트 포장은 일반적으로 1, 2종 포틀랜드시멘트를 사용한다. 중용열 포틀랜드시멘트와 플라이애시시멘트는 발열량이 적고 장기강도가 증진하므로 하절기에 시공하는 콘크리트 포장용 재료로 적합하다. 그러나 동절기는 플라이애시시멘트의 초기강도가 낮아서 충분한 양생이 필요하므로 공기, 시공시기와 시공방법에 대한 충분한 검토가 필요하다. 초조강시멘트는 조강시멘트보다 강도의 발현이 빠른 시멘트이므로 조기에 소요 강도가 필요한 보수공사에 사용한다.

2) 굵은골재

굵은골재는 천연자갈 또는 부순돌을 사용하며 굵은골재의 성질이 콘크리트 강도에 매우 큰 영향을 미치므로 굵은골재의 선정이 중요하다. 굵은골재의 최대치수는 균질한 품질의 콘크리트를 얻고 시공성이 양호하도록 40mm 이하가 좋으며 일반적으로 19~40mm의 골재를 사용한다.

3) 잔골재

잔골재는 강모래, 바닷모래 등의 자연산과 부순모래, 고로슬래그 잔골재 등의 인공골재가 있다. 잔골재의 입도가 콘크리트의 워커빌리티에 큰 영향을 미치므로 입도 분포가 양호해야 한다. 입자의 크기가 균일한 잔골재와 세립질이 많이 포함된 잔골재는 소요 반죽질기의 콘크리트에 필요한 단위수량이 증가하고 단위시멘트량이 많이 소요되어 비경제적이며 수축율이 커서 내구성에서 불리하다. 또한 조립분이 많이 포함되면 콘크리트가 거칠어져서 블리딩이 많아지므로 표면마무리가 곤란할 수 있다.

4) 혼화재료

포장용 콘크리트는 AE제, 감수제, AE 감수제 등의 혼화제를 사용한다. 적당량의 혼화제를 사용하면 워커빌리티의 개선과 동결융해에 대한 내구성이 증대되므로 콘크리트 슬래브는 AE콘크리트를 사용한다. 콘크리트의 강도 저하를 방지하고 내구성을 확보하기 위한 AE콘크리트의 공기량은 4% 정도가 바람직하다.

포장면의 박리는 콘크리트 내의 미세한 공극에 침투한 물이 동결될 때에 발생하는 팽창압에 의한 현상이므로 표면 박리를 방지하기 위하여 물-시멘트비를 작게 한다.

(4) 무근 콘크리트 포장의 시공

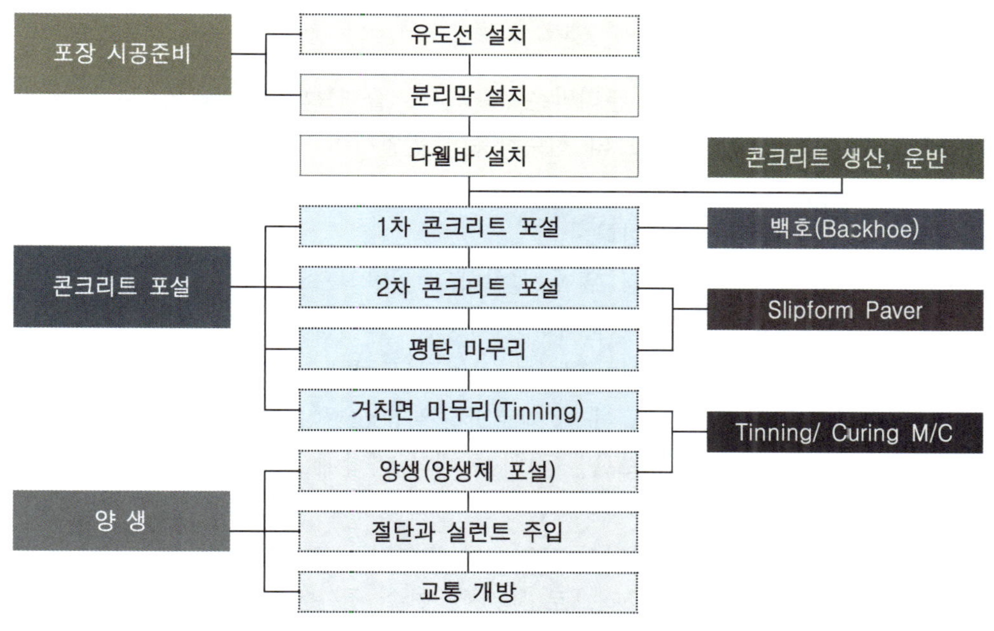

그림. 무근 콘크리트 포장의 시공순서

제12장

1) 포설현장의 준비

콘크리트 슬래브의 콘크리트 포설은 많은 공정으로 이루어지므로 각 작업이 균형을 유지하도록 연속적으로 실시하는 여러 가지 준비가 필요하다. 콘크리트의 포설 전에 보조기층, 중간층면, 분리막, 다웰바 어셈블리, 철근 조립, 포설장비 등이 슬래브의 구조와 규격에 정확한 상태로 되어 있는가 등의 사전 점검이 중요하다. 또한 포설장비의 조립, 정비와 시험가동을 실시하여 포설작업에 지장이 없고 콘크리트 포설 중에 고장이 없도록 조정을 한다.

① 보조기층 또는 중간층면

보조기층 또는 중간층의 평탄성이 양호해야 하며 요철, 패임, 골재분리, 균열 등을 조사하여 결함부위는 제거 후에 보완하여 표층 콘크리트 슬래브가 온도변화에 따른 팽창과 수축작용이 원활하게 이루어져야 한다.

그림. 기층 포설

그림. 기층 다짐작업

② 분리막

㉮ 무근 콘크리트 포장에 설치하는 분리막은 콘크리트 슬래브의 온도와 습도의 변화에 따른 슬래브의 신축작용이 원활하여 슬래브 바닥면의 마찰저항이 감소하도록 설치하며 특히 슬래브가 경화된 직후에 중요하게 작용한다.

㉯ 분리막은 보조기층 또는 중간층의 위에 설치하고 일반적으로 폴리에틸렌 필름을 많이 사용한다. 분리막은 가능한 한 이음이 없도록 전폭으로 깔아서 겹이음부가 없어야 하며 부득이한 경우에 겹이음은 세로방향으로 10cm 이상, 가로방향은 30cm 이상이 겹치게 한다.

그림. 무근 콘크리트 포장의 분리막 설치

㉰ 분리막은 콘크리트 운반차량(덤프트럭 등)의 통행과 바람에 의하여 겹침과 말림이 발생하지 않게 고정핀으로 고정한다.

㉱ 분리막은 보조기층 표면의 이물질이 콘크리트에 혼입되는 것을 방지한다. 그러나 보조기층과 슬래브의 사이에서 마찰저항이 구조적으로 필요한 연속 철근콘크리트 포장은 분리막을 설치하지 않는다.

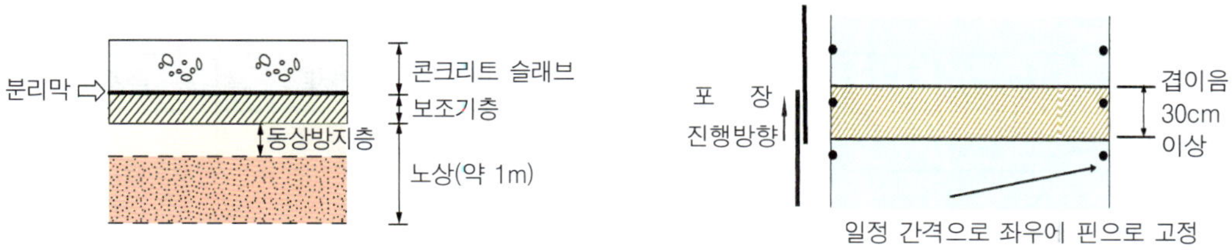

그림. 분리막 설치

③ 유도선

㉮ 포설장비의 유도선은 포장의 선형과 평탄성에 큰 영향을 미치므로 설치에 유의하고 작업 중에 유도선이 움직이지 않게 주의해야 한다. 유도선이 가늘어서 잘 보이지 않으므로 부주의에 의한 충격과 건드리지 않도록 눈에 잘 띄는 색깔로 표시하거나 보호용 보조선을 설치한다.

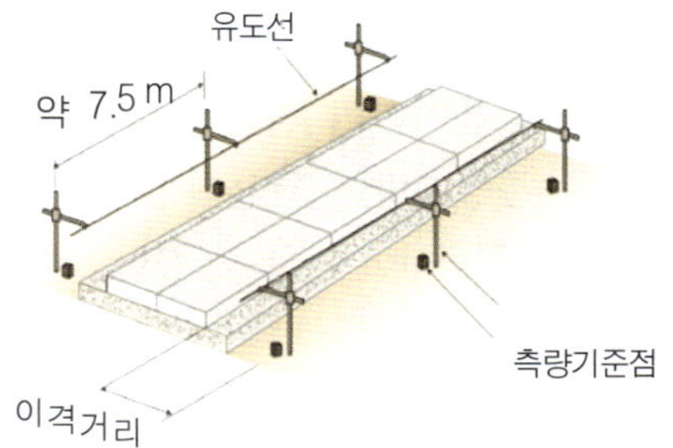

그림. 유도선의 설치 기준

㉯ 스틱(stick)은 각 포설장비의 조합에 따라서 적당한 위치에 중심선형과 평행하게 동일한 간격으로 설치한다. 스틱은 직선부는 5~10m, 곡선부는 5m 이내의 간격으로 설치하고 유도선이 처지지 않게 일정한 장력(25kg 이상)을 유지해야 한다.

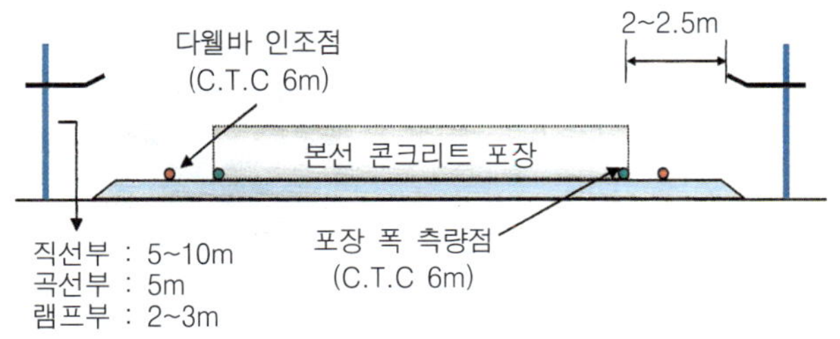

그림. 유도선 설치

㉰ 유도선 스틱의 설치 간격은 콘크리트 운반차량의 진, 출입을 위하여 100~150m를 유지한다.

㉱ 스틱은 수직, 수평으로 이동이 가능하고 유도선의 미세한 조정이 가능하며 설치방향은 끝부분이 밑으로 향하게 설치한다.

2) 콘크리트의 생산과 운반

콘크리트의 생산은 중앙 플랜트방식, 중앙계량 현장혼합방식, 이동 플랜트방식이 있고 주로 중앙플랜트방식을 사용한다. 된 비빔의 포장용 콘크리트의 혼합은 강제믹서는 60초 이상, 가경식믹서는 90초 이상을 균질하게 잘 비벼야 한다. 콘크리트의 운반은 재료분리가 일어나지 않게 하고 덤프트럭을 사용하는 경우는 혼합 후에 1시간 이내, 트럭 애지테이터를 사용할 때는 혼합하고서 1.5시간 이내에 포설한다.

표. 계량오차 허용치

재　료	물	시멘트, 혼화재	골재, 혼화제 용액
허용오차(%)	± 1%	± 2%	± 3%

① 콘크리트의 생산설비

㉮ 중앙 혼합방식

현장 부근에 계량과 혼합설비를 설치하고 콘크리트를 혼합하여 현장까지 운반하는 방법이며 재료의 계량이 정확하고 작업관리가 용이하며 시간당 작업능력이 크다.

㉯ 중앙계량 현장혼합방식

배치플랜트에서 계량한 재료를 덤프트럭으로 운반하여 포설현장에 설치한 믹서에서 혼합하는 방식이다.

그림. Concrete batching plant

㉰ 이동 플랜트방식(트럭믹서방식)

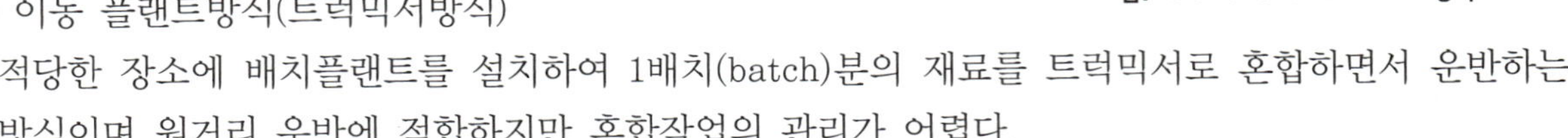

적당한 장소에 배치플랜트를 설치하여 1배치(batch)분의 재료를 트럭믹서로 혼합하면서 운반하는 방식이며 원거리 운반에 적합하지만 혼합작업의 관리가 어렵다.

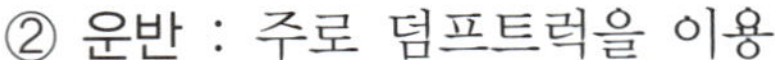

② 운반 : 주로 덤프트럭을 이용

㉮ 배치프랜트 믹서에서 덤프트럭에 콘크리트를 실을 때는 낙하고를 작게 하고 덤프트럭을 전후로 이동하여 편평하게 적재하며 운반 중에 콘크리트가 건조하지 않도록 표면을 덮어서 보호하고, 덤프트럭의 적재함은 수밀구조의 판을 사용한다.

㉯ 운반용 덤프트럭은 여유차량을 확보하여 연속적으로 포설작업이 이루어지도록 한다.

그림. 덤프트럭에 의한 콘크리트 운반

3) 보강철근, 하중 전달장치, 타이바, 줄눈재

콘크리트 슬래브는 온도와 습도 등의 환경적 변화, 슬래브 저면의 마찰, 콘크리트의 수화작용에 의한 응력의 발생과 균열을 수반하므로 가로·세로방향에 줄눈을 설치하여 인위적으로 균열을 유도하고 줄눈부에서 연속성과 하중을 전달하기 위하여 하중전달장치(다웰바), 타이바, 줄눈재를 설치한다.
콘크리트 슬래브의 단면에 가로와 세로방향으로 보강철근을 설치하여 발생된 응력을 보강철근이 분담하여 균열의 간격과 폭을 조절하는 기능을 가지게 한다.

① 보강철근

콘크리트 슬래브에 배치하는 보강철근은 충분한 부착력이 발휘되도록 이형철근을 사용한다. 철망을 보강철근으로 사용하는 경우는 원형철망이 용접된 횡방향 철선에 의하여 부착력이 발휘되고 이형철망은 이형철망의 표면과 용접 교차점에서 부착력이 발휘된다.

② 하중전달장치(Dowel bar, slip bar)

㉮ Dowel bar는 설계구조가 간단하고 설치가 용이하며 콘크리트 내에 완전히 삽입한다.

㉯ 하중전달장치와 접촉부에서 콘크리트에 과다한 응력이 발생하지 않고 재하하중의 응력을 적절하게 분산시켜야 한다.

㉰ 가로줄눈의 종방향변위를 구속하지 않아야 한다.

㉱ 철근의 부식이 예상되면 부식에 저항하는 재료를 사용한다.

㉲ 다웰바는 포설 중에 변형과 위치가 변동되지 않도록 고정하고 포설 후에 정확한 이음부의 절단을 위하여 설치 위치를 분명하게 표시한다.

그림. Dowel bar의 배치와 설치작업

③ 타이바(Tie bar)

타이바는 인접한 슬래브와 견고하게 연결되어 노상의 측방향으로 밀리는 것을 방지하기 위하여 설치하며 필요한 최대 인장력에 저항하는 철근을 사용한다.

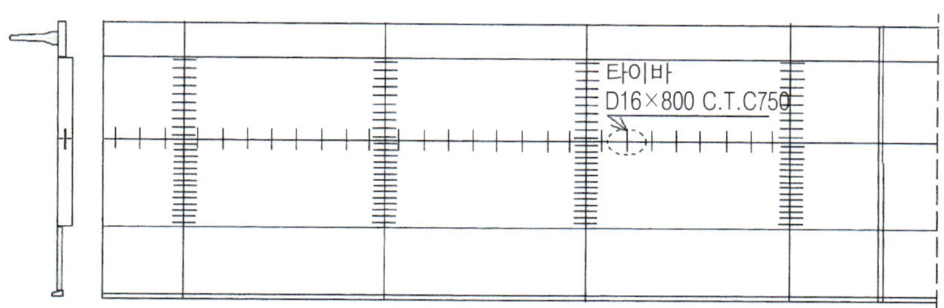

그림. 타이바(Tie bar)의 설치

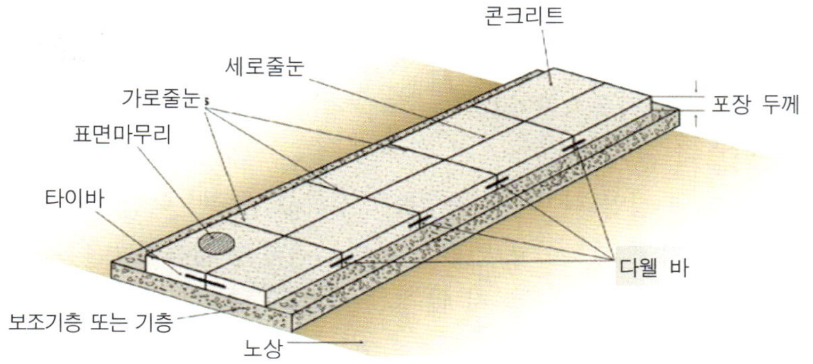

그림. 콘크리트 포장의 하중전달장치

4) 콘크리트의 포설

포장장비의 조합에 따라서 콘크리트의 포설능력과 작업방법이 달라지므로 1일 포설 연장, 포설 폭원, 콘크리트의 운반, 적하, 포설과 다짐의 현장조건을 고려하여 포설장비를 선정하고 장비는 일반적으로 스프레더+슬립폼 페이퍼+거친면 마무리와 양생제 살포기로 구성된다.

포설현장에 운반된 콘크리트 운반차량에서 직접 포설하거나 백호 또는 사이드피더(side feeder)에 의한 측면 공급을 하여 포설한다. 포설은 백호 또는 스프레더를 이용하여 보조기층과 중간층에 1차 포설을 한 후에 슬립폼 페이버로 2차 포설을 한다.

(a) Back hoe 포설

(b) 스프레딩(Spreading)

(c) 진동 다짐(Vibration)

그림. 콘크리트의 포설

슬립폼 페이버에 의한 2차 포설에서 유의할 사항은 다음과 같다.

그림. Paver의 콘크리트 포설

① 1차 포설된 혼합물을 슬립폼 페이버에 의하여 소요 폭과 두께로 성형하는 것을 2차 포설이라고 하며 일정한 포설속도를 유지하여 연속적으로 포설한다.

② 오거로 1차 포설한 콘크리트를 페이버의 전면에 균일하게 분산시켜서 횡단경사의 낮은 부분에 모르터가 쌓이는 것을 방지한다.

③ 페이버가 정지하면 진동기의 작동을 중지하여 골재분리와 시멘트풀이 상부로 밀려 올라오지 않게 한다.

④ 균일한 다짐이 되게 진동기의 삽입 깊이와 진동수를 조정하고 다웰바를 건드리지 않게 주의한다.

⑤ 시공이음은 수축줄눈의 위치에 설치하고 인력으로 마무리하는 시공이음은 가급적 짧게 설정한다.

⑥ 중앙 타이바의 삽입시에 다웰바와 중복되지 않게 주의하고 측면에서 타이바의 삽입으로 인한 단부의 처짐에 유의한다.

⑦ 1일 포설구간의 시, 종점부의 마무리는 인력다짐으로 처리한다.

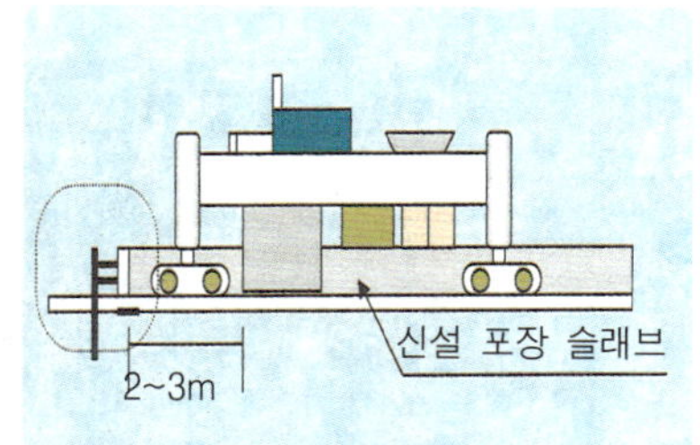

(a) 종료 지점 2~3m 전까지 콘크리트를 포설

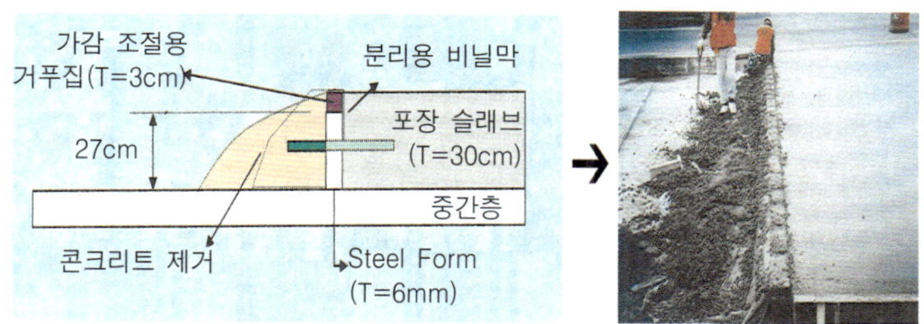

(b) 거푸집 내측을 사전에 인력으로 다지고 장비 통과

그림. 포설 종점부의 처리

5) **표면 마무리** : 초벌 마무리 ⇨ 평탄 마무리 ⇨ 거친면 마무리의 순서로 진행

(a) 콘크리트 포설

(b) 초벌 마무리

(c) 평탄 마무리

그림. 표면마무리 작업

① 초벌 마무리

㉮ 초벌 마무리는 슬립폼 페이버의 피니싱 스크리드(finishing screed)로 실시하고 초벌 마무리면의 높이와 표면상태는 마무리작업에 큰 영향을 주므로 초벌 마무리면의 높이가 부족하면 피니셔의 진동판과 스크리드의 높이를 조정한다.

㉯ 다짐이 불충분하거나 콘크리트량이 부족하여 초벌 마무리면에 불량개소가 발생하면 슬립폼 페이버로 재마무리를 실시한다.

② 평탄 마무리

표면 마무리기계로 평탄 마무리를 실시하며 마무리속도는 콘크리트의 피니셔빌리티(finishability)와 장비 특성을 고려하여 결정하고 마무리작업은 콘크리트 표면의 물을 사용하지 않도록 한다.

㉮ 평탄 마무리는 표면 마무리장비로 실시하고 마무리하는 표면이 낮으면 콘크리트를 보충한다.

㉯ 평탄 마무리기계의 후방에 마대를 달아서 추가 마무리를 실시하고 마무리 후에 평탄성을 점검하여 필요시에는 재마무리를 실시한다.

그림. 콘크리트의 표면 마무리작업

③ 거친면 마무리

그림. Grooving작업

거친면 마무리는 마대처리에 의한 방법, 글루빙(grooving)방법, 경화지연제를 사용하여 골재를 노출시키는 방법, 칩핑(chipping) 방법, 브러쉬(brush)에 의한 방법이 있다.

거친면 마무리에서 형성된 홈의 방향은 도로 중심선과 직각이 되며 마무리는 표면에 물기가 없어진 후에 콘크리트가 경화되기 직전에 실시한다. 줄눈을 절단할 부위에서 양측의 3cm는 타이닝(tinning)을 하지 않는다.

㉮ 조기에 타이닝을 하면 골재가 파이고 마무리 시기가 늦으면 타이닝 깊이가 얕아지므로 콘크리트 표면의 물기가 없어진 후 콘크리트가 경화되기 전에 실시한다.

㉯ 타이닝하는 빗살의 상태를 확인하고 타이닝상태의 점검과 위치를 조정한다.

㉰ 타이닝(tining) 규격

㉠ 빗살 깊이 : 3~6mm

㉡ 간격 : 20~30mm

㉢ 빗살 폭 : 3mm 정도

그림. 콘크리트 포장의 거친면 마무리작업(Tinning)

6) 양생

양생은 콘크리트의 경화 중에 이상 기상작용, 사람과 차량 등에 의한 표면 손상을 방지하고 직사일광, 바람, 동결의 영향을 받지 않게 실시하는 초기양생과 초기양생에 이어서 콘크리트 슬래브의 수화작용이 충분히 이루어지고 슬래브 내에 온도응력이 발생되지 않도록 시행하는 후기양생이 있다.

① 초기양생

㉮ 초기양생은 표면 마무리가 종료되고 양생작업이 되는 정도로 콘크리트가 경화되는 사이에 실시하는 양생이며 양생 초기에 콘크리트의 습윤상태와 온도는 콘크리트 품질에 매우 중요하다.

㉯ 표면 마무리작업의 직후부터 콘크리트의 경화까지 약 12시간 동안의 초기양생은 삼각 지붕양생과 막양생을 주로 사용한다.

㉰ 초기양생 방법

㉠ 삼각지붕양생

차륜이 붙은 이동식 삼각 지붕덮개로 콘크리트 표면을 보호하며 삼각 지붕은 직사일광을 피하고 바람을 막아서 수분 증발의 방지에 효과적이다.

㉡ 피막양생

ⓐ 콘크리트 표면에 막을 형성하도록 양생재를 살포하는 피막양생을 삼각 지붕덮개와 병용하면 효과적이다.

ⓑ 피막양생제는 콘크리트 표면에 물기가 없어진 후에 종, 횡방향으로 2회 이상 얼룩이 없게 충분히 살포하고 온도 변화가 적도록 백색안료를 혼합하며 비닐유제의 피막양생제 사용량은 $1\ell/m^2$(원액 농도 : $0.07kg/m^2$) 이상으로 한다.

(a) 표면 마무리

(b) 양생제 살포

(c) 콘크리트 양생

그림. 피막양생작업

② 후기양생

㉮ 후기양생은 콘크리트가 충분히 경화되도록 수분의 증발을 방지하는 양생이며 급습양생과 보온양생이 있다.

㉯ 급습양생

㉠ 마대, 양생포 등을 슬래브 표면에 덮고 살수하는 급습양생은 습윤상태를 유지하기 위하여 살수를 자주 실시한다.

㉡ 현장에 비닐관을 가설하여 스프링클러(sprinkler) 등으로 살수하며 마대의 포설과 이동에 많은 노력이 필요하다.

㉰ 보온양생은 피막양생과 함께 양생용 매트와 삼각 지붕덮개를 병용하면 효과적이다.

③ 양생기간

㉮ 양생은 현장 양생한 공시체의 휨강도가 3.5MPa 이상이 될 때까지 실시하고, 양생기간은 보통 포틀랜드시멘트는 2주간, 중용열 포틀랜드시멘트는 3주간을 표준으로 한다.

㉯ 양생기간이 경과해도 주입 줄눈재의 주입이 끝나기 전에는 콘크리트 슬래브에 공사차량의 통행을 금지한다.

7) 초기 균열관리

① 콘크리트 슬래브를 포설하고 수일간에 발생하는 초기균열은 침하균열, 소성균열, 온도균열이 있다.

㉮ 침하균열

포설 직후에 콘크리트의 균등한 침하가 저해되어 발생하고 철근과 철망의 설치깊이, 포설속도, 기온, 온도, 바람의 기상조건과 콘크리트의 재료와 배합이 복합적으로 작용한다.

㉯ 소성균열

갑작스런 강풍으로 충분한 양생이 되지 못하거나 콘크리트 슬래브의 표면을 인력으로 늦게 마무리하는 경우에 발생한다.

② 초기균열의 방지대책

㉮ 단위시멘트량을 적게 하고 발열량과 수축량이 적은 시멘트를 사용한다.

㉯ 콘크리트의 단위수량을 적게 하고 블리딩이 적도록 배합한다.

㉰ 보조기층은 콘크리트 중의 수분이 흡수되지 않도록 방수성을 가져야 하고 포설 전에 살수하여 습윤상태를 유지해야 한다.

㉱ 콘크리트 슬래브, 보조기층과 인접 구조물과 마찰 구속을 적게 한다.

그림. 콘크리트 슬래브의 포설 후 전경

㉲ 다웰바는 도로 중심선과 노면 계획선에 평행하게 매설하여 신축이 용이하게 설치하고 맹줄눈은 빠른 시기에 절단한다.

8) 줄눈의 시공

줄눈의 시공이 포장의 내구성과 평탄성에 큰 영향을 미치므로 줄눈은 초기균열을 조기에 유도하도록 타설 후 4~24시간 이내에 절단하고 줄눈의 정확한 절단을 위하여 포장 단부의 빈배합콘크리트 표면과 외측에 인조점을 설치한다.

① 줄눈의 종류

무근 콘크리트 포장의 줄눈은 포장의 팽창과 수축을 수용하여 온도, 습도의 환경변화, 마찰, 시공에 의하여 발생하는 응력을 완화시키거나 온도변화로 인하여 발생하는 균열을 일정한 장소에 유도하며 줄눈 형식은 가로줄눈, 세로줄눈, 시공줄눈이 있고 기능적으로는 수축줄눈, 팽창줄눈, 시공줄눈으로 구분한다.

㉮ 수축줄눈

수축줄눈 또는 맹줄눈(dummy joint)은 수분, 온도, 마찰에 의하여 발생하는 긴장력을 완화시켜서 포장의 표층에 발생하는 불규칙한 균열을 억제한다.

㉯ 팽창줄눈

팽창줄눈은 슬래브 크기의 변화에 의하여 발생되는 압축응력에 의한 손상을 억제하고 인접 구조물에 압력이 전달되는 것을 방지하기 위하여 설치한다.

㉰ 시공줄눈

시공성을 고려하여 설치하고 세로줄눈 사이의 간격은 포장장비의 폭과 포장두께에 따라서 결정한다.

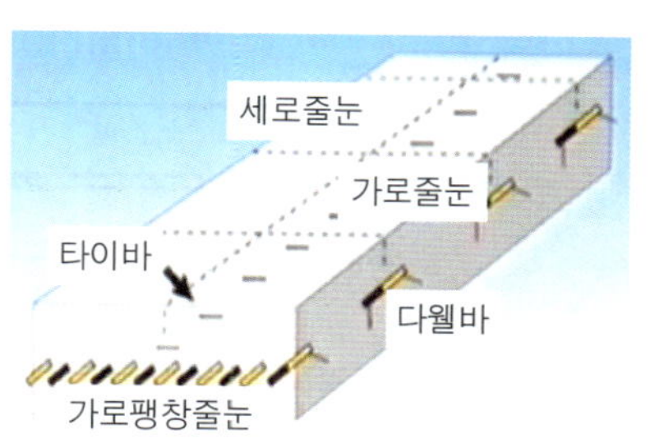

그림. 줄눈의 종류

② 줄눈의 구조

㉮ 수축줄눈

㉠ 가로 수축줄눈

가로 수축줄눈은 슬래브의 두께, 슬래브의 보강 여부, 콘크리트의 온도팽창계수, 콘크리트 경화시의 온도와 슬래브 활동을 구속하는 보조기층면의 마찰저항을 고려하여 간격을 결정한다.

ⓐ 철망을 사용하지 않은 무근 콘크리트 포장의 가로 수축줄눈은 6m 이하의 간격으로 한다.

ⓑ 철근, 철망을 사용하는 콘크리트 포장에서 가로 수축줄눈의 간격은 발생된 균열 폭이 넓게 진행되지 않도록 처리하는 철근량과 관계가 있고 슬래브 두께가 20cm 미만은 8m, 25cm 이상은 10m를 표준으로 한다.

ⓒ 콘크리트 슬래브의 수축응력을 경감하기 위하여 철망을 사용한 경우에 가로 수축줄눈의 간격을 10m 이하로 하면 구속응력이 무시할 정도로 적어진다.

ⓓ 철망을 생략하는 경우는 가로 수축줄눈의 간격을 6m 이하로 하여 다웰바를 삽입하고, 가로 수축줄눈의 깊이는 슬래브 두께의 1/4이어야 한다.

ⓔ 가로 수축줄눈은 다웰바를 이용한 맹줄눈 구조로 하고 시공 중에 강우로 인하여 가로 수축줄눈을 시공줄눈으로 변경할 때는 다웰바를 사용한 맞댄 줄눈으로 한다.

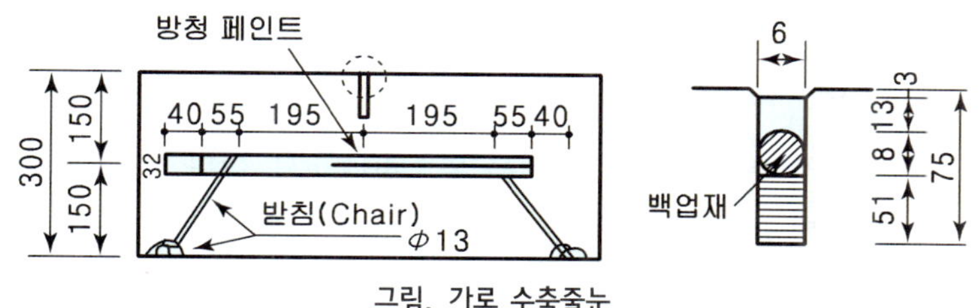

그림. 가로 수축줄눈

㉡ 세로 수축줄눈

세로 수축줄눈은 차로를 구분하는 위치에 설치하고 줄눈 간격은 4.5m 이하로 하는 것이 세로 방향 균열의 방지에 유리하다. 가능한 한 차량이 세로 수축줄눈을 주행하지 않도록 차로 구획선의 위치를 고려하여 간격을 결정한다.

ⓐ 세로 수축줄눈의 폭은 6~13mm, 깊이는 단면의 1/3, 채움재의 깊이는 채움 폭과 채움재의 재질에 따라서 차이가 있고 채움부의 최소길이는 10mm 이상으로 한다.

ⓑ 세로 수축줄눈의 저면에 약 50mm의 삼각형목재 또는 L형 플라스틱지 등을 설치하여 콘크리트 슬래브의 단면을 감소시켜서 줄눈의 위치에 균열이 생기도록 유도할 수도 있다.

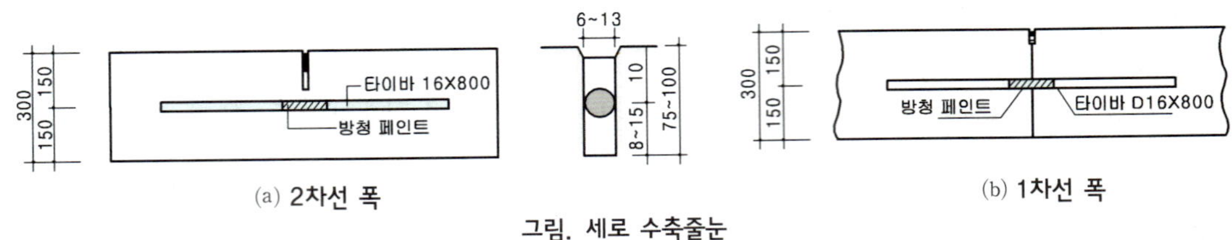

(a) 2차선 폭
(b) 1차선 폭

그림. 세로 수축줄눈

㉯ 팽창줄눈

팽창줄눈은 슬래브 크기의 변화에 의하여 발생되는 압축응력으로 인한 손상의 진전을 억제하고 인접 구조물로 압력이 전달되는 것을 방지하기 위하여 설치한다. 팽창줄눈은 비용, 작업성, 공용성을 고려하여 가능한 한 적게 포장의 형식이 변하는 부분과 교차로 등에 설치한다.

㉠ 가로 팽창줄눈

가로 팽창줄눈은 교량 접속부, 포장구조가 변경되는 위치, 교차 접속부에 설치하며, 기타 위치에 가로 팽창줄눈을 설치할 경우는 1일 포설길이, 교량 등의 간격과 수축줄눈의 간격을 고려하여 결정한다. 콘크리트 포장과 아스팔트 포장을 접속시키는 경우는 콘크리트 포장과 아스팔트 포장의 접속부에 팽창줄눈을 설치한다.

표. 가로 팽창줄눈 간격의 표준값(단위 : m)

시공 시기 슬래브 두께(cm)	10~5월	6~9월
15, 20	60~120	120~240
25 이상	120~240	240~480

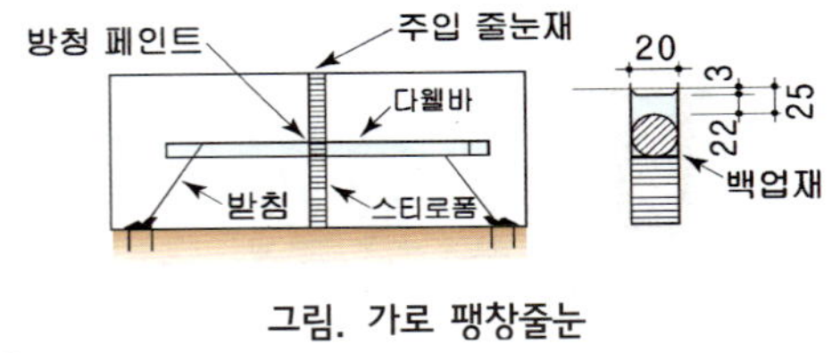

그림. 가로 팽창줄눈

㉡ 세로 팽창줄눈

세로 팽창줄눈은 주입 줄눈재와 줄눈판이 상·하에 병용하는 구조로 하고 주입 줄눈재는 줄눈의 수밀성을 유지하기 위하여 주입깊이는 20~40mm로 한다. 팽창줄눈은 다웰바로 보강하고 다웰바는 슬래브의 두께에 따라서 직경 25~32mm, 길이는 500mm를 사용한다.

㉰ 시공줄눈

㉠ 시공줄눈은 1일 포설이 종료되거나 강우 등으로 시공을 중지할 때에 수축줄눈의 예정 위치에 설치하며 맞댄형식의 수축줄눈이나 팽창줄눈으로 하는 경우가 있다.

㉡ 강우와 기계 고장 등에 의하여 시공줄눈을 수축줄눈의 예정된 위치에 설치하는 것이 곤란하면 수축줄눈에서 3m 이상이 떨어진 위치에 맞댄형식의 줄눈구조로 한다.

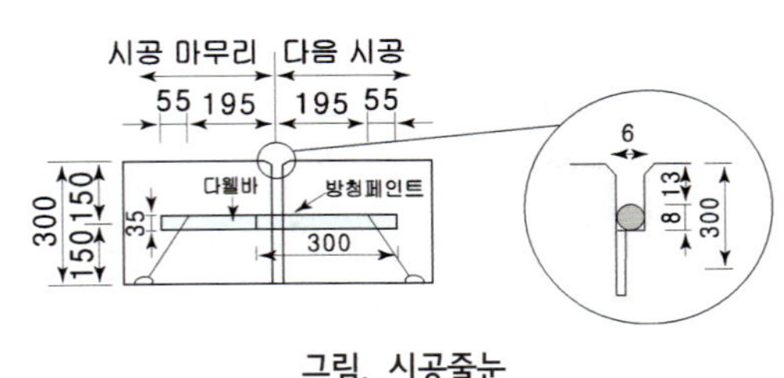

그림. 시공줄눈

③ 줄눈의 시공 유의사항

㉮ 줄눈부 절단

㉠ 가로줄눈

ⓐ 줄눈의 절단은 콘크리트의 절단시에 골재가 튀지 않을 정도로 양생되면 실시한다.

ⓑ 초기균열을 사전에 유도하기 위하여 가로 수축줄눈은 2~3블록마다 초기에 절단을 실시한다.

ⓒ 콘크리트의 포설 후에 줄눈을 정확하게 절단하도록 포장 단부의 빈배합 콘크리트의 표면과 외측에 인조점을 설치한다.

ⓓ 줄눈을 1회에 절단하면 절단부의 모서리부가 파손되므로 2~3회에 걸쳐서 반복하여 절단하는 것이 바람직하다.

ⓔ 일정한 절단 깊이를 유지하지 않으면 주행차량의 통과시에 얕게 묻힌 부분의 주입줄눈재가 빠져 나오므로 절단 깊이를 측정하여 적정성을 확인한다.

㉡ 세로줄눈

가로줄눈을 절단하고 세로줄눈을 절단하며 연속 철근콘크리트 포장은 세로방향의 균열이 많이 발생하므로 규정된 시간 내에 절단해야 한다.

㉯ 줄눈재(sealant)의 주입시 유의사항

㉠ 줄눈 양쪽의 모서리가 파손되지 않게 핸드그라인더 등으로 모서리 2mm를 그라인딩한다.

㉡ 줄눈 절단시에 발생된 먼지와 외부에서 침입한 토사는 압력공기로 제거한다.

㉢ 백업재는 삽입 깊이가 동일하게 줄눈 폭보다 35~65%가 두꺼운 것을 사용한다.

그림. 줄눈 절단

㉣ 프라이머는 콘크리트를 충분히 건조시키고 도포하여 줄눈재와 부착력이 증대되도록 한다.

㉤ 줄눈재의 주입시기는 충분한 시간이 경과하여 초기 건조수축이 모두 일어난 후에 주입한다.

㉥ 줄눈재는 슬래브의 표면보다 6~10mm 정도 낮게 충진하여, 하절기에 콘크리트가 팽창하여 상부로 밀려나오는 것을 방지한다.

㉦ 줄눈재의 주입시에 콘크리트 슬래브의 절단부에 이물질이 혼입되지 않게 백업재와 테이프로 밀봉하며 주입줄눈재를 시공하고 2~3일간은 차량의 통행을 금지한다.

(5) 특수 포장

1) 프리스트레스 콘크리트 포장

프리스트레스 콘크리트 포장은 포장판에 미리 프리스트레스를 도입하여 두께(일반적으로 15cm 정도)를 증가시키지 않고 강성이 높은 슬래브를 조성하는 공법이며 노상이 연약한 구간, 터널의 용수에 의하여 지지력의 저하가 예상되는 구간, 공항 포장 등에 사용된다.

2) 강섬유 보강 콘크리트 포장

강섬유 보강 콘크리트 포장은 길이 30mm, 단면적 0.5mm^{2}의 강섬유를 콘크리트 중에 용적비로 1~2%를 균일하게 혼입한 콘크리트 포장이며 휨강도와 균열에 대한 저항성이 높다.

3) 콘크리트 블록포장

콘크리트 블록포장은 공장에서 생산되는 소형 블록을 이용하여 포장하는 공법이며 블록의 포설이 쉽고 시공 후에 즉시 교통개방이 가능하다. 또한 미관이 수려하여 보도, 주거지역, 버스정류장, 주차장, 주택단지 등에 사용한다. 그러나 인력 시공이므로 시공속도가 느리고 시공 후에 고속차량의 이용에 어려움이 있다.

4) 진공 콘크리트공법

진공 콘크리트공법은 양생방법의 일종으로 표면 마무리 직후의 콘크리트 표면에 진공매트를 설치하고 진공펌프로 매트 속의 압력을 저하하여 콘크리트 중에 있는 여분의 수분을 빼내어 대기압을 이용한 콘크리트를 다짐하는 공법이다. 진공 콘크리트공법으로 시공한 콘크리트 포장은 조기강도가 커서 교통 개방시간을 단축할 수 있고 내마모성이 높다.

5) 전압 콘크리트 포장공법(Roller Compacted Concrete Pavement)

전압 콘크리트는 단입도의 굵은골재와 시멘트 모르터를 혼합한 머캐덤형과 포장용으로 쓰이는 단위수량이 적은 낮은 슬럼프의 된 비빔 콘크리트가 있다. 된 비빔 콘크리트를 포설한 후에 롤러 등으로 다지는 공법이며 단위수량이 적으므로 건조수축이 적어서 줄눈간격을 줄일 수 있다. 또한 기계화시공이므로 공기가 단축되며 골재의 맞물림이 증진되어 초기 내하력이 증대되고 조기에 교통개방이 가능하다.

그림. 전압 콘크리트 포장(RCCP)

5 교면포장

교면포장은 교통하중에 의한 충격, 우수의 침입, 온도변화 등의 기상작용에서 도로교 바닥판을 보호하고 통행차량의 쾌적한 주행성을 확보하는 역할을 한다.
교면포장은 아스팔트 교면포장과 콘크리트 교면포장으로 구분하고 아스팔트 교견포장은 바닥판 위에 5~10cm의 얇은 아스팔트 혼합물이 시공되어 진동, 충격, 가혹한 기상조건에 노출되어 토공부보다 큰 파손 요인이 있으므로 교면 포장용 아스팔트 혼합물은 영구 변형과 균열에 대한 저항성이 있어야 한다.

(1) 교량 바닥판의 종류

교량 바닥판의 방수층 시공면은 바닥판의 구조와 시공방법에 따라서 다르므로 바닥판 방수는 바닥판의 표면 형상에 따라서 시행한다.

1) 철근 콘크리트 바닥판(RC 바닥판)

철근 콘크리트 바닥판(RC 바닥판)은 현장에서 콘크리트를 타설하는 것과 공장 제작한 프리캐스트 RC 바닥판이 있으며 강도 30MPa 미만의 콘크리트 바닥판을 설치한다. RC바닥판은 표면 조직이 치밀하지 못하여 우수와 제설제가 유입되면 바닥판 콘크리트의 손상이 빠르고 수명이 대폭 감소하므로 방수대책이 필요하다.

2) 프리스트레스 콘트리트 바닥판(PC 바닥판)

PC 바닥판에 프리스트레스를 도입한 바닥판과 교축의 직각방향에 배치한 PC강재에 의하여 프리스트레스를 도입한 1방향 PC바닥판이 있으며, 강도 30Mpa 이상의 콘크리트 바닥판이다.

3) 강(Steel) 콘크리트 합성형 바닥판

강 콘크리트 합성형 바닥판은 어긋남을 방지하는 스터드(stud) 볼트를 바닥판 밑면에 배치한 저강판과 콘크리트가 일체로 되어 하중에 저항하는 합성구조로 작용하는 바닥판이 있다.

4) 강 바닥판(Steel Deck Plate)

강 바닥판은 약 14mm 내외의 steel deck plate와 보강재(rib)로 구성되고 강 바닥판에 우수가 유입하면 강재가 부식하여 바닥판의 성능이 저하될 우려가 있다. 강 바닥판에 발생하는 손상은 부식, 균열, 느슨함, 탈락, 절단이 있고, 바닥판의 부식은 외관에 의한 확인이 어려워서 포장 표면에 녹물이 스며 나오는 현상에 의하여 확인하는 경우가 있다.

(2) 아스팔트 교면포장의 구성

교면포장 상부의 표층은 주행성이 양호하게 내유동성, 내균열 저항성, 미끄럼 저항성이 우수하고 하부층은 상부층 하중의 분산과 우수, 제설재가 침투하여 방수층에 도달하지 않아야 한다.

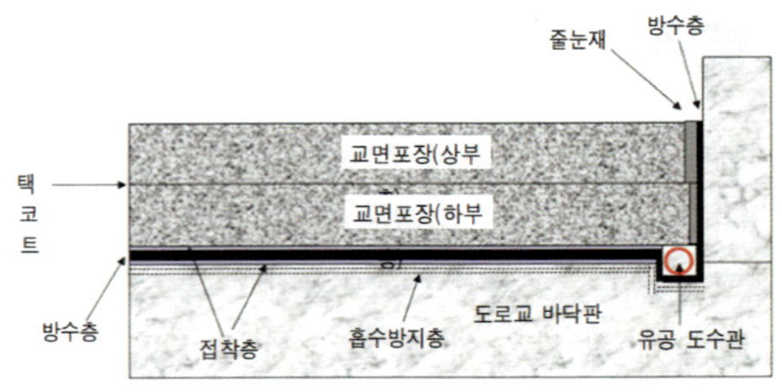

그림. 교면포장의 구성

교면포장은 상부층, 택코트, 하부층(레벨링층), 방수층, 접착층(프라이머)으로 구성되고 상부 구조물(난간, 방호벽 등)의 접촉부는 포장체 내의 침투수를 배수하는 유공도수관을 설치한다. 교면포장의 두께가 부족하면 균열 등의 파손이 발생할 가능성이 크므로 교량의 사하중이 저감되도록 교면포장의 두께는 8cm를 적용하며 하부층(4cm)과 상부층(4cm)의 2층으로 구성한다.

강바닥판은 콘크리트 바닥판보다 강성이 낮고 처짐이 크므로 상부층은 내유동성, 내박리성, 휨 등이 우수한 폴리머 개질아스팔트를 사용하고 하부층은 경질아스팔트를 혼합한 구스 아스팔트혼합물 또는 쇄석 매스틱 아스팔트 혼합물(SMA)을 사용하는 경우도 있다.

1) 접착층

접착층은 바닥판과 방수층 또는 포장을 접착시키고 포장과 바닥판의 합성효과에 의한 포장의 피로 저항성과 내구성을 향상시키기 위하여 설치하며 바닥판과 방수층의 결합력이 커지도록 방수층을 설치하기 전에 프라이머를 도포한다.

2) 방수층

우수가 줄눈, 균열부, 포장체를 통하여 바닥판에 침투하면 아스팔트층의 수명이 단축되므로 방수층을 설치한다. 콘크리트 바닥판은 콘크리트의 열화와 바닥판 철근의 발청을 촉진하며 강 바닥판은 녹이 발생하여 내구성을 손상시키므로 물의 침투를 방지하고 포장과 바닥판의 내구성이 향상되도록 방수층과 접착층 위에 쉬트식 또는 도막식 방수재를 사용한다.

① 쉬트식 방수재

쉬트 방수재는 부직포 또는 직포에 합성고무, 수지, 플라스틱, 아스팔트를 성형한 것으로 두께가 2.0~4.0mm이다. 쉬트 방수재는 바닥판과 포장과의 접착성, 바닥판에 균열이 발생하는 경우에 방수가 확실하여 우수하지만 콘크리트 바닥판에 요철이 심하면 작업성이 저하한다.

㉮ 가열 융착식

가열 융착식은 프라이머를 도포한 바닥판에 방수쉬트를 전기히터로 가열하여 점착력을 높여서 접착시키는 형태와 토치 버너로 가열하여 방수쉬트 하부의 아스팔트를 녹이고 접착시키는 형태가 있으며 바닥판 방수층의 두께는 4.0mm 정도이다.

㉯ 부착식

부착식은 프라이머를 도포한 바닥판에 가열하여 녹인 접착용 아스팔트를 흘려 넣고 방수쉬트를 붙여서 두께 2.0mm 정도의 방수층을 구성한다.

㉰ 자착식

상온 접착식은 프라이머를 도포한 바닥판에 상온에서 접착력이 있는 아스팔트로 제조된 방수쉬트를 붙여서 바닥판 방수층을 형성하고 쉬트는 타이어롤러 등의 전압으로 접착시키며 바닥판 방수층의 두께는 2.0mm 정도이다.

② 도막식 방수재

도막식 방수재는 합성고무를 휘발성 용제로 녹인 용제형, 아스팔트를 합성고무 등으로 개질한 아스팔트 가열형, 합성수지(에폭시수지계, 우레탄수지계, 메타크릴수지계)를 사용한 수지형(2액형)이 있다. 도막식 방수재는 온도가 너무 높으면 방수재가 산화되어 방수성능이 떨어지고, 온도가 너무 낮으면 포장층과 방수재와의 접착이 불량하여 포장체가 교통하중에 대한 응력 저항성이 저하한다.

㉮ 용제형

용제형은 합성고무를 휘발성 용제로 녹인 방수재를 바닥판에 도포하여 두께 2mm 정도의 방수층을 형성하고 블리스터링의 발생이 적으므로 포장두께가 얇은 보도에 주로 적용한다. 방수재의 건조시간이 길고 바닥판 방수층의 피막두께가 얇으며 포장시에 바닥판 방수층의 손상에 주의가 필요하다.

㉯ 가열형

가열형은 아스팔트에 합성고무를 첨가한 방수재를 가열기계로 녹여서 기계살포방식으로 도포하여 방수층을 구성하며 접착층 위에 1~3회 도포하여 2mm 두께의 방수층을 형성한다. 가열형 방수층은 아스팔트 포장과 접착성이 양호하므로 택코트를 하지 않고 스트레이트 아스팔트 또는 블로운 아스팔트에 10~40%의 합성고무를 첨가한 고무 혼합 아스팔트가 주성분이다.

㉰ 수지형(2액형)

수지형은 두가지 성분의 경화제를 합성하여 화학반응에 의해 경화되는 인장 특성이 우수한 저탄성의 바닥판 방수층을 형성하며 수지형은 에폭시수지계, 우레탄수지계, 메타크릴수지계의 합성수지가 있다. 수지형 방수재는 양생이 완전히 끝난 후에 교면포장을 시공한다.

3) 하부층(레벨링층)

하부층은 바닥판의 요철을 정정하고 바닥판과 일체가 되어 포장의 안정성과 내구성을 높여서 방수층을 보호하며 내구성이 높은 아스팔트 혼합물을 사용한다.

4) 상부층(마모층)

상부층은 차량의 쾌적한 주행성의 확보와 제동 시의 미끄럼 저항성을 유지하는 기능과 함께 여름철은 영구변형에 대한 고온 안정성, 겨울철은 타이어체인에 의한 마모와 균열에 대한 피로저항성이 높은 고성능의 아스팔트 혼합물을 적용한다.

5) 택코트

택코트는 포장의 상부층과 하부층을 접착시키고 바닥판의 변형과 주행차량의 제동에 의하여 유발된 전단응력에 충분히 저항할 수 있어야 한다. 교면포장은 두께가 얇아서 주행차량에 의한 전단력이 교면포장의 경계면에 크게 작용하므로 아스팔트 교면포장의 택코트는 아스팔트 유제(RSC-4) 또는 고무 혼입 아스팔트유제를 사용한다.

6) 줄눈

교면포장과 바닥판의 팽창계수의 차이에 의하여 구조물과 포장이 맞댄 상태에서 발생한 공극에 의한 변위의 영향이 없도록 주입줄눈을 설치한다. 연석, 배수구 등의 포장과 구조물의 접촉부에 설치하는 줄눈두께는 10mm로 하며 콘크리트 바닥판은 주입줄눈재를 상부층에 설치하거나 생략할 수도 있다. 줄눈재는 포장의 팽창수축에 따른 변형에 대한 적응성과 내구성(내수성 포함)이 있어야 하고 구조물과 아스팔트 혼합물에 잘 접착되어야 한다.

7) 배수시설

교면 포장체 내부에 침투수 또는 교면포장과 구조물(도로교 난간, 연석, 신축이음 등)의 접속부에서 바닥판에 침투한 우수와 제설재는 콘크리트 바닥판의 열화를 촉진하여 바닥판 내부의 철근을 부식시키고 강 바닥판에 녹이 발생하면 바닥판 구조물의 내구수명이 현저하게 저하한다.

① 우수의 침투로 인한 교량의 체수 형태

교량에 우수가 침투하여 발생하는 체수는 교량 바닥판이 연석과 신축장치로 둘러싸여 물을 담는 용기의 형태와 교량의 횡단경사로 인하여 교면 포장체 내부의 체류수가 바깥차로에 집중되는 형태를 나타내고 있다.

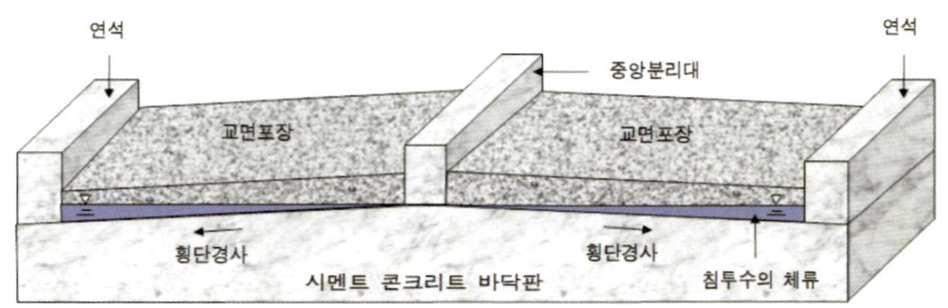

그림. 교량 횡단경사로 인한 침투수의 체류

② 도로교의 배수구 형태

배수구는 교량의 신축이음과 난간이 만나는 부분에 설치하고 배수구가 설치되는 쪽의 포장 하부층, 난간, 연석이 접하는 부분, 신축이음과 포장 하부층이 접하는 부분의 바닥판에 유공도수관을 설치하여 배수구와 연결한다.

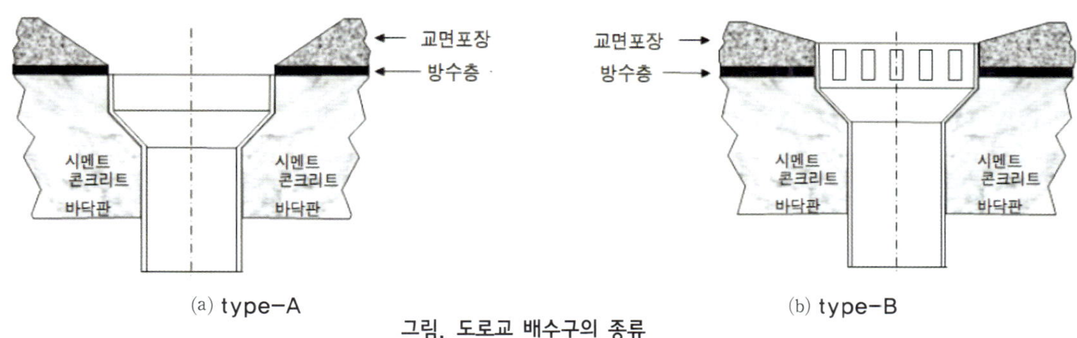

그림. 도로교 배수구의 종류

③ 유공도수관(drainage pipe)

㉮ 바닥판면에서의 배수가 확실히 이루어지지 않으면 방수층에 우수가 체류하고 포장이 수침상태가 되어 박리가 발생하여 손상되므로 바닥판에서 우수의 배수는 콘크리트 바닥판과 포장의 내구성 유지 측면에서 매우 중요하다.

㉯ 포장체, 포장체와 구조물 접속부 사이로 침투한 우수의 신속한 배수를 유도하여 교면포장의 내구성을 증진시키기 위해서 바닥판, 난간방호벽, 바닥판과 신축이음장치가 만나는 접속부의 바닥면에 유공 도수관을 설치하면 효과적이다.

㉰ 유공도수관은 교면 포장체의 내부로 침투한 침투수가 바닥판의 횡단경사를 따라서 바닥판과 하부 포장면에 유입된 물을 배수시킬 수 있다.

㉱ 유공도수관은 외경 12mm를 사용하고, 재질이 견고하고 내구적이며 도수관 내부로 물의 유입은 용이하지만 아스팔트 혼합물이 침투하지 않아야 한다.

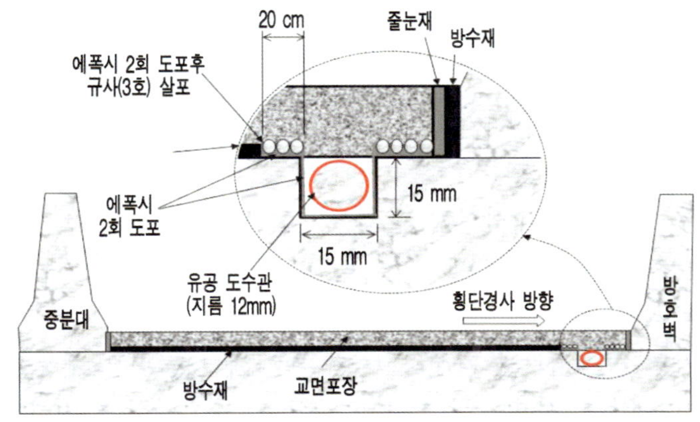

그림. 유공 도수관 위치의 방수층 설치 개요

(3) 아스팔트 교면포장의 시공

그림. Deck paver를 사용한 바닥판 시공

교면포장의 두께가 균일하지 않으면 평탄성이 불량하고 두께가 얇은 구간에서 포트홀 등의 파손이 발생한다. 교면포장의 두께를 균일하게 확보하기 위해서는 바닥판의 시공 시에 교면 바닥판의 횡단경사가 설계 횡단경사와 동일하게 한다. 교량 바닥판의 콘크리트면의 마무리는 데크 페이버(deck paver)를 사용하여 교면포장의 평탄성을 확보하는 것이 중요하다. 교면 바닥판의 요철부는 3m 직선자로 6mm 이상의 요철을 절삭하여 제거하고 PrI를 24cm/km 이하로 관리하며 바닥면의 면갈이는 배수방향으로 실시한다. 깊이 6mm 이상의 요철은 바닥면을 수정하고 폴리머 에폭시, 에폭시 레진 등의 충진재로 공극을 채워야 한다.

1) 콘크리트 바닥판

콘크리트 바닥판에 레이턴스, 부착을 저해하는 피막양생제, 먼지, 기름이 부착되어 있으면 확실하게 제거한다. 또한 바닥판 내부의 수분이 직사일광에 노출되면 아스팔트 교면포장의 시공 시에 블리스터링이 발생하므로 함수율은 5% 이내로 관리한다.

① 레이턴스의 제거

레이턴스는 그라인더, 진공형 파워브러쉬 등으로 제거하고 부분적인 제거는 디스크 샌더, 표면 처리봉을 사용한다.

② 부착을 저해하는 피막 양생제

콘크리트 바닥판의 양생을 위하여 도포한 피막양생제가 부착을 저해하면 확실하게 제거한다.

③ 먼지의 제거

그림. 먼지 제거작업

콤프레셔로 먼지를 제거할 때에 소음, 먼지 등의 영향이 없고, 보수 시에는 주행차량과 보행자에 영향이 없도록 시공한다. 표면처리가 완료되면 고압살수차로 먼지를 제거하고 세척한 후에 건조한다.

④ 바닥판의 건조

충분히 건조되지 않은 콘크리트 바닥판에 방수층을 시공하면 내부에 체류한 수분이 바닥판 방수층의 밑면에 도달하여 블리스터링이 발생되어 바닥판과 접착력이 떨어지는 경우가 있다.

따라서 비가 내린 직후와 콘크리트를 타설하고 4주 이내에 바닥판 방수층을 시공하지 않도록 한다. 그러나 조강과 초속경시멘트를 사용하는 경우에 건조상태의 값이 5% 이하일 때는 2주 이내에 방수층을 시공할 수 있다.

2) 강 바닥판

강 바닥판은 공장제작, 운반, 가설의 각 공정에서 강재부식을 방지하기 위하여 도포한 무기징크리치 페인트가 바닥판 방수층을 시공하는 기간 동안에 도막이 약화되면 부식이 발생한다. 강 바닥판은 도막 열화, 녹의 발생량과 깊이의 부식상태에 따라서 표면처리를 실시하고 방수층을 시공한다.

표. 강 바닥판 표면처리방법의 수준

녹 발생 정도		표면처리방법	표면처리 후의 녹 제거 정도
10% 이상		표면처리 1종(브라스트)	97% 이상의 면적이 금속광택을 띄는 상태로 녹 정도가 3% 이하
2~10% 미만	녹이 깊은 경우	표면처리 1종(브라스트)	
	녹이 얕은 경우	표면처리 1종 또는 2종	표면처리 2종의 경우는 빨강 녹, 약화된 도막 등을 제거
3% 미만		표면처리 3종 또는 4종	빨강 녹, 약화된 도막 등의 제거

3) 침투수의 배수시설

① 유공 도수관(drainage pipe)을 설치하기 위한 凹형 절삭은 콘크리트 바닥판에만 적용하고, 강 바닥판은 콘크리트 바닥판과 동일한 위치에 절삭홈이 없이 설치한다.

② 시멘트 콘크리트 바닥판의 횡단경사가 낮은 쪽은 종방향으로 凹형으로 배수구까지 연결되게 절삭한다.

③ 에폭시 방수재를 1회 도포하여 양생하고서 상부에 에폭시 방수재를 도포하고 3호규사를 에폭시가 경화되기 전에 도포면에 균일하게 살포하여 접착시킨다.

④ 유공도수관(ϕ12mm)을 凹형 홈에 설치하여 집수정까지 연결하고 방수재를 시공한다.

4) 접착층(프라이머)의 시공

프라이머는 바닥판과 방수층을 부착시켜서 일체로 만드는 접착층이며 얼룩이 없게 각 층을 균일하게 도포한다.

① 강 바닥판은 표면처리 후에 녹이 생기기 쉬우므로 녹 제거를 확인하고 프라이머를 도포한다.

② 2층 이상으로 접착층을 도포할 때는 1차 도포 후에 2차 도포를 하기 전까지 30~60분 정도를 건조시킨다.

③ 양생시간은 아스팔트 고무계와 고무계 용제형은 20℃에서 1시간, 5℃에서 2시간 정도이고, 수지계는 20℃에서 90분 이내, 5℃에서는 2시간 이내로 한다.

④ 접착제의 사용량은 고무 아스팔트계는 0.2ℓ/m^2 이상, 합성고무계 용제형은 0.15ℓ/m^2 이상, 수지계는 0.15ℓ/m^2 이상으로 한다.

⑤ 양생 중에 비가 오면 도포를 중지하고 비닐 등으로 덮어서 표면을 보호한다.

5) 방수층의 시공

콘크리트 바닥판의 방수층은 교통차량에 의한 반복하중, 진동, 충격과 전단의 역학적작용, 온도변화 등의 기상작용과 바닥판의 팽창과 수축이 작용하는 환경에 견딜 수 있고, 외부의 수분을 차단하는 방수기능과 제설용 염화칼슘의 침투를 방지해야 한다.

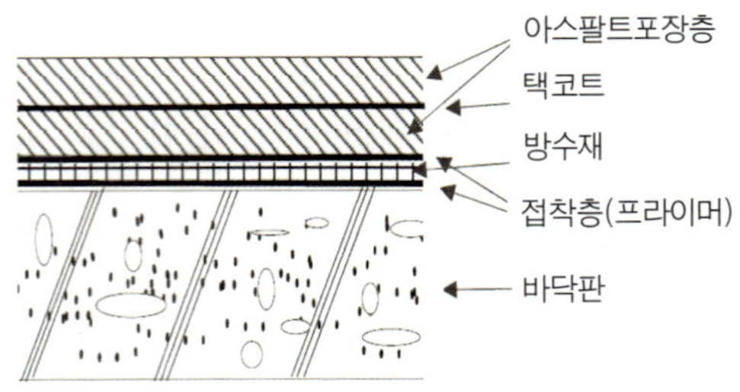

그림. 교면 방수층의 구성

① 바닥판용 방수재는 양생시간이 짧은 공법을 선정한다.

② 방수쉬트의 겹침 폭은 10cm 이상으로 하며 겹침부에 열을 가하여 완전히 접착시키고 겹치는 부위는 지그재그(zig zag) 모양으로 시공한다.

③ 쉬트 접착은 인력시공과 기계식접착이 있고 기계식은 폭 1m로 균일하게 가열하여 융착시키고 전압하므로 방수쉬트의 전폭에서 균일한 인장 접착강도가 확보되며 인력시공보다 인장 접착강도가 크고 종방향 접합부가 거의 없어서 기포의 발생을 최소화할 수 있다.

(a) 인력에 의한 쉬트접착

(b) 기계식에 의한 쉬트접착

그림. 쉬트의 접착방법

④ 방수 성능을 충분히 확보하기 위한 시공두께는 2.5mm 이상으로 한다.

⑤ 도막식 방수는 접착층의 표면에 잔류수분이 있으면 부풀음이 발생하므로 직경 3mm 이상의 기포를 제거하고 접착층의 표면은 건조한 상태를 유지해야 한다.

⑥ 도막식 방수재를 도포한 후에 양생이 완료되면 아스팔트 혼합물을 바로 포설한다.

(4) 신설 교면포장

1) 표면처리와 청소

① 콘크리트 바닥판에 있는 돌기(2mm 이상)는 디스크샌더 등으로 정정한다.

② 콘크리트 바닥판에 부착된 레이턴스, 먼지, 기름을 제거하고 콘크리트 바닥판 내부의 수분이 접착성을 손상하므로 처리에 주의한다.

③ 콘크리트 바닥판의 레이턴스는 그라인더, 진공 파워브러시를 사용하여 제거한다.

④ 바닥판이 기름으로 오염된 경우는 용제로 제거한다.

⑤ 강 바닥판의 교면포장 시공 시에 블리스터링의 방지를 위하여 다음 사항에 유의한다.
  ㉮ 시공면에 유해한 수분과 유분의 반입을 방지
  ㉯ 방청도장(무기 징크리치 페인트 등) 내의 수분을 제거
  ㉰ 강우와 결로 등의 기상조건을 파악

2) 방수층의 시공

① 방수층은 기온이 5℃ 이상에서 시공하고 비가 내리면 작업을 중지한다.
② 접착재는 균일하게 도포하고 휘발성분이 충분히 없어질 때까지 양생한다.
③ 하부층의 표면이 비교적 거칠거나 절삭에 의한 요철이 있는 경우는 택코트 살포량을 적절하게 조절해야 한다.
④ 쉬트계 방수층의 표면에 수분, 기름이 남아 있으면 증기가 발생하여 팽창하므로 건조상태를 확인하고 먼지, 진흙 등의 유해물은 제거한다.
⑤ 방수쉬트의 겹침 폭은 교축방향과 교축의 직각방향에 10cm를 표준으로 하며 팽창이 발생하면 공기를 제거하고 가스버너를 이용하여 접착면을 가열하여 밀착시킨다.
⑥ 도막계 방수층은 균일하게 도포하고 팽창이 발생하면 공기를 제거한 후에 추가 도포를 실시한다. 양생시간은 30분~1시간이며 양생시간이 충분하지 못한 경우는 촉진양생을 실시한다.
⑦ 방수층을 포설하고 양생이 완료되기 전까지 모든 출입을 완전히 차단한다.

(a) 바닥면 정리와 청소

(b) 접착층(프라이머) 도포

(c) 도막 방수층 시공

그림. 교면포장 방수층의 시공 [자료 출처 : 이지스건설]

3) 하부와 상부 포장층의 포설

① 1차 전압은 머캐덤롤러를 이용하여 미세균열이 발생하지 않게 조속하게 전압한다.
② 시공이음이 불량하면 조기 파손의 원인이 되므로 시공이음부는 포설 후에 즉시 다짐한다.
③ 상,하층의 세로 시공이음의 위치는 15cm 이상을 엇갈리게 배치한다.
④ 가로 시공이음은 설치하지 않고, 부득이하게 가로 시공이음을 설치하는 경우는 하부층 포장의 시공이음에서 1m 이상 떨어진 곳에 설치한다.

6 포장의 유지와 보수

(1) 개요

도로의 유지관리는 도로의 기능을 보전하고 이용차량의 편의와 안전을 확보하기 위하여 기존 시설물을 정비하고 손상된 시설물을 원상으로 복구하여 도로와 도로의 부대시설을 건설시의 상태 또는 그 후의 개량된 상태로 유지 보전하는 동시에 기존 도로의 이상 유무를 점검하여 사전에 보수하고 파손이 발생한 개소를 신속히 복구하여 교통의 안전한 소통을 도모해야 한다.

(2) 아스팔트 포장

아스팔트 포장의 파손은 노상의 지지력, 교통량, 포장두께의 균형이 깨어져서 발생하고 파손의 원인은 노면 성상에 관한 파손과 구조적인 파손이 있다.

1) 아스팔트 포장의 파손 형태

① 균열

㉮ 미세 균열

혼합물의 불량, 부적합한 다짐온도에 의한 다짐, 초기균열에 의하여 발생하므로 시공시에 혼합물의 생산과 품질관리를 철저히 하고 초기 다짐시의 혼합물 온도관리에 유의한다.

㉯ 선상 균열

절·성토의 경계부 침하와 기층의 균열에 의하여 발생하는 경우가 많으므로 절·성토 경계부의 층따기, 맹암거, 완화구간을 설치하며 기층의 다짐을 철저하게 하고 표층의 포설 전에 기층을 검사하여 필요한 조치를 한다.

(a) 미세 균열

(b) 선상 균열

그림. 아스팔트 포장의 국부적인 균열

㉰ 가로·세로방향 균열

노상, 보조기층의 불균일한 지지력이 균열 발생의 원인이므로 하부지반의 처리와 철저한 다짐을 하고 지지력이 불균일한 곳은 안정처리와 치환을 실시한다. 세로방향 균열은 차량 진행방향으로 도로 중앙선과 평행하게 발생하며 과적차량, 높은 타이어 압력에 의하여 발생한다. 아스팔트와 골재의 접착이 불량하면 세로방향 균열이 진행되어 급속한 파괴를 유발한다.

그림. 세로방향 균열

그림. 가로방향 균열

㉣ 블록 균열

아스팔트 포장의 수축과 일일 온도변화에 의하여 발생하는 사각형형태의 균열이며 바인더의 산화로 인한 경화에 의하여 발생한다. 블록 균열은 교통량이 적은 도로, 주차장, 공항 등의 넓은 포장구간에서 자주 발생한다.

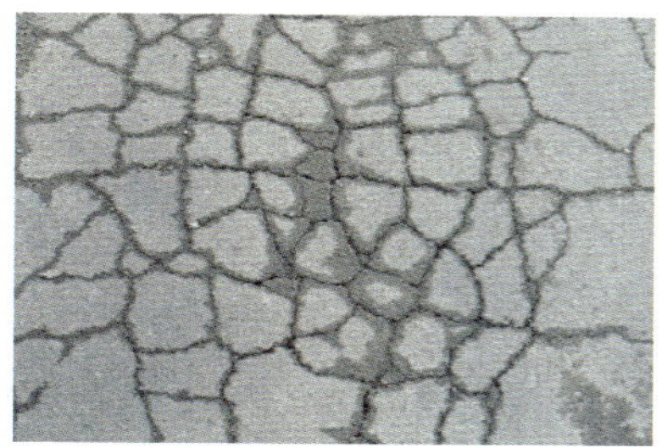
그림. 블록 균열

그림. 단차(Faulting)

② 단차(Faulting)

구조물의 접속부분과 지하 매설물에 연하여 생기는 요철이며 교면포장에서 신축이음장치의 부근에 발생한다. 단차는 구조물 부근의 부등침하와 노상, 보조기층, 혼합물의 다짐불량에 의하여 발생하는 경우가 많다. 교통의 안전성과 쾌적성을 저해하므로 구조물과 토공 접속부에 부등침하가 발생하지 않도록 포장체 각 층의 철저한 다짐과 품질관리가 필요하다.

③ 변형(Distorsion)

㉮ 소성변형(Rutting)

차량의 바퀴자국을 따라서 발생하는 도로 횡단방향의 요철이며 차륜의 통과빈도가 가장 많은 위치에 규칙적으로 생기는 패임현상이다. 소성변형은 대형차량의 윤하중에 의한 압축과 아스팔트재료의 수평이동에 의하여 발생하고 패인 부분에 물이 고이면 수막현상(hydroplaning)을 일으켜서 주행 안전성에 영향을 주게 된다. 소성변형은 과다한 아스팔트함량, 배합설계의 불량, 잘못된 바인더의 선택, 과도한 차량 하중이 원인이므로 아스팔트함량과 골재의 입도관리를 철저하게 하고 발생시에는 절삭 오버레이와 재포장을 하여 보수한다.

그림. 소성변형(Rutting)

그림. Corrugation

㉯ 코루게이션(Corrugation)

도로의 진행방향에 규칙적으로 생기는 파장이 비교적 짧은 물결모양의 요철이며 파상요철이라고도 한다.

㉰ 범프(Bump)

포장 표면이 국부적으로 밀려서 혹 모양으로 솟아오른 형태이며 프라임코트와 택코트의 시공이 불량한 경우에 발생한다.

그림. Bump

그림. Flush

㉱ 플라쉬(Flush)

포장 표면에 아스팔트가 스며 나온 상태이며 더운 여름철에 차량 바퀴자국을 따라서 발생하고 아스팔트함량의 과다, 프라임코트와 택코트의 과다한 살포, 아스팔트의 품질 불량, flushing이 발생한 포장면에 아스팔트 혼합물을 덧씌우기한 경우에 발생한다.

④ 마모

㉮ 라벨링(Ravelling)

라벨링은 포장체의 표면과 가장자리에서 골재가 이탈되어 표면이 거칠어진 상태이고 표층에서 하부로 진행하며 골재입자와 아스팔트의 부착력이 손실되면 탈리현상이 촉진된다. 라벨링은 표층에 잔골재가 부족하거나 아스팔트층의 현장밀도가 낮은 경우에 주로 발생한다. 라벨링은 아스팔트 혼합시에 흙과 이물질이 골재에 포함된 경우, 아스팔트함량이 부족한 경우, 아스팔트가 경화된 경우, 제설시의 타이어체인이 원인이므로 내마모성 혼합물을 사용해야 한다.

㉯ 폴리싱(Polishing)

포장 표면이 마모작용을 받아서 바인더와 골재가 평탄하게 마모되어 미끄럽게 된 상태이며 혼합물의 골재 품질이 불량하거나 아스팔트 혼합물의 품질이 불량할 때에 발생한다.

(a) Ravelling

(b) Polishing

그림. 마모현상

⑤ 붕괴

㉮ 포트홀(Pothole, Chuck-hole)

포트홀은 일반적으로 25~50mm의 얇은 두께의 표층에서 하절기의 집중 호우, 동절기의 강설 후에 자주 발생하며 수분이 피로균열, 거북등 균열과 연약한 입상재료기층을 통하여 포장의 균열부로 침투하여 아스팔트 혼합물의 접착이 부실하면 차량하중에 의하여 포장 표면이 국부적으로 패여서 떨어져 나가는 파손이며 아스팔트 포장의 다짐 부족, 아스팔트 기층의 손상, 배수 불량이 주된 원인이다.

포장의 파손이 발생하면 교통하중에 의해서 포장체의 취약한 부분부터 혼합물이 탈락하여 점차적으로 포트홀이 크게 생성되고 포트홀은 아스팔트 혼합물의 품질과 다짐이 불량하여 발생한다.

그림. Pothole

그림. 박리(Stripping)

㉯ 박리(Stripping)

아스팔트 혼합물의 골재와 아스팔트의 접착성이 소멸하여 골재가 벗겨지는 현상이며 라벨링과 유사한 파손 형태를 나타내고 있다.

㉰ 노화(Aging)

아스팔트 혼합물의 결합이 느슨해진 것과 같은 상태이다.

2) 아스팔트 포장의 유지보수공법

아스팔트 포장의 유지보수는 파손상태에 따른 보수방법, 균열률, 대형차 교통량과의 관계도에서 판단하는 방법, 균열율과 요철량에 따라서 보수공법을 선정한다. 유지보수는 포장의 내구성을 확보하고 구조적 기능을 유지하여 노면의 주행성, 안전성, 쾌적성을 유지하고 연도 환경의 악화를 방지한다. 따라서 아스팔트 포장면에 측정기를 사용하여 조사한 후에 조사구간과 노선별로 노면을 종합적으로 평가하여 적절한 시기에 계획적으로 유지보수를 실시한다.

① 파손의 형태와 유지보수공법

유지보수공법은 포장의 파손을 근본적으로 수리하는 것이 아니고 일상적으로 보수하는 것이며 응급적이고 예방적인 유지보수를 실시하여 포장의 공용성을 유지하는 것이다.

㉮ Patching

팻칭은 아스팔트 포장의 포트홀, 단차, 부분적인 균열, 침하 등의 파손을 포장재료로 채우는 응급적인 처리방법으로 전두께(full depth) 또는 부분두께(partial depth)로 면적이 10m^2 미만인 표층과 기층의 보수에 적용한다. 전두께는 노상 또는 보조기층까지 포장체를 제거하고 실시하며 부분두께는 표층만을 제거하고 새로운 재료로 채우는 것이다.

그림. Patching 작업

㉯ 표면처리(Surface treatment)

표면처리는 아스팔트 포장의 표면에 부분적인 균열, 변형, 마모, 붕괴 등의 파손이 발생한 경우에 기존 포장에 2.5cm 이하의 얇은 실링층을 시공하는 방법이다. 우기 또는 한랭기 전에 실시하면 양호한 포장상태를 유지할 수 있으므로 예방적인 조치로서 매우 효과적이다.

㉠ 실코트(Seal coat), 아모코트(Armour coat)공법

포장 표면에 역청제를 살포한 위에 모래, 부순 돌을 포설하여 부착시키는 공법이다.

㉡ 카펫코트(Carpet coat)공법

아스팔트 혼합물을 약 1.5~2.5cm의 두께로 얇게 포설하고 다지는 공법이다.

㉢ 포그실(Fog seal)공법

포장 표면에 유화아스팔트를 얇게 살포하여 작은 균열과 표면의 공극을 메워서 노면을 보수하는 공법이다. 포그실공법은 저렴하고 표면처리를 1~2년 정도 지연시킬 수 있지만 아스팔트를 과다하게 살포하면 미끄럼 저항이 저하하므로 주의가 필요하다.

㉣ 슬러리실(Slurry seal)공법

유화아스팔트, 잔골재, 석분과 적당량의 물을 가한 상온 혼합물을 슬러리로 만들어서 얇게 포설하는 공법이다.

(a) 실코트(Seal coat)

(b) 포그실(Fog seal)공법

(c) 슬러리실(Slurry seal)공법

그림. 표면처리공법

㉰ 부분 재포장

포장의 파손정도가 심하여 유지보수가 어렵다고 판단되면 파손이 발생한 부분의 표층 또는 기층까지 부분적으로 재포장하는 공법으로 10m² 이상의 면적에 적용한다.

㉠ 재포장의 형식과 두께

재포장은 파손부분을 중심으로 도로의 중심선을 1변으로 하는 장방형으로 하고 재포장 폭은 시공기계의 작업성을 고려하여 2.5m 이상으로 한다. 교통개방 후에 침하가 발생하기 쉬우므로 두께는 기존 포장면보다 0.5~1.0cm 높게 마무리한다.

㉡ 오버레이공법(덧씌우기공법)

균열이 심하여 표면처리공법으로 보수가 어렵거나 전면적인 파손이 발생한 경우에 포장 전면을 아스팔트 혼합물로 덧씌우기하는 공법이며 유지관리비용을 절감하고 포장수명의 연장이 가능하며 노면의 미끄럼 저항성을 증진시킬 수 있다.

㉢ 절삭 오버레이공법

소성변형과 코루게이션이 심하게 발생하여 오버레이공법으로 보수가 어려울 때에 포장 표면을 절삭한 후에 덧씌우기하는 공법이다.

㉣ 절삭공법

포장의 요철부분을 기계로 절삭하여 평탄성과 미끄럼 저항성을 회복하는 공법이며 소성변형, 코루게이션이 발생한 경우에 적용한다.

㉱ 기타 공법

㉠ 절삭(Milling)

아스팔트 포장의 평탄성이 불량한 표면을 기계로 절삭하여 노면의 평탄성과 미끄럼 저항성을 회복시키며 소성변형에 효과적이다.

㉡ 플라쉬(Flush) 대책

플라쉬현상이 발생한 노면에 건조시킨 쇄석(ϕ13mm 또는 5mm)을 살포하고 철륜 롤러로 전압하여 노면에 압입하는 공법이며 미끄럼 저항성의 회복에 효과적이다.

㉢ Surface recycling(표층 재생공법)

표층의 혼합물을 가열한 후에 긁어 일으키고 노상의 아스팔트 혼합물에 첨가제를 첨가하여 재생하고 이를 다시 포설하는 공법이다.

그림. Surface recycling 시공

② 보수공법

㉮ 덧씌우기

㉠ 균열이 심하여 파손이 기층까지 발달한 경우는 부분 재포장을 실시한다. 덧씌우기는 기존 포장의 강도를 보완하고 노면 평탄성의 개량과 균열부에 빗물의 침투를 방지한다.

㉡ 아스팔트 혼합물과 부착이 잘 되게 노면의 먼지, 진흙 등을 제거하고 택코트(0.4~1.0ℓ /m^2 정도)를 실시하며 기존 포장면을 정리하여 평탄한 덧씌우기 마무리를 실시한다.

그림. 덧씌우기

그림. 절삭 덧씌우기

㉯ 절삭 덧씌우기

㉠ 파손이 진행되어 표면처리로 노면의 유지가 곤란하거나 덧씌우기가 부적절하면 절삭 덧씌우기를 하며 주로 균열과 소성변형이 심한 경우에 실시한다.

㉡ 절삭 덧씌우기의 종류

ⓐ 평균 소성변형 두께의 절삭

ⓑ 표층 전체 두께의 절삭

ⓒ 표층+중간층(기층) 일부 또는 전부의 절삭

㉰ 재포장공법

유지관리의 시기가 늦어서 포장의 파손이 심각한 경우는 아스팔트 포장의 재시공이 필요하며 포장의 상태와 파손 원인을 조사하고 경제성과 기술적인 면을 종합적으로 판단하여 결정한다.
포장의 파손상태가 유지보수공법을 적용해도 양호한 노면의 유지가 어려운 경우에 채택하고, 동상과 배수불량에 의한 파손은 동상대책을 수립하고 배수공을 설치한다.

그림. 재포장공법

(3) 콘크리트 포장

1) 무근 콘크리트 포장의 파손 종류와 원인

무근 콘크리트 포장은 콘크리트 슬래브의 균열을 방지하는 역할을 하는 줄눈이 무근 콘크리트 포장판 손상의 원인이 되고 있다.

① 포장재료에 기인한 손상

㉮ 노상, 보조기층의 지지력 저하와 국소적인 결함

노상이 압축, 압밀되어 부등침하가 발생하고 침투수에 의한 노상과 보조기층재의 세굴과 유실이 발생한다.

㉯ 수분을 흡수한 점성토가 팽창하여 체적변화가 발생하고 콘크리트 슬래브에 응력을 발생시킨다.

② 온도에 기인한 파손

온도에 의한 콘크리트 포장의 파손은 가로방향, 세로방향, 우각부 균열이 가장 많이 발생하며 균열의 발생 위치에 따라서 손상 원인을 추정할 수 있다.

㉮ 가로균열

온도와 습도의 변화에 의한 휨현상으로 하중과 온도응력에 의한 파괴, 줄눈의 시공 불량, 줄눈부에서 보조기층의 지지력이 부족하여 가로균열이 발생하며, 심한 경우는 균열 틈을 청소하고 sealant를 주입한다.

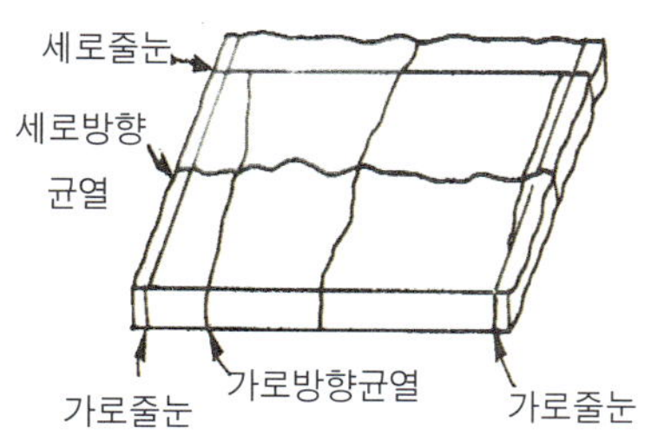

그림. 가로균열과 세로균열

㉯ 세로균열

콘크리트의 온도변화와 건조수축, 줄눈간격이 너무 긴 경우, 포장체의 지지력 부족, 줄눈의 시공 불량, 노상토의 swelling과 건조수축에 의하여 세로균열이 발생하며 심한 경우는 균열 틈을 청소하고 sealant를 주입한다.

㉰ 우각부 균열

㉠ 콘크리트 슬래브의 세로줄눈과 가로줄눈이 교차한 부근에서 발생하는 하중응력은 우각부에서 최대가 되어 삼각형형태로 발생하는 균열이며 전체 슬래브 두께에서 수직으로 확대된다.

㉡ 시공시의 다짐 부족, 펌핑현상에 의한 지반 지내력의 저하, 과하중, 반복하중, 콘크리트 배합의 불량, 슬래브의 비틀림응력에 의하여 발생한다.

㉢ 우각부 균열은 포장체가 과적 등에 대한 지지력이 부족하여 발생하며 균열 틈을 청소한 후에 sealant의 주입 또는 patching을 실시한다.

그림. 우각부 균열

㉣ Blow-up

㉠ Blow-up은 슬래브가 온도와 습도에 의해서 팽창할 때에 줄눈과 균열이 팽창량을 흡수하지 못하여 발생한 압축응력이 편심으로 작용하여 슬래브가 심하게 파손되거나 위로 솟아오르는 형태의 좌굴현상이며 콘크리트 슬래브의 줄눈과 균열 부근에서 발생한다. Blow-up은 공용 후에 장기간이 경과되고서 고온다습한 날이 계속되면 발생한다.

㉡ 온도와 습도의 상승, 줄눈과 균열부에 이물질의 침투, 다웰바가 콘크리트와 밀착된 경우, 팽창줄눈이 없거나 작동하지 않아서 발생하고 전단면의 보수 또는 팽창줄눈을 설치한다.

그림. Blow up 현상

그림. 압축파괴(Shattering)

㉤ 압축 파괴(Shattering)

㉠ Blow-up과 같은 원인으로 발생하지만 좌굴이 아니고 콘크리트 압축강도가 낮아서 발생한다.

㉡ 압축강도의 국부적인 저하가 원인이며 줄눈부의 불충분한 다짐, 줄눈에 침입한 염분에 의한 노화 촉진, 동결융해에 의하여 발생한다.

③ 줄눈부의 파손

㉮ 스폴링(Spalling)

㉠ 균열, 줄눈의 모서리 부분이 떨어져서 콘크리트가 파손되는 현상으로 줄눈의 좌우 60cm 이내에서 깊이 25~50mm 정도로 발생하며 비압축성의 단단한 입자가 줄눈에 침입하면 슬래브의 열 팽창을 방해하여 국부적으로 압축파괴를 일으켜서 스폴링이 발생한다.

㉡ 하중에 의한 포장체의 처짐으로 모서리가 부서지는 휨 현상, 포장체에 이물질의 침입, 다웰바의 정렬 불량, 철근 부식이 심한 경우에 발생하고 심한 경우는 patching을 실시한다.

㉢ 스폴링의 발생시기는 라벨링보다 늦고 콘크리트 슬래브의 길이가 스폴링의 손상 정도에 영향을 미치는 것이 라벨링과의 차이점이다.

그림. Spalling 현상

㉯ Ravelling

라벨링은 줄눈부에서 콘크리트가 깨지거나 부서져서 불규칙한 상태로 되는 현상이며 줄눈의 좌우 25mm 이내에서 발생하고 줄눈의 성형시기와 절단시기가 빨라서 조골재가 일어나는 형상으로 발생한다.

㉰ 펌핑(Pumping)

차량이 슬래브를 통과할 때에 포화된 보조기층과 노상의 공극에서 수압이 발생하여 물과 보조기층 또는 노상의 흙이 이토화되어 줄눈과 균열부에서 노면으로 뿜어 나오는 현상을 펌핑(pumping)이라고 한다. 지속적으로 펌핑이 반복되면 슬래브 아래에 보조기층이 유실되고 공극이 형성되어서 단차가 발생하며 지지력이 저하하여 슬래브가 파괴된다.

그림. Pumping 현상

④ 교통하중에 관련된 파손

㉮ 줄눈부 단차(Faulting)

㉠ 교통 진행방향의 슬래브가 내려가고 후방의 슬래브가 올라가서 발생하는 슬래브간의 부등 수직변위를 단차라고 하며, 단차는 펌핑현상으로 공동이 발생하여 차륜압력을 받는 전방 슬래브의 처짐에서 물과 함께 토사가 압출되어 후방 슬래브의 하부에 퇴적하여 발생한다.

㉡ 단차는 다웰바(dowel bar)를 설치하지 않은 줄눈에서 많이 발생하며 다웰바가 파단되면 단차가 발생하므로 펌핑현상에 주의하고, 단차가 발생하면 지지력을 보강하는 grouting의 실시, 돌출부 표면의 grinding, 균열의 sealing, 지하 배수구를 설치한다.

그림. 줄눈부 단차(Faulting)

㉯ 스켈링(Scaling)

㉠ 콘크리트의 표면이 6~12mm로 박리되어 골재가 이탈하면 거친 면이 발생하고 콘크리트가 동결 방지재의 화학작용으로 부식되거나 동결융해가 반복되면 스켈링이 발생한다.

㉡ 콘크리트의 공기량과 골재의 품질이 불량하면 발생한다.

그림. Scaling 현상

㉱ 피로균열(Fatigue cracking)

피로균열은 콘크리트 포장에 교통하중이 반복적으로 작용하여 발생하는 가로방향균열이며 교통하중이 장시간에 걸쳐서 누적되어 콘크리트 슬래브에 균열이 발생한다. 피로균열은 슬래브 두께의 증가, 하중 전달장치(dowel bar와 tie bar)의 설치, 차로 폭을 확장하여 감소시켜야 한다.

2) 연속 철근 콘크리트 포장의 파손 원인과 보수

연속 철근 콘크리트 포장은 임의로 가로방향으로 다수의 미세한 균열을 발생시켜서 무근콘크리트 포장의 가로줄눈에서 발생하는 손상을 해소시킨 것이다. 따라서 가로줄눈의 문제는 없지만 다른 손상은 역시 발생하고 연속 철근 콘크리트 포장의 고유 손상도 있다.

연속 철근 콘크리트 포장의 파괴 유형이 실제로 포장의 공용성에 영향을 미치는 것은 과다한 균열폭, 스폴링, 철근 파단, 펀치아웃이 있다.

① 스폴링

줄눈, 균열부에 이물질의 혼입과 철근의 부식에 의한 팽창에 의하여 발생하고 발생시에는 줄눈을 재설치하거나 재포장을 실시한다.

② 철근 파단

펀치아웃과 같은 상태 또는 철근 부식에 의하여 철근이 파단되며 철근의 품질관리를 철저히 하고 발생하면 부분 재포장 또는 재포장을 한다.

③ 펀치아웃(Punch-out)

㉮ 펀치아웃은 연속 철근콘크리트 포장에서 교통하중이 반복되어 골재의 접합력이 소멸되고 철근의 응력이 증가하여 파단이 발생하며 포장체의 지지력 부족, 균열 간격이 좁은 경우, 피로하중에 의하여 발생한다.

㉯ 펀치아웃이 발생하면 배수시설의 개량, 시멘트 그라우팅, 슬래브를 보강하고 균열을 충진하여 지반의 지지력 확보와 가로방향의 균열간격을 유지한다.

그림. Punch-out 현상

④ 내구성 균열(D-cracking or durability cracking)

다공질 골재가 혼합된 콘크리트의 공기량이 4% 이하인 경우에 동결에 의한 내구성 균열이 발생하며, 내구성 균열의 감소는 다공질 골재의 사용을 배제하고 적정한 공기량을 확보하여 온도 하강 시에 수분의 동결에 따른 부피 팽창을 흡수할 수 있어야 한다. D-균열이 심하게 발생한 경우는 덧씌우기를 하는 것이 바람직하지만 보수비용이 고가이다.

그림. D-cracking

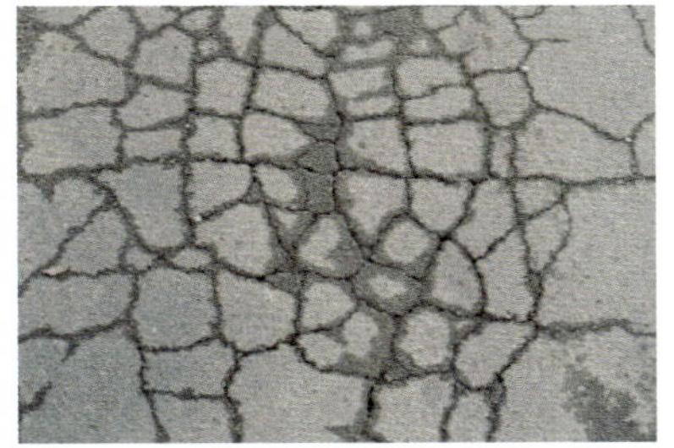

그림. Map cracking

⑤ 지도균열(Map-cracking)

지도균열은 알칼리-실리카반응(alkali-silica reaction)에 의하여 콘크리트 표면에 지도와 같은 형태로 발생하는 파손이며 균열의 깊이는 50mm 이하이고 슬래브 전체에서 균열이 발생한다.

지도균열은 포졸란반응을 하는 혼화재료를 사용하여 알칼리-실리카반응을 저감시키고 슬래브의 전단면을 교체하는 보수공법의 적용이 바람직하다.

⑥ 반사균열(Reflection crack)

㉮ 개요

㉠ 반사균열은 콘크리트 포장에 아스팔트로 덧씌우기한 경우에 콘크리트 슬래브의 줄눈과 균열부에서 발생하는 균열이다. 콘크리트 포장 위에 덧씌우기를 하는 경우는 피할 수 없는 결함이고 균열 사이로 침입한 물이 노상과 보조기층을 연약하게 하여 펌핑작용으로 포장을 파괴한다.

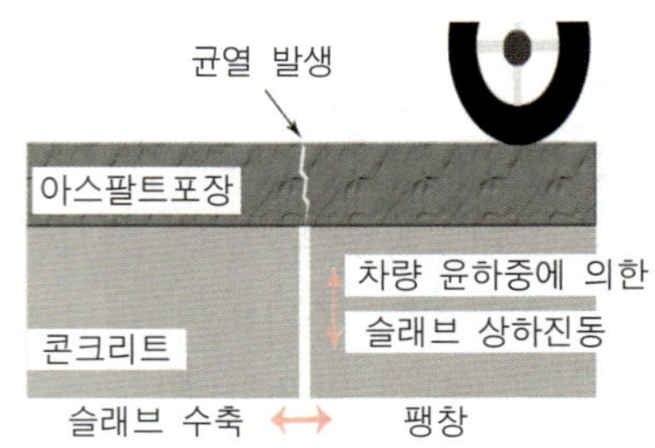

그림. 반사균열의 발생

㉡ 반사균열은 덧씌우기 두께가 얇을수록 쉽게 나타나고 두꺼우면 잘 발생하지 않는다. 반사균열의 형태는 덧씌우기 두께가 얇으면(5cm 정도) 1본의 균열로 나타나고 두꺼우면 2본 또는 그 이상의 균열로 발생한다.

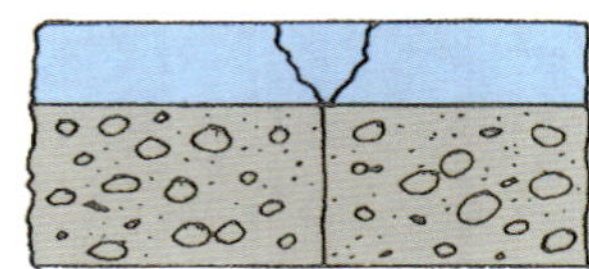

(a) 덧씌우기가 두꺼운 경우

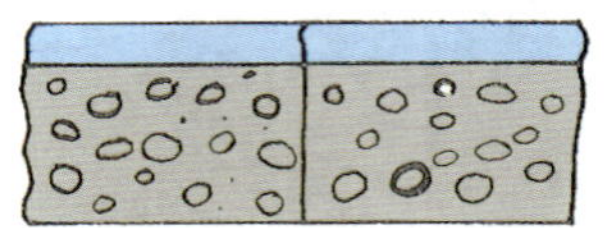
(b) 덧씌우기가 얇은 경우

그림. 덧씌우기 두께에 의한 반사균열의 발생 현상

㉯ 반사균열의 원인

㉠ 콘크리트 슬래브의 줄눈과 균열부에 하중이 작용하면 수직변위가 발생하고 기온에 따라서 팽창 또는 수축하여 수평변위가 발생한다.

㉡ 줄눈, 균열부에서 발생하는 수직과 수평변위가 덧씌우기 아스팔트층에 반사균열로 나타난다.

㉰ 반사균열의 대책

㉠ 반사균열이 심하고 수직변위가 현저한 경우에 주입공법을 적용하면 반사균열의 감소에 매우 효과적이다.

㉡ 아스팔트 포장의 줄눈부와 콘크리트 슬래브의 사이에 균열 방지재(철망, 비닐론망, 나일론 필름 등)를 설치하여 균열 발생을 감소시킨다.

3) 콘크리트 포장의 유지보수

① 줄눈과 균열의 충진

줄눈과 균열에 우수가 침투하여 보조기층과 노상이 연약해지면 세립분이 물과 함께 노면에 분출하는 펌핑현상이 발생하고 콘크리트 슬래브와 하부층의 사이에 공극을 형성하여 슬래브가 파손된다. 콘크리트 포장의 유지보수는 줄눈과 균열을 충진하여 포장의 수명을 연장시키는 것이며 줄눈의 충진은 1년에 1회 이상을 정기적으로 실시하고 줄눈의 충진시에 오래된 줄눈재는 제거한다. 특히 돌 등의 이물질이 줄눈에 들어가서 콘크리트 슬래브의 팽창

그림. 줄눈과 균열의 충진

을 방해하여 블로업(blow up)이 발생하지 않게 한다. 균열이 발견되면 즉시 균열부에 충진을 실시하고 충진재는 줄눈 충진재보다 침투성이 양호한 것을 사용한다.

② 주입공법

콘크리트 슬래브에 설치한 주입공에 주입재료를 주입하여 콘크리트 슬래브와 보조기층 사이의 공극과 공동을 충진하는 공법이다. 주입공법은 저렴한 비용으로 포장 수명을 연장하여 효과적이며 주입재료에 따라서 아스팔트계와 시멘트계의 주입공법이 있다. 아스팔트 주입공법은 아스팔트의 주입이 끝나고 온도가 내려가면 즉시 교통을 개방할 수 있으며 직경 5cm 정도의 구멍에 가열한 블로운아스팔트(침입도 10~40)를 2~4kgf/cm² 의 압력으로 주입하며 주입량은 약 2~6kg/m² 정도이다.

그림. 주입공법에 의한 반사균열의 감소

③ 오버레이(Overlay)

콘크리트 슬래브에 균열이 많이 발생하여 전면적인 파손이 되거나 표면이 마모 또는 박리된 경우는 오버레이를 실시한다. 오버레이방법은 아스팔트 오버레이와 콘크리트 오버레이가 있고 콘크리트 포장의 오버레이공법은 접착식, 분리식, 일체식이 있다. 콘크리트 슬래브의 균열이 심한 경우는 반사균열의 영향을 줄이기 위하여 분리식 오버레이공법을 적용한다.

그림. Overlay 작업

그림. 콘크리트 포장의 표면처리공법

④ 표면 처리공법

콘크리트 슬래브에서 굵은골재의 탈락, 스케일링, 마모, 미세 균열, 경미한 단차 등이 발생하면 포장면을 그라인딩(grinding)하여 미끄럼 저항성과 평탄성을 회복하는 공법을 적용한다.

⑤ 전단면 보수

콘크리트 슬래브가 블로우업과 같이 줄눈부의 파손이 심한 경우, 다수의 균열이 발생한 경우, 노면 결함이 심한 경우는 포장의 전체 슬래브 깊이까지 제거하고 전단면 보수를 실시한다.

⑥ 재포장공법

콘크리트 슬래브의 파손이 심화되어 오버레이로 보수가 어려운 경우는 재포장을 실시한다.

참고문헌

강추원 : 화약과 산업응용, 구미서관, 2004
권기태 : 토목시공학, 동명사, 1999
권호진 외 : 기초공학, 구미서관, 2007
기경철, 김일중 : 발파공학, 동화기술, 2004
김상규 : 토질시험, 동명사, 1982
김상규 : 토질역학 이론과 응용, 청문각, 2012
설진성, 김홍철 외 : 건설시공학, 구미서관, 2017
김수일 외 : 다스의 기초공학, 교보문고, 2001
김승렬 : 도시철도기술자료집(3)터널, 이엔지북, 2005
김재극 : 산업화약과 발파공학, 서울대학교 출판부, 1988
남기천 : 토목시공기술사, 한솔아카데미, 2007
남기천 : 토목시공기술사의 정석, 한솔아카데미, 2011
라현석 : 장대교량의 설계와 시공, 기술경영사, 2004
류재복, 박선규 : 토목시공학, 예문사, 2003
박홍태 : 계약과 적산, 구미서관, 2008
방명석 : PC교량의 설계와 시공, 원기술, 1998
배대권 : 건설사업관리실무, 기문당, 2003
백영식 : 토질역학, 구미서관, 2010
변동근 외 : 철근콘크리트, 동명사, 2001
선우춘 외 : 터널설계시공, 도서출판 씨아이알, 2011
오정환 : 흙막이 설계와 시공, 도서출판 엔지니어스, 1999
오제택 : 교량계획과 설계, 반석기술, 2003
우종태 : 터널계측의 이론과 실무, 구미서관, 2006
우종태 외 : 건설계측 기본실무, 씨아이알, 2015
윤지선 외 : 대규모 지하공동의 정보화 시공, 구미서관, 2002

이배호 : 건설공사관리, 구미서관, 1998
이상덕 : 전문가를 위한 기초공학, 도서출판 엔지니어스, 1996
이상덕 : 터널역학, 도서출판 씨아이알, 2013
이승언 : 살아있는 토목시공학, 구미서관, 2005
이양규, 강인석, 박홍태, 김홍철, 이배호 : 토목시공학, 보문당, 2002
이용기 : 항만의 이해와 시설계획, 미래기획, 2005
이우연 : 교량공학, 청문각, 2001
이응천 : 댐 및 수력발전공학, 도서출판 씨아이알, 2011
이익효 : 항만공사시공 실무편람, 신기술, 2004
이인모 : 암반역학의 원리, 도서출판 새론, 2001
이인모 : 터널의 지반공학적 원리, 도서출판 새론, 2004
이지원 : 댐의 설계와 시공편람, 신기술, 2001
이희근, 임한욱 : 터널·지하 공간 굴착공학, 구미서관, 1995
일본 토목학회, 대한토목학회 : 암반사면의 조사와 대책, 시그마프레스, 2005
일본 지반공학회 : 쉴드TBM공법, 도서출판 씨아이알, 2015
임태준 : 기초설계·시공핸드북, 건설문화사, 1984
장용채, 이강일 : 연약지반에서의 토질공학, 도서출판 새론, 1995
정철호 : 지반굴착기술, 구미서관, 2000
조규태 : 건시공관리, 구미서관, 2015
조천환 : 말뚝기초실무, 이엔지북, 2010
조천환 : 매입말뚝공법, 이엔지북, 2007
조충붕 : 암반역학 이론과 응용, 반석기술, 2006
천병식 : 기초지반개량공법, 건설연구사, 1994
천병식 : 약액주입의 원리와 실제, 구미서관, 2011
철도설계기준 : 한국철도공단, 2011
최인걸 외 : 지반공학, 구미서관, 2007
최준성 : 건설계측개론, 구미서관, 2005
한국강구조학회 : 강구조공학, 한국강구조학회, 2007
한국건설감리협회 : 건설공사감리핸드북, 한국건설감리협회, 2006
한국기술사회 : 연약지반, 한국기술사회, 2007
한국도로공사 : 도로설계요령, 도로교통협회, 2009
한국시설안전기술공단 : 건설공사비탈면설계기준, 구미서관, 2006
한국지반공학회 : 구조물기초설계기준, 도서출판 씨아이알, 2018
한국지반공학회 : 굴착 및 흙막이 공법, 구미서관, 2002
한국지반공학회 : 깊은 기초, 구미서관, 2002

한국지반공학회 : 사면안정, 구미서관, 2010
한국지반공학회 : 얕은 기초, 구미서관, 2005
한국지반공학회 : 연약지반, 구미서관, 2005
한국지반공학회 : 준설매립과 환경매립, 구미서관, 2005
한국지반공학회 : 지반조사 결과의 해석 및 이용, 구미서관, 2006
한국지반공학회 : 진동 및 내진설계, 구미서관, 2006
한국터널공학회 : 터널기계화시공 설계편, 도서출판 씨아이알, 2008
한국터널공학회 : 터널설계기준, 도서출판 씨아이알, 2007
한국터널공학회 : 터널의 이론과 실무, 구미서관, 2004
한국토목섬유학회 : 보강토공법 실무, 도서출판 씨아이알, 2010
황학주 : 최신 교량공학, 동명사, 2005
(사)대한터널협회 : 터널표준시방서, 구미서관, 1999
(사)한국콘크리트학회 : 최신 콘크리트공학, 2011
(사)한국콘크리트학회 : 콘크리트표준시방서, 2016

Stein et. al. : Microtunnelling, Ernst & Sohn, 1989
S. O. Olofsson : Applied explosives technology for construction and mining, Nora Boktryckeri AB, 1991

찾아보기

가

나

다

라

마

바

사

아

자

차

카

타

파

하

A

B

C

D

E

F

G

H

I

Q

R

S

T

U

V

W

Z

1

2

3

■ 저자약력

• 남기천

연세대학교 토목공학과(공학사)
연세대학교 대학원(공학석사)
수원대학교 대학원(공학박사)
토질 및 기초기술사, 토목시공기술사
건설안전기술사, 화약류관리기술사

(주) 현대건설
(주) SK건설
(주) 대한콘설탄트
(주) 청석엔지니어링
(주) 신성엔지니어링 지반공학부(현재)

• 김상환

인하대학교 토목공학과(공학사)
AIT 대학원(공학석사)
Oxford 대학교 대학원(공학박사)
토질 및 기초기술사

(주) 대우엔지니어링
(주) 동아엔지니어링
(주) 대본엔지니어링, 바우컨설탄트
호서대학교 토목공학과 교수(현재)

• 유광호

연세대학교 토목공학과(공학사)
연세대학교 대학원(공학석사)
University of Minnesota 대학원(공학박사)

(주) 삼성건설 기술연구소
수원대학교 토목공학과 교수(현재)

• 강보순

중앙대학교 토목공학과(공학사)
Ruhr University of Bochum(공학석사, 박사)

LG건설 기술연구소
경주대학교 철도건설환경공학과 교수
배재대학교 건설환경철도공학과(현재)

• 김종민

연세대학교 토목공학과(공학사)
연세대학교 대학원(공학석사)
Purdue University 대학원(공학박사)

연세대학교 기술연구소
세종대학교 토목환경공학과 교수(현재)

• 최준성

연세대학교 토목공학과(공학사)
연세대학교 대학원(공학석사, 박사)

한국도로공사 도로연구소 책임연구원
인덕대학 토목환경설계학과 교수(현재)